U0884756

火电行业环境保护法律法规、技术规范与标准汇编

生态环境部环境工程评估中心 编

中国环境出版集团·北京

图书在版编目（CIP）数据

火电行业环境保护法律法规、技术规范与标准汇编/生态环境部环境工程评估中心编. —北京：中国环境出版集团，2019.1

ISBN 978-7-5111-3842-2

Ⅰ. ①火… Ⅱ. ①生… Ⅲ. ①火电厂—环境保护政策—汇编—中国②火电厂—环境保护法—汇编—中国 Ⅳ. ①X-012②D922.68

中国版本图书馆 CIP 数据核字（2018）第 218070 号

出 版 人 武德凯
责任编辑 李兰兰
责任校对 任 丽
封面设计 宋 瑞

更多信息，请关注
中国环境出版集团
第一分社

出版发行 中国环境出版集团
（100062 北京市东城区广渠门内大街 16 号）
网 址：http://www.cesp.com.cn
电子邮箱：bjgl@cesp.com.cn
联系电话：010-67112765（编辑管理部）
010-67112735（第一分社）
发行热线：010-67125803，010-67113405（传真）

印 刷 北京中科印刷有限公司
经 销 各地新华书店
版 次 2019 年 1 月第 1 版
印 次 2019 年 1 月第 1 次印刷
开 本 787×1092 1/16
印 张 53
字 数 1600 千字
定 价 193.00 元

《火电行业环境保护法律法规、技术规范与标准汇编》

编　委　会

前　言

自 2013 年 12 月《火电行业环境保护政策法规》出版发行以来，得到读者普遍认可。为适应新形势，便于各单位及时熟悉和掌握政策要求，本书在《火电行业环境保护政策法规》基础上进行了修编，更名为《火电行业环境保护法律法规、技术规范与标准汇编》，更新了火电行业环境保护相关法律法规、技术规范与标准，删除了已废止和不适用的相关文件，并将一些通用法律法规、标准规范和政策文件以附录的形式列出。本书可供各单位开展火电行业相关业务工作时使用。

在本书编写出版过程中，生态环境部、北京国寰环境技术有限责任公司、国电环境保护研究院有限公司等单位给予了大力支持，中国环境出版集团的领导和编校人员付出了辛勤的劳动，在此表示衷心的感谢。

由于时间紧迫，书中难免有缺漏，敬请广大读者批评指正。

编　者

2018 年 4 月 25 日

目　录

第一章　产业政策

第二章 污染防治

（一）大气污染

（二）水污染

第四章 信息公开与公众参与

第一章　产业政策

国家发展改革委 建设部关于印发《热电联产和煤矸石综合利用发电项目建设管理暂行规定》的通知

发改能源〔2007〕141号

各省、自治区、直辖市发展改革委、经委（经贸委）、建设厅（建委）、物价局，国家电网公司、中国南方电网公司、华能集团、大唐集团、国电集团、华电集团、中电投集团、中国国际工程咨询公司、中国电力工程顾问集团、神华集团、国家开发投资公司、华润集团、中国电力企业联合会：

规范热电联产和煤矸石综合利用发电项目建设工作，对促进我国能源的合理和有效利用、转变增长方式、提高经济效益、推进技术进步、减少环境污染等具有十分重要的作用。根据《国务院关于投资体制改革的决定》以及其他相关规定，国家发展改革委和建设部制定了《热电联产和煤矸石综合利用发电项目建设管理暂行规定》，现印发你们，请按照执行。

特此通知。

附件：《热电联产和煤矸石综合利用发电项目建设管理暂行规定》

中华人民共和国国家发展和改革委员会

中华人民共和国建设部

二〇〇七年一月十七日

附件

热电联产和煤矸石综合利用发电项目建设管理暂行规定

第一章　总　则

第一条　为提高能源利用效率，保护生态环境，促进和谐社会建设，实现热电联产和资源综合利用发电健康有序发展，依据国家产业政策和有关规定，制定本规定。

第二条　本规定适用于全国范围内新（扩）建热电联产和煤矸石综合利用发电项目。

第三条　发展改革部门（经委、经贸委）按照国家有关规定，负责热电联产和煤矸石综合利用发电规划、项目申报与核准，以及相关监管工作。

第二章　规　划

第四条　热电联产和煤矸石综合利用发电专项规划应按照国家电力发展规划和产业政策，依据当地城市总体规划、城市规模、工业发展状况和资源等外部条件，结合现有电厂改造、关停小机组和小锅炉等情况编制。

热电联产专项规划的编制要科学预测热力负荷，具有适度前瞻性，并对不同规划建设方案进行能耗和环境影响论证分析。

地市级及以上政府有关部门负责编制专项规划，并应纳入全省（直辖市、自治区）电力工业发展规划。各地热电联产和煤矸石综合利用发电装机总量应纳入国家电力发展规划。

省级发展改革部门会同其他有关部门应在全国电力发展规划装机容量范围内负责专项规划的审定，统一报国家发展改革委。

第五条 热电联产和煤矸石综合利用发电项目专项规划应当实施滚动管理，根据电力规划建设规模确定的周期（一般为三年），统筹确定热电建设规模，必要时可结合地区实际发展情况进行调整。

第六条 煤矸石综合利用发电项目，应优先在大型煤炭矿区内或紧邻大型煤炭洗选设施规划建设，具备集中供热条件的，应考虑热电联产；限制分散建设以煤矸石为燃料的小型资源综合利用发电项目。

第七条 煤矸石综合利用发电项目的设备选型应根据燃料特性确定，按照集约化、规模化和就近消化的原则，优先安排建设大中型循环流化床发电机组，在大型矿区以外的城市近郊区原则上不规划建设燃用煤矸石的热电联产项目。

第八条 热电联产的建设分 5 类地区安排，具体地区划分方式按照《民用建筑热工设计规范》（GB 50176）等国家有关规定执行。

第九条 热电联产应当以集中供热为前提。在不具备集中供热条件的地区，暂不考虑规划建设热电联产项目。

第十条 在严寒、寒冷地区（包括秦岭淮河以北、新疆、青海和西藏）且具备集中供热条件的城市，应优先规划建设以采暖为主的热电联产项目，取代分散供热的锅炉，以改善环境质量，节约能耗。

在夏热冬冷地区（包括长江以南的部分地区）如具备集中供热条件可适当建设供热机组，并可考虑与集中制冷相结合的热电联产项目。

夏热冬暖地区和温和地区除工业区用热需要建设供热机组外，不考虑建设采暖供热机组。

第十一条 以工业热负荷为主的工业区应当尽可能集中规划建设，以实现集中供热。

第十二条 在已有热电厂的供热范围内，原则上不重复规划建设企业自备热电厂。除大型石化、化工、钢铁和造纸等企业外，限制为单一企业服务的热电联产项目建设。

第十三条 热电联产项目中，优先安排背压型热电联产机组。

背压型机组的发电装机容量不计入电力建设控制规模。

背压型机组不能满足供热需要的，鼓励建设单机 20 万千瓦及以上的大型高效供热机组。

第十四条 在电网规模较小的边远地区，结合当地电力电量平衡需要，可以按热负荷需求规划抽凝式供热机组，并优先考虑利用生物质能等可再生能源的热电联产机组；限制新建并逐步淘汰次高压参数及以下燃煤（油）抽凝机组。

第十五条 以热水为供热介质的热电联产项目覆盖的供热半径一般按 20 公里考虑，在 10 公里范围内不重复规划建设此类热电项目；

以蒸汽为供热介质的一般按 8 公里考虑，在 8 公里范围内不重复规划建设此类热电项目。

第三章 核 准

第十六条 除背压型机组外，项目核准机关应当对热电联产建设方案与热电分产建设方案进行审核，热电联产年能源消耗量和在当地排放的污染物总量低于热电分产的，方可核准热电联产项目。

项目申请单位应当在项目申请报告中提供上一款所需资料。

第十七条 热电联产和煤矸石综合利用发电专项规划是项目核准的基本依据。项目核准应当在专项规划指导下进行，拟建项目应当经科学论证和专家评议后予以明确。

第十八条　热电联产项目在申报核准时，除提交与常规燃煤火电项目相同的支持性文件外，还需提供配套热网工程的可行性研究报告及当地整合供热区的方案，已有机组改造和小火电机组（小锅炉房）关停方案，以及相应的承诺文件，地方价格主管部门按照第二十三条规定出具的热力价格批复文件，项目申报单位和当地其他热电联产项目运行以及近三年核验情况。

第十九条　煤矸石综合利用发电项目在申报核准时，除提交与常规燃煤火电项目相同的支持性文件外，还需提供项目配套选用锅炉设备的订货协议，有关部门对当地燃料来源的论证和批复文件，项目申报单位和当地其他煤矸石综合利用发电项目运行以及近三年核验情况。

第四章　支持与保障措施

第二十条　国家支持利用多种方式解决中小城镇季节性采暖供热问题，推广采用生物质能、太阳能和地热能等可再生能源，并鼓励有条件的地区采用天然气、煤气和煤层气等资源实施分布式热电联产。

中小城镇季节性采暖供热应当符合因地制宜、合理布局、先进适用的原则。

第二十一条　国家采取多种措施，大力发展煤炭清洁高效利用技术，积极探索应用高效清洁热电联产技术，重点开发整体煤气化联合循环发电等煤炭气化、供热（制冷）、发电多联产技术。

第二十二条　热电联产和煤矸石综合利用发电项目的上网电价，执行国家发展改革委颁布的《上网电价管理暂行办法》。在实行竞价上网的地区，由市场竞争形成；在未实行竞价上网的地区，新建项目上网电价执行国家公布的新投产燃煤机组标杆上网电价。

第二十三条　热电联产项目的热力出厂价格，由省级价格主管部门或经授权的市、县人民政府根据合理补偿成本、合理确定收益、促进节约用热、坚持公平负担的原则，按照价格主管部门经成本监审核定的当地供热定价成本及规定的成本利润率或净资产收益率统一核定，并按照国家有关规定实行煤热联动。

对热电联产供热和采用其他方式供热的销售价格逐步实行同热同价。

第二十四条　热电联产和煤矸石综合利用发电项目应优先上网发电。热电联产机组在供热运行时，依据实时供热负荷曲线，按“以热定电”方式优先排序上网发电，在非供热运行时或超出供热负荷曲线所发电力电量，应按同类凝汽发电机组能耗水平确定其发电调度序位。

第五章　监督检查

第二十五条　项目核准机关应当综合考虑城市规划、国土资源、环境保护、银行监管、安全生产等国家有关规定，健全完善项目检查和认定核验制度。

热电联产项目必须安装热力负荷实时在线监测装置，并与发电调度机构实现联网。

第二十六条　项目建成投产后，由项目核准机关组织或委托有关单位进行竣工检查，确认项目建设是否符合项目核准文件的各项要求。受托组织竣工检查的单位，应将检查结论报国家发展改革委。

经竣工检查合格的项目，方可申请享受国家规定的税收优惠或补贴等政策。热电联产企业与其他供热企业应同等享受当地供热优惠政策或补贴。

第二十七条　项目生产运行过程中，省级发展改革部门（经委、经贸委）应当会同有关部门进行定期年度核验。对不符合国家有关规定和项目核准要求的，应责令其限期整改，取消其享受的各项优惠政策，并报国家发展改革委。国家发展改革委将视情况组织专项稽查。经查明确有弄虚作假的，责令其停止上网运行，并按照国家有关规定予以处理。

第二十八条　项目核准机关应当会同有关部门，加强对热电联产和煤矸石综合利用发电项目的监管。对于应报政府核准而未申报的项目、虽然申报但未经核准擅自开工建设的项目，以及未按项目核准文件的要求进行建设的项目，一经发现，项目核准机关应责令其停止建设，并依法追究有关责任人的法律和行政责任。

第六章 附 则

第二十九条 本规定所称项目核准机关，是指《政府核准的投资项目目录》中规定具有企业投资项目核准权限的行政机关。

第三十条 燃用煤矸石和低位发热量小于 12 250 千焦/千克的低热值煤的项目审批核准，应按照燃煤项目进行管理，适用本规定以及其他燃煤项目的有关项目管理规定。

第三十一条 本规定由国家发展和改革委员会负责解释。

第三十二条 本规定自发布之日起施行。

关于进一步加强生物质发电项目环境影响评价管理工作的通知

环发〔2008〕82 号

各省、自治区、直辖市环境保护局（厅）和发展改革委，解放军环境保护局，新疆生产建设兵团环境保护局：

自 2006 年 6 月原国家环保总局与国家发展和改革委员会印发《关于加强生物质发电项目环境影响评价管理工作的通知》（环发〔2006〕82 号）以来，各地认真贯彻落实通知精神，不断加强生物质发电项目的环境影响评价管理工作。随着相关政策的不断调整与完善，为进一步加强和规范生物质发电项目的环境影响评价管理工作，现对有关内容调整如下：

一、根据《可再生能源法》、《可再生能源产业发展指导目录》、《可再生能源发电有关管理规定》和《可再生能源发电价格和费用分摊管理试行办法》，生物质发电项目主要为农林生物质直接燃烧和气化发电、生活垃圾（含污泥）焚烧发电和垃圾填埋气发电及沼气发电项目。

二、根据《国家鼓励的资源综合利用认定管理办法》，城市生活垃圾（含污泥）发电应当符合以下条件：垃圾焚烧炉建设及其运行符合国家或行业有关标准或规范；使用的垃圾数量及品质必须有保证。

现阶段，采用流化床焚烧炉处理生活垃圾作为生物质发电项目申报的，其掺烧常规燃料质量应控制在入炉总质量的 20%以下。其他新建的生物质发电项目原则上不得掺烧常规燃料。国家鼓励对常规火电项目进行掺烧生物质的技术改造，当生物质掺烧量按照质量换算低于 80%时，应按照常规火电项目进行管理。

三、建设生物质发电项目应充分结合当地特点和优势，合理规划和布局，防止盲目布点。生活垃圾焚烧发电项目建设，要以城市总体规划、土地利用规划及环境卫生专项规划（或城市生活垃圾集中处置规划等）为基础，确定合理的布局及建设规模；秸秆发电项目原则上应布置在农作物相对集中地区，要充分考虑秸秆产量和合理的运输范围；林木生物质发电项目原则上布置在重点林区；垃圾填埋气发电项目厂址应与垃圾填埋场统筹规划；沼气发电项目要与大型畜禽养殖场、城市生活污水处理工程、工业企业的废水处理工程配套建设。在采暖地区县级城镇周围建设的农林生物质发电项目，应尽量结合城镇集中供热，建设生物质热电联产工程。

四、生物质发电项目必须依法开展环境影响评价。除生活垃圾填埋气发电及沼气发电项目编制环境影响报告表外，其他生物质发电项目应编制环境影响报告书。生物质发电项目环境影响报告书（表）报项目所在省、自治区、直辖市环境保护行政主管部门审批。各省、自治区、直辖市环境保护行政主管部门应在审批完成后三个月内，将审批文件报国务院环境保护行政主管部门备案。

五、在生物质发电项目环境影响评价及审批工作中，应重点做好以下几项工作（具体技术要点详见附件）：

（一）切实做好生物质发电项目的选址和论证工作。根据区域总体规划、有关专项规划及生物质资源分布特点，深入论证生物质发电项目选址的可行性。一般不得在城市建成区新建生物质发电项目。

（二）做好污染预防、厂址周边环境保护和规划控制工作，应根据污染物排放情况，明确合理的防护距离要求，作为规划控制的依据，防止对周围环境敏感保护目标的不利影响。

（三）结合生物质发电项目的发展现状，明确严格的污染物治理措施，确保污染物排放符合国家和地方规定的排放标准。引进国外设备的，污染物排放限值应不低于引进国同类设备的排放限值。

（四）采用农林生物质、生活垃圾等作为原燃料的生物质发电项目，在环境影响评价中必须考虑原燃料收集、运输、贮存环节的环境影响。

（五）加强环境风险防范工作，在环境影响评价中必须考虑风险事故情况下的环境影响，督促企业落实风险防范应急预案，杜绝污染事故发生。

（六）依法做好公众参与环境影响评价工作。

附件：生物质发电项目环境影响评价文件审查的技术要点

环境保护部
发展改革委
能源局
二〇〇八年九月四日

附件

生物质发电项目环境影响评价文件审查的技术要点

一、生活垃圾焚烧发电类项目

1．厂址选择

按照原建设部、国家环境保护总局、科技部《关于印发〈城市生活垃圾处理及污染防治技术政策〉的通知》（建城〔2000〕120 号）的要求，垃圾焚烧发电适用于进炉垃圾平均低位热值高于 5 000 千焦/千克、卫生填埋场地缺乏和经济发达的地区。

选址必须符合所在城市的总体规划、土地利用规划及环境卫生专项规划（或城市生活垃圾集中处置规划等）；应符合《城市环境卫生设施规划规范》（GB 50337—2003）、《生活垃圾焚烧处理工程技术规范》（CJJ 90—2002）对选址的要求。

除国家及地方法规、标准、政策禁止污染类项目选址的区域外，以下区域一般不得新建生活垃圾焚烧发电类项目：

（1）城市建成区；

（2）环境质量不能达到要求且无有效削减措施的区域；

（3）可能造成敏感区环境保护目标不能达到相应标准要求的区域。

2．技术和装备

焚烧设备应符合《当前国家鼓励发展的环保产业设备（产品目录）》（2007 年修订）关于固体废物焚烧设备的主要指标及技术要求。

（1）除采用流化床焚烧炉处理生活垃圾的发电项目，其掺烧常规燃料质量应控制在入炉总量的 20%以下外，采用其他焚烧炉的生活垃圾焚烧发电项目不得掺烧煤炭。必须配备垃圾与原煤给料记录装置。

（2）采用国外先进成熟技术和装备的，要同步引进配套的环保技术，在满足我国排放标准前提下，其污染物排放限值应达到引进设备配套污染控制设施的设计、运行值要求。

（3）有工业热负荷及采暖热负荷的城市或地区，生活垃圾焚烧发电项目应优先选用供热机组，以提高环保效益和社会效益。

3．污染物控制

（1）燃烧设备须达到《生活垃圾焚烧污染控制标准》（GB 18485—2001）规定的“焚烧炉技术要求”；采取有效污染控制措施，确保烟气中的 SO_2、NO_x、HCl 等酸性气体及其他常规烟气污染物达到《生活垃圾焚烧污染控制标准》（GB 18485—2001）表 3“焚烧炉大气污染物排放限值”要求；对二噁英排放浓度应参照执行欧盟标准（现阶段为 0.1 TEQng/m^3）；在大城市或对氮氧化物有特殊控制要求的地区建设生活垃圾焚烧发电项目，应加装必要的脱硝装置，其他地区须预留脱除氮氧化物空间；安装烟气自动连续监测装置；须对二噁英的辅助判别措施提出要求，对炉内燃烧温度、CO、含氧量等实施监测，并与地方环保部门联网，对活性炭施用量实施计量。

（2）酸碱废水、冷却水排污水及其他工业废水处理处置措施应合理可行；垃圾渗滤液处理应优先考虑回喷，不能回喷的应保证排水达到国家和地方的相关排放标准要求，应设置足够容积的垃圾渗滤液事故收集池；产生的污泥或浓缩液应在厂内自行焚烧处理、不得外运处置。

（3）焚烧炉渣与除尘设备收集的焚烧飞灰应分别收集、贮存、运输和处置。焚烧炉渣为一般工业固体废物，工程应设置相应的磁选设备，对金属进行分离回收，然后进行综合利用，或按《一般工业固体废物贮存、处置场污染控制标准》（GB 18599—2001）要求进行贮存、处置；焚烧飞灰属危险废物，应按《危险废物贮存污染控制标准》（GB 18597—2001）及《危险废物填埋污染控制标准》（GB 18598—2001）进行贮存、处置；积极鼓励焚烧飞灰的综合利用，但所用技术应确保二噁英的完全破坏和重金属的有效固定、在产品的生产过程和使用过程中不会造成二次污染。《生活垃圾填埋污染控制标准》（GB 16889—2007）实施后，焚烧炉渣和飞灰的处置也可按新标准执行。

（4）恶臭防治措施：垃圾卸料、垃圾输送系统及垃圾贮存池等采用密闭设计，垃圾贮存池和垃圾输送系统采用负压运行方式，垃圾渗滤液处理构筑物须加盖密封处理。在非正常工况下，须采取有效的除臭措施。

4．垃圾的收集、运输和贮存

鼓励倡导垃圾源头分类收集、或分区收集，垃圾中转站产生的渗滤液不宜进入垃圾焚烧厂，以提高进厂垃圾热值；垃圾运输路线应合理，运输车须密闭且有防止垃圾渗滤液的滴漏措施，应采用符合《当前国家鼓励发展的环保产业设备（产品目录）》（2007 年修订）主要指标及技术要求的后装压缩式垃圾运输车；对垃圾贮存坑和事故收集池底部及四壁采取防止垃圾渗滤液渗漏的措施；采取有效防止恶臭污染物外逸的措施。危险废物不得进入生活垃圾焚烧发电厂进行处理。

5．环境风险

环境影响报告书须设置环境风险影响评价专章，重点考虑二噁英和恶臭污染物的影响。事故及风险评价标准参照人体每日可耐受摄入量 4 pgTEQ/kg 执行，经呼吸进入人体的允许摄入量按每日可耐受摄入量10%执行。根据计算结果给出可能影响的范围，并制定环境风险防范措施及应急预案，杜绝环境污染事故的发生。

6．环境防护距离

根据正常工况下产生恶臭污染物（氨、硫化氢、甲硫醇、臭气等）无组织排放源强计算的结果并适当考虑环境风险评价结论，提出合理的环境防护距离，作为项目与周围居民区以及学校、医院等公共设施的控制间距，作为规划控制的依据。新改扩建项目环境防护距离不得小于 300 米。

7．污染物总量控制

工程新增的污染物排放量，须提出区域平衡方案，明确总量指标来源，实现“增产减污”。

8．公众参与

须严格按照原国家环保总局颁发的《环境影响评价公众参与暂行办法》（环发〔2006〕28 号）开展工作。公众参与的对象应包括受影响的公众代表、专家、技术人员、基层政府组织及相关受益公众的代表。应增加公众参与的透明度，适当组织座谈会、交流会使公众与相关人员进行沟通交流。应对公众意见进行归纳分析，对持不同意见的公众进行及时的沟通，反馈建设单位提出改进意见，最终对公众意见的采纳与否提出意见。对于环境敏感、争议较大的项目，地方各级政府要负责做好公众的解释工作，必要时召开听证会。

9．环境质量现状监测及影响预测

除环境影响评价导则的相关要求外，还应重点做好以下工作：

（1）现状监测：根据排放标准合理确定监测因子。在垃圾焚烧电厂试运行前，需在厂址全年主导风向下风向最近敏感点及污染物最大落地浓度点附近各设 1 个监测点进行大气中二噁英监测；在厂址区域主导风向的上、下风向各设 1 个土壤中二噁英监测点，下风向推荐选择在污染物浓度最大落地带附近的种植土壤。

（2）影响预测：在国家尚未制定二噁英环境质量标准前，对二噁英环境质量影响的评价参照日本年均浓度标准（0.6 pgTEQ/m^3）评价。加强恶臭污染物环境影响预测，根据导则要求采用长期气象条件，逐次、逐日进行计算，按有关环境评价标准给出最大达标距离，具备条件的也可按照同类工艺与规模的垃圾电厂的臭气浓度调查、监测类比来确定。

（3）日常监测：在垃圾焚烧电厂投运后，每年至少要对烟气排放及上述现状监测布点处进行一次大气及土壤中二噁英监测，以便及时了解掌握垃圾焚烧发电项目及其周围环境二噁英的情况。

10．用水

垃圾发电项目用水要符合国家用水政策。鼓励用城市污水处理厂中水，北方缺水地区限制取用地表水、严禁使用地下水。

二、农林生物质直接燃烧和气化发电类项目

1．农林生物质的范围

农林生物质的种类包括农作物的秸秆、壳、根，木屑、树枝、树皮、边角木料，甘蔗渣等。

2．厂址选择

（1）应符合当地农林生物质直接燃烧和气化发电类项目发展规划，充分考虑当地生物质资源分布情况和合理运输半径。

（2）厂址用地应符合当地城市发展规划和环境保护规划，符合国家土地政策；城市建成区、环境质量不能达到要求且无有效削减措施的或者可能造成敏感区环境保护目标不能达到相应标准要求的区域，不得新建农林生物质直接燃烧和气化发电项目。

3．技术和装备

（1）生物质焚烧锅炉应以农林生物质为燃料，不得违规掺烧煤、矸石或其他矿物燃料。

（2）采用国外成熟技术和装备，要同步引进配套的环保技术和污染控制设施。在满足我国排放标准前提下，其污染物排放限值应达到引进设备配套污染控制设施的设计运行值要求。

秸秆直燃发电项目应避免重复建设，尽量选择高参数机组，原则上项目建设规模应不小于 12 MW。

4．大气污染物排放标准

（1）烟气污染物排放标准

单台出力 65 t/h 以上采用甘蔗渣、锯末、树皮等生物质燃料的发电锅炉，参照《火电厂大气污染物排放标准》（GB 13223—2003）规定的资源综合利用火力发电锅炉的污染物控制要求执行。

单台出力 65 t/h 及以下采用甘蔗渣、锯末、树皮等生物质燃料的发电锅炉，参照《锅炉大气污染物排放标准》（GB 13271—2001）中燃煤锅炉大气污染物最高允许排放浓度执行。

有地方排放标准且严于国家标准的，执行地方排放标准。

引进国外燃烧设备的项目，在满足我国排放标准前提下，其污染物排放限值应达到引进设备配套污染控制设施的设计运行值要求。

（2）无组织排放控制标准

根据生物质发电项目所在区域的环境空气功能区划，其产生的恶臭污染物（氨、硫化氢、甲硫醇、臭气）浓度的厂界排放限值，分别按照《恶臭污染物排放标准》（GB 14555—93）表 1 相应级别的指标执

行，如环境空气二类区，生物质发电项目的恶臭污染物执行《恶臭污染物排放标准》（GB 14555—93）二级标准限值。

掺烧常规燃料（如煤炭），其煤堆场煤尘无组织排放控制标准，其单位法定周界无组织排放监控浓度值执行《大气污染物综合排放标准》（GB 16297—1996）。

非甲烷总烃厂界无组织排放监控浓度执行《大气污染物综合排放标准》（GB 16297—1996）。

5．污染物控制

采取的烟气治理措施，能确保烟尘等污染物达到国家排放标准；采用有利于减少 NO_x 产生的低氮燃烧技术，并预留脱氮装置空间；配备贮灰渣装置或设施，配套灰渣综合利用设施，做到灰渣全部综合利用。

6．恶臭防护距离

按照其恶臭污染物（氨、硫化氢、甲硫醇、臭气等）无组织排放源强确定合理的防护距离。

7．原料的来源、收集、运输和贮存

落实稳定的农林生物质来源，配套合理的秸秆收集、运输、贮存、调度和管理体系；原料场须采取可行的二次污染防治措施。

8．用水

农林生物质直接燃烧和气化发电项目用水是否符合国家用水政策。鼓励用城市污水处理厂中水，北方缺水地区限制取用地表水、严禁使用地下水。

9．环境风险

设置环境风险影响评价专章，根据项目特点及环境特点，制定环境风险防范措施及防范应急预案，杜绝环境污染事故的发生。

三、垃圾填埋气发电及沼气发电类项目

1．厂址选择

用地符合当地城市发展规划和环境保护规划，符合国家土地政策。垃圾填埋气发电厂址应与垃圾填埋场统筹规划。

2．技术和装备

鼓励采用具有自主知识产权的成熟技术和设备。采用国外先进成熟技术和装备的，应同步引进配套的环保技术和污染控制设施，在满足我国排放标准前提下，其污染物排放限值应达到引进设备配套污染控制措施的设计运行值要求。

3．大气污染物排放标准

（1）烟气污染物排放标准

单台出力 65 t/h 以上的发电锅炉，参照《火电厂大气污染物排放标准》（GB 13223—2003）规定的燃气轮机组的污染物控制要求执行。

单台出力 65 t/h 及以下的发电锅炉，参照《锅炉大气污染物排放标准》（GB 13271—2001）中燃气锅炉大气污染物最高允许排放浓度执行。

有地方排放标准且严于国家标准的，执行地方排放标准。

引进国外燃烧设备的项目，在满足我国排放标准前提下，其污染物排放限值应达到引进设备配套污染控制设施的设计运行值要求。

（2）无组织排放控制标准

根据生物质发电项目所在区域的环境空气功能区划，其产生的恶臭污染物（氨、硫化氢、甲硫醇、臭气）浓度的厂界排放限值，分别按照《恶臭污染物排放标准》（GB 14555—93）表 1 相应级别的指标执行，如环境空气二类区，生物质发电项目的恶臭污染物执行《恶臭污染物排放标准》（GB 14555—93）二

级标准限值。

非甲烷总烃厂界无组织排放监控浓度执行《大气污染物综合排放标准》(GB 16297—1996)。

4. 污染物控制

采取的垃圾填埋气和沼气预处理及烟气治理措施，要确保烟尘等污染物达到国家排放标准；燃烧系统应采用有利于减少 NO_x 产生的低氮燃烧技术，并预留脱氮装置空间。

5. 恶臭防护距离

按照其恶臭污染物（氨、硫化氢、甲硫醇、臭气等）无组织排放源强确定合理的防护距离。

6. 环境风险

应设置环境风险影响及对策章节，并根据项目特点及环境特点，制定环境风险防范措施及防范应急预案，杜绝环境污染事故的发生。

7. 用水

此类项目用水须符合国家用水政策。鼓励用城市污水处理厂中水，北方缺水地区限制取用地表水、严禁使用地下水。

中华人民共和国国家发展和改革委员会令

第 15 号

《天然气利用政策》已经国家发展和改革委员会主任办公会议审议通过，现予公布，自 2012 年 12 月 1 日施行。

附件：《天然气利用政策》

主任　张　平

2012 年 10 月 14 日

附件

天然气利用政策

为了鼓励、引导和规范天然气下游利用领域，特制定本政策。在我国境内所有从事天然气利用的活动均应遵循本政策。本政策中天然气是指国产天然气、页岩气、煤层气（煤矿瓦斯）、煤制气、进口管道天然气和液化天然气（LNG）等。

国家发展改革委、国家能源局负责全国天然气利用管理工作。各省（区、市）发展改革委、能源局负责本行政区域内天然气利用管理工作。

一、基本原则和政策目标

（一）基本原则。坚持统筹兼顾，整体考虑全国天然气利用的方向和领域，优化配置国内外资源；坚持区别对待，明确天然气利用顺序，保民生、保重点、保发展，并考虑不同地区的差异化政策；坚持量入为出，根据资源落实情况，有序发展天然气市场。

（二）政策目标。按照科学发展观和构建社会主义和谐社会的要求，优化能源结构、发展低碳经济、促进节能减排、提高人民生活质量，统筹国内外两种资源、两个市场，提高天然气在一次能源消费结构中的比重，优化天然气消费结构，提高利用效率，促进节约使用。

二、天然气利用领域和顺序

（一）天然气利用领域

根据不同用气特点，天然气用户分为城市燃气、工业燃料、天然气发电、天然气化工和其他用户。

（二）天然气利用顺序

综合考虑天然气利用的社会效益、环境效益和经济效益以及不同用户的用气特点等各方面因素，天然气用户分为优先类、允许类、限制类和禁止类。

第一类：优先类

城市燃气：

1. 城镇（尤其是大中城市）居民炊事、生活热水等用气；

2. 公共服务设施（机场、政府机关、职工食堂、幼儿园、学校、医院、宾馆、酒店、餐饮业、商场、写字楼、火车站、福利院、养老院、港口、码头客运站、汽车客运站等）用气；

3. 天然气汽车（尤其是双燃料及液化天然气汽车），包括城市公交车、出租车、物流配送车、载客汽车、环卫车和载货汽车等以天然气为燃料的运输车辆；

4. 集中式采暖用户（指中心城区、新区的中心地带）；

5. 燃气空调；

工业燃料：

6. 建材、机电、轻纺、石化、冶金等工业领域中可中断的用户；

7. 作为可中断用户的天然气制氢项目；

其他用户：

8. 天然气分布式能源项目（综合能源利用效率 70%以上，包括与可再生能源的综合利用）；

9. 在内河、湖泊和沿海航运的以天然气（尤其是液化天然气）为燃料的运输船舶（含双燃料和单一天然气燃料运输船舶）；

10. 城镇中具有应急和调峰功能的天然气储存设施；

11. 煤层气（煤矿瓦斯）发电项目；

12. 天然气热电联产项目。

第二类：允许类

城市燃气：

1. 分户式采暖用户；

工业燃料：

2. 建材、机电、轻纺、石化、冶金等工业领域中以天然气代油、液化石油气项目；

3. 建材、机电、轻纺、石化、冶金等工业领域中以天然气为燃料的新建项目；

4. 建材、机电、轻纺、石化、冶金等工业领域中环境效益和经济效益较好的以天然气代煤项目；

5. 城镇（尤其是特大、大型城市）中心城区的工业锅炉燃料天然气置换项目；

天然气发电：

6. 除第一类第 12 项、第四类第 1 项以外的天然气发电项目；

天然气化工：

7. 除第一类第 7 项以外的天然气制氢项目；

其他用户：

8. 用于调峰和储备的小型天然气液化设施。

第三类：限制类

天然气化工：

1. 已建的合成氨厂以天然气为原料的扩建项目、合成氨厂煤改气项目；

2. 以甲烷为原料，一次产品包括乙炔、氯甲烷等小宗碳一化工项目；

3. 新建以天然气为原料的氮肥项目。

第四类：禁止类

天然气发电：

1. 陕、蒙、晋、皖等 13 个大型煤炭基地所在地区建设基荷燃气发电项目［煤层气（煤矿瓦斯）发电项目除外］；

天然气化工：

2. 新建或扩建以天然气为原料生产甲醇及甲醇生产下游产品装置；

3. 以天然气代煤制甲醇项目。

三、保障措施

（一）做好供需平衡。国家发展改革委、国家能源局统筹协调各企业加快推进天然气资源勘探开发，促进天然气高效利用，调控供需总量基本平衡，推动资源、运输、市场有序协调发展。

（二）制定利用规划。各省（区、市）发展改革委、能源局要根据天然气资源落实和地区管网规划建设情况，结合节能减排目标，认真做好天然气利用规划，确保供需平衡。同时，要按照天然气利用优先顺序加强需求侧管理，鼓励优先类、支持允许类天然气利用项目发展，对限制类项目的核准和审批要从严把握，列入禁止类的利用项目不予安排气量。优化用气结构，合理安排增量，做好年度用气计划安排。

（三）高效节约使用。在严格遵循天然气利用顺序基础上，鼓励应用先进工艺、技术和设备，加快淘汰天然气利用落后产能，发展高效利用项目。鼓励用天然气生产化肥等企业实施由气改煤技术。高含 CO_2 的天然气可根据其特点实施综合开发利用。鼓励页岩气、煤层气（煤矿瓦斯）就近利用（用于民用、发电）和在符合国家商品天然气质量标准条件下就近接入管网或者加工成 LNG、CNG 外输。提高天然气商品率，增加外供商品气量，严禁排空浪费。

（四）安全稳定保供。国家通过政策引导和市场机制，鼓励建设调峰储气设施。天然气销售企业、天然气基础设施运营企业和城镇燃气经营企业应当共同保障安全供气，减少事故性供应中断对用户造成的影响。

（五）合理调控价格。完善价格机制。继续深化天然气价格改革，完善价格形成机制，加快理顺天然气价格与可替代能源比价关系；建立并完善天然气上下游价格联动机制；鼓励天然气用气量季节差异较大的地区，研究推行天然气季节差价和可中断气价等差别性气价政策，引导天然气合理消费，提高天然气利用效率；支持天然气贸易机制创新。

（六）配套相关政策。对优先类用气项目，地方各级政府可在规划、用地、融资、收费等方面出台扶持政策。鼓励天然气利用项目有关技术和装备自主化，鼓励和支持汽车、船舶天然气加注设施和设备的建设。鼓励地方政府出台如财政、收费、热价等具体支持政策，鼓励发展天然气分布式能源项目。

四、政策适用有关规定

（一）坚持以产定需，所有新建天然气利用项目（包括优先类）申报核准时必须落实气源，并签订购气合同；已用气项目供用气双方也要有合同保障。

（二）已建成且已用上天然气的用气项目，尤其是国家批准建设的化肥项目，供气商应确保按合同稳定供气。

（三）已建成但供气不足的用气项目，供气商应首先确保按合同量供应，有富余能力情况下逐步增加供应量。

（四）目前在建或已核准的用气项目，若供需双方已签署长期供用气合同，按合同执行；未签署合同的尽快签署合同并逐步落实气源。

（五）除新疆可适度发展限制类中的天然气化工项目外，其他天然气产地利用天然气亦应遵循产业政策。

五、其他

（一）本政策自发布之日起 30 日后实施。从本政策实施之日起，天然气利用项目管理均适用本政策，除国家法律法规另有规定外，均以此为准。

（二）本政策根据天然气供需形势变化适时进行调整，以确保天然气市场健康有序发展。

（三）本政策由国家发展改革委负责解释。各省（区、市）可在本政策规定范围内结合本地实际制定相关实施办法，并报国家发展改革委备案。

国务院办公厅转发环境保护部等部门关于推进大气污染联防联控工作改善区域空气质量指导意见的通知

国办发〔2010〕33号

各省、自治区、直辖市人民政府，国务院各部委、各直属机构：

环境保护部、发展改革委、科技部、工业和信息化部、财政部、住房城乡建设部、交通运输部、商务部、能源局《关于推进大气污染联防联控工作改善区域空气质量的指导意见》已经国务院同意，现转发给你们，请认真贯彻执行。

国务院办公厅

二〇一〇年五月十一日

关于推进大气污染联防联控工作改善区域空气质量的指导意见

环境保护部　发展改革委　科技部　工业和信息化部
财政部　住房城乡建设部　交通运输部　商务部　能源局

近年来，我国一些地区酸雨、灰霾和光化学烟雾等区域性大气污染问题日益突出，严重威胁群众健康，影响环境安全。国内外的成功经验表明，解决区域大气污染问题，必须尽早采取区域联防联控措施。为进一步加大大气污染防治工作力度，现就推进区域大气污染联防联控，改善区域空气质量工作提出以下意见。

一、指导思想、基本原则和工作目标

（一）指导思想。以科学发展观为指导，以改善空气质量为目的，以增强区域环境保护合力为主线，以全面削减大气污染物排放为手段，建立统一规划、统一监测、统一监管、统一评估、统一协调的区域大气污染联防联控工作机制，扎实做好大气污染防治工作。

（二）基本原则。坚持环境保护与经济发展相结合，促进区域环境与经济协调发展；坚持属地管理与区域联动相结合，提升区域大气污染防治整体水平；坚持先行先试与整体推进相结合，率先在重点区域取得突破。

（三）工作目标。到2015年，建立大气污染联防联控机制，形成区域大气环境管理的法规、标准和政策体系，主要大气污染物排放总量显著下降，重点企业全面达标排放，重点区域内所有城市空气质量达到或好于国家二级标准，酸雨、灰霾和光化学烟雾污染明显减少，区域空气质量大幅改善。确保2010年上海世博会和广州亚运会空气质量良好。

二、重点区域和防控重点

（四）重点区域。开展大气污染联防联控工作的重点区域是京津冀、长三角和珠三角地区；在辽宁中部、山东半岛、武汉及其周边、长株潭、成渝、台湾海峡西岸等区域，要积极推进大气污染联防联控工作；其他区域的大气污染联防联控工作，由有关地方人民政府根据实际情况组织开展。

（五）防控重点。大气污染联防联控的重点污染物是二氧化硫、氮氧化物、颗粒物、挥发性有机物等，重点行业是火电、钢铁、有色、石化、水泥、化工等，重点企业是对区域空气质量影响较大的企业，需解决的重点问题是酸雨、灰霾和光化学烟雾污染等。

三、优化区域产业结构和布局

（六）提高环境准入门槛。制定并实施重点区域内重点行业的大气污染物特别排放限值，严格控制重点区域新建、扩建除“上大压小”和热电联产以外的火电厂，在地级城市市区禁止建设除热电联产以外的火电厂。针对重点区域内重点行业的建设项目实行环境影响评价区域会商机制，具体办法由环境保护部另行制定。加强区域产业发展规划环境影响评价，严格控制钢铁、水泥、平板玻璃、传统煤化工、多晶硅、电解铝、造船等产能过剩行业扩大产能项目建设。

（七）优化区域工业布局。建立产业转移环境监管机制，加强产业转入地在承接产业转移过程中的环保监管，防止污染转移。在城市城区及其近郊禁止新建、扩建钢铁、有色、石化、水泥、化工等重污染企业，对城区内已建重污染企业要结合产业结构调整实施搬迁改造，按期完成首钢搬迁工程，组织实施好石家庄、杭州、广州等城市钢铁厂搬迁项目。

（八）推进技术进步和结构调整。完善重点行业清洁生产标准和评价指标，加强对重点企业的清洁生产审核和评估验收。加大清洁生产技术推广力度，鼓励企业使用清洁生产先进技术。加快产业结构调整步伐，确保电力、煤炭、钢铁、水泥、有色金属、焦炭、造纸、制革、印染等行业淘汰落后产能任务按期完成。

四、加大重点污染物防治力度

（九）强化二氧化硫总量控制制度。提高火电机组脱硫效率，完善火电厂脱硫设施特许经营制度。加大钢铁、石化、有色等行业二氧化硫减排工作力度，推进工业锅炉脱硫工作。完善二氧化硫排污收费制度。制定区域二氧化硫总量减排目标。

（十）加强氮氧化物污染减排。建立氮氧化物排放总量控制制度。新建、扩建、改建火电厂应根据排放标准和建设项目环境影响报告书批复要求建设烟气脱硝设施，重点区域内的火电厂应在“十二五”期间全部安装脱硝设施，其他区域的火电厂应预留烟气脱硝设施空间。推广工业锅炉低氮燃烧技术，重点开展钢铁、石化、化工等行业氮氧化物污染防治。

（十一）加大颗粒物污染防治力度。使用工业锅炉的企业以及水泥厂、火电厂应采用袋式等高效除尘技术。强化施工工地环境管理，禁止使用袋装水泥和现场搅拌混凝土、砂浆，在施工场地应采取围挡、遮盖等防尘措施。加强道路清扫保洁工作，提高城市道路清洁度。实施“黄土不露天”工程，减少城区裸露地面。

（十二）开展挥发性有机物污染防治。从事喷漆、石化、制鞋、印刷、电子、服装干洗等排放挥发性有机污染物的生产作业，应当按照有关技术规范进行污染治理。推进加油站油气污染治理，按期完成重点区域内现有油库、加油站和油罐车的油气回收改造工作，并确保达标运行；新增油库、加油站和油罐车应在安装油气回收系统后才能投入使用。严格控制城市餐饮服务业油烟排放。

五、加强能源清洁利用

（十三）严格控制燃煤污染排放。严格控制重点区域内燃煤项目建设，开展区域煤炭消费总量控制试点工作。推进低硫、低灰分配煤中心建设，提高煤炭洗选比例，重点区域内未配备脱硫设施的企业，禁止直接燃用含硫量超过 0.5%的煤炭。加强高污染燃料禁燃区划定工作，逐步扩大禁燃区范围，禁止原煤散烧。建设火电机组烟气脱硫、脱硝、除尘和除汞等多污染物协同控制技术示范工程。

（十四）大力推广清洁能源。改善城市能源消费结构，加大天然气、液化石油气、煤制气、太阳能等清洁能源的推广力度，逐步提高城市清洁能源使用比重。继续推进清洁能源行动，积极开展清洁能源利用示范。推进工业、交通和建筑节能，提高能源利用效率。加快发展农村清洁能源，鼓励农作物秸秆综合利用，推广生物质成型燃料技术，大力发展农村沼气。禁止露天焚烧秸秆等农作物废弃物，确保城市周边、交通干线、机场周围空气质量。鼓励采用节能炉灶，逐步淘汰传统高污染炉灶。

（十五）积极发展城市集中供热。推进城市集中供热工程建设，加强城镇供热锅炉并网工作，不断提高城市集中供热面积。加强集中供热锅炉烟气脱硫、脱硝和高效除尘综合污染防治工作。发展洁净煤技术，加大高效洁净煤锅炉集中供热示范推广力度。在城市城区及其近郊，禁止新建效率低、污染重的燃煤小锅炉，逐步拆除已建燃煤小锅炉。

六、加强机动车污染防治

（十六）提高机动车排放水平。严格实施国家机动车排放标准，完善新生产机动车环保型式核准制度，禁止不符合国家机动车排放标准车辆的生产、销售和注册登记。继续推进汽车“以旧换新”工作，加速“黄标车”和低速载货车淘汰进程，积极发展新能源汽车。

（十七）完善机动车环境管理制度。加强机动车环保定期检验，实施机动车环保标志管理，对排放不达标车辆进行专项整治。依法加强对机动车环保检验机构的监督管理，促进其健康发展。加强机动车环保监管能力建设，建立机动车环保管理信息系统。研究有利于机动车污染防治的税费政策。

（十八）加快车用燃油清洁化进程。推进车用燃油低硫化，加快炼油设施改造步伐，增加优质车用燃油市场供应。尽快制定并实施国家第四、第五阶段车用燃油标准和车用燃油有害物质限量标准。强化车用燃油清净剂核准管理。

（十九）大力发展公共交通。完善城市交通基础设施，落实公交优先发展战略，加快建设公共汽、电车专用道（路）并设置公交优先通行信号系统。改善居民步行、自行车出行条件，鼓励居民选择绿色出行方式。

七、完善区域空气质量监管体系

（二十）加强重点区域空气质量监测。提高空气质量监测能力，优化重点区域空气质量监测点位，开展酸雨、细颗粒物、臭氧监测和城市道路两侧空气质量监测，制定大气污染事故预报、预警和应急处理预案，完善环境信息发布制度，实现重点区域监测信息共享。到 2011 年年底前，初步建成重点区域空气质量监测网络。

（二十一）完善空气质量评价指标体系。加快空气质量评价指标修订工作，完善臭氧和细颗粒物空气质量评价方法，增加相应评价指标。

（二十二）强化城市空气质量分级管理。空气质量未达到二级标准的城市，应当制订达标方案，确保按期实现空气质量改善目标。国家环境保护重点城市的达标方案应报环境保护部批准后实施。空气质量已达到二级标准的城市，应制订空气质量持续改善方案，防止空气质量恶化。

（二十三）加强区域环境执法监管。环境保护部要会同有关地方和部门确定并公布重点企业名单，开展区域大气环境联合执法检查，集中整治违法排污企业。各地环保部门应加强对重点企业的监督性监测，并推进其安装污染源在线监测装置。到 2012 年年底前，重点企业应全部安装在线监测装置并与环保部门联网。

八、加强空气质量保障能力建设

（二十四）加大资金投入。各级人民政府要根据大气污染防治工作实际，加大资金投入力度，强化环境保护专项资金使用管理，着力推进重点治污项目和区域空气质量监测、监控能力建设。空气质量未达到标准的城市，应逐年加大资金投入，加快城市大气环境保护基础设施和污染治理工程建设。

（二十五）强化科技支撑。加强区域大气污染形成机理研究。开展烟气脱硝、有毒有害气体治理、洁净煤利用、挥发性有机污染物和大气汞污染治理、农村生物质能开发等技术攻关。加大细颗粒物、臭氧污染防治技术示范和推广力度。加快高新技术在环保领域的应用，推动环保产业发展。

（二十六）完善环境经济政策。继续实施高耗能、高污染行业差别电价政策。严格火电、钢铁、水泥、电解铝等行业上市公司环保核查。积极推进主要大气污染物排放指标有偿使用和排污权交易工作。完善区域生态补偿政策，研究对空气质量改善明显地区的激励机制。

九、加强组织协调

（二十七）建立区域大气污染联防联控的协调机制。在全国环境保护部际联席会议制度下，不定期召开由有关部门和相关地方人民政府参加的专题会议，协调解决区域大气污染联防联控工作中的重大问题，组织编制重点区域大气污染联防联控规划，明确重点区域空气质量改善目标、污染防治措施及重点治理项目。到 2011 年年底前，完成规划编制和报批工作。

（二十八）严格落实责任。地方人民政府是区域大气污染防治的责任主体，要切实加强组织领导，制定本地区大气污染联防联控工作方案，并将各项工作任务分解到责任单位和企业，强化监督考核。各有关部门应加强协调配合，制定相关配套措施和落实意见，督促和指导地方相关部门开展工作。

（二十九）完善考核制度。环境保护部要会同有关部门对大气污染联防联控工作情况进行评估检查，对区域大气污染防治重点项目完成情况和城市空气质量改善情况进行考核，并将考核结果作为城市环境综合整治定量考核的重要内容，每年向社会公布。对于未按时完成规划任务且空气质量状况严重恶化的城市，严格控制其新增大气污染物排放的建设项目，具体办法由环境保护部商有关地方和部门另行制定。

（三十）加强宣传教育。组织编写大气污染防治科普宣传和培训材料，开展多种形式的大气环境保护宣传教育，动员和引导公众参与区域大气污染联防联控工作。定期公布区域空气质量状况和大气污染防治工作进展情况，充分发挥新闻媒体的舆论引导和监督作用。

各地要在 2010 年 6 月底前，将本地区落实本意见的实施方案，报送环境保护部备案。

国家能源局关于促进低热值煤发电产业健康发展的通知

国能电力〔2011〕396号

为贯彻党中央、国务院关于加快建设资源节约型、环境友好型社会的战略部署，落实“十二五”规划纲要提出的优先发展煤矸石等综合利用电站要求，实现低热值煤发电产业又好又快发展，现通知如下：

一、发展低热值煤发电产业的重要意义

我国是煤炭生产和消费大国，煤炭生产和洗选过程中产生了大量的煤矸石、煤泥、洗中煤等低热值煤资源。近年来，我国低热值煤发电取得积极进展，总装机已达2 600万千瓦，但仍存在规模偏小、机组效率不高、管理基础薄弱、相关标准和政策不适应低热值煤发电产业健康发展需要等问题。进一步完善政策，促进低热值煤发电产业健康发展是构建资源节约型、环境友好型社会的必然要求。

（一）有利于提高能源资源利用效率。我国每年产生可用于发电的煤矸石、煤泥、洗中煤等低热值煤资源3亿吨以上，而已建成的低热值煤发电机组，每年仅可消耗低热值煤资源1亿多吨，尚有大量现有和每年新增的2亿吨未得到合理有效利用，折合标煤8 500万吨。加快发展低热值煤发电产业，对实现低热值煤资源就近高效转化，提高煤炭资源利用效率具有重要意义。

（二）有利于减轻矿区生态环境污染。大量未利用的煤矸石、煤泥等长期在矿区堆存，易自燃并释放有害气体，污染大气环境；同时经雨水淋溶，也会污染水体和土壤。加快发展低热值煤发电产业，对多途径利用废弃资源，减少煤矸石、煤泥堆存，保护矿区生态环境具有重要作用。

（三）有利于节约土地和运力资源。初步统计，全国煤矸石、煤泥占用土地已达1.3万公顷以上，长期堆存不仅浪费有限的土地资源，且对土壤质量造成很大破坏，加大了土地恢复利用的难度。另外，部分煤矸石、煤泥、洗中煤掺混在优质煤中长距离运输，增加运输能耗，加剧运力紧张矛盾。加快发展低热值煤发电产业，对保护宝贵的土地资源、避免运力浪费具有积极作用。

二、指导方针和目标

（一）指导思想

深入贯彻落实科学发展观，按照“十二五”规划纲要提出的加快构建资源节约、环境友好生产方式的要求，围绕提高能源资源利用效率，科学规划布局，规范准入标准，加大政策支持，强化监督管理，促进低热值煤发电产业健康发展。

（二）基本原则

分类利用、高效环保。根据矿区煤矸石、煤泥和洗中煤等资源的利用价值，选择最佳途径实现综合利用。合理确定低热值煤发电项目的机组选型和入炉燃料热值范围，严格执行环保、用水和灰渣综合利用等相关要求。

合理布局、就近消纳。在科学论证资源总量的基础上，就近布局低热值煤发电项目，尽量减少低热值煤长距离运输，提高外运煤炭质量，避免运力浪费，实现煤炭资源合理分级利用，提高能源综合利用效率。

突出重点、统筹规划。把主要煤炭生产省区和大型矿区作为发展低热值煤发电的重点区域，科学编制低热值煤发电专项规划，做好与所在省区电力发展规划的衔接，统筹推进低热值煤发电项目建设。

政策支持、加强管理。进一步完善支持政策，调动骨干能源企业发展低热值煤发电的积极性。充分发挥地方政府作用，规范低热值煤发电项目前期工作与核准程序，加强生产运行管理，促进低热值煤发电产业又好又快发展。

（三）主要目标

力争到2015年，全国低热值煤发电装机容量达到7 600万千瓦，年消耗低热值煤资源3亿吨左右，形成规划科学、布局合理、利用高效、技术先进、生产稳定的低热值煤发电产业健康发展格局。

三、具体要求

（一）用于发电的低热值煤资源主要包括煤泥、洗中煤和收到基热值不低于5 020千焦（1 200千卡）/千克的煤矸石。收到基热值不足5 020千焦（1 200千卡）/千克的煤矸石等资源，可通过生产建材、筑路、沉陷区回填、井下充填等方式综合利用。

（二）“十二五”期间，重点在主要煤炭生产省区和大型煤炭矿区，紧邻600万吨/年及以上总规模的炼焦煤（无烟煤）洗煤厂（群）或1 000万吨/年及以上总规模的动力煤洗煤厂（群），规划建设2×15万千瓦级及以上的高效低热值煤发电项目，鼓励具备条件的地区建设2×30万千瓦机组。同时，项目布局兼顾热值满足发电要求的存量矸石资源。矿区内洗煤规模不足的，其低热值煤资源应由临近具备条件的大型坑口电厂掺烧实现就近消纳。

（三）低热值煤发电项目所用燃料优先采用皮带输送方式。依托多个洗煤厂的项目，燃料运输距离不应超过30公里。合理运输距离范围内不重复规划建设低热值煤发电项目。

（四）低热值煤发电项目应以煤矸石、煤泥、洗中煤等低热值煤为主要燃料。以煤矸石为主要燃料的，入炉燃料收到基热值不高于14 640千焦（3 500千卡）/千克。

（五）根据燃料特性合理确定低热值煤发电项目的机组选型。以煤矸石为主要燃料的，应结合资源数量，优先选用国产大型循环流化床锅炉；以洗中煤、煤泥为主要燃料的，可考虑采用高效煤粉炉。扩建项目可建设单台机组，新建项目原则上按两台机组考虑。

（六）低热值煤发电项目应尽可能兼顾周边工业企业和居民集中用热需要，采用热电联产或具备一定供热能力的机组。

（七）低热值煤发电项目原则上采用煤矿、洗煤厂、电厂为同一投资主体控股的“煤电一体化”模式。鼓励有低热值煤发电运行管理经验的企业，以及周边符合国家产业政策的电力、热力用户参股建设。

（八）低热值煤发电项目要严格执行国家环保、土地、用水和灰渣综合利用等相关政策规定，确保达标排放和灰渣综合利用，严格控制土地占用量，高度重视节约用水，并优先考虑使用矿井水，水资源匮乏地区要采用空冷机组。

四、支持政策

（一）符合上述条件的低热值煤发电项目，在各省（区、市）自用、外送火电建设规模中优先安排。

（二）对于以煤矸石为主要燃料的低热值煤发电项目，优先于常规燃煤机组调度和安排电量，并结合循环流化床锅炉发电机组负荷跟踪速度慢等特性，降低机组负荷调节速率要求。

（三）支持以煤矸石为主要燃料的低热值煤发电项目作为所在矿区工业园单个或多个符合国家产业政策企业的自备电厂，或参与大用户直供电。

五、监督管理

（一）低热值煤发电专项规划是项目核准的主要依据之一。有关省（区、市）政府能源主管部门要统筹考虑煤炭资源、洗选规模、水资源、环境容量等条件，按照国家电力发展规划和产业政策，抓紧编制本地区低热值煤发电专项规划，合理安排低热值煤发电项目布局和建设时序，经科学论证和专家评议后，统一纳入全省（区、市）电力发展规划。低热值煤发电专项规划在实施过程中，可根据实际情况进行滚动调整。

（二）低热值煤发电项目申报核准时，申报单位除按照有关规定编制并报送项目申请报告，提交与常规燃煤火电项目相同的支持性文件外，还需提供所在省（区、市）低热值煤发电专项规划及其评议审查意见，项目选用锅炉的订货协议，有关部门对项目燃料来源的论证和批复文件，项目申报单位和当地其他低热值煤发电项目运行以及近三年核验情况等。

（三）省级政府能源主管部门要会同有关方面，对运行电厂利用低热值煤资源情况，开展定期年度核验和不定期抽查；具备条件的省（区、市）要适时推进低热值煤发电入炉燃料在线监测系统建设。对不符合项目核准相关要求的，应责令限期整改，整改达不到要求的，取消其享受的优惠政策。

特此通知。

国家能源局

二〇一一年十一月二十五日

产业结构调整指导目录（2011年本）（节选）

第一类　鼓励类

四、电力

1．水力发电
2．单机60万千瓦及以上超临界、超超临界机组电站建设
3．采用30万千瓦及以上集中供热机组的热电联产，以及热、电、冷多联产
4．缺水地区单机60万千瓦及以上大型空冷机组电站建设
5．重要用电负荷中心且天然气充足地区天然气调峰发电项目
6．30万千瓦及以上循环流化床、增压流化床、整体煤气化联合循环发电等洁净煤发电
7．单机30万千瓦及以上采用流化床锅炉并利用煤矸石、中煤、煤泥等发电
8．500千伏及以上交、直流输变电
9．在役发电机组脱硫、脱硝改造
10．电网改造与建设
11．继电保护技术、电网运行安全监控信息技术开发与应用
12．大型电站及大电网变电站集约化设计和自动化技术开发与应用
13．跨区电网互联工程技术开发与应用
14．输变电节能、环保技术推广应用
15．降低输、变、配电损耗技术开发与应用
16．分布式供电及并网技术推广应用
17．燃煤发电机组脱硫、脱硝及复合污染物治理
18．火力发电脱硝催化剂开发生产
19．水力发电中低温水恢复措施工程、过鱼措施工程技术开发与应用
20．大容量电能储存技术开发与应用
21．电动汽车充电设施
22．乏风瓦斯发电技术及开发利用
23．垃圾焚烧发电成套设备
24．分布式电源

五、新能源

1．太阳能热发电集热系统、太阳能光伏发电系统集成技术开发应用、逆变控制系统开发制造
2．风电与光伏发电互补系统技术开发与应用
3．太阳能建筑一体化组件设计与制造
4．高效太阳能热水器及热水工程，太阳能中高温利用技术开发与设备制造
5．生物质纤维素乙醇、生物柴油等非粮生物质燃料生产技术开发与应用
6．生物质直燃、气化发电技术开发与设备制造
7．农林生物质资源收集、运输、储存技术开发与设备制造；农林生物质成型燃料加工设备、锅炉和

炉具制造

8．以畜禽养殖场废弃物、城市填埋垃圾、工业有机废水等为原料的大型沼气生产成套设备

9．沼气发电机组、沼气净化设备、沼气管道供气、装罐成套设备制造

10．海洋能、地热能利用技术开发与设备制造

第二类　限制类

三、电力

1．小电网外，单机容量30万千瓦及以下的常规燃煤火电机组

2．小电网外，发电煤耗高于300克标准煤/千瓦时的湿冷发电机组，发电煤耗高于305克标准煤/千瓦时的空冷发电机组

3．直接向江河排放冷却水的火电机组

4．无下泄生态流量的引水式水力发电

第三类　淘汰类

注：条目后括号内年份为淘汰期限，淘汰期限为2011年是指应于2011年底前淘汰，其余类推；有淘汰计划的条目，根据计划进行淘汰；未标淘汰期限或淘汰计划的条目为国家产业政策已明令淘汰或立即淘汰。

一、落后生产工艺装备

（三）电力

1．大电网覆盖范围内，单机容量在10万千瓦以下的常规燃煤火电机组

2．单机容量5万千瓦及以下的常规小火电机组

3．以发电为主的燃油锅炉及发电机组（5万千瓦及以下）

4．大电网覆盖范围内，设计寿命期满的单机容量20万千瓦以下的常规燃煤火电机组

国家发展改革委关于修改《产业结构调整指导目录（2011年本）》有关条款的决定（节选）

一、鼓励类“四、电力”第3项“采用30万千瓦及以上集中供热机组的热电联产，以及热、电、冷多联产”修改为“采用背压（抽背）型热电联产、热电冷多联产、30万千瓦及以上热电联产机组”。

二、鼓励类“五、新能源”增加“海上风电机组技术开发与设备制造”作为第11项。

三、鼓励类“五、新能源”增加“海上风电场建设与设备制造”作为第12项。

十九、限制类“三、电力”第3项“直接向江河排放冷却水的火电机组”删除。

三十一、淘汰类“一、落后生产工艺装备”“（三）电力”第3项“以发电为主的燃油锅炉及发电机组（5万千瓦及以下）”修改为“以发电为主的燃油锅炉及发电机组”。

中华人民共和国国家发展和改革委员会
中华人民共和国科学技术部
中华人民共和国工业和信息化部
中华人民共和国财政部
中华人民共和国国土资源部
中华人民共和国环境保护部
中华人民共和国住房和城乡建设部
中华人民共和国交通运输部
国家税务总局
国家质量监督检验检疫总局

令

第19号

为规范和引导粉煤灰综合利用行为，促进粉煤灰综合利用健康发展，我们对《粉煤灰综合利用管理办法》进行了修订，现予发布，自2013年3月1日起施行。1994年1月原国家经贸委等六部门发布施行的《粉煤灰综合利用管理办法》（国经贸节〔1994〕14号）同时废止。

国家发展和改革委员会主任：张　平
科技部部长：万　钢
工业和信息化部部长：苗　圩
财政部部长：谢旭人
国土资源部部长：徐绍史
环境保护部部长：周生贤
住房城乡建设部部长：姜伟新
交通运输部部长：杨传堂
税务总局局长：肖　捷
质检总局局长：支树平
2013年1月5日

粉煤灰综合利用管理办法

第一章　总　则

第一条　为节约资源、保护环境、发展循环经济，深入推进粉煤灰综合利用健康发展，根据《中华人民共和国循环经济促进法》《中华人民共和国清洁生产促进法》《中华人民共和国固体废物污染环境防治法》等有关法律法规，制定本办法。

第二条　中华人民共和国境内粉煤灰的产生、储运、综合利用等活动，适用本办法。

第三条　本办法所称粉煤灰是指：燃煤电厂以及煤矸石、煤泥资源综合利用电厂（以下称产灰单位）锅炉烟气经除尘器收集后获得的细小飞灰和炉底渣。

第四条　本办法所称粉煤灰综合利用是指：从粉煤灰中进行物质提取，以粉煤灰为原料生产建材、化工、复合材料等产品，粉煤灰直接用于建筑工程、筑路、回填和农业等。

第五条　国家发展改革委负责全国粉煤灰综合利用的组织协调和监督检查工作，国务院有关部门负责各自职责范围内的相关工作。

地方各级资源综合利用主管部门负责本办法的贯彻实施和本行政区域的监督、管理和协调工作，有关部门负责各自职责范围内的相关工作。

相关行业协会、社会团体组织开展粉煤灰综合利用技术培训和交流，加强行业自律。

第六条　粉煤灰综合利用应遵循“谁产生、谁治理，谁利用、谁受益”的原则，减少粉煤灰堆存，不断扩大粉煤灰综合利用规模，提高技术水平和产品附加值。

第二章　综合管理

第七条　国家发展改革委会同国务院有关部门组织编制粉煤灰综合利用实施方案。各省级资源综合利用主管部门会同有关部门编制本行政区域的粉煤灰综合利用实施方案，并纳入地方经济社会发展规划，报国家发展改革委备案。

第八条　国家发展改革委会同科技部、工业和信息化部、财政部、国土资源部、环境保护部、住房城乡建设部、交通运输部、税务总局、质检总局等部门负责制订完善粉煤灰综合利用的相关政策、技术、产品导向目录和标准，组织开展粉煤灰清洁高效利用关键技术、设备的研发与产业化示范，推动粉煤灰在建筑、建材、化工等更多领域的广泛应用。

第九条　产灰单位须按照《中华人民共和国固体废物污染环境防治法》和环境保护部门有关规定申报登记粉煤灰产生、贮存、流向、利用和处置等情况，同时报同级资源综合利用主管部门备案。

地市级环境保护部门、资源综合利用主管部门负责统计和掌握本地区粉煤灰产生、贮存、流向、利用、处置等数据信息。各省（区、市）环境保护部门和资源综合利用主管部门应于每年 6 月底前，将本地区上年度统计数据报环境保护部和国家发展改革委。

第十条　新建和扩建燃煤电厂，项目可行性研究报告和项目申请报告中须提出粉煤灰综合利用方案，明确粉煤灰综合利用途径和处置方式。

综合利用方案中涉及粉煤灰存储、装运的设施和装备以及产灰单位自行建设粉煤灰综合利用工程的要与主体工程同时设计、同时施工、同时建成。

综合利用方案中涉及为其他单位提供粉煤灰的，用灰单位应符合国家产业政策且具备相应的处理能力。

第十一条　新建电厂应综合考虑周边粉煤灰利用能力，以及节约土地、防止环境污染，避免建设永久性粉煤灰堆场（库），确需建设的，原则上占地规模按不超过 3 年储灰量设计，且粉煤灰堆场（库）选址、设计、建设及运行管理应当符合《一般工业固体废物贮存、处置场污染控制标准》(GB 18599—2001)等相关要求。

第十二条　产灰单位灰渣处理工艺系统应按照干湿分排、粗细分排、灰渣分排的原则进行分类收集，并配备相应储灰设施。已投运的电厂要改造、完善粉煤灰储、装、运系统，包括加工分选、磨细和灰场综合治理等设施。

产灰单位既有湿排灰堆场（库），应制订粉煤灰综合利用专项方案和污染防治专项方案，并报所在地市级资源综合利用主管部门和环境保护部门备案。新建电厂应以便于利用为原则，不得湿排粉煤灰。

堆场（库）中的粉煤灰应按环境保护部门有关规定严格管理。

第十三条　在堆场（库）提取粉煤灰，产灰单位应与用灰单位签订取灰安全及环保协议，产灰单位应对用灰单位从指定地点装运未经加工的粉煤灰［包括从湿排灰堆场（库）取灰点、电厂储装运设施中取原灰］提供装载方便，并维护灰场和生产现场的安全。

第十四条　粉煤灰运输须使用专用封闭罐车，并严格遵守环境保护等有关部门规定和要求，避免二次污染。

第十五条 粉煤灰建材产品和利用粉煤灰或制品建造的道路、港口、桥涵、大坝及其他建筑工程，必须符合国家或行业的有关质量标准，质量技术监督部门和工程质量管理部门应依法监督管理。

第三章 鼓励措施

第十六条 鼓励对粉煤灰进行以下高附加值和大掺量利用：

（一）发展高铝粉煤灰提取氧化铝及相关产品；

（二）发展技术成熟的大掺量粉煤灰新型墙体材料；

（三）利用粉煤灰作为水泥混合材并在生料中替代黏土进行配料；

（四）利用粉煤灰作商品混凝土掺合料等。

第十七条 鼓励产灰单位对粉煤灰进行分选加工，生产的符合国家或行业标准的成品粉煤灰，可以适当收取费用，其收费标准根据加工成本和质量，由产、用灰双方商定。

鼓励产灰单位与用灰单位签订长期供应协议。

第十八条 用灰单位可以按照《国家鼓励的资源综合利用认定管理办法》有关要求和程序申报资源综合利用认定。符合条件的用灰单位，可根据国家有关规定，申请享受资源综合利用相关优惠政策。

第十九条 鼓励在具备条件的建筑、筑路等工程中使用符合国家或行业质量标准的粉煤灰及其制品。

第二十条 对粉煤灰大掺量、高附加值关键共性技术的自主创新研究，相关部门应给予一定支持。对获得国家和地方资金支持的粉煤灰综合利用项目，所在地区科技、投资、环保等部门要对项目进展、资金使用、环境影响情况进行监督检查，并进行资源综合利用效果的后评估。

第二十一条 各级资源综合利用主管部门应会同相关部门，根据本地区实际情况制定相应的鼓励和扶持措施。

第二十二条 相关部门、各级地方政府对在粉煤灰综合利用工作中有突出贡献的产灰、用灰、运灰、设计、科研和管理等单位及个人按规定予以表彰和奖励。

第四章 法律责任

第二十三条 新建电厂兴建永久性储灰场违反第十一条规定的，由国土资源等部门监督其限期整改。对环境造成污染的，由环境保护部门依法予以处罚。

第二十四条 任何单位及个人不得在灰场（库）非指定区域擅自取灰，凡擅自取灰影响灰场（库）安全，造成财产损失或引发安全事故的，有关部门要依法追究相关责任。

第二十五条 违反本办法第十四条、第十五条规定的，由环境保护、质量技术监督等部门根据情节轻重及有关规定予以行政处罚，资源综合利用主管部门监督整改。

第二十六条 有关部门依照本办法及相关规定对单位、个人处以罚款和没收财物时，应遵守《中华人民共和国行政处罚法》相关规定，同时必须使用财政部门统一制发的罚没票据。

第五章 附 则

第二十七条 各省级资源综合利用主管部门应根据本办法，并结合当地实际情况，制定实施细则。

第二十八条 本办法自2013年3月1日起施行。原国家经贸委等六部门联合发布的《粉煤灰综合利用管理办法》（国经贸节〔1994〕14号）同时废止。

国务院关于印发大气污染防治行动计划的通知

国发〔2013〕37号

各省、自治区、直辖市人民政府，国务院各部委、各直属机构：

现将《大气污染防治行动计划》印发给你们，请认真贯彻执行。

国务院

2013年9月10日

大气污染防治行动计划

大气环境保护事关人民群众根本利益，事关经济持续健康发展，事关全面建成小康社会，事关实现中华民族伟大复兴中国梦。当前，我国大气污染形势严峻，以可吸入颗粒物（PM_{10}）、细颗粒物（$PM_{2.5}$）为特征污染物的区域性大气环境问题日益突出，损害人民群众身体健康，影响社会和谐稳定。随着我国工业化、城镇化的深入推进，能源资源消耗持续增加，大气污染防治压力继续加大。为切实改善空气质量，制定本行动计划。

总体要求：以邓小平理论、“三个代表”重要思想、科学发展观为指导，以保障人民群众身体健康为出发点，大力推进生态文明建设，坚持政府调控与市场调节相结合、全面推进与重点突破相配合、区域协作与属地管理相协调、总量减排与质量改善相同步，形成政府统领、企业施治、市场驱动、公众参与的大气污染防治新机制，实施分区域、分阶段治理，推动产业结构优化、科技创新能力增强、经济增长质量提高，实现环境效益、经济效益与社会效益多赢，为建设美丽中国而奋斗。

奋斗目标：经过五年努力，全国空气质量总体改善，重污染天气较大幅度减少；京津冀、长三角、珠三角等区域空气质量明显好转。力争再用五年或更长时间，逐步消除重污染天气，全国空气质量明显改善。

具体指标：到2017年，全国地级及以上城市可吸入颗粒物浓度比2012年下降10%以上，优良天数逐年提高；京津冀、长三角、珠三角等区域细颗粒物浓度分别下降25%、20%、15%左右，其中北京市细颗粒物年均浓度控制在60微克/立方米左右。

一、加大综合治理力度，减少多污染物排放

（一）加强工业企业大气污染综合治理。全面整治燃煤小锅炉。加快推进集中供热、“煤改气”、“煤改电”工程建设，到2017年，除必要保留的以外，地级及以上城市建成区基本淘汰每小时10蒸吨及以下的燃煤锅炉，禁止新建每小时20蒸吨以下的燃煤锅炉；其他地区原则上不再新建每小时10蒸吨以下的燃煤锅炉。在供热供气管网不能覆盖的地区，改用电、新能源或洁净煤，推广应用高效节能环保型锅炉。在化工、造纸、印染、制革、制药等产业集聚区，通过集中建设热电联产机组逐步淘汰分散燃煤锅炉。

加快重点行业脱硫、脱硝、除尘改造工程建设。所有燃煤电厂、钢铁企业的烧结机和球团生产设备、

石油炼制企业的催化裂化装置、有色金属冶炼企业都要安装脱硫设施，每小时 20 蒸吨及以上的燃煤锅炉要实施脱硫。除循环流化床锅炉以外的燃煤机组均应安装脱硝设施，新型干法水泥窑要实施低氮燃烧技术改造并安装脱硝设施。燃煤锅炉和工业窑炉现有除尘设施要实施升级改造。

推进挥发性有机物污染治理。在石化、有机化工、表面涂装、包装印刷等行业实施挥发性有机物综合整治，在石化行业开展“泄漏检测与修复”技术改造。限时完成加油站、储油库、油罐车的油气回收治理，在原油成品油码头积极开展油气回收治理。完善涂料、胶粘剂等产品挥发性有机物限值标准，推广使用水性涂料，鼓励生产、销售和使用低毒、低挥发性有机溶剂。

京津冀、长三角、珠三角等区域要于 2015 年底前基本完成燃煤电厂、燃煤锅炉和工业窑炉的污染治理设施建设与改造，完成石化企业有机废气综合治理。

（二）深化面源污染治理。综合整治城市扬尘。加强施工扬尘监管，积极推进绿色施工，建设工程施工现场应全封闭设置围挡墙，严禁敞开式作业，施工现场道路应进行地面硬化。渣土运输车辆应采取密闭措施，并逐步安装卫星定位系统。推行道路机械化清扫等低尘作业方式。大型煤堆、料堆要实现封闭储存或建设防风抑尘设施。推进城市及周边绿化和防风防沙林建设，扩大城市建成区绿地规模。

开展餐饮油烟污染治理。城区餐饮服务经营场所应安装高效油烟净化设施，推广使用高效净化型家用吸油烟机。

（三）强化移动源污染防治。加强城市交通管理。优化城市功能和布局规划，推广智能交通管理，缓解城市交通拥堵。实施公交优先战略，提高公共交通出行比例，加强步行、自行车交通系统建设。根据城市发展规划，合理控制机动车保有量，北京、上海、广州等特大城市要严格限制机动车保有量。通过鼓励绿色出行、增加使用成本等措施，降低机动车使用强度。

提升燃油品质。加快石油炼制企业升级改造，力争在 2013 年底前，全国供应符合国家第四阶段标准的车用汽油，在 2014 年底前，全国供应符合国家第四阶段标准的车用柴油，在 2015 年底前，京津冀、长三角、珠三角等区域内重点城市全面供应符合国家第五阶段标准的车用汽、柴油，在 2017 年底前，全国供应符合国家第五阶段标准的车用汽、柴油。加强油品质量监督检查，严厉打击非法生产、销售不合格油品行为。

加快淘汰黄标车和老旧车辆。采取划定禁行区域、经济补偿等方式，逐步淘汰黄标车和老旧车辆。到 2015 年，淘汰 2005 年底前注册营运的黄标车，基本淘汰京津冀、长三角、珠三角等区域内的 500 万辆黄标车。到 2017 年，基本淘汰全国范围的黄标车。

加强机动车环保管理。环保、工业和信息化、质检、工商等部门联合加强新生产车辆环保监管，严厉打击生产、销售环保不达标车辆的违法行为；加强在用机动车年度检验，对不达标车辆不得发放环保合格标志，不得上路行驶。加快柴油车车用尿素供应体系建设。研究缩短公交车、出租车强制报废年限。鼓励出租车每年更换高效尾气净化装置。开展工程机械等非道路移动机械和船舶的污染控制。

加快推进低速汽车升级换代。不断提高低速汽车（三轮汽车、低速货车）节能环保要求，减少污染排放，促进相关产业和产品技术升级换代。自 2017 年起，新生产的低速货车执行与轻型载货车同等的节能与排放标准。

大力推广新能源汽车。公交、环卫等行业和政府机关要率先使用新能源汽车，采取直接上牌、财政补贴等措施鼓励个人购买。北京、上海、广州等城市每年新增或更新的公交车中新能源和清洁燃料车的比例达到 60%以上。

二、调整优化产业结构，推动产业转型升级

（四）严控“两高”行业新增产能。修订高耗能、高污染和资源性行业准入条件，明确资源能源节约和污染物排放等指标。有条件的地区要制定符合当地功能定位、严于国家要求的产业准入目录。严格控制“两高”行业新增产能，新、改、扩建项目要实行产能等量或减量置换。

（五）加快淘汰落后产能。结合产业发展实际和环境质量状况，进一步提高环保、能耗、安全、质量等标准，分区域明确落后产能淘汰任务，倒逼产业转型升级。

按照《部分工业行业淘汰落后生产工艺装备和产品指导目录（2010 年本）》《产业结构调整指导目录（2011 年本）（修正）》的要求，采取经济、技术、法律和必要的行政手段，提前一年完成钢铁、水泥、电解铝、平板玻璃等 21 个重点行业的“十二五”落后产能淘汰任务。2015 年再淘汰炼铁 1 500 万吨、炼钢 1 500 万吨、水泥（熟料及粉磨能力）1 亿吨、平板玻璃 2 000 万重量箱。对未按期完成淘汰任务的地区，严格控制国家安排的投资项目，暂停对该地区重点行业建设项目办理审批、核准和备案手续。2016 年、2017 年，各地区要制定范围更宽、标准更高的落后产能淘汰政策，再淘汰一批落后产能。

对布局分散、装备水平低、环保设施差的小型工业企业进行全面排查，制定综合整改方案，实施分类治理。

（六）压缩过剩产能。加大环保、能耗、安全执法处罚力度，建立以节能环保标准促进“两高”行业过剩产能退出的机制。制定财政、土地、金融等扶持政策，支持产能过剩“两高”行业企业退出、转型发展。发挥优强企业对行业发展的主导作用，通过跨地区、跨所有制企业兼并重组，推动过剩产能压缩。严禁核准产能严重过剩行业新增产能项目。

（七）坚决停建产能严重过剩行业违规在建项目。认真清理产能严重过剩行业违规在建项目，对未批先建、边批边建、越权核准的违规项目，尚未开工建设的，不准开工；正在建设的，要停止建设。地方人民政府要加强组织领导和监督检查，坚决遏制产能严重过剩行业盲目扩张。

三、加快企业技术改造，提高科技创新能力

（八）强化科技研发和推广。加强灰霾、臭氧的形成机理、来源解析、迁移规律和监测预警等研究，为污染治理提供科学支撑。加强大气污染与人群健康关系的研究。支持企业技术中心、国家重点实验室、国家工程实验室建设，推进大型大气光化学模拟仓、大型气溶胶模拟仓等科技基础设施建设。

加强脱硫、脱硝、高效除尘、挥发性有机物控制、柴油机（车）排放净化、环境监测，以及新能源汽车、智能电网等方面的技术研发，推进技术成果转化应用。加强大气污染治理先进技术、管理经验等方面的国际交流与合作。

（九）全面推行清洁生产。对钢铁、水泥、化工、石化、有色金属冶炼等重点行业进行清洁生产审核，针对节能减排关键领域和薄弱环节，采用先进适用的技术、工艺和装备，实施清洁生产技术改造；到 2017 年，重点行业排污强度比 2012 年下降 30%以上。推进非有机溶剂型涂料和农药等产品创新，减少生产和使用过程中挥发性有机物排放。积极开发缓释肥料新品种，减少化肥施用过程中氨的排放。

（十）大力发展循环经济。鼓励产业集聚发展，实施园区循环化改造，推进能源梯级利用、水资源循环利用、废物交换利用、土地节约集约利用，促进企业循环式生产、园区循环式发展、产业循环式组合，构建循环型工业体系。推动水泥、钢铁等工业窑炉、高炉实施废物协同处置。大力发展机电产品再制造，推进资源再生利用产业发展。到 2017 年，单位工业增加值能耗比 2012 年降低 20%左右，在 50%以上的各类国家级园区和 30%以上的各类省级园区实施循环化改造，主要有色金属品种以及钢铁的循环再生比重达到 40%左右。

（十一）大力培育节能环保产业。着力把大气污染治理的政策要求有效转化为节能环保产业发展的市场需求，促进重大环保技术装备、产品的创新开发与产业化应用。扩大国内消费市场，积极支持新业态、新模式，培育一批具有国际竞争力的大型节能环保企业，大幅增加大气污染治理装备、产品、服务产业产值，有效推动节能环保、新能源等战略性新兴产业发展。鼓励外商投资节能环保产业。

四、加快调整能源结构，增加清洁能源供应

（十二）控制煤炭消费总量。制定国家煤炭消费总量中长期控制目标，实行目标责任管理。到 2017

年，煤炭占能源消费总量比重降低到 65%以下。京津冀、长三角、珠三角等区域力争实现煤炭消费总量负增长，通过逐步提高接受外输电比例、增加天然气供应、加大非化石能源利用强度等措施替代燃煤。

京津冀、长三角、珠三角等区域新建项目禁止配套建设自备燃煤电站。耗煤项目要实行煤炭减量替代。除热电联产外，禁止审批新建燃煤发电项目；现有多台燃煤机组装机容量合计达到 30 万千瓦以上的，可按照煤炭等量替代的原则建设为大容量燃煤机组。

（十三）加快清洁能源替代利用。加大天然气、煤制天然气、煤层气供应。到 2015 年，新增天然气干线管输能力 1 500 亿立方米以上，覆盖京津冀、长三角、珠三角等区域。优化天然气使用方式，新增天然气应优先保障居民生活或用于替代燃煤；鼓励发展天然气分布式能源等高效利用项目，限制发展天然气化工项目；有序发展天然气调峰电站，原则上不再新建天然气发电项目。

制定煤制天然气发展规划，在满足最严格的环保要求和保障水资源供应的前提下，加快煤制天然气产业化和规模化步伐。

积极有序发展水电，开发利用地热能、风能、太阳能、生物质能，安全高效发展核电。到 2017 年，运行核电机组装机容量达到 5 000 万千瓦，非化石能源消费比重提高到 13%。

京津冀区域城市建成区、长三角城市群、珠三角区域要加快现有工业企业燃煤设施天然气替代步伐；到 2017 年，基本完成燃煤锅炉、工业窑炉、自备燃煤电站的天然气替代改造任务。

（十四）推进煤炭清洁利用。提高煤炭洗选比例，新建煤矿应同步建设煤炭洗选设施，现有煤矿要加快建设与改造；到 2017 年，原煤入选率达到 70%以上。禁止进口高灰分、高硫分的劣质煤炭，研究出台煤炭质量管理办法。限制高硫石油焦的进口。

扩大城市高污染燃料禁燃区范围，逐步由城市建成区扩展到近郊。结合城中村、城乡接合部、棚户区改造，通过政策补偿和实施峰谷电价、季节性电价、阶梯电价、调峰电价等措施，逐步推行以天然气或电替代煤炭。鼓励北方农村地区建设洁净煤配送中心，推广使用洁净煤和型煤。

（十五）提高能源使用效率。严格落实节能评估审查制度。新建高耗能项目单位产品（产值）能耗要达到国内先进水平，用能设备达到一级能效标准。京津冀、长三角、珠三角等区域，新建高耗能项目单位产品（产值）能耗要达到国际先进水平。

积极发展绿色建筑，政府投资的公共建筑、保障性住房等要率先执行绿色建筑标准。新建建筑要严格执行强制性节能标准，推广使用太阳能热水系统、地源热泵、空气源热泵、光伏建筑一体化、“热—电—冷”三联供等技术和装备。

推进供热计量改革，加快北方采暖地区既有居住建筑供热计量和节能改造；新建建筑和完成供热计量改造的既有建筑逐步实行供热计量收费。加快热力管网建设与改造。

五、严格节能环保准入，优化产业空间布局

（十六）调整产业布局。按照主体功能区规划要求，合理确定重点产业发展布局、结构和规模，重大项目原则上布局在优化开发区和重点开发区。所有新、改、扩建项目，必须全部进行环境影响评价；未通过环境影响评价审批的，一律不准开工建设；违规建设的，要依法进行处罚。加强产业政策在产业转移过程中的引导与约束作用，严格限制在生态脆弱或环境敏感地区建设“两高”行业项目。加强对各类产业发展规划的环境影响评价。

在东部、中部和西部地区实施差别化的产业政策，对京津冀、长三角、珠三角等区域提出更高的节能环保要求。强化环境监管，严禁落后产能转移。

（十七）强化节能环保指标约束。提高节能环保准入门槛，健全重点行业准入条件，公布符合准入条件的企业名单并实施动态管理。严格实施污染物排放总量控制，将二氧化硫、氮氧化物、烟粉尘和挥发性有机物排放是否符合总量控制要求作为建设项目环境影响评价审批的前置条件。

京津冀、长三角、珠三角区域以及辽宁中部、山东、武汉及其周边、长株潭、成渝、海峡西岸、山

西中北部、陕西关中、甘宁、乌鲁木齐城市群等“三区十群”中的47个城市，新建火电、钢铁、石化、水泥、有色、化工等企业以及燃煤锅炉项目要执行大气污染物特别排放限值。各地区可根据环境质量改善的需要，扩大特别排放限值实施的范围。

对未通过能评、环评审查的项目，有关部门不得审批、核准、备案，不得提供土地，不得批准开工建设，不得发放生产许可证、安全生产许可证、排污许可证，金融机构不得提供任何形式的新增授信支持，有关单位不得供电、供水。

（十八）优化空间格局。科学制定并严格实施城市规划，强化城市空间管制要求和绿地控制要求，规范各类产业园区和城市新城、新区设立和布局，禁止随意调整和修改城市规划，形成有利于大气污染物扩散的城市和区域空间格局。研究开展城市环境总体规划试点工作。

结合化解过剩产能、节能减排和企业兼并重组，有序推进位于城市主城区的钢铁、石化、化工、有色金属冶炼、水泥、平板玻璃等重污染企业环保搬迁、改造，到2017年基本完成。

六、发挥市场机制作用，完善环境经济政策

（十九）发挥市场机制调节作用。本着“谁污染、谁负责，多排放、多负担，节能减排得收益、获补偿”的原则，积极推行激励与约束并举的节能减排新机制。

分行业、分地区对水、电等资源类产品制定企业消耗定额。建立企业“领跑者”制度，对能效、排污强度达到更高标准的先进企业给予鼓励。

全面落实“合同能源管理”的财税优惠政策，完善促进环境服务业发展的扶持政策，推行污染治理设施投资、建设、运行一体化特许经营。完善绿色信贷和绿色证券政策，将企业环境信息纳入征信系统。严格限制环境违法企业贷款和上市融资。推进排污权有偿使用和交易试点。

（二十）完善价格税收政策。根据脱硝成本，结合调整销售电价，完善脱硝电价政策。现有火电机组采用新技术进行除尘设施改造的，要给予价格政策支持。实行阶梯式电价。

推进天然气价格形成机制改革，理顺天然气与可替代能源的比价关系。

按照合理补偿成本、优质优价和污染者付费的原则合理确定成品油价格，完善对部分困难群体和公益性行业成品油价格改革补贴政策。

加大排污费征收力度，做到应收尽收。适时提高排污收费标准，将挥发性有机物纳入排污费征收范围。

研究将部分“两高”行业产品纳入消费税征收范围。完善“两高”行业产品出口退税政策和资源综合利用税收政策。积极推进煤炭等资源税从价计征改革。符合税收法律法规规定，使用专用设备或建设环境保护项目的企业以及高新技术企业，可以享受企业所得税优惠。

（二十一）拓宽投融资渠道。深化节能环保投融资体制改革，鼓励民间资本和社会资本进入大气污染防治领域。引导银行业金融机构加大对大气污染防治项目的信贷支持。探索排污权抵押融资模式，拓展节能环保设施融资、租赁业务。

地方人民政府要对涉及民生的“煤改气”项目、黄标车和老旧车辆淘汰、轻型载货车替代低速货车等加大政策支持力度，对重点行业清洁生产示范工程给予引导性资金支持。要将空气质量监测站点建设及其运行和监管经费纳入各级财政预算予以保障。

在环境执法到位、价格机制理顺的基础上，中央财政统筹整合主要污染物减排等专项，设立大气污染防治专项资金，对重点区域按治理成效实施“以奖代补”；中央基本建设投资也要加大对重点区域大气污染防治的支持力度。

七、健全法律法规体系，严格依法监督管理

（二十二）完善法律法规标准。加快大气污染防治法修订步伐，重点健全总量控制、排污许可、应急

预警、法律责任等方面的制度，研究增加对恶意排污、造成重大污染危害的企业及其相关负责人追究刑事责任的内容，加大对违法行为的处罚力度。建立健全环境公益诉讼制度。研究起草环境税法草案，加快修改环境保护法，尽快出台机动车污染防治条例和排污许可证管理条例。各地区可结合实际，出台地方性大气污染防治法规、规章。

加快制（修）订重点行业排放标准以及汽车燃料消耗量标准、油品标准、供热计量标准等，完善行业污染防治技术政策和清洁生产评价指标体系。

（二十三）提高环境监管能力。完善国家监察、地方监管、单位负责的环境监管体制，加强对地方人民政府执行环境法律法规和政策的监督。加大环境监测、信息、应急、监察等能力建设力度，达到标准化建设要求。

建设城市站、背景站、区域站统一布局的国家空气质量监测网络，加强监测数据质量管理，客观反映空气质量状况。加强重点污染源在线监控体系建设，推进环境卫星应用。建设国家、省、市三级机动车排污监管平台。到2015年，地级及以上城市全部建成细颗粒物监测点和国家直管的监测点。

（二十四）加大环保执法力度。推进联合执法、区域执法、交叉执法等执法机制创新，明确重点，加大力度，严厉打击环境违法行为。对偷排偷放、屡查屡犯的违法企业，要依法停产关闭。对涉嫌环境犯罪的，要依法追究刑事责任。落实执法责任，对监督缺位、执法不力、徇私枉法等行为，监察机关要依法追究有关部门和人员的责任。

（二十五）实行环境信息公开。国家每月公布空气质量最差的10个城市和最好的10个城市的名单。各省（区、市）要公布本行政区域内地级及以上城市空气质量排名。地级及以上城市要在当地主要媒体及时发布空气质量监测信息。

各级环保部门和企业要主动公开新建项目环境影响评价、企业污染物排放、治污设施运行情况等环境信息，接受社会监督。涉及群众利益的建设项目，应充分听取公众意见。建立重污染行业企业环境信息强制公开制度。

八、建立区域协作机制，统筹区域环境治理

（二十六）建立区域协作机制。建立京津冀、长三角区域大气污染防治协作机制，由区域内省级人民政府和国务院有关部门参加，协调解决区域突出环境问题，组织实施环评会商、联合执法、信息共享、预警应急等大气污染防治措施，通报区域大气污染防治工作进展，研究确定阶段性工作要求、工作重点和主要任务。

（二十七）分解目标任务。国务院与各省（区、市）人民政府签订大气污染防治目标责任书，将目标任务分解落实到地方人民政府和企业。将重点区域的细颗粒物指标、非重点地区的可吸入颗粒物指标作为经济社会发展的约束性指标，构建以环境质量改善为核心的目标责任考核体系。

国务院制定考核办法，每年初对各省（区、市）上年度治理任务完成情况进行考核；2015年进行中期评估，并依据评估情况调整治理任务；2017年对行动计划实施情况进行终期考核。考核和评估结果经国务院同意后，向社会公布，并交由干部主管部门，按照《关于建立促进科学发展的党政领导班子和领导干部考核评价机制的意见》《地方党政领导班子和领导干部综合考核评价办法（试行）》《关于开展政府绩效管理试点工作的意见》等规定，作为对领导班子和领导干部综合考核评价的重要依据。

（二十八）实行严格责任追究。对未通过年度考核的，由环保部门会同组织部门、监察机关等部门约谈省级人民政府及其相关部门有关负责人，提出整改意见，予以督促。

对因工作不力、履职缺位等导致未能有效应对重污染天气的，以及干预、伪造监测数据和没有完成年度目标任务的，监察机关要依法依纪追究有关单位和人员的责任，环保部门要对有关地区和企业实施建设项目环评限批，取消国家授予的环境保护荣誉称号。

九、建立监测预警应急体系，妥善应对重污染天气

（二十九）建立监测预警体系。环保部门要加强与气象部门的合作，建立重污染天气监测预警体系。到2014年，京津冀、长三角、珠三角区域要完成区域、省、市级重污染天气监测预警系统建设；其他省（区、市）、副省级市、省会城市于2015年底前完成。要做好重污染天气过程的趋势分析，完善会商研判机制，提高监测预警的准确度，及时发布监测预警信息。

（三十）制定完善应急预案。空气质量未达到规定标准的城市应制定和完善重污染天气应急预案并向社会公布；要落实责任主体，明确应急组织机构及其职责、预警预报及响应程序、应急处置及保障措施等内容，按不同污染等级确定企业限产停产、机动车和扬尘管控、中小学校停课以及可行的气象干预等应对措施。开展重污染天气应急演练。

京津冀、长三角、珠三角等区域要建立健全区域、省、市联动的重污染天气应急响应体系。区域内各省（区、市）的应急预案，应于2013年底前报环境保护部备案。

（三十一）及时采取应急措施。将重污染天气应急响应纳入地方人民政府突发事件应急管理体系，实行政府主要负责人负责制。要依据重污染天气的预警等级，迅速启动应急预案，引导公众做好卫生防护。

十、明确政府企业和社会的责任，动员全民参与环境保护

（三十二）明确地方政府统领责任。地方各级人民政府对本行政区域内的大气环境质量负总责，要根据国家的总体部署及控制目标，制定本地区的实施细则，确定工作重点任务和年度控制指标，完善政策措施，并向社会公开；要不断加大监管力度，确保任务明确、项目清晰、资金保障。

（三十三）加强部门协调联动。各有关部门要密切配合、协调力量、统一行动，形成大气污染防治的强大合力。环境保护部要加强指导、协调和监督，有关部门要制定有利于大气污染防治的投资、财政、税收、金融、价格、贸易、科技等政策，依法做好各自领域的相关工作。

（三十四）强化企业施治。企业是大气污染治理的责任主体，要按照环保规范要求，加强内部管理，增加资金投入，采用先进的生产工艺和治理技术，确保达标排放，甚至达到“零排放”；要自觉履行环境保护的社会责任，接受社会监督。

（三十五）广泛动员社会参与。环境治理，人人有责。要积极开展多种形式的宣传教育，普及大气污染防治的科学知识。加强大气环境管理专业人才培养。倡导文明、节约、绿色的消费方式和生活习惯，引导公众从自身做起、从点滴做起、从身边的小事做起，在全社会树立起“同呼吸、共奋斗”的行为准则，共同改善空气质量。

我国仍然处于社会主义初级阶段，大气污染防治任务繁重艰巨，要坚定信心、综合治理，突出重点、逐步推进，重在落实、务求实效。各地区、各有关部门和企业要按照本行动计划的要求，紧密结合实际，狠抓贯彻落实，确保空气质量改善目标如期实现。

关于切实加强环境影响评价监督管理工作的通知

环办〔2013〕104 号

各省、自治区、直辖市环境保护厅（局），新疆生产建设兵团环境保护局，辽河保护区管理局，解放军环境保护局：

加强环境影响评价监督管理、规范环评行为，是保障环评制度有效执行的重要手段，是维护广大人民群众环境权益的必然要求，是深化环评审批制度改革和转变政府职能的重要保障。为贯彻落实党中央、国务院关于加快政府职能转变的决策部署，切实加强环境影响评价监督管理工作，进一步强化建设项目全过程监管，现就有关事项通知如下：

一、充分认识加强环评监督管理的重要性

（一）当前，我国工业化、城镇化快速发展，资源环境约束条件日益趋紧，一些地区环评监管不力、监管不到位、责任不明确、把关不严，一些不符合国家环保规定的建设项目盲目上马，环保“三同时”制度不落实，环评机构弄虚造假，不当的经济开发活动带来了严重的环境污染和生态破坏，甚至引发群体性事件。一些地区环评管理中重事前审批、轻事中事后监管，一些建设项目未批先建、擅自变更、未验先投、久试不验等环境违法行为突出，严重损害了环评制度的严肃性、权威性和有效性。依法开展环评监管，突出环评全过程监督管理，强化责任追究，加大信息公开和公众参与力度，对发挥环评源头预防环境污染和生态破坏的作用，促进经济和社会全面、协调、可持续发展意义十分重大。各级环保部门要认真贯彻落实党中央、国务院的决策部署，进一步增强责任意识，加强组织领导，切实加强环评监管工作，不断提高环评工作的管理水平。

二、强化环评全过程监督管理

（二）突出环评监管重点。要加强环评机构、从业人员的监管，规范环评从业行为。要加强严格执行国家法律法规、产业政策、环境标准的环评监管，做好规划环评与项目环评衔接，严把项目准入关。要加强涉及自然保护区、风景名胜区、饮用水水源保护区、学校、医院、居民集中区等环境敏感区建设项目的环评监管，合理优化产业布局。要加强火电、钢铁、水泥、冶金有色、石化化工、造纸、印染等重污染行业和水利水电、矿山开发、公路、铁路、机场、城市轨道交通、输变电等有显著生态影响建设项目的环评监管，注重环境质量改善和环境风险防范。要加强建设项目“三同时”和验收监管，落实事中事后监管各项措施。要加强公众参与的程序合法性、形式有效性、对象代表性、结果真实性的环评监管，维护公众环境权益。

（三）加大环评监管力度。各级环保部门要加强对技术评估单位的业务指导，建立健全技术评估专家库。要加强环评机构的日常监督和考核，建立环评机构和从业人员诚信档案并向社会公开诚信信息。对不具备相应资质等级和评价范围以及项目负责人不具备相应专业类别的环评文件不予受理；对未依法开展规划环评或与规划环评审查结论不一致的，一律不得受理规划所包含的建设项目环评文件。对不符合国家产业政策、法律明令禁止建设区域内的项目，污染物排放总量指标不落实、重点区域耗煤项目煤炭等量或减量替代方案不明确，“两高一资”以及拆分项目、环评文件编制质量较差的项目不予受理和批准。对未依法设立、环保基础设施不齐全和环境风险防范措施不落实的产业园区内项目要暂停受理。要在时

间上、质量上保证建设项目选址选线的环境可行性、产业结构调整的环境最优性、环境标准的可达性、环境风险的可控性和公众参与的有效性得到充分论证，防止片面强调服务和效率，人为缩减审批时限。对未落实“三同时”和竣工验收制度的建设项目不得允许投入运行。对存在公众参与范围过小、代表性差、原始材料缺失、程序不符合要求甚至弄虚作假等问题的项目，一律不予受理和批准。

（四）健全建设项目全过程监管长效机制。各级环保部门要坚持“依法、科学、公开、廉洁、高效”的原则，严格执行环境影响评价制度，落实监管职责。按照“谁审批、谁监管”原则，有审批权的环保部门或派出机构负责组织实施建设项目审批后的监督管理，并与所在地环保部门建立联动管理、协调和信息共享机制，探索建立国家、省、市、县四级环保部门联网的环评审批管理平台。要加强建设项目“三同时”制度执行情况的环评监管，上级环保部门要指导和督查地方“三同时”执行情况。各级环保部门要切实加强属地内建设项目“三同时”日常监督检查工作，将已验收的项目纳入日常监管范围，同时督促相关建设（运营）单位及时开展环境影响后评价，强化事中事后监管。

（五）强化建设项目“三同时”监督检查。加强建设项目环境保护“三同时”、竣工环保验收是加强环评事中事后监管的重要举措。要探索建立重大敏感项目环保设计文件备案制度。要开展涉及环境敏感区、重污染或环境风险大、施工期环境影响大、与群众环境权益密切相关和易污染扰民的建设项目环境监理工作。要督促发生重大变动未办理重新报批手续、环保措施滞后主体工程建设进度、施工期环保措施未落实、防护距离内居民搬迁和区域替代等进展缓慢、未按要求开展环境监理、久拖不验的建设项目及时整改，对存在重大环境违法行为的建设项目要及时调查取证或处罚。对确属分期建设、分期投产的建设项目，与已建工程配套的环保设施、措施必须同步落实。对未达到环评批复要求、公众意见集中强烈的建设项目，在整改到位之前一律不予通过环保验收。

三、查处违法违规行为

（六）严厉查处环评从业违规行为。对弄虚作假、出租和出借资质证书、超越资质等级或评价范围开展工作的环评机构一律取消资质。对环评文件质量较差、借用环评专职技术人员的环评机构一律从严处罚，直至取消资质。对出借、出租和转让环境影响评价工程师登记证或岗位证书的环评技术人员，一律予以注销登记，三年内不再予以登记。环评机构和从业人员具有不良诚信记录的，暂缓受理环评机构资质延续、范围调整和晋级申请等相关业务。

（七）有效遏制突出环评违法行为。对环评文件未经批准或重大变更未经审批，建设项目基本建成的；擅自在自然保护区、风景名胜区、饮用水水源保护区等环境敏感区内开工建设的，或者擅自开工建设造成重大环境污染或严重生态破坏的；建设项目需要配套建设的环境保护设施未建成、未经验收或验收不合格，主体工程即正式投产（运行）的突出违法行为，各级环保部门应当依法予以处罚，责令其停止建设或生产（运行），并向社会公开，同时对其中由国家行政机关任命的相关责任人员，及时移交纪检监察部门追究其党纪政纪责任，对涉嫌失职、渎职的管理人员依法追究其法律责任。

四、落实环评监管责任

（八）加大环评审批改革和职能转变的监督管理。各级环保部门要按照实事求是、依法依规、简化程序和强化监督的原则，切实加强环评宏观管理，突出全过程监管，强化信息公开，积极稳妥有序地推进环评审批改革和职能转变，该下放的环评审批权限要坚决下放，下放后该管的要坚决管住管好。要做好下放审批权限建设项目环评文件的审批和竣工环保验收工作的衔接，上级环保部门下放的项目审批权限不得再层层下放。要坚决遏制“两高一资”、低水平重复建设和产能过剩建设项目，其中，电力、石化、化工、焦炭、造纸、有色冶炼、矿山开发等可能造成较大环境影响或涉及环境敏感区的建设项目，原则上审批权限保持不变。省级环保部门不得审批未经规划环评并出具审查意见的城市轨道交通项目。环评审批权限下放后，凡在环评审批和建设项目环境管理中违法、违规，造成重大环境污染、生态破坏或者严重损害群众健康的环境问题，上级环保部门要责令其予以纠正，并视情况对下放审批权限予以收回。

（九）加强管理人员责任监管。对违反法定程序、超越法定权限作出的环评审批和竣工验收决定，上级环保部门应依法予以撤销，对编制质量差的环评文件作出审批的，追究相关行政人员责任。对技术把关不严的技术评估单位要及时整改，对存在徇私舞弊行为的评估专家要及时从专家库中清除，对涉及违法违规的评估机构、专家要进行责任追究。对违法现象突出、行政干预严重的地区，或者地方政府或其他相关部门在项目建设过程中责任不落实的，上一级环保部门要约谈地方政府和相关部门负责人，督促进行整改，问题严重的应采取区域限批。各级环保部门要进一步加强环评工作的监督指导，定期检查或不定期抽查环评管理情况，各级环保部门应向上一级环保部门报告年度建设项目环评及验收审批情况。对下放和调整的项目要有针对性地加强人员培训，做好工作衔接，确保下放管理层级落实到位，准入标准和要求不降低，监管力度不放松。

环境保护部办公厅

2013 年 11 月 15 日

国务院办公厅关于印发能源发展战略行动计划（2014—2020年）的通知

国办发〔2014〕31号

各省、自治区、直辖市人民政府，国务院各部委、各直属机构：

《能源发展战略行动计划（2014—2020年）》已经国务院同意，现印发给你们，请认真贯彻落实。

国务院办公厅

2014年6月7日

（本文有删减，个别表述有调整）

能源发展战略行动计划（2014—2020年）

能源是现代化的基础和动力。能源供应和安全事关我国现代化建设全局。新世纪以来，我国能源发展成就显著，供应能力稳步增长，能源结构不断优化，节能减排取得成效，科技进步迈出新步伐，国际合作取得新突破，建成世界最大的能源供应体系，有效保障了经济社会持续发展。

当前，世界政治、经济格局深刻调整，能源供求关系深刻变化。我国能源资源约束日益加剧，生态环境问题突出，调整结构、提高能效和保障能源安全的压力进一步加大，能源发展面临一系列新问题新挑战。同时，我国可再生能源、非常规油气和深海油气资源开发潜力很大，能源科技创新取得新突破，能源国际合作不断深化，能源发展面临着难得的机遇。

从现在到2020年，是我国全面建成小康社会的关键时期，是能源发展转型的重要战略机遇期。为贯彻落实党的十八大精神，推动能源生产和消费革命，打造中国能源升级版，必须加强全局谋划，明确今后一段时期我国能源发展的总体方略和行动纲领，推动能源创新发展、安全发展、科学发展，特制定本行动计划。

一、总体战略

（一）指导思想。

高举中国特色社会主义伟大旗帜，以邓小平理论、“三个代表”重要思想、科学发展观为指导，深入贯彻党的十八大和十八届二中、三中全会精神，全面落实党中央、国务院的各项决策部署，以开源、节流、减排为重点，确保能源安全供应，转变能源发展方式，调整优化能源结构，创新能源体制机制，着力提高能源效率，严格控制能源消费过快增长，着力发展清洁能源，推进能源绿色发展，着力推动科技进步，切实提高能源产业核心竞争力，打造中国能源升级版，为实现中华民族伟大复兴的中国梦提供安全可靠的能源保障。

（二）战略方针与目标。

坚持“节约、清洁、安全”的战略方针，加快构建清洁、高效、安全、可持续的现代能源体系。重点实施四大战略：

1. 节约优先战略。把节约优先贯穿于经济社会及能源发展的全过程，集约高效开发能源，科学合理使用能源，大力提高能源效率，加快调整和优化经济结构，推进重点领域和关键环节节能，合理控制能源消费总量，以较少的能源消费支撑经济社会较快发展。

到 2020 年，一次能源消费总量控制在 48 亿吨标准煤左右，煤炭消费总量控制在 42 亿吨左右。

2. 立足国内战略。坚持立足国内，将国内供应作为保障能源安全的主渠道，牢牢掌握能源安全主动权。发挥国内资源、技术、装备和人才优势，加强国内能源资源勘探开发，完善能源替代和储备应急体系，着力增强能源供应能力。加强国际合作，提高优质能源保障水平，加快推进油气战略进口通道建设，在开放格局中维护能源安全。

到 2020 年，基本形成比较完善的能源安全保障体系。国内一次能源生产总量达到 42 亿吨标准煤，能源自给能力保持在 85%左右，石油储采比提高到 14～15，能源储备应急体系基本建成。

3. 绿色低碳战略。着力优化能源结构，把发展清洁低碳能源作为调整能源结构的主攻方向。坚持发展非化石能源与化石能源高效清洁利用并举，逐步降低煤炭消费比重，提高天然气消费比重，大幅增加风电、太阳能、地热能等可再生能源和核电消费比重，形成与我国国情相适应、科学合理的能源消费结构，大幅减少能源消费排放，促进生态文明建设。

到 2020 年，非化石能源占一次能源消费比重达到 15%，天然气比重达到 10%以上，煤炭消费比重控制在 62%以内。

4. 创新驱动战略。深化能源体制改革，加快重点领域和关键环节改革步伐，完善能源科学发展体制机制，充分发挥市场在能源资源配置中的决定性作用。树立科技决定能源未来、科技创造未来能源的理念，坚持追赶与跨越并重，加强能源科技创新体系建设，依托重大工程推进科技自主创新，建设能源科技强国，能源科技总体接近世界先进水平。

到 2020 年，基本形成统一开放竞争有序的现代能源市场体系。

二、主要任务

（一）增强能源自主保障能力。

立足国内，加强能源供应能力建设，不断提高自主控制能源对外依存度的能力。

1. 推进煤炭清洁高效开发利用。

按照安全、绿色、集约、高效的原则，加快发展煤炭清洁开发利用技术，不断提高煤炭清洁高效开发利用水平。

清洁高效发展煤电。转变煤炭使用方式，着力提高煤炭集中高效发电比例。提高煤电机组准入标准，新建燃煤发电机组供电煤耗低于每千瓦时 300 克标准煤，污染物排放接近燃气机组排放水平。

推进煤电大基地大通道建设。依据区域水资源分布特点和生态环境承载能力，严格煤矿环保和安全准入标准，推广充填、保水等绿色开采技术，重点建设晋北、晋中、晋东、神东、陕北、黄陇、宁东、鲁西、两淮、云贵、冀中、河南、内蒙古东部、新疆等 14 个亿吨级大型煤炭基地。到 2020 年，基地产量占全国的 95%。采用最先进节能节水环保发电技术，重点建设锡林郭勒、鄂尔多斯、晋北、晋中、晋东、陕北、哈密、准东、宁东等 9 个千万千瓦级大型煤电基地。发展远距离大容量输电技术，扩大西电东送规模，实施北电南送工程。加强煤炭铁路运输通道建设，重点建设内蒙古西部至华中地区的铁路煤运通道，完善西煤东运通道。到 2020 年，全国煤炭铁路运输能力达到 30 亿吨。

提高煤炭清洁利用水平。制定和实施煤炭清洁高效利用规划，积极推进煤炭分级分质梯级利用，加大煤炭洗选比重，鼓励煤矸石等低热值煤和劣质煤就地清洁转化利用。建立健全煤炭质量管理体系，加强对煤炭开发、加工转化和使用过程的监督管理。加强进口煤炭质量监管。大幅减少煤炭分散直接燃烧，鼓励农村地区使用洁净煤和型煤。

2. 稳步提高国内石油产量。

坚持陆上和海上并重，巩固老油田，开发新油田，突破海上油田，大力支持低品位资源开发，建设大庆、辽河、新疆、塔里木、胜利、长庆、渤海、南海、延长等9个千万吨级大油田。

稳定东部老油田产量。以松辽盆地、渤海湾盆地为重点，深化精细勘探开发，积极发展先进采油技术，努力增储挖潜，提高原油采收率，保持产量基本稳定。

实现西部增储上产。以塔里木盆地、鄂尔多斯盆地、准噶尔盆地、柴达木盆地为重点，加大油气资源勘探开发力度，推广应用先进技术，努力探明更多优质储量，提高石油产量。加大羌塘盆地等新区油气地质调查研究和勘探开发技术攻关力度，拓展新的储量和产量增长区域。

加快海洋石油开发。按照以近养远、远近结合，自主开发与对外合作并举的方针，加强渤海、东海和南海等海域近海油气勘探开发，加强南海深水油气勘探开发形势跟踪分析，积极推进深海对外招标和合作，尽快突破深海采油技术和装备自主制造能力，大力提升海洋油气产量。

大力支持低品位资源开发。开展低品位资源开发示范工程建设，鼓励难动用储量和濒临枯竭油田的开发及市场化转让，支持采用技术服务、工程总承包等方式开发低品位资源。

3. 大力发展天然气。

按照陆地与海域并举、常规与非常规并重的原则，加快常规天然气增储上产，尽快突破非常规天然气发展瓶颈，促进天然气储量产量快速增长。

加快常规天然气勘探开发。以四川盆地、鄂尔多斯盆地、塔里木盆地和南海为重点，加强西部低品位、东部深层、海域深水三大领域科技攻关，加大勘探开发力度，力争获得大突破、大发现，努力建设8个年产量百亿立方米级以上的大型天然气生产基地。到2020年，累计新增常规天然气探明地质储量5.5万亿立方米，年产常规天然气1 850亿立方米。

重点突破页岩气和煤层气开发。加强页岩气地质调查研究，加快“工厂化”“成套化”技术研发和应用，探索形成先进适用的页岩气勘探开发技术模式和商业模式，培育自主创新和装备制造能力。着力提高四川长宁-威远、重庆涪陵、云南昭通、陕西延安等国家级示范区储量和产量规模，同时争取在湘鄂、云贵和苏皖等地区实现突破。到2020年，页岩气产量力争超过300亿立方米。以沁水盆地、鄂尔多斯盆地东缘为重点，加大支持力度，加快煤层气勘探开采步伐。到2020年，煤层气产量力争达到300亿立方米。

积极推进天然气水合物资源勘查与评价。加大天然气水合物勘探开发技术攻关力度，培育具有自主知识产权的核心技术，积极推进试采工程。

4. 积极发展能源替代。

坚持煤基替代、生物质替代和交通替代并举的方针，科学发展石油替代。到2020年，形成石油替代能力4 000万吨以上。

稳妥实施煤制油、煤制气示范工程。按照清洁高效、量水而行、科学布局、突出示范、自主创新的原则，以新疆、内蒙古、陕西、山西等地为重点，稳妥推进煤制油、煤制气技术研发和产业化升级示范工程，掌握核心技术，严格控制能耗、水耗和污染物排放，形成适度规模的煤基燃料替代能力。

积极发展交通燃油替代。加强先进生物质能技术攻关和示范，重点发展新一代非粮燃料乙醇和生物柴油，超前部署微藻制油技术研发和示范。加快发展纯电动汽车、混合动力汽车和船舶、天然气汽车和船舶，扩大交通燃油替代规模。

5. 加强储备应急能力建设。

完善能源储备制度，建立国家储备与企业储备相结合、战略储备与生产运行储备并举的储备体系，建立健全国家能源应急保障体系，提高能源安全保障能力。

扩大石油储备规模。建成国家石油储备二期工程，启动三期工程，鼓励民间资本参与储备建设，建立企业义务储备，鼓励发展商业储备。

提高天然气储备能力。加快天然气储气库建设，鼓励发展企业商业储备，支持天然气生产企业参与调峰，提高储气规模和应急调峰能力。

建立煤炭稀缺品种资源储备。鼓励优质、稀缺煤炭资源进口，支持企业在缺煤地区和煤炭集散地建设中转储运设施，完善煤炭应急储备体系。

完善能源应急体系。加强能源安全信息化保障和决策支持能力建设，逐步建立重点能源品种和能源通道应急指挥和综合管理系统，提升预测预警和防范应对水平。

（二）推进能源消费革命。

调整优化经济结构，转变能源消费理念，强化工业、交通、建筑节能和需求侧管理，重视生活节能，严格控制能源消费总量过快增长，切实扭转粗放用能方式，不断提高能源使用效率。

1. 严格控制能源消费过快增长。

按照差别化原则，结合区域和行业用能特点，严格控制能源消费过快增长，切实转变能源开发和利用方式。

推行“一挂双控”措施。将能源消费与经济增长挂钩，对高耗能产业和产能过剩行业实行能源消费总量控制强约束，其他产业按先进能效标准实行强约束，现有产能能效要限期达标，新增产能必须符合国内先进能效标准。

推行区域差别化能源政策。在能源资源丰富的西部地区，根据水资源和生态环境承载能力，在节水节能环保、技术先进的前提下，合理加大能源开发力度，增强跨区调出能力。合理控制中部地区能源开发强度。大力优化东部地区能源结构，鼓励发展有竞争力的新能源和可再生能源。

控制煤炭消费总量。制定国家煤炭消费总量中长期控制目标，实施煤炭消费减量替代，降低煤炭消费比重。

2. 着力实施能效提升计划。

坚持节能优先，以工业、建筑和交通领域为重点，创新发展方式，形成节能型生产和消费模式。

实施煤电升级改造行动计划。实施老旧煤电机组节能减排升级改造工程，现役 60 万千瓦（风冷机组除外）及以上机组力争 5 年内供电煤耗降至每千瓦时 300 克标准煤左右。

实施工业节能行动计划。严格限制高耗能产业和过剩产业扩张，加快淘汰落后产能，实施十大重点节能工程，深入开展万家企业节能低碳行动。实施电机、内燃机、锅炉等重点用能设备能效提升计划，推进工业企业余热余压利用。深入推进工业领域需求侧管理，积极发展高效锅炉和高效电机，推进终端用能产品能效提升和重点用能行业能效水平对标达标。认真开展新建项目环境影响评价和节能评估审查。

实施绿色建筑行动计划。加强建筑用能规划，实施建筑能效提升工程，尽快推行 75%的居住建筑节能设计标准，加快绿色建筑建设和既有建筑改造，推行公共建筑能耗限额和绿色建筑评级与标识制度，大力推广节能电器和绿色照明，积极推进新能源城市建设。大力发展低碳生态城市和绿色生态城区，到 2020 年，城镇绿色建筑占新建建筑的比例达到 50%。加快推进供热计量改革，新建建筑和经供热计量改造的既有建筑实行供热计量收费。

实行绿色交通行动计划。完善综合交通运输体系规划，加快推进综合交通运输体系建设。积极推进清洁能源汽车和船舶产业化步伐，提高车用燃油经济性标准和环保标准。加快发展轨道交通和水运等资源节约型、环境友好型运输方式，推进主要城市群内城际铁路建设。大力发展城市公共交通，加强城市步行和自行车交通系统建设，提高公共出行和非机动出行比例。

3. 推动城乡用能方式变革。

按照城乡发展一体化和新型城镇化的总体要求，坚持集中与分散供能相结合，因地制宜建设城乡供能设施，推进城乡用能方式转变，提高城乡用能水平和效率。

实施新城镇、新能源、新生活行动计划。科学编制城镇规划，优化城镇空间布局，推动信息化、低碳化与城镇化的深度融合，建设低碳智能城镇。制定城镇综合能源规划，大力发展分布式能源，科学发展热电联产，鼓励有条件的地区发展热电冷联供，发展风能、太阳能、生物质能、地热能供暖。

加快农村用能方式变革。抓紧研究制定长效政策措施，推进绿色能源县、乡、村建设，大力发展农村小水电，加强水电新农村电气化县和小水电代燃料生态保护工程建设，因地制宜发展农村可再生能源，推动非商品能源的清洁高效利用，加强农村节能工作。

开展全民节能行动。实施全民节能行动计划，加强宣传教育，普及节能知识，推广节能新技术、新产品，大力提倡绿色生活方式，引导居民科学合理用能，使节约用能成为全社会的自觉行动。

（三）优化能源结构。

积极发展天然气、核电、可再生能源等清洁能源，降低煤炭消费比重，推动能源结构持续优化。

1. 降低煤炭消费比重。

加快清洁能源供应，控制重点地区、重点领域煤炭消费总量，推进减量替代，压减煤炭消费，到2020年，全国煤炭消费比重降至62%以内。

削减京津冀鲁、长三角和珠三角等区域煤炭消费总量。加大高耗能产业落后产能淘汰力度，扩大外来电、天然气及非化石能源供应规模，耗煤项目实现煤炭减量替代。到2020年，京津冀鲁四省市煤炭消费比2012年净削减1亿吨，长三角和珠三角地区煤炭消费总量负增长。

控制重点用煤领域煤炭消费。以经济发达地区和大中城市为重点，有序推进重点用煤领域“煤改气”工程，加强余热、余压利用，加快淘汰分散燃煤小锅炉，到2017年，基本完成重点地区燃煤锅炉、工业窑炉等天然气替代改造任务。结合城中村、城乡接合部、棚户区改造，扩大城市无煤区范围，逐步由城市建成区扩展到近郊，大幅减少城市煤炭分散使用。

2. 提高天然气消费比重。

坚持增加供应与提高能效相结合，加强供气设施建设，扩大天然气进口，有序拓展天然气城镇燃气应用。到2020年，天然气在一次能源消费中的比重提高到10%以上。

实施气化城市民生工程。新增天然气应优先保障居民生活和替代分散燃煤，组织实施城镇居民用能清洁化计划，到2020年，城镇居民基本用上天然气。

稳步发展天然气交通运输。结合国家天然气发展规划布局，制定天然气交通发展中长期规划，加快天然气加气站设施建设，以城市出租车、公交车为重点，积极有序发展液化天然气汽车和压缩天然气汽车，稳妥发展天然气家庭轿车、城际客车、重型卡车和轮船。

适度发展天然气发电。在京津冀鲁、长三角、珠三角等大气污染重点防控区，有序发展天然气调峰电站，结合热负荷需求适度发展燃气—蒸汽联合循环热电联产。

加快天然气管网和储气设施建设。按照西气东输、北气南下、海气登陆的供气格局，加快天然气管道及储气设施建设，形成进口通道、主要生产区和消费区相连接的全国天然气主干管网。到2020年，天然气主干管道里程达到12万公里以上。

扩大天然气进口规模。加大液化天然气和管道天然气进口力度。

3. 安全发展核电。

在采用国际最高安全标准、确保安全的前提下，适时在东部沿海地区启动新的核电项目建设，研究论证内陆核电建设。坚持引进消化吸收再创新，重点推进AP1000、CAP1400、高温气冷堆、快堆及后处理技术攻关。加快国内自主技术工程验证，重点建设大型先进压水堆、高温气冷堆重大专项示范工程。积极推进核电基础理论研究、核安全技术研究开发设计和工程建设，完善核燃料循环体系。积极推进核电“走出去”。加强核电科普和核安全知识宣传。到2020年，核电装机容量达到5 800万千瓦，在建容量达到3 000万千瓦以上。

4. 大力发展可再生能源。

按照输出与就地消纳利用并重、集中式与分布式发展并举的原则，加快发展可再生能源。到2020年，非化石能源占一次能源消费比重达到15%。

积极开发水电。在做好生态环境保护和移民安置的前提下，以西南地区金沙江、雅砻江、大渡河、澜沧江等河流为重点，积极有序推进大型水电基地建设。因地制宜发展中小型电站，开展抽水蓄能电站规划和建设，加强水资源综合利用。到2020年，力争常规水电装机达到3.5亿千瓦左右。

大力发展风电。重点规划建设酒泉、内蒙古西部、内蒙古东部、冀北、吉林、黑龙江、山东、哈密、江苏等9个大型现代风电基地以及配套送出工程。以南方和中东部地区为重点，大力发展分散式风电，稳步发展海上风电。到2020年，风电装机达到2亿千瓦，风电与煤电上网电价相当。

加快发展太阳能发电。有序推进光伏基地建设，同步做好就地消纳利用和集中送出通道建设。加快建设分布式光伏发电应用示范区，稳步实施太阳能热发电示范工程。加强太阳能发电并网服务。鼓励大型公共建筑及公用设施、工业园区等建设屋顶分布式光伏发电。到2020年，光伏装机达到1亿千瓦左右，光伏发电与电网销售电价相当。

积极发展地热能、生物质能和海洋能。坚持统筹兼顾、因地制宜、多元发展的方针，有序开展地热能、海洋能资源普查，制定生物质能和地热能开发利用规划，积极推动地热能、生物质和海洋能清洁高效利用，推广生物质能和地热供热，开展地热发电和海洋能发电示范工程。到2020年，地热能利用规模达到5 000万吨标准煤。

提高可再生能源利用水平。加强电源与电网统筹规划，科学安排调峰、调频、储能配套能力，切实解决弃风、弃水、弃光问题。

（四）拓展能源国际合作。

统筹利用国内国际两种资源、两个市场，坚持投资与贸易并举、陆海通道并举，加快制定利用海外能源资源中长期规划，着力拓展进口通道，着力建设丝绸之路经济带、21世纪海上丝绸之路、孟中印缅经济走廊和中巴经济走廊，积极支持能源技术、装备和工程队伍“走出去”。

加强俄罗斯中亚、中东、非洲、美洲和亚太五大重点能源合作区域建设，深化国际能源双边多边合作，建立区域性能源交易市场。积极参与全球能源治理。加强统筹协调，支持企业“走出去”。

（五）推进能源科技创新。

按照创新机制、夯实基础、超前部署、重点跨越的原则，加强科技自主创新，鼓励引进消化吸收再创新，打造能源科技创新升级版，建设能源科技强国。

1. 明确能源科技创新战略方向和重点。

抓住能源绿色、低碳、智能发展的战略方向，围绕保障安全、优化结构和节能减排等长期目标，确立非常规油气及深海油气勘探开发、煤炭清洁高效利用、分布式能源、智能电网、新一代核电、先进可再生能源、节能节水、储能、基础材料等9个重点创新领域，明确页岩气、煤层气、页岩油、深海油气、煤炭深加工、高参数节能环保燃煤发电、整体煤气化联合循环发电、燃气轮机、现代电网、先进核电、光伏、太阳能热发电、风电、生物燃料、地热能利用、海洋能发电、天然气水合物、大容量储能、氢能与燃料电池、能源基础材料等20个重点创新方向，相应开展页岩气、煤层气、深水油气开发等重大示范工程。

2. 抓好科技重大专项。

加快实施大型油气田及煤层气开发国家科技重大专项。加强大型先进压水堆及高温气冷堆核电站国家科技重大专项。加强技术攻关，力争页岩气、深海油气、天然气水合物、新一代核电等核心技术取得重大突破。

3. 依托重大工程带动自主创新。

依托海洋油气和非常规油气勘探开发、煤炭高效清洁利用、先进核电、可再生能源开发、智能电网等重大能源工程，加快科技成果转化，加快能源装备制造创新平台建设，支持先进能源技术装备“走出去”，形成有国际竞争力的能源装备工业体系。

4. 加快能源科技创新体系建设。

制定国家能源科技创新及能源装备发展战略。建立以企业为主体、市场为导向、政产学研用相结合的创新体系。鼓励建立多元化的能源科技风险投资基金。加强能源人才队伍建设，鼓励引进高端人才，培育一批能源科技领军人才。

三、保障措施

（一）深化能源体制改革。

坚持社会主义市场经济改革方向，使市场在资源配置中起决定性作用和更好发挥政府作用，深化能源体制改革，为建立现代能源体系、保障国家能源安全营造良好的制度环境。

完善现代能源市场体系。建立统一开放、竞争有序的现代能源市场体系。深入推进政企分开，分离自然垄断业务和竞争性业务，放开竞争性领域和环节。实行统一的市场准入制度，在制定负面清单基础上，鼓励和引导各类市场主体依法平等进入负面清单以外的领域，推动能源投资主体多元化。深化国有能源企业改革，完善激励和考核机制，提高企业竞争力。鼓励利用期货市场套期保值，推进原油期货市场建设。

推进能源价格改革。推进石油、天然气、电力等领域价格改革，有序放开竞争性环节价格，天然气井口价格及销售价格、上网电价和销售电价由市场形成，输配电价和油气管输价格由政府定价。

深化重点领域和关键环节改革。重点推进电网、油气管网建设运营体制改革，明确电网和油气管网功能定位，逐步建立公平接入、供需导向、可靠灵活的电力和油气输送网络。加快电力体制改革步伐，推动供求双方直接交易，构建竞争性电力交易市场。

健全能源法律法规。加快推动能源法制定和电力法、煤炭法修订工作。积极推进海洋石油天然气管道保护、核电管理、能源储备等行政法规制定或修订工作。

进一步转变政府职能，健全能源监管体系。加强能源发展战略、规划、政策、标准等制定和实施，加快简政放权，继续取消和下放行政审批事项。强化能源监管，健全监管组织体系和法规体系，创新监管方式，提高监管效能，维护公平公正的市场秩序，为能源产业健康发展创造良好环境。

（二）健全和完善能源政策。

完善能源税费政策。加快资源税费改革，积极推进清费立税，逐步扩大资源税从价计征范围。研究调整能源消费税征税环节和税率，将部分高耗能、高污染产品纳入征收范围。完善节能减排税收政策，建立和完善生态补偿机制，加快推进环境保护税立法工作，探索建立绿色税收体系。

完善能源投资和产业政策。在充分发挥市场作用的基础上，扩大地质勘探基金规模，重点支持和引导非常规油气及深海油气资源开发和国际合作，完善政府对基础性、战略性、前沿性科学研究和共性技术研究及重大装备的支持机制。完善调峰调频备用补偿政策，实施可再生能源电力配额制和全额保障性收购政策及配套措施。鼓励银行业金融机构按照风险可控、商业可持续的原则，加大对节能提效、能源资源综合利用和清洁能源项目的支持。研究制定推动绿色信贷发展的激励政策。

完善能源消费政策。实行差别化能源价格政策。加强能源需求侧管理，推行合同能源管理，培育节能服务机构和能源服务公司，实施能源审计制度。健全固定资产投资项目节能评估审查制度，落实能效“领跑者”制度。

（三）做好组织实施。

加强组织领导。充分发挥国家能源委员会的领导作用，加强对能源重大战略问题的研究和审议，指导推动本行动计划的实施。能源局要切实履行国家能源委员会办公室职责，组织协调各部门制定实施细则。

细化任务落实。国务院有关部门、各省（区、市）和重点能源企业要将贯彻落实本行动计划列入本部门、本地区、本企业的重要议事日程，做好各类规划计划与本行动计划的衔接。国家能源委员会办公室要制定实施方案，分解落实目标任务，明确进度安排和协调机制，精心组织实施。

加强督促检查。国家能源委员会办公室要密切跟踪工作进展，掌握目标任务完成情况，督促各项措施落到实处、见到实效。在实施过程中，要定期组织开展评估检查和考核评价，重大情况及时报告国务院。

国家发展改革委　环境保护部关于印发《燃煤发电机组环保电价及环保设施运行监管办法》的通知

发改价格〔2014〕536 号

各省、自治区、直辖市发展改革委、物价局、环保厅（局）、电力公司，国家电网公司，南方电网公司，华能、大唐、华电、国电、中电投集团公司，国家开发投资公司，神华集团公司：

鉴于加强环保电价和环保设施运行监管是促进燃煤发电机组减少污染物排放、改善大气质量的重要措施，国家发展改革委和环境保护部特制定了《燃煤发电机组环保电价及环保设施运行监管办法》，现印发给你们，请按照执行。

附件：《燃煤发电机组环保电价及环保设施运行监管办法》

国家发展改革委
环境保护部
2014 年 3 月 28 日

附件

燃煤发电机组环保电价及环保设施运行监管办法

第一条　为发挥价格杠杆的激励和约束作用，促进燃煤发电企业建设和运行环保设施，减少二氧化硫、氮氧化物、烟粉尘排放，切实改善大气环境质量，根据《中华人民共和国价格法》《中华人民共和国环境保护法》《中华人民共和国大气污染防治法》《国务院关于印发大气污染防治行动计划的通知》（国发〔2013〕37 号）等有关规定，制定本办法。

第二条　本办法适用于符合国家建设管理规定的燃煤发电机组（含循环流化床燃煤发电机组，不含以生物质、垃圾、煤气等燃料为主掺烧部分煤炭的发电机组）脱硫、脱硝、除尘电价（以下简称“环保电价”）及脱硫、脱硝、除尘设施（以下简称“环保设施”）运行管理。

第三条　对燃煤发电机组新建或改造环保设施实行环保电价加价政策。环保电价加价标准由国家发展改革委制定和调整。

第四条　安装环保设施的燃煤发电企业，环保设施验收合格后，由省级环境保护主管部门函告省级价格主管部门，省级价格主管部门通知电网企业自验收合格之日起执行相应的环保电价加价。

新建燃煤发电机组同步建设环保设施的，执行国家发展改革委公布的包含环保电价的燃煤发电机组标杆上网电价。

第五条　新建燃煤发电机组应按环保规定同步建设环保设施，不得设置烟气旁路通道。新建燃煤发电机组的环保设施由审批环境影响报告书的环境保护主管部门进行先期单项验收。先期单项验收结果纳入工程竣工环保总体验收。

现有燃煤发电机组应按照国家和地方政府确定的时间进度完成环保设施建设改造，由发电企业向负责审批的环境保护主管部门申请环保验收。市级环境保护主管部门验收的，验收结果报省级环境保护主管部门。

第六条 环境保护主管部门应在受理发电企业环保设施验收申请材料之日起30个工作日内，对验收合格的环保设施出具验收合格文件。

第七条 燃煤发电机组排放污染物应符合《火电厂大气污染物排放标准》（GB 13223—2011）规定的限值要求。其中，大气污染防治重点控制区按照相关要求执行特别排放限值；地方有更严格排放标准要求的，执行地方排放标准。火电厂大气污染物排放标准调整时，执行环保电价应满足的排放限值相应调整。

第八条 燃煤发电企业应按照国家有关规定安装运行烟气排放连续监测系统（以下简称“CEMS”），并与省级环境保护主管部门和省级电网企业联网，实时传输数据。CEMS 发生故障不能正常运行时，发电企业应在12小时内向所在地市级及省级环境保护主管部门报告，限期恢复正常。

第九条 燃煤发电企业应按环境保护主管部门有关要求，自行或委托有资质的机构在全面测试烟气流速、污染物浓度分布基础上确定最具代表性点位；对所有 CEMS 监测仪表进行日常巡检和维护保养，并确保其正常运行。

第十条 燃煤发电企业应把环保设施作为主体设备纳入企业发电主设备管理系统统一管理，建立相应的管理制度。

第十一条 燃煤发电企业因检修维护、更新改造需暂停环保设施运行的，应在计划停运 5 个工作日前报省级环境保护主管部门批准并报告省级电网企业；环保设施因事故停运的，应在24小时内向所在地环境保护主管部门报告。

第十二条 燃煤发电企业应建立机组生产运行、环保设施运行台账，按日记录设施运行和维护情况、CEMS 数据、燃料分析报表（硫分、干燥无灰基挥发分、灰分等）、脱硫剂用量、脱硝还原剂消耗量、喷氨系统开关时间、电场电流电压、除尘压差、旁路挡板门启停时间、环保设施运行事故及处理情况等，运行台账应逐月归档管理。

第十三条 燃煤发电企业应按要求于每季度初 5 个工作日内将上一季度的环保分布式控制系统（以下简称“DCS”）历史数据报送省级环境保护主管部门和环境保护部区域环保督查中心。发电企业必须存储保留完整的 DCS 历史数据一年以上。脱硫脱硝除尘 DCS 主要参数应逐步设置于同一集控室内。

第十四条 省级电网企业应建立辖区内发电企业的监控平台，实时监控发电企业的环保设施 DCS 和 CEMS 主要参数，分析污染物排放情况，并将相关数据提供给省级环境保护主管部门等作为确定各企业污染物排放达标情况的参考依据。

第十五条 燃煤发电机组二氧化硫、氮氧化物、烟尘排放浓度小时均值超过限值要求仍执行环保电价的，由政府价格主管部门没收超限值时段的环保电价款。超过限值 1 倍及以上的，并处超限值时段环保电价款5倍以下罚款。

因发电机组启机导致脱硫除尘设施退出、机组负荷低导致脱硝设施退出并致污染物浓度超过限值，CEMS 因故障不能及时采集和传输数据，以及其他不可抗拒的客观原因导致环保设施不正常运行等情况，应没收该时段环保电价款，但可免于罚款。

第十六条 燃煤发电企业通过改装 CEMS 或 DCS 软、硬件设备，修改 CEMS 或 DCS 主要参数，篡改 CEMS 或 DCS 历史监测数据或故意损坏丢失数据库等手段，以及其他原因人为导致数据失实的，经环境保护主管部门核实，由政府价格主管部门没收相应时段环保电价款，并从重处以罚款。无法判断燃煤发电企业人为致使监测数据失真起始时间的，自检查发现之日起前一季度时间起计算电量。

第十七条 环保电价按照污染物种类分项考核。单项污染物超过执行标准的，对相应单项环保电价款予以没收和罚款。

污染物排放浓度小时均值以与环境保护主管部门联网的 CEMS 数据为准。超限值时段根据环保设施 DCS 历史数据库数据核定。

第十八条 省级环境保护主管部门根据日常检查结果、CEMS 自动监测数据有效性审核情况和发电企业上报的DCS关键参数，每季度核实辖区内各燃煤发电机组环保设施运行情况，确定发电机组分项污染物的小时浓度均值不同超标倍数的时间段、因客观原因致环保设施不正常运行时间累加值以及认定人为数据作假的事实等，于下季度初20个工作日内函告省级价格主管部门。省级环境保护主管部门定期向社会公告所辖地区各燃煤发电机组污染物排放情况。

第十九条　省级价格主管部门负责环保电价款的核算、没收和罚款。省级价格主管部门根据省级环境保护主管部门提供的上季度各燃煤发电机组环保设施运行情况，以及电网企业提供的燃煤发电机组电量核算环保电价款，及时下发没收环保电价款和罚款决定，并抄送省级环境保护主管部门。省级价格主管部门应对上年度本省（自治区、直辖市）燃煤发电企业涉及环保电价的典型价格违法案件进行公告。

第二十条　电网企业应严格执行价格主管部门确定的环保电价，以燃煤发电企业实际上网电量按月支付环保电价款，并及时向省级价格和环保主管部门提供燃煤发电机组污染物排放浓度小时均值超限值时段所对应的日均电量。

第二十一条　国务院环保部门会同其他监管部门依法定期组织对燃煤发电企业环保设施运行情况进行核查，并向社会公告核查中存在问题的发电企业。政府价格主管部门根据国家核查结果对没有达到污染物排放要求的发电企业没收相应环保电价款并处相应罚款。

第二十二条　对燃煤发电企业没收的环保电价款及罚款上缴当地省级财政主管部门，专项用于电力企业环保设施运行奖励、在线监控及联网系统建设维护、环境污染防治、补贴环保电价缺口等减排工作。

第二十三条　燃煤发电企业未按规定安装环保设施及CEMS，或环保设施及CEMS没有达到国家规定要求的，由省级环境保护主管部门按照《环境保护法》《大气污染防治法》《污染源自动监控管理办法》等规定予以处罚。

第二十四条　燃煤发电企业擅自拆除、闲置或者无故停运环保设施及CEMS，未按国家环保规定排放污染物的，由环境保护主管部门按照《环境保护法》《大气污染防治法》《污染源自动监控管理办法》有关规定予以处罚，并根据《刑法》《最高人民法院、最高人民检察院关于办理环境污染刑事案件适用法律若干问题的解释》《环境保护违法违纪行为处分暂行规定》等有关规定，追究有关责任人的责任。

第二十五条　电网企业拒报或谎报燃煤发电机组超限值排放时段所对应的电量，以及拒绝执行或未能及时执行或不按实际上网电量足额执行环保电价的，按照《价格法》、《环境保护法》、《大气污染防治法》和《价格违法行为行政处罚规定》等有关规定，由省级及以上价格主管部门会同环境保护主管部门予以处罚。

第二十六条　省级环境保护主管部门未如实或未在规定时间向价格主管部门函告燃煤发电机组环保设施运行情况，由环境保护部通报批评、责令改正，并按照《环境保护法》和《环境保护违法违纪行为处分暂行规定》等有关规定追究有关责任人责任。

第二十七条　省级价格主管部门未按时下发符合条件的燃煤发电企业执行环保电价通知、未足额没收前述应当没收的环保电价款并处相应罚款的，由国家发展改革委通报批评、责令改正，并按照《价格法》《价格违法行为行政处罚规定》等有关规定追究有关责任人责任。

第二十八条　各省（区、市）价格主管部门、环境保护主管部门要会同国家能源局派出机构加强对燃煤发电企业环保设施运行情况及环保电价执行情况的跟踪检查。鼓励群众向各级环境保护主管部门举报燃煤发电企业非正常停运环保设施的行为，经查属实的，环境保护主管部门会同价格主管部门给予适当奖励。支持、鼓励新闻舆论对燃煤发电机组环保设施运行情况进行监督。燃煤发电企业应按照《国家重点监控企业自行监测及信息公开办法（试行）》（环发〔2013〕81号）要求，在省级环境保护主管部门组织的平台上及时发布自行监测信息。

第二十九条　省级价格主管部门可会同环境保护主管部门依据本办法制定实施细则。

第三十条　本办法由国家发展改革委会同环境保护部负责解释。

第三十一条　本办法自2014年5月1日起实施。《燃煤发电机组脱硫电价及脱硫设施运行管理办法（试行）》（发改价格〔2007〕1176号）同时废止。

中华人民共和国国家发展和改革委员会
中华人民共和国科学技术部
中华人民共和国工业和信息化部
中华人民共和国财政部
中华人民共和国国土资源部
中华人民共和国环境保护部
中华人民共和国住房和城乡建设部
国家税务总局
国家质量监督检验检疫总局
国家安全生产监督管理总局

令

第18号

为引导和规范煤矸石综合利用行为，减少其对土地资源占用和环境影响，促进循环经济发展，推进生态文明建设。我们对《煤矸石综合利用管理办法》进行了修订，现予发布，自2015年3月1日起施行。1998年原国家经贸委等八部门联合发布的《煤矸石综合利用管理办法》（国经贸资〔1998〕80号）同时废止。

国家发展改革委主任：徐绍史
科技部部长：万　钢
工业和信息化部部长：苗　圩
财政部部长：楼继伟
国土资源部部长：姜大明
环境保护部部长：周生贤
住房城乡建设部部长：陈政高
税务总局局长：王　军
质检总局局长：支树平
安全监管总局局长：杨栋梁
2014年12月22日

煤矸石综合利用管理办法

（2014年修订版）

第一章 总 则

第一条 为深入推进煤矸石综合利用健康有序发展，发展循环经济，减少其对土地资源占用和环境影响，提高资源利用效率，促进煤矿安全生产，根据《清洁生产促进法》《固体废物污染环境防治法》《循环经济促进法》《煤炭法》等法律，制定本办法。

第二条　中华人民共和国境内对煤矸石综合利用的管理活动，适用本办法。

本办法所称煤矸石，是指煤矿在开拓掘进、采煤和煤炭洗选等生产过程中排出的含碳岩石，是煤矿生产过程中的废弃物。

本办法所称煤矸石综合利用，是指利用煤矸石进行井下充填、发电、生产建筑材料、回收矿产品、制取化工产品、筑路、土地复垦等。

第三条　煤矸石综合利用应当坚持减少排放和扩大利用相结合，实行就近利用、分类利用、大宗利用、高附加值利用，提升技术水平，实现经济效益、社会效益和环境效益有机统一，加强全过程管理，提高煤矸石利用量和利用率。

第二章　综合管理

第四条　国家发展改革委会同科技部、工业和信息化部、财政部、国土资源部、环境保护部、住房城乡建设部、税务总局、质检总局、安全监管总局、能源局、煤矿安监局等负责起草、拟订、发布煤矸石综合利用相关规划、产业和扶持政策、技术规范等，并在各自职责范围内开展煤矸石综合利用管理工作。

第五条　省、自治区、直辖市人民政府资源综合利用主管部门负责本办法的贯彻实施，以及本行政区域内煤矸石综合利用活动的监督、管理和协调工作。省、自治区、直辖市人民政府其他相关部门在各自职责范围内支持配合煤矸石综合利用工作。

第六条　设区的市级环境保护部门、资源综合利用主管部门会同煤炭行业管理部门负责统计和发布本地区煤矸石产生、贮存、流向、利用、处置等数据信息。

省、自治区、直辖市环境保护部门和资源综合利用主管部门应于每年 3 月底前，将本地区上年度统计数据报环境保护部、国家发展改革委。

第七条　有关行业协会、社会中介组织要积极发挥在技术指导、市场推广和信息咨询服务等方面的作用，加强行业自律。

第八条　主要产煤省份（内蒙古、山西、陕西、河南、山东、新疆、贵州、安徽、云南等）资源综合利用主管部门，要会同有关部门根据煤炭工业发展规划、矿区总体规划和矿产资源规划等组织编制本行政区域煤矸石综合利用发展规划（或实施方案），并将控制煤矸石利用碳排放纳入当地控制温室气体排放总体工作方案（或低碳发展规划）。

第九条　煤炭开发项目（包括选煤厂项目）的项目核准申请报告中资源开发及综合利用分析篇章中须包括煤矸石综合利用和治理方案，明确煤矸石综合利用途径和处置方式。对未提供煤矸石综合利用方案的煤炭开发项目，有关主管部门不得予以核准。

煤矸石综合利用方案中涉及煤矸石产生单位自行建设的工程，要与煤矿（选煤厂）工程同时设计、同时施工、同时投产使用；涉及为其他单位提供煤矸石的工程，煤矸石利用单位应当具备符合国家产业政策和环境保护要求的生产与处置能力。

第十条　新建（改扩建）煤矿及选煤厂应节约土地、防止环境污染，禁止建设永久性煤矸石堆放场（库）。确需建设临时性堆放场（库）的，其占地规模应当与煤炭生产和洗选加工能力相匹配，原则上占地规模按不超过 3 年储矸量设计，且必须有后续综合利用方案。煤矸石临时性堆放场（库）选址、设计、建设及运行管理应当符合《一般工业固体废物贮存、处置场污染控制标准》《煤炭工程项目建设用地指标》等相关要求。

第十一条　煤炭生产企业要因地制宜，采用合理的开采方式，煤炭和耕地复合度高的地区应当采用煤矸石井下充填开采技术，其他具备条件的地区也要优先和积极推广应用此项技术，有效控制地面沉陷、损毁耕地，减少煤矸石排放量。煤炭行业主管部门会同国土资源主管部门制订煤矸石井下充填开采技术标准体系，编制煤矸石井下充填开采方案。

第十二条　利用煤矸石进行土地复垦时，应严格按照《土地复垦条例》和国土、环境保护等相关部门出台的有关规定执行，遵守相关技术规范、质量控制标准和环保要求。

第十三条　煤矸石发电项目应当按照国家有关部门低热值煤发电项目规定进行规划建设，煤矸石使用量不低于入炉燃料的 60%（重量比），且收到基低位发热量不低于 5 020 千焦（1 200 千卡）/千克，应根据煤矸石资源量合理配备循环流化床锅炉及发电机组，并在煤矸石的使用环节配备准确可靠的计量器具。鼓励能量梯级利用，满足周边用户热（冷）负荷需要。对申报资源综合利用认定的发电项目（机组），其入炉混合燃料收到基低位发热量应不高于 12 550 千焦（3 000 千卡）/千克。

第十四条　煤矸石综合利用要符合国家环境保护相关规定，达标排放。煤矸石发电企业应严格执行《火电厂大气污染物排放标准》等相关标准规定的限值要求和总量控制要求，应建立环保设施管理制度，并实行专人负责；发电机组烟气系统必须安装烟气自动在线监控装置，并符合《固定污染源烟气排放连续监测技术规范》要求，同时保留好完整的脱硫脱硝除尘系统数据，且保存一年以上；煤矸石发电产生的粉煤灰、脱硫石膏、废烟气脱硝催化剂等固体废弃物应按照有关规定进行综合利用和妥善处置。

第十五条　煤矸石产生单位应对既有的煤矸石堆场（库）的安全和环保负责，应制定治理方案，明确整改期限，采取有效综合利用措施消纳煤矸石、消除矸石山；对确难以综合利用的，须采取安全环保措施，并进行无害化处置，按照矿山生态环境保护与恢复治理技术规范等要求进行煤矸石堆场的生态保护与修复，防治煤矸石自燃对大气及周边环境的污染，鼓励对煤矸石山进行植被绿化。

第十六条　下列产品和工程项目，应当符合国家或行业有关质量、环境、节能和安全标准：

（一）利用煤矸石生产的建筑材料或其他与煤矸石综合利用相关的产品；

（二）煤矸石井下充填置换工程；

（三）利用煤矸石或制品的建筑、道路等工程；

（四）其他与煤矸石综合利用相关的工程项目。

第三章　鼓励措施

第十七条　国家鼓励煤矸石大宗利用和高附加值利用：

（一）煤矸石井下充填；

（二）煤矸石循环流化床发电和热电联产；

（三）煤矸石生产建筑材料；

（四）从煤矸石中回收矿产品；

（五）煤矸石土地复垦及矸石山生态环境恢复；

（六）其他大宗、高附加值利用方式。

第十八条　通过国家科技计划（基金、专项）等对煤矸石高附加值利用关键共性技术的自主创新研究和产业化推广给予一定支持。

第十九条　煤矸石利用单位可按照《国家鼓励的资源综合利用认定管理办法》有关要求和程序申报资源综合利用认定。符合条件的，可根据国家有关规定申请享受并网运行、财税等资源综合利用鼓励扶持政策。对符合燃煤发电机组环保电价及环保设施运行管理的煤矸石综合利用发电（含热电联产）企业，可享受环保电价政策。

第二十条　对符合国家或行业质量标准的煤矸石及其制品，设计、施工单位应在设计、建筑施工中优先选用。

第二十一条　各级资源综合利用主管部门应会同相关部门，根据本地区实际情况制定相应的引导、扶持、监管措施。

第四章　监督检查

第二十二条　煤炭开发项目（包括选煤厂项目）正式运行后，煤矸石综合利用未按照项目核准申请报告中的综合利用方案实施的，项目核准部门应监督其限期整改，整改合格后方可进行综合验收。

第二十三条　违反本办法第十条规定，新建（改扩建）煤矿或煤炭洗选企业建设永久性煤矸石堆场的或不符合《煤炭工程项目建设用地指标》要求的，由国土资源等部门监督其限期整改。

违反本办法第十条、第十二条、第十四条、第十六条有关规定对环境造成污染的，由环境保护部门依法处罚；煤矸石发电企业超标排放的，由所在地价格主管部门依据环境保护部门提供的环保设施运行情况，按照燃煤发电机组环保电价及环保设施运行监管办法有关规定罚没其环保电价款，同时环境保护部门每年向社会公告不达标企业名单。

违反本办法第十六条（一）项的，由质量技术监督部门依据《产品质量法》进行处罚；违反本办法第十五条、第十六条（二）（三）（四）项造成安全事故的，由安监部门依据有关规定进行处罚。

对达不到本办法第十三条、第十四条、第十五条、第十六条规定，弄虚作假、不符合质量标准和安全要求、超标排放的，有关部门应及时取消其享受国家相关鼓励扶持政策资格，并限期整改；对已享受国家鼓励扶持政策的，将按照有关法律和相关规定予以处罚和追缴。

第二十四条　任何单位和个人在煤矸石堆场取矸时，要明确安全责任主体，制定安全技术措施，不得影响煤矿生产安全，造成财产损失或引发生产安全事故的，安全监管等部门要依法追究相关单位和人员责任。

第二十五条　对获得国家和地方资金支持的煤矸石综合利用项目，所在地区科技、投资、环保等部门应当对项目进展、资金使用、环境影响情况进行监督检查，并进行资源综合利用效果的后评估。

第五章　附　则

第二十六条　本办法自 2015 年 3 月 1 日起施行。原国家经贸委等八部门联合发布的《煤矸石综合利用管理办法》（国经贸资〔1998〕80 号）同时废止。

国家发展改革委 环境保护部关于严格控制重点区域燃煤发电项目规划建设有关要求的通知

发改能源〔2014〕411号

北京、天津、河北、江苏、浙江、上海、广东省（市）发展改革委（能源局）、经委（经信委、工信厅）、环保厅，国家能源局各派出机构：

《国务院关于印发大气污染防治行动计划的通知》（国发〔2013〕37号，以下简称《行动计划》）明确“京津冀、长三角、珠三角区域（以下简称‘重点区域’）力争实现煤炭消费总量负增长”，严格控制重点区域燃煤发电项目建设。为做好此项工作，现就有关要求通知如下：

一、充分认识大气污染防治工作的重要意义，坚决把《行动计划》落实到重点区域燃煤发电项目的规划布局、前期工作和建设运行等各个环节，严格控制重点区域建设燃煤发电项目，将煤炭等量替代纳入燃煤发电项目环境影响评价、节能评估审查工作范畴。重点区域包括北京市、天津市、河北省、江苏省、浙江省、上海市和广东省九地市（广州、深圳、珠海、佛山、江门、肇庆、惠州、东莞和中山）。

二、已纳入国家电力建设规划的燃煤发电项目，在《行动计划》印发前取得环评、能评批复的，经由省级人民政府主管部门书面承诺投产前落实煤炭等量替代后，可按企业投资项目核准暂行办法的有关规定报送核准。未取得环评批复的，在报送环评审批前，应明确煤炭替代方案；或由项目所在地省级政府主管部门提出不再纳入国家电力建设规划的建议。项目建成后耗煤量纳入全省煤炭消费总量统一控制。

三、根据《行动计划》要求，重点区域未来发电装机缺口主要通过接受区外来电、建设非化石能源发电等方式解决。重点区域新建项目禁止配套建设自备燃煤电站。除热电联产外，禁止审批新建燃煤发电项目。现有多台燃煤机组装机容量合计达到30万千瓦以上的，实施煤炭等量替代后可建设为大容量燃煤发电机组，并优先在沿海地区布局。重点区域新建燃煤机组的能效水平要达到国际领先水平。

四、重点区域规划建设燃煤发电项目应严格实施煤等量替代。燃煤发电项目可在本省内跨行业进行煤量替代，替代来源应为2013年起采取措施形成的煤炭削减量。

五、燃煤发电项目煤炭消耗量按照机组装机容量与类型确定（详见附件）。作为替代来源的关停设施、煤改气等燃料替代设施，其用煤量按照燃煤设施近3年实际耗煤量的平均值核定；企业节能技改减少的耗煤量按照实际形成的节煤量核定。

六、燃煤发电项目环境影响报告书和节能评估报告书应包含煤炭替代方案，明确煤炭替代来源及替代削减量，并由省级政府主管部门出具初步核定意见。环评文件批复或项目核准后，项目建设内容发生变化并导致耗煤量改变的，除按原有规定办理外，须落实新的煤炭替代方案。

七、煤炭替代方案中，环评、能评文件批复前已实际完成的煤炭削减量应分别达到如下标准：达到现行燃机排放标准的燃煤发电项目不低于25%；热电联产或超超临界燃煤发电项目不低于35%；其余项目不低于50%。各项目均应在投产前完成全部煤炭削减量。

八、省级人民政府作为煤炭替代管理的责任主体，应责成省级主管部门落实煤炭替代方案。加强燃煤发电项目煤炭替代落实情况的跟踪检查，严禁重复替代。加快燃煤电厂脱硫、脱硝、除尘设施建设和改造、按期达到排放标准，并强化后续环保设施运行监管。做好本省煤炭替代统计工作，记录煤炭替代项目、替代煤炭量等信息，并于每年2月底前向社会公告。

九、每年上半年环境保护部会同有关部门对各省（区、市）上年度投产的燃煤发电项目煤炭替代方案落实情况进行检查，检查结果纳入《行动计划》年度考核。对煤炭替代方案未落实的，予以通报批评，责令限期整改，并按有关规定严格责任追究。电网企业和工程竣工环保验收单位不得对其进行并网调度和环保验收。

十、重点区域新建项目配套建设自备燃煤电站或未按照煤炭替代有关要求违规建设燃煤发电项目的，暂停对所在省（市）燃煤发电项目的环评、能评审批，并追究有关人员责任。

特此通知。

附件：燃煤发电机组耗煤量指导值

国家发展改革委

环境保护部

2014 年 3 月 11 日

附件

燃煤发电机组年耗煤量计算参考值

单位：克/千瓦时，千克/吉焦，%，小时，万吉焦，万吨

机组类型	冷却方式	供电煤耗	供热煤耗	厂用电率	年利用小时数	年供热量	年耗标煤量
一、纯凝机组							
1×1 000 MW 超超临界	湿冷	285	—	4.2	5 000	—	137
1×660 MW 超超临界	湿冷	293	—	4.5	5 000	—	92
1×600 MW 超临界	湿冷	303	—	4.8	5 000	—	87
二、供热机组							
2×350 MW 超临界	湿冷	284	38	6.5	5 000	500	112
	间接空冷	297	38	6.8	5 000	500	116
	直接空冷	300	38	7	5 000	500	117

注：1. 纯凝机组供电煤耗、厂用电率为同类型机组的较优秀运行值，其中厂用电率按汽动给水泵方案考虑；

2. 供热机组供电煤耗、年供热量按采暖供热机组测算，2 台机组采暖期平均抽汽量按 660 吨/时、采暖期按 4 个月考虑。

3. 供热机组厂用电率为综合厂用电率，按汽动给水泵方案考虑；

4. 机组年发电利用小时数，供热煤耗分别取 5 000 小时、38 千克/吉焦。

国家发展改革委办公厅关于加强和规范生物质发电项目管理有关要求的通知

发改办能源〔2014〕3003号

各省（自治区、直辖市）发展改革委、能源局，国家电网公司、南方电网公司、内蒙古电力有限公司，华能、大唐、国电、华电、中电投集团公司，中节能集团公司，水电水利规划设计总院，有关企业：

为加强和规范生物质发电项目管理，促进生物质发电可持续健康发展，现将有关要求通知如下：

一、鼓励发展生物质热电联产，提高生物质资源利用效率。具备技术经济可行性条件的新建生物质发电项目，应实行热电联产；鼓励已建成运行的生物质发电项目根据热力市场和技术经济可行性条件，实行热电联产改造。

二、加强规划指导，合理布局项目。国家或省级规划是生物质发电项目建设的依据。新建农林生物质发电项目应纳入规划，城镇生活垃圾焚烧发电项目应符合国家或省级城镇生活垃圾无害化处理设施建设规划。

三、农林生物质发电项目严禁掺烧化石能源。已投产和新建农林生物质发电项目严禁掺烧煤炭等化石能源。加强对农林生物质发电项目运行的监督，依据职责分工，能源、财政、价格主管部门按照有关规定对农林生物质发电项目掺烧煤炭等违规行为进行调查和处理，收回骗取的国家可再生能源基金补贴，并依据情节轻重处以罚款、取消补贴、追究项目法人法律责任等处罚。

四、规范项目管理。农林生物质发电非供热项目由省级政府核准；农林生物质热电联产项目，城镇生活垃圾焚烧发电项目由地方政府核准。

国家发展改革委办公厅

2014年12月9日

国家能源局关于推进大型煤电外送基地科学开发的指导意见

国能电力〔2014〕243 号

各省（自治区、直辖市）发展改革委（能源局），新疆生产建设兵团发展改革委，各派出机构：

为加强统筹规划，完善配套政策，集约利用资源，强化环保措施，科学推进我国大型煤电外送基地开发，促进区域协调发展和生态文明建设，现提出以下意见：

一、重要意义

煤炭是我国重要的一次能源。根据煤炭资源富集区与电力负荷中心逆向分布的特点，我国在内蒙古、山西、陕西、宁夏、贵州、安徽等煤炭资源富集省（区）建成了一批“西电东送”煤电基地，向东中部地区送电规模超过 6 400 万千瓦，既为保障东中部地区电力供应发挥了重要作用，又极大地带动了西部地区经济社会发展。

未来较长时期内，煤电在我国电力供应中仍将占据主导地位，继续推进西部煤电东送面临新的机遇和挑战。一方面，东中部地区大气污染防控压力不断加大，对控制煤炭消费、增供外来电力提出迫切要求。扩大西部煤电东送规模，有利于减少东中部地区大气污染和加快西部地区资源优势向经济优势转化，是优化能源资源配置、促进区域协调发展和生态文明建设的重要举措。另一方面，西部地区能源资源开发面临的生态环境脆弱、水资源匮乏、资源利用效率低等问题日益凸显。针对这些问题，必须采取切实有效措施，更加注重生态环境保护和资源集约节约利用，科学开发西部地区大型煤电外送基地（以下简称“煤电基地”）。

二、总体要求

（一）指导思想

深入贯彻落实党的十八大和十八届三中全会精神，以邓小平理论、“三个代表”重要思想、科学发展观为指导，统筹规划引导，科学合理布局，强化集约节约，严格保护环境，遵循市场机制，完善配套政策，稳步扩大西部煤电东送规模，建成一批千万千瓦级现代化大型煤电外送基地，为促进区域协调发展和生态文明建设做出贡献。

（二）基本原则

统筹论证，网源协调。统筹考虑受电地区需求和送电地区资源环境支撑能力，合理确定煤电基地开发规模，最大程度优化电力流向，推进输电通道与基地同步规划建设。

科学布局，集约高效。煤电基地依托大型煤炭矿区建设，适度集中布局坑口电站，推行“煤电一体化”方式建设和运营，选用高效发电机组，合理利用各类煤炭资源。

生态环保，绿色发展。严格落实节水和环保措施，加强水土保持和生态修复，推进低热值煤、矿井排水和灰渣综合利用，实现煤电基地绿色、循环、可持续发展。

规划引导，政策支持。规范和简化煤电基地规划建设程序，进一步发挥规划引导和市场机制作用，完善相关配套政策，充分调动送受电地区和投资业主的积极性。

（三）总体布局

科学推进锡盟、鄂尔多斯、晋北、晋中、晋东、陕北、宁东、哈密、准东等 9 个千万千瓦级现代化大型煤电外送基地建设，遵循由近及远原则，优先区域电网内送电，兼顾跨区域电网送电。鄂尔多斯基地主要向华北电网送电；锡盟、陕北、宁东基地主要向华北、华东电网送电；晋北、晋中、晋东基地主要向华北、豫鄂湘赣、华东电网送电；哈密基地主要向豫鄂湘赣电网送电；准东基地主要向华东电网送电。

三、科学开发

（一）煤电基地应适度集中布局建设坑口电站（群），电站厂址原则上不得压覆矿产资源，燃煤优先采用皮带运输进厂。积极推行煤矿、电站由同一控股主体投资的“煤电一体化”开发模式，实行煤、电专业化建设和运营管理。

（二）基地燃煤电站应以动力煤为主要燃料，有条件的可以煤矸石、煤泥和洗中煤等低热值煤为主要燃料，限制直接燃用特殊和稀缺煤类。燃用高铝煤的，不应掺烧其他煤类，鼓励高铝粉煤灰循环利用。

（三）基地燃煤电站生产用水应节约利用地表水，鼓励采用再生水和矿井排水，严禁取用地下水，废水经处理达标后全部回用。缺水地区须采用空冷机组，设计耗水指标不高于 0.1 立方米/（秒·百万千瓦），百万机组年耗水总量不超过 252 万立方米。

（四）基地燃煤电站应采用 60 万千瓦级及以上超超临界机组，空冷机组设计供电标煤耗不高于 302 克/千瓦时，湿冷机组设计供电标煤耗不高于 285 克/千瓦时。

（五）基地燃煤电站须同步建设高效脱硫、脱硝和除尘装置，大气污染物排放须符合《火电厂大气污染物排放标准》及其他相关环保要求。粉煤灰应全部实现综合利用或科学安全处置。基地开发和燃煤电站建设应落实水土保持措施，制定实施生态修复方案。

（六）煤电基地应同步规划建设输电通道，输电方式按“安全可靠、技术可行、经济合理”的原则确定，跨区输电优先采用直流或点对网方式。煤电基地所在省（区）风电、太阳能发电等清洁能源在本地充分消纳基础上仍有富余的，按照清洁能源优先的原则与煤电打捆外送。

（七）基地配套煤电装机规模扣除厂用电后，应与通道输电能力匹配，原则上不考虑备用容量。

四、规划引导

（一）省级政府能源主管部门应依据国家能源发展战略、专项规划和产业政策等，组织编制煤电基地开发规划，科学论证煤炭资源、水资源、生态环境支撑能力和煤电基地开发潜力，充分考虑本省（区）电力需求，提出外送煤电建设规模、电源点布局等，按有关规定完成规划环评和规划水资源论证后，将规划报送国务院能源主管部门，向国务院有关主管部门取得的规划环评、规划水资源论证审查意见应一并报送。

煤电基地开发规划执行过程中，如相关条件发生重大变化，应适时调整修编，并重新报送国务院能源主管部门。

（二）国务院能源主管部门依据国家能源发展战略、专项规划和产业政策等，统筹考虑煤电基地开发潜力和省间送受电需求，在科学论证的基础上，合理确定送电规模和跨省跨区输电通道建设方案。

（三）省级政府能源主管部门按照国务院能源主管部门确定的输电通道建设方案和送电规模，依据本省（区）煤电基地开发规划，开展外送煤电项目优选工作，在征求受电地区省级政府能源主管部门意见后，向国务院能源主管部门报送外送煤电项目建设方案。

（四）国务院能源主管部门委托咨询机构对省级政府能源主管部门报送的外送煤电项目建设方案进行评估论证后，将相关项目纳入国家电力建设规划，下发项目建设规划实施方案。

五、政策措施

（一）基地外送煤电机组上网电价由送受电双方省级政府有关部门组织相关电力企业协商，按照受电地区落地电价扣减输电价格（含线损）确定。受电地区落地电价原则上不高于当地燃煤机组标杆上网电价。

（二）煤电基地输电通道原则上由电网企业投资建设和运行维护；支持煤电基地电源项目投资方及其他社会资本参与投资输电通道，可委托电网企业运行维护，并按相关规定获得合理收益。

（三）国务院能源主管部门及其派出机构依法对煤电基地开发和有关工程建设实施监管，督促落实资源集约节约和生态环境保护的有关措施，促进煤电基地持续健康发展。

国家能源局

2014 年 6 月 9 日

国家能源局 环境保护部关于加强生物质成型燃料锅炉供热示范项目建设管理工作有关要求的通知

国能新能〔2014〕520 号

各省（自治区、直辖市）发展改革委、能源局，环保厅（局）：

生物质成型燃料锅炉供热是绿色低碳环保经济的分布式可再生能源，是替代化石能源供热、防治大气污染的重要措施。按照国家发展改革委、国家能源局、环境保护部《关于能源行业加强大气污染防治工作方案（发改能源〔2014〕506 号）》以及国家能源局、环境保护部《关于开展生物质成型燃料锅炉供热示范项目建设的通知》（国能新能〔2014〕295 号）要求，为加强生物质成型燃料锅炉供热项目组织管理，通过示范项目建设，建立生物质成型燃料供热技术体系、标准体系、认证体系以及政府监管体系，扎扎实实取得示范的效果，现将有关要求通知如下：

一、加强生物质成型燃料锅炉供热示范项目燃料保障

生物质成型燃料锅炉供热以农林生物质成型燃料（颗粒状、棒状、块状等）为燃料，经专用生物质成型燃料锅炉燃烧后供应可再生热力。严禁掺烧城镇生活垃圾、废旧家具板材、工业固体废物及其他有害废弃物，以及煤炭、矸石等化石燃料；不得直接燃用未成型的生物质散料。

生产生物质成型燃料的原料须为农林剩余物，包括农作物秸秆（玉米秆、水稻秆、小麦秆、棉花秆、油料作物秸秆等）、农产品加工剩余物（花生壳、稻谷壳、果壳、甘蔗渣、糠醛渣、去除塑料包装物的菌袋等）及林业“三剩物”（抚育剩余物、采伐剩余物、加工剩余物）。生物质成型燃料破碎率不超过 5%，水分不超过 18%，灰分不超过 8%，硫含量不超过 0.1%，氮含量不超过 0.5%。

二、提高生物质成型燃料锅炉供热示范项目锅炉技术水平和排放要求

生物质成型燃料锅炉供热示范项目使用的锅炉应为专门用于燃烧生物质成型燃料的专用生物质锅炉，大型项目应采用先进循环流化床锅炉。示范项目须配置旋风除尘加布袋除尘二级除尘装置，安装运行烟气排放连续监测系统。对 SO_2、NO_x 不能稳定达到排放要求的，应配套安装脱硫脱硝设施。

严格锅炉大气污染物排放控制。按照国能新能〔2014〕295 号文件要求，示范项目的烟尘、SO_2、NO_x 排放浓度在分别小于 30 mg/m^3、50 mg/m^3、200 mg/m^3 的基础上，进一步严格控制排放，达到或优于天然气排放标准（折算基准氧含量排放浓度时，暂定按 9%执行；烟囱高度参照天然气标准，具体高度按批复的环境影响评价文件确定）。在重点地区建设的示范项目，烟尘、SO_2、NO_x 排放浓度应达到天然气特别排放限值。对于清洁排放水平高的项目，优先纳入示范项目。

三、大力推动有实力的大型企业投资建设生物质成型燃料锅炉供热示范项目

生物质成型燃料锅炉供热示范项目应采用专业化投资建设运营模式，即由专业经营生物质热力的企业投资建设生物质成型燃料锅炉供热项目并负责运营管理服务，提高生物质成型燃料锅炉供热的专业化市场化水平。目前示范项目以专业化企业为用热客户建设经营锅炉项目为主，暂不考虑用热企业或单位自建自营锅炉项目。积极推动生物质成型燃料锅炉供热在化工、机械、医药、食品、造纸等用热消费大的工业领域以及有条件的民用供暖的应用，优先在这些领域开展示范项目建设。

通过示范项目建设，加快培育发展生物质成型燃料锅炉供热大型企业，发展壮大生物质能供热民营经济。支持有实力的企业跨地域投资建设多个项目，特别是工业园区、产业集聚区集中供热和大型工业供热项目，形成规模经济，提高产业集中度，提升生物质成型燃料锅炉供热发展的水平和质量。积极支持企业扩大可再生能源供热市场，提高可再生能源供热的比重。

四、加强生物质成型燃料锅炉供热产业体系建设

建立绿色低碳的产业链。根据生物质成型燃料锅炉供热需求及农林生物质资源条件，建立包括生物质原料收集、成型燃料生产、运输、锅炉建设、热力服务等环节在内的生物质成型燃料锅炉产业链。在稳定可靠的原料收集体系基础上，小规模、多点布局，建设一定规模的成型燃料生产基地，配置社会化物流化产品配送体系，形成上下一体、协调高效、绿色低碳的产业链。

建立完善产业标准体系。结合示范项目建设，加快包括生物质成型燃料产品标准、成型设备标准、生物质成型燃料锅炉标准、生物质成型燃料锅炉供热工程标准及运行服务标准在内的能源行业标准体系建设，提高生物质成型燃料锅炉供热行业的技术水平，有条件的地方，在示范项目的基础上，尽快制定出台相应的地方标准。结合示范项目建设和各地大气污染防治的实际情况，出台生物质成型燃料锅炉大气污染物排放地方标准。

建立检测认证体系。结合示范项目建设，统筹产业标准体系建设，建立包括生物质成型燃料产品认证、生产基地认证、设备认证、锅炉供热工程认证、企业认证以及热力服务认证在内的生物质成型燃料供热检测认证体系，建立全行业检测认证机制，提高行业的建设和管理水平。加快对示范项目实行认证，各省级发展改革委（能源局）应督促示范项目积极配合做好认证试点及全面推行认证体系的工作。积极探索市场化条件下行业自我管理和自我提升的机制，加快行业自律体系建设。

五、加强生物质成型燃料锅炉供热项目管理

严格生物质成型燃料锅炉供热项目管理。对专业化投资建设运营企业申报的生物质成型燃料锅炉供热示范项目，由省级发展改革委（能源局）对项目进行备案，出具示范项目备案批复文件，建立绿色通道，加快备案进度，对同一地区内同一项目法人申报的多个项目，可打捆备案，提高备案效率；省级环保厅（局）对项目进行环评审查，出具环评批复文件。在进行备案时，重点审查项目燃料及其稳定来源、生物质锅炉供热技术方案以及锅炉污染物排放要求。在未出台能源行业或地方生物质成型燃料供热产业标准、生物质锅炉污染物排放地方标准以及未建立检测认证体系之前，各地应以做好示范项目建设管理为主，从严管理非示范项目。

加强对示范项目的监督管理。一是加强公众监督，采取互联网公示、项目现场公示等方式公布项目的信息，特别是污染物排放控制的信息，接受社会各界的监督；二是严格示范项目验收，对未按备案时锅炉供热技术方案施工建设的项目以及锅炉污染物排放未达到相应要求的项目，不能投入运行；三是加强对投资建设运营企业的监督，建立黑名单制度，一旦发现生物质成型燃料品质达不到要求、排放超标等违法违规问题，采取禁止该企业投资建设本地区此类项目等相应措施；四是做好政府专门监管，加强对项目建设以及运行期间的生物质成型燃料品质、安全、环保等各方面监管，促进项目可持续运营，在大气污染防治中发挥作用。

请各省（区、市）发展改革委（能源局）及环保厅（局）将生物质成型燃料锅炉供热纳入本地区防治大气污染总体部署、工作安排和考核体系中，加强组织领导。为生物质成型燃料锅炉供热创造公平公正的市场环境和条件，结合天然气应用，提高清洁能源供热比重，加快削减燃煤锅炉供热的进程。并请按照以上要求，认真做好生物质成型燃料锅炉供热示范项目建设和管理工作。

国家能源局　环境保护部

2014 年 11 月 26 日

关于落实大气污染防治行动计划严格环境影响评价准入的通知

环办〔2014〕30号

各省（区、市）环境保护厅（局），新疆生产建设兵团环境保护局：

为贯彻落实《大气污染防治行动计划》，严格环境影响评价准入，促进环境空气质量改善，现将有关工作要求通知如下：

一、发挥规划环境影响评价的调控、引领和约束作用，做好与相关战略环境评价的衔接。以促进大气污染物减排，改善环境空气质量为重点，充分考虑大气环境承载力，进一步优化石化、火电、煤炭、钢铁、有色、水泥等重点产业、产业园区和城市总体规划的规模、布局、结构。依法科学开展规划环境影响评价，全面分析评估规划实施后对重点区域环境空气质量的影响，对环境影响评价结论达不到区域环境质量标准要求的规划，应当对规划内容提出优化调整建议，并采取有效的环境影响减缓控制措施。

严格落实规划与建设项目环境影响评价的联动机制。凡未开展或未完成规划环境影响评价的，各级环境保护行政主管部门不得受理规划所含建设项目的环境影响评价报批申请。规划环境影响评价结论应当作为审批建设项目环境影响评价文件的依据。

二、实行重点区域、重点产业规划环境影响评价会商机制。京津冀及周边地区、长三角地区编制的以石化、化工、有色、钢铁、建材等为主导的国家级产业园区规划，山西省、内蒙古自治区编制的煤电基地规划，其规划环境影响报告书应当进行区域内省际会商；珠三角地区重点产业和产业园区规划的环境影响报告书应当进行省内会商。

规划编制机关在向环境保护行政主管部门报送环境影响报告书前，应当以书面形式征求相关地方政府或有关部门的意见，并根据会商参与各方提出的意见，对规划及规划环境影响报告书内容进行修改完善。环境保护行政主管部门在召集审查规划环境影响报告书时，应当邀请参与会商的地方政府或有关部门代表参加审查小组，会商意见及采纳情况作为审查的重要依据。省级重点产业和产业园区规划的环境影响报告书参照上述方式进行会商。

三、严格把好建设项目环境影响评价审批准入关口

（一）严格控制“两高”行业新增产能，不得受理钢铁、水泥、电解铝、平板玻璃、船舶等产能严重过剩行业新增产能的项目。产能严重过剩行业建设项目和城市主城区钢铁、石化、化工、有色、水泥、平板玻璃等重污染企业环保搬迁项目须实行产能的等量或减量置换。

（二）不得受理城市建成区、地级及以上城市规划区、京津冀、长三角、珠三角地区除热电联产以外的燃煤发电项目，重点控制区除“上大压小”、热电联产以外的燃煤发电项目和京津冀、长三角、珠三角地区的自备燃煤发电项目；现有多台燃煤机组装机容量合计达到30万千瓦以上的，可按照煤炭等量替代的原则建设为大容量燃煤机组。

（三）不得受理地级及以上城市建成区每小时20蒸吨以下及其他地区每小时10蒸吨以下的燃煤锅炉项目。

（四）实行煤炭总量控制地区的燃煤项目，必须有明确的煤炭减量替代方案。新改扩建煤矿项目，必须配套煤炭洗选设施。

（五）排放二氧化硫、氮氧化物、烟粉尘和挥发性有机污染物的项目，必须落实相关污染物总量减排方案，上一年度环境空气质量相关污染物年平均浓度不达标的城市，应进行倍量削减替代。

四、强化建设项目大气污染源头控制和治理措施

（一）火电、钢铁、水泥、有色、石化、化工和燃煤锅炉项目，必须采用清洁生产工艺，配套建设高效脱硫、脱硝、除尘设施。

（二）重点控制区新建火电、钢铁、石化、水泥、有色、化工以及燃煤锅炉项目，必须执行大气污染物特别排放限值。

（三）石化、有机化工、表面涂装、包装印刷、原油成品油码头、储油库、加油站项目，必须采取严格的挥发性有机物排放控制措施。

（四）改扩建项目应当对现有工程实施清洁生产和污染防治升级改造。加快落后产能、工艺和设备淘汰，集中供热项目必须同步淘汰供热范围内的全部燃煤小锅炉。

（五）对涉及铅、汞、镉、苯并[*a*]芘、二噁英等有毒污染物排放的项目和执行《环境空气质量标准》（GB 3095—2012）的区域排放细颗粒物及其主要前体物的项目，应对相应污染物进行评价，并提出污染减排控制措施。

各级环境保护行政主管部门应当按照《环境影响评价政府信息公开工作指南（试行）》要求公开建设项目环境影响评价信息，加大公众参与力度，切实维护公众环境权益，发挥环境影响评价源头预防和控制作用，推动《大气污染防治行动计划》确定的目标任务得到落实。

环境保护部办公厅

2014 年 3 月 25 日

关于做好煤电基地规划环境影响评价工作的通知

环办〔2014〕60 号

山西省、内蒙古自治区、陕西省、宁夏回族自治区、新疆维吾尔自治区环境保护厅，新疆生产建设兵团环境保护局：

按照《环境影响评价法》和《规划环境影响评价条例》要求，为贯彻落实《大气污染防治行动计划》，进一步做好煤电基地规划环境影响评价工作，以环境保护优化煤电基地发展，促进相关区域大气污染防治目标实现，现将有关要求通知如下：

一、强化煤电基地规划环境影响评价管理

（一）编制煤电基地规划，应严格依法做好环境影响评价，在规划草案报送前编制完成规划环境影响报告书，并报送负责召集审查的环境保护部门。煤电基地规划范围、布局、结构、规模等发生重大调整或修订的，应依法重新或补充进行规划环境影响评价。

（二）煤电基地规划环境影响评价应尽早介入，贯穿规划编制的全过程。环境影响报告书编制单位应及时将规划草案的资源环境制约、可能产生的环境问题和优化调整建议，反馈规划编制机关，在规划方案的制定完善中予以充分体现。

（三）煤电基地规划环境影响报告书和审查意见应与规划草案一并报送规划审批机关，作为规划决策和实施的重要依据。

（四）规划的环境影响评价结论应作为建设项目环境影响评价的重要依据，建设项目环境影响评价内容可以根据规划环境影响评价的分析论证情况予以简化。对未完成环境影响评价工作的规划，环境保护部门不予受理规划中建设项目的环境影响评价文件。

二、煤电基地规划环境影响评价的总体要求

（五）科学调控发展规模。坚持保护优先，依据区域资源环境承载能力，以确保生态环境质量不降低和大气污染防治目标实现为前提，深入论证煤电基地发展规模的环境合理性，推动煤电基地适度、有序发展。

（六）优化煤电基地发展布局。严格落实大气污染防治重点区域和重点控制区煤电准入要求，依据区域大气环境容量和地形、气象条件，避让、减缓对环境敏感目标的不利影响，优化电源点布局。

（七）统筹区域内相关产业结构。推进科学配置区域资源环境要素，有保有压，优化煤电上下游产业链条，提升相关产业资源环境效率，推动循环绿色发展。

三、煤电基地规划环境影响评价应重点做好的工作

（八）与相关规划等的协调性分析。应重点分析煤电基地规划与主体功能区规划、生态功能区划、环保政策和规划等在功能定位、开发原则和环境准入等方面的符合性。分析规划方案与其他相关规划在资源保护与利用、生态环境要求等方面的冲突与矛盾。论证规划方案规模、布局、结构、建设时序与区域发展目标、定位的协调性，以外送为主的煤电基地还应重点分析与相关输电通道规划的协调性。

（九）区域生态环境现状分析和回顾性评价。应结合自然保护区、饮用水水源保护区等重要环境保护

目标，重点说明近年来大气环境、地表水、地下水、土壤环境等区域生态环境现状与变化。通过分析区域内煤电和相关煤炭、有色、煤化工行业规划实施引发的生态环境演变趋势，准确识别区域突出的生态环境问题及其成因。说明相关战略环评成果、规划环评审查意见及有关项目环评批复的落实情况。

（十）资源环境承载力分析。应重点分析大气环境及水环境容量，深入开展生态承载力分析。立足煤电基地内主要用水行业现有和规划的各项水资源需求，依据水资源调配引发的生态环境影响分析水资源承载能力。根据所依托矿区的煤炭产能、产量与流向，核实煤炭资源承载能力。

（十一）环境影响预测和分析。应重点开展大气环境影响预测，综合考虑煤矿、煤电及区域相关产业排放的二氧化硫（SO_2）、氮氧化物（NO_x）、可吸入颗粒物（PM_{10}）、细颗粒物（$PM_{2.5}$）和汞等重金属及有毒有害化学物质对煤电基地大气环境的影响，分析其对周边重点城市的跨界影响。分析煤电及相关产业发展对区域防风固沙、水土保持、水源涵养、生物多样性保护等重要生态功能的影响，明确煤电基地开发是否会导致生态系统主导功能发生显著不良变化或丧失，是否会加剧现有生态环境问题。

（十二）规划优化调整建议。应以资源环境可承载为前提，从煤电基地规划规模和空间布局、外送电和自用电比例、下游产业发展方向及区域产业结构调整等方面提出规划草案的优化调整建议。对与环保政策要求存在明显冲突、将显著加剧或引发严重生态环境问题、建设规模缺乏必要性或无输电通道支撑、现状环境容量不足且区域削减措施滞后或效果不佳、现状水资源难以承载且供水存在较大不确定性等情况，均应明确提出规划规模调减和布局优化等建议。

（十三）预防或减缓不良环境影响的对策措施。应立足大气环境质量改善，提出煤电基地所在区域大气污染物削减方案、大气污染防控对策，以及受电区域控制煤电行业发展的政策建议。统筹制定煤电基地环境保护和生态修复方案，细化水资源循环利用方案，分类明确固体废物综合利用、处理处置的有效途径和方式。制定有针对性的跟踪评价方案，对煤电基地开发产生的实际环境影响、环境质量变化趋势、环境保护措施落实情况和有效性做好监测和评价。

四、开展重点区域煤电基地规划环评会商

（十四）山西省和内蒙古自治区编制的煤电基地规划环境影响报告书，应根据报告书结论建议开展京津冀及周边地区环评会商，形成会商意见，重点从减缓跨界影响的角度提出规划方案优化调整和加强区域联防联控等方面措施建议。

（十五）会商完成后，应根据会商情况修改完善煤电基地规划环境影响报告书，作为进一步优化规划草案和完善大气等污染防治对策措施的重要依据。环境保护部门在召集规划环境影响报告书审查时，应邀请参与会商的相关地方政府或部门代表参加，充分考虑会商意见的采纳情况。

环境保护部办公厅

2014 年 7 月 17 日

关于印发《建设项目主要污染物排放总量指标审核及管理暂行办法》的通知

环发〔2014〕197 号

各省、自治区、直辖市环境保护厅（局），解放军环境保护局，新疆生产建设兵团环境保护局，辽河保护区管理局，计划单列市环境保护局，有关中央企业：

为规范建设项目主要污染物排放总量指标审核及管理工作，严格控制新增污染物排放量，我部组织制定了《建设项目主要污染物排放总量指标审核及管理暂行办法》。现印发给你们，请遵照执行。

附件：建设项目主要污染物排放总量指标审核及管理暂行办法

环境保护部

2014 年 12 月 30 日

附件

建设项目主要污染物排放总量指标审核及管理暂行办法

为规范建设项目主要污染物排放总量指标审核及管理工作，严格控制新增污染物排放量，根据《"十二五"节能减排综合性工作方案》（国发〔2011〕26 号）、《大气污染防治行动计划》（国发〔2013〕37 号）、《2014—2015 年节能减排低碳发展行动方案》（国办发〔2014〕23 号）等有关规定，制定本办法。

一、总体要求

（一）本办法适用于各级环境保护主管部门对建设项目（不含城镇生活污水处理厂、垃圾处理场、危险废物和医疗废物处置厂）主要污染物排放总量指标的审核与管理。主要污染物是指国家实施排放总量控制的污染物（"十二五"期间为化学需氧量、氨氮、二氧化硫、氮氧化物）。烟粉尘、挥发性有机物、重点重金属污染物、沿海地级及以上城市总氮和地方实施总量控制的特征污染物参照本办法执行。

（二）严格落实污染物排放总量控制制度，把主要污染物排放总量指标作为建设项目环境影响评价审批的前置条件。排放主要污染物的建设项目，在环境影响评价文件（以下简称环评文件）审批前，须取得主要污染物排放总量指标。

（三）建设项目主要污染物排放总量指标审核及管理应与总量减排目标完成情况相挂钩，对未完成上一年度主要污染物总量减排目标的地区或企业，暂停新增相关污染物排放建设项目的环评审批。

（四）建设项目环评文件应包含主要污染物总量控制内容，明确主要生产工艺、生产设施规模、资源能源消耗情况、污染治理设施建设和运行监管要求等，提出总量指标及替代削减方案，列出详细测算依据等，并附项目所在地环境保护主管部门出具的有关总量指标、替代削减方案的初审意见。

二、审核程序

（一）建设项目主要污染物排放总量指标按照环评审批权限实行分级管理。环境保护部负责审批的建设项目，由项目所在地省级环境保护主管部门出具初审意见。省级及地市级环境保护主管部门负责审批的建设项目，由下一级环境保护主管部门出具初审意见。

与国家签订总量减排目标责任书的中央企业建设项目，中央企业须同时出具总量指标、替代削减方案的初审意见。

（二）环评文件受理后，环境保护主管部门内设总量控制、污染防治管理机构自收到环评文件之日起10个工作日内，对环评文件中总量控制内容及初审意见进行审核，出具审核意见。

（三）环评文件作出审批决定前，建设项目主要污染物排放总量指标发生变化的，须重新提出总量指标、替代削减方案及相关文件，按有关程序重新进行审核。

三、指标来源

（一）建设项目主要污染物排放总量指标，应来源于本五年规划期前建成投运的企事业单位（城镇污水集中处理设施不受五年规划期限制）采取减排措施并稳定达到排放标准后形成的“可替代总量指标”。实行排污权交易的地区，建设项目可通过排污权交易获取总量指标。集中供热或企业内“以新带老”等建设项目的总量指标，可从拟替代关停的现有企业或设施可形成的削减量中预支，替代削减方案须在建设项目试生产前落实到位。

“可替代总量指标”为企事业单位本五年规划期基准年排放量（须按总量减排核算规定校核）与采取减排措施后正常工况下年排放量的差值。

（二）火电建设项目（含其他行业自备电厂）主要大气污染物排放总量指标应来源于本行业，热电联产机组供热部分、垃圾焚烧发电厂及生物质发电厂的总量指标可来源于其他行业。火电机组“可替代总量指标”原则上不得用于其他行业建设项目。造纸、印染等建设项目主要水污染物排放总量指标应来源于工业企业。农业源“可替代总量指标”不得用于工业类建设项目。

（三）本五年规划期前已通过环评审批的建设项目，不再建设的，已核定的总量指标（通过排污权交易获取的除外）和替代削减方案不得再用于其他建设项目；重新报批或重新审核的，原核定的总量指标及替代削减方案可继续使用。

（四）建设项目主要污染物排放总量指标跨行政区替代，须调入企业所在地环境保护主管部门和调出企业确认，并经调出方与调入方所在地共同的上一级环境保护主管部门审核同意。环评文件审批后，由负责审批的环境保护主管部门将总量指标跨区域替代方案函告调入地和调出地环境保护主管部门。

（五）鼓励京津冀、长三角、珠三角等重点区域主要大气污染物“可替代总量指标”交易到其他区域，重点区域不得接受其他区域主要大气污染物“可替代总量指标”。环境质量未达到要求的地区，不得接受其他地区相关污染物“可替代总量指标”，具体实施范围由省级环境保护主管部门确定。

四、指标审核

（一）火电、钢铁、水泥、造纸、印染行业建设项目所需替代的主要污染物排放总量指标采用绩效方法核定。其他行业依照国家或地方污染物排放标准及单位产品基准排水量（行业最高允许排水量）、烟气量等予以核定。

（二）用于建设项目的“可替代总量指标”不得低于建设项目所需替代的主要污染物排放总量指标。上一年度环境空气质量年平均浓度不达标的城市、水环境质量未达到要求的市县，相关污染物应按照建设项目所需替代的主要污染物排放总量指标的 2 倍进行削减替代（燃煤发电机组大气污染物排放浓度基本达到燃气轮机组排放限值的除外）；细颗粒物（$PM_{2.5}$）年平均浓度不达标的城市，二氧化硫、氮氧化物、烟粉尘、挥发性有机物四项污染物均需进行 2 倍削减替代（燃煤发电机组大气污染物排放浓度基本达到燃气轮机组排放限值的除外）。地方有更严格倍量替代要求的，按照相关规定执行。

五、监督管理

（一）各级环境保护主管部门要按照本办法规定建立健全建设项目主要污染物排放总量指标管理制度，从严控制新增污染物排放。各地区可根据本办法制定实施细则。

（二）建设项目主要污染物实际排放量超过许可排放量的，或替代削减方案未落实的，不予竣工环境保护验收，并依法处罚。

（三）省级环境保护主管部门负责建立行政区内建设项目主要污染物排放总量指标管理平台，记录建设项目名称、编号、总量指标、替代削减方案及“三同时”验收后实际排放量等信息，实行动态管理；市、县级环境保护主管部门在此平台下开展相关审核工作。实行排污权交易的地区，还应记录排污权交易等相关信息。

（四）省级环境保护主管部门应于每季度初 10 个工作日内将上一季度的火电、钢铁、水泥、造纸、印染行业逐个建设项目主要污染物排放总量指标管理信息，及行政区内其他建设项目主要污染物排放总量指标汇总情况上报环境保护部。

（五）加强建设项目主要污染物排放总量指标替代削减方案落实情况的跟踪检查，作为主要污染物总量减排日常督查和定期核查的重要内容，结果纳入主要污染物总量减排核算。替代方案未落实的，由负责审批的环境保护主管部门责令有关地方和单位限期整改。

（六）严禁重复使用“可替代总量指标”。以欺骗、谎报等不正当手段取得的主要污染物总量指标、替代削减方案审核意见，视为无效，并按照有关规定追究相关人员责任。

六、附则

（一）本办法由环境保护部负责解释。

（二）本办法自发布之日起施行。

附

建设项目主要污染物排放总量指标核定技术方法

一、火电机组主要大气污染物总量指标核定

火电机组所需替代的二氧化硫和氮氧化物排放总量指标采用绩效方法核定，平均发电小时数原则上按 5 500 小时取值。计算公式为：

$$M_i=（CAP_i×5\ 500+D_i/1\ 000）×GPS_i×10^{-3} \quad (1)$$

式中：M_i —— 第 i 台机组所需替代的主要大气污染物排放总量指标，吨/年；

CAP_i —— 第 i 台机组的装机容量，兆瓦；

GPS_i —— 第 i 台机组的排放绩效值，克/千瓦时。

热电联产机组的供热部分折算成发电量，用等效发电量表示。

计算公式为：

$$D_i = H_i×0.278×0.3 \quad (2)$$

式中：D_i —— 第 i 台机组供热量折算的等效发电量，千瓦时；

H_i —— 第 i 台机组的供热量，兆焦。

表 1 燃煤机组二氧化硫排放绩效值表

地区	绩效值（克/千瓦时）
高硫煤地区[1]	0.70
重点地区[2]	0.175
其他地区	0.35

注：[1]高硫煤地区指广西、重庆、四川、贵州四省（区、市）。

[2]重点地区为《关于执行大气污染物特别排放限值的公告》（环境保护部公告 2013 年 第 14 号）中确定的 47 个地级及以上城市，根据环境保护部关于大气污染物特别排放限值的执行范围同步调整。

表 2 燃煤机组氮氧化物排放绩效值表

地区	锅炉/机组类型	绩效值（克/千瓦时）
重点地区*	全部	0.35
其他地区	W 型火焰锅炉	0.70
	其他锅炉	0.35

注：*重点地区范围同表 1。

燃油、燃气机组二氧化硫、氮氧化物排放绩效值，根据建设项目所用燃料对应的单位发电量烟气排放情况及允许排放浓度限值予以核定。

二、钢铁企业主要大气污染物总量指标核定

钢铁企业所需替代的二氧化硫和氮氧化物排放总量指标，根据相应生产线产量规模，采用绩效方法核定。

表 3 钢铁企业二氧化硫和氮氧化物排放绩效值表

地区	生产线类型	单位	二氧化硫	氮氧化物
重点地区*	烧结机	千克/吨烧结矿	0.54	0.9
	球团焙烧设备	千克/吨球团	0.45	0.75
	高炉	千克/吨生铁	0.13	0.39
	轧钢	千克/吨钢材	0.09	0.18
其他地区	烧结机	千克/吨烧结矿	0.6	0.9
	球团焙烧设备	千克/吨球团	0.5	0.75
	高炉	千克/吨生铁	0.13	0.39
	轧钢	千克/吨钢材	0.09	0.18

注：*重点地区范围同表 1。

三、水泥企业氮氧化物总量指标核定

水泥企业所需替代的氮氧化物排放总量指标，根据熟料生产规模，采用绩效方法核定，绩效值按 1 千克/吨熟料取值。重点地区（范围同表 1）绩效值按 0.8 千克/吨熟料取值。

四、造纸及纸制品企业主要水污染物总量指标核定

造纸及纸制品企业所需替代的化学需氧量和氨氮排放总量指标，根据机制纸及纸板（浆）生产规模，采用绩效方法核定。有地方排放标准的，按照地方排放标准对应的绩效值核定。

表 4 造纸及纸制品企业化学需氧量和氨氮排放绩效值表

企业生产类型	产品类型	废水排放量*（吨/吨产品）	化学需氧量（克/吨产品）	氨氮（克/吨产品）
制浆企业	浆	50	5 000	600
制浆和造纸联合生产企业	浆	40	3 600	320
造纸企业	纸	20	1 600	1

注：* 其他有关单位产品废水排放量取值，参照《制浆造纸工业水污染物排放标准》（GB 3544—2008）中表 2 执行。

五、印染企业主要水污染物总量指标核定

印染企业所需替代的化学需氧量和氨氮排放总量指标，根据印染布等主要产品生产规模，采用绩效方法核定。有地方排放标准的，按照地方排放标准对应的绩效值核定。

表 5 印染企业化学需氧量和氨氮排放绩效值表

产品类型	废水排放量（吨/吨产品）	化学需氧量（克/吨产品）	氨氮（克/吨产品）
印染布	146	17 802	1 760（蜡染布 2 500）
印染布（针织）	133	11 655	1 569
蚕丝及交织机织物（含蚕丝≥50%）	228	29 592	2 741
毛机织物（呢绒）	327	33 102	3 925

国家发展改革委 环境保护部 国家能源局关于实行燃煤电厂超低排放电价支持政策有关问题的通知

发改价格〔2015〕2835号

各省、自治区、直辖市发展改革委、物价局、环保厅、能源局，国家电网公司、南方电网公司、华能、大唐、华电、国电、国家电投集团公司：

为贯彻落实2015年《政府工作报告》关于“推动燃煤电厂超低排放改造”的要求，推进煤炭清洁高效利用，促进节能减排和大气污染治理，决定对燃煤电厂超低排放实行电价支持政策。现就有关事项通知如下：

一、明确电价支持标准

超低排放是指燃煤发电机组大气污染物排放浓度基本符合燃气机组排放限值（以下简称“超低限值”）要求，即在基准含氧量6%条件下，烟尘、二氧化硫、氮氧化物排放浓度分别不高于10 mg/Nm^3、35 mg/Nm^3、50 mg/Nm^3。为鼓励引导超低排放，对经所在地省级环保部门验收合格并符合上述超低限值要求的燃煤发电企业给予适当的上网电价支持。其中，对2016年1月1日以前已经并网运行的现役机组，对其统购上网电量加价每千瓦时1分钱（含税）；对2016年1月1日之后并网运行的新建机组，对其统购上网电量加价每千瓦时0.5分钱（含税）。省级能源主管部门负责确认适用上网电价支持政策的机组类型。超低排放电价政策增加的购电支出在销售电价调整时疏导。上述电价加价标准暂定执行到2017年底，2018年以后逐步统一和降低标准。地方制定更严格超低排放标准的，鼓励地方出台相关支持奖励政策措施。

二、实行事后兑付政策

超低排放电价支持政策实行事后兑付、季度结算，并与超低排放情况挂钩。省级环保部门于每一季度开始之日起15个工作日内对上一季度燃煤机组超低排放情况进行核查并形成监测报告，同时抄送省级价格主管部门。电网企业自收到环保部门出具的监测报告之日起10个工作日内向燃煤电厂兑现电价加价资金。对符合超低限值的时间比率达到或高于99%的机组，该季度加价电量按其上网电量的100%执行；对符合超低限值的时间比率低于99%但达到或超过80%的机组，该季度加价电量按其上网电量乘以符合超低限值的时间比率扣减10%的比例计算；对符合超低限值的时间比率低于80%的机组，该季度不享受电价加价政策。其中，烟尘、二氧化硫、氮氧化物排放中有一项不符合超低排放标准的，即视为该时段不符合超低排放标准。燃煤电厂弄虚作假篡改超低排放数据的，自篡改数据的季度起三个季度内不得享受加价政策。

三、政策执行时间

上述规定自2016年1月1日起执行，此前完成超低排放建设并经省级环保部门验收合格的，无论是否已经开始享受电价加价政策，自2016年1月1日起均按照新规定的加价政策执行。

国家发展改革委
环境保护部
国家能源局
2015年12月2日

国家发展改革委 国家能源局关于做好电力项目核准权限下放后规划建设有关工作的通知

发改能源〔2015〕2236号

各省、自治区、直辖市、新疆生产建设兵团发展改革委（能源局），国家电网公司、南方电网公司，华能、大唐、华电、国电、国电投集团公司，神华集团、中煤集团、国投公司、华润集团，中国国际工程咨询公司、电力规划设计总院：

为贯彻落实国务院关于转变职能、简政放权的工作部署，构建“规划、政策、规则、监管”协调一体的电力项目规划建设管理新机制，确保电力项目（本通知指火电、电网项目，下同）核准权限下放后“权力与责任同步下放、调控与监管同步强化”，保障电力安全稳定供应，根据国务院有关文件精神，现将有关事项通知如下：

一、强化电力规划指导作用

（一）统筹国家和地方电力发展规划。国家五年电力发展的相关规划确定各地区规划期内电力需求预测水平、非化石能源开发目标、省（区）间电力送受能力、火电（含自备电站）建设规模及布局、电网发展总体方针及重点建设任务等。其中，燃煤电站明确分年度总量控制目标和结构调整目标，电网发展明确跨区输电通道和配套外送电力规模、区域电网主网架、500千伏及以上电网建设任务。

省级五年电力发展的相关规划要在国家五年电力发展的相关规划指导下制定。电源方面重点明确本地区规划期内燃气电站、燃煤背压电站（含自备电站）的建设规模，以及燃煤、燃气、非化石能源电站的重点布局。电网方面重点提出330/220千伏及以下城乡电网建设任务，并对本地区750/500千伏电网建设任务进行补充完善。

省级电力发展规划要统筹地市级（县级）政府能源主管部门编制的城市热电联产规划、计划单列市编制的电力发展规划。

（二）各地区优选确定燃煤电站项目。省级发展改革委（能源局）按总量控制目标、《关于推进大型煤电外送基地科学开发的指导意见》（国能电力〔2014〕243号）分别开展自用燃煤电站规划项目（含自备电站）和外送燃煤电站规划项目优选工作。国家能源局及其派出机构对优选工作实施事中事后监管，监管意见通报有关方面或实施公告。

（三）及时修订燃煤电站总量控制目标。国家发展改革委、国家能源局结合电力需求变化、电源项目与输电通道建设进度、落后产能淘汰工作进度，加强分地区电力电量供需平衡衔接，保障电力安全稳定供应。出现重大变化时，及时组织衔接修订各地区燃煤电站总量控制目标。

（四）滚动调整燃煤电站规划项目。为保障电力规划有效实施，确保电力电量平衡和电力供应安全，燃煤电站项目纳入规划后，长期不具备开工条件的，省级发展改革委（能源局）应及时补选替代项目或滚入次年该地区总量控制目标。

（五）适时调整电网规划项目。500千伏及以上交流、±400千伏及以上直流电网项目，经评估或其他原因需要调整的，国家发展改革委、国家能源局组织相关单位滚动调整规划。330/220千伏及以下城乡电网建设项目，由省级发展改革委（能源局）组织调整。接入电网管理办法另行制定。

（六）优化调整规划项目内容。将已纳入国家规划的电力项目形成各省项目库，对项目库进行定期跟踪，以方便宏观管理。已纳入国家规划的电力项目，规划建设内容拟作优化调整，且不涉及总量控制目标、规划布局等重要事项的，省级发展改革委（能源局）自行组织调整，并报国家发展改革委、国家能源局。在燃煤电站建成投产前，不允许控股投资方以牟利为目的进行项目转让。

二、做好项目优选工作

（七）高度重视优选工作。有关单位要高度重视燃煤电站项目（含外送燃煤电站项目）优选工作，严格按照“公平、公开、公正”原则，按程序推进项目决策的科学化、透明化、民主化，未经优选的燃煤电站项目不得纳入规划。

（八）公开制定优选办法。省级发展改革委（能源局）应结合当地实际情况，广泛征求有关方面意见，平等对待各类投资主体，综合考虑规划布局、对系统安全稳定影响、煤源及运输、机组选型、机组可用率、机组调峰能力、环境保护和资源利用、技术创新等因素，制定印发和公开本地区燃煤电站项目优选办法（含优选流程、评选标准等，下同），并抄送国家能源局相关派出机构。

（九）严格开展优选工作。省级发展改革委（能源局）要依据制定的优选办法组织开展项目优选工作，优选前及时将优选办法、时间和要求告知相关单位，优选时组织专家组进行评选并主动邀请国家能源局相关派出机构等单位进行监督，优选后及时将评选结果（含项目排序、采用评分制的项目得分等）告知项目单位。备选项目所提材料内容深度应达到《火力发电厂初步可行性研究报告内容深度规定》等行业标准要求。

（十）履行社会公示程序。省级发展改革委（能源局）要将优选后的项目进行社会公示（公示内容包括项目规模、建设地点、控股投资方等基本信息）。对社会公示中出现重大争议的项目，要组织开展深入论证，必要时进行调整。公示后拟纳入电力建设规划的项目报送国家发展改革委、国家能源局，抄送国家能源局相关派出机构。

三、依法依规承接核准工作

（十一）贯彻执行新的核准制度。省级发展改革委（能源局）要按照国务院办公厅《关于印发精简审批事项规范中介服务实行企业投资项目网上并联核准制度工作方案的通知》（国办发〔2014〕59 号）、《关于创新投资管理方式建立协同监管机制的若干意见》（国办发〔2015〕12 号）、以及国家发展改革委中央编办《关于一律不得将企业经营自主权事项作为企业投资项目核准前置条件的通知》（发改投资〔2014〕2999 号）等有关要求对纳入电力建设规划的项目进行核准。核准工作应遵循“公开、透明、高效”的原则，简化电力项目核准前置条件，优化审批程序，制定并公开电力项目核准工作规则、审批流程、办事指南，实行并联审批、在线审批，并公开审批进度和审批结果，主动接受社会监督。

（十二）按权限履行核准工作。由地方政府核准的电力项目，省级政府可根据本地实际情况具体划分地方各级政府的核准权限。燃气电站（分布式除外）、500 千伏及以上交流、±400 千伏及以上直流电网项目宜由省级政府履行核准，对确需下放到省级以下地方政府核准的，省级发展改革委（能源局）要加强规划指导及后续监管工作，确保“放而不乱”。

（十三）及时上报核准信息。省级发展改革委（能源局）要将燃煤电站、燃气电站、500 千伏及以上交流和±400 千伏及以上直流电网项目核准文件抄报国家发展改革委、国家能源局，抄送国家能源局相关派出机构。地市级及以下政府核准的电力项目，由省级发展改革委（能源局）每月汇总后报送。同时，应充分利用发改系统项目信息联动机制，切实做到核准信息的在线、及时、准确、共享。

四、加强项目规划建设管理，深化全过程监管

（十四）建立健全电力规划体系。国家发展改革委、国家能源局加快构建科学合理、权责清晰的电力规划体系。全国电力规划指导省级电力规划，省级电力规划服从全国电力规划，全国电力规划和省级电

力规划应做到上下衔接，协调统一。国家能源局另行制定电力规划管理办法，明确国家五年电力发展规划的编制、实施、评估、调整、监管等相关要求。

（十五）确保优选工作科学公正。省级发展改革委（能源局）要确保优选工作科学公正。国家能源局派出机构监督优选过程，不参与项目优选决策。国家能源局加强事中事后监管，对超出总量控制目标的，要求省级发展改革委（能源局）原则上按优选排序进行削减。对不符合产业政策或规划布局、建设条件等有重大缺陷的，由省级发展改革委（能源局）进行规划调整。

（十六）做好项目前期论证设计。电网项目业主须优化工程方案，控制建设成本，工作深度要达到《输变电工程可行性研究报告内容深度规定》。火电项目在纳入规划后，项目业主要进一步加强科学论证，工作深度要达到《火力发电厂可行性研究报告内容深度规定》，项目用能、用地、用水、用材、环保排放等指标要达到国家产业政策和行业技术标准规定。相关项目业主可根据需要对项目前期论证设计工作自行委托评审。

国家能源局将按照国务院关于深化投资体制改革的有关要求组织修订有关行业标准和规范。

（十七）落实好外部建设条件。项目业主应及时落实项目用地、用煤、用水、铁路接轨、电网接入等外部建设条件。电网企业要积极主动为火电规划项目提供公平无歧视的接入电网服务，抓紧组织开展配套送出工程相关工作，保证电源送出工程同步建设，不影响项目正常建设进度。

（十八）依法开工建设。项目核准后，项目单位取齐法律法规规定的审批文件后开工建设，并将项目建设信息及时上报有关部门。重点地区燃煤火电项目开工前，要落实国家关于煤炭等量（减量）替代有关要求。

（十九）加强项目建设管理。项目单位要严格执行《招投标法》等相关法律法规，高度重视工程质量、环境保护、拆迁安置等工作。省级发展改革委（能源局）要做好项目建设过程中的指导和协调，确保项目顺利建设，项目建成后，按规定开展工程验收和后评价工作，对项目单位超规划和核准要求擅自增容行为加强监管。国家能源局派出机构依据省级发展改革委（能源局）的核准意见确定电力业务许可证的许可容量。

（二十）加强政府协调服务。省级发展改革委（能源局）要做好项目建设指导工作，提高协调和服务水平。对纳入规划的项目，前期工作和建设进度明显迟缓时，要分析原因并采取有效解决措施，做好项目服务工作。督促协调电网企业和发电企业同步建设，满足电源送出要求。按月将已纳入规划、核准在建电力项目的前期、投资与建设进度等上报国家发展改革委、国家能源局。

（二十一）严厉查处违规建设行为。省级发展改革委（能源局）要会同国家能源局派出机构加强电力项目建设事中、事后监管，充分依托投资项目在线审批监督平台，实现纵横协同监管，全程跟踪、及时预警、严肃问责。按照“谁核准、谁负责、谁处理”的原则，对未按核准要求建设及未核先建行为，及时发现并责令整改。对未达开工条件建设的，要会同有关部门严厉查处。对于违规建设的火电项目，国家能源局派出机构不予办理电力业务许可证，电网企业不予并网。

（二十二）建立异常信用记录和“黑名单”制度。对违规开工建设的、不按审批内容建设的、以及前期工作及建设进度严重滞后的行为，记入项目异常信用记录，情节严重的要将项目单位纳入“黑名单”并向金融机构和社会公布。省级发展改革委（能源局）要对发生异常项目信用记录的项目单位及时予以警告，对列入“黑名单”的项目单位实行项目限批，并将有关情况上报国家发展改革委、国家能源局。

（二十三）加强规划政策执行情况监管。国家发展改革委、国家能源局重点从总量控制目标、产业政策和规划布局方面加强规划执行情况监管。国家能源局派出机构会同省级发展改革委（能源局）监管国家相关电力规划、政策、标准和其他建设要求的落实情况，及时上报监管中发现的问题和处理措施建议。对于问题严重的，国家能源局及其派出机构约谈责任方，必要时予以通报。

（二十四）总结深化简政放权工作。省级发展改革委（能源局）定期对电力项目核准权限下放后的承接情况、存在问题和实施效果进行总结并结合电力体制改革有关精神，进一步探索创新市场化的火电项目开发和投资管理机制。

国家发展改革委

国家能源局

2015 年 10 月 8 日

关于印发环评管理中部分行业建设项目重大变动清单的通知

环办〔2015〕52号

各省、自治区、直辖市环境保护厅（局），新疆生产建设兵团环境保护局，解放军环境保护局：

根据《环境影响评价法》和《建设项目环境保护管理条例》有关规定，建设项目的性质、规模、地点、生产工艺和环境保护措施五个因素中的一项或一项以上发生重大变动，且可能导致环境影响显著变化（特别是不利环境影响加重）的，界定为重大变动。属于重大变动的应当重新报批环境影响评价文件，不属于重大变动的纳入竣工环境保护验收管理。

根据上述原则，结合不同行业的环境影响特点，我部制定了水电等部分行业建设项目重大变动清单（试行）。各地在试行过程中如发现新问题、新情况，请以书面形式反馈意见和建议，我部将根据情况进一步补充、调整、完善。各省级环保部门可结合本地区实际，制定本行政区特殊行业重大变动清单，报我部备案。

其他与本通知不一致的相关文件或文件相关内容即行废止。

附件：水电等九个行业建设项目重大变动清单（试行）

环境保护部办公厅

2015年6月4日

附件（节选）

火电建设项目重大变动清单（试行）

性质：

1. 由热电联产机组、矸石综合利用机组变为普通发电机组，或由普通发电机组变为矸石综合利用机组。

2. 热电联产机组供热替代量减少10%及以上。

规模：

3. 单机装机规模变化后超越同等级规模。

4. 锅炉容量变化后超越同等级规模。

地点：

5. 电厂（含配套灰场）重新选址；在原厂址（含配套灰场）或附近调整（包括总平面布置发生变化）导致不利环境影响加重。

生产工艺：

6. 锅炉类型变化后污染物排放量增加。

7. 冷却方式变化。

8. 排烟形式变化（包括排烟方式变化、排烟冷却塔直径变大等）或排烟高度降低。

环境保护措施：

9. 烟气处理措施变化导致废气排放浓度（排放量）增加或环境风险增大。

10. 降噪措施发生变化，导致厂界噪声排放增加（声环境评价范围内无环境敏感点的项目除外）。

关于规范火电等七个行业建设项目环境影响评价文件审批的通知

环办〔2015〕112号

各省、自治区、直辖市环境保护厅（局），新疆生产建设兵团环境保护局：

为进一步规范建设项目环境影响评价文件审批，统一管理尺度，我部组织编制了火电、水电、钢铁、铜铅锌冶炼、石化、制浆造纸、高速公路等七个行业建设项目环境影响评价文件审批原则（试行）。现印发给你们，请参照执行。国家环境保护政策和环境管理要求如有调整，建设项目环境影响评价文件审批按新的规定执行。

地方各级环保部门应切实加强建设项目环境影响评价管理，严格落实国家相关环境保护政策、规划及规划环评的要求，优化项目选址选线，提出有效的环境保护措施和风险防范措施，强化总量控制、区域削减、“以新带老”等污染减排要求，有效预防环境污染和生态破坏，促进区域环境质量改善，推动绿色发展。

附件：1. 火电建设项目环境影响评价文件审批原则（试行）

2. 水电建设项目环境影响评价文件审批原则（试行）（略）

3. 钢铁建设项目环境影响评价文件审批原则（试行）（略）

4. 铜铅锌冶炼建设项目环境影响评价文件审批原则（试行）（略）

5. 石化建设项目环境影响评价文件审批原则（试行）（略）

6. 制浆造纸建设项目环境影响评价文件审批原则（试行）（略）

7. 高速公路建设项目环境影响评价文件审批原则（试行）（略）

环境保护部办公厅

2015年12月18日

附件1

火电建设项目环境影响评价文件审批原则（试行）

第一条　本原则适用于各种容量的燃煤（含煤矸石）、燃油、燃气、燃油页岩、燃石油焦的火电（含热电）建设项目环境影响评价文件的审批，以生物质、生活垃圾、危险废物为主要燃料的发电项目除外。

第二条　项目建设符合环境保护相关法律法规和政策，符合能源和火电发展规划，符合产业结构调整、落后产能淘汰的相关要求。

热电联产项目符合热电联产规划和供热专项规划，落实热负荷和热网建设，同步替代关停供热范围内的燃煤、燃油小锅炉。低热值煤发电项目纳入省（区、市）的低热值煤发电专项规划，低热值燃料来源可靠，燃料配比和热值符合相关要求。

京津冀、长三角、珠三角和山东省等区域内的新建、改建、扩建燃煤发电项目，实行了煤炭等量或者减量替代。

第三条　项目选址符合国家和地方的主体功能区规划、环境保护规划、城市总体规划、环境功能区划及其他相关规划要求，不占用自然保护区、风景名胜区、饮用水水源保护区和永久基本农田等法律法规明令禁止建设的区域。

不予批准城市建成区、地级及以上城市规划区除热电联产以外的燃煤发电项目和大气污染防治重点控制区除“上大压小”和热电联产以外的燃煤发电项目。不予批准京津冀、长三角和珠三角等区域除热电联产外的燃煤发电项目及配套自备燃煤电站项目，现有多台燃煤机组装机容量合计达到30万千瓦以上的，可按照煤炭等量替代的原则建设大容量燃煤机组。

第四条 低热值煤发电项目和国家大型煤电基地内的火电项目符合规划环评及审查意见的要求。其他应依法开展规划环评的规划包含的火电项目，应落实规划环评确定的原则和要求。

第五条 采用资源利用率高、污染物产生量小的清洁生产技术、工艺和设备，单位发电量的煤耗、水耗和污染物排放量等指标达到清洁生产先进水平。

第六条 污染物排放总量满足国家和地方的总量控制指标要求，有明确的总量来源及具体的平衡方案。主要大气污染物排放总量指标原则上从本行业、本集团削减量获得，热电联产机组供热部分总量指标可从其他行业获取。

京津冀、长三角、珠三角等大气污染防治重点控制区和某项主要污染物上一年度年平均浓度超标的地区，不得作为主要污染物排放总量指标跨行政区调剂的调入方接受其他区域的主要大气污染物排放总量指标。不予批准超过大气污染物排放总量控制指标或未完成大气环境质量改善目标地区的火电项目。

第七条 同步建设先进高效的脱硫、脱硝和除尘设施，不得设置烟气旁路烟道，各项污染物排放浓度满足《火电厂大气污染物排放标准》（GB 13223）和其他相关排放标准。大气污染防治重点控制区的燃煤发电项目，满足特别排放限值要求。所在地区有地方污染物排放标准的，按其规定执行。符合国家超低排放的有关规定。

煤场和灰场采取有效的抑尘措施，厂界无组织排放符合相关标准限值要求。在环境敏感区或区域颗粒物超标地区设置封闭煤场。灰场设置合理的大气环境防护距离，环境防护距离范围内不应有居民区、学校、医院等环境敏感目标。

第八条 降低新鲜水用量。具备条件的地区，利用城市污水处理厂的中水、煤矿疏干水、海水淡化水。工业用水禁止取用地下水，取用地表水不得挤占生态用水、生活用水和农业用水。

根据“清污分流、雨污分流”原则提出厂区排水系统设计要求，明确污水分类收集和处理方案，按照“一水多用”的原则强化水资源的串级使用要求，提高水循环利用率，最大限度减少废水外排量。脱硫废水单独处理后回用。禁设排污口的区域落实高浓度循环冷却水综合利用途径或采取有效的脱盐措施。

未在水环境敏感区、禁设排污口的区域设置废水排放口，未向不能满足环境功能区要求的受纳水体排放增加受纳水体超标污染物的废水。

厂区及灰场等区域按照环境保护目标的敏感程度、水文地质条件采取分区防渗措施，提出了有效的地下水监控方案。

第九条 选择低噪声设备并采取隔声降噪措施，优化厂区平面布置，确保厂界噪声达标。位于人口集中区的项目应强化噪声污染防治措施，进一步降低噪声影响。

第十条 灰渣、脱硫石膏等优先综合利用，暂不具备综合利用条件的运往灰场分区贮存，灰场选址、建设和运行满足《一般工业固体废物贮存、处置场污染控制标准》（GB 18599）要求。热电联产项目灰渣应全部综合利用，仅设置事故备用灰场（库），储量不宜超过半年。脱硝废催化剂按危险废物管理要求提出相关的处理处置措施。

第十一条 提出合理有效的环境风险防范措施和环境风险应急预案的编制要求，纳入区域环境风险应急联动机制。以液氨为脱硝还原剂的，加强液氨储运和使用环节的环境风险管控。城市热电和位于人口集中区的项目，宜选用尿素作为脱硝还原剂。事故池容积设计符合国家标准和规范要求。

第十二条 改、扩建项目对现有工程存在的环保问题和环境风险进行全面梳理并明确“以新带老”

整改方案。现有工程按计划完成小机组关停。

第十三条　有环境容量的地区，项目建成运行后，环境质量仍满足相应环境功能区要求。环境质量不达标的区域，强化项目的污染防治措施，并提出有效的区域污染物减排方案，改善环境质量。大气污染防治重点控制区和大气环境质量超标的城市，落实区域内现役源 2 倍削减替代，一般控制区现役源 1.5 倍削减替代。

第十四条　提出项目实施后的环境监测计划和环境管理要求。按规范设置污染物排放口和固体废物堆放场，设置污染物排放连续自动监测系统并与环保部门联网，烟囱预留永久性监测口和监测平台。

重金属污染综合防治规划范围内的项目，开展土壤、地下水特征污染物背景监测。

第十五条　按相关规定开展信息公开和公众参与。

第十六条　环境影响评价文件编制规范，符合资质管理规定和环评技术标准要求。

关于印发《建设项目环境影响评价区域限批管理办法（试行）》的通知

环发〔2015〕169 号

机关各部门，环境保护部各环境保护督查中心：

为督促地方政府履行环境保护责任，集中解决突出环境问题，推动区域环境质量的改善，规范区域限批管理，根据《环境保护法》《水污染防治法》《大气污染防治法》《规划环境影响评价条例》等法律法规要求，我部制定了《建设项目环境影响评价区域限批管理办法（试行）》。现印发给你们，请遵照执行。

附件：建设项目环境影响评价区域限批管理办法（试行）

环境保护部

2015 年 12 月 18 日

附件

建设项目环境影响评价区域限批管理办法（试行）

第一条 为督促地方人民政府履行环境保护责任，集中解决突出环境问题，推动区域环境质量改善，根据《环境保护法》《水污染防治法》《大气污染防治法》《规划环境影响评价条例》等法律法规，以及《关于加快推进生态文明建设的意见》《关于落实科学发展观加强环境保护的决定》《水污染防治行动计划》《大气污染防治行动计划》等文件有关区域限批的规定，制定本办法。

第二条 本办法适用于环境保护部实施的建设项目环境影响评价文件区域限批。

省级环境保护部门实施建设项目环境影响评价文件区域限批，参照本办法执行。

第三条 有下列情形之一的地区，环境保护部暂停审批有关建设项目环境影响评价文件：

（一）对在规定期限内未完成国家确定的水环境质量改善目标、大气环境质量改善目标、土壤环境质量考核目标的地区，暂停审批新增排放重点污染物的建设项目环境影响评价文件。

（二）对未完成上一年度国家确定的重点水污染物、大气污染物排放总量控制指标的地区，或者未完成国家确定的重点重金属污染物排放量控制目标的地区，暂停审批新增排放重点污染物的建设项目环境影响评价文件。

（三）对生态破坏严重或者尚未完成生态恢复任务的地区，暂停审批对生态有较大影响的建设项目环境影响评价文件。

（四）对违反主体功能区定位、突破资源环境生态保护红线、超过资源消耗和环境容量承载能力的地区，暂停审批对生态有较大影响的建设项目环境影响评价文件。

（五）对未依法开展环境影响评价即组织实施开发建设规划的地区，暂停审批对生态有较大影响的建设项目环境影响评价文件。

（六）其他法律法规和国务院规定要求实施区域限批的情形。

第四条 环境保护部主管环境影响评价的机构（以下简称环评管理机构）负责区域限批的归口管理

和组织实施，汇总限批建议，办理报审手续，起草限批决定文书，组织实施区域限批决定，并监督指导地方环境保护部门落实区域限批管理要求。

环境保护部主管污染防治、生态保护等工作的管理机构（以下简称相关管理机构）负责认定限批情形，提出限批建议，以及限批期间的整改督查和现场核查。

第五条 区域限批按照下列程序组织实施：

（一）认定限批情形；

（二）下达限批决定；

（三）整改督查和现场核查；

（四）解除限批。

第六条 相关管理机构通过日常管理、监督检查、专项检查、突发环境事件调查处理及举报等途径，发现存在本办法第三条规定的限批情形的，应当进行调查取证，认定相关事实，并提出限批区域、限批内容、限批期限、整改要求等建议。限批建议及限批情形认定报告应当转环评管理机构。

第七条 限批建议应当视具体情况确定三个月至十二个月的限批期限。

第八条 环评管理机构收到限批建议后，汇总形成限批意见，报请部常务会审议通过后，起草限批决定文书，并按程序下达被限批地区。

限批决定应当包括以下内容：

（一）限批区域；

（二）限批情形；

（三）限批内容；

（四）限批期限；

（五）整改要求；

（六）监督检查要求。

第九条 环评管理机构自限批决定下达之日起即暂停审批被限批地区的相关建设项目环境影响评价文件。

地方各级环境保护部门应当同步暂停审批被限批地区的相关建设项目环境影响评价文件。

提出限批建议的相关管理机构负责限批期间的监督检查。

第十条 实施区域限批期间，被限批地区的地方人民政府应当制订整改方案，明确整改进度，全面落实整改要求，并向作出限批决定的环境保护部门报送整改结果报告。

因本办法第三条第一、三、四项情形被限批的地区，地方人民政府应当在完成整改后，组织对被限批地区的区域环境质量改善情况进行评估，形成书面报告，并纳入前款规定的整改结果报告，报送作出限批决定的环境保护部门。

第十一条 限批期限届满后一个月内，提出限批建议的相关管理机构应当会同环境保护区域督查中心组织现场核查，提出现场核查报告。

对全面落实整改要求的地区，相关管理机构应当提出解除限批建议；对未落实整改要求的地区，相关管理机构应当提出延长限批建议。

解除限批建议、延长限批建议和现场核查报告应当转环评管理机构。

第十二条 环评管理机构收到解除限批建议后，汇总形成解除限批意见，报请部常务会审议通过后，起草解除限批决定文书，并按程序下达被限批地区。

解除限批决定包括以下内容：

（一）整改落实情况；

（二）现场核查结果；

（三）解除限批意见；

（四）后续监管要求。

第十三条 环评管理机构收到延长限批建议后，汇总形成延长限批意见，报请部常务会审议通过后，起草延长限批决定文书，并按程序下达被限批地区。延长限批期限最长不超过六个月。

延长限批决定包括以下内容：

（一）整改存在的问题；

（二）现场核查结果；

（三）延长限批内容；

（四）延长限批期限；

（五）整改要求。

第十四条 环境保护部作出的限批、解除限批、延长限批等决定应当同时抄送被限批地区相关环境保护部门。

第十五条 省级环境保护部门作出的限批、解除限批、延长限批等决定，应当同时抄报环境保护部。

环境保护部对省级环境保护部门实施限批的地区，应当同步暂停审批相关建设项目环境影响评价文件。

第十六条 限批、解除限批、延长限批等决定应当通过政府网站、报纸等媒体平台向社会公开，接受社会监督。

第十七条 对未执行同步限批要求的地方环境保护部门审批的建设项目环境影响评价文件，上级环境保护部门应当责令其撤销该审批决定；拒不撤销的，上级环境保护部门可以直接撤销，并对作出该审批决定的直接负责的主管人员和其他直接责任人员，移交纪检监察机关和组织（人事）部门，由纪检监察机关和组织（人事）部门依法依规追究相关责任。

第十八条 实施区域限批期间，被限批地区未依法开展环境影响评价的建设项目擅自开工建设的，由负有环境保护监督管理职责的部门依法责令建设单位停止建设，处以罚款，并责令恢复原状。

第十九条 对干预限批决定实施、包庇纵容环境违法行为、履职不力、监管不严的地方人民政府、地方环境保护部门的相关责任人员，环境保护部将相关材料移交纪检监察机关和组织（人事）部门，由纪检监察机关和组织（人事）部门依法依规追究相关责任。

第二十条 本办法由环境保护部负责解释。

第二十一条 本办法自 2016 年 1 月 1 日起施行。

关于加强规划环境影响评价与建设项目环境影响评价联动工作的意见

环发〔2015〕178号

各省、自治区、直辖市环境保护厅（局），新疆生产建设兵团环境保护局：

按照国务院简政放权、放管结合的总体部署，为落实《环境保护法》《环境影响评价法》《规划环境影响评价条例》有关规定，加强规划环境影响评价（以下简称规划环评）对建设项目环境影响评价（以下简称项目环评）工作的指导和约束，推动在项目环评审批及事中事后监督管理中落实规划环评成果，实现强化宏观指导、简化微观管理的目标，现就加强规划环评与项目环评联动工作，提出如下意见。

一、开展联动工作的总体要求

（一）切实加强规划环评工作，从决策源头预防环境污染，是创新管理方式，做好项目环评审批简政放权、加强事中事后监管的有效手段。加强规划环评与项目环评联动，是指进一步强化规划环评对项目环评的指导和约束作用，并在建设项目环境保护管理中落实规划环评的成果，切实发挥规划和项目环评预防环境污染和生态破坏的作用。

（二）加强规划环评与项目环评联动，必须以提高规划环评工作的质量为前提。各级环保部门在召集审查小组对规划环境影响报告书进行审查时，应将规划环评工作任务完成情况及规划环评结论的科学性作为审查的重点，充分关注规划环评结论对于建设项目环评的指导和约束作用。

（三）对于已经完成规划环评主要工作任务的重点领域规划，可以实施规划环评与规划所包含的项目环评的联动工作。经审查小组审查发现规划环评没有完成主要工作任务的，应采用适当方式建议有关部门对规划环评进行完善并经审查小组审查后方能开展联动工作。

（四）本意见所指重点领域的规划环评是指包含重大项目布局、结构、规模等的规划环评，暂限定于本意见（五）至（九）中所列的相关领域规划环评。对于具有指导意义的综合性规划，其规划环评原则上不作为与项目环评联动的依据。

二、重点领域规划环评的主要工作任务

（五）产业园区规划环评。应以推进区域环境质量改善以及做好园区环境风险防控为目标，在判别园区现有资源、环境重大问题的基础上，基于区域资源环境承载能力，针对园区规划方案，在主体功能区规划、城市总体规划尺度上判定园区选址、布局和主导产业选择的环境合理性，提出优化产业定位、布局、结构、规模以及重大环境基础设施建设方案的建议；提出园区污染物排放总量上限要求和环境准入条件，并结合城市或区域环境目标提出园区产业发展的负面清单。

（六）公路、铁路及轨道交通规划环评。目前主要包括城市轨道交通建设规划、区域城际铁路建设规划及国家和省级公路网规划等，其环评应结合线路走向及规模，从维护区域生态系统完整性和稳定性、协调与城镇生活空间布局关系的角度，论证线网规模、布局、敷设方式和重要站场的环境合理性，提出选址、选线及避让生态环境敏感目标和重要生态环境功能区等要求，明确生态环境保护的对策措施。

（七）港口、航道规划环评。应结合流域、海域资源环境承载能力，从维护生态系统安全、促进区域岸线资源可持续利用、严守生态保护红线等角度，明确提出优化港口和航道功能与作业区布局方案，对

规划所含或所涉及项目的布局、规模、结构、货种及建设时序等提出优化调整建议，明确预防和减缓不利环境影响的对策措施。

（八）矿产资源开发规划环评。应结合区域资源环境特征，主体功能区规划和生态保护红线管理等要求，从维护生态系统完整性和稳定性的角度，明确禁止开发的红线区域和规划实施的关键性制约因素，提出优化矿产资源开发的布局、规模、开发方式、建设时序等建议，合理确定开发方案，明确预防和减缓不利环境影响的对策措施。

（九）水利水电开发规划环评。应加强规划实施对区域、流域生态系统及生态环境敏感目标造成的长期累积性影响评价，提出区域资源环境要素的优化配置方案，结合生态保护红线和生态系统整体性保护要求，划定禁止或限制开发的红线区域、流域范围，控制开发强度，优化开发方案。

（十）重点领域的规划环境影响报告书，应结合具体规划特征和环评工作成果，在环评结论中提出对规划所包含的项目环评的指导意见。对于项目环评可以简化的内容，应提出合理的简化清单；对于需在项目环评阶段深入论证的，应提出论证的重点内容。

（十一）各级环保部门在召集审查重点领域规划环境影响报告书时，应将对项目环评的指导意见作为审查的重要内容，并在审查意见中给予明确。经审查小组认可的对项目环评的指导意见，可以作为开展规划环评与项目环评联动的依据。

三、加强项目环评对规划环评落实情况的联动反馈

（十二）各级环保部门在审批项目环评文件前，应认真分析项目涉及的规划及其环评情况，并将与规划环评结论及审查意见的符合性作为项目环评文件审批的重要依据。

（十三）对符合规划环评结论及审查意见要求的建设项目，其环评文件应按照规划环评的意见进行简化；对于明显不符合相关规划环评结论及审查意见的项目环评文件，各级环保部门应将与规划环评结论的符合性作为项目审批的依据之一；对于要求项目环评中深入论证的内容，应强化论证。

（十四）按照规划环评结论和审查意见，对于相关项目环评应简化的内容，可采用在项目环评文件中引用规划环评结论、减少环评文件内容或章节等方式实现。

（十五）对于在项目环评审查中，发现规划环境影响报告书经审查没有完成相应工作任务、不能为项目环评提供指导和约束的，或是发现相关规划在实施过程中产生重大不良影响的，或是规划环评结论与审查意见未得到有效落实的，有关单位和各级环保部门不得以规划已开展环评为理由，随意简化规划所包含项目环评的工作内容，甚至降低评价类别。环保部门可以向有关规划审批机关提出相关改进措施或建议。

（十六）关于重点产业园区项目环评的管理方式，我部将组织推动开展产业园区规划环评“清单管理”和与项目环评联动的试点工作，鼓励地方环保部门向我部申请组织开展试点，针对试点园区，稳步推进园区项目环评审批改革。

四、逐步健全推进联动工作的保障体系

（十七）各级环保部门应结合简政放权、放管结合的部署，进一步强化规划环评与项目环评的联动要求，明确联动前提，根据本意见提出的原则科学界定简化内容，逐步建立制度化的措施，既要防止重复评价，也要避免过度简化、随意简化。对于我部下放省级环保部门审批的项目环评，不得层层下放。

（十八）各级环保部门应建立规划环评及审查意见的数据库及管理应用平台，推动规划环评和项目环评信息共享，为加强规划环评和项目环评联动做好技术储备。

（十九）各级环保部门在推进规划环评与项目环评的联动工作中，应加强对相关环评机构、专家及评估单位的指导，防止在联动管理的各个环节出现不一致，影响工作效果。

（二十）各级环保部门应加强对联动工作的管理，对严重违反相关要求，如对明显不符合规划环评结

论及审查意见的项目环评予以审批的，或者有关技术单位和人员应该简化项目环评内容而未简化的、不应该简化而随意简化的，应及时提出处理意见，追究相关单位及人员责任。

（二十一）各级环保部门要加强规划环评、项目环评与事中事后监督管理的有效衔接，在建设项目事中事后监管中严格落实规划环评结论和项目环评审批要求，上级环保部门要加强对下级环保部门事中事后监督管理工作的监督和指导，提升整个环境影响评价制度的管理效能。

环境保护部

2015 年 12 月 30 日

关于开展规划环境影响评价会商的指导意见（试行）

环发〔2015〕179号

各省、自治区、直辖市环境保护厅（局），新疆生产建设兵团环境保护局：

按照《关于加快推进生态文明建设的指导意见》《生态文明体制改革总体方案》的部署要求和《大气污染防治法》的有关规定，为从规划决策的源头预防和减缓跨界不利环境影响，深入推进实施《大气污染防治行动计划》和《水污染防治行动计划》，在环境问题较为突出的区域、流域推进联防联控，推动环境质量改善，现就开展规划环境影响评价（以下称规划环评）会商工作提出如下指导意见：

一、明确参与会商各方职责

（一）会商主体。规划编制机关是依法组织开展规划环评和会商的主体，应在环境影响报告书报送审查前组织完成会商，并将会商意见与环境影响报告书一并报送环境保护主管部门（以下称环保部门）。

（二）会商对象。会商对象一般为会商范围内省（区、市）人民政府或者相关部门，由规划编制机关根据规划特点和可能产生的跨省（区、市）界环境影响情况具体确定。

（三）环保部门。环保部门协助指导规划编制机关组织开展规划环评会商，在召集审查过程中充分关注会商意见的采纳落实情况。

二、合理确定会商范围

（四）界定应开展会商的规划环评范围。位于京津冀、长三角、珠三角区域内的，主导产业包括石化、化工、有色冶炼、钢铁、水泥的国家级产业园区规划环境影响报告书；京津冀及周边地区的煤电基地规划环境影响报告书；国家级流域综合规划、水电开发规划环境影响报告书，应在规划环评编制阶段进行会商。

（五）确定规划环评会商对象。规划环境影响报告书应根据跨界环境影响分析预测，按不利影响大小程度对区域（流域）内及相邻的省（区、市）进行排序。国家级产业园区规划环评一般应会商受影响最大的省（区、市），跨界影响轻微的也可会商主要受影响的相邻地级城市；京津冀及周边地区的煤电基地规划环评应会商受影响最大的两个省（区、市）；流域综合规划环评、水电开发规划环评应会商规划涉及的所有省（区、市），也可根据需要适当扩大会商范围。

三、规范会商程序要求

（六）提高会商材料质量。会商材料包括规划环境影响报告书等相关文件。会商材料应采用科学合理的方法评价跨界环境影响的程度和范围，提出拟采取的规划优化调整方案，以及最大程度预防、减缓跨界影响的对策措施。对不同类型的规划，会商材料还可结合跨界影响和资源环境承载情况，提出禁止开发的生态空间红线、区域污染物行业排放总量、禁止新建的产业以及适宜发展产业的环境准入要求等，便于规划采纳和实施。

（七）规范会商流程和时限。规划编制机关应在启动会商时正式函告会商对象，受邀单位在收到函件之日起 5 个工作日内做出是否参与会商的决定并通知对方，同意参加会商的应明确联系人和联系方式。规划编制机关应在确定会商对象后10个工作日内确定会商形式并通知会商对象，向其提供会商材料。完成会商后应在 15 个工作日内形成会商意见。

（八）确定会商开展形式。规划编制机关可采取书面征求意见、召开座谈会、启动区域和流域污染防治协作机制等形式组织开展会商。

（九）明确会商意见内容。会商意见应聚焦跨界环境影响，明确说明规划实施可能产生环境影响的范围和程度；评价预防和减缓跨界环境影响对策措施的有效性；提出优化调整规划方案的具体建议，以及进一步完善和加强联防联控的措施建议。

四、充分发挥会商作用

（十）根据会商成果完善规划环境影响报告书。规划环境影响报告书应根据会商意见完善相关内容，说明会商意见采纳情况，不采纳的应逐项就不予采纳的理由作出书面说明；在此基础上提出有针对性的规划优化调整建议以及预防或减缓区域性流域性生态环境影响的对策措施。

（十一）根据会商成果提升规划科学性。规划编制机关应当将规划环境影响报告书结论、会商意见作为完善规划编制的重要依据，对规划草案进行优化调整，完善区域和流域污染联防联控的对策措施，并在规划实施中做好贯彻落实。

（十二）在审查管理时纳入会商意见。环保部门在召集规划环境影响报告书审查时，应邀请参与会商的代表参加审查会，并将会商意见作为审查意见的重要内容，推动优化开发布局、合理调控规模和转型升级发展，强化联防联控，维护和改善环境质量。

（十三）由省级环保部门召集审查的规划环评，可能造成跨区域（流域）环境影响的，鼓励开展会商工作。具体办法可参照本意见执行，也可制定相关办法确定具体会商区域、流域范围，会商对象，规划环评领域等，加强对会商工作的指导和规范。

环境保护部

2015 年 12 月 30 日

国务院关于印发“十三五”控制温室气体排放工作方案的通知

国发〔2016〕61 号

各省、自治区、直辖市人民政府，国务院各部委、各直属机构：

现将《“十三五”控制温室气体排放工作方案》印发给你们，请认真贯彻执行。

国务院

2016 年 10 月 27 日

“十三五”控制温室气体排放工作方案

为加快推进绿色低碳发展，确保完成“十三五”规划纲要确定的低碳发展目标任务，推动我国二氧化碳排放 2030 年左右达到峰值并争取尽早达峰，特制订本工作方案。

一、总体要求

（一）指导思想。全面贯彻党的十八大和十八届三中、四中、五中、六中全会精神，紧紧围绕统筹推进“五位一体”总体布局和协调推进“四个全面”战略布局，牢固树立创新、协调、绿色、开放、共享的发展理念，按照党中央、国务院决策部署，统筹国内国际两个大局，顺应绿色低碳发展国际潮流，把低碳发展作为我国经济社会发展的重大战略和生态文明建设的重要途径，采取积极措施，有效控制温室气体排放。加快科技创新和制度创新，健全激励和约束机制，发挥市场配置资源的决定性作用和更好发挥政府作用，加强碳排放和大气污染物排放协同控制，强化低碳引领，推动能源革命和产业革命，推动供给侧结构性改革和消费端转型，推动区域协调发展，深度参与全球气候治理，为促进我国经济社会可持续发展和维护全球生态安全做出新贡献。

（二）主要目标。到 2020 年，单位国内生产总值二氧化碳排放比 2015 年下降 18%，碳排放总量得到有效控制。氢氟碳化物、甲烷、氧化亚氮、全氟化碳、六氟化硫等非二氧化碳温室气体控排力度进一步加大。碳汇能力显著增强。支持优化开发区域碳排放率先达到峰值，力争部分重化工业 2020 年左右实现率先达峰，能源体系、产业体系和消费领域低碳转型取得积极成效。全国碳排放权交易市场启动运行，应对气候变化法律法规和标准体系初步建立，统计核算、评价考核和责任追究制度得到健全，低碳试点示范不断深化，减污减碳协同作用进一步加强，公众低碳意识明显提升。

二、低碳引领能源革命

（一）加强能源碳排放指标控制。实施能源消费总量和强度双控，基本形成以低碳能源满足新增能源需求的能源发展格局。到 2020 年，能源消费总量控制在 50 亿吨标准煤以内，单位国内生产总值能源消费比 2015 年下降 15%，非化石能源比重达到 15%。大型发电集团单位供电二氧化碳排放控制在 550 克二氧化碳/千瓦时以内。

（二）大力推进能源节约。坚持节约优先的能源战略，合理引导能源需求，提升能源利用效率。严格实施节能评估审查，强化节能监察。推动工业、建筑、交通、公共机构等重点领域节能降耗。实施全民节能行动计划，组织开展重点节能工程。健全节能标准体系，加强能源计量监管和服务，实施能效领跑者引领行动。推行合同能源管理，推动节能服务产业健康发展。

（三）加快发展非化石能源。积极有序推进水电开发，安全高效发展核电，稳步发展风电，加快发展太阳能发电，积极发展地热能、生物质能和海洋能。到 2020 年，力争常规水电装机达到 3.4 亿千瓦，风电装机达到 2 亿千瓦，光伏装机达到 1 亿千瓦，核电装机达到 5 800 万千瓦，在建容量达到 3 000 万千瓦以上。加强智慧能源体系建设，推行节能低碳电力调度，提升非化石能源电力消纳能力。

（四）优化利用化石能源。控制煤炭消费总量，2020 年控制在 42 亿吨左右。推动雾霾严重地区和城市在 2017 年后继续实现煤炭消费负增长。加强煤炭清洁高效利用，大幅削减散煤利用。加快推进居民采暖用煤替代工作，积极推进工业窑炉、采暖锅炉“煤改气”，大力推进天然气、电力替代交通燃油，积极发展天然气发电和分布式能源。在煤基行业和油气开采行业开展碳捕集、利用和封存的规模化产业示范，控制煤化工等行业碳排放。积极开发利用天然气、煤层气、页岩气，加强放空天然气和油田伴生气回收利用，到 2020 年天然气占能源消费总量比重提高到 10%左右。

三、打造低碳产业体系

（一）加快产业结构调整。将低碳发展作为新常态下经济提质增效的重要动力，推动产业结构转型升级。依法依规有序淘汰落后产能和过剩产能。运用高新技术和先进适用技术改造传统产业，延伸产业链、提高附加值，提升企业低碳竞争力。转变出口模式，严格控制“两高一资”产品出口，着力优化出口结构。加快发展绿色低碳产业，打造绿色低碳供应链。积极发展战略性新兴产业，大力发展服务业，2020 年战略性新兴产业增加值占国内生产总值的比重力争达到 15%，服务业增加值占国内生产总值的比重达到 56%。

（二）控制工业领域排放。2020 年单位工业增加值二氧化碳排放量比 2015 年下降 22%，工业领域二氧化碳排放总量趋于稳定，钢铁、建材等重点行业二氧化碳排放总量得到有效控制。积极推广低碳新工艺、新技术，加强企业能源和碳排放管理体系建设，强化企业碳排放管理，主要高耗能产品单位产品碳排放达到国际先进水平。实施低碳标杆引领计划，推动重点行业企业开展碳排放对标活动。积极控制工业过程温室气体排放，制定实施控制氢氟碳化物排放行动方案，有效控制三氟甲烷，基本实现达标排放，“十三五”期间累计减排二氧化碳当量 11 亿吨以上，逐步减少二氟一氯甲烷受控用途的生产和使用，到 2020 年在基准线水平（2010 年产量）上产量减少 35%。推进工业领域碳捕集、利用和封存试点示范，并做好环境风险评价。

（三）大力发展低碳农业。坚持减缓与适应协同，降低农业领域温室气体排放。实施化肥使用量零增长行动，推广测土配方施肥，减少农田氧化亚氮排放，到 2020 年实现农田氧化亚氮排放达到峰值。控制农田甲烷排放，选育高产低排放良种，改善水分和肥料管理。实施耕地质量保护与提升行动，推广秸秆还田，增施有机肥，加强高标准农田建设。因地制宜建设畜禽养殖场大中型沼气工程。控制畜禽温室气体排放，推进标准化规模养殖，推进畜禽废弃物综合利用，到 2020 年规模化养殖场、养殖小区配套建设废弃物处理设施比例达到 75%以上。开展低碳农业试点示范。

（四）增加生态系统碳汇。加快造林绿化步伐，推进国土绿化行动，继续实施天然林保护、退耕还林还草、三北及长江流域防护林体系建设、京津风沙源治理、石漠化综合治理等重点生态工程；全面加强森林经营，实施森林质量精准提升工程，着力增加森林碳汇。强化森林资源保护和灾害防控，减少森林碳排放。到 2020 年，森林覆盖率达到 23.04%，森林蓄积量达到 165 亿立方米。加强湿地保护与恢复，稳定并增强湿地固碳能力。推进退牧还草等草原生态保护建设工程，推行禁牧休牧轮牧和草畜平衡制度，加强草原灾害防治，积极增加草原碳汇，到 2020 年草原综合植被盖度达到 56%。探索开展海洋等生态系统碳汇试点。

四、推动城镇化低碳发展

（一）加强城乡低碳化建设和管理。在城乡规划中落实低碳理念和要求，优化城市功能和空间布局，科学划定城市开发边界，探索集约、智能、绿色、低碳的新型城镇化模式，开展城市碳排放精细化管理，鼓励编制城市低碳发展规划。提高基础设施和建筑质量，防止大拆大建。推进既有建筑节能改造，强化新建建筑节能，推广绿色建筑，到2020年城镇绿色建筑占新建建筑比重达到50%。强化宾馆、办公楼、商场等商业和公共建筑低碳化运营管理。在农村地区推动建筑节能，引导生活用能方式向清洁低碳转变，建设绿色低碳村镇。因地制宜推广余热利用、高效热泵、可再生能源、分布式能源、绿色建材、绿色照明、屋顶墙体绿化等低碳技术。推广绿色施工和住宅产业化建设模式。积极开展绿色生态城区和零碳排放建筑试点示范。

（二）建设低碳交通运输体系。推进现代综合交通运输体系建设，加快发展铁路、水运等低碳运输方式，推动航空、航海、公路运输低碳发展，发展低碳物流，到2020年，营运货车、营运客车、营运船舶单位运输周转量二氧化碳排放比2015年分别下降8%、2.6%、7%，城市客运单位客运量二氧化碳排放比2015年下降12.5%。完善公交优先的城市交通运输体系，发展城市轨道交通、智能交通和慢行交通，鼓励绿色出行。鼓励使用节能、清洁能源和新能源运输工具，完善配套基础设施建设，到2020年，纯电动汽车和插电式混合动力汽车生产能力达到200万辆、累计产销量超过500万辆。严格实施乘用车燃料消耗量限值标准，提高重型商用车燃料消耗量限值标准，研究新车碳排放标准。深入实施低碳交通示范工程。

（三）加强废弃物资源化利用和低碳化处置。创新城乡社区生活垃圾处理理念，合理布局便捷回收设施，科学配置社区垃圾收集系统，在有条件的社区设立智能型自动回收机，鼓励资源回收利用企业在社区建立分支机构。建设餐厨垃圾等社区化处理设施，提高垃圾社区化处理率。鼓励垃圾分类和生活用品的回收再利用。推进工业垃圾、建筑垃圾、污水处理厂污泥等废弃物无害化处理和资源化利用，在具备条件的地区鼓励发展垃圾焚烧发电等多种处理利用方式，有效减少全社会的物耗和碳排放。开展垃圾填埋场、污水处理厂甲烷收集利用及与常规污染物协同处理工作。

（四）倡导低碳生活方式。树立绿色低碳的价值观和消费观，弘扬以低碳为荣的社会新风尚。积极践行低碳理念，鼓励使用节能低碳节水产品，反对过度包装。提倡低碳餐饮，推行“光盘行动”，遏制食品浪费。倡导低碳居住，推广普及节水器具。倡导“135”绿色低碳出行方式（1公里以内步行，3公里以内骑自行车，5公里左右乘坐公共交通工具），鼓励购买小排量汽车、节能与新能源汽车。

五、加快区域低碳发展

（一）实施分类指导的碳排放强度控制。综合考虑各省（区、市）发展阶段、资源禀赋、战略定位、生态环保等因素，分类确定省级碳排放控制目标。“十三五”期间，北京、天津、河北、上海、江苏、浙江、山东、广东碳排放强度分别下降20.5%，福建、江西、河南、湖北、重庆、四川分别下降19.5%，山西、辽宁、吉林、安徽、湖南、贵州、云南、陕西分别下降18%，内蒙古、黑龙江、广西、甘肃、宁夏分别下降17%，海南、西藏、青海、新疆分别下降12%。

（二）推动部分区域率先达峰。支持优化开发区域在2020年前实现碳排放率先达峰。鼓励其他区域提出峰值目标，明确达峰路线图，在部分发达省市研究探索开展碳排放总量控制。鼓励“中国达峰先锋城市联盟”城市和其他具备条件的城市加大减排力度，完善政策措施，力争提前完成达峰目标。

（三）创新区域低碳发展试点示范。选择条件成熟的限制开发区域和禁止开发区域、生态功能区、工矿区、城镇等开展近零碳排放区示范工程，到2020年建设50个示范项目。以碳排放峰值和碳排放总量控制为重点，将国家低碳城市试点扩大到100个城市。探索产城融合低碳发展模式，将国家低碳城（镇）试点扩大到30个城（镇）。深化国家低碳工业园区试点，将试点扩大到80个园区，组织创建20个国家低碳产业示范园区。推动开展 1 000 个左右低碳社区试点，组织创建 100 个国家低碳示范社区。组织开展低碳商业、低碳旅游、低碳企业试点。以投资政策引导、强化金融支持为重点，推动开展气候投融资试点工作。做好各类试点经验总结和推广，形成一批各具特色的低碳发展模式。

（四）支持贫困地区低碳发展。根据区域主体功能，确立不同地区扶贫开发思路。将低碳发展纳入扶贫开发目标任务体系，制定支持贫困地区低碳发展的差别化扶持政策和评价指标体系，形成适合不同地区的差异化低碳发展模式。分片区制定贫困地区产业政策，加快特色产业发展，避免盲目接收高耗能、高污染产业转移。建立扶贫与低碳发展联动工作机制，推动发达地区与贫困地区开展低碳产业和技术协作。推进“低碳扶贫”，倡导企业与贫困村结对开展低碳扶贫活动。鼓励大力开发贫困地区碳减排项目，推动贫困地区碳减排项目进入国内外碳排放权交易市场。改进扶贫资金使用方式和配置模式。

六、建设和运行全国碳排放权交易市场

（一）建立全国碳排放权交易制度。出台《碳排放权交易管理条例》及有关实施细则，各地区、各部门根据职能分工制定有关配套管理办法，完善碳排放权交易法规体系。建立碳排放权交易市场国家和地方两级管理体制，将有关工作责任落实至地市级人民政府，完善部门协作机制，各地区、各部门和中央企业集团根据职责制定具体工作实施方案，明确责任目标，落实专项资金，建立专职工作队伍，完善工作体系。制定覆盖石化、化工、建材、钢铁、有色、造纸、电力和航空等 8 个工业行业中年能耗 1 万吨标准煤以上企业的碳排放权总量设定与配额分配方案，实施碳排放配额管控制度。对重点汽车生产企业实行基于新能源汽车生产责任的碳排放配额管理。

（二）启动运行全国碳排放权交易市场。在现有碳排放权交易试点交易机构和温室气体自愿减排交易机构基础上，根据碳排放权交易工作需求统筹确立全国交易机构网络布局，各地区根据国家确定的配额分配方案对本行政区域内重点排放企业开展配额分配。推动区域性碳排放权交易体系向全国碳排放权交易市场顺利过渡，建立碳排放配额市场调节和抵消机制，建立严格的市场风险预警与防控机制，逐步健全交易规则，增加交易品种，探索多元化交易模式，完善企业上线交易条件，2017 年启动全国碳排放权交易市场。到 2020 年力争建成制度完善、交易活跃、监管严格、公开透明的全国碳排放权交易市场，实现稳定、健康、持续发展。

（三）强化全国碳排放权交易基础支撑能力。建设全国碳排放权交易注册登记系统及灾备系统，建立长效、稳定的注册登记系统管理机制。构建国家、地方、企业三级温室气体排放核算、报告与核查工作体系，建设重点企业温室气体排放数据报送系统。整合多方资源培养壮大碳交易专业技术支撑队伍，编制统一培训教材，建立考核评估制度，构建专业咨询服务平台，鼓励有条件的省（区、市）建立全国碳排放权交易能力培训中心。组织条件成熟的地区、行业、企业开展碳排放权交易试点示范，推进相关国际合作。持续开展碳排放权交易重大问题跟踪研究。

七、加强低碳科技创新

（一）加强气候变化基础研究。加强应对气候变化基础研究、技术研发和战略政策研究基地建设。深化气候变化的事实、过程、机理研究，加强气候变化影响与风险、减缓与适应的基础研究。加强大数据、云计算等互联网技术与低碳发展融合研究。加强生产消费全过程碳排放计量、核算体系及控排政策研究。开展低碳发展与经济社会、资源环境的耦合效应研究。编制国家应对气候变化科技发展专项规划，评估低碳技术研究进展。编制第四次气候变化国家评估报告。积极参与政府间气候变化专门委员会（IPCC）第六次评估报告相关研究。

（二）加快低碳技术研发与示范。研发能源、工业、建筑、交通、农业、林业、海洋等重点领域经济适用的低碳技术。建立低碳技术孵化器，鼓励利用现有政府投资基金，引导创业投资基金等市场资金，加快推动低碳技术进步。

（三）加大低碳技术推广应用力度。定期更新国家重点节能低碳技术推广目录、节能减排与低碳技术成果转化推广清单。提高核心技术研发、制造、系统集成和产业化能力，对减排效果好、应用前景广阔的关键产品组织规模化生产。加快建立政产学研用有效结合机制，引导企业、高校、科研院所建立低碳技术创新联盟，形成技术研发、示范应用和产业化联动机制。增强大学科技园、企业孵化器、产业化基地、高新区对低碳技术产业化的支持力度。在国家低碳试点和国家可持续发展创新示范区等重点地区，加强低碳技术集中示范应用。

八、强化基础能力支撑

（一）完善应对气候变化法律法规和标准体系。推动制订应对气候变化法，适时修订完善应对气候变化相关政策法规。研究制定重点行业、重点产品温室气体排放核算标准、建筑低碳运行标准、碳捕集利用与封存标准等，完善低碳产品标准、标识和认证制度。加强节能监察，强化能效标准实施，促进能效提升和碳减排。

（二）加强温室气体排放统计与核算。加强应对气候变化统计工作，完善应对气候变化统计指标体系和温室气体排放统计制度，强化能源、工业、农业、林业、废弃物处理等相关统计，加强统计基础工作和能力建设。加强热力、电力、煤炭等重点领域温室气体排放因子计算与监测方法研究，完善重点行业企业温室气体排放核算指南。定期编制国家和省级温室气体排放清单，实行重点企（事）业单位温室气体排放数据报告制度，建立温室气体排放数据信息系统。完善温室气体排放计量和监测体系，推动重点排放单位健全能源消费和温室气体排放台账记录。逐步建立完善省市两级行政区域能源碳排放年度核算方法和报告制度，提高数据质量。

（三）建立温室气体排放信息披露制度。定期公布我国低碳发展目标实现及政策行动进展情况，建立温室气体排放数据信息发布平台，研究建立国家应对气候变化公报制度。推动地方温室气体排放数据信息公开。推动建立企业温室气体排放信息披露制度，鼓励企业主动公开温室气体排放信息，国有企业、上市公司、纳入碳排放权交易市场的企业要率先公布温室气体排放信息和控排行动措施。

（四）完善低碳发展政策体系。加大中央及地方预算内资金对低碳发展的支持力度。出台综合配套政策，完善气候投融资机制，更好发挥中国清洁发展机制基金作用，积极运用政府和社会资本合作（PPP）模式及绿色债券等手段，支持应对气候变化和低碳发展工作。发挥政府引导作用，完善涵盖节能、环保、低碳等要求的政府绿色采购制度，开展低碳机关、低碳校园、低碳医院等创建活动。研究有利于低碳发展的税收政策。加快推进能源价格形成机制改革，规范并逐步取消不利于节能减碳的化石能源补贴。完善区域低碳发展协作联动机制。

（五）加强机构和人才队伍建设。编制应对气候变化能力建设方案，加快培养技术研发、产业管理、国际合作、政策研究等各类专业人才，积极培育第三方服务机构和市场中介组织，发展低碳产业联盟和社会团体，加强气候变化研究后备队伍建设。积极推进应对气候变化基础研究、技术研发等各领域的国际合作，加强人员国际交流，实施高层次人才培养和引进计划。强化应对气候变化教育教学内容，开展“低碳进课堂”活动。加强对各级领导干部、企业管理者等培训，增强政策制定者和企业家的低碳战略决策能力。

九、广泛开展国际合作

（一）深度参与全球气候治理。积极参与落实《巴黎协定》相关谈判，继续参与各种渠道气候变化对话磋商，坚持“共同但有区别的责任”原则、公平原则和各自能力原则，推动《联合国气候变化框架公约》的全面、有效、持续实施，推动建立广泛参与、各尽所能、务实有效、合作共赢的全球气候治理体系，推动落实联合国《2030 年可持续发展议程》，为我国低碳转型提供良好的国际环境。

（二）推动务实合作。加强气候变化领域国际对话交流，深化与各国的合作，广泛开展与国际组织的务实合作。积极参与国际气候和环境资金机构治理，利用相关国际机构优惠资金和先进技术支持国内应对气候变化工作。深入务实推进应对气候变化南南合作，设立并用好中国气候变化南南合作基金，支持发展中国家提高应对气候变化和防灾减灾能力。继续推进清洁能源、防灾减灾、生态保护、气候适应型农业、低碳智慧型城市建设等领域国际合作。结合实施“一带一路”倡议、国际产能和装备制造合作，促进低碳项目合作，推动海外投资项目低碳化。

（三）加强履约工作。做好《巴黎协定》国内履约准备工作。按时编制和提交国家信息通报和两年更新报，参与《联合国气候变化框架公约》下的国际磋商和分析进程。加强对国家自主贡献的评估，积极参与2018年促进性对话。研究并向联合国通报我国本世纪中叶长期温室气体低排放发展战略。

十、强化保障落实

（一）加强组织领导。发挥好国家应对气候变化领导小组协调联络办公室的统筹协调和监督落实职能。各省（区、市）要将大幅度降低二氧化碳排放强度纳入本地区经济社会发展规划、年度计划和政府工作报告，制定具体工作方案，建立完善工作机制，逐步健全控制温室气体排放的监督和管理体制。各有关部门要根据职责分工，按照相关专项规划和工作方案，切实抓好落实。

（二）强化目标责任考核。要加强对省级人民政府控制温室气体排放目标完成情况的评估、考核，建立责任追究制度。各有关部门要建立年度控制温室气体排放工作任务完成情况的跟踪评估机制。考核评估结果向社会公开，接受舆论监督。建立碳排放控制目标预测预警机制，推动各地方、各部门落实低碳发展工作任务。

（三）加大资金投入。各地区、各有关部门要围绕实现“十三五”控制温室气体排放目标，统筹各种资金来源，切实加大资金投入，确保本方案各项任务的落实。

（四）做好宣传引导。加强应对气候变化国内外宣传和科普教育，利用好全国低碳日、联合国气候变化大会等重要节点和新媒体平台，广泛开展丰富多样的宣传活动，提升全民低碳意识。加强应对气候变化传播培训，提升媒体从业人员报道的专业水平。建立应对气候变化公众参与机制，在政策制定、重大项目工程决策等领域，鼓励社会公众广泛参与，营造积极应对气候变化的良好社会氛围。

国家能源局关于建立煤电规划建设风险预警机制暨发布2019年煤电规划建设风险预警的通知

国能电力〔2016〕42号

各省（区、市）发展改革委（能源局），国家能源局各派出机构，各相关发电企业：

近年来，我国用电量增速放缓，电力供需全面转向平衡宽松。煤电行业面临利用小时数快速下降、规划建设规模较需求偏大等问题。为科学推进煤电项目规划建设工作，促进煤电行业健康、有序发展，国家能源局会同相关单位研究建立了煤电规划建设风险预警机制，现将有关事项通知如下：

一、煤电规划建设风险预警的指标体系分为煤电建设经济性预警指标、煤电装机充裕度预警指标、资源约束指标，最终风险预警结果由三个指标的最高评级确定。预警程度由高到低分为红色、橙色、绿色三个等级，预警目标年为发布年的3年后。

二、煤电建设经济性预警指标基于3年后各省（区、市）新投运煤电项目的预期投资回报率，分为红色、橙色、绿色三个等级。投资回报率低于当期中长期国债利率的为红色预警；投资回报率在当期中长期国债利率至一般项目收益率（电力项目通常为8%）之间的为橙色预警；投资回报率高于一般项目收益率的为绿色。煤电项目预期投资回报率计算方法见附件1。

三、煤电装机充裕度预警指标基于3年后各省（区、市）电力系统备用率，分为红色、橙色、绿色三个等级。煤电装机明显冗余、系统备用率过高的为红色预警；煤电装机较为充裕、系统备用率偏高的为橙色预警；电力供需基本平衡或有缺口的、系统备用率适当或者偏低的为绿色。各省（区、市）电力系统参考备用率见附件2。

四、资源约束指标基于各省（区、市）的大气污染物排放、水资源量、煤炭消费总量以及其他相关资源情况，分为红色、绿色两个等级。对于大气污染形势严峻、水资源量不足、煤炭消费总量亟须控制，或者存在其他资源约束煤电规划建设的，资源约束指标为红色预警；其余为绿色。

五、煤电风险预警结果每年1月发布。在煤价、电价等关键条件发生较大变化，或者相关重大政策出台后及时更新，另行补充发布。

六、煤电风险预警指标用于指导各省（区、市）煤电规划建设。预警结果为红色表示存在电力冗余或政策不允许新建煤电项目，建议地方政府暂缓核准煤电项目，企业慎重决策项目开工，在建项目要合理安排建设投产时序。预警结果为橙色表示电力较为充裕，建议地方政府和企业慎重决策建设煤电项目。预警结果为绿色表示正常，建议地方政府和企业根据电力需求合理推进煤电项目规划建设。

七、发布2019年煤电规划建设风险预警（见附件3）。

特此通知。

附件：1. 煤电项目预期投资回报率计算方法

2. 各省（区、市）电力系统参考备用率

3. 2019年煤电规划建设风险预警

国家能源局

2016年3月17日

附件 1

煤电项目预期投资回报率计算方法

$$k_{lr}=[（P-R_{ca}\times P_{ca}/10^6）T_v/C_E-（k_{zj}+r\times k_{ll}+k_{cb}）]/（1-r）$$

其中，k_{lr}：煤电项目资本金投资回报率；

P：煤电项目上网电价（不含税价格），单位为“元/千瓦时”；

C_E：单位千瓦动态投资，单位为“元/千瓦”；

T_v：预计的年利用小时数，单位为“小时”；

k_{zj}：折旧率，按 20 年折旧年限，取 5%；

r：贷款占总投资的比例，电力项目一般为 80%；

k_{ll}：贷款利率；

k_{cb}：经营成本率，全年经营成本与总投资的比率，包括修理费，人工工资福利及保险，材料费，其他费用等，根据统计数据取 2.5%；

R_{ca}：机组发电煤耗，单位为“克/千瓦时”；

P_{ca}：预计标煤价格（含税），单位为“元/吨”，参照近 3 年中国电煤价格指数（折算到 7 000 大卡热值标煤）通过加权得出，由近及远权重分别取 0.5，0.3，0.2。

附件 2

各省（区、市）电力系统参考备用率

序号	地区		合理备用率	绿色区间	橙色区间	红色区间
1	黑龙江		13%	≤17%	—	>17%
2	吉林		13%	≤17%	17%～18%	≥18%
3	辽宁		13%	≤15%	15%～16%	≥16%
4	内蒙古	蒙东	15%	≤21%	21%～24%	≥24%
5		蒙西	15%	≤17%	17%～24%	≥24%
6	北京		15%	—	—	—
7	天津		15%	≤21%	21%～22%	≥22%
8	河北	冀北	13%	≤17%	17%～20%	≥20%
9		冀南	13%	≤16%	16%～20%	≥20%
10	山东		13%	≤14%	14%～21%	≥21%
11	山西		13%	≤16%	16%～20%	≥20%
12	陕西		13%	≤16%	16%～20%	≥20%
13	甘肃		13%	≤16%	16%～26%	≥26%
14	青海		13%	≤18%	18%～23%	≥23%
15	宁夏		15%	≤21%	21%～22%	≥22%
16	新疆		15%	≤17%	17%～27%	≥27%
17	河南		14%	≤15%	15%～22%	≥22%
18	湖北		14%	≤16%	16%～23%	≥23%
19	湖南		14%	≤17%	17%～23%	≥23%
20	江西		14%	≤18%	18%～25%	≥25%

序号	地区	合理备用率	绿色区间	橙色区间	红色区间
21	四川	14%	≤16%	16%～19%	≥19%
22	重庆	15%	≤19%	19%～23%	≥23%
23	西藏	—	—	—	—
24	上海	15%	≤18%	18%～19%	≥19%
25	江苏	12%	≤13%	13%～19%	≥19%
26	浙江	12%	≤13%	13%～18%	≥18%
27	安徽	12%	≤14%	14%～21%	≥21%
28	福建	12%	≤15%	15%～19%	≥19%
29	广东	13%	≤14%	14%～19%	≥19%
30	广西	13%	≤16%	16%～21%	≥21%
31	云南	13%	≤15%	15%～18%	≥18%
32	贵州	13%	≤15%	15%～20%	≥20%
33	海南	20%	≤30%	30%～32%	≥32%

注：预期系统备用率不高于多出一台当地最大煤电单机对应的系统备用率为绿色区间；预期系统备用率在多出当地一年负荷增长需要的装机所对应的系统备用率以上，为红色区间；两者之间为橙色区间。

附件 3

2019 年煤电规划建设风险预警

序号	地区		煤电建设经济性预警指标	煤电装机充裕度预警指标	资源约束指标	煤电规划建设风险预警结果
1	黑龙江		绿色	红色	绿色	红色
2	吉林		绿色	红色	绿色	红色
3	辽宁		绿色	红色	绿色	红色
4	内蒙古	蒙东	绿色	红色	绿色	红色
5		蒙西	绿色	红色	绿色	红色
6	北京		—	—	红色	红色
7	天津		红色	红色	红色	红色
8	河北	冀北	绿色	红色	红色	红色
9		冀南	绿色	绿色	红色	红色
10	山东		红色	红色	红色	红色
11	山西		红色	红色	绿色	红色
12	陕西		红色	红色	绿色	红色
13	甘肃		红色	红色	绿色	红色
14	青海		红色	红色	绿色	红色
15	宁夏		绿色	红色	绿色	红色
16	新疆		绿色	红色	绿色	红色
17	河南		红色	橙色	绿色	红色
18	湖北		绿色	橙色	绿色	橙色
19	湖南		绿色	红色	绿色	红色
20	江西		绿色	绿色	绿色	绿色
21	四川		红色	绿色	绿色	红色
22	重庆		红色	红色	绿色	红色
23	西藏		—	—	—	—

序号	地区	煤电建设经济性预警指标	煤电装机充裕度预警指标	资源约束指标	煤电规划建设风险预警结果
24	上海	红色	红色	红色	红色
25	江苏	红色	橙色	红色	红色
26	浙江	绿色	红色	红色	红色
27	安徽	绿色	绿色	绿色	绿色
28	福建	绿色	红色	绿色	红色
29	广东	绿色	红色	红色	红色
30	广西	红色	红色	绿色	红色
31	云南	红色	绿色	绿色	红色
32	贵州	红色	红色	绿色	红色
33	海南	绿色	绿色	绿色	绿色

国家发展改革委办公厅关于切实做好全国碳排放权交易市场启动重点工作的通知

发改办气候〔2016〕57 号

国家民航局综合司，各省、自治区、直辖市及计划单列市、新疆建设兵团发展改革委（青海省经信委），有关行业协会、有关中央管理企业：

按照党的十八届三中全会、五中全会的有关部署，根据“十二五”规划《纲要》《生态文明体制改革总体方案》的任务要求，我委抓紧推进全国碳排放权交易市场建设，取得了阶段性进展。2016 年是全国碳排放权交易市场建设攻坚时期，各省区市及计划单列市、新疆建设兵团发展改革委（青海省经信委）（以下简称地方主管部门）、民航局、相关行业协会、中央管理企业等应积极配合，按照国家统一部署扎实推进各项工作。为此，现就切实做好启动前重点准备工作的具体要求通知如下：

一、工作目标

结合经济体制改革和生态文明体制改革总体要求，以控制温室气体排放、实现低碳发展为导向，充分发挥市场机制在温室气体排放资源配置中的决定性作用，国家、地方、企业上下联动、协同推进全国碳排放权交易市场建设，确保 2017 年启动全国碳排放权交易，实施碳排放权交易制度。

二、工作任务

民航局、地方主管部门要建立和完善工作机制，明确工作要求，扎实推进各项具体工作，切实提供工作保障，着力提升碳排放权交易市场的基础能力建设。相关行业协会和央企发挥带头示范作用，形成重点行业、重点企业积极响应、积极参与全国碳排放权交易的良好氛围。

（一）提出拟纳入全国碳排放权交易体系的企业名单。全国碳排放权交易市场第一阶段将涵盖石化、化工、建材、钢铁、有色、造纸、电力、航空等重点排放行业（具体行业及代码参见附件 1），参与主体初步考虑为业务涉及上述重点行业，其 2013—2015 年中任意一年综合能源消费总量达到 1 万吨标准煤以上（含）的企业法人单位或独立核算企业单位。请民航局、各地方主管部门组织有关单位，对管辖范围内属于附件 1 所列行业的企业进行摸底，于 2016 年 2 月 29 日前将符合本通知要求的企业名单报我委，作为确定纳入全国碳排放权交易企业的参考依据。各地方主管部门除按照本通知要求提出拟纳入企业的名单外，可根据本地区企业的实际情况，提出本地拟增加纳入的行业和企业的建议。如有此类情况，请在名单中予以说明。

为切实反映企业实际情况，请各有关行业协会、中央管理企业按照上述要求，协助对本行业内或本集团内的企业单位进行摸底，于 2016 年 2 月 29 日前将本行业内或集团内符合本通知要求的企业名单报我委，以便我委进行交叉验证，为确定纳入全国碳排放权交易的企业名单提供依据。

（二）对拟纳入企业的历史碳排放进行核算、报告与核查。请民航局、地方主管部门针对提出的拟纳入全国碳排放权交易的参与企业，按照以下程序，抓紧组织开展历史碳排放报告与核查工作，为我委 2016 年出台并实施全国碳排放权交易体系中的配额分配方案提供支撑。

1. 企业核算与报告：组织管辖范围内拟纳入的企业按照所属的行业，根据我委已分批公布的企业温室气体排放核算方法与报告指南（发改办气候〔2013〕2526 号、发改办气候〔2014〕2920 号和〔2015〕

1722 号）的要求，分年度核算并报告其 2013 年、2014 年和 2015 年共 3 年的温室气体排放量及相关数据。此外，根据配额分配需要，企业须按照本通知附件 3 提供的模板，同时核算并报告上述指南中未涉及的其他相关基础数据。

2．第三方核查：企业完成核算与报告工作后，由地方主管部门选择第三方核查机构对企业的排放数据等进行核查，对第三方核查机构及核查人员的基本要求可参考本通知附件 4。第三方核查机构核查后须出具核查报告，核查的程序和核查报告的格式可参考本通知附件 5。

3．审核与报送：企业将排放报告和第三方核查机构出具的核查报告提交注册所在地地方主管部门，地方主管部门进行审核，并按照本通知附件 2 汇总企业的温室气体排放数据，于 2016 年 6 月 30 日前将汇总数据、单个企业经核查的排放报告（含补充数据）一并以电子版形式报我委。

请各行业协会、央企集团提供大力支持，积极动员行业内或集团内企业单位，高度重视基础数据收集与核算，切实加强自身队伍建设，确定专职核算与管理人员，尽快熟悉和掌握核算方法及报告要求，根据上述要求开展数据核算与报告工作，认真配合第三方核查机构开展核查，为核查工作提供必要的协助与便利。

（三）培育和遴选第三方核查机构及人员。我委正在研究制定第三方核查机构管理办法。在该办法出台前，各地可结合工作需求，对具备能力的第三方核查机构及核查人员进行摸底，按照一定条件，培养并遴选一批在相关领域从业经验丰富、具有独立法人资格、具备充足的专业人员及完善的内部管理程序的核查机构，为本地区提供第三方核查服务。同时，加强对核查机构及核查人员的监管，坚决避免可能的利益冲突，保证核查工作的公正性，提高核查人员的素质和能力，规范核查机构业务，确保核查质量，杜绝不同核查机构之间的恶性竞争。

（四）强化能力建设。我委将继续组织各地方、各相关行业协会和中央管理企业，结合工作实际，围绕全国碳排放权交易市场各个环节，深入开展能力建设，针对不同的对象，制定系统的培训计划，组织开展分层次的培训，重点培训讲师队伍和专业技术人才队伍，并发挥试点地区帮扶带作用，为全国碳排放权交易市场的运行提供人员保障。对行政管理部门，着重加强碳排放权交易市场顶层设计、运行管理、注册登记系统应用与管理、市场监管等方面的培训；对参与企业，着重开展碳排放权交易基础知识、碳排放核算与报告、注册登记系统使用、市场交易、碳资产管理等方面培训；对第三方核查机构，重点开展数据报告与核查方面的培训；对交易机构，主要进行市场风险防控、交易系统与注册登记系统对接等方面的培训。请各地方、各相关行业协会、中央管理企业按照国家总体部署，积极参加相关培训活动，提高自身能力，认真遴选参加讲师培训的人选，并以此为基础，在本地区、本行业和本企业集团内部继续组织开展培训，确保基层相关人员都能具备必要的工作能力。

三、保障措施

（一）组织保障

各地方应高度重视全国碳排放权交易市场建设工作，切实加强对辖区内相关工作的组织领导。建立起由主管部门负责、多部门协同配合的工作机制；支持主管部门设立专职人员负责碳排放权交易工作，组织制定工作实施方案，细化任务分工，明确时间节点，协同落实和推进各项具体工作任务。各央企集团应加强内部对碳排放管理工作的统筹协调和归口管理，明确统筹管理部门，理顺内部管理机制，建立集团的碳排放管理机制，制定企业参与全国碳排放权交易市场的工作方案。

（二）资金保障

请各地方落实建立碳排放权交易市场所需的工作经费，争取安排专项资金，专门支持碳排放权交易相关工作。此外，也应积极开展对外合作，利用合作资金支持能力建设等基础工作。各央企集团应为本集团内企业加强碳排放管理工作安排经费支持，支持开展能力建设、数据报送等相关工作。

（三）技术保障

各地方要重点扶持具备技术能力的机构，建立技术支撑队伍，为制定和实施相关政策措施提供技术支持。各行业协会应发挥各自的网络渠道和专业技术优势，积极为本行业企业参与全国碳排放权交易市场提供服务，收集和反馈企业在参与全国碳排放权交易市场中遇到的问题和相关建议，协助提高相关政策的合理性和可操作性。为加强对地方的支持，我委专门建立了碳排放报告与核查工作技术问答平台，利用该平台组织专家对相关的典型问题进行统一答复。有关各方可在线注册登录，并就核算与核查工作中涉及的各项技术问题进行咨询。

在线问答平台网址：（http：//124.205.45.90：8080/mrv/），问答热线电话：4001-676-772、4001-676-762，本通知附件可在我委网站气候司子站下载（http：//qhs.ndrc.gov.cn）

请各有关单位按照本通知要求，抓紧部署工作，保质保量完成。工作中的问题和建议，请及时反馈我委。

特此通知。

联系人：王铁、刘峰、王庶

联系电话：010-68502915/5883/1553

附件：1. 全国碳排放权交易覆盖行业及代码（略）

2. 全国碳排放权交易企业碳排放汇总表（略）

3. 全国碳排放权交易企业碳排放补充数据核算报告模板（略）

4. 全国碳排放权交易第三方核查机构及人员参考条件（略）

5. 全国碳排放权交易第三方核查参考指南（略）

国家发展改革委办公厅

2016 年 1 月 11 日

国家发展改革委印发《关于发展煤电联营的指导意见》的通知

发改能源〔2016〕857 号

各省（自治区、直辖市）及计划单列市、新疆生产建设兵团发展改革委（能源局）、经信委（工信委、工信厅），国家电网公司、南方电网公司、华能、大唐、华电、国电、国电投集团公司，神华集团、中煤集团、国投公司、华润集团，中国国际工程咨询公司、电力规划设计总院，中国电力企业联合会，中国煤炭工业协会，有关电力、煤炭企业：

为加快调整能源结构，积极理顺煤电关系，促进煤炭、电力行业协同发展，提高能源安全保障水平，国家发展改革委制定了《关于发展煤电联营的指导意见》，现印发你们，请按照执行。

特此通知。

附件：关于发展煤电联营的指导意见

国家发展改革委

2016 年 4 月 17 日

附件

关于发展煤电联营的指导意见

为贯彻落实习近平总书记关于我国能源安全发展的“四个革命、一个合作”重要战略思想，加快能源结构调整步伐，积极理顺煤电关系，促进煤炭、电力行业协同发展，提高能源安全保障水平，现提出以下意见：

一、充分认识发展煤电联营的重要意义

煤炭是我国主要的一次能源，燃煤电站是我国电力供应的基础，煤炭和电力是两个高度相关的国民经济重要支柱性行业。煤电联营是指煤炭和电力生产企业以资本为纽带，通过资本融合、兼并重组、相互参股、战略合作、长期稳定协议、资产联营和一体化项目等方式，将煤炭、电力上下游产业有机融合的能源企业发展模式，其中煤电一体化是煤矿和电厂共属同一主体的煤电联营形式。近年来，在国家政策引导下，我国煤电联营取得一定进展。截至 2014 年底，煤炭企业参股控股燃煤电站达 1.4 亿千瓦，发电集团参股控股煤矿年产能突破 3 亿吨，形成了以伊敏为代表的煤电一体化和以淮南为代表的大比例交叉持股等多种发展模式。发展煤电联营，有利于形成煤矿与电站定点、定量、定煤种的稳定供应模式，提升能源安全保障能力；有利于构建利益共享、风险共担的煤电合作机制，缓解煤电矛盾；有利于实现煤矿疏干水、煤泥、煤矸石和坑口电站乏汽的充分利用，促进绿色循环发展。

二、发展原则和重点方向

（一）发展原则

一是市场为主、企业自愿。充分发挥市场在能源资源配置中的决定性作用，尊重市场客观规律和企业选择权，煤炭和电力企业根据自身发展需求，自主开展煤电联营工作。二是统筹规划、流向合理。按照国家能源合理流向，结合煤炭重点运输通道统筹规划，科学开展煤电联营工作，提高煤炭传输效率，避免能源迂回倒流和低热值煤远距离运输，促进资源优化配置。三是调整存量、严控增量。结合煤炭、电力行业发展布局，调整配置大型煤炭基地内现有煤矿、电力项目，优先消化存量项目，严格控制新增项目。四是互惠互利、风险共担。煤电联营要促进煤炭、电力企业的互惠互利，通过结成利益共同体实现风险共担，增强企业综合竞争力。五是联营合作、专业经营。在推进煤电联营发展时，要尊重行业客观发展规律，实现优势互补，提高煤电联营项目中的煤炭、电力板块的专业化管理水平。

（二）重点方向

一是重点推广坑口煤电一体化。科学推进西部地区锡盟、鄂尔多斯、晋北、晋中、晋东、陕北、宁东、哈密、准东等大型煤电基地开发，在落实电力消纳市场的前提下，有序扩大西部煤电东送规模。大型煤电基地坑口电站建设时，要着力推广煤电一体化发展。不具备条件的，原则上应发展煤电双方大比例交叉持股模式。优先利用在运及在建煤矿的富余产能发展煤电联营。

二是在中东部优化推进煤电联营。根据煤炭、电力行业发展形势，以我国中东部区域的煤电矛盾突出地区为重点，根据国家“西煤东调”“北煤南运”电煤运输格局，推进电煤供销关系长期稳定且科学合理的相关煤炭、电力企业开展跨区域联营，增强负荷中心电力供应保障能力。

三是科学推进存量煤电联营。按照“政府引导、企业自愿、分类施策”的方针，针对在役煤矿和电站，鼓励有条件的煤炭和电力企业突破传统的行业、所有制限制，通过资本注入、股权置换、兼并重组、股权划拨等方式，着力推进存量煤矿和电站实现联营，鼓励发展混合所有制，促进国有资产保值增值。

四是继续发展低热值煤发电一体化。在主要煤炭产区的大型煤矿坑口建设低热值煤电厂时，原则上应按照煤矿、选煤厂、电厂一体化模式推进，提高低热值煤综合利用水平，发挥低热值煤发电在推进煤炭清洁高效利用和构建矿区循环经济体系中的积极作用。

五是建立煤电长期战略合作机制。发挥煤炭交易平台功能和市场配置资源作用，以煤炭交易价格指数为依据，促进供需协作，积极推动电力企业与煤炭企业建立长期战略合作，形成煤电价格联动、风险共担的合作机制。

三、实施要求

（一）提高煤电联营资源利用效率。新建煤电联营项目要尽量采用规划、设计、建设一体化模式，充分考虑燃料皮带运输、矿井疏干水复用、低热值煤就地消纳、锅炉灰渣回填复垦及综合利用、电站乏汽矿区供热等优化措施，确保电厂燃用设计煤种，有条件地区，在煤电一体化项目中鼓励开展煤炭分质梯级利用，促进循环经济发展。

（二）增强煤电联营专业化管理水平。在推进煤电联营时，要充分发挥专业化管理优势，实现优势互补，鼓励采用委托管理运营等方式，提高煤电联营项目生产效率和经济效益，进一步促进煤炭安全绿色开发、提升电厂清洁高效发展水平。

（三）提升煤电联营项目竞争力。煤电联营项目要尊重市场规律，全力打造具有竞争力的市场主体。对于存量项目联营，要发挥市场作用，避免“拉郎配”，推进强强联合，提高联营整体实力。对于增量项目，要坚持高起点，建设大型现代化煤矿和先进高效环保机组，提高经营效益。

四、政策支持

（一）“十三五”期间，在制定煤炭和电力发展规划时，除必要的生产接续煤矿项目和城市热电联产、电网安全需要建设的电源项目外，优先规划符合重点方向的煤电联营项目，优先将相关煤矿和电源纳入煤炭和电力发展规划，并在省级能源主管部门优选项目时优先安排。新建煤矿必须同时符合减量置换要求。

（二）对于符合重点方向的煤电一体化项目，各相关单位要加大协调力度，优化核准等相关程序，力争实现配套煤矿和电站同步规划、同步核准、同步建设。

（三）将煤电一体化项目的项目用电纳入配套电厂厂用电范围。

（四）在同等排放和能耗条件下，电网调度优先安排煤电一体化及其他煤电联营项目电量上网。支持煤电一体化项目优先参与跨区、跨省等电力市场化交易。

五、组织实施

（一）搭建服务平台。省级能源主管部门负责搭建交流平台，促进煤炭和电力企业磋商合作，协调解决煤电联营过程中的问题，并督促支持政策落实到位。

（二）加强咨询服务。煤炭、电力等行业协会要加强煤电联营模式和产业融合机制等相关研究，及时开展技术交流和经验推广，为企业做好咨询服务。

（三）加快企业转型。相关企业应加快转变发展思路，根据自身情况特点，积极参与煤电联营，理顺协调机制，合理配置企业资源，科学组织实施，增强企业平稳健康发展能力。

（四）加强监督管理。国家能源局各派出机构、各省级能源主管部门加强对辖区内煤电联营企业监督管理，促进煤电联营有序推进和规范化运作，同时避免推进过程中形成垄断。

国务院关于发布政府核准的投资项目目录（2016年本）的通知

国发〔2016〕72号

各省、自治区、直辖市人民政府，国务院各部委、各直属机构：

为贯彻落实《中共中央 国务院关于深化投融资体制改革的意见》，进一步加大简政放权、放管结合、优化服务改革力度，使市场在资源配置中起决定性作用，更好发挥政府作用，切实转变政府投资管理职能，加强和改进宏观调控，确立企业投资主体地位，激发市场主体扩大合理有效投资和创新创业的活力，现发布《政府核准的投资项目目录（2016年本）》，并就有关事项通知如下：

一、企业投资建设本目录内的固定资产投资项目，须按照规定报送有关项目核准机关核准。企业投资建设本目录外的项目，实行备案管理。事业单位、社会团体等投资建设的项目，按照本目录执行。

原油、天然气（含煤层气）开发项目由具有开采权的企业自行决定，并报国务院行业管理部门备案。具有开采权的相关企业应依据相关法律法规，坚持统筹规划，合理开发利用资源，避免资源无序开采。

二、法律、行政法规和国家制定的发展规划、产业政策、总量控制目标、技术政策、准入标准、用地政策、环保政策、用海用岛政策、信贷政策等是企业开展项目前期工作的重要依据，是项目核准机关和国土资源、环境保护、城乡规划、海洋管理、行业管理等部门以及金融机构对项目进行审查的依据。

发展改革部门要会同有关部门抓紧编制完善相关领域专项规划，为各地区做好项目核准工作提供依据。

环境保护部门应根据项目对环境的影响程度实行分级分类管理，对环境影响大、环境风险高的项目严格环评审批，并强化事中事后监管。

三、要充分发挥发展规划、产业政策和准入标准对投资活动的规范引导作用。把发展规划作为引导投资方向，稳定投资运行，规范项目准入，优化项目布局，合理配置资金、土地、能源、人力等资源的重要手段。完善产业结构调整指导目录、外商投资产业指导目录等，为企业投资活动提供依据和指导。构建更加科学、更加完善、更具可操作性的行业准入标准体系，强化节地节能节水、环境、技术、安全等市场准入标准。完善行业宏观调控政策措施和部门间协调机制，形成工作合力，促进相关行业有序发展。

四、对于钢铁、电解铝、水泥、平板玻璃、船舶等产能严重过剩行业的项目，要严格执行《国务院关于化解产能严重过剩矛盾的指导意见》（国发〔2013〕41号），各地方、各部门不得以其他任何名义、任何方式备案新增产能项目，各相关部门和机构不得办理土地（海域、无居民海岛）供应、能评、环评审批和新增授信支持等相关业务，并合力推进化解产能严重过剩矛盾各项工作。

对于煤矿项目，要严格执行《国务院关于煤炭行业化解过剩产能实现脱困发展的意见》（国发〔2016〕7号）要求，从2016年起3年内原则上停止审批新建煤矿项目、新增产能的技术改造项目和产能核增项目；确需新建煤矿的，一律实行减量置换。

严格控制新增传统燃油汽车产能，原则上不再核准新建传统燃油汽车生产企业。积极引导新能源汽车健康有序发展，新建新能源汽车生产企业须具有动力系统等关键技术和整车研发能力，符合《新建纯电动乘用车企业管理规定》等相关要求。

五、项目核准机关要改进完善管理办法，切实提高行政效能，认真履行核准职责，严格按照规定权限、程序和时限等要求进行审查。有关部门要密切配合，按照职责分工，相应改进管理办法，依法加强对投资活动的管理。

六、按照谁审批谁监管、谁主管谁监管的原则，落实监管责任，注重发挥地方政府就近就便监管作用，行业管理部门和环境保护、质量监督、安全监管等部门专业优势，以及投资主管部门综合监管职能，实现协同监管。投资项目核准、备案权限下放后，监管责任要同步下移。地方各级政府及其有关部门要积极探索创新监管方式方法，强化事中事后监管，切实承担起监管职责。

七、按照规定由国务院核准的项目，由国家发展改革委审核后报国务院核准。核报国务院及国务院投资主管部门核准的项目，事前须征求国务院行业管理部门的意见。

八、由地方政府核准的项目，各省级政府可以根据本地实际情况，按照下放层级与承接能力相匹配的原则，具体划分地方各级政府管理权限，制定本行政区域内统一的政府核准投资项目目录。基层政府承接能力要作为政府管理权限划分的重要因素，不宜简单地“一放到底”。对于涉及本地区重大规划布局、重要资源开发配置的项目，应充分发挥省级部门在政策把握、技术力量等方面的优势，由省级政府核准，原则上不下放到地市级政府、一律不得下放到县级及以下政府。

九、对取消核准改为备案管理的项目，项目备案机关要加强发展规划、产业政策和准入标准把关，行业管理部门与城乡规划、土地管理、环境保护、安全监管等部门要按职责分工加强对项目的指导和约束。

十、法律、行政法规和国家有专门规定的，按照有关规定执行。商务主管部门按国家有关规定对外商投资企业的设立和变更、国内企业在境外投资开办企业（金融企业除外）进行审核或备案管理。

十一、本目录自发布之日起执行，《政府核准的投资项目目录（2014 年本）》即行废止。

国务院

2016 年 12 月 12 日

政府核准的投资项目目录（2016 年本）（节选）

二、能源

水电站：在跨界河流、跨省（区、市）河流上建设的单站总装机容量 50 万千瓦及以上项目由国务院投资主管部门核准，其中单站总装机容量 300 万千瓦及以上或者涉及移民 1 万人及以上的项目由国务院核准。其余项目由地方政府核准。

抽水蓄能电站：由省级政府按照国家制定的相关规划核准。

火电站（含自备电站）：由省级政府核准，其中燃煤燃气火电项目应在国家依据总量控制制定的建设规划内核准。

热电站（含自备电站）：由地方政府核准，其中抽凝式燃煤热电项目由省级政府在国家依据总量控制制定的建设规划内核准。

风电站：由地方政府在国家依据总量控制制定的建设规划及年度开发指导规模内核准。

核电站：由国务院核准。

电网工程：涉及跨境、跨省（区、市）输电的±500 千伏及以上直流项目，涉及跨境、跨省（区、市）输电的 500 千伏、750 千伏、1 000 千伏交流项目，由国务院投资主管部门核准，其中±800 千伏及以上直流项目和 1 000 千伏交流项目报国务院备案；不涉及跨境、跨省（区、市）输电的±500 千伏及以上直流项目和 500 千伏、750 千伏、1 000 千伏交流项目由省级政府按照国家制定的相关规划核准，其余项目由地方政府按照国家制定的相关规划核准。

煤矿：国家规划矿区内新增年生产能力 120 万吨及以上煤炭开发项目由国务院行业管理部门核准，其中新增年生产能力 500 万吨及以上的项目由国务院投资主管部门核准并报国务院备案；国家规划矿区内的其余煤炭开发项目和一般煤炭开发项目由省级政府核准。国家规定禁止建设或列入淘汰退出范围的项目，不得核准。

煤制燃料：年产超过 20 亿立方米的煤制天然气项目、年产超过 100 万吨的煤制油项目，由国务院投资主管部门核准。

液化石油气接收、存储设施（不含油气田、炼油厂的配套项目）：由地方政府核准。

进口液化天然气接收、储运设施：新建（含异地扩建）项目由国务院行业管理部门核准，其中新建接收储运能力 300 万吨及以上的项目由国务院投资主管部门核准并报国务院备案。其余项目由省级政府核准。

输油管网（不含油田集输管网）：跨境、跨省（区、市）干线管网项目由国务院投资主管部门核准，其中跨境项目报国务院备案。其余项目由地方政府核准。

输气管网（不含油气田集输管网）：跨境、跨省（区、市）干线管网项目由国务院投资主管部门核准，其中跨境项目报国务院备案。其余项目由地方政府核准。

炼油：新建炼油及扩建一次炼油项目由省级政府按照国家批准的相关规划核准。未列入国家批准的相关规划的新建炼油及扩建一次炼油项目，禁止建设。

变性燃料乙醇：由省级政府核准。

十一、外商投资

《外商投资产业指导目录》中总投资（含增资）3 亿美元及以上限制类项目，由国务院投资主管部门核准，其中总投资（含增资）20 亿美元及以上项目报国务院备案。《外商投资产业指导目录》中总投资（含增资）3 亿美元以下限制类项目，由省级政府核准。

前款规定之外的属于本目录第一至十条所列项目，按照本目录第一至十条的规定执行。

十二、境外投资

涉及敏感国家和地区、敏感行业的项目，由国务院投资主管部门核准。

前款规定之外的中央管理企业投资项目和地方企业投资 3 亿美元及以上项目报国务院投资主管部门备案。

国家发展改革委 国家能源局
关于促进我国煤电有序发展的通知

发改能源〔2016〕565号

各省、自治区、直辖市、新疆生产建设兵团发展改革委（能源局），国家能源局各派出机构，国家电网公司、南方电网公司，华能、大唐、华电、国电、国电投集团，神华集团、中煤集团、国投公司、华润集团，中国国际工程咨询公司、电力规划设计总院：

近年来，受经济进入新常态和结构调整等因素影响，我国用电量增速趋缓，电力供需总体宽松。煤电行业面临利用小时数逐年下降、规划建设规模较电力需求偏大等问题。为贯彻落实国务院工作部署，引导地方及发电企业有序推进煤电项目规划建设，促进煤电行业健康发展，结合各地“十三五”电力供需形势，现将有关事项通知如下：

一、建立风险预警机制

（一）建立煤电规划建设风险预警机制。为指导各地和发电企业有序规划建设煤电项目，综合考虑未来3年煤电项目经济性、电力装机冗余程度、环保及政策约束等因素，国家将建立煤电风险预警指标体系，定期对外发布分省煤电规划建设风险预警提示。引导国土、环保、水利等部门以及银行业等金融机构在为煤电项目办理核准及开工建设所需支持性文件、发放贷款时，根据风险预警提示采取有针对性的政策措施。

（二）结合风险预警适时调整相关措施。国家发展改革委、国家能源局会同相关单位密切跟踪电力供需变化趋势，结合煤电风险预警提示及时调整相关措施。各省（区、市）相关部门要对本地区用电需求增长情况加强监测分析，发生重大偏离时，请及时报告国家发展改革委和国家能源局。

二、严控煤电总量规模

（三）强化规划引领约束作用。加强全国电力规划的指导性，保证国家规划和省级规划有序衔接、协调统一。根据国家“十三五”电力发展规划将明确的各省（区、市）规划期内燃煤电站（含抽凝热电机组和燃煤自备电站）总量控制目标，各省（区、市）电力发展相关规划优化布局本地区规划期内的燃煤电站项目。各省（区、市）要按照《政府核准的投资项目目录（2014年）》及相关规定要求，核准煤电项目。

（四）严控各地煤电新增规模

1．对于经电力电量平衡测算存在电力盈余的省份以及大气污染防治重点区域，原则上不再安排新增煤电规划建设规模。

2．对于经电力电量平衡测算确有电力缺口的省份，应优先发展本地非化石能源发电项目，充分发挥跨省区电力互济、电量短时互补作用，并采取加强电力需求侧管理等措施，减少对新增煤电规划建设规模的需求。

（五）按需推进煤电基地建设。基地煤电项目的规划建设要利用基地现有煤炭产能，并充分考虑环境、水资源承受能力以及受端省份的用电需求。合理安排现有煤电基地规划建设时序，分期规划建设基地配套煤电项目，避免因接受外来煤电造成受端省份电力冗余。结合电力供需形势，在“十三五”电力发展规划中适时启动新增煤电基地的规划建设。

（六）加大淘汰落后产能力度。各省（区、市）要按照国家相关规定，进一步提高标准、加大力度，逐步淘汰服役年限长，不符合能效、环保、安全、质量等要求的火电机组，优先淘汰30万千瓦以下运行满20年的纯凝机组和运行满25年的抽凝热电机组。

三、有序推进煤电建设

电力冗余省份要对现有纳入规划及核准（在建）煤电项目（不含革命老区和集中连片贫困地区煤电项目）采取“取消一批、缓核一批、缓建一批”等措施，适当放缓煤电项目建设速度。鼓励各省（区、市）在严格按程序推进煤电项目核准、建设的基础上，结合实际情况和煤电风险预警提示，施行其他有利于煤电有序发展的政策措施。

（七）取消一批不具备核准条件煤电项目

1．取消2012年及以前纳入规划的未核准煤电项目，相应规模滚入当地未来电力电量平衡，待2018年后结合电力供需情况再逐步安排。

2．鼓励各省（区、市）发展改革委（能源局）结合本地区电力负荷发展以及项目单位意愿，取消其他不具备核准（建设）条件的煤电项目。

（八）缓核一批电力盈余省份煤电项目。对经电力电量平衡测算，扣除纳入规划煤电项目后仍存在电力盈余的省份，相应省级发展改革委（能源局）要指导发电企业理性推进煤电项目前期工作。黑龙江、山东、山西、内蒙古、江苏、安徽、福建、湖北、河南、宁夏、甘肃、广东、云南等13省（区）2017年前（含2017年，下同）应暂缓核准除民生热电外的自用煤电项目（不含国家确定的示范项目）。

（九）缓建一批电力盈余省份煤电项目。对经电力电量平衡测算，扣除已核准未开工建设煤电项目后仍存在电力盈余的省份，相应省级发展改革委（能源局）要指导发电企业结合电力供需合理安排已核准煤电项目的施工建设时序。黑龙江、辽宁、山东、山西、内蒙古、陕西、宁夏、甘肃、湖北、河南、江苏、广东、广西、贵州、云南等15省（区），除民生热电项目外的自用煤电项目，尚未开工建设的，2017年前应暂缓开工建设；正在建设的，适当调整建设工期，把握好投产节奏。

（十）严格按程序核准建设煤电项目

1．各省（区、市）发展改革委（能源局）要严格按照规定履行核准程序，对于前置条件不具备的煤电项目，不得核准。按相关规定，热电联产项目核准前，其热电联产规划应已纳入相应省（区、市）电力发展规划。“上大压小”项目核准前，要落实关停计划。

2．各省（区、市）已核准的煤电项目，未取齐开工必需的支持性文件前，严禁开工建设。

四、加大监督管理处理力度

（十一）强化事中事后纵横协调监管。国家发展改革委、国家能源局加强对全国煤电相关规划执行情况的事中、事后监管。各省（区、市）发展改革委（能源局）要会同国家能源局派出机构进一步加强对本地区煤电项目建设的事中、事后监管，充分依托投资项目在线审批监管平台，实现纵横协调监管，全程跟踪、及时预警、严肃问责。

（十二）加强专项监督检查。国家能源局派出机构要按照《关于做好电力项目核准权限下放后规划建设有关工作的通知》（发改能源〔2015〕2236号）要求，结合各地实际，加大专项监督检查力度，督促存在问题的单位限期整改，并结合工作情况形成监管报告，及时向社会公布。

1．组织开展煤电项目规划建设情况监管。重点检查各地煤电总量控制目标、产业政策和煤电项目布局原则等执行情况，煤电项目核准程序履行情况，核准在建煤电项目是否按规定取齐开工必需的支持性文件等情况，促进有关电力规划、政策落实到位。

2．组织开展煤电超低排放和节能改造情况监管。联合有关部门加大对煤电机组超低排放改造和节能升级改造任务落实情况、淘汰火电落后产能以及采暖供热机组“以热定电”等相关情况的监管力度，促进国家专项行动目标顺利实现。

（十三）严厉查处违规建设。对未按核准要求建设、未核先建及未达开工条件建设等违规建设行为，相应省级发展改革委（能源局）要责令其立即停止建设，会同有关部门依法依规予以处理，并将违规情况向社会通报；同时，相关情况要及时报告国家发展改革委、国家能源局。对于违规建设的煤电项目，国家能源局及其派出机构不予办理业务许可证并通报全国；电网企业不予并网；银行及金融机构要依据法律、法规和国家有关规定停止对其发放贷款。

本通知自印发之日起执行。

国家发展改革委
国家能源局
2016年3月17日

关于印发《热电联产管理办法》的通知

发改能源〔2016〕617号

各省、自治区、直辖市及计划单列市、新疆生产建设兵团发展改革委（经信委、工信委、工信厅）、能源局、国家能源局各派出机构、财政厅、住建厅、环保厅，国家电网公司、南方电网公司，华能、大唐、华电、国电、国电投集团公司，神华集团、国投公司、华润集团，中国国际工程咨询公司、电力规划设计总院：

为推进大气污染防治，提高能源利用效率，促进热电产业健康发展，解决我国北方地区冬季供暖期空气污染严重、热电联产发展滞后、区域性用电用热矛盾突出等问题，特制定《热电联产管理办法》，现印发你们，请按照执行。

特此通知。

附件：《热电联产管理办法》

国家发展改革委
国家能源局
财政部
住房城乡建设部
环境保护部
2016年3月22日

附件

热电联产管理办法

第一章　总　则

第一条　为推进大气污染防治，提高能源利用效率，促进热电产业健康发展，依据国家相关法律法规和产业政策，制定本办法。

第二条　本办法适用于全国范围内热电联产项目（含企业自备热电联产项目）的规划建设及相关监督管理。

第三条　热电联产发展应遵循“统一规划、以热定电、立足存量、结构优化、提高能效、环保优先”的原则，力争实现北方大中型以上城市热电联产集中供热率达到60%以上，20万人口以上县城热电联产全覆盖，形成规划科学、布局合理、利用高效、供热安全的热电联产产业健康发展格局。

第二章　规划建设

第四条　热电联产规划是热电联产项目规划建设的必要条件。热电联产规划应依据本地区城市供热规划、环境治理规划和电力规划编制，与当地气候、资源、环境等外部条件相适应，以满足热力需求为首要任务，同步推进燃煤锅炉和落后小热电机组的替代关停。

热电联产规划应纳入本省（区、市）五年电力发展规划并开展规划环评工作，规划期限原则上与电力发展规划相一致。

第五条　地市级或县级能源主管部门应在省级能源主管部门的指导下，依据当地城市总体规划、供热规划、热力电力需求、资源禀赋、环境约束等条件，编制本地区“城市热电联产规划”或“工业园区热电联产规划”，并在规划中明确配套热网的建设方案。热电联产规划应委托有资质的咨询机构编制。

根据需要，省级能源主管部门可委托有资质的第三方咨询机构对热电联产规划进行评估。

第六条　严格调查核实现状热负荷，科学合理预测近期和远期规划热负荷。现状热负荷为热电联产规划编制年的上一年的热负荷。

对于采暖型热电联产项目，现状热负荷应根据政府统计资料，按供热分区、建筑类别、建筑年代进行调查核实；近期和远期热负荷应综合考虑城区常住人口、建筑建设年代、人均建筑面积、集中供热普及率、综合采暖热指标等因素进行合理预测。人均建筑面积年均增长率一般按不超过5%考虑。

对于工业热电联产项目，现状热负荷应根据现有工业项目的负荷率、用热量和参数、同时率等进行调查核实，近期热负荷应依据现有、在建和经审批的工业项目的热力需求确定，远期工业热负荷应综合考虑工业园区的规模、特性和发展等因素进行预测。

第七条　根据地区气候条件，合理确定供热方式，具体地区划分方式按照《民用建筑热工设计规范》（GB 50176）等国家有关规定执行。

严寒、寒冷地区（包括秦岭、淮河以北，新疆、青海）优先规划建设以采暖为主的热电联产项目，替代分散燃煤锅炉和落后小热电机组。夏热冬冷地区（包括长江以南的部分地区）鼓励因地制宜采用分布式能源等多种方式满足采暖供热需求。夏热冬暖与温和地区除满足工业园区热力需求外，暂不考虑规划建设热电联产项目。

第八条　规划建设热电联产应以集中供热为前提，对于不具备集中供热条件的地区，暂不考虑规划建设热电联产项目。以工业热负荷为主的工业园区，应尽可能集中规划建设用热工业项目，通过规划建设公用热电联产项目实现集中供热。京津冀、长三角、珠三角等区域，规划工业热电联产项目优先采用燃气机组，燃煤热电项目必须采用背压机组，并严格实施煤炭等量或减量替代政策；对于现有工业抽凝热电机组，可通过上大压小方式，按照等容量、减煤量替代原则，规划改建超临界及以上参数抽凝热电联产机组。新建工业项目禁止配套建设自备燃煤热电联产项目。

在已有（热）电厂的供热范围内，且已有（热）电厂可满足或改造后可满足工业项目热力需求，原则上不再重复规划建设热电联产项目（含企业自备电厂）。除经充分评估论证后确有必要外，限制规划建设仅为单一企业服务的自备热电联产项目。

第九条　合理确定热电联产机组供热范围。鼓励热电联产机组在技术经济合理的前提下，扩大供热范围。

以热水为供热介质的热电联产机组，供热半径一般按20公里考虑，供热范围内原则上不再另行规划建设抽凝热电联产机组。以蒸汽为供热介质的热电联产机组，供热半径一般按10公里考虑，供热范围内原则上不再另行规划建设其他热源点。

第十条　优先对城市或工业园区周边具备改造条件且运行未满15年的在役纯凝发电机组实施采暖供热改造。系统调峰困难地区，严格限制现役纯凝机组供热改造，确需供热改造满足采暖需求的，须同步安装蓄热装置，确保系统调峰安全。

鼓励对热电联产机组实施技术改造，充分回收利用电厂余热，进一步提高供热能力，满足新增热负荷需求。

供热改造要因厂制宜采用打孔抽气、低真空供热、循环水余热利用等成熟适用技术，鼓励具备条件的机组改造为背压热电联产机组。

第十一条　鼓励因地制宜利用余热、余压、生物质能、地热能、太阳能、燃气等多种形式的清洁能源和可再生能源供热方式。鼓励风电、太阳能消纳困难地区探索采用电采暖、储热等技术实施供热。推广应用工业余热供热、热泵供热等先进供热技术。

第十二条 推进小热电机组科学整合，鼓励有条件的地区通过替代建设高效清洁供热热源等方式，逐步淘汰单机容量小、能耗高、污染重的燃煤小热电机组。

第十三条 为提高系统调峰能力，保障系统安全，热电联产机组应按照国家有关规定要求安装蓄热装置。

第十四条 新建抽凝燃煤热电联产项目与替代关停燃煤锅炉和小热电机组挂钩。新建抽凝燃煤热电联产项目配套关停的燃煤锅炉容量原则上不低于新建机组最大抽汽供热能力的 50%。替代关停的小热电机组锅炉容量按其额定蒸发量计算。与新建热电联产项目配套关停的燃煤锅炉和小热电机组，应在项目建成投产且稳定运行第 2 个采暖季前实施拆除。

对于配套关停的燃煤锅炉容量未达到要求的新建热电联产项目，不得纳入电力建设规划；对于配套关停的燃煤锅炉容量较多并能够妥善安排关停企业职工的新建热电联产项目，优先纳入电力建设规划。

第十五条 各级政府应按照国务院固定资产投资项目核准有关规定，在国家依据总量控制制定的建设规划内核准抽凝燃煤热电联产项目。

第十六条 严格限制规划建设燃用石油焦、泥煤、油页岩等劣质燃料的热电联产项目。

第三章 机组选型

第十七条 对于城区常住人口 50 万以下的城市，采暖型热电联产项目原则上采用单机 5 万千瓦及以下背压热电联产机组。

按综合采暖热指标为 50 瓦/平方米考虑，2 台 5 万千瓦背压热电联产机组与调峰锅炉联合承担供热面积 900 万平方米，2 台 2.5 万千瓦背压热电联产机组与调峰锅炉联合承担供热面积 500 万平方米，2 台 1.2 万千瓦背压热电联产机组与调峰锅炉联合承担供热面积 300 万平方米。

第十八条 对于城区常住人口 50 万及以上的城市，采暖型热电联产项目优先采用 5 万千瓦及以上背压热电联产机组。

规划新建 2 台 30 万千瓦级抽凝热电联产机组的，须满足以下条件：

（一）机组预期投产年，所在省（区、市）存在 50 万千瓦及以上电力负荷缺口。

（二）2 台机组与调峰锅炉联合承担的供热面积达到 1 800 万平方米。

（三）采暖期热电比应不低于 80%。

（四）项目参与电力电量平衡，并纳入国家电力建设规划。

第十九条 工业热电联产项目优先采用高压及以上参数背压热电联产机组。

第二十条 规划建设燃气-蒸汽联合循环热电联产项目（以下简称“联合循环项目”）应以热电联产规划为依据，坚持以热定电，统筹考虑电网调峰要求、其他热源点的关停和规划建设等情况。采暖型联合循环项目供热期热电比不低于 60%，供工业用汽型联合循环项目全年热电比不低于 40%。机组选型遵循以下原则：

（一）采暖型联合循环项目优先采用“凝抽背”式汽轮发电机组，工业联合循环项目可按“一抽一背”配置汽轮发电机组或采用背压式汽轮发电机组。

（二）大型联合循环项目优先选用 E 级或 F 级及以上等级燃气轮机组。

（三）选用 E 级燃气轮机组的，单套联合循环机组承担的热负荷应不低于 100 吨/小时。

鼓励规划建设天然气分布式能源项目，采用热电冷三联供技术实现能源梯级利用，能源综合利用效率不低于 70%。

第二十一条 对于小电网范围内或处于电网末端的城市，结合热力电力需求和电网消纳能力，经充分评估论证后可适度规划建设中小型抽凝热电联产机组。

第二十二条 在役热电厂扩建热电联产机组时，原则上采用背压热电联产机组。

第四章 网源协调

第二十三条 热电联产项目配套热网应与热电联产项目同步规划、同步建设、同步投产。对于存在安全隐患的老旧热网，应及时根据《国务院关于加强城市基础设施建设的意见》（国发〔2013〕36 号）有关要求进行改造。鼓励热网企业参与投资建设背压热电机组，鼓励热电联产项目投资主体参与热网的建设和经营。

第二十四条 积极推进热电联产机组与供热锅炉协调规划、联合运行。调峰锅炉供热能力可按供热区最大热负荷的 25%～40%考虑。热电联产机组承担基本热负荷，调峰锅炉承担尖峰热负荷，在热电联产机组能够满足供热需求时调峰锅炉原则上不得投入运行。

支持热电联产项目投资主体配套建设或兼并、重组、收购大型供热锅炉作为调峰锅炉。

第二十五条 地方政府应积极探索供热管理体制改革，着力整合当地供热资源，支持配套热网工程建设和老旧管网改造工程，加快推进供热区域热网互联互通，尽早实现各类热源联网运行，优先利用热电联产机组供热，充分发挥热电联产机组供热能力。

第五章 环境保护

第二十六条 热电联产项目规划建设应与燃煤锅炉治理同步推进，各地区因地制宜实施燃煤锅炉和落后的热电机组替代关停。

加快替代关停以下燃煤锅炉和小热电机组：单台容量 10 蒸吨/小时（7 兆瓦）及以下的燃煤锅炉，大中城市 20 蒸吨/小时（14 兆瓦）及以下燃煤锅炉；除确需保留的以外，其他单台容量 10 蒸吨/小时（7 兆瓦）以上的燃煤锅炉；污染物排放不符合国家最新环保标准且不实施环保改造的燃煤锅炉；单机容量 10 万千瓦以下的燃煤抽凝小热电机组。

第二十七条 对于热电联产集中供热管网覆盖区域内的燃煤锅炉（调峰锅炉除外），原则上应予以关停或者拆除，应关停而未关停的，要达到燃气锅炉污染物排放限值，安装污染物在线监测。

对于热电联产集中供热管网暂时不能覆盖、确有用热刚性需求的区域内具备改造条件的燃煤锅炉，要通过实施技术改造全面提升污染治理水平，确保污染物稳定达标排放。鼓励加快实施煤改气、煤改电、煤改生物质、煤改新能源等清洁化改造。燃煤锅炉应安装大气污染物排放在线监测装置。

第二十八条 严格热电联产机组环保准入门槛，新建燃煤热电联产机组原则上达到超低排放水平。严格按照《建设项目主要污染物排放总量指标审核及管理暂行办法》（环发〔2014〕197 号）实施污染物排放总量指标替代。支持同步开展大气污染物联合协同脱除，减少三氧化硫、汞、砷等污染物排放。

热电联产项目要根据环评批复及相关污染物排放标准规范制定企业自行监测方案，开展环境监测并公开相关监测信息。

第二十九条 现役燃煤热电联产机组要安装高效脱硫、脱硝和除尘设施，未达标排放的要加快实施环保设施升级改造，确保满足最低技术出力以上全负荷、全时段稳定达标排放要求。按照国家节能减排有关要求，实施超低排放改造。

第三十条 大气污染防治重点区域新建燃煤热电联产项目，要严格实施煤炭减量替代。

第六章 政策措施

第三十一条 鼓励各地建设背压热电联产机组和各种全部利用汽轮机乏汽热量的热电联产方式满足用热需求。背压燃煤热电联产机组建设容量不受国家燃煤电站总量控制目标限制。电网企业要优先为背压热电联产机组提供电网接入服务，确保机组与送出工程同步投产。

第三十二条 省级价格主管部门可综合考虑本省煤炭消费总量控制目标、主要污染物排放总量控制目标和环境质量控制目标、终端用户承受能力、民生用热需求等因素，自主制定鼓励民生采暖型背压燃煤热电联产机组发展的电价政策。

有条件的地区可试行两部制上网电价。容量电价以各类采暖型背压燃煤热电联产机组平均投资成本为基础，主要用于补偿非供热期停发造成的损失。电量电价执行本地区标杆电价。

第三十三条 热电联产机组的热力出厂价格，由政府价格主管部门在考虑其发电收益的基础上，按照合理补偿成本、合理确定收益的原则，依据供热成本及合理利润率或净资产收益率统一核定，鼓励各地根据本地实际情况探索建立市场化煤热联动机制。在考虑终端用户承受能力和当地民用用热需求前提下，热价要充分考虑企业环保成本，鼓励制定环保热价政策措施，并出台配套监管办法。深化推进供热计量收费改革。

第三十四条 推动热力市场改革，对于工业供热，鼓励供热企业与用户直接交易，供热价格由企业与用户协商确定。“直管到户”的供热企业要负责二次热网的维修维护，费用纳入企业运营成本。

第三十五条 支持相关业主以多种投融资模式参与建设背压热电联产机组。鼓励采暖型背压热电联产企业按照电力体制改革精神，成立售电售热一体化运营公司，优先向本区域内的用户售电和售热，售电业务按合理负担成本的原则向电网企业支付过网费。

第三十六条 热电联产机组所发电量按“以热定电”原则由电网企业优先收购。开展电力市场的地区，背压热电联产机组暂不参与市场竞争，所发电量全额优先上网并按政府定价结算。抽凝热电联产机组参与市场竞争，按“以热定电”原则确定的上网电量优先上网并按市场价格进行结算。

第三十七条 市场化调峰机制建立前，抽凝热电联产机组（含自备电厂机组）应提高调峰能力，积极参与电网调峰等辅助服务考核与补偿。鼓励热电机组配置蓄热、储能等设施实施深度调峰，并给予调峰补偿。鼓励有条件的地区对配置蓄热、储能等调峰设施的热电机组给予投资补贴。

第三十八条 各级地方政府要继续按照“公平无歧视”原则加大供热支持力度，相同条件下各类热源应享有同等的支持和保障政策。

第三十九条 鼓励热电联产企业兼并、收购、重组供热范围内的热力企业。鼓励拥有供热锅炉、热力管网的热力企业采用股份制方式建设背压热电联产机组，相应关停小型供热锅炉。

第四十条 采暖型背压热电联产项目配套建设的调峰锅炉，或项目投资主体兼并、重组、收购的调峰锅炉，其生产运行所需电量可与本企业上网电量进行抵扣。

第七章 监督管理

第四十一条 省级能源主管部门要切实履行行业管理职能，会同经济运行、环保、住建、国家能源局派出机构等部门对本地区热电联产机组的前期、建设、运营、退出等环节实施闭环管理，确保热电联产机组各项条件满足有关要求。

每年一季度，省级能源主管部门、经济运行部门要将本地区上年度热电联产项目投产、在建、规划情况报告国家发改委、国家能源局，并抄报环境保护部、住房城乡建设部。

第四十二条 省级能源主管部门、经济运行部门要会同环保、住建、国家能源局派出机构等有关部门，健全完善热电联产项目检查核验制度，定期对热电联产项目检查核验，重点检查煤炭等量替代、关停燃煤锅炉和小热电机组等落实情况。

对新建热电联产项目按要求应配套关停燃煤锅炉、小热电机组但未落实的，或未按照煤炭替代等有关要求建设热电联产项目的，暂缓审批项目所在地区燃煤项目，并追究有关人员责任。

符合国家有关规定和项目核准要求的，可享受国家和地方制定的优惠政策。不符合要求的，责令其限期整改，并通知有关部门取消其已享受的优惠政策。

第四十三条 省级价格主管部门要对本地区热电联产机组电价、热价执行情况进行定期核查，确保电价支持政策落实到位。对于采用供热计量收费的建筑，要严查供热计量收费的收费滞后和欠费问题，确保供热计量收费有序推广。

第四十四条 省级质检、住建、工信、环保等部门结合自身职能负责本地区燃煤锅炉的运行管理及淘汰等相关工作，督促地方政府对不符合产业政策的燃煤锅炉实施改造或关停。

第四十五条 地方环保部门要严格辖区新建热电联产项目环评审批，强化热电联产机组和供热锅炉的大气污染物排放监管，对排放不达标、不符合总量控制要求的燃煤设施督促整改。

第四十六条 电网公司、电力调度机构应督促热电联产企业安装热力负荷实时在线监测装置并与电力调度机构联网，按“以热定电”原则对热电联产机组实施优先调度。

第四十七条 各地经济运行部门、国家能源局派出机构要会同有关部门，对热电联产机组接入电网、优先调度、以热定电，以及符合规划建设要求的情况实行监管，发现问题及时反馈主管部门进行处理，并向有关方面进行通报，重大问题及时报国家发展改革委、国家能源局。

国家发展改革委等9部委印发《关于加强资源环境生态红线管控的指导意见》的通知

发改环资〔2016〕1162号

各省、自治区、直辖市及计划单列市、新疆生产建设兵团发展改革委、财政厅（局）、国土资源厅（局）、环境保护厅（局）、水利（水务）厅（局）、农业厅（局、委）、林业厅（局）、能源局（办）、海洋厅（局）：

根据《中共中央、国务院关于加快推进生态文明建设的意见》中关于严守资源环境生态红线的部署要求，我们制定了《关于加强资源环境生态红线管控的指导意见》，现印发给你们，请结合实际贯彻执行。

附件：关于加强资源环境生态红线管控的指导意见

国家发展改革委
财政部
国土资源部
环境保护部
水利部
农业部
林业局
能源局
海洋局
2016年5月30日

附件

关于加强资源环境生态红线管控的指导意见

为贯彻落实《中共中央 国务院关于加快推进生态文明建设的意见》中严守资源环境生态红线的有关要求，指导红线划定工作，推动建立红线管控制度，加快建设生态文明，提出本意见。

一、总体要求和基本原则

（一）总体要求

统筹考虑资源禀赋、环境容量、生态状况等基本国情，根据我国发展的阶段性特征及全面建成小康社会目标的需要，合理设置红线管控指标，构建红线管控体系，健全红线管控制度，保障国家能源资源和生态环境安全，倒逼发展质量和效益提升，构建人与自然和谐发展的现代化建设新格局。

（二）基本原则

——严格管控、保障发展。树立底线思维和红线意识，设定并严守资源环境生态红线，并与空间开发保护管理相衔接，实行最严格的管控和保护措施。推动资源环境生态红线管控与经济社会发展相适应，预留必要的发展空间。

——分类管理、因地制宜。根据红线管控不同类型和要素特征，制定科学合理的红线管控政策措施。结合不同地区经济社会发展情况、资源环境现状和主体功能定位等因素，提出差别化、针对性强的管控要求。

——部门协调、上下联动。有关主管部门在红线管控目标设置、政策制定、制度建设等方面，要加强与相关部门的沟通协调，做好与有关法规标准、战略规划、政策措施的衔接。明确部门和地方责任，上下联动、形成合力。

——立足当前、着眼长远。把对当前经济社会发展制约性强的要素优先纳入红线管控，尽快遏制资源无节制消耗、生态环境退化的趋势。根据经济社会发展长远目标，超前研究其他相关红线管控要素，适时纳入管控范围。

二、管控内涵及指标设置

资源环境生态红线管控是指划定并严守资源消耗上限、环境质量底线、生态保护红线，强化资源环境生态红线指标约束，将各类经济社会活动限定在红线管控范围以内。

（一）设定资源消耗上限。合理设定全国及各地区资源消耗“天花板”，对能源、水、土地等战略性资源消耗总量实施管控，强化资源消耗总量管控与消耗强度管理的协同。

1. 能源消耗。依据经济社会发展水平、产业结构和布局、资源禀赋、环境容量、总量减排和环境质量改善要求等因素，确定能源消费总量控制目标。京津冀、长三角、珠三角和山东省等大气污染治理重点地区及城市，要明确煤炭占能源消费比重、煤炭消费减量控制等指标要求。

2. 水资源消耗。依据水资源禀赋、生态用水需求、经济社会发展合理需要等因素，确定用水总量控制目标。严重缺水以及地下水超采地区，要严格设定地下水开采总量指标。

3. 土地资源消耗。依据粮食和生态安全、主体功能定位、开发强度、城乡人口规模、人均建设用地标准等因素，划定永久基本农田，严格实施永久保护，对新增建设用地占用耕地规模实行总量控制，落实耕地占补平衡，确保耕地数量不下降、质量不降低。用地供需矛盾特别突出地区，要严格设定城乡建设用地总量控制目标。

（二）严守环境质量底线。以改善环境质量为核心，以保障人民群众身体健康为根本，综合考虑环境质量现状、经济社会发展需要、污染预防和治理技术等因素，与地方限期达标规划充分衔接，分阶段、分区域设置大气、水和土壤环境质量目标，强化区域、行业污染物排放总量控制，严防突发环境事件。环境质量达标地区要努力实现环境质量向更高水平迈进，不达标地区要尽快制定达标规划，实现环境质量达标。

1. 大气环境质量。以达到《环境空气质量标准》（GB 3095—2012）为主要目标，与《大气污染防治行动计划》相衔接，地区和区域大气环境质量不低于现状，向更好转变。

2. 水环境质量。以水环境质量持续改善为目标，与《水污染防治行动计划》《国务院关于实行最严格水资源管理制度的意见》相衔接，各地区、各流域水质优良比例不低于现状，向更好转变。

3. 土壤环境质量。以农用地土壤镉（Cd）、汞（Hg）、砷（As）、铅（Pb）、铬（Cr）等重金属和多环芳烃、石油烃等有机污染物含量为主要指标，设置农用地土壤环境质量底线指标，与国家有关土壤污染防治计划规划相衔接，各地区农用地土壤环境质量达标率不低于现状，向更好转变。条件成熟地区，应将城市、工矿等污染地块环境质量纳入底线管理。

（三）划定生态保护红线。根据涵养水源、保持水土、防风固沙、调蓄洪水、保护生物多样性，以及保持自然本底、保障生态系统完整和稳定性等要求，兼顾经济社会发展需要，划定并严守生态保护红线。

依法在重点生态功能区、生态环境敏感区和脆弱区等区域划定生态保护红线，实行严格保护，确保生态功能不降低、面积不减少、性质不改变；科学划定森林、草原、湿地、海洋等领域生态红线，严格自然生态空间征（占）用管理，有效遏制生态系统退化的趋势。

三、管控制度

加快建立体现资源环境生态红线管控要求的政策机制，形成源头严防、过程严管、责任追究的红线管控制度体系。

（一）建立红线管控目标确定及分解落实机制。根据部门职责和地方实际，国务院主管部门要会同相关部门和地方，在摸清全国资源环境生态现状的基础上，分别确定资源环境生态红线管控目标、分解方案，报经国务院批准后实施。资源环境生态红线确定后原则上不得调整，根据实际情况确需进行调整的，要按程序报批。

（二）完善与红线管控相适应的准入制度。有关部门和各地区要把资源环境生态红线管控要求纳入经济社会发展规划及相关专项规划，鼓励地方出台严于国家要求的红线管控办法。在环境影响评价、排污许可、节能评估审查、用地预审、水土保持方案、入河（湖、海）排污口设置、水资源论证和取水许可等制度完善和实施过程中，强化细化红线管控要求。

（三）加强资源环境生态红线实施监管。加强环评、排污许可、能评、用地许可、水土保持方案审批、入河（湖、海）排污口设置、水资源论证和取水许可等后评估和监督检查，加大违法违规行为的查处力度。强化规划实施期中、期末评估和环境影响跟踪评价，严格落实红线管控要求和规划环境影响评价结论及审查意见。建立资源环境生态红线管控落实情况日常巡查、现场核查等制度，强化红线管控落实情况的执法监督。在节能减排目标责任考核、土地和环保督察、最严格水资源管理制度考核、水资源督察等考核监督中，强化红线管控要求。

（四）加强统计监测能力建设。加快推进资源消耗、环境质量、生态保护红线管控的统计监测核算制度建设，确保国家与地方核算方法、标准、点位等衔接统一，提高数据的准确性、科学性、一致性，加强部门间数据共享。利用信息化、大数据、卫星遥感与无人机等技术手段，建立红线监测网络体系，覆盖管控重点领域。研究建立红线管控第三方评估机制。

（五）建立资源环境承载能力监测预警机制。在资源环境承载能力监测预警机制中充分考虑资源环境生态红线因素，对水土资源、环境容量和海洋资源超载区域，研究提出具有针对性的限制性措施。完善能源消耗晴雨表发布等制度。红线管控事项涉及多个地区的，相关地区要建立区域、流域红线管控预警和联动机制。

（六）建立红线管控责任制。将资源环境生态红线管控纳入地方政府和领导干部政绩考核体系，并作为党政领导干部生态环境损害责任追究的重要内容，对任期内突破红线管控要求并造成资源浪费和生态环境破坏的，按照情节轻重，从决策、实施、监管等环节追究有关人员的责任。

四、组织实施

（一）加强组织领导。国务院有关主管部门要根据工作职责，会同相关部门研究制定具体要素的红线管控实施方案，明确红线管控的主要目标、重点任务、制度机制等，加强对各地区的工作指导和监督，重大问题及时向国务院报告。地方有关部门要严格目标管理，明确任务分工，建立协调机制，切实将红线管控要求落到实处。

（二）明确部门工作重点。发展改革部门牵头负责管控能源消耗上限，划定森林、草原、湿地、海洋等领域生态红线；国土资源部门牵头负责管控土地资源消耗上限、划定永久基本农田、自然生态空间征（占）用管理工作；环境保护部门牵头负责管控环境质量底线，依法在重点生态功能区、生态环境敏感区和脆弱区等区域划定生态保护红线；水利部门牵头负责管控水资源消耗上限；海洋部门负责划定海洋生态红线。其他相关部门根据工作职责，参与资源环境生态红线管控方面的政策制定、制度设计、监督管理、考核问责、信息公开等工作。

（三）鼓励公众参与。各部门、各地区要及时准确发布资源环境生态红线有关信息，有效保障公众知情权和参与权。健全公众举报、听证和监督等制度，发挥好民间组织和志愿者的积极作用，形成政府、企业、社会齐抓共管的良好工作局面。

国家发展改革委 国家能源局关于进一步规范电力项目开工建设秩序的通知

发改能源〔2016〕1698号

各省、自治区、直辖市、新疆生产建设兵团发展改革委（能源局），国家能源局各派出机构，国家电网公司、南方电网公司，华能、大唐、华电、国电、国电投集团，神华集团、中煤集团、国投公司、华润集团，中国国际工程咨询公司、电力规划设计总院：

为贯彻落实国务院近期印发的《清理规范投资项目报建审批事项实施方案》（国发〔2016〕29号，以下简称《实施方案》），进一步清理、规范已核准电力项目（本通知指火电、电网项目，下同）的报建审批工作，推进简政放权，切实维护电力项目建设秩序，现将有关事项通知如下：

一、清理规范报建审批事项。《实施方案》对国务院有关部门设立的投资项目报建审批事项进行了清理规范。为贯彻执行，现请各相关单位支持电力项目的报建审批事项清理规范工作，凡是不符合《实施方案》相关要求的，一律不再作为开工前置条件。

二、明确电力项目开工标志。考虑工程建设实际，火电项目开工标志明确为：主厂房基础垫层浇筑第一方混凝土；电网项目中变电工程和线路工程的开工标志分别明确为：主体工程基础开挖和线路基础开挖。各省（区、市）发展改革委（能源局）和国家能源局派出机构在开展相关工作时，要以此作为判断标准。

三、切实维护电力建设秩序。对确需开展的报建审批事项和强制性评估工作，电力项目单位要逐一落实，严格按程序办理。未取齐开工必要的支持性文件前，严禁开工建设；已开工建设的，要立即停止建设。

四、协调指导煤电开工建设。发展改革、国土、环保、水利等部门在为煤电项目（含燃煤自备电站）办理报建审批事项时，要结合《关于促进我国煤电有序发展的通知》（发改能源〔2016〕565号，以下简称“565号文”）相关要求，以及国家定期发布的煤电规划建设风险预警等，制定有针对性的政策或采取相应措施。国家发展改革委、国家能源局将会同相关部门建立协调联动机制，切实促进煤电有序发展。

五、规范煤电有序开工建设。地方政府和发电企业要高度重视国家定期发布的煤电规划建设风险预警提示，对预警结果为红色的省（区、市），慎重决策开工建设煤电项目；认真落实565号文有关内容，对于明确要求缓建的已核准未开工煤电项目，2017年底前暂缓开工建设。

六、加强开工建设专项检查。各省（区、市）发展改革委（能源局）、国家能源局派出机构要会同有关部门，加大对电力项目特别是火电项目未达开工条件建设等违规问题的监督检查力度。一经发现，省级发展改革委（能源局）要责令其立即停止建设，相关部门要依法依规予以严肃处理。

对未取齐开工必要支持性文件的在建火电项目，除执行上述措施外，凡属于565号文明确要求缓建省份的，2017年底前暂缓建设；对其他火电项目，在取齐必要支持性文件后，需经相应省级发展改革委（能源局）核实，方可恢复建设。

七、严肃处理违规建设行为。对于存在违规开工建设且拒不停工、不接受相关部门处理等违规行为的电力项目，相应省（区、市）发展改革委（能源局）可视情况对项目单位及其所属集团公司实行限批新建电力项目、开展自用及外送煤电项目优选工作时不予考虑等措施；国家能源局将通报全国；银行及金融机构要依据法律、法规和国家有关规定停止对其发放贷款。

对于违规建设的火电项目，国家能源局及其派出机构将不予办理业务许可证，电网企业不予并网。

本通知自印发之日起执行。

国家发展改革委

国家能源局

2016 年 8 月 5 日

国家能源局关于进一步调控煤电规划建设的通知

国能电力〔2016〕275号

各省、自治区、直辖市、新疆生产建设兵团发展改革委（能源局），国家能源局各派出能源监管机构，中电联，国家电网公司、南方电网公司，华能、大唐、华电、国电、国电投集团，神华集团、中煤集团、国投公司、华润集团，中国国际工程咨询公司、电力规划设计总院：

为化解煤电潜在过剩风险，今年以来，国家发展改革委、国家能源局联合印发了《关于促进我国煤电有序发展的通知》（发改能源〔2016〕565号，以下简称“565号文”）、《关于进一步规范电力项目开工建设秩序的通知》（发改能源〔2016〕1698号，以下简称“1698号文”）、《关于建立煤电规划建设风险预警机制暨发布2019年煤电规划建设风险预警的通知》（国能电力〔2016〕42号）等文件，促进煤电有序发展。各省（区、市）和各发电企业积极部署、认真落实，取得了一定成效。但是，“十三五”期间我国煤电过剩风险日益显现，各地违规建设煤电项目情况仍然存在。为贯彻落实国务院工作部署，进一步做好煤电规划建设工作，现将有关事项通知如下：

一、严控自用煤电规划建设

结合国家定期发布的煤电规划建设风险预警，进一步加大风险预警等级为红色省份自用煤电项目（不含民生热电）规划建设的调控力度。

（一）纳入规划项目尚未核准的，暂缓核准。

（二）已核准项目，尚未取齐开工必要支持性文件或取齐开工必要支持性文件尚未开工的（开工标志为主厂房基础垫层浇筑第一方混凝土），暂缓开工建设；2016年开工建设的，停止建设；2015年底以前开工建设的，也要适当调整建设工期，把握好投产节奏。

待风险预警等级转为绿色后，在国家的指导下，由相应省级发展改革委（能源局）逐步恢复缓核、缓建煤电项目核准、建设。其中，民生热电是指承担民生采暖供热负荷，且根据近期规划热负荷预测情况，采暖期热电比不低于80%的热电联产项目。

二、明确外送煤电投产规模

按照565号文，为避免因接受外来煤电造成受端省份电力冗余，按需推进煤电基地配套煤电项目的规划建设，并相应调整配套风电、光伏发电投产时序。

（一）新疆准东煤电基地准东至华东、宁夏宁东煤电基地宁东至浙江、内蒙古鄂尔多斯煤电基地上海庙至山东、陕西陕北煤电基地榆横至山东输电通道配套煤电项目的投产规模，2020年底前要控制在国家规划规模的一半以内。

（二）内蒙古锡盟煤电基地，锡盟至山东、锡盟至江苏输电通道配套煤电项目的总投产规模，2020年底前要控制在730万千瓦以内。

（三）其他纳入规划及核准（在建）外送煤电项目（含煤电基地、点对网外送项目），也要结合受端电力供需形势和煤电规划建设风险预警，调整核准（建设）时序，把握投产节奏。

三、规范煤电开工建设秩序

按照《清理规范投资项目报建审批事项实施方案》（国发〔2016〕29 号，以下简称《实施方案》）及 1698 号文，未取齐开工必要支持性文件而开工建设的煤电项目，相应省级发展改革委（能源局）要责令其立即停止建设，相关部门要依法依规予以严肃处理。

对煤电规划建设风险预警等级为红色省份的项目（不含民生热电），除采取上述措施外，在取齐必要支持性文件后仍需暂缓建设，待预警等级转为绿色后，在国家的指导下，由相应省级发展改革委（能源局）逐步恢复建设。

四、加强煤电质量监督工作

按照《实施方案》、1698 号文等相关法律、法规和规范性文件，各省（区、市）电力工程质量监督中心站要加强煤电项目的质量监督工作。

（一）新申请质量监督注册的煤电项目，应是国家依据总量控制制定建设规划内的核准项目。未取齐开工必要支持性文件的，不得进行质量监督注册。

（二）已注册质量监督的煤电项目，要立即进行清理，未纳入规划、未取齐开工必要支持性文件的，要停止其质量监督注册和阶段性监督检查等工作。

（三）煤电规划建设风险预警等级为红色省份的项目（不含民生热电），除采取上述措施外，新申请质量监督注册的，暂缓受理；已注册质量监督的，要暂停其质量监督注册和阶段性监督检查等工作。待预警等级转为绿色后，才能逐步恢复。

五、严肃处理违规建设项目

对于存在未按核准要求建设、未核先建及未达开工条件建设等违规建设行为的煤电项目，以及未按煤电有序发展政策措施要求取消、缓建的煤电项目，相应省级发展改革委（能源局）要责令其立即停止建设，会同相关部门依法依规予以处理，并向社会公布；国家能源局及其派出能源监管机构将不予办理业务许可证；电网企业不得予以并网。

存在上述违规建设行为且拒不停工、不接受相关部门处理的煤电项目，相应省级发展改革委（能源局）应视情况对项目单位施行限批新建煤电项目、开展自用及外送煤电项目优选工作时不予考虑等措施；国家能源局将通报全国；银行及金融机构要依据法律、法规和国家有关规定停止对其发放贷款。

六、发挥规划指导约束作用

加强全国电力规划的指导性，各省（区、市）要根据全国电力发展“十三五”规划明确的分省“十三五”煤电（含燃煤自备电站）发展目标，制定（调整）本省（区、市）电力发展相关规划，并严格贯彻执行。

七、建立横向协调指导机制

进一步加大沟通协调力度，与国土、环保、住建、水利等部门建立煤电建设协调指导机制。相关部门对风险预警等级为红色省份的煤电项目，同步实施暂缓办理相关支持性文件等政策措施；并结合各地实际，有针对性开展联合检查和重点督查，形成合力，共同化解煤电潜在过剩风险。

八、充分发挥社会监督作用

严禁自行将按要求取消、缓核、缓建煤电项目的规模用于规划建设新增煤电项目，已自行纳入规划、核准（建设）的，要立即取消，并停止建设。充分发挥社会监督作用，适时公布各省（区、市）已取消的煤电项目以及需缓核、缓建煤电项目情况。国家能源局各派出能源监管机构要依据职责和有关规定，及时受理、处理群众投诉举报事项，及时通报有关情况。

九、严格落实各项调控措施

各省（区、市）发展改革委（能源局）、国家能源局各派出能源监管机构以及各发电企业要深刻认识推进煤电有序发展的重要意义，坚决贯彻落实国家近期发布的促进煤电有序发展系列文件要求，确保各项政策措施落到实处。

（一）各省（区、市）发展改革委（能源局）要对照相关文件，明确本省（区、市）促进煤电有序发展的具体工作部署；加强对本地区煤电规划建设工作的监督管理，积极落实配套调控政策措施，协调推进各项工作，切实保障相关措施执行到位。

（二）国家能源局各派出能源监管机构要按照相关文件要求，进一步加强对本地区煤电有序发展政策措施执行情况的事中、事后监管；同时，加大对煤电项目施工安全、质量安全等的监督管理，以监管推动各项措施的落实。

（三）各发电企业是促进煤电有序发展相关措施的执行主体和责任主体，要按照相关文件要求，自觉调整本企业煤电项目的前期工作进度和建设施工时序，把握好投产节奏；主动配合地方发展改革委（能源局）以及国家能源局各派出能源监管机构开展的各类监管工作，对发现的问题，要高度重视、及时整改。

本通知自印发之日起执行。

国家能源局

2016年10月10日

关于严格限制燃石油焦发电项目规划建设的通知

国能电力〔2016〕355号

各省（区、市）发展改革委（能源局）、环保厅，各派出能源监管机构，国家电网公司、南方电网公司，华能、大唐、华电、国电、国电投集团公司，神华集团、国投公司、华润集团，中国国际工程咨询公司、电力规划设计总院：

为贯彻落实《国务院关于印发大气污染防治行动计划的通知》（国发〔2013〕37号），推进大气污染防治，严格限制石油焦等高污染燃料的污染物排放，现就有关要求通知如下：

一、石油焦是石油炼制过程中的副产物，具有含碳量高、硫分高、含有重金属化合物的特点。作为工业燃料时多为高硫低品质石油焦，其燃烧发电产生的大气污染物易对环境产生较大影响。因此，应严格限制以石油焦为主要燃料（石油焦占比大于20%）的火电厂规划建设。

二、燃石油焦火电（含抽凝热电）项目应参与电力电量平衡，依据燃煤电站总量控制目标纳入国家电力发展规划，并参照执行煤电淘汰落后产能政策。根据《政府核准的投资项目目录》的有关规定，燃石油焦火电项目由省级政府核准，燃石油焦热电项目由地方政府核准。

三、燃石油焦火电（含热电）项目在京津冀鲁、长三角、珠三角等大气污染防治重点地区以及重点城市，参照燃煤火电项目，按国家有关规定要求严格实施煤炭减量替代政策，石油焦消费总量按发热量折算至标煤计算煤炭消费总量。同时，严格按照《建设项目主要污染物排放总量指标审核及管理暂行办法》（环发〔2014〕197号）实施污染物排放总量指标替代。

四、京津冀鲁、长三角、珠三角等大气污染防治重点区域和重点城市，禁止审批建设自备燃石油焦火电（含热电）项目。

五、严格限制规划建设燃石油焦火电（含热电）项目。利用当地副产的石油焦并经充分论证确有必要的，须根据环评批复及相关污染物排放标准同步安装高效脱硫、脱硝和除尘设施，满足国家火电厂大气污染物排放控制要求。

六、燃石油焦发电项目应采用先进的生产工艺和治理技术，确保达标排放。新建燃石油焦发电机组达到超低排放水平。现役机组按照国家煤电节能减排有关要求，实施超低排放改造和节能改造，鼓励有条件的地区将燃石油焦发电项目改造为燃气发电项目。

七、省级能源主管部门会同环保、国家能源局派出能源监管机构等部门对本地区燃石油焦发电机组的规划、建设、运营等环节实施闭环管理，确保燃石油焦发电机组各项条件满足有关要求。

八、地方环保部门要严格辖区新建燃石油焦发电项目环评审批，强化大气污染物排放监管，对排放不达标、不符合总量控制要求的项目督促整改。燃石油焦发电项目要根据环评批复及相关污染物排放标准规范制定企业自行监测方案开展环境监测，接受环保部门监督并公开相关监测信息。

特此通知。

国家能源局　环境保护部

2016年12月6日

关于规划环境影响评价加强空间管制、总量管控和环境准入的指导意见（试行）

环办环评〔2016〕14号

各省、自治区、直辖市环境保护厅（局），新疆生产建设兵团环境保护局：

按照《关于加快推进生态文明建设的意见》《生态文明体制改革总体方案》的总体部署，根据《环境保护法》《环境影响评价法》《规划环境影响评价条例》等规定，为进一步提升规划环境影响评价（以下简称规划环评）质量，充分发挥规划环评优化空间开发布局、推进区域（流域）环境质量改善以及推动产业转型升级的作用，现就规划环评加强空间管制、总量管控和环境准入，提出以下指导意见。

一、总体要求和适用范围

（一）规划环评应充分发挥优化空间开发布局、推进区域（流域）环境质量改善以及推动产业转型升级的作用，并在执行相关技术导则和技术规范的基础上，将空间管制、总量管控和环境准入作为评价成果的重要内容。

（二）加强空间管制，是指在明确并保护生态空间的前提下，提出优化生产空间和生活空间的意见和要求，推进构建有利于环境保护的国土空间开发格局。加强总量管控，是指应以推进环境质量改善为目标，明确区域（流域）及重点行业污染物排放总量上限，作为调控区域内产业规模和开发强度的依据。加强环境准入，是指在符合空间管制和总量管控要求的基础上，提出区域（流域）产业发展的环境准入条件，推动产业转型升级和绿色发展。

（三）规划环评工作要尽早介入规划编制，并将空间管制、总量管控和环境准入成果充分融入规划编制、决策和实施的全过程，切实发挥优化规划目标定位、功能分区、产业布局、开发规模和结构的作用，推进区域（流域）环境质量改善，维护生态安全。

（四）本指导意见适用于具有明确空间范围并涉及具体开发建设行为的规划环评。其他规划环评可根据规划特点有针对性地执行本指导意见的有关规定；区域战略环境评价可参照执行。

二、强化空间管制，优化空间开发格局

（五）规划环评应结合区域特征，从维护生态系统完整性的角度，识别并确定需要严格保护的生态空间，作为区域空间开发的底线，并据此优化相关生产空间和生活空间布局，强化开发边界管制。当生产、生活空间与生态空间发生冲突时，按照“优先保障生态空间，合理安排生活空间，集约利用生产空间”的原则，对规划空间布局提出优化调整意见，以保障生态空间性质不转换、面积不减少、功能不降低。

（六）应在生态空间明确的基础上，结合环境质量目标及环境风险防范要求，对规划提出的生产空间、生活空间布局的环境合理性进行论证，基于环境影响的范围和程度，对生产空间和生活空间布局提出优化调整建议，避免或减缓生产活动对人居环境和人群健康的不利影响。

（七）应在全面分析区域生态重要性和生态敏感性空间分布规律的基础上，结合区域经济发展规划、土地利用规划、城乡规划、生态环境保护规划等综合确定生态空间，并与全国和省级主体功能区规划、生态功能区划、水生态环境功能区划、生物多样性保护优先区域保护规划、自然保护区发展规划等相协调。生态空间应包括重点生态功能区、生态敏感区、生态脆弱区、生物多样性保护优先区和自然保护区

等法定禁止开发区域，以及其他对于维持生态系统结构和功能具有重要意义的区域。

（八）规划区域已经划定生态保护红线的，应将生态保护红线区作为生态空间的核心部分。同时，应根据规划特点、区域生态敏感性和环境保护要求，将其他需要重点保护的区域一并纳入生态空间。规划区域尚未划定生态保护红线的，要提出禁止开发和重点保护的生态空间，为划定生态保护红线提供参考依据。

（九）规划环评的空间管制成果，应包括生态空间分布图和优化后的生活空间、生产空间分布图，生产、生活、生态空间及其组成区块开发管制总图，以及其他必要的支撑性图件。有关图件应配套编制空间区块说明表，详细说明各空间区块的地理位置、面积、现状、保护对象、准入要求和管制措施等。

三、严格总量管控，推进环境质量改善

（十）根据规划区域及上下游、下风向等周边地区环境质量现状和目标，考虑气象条件、水文条件等相关因素，按照最不利条件分析并预留一定的安全余量，提出区域（流域）污染物排放总量控制上限的建议，作为区域（流域）污染物排放总量管控限值。综合分析环境质量改善目标、排放现状、减排成本和技术可行性，确定区域污染物排放总量削减的阶段性目标。

（十一）根据国家、地方环境质量改善目标及相关行业污染控制要求，结合现状环境污染特征和突出环境问题，确定纳入排放总量管控的主要污染物。一般应包括化学需氧量、氨氮、总磷/磷酸盐等水污染因子，二氧化硫、氮氧化物、挥发性有机物、烟粉尘等大气污染因子，以及其他与区域突出环境问题密切相关的主要特征污染因子。

（十二）针对重点控制污染物，逐一估算每个区域（流域）控制单元内各项污染物的总量管控限值。根据流域特征、水文情势、水质监测和断面设置等划定适当的水体控制单元；水体控制单元应与已有水（环境）功能区、水生态环境功能区相衔接。根据区域大气传输扩散条件、自然地形、土地利用和地表覆盖等划定适当的大气污染控制单元。估算污染物排放总量管控限值，应综合考虑污染源排放强度和特征、最不利排放位置、污染治理设施运行状况，以及环境监测水平、污染物排放监管能力等；还应选择较小的时间尺度开展估算，有条件的可采用以天为单位提出污染物排放总量管控限值。

（十三）综合考虑污染排放量、排放强度、特征污染物以及规划主导产业等，确定区域内纳入总量管控的重点行业。基于行业生产工艺水平、污染控制技术水平以及技术进步、污染控制成本等，筛选最佳适用技术（BAT），分析和测算重点行业的减排潜力。根据重点行业污染排放基数、减排潜力和技术经济等因素，提出该行业的污染物排放总量管控要求。

（十四）当区域环境质量现状超标或重点行业污染物排放已超出总量管控要求时，应根据环境质量改善目标，提出区域或者行业污染物减排任务，推动制定污染物减排方案以及加快淘汰落后产能、促进产业结构调整、提升技术工艺、加强节能节水控污等措施。必要时，可提出暂缓区域内新增相关污染物排放项目建设等建议，控制行业发展规模，推动环境质量改善。

（十五）对于区域（流域）内的产业发展，在满足环境质量目标的前提下，可以赋予地方在具体建设项目污染物排放总量分配上的主动权。在产业技术水平提高、清洁生产水平提高、区域污染治理水平提高的情况下，产业发展规模可以在污染物排放总量不突破上限的情况下适当扩大。

（十六）当规划区域环境目标、产业结构和生产力布局以及水文、气象条件等发生重大变化时，应动态调整区域行业污染物总量管控要求，结合规划和规划环评的修编或者跟踪评价对区域能够承载的污染物排放总量重新进行估算，不断完善相关总量管控要求。

四、明确环境准入，推动产业转型升级

（十七）在综合考虑规划空间管制要求、环境质量现状和目标等因素的基础上，论证区域产业发展定位的环境合理性，提出环境准入负面清单和差别化环境准入条件，发挥对规划编制、产业发展和建设项

目环境准入的指导作用。

（十八）根据区域资源禀赋和生态环境保护要求，选取单位面积（单位产值）的水耗、能耗、污染物排放量、环境风险等一项或多项指标，作为制定规划区域行业环境准入负面清单的否定性指标并确定其限值。如果规划拟发展的行业不满足上述指标的要求，应将其直接列入环境准入负面清单，禁止规划建设。

（十九）建立包括环境影响、资源消耗强度、土地利用效率、经济社会贡献等指标在内的评价指标体系，对重点行业进行综合评价。对规划区域资源环境影响突出、经济社会贡献偏小的行业原则上应列入禁止准入类。限制准入类行业应进一步结合区域环境保护目标和要求、资源环境承载能力、产业现状等确定。

（二十）根据环境保护政策规划、总量管控要求、清洁生产标准等，明确应限制或禁止的生产工艺或产品清单。通过列表的方式，提出规划范围内禁止准入及限制准入的行业清单、工艺清单、产品清单等环境负面清单，并说明清单制定的主要依据、标准和参考指标。

（二十一）当区域（流域）环境质量现状超标时，应在推动落实污染物减排方案的同时，根据环境质量改善目标，针对超标因子涉及的行业、工艺、产品等，提出更加严格的环境准入要求。

环境保护部办公厅

2016年2月24日

关于印发《“十三五”环境影响评价改革实施方案》的通知

环环评〔2016〕95 号

各省、自治区、直辖市环境保护厅（局），新疆生产建设兵团环境保护局：

为充分发挥环境影响评价从源头预防环境污染和生态破坏的作用，推动实现“十三五”绿色发展和改善生态环境质量总体目标，我部研究制定了《“十三五”环境影响评价改革实施方案》，现印发给你们，请认真贯彻实施。

附件：“十三五”环境影响评价改革实施方案

环境保护部

2016 年 7 月 15 日

附件

“十三五”环境影响评价改革实施方案

为充分发挥环境影响评价从源头预防环境污染和生态破坏的作用，推动实现“十三五”绿色发展和改善生态环境质量总体目标，制定本方案。

一、总体思路

（一）指导思想

以改善环境质量为核心，以全面提高环评有效性为主线，以创新体制机制为动力，以“生态保护红线、环境质量底线、资源利用上线和环境准入负面清单”（以下简称“三线一单”）为手段，强化空间、总量、准入环境管理，划框子、定规则、查落实、强基础，不断改进和完善依法、科学、公开、廉洁、高效的环评管理体系。

（二）主要原则

坚持与相关重大改革任务相统筹。与排污许可制相融合，实现制度关联、目标措施一体。适应省以下环保机构监测监察执法垂直管理制度改革，调整优化分级审批和监管职责。落实行政审批改革和政府职能转变要求，统筹“放管服”。

坚持构建全链条无缝衔接预防体系。明确战略环评、规划环评、项目环评的定位、功能、相互关系和工作机制。战略环评重在协调区域或跨区域发展环境问题，划定红线，为“多规合一”和规划环评提供基础。规划环评重在优化行业的布局、规模、结构，拟定负面清单，指导项目环境准入。项目环评重在落实环境质量目标管理要求，优化环保措施，强化环境风险防控，做好与排污许可的衔接。

坚持问题导向补短板。针对规划环评落地难、项目环评“虚胖”、违法建设现象多发、“三同时”执行力不高、环评机构和人员水平参差不齐、公众参与不到位、不同层级环评管理沟通协调不够、基础支撑薄弱等问题，抓住基础性根本性原因，在重点领域取得实质性突破，加快形成科学合理、规范刚性的体制机制，强化落实执行。

坚持相关方共同参与共同落实。按照“党政同责”“一岗双责”要求，督促地方党委、政府和有关部门落实环保责任。落实建设单位的环保主体责任。提高各级环保部门管理能力，强化事中事后监管。深化环评信息公开，引导公众依法有序参与。鼓励支持各地区根据本方案，探索符合本地实际的环评改革措施。

（三）工作目标

制度日臻完善。源头严防、过程严管、违法严惩的环评管理制度更加完善，全社会环评守法意识不断提高，环评违法责任追究机制不断健全，规划“未评先批”“评而不用”、项目“未批先建”现象得到有效遏制，项目环评分类管理和分级审批更加科学，环评、“三同时”与排污许可管理有效衔接，夯实环评的制度基础。

机制更加合理。“三线一单”的管理机制逐步建立，规划环评和项目环评联动管理得到深化和规范，地方环评审批和监管能力不断提高，环评信息公开机制进一步强化，环评诚信体系不断完善，夯实环评的管理基础。

效能显著提高。战略和规划环评顶层设计更加完善，约束性得到加强，环评预警体系初步建立，基于环境容量和生态红线的开发建设预警开始发挥作用。项目环评管理重点进一步聚焦，“三同时”主体责任更加明确，排污许可普遍实施，夯实环评的执行基础。

保障科学有力。环评大数据系统初步建立，环评基础研究取得显著进展，导则规范体系进一步完善，评估队伍能力进一步提升，行业协会作用充分发挥，环评机构和人员管理更加规范，夯实环评的技术基础。

二、推动战略和规划环评“落地”

（四）推进战略环境评价

深入开展战略环评工作。制定落实“三线一单”的技术规范。完成京津冀、长三角、珠三角等三大地区战略环评，组织开展长江经济带和“一带一路”战略环评。完成连云港、鄂尔多斯等市域环评示范工作。

强化战略环评应用。健全成果应用落实机制，将生态保护红线作为空间管制要求，将环境质量底线和资源利用上线作为容量管控和环境准入要求。各级环保部门在编制有关区域和流域生态环保规划时，应充分吸收战略环评成果，强化生态空间保护，优化产业布局、规模、结构。开展政策环境评价试点。完成新型城镇化、发展转型等重大政策环评试点研究，初步建立政策制定机关为主体、有关方面和专家充分参与的政策环评机制及技术框架体系。

（五）强化规划环境影响评价

强化规划环评的约束和指导作用。不断强化“三线一单”在优布局、控规模、调结构、促转型中的作用，以及对项目环境准入的强制约束作用。积极参与“多规合一”、京津冀空间规划编制。深入开展城市、新区等规划环评。开展流域综合规划环评，确定开发边界和开发强度。完成长江经济带重点产业园区规划环境影响跟踪评价与核查。健全与发展改革、工业和信息化、国土资源、城乡住房建设、交通运输、水利等部门协同推进规划环评机制。

推行规划环评清单式管理。根据改善环境质量目标，制定空间开发规划的生态空间清单和限制开发区域的用途管制清单。制定产业开发规划的产业、工艺环境准入清单。实现重点产业园区规划环评全覆盖，强化清单式管理。

严格规划环评违法责任追究。适时组织规划环评结论及审查意见落实情况核查，将地方政府及其有关部门规划环评工作开展情况纳入环境保护督察。研究建立规划环评违法责任调查移交机制，配合相关部门依法严肃追究有关党政领导干部责任。

强化规划环评公众参与。完善公众参与机制，落实规划编制机关主体责任，提高部门及专家参与的程度和水平，发挥媒体舆论科学引导作用。完善规划环评会商机制，对可能产生跨界环境影响的重大规划，指导规划编制机关实施跨行政区域环境影响会商，强化区域联防联控。

加强规划环评与项目环评联动。依法将规划环评作为规划所包含项目环评文件审批的刚性约束。对已采纳规划环评要求的规划所包含的建设项目，简化相应环评内容。对高质量完成规划环评、各类管理清单清晰可行的产业园区，试点降低园区内部分行业项目环评文件的类别。项目环评中发现规划实施造成重大不利环境影响的，应及时反馈规划编制机关。

三、提高建设项目环评效能

（六）改革管理方式

突出管理重点。重点把握选址选线环境论证、环境影响预测和环境风险防控等方面，剥离市场主体自主决策的内容以及依法由其他部门负责的事项。环评与选址意见、用地预审、水土保持等实施并联审批。涉及自然保护区、饮用水水源保护区、风景名胜区等法定保护区域的项目，在符合法律法规规定的前提下，不将主管部门意见作为环评审批的前置。对环境影响登记表实行告知性备案管理。

科学调整分级分类管理。合理划分审批权限，环境保护部主要负责审批涉及跨省（区、市）、可能产生重大环境影响或存在重大环境风险的建设项目环评文件；省级环保部门应结合垂直管理改革要求和地方承接能力，依法划分行政区域内环评分级审批权限。动态调整分类管理名录。对未列入分类管理名录且环境影响或环境风险较大的新兴产业，由省级环保部门确定其环评分类，报环境保护部备案；对未列入分类管理名录的其他项目，无须履行环评手续。

加强环评信息直报和监督指导。建立全国环评审批信息联网系统。强化环保部门环评管理联动。支持基层提高环评审批和监管能力，及时督促建设单位解决项目建设、运行中出现的环境问题。研究环评信息与建设单位环境信用以及其他企业信用信息连通。

（七）严格项目管理

提升环评管理人员综合素质。开展省、市、县三级环评工作人员轮训，优先安排西部地区轮训。建立全国性和区域性环评管理研讨平台，定期开展专题性、行业性业务交流。制定环评领域党风廉政责任清单，完善廉洁自律制度，严格执行环评权力运行监控机制。

优化环评审批。修订《国家环境保护总局建设项目环境影响评价文件审批程序规定》。建立健全国家、省、市三级环评审批原则框架体系。更新和补充项目环评重大变动清单。制定重点行业环境准入条件。

严格环境准入。在项目环评中建立“三线一单”约束机制，强化准入管理。建立项目环评审批与规划环评、现有项目环境管理、区域环境质量联动机制，强化改善环境质量目标管理。细化污染物排放方式、浓度和排放量，严格建设项目污染物排放要求。严格高能耗、高物耗、高水耗和产能过剩、低水平重复建设项目，以及涉及危险化学品、重金属和其他具有重大环境风险建设项目的环评审批。

开展关停、搬迁企业环境风险评估。对排放重金属、持久性有机污染物、危险废物、“致癌、致畸、致突变”化学污染物的有色金属冶炼、石油加工、化工、焦化、电镀、制革等重点企业，研究开展企业关停、搬迁的环境风险评估。

（八）提高公众参与有效性

探索更为有效和可操作的公众参与模式。制定《建设项目环境影响评价公众参与办法》，明确建设单位的主体责任。建立公参意见采纳反馈机制。将公参意见作为完善和强化建设项目环保措施的重要手段。加大惩处公参弄虚作假。建设单位编制公众参与说明，与环境影响报告书一并公开。

落实建设单位环评信息公开主体责任。推进建设项目选址、建设、运营全过程环境信息公开，建设项目环境影响报告书（表）相关信息和审批后环保措施落实情况公开。强化建设单位“三同时”信息公开制度。

强化环评宣传和舆论引导。建立反应迅速、组织科学、运转高效的环评媒体沟通和舆情应对机制。推动企业、行业组织落实社会环境责任，加强与社区和公众的良性互动。广泛利用权威媒体和有影响力的新媒体等信息渠道，正面、科学加强舆论引导。发挥专家学者作用，通过既接地气又专业准确的讲解、实验演示、国内外对比等方式，答疑解惑。

积极化解环境社会风险。建立政府、部门、企业环境社会风险预防和化解机制。指导地方政府加强舆情研判和处置。环保部门应严格依法环评管理，加大环境违法查处力度。建设单位应畅通环评公众参与渠道，保障公众依法有序行使环境保护知情权、参与权和监督权。

四、不断强化事中事后监管

（九）创新“三同时”管理

取消环保竣工验收行政许可。建立环评、“三同时”和排污许可衔接的管理机制。对建设项目环评文件及其批复中污染物排放控制有关要求，在排污许可证中载明。将企业落实“三同时”作为申领排污许可证的前提。鼓励建设单位委托具备相应技术条件的第三方机构开展建设期环境监理。建设项目在投入生产或者使用前，建设单位应当依据环评文件及其审批意见，委托第三方机构编制建设项目环境保护设施竣工验收报告，向社会公开并向环保部门备案。

强化环境影响后评价。对长期性、累积性和不确定性环境影响突出，有重大环境风险或者穿越重要生态环境敏感区的重大项目，应开展环境影响后评价，落实建设项目后续环境管理。

（十）落实监管责任

强化属地管理及环保层级监督。落实《建设项目环境保护事中事后监督管理办法》，强化建设项目环境保护的属地管理，加强核设施等特殊领域中央政府直接监管。属地环保部门要按随机抽查制度要求，对“三同时”执行情况开展现场核查，对建设项目运营期环保要求落实情况进行监督检查，对发现的环境违法行为依法处罚。

严肃查处项目环评违法行为。按照国务院办公厅《关于加强环境监管执法的通知》完成违法违规建设项目清理，加大监管力度，坚决遏制新的“未批先建”违法行为，对违法项目严格依法处罚，建立投诉举报的快速响应和公开处理机制。对不符合环境准入要求或已造成严重环境污染和生态破坏的违法项目，责令恢复原状。督促地方政府和部门落实承诺事项。公开曝光查处的典型违法案例，配合有关部门严肃追究有关责任人员违法违纪责任。

五、开展重大环境影响预警

（十一）建立预警体系

建立基于大数据的环境影响预警体系。完善全国环评基础数据库。建设“智慧环评”综合监管平台，开发环评质量校核、分析统计、预测预警、信息公开、诚信记录等功能。研究制定预警指标体系、预警模型和技术方法，探索建立环境数据与经济社会发展数据以及土地、城市等空间管理数据的集成应用机制，实现“三线一单”监督性监测和预警。

（十二）开展预警试点

开展区域环境影响预警试点。以改善环境质量为目标，开展区域环境容量匡算和预警。开展长江经济带和京津冀协同发展战略环境影响预警。开展典型重点开发区域和优化开发区域资源环境承载预警试点。开展典型限制开发区域和禁止开发区域空间红线预警。

六、深化政府信息公开

（十三）健全环评政府信息公开机制

建立以各级环保部门政府网站为主渠道的环评政府信息公开机制。全面公开环评文件、申请受理情况、审查或审批意见。公开项目环评以及环评机构和人员有关违法违规及处罚情况，有关信息纳入环境诚信管理体系，并与银行、证券、保险、商务等部门联动。定期开展环评政府信息公开督察工作。

推动相关政府信息公开。推动地方政府和有关部门公开区域污染物削减和其他环保承诺落实情况，公开规划环评落实情况。推进规划编制和审批机关主动开展规划环评信息公开，编制重大敏感规划的环评信息公开预案。

七、营造公平公开的环评技术服务市场

（十四）规范环评市场秩序

推进环评技术服务市场化进程。加快完成环保系统环评机构脱钩，确保2016年年底前全部完成，到期未完成的一律取消资质。完成其他事业单位环评体制改革，资质到期后不予延续。

健全统一开放的环评市场。清理地方环保部门设置准入条件、限制外埠环评机构在本地承接环评业务等不当管理方式。支持行业协会等社会组织加强对环评机构和人员的行业自律管理。严厉打击出租、出借资质等扰乱市场秩序的违法行为。

（十五）强化环评机构和人员管理

严格环评资质管理。完善环评机构工作能力、人员专业结构等准入要求，改革环评工程师职业资格管理，研究提出以强化环评文件质量为重点的环评机构准入条件。支持环评机构做大做强，走专业化、规模化发展道路。建立健全退出机制，完善环评机构随机抽查制度和省级环保部门年度检查制度。强化质量监管，对环评文件质量低劣的，实行环评机构和人员双重责任追究。

加强诚信体系建设。制定《全国环评机构和环评工程师诚信管理办法》。在“智慧环评”综合监管平台中建立全国统一的环评机构和环评工程师诚信管理系统，将各级环保部门监管中发现的环评机构及人员违法违规行为和处罚情况及时纳入诚信记录，并向社会公开。对在多地出现不良诚信记录的环评机构和人员，限制或禁止从业范围从当地扩大至全国。

八、夯实技术支撑

（十六）优化技术导则体系

加强环评技术导则体系顶层设计。建立以改善环境质量为核心的源强、要素、专题技术导则体系。修订《环境影响评价技术导则　总纲》《规划环境影响评价技术导则　总纲》。建立技术导则实施效果评估与反馈机制，定期对现行技术导则的适用性、有效性、可操作性进行跟踪评估，并开展滚动修订。

（十七）加强技术评估队伍建设

发挥技术评估重要作用。编制环境影响报告书（表）的建设项目应开展技术评估。加强环评专家队伍建设，实现国家和地方专家库共享。改进技术评估方式、方法，完善专家随机抽取机制，建立专家信用档案。将技术评估相关事项纳入政府购买服务范围。

（十八）加大基础性科研力度

加强环评重大宏观政策、基础理论及技术方法研究。强化国家环评重点实验室能力建设。开展环境影响评价模型标准化建设。开展涉及改善环境质量的环评基础性问题及关键技术研究。加强环评领域前沿科学国际合作研究。引进国际先进环评技术方法并开展本地化应用。

广泛动员社会科研力量参与环评研究。强化人才培养机制，打造具有创新力和影响力的环评科研团队。联合技术能力强、研究基础好的高校和科研院所，建立国家环评技术研发和应用创新平台，全面推进环评技术创新、能力建设和应用示范工作。

国家发展改革委 国家能源局关于进一步做好煤电行业淘汰落后产能工作的通知

发改能源〔2016〕855号

各省、自治区、直辖市、新疆生产建设兵团发展改革委（经信委、工信委、工信厅）、能源局、国家能源局各派出机构，国家电网公司、南方电网公司，华能、大唐、华电、国电、国电投集团公司，神华集团、国投公司、华润集团：

"十二五"以来，国家加强火电行业淘汰落后产能工作力度，累计淘汰能耗高、污染重的火电机组约2 800万千瓦，超额完成"十二五"2 000万千瓦的目标，电力行业结构调整取得显著成效。按照党中央、国务院决策部署，抓住当前电力供需形势较为宽松的有利时机，加快淘汰煤电行业落后产能，促进我国煤电行业转型升级、结构优化，不断提升高效清洁发展水平，对于保障我国能源安全、促进生态文明建设具有重要意义。现就进一步做好"十三五"期间煤电行业淘汰落后产能工作通知如下：

一、淘汰标准

（一）符合下列条件之一，且不具备供热改造条件的机组：

1. 单机5万千瓦及以下的纯凝煤电机组；

2. 大电网覆盖范围内，单机10万千瓦及以下的纯凝煤电机组；

3. 大电网覆盖范围内，单机20万千瓦及以下设计寿命期满的纯凝煤电机组；

（二）改造后供电煤耗仍达不到《常规燃煤发电机组单位产品能源消耗限额》（GB 21258—2013）规定的机组（不含超（超）临界机组）；

（三）污染物排放不符合国家环保要求且不实施环保改造的煤电机组，特别是单机30万千瓦以下，运行满20年的纯凝机组和运行满25年的抽凝热电机组。

二、政策措施

（一）机组关停容量滚动纳入本省电力电量平衡，在符合产业政策的情况下，可按等容量替代原则新建煤电项目。结合煤电建设风险预警情况，对于经电力电量平衡测算存在电力盈余的省（区、市），暂缓安排等容量替代新建煤电项目。

不参与等容量替代新建煤电项目的机组，关停后可在一定期限内（最多不超过3年，并与当地电力体制改革工作做好衔接）享受发电权，并可通过发电权交易转让获得一定经济补偿。具体办法由各省（区、市）自行制定，报国家发展改革委、国家能源局备案。

（二）承担供热任务的抽凝煤电机组关停后，原则上不再新建抽凝煤电机组，原供热任务通过建设背压机组等方式解决。

（三）企业自备电厂机组要按照《关于加强和规范燃煤自备电厂监督管理的指导意见》等要求，积极推行升级改造。机组符合相关淘汰标准的，由地方政府予以淘汰关停，企业供热需求通过建设背压机组等方式解决，差额电力需求采用发电权交易等市场化方式解决。

（四）鼓励运行未满15年且具备改造条件的纯凝煤电机组改造为符合产业政策的热电联产机组，当地系统调峰能力不足的，要同步安装蓄热装置，避免增加系统调峰压力。

三、工作要求

（一）各省（区、市）要在确保供电、供热及人员妥善安置的前提下，商发电企业、电网企业及地方政府，尽快制订本地区“十三五”煤电淘汰落后产能计划，落实到具体企业和机组，向社会公布并组织实施。于2016年5月20日前将本省（区、市）“十三五”煤电淘汰落后产能计划表报送至国家发展改革委、国家能源局。

（二）对应关停而拒不关停的煤电机组，各省（区、市）有关部门可责令其立即关停，并暂停该企业新建煤电项目的资格，直至完成关停任务；对弄虚作假逃避关停或关停后易地建设的机组，一经查实，应责令其立即关停并予以拆除，同时追究相关人员的责任。

（三）到期应关停的机组，国家能源局派出机构要及时撤销其电力业务许可证，电网企业及相关单位应将其解网，不得再收购其发电，电力调度机构不得调度其发电；机组关停后应就地报废，不得转供电或解列运行，不得易地建设。

（四）发电企业是煤电机组关停工作的责任主体，应按照各省（区、市）煤电机组关停计划，对本企业所属机组实施关停，制订职工安置方案，并妥善处理善后事宜。

特此通知。

附件：“十三五”××省（区、市）煤电淘汰落后产能计划表

国家发展改革委

国家能源局

2016年4月18日

附件

“十三五”____省（区、市）煤电淘汰落后产能计划表

淘汰年份	序号	电厂名称	机组编号	机组容量（万千瓦）	电厂类型		供电标准煤耗（克/千瓦时）	近三年实际耗标煤量平均值（万吨/年）	烟尘、二氧化硫与氮氧化物排放浓度（毫克/立方米）	是否并网	机组运行起止时间（××年××月—××年××月）	机组设计寿命（年）	所在地市	主要控股方	备注
					公用A/自备B	纯凝A/抽凝B/背压C									
	1	××××电厂													
	2	××××电厂													
总计				××											

关于以改善环境质量为核心加强环境影响评价管理的通知

环环评〔2016〕150号

各省、自治区、直辖市环境保护厅（局），新疆生产建设兵团环境保护局：

为适应以改善环境质量为核心的环境管理要求，切实加强环境影响评价（以下简称环评）管理，落实“生态保护红线、环境质量底线、资源利用上线和环境准入负面清单”（以下简称“三线一单”）约束，建立项目环评审批与规划环评、现有项目环境管理、区域环境质量联动机制（以下简称“三挂钩”机制），更好地发挥环评制度从源头防范环境污染和生态破坏的作用，加快推进改善环境质量，现就有关事项通知如下：

一、强化“三线一单”约束作用

（一）生态保护红线是生态空间范围内具有特殊重要生态功能必须实行强制性严格保护的区域。相关规划环评应将生态空间管控作为重要内容，规划区域涉及生态保护红线的，在规划环评结论和审查意见中应落实生态保护红线的管理要求，提出相应对策措施。除受自然条件限制、确实无法避让的铁路、公路、航道、防洪、管道、干渠、通信、输变电等重要基础设施项目外，在生态保护红线范围内，严控各类开发建设活动，依法不予审批新建工业项目和矿产开发项目的环评文件。

（二）环境质量底线是国家和地方设置的大气、水和土壤环境质量目标，也是改善环境质量的基准线。有关规划环评应落实区域环境质量目标管理要求，提出区域或者行业污染物排放总量管控建议以及优化区域或行业发展布局、结构和规模的对策措施。项目环评应对照区域环境质量目标，深入分析预测项目建设对环境质量的影响，强化污染防治措施和污染物排放控制要求。

（三）资源是环境的载体，资源利用上线是各地区能源、水、土地等资源消耗不得突破的“天花板”。相关规划环评应依据有关资源利用上线，对规划实施以及规划内项目的资源开发利用，区分不同行业，从能源资源开发等量或减量替代、开采方式和规模控制、利用效率和保护措施等方面提出建议，为规划编制和审批决策提供重要依据。

（四）环境准入负面清单是基于生态保护红线、环境质量底线和资源利用上线，以清单方式列出的禁止、限制等差别化环境准入条件和要求。要在规划环评清单式管理试点的基础上，从布局选址、资源利用效率、资源配置方式等方面入手，制定环境准入负面清单，充分发挥负面清单对产业发展和项目准入的指导和约束作用。

二、建立“三挂钩”机制

（五）加强规划环评与建设项目环评联动。规划环评要探索清单式管理，在结论和审查意见中明确“三线一单”相关管控要求，并推动将管控要求纳入规划。规划环评要作为规划所包含项目环评的重要依据，对于不符合规划环评结论及审查意见的项目环评，依法不予审批。规划所包含项目的环评内容，应当根据规划环评结论和审查意见予以简化。

（六）建立项目环评审批与现有项目环境管理联动机制。对于现有同类型项目环境污染或生态破坏严重、环境违法违规现象多发，致使环境容量接近或超过承载能力的地区，在现有问题整改到位前，依法暂停审批该地区同类行业的项目环评文件。改建、扩建和技术改造项目，应对现有工程的环境保护措施及效果进行全面梳理；如现有工程已经造成明显环境问题，应提出有效的整改方案和“以新带老”措施。

（七）建立项目环评审批与区域环境质量联动机制。对环境质量现状超标的地区，项目拟采取的措施不能满足区域环境质量改善目标管理要求的，依法不予审批其环评文件。对未达到环境质量目标考核要求的地区，除民生项目与节能减排项目外，依法暂停审批该地区新增排放相应重点污染物的项目环评文件。严格控制在优先保护类耕地集中区域新建有色金属冶炼、石油加工、化工、焦化、电镀、制革等项目。

三、多措并举清理和查处环保违法违规项目

（八）各省级环保部门要落实“三个一批”（淘汰关闭一批、整顿规范一批、完善备案一批）的要求，加大“未批先建”项目清理工作的力度。要定期开展督查检查，确保 2016 年 12 月 31 日前全部完成清理工作。从 2017 年 1 月 1 日起，对“未批先建”项目，要严格依法予以处罚。对“久拖不验”的项目，要研究制定措施予以解决，对造成严重环境污染或生态破坏的项目，要依法予以查处；对拒不执行的要依法实施“按日计罚”。

四、“三管齐下”切实维护群众的环境权益

（九）严格建设项目全过程管理。加强对在建和已建重点项目的事中事后监管，严格依法查处和纠正建设项目违法违规行为，督促建设单位认真执行环保“三同时”制度。对建设项目环境保护监督管理信息和处罚信息要及时公开，强化对环保严重失信企业的惩戒机制，建立健全建设单位环保诚信档案和黑名单制度。

（十）深化信息公开和公众参与。推动地方政府及有关部门依法公开相关规划和项目选址等信息，在项目前期工作阶段充分听取公众意见。督促建设单位认真履行信息公开主体责任，完整客观地公开建设项目环评和验收信息，依法开展公众参与，建立公众意见收集、采纳和反馈机制。对建设单位在项目环评中未依法公开征求公众意见，或者对意见采纳情况未依法予以说明的，应当责成建设单位改正。

（十一）加强建设项目环境保护相关科普宣传。推动地方政府及有关部门、建设单位创新宣传方式，让建设项目环境保护知识进学校、进社区、进家庭。鼓励建设单位用“请进来、走出去”的方式，让广大人民群众切身感受建设项目环境保护的成功范例，增进了解和信任。对本地区出现的建设项目相关环境敏感突发事件，要协同有关部门主动发声，及时回应社会关切。

以改善环境质量为核心加强环评管理，是深化环评制度改革的重要举措，是今后相当一段时期环评领域的重点任务。各级环保部门要切实提高认识，高度重视，加强领导，明确责任，强化能力建设，抓好落实，创新管理的方式方法，不断把环评工作推向新的阶段。

环境保护部

2016 年 10 月 26 日

国家发展改革委 国家能源局
关于印发促进生物质能供热发展指导意见的通知

发改能源〔2017〕2123 号

各省、自治区、直辖市、新疆生产建设兵团发展改革委（能源局），中国光大集团、中节能集团、中广核集团，水电总院、电规总院，中国生物质能联盟：

生物质能供热是绿色低碳清洁经济的可再生能源供热方式，是替代县域及农村燃煤供热的重要措施。为全面贯彻落实党的十九大精神，以习近平新时代中国特色社会主义思想为指导，按照中央财经领导小组第 14 次会议关于清洁供热的要求，加快发展生物质能供热，有效应对大气污染和治理雾霾，我们制定了《关于促进生物质能供热发展的指导意见》，现印发你们，请在工作中参考，及时总结经验，遇有重大问题及时上报。

联系人及联系方式：

国家能源局新能源司　韩江舟　方竹　010-68555044

附件：关于促进生物质能供热发展的指导意见

国家发展改革委

国家能源局

2017 年 12 月 6 日

附件

关于促进生物质能供热发展的指导意见

生物质能供热绿色低碳、经济环保，是重要的清洁供热方式，为中小型区域提供清洁供暖和工业蒸汽，直接在用户侧替代化石能源。为全面贯彻落实党的十九大精神，以习近平新时代中国特色社会主义思想为指导，按照中央财经领导小组第 14 次会议关于清洁供热的要求，推动生物质能供热发展，减少县域及农村燃煤供热，促进大气污染防治和雾霾治理，现提出以下意见。

一、发展生物质能供热的重要意义

生物质能供热主要包括生物质热电联产和生物质锅炉供热，布局灵活，适用范围广，适合城镇民用清洁供暖以及替代中小型工业燃煤燃油锅炉。我国农作物秸秆及农产品加工剩余物、林业剩余物等生物质资源丰富，每年可供能源化利用约 4 亿吨标煤，发展生物质能供热具有较好的资源条件。

生物质能供热就地收集原料、就地加工转化、就近消费，构建城镇分布式清洁供热体系，既减少了农村秸秆露天焚烧，又提供清洁热力，带动生物质能转型升级。我国中小型燃煤供热锅炉数量较多，清洁替代任务较重。生物质能供热在终端消费环节直接替代燃煤，有较大的发展空间。

生物质能供热发展还处在初期，市场培育不完善，产业体系不健全，政策支持不够。为有效治理农村散煤污染，以及为新型城镇化建设提供清洁供热，应加大支持力度，加快生物质能供热产业化发展，形成清洁供热能力，在县域规模化替代燃煤供热。

二、总体要求

（一）指导思想

全面贯彻落实党的十九大精神，以习近平新时代中国特色社会主义思想为指导，将生物质能供热作为应对大气污染的重要措施，作为绿色低碳新型城镇化建设的重要内容，发挥市场机制作用，加大政策支持力度，加快生物质能供热在区域民用供暖和中小型工业园区供热中的应用，构建分布式绿色低碳清洁环保供热体系，在消费侧直接替代化石能源供热，有效治理雾霾，应对气候变化，促进生态文明建设。

（二）基本原则

统筹兼顾、因地制宜。根据大气污染防治和新型城镇化进程，统筹全面淘汰存量散煤以及为新增用户清洁供热，统筹资源、市场、经济性等，根据南北方气候差异等不同条件，因地制宜确定民用供暖、工业供热及制冷发展重点，建立区域清洁能源供热体系。

市场驱动、政策支持。发挥市场配置资源决定性作用，破除市场壁垒，充分考虑环境成本，推进生物质能供热与其他能源平等竞争。以市场为导向，依靠科技进步、提高效率、降低成本，不断提升竞争力。完善政策体系，加强引导扶持，支持扩大应用。

清洁利用、绿色低碳。在原料运输、储存、加工、工程建设、项目运行等各环节加强环境保护工作。采用先进锅炉燃烧及污染物控制技术。通过产业化商业化供热，对秸秆进行规模化消纳利用，带动秸秆禁烧和秸秆资源化利用，促进环境保护。

循环发展、扩大规模。打通产业链，完善产业体系，实现农林业-资源综合利用-清洁供热循环发展。积极拓展市场空间，创新商业模式，培育发展壮大生物质能供热企业，推动规模化专业化市场化发展，尽快形成战略性新兴产业。

部分替代、局部主导。发挥生物质能供热环保和经济优势，在具备竞争优势的中小工业园区热力市场，以及缺乏大型化石能源热电联产项目的县城及农村，加快普及应用，在终端供热消费领域替代化石能源，在局部地区形成生物质能供热主导地位。

（三）发展目标

把扩大市场应用、加快形成产业作为发展生物质能供热的基本立足点，构建有利于生物质能供热应用的市场环境和政策环境，建立资源收集、热力生产和服务一体化规模化专业化市场化绿色低碳清洁供热体系。

到 2020 年，生物质热电联产装机容量超过 1 200 万千瓦，生物质成型燃料年利用量约 3 000 万吨，生物质燃气（生物天然气、生物质气化等）年利用量约 100 亿立方米，生物质能供热合计折合供暖面积约 10 亿平方米，年直接替代燃煤约 3 000 万吨。到 2035 年，生物质热电联产装机容量超过 2 500 万千瓦，生物质成型燃料年利用量约 5 000 万吨，生物质燃气年利用量约 250 亿立方米，生物质能供热合计折合供暖面积约 20 亿平方米，年直接替代燃煤约 6 000 万吨。

到 2020 年，形成以生物质能供热为特色的 200 个县城、1 000 个乡镇，以及一批中小工业园区。打造生物质能供热新兴产业，产业体系比较完善，生物质能供热技术水平和装备制造能力显著提高，形成一批技术创新能力较强、市场规模较大的新型企业。到 2035 年，生物质能供热在具备资源条件的地区实现普及应用。

三、大力发展生物质热电联产

加快生物质发电向热电联产转型升级，提高能源利用效率和综合效益，构建区域清洁供热体系，为具备资源条件的县城、建制镇提供民用供暖，以及为中小工业园区集中供热，直接在消费侧替代燃煤供热，促进大气污染治理。

（一）大力发展县域农林生物质热电联产。新建农林生物质发电项目实行热电联产，落实当地县域供热负荷，采取加装生物质锅炉等方式满足清洁供暖需求，为300万平方米以下县级区域供暖。“十三五”时期，形成一批以农林生物质热电联产为特色的县城，大幅度减少当地燃煤消费，建立低碳供热示范区。

（二）稳步发展城镇生活垃圾焚烧热电联产。在做好环保、选址及社会稳定风险评估的前提下，因地制宜，在大中城市及人口密集、具备条件的县城，依托当地热负荷，稳步推进城镇生活垃圾焚烧热电联产项目建设。“十三五”时期生活垃圾焚烧热电联产形成一批示范项目。

（三）加快常规生物质发电项目供热改造。对已投产的农林生物质纯发电项目，采取低真空循环水、抽汽外供蒸汽、吸收式热泵等方式进行供热技术改造，为周边供热。因地制宜推进生活垃圾焚烧发电项目供热改造。沼气发电尽量为周围供热，提高能源利用效率。

（四）推进小火电改生物质热电联产，建设区域综合清洁能源系统。在资源丰富地区，实施燃料替代和电量替代，将具备条件的小型煤电改为生物质热电联产项目，并结合热泵、蓄热装置、太阳能供暖、能源互联网等，建设区域综合清洁能源系统，为中小城镇和工商业设施提供热电冷综合能源服务。

（五）加快生物质热电联产技术进步。加强对生物质锅炉、辅机和上料系统等关键设备研发，推广高参数锅炉。应用垃圾焚烧处理新技术。推进智能化供热计量、监控和管理，建立适应资源和负荷特性的运行机制。农林生物质热电联产项目严禁掺烧煤炭等化石能源，环保设施稳定运行，确保达标排放。

四、加快发展生物质锅炉供热

加快发展以农林生物质、生物质成型燃料、生物质燃气等为燃料的生物质锅炉供热，为城镇中小区域集中供热或点对点供热，有效替代农村散煤。

（一）大力推进城镇生物质成型燃料锅炉民用供暖。结合新型城镇化进程，在北方地区县域学校、医院、宾馆、写字楼等公共设施和商业设施，以及农村城镇等人口聚集区，加快发展生物质成型燃料锅炉点对点或区域集中供热。因地制宜推广农村户用成型燃料炉具。

（二）加快推进生物质成型燃料锅炉工业供热。在中小工业园区以及天然气管网覆盖不到的工业区，积极推广生物质成型燃料锅炉供热，重点是建设10蒸吨/小时以上的大型先进低排放生物质锅炉，为工业用户提供清洁经济的工业蒸汽，降低制造业、特别是中小企业用热成本。

（三）积极推进生物质燃气清洁供热。加快发展以畜禽粪便、秸秆等为原料发酵制取沼气，以及提纯形成生物天然气。推进生物天然气作为锅炉燃料或并入城镇燃气管网为城镇供热。推动大中型沼气工程为周边居民供气，提升燃气普遍服务水平。加快生物质气化技术进步，以生物质燃气为锅炉燃料实现清洁供热。

（四）形成专业化市场化生物质锅炉供热商业模式。以市场为导向，加快形成投资、建设、运营、服务一体化生物质锅炉供热可持续商业模式。由专业企业投资建设生物质锅炉供热项目，为用户提供热力服务，形成以分布式可再生能源热力服务为特征的生物质锅炉供热新兴产业。

（五）建立分布式生产消费体系。根据生物质资源条件，建立包括原料收集、加工转化、运输、工程建设、热力服务等在内的分布式生物质能供热生产消费体系。小规模、多点布局，在稳定可靠的原料收集体系基础上，建设规模适宜的成型燃料或生物质燃气生产基地。

（六）提高环保水平。生物质锅炉严禁掺烧煤炭等化石能源。按照有关规定配备袋式除尘器等烟气处理设施，安装运行烟气排放连续自动监测系统，生物质锅炉污染物排放应满足国家或地方大气污染物排放标准，达到燃气锅炉排放水平。推进以农林生物质散料为燃料的生物质锅炉示范建设，提高环保排放水平。

五、完善政策措施

（一）加强组织领导。各级能源主管部门将生物质能供热作为大气污染防治和清洁供热的重要措施，与治理散煤、“煤改气”“煤改电”等一起纳入工作部署和计划，加强组织领导和统筹协调，特别是在县域供暖及中小工业园区清洁供热、替代散煤工作中明确生物质能供热的目标、任务和措施。

（二）强化规划指导。各省（区、市）能源主管部门编制生物质发电规划，合理布局农林生物质和城镇生活垃圾焚烧热电联产项目，加强与相关规划的衔接。在汇总各省（区、市）规划基础上编制全国生物质发电规划。申请国家可再生能源基金补贴的热电联产项目，应纳入国家及省级规划。

（三）示范带动，全面推进。2017 年在东北、华北等北方地区以及京津冀大气污染传输通道“2+26”个重点城市组织县域生物质能供热示范建设，在南方地区组织生物质能工业供热示范，示范带动、全面推进生物质能在区域清洁供热中的应用，加快产业化发展步伐。

（四）完善支持政策。生物质能供热在锅炉置换、终端取暖补贴、供热管网补贴等方面享受与“煤改气”“煤改电”相同的支持政策，电价按《国家发展改革委关于印发北方地区清洁供暖价格政策意见的通知》（发改价格〔2017〕1684 号）中有关规定执行。国家可再生能源电价附加补贴资金优先支持生物质热电联产项目。按照有关规定，生物质热电联产以及成型燃料生产和供热等享受国家税收优惠政策，原料收集加工机械纳入国家农机具补贴范围。

（五）支持参与电力体制改革。发挥生物质热电联产运行方式灵活的优势，积极支持参与电力市场交易和备用、调频等辅助服务交易。鼓励项目法人成立售电公司，从事市场化售电业务，并为周边用户提供冷热电、合同能源管理等综合能源服务。支持参与分布式发电市场化交易，向配电网内用户售电。

（六）加强监督管理。各省（区、市）能源主管部门将生物质能供热纳入能源管理体系，完善项目管理和技术管理，建立供热信息统计和监测评价体系。国家能源局组织制定生物质热电联产技术规范。配合环境保护部门加强生物质热电联产和锅炉供热项目大气污染物排放监管，制定生物质锅炉污染物排放国家或地方标准，建立完善环保监测体系。

（七）加强产业体系建设。适应各地不同情况，支持企业建立生物质原料专业化收集体系，提高资源保障程度。建立包括成型燃料产品、加工设备、专用锅炉和工程建设在内的生物质成型燃料供热标准体系。积极培育发展大型专业化生物质能供热企业，提高产业技术水平，促进生物质能供热产业化可持续健康发展。

（八）加强宣传工作。各省（区、市）能源主管部门要加强生物质能供热的宣传，提高社会公众认识，特别是在项目选址、环境影响评价及社会稳定风险评估等方面，指导项目所在地方依法做好公众沟通、舆论引导等相关工作，为生物质能供热创造较好的社会环境。

国家能源局综合司关于开展生物质热电联产县域清洁供热示范项目建设的通知

国能综通新能〔2017〕65号

各省（区、市）及新疆生产建设兵团发展改革委（能源局），水电水利规划设计总院，生物质能联盟：

为落实中央财经领导小组第14次会议精神，推进区域清洁能源供热，减少县域（县城及农村）燃煤消费，有效防治大气污染和治理雾霾，现组织开展生物质热电联产县域清洁供热示范项目建设。有关事项通知如下：

一、示范建设目的

当前大气污染和雾霾形势严峻，县域燃煤消费是主要的污染源。生物质热电联产是重要的区域清洁供热方式，为中小型区域提供清洁供暖和工业蒸汽，直接在用户侧替代燃煤，是治理县域燃煤污染的重要举措。我国生物质资源丰富，分布较广，生物质热电联产发展空间较大。

生物质热电联产县域清洁供热示范项目建设的主要目的是：探索生物质热电联产在县域清洁供热中的定位和作用、技术经济性和绿色低碳环保特性，特别是在用户侧直接替代燃煤的能力和效果，为治理县域散煤、特别是农村散煤开辟新路子；形成一批以生物质热电联产清洁供热为主的县城、乡镇及中小工业园区；为探索生物质发电全面转向热电联产道路、完善生物质热电联产政策措施提供依据。

二、示范项目条件

示范项目须为农林生物质热电联产或城镇生活垃圾焚烧热电联产新建项目或技改项目，民用负荷为县城（或地级市辖区）、人口较多的乡镇，工业负荷为县级行政区工业园区。具体条件如下：

（一）新建项目须符合《国家能源局关于可再生能源发展“十三五”规划实施指导意见》（国能发新能〔2017〕31号）及本省（区、市）生物质发电规划；

（二）示范项目应在2019年采暖季前建成（或完成技改），配套热网应同步建成，开始供热；

（三）示范项目以民用采暖为主的，县城采暖面积不小于20万平方米，单个乡镇（或独立的工商业设施等）采暖面积不小于2万平方米，采暖季热电比不小于100%；以工业热负荷为主的，年平均热电比不小于100%；

（四）示范项目应满足污染物排放控制及其他要求。

三、示范项目申报

请各省（区、市）及新疆生产建设兵团发展改革委（能源局）根据国能发新能〔2017〕31号及本地区生物质发电“十三五”规划或规划实施计划，按照示范项目条件组织申报示范项目，上报生物质热电联产县域清洁供热示范项目建设申请文件（大纲见附件）。请生物质能联盟动员行业力量，配合各地能源主管部门组织技改示范项目申报。国家能源局在各省（区、市）上报项目基础上汇总审查后下达示范项目计划，组织实施示范建设。各省（区、市）能源主管部门组织对示范新建项目优先核准，示范项目享受各地清洁供热支持政策，建成后优先获得国家可再生能源发电补贴。

请各省（区、市）发展改革委（能源局）按照上述要求组织示范项目建设，于9月15日前上报生物质热电联产县域清洁供热示范项目建设申请文件。

联系人及联系方式：韩江舟 方竹 010-68555044 5019（传真）

邮箱：nongnengchunea@163.com

附件：生物质热电联产县域清洁供热示范项目建设申请文件编制大纲

国家能源局综合司

2017 年 8 月 4 日

附件

生物质热电联产县域清洁供热示范项目建设申请文件编制大纲

一、本省（区、市）县域供热总体现状

本省（区、市）县域（县城及农村）热负荷情况和供热需求量，县域燃煤供热等；县域天然气管网基础设施情况；县域供热项目建设补贴政策和价格政策。

二、本省（区、市）县域供热存在问题和困难

本省（区、市）县域燃煤、特别是散煤，造成的环境污染；县域民用供暖和工业供热利用其他清洁能源替代燃煤供热的经济性比较等。

三、申报总体情况

本省（区、市）申报生物质热电联产县域清洁供热示范项目的数量、总装机容量、预计年总供热量和年总发电量、总投资、年消耗农林生物质或垃圾总量、替代燃煤锅炉总量等，填写附件 1。

四、分项目情况

逐个项目进行介绍，包括项目基本情况、供热特性等，填写附件 2。

五、保障措施

提出推进示范项目建设的措施，包括在锅炉置换、取暖补贴、管网建设等方面享受地方支持政策等。

附件：1. _____省（区、市）生物质热电联产县域清洁供热示范项目统计表

2._____生物质热电联产县域清洁供热示范项目表

附件 1

____省（区、市）生物质热电联产县域清洁供热示范项目统计表

序号	项目名称	项目单位	项目所在地（区县）	投资（万元）	建设类型（新建/技改）	装机容量（万千瓦）	最大供热能力（蒸吨/小时）	预计年总供热量（万吉焦）	民用采暖面积（万平方米）	年工业供热量（万吉焦）	预计年发电量（万千瓦时）	采暖季或年平均热电比	年消耗农林生物质或生活垃圾量（万吨）	替代燃煤标煤量（万吨）	投产（或完成技改）年月	核准年月
一、农林生物质热电联产																
1																
2																
3																
4																
……	……	……	……													
二、城镇生活垃圾焚烧热电联产																
1																
2																
3																
4																
……	……	……	……	……	……	……	……	……	……	……	……	……	……	……	……	……
合计																

附件 2

____生物质热电联产县域清洁供热示范项目表

一、项目基本情况			
项目名称		项目单位	
隶属集团		项目所在地（县/镇/村）	
核准年月或拟核准年月		核准文号（已核准项目填写）	
投产（或完成技改）年月		总投资（万元）	
单位投资（万元/千瓦）			
二、项目供热工程建设补贴和价格			
供热工程政府建设补贴（万元）		工业供热价格（品种和单价）	例如：××MPa、××℃蒸汽：××元/GJ 或 t；热水：××元/吨
居民采暖价格（元/平方米）		非居民采暖价格（元/平方米）	
三、项目技术条件			
建设类型（新建/技改）		装机容量（万千瓦）	
锅炉燃烧类型（炉排炉、流化床等）		机组类型（抽凝式、背压式等）	
供热介质		机组冷却方式	
最大供热能力（蒸吨/小时）		预计年供热量（万吉焦）	
其中年工业供热量（万吉焦）		民用采暖面积（万平方米）	
采暖季热电比或年平均热电比	民用采暖为主的填写： 采暖季热电比××%； 工业供热为主的填写： 年平均热电比××%	预计年发电量（万千瓦时）	
四、项目热负荷			
（一）民用采暖			
供暖负荷名称 1（如：A 县城）	供暖面积**万平方米	供暖负荷名称 2	供暖面积**万平方米
供暖负荷名称 3	供暖面积**万平方米	供暖负荷名称 4	供暖面积**万平方米
……	……	……	……
（二）工业供热			
工业负荷名称 1（如：B 工业园区）	年工业供热量**（万吉焦）	工业负荷名称 2	年工业供热量**（万吉焦）
工业负荷名称 3	年工业供热量**（万吉焦）	工业负荷名称 4	年工业供热量**（万吉焦）
……	……	……	……
五、项目环保			
年消耗农林生物质或垃圾量（万吨）		替代燃煤锅炉量（蒸吨）	
年替代燃煤标煤量（万吨）			

注：每个示范项目均需填写本表。

建设项目环境影响评价分类管理名录（节选）

（2017 年 6 月 29 日环境保护部令第 44 号公布　根据 2018 年 4 月 28 日生态环境部令第 1 号《关于修改〈建设项目环境影响评价分类管理名录〉部分内容的决定》修正）

第一条　为了实施建设项目环境影响评价分类管理，根据《中华人民共和国环境影响评价法》第十六条的规定，制定本名录。

第二条　根据建设项目特征和所在区域的环境敏感程度，综合考虑建设项目可能对环境产生的影响，对建设项目的环境影响评价实行分类管理。

建设单位应当按照本名录的规定，分别组织编制建设项目环境影响报告书、环境影响报告表或者填报环境影响登记表。

第三条　本名录所称环境敏感区是指依法设立的各级各类保护区域和对建设项目产生的环境影响特别敏感的区域，主要包括生态保护红线范围内或者其外的下列区域：

（一）自然保护区、风景名胜区、世界文化和自然遗产地、海洋特别保护区、饮用水水源保护区；

（二）基本农田保护区、基本草原、森林公园、地质公园、重要湿地、天然林、野生动物重要栖息地、重点保护野生植物生长繁殖地、重要水生生物的自然产卵场、索饵场、越冬场和洄游通道、天然渔场、水土流失重点防治区、沙化土地封禁保护区、封闭及半封闭海域；

（三）以居住、医疗卫生、文化教育、科研、行政办公等为主要功能的区域，以及文物保护单位。

第四条　建设单位应当严格按照本名录确定建设项目环境影响评价类别，不得擅自改变环境影响评价类别。

环境影响评价文件应当就建设项目对环境敏感区的影响作重点分析。

第五条　跨行业、复合型建设项目，其环境影响评价类别按其中单项等级最高的确定。

第六条　本名录未作规定的建设项目，其环境影响评价类别由省级生态环境主管部门根据建设项目的污染因子、生态影响因子特征及其所处环境的敏感性质和敏感程度提出建议，报生态环境部认定。

第七条　本名录由生态环境部负责解释，并适时修订公布。

第八条　本名录自 2017 年 9 月 1 日起施行。2015 年 4 月 9 日公布的原《建设项目环境影响评价分类管理名录》（环境保护部令 第 33 号）同时废止。

环评类别 \ 项目类别		报告书	报告表	登记表	本栏目环境敏感区含义
三十一、电力、热力生产和供应业					
87	火力发电（含热电）	除燃气发电工程外的	燃气发电	—	
88	综合利用发电	利用矸石、油页岩、石油焦等发电	单纯利用余热、余压、余气（含煤层气）发电	—	
89	火力发电	总装机 1 000 千瓦及以上；抽水蓄能电站，涉及环境敏感区的	其他	—	第三条（一）中的全部区域；第三条（二）中的重要水生生物的自然产卵场、索饵场、越冬场和洄游通道
90	生物质发电	生活垃圾、污泥发电	利用农林生物质、沼气发电、垃圾填埋气发电	—	
91	其他能源发电	海上潮汐电站、波浪电站、温差电站等；涉及环境敏感区的总装机容量 5 万千瓦及以上的风力发电	利用地热、太阳能热等发电；地面集中光伏电站（总容量大于 6 000 千瓦，且接入电压等级不小于 10 千伏）；其他风力发电	其他光伏发电	第三条（一）中的全部区域；第三条（二）中的重要水生生物的自然产卵场、索饵场、天然渔场；第三条（三）中的全部区域
92	热力生产和供应工程	燃煤、燃油锅炉总容量 65 吨/小时（不含）以上	其他（电热锅炉除外）	—	
三十二、燃气生产和供应业					
93	煤气生产和供应工程	煤气生产	煤气供应	—	
94	城市天然气供应工程	—	全部	—	

关于发布《建设项目竣工环境保护验收暂行办法》的公告

国环规环评〔2017〕4号

为贯彻落实新修改的《建设项目环境保护管理条例》，规范建设项目竣工后建设单位自主开展环境保护验收的程序和标准，我部制定了《建设项目竣工环境保护验收暂行办法》（以下简称《暂行办法》，见附件），现予公布。

建设项目需要配套建设水、噪声或者固体废物污染防治设施的，新修改的《中华人民共和国水污染防治法》生效实施前或者《中华人民共和国固体废物污染环境防治法》《中华人民共和国环境噪声污染防治法》修改完成前，应依法由环境保护部门对建设项目水、噪声或者固体废物污染防治设施进行验收。

《暂行办法》中涉及的《建设项目竣工环境保护验收技术指南污染影响类》，环境保护部将另行发布。"全国建设项目竣工环境保护验收信息平台"将于2017年12月1日上线试运行，网址为http://47.94.79.251。可以登陆环境保护部网站查询建设项目竣工环境保护验收相关技术规范（kjs.mep.gov.cn/hjbhbz/bzwb/other）。

本公告自发布之日起施行。

特此公告。

附件：建设项目竣工环境保护验收暂行办法

环境保护部

2017年11月20日

附件

建设项目竣工环境保护验收暂行办法

第一章 总 则

第一条 为规范建设项目环境保护设施竣工验收的程序和标准，强化建设单位环境保护主体责任，根据《建设项目环境保护管理条例》，制定本办法。

第二条 本办法适用于编制环境影响报告书（表）并根据环保法律法规的规定由建设单位实施环境保护设施竣工验收的建设项目以及相关监督管理。

第三条 建设项目竣工环境保护验收的主要依据包括：

（一）建设项目环境保护相关法律、法规、规章、标准和规范性文件；

（二）建设项目竣工环境保护验收技术规范；

（三）建设项目环境影响报告书（表）及审批部门审批决定。

第四条 建设单位是建设项目竣工环境保护验收的责任主体，应当按照本办法规定的程序和标准，组织对配套建设的环境保护设施进行验收，编制验收报告，公开相关信息，接受社会监督，确保建设项目需要配套建设的环境保护设施与主体工程同时投产或者使用，并对验收内容、结论和所公开信息的真实性、准确性和完整性负责，不得在验收过程中弄虚作假。

环境保护设施是指防治环境污染和生态破坏以及开展环境监测所需的装置、设备和工程设施等。

验收报告分为验收监测（调查）报告、验收意见和其他需要说明的事项等三项内容。

第二章　验收的程序和内容

第五条　建设项目竣工后，建设单位应当如实查验、监测、记载建设项目环境保护设施的建设和调试情况，编制验收监测（调查）报告。

以排放污染物为主的建设项目，参照《建设项目竣工环境保护验收技术指南　污染影响类》编制验收监测报告；主要对生态造成影响的建设项目，按照《建设项目竣工环境保护验收技术规范　生态影响类》编制验收调查报告；火力发电、石油炼制、水利水电、核与辐射等已发布行业验收技术规范的建设项目，按照该行业验收技术规范编制验收监测报告或者验收调查报告。

建设单位不具备编制验收监测（调查）报告能力的，可以委托有能力的技术机构编制。建设单位对受委托的技术机构编制的验收监测（调查）报告结论负责。建设单位与受委托的技术机构之间的权利义务关系，以及受委托的技术机构应当承担的责任，可以通过合同形式约定。

第六条　需要对建设项目配套建设的环境保护设施进行调试的，建设单位应当确保调试期间污染物排放符合国家和地方有关污染物排放标准和排污许可等相关管理规定。

环境保护设施未与主体工程同时建成的，或者应当取得排污许可证但未取得的，建设单位不得对该建设项目环境保护设施进行调试。

调试期间，建设单位应当对环境保护设施运行情况和建设项目对环境的影响进行监测。验收监测应当在确保主体工程调试工况稳定、环境保护设施运行正常的情况下进行，并如实记录监测时的实际工况。国家和地方有关污染物排放标准或者行业验收技术规范对工况和生产负荷另有规定的，按其规定执行。建设单位开展验收监测活动，可根据自身条件和能力，利用自有人员、场所和设备自行监测；也可以委托其他有能力的监测机构开展监测。

第七条　验收监测（调查）报告编制完成后，建设单位应当根据验收监测（调查）报告结论，逐一检查是否存在本办法第八条所列验收不合格的情形，提出验收意见。存在问题的，建设单位应当进行整改，整改完成后方可提出验收意见。

验收意见包括工程建设基本情况、工程变动情况、环境保护设施落实情况、环境保护设施调试效果、工程建设对环境的影响、验收结论和后续要求等内容，验收结论应当明确该建设项目环境保护设施是否验收合格。

建设项目配套建设的环境保护设施经验收合格后，其主体工程方可投入生产或者使用；未经验收或者验收不合格的，不得投入生产或者使用。

第八条　建设项目环境保护设施存在下列情形之一的，建设单位不得提出验收合格的意见：

（一）未按环境影响报告书（表）及其审批部门审批决定要求建成环境保护设施，或者环境保护设施不能与主体工程同时投产或者使用的；

（二）污染物排放不符合国家和地方相关标准、环境影响报告书（表）及其审批部门审批决定或者重点污染物排放总量控制指标要求的；

（三）环境影响报告书（表）经批准后，该建设项目的性质、规模、地点、采用的生产工艺或者防治污染、防止生态破坏的措施发生重大变动，建设单位未重新报批环境影响报告书（表）或者环境影响报告书（表）未经批准的；

（四）建设过程中造成重大环境污染未治理完成，或者造成重大生态破坏未恢复的；

（五）纳入排污许可管理的建设项目，无证排污或者不按证排污的；

（六）分期建设、分期投入生产或者使用依法应当分期验收的建设项目，其分期建设、分期投入生产或者使用的环境保护设施防治环境污染和生态破坏的能力不能满足其相应主体工程需要的；

（七）建设单位因该建设项目违反国家和地方环境保护法律法规受到处罚，被责令改正，尚未改正完成的；

（八）验收报告的基础资料数据明显不实，内容存在重大缺项、遗漏，或者验收结论不明确、不合理的；

（九）其他环境保护法律法规规章等规定不得通过环境保护验收的。

第九条 为提高验收的有效性，在提出验收意见的过程中，建设单位可以组织成立验收工作组，采取现场检查、资料查阅、召开验收会议等方式，协助开展验收工作。验收工作组可以由设计单位、施工单位、环境影响报告书（表）编制机构、验收监测（调查）报告编制机构等单位代表以及专业技术专家等组成，代表范围和人数自定。

第十条 建设单位在“其他需要说明的事项”中应当如实记载环境保护设施设计、施工和验收过程简况、环境影响报告书（表）及其审批部门审批决定中提出的除环境保护设施外的其他环境保护对策措施的实施情况，以及整改工作情况等。

相关地方政府或者政府部门承诺负责实施与项目建设配套的防护距离内居民搬迁、功能置换、栖息地保护等环境保护对策措施的，建设单位应当积极配合地方政府或部门在所承诺的时限内完成，并在“其他需要说明的事项”中如实记载前述环境保护对策措施的实施情况。

第十一条 除按照国家需要保密的情形外，建设单位应当通过其网站或其他便于公众知晓的方式，向社会公开下列信息：

（一）建设项目配套建设的环境保护设施竣工后，公开竣工日期；

（二）对建设项目配套建设的环境保护设施进行调试前，公开调试的起止日期；

（三）验收报告编制完成后 5 个工作日内，公开验收报告，公示的期限不得少于 20 个工作日。

建设单位公开上述信息的同时，应当向所在地县级以上环境保护主管部门报送相关信息，并接受监督检查。

第十二条 除需要取得排污许可证的水和大气污染防治设施外，其他环境保护设施的验收期限一般不超过 3 个月；需要对该类环境保护设施进行调试或者整改的，验收期限可以适当延期，但最长不超过 12 个月。

验收期限是指自建设项目环境保护设施竣工之日起至建设单位向社会公开验收报告之日止的时间。

第十三条 验收报告公示期满后 5 个工作日内，建设单位应当登录全国建设项目竣工环境保护验收信息平台，填报建设项目基本信息、环境保护设施验收情况等相关信息，环境保护主管部门对上述信息予以公开。

建设单位应当将验收报告以及其他档案资料存档备查。

第十四条 纳入排污许可管理的建设项目，排污单位应当在项目产生实际污染物排放之前，按照国家排污许可有关管理规定要求，申请排污许可证，不得无证排污或不按证排污。建设项目验收报告中与污染物排放相关的主要内容应当纳入该项目验收完成当年排污许可证执行年报。

第三章 监督检查

第十五条 各级环境保护主管部门应当按照《建设项目环境保护事中事后监督管理办法（试行）》等规定，通过“双随机一公开”抽查制度，强化建设项目环境保护事中事后监督管理。要充分依托建设项目竣工环境保护验收信息平台，采取随机抽取检查对象和随机选派执法检查人员的方式，同时结合重点建设项目定点检查，对建设项目环境保护设施“三同时”落实情况、竣工验收等情况进行监督性检查，监督结果向社会公开。

第十六条 需要配套建设的环境保护设施未建成、未经验收或者经验收不合格，建设项目已投入生产或者使用的，或者在验收中弄虚作假的，或者建设单位未依法向社会公开验收报告的，县级以上环境保护主管部门应当依照《建设项目环境保护管理条例》的规定予以处罚，并将建设项目有关环境违法信息及时记入诚信档案，及时向社会公开违法者名单。

第十七条　相关地方政府或者政府部门承诺负责实施的环境保护对策措施未按时完成的，环境保护主管部门可以依照法律法规和有关规定采取约谈、综合督查等方式督促相关政府或者政府部门抓紧实施。

第四章　附　则

第十八条　本办法自发布之日起施行。

第十九条　本办法由环境保护部负责解释。

国家能源局 环境保护部关于开展燃煤耦合生物质发电技改试点工作的通知

国能发电力〔2017〕75号

各省（区、市）发展改革委（经信委、经委、工信厅）、能源局、环境保护厅（局），新疆生产建设兵团发展改革委、环境保护局，国家电网、南方电网公司，华能、大唐、华电、国家能源、国电投集团公司，国投、华润电力公司，电力规划设计总院（国家电力规划研究中心），清华大学、浙江大学、南京林业大学：

为深入贯彻落实党的十九大精神，以习近平新时代中国特色社会主义思想为指导，推进能源生产和消费革命，构建清洁低碳、安全高效的能源体系，持续实施大气污染防治行动，加强固废和垃圾处理，优化资源配置，建设美丽中国，国家能源局、环境保护部决定按照《大气污染防治法》《能源发展“十三五”规划》《电力发展“十三五”规划》相关要求，开展燃煤耦合生物质发电技改试点工作。现将有关事项通知如下：

一、试点目的

2013年以来，国家全面实施煤电行业节能减排升级改造，在全国范围内推广燃煤电厂超低排放要求和新的能耗标准。目前，全国已累计完成煤电超低排放改造5.7亿千瓦、节能改造5.3亿千瓦，接近《全面实施燃煤电厂超低排放和节能改造工作方案》提出的2020年完成5.8亿千瓦和6.3亿千瓦的目标。组织燃煤耦合生物质发电技改试点项目建设，旨在发挥世界最大清洁高效煤电体系的技术领先优势，依托现役煤电高效发电系统和污染物集中治理设施，构筑城乡生态环保平台，兜底消纳农林废弃残余物、生活垃圾以及污水处理厂、水体污泥等生物质资源（属危险废物的除外），破解秸秆田间直焚、污泥垃圾围城等社会治理难题，克服生物质资源能源化利用污染物排放水平偏高的缺点，增加不需要调峰调频调压等配套调节措施的优质可再生能源电力供应，促进电力行业特别是煤电的低碳清洁发展。

二、试点内容

（一）燃煤耦合农林废弃残余物发电技改项目

重点在十三个粮食主产省份，优先选取热电联产煤电机组，布局一批燃煤耦合农林废弃残余物发电技改项目。针对秸秆消纳困难、田间直燃致霾严重地区农林废弃残余物的数量、品种和品质等情况，充分考虑本体机组运行安全、负荷调节、运行效率和经济性等因素，挖掘热力循环系统在耦合环节阶梯利用潜力，合理确定技改项目技术方案。优先采用便于可再生能源电量监测计量的气化耦合方案。鼓励试点项目联产生物炭，并开展炭基肥料还田、活性炭治理修复土壤水体等下游产业利用研究。

（二）燃煤耦合垃圾发电、燃煤耦合污泥发电技改项目

重点在直辖市、省会城市、计划单列市等36个重点城市和垃圾、污泥产生量大，土地利用较困难或空间有限，以填埋处置为主的地区，优先选取热电联产煤电机组，布局燃煤耦合垃圾及污泥发电技改项目。制定运行灵活的耦合工艺方案，充分挖掘煤电机组烟气、蒸汽热力利用潜力，垃圾、污泥全程密闭、干化焚烧，干化产生的水蒸气进行冷凝回收再利用，采取有效措施防止全过程恶臭污染物外泄，恶臭污染物送入锅炉进行高温分解，尽可能减少对机组原有燃煤煤质和制粉系统的影响，降低对煤电机组运行

安全、运行效率、负荷调节和经济性的影响。

三、项目组织

（一）项目申报

各省（区、市）发展改革委（能源局）根据地方相关规划及规划滚动修编计划，统筹考虑本地区生物质资源特点及可持续获得量，征求本地区煤电企业改造意愿，会同环境保护主管部门，开展项目初审和申报工作。项目技术和工程方案、投资经济性测算报告分开编写。试点项目申请报告请于 2018 年 1 月 12 日前报国家能源局。央企所属企业申报试点，需总部同步报试点项目申请报告。

（二）项目确定

国家能源局、环境保护部组织专家审核试点申报项目技术方案的先进性、设备的国产化率、生物质资源的可持续获取量、污染物稳定达标排放的可靠性、经济性测算指标的合理性、项目前期准备情况，以及项目是否具备近期开工条件等。通过审核的项目列为燃煤耦合生物质发电技改试点项目。

（三）项目建设

请各省（区、市）有关主管部门按照《国务院关于促进企业技术改造的指导意见》（国发〔2012〕44 号）相关要求，做好燃煤耦合生物质发电技改试点项目管理工作。项目技改完成后，由省级能源、环境保护主管部门会同相关主管部门，组织专家或委托第三方咨询机构对试点项目进行评估认定并出具意见，上报国家能源局和环境保护部。试点项目要建立和执行有关环境管理制度，开展各类污染物排放自行监测并主动公开监测数据，安装污染物排放在线监控设施，并与当地环境保护主管部门联网，相关污染物排放应符合国家和地方相应排放标准与排污许可要求，并按照有关规定达到超低排放。试点项目应建立生物质资源入厂管理台账，详细记录生物质资源利用量，采用经国家强制性产品认证的计量装置，可再生能源电量计量在线运行监测数值同步传输至电力调度机构，数据留存 10 年。

四、相关政策

（一）技改试点项目生物质能电量电价按国家相关规定执行。

（二）技改试点项目生物质能电量单独计量，由电网企业全额收购。

（三）请各地积极落实技改试点项目享受生物质能电量相关支持政策，因地制宜制定生物质资源消纳处置价格补偿机制，采用政府购买公共服务等多种方式合理补偿生物质资源消纳处置成本并保障企业合理盈利。

（四）积极支持科研院校加快燃煤耦合生物质发电关键技术研究开发、成果转化和标准制定，优先推广应用具有自主知识产权的先进技术和装备。

五、项目监管

（一）国家能源、环境保护主管部门将视情况会同相关主管部门，组织有关单位对燃煤耦合生物质发电技改试点项目进行抽查。对弄虚作假、骗取政策支持的单位，一经查实，将追缴违法违规所得，并依法追究相关人员的责任。

（二）各省（区、市）有关主管部门和国家能源局派出机构共同负责燃煤耦合生物质发电技改试点项目的建设、运营监管工作。

（三）地方环境保护主管部门要加强对燃煤耦合生物质发电技改试点项目大气污染物、废水、重金属达标排放的监督和管理，未达标排放的项目不得享受相关支持政策。

（四）地方能源、环境保护主管部门协调相关部门加强农林废弃残余物田间地头管理，严禁露天焚烧；加强垃圾、污泥填埋监管，加大对不达标垃圾、污泥填埋的处罚力度，坚决关闭不符合国家相关标准和规范的填埋场，加大力度引导填埋垃圾、污泥用于燃煤耦合生物质发电。

联系人及电话：

国家能源局电力司　蒋庭军　010-68555070

环境保护部大气环境管理司　王凤　010-66556285

国家能源局

环境保护部

2017 年 11 月 27 日

中共中央 国务院关于全面加强生态环境保护坚决打好污染防治攻坚战的意见

中发〔2018〕17号

（2018年6月16日）

良好生态环境是实现中华民族永续发展的内在要求，是增进民生福祉的优先领域。为深入学习贯彻习近平新时代中国特色社会主义思想和党的十九大精神，决胜全面建成小康社会，全面加强生态环境保护，打好污染防治攻坚战，提升生态文明，建设美丽中国，现提出如下意见。

一、深刻认识生态环境保护面临的形势

党的十八大以来，以习近平同志为核心的党中央把生态文明建设作为统筹推进“五位一体”总体布局和协调推进“四个全面”战略布局的重要内容，谋划开展了一系列根本性、长远性、开创性工作，推动生态文明建设和生态环境保护从实践到认识发生了历史性、转折性、全局性变化。各地区各部门认真贯彻落实党中央、国务院决策部署，生态文明建设和生态环境保护制度体系加快形成，全面节约资源有效推进，大气、水、土壤污染防治行动计划深入实施，生态系统保护和修复重大工程进展顺利，核与辐射安全得到有效保障，生态文明建设成效显著，美丽中国建设迈出重要步伐，我国成为全球生态文明建设的重要参与者、贡献者、引领者。

同时，我国生态文明建设和生态环境保护面临不少困难和挑战，存在许多不足。一些地方和部门对生态环境保护认识不到位，责任落实不到位；经济社会发展同生态环境保护的矛盾仍然突出，资源环境承载能力已经达到或接近上限；城乡区域统筹不够，新老环境问题交织，区域性、布局性、结构性环境风险凸显，重污染天气、黑臭水体、垃圾围城、生态破坏等问题时有发生。这些问题，成为重要的民生之患、民心之痛，成为经济社会可持续发展的瓶颈制约，成为全面建成小康社会的明显短板。

进入新时代，解决人民日益增长的美好生活需要和不平衡不充分的发展之间的矛盾对生态环境保护提出许多新要求。当前，生态文明建设正处于压力叠加、负重前行的关键期，已进入提供更多优质生态产品以满足人民日益增长的优美生态环境需要的攻坚期，也到了有条件有能力解决突出生态环境问题的窗口期。必须加大力度、加快治理、加紧攻坚，打好标志性的重大战役，为人民创造良好生产生活环境。

二、深入贯彻习近平生态文明思想

习近平总书记传承中华民族传统文化、顺应时代潮流和人民意愿，站在坚持和发展中国特色社会主义、实现中华民族伟大复兴中国梦的战略高度，深刻回答了为什么建设生态文明、建设什么样的生态文明、怎样建设生态文明等重大理论和实践问题，系统形成了习近平生态文明思想，有力指导生态文明建设和生态环境保护取得历史性成就、发生历史性变革。

坚持生态兴则文明兴。建设生态文明是关系中华民族永续发展的根本大计，功在当代、利在千秋，关系人民福祉，关乎民族未来。

坚持人与自然和谐共生。保护自然就是保护人类，建设生态文明就是造福人类。必须尊重自然、顺应自然、保护自然，像保护眼睛一样保护生态环境，像对待生命一样对待生态环境，推动形成人与自然和谐发展现代化建设新格局，还自然以宁静、和谐、美丽。

坚持绿水青山就是金山银山。绿水青山既是自然财富、生态财富，又是社会财富、经济财富。保护生态环境就是保护生产力，改善生态环境就是发展生产力。必须坚持和贯彻绿色发展理念，平衡和处理好发展与保护的关系，推动形成绿色发展方式和生活方式，坚定不移走生产发展、生活富裕、生态良好的文明发展道路。

坚持良好生态环境是最普惠的民生福祉。生态文明建设同每个人息息相关。环境就是民生，青山就是美丽，蓝天也是幸福。必须坚持以人民为中心，重点解决损害群众健康的突出环境问题，提供更多优质生态产品。

坚持山水林田湖草是生命共同体。生态环境是统一的有机整体。必须按照系统工程的思路，构建生态环境治理体系，着力扩大环境容量和生态空间，全方位、全地域、全过程开展生态环境保护。

坚持用最严格制度最严密法治保护生态环境。保护生态环境必须依靠制度、依靠法治。必须构建产权清晰、多元参与、激励约束并重、系统完整的生态文明制度体系，让制度成为刚性约束和不可触碰的高压线。

坚持建设美丽中国全民行动。美丽中国是人民群众共同参与共同建设共同享有的事业。必须加强生态文明宣传教育，牢固树立生态文明价值观念和行为准则，把建设美丽中国化为全民自觉行动。

坚持共谋全球生态文明建设。生态文明建设是构建人类命运共同体的重要内容。必须同舟共济、共同努力，构筑尊崇自然、绿色发展的生态体系，推动全球生态环境治理，建设清洁美丽世界。

习近平生态文明思想为推进美丽中国建设、实现人与自然和谐共生的现代化提供了方向指引和根本遵循，必须用以武装头脑、指导实践、推动工作。要教育广大干部增强“四个意识”，树立正确政绩观，把生态文明建设重大部署和重要任务落到实处，让良好生态环境成为人民幸福生活的增长点、成为经济社会持续健康发展的支撑点、成为展现我国良好形象的发力点。

三、全面加强党对生态环境保护的领导

加强生态环境保护、坚决打好污染防治攻坚战是党和国家的重大决策部署，各级党委和政府要强化对生态文明建设和生态环境保护的总体设计和组织领导，统筹协调处理重大问题，指导、推动、督促各地区各部门落实党中央、国务院重大政策措施。

（一）落实党政主体责任。落实领导干部生态文明建设责任制，严格实行党政同责、一岗双责。地方各级党委和政府必须坚决扛起生态文明建设和生态环境保护的政治责任，对本行政区域的生态环境保护工作及生态环境质量负总责，主要负责人是本行政区域生态环境保护第一责任人，至少每季度研究一次生态环境保护工作，其他有关领导成员在职责范围内承担相应责任。各地要制定责任清单，把任务分解落实到有关部门。抓紧出台中央和国家机关相关部门生态环境保护责任清单。各相关部门要履行好生态环境保护职责，制定生态环境保护年度工作计划和措施。各地区各部门落实情况每年向党中央、国务院报告。

健全环境保护督察机制。完善中央和省级环境保护督察体系，制定环境保护督察工作规定，以解决突出生态环境问题、改善生态环境质量、推动高质量发展为重点，夯实生态文明建设和生态环境保护政治责任，推动环境保护督察向纵深发展。完善督查、交办、巡查、约谈、专项督察机制，开展重点区域、重点领域、重点行业专项督察。

（二）强化考核问责。制定对省（自治区、直辖市）党委、人大、政府以及中央和国家机关有关部门污染防治攻坚战成效考核办法，对生态环境保护立法执法情况、年度工作目标任务完成情况、生态环境质量状况、资金投入使用情况、公众满意程度等相关方面开展考核。各地参照制定考核实施细则。开展领导干部自然资源资产离任审计。考核结果作为领导班子和领导干部综合考核评价、奖惩任免的重要依据。

严格责任追究。对省（自治区、直辖市）党委和政府以及负有生态环境保护责任的中央和国家机关

有关部门贯彻落实党中央、国务院决策部署不坚决不彻底、生态文明建设和生态环境保护责任制执行不到位、污染防治攻坚任务完成严重滞后、区域生态环境问题突出的，约谈主要负责人，同时责成其向党中央、国务院作出深刻检查。对年度目标任务未完成、考核不合格的市、县，党政主要负责人和相关领导班子成员不得评优评先。对在生态环境方面造成严重破坏负有责任的干部，不得提拔使用或者转任重要职务。对不顾生态环境盲目决策、违法违规审批开发利用规划和建设项目的，对造成生态环境质量恶化、生态严重破坏的，对生态环境事件多发高发、应对不力、群众反映强烈的，对生态环境保护责任没有落实、推诿扯皮、没有完成工作任务的，依纪依法严格问责、终身追责。

四、总体目标和基本原则

（一）总体目标。到 2020 年，生态环境质量总体改善，主要污染物排放总量大幅减少，环境风险得到有效管控，生态环境保护水平同全面建成小康社会目标相适应。

具体指标：全国细颗粒物（$PM_{2.5}$）未达标地级及以上城市浓度比 2015 年下降 18%以上，地级及以上城市空气质量优良天数比率达到 80%以上；全国地表水Ⅰ～Ⅲ类水体比例达到 70%以上，劣Ⅴ类水体比例控制在 5%以内；近岸海域水质优良（一、二类）比例达到 70%左右；二氧化硫、氮氧化物排放量比 2015 年减少 15%以上，化学需氧量、氨氮排放量减少 10%以上；受污染耕地安全利用率达到 90%左右，污染地块安全利用率达到 90%以上；生态保护红线面积占比达到 25%左右；森林覆盖率达到 23.04%以上。

通过加快构建生态文明体系，确保到 2035 年节约资源和保护生态环境的空间格局、产业结构、生产方式、生活方式总体形成，生态环境质量实现根本好转，美丽中国目标基本实现。到本世纪中叶，生态文明全面提升，实现生态环境领域国家治理体系和治理能力现代化。

（二）基本原则

——坚持保护优先。落实生态保护红线、环境质量底线、资源利用上线硬约束，深化供给侧结构性改革，推动形成绿色发展方式和生活方式，坚定不移走生产发展、生活富裕、生态良好的文明发展道路。

——强化问题导向。以改善生态环境质量为核心，针对流域、区域、行业特点，聚焦问题、分类施策、精准发力，不断取得新成效，让人民群众有更多获得感。

——突出改革创新。深化生态环境保护体制机制改革，统筹兼顾、系统谋划，强化协调、整合力量，区域协作、条块结合，严格环境标准，完善经济政策，增强科技支撑和能力保障，提升生态环境治理的系统性、整体性、协同性。

——注重依法监管。完善生态环境保护法律法规体系，健全生态环境保护行政执法和刑事司法衔接机制，依法严惩重罚生态环境违法犯罪行为。

——推进全民共治。政府、企业、公众各尽其责、共同发力，政府积极发挥主导作用，企业主动承担环境治理主体责任，公众自觉践行绿色生活。

五、推动形成绿色发展方式和生活方式

坚持节约优先，加强源头管控，转变发展方式，培育壮大新兴产业，推动传统产业智能化、清洁化改造，加快发展节能环保产业，全面节约能源资源，协同推动经济高质量发展和生态环境高水平保护。

（一）促进经济绿色低碳循环发展。对重点区域、重点流域、重点行业和产业布局开展规划环评，调整优化不符合生态环境功能定位的产业布局、规模和结构。严格控制重点流域、重点区域环境风险项目。对国家级新区、工业园区、高新区等进行集中整治，限期进行达标改造。加快城市建成区、重点流域的重污染企业和危险化学品企业搬迁改造，2018 年年底前，相关城市政府就此制定专项计划并向社会公开。促进传统产业优化升级，构建绿色产业链体系。继续化解过剩产能，严禁钢铁、水泥、电解铝、平板玻璃等行业新增产能，对确有必要新建的必须实施等量或减量置换。加快推进危险化学品生产企业搬迁改造工程。提高污染排放标准，加大钢铁等重点行业落后产能淘汰力度，鼓励各地制定范围更广、标准更

严的落后产能淘汰政策。构建市场导向的绿色技术创新体系，强化产品全生命周期绿色管理。大力发展节能环保产业、清洁生产产业、清洁能源产业，加强科技创新引领，着力引导绿色消费，大力提高节能、环保、资源循环利用等绿色产业技术装备水平，培育发展一批骨干企业。大力发展节能和环境服务业，推行合同能源管理、合同节水管理，积极探索区域环境托管服务等新模式。鼓励新业态发展和模式创新。在能源、冶金、建材、有色、化工、电镀、造纸、印染、农副食品加工等行业，全面推进清洁生产改造或清洁化改造。

（二）推进能源资源全面节约。强化能源和水资源消耗、建设用地等总量和强度双控行动，实行最严格的耕地保护、节约用地和水资源管理制度。实施国家节水行动，完善水价形成机制，推进节水型社会和节水型城市建设，到 2020 年，全国用水总量控制在 6 700 亿立方米以内。健全节能、节水、节地、节材、节矿标准体系，大幅降低重点行业和企业能耗、物耗，推行生产者责任延伸制度，实现生产系统和生活系统循环链接。鼓励新建建筑采用绿色建材，大力发展装配式建筑，提高新建绿色建筑比例。以北方采暖地区为重点，推进既有居住建筑节能改造。积极应对气候变化，采取有力措施确保完成 2020 年控制温室气体排放行动目标。扎实推进全国碳排放权交易市场建设，统筹深化低碳试点。

（三）引导公众绿色生活。加强生态文明宣传教育，倡导简约适度、绿色低碳的生活方式，反对奢侈浪费和不合理消费。开展创建绿色家庭、绿色学校、绿色社区、绿色商场、绿色餐馆等行动。推行绿色消费，出台快递业、共享经济等新业态的规范标准，推广环境标志产品、有机产品等绿色产品。提倡绿色居住，节约用水用电，合理控制夏季空调和冬季取暖室内温度。大力发展公共交通，鼓励自行车、步行等绿色出行。

六、坚决打赢蓝天保卫战

编制实施打赢蓝天保卫战三年作战计划，以京津冀及周边、长三角、汾渭平原等重点区域为主战场，调整优化产业结构、能源结构、运输结构、用地结构，强化区域联防联控和重污染天气应对，进一步明显降低 $PM_{2.5}$ 浓度，明显减少重污染天数，明显改善大气环境质量，明显增强人民的蓝天幸福感。

（一）加强工业企业大气污染综合治理。全面整治“散乱污”企业及集群，实行拉网式排查和清单式、台账式、网格化管理，分类实施关停取缔、整合搬迁、整改提升等措施，京津冀及周边区域 2018 年年底前完成，其他重点区域 2019 年年底前完成。坚决关停用地、工商手续不全并难以通过改造达标的企业，限期治理可以达标改造的企业，逾期依法一律关停。强化工业企业无组织排放管理，推进挥发性有机物排放综合整治，开展大气氨排放控制试点。到 2020 年，挥发性有机物排放总量比 2015 年下降 10%以上。重点区域和大气污染严重城市加大钢铁、铸造、炼焦、建材、电解铝等产能压减力度，实施大气污染物特别排放限值。加大排放高、污染重的煤电机组淘汰力度，在重点区域加快推进。到 2020 年，具备改造条件的燃煤电厂全部完成超低排放改造，重点区域不具备改造条件的高污染燃煤电厂逐步关停。推动钢铁等行业超低排放改造。

（二）大力推进散煤治理和煤炭消费减量替代。增加清洁能源使用，拓宽清洁能源消纳渠道，落实可再生能源发电全额保障性收购政策。安全高效发展核电。推动清洁低碳能源优先上网。加快重点输电通道建设，提高重点区域接受外输电比例。因地制宜、加快实施北方地区冬季清洁取暖五年规划。鼓励余热、浅层地热能等清洁能源取暖。加强煤层气（煤矿瓦斯）综合利用，实施生物天然气工程。到 2020 年，京津冀及周边、汾渭平原的平原地区基本完成生活和冬季取暖散煤替代；北京、天津、河北、山东、河南及珠三角区域煤炭消费总量比 2015 年均下降 10%左右，上海、江苏、浙江、安徽及汾渭平原煤炭消费总量均下降 5%左右；重点区域基本淘汰每小时 35 蒸吨以下燃煤锅炉。推广清洁高效燃煤锅炉。

（三）打好柴油货车污染治理攻坚战。以开展柴油货车超标排放专项整治为抓手，统筹开展油、路、车治理和机动车船污染防治。严厉打击生产销售不达标车辆、排放检验机构检测弄虚作假等违法行为。加快淘汰老旧车，鼓励清洁能源车辆、船舶的推广使用。建设“天地车人”一体化的机动车排放监控系统，完善机动车遥感监测网络。推进钢铁、电力、电解铝、焦化等重点工业企业和工业园区货物由公路运输转向铁路运输。显著提高重点区域大宗货物铁路水路货运比例，提高沿海港口集装箱铁路集疏港比例。重点区域提前实施机动车国六排放标准，严格实施船舶和非道路移动机械大气排放标准。鼓励淘汰老旧船舶、工程机械和农业机械。落实珠三角、长三角、环渤海京津冀水域船舶排放控制区管理政策，全国主要港口和排放控制区内港口靠港船舶率先使用岸电。到 2020 年，长江干线、西江航运干线、京杭运河水上服务区和待闸锚地基本具备船舶岸电供应能力。2019 年 1 月 1 日起，全国供应符合国六标准的车用汽油和车用柴油，力争重点区域提前供应。尽快实现车用柴油、普通柴油和部分船舶用油标准并轨。内河和江海直达船舶必须使用硫含量不大于 10 毫克/千克的柴油。严厉打击生产、销售和使用非标车（船）用燃料行为，彻底清除黑加油站点。

（四）强化国土绿化和扬尘管控。积极推进露天矿山综合整治，加快环境修复和绿化。开展大规模国土绿化行动，加强北方防沙带建设，实施京津风沙源治理工程、重点防护林工程，增加林草覆盖率。在城市功能疏解、更新和调整中，将腾退空间优先用于留白增绿。落实城市道路和城市范围内施工工地等扬尘管控。

（五）有效应对重污染天气。强化重点区域联防联控联治，统一预警分级标准、信息发布、应急响应，提前采取应急减排措施，实施区域应急联动，有效降低污染程度。完善应急预案，明确政府、部门及企业的应急责任，科学确定重污染期间管控措施和污染源减排清单。指导公众做好重污染天气健康防护。推进预测预报预警体系建设，2018 年年底前，进一步提升国家级空气质量预报能力，区域预报中心具备 7 至 10 天空气质量预报能力，省级预报中心具备 7 天空气质量预报能力并精确到所辖各城市。重点区域采暖季节，对钢铁、焦化、建材、铸造、电解铝、化工等重点行业企业实施错峰生产。重污染期间，对钢铁、焦化、有色、电力、化工等涉及大宗原材料及产品运输的重点企业实施错峰运输；强化城市建设施工工地扬尘管控措施，加强道路机扫。依法严禁秸秆露天焚烧，全面推进综合利用。到 2020 年，地级及以上城市重污染天数比 2015 年减少 25%。

七、着力打好碧水保卫战

深入实施水污染防治行动计划，扎实推进河长制湖长制，坚持污染减排和生态扩容两手发力，加快工业、农业、生活污染源和水生态系统整治，保障饮用水安全，消除城市黑臭水体，减少污染严重水体和不达标水体。

（一）打好水源地保护攻坚战。加强水源水、出厂水、管网水、末梢水的全过程管理。划定集中式饮用水水源保护区，推进规范化建设。强化南水北调水源地及沿线生态环境保护。深化地下水污染防治。全面排查和整治县级及以上城市水源保护区内的违法违规问题，长江经济带于 2018 年年底前、其他地区于 2019 年年底前完成。单一水源供水的地级及以上城市应当建设应急水源或备用水源。定期监（检）测、评估集中式饮用水水源、供水单位供水和用户水龙头水质状况，县级及以上城市至少每季度向社会公开一次。

（二）打好城市黑臭水体治理攻坚战。实施城镇污水处理“提质增效”三年行动，加快补齐城镇污水收集和处理设施短板，尽快实现污水管网全覆盖、全收集、全处理。完善污水处理收费政策，各地要按规定将污水处理收费标准尽快调整到位，原则上应补偿到污水处理和污泥处置设施正常运营并合理盈利。对中西部地区，中央财政给予适当支持。加强城市初期雨水收集处理设施建设，有效减少城市面源污染。到 2020 年，地级及以上城市建成区黑臭水体消除比例达 90%以上。鼓励京津冀、长三角、珠三角区域城市建成区尽早全面消除黑臭水体。

（三）打好长江保护修复攻坚战。开展长江流域生态隐患和环境风险调查评估，划定高风险区域，从严实施生态环境风险防控措施。优化长江经济带产业布局和规模，严禁污染型产业、企业向上中游地区转移。排查整治入河入湖排污口及不达标水体，市、县级政府制定实施不达标水体限期达标规划。到 2020

年，长江流域基本消除劣Ⅴ类水体。强化船舶和港口污染防治，现有船舶到2020年全部完成达标改造，港口、船舶修造厂环卫设施、污水处理设施纳入城市设施建设规划。加强沿河环湖生态保护，修复湿地等水生态系统，因地制宜建设人工湿地水质净化工程。实施长江流域上中游水库群联合调度，保障干流、主要支流和湖泊基本生态用水。

（四）打好渤海综合治理攻坚战。以渤海海区的渤海湾、辽东湾、莱州湾、辽河口、黄河口等为重点，推动河口海湾综合整治。全面整治入海污染源，规范入海排污口设置，全部清理非法排污口。严格控制海水养殖等造成的海上污染，推进海洋垃圾防治和清理。率先在渤海实施主要污染物排海总量控制制度，强化陆海污染联防联控，加强入海河流治理与监管。实施最严格的围填海和岸线开发管控，统筹安排海洋空间利用活动。渤海禁止审批新增围填海项目，引导符合国家产业政策的项目消化存量围填海资源，已审批但未开工的项目要依法重新进行评估和清理。

（五）打好农业农村污染治理攻坚战。以建设美丽宜居村庄为导向，持续开展农村人居环境整治行动，实现全国行政村环境整治全覆盖。到2020年，农村人居环境明显改善，村庄环境基本干净整洁有序，东部地区、中西部城市近郊区等有基础、有条件的地区人居环境质量全面提升，管护长效机制初步建立；中西部有较好基础、基本具备条件的地区力争实现 90%左右的村庄生活垃圾得到治理，卫生厕所普及率达到 85%左右，生活污水乱排乱放得到管控。减少化肥农药使用量，制修订并严格执行化肥农药等农业投入品质量标准，严格控制高毒高风险农药使用，推进有机肥替代化肥、病虫害绿色防控替代化学防治和废弃农膜回收，完善废旧地膜和包装废弃物等回收处理制度。到2020年，化肥农药使用量实现零增长。坚持种植和养殖相结合，就地就近消纳利用畜禽养殖废弃物。合理布局水产养殖空间，深入推进水产健康养殖，开展重点江河湖库及重点近岸海域破坏生态环境的养殖方式综合整治。到2020年，全国畜禽粪污综合利用率达到75%以上，规模养殖场粪污处理设施装备配套率达到95%以上。

八、扎实推进净土保卫战

全面实施土壤污染防治行动计划，突出重点区域、行业和污染物，有效管控农用地和城市建设用地土壤环境风险。

（一）强化土壤污染管控和修复。加强耕地土壤环境分类管理。严格管控重度污染耕地，严禁在重度污染耕地种植食用农产品。实施耕地土壤环境治理保护重大工程，开展重点地区涉重金属行业排查和整治。2018年年底前，完成农用地土壤污染状况详查。2020年年底前，编制完成耕地土壤环境质量分类清单。建立建设用地土壤污染风险管控和修复名录，列入名录且未完成治理修复的地块不得作为住宅、公共管理与公共服务用地。建立污染地块联动监管机制，将建设用地土壤环境管理要求纳入用地规划和供地管理，严格控制用地准入，强化暂不开发污染地块的风险管控。2020年年底前，完成重点行业企业用地土壤污染状况调查。严格土壤污染重点行业企业搬迁改造过程中拆除活动的环境监管。

（二）加快推进垃圾分类处理。到2020年，实现所有城市和县城生活垃圾处理能力全覆盖，基本完成非正规垃圾堆放点整治；直辖市、计划单列市、省会城市和第一批分类示范城市基本建成生活垃圾分类处理系统。推进垃圾资源化利用，大力发展垃圾焚烧发电。推进农村垃圾就地分类、资源化利用和处理，建立农村有机废弃物收集、转化、利用网络体系。

（三）强化固体废物污染防治。全面禁止洋垃圾入境，严厉打击走私，大幅减少固体废物进口种类和数量，力争2020年年底前基本实现固体废物零进口。开展“无废城市”试点，推动固体废物资源化利用。调查、评估重点工业行业危险废物产生、贮存、利用、处置情况。完善危险废物经营许可、转移等管理制度，建立信息化监管体系，提升危险废物处理处置能力，实施全过程监管。严厉打击危险废物非法跨界转移、倾倒等违法犯罪活动。深入推进长江经济带固体废物大排查活动。评估有毒有害化学品在生态环境中的风险状况，严格限制高风险化学品生产、使用、进出口，并逐步淘汰、替代。

九、加快生态保护与修复

坚持自然恢复为主，统筹开展全国生态保护与修复，全面划定并严守生态保护红线，提升生态系统质量和稳定性。

（一）划定并严守生态保护红线。按照应保尽保、应划尽划的原则，将生态功能重要区域、生态环境敏感脆弱区域纳入生态保护红线。到2020年，全面完成全国生态保护红线划定、勘界定标，形成生态保护红线全国“一张图”，实现一条红线管控重要生态空间。制定实施生态保护红线管理办法、保护修复方案，建设国家生态保护红线监管平台，开展生态保护红线监测预警与评估考核。

（二）坚决查处生态破坏行为。2018 年年底前，县级及以上地方政府全面排查违法违规挤占生态空间、破坏自然遗迹等行为，制定治理和修复计划并向社会公开。开展病危险尾矿库和“头顶库”专项整治。持续开展“绿盾”自然保护区监督检查专项行动，严肃查处各类违法违规行为，限期进行整治修复。

（三）建立以国家公园为主体的自然保护地体系。到 2020 年，完成全国自然保护区范围界限核准和勘界立标，整合设立一批国家公园，自然保护地相关法规和管理制度基本建立。对生态严重退化地区实行封禁管理，稳步实施退耕还林还草和退牧还草，扩大轮作休耕试点，全面推行草原禁牧休牧和草畜平衡制度。依法依规解决自然保护地内的矿业权合理退出问题。全面保护天然林，推进荒漠化、石漠化、水土流失综合治理，强化湿地保护和恢复。加强休渔禁渔管理，推进长江、渤海等重点水域禁捕限捕，加强海洋牧场建设，加大渔业资源增殖放流。推动耕地草原森林河流湖泊海洋休养生息。

十、改革完善生态环境治理体系

深化生态环境保护管理体制改革，完善生态环境管理制度，加快构建生态环境治理体系，健全保障举措，增强系统性和完整性，大幅提升治理能力。

（一）完善生态环境监管体系。整合分散的生态环境保护职责，强化生态保护修复和污染防治统一监管，建立健全生态环境保护领导和管理体制、激励约束并举的制度体系、政府企业公众共治体系。全面完成省以下生态环境机构监测监察执法垂直管理制度改革，推进综合执法队伍特别是基层队伍的能力建设。完善农村环境治理体制。健全区域流域海域生态环境管理体制，推进跨地区环保机构试点，加快组建流域环境监管执法机构，按海域设置监管机构。建立独立权威高效的生态环境监测体系，构建天地一体化的生态环境监测网络，实现国家和区域生态环境质量预报预警和质控，按照适度上收生态环境质量监测事权的要求加快推进有关工作。省级党委和政府加快确定生态保护红线、环境质量底线、资源利用上线，制定生态环境准入清单，在地方立法、政策制定、规划编制、执法监管中不得变通突破、降低标准，不符合不衔接不适应的于 2020 年年底前完成调整。实施生态环境统一监管。推行生态环境损害赔偿制度。编制生态环境保护规划，开展全国生态环境状况评估，建立生态环境保护综合监控平台。推动生态文明示范创建、绿水青山就是金山银山实践创新基地建设活动。

严格生态环境质量管理。生态环境质量只能更好、不能变坏。生态环境质量达标地区要保持稳定并持续改善；生态环境质量不达标地区的市、县级政府，要于 2018 年年底前制定实施限期达标规划，向上级政府备案并向社会公开。加快推行排污许可制度，对固定污染源实施全过程管理和多污染物协同控制，按行业、地区、时限核发排污许可证，全面落实企业治污责任，强化证后监管和处罚。在长江经济带率先实施入河污染源排放、排污口排放和水体水质联动管理。2020 年，将排污许可证制度建设成为固定源环境管理核心制度，实现“一证式”管理。健全环保信用评价、信息强制性披露、严惩重罚等制度。将企业环境信用信息纳入全国信用信息共享平台和国家企业信用信息公示系统，依法通过“信用中国”网站和国家企业信用信息公示系统向社会公示。监督上市公司、发债企业等市场主体全面、及时、准确地披露环境信息。建立跨部门联合奖惩机制。完善国家核安全工作协调机制，强化对核安全工作的统筹。

（二）健全生态环境保护经济政策体系。资金投入向污染防治攻坚战倾斜，坚持投入同攻坚任务相匹配，加大财政投入力度。逐步建立常态化、稳定的财政资金投入机制。扩大中央财政支持北方地区清洁取暖的试点城市范围，国有资本要加大对污染防治的投入。完善居民取暖用气用电定价机制和补贴政策。增加中央财政对国家重点生态功能区、生态保护红线区域等生态功能重要地区的转移支付，继续安排中央预算内投资对重点生态功能区给予支持。各省（自治区、直辖市）合理确定补偿标准，并逐步提高补偿水平。完善助力绿色产业发展的价格、财税、投资等政策。大力发展绿色信贷、绿色债券等金融产品。设立国家绿色发展基金。落实有利于资源节约和生态环境保护的价格政策，落实相关税收优惠政策。研究对从事污染防治的第三方企业比照高新技术企业实行所得税优惠政策，研究出台“散乱污”企业综合治理激励政策。推动环境污染责任保险发展，在环境高风险领域建立环境污染强制责任保险制度。推进社会化生态环境治理和保护。采用直接投资、投资补助、运营补贴等方式，规范支持政府和社会资本合作项目；对政府实施的环境绩效合同服务项目，公共财政支付水平同治理绩效挂钩。鼓励通过政府购买服务方式实施生态环境治理和保护。

（三）健全生态环境保护法治体系。依靠法治保护生态环境，增强全社会生态环境保护法治意识。加快建立绿色生产消费的法律制度和政策导向。加快制定和修改土壤污染防治、固体废物污染防治、长江生态环境保护、海洋环境保护、国家公园、湿地、生态环境监测、排污许可、资源综合利用、空间规划、碳排放权交易管理等方面的法律法规。鼓励地方在生态环境保护领域先于国家进行立法。建立生态环境保护综合执法机关、公安机关、检察机关、审判机关信息共享、案情通报、案件移送制度，完善生态环境保护领域民事、行政公益诉讼制度，加大生态环境违法犯罪行为的制裁和惩处力度。加强涉生态环境保护的司法力量建设。整合组建生态环境保护综合执法队伍，统一实行生态环境保护执法。将生态环境保护综合执法机构列入政府行政执法机构序列，推进执法规范化建设，统一着装、统一标识、统一证件、统一保障执法用车和装备。

（四）强化生态环境保护能力保障体系。增强科技支撑，开展大气污染成因与治理、水体污染控制与治理、土壤污染防治等重点领域科技攻关，实施京津冀环境综合治理重大项目，推进区域性、流域性生态环境问题研究。完成第二次全国污染源普查。开展大数据应用和环境承载力监测预警。开展重点区域、流域、行业环境与健康调查，建立风险监测网络及风险评估体系。健全跨部门、跨区域环境应急协调联动机制，建立全国统一的环境应急预案电子备案系统。国家建立环境应急物资储备信息库，省、市级政府建设环境应急物资储备库，企业环境应急装备和储备物资应纳入储备体系。落实全面从严治党要求，建设规范化、标准化、专业化的生态环境保护人才队伍，打造政治强、本领高、作风硬、敢担当，特别能吃苦、特别能战斗、特别能奉献的生态环境保护铁军。按省、市、县、乡不同层级工作职责配备相应工作力量，保障履职需要，确保同生态环境保护任务相匹配。加强国际交流和履约能力建设，推进生态环境保护国际技术交流和务实合作，支撑核安全和核电共同走出去，积极推动落实2030年可持续发展议程和绿色“一带一路”建设。

（五）构建生态环境保护社会行动体系。把生态环境保护纳入国民教育体系和党政领导干部培训体系，推进国家及各地生态环境教育设施和场所建设，培育普及生态文化。公共机构尤其是党政机关带头使用节能环保产品，推行绿色办公，创建节约型机关。健全生态环境新闻发布机制，充分发挥各类媒体作用。省、市两级要依托党报、电视台、政府网站，曝光突出环境问题，报道整改进展情况。建立政府、企业环境社会风险预防与化解机制。完善环境信息公开制度，加强重特大突发环境事件信息公开，对涉及群众切身利益的重大项目及时主动公开。2020年年底前，地级及以上城市符合条件的环保设施和城市污水垃圾处理设施向社会开放，接受公众参观。强化排污者主体责任，企业应严格守法，规范自身环境行为，落实资金投入、物资保障、生态环境保护措施和应急处置主体责任。实施工业污染源全面达标排放计划。2018年年底前，重点排污单位全部安装自动在线监控设备并同生态环境主管部门联网，依法公开排污信息。到2020年，实现长江经济带入河排污口监测全覆盖，并将监测数据纳入长江经济带综合信息平台。推动环保社会组织和志愿者队伍规范健康发展，引导环保社会组织依法开展生态环境保护公益诉讼等活动。按照国家有关规定表彰对保护和改善生态环境有显著成绩的单位和个人。完善公众监督、举报反馈机制，保护举报人的合法权益，鼓励设立有奖举报基金。

新思想引领新时代，新使命开启新征程。让我们更加紧密地团结在以习近平同志为核心的党中央周围，以习近平新时代中国特色社会主义思想为指导，不忘初心、牢记使命，锐意进取、勇于担当，全面加强生态环境保护，坚决打好污染防治攻坚战，为决胜全面建成小康社会、实现中华民族伟大复兴的中国梦不懈奋斗。

国务院关于印发打赢蓝天保卫战三年行动计划的通知

国发〔2018〕22号

各省、自治区、直辖市人民政府，国务院各部委、各直属机构：

现将《打赢蓝天保卫战三年行动计划》印发给你们，请认真贯彻执行。

国务院

2018年6月27日

打赢蓝天保卫战三年行动计划

打赢蓝天保卫战，是党的十九大作出的重大决策部署，事关满足人民日益增长的美好生活需要，事关全面建成小康社会，事关经济高质量发展和美丽中国建设。为加快改善环境空气质量，打赢蓝天保卫战，制定本行动计划。

一、总体要求

（一）指导思想。以习近平新时代中国特色社会主义思想为指导，全面贯彻党的十九大和十九届二中、三中全会精神，认真落实党中央、国务院决策部署和全国生态环境保护大会要求，坚持新发展理念，坚持全民共治、源头防治、标本兼治，以京津冀及周边地区、长三角地区、汾渭平原等区域（以下称重点区域）为重点，持续开展大气污染防治行动，综合运用经济、法律、技术和必要的行政手段，大力调整优化产业结构、能源结构、运输结构和用地结构，强化区域联防联控，狠抓秋冬季污染治理，统筹兼顾、系统谋划、精准施策，坚决打赢蓝天保卫战，实现环境效益、经济效益和社会效益多赢。

（二）目标指标。经过3年努力，大幅减少主要大气污染物排放总量，协同减少温室气体排放，进一步明显降低细颗粒物（$PM_{2.5}$）浓度，明显减少重污染天数，明显改善环境空气质量，明显增强人民的蓝天幸福感。

到2020年，二氧化硫、氮氧化物排放总量分别比2015年下降15%以上；$PM_{2.5}$未达标地级及以上城市浓度比2015年下降18%以上，地级及以上城市空气质量优良天数比率达到80%，重度及以上污染天数比率比2015年下降25%以上；提前完成“十三五”目标任务的省份，要保持和巩固改善成果；尚未完成的，要确保全面实现“十三五”约束性目标；北京市环境空气质量改善目标应在“十三五”目标基础上进一步提高。

（三）重点区域范围。京津冀及周边地区，包含北京市，天津市，河北省石家庄、唐山、邯郸、邢台、保定、沧州、廊坊、衡水市以及雄安新区，山西省太原、阳泉、长治、晋城市，山东省济南、淄博、济宁、德州、聊城、滨州、菏泽市，河南省郑州、开封、安阳、鹤壁、新乡、焦作、濮阳市等；长三角地区，包含上海市、江苏省、浙江省、安徽省；汾渭平原，包含山西省晋中、运城、临汾、吕梁市，河南省洛阳、三门峡市，陕西省西安、铜川、宝鸡、咸阳、渭南市以及杨凌示范区等。

二、调整优化产业结构，推进产业绿色发展

（四）优化产业布局。各地完成生态保护红线、环境质量底线、资源利用上线、环境准入清单编制工作，明确禁止和限制发展的行业、生产工艺和产业目录。修订完善高耗能、高污染和资源型行业准入条件，环境空气质量未达标城市应制订更严格的产业准入门槛。积极推行区域、规划环境影响评价，新、改、扩建钢铁、石化、化工、焦化、建材、有色等项目的环境影响评价，应满足区域、规划环评要求。（生态环境部牵头，发展改革委、工业和信息化部、自然资源部参与，地方各级人民政府负责落实。以下均需地方各级人民政府落实，不再列出）

加大区域产业布局调整力度。加快城市建成区重污染企业搬迁改造或关闭退出，推动实施一批水泥、平板玻璃、焦化、化工等重污染企业搬迁工程；重点区域城市钢铁企业要切实采取彻底关停、转型发展、就地改造、域外搬迁等方式，推动转型升级。重点区域禁止新增化工园区，加大现有化工园区整治力度。各地已明确的退城企业，要明确时间表，逾期不退城的予以停产。（工业和信息化部、发展改革委、生态环境部等按职责负责）

（五）严控“两高”行业产能。重点区域严禁新增钢铁、焦化、电解铝、铸造、水泥和平板玻璃等产能；严格执行钢铁、水泥、平板玻璃等行业产能置换实施办法；新、改、扩建涉及大宗物料运输的建设项目，原则上不得采用公路运输。（工业和信息化部、发展改革委牵头，生态环境部等参与）

加大落后产能淘汰和过剩产能压减力度。严格执行质量、环保、能耗、安全等法规标准。修订《产业结构调整指导目录》，提高重点区域过剩产能淘汰标准。重点区域加大独立焦化企业淘汰力度，京津冀及周边地区实施“以钢定焦”，力争2020年炼焦产能与钢铁产能比达到0.4左右。严防“地条钢”死灰复燃。2020年，河北省钢铁产能控制在2亿吨以内；列入去产能计划的钢铁企业，需一并退出配套的烧结、焦炉、高炉等设备。（发展改革委、工业和信息化部牵头，生态环境部、财政部、市场监管总局等参与）

（六）强化“散乱污”企业综合整治。全面开展“散乱污”企业及集群综合整治行动。根据产业政策、产业布局规划，以及土地、环保、质量、安全、能耗等要求，制定“散乱污”企业及集群整治标准。实行拉网式排查，建立管理台账。按照“先停后治”的原则，实施分类处置。列入关停取缔类的，基本做到“两断三清”（切断工业用水、用电，清除原料、产品、生产设备）；列入整合搬迁类的，要按照产业发展规模化、现代化的原则，搬迁至工业园区并实施升级改造；列入升级改造类的，树立行业标杆，实施清洁生产技术改造，全面提升污染治理水平。建立“散乱污”企业动态管理机制，坚决杜绝“散乱污”企业项目建设和已取缔的“散乱污”企业异地转移、死灰复燃。京津冀及周边地区2018年底前全面完成；长三角地区、汾渭平原2019年底前基本完成；全国2020年底前基本完成。（生态环境部、工业和信息化部牵头，发展改革委、市场监管总局、自然资源部等参与）

（七）深化工业污染治理。持续推进工业污染源全面达标排放，将烟气在线监测数据作为执法依据，加大超标处罚和联合惩戒力度，未达标排放的企业一律依法停产整治。建立覆盖所有固定污染源的企业排放许可制度，2020年底前，完成排污许可管理名录规定的行业许可证核发。（生态环境部负责）

推进重点行业污染治理升级改造。重点区域二氧化硫、氮氧化物、颗粒物、挥发性有机物（VOCs）全面执行大气污染物特别排放限值。推动实施钢铁等行业超低排放改造，重点区域城市建成区内焦炉实施炉体加罩封闭，并对废气进行收集处理。强化工业企业无组织排放管控。开展钢铁、建材、有色、火电、焦化、铸造等重点行业及燃煤锅炉无组织排放排查，建立管理台账，对物料（含废渣）运输、装卸、储存、转移和工艺过程等无组织排放实施深度治理，2018年底前京津冀及周边地区基本完成治理任务，长三角地区和汾渭平原2019年底前完成，全国2020年底前基本完成。（生态环境部牵头，发展改革委、工业和信息化部参与）

推进各类园区循环化改造、规范发展和提质增效。大力推进企业清洁生产。对开发区、工业园区、高新区等进行集中整治，限期进行达标改造，减少工业集聚区污染。完善园区集中供热设施，积极推广

集中供热。有条件的工业集聚区建设集中喷涂工程中心，配备高效治污设施，替代企业独立喷涂工序。（发展改革委牵头，工业和信息化部、生态环境部、科技部、商务部等参与）

（八）大力培育绿色环保产业。壮大绿色产业规模，发展节能环保产业、清洁生产产业、清洁能源产业，培育发展新动能。积极支持培育一批具有国际竞争力的大型节能环保龙头企业，支持企业技术创新能力建设，加快掌握重大关键核心技术，促进大气治理重点技术装备等产业化发展和推广应用。积极推行节能环保整体解决方案，加快发展合同能源管理、环境污染第三方治理和社会化监测等新业态，培育一批高水平、专业化节能环保服务公司。（发展改革委牵头，工业和信息化部、生态环境部、科技部等参与）

三、加快调整能源结构，构建清洁低碳高效能源体系

（九）有效推进北方地区清洁取暖。坚持从实际出发，宜电则电、宜气则气、宜煤则煤、宜热则热，确保北方地区群众安全取暖过冬。集中资源推进京津冀及周边地区、汾渭平原等区域散煤治理，优先以乡镇或区县为单元整体推进。2020 年采暖季前，在保障能源供应的前提下，京津冀及周边地区、汾渭平原的平原地区基本完成生活和冬季取暖散煤替代；对暂不具备清洁能源替代条件的山区，积极推广洁净煤，并加强煤质监管，严厉打击销售使用劣质煤行为。燃气壁挂炉能效不得低于 2 级水平。（能源局、发展改革委、财政部、生态环境部、住房城乡建设部牵头，市场监管总局等参与）

抓好天然气产供储销体系建设。力争 2020 年天然气占能源消费总量比重达到 10%。新增天然气量优先用于城镇居民和大气污染严重地区的生活和冬季取暖散煤替代，重点支持京津冀及周边地区和汾渭平原，实现“增气减煤”。“煤改气”坚持“以气定改”，确保安全施工、安全使用、安全管理。有序发展天然气调峰电站等可中断用户，原则上不再新建天然气热电联产和天然气化工项目。限时完成天然气管网互联互通，打通“南气北送”输气通道。加快储气设施建设步伐，2020 年采暖季前，地方政府、城镇燃气企业和上游供气企业的储备能力达到量化指标要求。建立完善调峰用户清单，采暖季实行“压非保民”。（发展改革委、能源局牵头，生态环境部、财政部、住房城乡建设部等参与）

加快农村“煤改电”电网升级改造。制定实施工作方案。电网企业要统筹推进输变电工程建设，满足居民采暖用电需求。鼓励推进蓄热式等电供暖。地方政府对“煤改电”配套电网工程建设应给予支持，统筹协调“煤改电”“煤改气”建设用地。（能源局、发展改革委牵头，生态环境部、自然资源部参与）

（十）重点区域继续实施煤炭消费总量控制。到 2020 年，全国煤炭占能源消费总量比重下降到 58%以下；北京、天津、河北、山东、河南五省（直辖市）煤炭消费总量比 2015 年下降 10%，长三角地区下降 5%，汾渭平原实现负增长；新建耗煤项目实行煤炭减量替代。按照煤炭集中使用、清洁利用的原则，重点削减非电力用煤，提高电力用煤比例，2020 年全国电力用煤占煤炭消费总量比重达到 55%以上。继续推进电能替代燃煤和燃油，替代规模达到 1 000 亿度以上。（发展改革委牵头，能源局、生态环境部参与）

制定专项方案，大力淘汰关停环保、能耗、安全等不达标的 30 万千瓦以下燃煤机组。对于关停机组的装机容量、煤炭消费量和污染物排放量指标，允许进行交易或置换，可统筹安排建设等容量超低排放燃煤机组。重点区域严格控制燃煤机组新增装机规模，新增用电量主要依靠区域内非化石能源发电和外送电满足。限时完成重点输电通道建设，在保障电力系统安全稳定运行的前提下，到 2020 年，京津冀、长三角地区接受外送电量比例比 2017 年显著提高。（能源局、发展改革委牵头，生态环境部等参与）

（十一）开展燃煤锅炉综合整治。加大燃煤小锅炉淘汰力度。县级及以上城市建成区基本淘汰每小时 10 蒸吨及以下燃煤锅炉及茶水炉、经营性炉灶、储粮烘干设备等燃煤设施，原则上不再新建每小时 35 蒸吨以下的燃煤锅炉，其他地区原则上不再新建每小时 10 蒸吨以下的燃煤锅炉。环境空气质量未达标城市应进一步加大淘汰力度。重点区域基本淘汰每小时 35 蒸吨以下燃煤锅炉，每小时 65 蒸吨及以上燃煤锅炉全部完成节能和超低排放改造；燃气锅炉基本完成低氮改造；城市建成区生物质锅炉实施超低排放改造。（生态

环境部、市场监管总局牵头，发展改革委、住房城乡建设部、工业和信息化部、能源局等参与）

加大对纯凝机组和热电联产机组技术改造力度，加快供热管网建设，充分释放和提高供热能力，淘汰管网覆盖范围内的燃煤锅炉和散煤。在不具备热电联产集中供热条件的地区，现有多台燃煤小锅炉的，可按照等容量替代原则建设大容量燃煤锅炉。2020 年底前，重点区域 30 万千瓦及以上热电联产电厂供热半径 15 公里范围内的燃煤锅炉和落后燃煤小热电全部关停整合。（能源局、发展改革委牵头，生态环境部、住房城乡建设部等参与）

（十二）提高能源利用效率。继续实施能源消耗总量和强度双控行动。健全节能标准体系，大力开发、推广节能高效技术和产品，实现重点用能行业、设备节能标准全覆盖。重点区域新建高耗能项目单位产品（产值）能耗要达到国际先进水平。因地制宜提高建筑节能标准，加大绿色建筑推广力度，引导有条件地区和城市新建建筑全面执行绿色建筑标准。进一步健全能源计量体系，持续推进供热计量改革，推进既有居住建筑节能改造，重点推动北方采暖地区有改造价值的城镇居住建筑节能改造。鼓励开展农村住房节能改造。（发展改革委、住房城乡建设部、市场监管总局牵头，能源局、工业和信息化部等参与）

（十三）加快发展清洁能源和新能源。到 2020 年，非化石能源占能源消费总量比重达到 15%。有序发展水电，安全高效发展核电，优化风能、太阳能开发布局，因地制宜发展生物质能、地热能等。在具备资源条件的地方，鼓励发展县域生物质热电联产、生物质成型燃料锅炉及生物天然气。加大可再生能源消纳力度，基本解决弃水、弃风、弃光问题。（能源局、发展改革委、财政部负责）

四、积极调整运输结构，发展绿色交通体系

（十四）优化调整货物运输结构。大幅提升铁路货运比例。到 2020 年，全国铁路货运量比 2017 年增长 30%，京津冀及周边地区增长 40%、长三角地区增长 10%、汾渭平原增长 25%。大力推进海铁联运，全国重点港口集装箱铁水联运量年均增长 10%以上。制定实施运输结构调整行动计划。（发展改革委、交通运输部、铁路局、中国铁路总公司牵头，财政部、生态环境部参与）

推动铁路货运重点项目建设。加大货运铁路建设投入，加快完成蒙华、唐曹、水曹等货运铁路建设。大力提升张唐、瓦日等铁路线煤炭运输量。在环渤海地区、山东省、长三角地区，2018 年底前，沿海主要港口和唐山港、黄骅港的煤炭集港改由铁路或水路运输；2020 年采暖季前，沿海主要港口和唐山港、黄骅港的矿石、焦炭等大宗货物原则上主要改由铁路或水路运输。钢铁、电解铝、电力、焦化等重点企业要加快铁路专用线建设，充分利用已有铁路专用线能力，大幅提高铁路运输比例，2020 年重点区域达到 50%以上。（发展改革委、交通运输部、铁路局、中国铁路总公司牵头，财政部、生态环境部参与）

大力发展多式联运。依托铁路物流基地、公路港、沿海和内河港口等，推进多式联运型和干支衔接型货运枢纽（物流园区）建设，加快推广集装箱多式联运。建设城市绿色物流体系，支持利用城市现有铁路货场物流货场转型升级为城市配送中心。鼓励发展江海联运、江海直达、滚装运输、甩挂运输等运输组织方式。降低货物运输空载率。（发展改革委、交通运输部牵头，财政部、生态环境部、铁路局、中国铁路总公司参与）

（十五）加快车船结构升级。推广使用新能源汽车。2020 年新能源汽车产销量达到 200 万辆左右。加快推进城市建成区新增和更新的公交、环卫、邮政、出租、通勤、轻型物流配送车辆使用新能源或清洁能源汽车，重点区域使用比例达到 80%；重点区域港口、机场、铁路货场等新增或更换作业车辆主要使用新能源或清洁能源汽车。2020 年底前，重点区域的直辖市、省会城市、计划单列市建成区公交车全部更换为新能源汽车。在物流园、产业园、工业园、大型商业购物中心、农贸批发市场等物流集散地建设集中式充电桩和快速充电桩。为承担物流配送的新能源车辆在城市通行提供便利。（工业和信息化部、交通运输部牵头，财政部、住房城乡建设部、生态环境部、能源局、铁路局、民航局、中国铁路总公司等参与）

大力淘汰老旧车辆。重点区域采取经济补偿、限制使用、严格超标排放监管等方式，大力推进国三

及以下排放标准营运柴油货车提前淘汰更新，加快淘汰采用稀薄燃烧技术和“油改气”的老旧燃气车辆。各地制定营运柴油货车和燃气车辆提前淘汰更新目标及实施计划。2020 年底前，京津冀及周边地区、汾渭平原淘汰国三及以下排放标准营运中型和重型柴油货车 100 万辆以上。2019 年 7 月 1 日起，重点区域、珠三角地区、成渝地区提前实施国六排放标准。推广使用达到国六排放标准的燃气车辆。（交通运输部、生态环境部牵头，工业和信息化部、公安部、财政部、商务部等参与）

推进船舶更新升级。2018 年 7 月 1 日起，全面实施新生产船舶发动机第一阶段排放标准。推广使用电、天然气等新能源或清洁能源船舶。长三角地区等重点区域内河应采取禁限行等措施，限制高排放船舶使用，鼓励淘汰使用 20 年以上的内河航运船舶。（交通运输部牵头，生态环境部、工业和信息化部参与）

（十六）加快油品质量升级。2019 年 1 月 1 日起，全国全面供应符合国六标准的车用汽柴油，停止销售低于国六标准的汽柴油，实现车用柴油、普通柴油、部分船舶用油“三油并轨”，取消普通柴油标准，重点区域、珠三角地区、成渝地区等提前实施。研究销售前在车用汽柴油中加入符合环保要求的燃油清净增效剂。（能源局、财政部牵头，市场监管总局、商务部、生态环境部等参与）

（十七）强化移动源污染防治。严厉打击新生产销售机动车环保不达标等违法行为。严格新车环保装置检验，在新车销售、检验、登记等场所开展环保装置抽查，保证新车环保装置生产一致性。取消地方环保达标公告和目录审批。构建全国机动车超标排放信息数据库，追溯超标排放机动车生产和进口企业、注册登记地、排放检验机构、维修单位、运输企业等，实现全链条监管。推进老旧柴油车深度治理，具备条件的安装污染控制装置、配备实时排放监控终端，并与生态环境等有关部门联网，协同控制颗粒物和氮氧化物排放，稳定达标的可免于上线排放检验。有条件的城市定期更换出租车三元催化装置。（生态环境部、交通运输部牵头，公安部、工业和信息化部、市场监管总局等参与）

加强非道路移动机械和船舶污染防治。开展非道路移动机械摸底调查，划定非道路移动机械低排放控制区，严格管控高排放非道路移动机械，重点区域 2019 年底前完成。推进排放不达标工程机械、港作机械清洁化改造和淘汰，重点区域港口、机场新增和更换的作业机械主要采用清洁能源或新能源。2019 年底前，调整扩大船舶排放控制区范围，覆盖沿海重点港口。推动内河船舶改造，加强颗粒物排放控制，开展减少氮氧化物排放试点工作。（生态环境部、交通运输部、农业农村部负责）

推动靠港船舶和飞机使用岸电。加快港口码头和机场岸电设施建设，提高港口码头和机场岸电设施使用率。2020 年底前，沿海主要港口 50%以上专业化泊位（危险货物泊位除外）具备向船舶供应岸电的能力。新建码头同步规划、设计、建设岸电设施。重点区域沿海港口新增、更换拖船优先使用清洁能源。推广地面电源替代飞机辅助动力装置，重点区域民航机场在飞机停靠期间主要使用岸电。（交通运输部、民航局牵头，发展改革委、财政部、生态环境部、能源局等参与）

五、优化调整用地结构，推进面源污染治理

（十八）实施防风固沙绿化工程。建设北方防沙带生态安全屏障，重点加强三北防护林体系建设、京津风沙源治理、太行山绿化、草原保护和防风固沙。推广保护性耕作、林间覆盖等方式，抑制季节性裸地农田扬尘。在城市功能疏解、更新和调整中，将腾退空间优先用于留白增绿。建设城市绿道绿廊，实施“退工还林还草”。大力提高城市建成区绿化覆盖率。（自然资源部牵头，住房城乡建设部、农业农村部、林草局参与）

（十九）推进露天矿山综合整治。全面完成露天矿山摸底排查。对违反资源环境法律法规、规划，污染环境、破坏生态、乱采滥挖的露天矿山，依法予以关闭；对污染治理不规范的露天矿山，依法责令停产整治，整治完成并经相关部门组织验收合格后方可恢复生产，对拒不停产或擅自恢复生产的依法强制关闭；对责任主体灭失的露天矿山，要加强修复绿化、减尘抑尘。重点区域原则上禁止新建露天矿山建设项目。加强矸石山治理。（自然资源部牵头，生态环境部等参与）

（二十）加强扬尘综合治理。严格施工扬尘监管。2018 年底前，各地建立施工工地管理清单。因地制宜稳步发展装配式建筑。将施工工地扬尘污染防治纳入文明施工管理范畴，建立扬尘控制责任制度，扬尘治理费用列入工程造价。重点区域建筑施工工地要做到工地周边围挡、物料堆放覆盖、土方开挖湿法作业、路面硬化、出入车辆清洗、渣土车辆密闭运输“六个百分之百”，安装在线监测和视频监控设备，并与当地有关主管部门联网。将扬尘管理工作不到位的不良信息纳入建筑市场信用管理体系，情节严重的，列入建筑市场主体“黑名单”。加强道路扬尘综合整治。大力推进道路清扫保洁机械化作业，提高道路机械化清扫率，2020 年底前，地级及以上城市建成区达到 70%以上，县城达到 60%以上，重点区域要显著提高。严格渣土运输车辆规范化管理，渣土运输车要密闭。（住房城乡建设部牵头，生态环境部参与）

实施重点区域降尘考核。京津冀及周边地区、汾渭平原各市平均降尘量不得高于 9 吨/月·平方公里；长三角地区不得高于 5 吨/月·平方公里，其中苏北、皖北不得高于 7 吨/月·平方公里。（生态环境部负责）

（二十一）加强秸秆综合利用和氨排放控制。切实加强秸秆禁烧管控，强化地方各级政府秸秆禁烧主体责任。重点区域建立网格化监管制度，在夏收和秋收阶段开展秸秆禁烧专项巡查。东北地区要针对秋冬季秸秆集中焚烧和采暖季初锅炉集中起炉的问题，制定专项工作方案，加强科学有序疏导。严防因秸秆露天焚烧造成区域性重污染天气。坚持堵疏结合，加大政策支持力度，全面加强秸秆综合利用，到 2020 年，全国秸秆综合利用率达到 85%。（生态环境部、农业农村部、发展改革委按职责负责）

控制农业源氨排放。减少化肥农药使用量，增加有机肥使用量，实现化肥农药使用量负增长。提高化肥利用率，到 2020 年，京津冀及周边地区、长三角地区达到 40%以上。强化畜禽粪污资源化利用，改善养殖场通风环境，提高畜禽粪污综合利用率，减少氨挥发排放。（农业农村部牵头，生态环境部等参与）

六、实施重大专项行动，大幅降低污染物排放

（二十二）开展重点区域秋冬季攻坚行动。制定并实施京津冀及周边地区、长三角地区、汾渭平原秋冬季大气污染综合治理攻坚行动方案，以减少重污染天气为着力点，狠抓秋冬季大气污染防治，聚焦重点领域，将攻坚目标、任务措施分解落实到城市。各市要制定具体实施方案，督促企业制定落实措施。京津冀及周边地区要以北京为重中之重，雄安新区环境空气质量要力争达到北京市南部地区同等水平。统筹调配全国环境执法力量，实行异地交叉执法、驻地督办，确保各项措施落实到位。（生态环境部牵头，发展改革委、工业和信息化部、财政部、住房城乡建设部、交通运输部、能源局等参与）

（二十三）打好柴油货车污染治理攻坚战。制定柴油货车污染治理攻坚战行动方案，统筹油、路、车治理，实施清洁柴油车（机）、清洁运输和清洁油品行动，确保柴油货车污染排放总量明显下降。加强柴油货车生产销售、注册使用、检验维修等环节的监督管理，建立天地车人一体化的全方位监控体系，实施在用汽车排放检测与强制维护制度。各地开展多部门联合执法专项行动。（生态环境部、交通运输部、财政部、市场监管总局牵头，工业和信息化部、公安部、商务部、能源局等参与）

（二十四）开展工业炉窑治理专项行动。各地制定工业炉窑综合整治实施方案。开展拉网式排查，建立各类工业炉窑管理清单。制定行业规范，修订完善涉各类工业炉窑的环保、能耗等标准，提高重点区域排放标准。加大不达标工业炉窑淘汰力度，加快淘汰中小型煤气发生炉。鼓励工业炉窑使用电、天然气等清洁能源或由周边热电厂供热。重点区域取缔燃煤热风炉，基本淘汰热电联产供热管网覆盖范围内的燃煤加热、烘干炉（窑）；淘汰炉膛直径 3 米以下燃料类煤气发生炉，加大化肥行业固定床间歇式煤气化炉整改力度；集中使用煤气发生炉的工业园区，暂不具备改用天然气条件的，原则上应建设统一的清洁煤制气中心；禁止掺烧高硫石油焦。将工业炉窑治理作为环保强化督查重点任务，凡未列入清单的工业炉窑均纳入秋冬季错峰生产方案。（生态环境部牵头，发展改革委、工业和信息化部、市场监管总局等参与）

（二十五）实施 VOCs 专项整治方案。制定石化、化工、工业涂装、包装印刷等 VOCs 排放重点行业和油品储运销综合整治方案，出台泄漏检测与修复标准，编制 VOCs 治理技术指南。重点区域禁止建设

生产和使用高 VOCs 含量的溶剂型涂料、油墨、胶黏剂等项目，加大餐饮油烟治理力度。开展 VOCs 整治专项执法行动，严厉打击违法排污行为，对治理效果差、技术服务能力弱、运营管理水平低的治理单位，公布名单，实行联合惩戒，扶持培育 VOCs 治理和服务专业化规模化龙头企业。2020 年，VOCs 排放总量较 2015 年下降 10%以上。（生态环境部牵头，发展改革委、工业和信息化部、商务部、市场监管总局、能源局等参与）

七、强化区域联防联控，有效应对重污染天气

（二十六）建立完善区域大气污染防治协作机制。将京津冀及周边地区大气污染防治协作小组调整为京津冀及周边地区大气污染防治领导小组；建立汾渭平原大气污染防治协作机制，纳入京津冀及周边地区大气污染防治领导小组统筹领导；继续发挥长三角区域大气污染防治协作小组作用。相关协作机制负责研究审议区域大气污染防治实施方案、年度计划、目标、重大措施，以及区域重点产业发展规划、重大项目建设等事关大气污染防治工作的重要事项，部署区域重污染天气联合应对工作。（生态环境部负责）

（二十七）加强重污染天气应急联动。强化区域环境空气质量预测预报中心能力建设，2019 年底前实现 7～10 天预报能力，省级预报中心实现以城市为单位的 7 天预报能力。开展环境空气质量中长期趋势预测工作。完善预警分级标准体系，区分不同区域不同季节应急响应标准，同一区域内要统一应急预警标准。当预测到区域将出现大范围重污染天气时，统一发布预警信息，各相关城市按级别启动应急响应措施，实施区域应急联动。（生态环境部牵头，气象局等参与）

（二十八）夯实应急减排措施。制定完善重污染天气应急预案。提高应急预案中污染物减排比例，黄色、橙色、红色级别减排比例原则上分别不低于 10%、20%、30%。细化应急减排措施，落实到企业各工艺环节，实施“一厂一策”清单化管理。在黄色及以上重污染天气预警期间，对钢铁、建材、焦化、有色、化工、矿山等涉及大宗物料运输的重点用车企业，实施应急运输响应。（生态环境部牵头，交通运输部、工业和信息化部参与）

重点区域实施秋冬季重点行业错峰生产。加大秋冬季工业企业生产调控力度，各地针对钢铁、建材、焦化、铸造、有色、化工等高排放行业，制定错峰生产方案，实施差别化管理。要将错峰生产方案细化到企业生产线、工序和设备，载入排污许可证。企业未按期完成治理改造任务的，一并纳入当地错峰生产方案，实施停产。属于《产业结构调整指导目录》限制类的，要提高错峰限产比例或实施停产。（工业和信息化部、生态环境部负责）

八、健全法律法规体系，完善环境经济政策

（二十九）完善法律法规标准体系。研究将 VOCs 纳入环境保护税征收范围。制定排污许可管理条例、京津冀及周边地区大气污染防治条例。2019 年底前，完成涂料、油墨、胶黏剂、清洗剂等产品 VOCs 含量限值强制性国家标准制定工作，2020 年 7 月 1 日起在重点区域率先执行。研究制定石油焦质量标准。修改《环境空气质量标准》中关于监测状态的有关规定，实现与国际接轨。加快制修订制药、农药、日用玻璃、铸造、工业涂装类、餐饮油烟等重点行业污染物排放标准，以及 VOCs 无组织排放控制标准。鼓励各地制定实施更严格的污染物排放标准。研究制定内河大型船舶用燃料油标准和更加严格的汽柴油质量标准，降低烯烃、芳烃和多环芳烃含量。制定更严格的机动车、非道路移动机械和船舶大气污染物排放标准。制定机动车排放检测与强制维修管理办法，修订《报废汽车回收管理办法》。（生态环境部、财政部、工业和信息化部、交通运输部、商务部、市场监管总局牵头，司法部、税务总局等参与）

（三十）拓宽投融资渠道。各级财政支出要向打赢蓝天保卫战倾斜。增加中央大气污染防治专项资金投入，扩大中央财政支持北方地区冬季清洁取暖的试点城市范围，将京津冀及周边地区、汾渭平原全部纳入。环境空气质量未达标地区要加大大气污染防治资金投入。（财政部牵头，生态环境部等参与）

支持依法合规开展大气污染防治领域的政府和社会资本合作（PPP）项目建设。鼓励开展合同环境

服务，推广环境污染第三方治理。出台对北方地区清洁取暖的金融支持政策，选择具备条件的地区，开展金融支持清洁取暖试点工作。鼓励政策性、开发性金融机构在业务范围内，对大气污染防治、清洁取暖和产业升级等领域符合条件的项目提供信贷支持，引导社会资本投入。支持符合条件的金融机构、企业发行债券，募集资金用于大气污染治理和节能改造。将“煤改电”超出核价投资的配套电网投资纳入下一轮输配电价核价周期，核算准许成本。（财政部、发展改革委、人民银行牵头，生态环境部、银保监会、证监会等参与）

（三十一）加大经济政策支持力度。建立中央大气污染防治专项资金安排与地方环境空气质量改善绩效联动机制，调动地方政府治理大气污染积极性。健全环保信用评价制度，实施跨部门联合奖惩。研究将致密气纳入中央财政开采利用补贴范围，以鼓励企业增加冬季供应量为目标调整完善非常规天然气补贴政策。研究制定推进储气调峰设施建设的扶持政策。推行上网侧峰谷分时电价政策，延长采暖用电谷段时长至10个小时以上，支持具备条件的地区建立采暖用电的市场化竞价采购机制，采暖用电参加电力市场化交易谷段输配电价减半执行。农村地区利用地热能向居民供暖（制冷）的项目运行电价参照居民用电价格执行。健全供热价格机制，合理制定清洁取暖价格。完善跨省跨区输电价格形成机制，降低促进清洁能源消纳的跨省跨区专项输电工程增送电量的输配电价，优化电力资源配置。落实好燃煤电厂超低排放环保电价。全面清理取消对高耗能行业的优待类电价以及其他各种不合理价格优惠政策。建立高污染、高耗能、低产出企业执行差别化电价、水价政策的动态调整机制，对限制类、淘汰类企业大幅提高电价，支持各地进一步提高加价幅度。加大对钢铁等行业超低排放改造支持力度。研究制定“散乱污”企业综合治理激励政策。进一步完善货运价格市场化运行机制，科学规范两端费用。大力支持港口和机场岸基供电，降低岸电运营商用电成本。支持车船和作业机械使用清洁能源。研究完善对有机肥生产销售运输等环节的支持政策。利用生物质发电价格政策，支持秸秆等生物质资源消纳处置。（发展改革委、财政部牵头，能源局、生态环境部、交通运输部、农业农村部、铁路局、中国铁路总公司等参与）

加大税收政策支持力度。严格执行环境保护税法，落实购置环境保护专用设备企业所得税抵免优惠政策。研究对从事污染防治的第三方企业给予企业所得税优惠政策。对符合条件的新能源汽车免征车辆购置税，继续落实并完善对节能、新能源车船减免车船税的政策。（财政部、税务总局牵头，交通运输部、生态环境部、工业和信息化部、交通运输部等参与）

九、加强基础能力建设，严格环境执法督察

（三十二）完善环境监测监控网络。加强环境空气质量监测，优化调整扩展国控环境空气质量监测站点。加强区县环境空气质量自动监测网络建设，2020年底前，东部、中部区县和西部大气污染严重城市的区县实现监测站点全覆盖，并与中国环境监测总站实现数据直联。国家级新区、高新区、重点工业园区及港口设置环境空气质量监测站点。加强降尘量监测，2018年底前，重点区域各区县布设降尘量监测点位。重点区域各城市和其他臭氧污染严重的城市，开展环境空气VOCs监测。重点区域建设国家大气颗粒物组分监测网、大气光化学监测网以及大气环境天地空大型立体综合观测网。研究发射大气环境监测专用卫星。（生态环境部牵头，国防科工局等参与）

强化重点污染源自动监控体系建设。排气口高度超过45米的高架源，以及石化、化工、包装印刷、工业涂装等VOCs排放重点源，纳入重点排污单位名录，督促企业安装烟气排放自动监控设施，2019年底前，重点区域基本完成；2020年底前，全国基本完成。（生态环境部负责）

加强移动源排放监管能力建设。建设完善遥感监测网络、定期排放检验机构国家—省—市三级联网，构建重型柴油车车载诊断系统远程监控系统，强化现场路检路查和停放地监督抽测。2018年底前，重点区域建成三级联网的遥感监测系统平台，其他区域2019年底前建成。推进工程机械安装实时定位和排放监控装置，建设排放监控平台，重点区域2020年底前基本完成。研究成立国家机动车污染防治中心，建设区域性国家机动车排放检测实验室。（生态环境部牵头，公安部、交通运输部、科技部等参与）

强化监测数据质量控制。城市和区县各类开发区环境空气质量自动监测站点运维全部上收到省级环境监测部门。加强对环境监测和运维机构的监管，建立质控考核与实验室比对、第三方质控、信誉评级等机制，健全环境监测量值传递溯源体系，加强环境监测相关标准物质研制，建立"谁出数谁负责、谁签字谁负责"的责任追溯制度。开展环境监测数据质量监督检查专项行动，严厉惩处环境监测数据弄虚作假行为。对地方不当干预环境监测行为的，监测机构运行维护不到位及篡改、伪造、干扰监测数据的，排污单位弄虚作假的，依纪依法从严处罚，追究责任。（生态环境部负责）

（三十三）强化科技基础支撑。汇聚跨部门科研资源，组织优秀科研团队，开展重点区域及成渝地区等其他区域大气重污染成因、重污染积累与天气过程双向反馈机制、重点行业与污染物排放管控技术、居民健康防护等科技攻坚。大气污染成因与控制技术研究、大气重污染成因与治理攻关等重点项目，要紧密围绕打赢蓝天保卫战需求，以目标和问题为导向，边研究、边产出、边应用。加强区域性臭氧形成机理与控制路径研究，深化 VOCs 全过程控制及监管技术研发。开展钢铁等行业超低排放改造、污染排放源头控制、货物运输多式联运、内燃机及锅炉清洁燃烧等技术研究。常态化开展重点区域和城市源排放清单编制、源解析等工作，形成污染动态溯源的基础能力。开展氨排放与控制技术研究。（科技部、生态环境部牵头，卫生健康委、气象局、市场监管总局等参与）

（三十四）加大环境执法力度。坚持铁腕治污，综合运用按日连续处罚、查封扣押、限产停产等手段依法从严处罚环境违法行为，强化排污者责任。未依法取得排污许可证、未按证排污的，依法依规从严处罚。加强区县级环境执法能力建设。创新环境监管方式，推广"双随机、一公开"等监管。严格环境执法检查，开展重点区域大气污染热点网格监管，加强工业炉窑排放、工业无组织排放、VOCs 污染治理等环境执法，严厉打击"散乱污"企业。加强生态环境执法与刑事司法衔接。（生态环境部牵头，公安部等参与）

严厉打击生产销售排放不合格机动车和违反信息公开要求的行为，撤销相关企业车辆产品公告、油耗公告和强制性产品认证。开展在用车超标排放联合执法，建立完善环境部门检测、公安交管部门处罚、交通运输部门监督维修的联合监管机制。严厉打击机动车排放检验机构尾气检测弄虚作假、屏蔽和修改车辆环保监控参数等违法行为。加强对油品制售企业的质量监督管理，严厉打击生产、销售、使用不合格油品和车用尿素行为，禁止以化工原料名义出售调和油组分，禁止以化工原料勾兑调和油，严禁运输企业储存使用非标油，坚决取缔黑加油站点。（生态环境部、公安部、交通运输部、工业和信息化部牵头，商务部、市场监管总局等参与）

（三十五）深入开展环境保护督察。将大气污染防治作为中央环境保护督察及其"回头看"的重要内容，并针对重点区域统筹安排专项督察，夯实地方政府及有关部门责任。针对大气污染防治工作不力、重污染天气频发、环境质量改善达不到进度要求甚至恶化的城市，开展机动式、点穴式专项督察，强化督察问责。全面开展省级环境保护督察，实现对地市督察全覆盖。建立完善排查、交办、核查、约谈、专项督察"五步法"监管机制。（生态环境部负责）

十、明确落实各方责任，动员全社会广泛参与

（三十六）加强组织领导。有关部门要根据本行动计划要求，按照管发展的管环保、管生产的管环保、管行业的管环保原则，进一步细化分工任务，制定配套政策措施，落实"一岗双责"。有关地方和部门的落实情况，纳入国务院大督查和相关专项督查，对真抓实干成效明显的强化表扬激励，对庸政懒政怠政的严肃追责问责。地方各级政府要把打赢蓝天保卫战放在重要位置，主要领导是本行政区域第一责任人，切实加强组织领导，制定实施方案，细化分解目标任务，科学安排指标进度，防止脱离实际层层加码，要确保各项工作有力有序完成。完善有关部门和地方各级政府的责任清单，健全责任体系。各地建立完善"网格长"制度，压实各方责任，层层抓落实。生态环境部要加强统筹协调，定期调度，及时向国务院报告。（生态环境部牵头，各有关部门参与）

（三十七）严格考核问责。将打赢蓝天保卫战年度和终期目标任务完成情况作为重要内容，纳入污染防治攻坚战成效考核，做好考核结果应用。考核不合格的地区，由上级生态环境部门会同有关部门公开约谈地方政府主要负责人，实行区域环评限批，取消国家授予的有关生态文明荣誉称号。发现篡改、伪造监测数据的，考核结果直接认定为不合格，并依纪依法追究责任。对工作不力、责任不实、污染严重、问题突出的地区，由生态环境部公开约谈当地政府主要负责人。制定量化问责办法，对重点攻坚任务完成不到位或环境质量改善不到位的实施量化问责。对打赢蓝天保卫战工作中涌现出的先进典型予以表彰奖励。（生态环境部牵头，中央组织部等参与）

（三十八）加强环境信息公开。各地要加强环境空气质量信息公开力度。扩大国家城市环境空气质量排名范围，包含重点区域和珠三角、成渝、长江中游等地区的地级及以上城市，以及其他省会城市、计划单列市等，依据重点因素每月公布环境空气质量、改善幅度最差的20个城市和最好的20个城市名单。各省（自治区、直辖市）要公布本行政区域内地级及以上城市环境空气质量排名，鼓励对区县环境空气质量排名。各地要公开重污染天气应急预案及应急措施清单，及时发布重污染天气预警提示信息。（生态环境部负责）

建立健全环保信息强制性公开制度。重点排污单位应及时公布自行监测和污染排放数据、污染治理措施、重污染天气应对、环保违法处罚及整改等信息。已核发排污许可证的企业应按要求及时公布执行报告。机动车和非道路移动机械生产、进口企业应依法向社会公开排放检验、污染控制技术等环保信息。（生态环境部负责）

（三十九）构建全民行动格局。环境治理，人人有责。倡导全社会“同呼吸共奋斗”，动员社会各方力量，群防群治，打赢蓝天保卫战。鼓励公众通过多种渠道举报环境违法行为。树立绿色消费理念，积极推进绿色采购，倡导绿色低碳生活方式。强化企业治污主体责任，中央企业要起到模范带头作用，引导绿色生产。（生态环境部牵头，各有关部门参与）

积极开展多种形式的宣传教育。普及大气污染防治科学知识，纳入国民教育体系和党政领导干部培训内容。各地建立宣传引导协调机制，发布权威信息，及时回应群众关心的热点、难点问题。新闻媒体要充分发挥监督引导作用，积极宣传大气环境管理法律法规、政策文件、工作动态和经验做法等。（生态环境部牵头，各有关部门参与）

关于加强“未批先建”建设项目环境影响评价管理工作的通知

环办环评〔2018〕18 号

各省、自治区、直辖市环境保护厅（局），新疆生产建设兵团环境保护局：

为加强“未批先建”建设项目环境影响评价管理工作，根据《关于建设项目“未批先建”违法行为法律适用问题的意见》（环政法函〔2018〕31 号），现就有关事项通知如下：

一、“未批先建”违法行为是指，建设单位未依法报批建设项目环境影响报告书（表），或者未按照环境影响评价法第二十四条的规定重新报批或者重新审核环境影响报告书（表），擅自开工建设的违法行为，以及建设项目环境影响报告书（表）未经批准或者未经原审批部门重新审核同意，建设单位擅自开工建设的违法行为。

除火电、水电和电网项目外，建设项目开工建设是指，建设项目的永久性工程正式破土开槽开始施工，在此以前的准备工作，如地质勘探、平整场地、拆除旧有建筑物、临时建筑、施工用临时道路、通水、通电等不属于开工建设。

火电项目开工建设是指，主厂房基础垫层浇筑第一方混凝土。电网项目中变电工程和线路工程开工建设是指，主体工程基础开挖和线路基础开挖。水电项目筹建及准备期相关工程按照《关于进一步加强水电建设环境保护工作的通知》（环办〔2012〕4 号）执行。

二、各级环境保护部门要按照“属地管理”原则，对“未批先建”建设项目进行拉网式排查并依法予以处罚。

（一）建设项目于 2015 年 1 月 1 日新《中华人民共和国环境保护法》（以下简称《环境保护法》）施行后开工建设，或者 2015 年 1 月 1 日之前已经开工建设且之后仍然进行建设的，应当适用新《环境保护法》第六十一条规定进行处罚。

（二）建设项目于 2016 年 9 月 1 日新《中华人民共和国环境影响评价法》（以下简称《环境影响评价法》）施行后开工建设，或者 2016 年 9 月 1 日之前已经开工建设且之后仍然进行建设的，应当适用新《环境影响评价法》第三十一条的规定进行处罚。

（三）建设单位同时存在违反环境保护设施“三同时”和竣工环保验收制度等违法行为的，应当依法分别予以处罚。

（四）“未批先建”违法行为自建设行为终了之日起二年内未被发现的，依法不予行政处罚。

三、环保部门应当按照本通知第一条、第二条规定对“未批先建”等违法行为作出处罚，建设单位主动报批环境影响报告书（表）的，有审批权的环保部门应当受理，并根据技术评估和审查结论分别作出相应处理：

（一）对符合环境影响评价审批要求的，依法作出批准决定，并出具审批文件。

（二）对存在《建设项目环境保护管理条例》第十一条所列情形之一的，环保部门依法不予批准该项目环境影响报告书（表），并可以依法责令恢复原状。

四、各级环保部门要按照《关于以改善环境质量为核心加强环境影响评价管理的通知》（环环评〔2016〕150 号）要求，在建设项目环境影响报告书（表）审批工作中严格落实项目环评审批与规划环评、现有项目环境管理、区域环境质量联动机制，更好地发挥环评制度从源头防范环境污染和生态破坏的作用，加快改善环境质量，推动高质量发展。

五、各级环保部门要督促“未批先建”建设项目依法履行环境影响评价手续。依法需申请排污许可证的“未批先建”建设项目，应当依照国家有关环保法律法规和《排污许可管理办法（试行）》的规定，在规定时限内完成环评报批手续。通过依法查处“未批先建”违法行为，依法受理和审查“未批先建”建设项目环评手续，将所有建设项目依法纳入环境管理，为实现排污许可证“核发一个行业，清理一个行业，规范一个行业”提供保障。

各地在执行中如遇到问题，请及时向我部反馈。

联系方式：环境保护部环境影响评价司，（010）66556419

环境保护部办公厅

2018 年 2 月 24 日

第二章　污染防治

（一）大气污染

中华人民共和国国家标准

火电厂大气污染物排放标准

Emission standard of air pollutants for thermal power plants

GB 13223—2011
代替 GB 13223—2003

2011-07-29 发布　　　　2012-01-01 实施

前　言

为贯彻《中华人民共和国环境保护法》《中华人民共和国大气污染防治法》《国务院关于落实科学发展观　加强环境保护的决定》等法律、法规，保护环境，改善环境质量，防治火电厂大气污染物排放造成的污染，促进火力发电行业的技术进步和可持续发展，制定本标准。

本标准规定了火电厂大气污染物排放浓度限值、监测和监控要求。

本标准中的污染物排放浓度均为质量浓度。

本标准首次发布于 1991 年，1996 年第一次修订，2003 年第二次修订。

本次修订的主要内容：

——调整了大气污染物排放浓度限值；

——规定了现有火电锅炉达到更加严格的排放浓度限值的时限；

——取消了全厂二氧化硫最高允许排放速率的规定；

——增设了燃气锅炉大气污染物排放浓度限值；

——增设了大气污染物特别排放限值。

火电厂排放的水污染物、恶臭污染物和环境噪声适用相应的国家污染物排放标准，产生固体废物的鉴别、处理和处置适用国家固体废物污染控制标准。

自本标准实施之日起，火电厂大气污染物排放控制按本标准的规定执行，不再执行国家污染物排放标准《火电厂大气污染物排放标准》（GB 13223—2003）中的相关规定。

地方省级人民政府对本标准未作规定的大气污染物项目，可以制定地方污染物排放标准；对本标准已作规定的大气污染物项目，可以制定严于本标准的地方污染物排放标准。

本标准由环境保护部科技标准司组织制订。

本标准起草单位：中国环境科学研究院、国电环境保护研究院。

本标准环境保护部 2011 年 7 月 18 日批准。

本标准自 2012 年 1 月 1 日起实施。

本标准由环境保护部解释。

1 适用范围

本标准规定了火电厂大气污染物排放浓度限值、监测和监控要求，以及标准的实施与监督等相关规定。

本标准适用于现有火电厂的大气污染物排放管理以及火电厂建设项目的环境影响评价、环境保护工程设计、竣工环境保护验收及其投产后的大气污染物排放管理。

本标准适用于使用单台出力 65 t/h 以上除层燃炉、抛煤机炉外的燃煤发电锅炉；各种容量的煤粉发电锅炉；单台出力 65 t/h 以上燃油、燃气发电锅炉；各种容量的燃气轮机组的火电厂；单台出力 65 t/h 以上采用煤矸石、生物质、油页岩、石油焦等燃料的发电锅炉，参照本标准中循环流化床火力发电锅炉的污染物排放控制要求执行。整体煤气化联合循环发电的燃气轮机组执行本标准中燃用天然气的燃气轮机组排放限值。

本标准不适用于各种容量的以生活垃圾、危险废物为燃料的火电厂。

本标准适用于法律允许的污染物排放行为。新设立污染源的选址和特殊保护区域内现有污染源的管理，按照《中华人民共和国大气污染防治法》《中华人民共和国水污染防治法》《中华人民共和国海洋环境保护法》《中华人民共和国固体废物污染环境防治法》《中华人民共和国环境影响评价法》等法律、法规和规章的相关规定执行。

2 规范性引用文件

本标准引用下列文件或其中的条款。凡是未注明日期的引用文件，其最新版本适用于本标准。

GB/T 16157 固定污染源排气中颗粒物测定与气态污染物采样方法

HJ/T 42 固定污染源排气中氮氧化物的测定 紫外分光光度法

HJ/T 43 固定污染源排气中氮氧化物的测定 盐酸萘乙二胺分光光度法

HJ/T 56 固定污染源排气中二氧化硫的测定 碘量法

HJ/T 57 固定污染源排气中二氧化硫的测定 定电位电解法

HJ/T 75 固定污染源烟气排放连续监测技术规范（试行）

HJ/T 76 固定污染源烟气排放连续监测系统技术要求及检测方法（试行）

HJ/T 373 固定污染源监测质量保证与质量控制技术规范（试行）

HJ/T 397 固定源废气监测技术规范

HJ/T 398 固定污染源排放烟气黑度的测定 林格曼烟气黑度图法

HJ 543 固定污染源废气 汞的测定 冷原子吸收分光光度法（暂行）

HJ 629 固定污染源废气 二氧化硫的测定 非分散红外吸收法

《污染源自动监控管理办法》（国家环境保护总局令 第 28 号）

《环境监测管理办法》（国家环境保护总局令 第 39 号）

3 术语和定义

下列术语和定义适用于本标准。

3.1 火电厂 thermal power plant

燃烧固体、液体、气体燃料的发电厂。

3.2 标准状态 standard condition

烟气在温度为 273 K，压力为 101 325 Pa 时的状态，简称“标态”。本标准中所规定的大气污染物浓度均指标准状态下干烟气的数值。

3.3 氧含量 oxygen content

燃料燃烧时，烟气中含有的多余的自由氧，通常以干基容积百分数表示。

3.4 现有火力发电锅炉及燃气轮机组 existing plant

指本标准实施之日前，建成投产或环境影响评价文件已通过审批的火力发电锅炉及燃气轮机组。

3.5 新建火力发电锅炉及燃气轮机组 new plant

指本标准实施之日起，环境影响评价文件通过审批的新建、扩建和改建的火力发电锅炉及燃气轮机组。

3.6 W 形火焰炉膛 arch fired furnace

燃烧器置于炉膛前后墙拱顶，燃料和空气向下喷射，燃烧产物转折 180°后从前后拱中间向上排出而形成 W 形火焰的燃烧空间。

3.7 重点地区 key region

指根据环境保护工作的要求，在国土开发密度较高，环境承载能力开始减弱，或大气环境容量较小、生态环境脆弱，容易发生严重大气环境污染问题而需要严格控制大气污染物排放的地区。

3.8 大气污染物特别排放限值 special limitation for air pollutants

指为防治区域性大气污染、改善环境质量、进一步降低大气污染源的排放强度、更加严格地控制排污行为而制定并实施的大气污染物排放限值，该限值的排放控制水平达到国际先进或领先程度，适用于重点地区。

4 污染物排放控制要求

4.1 自 2014 年 7 月 1 日起，现有火力发电锅炉及燃气轮机组执行表 1 规定的烟尘、二氧化硫、氮氧化物和烟气黑度排放限值。

4.2 自 2012 年 1 月 1 日起，新建火力发电锅炉及燃气轮机组执行表 1 规定的烟尘、二氧化硫、氮氧化物和烟气黑度排放限值。

4.3 自 2015 年 1 月 1 日起，燃煤锅炉执行表 1 规定的汞及其化合物污染物排放限值。

表 1 火力发电锅炉及燃气轮机组大气污染物排放浓度限值

单位：mg/m^3（烟气黑度除外）

序号	燃料和热能转化设施类型	污染物项目	适用条件	限值	污染物排放监控位置
1	燃煤锅炉	烟尘	全部	30	烟囱或烟道
		二氧化硫	新建锅炉	100 200(1)	
			现有锅炉	200 400(1)	
		氮氧化物（以 NO_2 计）	全部	100 200(2)	
		汞及其化合物	全部	0.03	
2	以油为燃料的锅炉或燃气轮机组	烟尘	全部	30	
		二氧化硫	新建锅炉及燃气轮机组	100	
			现有锅炉及燃气轮机组	200	
		氮氧化物（以 NO_2 计）	新建锅炉	100	
			现有锅炉	200	
			燃气轮机组	120	

序号	燃料和热能转化设施类型	污染物项目	适用条件	限值	污染物排放监控位置
3	以气体为燃料的锅炉或燃气轮机组	烟尘	天然气锅炉及燃气轮机组	5	烟囱或烟道
			其他气体燃料锅炉及燃气轮机组	10	
		二氧化硫	天然气锅炉及燃气轮机组	35	
			其他气体燃料锅炉及燃气轮机组	100	
		氮氧化物（以 NO_2 计）	天然气锅炉	100	
			其他气体燃料锅炉	200	
			天然气燃气轮机组	50	
			其他气体燃料燃气轮机组	120	
4	燃煤锅炉，以油、气体为燃料的锅炉或燃气轮机组	烟气黑度（林格曼黑度）/级	全部	1	烟囱排放口

注：（1）位于广西壮族自治区、重庆市、四川省和贵州省的火力发电锅炉执行该限值。

（2）采用 W 形火焰炉膛的火力发电锅炉，现有循环流化床火力发电锅炉，以及 2003 年 12 月 31 日前建成投产或通过建设项目环境影响报告书审批的火力发电锅炉执行该限值。

4.4　重点地区的火力发电锅炉及燃气轮机组执行表 2 规定的大气污染物特别排放限值。

执行大气污染物特别排放限值的具体地域范围、实施时间，由国务院环境保护行政主管部门规定。

表 2　大气污染物特别排放限值

单位：mg/m^3（烟气黑度除外）

序号	燃料和热能转化设施类型	污染物项目	适用条件	限值	污染物排放监控位置
1	燃煤锅炉	烟尘	全部	20	烟囱或烟道
		二氧化硫	全部	50	
		氮氧化物（以 NO_2 计）	全部	100	
		汞及其化合物	全部	0.03	
2	以油为燃料的锅炉或燃气轮机组	烟尘	全部	20	
		二氧化硫	全部	50	
		氮氧化物（以 NO_2 计）	燃油锅炉	100	
			燃气轮机组	120	
3	以气体为燃料的锅炉或燃气轮机组	烟尘	全部	5	
		二氧化硫	全部	35	
		氮氧化物（以 NO_2 计）	燃气锅炉	100	
			燃气轮机组	50	
4	燃煤锅炉，以油、气体为燃料的锅炉或燃气轮机组	烟气黑度（林格曼黑度）/级	全部	1	烟囱排放口

4.5　在现有火力发电锅炉及燃气轮机组运行、建设项目竣工环保验收及其后的运行过程中，负责监管的环境保护行政主管部门，应对周围居住、教学、医疗等用途的敏感区域环境质量进行监测。建设项目的具体监控范围为环境影响评价确定的周围敏感区域；未进行过环境影响评价的现有火力发电企业，监控

范围由负责监管的环境保护行政主管部门，根据企业排污的特点和规律及当地的自然、气象条件等因素，参照相关环境影响评价技术导则确定。地方政府应对本辖区环境质量负责，采取措施确保环境状况符合环境质量标准要求。

4.6 不同时段建设的锅炉，若采用混合方式排放烟气，且选择的监控位置只能监测混合烟气中的大气污染物浓度，则应执行各时段限值中最严格的排放限值。

5 污染物监测要求

5.1 污染物采样与监测要求

5.1.1 对企业排放废气的采样，应根据监测污染物的种类，在规定的污染物排放监控位置进行，有废气处理设施的，应在该设施后监控。在污染物排放监控位置须设置规范的永久性测试孔、采样平台和排污口标志。

5.1.2 新建和现有火力发电锅炉及燃气轮机组安装污染物排放自动监控设备的要求，应按有关法律和《污染源自动监控管理办法》的规定执行。

5.1.3 污染物排放自动监控设备通过验收并正常运行的，应按照 HJ/T 75 和 HJ/T 76 的要求，定期对自动监控设备进行监督考核。

5.1.4 对企业污染物排放情况进行监测的采样方法、采样频次、采样时间和运行负荷等要求，按 GB/T 16157 和 HJ/T 397 的规定执行。

5.1.5 火电厂大气污染物监测的质量保证与质量控制，应按照 HJ/T 373 的要求进行。

5.1.6 企业应按照有关法律和《环境监测管理办法》的规定，对排污状况进行监测，并保存原始监测记录。

5.1.7 对火电厂大气污染物排放浓度的测定采用表 3 所列的方法标准。

表 3 火电厂大气污染物浓度测定方法标准

序号	污染物项目	方法标准名称	方法标准编号
1	烟尘	固定污染源排气中颗粒物测定与气态污染物采样方法	GB/T 16157
2	烟气黑度	固定污染源排放烟气黑度的测定　林格曼烟气黑度图法	HJ/T 398
3	二氧化硫	固定污染源排气中二氧化硫的测定　碘量法	HJ/T 56
		固定污染源排气中二氧化硫的测定　定电位电解法	HJ/T 57
		固定污染源废气　二氧化硫的测定　非分散红外吸收法	HJ 629
4	氮氧化物	固定污染源排气中氮氧化物的测定　紫外分光光度法	HJ/T 42
		固定污染源排气中氮氧化物的测定　盐酸萘乙二胺分光光度法	HJ/T 43
5	汞及其化合物	固定污染源废气　汞的测定　冷原子吸收分光光度法（暂行）	HJ 543

5.2 大气污染物基准氧含量排放浓度折算方法

实测的火电厂烟尘、二氧化硫、氮氧化物和汞及其化合物排放浓度，必须执行 GB/T 16157 的规定，按式（1）折算为基准氧含量排放浓度。各类热能转化设施的基准氧含量按表 4 的规定执行。

表 4 基准氧含量

序号	热能转化设施类型	基准氧含量（O_2）/%
1	燃煤锅炉	6
2	燃油锅炉及燃气锅炉	3
3	燃气轮机组	15

$$\rho = \rho' \times \frac{21-\varphi(O_2)}{21-\varphi'(O_2)} \tag{1}$$

式中：ρ ——大气污染物基准氧含量排放浓度，mg/m^3；

ρ' ——实测的大气污染物排放浓度，mg/m^3；

$\varphi'(O_2)$ ——实测的氧含量，%；

$\varphi(O_2)$ ——基准氧含量，%。

6　实施与监督

6.1　本标准由县级以上人民政府环境保护行政主管部门负责监督实施。

6.2　在任何情况下，火力发电企业均应遵守本标准的大气污染物排放控制要求，采取必要措施保证污染防治设施正常运行。各级环保部门在对企业进行监督性检查时，可以现场即时采样或监测结果，作为判定排污行为是否符合排放标准以及实施相关环境保护管理措施的依据。

关于不同容量锅炉共用烟囱排放大气污染物适用排放标准问题的复函

环函〔2007〕351 号

安徽省环境保护局：

你局《关于奇瑞汽车有限公司自备热电站项目锅炉烟气排放执行标准的请示》（环评〔2007〕102 号）收悉。经研究，现函复如下：

该公司自备热电站项目 2 台 35 t/h 和 2 台 75 t/h 循环流化床锅炉，其大气污染物排放应分别适用《锅炉大气污染物排放标准》（GB 13271—2001）和《火电厂大气污染物排放标准》（GB 13223—2003）；若上述锅炉共用一根烟囱，且监控位置在烟囱处，则应适用《火电厂大气污染物排放标准》（GB 13223—2003）。

二〇〇七年九月二十日

关于火电企业脱硫设施旁路烟道挡板实施铅封的通知

环办〔2010〕91号

各省、自治区、直辖市环境保护厅（局），新疆生产建设兵团环境保护局，国家电网公司，华能、大唐、华电、国电、中电投集团公司：

为进一步落实国务院《节能减排综合性工作方案》及《节能减排统计监测及考核实施方案和办法》有关要求，切实加强对火电企业脱硫设施运行过程的监管，提高脱硫设施运行效率，我部决定对所有“火电企业脱硫设施旁路烟道挡板”（以下简称“旁路挡板”）实施铅封。现将有关事项通知如下：

一、各级环保部门和各电力集团公司要积极鼓励火电企业逐步拆除已建脱硫设施的旁路烟道，烟气排放连续监测系统采样点逐步统一安装在烟囱符合监测要求的高度位置。对暂时保留旁路烟道的，所有旁路挡板必须实行铅封。要求所有新建燃煤机组不得设置脱硫旁路烟道，烟气排放连续监测系统采样点一律安装在烟囱符合监测要求的高度位置。

二、各省级环保部门负责本辖区内火电企业旁路挡板的铅封工作。旁路挡板的封签由各省级环保部门统一设计制作，实行统一编号，专人管理，现场铅封和启封等具体工作可委托地市或县级环保部门开展。

（一）各省级环保部门或所在地环保部门要指定专人具体负责所辖区域内火电企业旁路挡板铅封工作，加强监督检查，按照规定及时铅封，并认真做好记录。

（二）各省级环保部门要组织对负责现场铅封的人员进行专业培训。现场铅封时，要配备必要的安全防护设施，安排专人进行安全监护，确保铅封人员人身和设备安全。

（三）旁路挡板的封签须安装在旁路挡板执行器拐臂和支架上，在适当位置焊接固定。在安装封签前，要确认旁路挡板门处于密封关闭状态。实施铅封的材料和方式不得影响旁路挡板门紧急情况下的开启。

三、旁路挡板铅封后，各火电企业不得擅自启封。

（一）下列情况确需开启旁路挡板门时，由火电企业书面提出申请，报当地环保部门审批，审批同意后，由当地环保部门派人现场启封：脱硫设施定期试验和定期维护检修；机组停运后进行旁路挡板门检修维护；脱硫系统及烟道系统短期缺陷处理。

（二）下列情况确需开启旁路挡板门时，火电企业可自行启封，但必须在24小时内向当地环保部门报告：发电机组、增压风机、热交换器（GGH）、浆液循环泵等设备突然跳闸；增压风机入口压力、脱硫塔入口烟温和流量等参数超出保护定值；锅炉紧急投油助燃；除尘装置突然断电；发生地震、火灾、电网故障等突发事件。

（三）维护检修工作结束或紧急情况消除后，火电企业应立即关闭旁路挡板门，并向当地环保部门提出申请重新进行铅封。当地环保部门要对旁路挡板每次开启和铅封过程进行如实记录。

四、各省级环保部门要高度重视旁路挡板铅封工作，精心组织，周密部署，确保该项工作顺利开展。各省级环保部门于2010年7月1日前制定完成本辖区火电企业旁路挡板铅封方案，8月15日前完成封签制作、配发以及人员培训等工作，9月30日前完成旁路挡板的铅封。对正在实施脱硫设施增容改造或设备缺陷维修的机组，可待改造维修工程完成后实施铅封。今年年底前，要全部完成对火电企业的铅封工作，并将工作完成情况报送我部。各级环保部门要切实加强检查，严肃处理弄虚作假、擅自开启、故意破坏封签等行为。

五、各电力集团公司要督促所属火电企业，充分认识和理解开展此项工作的重要性，主动配合和协助各级环保部门，做好旁路挡板铅封工作，并做好铅封装置的日常维护，发现异常情况及时报告当地环保部门。

六、各环保督查中心要通过重点抽查和现场核查相结合的方式，对辖区内火电企业旁路挡板铅封情况进行督查检查，重点检查弄虚作假、故意破坏封签、不按规定铅封等情况，检查结果及时报送我部。

我部将把旁路挡板铅封作为二氧化硫减排设施监管的重要手段，铅封的操作记录作为核定燃煤机组脱硫设施投运率、脱硫效率和减排量核算的重要依据。对限期未能实施铅封或违反铅封规定的，将予以通报批评、扣减减排量等处罚措施，并列入该地区和企业集团减排年度考核。

二〇一〇年六月十七日

关于生物质发电项目废气排放执行标准问题的复函

环函〔2011〕345号

浙江省环境保护厅：

你厅《关于要求明确生物质发电项目废气排放标准的请示》（浙环〔2011〕51号）收悉。经研究，现函复如下：

一、单台出力65 t/h以上的生物质发电锅炉按其燃料种类和燃烧方式执行《火电厂大气污染物排放标准》（GB 13223—2011）中对应的排放限值。若采用直接燃烧方式的，执行燃煤锅炉的排放限值；若采用气化发电方式的，执行其他气体燃料锅炉或燃气轮机组的排放限值。

二、《锅炉大气污染物排放标准》（GB 13271—2001）适用于单台出力65 t/h及以下的生物质发电锅炉的排放管理。目前，我部正在对《锅炉大气污染物排放标准》进行修订，新标准发布实施后，应按新标准的规定执行。地方省级政府可根据法律规定制定严于《锅炉大气污染物排放标准》（GB 13271—2001）的地方锅炉大气污染物排放标准。

二〇一一年十二月十三日

关于进一步加强环境影响评价管理防范环境风险的通知

环发〔2012〕77号

各省、自治区、直辖市环境保护厅（局），新疆生产建设兵团环境保护局，辽河保护区管理局，解放军环境保护局，各环境保护督查中心，相关企业集团：

为贯彻落实国务院《关于加强环境保护重点工作的意见》和《国家环境保护“十二五”规划》，进一步加强环境影响评价管理，明确企业环境风险防范主体责任，强化各级环保部门的环境监管，切实有效防范环境风险，现就有关事项通知如下：

一、充分认识防范环境风险的重要性，进一步加强环境影响评价管理

（一）提高认识，强化管理。各级环保部门要充分认识目前环境保护工作面临的新形势、新任务，以不断改善环境质量、解决突出环境问题为着眼点，按照“预防为主、防控结合”的原则，加强环境影响评价管理，督促企业认真落实环境风险防范和应急措施，全面提高环境保护监管水平，有效防范环境风险。

（二）突出重点，全程监管。对石油天然气开采、油气/液体化工仓储及运输、石化化工等重点行业建设项目，应进一步加强环境影响评价管理，针对环境影响评价文件编制与审批、工程设计与施工、试运行、竣工环保验收等各个阶段实施全过程监管，强化环境风险防范及应急管理要求。其他存在易燃易爆、有毒有害物质（如危险化学品、危险废物、挥发性有机物、重金属等）的建设项目，其环境管理工作可参照本通知执行。

（三）明确责任，强化落实。建设单位及其所属企业是环境风险防范的责任主体，应建立有效的环境风险防范与应急管理体系并不断完善。环评单位要加强环境风险评价工作，并对环境影响评价结论负责；环境监理单位要督促建设单位按环评及批复文件要求建设环境风险防范设施，并对环境监理报告结论负责；验收监测或验收调查单位要全面调查环境风险防范设施建设和应急措施落实情况，并对验收监测或验收调查结论负责。各级环保部门要严格建设项目环境影响评价审批和监管，在环境影响评价文件审批中对环境风险防范提出明确要求。

二、充分发挥规划环境影响评价的指导作用，源头防范环境风险

（四）石化化工建设项目原则上应进入依法合规设立、环保设施齐全的产业园区，并符合园区发展规划及规划环境影响评价要求。涉及港区、资源开采区和城市规划区的建设项目，应符合相关规划及规划环境影响评价的要求。

（五）产业园区应认真贯彻落实我部《关于加强产业园区规划环境影响评价有关工作的通知》（环发〔2011〕14号）要求，在规划环境影响评价中强化环境风险评价，优化园区选址及产业定位、布局、结构和规模，从区域角度防范环境风险。涉及重点行业建设项目的港区、资源开采区规划环境影响评价也应强化环境风险评价工作。

（六）已经开展战略环境影响评价工作的重点区域内的产业园区、港区、资源开采区等，其规划环境影响评价应以战略环境影响评价结论为指导和依据，并符合战略环境影响评价提出的布局、结构、规模及环境风险防范等要求。

三、严格建设项目环境影响评价管理，强化环境风险评价

（七）建设项目环境风险评价是相关项目环境影响评价的重要组成部分。新、改、扩建相关建设项目

环境影响评价应按照相应技术导则要求，科学预测评价突发性事件或事故可能引发的环境风险，提出环境风险防范和应急措施。论证重点如下：

1．从环境风险源、扩散途径、保护目标三方面识别环境风险。环境风险识别应包括生产设施和危险物质的识别，有毒有害物质扩散途径的识别（如大气环境、水环境、土壤等）以及可能受影响的环境保护目标的识别。

2．科学开展环境风险预测。环境风险预测设定的最大可信事故应包括项目施工、营运等过程中生产设施发生火灾、爆炸，危险物质发生泄漏等事故，并充分考虑伴生/次生的危险物质等，从大气、地表水、海洋、地下水、土壤等环境方面考虑并预测评价突发环境事件对环境的影响范围和程度。

3．提出合理有效的环境风险防范和应急措施。结合风险预测结论，有针对性地提出环境风险防范和应急措施，并对措施的合理性和有效性进行充分论证。

（八）改、扩建相关建设项目应按照现行环境风险防范和管理要求，对现有工程的环境风险进行全面梳理和评价，针对可能存在的环境风险隐患，提出相应的补救或完善措施，并纳入改、扩建项目“三同时”验收内容。

（九）对存在较大环境风险的相关建设项目，应严格按照《环境影响评价公众参与暂行办法》（环发〔2006〕28号）做好环境影响评价公众参与工作。项目信息公示等内容中应包含项目实施可能产生的环境风险及相应的环境风险防范和应急措施。

（十）环境风险评价结论应作为相关建设项目环境影响评价文件结论的主要内容之一。无环境风险评价专章的相关建设项目环境影响评价文件不予受理；经论证，环境风险评价内容不完善的相关建设项目环境影响评价文件不予审批。

（十一）环保部门在相关建设项目环境影响评价文件审批中，对存在较大环境风险隐患的，应提出环境影响后评价的要求。相关建设项目的环境影响评价文件经批准后，环境风险防范设施发生重大变动的，建设单位应按《环境影响评价法》要求重新办理报批手续。

（十二）建设项目的环境风险防范设施和应急措施是企业环境风险防范与应急管理体系的组成部分，也是企业制定和完善突发环境事件应急预案的基础。企业突发环境事件应急预案的编制、评估、备案和实施等，应按我部《突发环境事件应急预案管理暂行办法》（环发〔2010〕113号）等相关规定执行。

四、加强建设项目“三同时”验收监管，严格落实环境风险防范和应急措施

（十三）建设项目设计阶段，应按照或参照《化工建设项目环境保护设计规范》（GB 50483）等国家标准和规范要求，设计有效防止泄漏物质、消防水、污染雨水等扩散至外环境的收集、导流、拦截、降污等环境风险防范设施。

（十四）相关建设项目应在其设计方案确定后、设计文件批复前，逐项对比防治污染、防止生态破坏以及防范环境风险设施的设计方案与环境影响评价文件及批复要求的相符性。建设单位应将上述环保设施在设计阶段的落实情况报环境影响评价文件审批部门备案，并抄报当地环保部门。对我部审批的建设项目，应同时抄报所在区域环境保护督查中心。

（十五）对存在较大环境风险隐患的相关建设项目，建设单位应委托环境监理单位开展环境监理工作，重点关注项目施工过程中各项防治污染、防止生态破坏以及防范环境风险设施的建设情况，未按要求落实的应及时纠正、补救。环境监理报告应作为试生产审查和环保验收的依据之一。

（十六）相关建设项目申请试生产时，建设单位应将项目设计阶段环保措施落实情况、环境监理报告和企业突发环境事件应急预案的备案材料一并提交。建设项目防治污染、防止生态破坏措施以及环境风险防范设施和应急措施不能满足环境影响评价文件及批复要求以及无《突发环境事件应急预案备案登记表》的，各级环保部门不得批准其投入试生产。

（十七）建设项目竣工环境保护验收监测或调查时，应对环境风险防范设施和应急措施的落实情况进行全面调查。相关建设项目验收监测或调查报告，应设环境风险防范设施和应急措施落实情况专章；无

相关内容的，各级环保部门不得受理其验收申请。

（十八）各级环保部门应强化建设项目试生产和竣工环保验收管理，按照环境影响评价文件及批复要求，分别对各项环境风险防范设施和应急措施落实情况进行全面现场检查和重点核查。对不符合要求的建设项目，应提出限期整改要求；对逾期未完成整改要求的，应依法予以查处。

五、严格落实企业主体责任，不断提高企业环境风险防控能力

（十九）企业应建设并完善日常和应急监测系统，配备大气、水环境特征污染物监控设备，编制日常和应急监测方案，提高监控水平、应急响应速度和应急处理能力；建立完备的环境信息平台，定期向社会公布企业环境信息，接受公众监督。将企业突发环境事件应急预案演练和应急物资管理作为日常工作任务，不断提升环境风险防范应急保障能力。

（二十）企业应积极配合当地政府建设和完善项目所在园区（港区、资源开采区）环境风险预警体系、环境风险防控工程、环境应急保障体系。企业突发环境事件应急预案应与当地政府和相关部门以及周边企业、园区（港区、资源开采区）的应急预案相衔接，加强区域应急物资调配管理，构建区域环境风险联控机制。

六、自本通知印发之日起，原国家环境保护总局《关于防范环境风险加强环境影响评价管理的通知》（环发〔2005〕152号）废止。

二〇一二年七月三日

关于切实加强风险防范严格环境影响评价管理的通知

环发〔2012〕98 号

各省、自治区、直辖市环境保护厅（局），新疆生产建设兵团环境保护局，辽河保护区管理局，解放军环境保护局：

近年来，各级环保部门在环境影响评价工作中严格准入把关，加大监管力度，扎实推进建设项目环境管理中的风险防范工作，对维护群众环境权益、促进社会和谐稳定发挥了积极作用。为进一步加强风险防范，严格环境影响评价管理，现就有关事项通知如下：

一、进一步提高对风险防范工作重要性的认识

风险防范是环境影响评价的重要目的之一，事关经济社会发展全局中的环境安全，事关人民群众的根本环境权益。目前，我国环境状况总体恶化的趋势尚未根本改变，环境压力继续加大，人民群众的环境诉求不断提高，由环境风险、污染事件等引发的群体性事件不断增多，风险防范已成为一项长期性工作，环境影响评价管理面临的形势十分严峻。各级环保部门要进一步深化对所面临风险压力的认识，进一步增强大局意识、责任意识和风险防范意识，进一步加强组织领导，强化各项工作措施，坚持预防为主，全力做好风险防范工作，不断提高环境影响评价管理工作质量。

二、组织开展建设项目环境风险排查，督促建设单位和相关方进行整改落实

（一）抓紧开展排查工作

各级环保部门要按照“范围要广、密度要大、深度要够”的要求，抓紧组织对 2008 年以来本部门审批、验收的可能引发环境风险和社会关注度较高的建设项目开展环境风险排查，其他有必要进行排查的建设项目可视辖区内项目情况自行确定。排查重点包括：

1．环境影响评价文件及审批文件。对照我部《关于进一步加强环境影响评价管理防范环境风险的通知》（环发〔2012〕77 号，以下简称《通知》）要求，核查环境影响评价文件是否设置了环境风险评价专章、环境风险评价内容是否完善，审批文件中环境风险防范设施和应急措施的相关要求是否完善。

2．竣工环境保护验收报告及验收意见。对照《通知》要求，核查验收报告是否设置了环境风险防范设施和应急措施的落实情况专章、对环境风险防范设施和应急措施的落实情况是否进行了全面调查、验收意见中环境风险防范设施和应急措施的相关要求是否完善。

3．规划调整控制、防护距离内居民搬迁、项目依托的公用环保设施或工程等工作，是否已按有关地方人民政府及相关部门承诺按期进行等。

4．批复和验收意见中有其他要求事项的，核查是否已明确责任主体和完成期限，了解目前的进展情况。

（二）对存在的问题进行督促整改

对排查中发现的问题，要及时提出整改要求，明确责任主体和完成时间，主要包括：

1．建设项目环境影响评价文件缺少环境风险评价专章或环境风险评价内容不完善的，应要求建设单位提出环境风险防范和应急措施，并报原环评审批部门备案；建设项目竣工环境保护验收报告缺少环境风险防范设施和应急措施的落实情况专章或落实情况调查不到位的，应要求建设单位限期补充完善。

2．环境影响评价文件批复和竣工环境保护验收意见要求不完善的，应提出补充建议，督促建设单位限期落实相关要求。根据环境管理工作需要，可要求建设单位对项目设计阶段环保措施落实情况、企业突发环境事件应急预案进行备案，开展环境监理工作。已投入试生产、尚未通过竣工环保验收的，如发现项目环境风险防范设施和应急措施不落实或落实不到位的，应及时予以纠正。

3．规划调整控制、防护距离内居民搬迁、项目依托的公用环保设施或工程等工作，未按有关地方人民政府及相关部门承诺按期进行的，应及时函告承诺主体，督促其尽快实施。

4．批复和验收意见中提出的其他要求，尚未得到落实的，应及时明确责任主体和完成期限。

5．一旦发现有可能引发公众关注的热点环境问题，应立即向相关地方人民政府和有关部门报告，配合做好相关工作。

请各省级环保部门组织本行政区域内省、地市和县三级环保部门的排查工作，并在排查结束后认真总结，于2012年12月31日前将总结报告报送我部。

三、进一步加大环境影响评价公众参与和政务信息公开力度，切实保障公众对环境保护的参与权、知情权和监督权

各级环保部门要督促建设单位严格按照《环境影响评价公众参与暂行办法》（以下简称《暂行办法》）等文件的规定，做好相关工作。对编制环境影响报告书的项目，建设单位在开展环境影响评价的过程中，应当在当地报纸、网站和相关基层组织信息公告栏中，向公众公告项目的环境影响信息。环保部门在项目环境影响报告书的受理和审批中，要将公众参与情况作为审查重点，对公众参与的程序合法性、形式有效性、对象代表性、结果真实性等进行全面深入的审查；对其中公众提出的反对意见要高度关注，着重了解建设单位对公众所持反对意见的处理和落实情况。对存在公众参与范围过小、代表性差、原始材料缺失、程序不符合要求甚至弄虚作假等问题的项目环境影响报告书，一律不予受理和审批。

各级环保部门要按照《暂行办法》等文件的规定，进一步做好信息公开和征求公众意见等工作。需编制环境影响报告书的项目，报告书简本作为项目受理条件之一，与建设项目环境影响评价文件受理情况同时在具有审批权的环保部门网站上公布（涉密项目除外）。简本中必须论述项目建设产生的污染物排放量、可能造成的环境影响和拟采取的环境保护对策措施，对有关单位、专家和公众意见采纳或者不采纳的说明；可能产生环境风险的项目，在简本中还必须论述相应的环境风险和防范措施。对群众信访、投诉中涉及环境权益之外的其他方面诉求、反应强烈的，要及时与相关部门沟通，并向本级政府作出报告，配合做好有关工作。

四、进一步强化环境影响评价全过程监管

各级环保部门要按照我部《关于加强产业园区规划环境影响评价有关工作的通知》（环发〔2011〕14号）等文件要求，以化工石化园区和其他排放持久性有机物、重金属等有毒有害物质的高风险产业园区为重点，进一步严格产业园区规划环评管理，强化规划环评和项目环评的联动机制。

化工石化、有色冶炼、制浆造纸等可能引发环境风险的项目，在符合国家产业政策和清洁生产水平要求、满足污染物排放标准以及污染物排放总量控制指标的前提下，必须在依法设立、环境保护基础设施齐全并经规划环评的产业园区内布设。在环境风险防控重点区域如居民集中区、医院和学校附近、重要水源涵养生态功能区等，以及因环境污染导致环境质量不能稳定达标的区域内，禁止新建或扩建可能引发环境风险的项目。

各级环保部门在环评受理和审批中，要重点关注环境敏感目标保护、所涉及环境敏感区的主管部门相关意见、规划调整控制、防护距离内的居民搬迁安置方案和项目依托的公用环保设施或工程是否可行、是否存在环评违法行为等内容；对可能引发环境风险的项目，还要重点关注环境风险评价专章和环境风险防范措施；对水利水电、铁路、公路、机场、轨道交通、污水处理、垃圾处理处置、固废处理处置等

社会关注度高的项目，还要重点关注选址选线是否具有环境优化空间。

进一步加强建设项目环评审批后的跟踪管理，督促建设单位同步落实各项污染防治、生态保护、环境风险防范设施和措施。对规划调整控制、防护距离内居民搬迁以及建设项目依托的公用环保设施或工程实施进展缓慢的，要督促建设单位配合有关部门协调解决。

严格试生产和验收管理。对环境风险防范措施不满足环境影响评价文件及批复要求，规划调整控制不到位、防护距离内居民搬迁未完成，建设项目依托的公用环保设施或工程未建成的建设项目，一律不得同意投入试生产。对投入试生产的建设项目要加强现场监管，尤其要督促建设单位对调试、试运行、开停车等阶段的非正常排放采取有效的处理措施，严防污染事故和污染扰民。对环境风险防范措施落实不到位的项目，环保投诉和信访问题突出、群众合理环境诉求未得到解决的项目，一律不予验收，并责令限期改正。

对“未批先建”、建设过程中擅自作出重大变更、“久拖不验”、“未验先投”等违法行为，要严格依法查处。企业建设项目环境违法问题严重的，对该企业及其上级集团实行环评限批。对区域内建设项目环境违法问题突出、引发群体性事件的地区，要约谈其政府负责人，提出改进工作的建议，督促当地政府依法履行职责，落实整改措施。

环境保护部
2012 年 8 月 7 日

关于执行大气污染物特别排放限值的公告

环境保护部公告 2013 年 第 14 号

为进一步加强大气污染防治工作，根据国务院批复实施的《重点区域大气污染防治“十二五”规划》（以下简称《规划》）的相关规定，在重点控制区的火电、钢铁、石化、水泥、有色、化工等六大行业以及燃煤锅炉项目执行大气污染物特别排放限值。现将有关事项公告如下：

一、执行地区

执行大气污染物特别排放限值的地区为纳入《规划》的重点控制区，共涉及京津冀、长三角、珠三角等“三区十群”19 个省（区、市）47 个地级及以上城市（详见附件）。

二、执行时间

（一）新建项目

位于重点控制区的六大行业以及燃煤锅炉新建项目执行大气污染物特别排放限值，具体要求如下：

1. 对于排放标准中已有特别排放限值要求的火电、钢铁行业，自 2013 年 4 月 1 日起，新受理的火电、钢铁环评项目执行大气污染物特别排放限值；

2. 对于石化、化工、有色、水泥行业以及燃煤锅炉项目等目前没有特别排放限值的，待相应的排放标准修订完善并明确了特别排放限值后执行，执行时间与排放标准发布时间同步。

（二）现有企业

“十二五”期间，位于重点控制区 47 个城市主城区的火电、钢铁、石化行业现有企业以及燃煤锅炉项目执行大气污染物特别排放限值；“十三五”期间将特别排放限值的要求扩展到重点控制区的市域范围，具体要求如下：

1. 火电行业燃煤机组自 2014 年 7 月 1 日起执行烟尘特别排放限值；

2. 钢铁行业烧结（球团）设备机头自 2015 年 1 月 1 日起执行颗粒物特别排放限值；

3. 石化行业、燃煤锅炉项目待相应的排放标准修订完善并明确了特别排放限值，按照标准规定的现有企业过渡期满后，分别执行挥发性有机物、烟尘特别排放限值，执行时间与新修订排放标准的现有企业同步。

三、有关要求

（一）重点控制区内各级环保部门要严格按照大气污染物特别排放限值要求，审批所有新建项目，按照“三同时”制度进行管理，确保满足特别排放限值要求。

（二）现有火电、钢铁企业不能达到大气污染物特别排放限值要求的，应根据超标情况制订限期治理措施，确保在规定时间内达到特别排放限值要求。限期治理后仍不能达标的，应限产限排或关停，并按相关规定进行处罚。

附件：重点控制区范围

环境保护部

2013 年 2 月 27 日

附件

重点控制区范围

区域名称	省份	重点控制区
京津冀	北京市	北京市
	天津市	天津市
	河北省	石家庄市、唐山市、保定市、廊坊市
长三角	上海市	上海市
	江苏省	南京市、无锡市、常州市、苏州市、南通市、扬州市、镇江市、泰州市
	浙江省	杭州市、宁波市、嘉兴市、湖州市、绍兴市
珠三角	广东省	广州市、深圳市、珠海市、佛山市、江门市、肇庆市、惠州市、东莞市、中山市
辽宁中部城市群	辽宁省	沈阳市
山东城市群	山东省	济南市、青岛市、淄博市、潍坊市、日照市
武汉及其周边城市群	湖北省	武汉市
长株潭城市群	湖南省	长沙市
成渝城市群	重庆市	重庆市主城区
	四川省	成都市
海峡西岸城市群	福建省	福州市、三明市
山西中北部城市群	山西省	太原市
陕西关中城市群	陕西省	西安市、咸阳市
甘宁城市群	甘肃省	兰州市
	宁夏回族自治区	银川市
新疆乌鲁木齐城市群	新疆维吾尔自治区	乌鲁木齐市

关于印发《京津冀及周边地区落实大气污染防治行动计划实施细则》的通知

环发〔2013〕104号

北京市、天津市、河北省、山西省、内蒙古自治区、山东省人民政府：

为贯彻落实《国务院关于印发大气污染防治行动计划的通知》（国发〔2013〕37号），加大京津冀及周边地区大气污染防治工作力度，切实改善环境空气质量，按照国务院要求，现将《京津冀及周边地区落实大气污染防治行动计划实施细则》印发给你们，请认真贯彻执行。

附件：京津冀及周边地区落实大气污染防治行动计划实施细则

环境保护部 发展改革委
工业和信息化部 财政部
住房城乡建设部 能源局
2013年9月17日

附件

京津冀及周边地区落实大气污染防治行动计划实施细则

京津冀及周边地区（包括北京市、天津市、河北省、山西省、内蒙古自治区、山东省）是我国大气污染最严重的区域。为加快京津冀及周边地区大气污染综合治理，依据《大气污染防治行动计划》，制定本实施细则。

一、主要目标

经过五年努力，京津冀及周边地区空气质量明显好转，重污染天气较大幅度减少。力争再用五年或更长时间，逐步消除重污染天气，空气质量全面改善。

具体指标：到2017年，北京市、天津市、河北省细颗粒物（$PM_{2.5}$）浓度在2012年基础上下降25%左右，山西省、山东省下降20%，内蒙古自治区下降10%。其中，北京市细颗粒物年均浓度控制在60微克/立方米左右。

二、重点任务

（一）实施综合治理，强化污染物协同减排

1. 全面淘汰燃煤小锅炉。加快热力和燃气管网建设，通过集中供热和清洁能源替代，加快淘汰供暖和工业燃煤小锅炉。

到2015年底，京津冀及周边地区地级及以上城市建成区，除必要保留的以外，全部淘汰每小时10蒸吨及以下燃煤锅炉、茶浴炉；北京市建成区取消所有燃煤锅炉，改由清洁能源替代。

到2017年底，北京市、天津市、河北省地级及以上城市建成区基本淘汰每小时35蒸吨及以下燃煤锅炉，城乡接合部地区和其他远郊区县的城镇地区基本淘汰每小时10蒸吨及以下燃煤锅炉。

到2017年底，北京市、天津市、河北省、山西省和山东省所有工业园区以及化工、造纸、印染、制革、制药等产业集聚的地区，逐步取消自备燃煤锅炉，改用天然气等清洁能源或由周边热电厂集中供热。

在供热供气管网覆盖不到的其他地区，改用电、新能源或洁净煤，推广应用高效节能环保型锅炉。北京市、天津市、河北省、山西省和山东省地级及以上城市建成区原则上不得新建燃煤锅炉。

2. 加快重点行业污染治理。京津冀及周边地区大幅度削减二氧化硫、氮氧化物、烟粉尘、挥发性有机物排放总量。

电力、钢铁、水泥、有色等企业以及燃煤锅炉，要加快污染治理设施建设与改造，确保按期达标排放。到2015年底，京津冀及周边地区新建和改造燃煤机组脱硫装机容量5 970万千瓦，新建和改造钢铁烧结机脱硫1.6万平方米；新建燃煤电厂脱硝装机容量1.1亿千瓦，新建或改造脱硝水泥熟料产能1.1亿吨；电力、水泥、钢铁等行业完成除尘升级改造的装机容量或产能规模分别不得低于2 574万千瓦、3 325万吨、6 358万吨。

到2017年底，钢铁、水泥、化工、石化、有色等行业完成清洁生产审核，推进企业清洁生产技术改造。实施挥发性有机物污染综合治理工程。到2014年底，加油站、储油库、油罐车完成油气回收治理。到2015年底，石化企业全面推行“泄漏检测与修复”技术，完成有机废气综合治理。到2017年底，对有机化工、医药、表面涂装、塑料制品、包装印刷等重点行业的559家企业开展挥发性有机物综合治理。

3. 深化面源污染治理。强化施工工地扬尘环境监管，积极推进绿色施工，建设工程施工现场应全封闭设置围挡墙，严禁敞开式作业，施工现场道路应进行地面硬化。将施工扬尘污染控制情况纳入建筑企业信用管理系统，作为招投标的重要依据。

到2015年底，渣土运输车辆全部采取密闭措施，逐步安装卫星定位系统。各种煤堆、料堆实现封闭储存或建设防风抑尘设施。

加强城市环境管理，严格治理餐饮业排污，城区餐饮服务经营场所全部安装高效油烟净化设施，推广使用高效净化型家用吸油烟机。全面禁止秸秆焚烧。

推进城市及周边绿化和防风防沙林建设，扩大城市建成区绿地规模，继续推进道路绿化、居住区绿化、立体空间绿化。山西省、内蒙古自治区要强化生态保护和建设，积极治理水土流失，继续实施退耕还林、还草，压畜减载恢复草原植被，加强沙化土地治理。进一步加强京津冀风沙源治理和“三北”防护林建设。

（二）统筹城市交通管理，防治机动车污染

4. 加强城市交通管理。实施公交优先战略，加强步行、自行车交通系统建设，开展“无车日”活动，提高绿色交通出行比例。到2017年底，北京市、天津市公共交通占机动化出行比例达到60%以上。优化京津冀及周边地区城际综合交通体系，推进区域性公路网、铁路网建设，合理调配人流、物流及其运输方式；加快建设北京市绕城高速公路，减少重型载货车辆过境穿行主城区。

5. 控制城市机动车保有量。北京市要严格限制机动车保有量，天津、石家庄、太原、济南等城市要严格限制机动车保有量增长速度，通过采取鼓励绿色出行、增加使用成本等措施，降低机动车使用强度。

6. 提升燃油品质。天津市、河北省、山西省、内蒙古自治区和山东省2013年底前供应符合国家第四阶段标准的车用汽油，2014年底前供应符合国家第四阶段标准的车用柴油。北京市、天津市、河北省重点城市2015年底前供应符合国家第五阶段标准的车用汽、柴油，山西省、内蒙古自治区、山东省2017年底前供应符合国家第五阶段标准的车用汽、柴油。

中石油、中石化、中海油等炼化企业要合理安排生产和改造计划，制定合格油品保障方案，确保按期供应合格油品。

加强油品质量监督检查，严厉打击非法生产、销售不合格油品行为，加油站不得销售不符合标准的车用汽、柴油。

7. 加快淘汰黄标车。到 2015 年底，北京市黄标车全部淘汰，天津市基本淘汰，河北省、山西省、内蒙古自治区和山东省淘汰 2005 年底前注册营运的黄标车。到 2017 年底，京津冀及周边地区黄标车全部淘汰。到 2014 年底，北京市、天津市、河北省、山西省和山东省地级及以上城市建成区全面实施“黄标车”限行。

8. 加强机动车环保管理。到 2015 年，北京市、天津市、河北省全面实施国家第五阶段机动车排放标准，山西省、内蒙古自治区和山东省于 2017 年底前实施。

北京、天津、石家庄、太原、济南等城市实施补贴等激励政策，鼓励出租车每年更换高效尾气净化装置。

9. 大力推广新能源汽车。公交、环卫等行业和政府机关率先推广使用新能源汽车。北京、天津、石家庄、太原、济南等城市每年新增或更新的公交车中新能源和清洁燃料车的比例达到 60%左右。采取直接上牌、财政补贴等综合措施鼓励个人购买新能源汽车。在农村地区积极推广电动低速汽车（三轮汽车、低速货车）。

（三）调整产业结构，优化区域经济布局

10. 严格产业和环境准入。京津冀及周边地区不得审批钢铁、水泥、电解铝、平板玻璃、船舶等产能严重过剩行业新增产能项目。北京市、天津市、河北省、山东省不再审批炼焦、有色、电石、铁合金等新增产能项目，山西省、内蒙古自治区（临近京津冀的地区）不再审批炼焦、电石、铁合金等新增产能项目。北京市不再审批劳动密集型一般制造业新增产能项目，现有的逐步向外转移。

北京、天津、石家庄、唐山、保定、廊坊、太原、济南、青岛、淄博、潍坊、日照等 12 个城市建设火电、钢铁、石化、水泥、有色、化工等六大行业以及燃煤锅炉项目，要严格执行大气污染物特别排放限值。

11. 加快淘汰落后产能。京津冀及周边地区要提前一年完成国家下达的“十二五”落后产能淘汰任务，对未按期完成淘汰任务的地区，严格控制国家安排的投资项目，暂停对该地区重点行业建设项目办理核准、审批和备案手续。2015—2017 年，结合产业发展实际和环境质量状况，进一步提高环保、能耗、安全、质量等标准，加大执法处罚力度，将经整改整顿仍不达标企业列入年度淘汰计划，继续加大落后产能淘汰力度。

北京市，到 2017 年底，调整退出高污染企业 1 200 家。

天津市，到 2017 年底，行政辖区内钢铁产能、水泥（熟料）产能、燃煤机组装机容量分别控制在 2 000 万吨、500 万吨、1 400 万千瓦以内。

河北省，到 2017 年底，钢铁产能压缩淘汰 6 000 万吨以上，产能控制在国务院批复的《河北省钢铁产业结构调整方案》确定的目标以内；全部淘汰 10 万千瓦以下非热电联产燃煤机组，启动淘汰 20 万千瓦以下的非热电联产燃煤机组。“十二五”期间淘汰水泥（熟料及磨机）落后产能 6 100 万吨以上，淘汰平板玻璃产能 3 600 万重量箱。

山西省，到 2017 年底，淘汰钢铁落后产能 670 万吨，淘汰压缩焦炭产能 1 800 万吨。

内蒙古自治区，到 2017 年底，淘汰水泥落后产能 459 万吨。

山东省，到 2015 年底，淘汰炼铁产能 2 111 万吨，炼钢产能 2 257 万吨，钢铁产能压缩 1 000 万吨以上，控制在 5 000 万吨以内；到 2017 年底，焦炭产能控制在 4 000 万吨以内。

（四）控制煤炭消费总量，推动能源利用清洁化

12. 实行煤炭消费总量控制。按照国家要求，完成节能降耗目标。到 2017 年底，通过淘汰落后产能、清理违规产能、强化节能减排、实施天然气清洁能源替代、安全高效发展核电以及加强新能源利用等综合措施，北京市、天津市、河北省和山东省压减煤炭消费总量 8 300 万吨。

其中，北京市净削减原煤 1 300 万吨，天津市净削减 1 000 万吨，河北省净削减 4 000 万吨，山东省净削减 2 000 万吨。

13. 实施清洁能源替代。加大天然气、液化石油气、煤制天然气、太阳能等清洁能源的供应和推广力度，逐步提高城市清洁能源使用比重。

到 2017 年底，京津塘电网风电等可再生能源电力占电力消费总量比重提高到 15%，山东电网提高到 10%。北京市煤炭占能源消费比重下降到 10%以下，电力、天然气等优质能源占比提高到 90%以上。

北京市、天津市、河北省和山东省新增天然气优先用于居民用气、分布式能源高效利用项目，以及替代锅炉、工业窑炉及自备电站的燃煤。

到 2017 年底，北京市、天津市、河北省和山东省现有炼化企业的燃煤设施，全部改用天然气或由周边电厂供汽供电。

14. 全面推进煤炭清洁利用。天津市、河北省、山西省、内蒙古自治区和山东省要将煤炭更多地用于燃烧效率高且污染治理措施到位的燃煤电厂，鼓励工业窑炉和锅炉使用清洁能源。

加强煤炭质量管理，限制销售灰分高于 16%、硫分高于 1%的散煤。

削减农村炊事和采暖用煤，加大罐装液化气和可再生能源炊事采暖用能供应。推进绿色农房建设，大力推广农房太阳能热利用。到 2017 年底，北京市、天津市和河北省基本建立以县（区）为单位的全密闭配煤中心、覆盖所有乡镇村的洁净煤供应网络，洁净煤使用率达到 90%以上。

15. 扩大高污染燃料禁燃区范围。到 2013 年底，北京市、天津市、河北省、山西省和山东省完成“高污染燃料禁燃区”划定和调整工作，并向社会公开；各城市禁燃区面积不低于建成区面积的 80%。禁燃区内禁止原煤散烧。

16. 推动高效清洁化供热。京津冀及周边地区实行供热计量收费。到 2017 年底，京津冀及周边地区 80%的具备改造价值的既有建筑完成节能改造。

新建建筑推广使用太阳能热水系统，推动光伏建筑一体化应用。既有建筑“平改坡”时，鼓励同步安装太阳能光伏和太阳能热水器。

17. 优化空间格局。京津冀及周边地区要严格按照主体功能区规划要求，制定实施符合当地功能定位、更高节能环保要求的产业发展指导目录，优化区域产业布局。科学制定并严格实施城市规划，将资源环境条件、城市人口规模、人均城市道路面积、万人公共汽车保有量等纳入城市总体规划，严格城市控制性详细规划绿地率等审查，规范各类产业园区和城市新城、新区设立和布局，严禁随意调整和修改城市规划，形成有利于大气污染物扩散的城市和区域空间格局。

河北、山西、山东等省要大力推进位于城市主城区的钢铁、石化、化工、有色、水泥、平板玻璃等重污染企业搬迁、改造，到 2017 年底，基本完成搬迁、改造任务。加快石家庄钢铁、唐山丰南渤海钢铁集团、青岛钢铁厂等企业环保搬迁。

山西省、内蒙古自治区要高起点规划、高标准建设国家能源基地，加快火电、风电等电力外送通道建设。

（五）强化基础能力，健全监测预警和应急体系

18. 加强环境监测能力建设。到 2013 年底，北京市、天津市、河北省和山东省完成地级及以上城市细颗粒物监测能力全覆盖；到 2015 年底，北京市、天津市各建设 3 个国家直管监测点，石家庄、太原、呼和浩特、济南、青岛等城市各建设 2 个国家直管监测点，其他地级城市各建设 1 个国家直管监测点，逐步建成统一的国家空气质量监测网。

加强重点污染源在线监测体系建设，建成机动车排污监控平台。将监测能力建设及其运行和监管经费纳入各级财政预算予以保障。

19. 建立重污染天气监测预警体系。环保部门要加强与气象部门的合作，抓紧建立重污染天气监测预警体系。到 2013 年底，初步建成京津冀区域以及北京市、天津市、河北省省级重污染天气监测预警系统；到 2014 年底，完成山西省、内蒙古自治区、山东省省级和京津冀及周边地区地级及以上城市建设任务。

20. 组织编制应急预案。地方人民政府要制定和完善重污染天气应急预案，明确应急组织机构及其职

责，按照预警等级，确定相应的应急措施，2013 年底前编制完成。应急预案报环境保护部备案并向社会公布。定期开展应急演练。

21. 构建区域性重污染天气应急响应机制。将重污染天气应急响应纳入各级人民政府突发事件应急管理体系，实行政府主要负责人负责制。2013 年底前，京津冀及周边地区建立健全区域、省、市联动的应急响应体系，实行联防联控。

22. 及时采取应急措施。在预警信息发布的同时，根据重污染天气的预警等级，迅速启动应急预案，实施重污染企业限产停产、建筑工地停止土方作业、机动车限行、中小学校停课以及可行的气象干预等应对措施，引导公众做好卫生防护。

（六）加强组织领导，强化监督考核

23. 建立健全区域协作机制。成立京津冀及周边地区大气污染防治协作机制，由区域内各省（区、市）人民政府和国务院有关部门参加，研究协调解决区域内突出环境问题，并组织实施环评会商、联合执法、信息共享、预警应急等大气污染防治措施。通报区域大气污染防治工作进展，研究确定阶段性工作要求、工作重点与主要任务。

24. 加强监督考核。国务院与京津冀及周边地区各省（区、市）人民政府签订大气污染防治目标责任书，将目标任务层层分解落实到各级人民政府和企业。

建立以政府考核为主、兼顾第三方评估的综合考核体系，提高考评结果的公正性和准确性。发挥行业协会、公众、专家学者和咨询机构的积极性，采用抽样调查、现场评价、满意度调查等方法，探索开展第三方评估。每年初对上年度任务完成情况进行考核。考核、评估结果向国务院报告，并向社会公告。

25. 广泛动员公众参与。通过典型示范、专题活动、展览展示、岗位创建、合理化建议等多种形式，动员公众践行低碳、绿色、文明的生活方式和消费模式，积极参与环境保护。企业要严格遵守环境保护法律法规和标准，积极治理污染，履行社会责任。

关于印发能源行业加强大气污染防治工作方案的通知

发改能源〔2014〕506号

各省、自治区、直辖市发展改革委、能源局、环境保护厅（局）、有关能源企业：

为贯彻落实《大气污染防治行动计划》和《京津冀及周边地区落实大气污染防治行动计划实施细则》，促进能源行业与生态环境的协调和可持续发展，切实改善大气环境质量，特制定《能源行业加强大气污染防治工作方案》。现印送你们，请认真贯彻执行。

附件：能源行业加强大气污染防治工作方案

国家发展改革委
国家能源局
环境保护部
2014年3月24日

附件

能源行业加强大气污染防治工作方案

为贯彻落实《大气污染防治行动计划》和《京津冀及周边地区落实大气污染防治行动计划实施细则》（简称《大气十条》和《实施细则》），指导能源行业承担源头治理和清洁能源保障供应的责任，特制定《能源行业加强大气污染防治工作方案》。

一、能源行业大气污染防治工作总体要求

（一）指导思想

全面深入贯彻落实党的十八大和十八届二中、三中全会精神，以邓小平理论、“三个代表”重要思想、科学发展观为指导，按照“远近结合、标本兼治、综合施策、限期完成”的原则，加快重点污染源治理，加强能源消费总量控制，着力保障清洁能源供应，推动转变能源发展方式，显著降低能源生产和使用对大气环境的负面影响，促进能源行业与生态环境的协调可持续发展，为全国空气质量改善目标的实现提供坚强保障。

（二）总体目标

近期目标：2015年，非化石能源消费比重提高到11.4%，天然气（不包含煤制气）消费比重达到7%以上；京津冀、长三角、珠三角区域重点城市供应国Ⅴ标准车用汽、柴油。

中期目标：2017年，非化石能源消费比重提高到13%，天然气（不包含煤制气）消费比重提高到9%以上，煤炭消费比重降至 65%以下；全国范围内供应国Ⅴ标准车用汽柴油。逐步提高京津冀、长三角、珠三角区域和山东省接受外输电比例，力争实现煤炭消费总量负增长。

远期目标：能源消费结构调整和总量控制取得明显成效，能源生产和利用方式转变不断深入，以较低的能源增速支撑全面建成小康社会的需要，能源开发利用与生态环境保护的矛盾得到有效缓解，形成清洁、高效、多元的能源供应体系，实现绿色、低碳和可持续发展。

二、加快治理重点污染源

（三）加大火电、石化和燃煤锅炉污染治理力度

任务：采用先进高效除尘、脱硫、脱硝技术，实施在役机组综合升级改造；提高石化行业清洁生产水平，催化裂化装置安装脱硫设施，加强挥发性有机物排放控制和管理；加油站、储油库、油罐车、原油成品油码头进行油气回收治理，燃煤锅炉进行脱硫除尘改造，加强运行监管。

目标：确保按期达标排放，大气污染防治重点控制区火电、石化企业及燃煤锅炉项目按照相关要求执行大气污染物特别排放限值。

措施：继续完善“上大压小”措施。重点做好东北、华北地区小火电淘汰工作，争取2014年关停200万千瓦。

加强污染治理设施建设与改造。所有燃煤电厂全部安装脱硫设施，除循环流化床锅炉以外的燃煤机组均应安装脱硝设施，现有燃煤机组进行除尘升级改造，按照国家有关规定执行脱硫、脱硝、除尘电价；所有石化企业催化裂化装置安装脱硫设施，全面推行 LDAR（泄漏检测与修复）技术改造，加强生产、储存和输送过程挥发性有机物泄漏的监测和监管；每小时20蒸吨及以上的燃煤锅炉要实施脱硫，燃煤锅炉现有除尘设施实施升级改造；火电、石化企业和燃煤锅炉要加强环保设施运行维护，确保环保设施正常运行；排放不达标的火电机组要进行限期整改，整改后仍不达标的，电网企业不得调度其发电。

2014年底，加油站、储油库、油罐车完成油气回收治理，2015年底，京津冀及周边地区、长三角、珠三角区域完成石化行业有机废气综合治理。2017年底前，北京市、天津市、河北省和山东省现有炼化企业的燃煤设施，基本完成天然气替代或由周边电厂供汽供电。在气源有保障的条件下，长三角城市群、珠三角区域基本完成炼化企业燃煤设施的天然气替代改造。京津冀、长三角、珠三角区域以及辽宁中部、山东、武汉及其周边、长株潭、成渝、海峡西岸、山西中北部、陕西关中、甘宁、乌鲁木齐城市群等“三区十群”范围内，除列入成品油质量升级行动计划的项目外，不再安排新的炼油项目。

（四）加强分散燃煤治理

任务：全面推进民用清洁燃煤供应和燃煤设施清洁改造，逐步减少京津冀地区民用散煤利用量。

目标：2017年底前，北京市、天津市和河北省基本建立以县（区）为单位的全密闭配煤中心、覆盖所有乡镇村的清洁煤供应网络，洁净煤使用率达到90%以上。

措施：建设区域煤炭优质化配送中心。根据区域煤炭资源特点和煤炭用户对煤炭的质量需求，合理规划建设全密闭煤炭优质化加工和配送中心，通过选煤、配煤、型煤、低阶煤提质等先进的煤炭优质化加工技术，提高、优化煤炭质量，逐步形成分区域优质化清洁化供应煤炭产品的布局。

制定严格的民用煤炭产品质量地方标准。加快制定优质散煤、低排放型煤等民用煤炭产品质量的地方标准，对硫分、灰分、挥发分、排放指标等进行更严格的限制，不符合标准的煤炭不允许销售和使用。推行优质洁净、低排放煤炭产品的替代机制，全面取消劣质散煤的销售和使用。

强化煤炭产品质量监管。煤炭经营企业必须根据相关标准进行产品质量标识，无标识的煤炭产品不能销售和使用。质量监督部门对煤炭产品进行定期检查和不定期抽查。达不到相关标准的煤炭不允许销售和使用。煤炭生产、加工、经营等企业必须生产和出售符合标准的煤炭产品。

加强对煤炭供应、储存、配送、使用等环节的环保监督。各种煤堆、料堆实现全密闭储存或建设防风抑尘设施。加快运煤列车及装卸设施的全封闭改造，减少运输过程中的原煤损耗和煤尘污染。在储存、装卸、运输过程中应采取有效防尘措施，控制扬尘污染。严查劣质煤销售和使用，加强对煤炭加工、存储地环保设施的执法检查。建立煤炭管理信息系统，对煤炭供应、储存、配送、使用等环节实现动态监管。

推广先进民用炉具。制定先进民用炉具标准，加大宣传力度，对先进炉具消费者实行补贴，调动购买和使用先进炉具的积极性，提高民用燃煤资源利用效率，减少污染排放。

三、加强能源消费总量控制

（五）控制能源消费过快增长

任务：适应稳增长、转方式、调结构的要求，在保障经济社会发展合理用能需求的前提下，控制能源消费过快增长，推行“一挂双控”（与经济增长挂钩，能源消费总量和单位国内生产总值能耗双控制）措施。做好能源统计与预测预警，加强能源需求侧管理，引导全社会科学用能。

目标：控制能源消费过快增长的政策措施、保障体系和社会氛围基本形成，重点行业单位产品能耗指标接近世界先进水平的比例大幅提高，能源资源开发、转化和利用效率明显提高。

措施：按照控制能源消费总量工作方案要求，做好各地区分解目标的落实工作，有序推进能源消费总量考核工作。组织开展全国能源统计普查，加快建设重点用能单位能耗在线监测系统，完善能源消费监测预警机制，跟踪监测并及时调控各地区和高耗能行业能源消费、煤炭消费和用电量等指标。总结推广电力需求侧管理经验，适时启动能源需求侧管理试点。

2015 年在京津冀、长三角和珠三角的 10 个地级市启动能源需求侧管理试点工作，2017 年京津冀、长三角和珠三角全部地级以上城市开展能源需求侧管理试点。

（六）逐步降低煤炭消费比重

任务：结合能源消费总量控制的要求，制定国家煤炭消费总量中长期控制目标，制定耗煤项目煤炭减量替代管理办法，实行目标责任管理。调整能源消费结构，压减无污染物治理设施的分散或直接燃煤，降低煤炭消费比重。

目标：到 2017 年，煤炭占一次能源消费总量的比重降低到 65%以下，京津冀、长三角、珠三角等区域力争实现煤炭消费总量负增长；北京市、天津市、河北省和山东省净削减煤炭消费量分别为 1 300 万吨、1 000 万吨、4 000 万吨和 2 000 万吨。

措施：提高燃煤锅炉、窑炉污染物排放标准，全面整治无污染物治理设施和不能实现达标排放的燃煤锅炉、窑炉。加快推进集中供热、天然气分布式能源等工程建设，在供热供气管网不能覆盖的地区，改用电、新能源或洁净煤，推广应用高效节能环保型锅炉。在化工、造纸、印染、制革、制药等产业聚集区，通过集中建设热电联产和分布式能源逐步淘汰分散燃煤锅炉。到 2017 年，除必要保留的以外，地级及以上城市建成区基本淘汰每小时 10 蒸吨及以下的燃煤锅炉；天津市、河北省地级及以上城市建成区基本淘汰每小时 35 蒸吨及以下燃煤锅炉；北京市建成区取消所有燃煤锅炉。北京市、天津市、河北省、山西省和山东省地级及以上城市建成区原则上不得新建燃煤锅炉；其他地级及以上城市建成区禁止新建每小时 20 蒸吨以下的燃煤锅炉；其他地区原则上不再新建每小时 10 蒸吨以下的燃煤锅炉。

京津冀、长三角、珠三角等区域新建项目禁止配套建设自备燃煤电站。耗煤项目要实行煤炭减量替代。除热电联产外，禁止审批新建燃煤发电项目；现有多台燃煤机组装机容量合计达到 30 万千瓦以上的，可按照煤炭等量替代的原则建设为大容量燃煤机组。到 2017 年底，天津市燃煤机组装机容量控制在 1 400 万千瓦以内，河北省全部淘汰 10 万千瓦以下非热电联产燃煤机组，启动淘汰 20 万千瓦以下的非热电联产燃煤机组。

四、保障清洁能源供应

（七）加大向重点区域送电规模

任务：在具备水资源、环境容量和生态承载力的煤炭富集地区建设大型煤电基地，加快重点输电通道建设，加大向重点区域送电规模，缓解人口稠密地区大气污染防治压力。

目标：到 2015 年底，向京津冀鲁地区新增送电规模 200 万千瓦。到 2017 年底，向京津冀鲁、长三角、珠三角等三区域新增送电规模 6 800 万千瓦，其中京津冀鲁地区 4 100 万千瓦，长三角地区 2 200 万千瓦，珠三角地区 500 万千瓦。

措施：在新疆、内蒙古、山西、宁夏等煤炭资源富集地区，按照最先进的节能环保标准，建设大型燃煤电站（群）。在资源环境可承载的前提下，推进鄂尔多斯、锡盟、晋北、晋中、晋东、陕北、宁东、哈密、准东等9个以电力外送为主的千万千瓦级现代化大型煤电基地建设。

采用安全、高效、经济先进输电技术，推进鄂尔多斯盆地、山西、锡林郭勒盟能源基地向华北、华东地区以及西南能源基地向华东和广东省的输电通道建设，规划建设蒙西—天津南、锡盟—山东等12条电力外输通道，进一步扩大北电南送、西电东送规模。

华北电网部分，重点建设蒙西至天津南、内蒙古锡盟经北京、天津至山东、陕北榆横至山东、内蒙古上海庙至山东输电通道，加强华北地区500千伏电网网架，扩大山西、陕西送电京津唐能力，进行绥中电厂改接；华东电网部分，重点建设安徽淮南经江苏至上海、宁夏宁东至浙江、内蒙古锡盟至江苏泰州和山西晋东至江苏输电通道；南方电网部分，重点建设滇西北至广东输电通道。

（八）推进油品质量升级

任务：督促炼油企业升级改造，拓展煤制油、生物燃料等新的清洁油品来源，加快推进清洁油品供应，有效减少大气污染物排放。

目标：2015年底前，京津冀、长三角、珠三角等区域内重点城市供应符合国Ⅴ标准的车用汽、柴油；2017年底前，全国供应符合国Ⅴ标准的车用汽、柴油。

措施：制定出台成品油质量升级行动计划，大力推进国内已有炼厂升级改造，根据市场需求加快新项目建设，理顺成品油价格，确保按时供应国Ⅴ标准车用汽、柴油。加强相关部门间的配合，对成品油生产流通领域进行全过程监管，规范成品油市场秩序，严厉打击非法生产、销售不合格油品行为。

拓展新的成品油来源，发挥煤制油和生物燃料超低硫的优势，推进陕西榆林、内蒙古鄂尔多斯、山西长治等煤炭液化项目以及浙江舟山、江苏镇江、广东湛江等生物燃料项目建设，为京津冀及周边地区、长三角、珠三角等区域提供优于国Ⅴ标准的清洁油品。

2015年底前，燕山、天津、大港石化等炼厂完成升级改造，华北石化完成改扩建，向京津冀地区供应国Ⅴ标准汽柴油2 300万吨以上；高桥、上海、大连、金陵石化完成升级改造，镇海、扬子等炼厂完成改扩建，向长三角地区供应国Ⅴ标准汽柴油4 100万吨以上；广州、惠州、茂名等炼厂完成升级改造，同时加快湛江、揭阳以及惠州二期等炼油项目建设，向珠三角地区供应国Ⅴ标准汽柴油2 200万吨以上。加快河北曹妃甸，洛阳石化、荆门石化以及克拉玛依石化改扩建等炼油项目建设，以满足清洁油品消费增长需要，2017年底，全国范围内供应国Ⅴ标准车用汽、柴油。

（九）增加天然气供应

任务：增加常规天然气生产，加快开发煤层气、页岩气等非常规天然气，推进煤制气产业科学有序发展；加快主干天然气管网等基础设施建设；加快储气和城市调峰设施建设；加强需求侧管理，优先保障民用气、供暖用气和民用、采暖的“煤改气”，有序推进替代工业、商业用途的燃煤锅炉、自备电站用煤。

目标：2015年，全国天然气供应能力达到2 500亿立方米。2017年，全国天然气供应能力达到3 300亿立方米。

措施：着力增强气源保障能力。提高塔里木、鄂尔多斯、四川盆地等主产区产量，加快开发海上天然气；突破煤层气、页岩气等非常规油气规模开采利用技术装备瓶颈，在坚持最严格的环保标准和水资源有保障的前提下，推进煤制气示范工程建设；加强国际能源合作，积极引进天然气资源。到2015年，国内常规气（含致密气）、页岩气、煤层气、煤制气和进口管道气供应能力分别达到1 385亿、65亿、100亿、90亿和450亿立方米，长期LNG合同进口达到2 500万吨；到2017年，国内常规气（含致密气）、页岩气、煤层气、煤制气和进口管道气供应能力分别达到1 650亿、100亿、170亿、320亿和650亿立方米，长期LNG合同进口达到3 400万吨。

加快配套管网建设。建设陕京四线、蒙西煤制气管道、永清—泰州联络线、青宁管道等干支线管网以及唐山、天津、青岛等3个LNG接收站。建成中亚C线、D线及西气东输三、四、五线等主干管道，将进口中亚天然气和新疆、青海等增产天然气输送至长三角和东南沿海地区；通过中缅天然气管道逐步扩大缅甸天然气进口，供应西南地区；建设新疆煤制气管道，将西部煤制气输往华中、长三角、珠三角等地区。“十二五”期间，全国新增干线管输能力1 500亿立方米，覆盖京津冀、长三角、珠三角等区域。

完善京津冀鲁、东北等地区的现有储气库，新建适当规模的地下储气库。长三角、珠三角地区建设以LNG储罐为主，地下储气库和中小储罐为辅的调峰系统。充分调动和发挥地方和企业积极性，采用集中与分布相结合的方式，加快储气能力建设。

加强天然气需求侧管理，引导用户合理、高效用气。新增天然气优先保障民用，有序推进“煤改气”项目建设，优先加快实施保民生、保重点的民用煤改气项目。鼓励发展天然气分布式能源等高效利用项目，在气源落实的情况下，循序渐进替代分散燃煤。限制发展天然气化工项目。加强燃气发电项目管理，在气源落实的前提下，有序发展天然气调峰电站。

（十）安全高效推进核电建设

任务：贯彻落实核电安全规划和核电中长期发展规划，在确保安全的前提下，高效推进核电建设。

目标：2015年运行核电装机达到4 000万千瓦、在建1 800万千瓦，年发电量超过2 000亿千瓦时；力争2017年底运行核电装机达到5 000万千瓦、在建3 000万千瓦，年发电量超过2 800亿千瓦时。

措施：加强核电安全管理工作，按照最高安全要求建设核电项目。加大在建核电项目全过程管理，保障建设质量，在确保安全的前提下，尽早建成红沿河2-4号、宁德2-4号、福清1-4号、阳江1-4号、方家山1-2号、三门1-2号、海阳1-2号、台山1-2号、昌江1-2号、防城港1-2号等项目。新建项目从核电中长期发展规划中择优选取，近期重点安排在靠近珠三角、长三角、环渤海电力负荷中心的区域。

（十一）有效利用可再生能源

任务：在做好生态环境保护和移民安置的前提下，积极开发水电，有序发展风电，加快发展太阳能发电，积极推进生物质能、地热能和海洋能开发利用；提高机组利用效率，优先调度新能源电力，减少弃电。

目标：2015年，全国水、风、光电装机容量分别达到2.9亿千瓦、1.0亿千瓦和0.35亿千瓦，生物质能利用规模5 000万吨标煤；2017年，水、风、光电装机容量分别达到3.3亿千瓦、1.5亿千瓦和0.7亿千瓦，生物质能利用规模7 000万吨标煤。

措施：建设金沙江、澜沧江、雅砻江、大渡河和雅鲁藏布江中游等重点流域水电基地，西部地区水电装机达到2亿千瓦，对中东部地区水能资源实施扩机增容和升级改造，装机容量达到9 000万千瓦。

有序推进甘肃、内蒙古、新疆、冀北、吉林、黑龙江、山东、江苏等风电基地建设，同步推进配套电网建设，解决弃风限电问题，大力推动内陆分散式风电开发。促进内蒙古、山西、河北等地风电在京津唐电网的消纳，京津唐电网风电上网电量所占比重2015年提高到10%，2017年提高到15%。

积极扩大国内光伏发电应用，优先在京津冀、长三角、珠三角等经济发达、电力需求大、大气污染严重的地区建设分布式光伏发电；稳步推进青海、新疆、甘肃等太阳能资源丰富、荒漠化土地闲置的西部地区光伏电站建设。到2015年，分布式光伏发电装机达到2 000万千瓦，光伏电站装机达到1 500万千瓦。

促进生物质发电调整转型，重点推动生物质热电联产、醇电联产综合利用，加快生物质能供热应用，继续推动非粮燃料乙醇试点、生物柴油和航空涡轮生物燃料产业化示范。2017年，实现生物质发电装机1 100万千瓦；生物液体燃料产能达到500万吨；生物沼气利用量达到220亿立方米；生物质固体成型燃料利用量超过1 500万吨。

积极推广浅层地温能开发利用，重点在京津冀鲁等建筑利用条件优越、建筑用能需求旺盛的地区推广地温能供暖和制冷应用。鼓励开展中深层地热能的梯级利用，大力推广“政府主导、政企合作、技术进步、环境友好、造福百姓”的雄县模式，建立中深层地热能供暖与发电等多种形式的综合利用模式。

到2015年，全国地热供暖面积达到5亿平方米，地热能年利用量达到2 000万吨标准煤。

督促电网企业加快电力输送通道建设，按照有利于促进节能减排的原则，确保可再生能源发电的全额保障性收购，在更大范围内消化可再生能源。完善调峰调频备用补偿政策，推进大用户直供电，鼓励就地消纳清洁能源，缓解弃风、弃水突出矛盾，提高新能源利用效率。

五、转变能源发展方式

（十二）推动煤炭高效清洁转化

任务：加强煤炭质量管理，稳步推进煤炭深加工产业发展升级示范，加快先进发电技术装备攻关及产业化应用，促进煤炭资源高效清洁转化。

目标：2017年，原煤入选率达到70%以上，煤制气产量达到320亿立方米、煤制油产量达到1 000万吨，煤炭深加工示范项目综合能效达到50%左右。

措施：鼓励在小型煤矿集中矿区建设群矿选煤厂，大中型煤矿配套建设选煤厂，提高煤炭洗选率。完善煤炭产品质量和利用技术装备标准，制定煤炭质量管理办法，限制高硫分高灰分煤炭的开采和异地利用，禁止进口高灰分、高硫分的劣质煤炭，限制高硫石油焦的进口，提高炼焦精煤、高炉喷吹用煤产品质量和利用效率。

在满足最严格的环保要求和保障水资源供应的前提下，稳步推进煤炭深加工产业高标准、高水平发展。坚持“示范先行”，进一步提升和完善自主技术，加强不同技术间的耦合集成，逐步实现“分质分级、能化结合、集成联产”的新型煤炭利用方式。坚持科学合理布局，重点建设鄂尔多斯盆地煤制清洁燃料基地、蒙东褐煤加工转化基地以及新疆煤制气基地，增强我国清洁燃料保障能力。

加快先进发电技术装备攻关及产业化应用，加强天津IGCC示范项目的运行管理，推进泰州百万千瓦超超临界二次再热高效燃煤发电示范项目建设，在试验示范基础上推广应用达到燃气机组排放标准的燃煤电厂大气污染物超低排放技术，加快700度超超临界高效发电核心技术和关键材料的研发，2018年前启动相关示范电站项目建设。天津市、河北省、山西省、内蒙古自治区、山东省和长三角、珠三角等区域要将煤炭更多地用于燃烧效率高且污染治理措施到位的燃煤电厂。

（十三）促进可再生能源就地消纳

任务：有序承接能源密集型、资源加工型产业转移，在条件适宜的地区推广可再生能源供暖，促进可再生能源的就地消纳。

目标：形成较为完善的促进可再生能源就地消纳的政策体系。2017年底前，每年新增生物质能供热面积350万平方米，每年新增生物质能工业供热利用量150万吨标煤。

措施：结合资源特点和区域用能需求，大力推广与建筑结合的光伏发电、太阳能热利用，提高分散利用规模；加快在工业区和中小城镇推广应用生物质能供热，就近生产和消费，替代燃煤锅炉；探索风电就地消纳的新模式，提高风电设备利用效率，压减燃煤消耗总量。优先在新能源示范城市、绿色能源示范县中推广生物质热电联产、生物质成型燃料、地热、太阳能热利用、热泵等新型供暖方式，建设200个新能源供热城镇。

在符合主体功能定位的前提下，实施差别化的能源、价格和产业政策，在能源资源地形成成本洼地，科学有序承接电解铝、多晶硅、钢铁、冶金、建筑陶瓷等能源密集型、资源加工型产业转移，严格落实产能过剩行业宏观调控政策，防止落后产能异地迁建，促进可再生能源就地消纳并转化为经济优势。

结合新型城镇化建设，选择部分可再生能源资源丰富、城市生态环保要求高、经济条件相对较好的城市，采取统一规划、规范设计的方式，积极推动各类新能源和可再生能源技术在城市区域供电、供热、供气、交通和建筑中的应用，到2015年建成100个新能源示范城市，可再生能源占城市能源消费比例达到6%。

（十四）推广分布式供能方式

任务：以城市、工业园区等能源消费中心为重点，加快天然气分布式能源和分布式光伏发电建设，开展新能源微电网示范，以自主运行为主的方式解决特定区域用电需求。

目标：2015 年，力争建成 1 000 个天然气分布式能源项目、30 个新能源微电网示范工程、分布式光伏发电装机达到 2 000 万千瓦以上。2017 年，天然气分布式能源达到 3 000 万千瓦，分布式光伏发电装机达到 3 500 万千瓦以上。

措施：出台分布式发电及余热余压余气发电并网指导意见，允许分布式能源企业作为独立电力（热力）供应商向区域内供电（热、冷），鼓励各类投资者建设分布式能源项目。2015 年底前，重点在北京、天津、山东、河北、上海、江苏、浙江、广东等地区安排天然气分布式能源示范项目，2017 年底前，全国推广使用天然气分布式能源系统。推进“新城镇、新能源、新生活”计划，在江苏、浙江、河北等地选择中小城镇开展以 LNG 为基础的分布式能源试点。

按照“自发自用、多余上网、电网平衡”原则，大力发展分布式光伏发电，积极开拓接入低压配电网的就地利用的分散式风电，完善调峰、调频、备用等系统辅助服务补偿机制，完善可再生能源分布式发电补贴政策。

（十五）加快储能技术研发应用

任务：以车用动力为重点，加快智能电网及先进储能关键技术、材料和装备的研究和系统集成，加速创新成果转化，改善风电、太阳能等间歇式能源出力特性。

目标：掌握大规模间歇式电源并网技术，突破 10 兆瓦级空气储能、兆瓦级超导储能等关键技术，2015 年形成为 50 万辆电动汽车供电的配套充电设施，2017 年为更大规模的电动汽车市场提供充电基础设施保障。

措施：研究制定储能技术和政策发展路线图，开展先进储能技术自主创新能力建设及示范试点，明确技术实现路径和阶段目标，从宏观政策、电价机制、技术标准、应用支持等方面保障和促进储能技术发展。以智能电网为应用方向，开展先进储能技术自主创新能力建设及示范试点。加快电动汽车供充电产业链相关技术标准的研究、制定和发布，加大充电设施等电动汽车基础设施建设力度。

六、健全协调管理机制

（十六）建立联防联控的长效机制

建立国家能源局、发展改革委、环境保护部、有关地方政府及重点能源企业共同参与的工作协调机制。北京、天津、河北、山东、山西、内蒙古、上海、江苏、浙江、广东十个省（区、市）能源主管部门以及重点能源企业要建立相应的组织机构，由相关领导同志担任负责人。

地方政府负责落实本行政区域内能源和煤炭消费总量控制、新建燃煤项目煤量替代、民用天然气供应安全、天然气城市调峰设施建设、天然气需求侧管理、“煤改气”、新能源供热、分布式能源发展、小火电淘汰以及本方案确定的其他任务，加强火电厂、石化企业、燃煤锅炉污染物排放及成品油质量等方面的监管，协助相关能源企业落实大气污染防治重大能源保障项目的用地、用水等配套条件。

中国石油、中国石化、中海油等企业负责落实油品质量升级、天然气保供增供、石化污染物治理等任务。华能、大唐、华电、国电、中电投、神华等企业负责落实小火电淘汰，火电污染物治理等任务，推进西部富煤地区外送电基地建设。中核、中广核、中电投等企业负责推进东部沿海地区核电项目建设。国网、南网等电网企业负责加快输电通道建设，全额保障性收购可再生能源电力，无歧视接入分布式能源，配合做好大用户直供、输配分开等改革试点工作。

（十七）制定分省区能源保障方案

北京、天津、河北、山东、山西、内蒙古、上海、江苏、浙江、广东省（区、市）能源主管部门应按照《大气十条》《实施细则》以及本方案的要求，结合本地区大气污染防治工作的实际需要，于 2014

年5月底前编制完成本行政区域能源保障方案，与国家能源局衔接后，适时发布。

（十八）完善工作制度

国家能源局会同相关省区能源主管部门和重点能源企业于每年初制定年度工作计划并组织实施，年末对完成情况进行总结。相关省区能源主管部门和重点能源企业每月至少向国家能源局报送一次工作信息，及时反映最新进展、主要成果、重大问题、重要经验等内容。

国家能源局与相关能源企业就大气污染防治重大能源保障项目签订任务书，并实行目标管理。项目单位每季度至少向国家能源局报告一次进展情况，及时反映和解决存在的问题，确保项目按计划建成投产。

（十九）加强考核监督

加强对相关省区能源主管部门和重点能源企业的任务完成情况进行考核，并将结果公布。对于考核结果优良的地方和企业，在产业布局、资金支持、项目安排等方面给予优先考虑。对于考核中存在严重问题、重点项目推进不力的地方和企业，将严格问责。

七、完善相关配套措施

（二十）强化规划政策引导

结合国务院大气污染防治工作总体部署和要求，统筹推进调整能源结构、转变发展方式等各项工作，加强宏观规划指导，加快煤炭深加工、炼油、电网建设、生物质能供热等相关规划和政策的出台，严格依法做好规划环评工作，促进大气环境质量改善。抓紧制定并发布《能源消费总量控制考核办法》《商品煤质量管理暂行办法》《燃煤发电机组环保电价及环保设施运行监管办法》《关于严格控制重点区域燃煤发电项目规划建设有关要求的通知》《煤炭消费减量替代管理办法》《关于稳步推进煤制天然气产业化示范的指导意见》《成品油质量升级行动计划》《加快电网建设落实大气污染防治行动计划实施方案》《生物质能供热实施方案》等配套政策。

（二十一）加大能源科技投入

依托重大能源项目建设，加大煤炭清洁高效利用、先进发电、分布式能源、节能减排与污染控制等重点领域的创新投入，重点支持煤炭洗选加工、煤气化、合成燃料、整体煤气化联合循环（IGCC）、先进燃烧等大气污染防治关键技术的研发和产业化。

（二十二）明确总量控制责任

地方各级人民政府是本行政区域控制能源消费总量和煤炭消费总量工作的责任主体。将能源消费总量和煤炭消费总量纳入国民经济社会发展评价体系，建立各地区和高耗能行业监测预警体系。

（二十三）推进重点领域改革

以实施大用户直接购电和售电侧改革为突破口，稳步推进调度交易机制和电价形成机制改革，保障可再生能源和分布式能源优先并网，探索建立可再生能源电力配额及交易制度和新增水电跨省区交易机制。稳步推进天然气管网体制改革，促进管网公平接入和公平开放。明确政府与企业油气储备及应急义务和责任。完善煤炭与煤层气协调开发机制。推进页岩气投资主体多元化，加强对页岩气勘探开发活动的监督管理。

（二十四）进一步强化监管措施

开展电力企业大气污染防治专项监管，加大火电项目环保设施建设和运行监管力度，促进燃煤机组烟气在线监测准确、真实。环保设施未按规定投运或排放不达标的，依法不予颁发或吊销电力业务许可证。加大节能发电调度、可再生能源并网发电和全额保障性收购的监管力度，推进跨省区电能交易、发电权交易、大用户直供等灵活电能交易，减少弃风、弃水、弃光。开展油气管网设施公平开放监管，提高管网设施运营效率，促进油气市场有序发展。开展能源消费总量控制监管。加强能源价格监管。加强能源监管体系建设，建立能源监管统计、监测、预警及考核机制，畅通投诉举报渠道，依法受理投诉举报案件，依法查处违法违规行为。

（二十五）完善能源价格机制

建立健全反映资源紧缺程度、市场供需形势以及生态环境等外部成本的能源价格体系，推进并完善峰谷电价政策，在具备条件的地区实行季节电价、高可靠性电价、可中断负荷电价等电价政策，加大差别电价、惩罚性电价政策执行力度，逐步扩大以能耗为基础的阶梯电价制度实施范围。进一步建立和完善市场化价格机制，深化天然气价格改革，推行天然气季节差价、阶梯气价、可中断气价等差别性气价政策。

（二十六）研究财金支持政策

加大对可再生能源、分布式能源和非常规能源发展的财政税收金融支持力度，研究落实先进生物燃料、清洁供暖设施等补贴政策与标准。中央预算内投资重点对农村电网改造升级、无电地区电力建设、能源科技自主创新等领域给予必要支持。

关于印发《煤电节能减排升级与改造行动计划（2014—2020 年）》的通知

发改能源〔2014〕2093 号

各省、自治区、直辖市、新疆生产建设兵团发展改革委（经信委、经委、工信厅）、环保厅、能源局，国家电网公司、南方电网公司，华能、大唐、华电、国电、中电投集团公司，神华集团、中煤集团、国投公司、华润集团，中国国际工程咨询公司、电力规划设计总院：

为贯彻中央财经领导小组第六次会议和国家能源委员会第一次会议精神，落实《国务院办公厅关于印发能源发展战略行动计划（2014—2020 年）的通知》（国办发〔2014〕31 号）要求，加快推动能源生产和消费革命，进一步提升煤电高效清洁发展水平，特制定了《煤电节能减排升级与改造行动计划（2014—2020 年）》，现印发你们，请按照执行。

附件：《煤电节能减排升级与改造行动计划（2014—2020 年）》

国家发展改革委

环境保护部

国家能源局

2014 年 9 月 12 日

附件

煤电节能减排升级与改造行动计划（2014—2020 年）

为贯彻中央财经领导小组第六次会议和国家能源委员会第一次会议精神，落实《国务院办公厅关于印发能源发展战略行动计划（2014—2020 年）的通知》（国办发〔2014〕31 号）要求，加快推动能源生产和消费革命，进一步提升煤电高效清洁发展水平，制定本行动计划。

一、指导思想和行动目标

（一）指导思想。全面落实“节约、清洁、安全”的能源战略方针，推行更严格能效环保标准，加快燃煤发电升级与改造，努力实现供电煤耗、污染排放、煤炭占能源消费比重“三降低”和安全运行质量、技术装备水平、电煤占煤炭消费比重“三提高”，打造高效清洁可持续发展的煤电产业“升级版”，为国家能源发展和战略安全夯实基础。

（二）行动目标。全国新建燃煤发电机组平均供电煤耗低于 300 克标准煤/千瓦时（以下简称“克/千瓦时”）；东部地区新建燃煤发电机组大气污染物排放浓度基本达到燃气轮机组排放限值，中部地区新建机组原则上接近或达到燃气轮机组排放限值，鼓励西部地区新建机组接近或达到燃气轮机组排放限值。

到 2020 年，现役燃煤发电机组改造后平均供电煤耗低于 310 克/千瓦时，其中现役 60 万千瓦及以上机组（除空冷机组外）改造后平均供电煤耗低于 300 克/千瓦时。东部地区现役 30 万千瓦及以上公用燃煤发电机组、10 万千瓦及以上自备燃煤发电机组以及其他有条件的燃煤发电机组，改造后大气污染物排放浓度基本达到燃气轮机组排放限值。

在执行更严格能效环保标准的前提下，到2020年，力争使煤炭占一次能源消费比重下降到62%以内，电煤占煤炭消费比重提高到60%以上。

二、加强新建机组准入控制

（三）严格能效准入门槛。新建燃煤发电项目（含已纳入国家火电建设规划且具备变更机组选型条件的项目）原则上采用60万千瓦及以上超超临界机组，100万千瓦级湿冷、空冷机组设计供电煤耗分别不高于282克/千瓦时、299克/千瓦时，60万千瓦级湿冷、空冷机组分别不高于285克/千瓦时、302克/千瓦时。

30万千瓦及以上供热机组和30万千瓦及以上循环流化床低热值煤发电机组原则上采用超临界参数。对循环流化床低热值煤发电机组，30万千瓦级湿冷、空冷机组设计供电煤耗分别不高于310克/千瓦时、327克/千瓦时，60万千瓦级湿冷、空冷机组分别不高于303克/千瓦时、320克/千瓦时。

（四）严控大气污染物排放。新建燃煤发电机组（含在建和项目已纳入国家火电建设规划的机组）应同步建设先进高效脱硫、脱硝和除尘设施，不得设置烟气旁路通道。东部地区（辽宁、北京、天津、河北、山东、上海、江苏、浙江、福建、广东、海南等11省市）新建燃煤发电机组大气污染物排放浓度基本达到燃气轮机组排放限值（即在基准氧含量6%条件下，烟尘、二氧化硫、氮氧化物排放浓度分别不高于10毫克/立方米、35毫克/立方米、50毫克/立方米），中部地区（黑龙江、吉林、山西、安徽、湖北、湖南、河南、江西等8省）新建机组原则上接近或达到燃气轮机组排放限值，鼓励西部地区新建机组接近或达到燃气轮机组排放限值。支持同步开展大气污染物联合协同脱除，减少三氧化硫、汞、砷等污染物排放。

（五）优化区域煤电布局。严格按照能效、环保准入标准布局新建燃煤发电项目。京津冀、长三角、珠三角等区域新建项目禁止配套建设自备燃煤电站。耗煤项目要实行煤炭减量替代。除热电联产外，禁止审批新建燃煤发电项目；现有多台燃煤机组装机容量合计达到30万千瓦以上的，可按照煤炭等量替代的原则建设为大容量燃煤机组。

统筹资源环境等因素，严格落实节能、节水和环保措施，科学推进西部地区锡盟、鄂尔多斯、晋北、晋中、晋东、陕北、宁东、哈密、准东等大型煤电基地开发，继续扩大西部煤电东送规模。中部及其他地区适度建设路口电站及负荷中心支撑电源。

（六）积极发展热电联产。坚持“以热定电”，严格落实热负荷，科学制定热电联产规划，建设高效燃煤热电机组，同步完善配套供热管网，对集中供热范围内的分散燃煤小锅炉实施替代和限期淘汰。到2020年，燃煤热电机组装机容量占煤电总装机容量比重力争达到28%。

在符合条件的大中型城市，适度建设大型热电机组，鼓励建设背压式热电机组；在中小型城市和热负荷集中的工业园区，优先建设背压式热电机组；鼓励发展热电冷多联供。

（七）有序发展低热值煤发电。严格落实低热值煤发电产业政策，重点在主要煤炭生产省区和大型煤炭矿区规划建设低热值煤发电项目，原则上立足本地消纳，合理规划建设规模和建设时序。禁止以低热值煤发电名义建设常规燃煤发电项目。

根据煤矸石、煤泥和洗中煤等低热值煤资源的利用价值，选择最佳途径实现综合利用，用于发电的煤矸石热值不低于5 020千焦（1 200千卡）/千克。以煤矸石为主要燃料的，入炉燃料收到基热值不高于14 640千焦（3 500千卡）/千克，具备条件的地区原则上采用30万千瓦级及以上超临界循环流化床机组。低热值煤发电项目应尽可能兼顾周边工业企业和居民集中用热需求。

三、加快现役机组改造升级

（八）深入淘汰落后产能。完善火电行业淘汰落后产能后续政策，加快淘汰以下火电机组：单机容量5万千瓦及以下的常规小火电机组；以发电为主的燃油锅炉及发电机组；大电网覆盖范围内，单机容量

10万千瓦级及以下的常规燃煤火电机组、单机容量20万千瓦级及以下设计寿命期满和不实施供热改造的常规燃煤火电机组；污染物排放不符合国家最新环保标准且不实施环保改造的燃煤火电机组。鼓励具备条件的地区通过建设背压式热电机组、高效清洁大型热电机组等方式，对能耗高、污染重的落后燃煤小热电机组实施替代。2020年前，力争淘汰落后火电机组1 000万千瓦以上。

（九）实施综合节能改造。因厂制宜采用汽轮机通流部分改造、锅炉烟气余热回收利用、电机变频、供热改造等成熟适用的节能改造技术，重点对30万千瓦和60万千瓦等级亚临界、超临界机组实施综合性、系统性节能改造，改造后供电煤耗力争达到同类型机组先进水平。20万千瓦级及以下纯凝机组重点实施供热改造，优先改造为背压式供热机组。力争2015年前完成改造机组容量1.5亿千瓦，“十三五”期间完成3.5亿千瓦。

（十）推进环保设施改造。重点推进现役燃煤发电机组大气污染物达标排放环保改造，燃煤发电机组必须安装高效脱硫、脱硝和除尘设施，未达标排放的要加快实施环保设施改造升级，确保满足最低技术出力以上全负荷、全时段稳定达标排放要求。稳步推进东部地区现役30万千瓦及以上公用燃煤发电机组和有条件的30万千瓦以下公用燃煤发电机组实施大气污染物排放浓度基本达到燃气轮机组排放限值的环保改造，2014年启动800万千瓦机组改造示范项目，2020年前力争完成改造机组容量1.5亿千瓦以上。鼓励其他地区现役燃煤发电机组实施大气污染物排放浓度达到或接近燃气轮机组排放限值的环保改造。

因厂制宜采用成熟适用的环保改造技术，除尘可采用低（低）温静电除尘器、电袋除尘器、布袋除尘器等装置，鼓励加装湿式静电除尘装置；脱硫可实施脱硫装置增容改造，必要时采用单塔双循环、双塔双循环等更高效率脱硫设施；脱硝可采用低氮燃烧、高效率 SCR（选择性催化还原法）脱硝装置等技术。

（十一）强化自备机组节能减排。对企业自备电厂火电机组，符合第（八）条淘汰条件的，企业应实施自主淘汰；供电煤耗高于同类型机组平均水平5克/千瓦时及以上的自备燃煤发电机组，应加快实施节能改造；未实现大气污染物达标排放的自备燃煤发电机组要加快实施环保设施改造升级；东部地区10万千瓦及以上自备燃煤发电机组要逐步实施大气污染物排放浓度基本达到燃气轮机组排放限值的环保改造。

在气源有保障的条件下，京津冀区域城市建成区、长三角城市群、珠三角区域到2017年基本完成自备燃煤电站的天然气替代改造任务。

四、提升机组负荷率和运行质量

（十二）优化电力运行调度方式。完善调度规程规范，加强调峰调频管理，优先采用有调节能力的水电调峰，充分发挥抽水蓄能电站、天然气发电等调峰电源作用，探索应用储能调峰等技术。

合理确定燃煤发电机组调峰顺序和深度，积极推行轮停调峰，探索应用启停调峰方式，提高高效环保燃煤发电机组负荷率。完善调峰调频辅助服务补偿机制，探索开展辅助服务市场交易，对承担调峰任务的燃煤发电机组适当给予补偿。

完善电网备用容量管理办法，在区域电网内统筹安排系统备用容量，充分发挥电力跨省区互济、电量短时互补能力。合理安排各类发电机组开机方式，在确保电网安全的前提下，最大限度降低电网旋转备用容量。支持有条件的地区试点实行由“分机组调度”调整为“分厂调度”。

（十三）推进机组运行优化。加强燃煤发电机组综合诊断，积极开展运行优化试验，科学制定优化运行方案，合理确定运行方式和参数，使机组在各种负荷范围内保持最佳运行状态。扎实做好燃煤发电机组设备和环保设施运行维护，提高机组安全健康水平和设备可用率，确保环保设施正常运行。

（十四）加强电煤质量和计量控制。发电企业要加强燃煤采购管理，鼓励通过“煤电一体化”、签订长期合同等方式固定主要煤源，保障煤质与设计煤种相符，鼓励采用低硫分低灰分优质燃煤；加强入炉煤计量和检质，严格控制采制化偏差，保证煤耗指标真实可信。

限制高硫分高灰分煤炭的开采和异地利用，禁止进口劣质煤炭用于发电。煤炭企业要积极实施动力煤优质化工程，按要求加快建设煤炭洗选设施，积极采用筛分、配煤等措施，着力提升动力煤供应质量。

（十五）促进网源协调发展。加快推进“西电东送”输电通道建设，强化区域主干电网，加强区域电网内省间电网互联，提升跨省区电力输送和互济能力。完善电网结构，实现各电压等级电网协调匹配，保证各类机组发电可靠上网和送出。积极推进电网智能化发展。

（十六）加强电力需求侧管理。健全电力需求侧管理体制机制，完善峰谷电价政策，鼓励电力用户利用低谷电力。积极采用移峰、错峰等措施，减少电网调峰需求。引导电力用户积极采用节电技术产品，优化用电方式，提高电能利用效率。

五、推进技术创新和集成应用

（十七）提升技术装备水平。进一步加大对煤电节能减排重大关键技术和设备研发支持力度，通过引进与自主开发相结合，掌握最先进的燃煤发电除尘、脱硫、脱硝和节能、节水、节地等技术。

以高温材料为重点，全面掌握拥有自主知识产权的600℃超超临界机组设计、制造技术，加快研发700℃超超临界发电技术。推进二次再热超超临界发电技术示范工程建设。扩大整体煤气化联合循环（IGCC）技术示范应用，提高国产化水平和经济性。适时开展超超临界循环流化床机组技术研究。推进亚临界机组改造为超（超）临界机组的技术研发。进一步提高电站辅机制造水平，推进关键配套设备国产化。深入研究碳捕集与封存（CCS）技术，适时开展应用示范。

（十八）促进工程设计优化。制（修）订燃煤发电产业政策、行业标准和技术规程，规范和指导燃煤发电项目工程设计。支持地方制定严于国家标准的火电厂大气污染物排放地方标准。强化燃煤发电项目后评价，加强工程设计和建设运营经验反馈，提高工程设计优化水平。积极推行循环经济设计理念，加强粉煤灰等资源综合利用。

（十九）推进技术集成应用。加强企业技术创新体系建设，推动产学研联合，支持电力企业与高校、科研机构开展煤电节能减排先进技术创新。积极推进煤电节能减排先进技术集成应用示范项目建设，创建一批重大技术攻关示范基地，以工程项目为依托，推进科研创新成果产业化。积极开展先进技术经验交流，实现技术共享。

六、完善配套政策措施

（二十）促进节能环保发电。兼顾能效和环保水平，分配上网电量应充分考虑机组大气污染物排放水平，适当提高能效和环保指标领先机组的利用小时数。对大气污染物排放浓度接近或达到燃气轮机组排放限值的燃煤发电机组，可在一定期限内增加其发电利用小时数。对按要求应实施节能环保改造但未按期完成的，可适当降低其发电利用小时数。

（二十一）实行煤电节能减排与新建项目挂钩。能效和环保指标先进的新建燃煤发电项目应优先纳入各省（区、市）年度火电建设方案。对燃煤发电能效和环保指标先进、积极实施煤电节能减排升级与改造并取得显著成效的企业，各省级能源主管部门应优先支持其新建项目建设；对燃煤发电能效和环保指标落后、煤电节能减排升级与改造任务完成较差的企业，可限批其新建项目。

对按煤炭等量替代原则建设的燃煤发电项目，同地区现役燃煤发电机组节能改造形成的节能量（按标准煤量计算）可作为煤炭替代来源。现役燃煤发电机组按照接近或达到燃气轮机组排放限值实施环保改造后，腾出的大气污染物排放总量指标优先用于本企业在同地区的新建燃煤发电项目。

（二十二）完善价格税费政策。完善燃煤发电机组环保电价政策，研究对大气污染物排放浓度接近或达到燃气轮机组排放限值的燃煤发电机组电价支持政策。鼓励各地因地制宜制定背压式热电机组税费支持政策，加大支持力度。

对大气污染物排放浓度接近或达到燃气轮机组排放限值的燃煤发电机组，各地可因地制宜制定税收优惠政策。支持有条件的地区实行差别化排污收费政策。

（二十三）拓宽投融资渠道。统筹运用相关资金，对煤电节能减排重大技术研发和示范项目建设适当给予资金补贴。鼓励民间资本和社会资本进入煤电节能减排领域。引导银行业金融机构加大对煤电节能减排项目的信贷支持。

支持发电企业与有关技术服务机构合作，通过合同能源管理等方式推进燃煤发电机组节能环保改造。对已开展排污权、碳排放、节能量交易的地区，积极支持发电企业通过交易筹集改造资金。

七、抓好任务落实和监管

（二十四）明确政府部门责任。国家发展改革委、环境保护部、国家能源局会同有关部门负责全国煤电节能减排升级与改造工作的总体指导、协调和监管监督，分类明确各省（区、市）、中央发电企业煤电节能减排升级与改造目标任务。国家发展改革委、国家能源局重点加强对燃煤发电节能工作的指导、协调和监管，环境保护部、国家能源局重点加强对燃煤发电污染物减排工作的指导、协调和监督。

各省（区、市）有关主管部门，要及时制定本省（区、市）行动计划，组织各地方和电厂制定具体实施方案，完善政策措施，加强督促检查。国家能源局派出机构会同省级节能主管部门、环保部门等单位负责对各地区、各企业煤电节能减排升级与改造工作实施监管。各级有关部门要密切配合、加强协调、齐抓共管，形成工作合力。

（二十五）强化企业主体责任。各发电企业是本企业煤电节能减排升级与改造工作的责任主体，要按照国家和省级有关部门要求，细化制定本企业行动计划，加强内部管理，加大资金投入，确保完成目标任务。中央发电企业要积极发挥表率作用，及时将国家明确的目标任务分解落实到具体地方和电厂，力争提前完成，确保燃煤发电机组能效环保指标达到先进水平。

各级电网企业要切实做好优化电力调度、完善电网结构、加强电力需求侧管理、落实有关配套政策等工作，积极创造有利条件，保障各地区、各发电企业煤电节能减排升级与改造工作顺利实施。

（二十六）实行严格检测评估。新建燃煤发电机组建成后，企业应按规程及时进行机组性能验收试验，并将验收试验报告等相关资料报送国家能源局派出机构和所在省（区、市）有关部门。现役燃煤发电机组节能改造实施前，电厂应制定具体改造方案，改造完成后由所在省（区、市）有关部门组织有资质的中介机构进行现场评估并确认节能量，评估报告同时抄送国家能源局派出机构。省（区、市）有关部门可视情况进行现场抽查。

新建燃煤发电机组建成投运和现役机组实施环保改造后，环保部门应及时组织环保专项验收，检测大气污染物排放水平，确保检测数据科学准确，并对实施改造的机组进行污染物减排量确认。

（二十七）严格目标任务考核。国家发展改革委、环境保护部、国家能源局会同有关部门制定考核办法，每年对各省（区、市）、中央发电企业上年度煤电节能减排升级与改造目标任务完成情况进行考核，考核结果及时向社会公布。对目标任务完成较差的省（区、市）和中央发电企业，将予以通报并约谈其有关负责人。各省（区、市）有关部门可因地制宜制定对各地方、各企业的考核办法。

（二十八）实施有效监管检查。国家发展改革委、环境保护部、国家能源局会同有关部门开展煤电节能减排升级与改造专项监管和现场检查，形成专项报告向社会公布。省级环保部门、国家能源局派出机构要加强对燃煤发电机组烟气排放连续监测系统（CEMS）建设与运行情况及主要污染物排放指标的监管。各级环保部门要加大环保执法检查力度。

对存在弄虚作假、擅自停运环保设施等重大问题的，要约谈其主要负责人，限期整改并追缴其违规所得；存在违法行为的，要依法查处并追究相关人员责任。对存在节能环保发电调度实施不力、安排调频调峰和备用容量不合理、未充分发挥抽水蓄能电站等调峰电源作用、未有效实施电力需求侧管理等问题的电网企业，要约谈其主要负责人并限期整改。

（二十九）积极推进信息公开。国家能源局会同有关部门、行业协会等单位，建立健全煤电节能减排信息平台，制定信息公开办法。对新建燃煤发电项目，负责审批的节能主管部门、环保部门要主动公开其节能评估和环境影响评价信息，接受社会监督。

（三十）发挥社会监督作用。充分利用 12398 能源监管投诉举报电话，畅通投诉举报渠道，发挥社会监督作用促进煤电节能减排升级与改造工作顺利开展。国家能源局各派出机构要依据职责和有关规定，及时受理、处理群众投诉举报事项，及时通报有关情况；对违规违法行为，要及时移交稽查，依法处理。

附件：1．典型常规燃煤发电机组供电煤耗参考值

2．燃煤电厂节能减排主要参考技术

附件 1

典型常规燃煤发电机组供电煤耗参考值

单位：克/千瓦时

机组类型		新建机组设计供电煤耗	现役机组生产供电煤耗	
			平均水平	先进水平
100 万千瓦级超超临界	湿冷	282	290	285
	空冷	299	317	302
60 万千瓦级超超临界	湿冷	285	298	290
	空冷	302	315	307
60 万千瓦级超临界	湿冷	303（循环流化床）	306	297
	空冷	320（循环流化床）	325	317
60 万千瓦级亚临界	湿冷	—	320	315
	空冷	—	337	332
30 万千瓦级超临界	湿冷	310（循环流化床）	318	313
	空冷	327（循环流化床）	338	335
30 万千瓦级亚临界	湿冷	—	330	320
	空冷	—	347	337

注：不含燃用无烟煤的 W 火焰锅炉机组。

附件 2

燃煤电厂节能减排主要参考技术

序号	技术名称	技术原理及特点	节能减排效果	成熟程度及适用范围
一	新建机组设计优化和先进发电技术			
1	提高蒸汽参数	常规超临界机组汽轮机典型参数为 24.2 MPa/566℃/566℃，常规超超临界机组典型参数为 25～26.25 MPa/600℃/600℃。提高汽轮机进汽参数可直接提高机组效率，综合经济性、安全性与工程实际应用情况，主蒸汽压力提高至 27～28 MPa，主蒸汽温度受主蒸汽压力提高与材料制约一般维持在 600℃，热再热蒸汽温度提高至 610℃或 620℃，可进一步提高机组效率	主蒸汽压力大于 27 MPa 时，每提高 1 MPa 进汽压力，降低汽机热耗 0.1%左右。热再热蒸汽温度每提高 10℃，可降低热耗 0.15%。预计相比常规超超临界机组可降低供电煤耗 1.5～2.5 g/kWh	技术较成熟。 适用于 66 万千瓦、100 万千瓦超超临界机组设计优化
2	二次再热	在常规一次再热的基础上，汽轮机排汽二次进入锅炉进行再热。汽轮机增加超高压缸，超高压缸排汽为冷一次再热，其经过锅炉一次再热器加热后进入高压缸，高压缸排汽为冷二次再热，其经过锅炉二次再热器加热后进入中压缸	比一次再热机组热效率高出 2%～3%，可降低供电煤耗 8～10 g/kWh	技术较成熟。 美国、德国、日本、丹麦等国家部分 30 万千瓦以上机组已有应用。国内有 100 万千瓦二次再热技术示范工程
3	管道系统优化	通过适当增大管径、减少弯头、尽量采用弯管和斜三通等低阻力连接件等措施，降低主蒸汽、再热、给水等管道阻力	机组热效率提高 0.1%～0.2%，可降低供电煤耗 0.3～0.6 g/kWh	技术成熟。 适于各级容量机组
4	外置蒸汽冷却器	超超临界机组高加抽汽由于抽汽温度高，往往具有较大过热度，通过设置独立外置蒸汽冷却器，充分利用抽汽过热焓，提高回热系统热效率	预计可降低供电煤耗约 0.5 g/kWh	技术较成熟。 适用于 66 万千瓦、100 万千瓦超超临界机组
5	低温省煤器	在除尘器入口或脱硫塔入口设置 1 级或 2 级串联低温省煤器，采用温度范围合适的部分凝结水回收烟气余热，降低烟气温度从而降低体积流量，提高机组热效率，降低引风机电耗	预计可降低供电煤耗 1.4～1.8 g/kWh	技术成熟。 适用于 30 万～100 万千瓦各类型机组
6	700℃超超临界	在新的镍基耐高温材料研发成功后，蒸汽参数可提高至 700℃，大幅提高机组热效率	供电煤耗预计可达到 246 g/kWh	技术研发阶段
二	现役机组节能改造技术			
7	汽轮机通流部分改造	对于 13.5 万千瓦、20 万千瓦汽轮机和 2000 年前投运的 30 万千瓦和 60 万千瓦亚临界汽轮机，通流效率低，热耗高。采用全三维技术优化设计汽轮机通流部分，采用新型高效叶片和新型汽封技术改造汽轮机，节能提效效果明显	预计可降低供电煤耗 10～20 g/kWh	技术成熟。 适用于 13.5 万～60 万千瓦各类型机组

序号	技术名称	技术原理及特点	节能减排效果	成熟程度及适用范围
8	汽轮机间隙调整及汽封改造	部分汽轮机普遍存在汽缸运行效率较低、高压缸效率随运行时间增加不断下降的问题，主要原因是汽轮机通流部分不完善、汽封间隙大、汽轮机内缸接合面漏汽严重、存在级间漏汽和蒸汽短路现象。通过汽轮机本体技术改造，提高运行缸效率，节能提效效果显著	预计可降低供电煤耗 2～4 g/kWh	技术成熟。 适用于 30 万～60 万千瓦各类型机组
9	汽机主汽滤网结构型式优化研究	为减少主再热蒸汽固体颗粒和异物对汽轮机通流部分的损伤，主再热蒸汽阀门均装有滤网。常见滤网孔径均为ϕ7，已开有倒角。但滤网结构及孔径大小需进一步研究	可减少蒸汽压降和热耗，暂无降低供电煤耗估算值	技术成熟。 适于各级容量机组
10	锅炉排烟余热回收利用	在空预器之后、脱硫塔之前烟道的合适位置通过加装烟气冷却器，用来加热凝结水、锅炉送风或城市热网低温回水，回收部分热量，从而达到节能提效、节水效果	采用低压省煤器技术，若排烟温度降低 30℃，机组供电煤耗可降低 1.8 g/kWh，脱硫系统耗水量减少 70%	技术成熟。 适用于排烟温度比设计值偏高 20℃以上的机组
11	锅炉本体受热面及风机改造	锅炉普遍存在排烟温度高、风机耗电高，通过改造，可降低排烟温度和风机电耗。具体措施包括：一次风机、引风机、增压风机叶轮改造或变频改造；锅炉受热面或省煤器改造	预计可降低煤耗 1.0～2.0 g/kWh	技术成熟。 适用于 30 万千瓦亚临界机组、60 万千瓦亚临界机组和超临界机组
12	锅炉运行优化调整	电厂实际燃用煤种与设计煤种差异较大时，对锅炉燃烧造成很大影响。开展锅炉燃烧及制粉系统优化试验，确定合理的风量、风粉比、煤粉细度等，有利于电厂优化运行	预计可降低供电煤耗 0.5～1.5 g/kWh	技术成熟。 现役各级容量机组可普遍采用
13	电除尘器改造及运行优化	根据典型煤种，选取不同负荷，结合吹灰情况等，在保证烟尘排放浓度达标的情况下，试验确定最佳的供电控制方式（除尘器耗电率最小）及相应的控制参数。通过电除尘器节电改造及运行优化调整，节电效果明显	预计可降低供电煤耗 2～3 g/kWh	技术成熟。 适用于现役 30 万千瓦亚临界机组、60 万千瓦亚临界机组和超临界机组
14	热力及疏水系统改进	改进热力及疏水系统，可简化热力系统，减少阀门数量，治理阀门泄漏，取得良好节能提效效果	预计可降低供电煤耗 2～3 g/kWh	技术成熟。 适用于各级容量机组
15	汽轮机阀门管理优化	通过对汽轮机不同顺序开启规律下配汽不平衡汽流力的计算，以及机组轴承承载情况的综合分析，采用阀门开启顺序重组及优化技术，解决机组在投入顺序阀运行时的瓦温升高、振动异常问题，使机组能顺利投入顺序阀运行，从而提高机组的运行效率	预计可降低供电煤耗 2～3 g/kWh	技术成熟 适用于 20 万千瓦以上机组
16	汽轮机冷端系统改进及运行优化	汽轮机冷端性能差，表现为机组真空低。通过采取技术改造措施，提高机组运行真空，可取得很好的节能提效效果	预计可降低供电煤耗 0.5～1.0 g/kWh	技术成熟。 适用于 30 万千瓦亚临界机组、60 万千瓦亚临界机组和超临界机组

序号	技术名称	技术原理及特点	节能减排效果	成熟程度及适用范围
17	高压除氧器乏汽回收	将高压除氧器排氧阀排出的乏汽通过表面式换热器提高化学除盐水温度，温度升高后的化学除盐水补入凝汽器，可以降低过冷度，一定程度提高热效率	预计可降低供电煤耗约 0.5～1 g/kWh	技术成熟。 适用于 10 万～30 万千瓦机组
18	取较深海水作为电厂冷却水	直流供水系统取、排水口的位置和型式应考虑水源特点、利于吸取冷水、温排水对环境的影响、泥沙冲淤和工程施工等因素。有条件时，宜取较深处水温较低的水。但取水水深和取排水口布置受航道、码头等因素影响较大	采用直流供水系统时，循环水温每降低 1℃，供电煤耗降低约 1 g/kWh	技术成熟。 适于沿海电厂
19	脱硫系统运行优化	具体措施包括：1）吸收系统（浆液循环泵、pH 值运行优化、氧化风量、吸收塔液位、石灰石粒径等）运行优化；2）烟气系统运行优化；3）公用系统（制浆、脱水等）运行优化；4）采用脱硫添加剂。可提高脱硫效率、减少系统故障、降低系统能耗和运行成本、提高对煤种硫分的适应性	预计可降低供电煤耗约 0.5 g/kWh	技术成熟。 适用于 30 万千瓦亚临界机组、60 万千瓦亚临界机组和超临界机组
20	凝结水泵变频改造	高压凝结水泵电机采用变频装置，在机组调峰运行可降低节流损失，达到提效节能效果	预计可降低供电煤耗约 0.5 g/kWh	技术成熟。 在大量 30 万～60 万千瓦机组上得到推广应用
21	空气预热器密封改造	回转式空气预热器通常存在密封不良、低温腐蚀、积灰堵塞等问题，造成漏风率与烟风阻力增大，风机耗电增加。可采用先进的密封技术进行改造，使空气预热器漏风率控制在 6%以内	预计可降低供电煤耗 0.2～0.5 g/kWh	技术成熟。 各级容量机组
22	电除尘器高频电源改造	将电除尘器工频电源改造为高频电源。由于高频电源在纯直流供电方式时，电压波动小，电晕电压高，电晕电流大，从而增加了电晕功率。同时，在烟尘带有足够电荷的前提下，大幅度减小了电除尘器电场供电能耗，达到了提效节能的目的	可降低电除尘器电耗	技术成熟。 适用于 30 万～100 万千瓦机组
23	加强管道和阀门保温	管道及阀门保温技术直接影响电厂能效，降低保温外表面温度设计值有利于降低蒸汽损耗。但会对保温材料厚度、管道布置、支吊架结构产生影响	暂无降低供电煤耗估算值。	技术成熟。 适于各级容量机组
24	电厂照明节能方法	从光源、镇流器、灯具等方面综合考虑电厂照明，选用节能、安全、耐用的照明器具	可以一定程度减少电厂自用电量，对降低煤耗影响较小	技术成熟 适用于各类电厂
25	凝汽式汽轮机供热改造	对纯凝汽式汽轮机组蒸汽系统适当环节进行改造，接出抽汽管道和阀门，分流部分蒸汽，使纯凝汽式汽轮机组具备纯凝发电和热电联产两用功能	大幅度降低供电煤耗，一般可达到 10 g/kWh 以上	技术成熟。 适用于 12.5 万～60 万千瓦纯凝汽式汽轮机组

序号	技术名称	技术原理及特点	节能减排效果	成熟程度及适用范围
26	亚临界机组改造为超（超）临界机组	将亚临界老机组改造为超（超）临界机组，对汽轮机、锅炉和主辅机设备做相应改造	大幅提升机组热力循环效率	技术研发阶段
三	污染物排放控制技术			
27	低（低）温静电除尘	在静电除尘器前设置换热装置，将烟气温度降低到接近或低于酸露点温度，降低飞灰比电阻，减小烟气量，有效防止电除尘器发生反电晕，提高除尘效率	除尘效率最高可达 99.9%	低温静电除尘技术较成熟，国内已有较多运行业绩。低低温静电除尘技术在日本有运行业绩，国内正在试点应用，防腐问题国内尚未有实例验证
28	布袋除尘	含尘烟气通过滤袋，烟尘被黏附在滤袋表面，当烟尘在滤袋表面黏附到一定程度时，清灰系统抖落附在滤袋表面的积灰，积灰落入储灰斗，以达到过滤烟气的目的	烟尘排放浓度可以长期稳定在 20 mg/Nm^3 以下，基本不受灰分含量高低和成分影响	技术较成熟。 适于各级容量机组
29	电袋除尘	综合静电除尘和布袋除尘优势，前级采用静电除尘收集 80%～90%粉尘，后级采用布袋除尘收集细粒粉尘	除尘器出口排放浓度可以长期稳定在 20 mg/Nm^3 以下，甚至可达到 5 mg/Nm^3，基本不受灰分含量高低和成分影响	技术较成熟。 适于各级容量机组
30	旋转电极除尘	将静电除尘器末级电场的阳极板分割成若干长方形极板，用链条连接并旋转移动，利用旋转刷连续清除阳极板上粉尘，可消除二次扬尘，防止反电晕现象，提高除尘效率	烟尘排放浓度可以稳定在 30 mg/Nm^3 以下，节省电耗	技术较成熟。 适用于 30 万～100 万千瓦机组
31	湿式静电除尘	将粉尘颗粒通过电场力作用吸附到集尘极上，通过喷水将极板上的粉尘冲刷到灰斗中排出。同时，喷到烟道中的水雾既能捕获微小烟尘又能降电阻率，利于微尘向极板移动	通常设置在脱硫系统后端，除尘效率可达到 70%～80%，可有效除去 $PM_{2.5}$ 细颗粒物和石膏雨微液滴	技术较成熟。 国内有多种湿式静电除尘技术，正在试点应用
32	双循环脱硫	与常规单循环脱硫原理基本相同，不同在于将吸收塔循环浆液分为两个独立的反应罐和形成两个循环回路，每条循环回路在不同 pH 值下运行，使脱硫反应在较为理想的条件下进行。可采用单塔双循环或双塔双循环	双循环脱硫效率可达 98.5%或更高	技术较成熟。 适于各级容量机组
33	低氮燃烧	采用先进的低氮燃烧器技术，大幅降低氮氧化物生成浓度	炉膛出口氮氧化物浓度可控制在 200 mg/Nm^3 以下	技术较成熟。 适于各类烟煤锅炉

关于印发燃煤锅炉节能环保综合提升工程实施方案的通知

发改环资〔2014〕2451 号

各省、自治区、直辖市、计划单列市及新疆生产建设兵团发展改革委、环保厅（局）、财政厅（局）、质量技术监督局、经信委（经贸委、工信委、工信厅）、机关事务管理局：

为落实《关于加快发展节能环保产业的意见》（国发〔2013〕30 号）和《大气污染防治行动计划》（国发〔2013〕37 号）、《2014—2015 年节能减排低碳发展行动方案》（国办发〔2014〕23 号），我们组织编制了《燃煤锅炉节能环保综合提升工程实施方案》，现印发你们，请认真组织实施。

附件：燃煤锅炉节能环保综合提升工程实施方案

国家发展改革委
环境保护部
财政部
国家质检总局
工业和信息化部
国管局
国家能源局
2014 年 10 月 29 日

附件

燃煤锅炉节能环保综合提升工程实施方案

为贯彻落实《关于加快发展节能环保产业的意见》（国发〔2013〕30 号）、《大气污染防治行动计划》（国发〔2013〕37 号）、《2014—2015 年节能减排低碳发展行动方案》（国办发〔2014〕23 号）有关要求，制定本方案。

一、现状和问题

（一）现状

锅炉是重要的能源转换设备，也是能源消费大户和重要的大气污染源。我国锅炉以燃煤为主，其中燃煤电站锅炉近年来向大容量、高参数方向快速发展，无论是生产制造还是运营管理均已接近国外先进水平；而燃煤工业锅炉保有量大、分布广、能耗高、污染重，能效和污染控制整体水平与国外相比有一定的差距，节能减排潜力巨大。截至 2012 年底，我国在用燃煤工业锅炉达 46.7 万台，总容量达 178 万蒸吨，年消耗原煤约 7 亿吨，占全国煤炭消耗总量的 18%以上。我国燃煤工业锅炉整体能效水平较低，其实际运行效率比国际先进水平低 15 个百分点左右，具有较大的节能潜力。同时，燃煤工业锅炉污染物排放强度较大，是重要污染源，年排放烟尘、二氧化硫、氮氧化物分别约占全国排放总量的 33%、27%、9%。近年来，我国出现的大范围、长时间严重雾霾天气，与燃煤工业锅炉区域高强度、低空排放的特点密切相关。

（二）存在的主要问题

“十一五”以来，我国加大了锅炉节能和污染控制工作的力度，通过实施节能改造工程、污染综合整治、推动能效对标、强化监督执法、加强能力建设等工作，取得了积极成效，但仍存在一些问题，主要表现在：

一是技术装备落后。大多数燃煤工业锅炉容量较小，单台平均容量仅为3.8吨/时，其中2吨/时以下台数占比达66.5%；部分锅炉老化严重，很多超过折旧年限的锅炉，甚至上世纪七八十年代生产的低能效、高排放的锅炉仍在使用；锅炉系统自控水平偏低，不利于工况调节；高效锅炉价格高、市场份额低、推广难度大；产业集中度低，制造企业数量多、规模小，技术水平普遍较弱。

二是经济运行水平不高。锅炉选型裕度过大，运行负荷波动大，调节能力有限，实际运行效率低。风机、水泵等辅机大多无负荷调节档次。锅炉水质大多不能达到国家标准要求，锅炉结垢较为严重，热效率下降明显。运行管理粗放，操作人员技术素质偏低。

三是燃料匹配性差。锅炉燃料以未经洗选加工的原煤为主，煤种复杂、热值不稳定、灰分和含硫量高。与燃烧洗选煤相比，不仅降低了锅炉效率，还加重了环境污染。天然气、生物质等清洁燃料比重很低。

四是环保设施不到位。10吨/时以下的燃煤工业锅炉大多没有配置有效的除尘装置，基本没有脱硫脱硝设施，排放超标严重。由于污染源过于分散，环境监管难度大，偷排等环境违法现象突出。

五是政策法规不完善。锅炉设计、制造、运行、检测等在节能环保方面的技术规范和标准尚不完善，准入门槛较低。激励和约束机制不健全，创新驱动不足，市场缺乏节能减排的内生动力。

二、指导思想和主要目标

（一）指导思想

牢固树立生态文明理念，以保障燃煤锅炉安全经济运行、提高能效、减少污染物排放为目标，建立政府引导、企业主体、市场有效驱动、全社会共同参与的工作机制，以推广高效锅炉、淘汰落后锅炉、实施工程改造、提升运行水平、调整燃料结构为主要手段，强化法规标准约束，加强政策激励，推进能力建设，构建锅炉安全、节能与环保三位一体的监管体系，实现安全性与经济性的协调统一，确保实现“十二五”节能减排约束性目标。

（二）基本原则

企业主体，政府引导。明确政府和企业的事权，充分发挥市场配置资源的决定性作用，增强市场主体的内生动力，形成锅炉节能减排的长效机制；更好地发挥政府作用，形成有效激励，加大资金投入，完善激励约束政策。

标准驱动，加强监管。强化法规标准约束，提高节能环保准入门槛。依托现行的锅炉安全监察体系、节能监察体系和环境监管体系，将节能环保要求作为锅炉监管的重要内容，加大监督力度。

重点突破，系统提升。以推广高效和淘汰落后锅炉为重点，大幅度提升锅炉本质效率；加强锅炉辅机匹配、系统优化、燃料结构调整、运行管理、污染治理、服务支撑等工作，提高锅炉系统整体运行效率和环境管理水平。

（三）主要目标

到2018年，推广高效锅炉50万蒸吨，高效燃煤锅炉市场占有率由目前的不足5%提高到40%；淘汰落后燃煤锅炉40万蒸吨；完成40万蒸吨燃煤锅炉的节能改造；推动建成若干个高效锅炉制造基地，培育一批大型高效锅炉骨干企业；燃煤工业锅炉平均运行效率在2013年的基础上提高6个百分点，形成年4 000万吨标煤的节能能力；减排100万吨烟尘、128万吨二氧化硫、24万吨氮氧化物。

三、实施内容

（一）加快推广高效锅炉

以锅炉定型产品能效测试结果为主要依据遴选推广产品，公告高效锅炉型号目录和能效参数。加强推广信息监管和产品质量监督，确保高效锅炉用户得到实惠。新改扩建固定资产投资项目和政府采购项目应优先选用列入高效锅炉推广目录或能效等级达到 1 级的产品。严格落实现行税收优惠政策，适时研究完善《节能节水专用设备所得税优惠目录》。

（二）加速淘汰落后锅炉

严格落实政府工作报告、国发〔2013〕37 号文、国办发〔2014〕23 号文要求，2014 年淘汰燃煤小锅炉 5 万台，2014—2015 年淘汰 20 万蒸吨落后锅炉，各地区淘汰任务见国办发〔2014〕23 号文附表。除必要保留的以外，到 2015 年底，京津冀及周边地区地级及以上城市建成区全部淘汰 10 吨/时及以下燃煤锅炉，北京市建成区取消所有燃煤锅炉；到 2017 年，地级及以上城市建成区基本淘汰 10 吨/时及以下的燃煤锅炉，天津市、河北省地级及以上城市建成区基本淘汰 35 吨/时及以下燃煤锅炉。在城市热力管网覆盖区域，加快淘汰小型分散燃煤锅炉，推行城市集中供热。逐步禁止生产和使用手烧锅炉及其他落后炉型。妥善处理淘汰的旧锅炉，研究建立统一回收机制，已淘汰锅炉要及时报废，采取去功能化处理并注销使用登记证，严格控制已淘汰锅炉重新进入市场，防止落后锅炉移装到农村或偏远地区继续使用。

（三）加大节能改造力度

积极开展燃煤锅炉“以大代小”工作，重点开展燃烧优化、低温余热回收、太阳能预热，热泵（水源、地源、污水源）技术、自动控制、主辅机优化和变频控制，改善水质及冷凝水回收利用等方面的节能技术改造。鼓励通过产品能效测试、系统能效诊断等工作，提高节能改造的科学性和有效性。开展基于能效测试的锅炉改造项目节能量审核试点，推动建立统一规范的锅炉改造节能量计算方法。到 2017 年年底前，基本完成能效不达标的在用锅炉节能改造。

（四）提升锅炉系统运行水平

加强锅炉能效测试工作，2017 年底前完成对 10 吨/时及以上的在用燃煤工业锅炉能效普查，将锅炉能效数据纳入现有锅炉动态监管系统，实现信息共享。对于投用时间大于 10 年的锅炉，应每 2 年开展能效和环保测试。推进锅炉系统的安全、节能、环保标准化管理，开展达标试点示范，推进 500 个标杆锅炉房建设。鼓励企业和公共机构建立锅炉能源管理系统，加强计量管理，开展在线节能监测和诊断。加强锅炉安装环节节能监管，改善锅炉、辅机不匹配或与设计不一致的状况。整合锅炉司炉工培训资源，统编培训教材，强化锅炉运行及管理人员节能专项培训，并在锅炉操作人员资质考核中加大节能减排知识技能的比重，切实提高运行人员操作技能。

（五）提升锅炉污染治理水平

按照全面整治小型燃煤锅炉的要求，地级及以上城市建成区禁止新建 20 吨/时以下的燃煤锅炉，其他地区原则上不得新建 10 吨/时及以下的燃煤锅炉。北京、天津、河北、山西、山东等地区地级及以上城市建成区原则上不得新建燃煤锅炉。新生产和安装使用的 20 吨/时及以上燃煤锅炉应安装高效脱硫和高效除尘设施。提升在用燃煤锅炉脱硫除尘水平，10 吨/时及以上的燃煤锅炉要开展烟气高效脱硫、除尘改造，积极开展低氮燃烧技术改造示范，实现全面达标排放。大气污染防治重点控制区域的燃煤锅炉，要按照国家有关规定达到特别排放限值要求。20 吨/时及以上燃煤锅炉应安装在线监测装置，并与当地环保部门联网。纳入国家重点监控名单的企业应按照要求建立企业自行监测制度，向属地环境保护主管部门备案，并在环保部门统一组建的平台上公布监测信息。支持锅炉能效测试机构开展锅炉环保检测工作，实施节能环保综合检测试点。鼓励锅炉制造企业提供锅炉及配套环保设施设计、生产、安装、运行等一体化服务。

（六）推动高效锅炉产业化

加大对锅炉节能环保基础性、前沿性和共性关键技术研发力度，攻克高效燃烧、高效余热利用、自动控制、污染控制等关键技术，加强对科技成果推广应用的支持力度。实施重大节能技术与装备产业化工程，培育一批技术创新能力强、拥有自主知识产权和品牌，融研发、设计、制造、服务于一体，具备核心竞争力的锅炉生产企业成为行业骨干。以骨干企业为核心，促进产业要素集聚，发展一批高效锅炉制造基地。

（七）推进燃料结构优化调整

落实《商品煤质量管理暂行办法》，加强煤炭质量管理，实现煤炭分质分级利用。加快制定锅炉燃煤技术条件，提高燃煤品质及使用等级，推进煤炭清洁化燃烧。推广使用洗选煤，燃煤锅炉不得直接燃用高硫高灰分的原煤。在主要煤炭消费地、沿海沿江主要港口和重要铁路枢纽，建设大型煤炭储配基地和煤炭物流园区，开展集中配煤、物流供应试点示范，提高煤炭洗选加工能力，推广符合细分市场要求的专用煤炭产品，到2018年，配煤中心示范地区50%以上的工业锅炉燃用专用煤。在燃气管网覆盖且气源能够保障的区域，可将燃煤锅炉改为燃气锅炉；在供热和燃气管网不能覆盖的区域，可建设大型燃煤高效锅炉或背压热电实现区域集中供热，或改用电、生物质成型燃料等清洁燃料锅炉。

四、保障措施

（一）完善法规标准

适时修订《产业结构调整指导目录》，明确限制类、淘汰类炉型。加快制修订相关法规标准，在锅炉制造许可、使用登记、设计文件鉴定、制造监督检验和安装监督检验等方面，增加节能的强制性要求；加快修订工业锅炉能效限定值及能效等级等强制性标准，提高节能环保准入门槛；不符合排放标准的制订严格的惩罚措施。加快制修订锅炉水动力计算、热力计算、烟风阻力计算、锅炉选型及配套辅机选择、经济运行、能效测试评价方法等标准；加快制定燃煤质量分等分级系列标准。

（二）加大资金投入

按照事权与支出相适应原则，各级政府加大锅炉能效标准制（修）订，能效普查、测试和监测、信息管理以及宣传培训、执法检查等相关工作支持力度，促进燃煤锅炉节能环保综合提升工程工作。鼓励采用合同能源管理等方式引导企业、社会资金加大投入力度，建立以市场为主的长效机制实施锅炉节能技术改造。

（三）强化监督管理

充分发挥特种设备安全监察和节能监管体系、节能监察体系和环境监管体系的作用，研究建立安全、节能、环保信息共享和联合监督执法机制，提升监管效能。严格落实能评和环评制度以及锅炉设计文件鉴定、定型产品能效测试等制度，禁止生产、销售和使用不符合节能减排要求的锅炉。开展对锅炉制造和使用单位的监督检查，曝光违规企业，加大处罚力度。加强对煤炭质量的监督检查，确保地级及以上城市建成区销售、使用的煤炭为低硫分低灰分的洁净煤。

（四）落实工作责任

国家发展改革委、环境保护部要切实加强工程的综合协调，组织推动工程的落实工作，要将各地实施情况纳入省级人民政府节能减排目标责任评价考核体系，强化评价考核。发展改革委牵头负责做好高效锅炉推广、锅炉节能改造工作，环境保护部、工业和信息化部牵头负责做好落实锅炉淘汰、锅炉污染治理工作，工业和信息化部牵头负责做好高效锅炉产业化工作，国家质检总局牵头负责做好系统运行水平提升以及相关规范标准制修订、测试监测工作，国家能源局牵头负责做好燃料结构优化工作，国管局指导做好公共机构燃煤锅炉节能环保综合提升工程组织实施工作。其他各部门要切实履行职责、密切协调配合，形成工作合力，确保工程取得实效。各地要把实施工程作为促进节能减排、推进大气污染防治的一项重要工作内容，制定具体的实施细则和扶持政策，狠抓落实，强化监管；要进一步细化和分解年度淘汰目标任务，加快推进集中供热、锅炉节能改造等工程建设。企业要强化主体责任，要严格遵守节能环保法规标准，增加资金投入，开展能效对标，确保完成任务。中央企业和公共机构要率先垂范，树立行业标杆，发挥示范作用。

关于印发《重点地区煤炭消费减量替代管理暂行办法》的通知

发改环资〔2014〕2984 号

各省、自治区、直辖市人民政府：

按照《国务院关于印发大气污染防治行动计划的通知》（国发〔2013〕37 号）和《国务院办公厅关于印发 2014—2015 年节能减排低碳发展行动方案的通知》（国办发〔2014〕23 号）要求，发展改革委会同国务院有关部门制定了《重点地区煤炭消费减量替代管理暂行办法》。经国务院同意，现印发给你们，请认真组织落实。

附件：重点地区煤炭消费减量替代管理暂行办法

国家发展改革委
工业和信息化部
财政部
环境保护部
统计局
能源局
2014 年 12 月 29 日

附件

重点地区煤炭消费减量替代管理暂行办法

第一章 总 则

第一条 为进一步优化能源结构，落实煤炭消费总量控制目标，促进煤炭清洁高效利用，切实减少大气污染，改善空气质量，根据《国务院关于印发大气污染防治行动计划的通知》和《国务院办公厅关于印发 2014—2015 年节能减排低碳发展行动方案的通知》，制定本办法。

第二条 本办法所称重点地区，是指北京市、天津市、河北省、山东省、上海市、江苏省、浙江省和广东省的珠三角地区。

本办法所称煤炭减量，是指通过淘汰落后产能、压减过剩产能、提高煤炭等能源利用效率直接减少煤炭消费。

本办法所称煤炭替代，是指利用可再生能源、天然气、电力等优质能源替代煤炭消费。

第二章 目标与方案

第三条 重点地区人民政府对本行政区域煤炭消费减量替代工作负总责。具体目标是：

到 2017 年，北京市煤炭消费量比 2012 年减少 1 300 万吨，天津市减少 1 000 万吨，河北省减少 4 000

万吨，山东省减少 2 000 万吨。

上海市、江苏省、浙江省、广东省人民政府要于 2015 年 6 月底前，研究提出煤炭消费减量目标，送国家发展改革委、环境保护部、国家能源局备案。

第四条 重点地区人民政府要制定煤炭减量替代工作方案（以下简称工作方案），明确煤炭减量年度目标，并分解落实到各市（区）县和重点耗煤行业、企业。

第五条 工作方案要提出煤炭减量具体措施和相应的削减数量，主要包括：

（一）淘汰效率低、煤耗高、污染重的项目，重点是电力、钢铁、水泥、炼焦等行业落后产能项目。

（二）节能重点工程，余热余压利用、燃煤电厂升级改造、能量系统优化等节能改造项目。

（三）燃煤锅炉节能环保综合提升工程，燃煤锅炉改造和分散落后锅炉淘汰项目。

（四）“煤改气”“煤改电”项目。

（五）焦化、煤化工、工业窑炉煤炭清洁高效利用改造项目。

（六）其他减量措施。

第六条 工作方案应提出能源替代供应方案，确保合理用能：

（一）因地制宜，优先利用核电、水电、风电、太阳能、生物质能、地热能等新能源和可再生能源替代煤炭消费。

创新城镇用能方式，鼓励有条件的地区发展太阳能、生物质能、地热能供暖以及热电冷联供。鼓励新建、改建、扩建的住宅和公共建筑安装太阳能热水或集热系统。加快新能源示范城市及其供热供气基础设施建设。积极推动生物质成型燃料锅炉供热在工业供热和民用供暖中的应用。积极推进北方地区利用风电供暖。

（二）“先规划、再发展”，积极协调落实气源，有序实施“煤改气”“煤改电”工程。

（三）加快推进集中供热，优先利用背压热电联产机组替代分散燃煤锅炉。

（四）加强散煤治理，逐步削减分散用煤或用优质燃煤替代劣质燃煤。

（五）其他替代措施。

第七条 工作方案按年度进行滚动调整，重点地区人民政府应于每年 12 月底前将工作方案调整计划报国家发展改革委。

第八条 新建燃煤项目在进行节能评估审查和环境影响评价前，应满足所在地区煤炭消费总量削减要求。在建燃煤项目将产生的煤炭消费要纳入所在地区煤炭消费总量削减计划统筹平衡。

新建高耗能项目单位产品（产值）能耗要达到国内先进水平，用能设备达到一级能效标准，重点地区达到国际先进水平。

第三章 协调机制

第九条 国家建立重点地区煤炭消费减量替代工作协调小组（以下简称协调小组），由国家发展改革委、工业和信息化部、财政部、环境保护部、国家统计局、国家能源局、重点地区人民政府组成，负责审议重点地区煤炭减量替代工作方案、年度调整计划和年度自查报告，协调解决有关重大事项，拟定相关政策措施。协调小组办公室设在国家发展改革委，负责日常工作。

第十条 协调小组定期召开会议，了解和掌握重点地区煤炭减量替代工作进展情况，协调解决工作中存在的问题。协调小组办公室原则上每季度召开一次会议，跟踪相关工作进展，提出拟请协调小组研究解决的事项。

第十一条 协调小组各成员单位要切实履行职责，认真落实煤炭减量替代工作目标和任务。国家发展改革委、环境保护部、国家能源局负责指导重点地区煤炭减量目标的分解和落实；工业和信息化部、国家能源局负责指导和督促重点地区做好重点高耗煤行业淘汰落后产能任务的分解和落实；国家统计局负责煤炭消费统计；财政部负责指导实施相关财政支持政策；有关油气、电力等企业要积极落实“气代煤”和“电代煤”等配套工程，确保天然气和电力供应。

第四章 支持政策

第十二条 加快电网通道建设，提高对优质电力的消纳能力，保障重点地区新增用电，在确保安全的前提下，合理提高外来电比例。

第十三条 适当提高能效和环保指标领先机组的利用小时数。燃煤机组排放基本达到燃气轮机组排放限值的，应适当增加其下一年度上网电量。

第十四条 完善环保电价政策，鼓励燃煤机组按照燃气轮机组排放水平建设或改造。深化天然气价格改革，在消费侧积极推行季节性价格、可中断气价等差别性价格政策，促进节约用气。

第十五条 支持跨行业实施煤炭消费减量替代，将淘汰落后钢铁、水泥产能和小锅炉等产生的减煤量用于支持煤炭利用效率高、污染物排放少的燃煤发电项目等。

第十六条 对列入煤炭减量替代工作方案的可再生能源代煤项目，可在该地区可再生能源年度规模安排上予以支持。

第十七条 有关中央企业要加快相关能源项目及其配套设施建设，进展情况定期报送协调小组办公室。

第五章 监督考核

第十八条 重点地区人民政府应于每年 6 月底前编制上一年度煤炭消费减量替代工作自查报告，报协调小组办公室。

第十九条 协调小组办公室于每年 7—8 月会同协调小组其他成员单位，对重点地区煤炭消费减量替代工作情况进行实地抽查，结果报告国务院，并向社会公告。

第二十条 对未完成煤炭减量年度目标的地区要给予通报批评，暂缓审批其新建燃煤项目，上一年度未完成的减量目标继续计入下一年度进行考核。

第六章 附 则

第二十一条 本办法由国家发展改革委会同有关部门负责解释。非重点地区参照本办法合理控制煤炭消费。

第二十二条 本办法自发布之日起施行。

国家能源局关于印发《燃煤发电厂液氨罐区安全管理规定》的通知

国能安全〔2014〕328 号

各派出机构，华能、大唐、华电、国电、中电投集团公司，各发电企业：

为加强燃煤发电厂液氨灌区安全管理，防范液氨事故发生，现将《燃煤发电厂液氨罐区安全管理规定》印发你们，请依照执行。

国家能源局

2014 年 7 月 8 日

燃煤发电厂液氨罐区安全管理规定

第一章 总 则

第一条 为加强燃煤发电厂液氨罐区（以下简称氨区）安全管理，防范液氨事故发生，依据《中华人民共和国安全生产法》《特种设备安全法》《危险化学品安全管理条例》《电力监管条例》等法律法规及有关标准规范，制定本规定。

第二条 本规定适用于燃煤发电厂利用液氨作为还原剂的烟气脱硝系统中氨区的安全管理。

本规定所称氨区指接卸和储存液氨以及制备氨气的生产区域，按功能分为生产区（含储罐区、卸氨区、氨气制备区）和辅助区（含控制室和值班室）。

第三条 发电企业是氨区安全责任主体，应严格遵守国家有关法律法规和标准规范，全面履行氨区安全管理责任。

本规定所指发电企业包括投资建设和管理氨区的使用单位和特许经营单位。

第二章 安全要求

第四条 氨区应布置在厂区边缘且处于全年最小频率风向的上风侧，并设置必要数量的风向标。生产区应符合火灾危险性乙类和抗震重点设防类标准和要求。

第五条 氨区设备配置和系统应满足国家和行业有关技术标准和规范的要求，储罐应符合《压力容器》（GB 150—2011）等特种设备相关规定。

第六条 氨区应设置避雷保护装置，并采取防止静电感应的措施，储罐以及氨管道系统应可靠接地。

第七条 氨区电气设备应满足《爆炸和火灾危险环境电力装置设计规范》，符合防爆要求。

第八条 氨区大门入口处应装设静电释放装置。静电释放装置地面以上部分高度宜为 1.0 m，底座应与氨区接地网干线可靠连接。

第九条 氨区入口应设置明显的职业危害告知牌和安全标志标识。职业危害告知牌应注明氨物理和化学特性、危害防护、处置措施、报警电话等内容。

第十条 生产区应设置两个及以上对角或对向布置的安全出口。安全出口门应向外开，以便危险情况下人员安全疏散。

第十一条 氨区应设置洗眼器等冲洗装置，水源宜采用生活水，防护半径不宜大于 15 m。洗眼器应定期放水冲洗管路，保证水质，并做好防冻措施。

第十二条 氨区宜设置消防水炮，消防水炮采用直流/喷雾两用，能够上下、左右调节，位置和数量以覆盖可能泄漏点确定。

第十三条 氨区应设置能覆盖生产区的视频监视系统，视频监视系统应传输到本单位控制室（或值班室）。

第十四条 氨区应设置事故报警系统和氨气泄漏检测装置。氨气泄漏检测装置应覆盖生产区并具有远传、就地报警功能。

第十五条 氨区应设置用于消防灭火和液氨泄漏稀释吸收的消防喷淋系统。消防喷淋系统应综合考虑氨泄漏后的稀释用水量，并满足消防喷淋强度要求，其喷淋管按环型布置，喷头应采用实心锥型开式喷嘴。

消防喷淋系统不能满足稀释用水量的，应在可能出现泄漏点较为集中的区域增设稀释喷淋管道。

第十六条 储罐区宜设置遮阳棚等防晒措施，每个储罐应单独设置用于罐体表面温度冷却的降温喷淋系统。喷淋强度根据当地环境温度、储罐布置、装载系数和液氨压力等因素确定。

第十七条 储罐应设有必要的安全自动装置，当储罐温度和压力超过设定值时启动降温喷淋系统；储罐压力和液位超过设定值时切断进料；液氨泄漏检测超过设定值时启动消防喷淋系统。

安全自动装置应采用保安电源或 UPS 供电。

第十八条 储罐区应设置防火堤，其有效容积应不小于储罐组内最大储罐的容量，并在不同方位上设置不少于 2 处越堤人行踏步或坡道。

与液氨储罐相连的管道、法兰、阀门、仪表等宜在储罐顶部及一侧集中布置，且处于防火堤内。

第十九条 氨区及输氨管道法兰、阀门连接处应装设金属跨接线。与储罐相连的管道、法兰、阀门、仪表等宜按下表选择，并考虑相应的防腐蚀措施。

<table>
<tr><th rowspan="2">序号</th><th rowspan="2">名称</th><th colspan="2">最低设计温度</th></tr>
<tr><th>>−20℃</th><th>≤−20℃</th></tr>
<tr><td>1</td><td>管道</td><td>20 号钢或不锈钢</td><td>不锈钢</td></tr>
<tr><td>2</td><td>法兰</td><td>20 号钢或不锈钢，带颈对焊突面法兰</td><td>不锈钢，带颈对焊突面法兰</td></tr>
<tr><td>3</td><td>氨用阀门</td><td colspan="2">不锈钢</td></tr>
<tr><td>4</td><td>密封垫片</td><td colspan="2">不锈钢缠绕石墨或聚四氟乙烯垫片</td></tr>
<tr><td>5</td><td>螺栓螺母</td><td colspan="2">35CrMo 或不锈钢</td></tr>
<tr><td>6</td><td>仪表</td><td colspan="2">氨专用仪表</td></tr>
</table>

第二十条 卸氨区应装设万向充装系统用于接卸液氨，禁止使用软管接卸。万向充装系统应使用干式快速接头，周围设置防撞设施。

第二十一条 氨区气动阀门应采用故障安全型执行机构，储罐氨进出口阀门应具有远程快关功能。

第二十二条 氨区废水必须经过处理达到国家环保标准，严禁直接对外排放。

第三章 运行维护

第二十三条 氨区作业人员应熟知氨区作业规程规范和应急措施，作业前按等级进行风险评估，并做好安全交底工作。

第二十四条 进入氨区应先触摸静电释放装置，消除人体静电，并按规定进行登记。禁止无关人员进入氨区，禁止携带火种或穿着可能产生静电的衣服和带钉子的鞋进入氨区。

第二十五条 从事设备运行操作或检修维护作业应使用铜质等防止产生火花的专用工具。如必须使用钢制工具，应涂黄油或采取其他措施。

第二十六条 储罐安全自动装置应投入运行，严禁随意解除联锁和保护。确需解除的，应严格遵守规定，履行相关手续。

第二十七条 运行值班人员应按规定巡视检查氨区设备和系统运行状况，定期测定空气中氨气含量，并做好记录，发现异常及时处理。

第二十八条 运行值班人员应加强对储罐温度、压力、液位等重要参数的监控，严禁超温、超压、超液位运行。

储罐液位计应有明显的限高标识，运行中储罐存储量不得超过储罐有效容量的85%。

第二十九条 运行中不准敲击氨区设备系统，接卸、气体置换、倒罐等重要操作应严格执行操作票制度。

第三十条 接卸液氨应按照规定执行，并遵循以下原则：

1．接卸前查验液氨出厂检验报告，确认液氨纯度符合要求；

2．液氨运输人员负责槽车侧的阀门操作，氨区操作人员按照操作票逐项操作氨区内设备系统；

3．根据经计算确定的卸氨流量控制流速在1 m/s以内，防止静电摩擦起火；

4．接卸液氨过程中应注意储罐和槽车的液位和压力变化，不得超过规定的安全液位高限；

5．恶劣天气或周围有明火等情况下，应立即停止或不得进行卸氨操作。夜间一般不进行卸氨操作；

6．卸氨结束，应静置 10 分钟后方可拆除槽车与卸料区的静电接地线，并检测空气中氨浓度小于35 ppm后，方可启动槽车。

第三十一条 氨系统气体置换遵循以下原则：

1．确保连接管道、阀门有效隔离；

2．氮气置换氨气时，取样点氨气含量应不大于35 ppm；

3．压缩空气置换氮气时，取样点含氧量应达到18%～21%；

4．氮气置换压缩空气时，取样点含氧量小于2%。

第三十二条 氨系统发生泄漏时，宜使用便携式氨气检测仪或肥皂水查漏，禁止明火查漏。

第三十三条 检修维护作业必须严格执行工作票制度，在采取可靠隔离措施并充分置换后方可作业，不准带压修理和紧固法兰等设备。氨系统经过检修后，应进行严密性试验。

第三十四条 氨区及周围30 m范围内动用明火或可能散发火花的作业，应办理动火工作票，在检测可燃气体浓度符合规定后方可动火。

严禁在运行中的氨管道、容器外壁进行焊接、气割等作业。

第三十五条 储罐内检修维护作业，应有效隔离系统，并经气体置换，同时要落实有限空间作业安全措施。

第四章 应急管理

第三十六条 发电企业应按规定编制液氨泄漏事故专项应急预案和现场处置方案。

第三十七条 发电企业应制订液氨泄漏事故年度应急演练计划，定期组织开展应急演练工作。

第三十八条 发电企业应配备必要的防护用品和应急救援物资，防护用品和应急物资配备数量不得少于下表规定。

序号	物资名称	技术要求或功能要求	数量	
			个人	公用
1	正压式空气呼吸器	技术性能符合GB/T 18664要求	—	2套
2	气密型化学防护服	技术性能符合AQ/T 6107要求	—	2套
3	过滤式防毒面具	技术性能符合GB/T 18664要求	1个/人	4个
4	化学安全防护眼镜	技术性能符合GB/T 11651要求	1副/人	4个
5	防护手套	技术性能符合GB/T 11651要求	1双/人	4双

序号	物资名称	技术要求或功能要求	数量	
			个人	公用
6	防护靴	技术性能符合 GB/T 11651 要求	1 双/人	4 双
7	便携式氨气检测仪	检测氨气浓度	—	1 台
8	手电筒	易燃易爆场所，防爆	1 个/人	—
9	手持式应急照明灯	易燃易爆场所，防爆		2 个
10	对讲机	易燃易爆场所，防爆	—	2 台
11	医用硼酸	500 mL	—	2 瓶

第三十九条 发生液氨泄漏，现场人员应穿戴好防护用品并按规定报告。发生液氨严重泄漏时，运行值班人员应停运相关设备，切断液氨来源并使用消防水炮进行稀释。

第四十条 发电企业接到液氨泄漏报告后，应启动应急预案，组织专业人员处理。现场处理人员不得少于 2 人，严禁单独行动。

当泄漏有可能影响周边居民人身安全时，发电企业应立即报告当地政府。

第四十一条 液氨泄漏或现场处置过程中伤及人员的，按以下原则紧急处理：

1. 人员吸入液氨时，应迅速转移至空气新鲜处，保持呼吸通畅。如呼吸困难或停止，立即进行人工呼吸，并迅速就医；

2. 皮肤接触液氨时，立即脱去污染的衣物，用医用硼酸或大量清水彻底冲洗，并迅速就医；

3. 眼睛接触液氨时，立即提起眼睑，用大量流动清水或生理盐水彻底冲洗至少 15 分钟，并迅速就医。

第四十二条 液氨严重泄漏或液氨泄漏引发火灾、爆炸，以及处置中液氨泄漏没有得到有效控制的，发电企业应立即启动应急响应机制，请求地方政府支援，协同开展应急救援工作。

发电企业应根据泄漏程度，设定隔离区域和疏散地点。隔离区域应设警戒线，并有专人警戒；疏散地点处于上风、侧风向，沿途设立哨位，并有专人引导或护送。

第五章 安全管理

第四十三条 发电企业应加强氨区安全管理，严格氨区设计、施工和液氨运输单位及相关人员的资格审查，组织开展氨区安全审查和评估。

第四十四条 发电企业要严格氨区安全生产责任制，明确氨区安全责任部门，配备氨区专业管理人员，落实各级各类人员安全生产责任。

第四十五条 发电企业应不断完善氨区安全管理制度，并定期审核、修订，保证其有效性。

氨区安全管理制度至少包括：运行规程、检修规程、操作票制度、工作票制度、动火制度、巡徊检查制度、出入管理制度、车辆管理制度、防护用品定期检查制度等。

第四十六条 发电企业应加强安全生产教育培训，主要负责人和安全管理人员应经教育培训合格；专业管理人员、操作人员和作业人员应经专业知识和业务技能培训，持证上岗。

第四十七条 发电企业要加强对氨区重大危险源管理，依法开展危险化学品重大危险源辨识、评估、登记建档、备案、核销及管理工作。

第四十八条 发电企业要按照压力容器及特种设备的有关规定，加强氨区压力容器、压力管道等承压部件和有关焊接工作的技术管理和技术监督，完善设备技术档案。

第四十九条 发电企业要深入开展氨区隐患排查治理，建立隐患管理台账，积极开展隐患排查、治理、统计、分析、上报和管控工作，及时消除隐患。

第五十条 发电企业要定期组织开展氨区防雷接地、自动保护装置、压力容器和压力管道、氨气泄漏检测仪等有关设备以及安全附件的检测、试验工作，并做好记录。

第五十一条 发电企业要认真执行电力安全信息报送规定，及时、准确报送氨区安全信息。

关于碱回收炉烟气执行排放标准有关意见的复函

环函〔2014〕124号

江苏省环境保护厅：

你厅《关于江苏王子制纸有限公司碱回收炉烟气执行排放标准问题的请示》（苏环办〔2014〕141号）收悉。经研究，现函复如下：

造纸制浆过程中产生的黑液包含有机物（主要成分为木素、半纤维素等）和无机物，经蒸发浓缩后通过碱回收炉将其燃烧，产生蒸汽或发电。考虑到碱回收炉与一般燃煤发电锅炉的差异性，以及目前工艺技术现状与氮氧化物排放实际情况，65蒸吨/小时以上碱回收炉可参照《火电厂大气污染物排放标准》（GB 13223—2011）中现有循环流化床火力发电锅炉的排放控制要求执行；65蒸吨/小时及以下碱回收炉参照《锅炉大气污染物排放标准》（GB 13271—2014）中生物质成型燃料锅炉的排放控制要求执行。

环境保护部

2014年6月27日

关于部分供热及发电锅炉执行大气污染物排放标准有关问题的复函

环函〔2014〕179号

陕西省环境保护厅：

你厅《关于部分供热及发电锅炉执行大气污染物排放标准有关问题的请示》（陕环字〔2014〕64号）收悉。经研究，函复如下：

一、单台出力65 t/h以上除层燃炉、抛煤机炉外的燃煤、燃油、燃气锅炉，无论其是否发电，均应执行《火电厂大气污染物排放标准》（GB 13223—2011）中相应的污染物排放控制要求。

二、单台出力65 t/h及以下燃煤、燃油、燃气发电锅炉，以及65 t/h及以下煤粉供热锅炉执行《锅炉大气污染物排放标准》（GB 13271—2014）的污染物排放控制要求。

环境保护部

2014年8月19日

关于印发《加强大气污染治理重点城市煤炭消费总量控制工作方案》的通知

发改环资〔2015〕1015号

各省、自治区、直辖市及计划单列市、新疆生产建设兵团发展改革委、工业信息化主管部门、环保厅（局）、能源局：

为贯彻落实《国务院关于印发大气污染防治行动计划的通知》（国发〔2013〕37号）和国家发展改革委等部门《关于印发〈重点地区煤炭消费减量替代管理暂行办法〉的通知》（发改环资〔2014〕2984号）关于煤炭消费总量控制工作要求，促进重点城市改善空气质量，国家发展改革委、环境保护部、国家能源局制定了《加强大气污染治理重点城市煤炭消费总量控制工作方案》，现印发你们，请认真组织落实。

附件：1. 加强大气污染治理重点城市煤炭消费总量控制工作方案

2. 2015年度大气污染治理重点城市和预警城市名单

国家发展改革委
环境保护部
国家能源局
2015年5月13日

附件1

加强大气污染治理重点城市煤炭消费总量控制工作方案

为落实2015年政府工作报告提出的打好节能减排和环境治理攻坚战的要求，依据国务院《大气污染防治行动计划》、国务院办公厅《2014—2015年节能减排低碳发展行动方案》、国家发展改革委等部门《重点地区煤炭消费减量替代管理暂行办法》（以下简称《暂行办法》），结合节能环保工作具体安排，将空气质量相对较差前10位城市作为大气污染治理重点城市（以下简称重点城市），将空气质量相对较差的前11～20位城市作为预警城市，加强煤炭消费总量控制及预警工作，制定本工作方案。

一、落实目标责任

（一）分解落实目标

重点城市煤炭消费总量要较上一年度实现负增长。重点城市所在省根据本地区节能和能源（煤炭）消费控制任务将煤炭减量目标分解到各个城市（直辖市由国家提出要求），目标不得低于《暂行办法》要求的重点地区煤炭减量任务平均水平，并要求重点城市分解到各县（区）、重点耗煤企业。鼓励有条件的城市制定更严格的煤炭减量目标，大幅降低煤炭消耗。

（二）制定工作方案

重点城市要确保完成煤炭减量目标任务，研究建立中长期煤炭消费总量控制目标责任管理制度，制定煤炭减量工作方案，提出煤炭减量具体措施和相应的目标，制定替代供应方案，确保合理用能。工作方案按年度进行滚动调整，重点城市应及时将工作方案调整计划报所在省发展改革、工业和信息化、环境保护、能源主管部门。

（三）强化目标考核

重点城市煤炭减量目标报国家发展改革委、环境保护部、国家能源局备案。国家将重点城市煤炭消费减量任务完成情况作为对所在省人民政府节能目标责任评价考核的重要内容。对未完成煤炭减量年度目标的城市给予通报批评，暂缓审批其新建燃煤项目，上一年度未完成的减量目标继续计入下一年度进行考核。

二、明确重点任务

（一）加快调整优化产业结构

一是积极化解过剩产能。坚决贯彻落实国务院关于化解产能严重过剩矛盾的指导意见，严格项目管理，不得以任何名义、任何方式审批或备案产能严重过剩行业新增产能项目，依法依规全面清理违规在建和建成项目。加大淘汰落后产能力度，力争超额完成“十二五”淘汰落后产能目标任务。

二是加快发展低能耗低排放产业。落实鼓励发展服务业和战略性新兴产业相关政策措施，把促进发展服务业和战略性新兴产业作为推动经济转型的重点，降低对传统高耗能、高排放行业的依赖。

三是严格能评环评制度。严格执行新建项目能评、环评等约束性制度，确保新建项目能效水平达到国内先进水平，对耗煤行业新增产能严格实行煤炭减量置换。

四是强化节能环保标准约束。对现有高耗煤行业进行排查，严肃查处使用国家明令淘汰的用能设备或生产工艺、单位产品能耗超限额标准用能等问题，对生产单位超过单位产品能耗限额标准用能的，要求限期达标；对未按期达标的，依法责令停业整顿或者关闭。持续开展环保专项执法，对违法违规行为进行公开通报或挂牌督办。重点城市所在省可以根据实际情况提高相关节能标准，采用差别电价、惩罚性电价等手段，促进高耗煤行业能效水平提升。

（二）实施节能减排重点工程

一是实施节能重点工程。围绕重点企业、重点领域，加快实施余热余压利用、能量系统优化、电机系统节能等重点工程，推进煤电节能减排升级与改造行动计划实施。加快实施节能技术装备产业化示范工程，推广应用低品位余热利用、半导体照明、稀土永磁电机等先进技术装备。

二是推进燃煤锅炉节能环保综合提升工程。重点城市要率先完成在用工业锅炉能效环保普查工作，摸清在用工业锅炉数据和能效环保水平，有针对性地实施燃煤锅炉节能环保综合提升工程。提前完成小锅炉淘汰任务，加大高效节能环保锅炉推广力度，全面推进燃煤锅炉除尘升级改造。

三是加强建筑节能。在重点城市深入开展绿色建筑行动，加快绿色建筑推广普及，大力推进既有居住建筑节能改造。创新城镇用能方式，鼓励有条件的地区发展太阳能、生物质能、地热能供暖以及热电冷联供。鼓励新建、改建、扩建的住宅和公共建筑安装太阳能热水或集热系统。鼓励使用工业低品位余热替代燃煤为居民提供供暖服务。

（三）推进能源结构优化

一是多策并举保障城市合理用能。重点城市转变“就地平衡”能源发展理念，综合采取外购清洁电力、背压热电替代分散供热燃煤锅炉、扩大天然气利用、发展可再生能源等多种途径，保障城市合理用能。

二是实施煤炭消费替代工程。按照先规划、再发展、优先民用原则，在积极协调落实气源基础上，有序实施“煤改气”“煤改电”，逐步削减分散燃煤。鼓励发展天然气分布式能源等高效利用项目，积极推动生物质成型燃料替代燃煤锅炉供热。

三是推进煤炭清洁利用。全面推行洁净煤技术，大幅提高原煤洗选比例，提高煤炭分级分质阶梯利用水平。在重点城市限制高污染劣质煤使用，限制销售灰分高于16%、硫分高于1%的散煤，大力推广使用型煤、清洁优质煤及清洁能源。

三、强化组织实施

（一）加强统筹协调

国家发展改革委等部门建立协调机制，强化部门协调配合，协调解决有关重大事项，拟定相关政策措施。国务院有关部门和重点城市所在省统筹使用相关资金，向重点城市倾斜。

（二）建立重点城市动态调整机制

对重点城市名单每年进行动态调整。每年初，根据环境保护部发布的上一年度城市空气质量状况，将空气质量相对较差前10位城市纳入本年度重点城市；对退出前10位、仍居前11～20位的，不作为重点城市，但仍按照重点城市要求执行本方案，直到退出前20位。

（三）严格监督检查

重点城市所在省要加强重点城市煤炭减量工作监督指导。国家发展改革委会同有关部门每年组织对重点城市煤炭减量工作进行实地抽查，结果向社会公告。重点城市要加强组织领导，明确责任，切实降低煤炭消耗、改善空气质量。

（四）实施监测预警

预警城市要加强空气质量和能源（煤炭）消耗监测，做好煤炭消费总量控制工作预案，按有关要求主动开展煤炭减量工作。鼓励预警城市所在省参照对重点城市的煤炭消费总量控制方案开展工作。

（五）实施期限

本方案自发布之日起实施，实施至2020年底。

附件2

2015年度大气污染治理重点城市和预警城市名单

根据环境保护部发布的城市空气质量状况，将2014年空气质量相对较差的前10位城市作为2015年度大气污染治理重点城市，将前11～20位城市作为大气污染治理预警城市，具体名单如下：

一、重点城市名单

保定市（河北省）、邢台市（河北省）、石家庄市（河北省）、唐山市（河北省）、邯郸市（河北省）、衡水市（河北省）、济南市（山东省）、廊坊市（河北省）、郑州市（河南省）、天津市。

二、预警城市名单

沈阳市（辽宁省）、北京市、沧州市（河北省）、太原市（山西省）、西安市（陕西省）、南京市（江苏省）、乌鲁木齐市（新疆维吾尔自治区）、成都市（四川省）、武汉市（湖北省）、秦皇岛市（河北省）。

关于加强燃煤质量管理减少大气污染物排放的通知

环办〔2015〕42号

各省、自治区、直辖市环境保护厅（局）、发展改革委、能源局、煤炭厅（局、办）、质量技术监督局，天津市市场和质量监管委，新疆生产建设兵团环境保护局、发展改革委、质量技术监督局，质检总局各直属检验检疫局，有关中央企业：

为贯彻落实《大气污染防治行动计划》《商品煤质量管理暂行办法》《煤炭经营监管办法》，加强燃煤质量管理，从源头控制大气污染物排放，现将有关事项通知如下：

一、加强煤炭生产、加工和流通等环节质量控制

各地要积极推进煤炭分级分质梯级利用，限制高硫分高灰分煤炭的开采。生产煤矿要在登记公告的生产能力范围内控制劣质煤生产，逐步减少劣质煤产量比例。加大煤炭洗选力度，新建煤矿要同步建设煤炭洗选设施，现有煤矿要限期建成配套洗选设施，到2017年，原煤入选率达到70%以上。落实《煤炭质量分级》（GB/T 15224）规定，严格控制劣质煤开发生产。鼓励煤矸石等低热值煤和劣质煤就地清洁转化利用，限制使用高硫分、高灰分、低热值劣质商品煤在京津冀、长三角、珠三角等重点区域内用户侧进行低质化配煤。禁止进口和销售不符合《商品煤质量管理暂行办法》中发热量、灰分、硫分、汞、砷、磷、氯、氟八项环保指标要求的商品煤。

二、严格重点用煤单位煤质管理

燃煤用户要从源头加强煤质管理，建立煤质保证制度。除煤矸石综合利用项目外，鼓励使用优质煤炭，减少中灰煤、中硫煤的使用，禁止进口和销售不符合《商品煤质量管理暂行办法》中发热量、灰分、硫分、汞、砷、磷、氯、氟八项环保指标要求的商品煤。火电、钢铁、水泥、平板玻璃等重点行业企业及燃煤锅炉使用单位要建立健全煤炭质量管理体系，加强煤质检测和管理，严格按国家有关质量标准采购和使用煤炭，强化环保设施运行管理，确保大气污染物稳定达标排放。中央企业应切实发挥表率作用，更高标准履行社会责任。

三、推进重点区域散煤清洁化治理

北京市、天津市、河北省要贯彻落实《国家发展改革委关于印发〈京津冀散煤清洁化治理工作方案〉的通知》（发改能源〔2014〕1527号）要求，坚持散煤减量替代与清洁化替代并举、疏堵结合，统一区域煤炭质量替代、炉具等标准，继续科学、全面、有效推进京津冀散煤清洁化工作，按时保质完成年度考核任务，到2017年底，完成替代清洁化散煤3 350万吨的目标。京津冀及周边地区、长三角、珠三角区域要限制销售和使用灰分（Ad）≥16%、硫分（St，d）≥1%的散煤，参照1527号文件要求，结合本地区实际，借鉴京津冀散煤清洁化治理方式和经验，逐步在重点区域和有条件的地区加以推广。

四、强化燃煤污染物排放监督检查

各级环境保护、发展改革、煤炭管理、质检等部门要密切配合、协调合作，通过联合执法和专项检查等，坚决查处煤炭生产、加工、流通、使用过程的违法违规行为，处理结果要及时公开，对情节严重

的要采取通报、约谈、挂牌督办等措施，责令限期整改。开展属地环保部门驻厂试点工作，加强煤炭使用企业环保执法检查，严厉打击违法排污行为。重点用煤单位要按照信息公开相关规定，如实向社会公开其污染物排放状况、防治污染设施建设运行情况以及燃煤使用量、燃煤品质等信息，接受社会监督。鼓励公众对商品煤使用情况进行监督，充分发挥“12369”环保举报热线和网络平台作用，畅通公众表达渠道，及时处理群众举报投诉的相关环境问题。

五、健全燃煤使用管理激励约束机制

各地要严格落实新出台的排污费征收规定，对污染物排放浓度低于国家或地方排放标准 50%以上的用煤企业，实行排污费减半征收；对超标排放或超总量排放的，实行加倍征收。加强燃煤发电企业环保调度，对超标排放或超总量排放的，严格按照《燃煤发电机组环保电价及环保设施运行监管办法》的规定予以罚没环保电价款。燃煤等资源综合利用企业超标排放或超总量排放的，有关部门应及时取消其享受资源综合利用产品及劳务增值税退税、免税政策的资格，且三年内不得再次申请。通过加强燃煤使用管理而形成的“富余排污权”，可按照有关规定用于排污权交易。

环境保护部办公厅
国家发展和改革委员会办公厅
国家能源局综合司
国家质量监督检验检疫总局办公厅
2015 年 4 月 21 日

关于印发《企业事业单位突发环境事件应急预案备案管理办法（试行）》的通知

环发〔2015〕4号

各省、自治区、直辖市环境保护厅（局），新疆生产建设兵团环境保护局：

为贯彻落实《环境保护法》，加强对企业事业单位突发环境事件应急预案的备案管理，夯实政府和部门环境应急预案编制基础，根据《环境保护法》《突发事件应对法》等法律法规以及国务院办公厅印发的《突发事件应急预案管理办法》等文件，我部组织编制了《企业事业单位突发环境事件应急预案备案管理办法（试行）》（以下简称《办法》），现印发给你们。

请按照《办法》要求加强管理，指导和督促企业事业单位履行责任义务，制定和备案环境应急预案。《办法》实施前已经备案的环境应急预案，修订时执行本《办法》。

附件：企业事业单位突发环境事件应急预案备案管理办法（试行）

环境保护部

2015年1月8日

附件

企业事业单位突发环境事件应急预案备案管理办法（试行）

第一章 总 则

第一条 为加强对企业事业单位（以下简称企业）突发环境事件应急预案（以下简称环境应急预案）的备案管理，夯实政府和部门环境应急预案编制基础，根据《环境保护法》《突发事件应对法》等法律法规以及国务院办公厅印发的《突发事件应急预案管理办法》等文件，制定本办法。

第二条 本办法所称环境应急预案，是指企业为了在应对各类事故、自然灾害时，采取紧急措施，避免或最大程度减少污染物或其他有毒有害物质进入厂界外大气、水体、土壤等环境介质，而预先制定的工作方案。

第三条 环境保护主管部门对以下企业环境应急预案备案的指导和管理，适用本办法：

（一）可能发生突发环境事件的污染物排放企业，包括污水、生活垃圾集中处理设施的运营企业；

（二）生产、储存、运输、使用危险化学品的企业；

（三）产生、收集、贮存、运输、利用、处置危险废物的企业；

（四）尾矿库企业，包括湿式堆存工业废渣库、电厂灰渣库企业；

（五）其他应当纳入适用范围的企业。

核与辐射环境应急预案的备案不适用本办法。

省级环境保护主管部门可以根据实际情况，发布应当依法进行环境应急预案备案的企业名录。

第四条 鼓励其他企业制定单独的环境应急预案，或在突发事件应急预案中制定环境应急预案专章，并备案。

鼓励可能造成突发环境事件的工程建设、影视拍摄和文化体育等群众性集会活动主办企业，制定单独的环境应急预案，或在突发事件应急预案中制定环境应急预案专章，并备案。

第五条　环境应急预案备案管理，应当遵循规范准备、属地为主、统一备案、分级管理的原则。

第六条　县级以上地方环境保护主管部门可以参照有关突发环境事件风险评估标准或指导性技术文件，结合实际指导企业确定其突发环境事件风险等级。

第七条　受理备案的环境保护主管部门（以下简称受理部门）应当及时将备案的企业名单向社会公布。

企业应当主动公开与周边可能受影响的居民、单位、区域环境等密切相关的环境应急预案信息。

国家规定需要保密的情形除外。

第二章　备案的准备

第八条　企业是制定环境应急预案的责任主体，根据应对突发环境事件的需要，开展环境应急预案制定工作，对环境应急预案内容的真实性和可操作性负责。

企业可以自行编制环境应急预案，也可以委托相关专业技术服务机构编制环境应急预案。委托相关专业技术服务机构编制的，企业指定有关人员全程参与。

第九条　环境应急预案体现自救互救、信息报告和先期处置特点，侧重明确现场组织指挥机制、应急队伍分工、信息报告、监测预警、不同情景下的应对流程和措施、应急资源保障等内容。

经过评估确定为较大以上环境风险的企业，可以结合经营性质、规模、组织体系和环境风险状况、应急资源状况，按照环境应急综合预案、专项预案和现场处置预案的模式建立环境应急预案体系。环境应急综合预案体现战略性，环境应急专项预案体现战术性，环境应急现场处置预案体现操作性。

跨县级以上行政区域的企业，编制分县域或者分管理单元的环境应急预案。

第十条　企业按照以下步骤制定环境应急预案：

（一）成立环境应急预案编制组，明确编制组组长和成员组成、工作任务、编制计划和经费预算。

（二）开展环境风险评估和应急资源调查。环境风险评估包括但不限于：分析各类事故衍化规律、自然灾害影响程度，识别环境危害因素，分析与周边可能受影响的居民、单位、区域环境的关系，构建突发环境事件及其后果情景，确定环境风险等级。应急资源调查包括但不限于：调查企业第一时间可调用的环境应急队伍、装备、物资、场所等应急资源状况和可请求援助或协议援助的应急资源状况。

（三）编制环境应急预案。按照本办法第九条要求，合理选择类别，确定内容，重点说明可能的突发环境事件情景下需要采取的处置措施、向可能受影响的居民和单位通报的内容与方式、向环境保护主管部门和有关部门报告的内容与方式，以及与政府预案的衔接方式，形成环境应急预案。编制过程中，应征求员工和可能受影响的居民和单位代表的意见。

（四）评审和演练环境应急预案。企业组织专家和可能受影响的居民、单位代表对环境应急预案进行评审，开展演练进行检验。

评审专家一般应包括环境应急预案涉及的相关政府管理部门人员、相关行业协会代表、具有相关领域经验的人员等。

（五）签署发布环境应急预案。环境应急预案经企业有关会议审议，由企业主要负责人签署发布。

第十一条　企业根据有关要求，结合实际情况，开展环境应急预案的培训、宣传和必要的应急演练，发生或者可能发生突发环境事件时及时启动环境应急预案。

第十二条　企业结合环境应急预案实施情况，至少每三年对环境应急预案进行一次回顾性评估。有下列情形之一的，及时修订：

（一）面临的环境风险发生重大变化，需要重新进行环境风险评估的；

（二）应急管理组织指挥体系与职责发生重大变化的；

（三）环境应急监测预警及报告机制、应对流程和措施、应急保障措施发生重大变化的；

（四）重要应急资源发生重大变化的；

（五）在突发事件实际应对和应急演练中发现问题，需要对环境应急预案作出重大调整的；

（六）其他需要修订的情况。

对环境应急预案进行重大修订的，修订工作参照环境应急预案制定步骤进行。对环境应急预案个别内容进行调整的，修订工作可适当简化。

第三章　备案的实施

第十三条　受理部门应当将环境应急预案备案的依据、程序、期限以及需要提供的文件目录、备案文件范例等在其办公场所或网站公示。

第十四条　企业环境应急预案应当在环境应急预案签署发布之日起 20 个工作日内，向企业所在地县级环境保护主管部门备案。县级环境保护主管部门应当在备案之日起 5 个工作日内将较大和重大环境风险企业的环境应急预案备案文件，报送市级环境保护主管部门，重大的同时报送省级环境保护主管部门。

跨县级以上行政区域的企业环境应急预案，应当向沿线或跨域涉及的县级环境保护主管部门备案。县级环境保护主管部门应当将备案的跨县级以上行政区域企业的环境应急预案备案文件，报送市级环境保护主管部门，跨市级以上行政区域的同时报送省级环境保护主管部门。

省级环境保护主管部门可以根据实际情况，将受理部门统一调整到市级环境保护主管部门。受理部门应及时将企业环境应急预案备案文件报送有关环境保护主管部门。

第十五条　企业环境应急预案首次备案，现场办理时应当提交下列文件：

（一）突发环境事件应急预案备案表；

（二）环境应急预案及编制说明的纸质文件和电子文件，环境应急预案包括：环境应急预案的签署发布文件、环境应急预案文本；编制说明包括：编制过程概述、重点内容说明、征求意见及采纳情况说明、评审情况说明；

（三）环境风险评估报告的纸质文件和电子文件；

（四）环境应急资源调查报告的纸质文件和电子文件；

（五）环境应急预案评审意见的纸质文件和电子文件。

提交备案文件也可以通过信函、电子数据交换等方式进行。通过电子数据交换方式提交的，可以只提交电子文件。

第十六条　受理部门收到企业提交的环境应急预案备案文件后，应当在 5 个工作日内进行核对。文件齐全的，出具加盖行政机关印章的突发环境事件应急预案备案表。

提交的环境应急预案备案文件不齐全的，受理部门应当责令企业补齐相关文件，并按期再次备案。再次备案的期限，由受理部门根据实际情况确定。

受理部门应当一次性告知需要补齐的文件。

第十七条　建设单位制定的环境应急预案或者修订的企业环境应急预案，应当在建设项目投入生产或者使用前，按照本办法第十五条的要求，向建设项目所在地受理部门备案。

受理部门应当在建设项目投入生产或者使用前，将建设项目环境应急预案或者修订的企业环境应急预案备案文件，报送有关环境保护主管部门。

建设单位试生产期间的环境应急预案，应当参照本办法第二章的规定制定和备案。

第十八条　企业环境应急预案有重大修订的，应当在发布之日起 20 个工作日内向原受理部门变更备案。变更备案按照本办法第十五条要求办理。

环境应急预案个别内容进行调整、需要告知环境保护主管部门的，应当在发布之日起20个工作日内以文件形式告知原受理部门。

第十九条　环境保护主管部门受理环境应急预案备案，不得收取任何费用，不得加重或者变相加重企业负担。

第四章　备案的监督

第二十条　县级以上地方环境保护主管部门应当及时将备案的环境应急预案汇总、整理、归档，建立环境应急预案数据库，并将其作为制定政府和部门环境应急预案的重要基础。

第二十一条　县级以上环境保护主管部门应当对备案的环境应急预案进行抽查，指导企业持续改进环境应急预案。

县级以上环境保护主管部门抽查企业环境应急预案，可以采取档案检查、实地核查等方式。抽查可以委托专业技术服务机构开展相关工作。

县级以上环境保护主管部门应当及时汇总分析抽查结果，提出环境应急预案问题清单，推荐环境应急预案范例，制定环境应急预案指导性要求，加强备案指导。

第二十二条　企业未按照有关规定制定、备案环境应急预案，或者提供虚假文件备案的，由县级以上环境保护主管部门责令限期改正，并依据国家有关法律法规给予处罚。

第二十三条　县级以上环境保护主管部门在对突发环境事件进行调查处理时，应当把企业环境应急预案的制定、备案、日常管理及实施情况纳入调查处理范围。

第二十四条　受理部门及其工作人员违反本办法，有下列情形之一的，由环境保护主管部门或其上级环境保护主管部门责令改正；情节严重的，依法给予行政处分：

（一）对备案文件齐全的不予备案或者拖延处理的；

（二）对备案文件不齐全的予以接受的；

（三）不按规定一次性告知企业须补齐的全部备案文件的。

第五章　附　则

第二十五条　环境应急预案需要报其他有关部门备案的，按有关部门规定执行。

第二十六条　本办法自印发之日起施行。《突发环境事件应急预案管理暂行办法》（环发〔2010〕113号）关于企业预案管理的相关内容同时废止。

附：企业事业单位突发环境事件应急预案备案表

附

企业事业单位突发环境事件应急预案备案表

<table>
<tr><td>单位名称</td><td></td><td>机构代码</td><td></td></tr>
<tr><td>法定代表人</td><td></td><td>联系电话</td><td></td></tr>
<tr><td>联系人</td><td></td><td>联系电话</td><td></td></tr>
<tr><td>传真</td><td></td><td>电子邮箱</td><td></td></tr>
<tr><td>地址</td><td colspan="3">中心经度 中心纬度</td></tr>
<tr><td>预案名称</td><td></td><td></td><td></td></tr>
<tr><td>风险级别</td><td></td><td></td><td></td></tr>
<tr><td colspan="4">本单位于　年　月　日签署发布了突发环境事件应急预案，备案条件具备，备案文件齐全，现报送备案。
本单位承诺，本单位在办理备案中所提供的相关文件及其信息均经本单位确认真实，无虚假，且未隐瞒事实。

预案制定单位（公章）</td></tr>
<tr><td>预案签署人</td><td></td><td>报送时间</td><td></td></tr>
<tr><td>突发环境事件应急预案备案文件目录</td><td colspan="3">1. 突发环境事件应急预案备案表；
2. 环境应急预案及编制说明：
环境应急预案（签署发布文件、环境应急预案文本）；
编制说明（编制过程概述、重点内容说明、征求意见及采纳情况说明、评审情况说明）；
3. 环境风险评估报告；
4. 环境应急资源调查报告；
5. 环境应急预案评审意见。</td></tr>
<tr><td>备案意见</td><td colspan="3">该单位的突发环境事件应急预案备案文件已于　年　月　日收讫，文件齐全，予以备案。

备案受理部门（公章）
年　月　日</td></tr>
<tr><td>备案编号</td><td colspan="3"></td></tr>
<tr><td>报送单位</td><td colspan="3"></td></tr>
<tr><td>受理部门负责人</td><td></td><td>经办人</td><td></td></tr>
</table>

注：备案编号由企业所在地县级行政区划代码、年份、流水号、企业环境风险级别（一般 L、较大 M、重大 H）及跨区域（T）表征字母组成。例如，河北省永年县**重大环境风险非跨区域企业环境应急预案 2015 年备案，是永年县环境保护局当年受理的第 26 个备案，则编号为：130429-2015-026-H；如果是跨区域的企业，则编号为：130429-2015-026-HT。

环境保护部 国家发展和改革委员会 国家能源局 关于印发《全面实施燃煤电厂超低排放和节能改造工作方案》的通知

环发〔2015〕164号

各省、自治区、直辖市环境保护厅（局）、发展改革委（经信委、经委、工信厅）、能源局，新疆生产建设兵团环境保护局、发展改革委、能源局，国家电网公司，南方电网公司，华能、大唐、华电、国电、国电投、神华集团公司：

为贯彻落实第114次国务院常务会议精神，我们制定了《全面实施燃煤电厂超低排放和节能改造工作方案》，现印发给你们，请认真贯彻执行，并将有关事项通知如下：

一、全面实施燃煤电厂超低排放和节能改造是一项重要的国家专项行动，既有利于节能减排、促进绿色发展、增添民生福祉，也有利于扩大投资、促进煤电产业转型升级、相关装备制造业走出去。各有关部门、地方及企业应高度重视此项工作，尽快制定专项实施计划，做好与本方案的衔接。

二、各相关部门要加大扶持力度，完善政策措施，充分调动地方和企业积极性，同时强化对项目改造和运行的监督管理。

三、煤电企业是实施主体，应主动承担社会责任，积极采用环境污染第三方治理和合同能源管理模式，加快超低排放和节能改造项目实施，确保改造工程按期建成并稳定运行。

四、装备制造企业、电网公司、节能服务公司和环保专业公司应努力保障并优先满足超低排放和节能改造项目的需求。通过各方共同努力，确保超低排放和节能改造目标按期完成。

特此通知。

附件：全面实施燃煤电厂超低排放和节能改造工作方案

环境保护部
发展改革委
能源局
2015年12月11日

附件

全面实施燃煤电厂超低排放和节能改造工作方案

全面实施燃煤电厂超低排放和节能改造，是推进煤炭清洁化利用、改善大气环境质量、缓解资源约束的重要举措。《煤电节能减排升级与改造行动计划（2014—2020年）》（以下简称《行动计划》）实施以来，各地大力实施超低排放和节能改造重点工程，取得了积极成效。根据国务院第114次常务会议精神，为加快能源技术创新，建设清洁低碳、安全高效的现代能源体系，实现稳增长、调结构、促减排、惠民生，推动《行动计划》“提速扩围”，特制订本方案。

一、指导思想与目标

（一）指导思想

全面贯彻党的十八届五中全会精神，牢固树立绿色发展理念，全面实施煤电行业节能减排升级改造，在全国范围内推广燃煤电厂超低排放要求和新的能耗标准，建成世界上最大的清洁高效煤电体系。

（二）主要目标

到 2020 年，全国所有具备改造条件的燃煤电厂力争实现超低排放（即在基准氧含量 6%条件下，烟尘、二氧化硫、氮氧化物排放浓度分别不高于 10 毫克/立方米、35 毫克/立方米、50 毫克/立方米）。全国有条件的新建燃煤发电机组达到超低排放水平。加快现役燃煤发电机组超低排放改造步伐，将东部地区原计划 2020 年前完成的超低排放改造任务提前至 2017 年前总体完成；将对东部地区的要求逐步扩展至全国有条件地区，其中，中部地区力争在 2018 年前基本完成，西部地区在 2020 年前完成。

全国新建燃煤发电项目原则上要采用 60 万千瓦及以上超超临界机组，平均供电煤耗低于 300 克标准煤/千瓦时（以下简称克/千瓦时），到 2020 年，现役燃煤发电机组改造后平均供电煤耗低于 310 克/千瓦时。

二、重点任务

（一）具备条件的燃煤机组要实施超低排放改造。在确保供电安全前提下，将东部地区（北京、天津、河北、辽宁、上海、江苏、浙江、福建、山东、广东、海南等 11 省市）原计划 2020 年前完成的超低排放改造任务提前至 2017 年前总体完成，要求 30 万千瓦及以上公用燃煤发电机组、10 万千瓦及以上自备燃煤发电机组（暂不含 W 型火焰锅炉和循环流化床锅炉）实施超低排放改造。

将对东部地区的要求逐步扩展至全国有条件地区，要求 30 万千瓦及以上燃煤发电机组（暂不含 W 型火焰锅炉和循环流化床锅炉）实施超低排放改造。其中，中部地区（山西、吉林、黑龙江、安徽、江西、河南、湖北、湖南等 8 省）力争在 2018 年前基本完成；西部地区（内蒙古、广西、重庆、四川、贵州、云南、西藏、陕西、甘肃、青海、宁夏、新疆等 12 省区市及新疆生产建设兵团）在 2020 年前完成。力争 2020 年前完成改造 5.8 亿千瓦。

（二）不具备改造条件的机组要实施达标排放治理。燃煤机组必须安装高效脱硫脱硝除尘设施，推动实施烟气脱硝全工况运行。各地要加大执法监管力度，推动企业进行限期治理，一厂一策，逐一明确时间表和路线图，做到稳定达标，改造机组容量约 1.1 亿千瓦。

（三）落后产能和不符合相关强制性标准要求的机组要实施淘汰。进一步提高小火电机组淘汰标准，对经整改仍不符合能耗、环保、质量、安全等要求的，由地方政府予以淘汰关停。优先淘汰改造后仍不符合能效、环保等标准的 30 万千瓦以下机组，特别是运行满 20 年的纯凝机组和运行满 25 年的抽凝热电机组。列入淘汰方案的机组不再要求实施改造。力争“十三五”期间淘汰落后火电机组规模超过 2 000 万千瓦。

（四）要统筹节能与超低排放改造。在推进超低排放改造同时，协同安排节能改造，东部、中部地区现役煤电机组平均供电煤耗力争在 2017 年、2018 年实现达标，西部地区现役煤电机组平均供电煤耗到 2020 年前达标。企业尽可能安排在同一检修期内同步实施超低排放和节能改造，降低改造成本和对电网的影响。2016—2020 年全国实施节能改造 3.4 亿千瓦。

三、政策措施

（一）落实电价补贴政策

对达到超低排放水平的燃煤发电机组，按照《关于实行燃煤电厂超低排放电价支持政策有关问题的通知》（发改价格〔2015〕2835 号）要求，给予电价补贴。2016 年 1 月 1 日前已经并网运行的现役机组，对其统购上网电量每千瓦时加价 1 分钱；2016 年 1 月 1 日后并网运行的新建机组，对其统购上网电量每千瓦时加价 0.5 分钱。2016 年 6 月底前，发展改革委、环境保护部等制定燃煤发电机组超低排放环保电价及环保设施运行监管办法。

（二）给予发电量奖励

综合考虑煤电机组排放和能效水平，适当增加超低排放机组发电利用小时数，原则上奖励 200 小时左右，具体数量由各地确定。落实电力体制改革配套文件《关于有序放开发用电计划的实施意见》要求，将达到超低排放的燃煤机组列为二类优先发电机组予以保障。2016 年，发展改革委、国家能源局研究制定推行节能低碳调度工作方案，提高高效清洁煤电机组负荷率。

（三）落实排污费激励政策

督促各地在提高排污费征收标准（二氧化硫、氮氧化物不低于每当量 1.2 元）同时，对污染物排放浓度低于国家或地方规定的污染物排放限值 50%以上的，切实落实减半征收排污费政策，激励企业加大超低排放改造力度。

（四）给予财政支持

中央财政已有的大气污染防治专项资金，向节能减排效果好的省（区、市）适度倾斜。

（五）信贷融资支持

开发银行对燃煤电厂超低排放和节能改造项目落实已有政策，继续给予优惠信贷；鼓励其他金融机构给予优惠信贷支持。支持符合条件的燃煤电力企业发行企业债券直接融资，募集资金用于超低排放和节能改造。

（六）推行排污权交易

对企业通过超低排放改造产生的富余排污权，地方政府可予以收购；企业也可用于新建项目建设或自行上市交易。

（七）推广应用先进技术

制定燃煤电厂超低排放环境监测评估技术规范，修订煤电机组能效标准和能效最低限值标准，指导各地和各发电企业开展改造工作。再授予一批煤电节能减排示范电站，搭建煤电节能减排交流平台，促进成熟先进技术推广应用。

四、组织保障

（一）加强组织领导

环境保护部、发展改革委、国家能源局会同有关部门共同组织实施本方案，加强部际协调，各司其职、各负其责、密切配合。国家能源局、环境保护部、发展改革委确定年度燃煤电厂节能和超低排放改造重点项目，并按照职责分工，分别建立节能改造和能效水平、机组淘汰、超低排放改造、达标排放治理管理台账，及时协调解决推进过程中出现的困难和问题。

各地和电力集团公司是燃煤电厂超低排放和节能改造的责任主体，要充分考虑电力区域分布、电网调度等因素编制改造计划方案，于 2016 年 3 月底前完成，报国家能源局、环境保护部和发展改革委。发电企业要按照《行动计划》相关要求，切实履行责任，落实项目和资金，积极采用环境污染第三方治理和合同能源管理模式，确保改造工程按期建成并稳定运行。中央企业要起到模范带动作用。地方政府和电网公司要统筹协调区域电力调度，有序安排机组停机检修，制定并落实有序用电方案，保障电力企业按期完成环保和节能改造。

（二）强化监督管理

各地要加强日常督查和执法检查，防止企业弄虚作假，对不达标企业依法严肃处理；对已享受超低排放优惠政策但实际运行效果未稳定达到的，向社会通报，视情节取消相关优惠政策，并予以处罚。省级节能主管部门会同国家能源局派出机构，对各地区、各企业节能改造工作实施监管。

（三）严格评价考核

环境保护部、发展改革委、国家能源局会同有关部门，严格按照各省（区、市）、中央电力集团公司燃煤电厂超低排放改造计划方案，每年对上年度燃煤电厂超低排放和节能改造情况进行评价考核。

关于火电厂 SCR 脱硝系统在锅炉低负荷运行情况下 NO_x 排放超标有关问题的复函

环函〔2015〕143 号

福建省环境保护厅：

你厅《关于火电厂 SCR 脱硝系统在锅炉低负荷运行情况下 NO_x 排放超标问题的请示》（闽环保法〔2015〕2 号）收悉。经研究，函复如下：

《火电厂大气污染物排放标准》是国家强制标准，火电厂在任何运行负荷时，都必须达标排放。脱硝系统无法运行导致的氮氧化物排放浓度高于排放限值要求的，应认定为超标排放，并依法予以处罚。

目前全工况脱硝技术已经成熟，火电厂现有脱硝系统与运行负荷变化不匹配、不能正常运行、造成超标排放的，应进行改造，提高投运率和脱硝效率。

特此函复。

环境保护部

2015 年 6 月 19 日

关于循环流化床锅炉燃煤机组脱硝设施有关问题的复函

环办函〔2015〕1123号

黑龙江省环境保护厅：

你厅《关于循环流化床锅炉燃煤机组脱硝设施的请示》（黑环发〔2015〕104号）收悉。经研究，现函复如下：

《火电厂大气污染物排放标准》是国家强制标准，循环流化床锅炉也必须达到规定的排放浓度限值。排放浓度高于排放限值要求的，应认定为超标排放，并依法予以处罚。

《大气污染防治行动计划》中“除循环流化床锅炉以外的燃煤机组均应安装脱硝设施”的规定，并非指循环流化床锅炉可以不安装脱硝设施，只要排放浓度超标，就应当采用低氮燃烧技术、安装脱硝设施等，确保实现达标排放。

特此函复。

环境保护部办公厅

2015年7月8日

关于执行大气污染物特别排放限值有关问题的复函

环办大气函〔2016〕1087号

四川省环境保护厅：

你厅《关于执行大气污染物特别排放限值有关问题的请示》（川环函〔2016〕610号）收悉。经研究，现复函如下：

按照环境保护部《关于执行大气污染物特别排放限值的公告》（2013年第14号）中关于“现有企业‘十三五’期间将特别排放限值的要求扩展到重点控制区的市域范围”的规定，“十三五”期间位于重点控制区市域范围内的燃煤机组、钢铁烧结（球团）设备、石化行业（现有企业2017年7月1日起执行）、燃煤锅炉（10 t/h及以下在用蒸汽锅炉和7 MW及以下在用热水锅炉自2016年7月1日起执行）排放的大气污染物均应执行特别排放限值。

特此函复。

环境保护部办公厅

2016年6月13日

关于哈尔滨市执行火电厂和锅炉大气污染物特别排放限值有关问题的复函

环办大气函〔2017〕1519 号

黑龙江省环境保护厅：

你厅《关于哈尔滨市执行火电厂和锅炉大气污染物特别排放限值的请示》（黑环发〔2017〕171 号）收悉。经研究，函复如下：

同意你厅提出的关于哈尔滨市执行《火电厂大气污染物排放标准》（GB 13223—2011）和《锅炉大气污染物排放标准》（GB 13271—2014）中的特别排放限值的请示。建议由黑龙江省人民政府公告执行。

特此函复。

环境保护部办公厅

2017 年 9 月 27 日

关于京津冀大气污染传输通道城市执行大气污染物特别排放限值的公告

环境保护部公告 2018 年 第 9 号

为贯彻落实党的十九大关于“打赢蓝天保卫战”“提高污染排放标准”的要求，切实加大京津冀及周边地区大气污染防治工作力度，依据《中华人民共和国环境保护法》《中华人民共和国大气污染防治法》，决定在京津冀大气污染传输通道城市执行大气污染物特别排放限值。现将有关事项公告如下：

一、执行地区

执行地区为京津冀大气污染传输通道城市行政区域。

京津冀大气污染传输通道城市包括北京市，天津市，河北省石家庄、唐山、廊坊、保定、沧州、衡水、邢台、邯郸市，山西省太原、阳泉、长治、晋城市，山东省济南、淄博、济宁、德州、聊城、滨州、菏泽市，河南省郑州、开封、安阳、鹤壁、新乡、焦作、濮阳市（以下简称“2+26”城市，含河北雄安新区、辛集市、定州市，河南巩义市、兰考县、滑县、长垣县、郑州航空港区）。

二、执行行业与时间

（一）新建项目。

1. 对于国家排放标准中已规定大气污染物特别排放限值的行业以及锅炉，自 2018 年 3 月 1 日起，新受理环评的建设项目执行大气污染物特别排放限值。

2. 对于目前国家排放标准中未规定大气污染物特别排放限值的行业，待相应排放标准制修订或修改后，新受理环评的建设项目执行相应大气污染物特别排放限值，执行时间与排放标准实施时间或标准修改单发布时间同步。

3. 地方有更严格排放控制要求的，按地方要求执行。

（二）现有企业。

1. 对于国家排放标准中已规定大气污染物特别排放限值的行业以及锅炉，执行要求如下：

火电、钢铁、石化、化工、有色（不含氧化铝）、水泥行业现有企业以及在用锅炉，自 2018 年 10 月 1 日起，执行二氧化硫、氮氧化物、颗粒物和挥发性有机物特别排放限值；

炼焦化学工业现有企业，自 2019 年 10 月 1 日起，执行二氧化硫、氮氧化物、颗粒物和挥发性有机物特别排放限值。

2. 对于目前国家排放标准中未规定大气污染物特别排放限值的行业，待相应排放标准制修订或修改后，现有企业执行二氧化硫、氮氧化物、颗粒物和挥发性有机物特别排放限值。执行时间要求如下：

通过制修订排放标准规定大气污染物特别排放限值的，执行时间与排放标准中规定的现有企业实施时间同步；

通过标准修改单规定大气污染物特别排放限值的，执行时间按相应公告规定的时间执行。

3. 地方有更严格排放控制要求的，按地方要求执行。

三、其他要求

（一）“2+26”城市各级环保部门要严格按照上述要求审批新建项目，确保满足大气污染物特别排放限值。

（二）“2+26”城市现有企业应采取有效措施，在规定期限内达到大气污染物特别排放限值。逾期仍达不到的，有关部门应严格按照《中华人民共和国环境保护法》《中华人民共和国大气污染防治法》等要求责令改正或限制生产、停产整治，并处以罚款；情节严重的，报经有批准权的人民政府批准，责令停业、关闭。

（三）2018 年 10 月 1 日前，“2+26”城市现有企业仍按《关于执行大气污染物特别排放限值的公告》（环境保护部公告 2013 年 第 14 号）中的有关要求执行。

附件：已规定大气污染物特别排放限值的国家排放标准

环境保护部

2018 年 1 月 15 日

附件

已规定大气污染物特别排放限值的国家排放标准

序号	标准名称	标准编号
1	火电厂大气污染物排放标准	GB 13223—2011
2	铁矿采选工业污染物排放标准	GB 28661—2012
3	钢铁烧结、球团工业大气污染物排放标准	GB 28662—2012
4	炼铁工业大气污染物排放标准	GB 28663—2012
5	炼钢工业大气污染物排放标准	GB 28664—2012
6	轧钢工业大气污染物排放标准	GB 28665—2012
7	铁合金工业污染物排放标准	GB 28666—2012
8	炼焦化学工业污染物排放标准	GB 16171—2012
9	石油炼制工业污染物排放标准	GB 31570—2015
10	石油化学工业污染物排放标准	GB 31571—2015
11	合成树脂工业污染物排放标准	GB 31572—2015
12	烧碱、聚氯乙烯工业污染物排放标准	GB 15581—2016
13	硝酸工业污染物排放标准	GB 26131—2010
14	硫酸工业污染物排放标准	GB 26132—2010
15	无机化学工业污染物排放标准	GB 31573—2015
16	铝工业污染物排放标准	GB 25465—2010
	铝工业污染物排放标准修改单	环境保护部公告 2013 年 第 79 号
17	铅、锌工业污染物排放标准	GB 25466—2010
	铅、锌工业污染物排放标准修改单	环境保护部公告 2013 年 第 79 号
18	铜、镍、钴工业污染物排放标准	GB 25467—2010
	铜、镍、钴工业污染物排放标准修改单	环境保护部公告 2013 年 第 79 号

序号	标准名称	标准编号
19	镁、钛工业污染物排放标准	GB 25468—2010
	镁、钛工业污染物排放标准修改单	环境保护部公告 2013 年第 79 号
20	稀土工业污染物排放标准	GB 26451—2011
	稀土工业污染物排放标准修改单	环境保护部公告 2013 年 第 79 号
21	钒工业污染物排放标准	GB 26452—2011
	钒工业污染物排放标准修改单	环境保护部公告 2013 年 第 79 号
22	锡、锑、汞工业污染物排放标准	GB 30770—2014
23	再生铜、铝、铅、锌工业污染物排放标准	GB 31574—2015
24	水泥工业大气污染物排放标准	GB 4915—2013
25	锅炉大气污染物排放标准	GB 13271—2014

（二）水污染

国务院关于实行最严格水资源管理制度的意见

国发〔2012〕3号

各省、自治区、直辖市人民政府，国务院各部委、各直属机构：

水是生命之源、生产之要、生态之基，人多水少、水资源时空分布不均是我国的基本国情和水情。当前我国水资源面临的形势十分严峻，水资源短缺、水污染严重、水生态环境恶化等问题日益突出，已成为制约经济社会可持续发展的主要瓶颈。为贯彻落实好中央水利工作会议和《中共中央 国务院关于加快水利改革发展的决定》（中发〔2011〕1号）的要求，现就实行最严格水资源管理制度提出以下意见：

一、总体要求

（一）指导思想。

深入贯彻落实科学发展观，以水资源配置、节约和保护为重点，强化用水需求和用水过程管理，通过健全制度、落实责任、提高能力、强化监管，严格控制用水总量，全面提高用水效率，严格控制入河湖排污总量，加快节水型社会建设，促进水资源可持续利用和经济发展方式转变，推动经济社会发展与水资源水环境承载能力相协调，保障经济社会长期平稳较快发展。

（二）基本原则。

坚持以人为本，着力解决人民群众最关心最直接最现实的水资源问题，保障饮水安全、供水安全和生态安全；坚持人水和谐，尊重自然规律和经济社会发展规律，处理好水资源开发与保护关系，以水定需、量水而行、因水制宜；坚持统筹兼顾，协调好生活、生产和生态用水，协调好上下游、左右岸、干支流、地表水和地下水关系；坚持改革创新，完善水资源管理体制和机制，改进管理方式和方法；坚持因地制宜，实行分类指导，注重制度实施的可行性和有效性。

（三）主要目标。

确立水资源开发利用控制红线，到2030年全国用水总量控制在7 000亿立方米以内；确立用水效率控制红线，到2030年用水效率达到或接近世界先进水平，万元工业增加值用水量（以2000年不变价计，下同）降低到40立方米以下，农田灌溉水有效利用系数提高到0.6以上；确立水功能区限制纳污红线，到2030年主要污染物入河湖总量控制在水功能区纳污能力范围之内，水功能区水质达标率提高到95%以上。

为实现上述目标，到2015年，全国用水总量力争控制在6 350亿立方米以内；万元工业增加值用水量比2010年下降30%以上，农田灌溉水有效利用系数提高到0.53以上；重要江河湖泊水功能区水质达标率提高到60%以上。到2020年，全国用水总量力争控制在6 700亿立方米以内；万元工业增加值用水量降低到65立方米以下，农田灌溉水有效利用系数提高到0.55以上；重要江河湖泊水功能区水质达标率提高到80%以上，城镇供水水源地水质全面达标。

二、加强水资源开发利用控制红线管理，严格实行用水总量控制

（四）严格规划管理和水资源论证。

开发利用水资源，应当符合主体功能区的要求，按照流域和区域统一制定规划，充分发挥水资源的多种功能和综合效益。建设水工程，必须符合流域综合规划和防洪规划，由有关水行政主管部门或流域管理机构按照管理权限进行审查并签署意见。加强相关规划和项目建设布局水资源论证工作，国民经济和社会发展规划以及城市总体规划的编制、重大建设项目的布局，应当与当地水资源条件和防洪要求相适应。严格执行建设项目水资源论证制度，对未依法完成水资源论证工作的建设项目，审批机关不予批准，建设单位不得擅自开工建设和投产使用，对违反规定的，一律责令停止。

（五）严格控制流域和区域取用水总量。

加快制定主要江河流域水量分配方案，建立覆盖流域和省市县三级行政区域的取用水总量控制指标体系，实施流域和区域取用水总量控制。各省、自治区、直辖市要按照江河流域水量分配方案或取用水总量控制指标，制定年度用水计划，依法对本行政区域内的年度用水实行总量管理。建立健全水权制度，积极培育水市场，鼓励开展水权交易，运用市场机制合理配置水资源。

（六）严格实施取水许可。

严格规范取水许可审批管理，对取用水总量已达到或超过控制指标的地区，暂停审批建设项目新增取水；对取用水总量接近控制指标的地区，限制审批建设项目新增取水。对不符合国家产业政策或列入国家产业结构调整指导目录中淘汰类的，产品不符合行业用水定额标准的，在城市公共供水管网能够满足用水需要却通过自备取水设施取用地下水的，以及地下水已严重超采的地区取用地下水的建设项目取水申请，审批机关不予批准。

（七）严格水资源有偿使用。

合理调整水资源费征收标准，扩大征收范围，严格水资源费征收、使用和管理。各省、自治区、直辖市要抓紧完善水资源费征收、使用和管理的规章制度，严格按照规定的征收范围、对象、标准和程序征收，确保应收尽收，任何单位和个人不得擅自减免、缓征或停征水资源费。水资源费主要用于水资源节约、保护和管理，严格依法查处挤占挪用水资源费的行为。

（八）严格地下水管理和保护。

加强地下水动态监测，实行地下水取用水总量控制和水位控制。各省、自治区、直辖市人民政府要尽快核定并公布地下水禁采和限采范围。在地下水超采区，禁止农业、工业建设项目和服务业新增取用地下水，并逐步削减超采量，实现地下水采补平衡。深层承压地下水原则上只能作为应急和战略储备水源。依法规范机井建设审批管理，限期关闭在城市公共供水管网覆盖范围内的自备水井。抓紧编制并实施全国地下水利用与保护规划以及南水北调东中线受水区、地面沉降区、海水入侵区地下水压采方案，逐步削减开采量。

（九）强化水资源统一调度。

流域管理机构和县级以上地方人民政府水行政主管部门要依法制订和完善水资源调度方案、应急调度预案和调度计划，对水资源实行统一调度。区域水资源调度应当服从流域水资源统一调度，水力发电、供水、航运等调度应当服从流域水资源统一调度。水资源调度方案、应急调度预案和调度计划一经批准，有关地方人民政府和部门等必须服从。

三、加强用水效率控制红线管理，全面推进节水型社会建设

（十）全面加强节约用水管理。

各级人民政府要切实履行推进节水型社会建设的责任，把节约用水贯穿于经济社会发展和群众生活生产全过程，建立健全有利于节约用水的体制和机制。稳步推进水价改革。各项引水、调水、取水、供

用水工程建设必须首先考虑节水要求。水资源短缺、生态脆弱地区要严格控制城市规模过度扩张，限制高耗水工业项目建设和高耗水服务业发展，遏制农业粗放用水。

（十一）强化用水定额管理。

加快制定高耗水工业和服务业用水定额国家标准。各省、自治区、直辖市人民政府要根据用水效率控制红线确定的目标，及时组织修订本行政区域内各行业用水定额。对纳入取水许可管理的单位和其他用水大户实行计划用水管理，建立用水单位重点监控名录，强化用水监控管理。新建、扩建和改建建设项目应制订节水措施方案，保证节水设施与主体工程同时设计、同时施工、同时投产（即“三同时”制度），对违反“三同时”制度的，由县级以上地方人民政府有关部门或流域管理机构责令停止取用水并限期整改。

（十二）加快推进节水技术改造。

制定节水强制性标准，逐步实行用水产品用水效率标识管理，禁止生产和销售不符合节水强制性标准的产品。加大农业节水力度，完善和落实节水灌溉的产业支持、技术服务、财政补贴等政策措施，大力发展管道输水、喷灌、微灌等高效节水灌溉。加大工业节水技术改造，建设工业节水示范工程。充分考虑不同工业行业和工业企业的用水状况和节水潜力，合理确定节水目标。有关部门要抓紧制定并公布落后的、耗水量高的用水工艺、设备和产品淘汰名录。加大城市生活节水工作力度，开展节水示范工作，逐步淘汰公共建筑中不符合节水标准的用水设备及产品，大力推广使用生活节水器具，着力降低供水管网漏损率。鼓励并积极发展污水处理回用、雨水和微咸水开发利用、海水淡化和直接利用等非常规水源开发利用。加快城市污水处理回用管网建设，逐步提高城市污水处理回用比例。非常规水源开发利用纳入水资源统一配置。

四、加强水功能区限制纳污红线管理，严格控制入河湖排污总量

（十三）严格水功能区监督管理。

完善水功能区监督管理制度，建立水功能区水质达标评价体系，加强水功能区动态监测和科学管理。水功能区布局要服从和服务于所在区域的主体功能定位，符合主体功能区的发展方向和开发原则。从严核定水域纳污容量，严格控制入河湖排污总量。各级人民政府要把限制排污总量作为水污染防治和污染减排工作的重要依据。切实加强水污染防控，加强工业污染源控制，加大主要污染物减排力度，提高城市污水处理率，改善重点流域水环境质量，防治江河湖库富营养化。流域管理机构要加强重要江河湖泊的省界水质水量监测。严格入河湖排污口监督管理，对排污量超出水功能区限排总量的地区，限制审批新增取水和入河湖排污口。

（十四）加强饮用水水源保护。

各省、自治区、直辖市人民政府要依法划定饮用水水源保护区，开展重要饮用水水源地安全保障达标建设。禁止在饮用水水源保护区内设置排污口，对已设置的，由县级以上地方人民政府责令限期拆除。县级以上地方人民政府要完善饮用水水源地核准和安全评估制度，公布重要饮用水水源地名录。加快实施全国城市饮用水水源地安全保障规划和农村饮水安全工程规划。加强水土流失治理，防治面源污染，禁止破坏水源涵养林。强化饮用水水源应急管理，完善饮用水水源地突发事件应急预案，建立备用水源。

（十五）推进水生态系统保护与修复。

开发利用水资源应维持河流合理流量和湖泊、水库以及地下水的合理水位，充分考虑基本生态用水需求，维护河湖健康生态。编制全国水生态系统保护与修复规划，加强重要生态保护区、水源涵养区、江河源头区和湿地的保护，开展内源污染整治，推进生态脆弱河流和地区水生态修复。研究建立生态用水及河流生态评价指标体系，定期组织开展全国重要河湖健康评估，建立健全水生态补偿机制。

五、保障措施

（十六）建立水资源管理责任和考核制度。

要将水资源开发、利用、节约和保护的主要指标纳入地方经济社会发展综合评价体系，县级以上地方人民政府主要负责人对本行政区域水资源管理和保护工作负总责。国务院对各省、自治区、直辖市的主要指标落实情况进行考核，水利部会同有关部门具体组织实施，考核结果交由干部主管部门，作为地方人民政府相关领导干部和相关企业负责人综合考核评价的重要依据。具体考核办法由水利部会同有关部门制订，报国务院批准后实施。有关部门要加强沟通协调，水行政主管部门负责实施水资源的统一监督管理，发展改革、财政、国土资源、环境保护、住房城乡建设、监察、法制等部门按照职责分工，各司其职，密切配合，形成合力，共同做好最严格水资源管理制度的实施工作。

（十七）健全水资源监控体系。

抓紧制定水资源监测、用水计量与统计等管理办法，健全相关技术标准体系。加强省界等重要控制断面、水功能区和地下水的水质水量监测能力建设。流域管理机构对省界水量的监测核定数据作为考核有关省、自治区、直辖市用水总量的依据之一，对省界水质的监测核定数据作为考核有关省、自治区、直辖市重点流域水污染防治专项规划实施情况的依据之一。加强取水、排水、入河湖排污口计量监控设施建设，加快建设国家水资源管理系统，逐步建立中央、流域和地方水资源监控管理平台，加快应急机动监测能力建设，全面提高监控、预警和管理能力。及时发布水资源公报等信息。

（十八）完善水资源管理体制。

进一步完善流域管理与行政区域管理相结合的水资源管理体制，切实加强流域水资源的统一规划、统一管理和统一调度。强化城乡水资源统一管理，对城乡供水、水资源综合利用、水环境治理和防洪排涝等实行统筹规划、协调实施，促进水资源优化配置。

（十九）完善水资源管理投入机制。

各级人民政府要拓宽投资渠道，建立长效、稳定的水资源管理投入机制，保障水资源节约、保护和管理工作经费，对水资源管理系统建设、节水技术推广与应用、地下水超采区治理、水生态系统保护与修复等给予重点支持。中央财政加大对水资源节约、保护和管理的支持力度。

（二十）健全政策法规和社会监督机制。

抓紧完善水资源配置、节约、保护和管理等方面的政策法规体系。广泛深入开展基本水情宣传教育，强化社会舆论监督，进一步增强全社会水忧患意识和水资源节约保护意识，形成节约用水、合理用水的良好风尚。大力推进水资源管理科学决策和民主决策，完善公众参与机制，采取多种方式听取各方面意见，进一步提高决策透明度。对在水资源节约、保护和管理中取得显著成绩的单位和个人给予表彰奖励。

国务院

二〇一二年一月十二日

国务院关于印发水污染防治行动计划的通知

国发〔2015〕17号

各省、自治区、直辖市人民政府，国务院各部委、各直属机构：

现将《水污染防治行动计划》印发给你们，请认真贯彻执行。

国务院

2015年4月2日

水污染防治行动计划

水环境保护事关人民群众切身利益，事关全面建成小康社会，事关实现中华民族伟大复兴中国梦。当前，我国一些地区水环境质量差、水生态受损重、环境隐患多等问题十分突出，影响和损害群众健康，不利于经济社会持续发展。为切实加大水污染防治力度，保障国家水安全，制定本行动计划。

总体要求：全面贯彻党的十八大和十八届二中、三中、四中全会精神，大力推进生态文明建设，以改善水环境质量为核心，按照“节水优先、空间均衡、系统治理、两手发力”原则，贯彻“安全、清洁、健康”方针，强化源头控制，水陆统筹、河海兼顾，对江河湖海实施分流域、分区域、分阶段科学治理，系统推进水污染防治、水生态保护和水资源管理。坚持政府市场协同，注重改革创新；坚持全面依法推进，实行最严格环保制度；坚持落实各方责任，严格考核问责；坚持全民参与，推动节水洁水人人有责，形成“政府统领、企业施治、市场驱动、公众参与”的水污染防治新机制，实现环境效益、经济效益与社会效益多赢，为建设“蓝天常在、青山常在、绿水常在”的美丽中国而奋斗。

工作目标：到2020年，全国水环境质量得到阶段性改善，污染严重水体较大幅度减少，饮用水安全保障水平持续提升，地下水超采得到严格控制，地下水污染加剧趋势得到初步遏制，近岸海域环境质量稳中趋好，京津冀、长三角、珠三角等区域水生态环境状况有所好转。到2030年，力争全国水环境质量总体改善，水生态系统功能初步恢复。到本世纪中叶，生态环境质量全面改善，生态系统实现良性循环。

主要指标：到2020年，长江、黄河、珠江、松花江、淮河、海河、辽河等七大重点流域水质优良（达到或优于Ⅲ类）比例总体达到70%以上，地级及以上城市建成区黑臭水体均控制在10%以内，地级及以上城市集中式饮用水水源水质达到或优于Ⅲ类比例总体高于93%，全国地下水质量极差的比例控制在15%左右，近岸海域水质优良（一类、二类）比例达到70%左右。京津冀区域丧失使用功能（劣于Ⅴ类）的水体断面比例下降15个百分点左右，长三角、珠三角区域力争消除丧失使用功能的水体。

到2030年，全国七大重点流域水质优良比例总体达到75%以上，城市建成区黑臭水体总体得到消除，城市集中式饮用水水源水质达到或优于Ⅲ类比例总体为95%左右。

一、全面控制污染物排放

（一）狠抓工业污染防治。取缔“十小”企业。全面排查装备水平低、环保设施差的小型工业企业。2016年底前，按照水污染防治法律法规要求，全部取缔不符合国家产业政策的小型造纸、制革、印染、染料、炼焦、炼硫、炼砷、炼油、电镀、农药等严重污染水环境的生产项目。(环境保护部牵头，工业和信息化部、国土资源部、能源局等参与，地方各级人民政府负责落实。以下均需地方各级人民政府落实，不再列出)

专项整治十大重点行业。制定造纸、焦化、氮肥、有色金属、印染、农副食品加工、原料药制造、制革、农药、电镀等行业专项治理方案，实施清洁化改造。新建、改建、扩建上述行业建设项目实行主要污染物排放等量或减量置换。2017 年底前，造纸行业力争完成纸浆无元素氯漂白改造或采取其他低污染制浆技术，钢铁企业焦炉完成干熄焦技术改造，氮肥行业尿素生产完成工艺冷凝液水解解析技术改造，印染行业实施低排水染整工艺改造，制药（抗生素、维生素）行业实施绿色酶法生产技术改造，制革行业实施铬减量化和封闭循环利用技术改造。(环境保护部牵头，工业和信息化部等参与)

集中治理工业集聚区水污染。强化经济技术开发区、高新技术产业开发区、出口加工区等工业集聚区污染治理。集聚区内工业废水必须经预处理达到集中处理要求，方可进入污水集中处理设施。新建、升级工业集聚区应同步规划、建设污水、垃圾集中处理等污染治理设施。2017 年底前，工业集聚区应按规定建成污水集中处理设施，并安装自动在线监控装置，京津冀、长三角、珠三角等区域提前一年完成；逾期未完成的，一律暂停审批和核准其增加水污染物排放的建设项目，并依照有关规定撤销其园区资格。(环境保护部牵头，科技部、工业和信息化部、商务部等参与)

（二）强化城镇生活污染治理。加快城镇污水处理设施建设与改造。现有城镇污水处理设施，要因地制宜进行改造，2020 年底前达到相应排放标准或再生利用要求。敏感区域（重点湖泊、重点水库、近岸海域汇水区域）城镇污水处理设施应于 2017 年底前全面达到一级 A 排放标准。建成区水体水质达不到地表水Ⅳ类标准的城市，新建城镇污水处理设施要执行一级 A 排放标准。按照国家新型城镇化规划要求，到 2020 年，全国所有县城和重点镇具备污水收集处理能力，县城、城市污水处理率分别达到 85%、95%左右。京津冀、长三角、珠三角等区域提前一年完成。(住房城乡建设部牵头，发展改革委、环境保护部等参与)

全面加强配套管网建设。强化城中村、老旧城区和城乡接合部污水截流、收集。现有合流制排水系统应加快实施雨污分流改造，难以改造的，应采取截流、调蓄和治理等措施。新建污水处理设施的配套管网应同步设计、同步建设、同步投运。除干旱地区外，城镇新区建设均实行雨污分流，有条件的地区要推进初期雨水收集、处理和资源化利用。到 2017 年，直辖市、省会城市、计划单列市建成区污水基本实现全收集、全处理，其他地级城市建成区于 2020 年底前基本实现。(住房城乡建设部牵头，发展改革委、环境保护部等参与)

推进污泥处理处置。污水处理设施产生的污泥应进行稳定化、无害化和资源化处理处置，禁止处理处置不达标的污泥进入耕地。非法污泥堆放点一律予以取缔。现有污泥处理处置设施应于 2017 年底前基本完成达标改造，地级及以上城市污泥无害化处理处置率应于 2020 年底前达到 90%以上。(住房城乡建设部牵头，发展改革委、工业和信息化部、环境保护部、农业部等参与)

（三）推进农业农村污染防治。防治畜禽养殖污染。科学划定畜禽养殖禁养区，2017 年底前，依法关闭或搬迁禁养区内的畜禽养殖场（小区）和养殖专业户，京津冀、长三角、珠三角等区域提前一年完成。现有规模化畜禽养殖场（小区）要根据污染防治需要，配套建设粪便污水贮存、处理、利用设施。散养密集区要实行畜禽粪便污水分户收集、集中处理利用。自 2016 年起，新建、改建、扩建规模化畜禽养殖场（小区）要实施雨污分流、粪便污水资源化利用。(农业部牵头，环境保护部参与)

控制农业面源污染。制定实施全国农业面源污染综合防治方案。推广低毒、低残留农药使用补助试点经验，开展农作物病虫害绿色防控和统防统治。实行测土配方施肥，推广精准施肥技术和机具。完善高标准农田建设、土地开发整理等标准规范，明确环保要求，新建高标准农田要达到相关环保要求。敏感区域和大中型灌区，要利用现有沟、塘、窖等，配置水生植物群落、格栅和透水坝，建设生态沟渠、污水净化塘、地表径流集蓄池等设施，净化农田排水及地表径流。到 2020 年，测土配方施肥技术推广覆盖率达到90%以上，化肥利用率提高到40%以上，农作物病虫害统防统治覆盖率达到40%以上；京津冀、长三角、珠三角等区域提前一年完成。（农业部牵头，发展改革委、工业和信息化部、国土资源部、环境保护部、水利部、质检总局等参与）

调整种植业结构与布局。在缺水地区试行退地减水。地下水易受污染地区要优先种植需肥需药量低、环境效益突出的农作物。地表水过度开发和地下水超采问题较严重，且农业用水比重较大的甘肃、新疆（含新疆生产建设兵团）、河北、山东、河南等五省（区），要适当减少用水量较大的农作物种植面积，改种耐旱作物和经济林；2018 年底前，对 3 300 万亩灌溉面积实施综合治理，退减水量 37 亿立方米以上。（农业部、水利部牵头，发展改革委、国土资源部等参与）

加快农村环境综合整治。以县级行政区域为单元，实行农村污水处理统一规划、统一建设、统一管理，有条件的地区积极推进城镇污水处理设施和服务向农村延伸。深化“以奖促治”政策，实施农村清洁工程，开展河道清淤疏浚，推进农村环境连片整治。到 2020 年，新增完成环境综合整治的建制村 13 万个。（环境保护部牵头，住房城乡建设部、水利部、农业部等参与）

（四）加强船舶港口污染控制。积极治理船舶污染。依法强制报废超过使用年限的船舶。分类分级修订船舶及其设施、设备的相关环保标准。2018 年起投入使用的沿海船舶、2021 年起投入使用的内河船舶执行新的标准；其他船舶于 2020 年底前完成改造，经改造仍不能达到要求的，限期予以淘汰。航行于我国水域的国际航线船舶，要实施压载水交换或安装压载水灭活处理系统。规范拆船行为，禁止冲滩拆解。（交通运输部牵头，工业和信息化部、环境保护部、农业部、质检总局等参与）

增强港口码头污染防治能力。编制实施全国港口、码头、装卸站污染防治方案。加快垃圾接收、转运及处理处置设施建设，提高含油污水、化学品洗舱水等接收处置能力及污染事故应急能力。位于沿海和内河的港口、码头、装卸站及船舶修造厂，分别于 2017 年底前和 2020 年底前达到建设要求。港口、码头、装卸站的经营人应制定防治船舶及其有关活动污染水环境的应急计划。（交通运输部牵头，工业和信息化部、住房城乡建设部、农业部等参与）

二、推动经济结构转型升级

（五）调整产业结构。依法淘汰落后产能。自 2015 年起，各地要依据部分工业行业淘汰落后生产工艺装备和产品指导目录、产业结构调整指导目录及相关行业污染物排放标准，结合水质改善要求及产业发展情况，制定并实施分年度的落后产能淘汰方案，报工业和信息化部、环境保护部备案。未完成淘汰任务的地区，暂停审批和核准其相关行业新建项目。（工业和信息化部牵头，发展改革委、环境保护部等参与）

严格环境准入。根据流域水质目标和主体功能区规划要求，明确区域环境准入条件，细化功能分区，实施差别化环境准入政策。建立水资源、水环境承载能力监测评价体系，实行承载能力监测预警，已超过承载能力的地区要实施水污染物削减方案，加快调整发展规划和产业结构。到 2020 年，组织完成市、县域水资源、水环境承载能力现状评价。（环境保护部牵头，住房城乡建设部、水利部、海洋局等参与）

（六）优化空间布局。合理确定发展布局、结构和规模。充分考虑水资源、水环境承载能力，以水定城、以水定地、以水定人、以水定产。重大项目原则上布局在优化开发区和重点开发区，并符合城乡规划和土地利用总体规划。鼓励发展节水高效现代农业、低耗水高新技术产业以及生态保护型旅游业，严格控制缺水地区、水污染严重地区和敏感区域高耗水、高污染行业发展，新建、改建、扩建重点行业建设项目实行主要污染物排放减量置换。七大重点流域干流沿岸，要严格控制石油加工、化学原料和化学制品制造、医药制造、化学纤维制造、有色金属冶炼、纺织印染等项目环境风险，合理布局生产装置及危险化学品仓储等设施。（发展改革委、工业和信息化部牵头，国土资源部、环境保护部、住房城乡建设部、水利部等参与）

推动污染企业退出。城市建成区内现有钢铁、有色金属、造纸、印染、原料药制造、化工等污染较

重的企业应有序搬迁改造或依法关闭。（工业和信息化部牵头，环境保护部等参与）

积极保护生态空间。严格城市规划蓝线管理，城市规划区范围内应保留一定比例的水域面积。新建项目一律不得违规占用水域。严格水域岸线用途管制，土地开发利用应按照有关法律法规和技术标准要求，留足河道、湖泊和滨海地带的管理和保护范围，非法挤占的应限期退出。（国土资源部、住房城乡建设部牵头，环境保护部、水利部、海洋局等参与）

（七）推进循环发展。加强工业水循环利用。推进矿井水综合利用，煤炭矿区的补充用水、周边地区生产和生态用水应优先使用矿井水，加强洗煤废水循环利用。鼓励钢铁、纺织印染、造纸、石油石化、化工、制革等高耗水企业废水深度处理回用。（发展改革委、工业和信息化部牵头，水利部、能源局等参与）

促进再生水利用。以缺水及水污染严重地区城市为重点，完善再生水利用设施，工业生产、城市绿化、道路清扫、车辆冲洗、建筑施工以及生态景观等用水，要优先使用再生水。推进高速公路服务区污水处理和利用。具备使用再生水条件但未充分利用的钢铁、火电、化工、制浆造纸、印染等项目，不得批准其新增取水许可。自2018年起，单体建筑面积超过2万平方米的新建公共建筑，北京市2万平方米、天津市5万平方米、河北省10万平方米以上集中新建的保障性住房，应安装建筑中水设施。积极推动其他新建住房安装建筑中水设施。到2020年，缺水城市再生水利用率达到20%以上，京津冀区域达到30%以上。（住房城乡建设部牵头，发展改革委、工业和信息化部、环境保护部、交通运输部、水利部等参与）

推动海水利用。在沿海地区电力、化工、石化等行业，推行直接利用海水作为循环冷却等工业用水。在有条件的城市，加快推进淡化海水作为生活用水补充水源。（发展改革委牵头，工业和信息化部、住房城乡建设部、水利部、海洋局等参与）

三、着力节约保护水资源

（八）控制用水总量。实施最严格水资源管理。健全取用水总量控制指标体系。加强相关规划和项目建设布局水资源论证工作，国民经济和社会发展规划以及城市总体规划的编制、重大建设项目的布局，应充分考虑当地水资源条件和防洪要求。对取用水总量已达到或超过控制指标的地区，暂停审批其建设项目新增取水许可。对纳入取水许可管理的单位和其他用水大户实行计划用水管理。新建、改建、扩建项目用水要达到行业先进水平，节水设施应与主体工程同时设计、同时施工、同时投运。建立重点监控用水单位名录。到2020年，全国用水总量控制在6 700亿立方米以内。（水利部牵头，发展改革委、工业和信息化部、住房城乡建设部、农业部等参与）

严控地下水超采。在地面沉降、地裂缝、岩溶塌陷等地质灾害易发区开发利用地下水，应进行地质灾害危险性评估。严格控制开采深层承压水，地热水、矿泉水开发应严格实行取水许可和采矿许可。依法规范机井建设管理，排查登记已建机井，未经批准的和公共供水管网覆盖范围内的自备水井，一律予以关闭。编制地面沉降区、海水入侵区等区域地下水压采方案。开展华北地下水超采区综合治理，超采区内禁止工农业生产及服务业新增取用地下水。京津冀区域实施土地整治、农业开发、扶贫等农业基础设施项目，不得以配套打井为条件。2017年底前，完成地下水禁采区、限采区和地面沉降控制区范围划定工作，京津冀、长三角、珠三角等区域提前一年完成。（水利部、国土资源部牵头，发展改革委、工业和信息化部、财政部、住房城乡建设部、农业部等参与）

（九）提高用水效率。建立万元国内生产总值水耗指标等用水效率评估体系，把节水目标任务完成情况纳入地方政府政绩考核。将再生水、雨水和微咸水等非常规水源纳入水资源统一配置。到2020年，全国万元国内生产总值用水量、万元工业增加值用水量比2013年分别下降35%、30%以上。（水利部牵头，发展改革委、工业和信息化部、住房城乡建设部等参与）

抓好工业节水。制定国家鼓励和淘汰的用水技术、工艺、产品和设备目录，完善高耗水行业取用水定额标准。开展节水诊断、水平衡测试、用水效率评估，严格用水定额管理。到2020年，电力、钢铁、纺织、造纸、石油石化、化工、食品发酵等高耗水行业达到先进定额标准。（工业和信息化部、水利部牵头，发展改革委、住房城乡建设部、质检总局等参与）

加强城镇节水。禁止生产、销售不符合节水标准的产品、设备。公共建筑必须采用节水器具，限期淘汰公共建筑中不符合节水标准的水嘴、便器水箱等生活用水器具。鼓励居民家庭选用节水器具。对使用超过50年和材质落后的供水管网进行更新改造，到2017年，全国公共供水管网漏损率控制在12%以内；到2020年，控制在10%以内。积极推行低影响开发建设模式，建设滞、渗、蓄、用、排相结合的雨水收集利用设施。新建城区硬化地面，可渗透面积要达到40%以上。到2020年，地级及以上缺水城市全部达到国家节水型城市标准要求，京津冀、长三角、珠三角等区域提前一年完成。（住房城乡建设部牵头，发展改革委、工业和信息化部、水利部、质检总局等参与）

发展农业节水。推广渠道防渗、管道输水、喷灌、微灌等节水灌溉技术，完善灌溉用水计量设施。在东北、西北、黄淮海等区域，推进规模化高效节水灌溉，推广农作物节水抗旱技术。到2020年，大型灌区、重点中型灌区续建配套和节水改造任务基本完成，全国节水灌溉工程面积达到7亿亩左右，农田灌溉水有效利用系数达到0.55以上。（水利部、农业部牵头，发展改革委、财政部等参与）

（十）科学保护水资源。完善水资源保护考核评价体系。加强水功能区监督管理，从严核定水域纳污能力。（水利部牵头，发展改革委、环境保护部等参与）

加强江河湖库水量调度管理。完善水量调度方案。采取闸坝联合调度、生态补水等措施，合理安排闸坝下泄水量和泄流时段，维持河湖基本生态用水需求，重点保障枯水期生态基流。加大水利工程建设力度，发挥好控制性水利工程在改善水质中的作用。（水利部牵头，环境保护部参与）

科学确定生态流量。在黄河、淮河等流域进行试点，分期分批确定生态流量（水位），作为流域水量调度的重要参考。（水利部牵头，环境保护部参与）

四、强化科技支撑

（十一）推广示范适用技术。加快技术成果推广应用，重点推广饮用水净化、节水、水污染治理及循环利用、城市雨水收集利用、再生水安全回用、水生态修复、畜禽养殖污染防治等适用技术。完善环保技术评价体系，加强国家环保科技成果共享平台建设，推动技术成果共享与转化。发挥企业的技术创新主体作用，推动水处理重点企业与科研院所、高等学校组建产学研技术创新战略联盟，示范推广控源减排和清洁生产先进技术。（科技部牵头，发展改革委、工业和信息化部、环境保护部、住房城乡建设部、水利部、农业部、海洋局等参与）

（十二）攻关研发前瞻技术。整合科技资源，通过相关国家科技计划（专项、基金）等，加快研发重点行业废水深度处理、生活污水低成本高标准处理、海水淡化和工业高盐废水脱盐、饮用水微量有毒污染物处理、地下水污染修复、危险化学品事故和水上溢油应急处置等技术。开展有机物和重金属等水环境基准、水污染对人体健康影响、新型污染物风险评价、水环境损害评估、高品质再生水补充饮用水水源等研究。加强水生态保护、农业面源污染防治、水环境监控预警、水处理工艺技术装备等领域的国际交流合作。（科技部牵头，发展改革委、工业和信息化部、国土资源部、环境保护部、住房城乡建设部、水利部、农业部、卫生计生委等参与）

（十三）大力发展环保产业。规范环保产业市场。对涉及环保市场准入、经营行为规范的法规、规章和规定进行全面梳理，废止妨碍形成全国统一环保市场和公平竞争的规定和做法。健全环保工程设计、建设、运营等领域招投标管理办法和技术标准。推进先进适用的节水、治污、修复技术和装备产业化发展。（发展改革委牵头，科技部、工业和信息化部、财政部、环境保护部、住房城乡建设部、水利部、海洋局等参与）

加快发展环保服务业。明确监管部门、排污企业和环保服务公司的责任和义务，完善风险分担、履约保障等机制。鼓励发展包括系统设计、设备成套、工程施工、调试运行、维护管理的环保服务总承包模式、政府和社会资本合作模式等。以污水、垃圾处理和工业园区为重点，推行环境污染第三方治理。（发展改革委、财政部牵头，科技部、工业和信息化部、环境保护部、住房城乡建设部等参与）

五、充分发挥市场机制作用

（十四）理顺价格税费。加快水价改革。县级及以上城市应于 2015 年底前全面实行居民阶梯水价制度，具备条件的建制镇也要积极推进。2020 年底前，全面实行非居民用水超定额、超计划累进加价制度。深入推进农业水价综合改革。（发展改革委牵头，财政部、住房城乡建设部、水利部、农业部等参与）

完善收费政策。修订城镇污水处理费、排污费、水资源费征收管理办法，合理提高征收标准，做到应收尽收。城镇污水处理收费标准不应低于污水处理和污泥处理处置成本。地下水水资源费征收标准应高于地表水，超采地区地下水水资源费征收标准应高于非超采地区。（发展改革委、财政部牵头，环境保护部、住房城乡建设部、水利部等参与）

健全税收政策。依法落实环境保护、节能节水、资源综合利用等方面税收优惠政策。对国内企业为生产国家支持发展的大型环保设备，必须进口的关键零部件及原材料，免征关税。加快推进环境保护税立法、资源税税费改革等工作。研究将部分高耗能、高污染产品纳入消费税征收范围。（财政部、税务总局牵头，发展改革委、工业和信息化部、商务部、海关总署、质检总局等参与）

（十五）促进多元融资。引导社会资本投入。积极推动设立融资担保基金，推进环保设备融资租赁业务发展。推广股权、项目收益权、特许经营权、排污权等质押融资担保。采取环境绩效合同服务、授予开发经营权益等方式，鼓励社会资本加大水环境保护投入。（人民银行、发展改革委、财政部牵头，环境保护部、住房城乡建设部、银监会、证监会、保监会等参与）

增加政府资金投入。中央财政加大对属于中央事权的水环境保护项目支持力度，合理承担部分属于中央和地方共同事权的水环境保护项目，向欠发达地区和重点地区倾斜；研究采取专项转移支付等方式，实施“以奖代补”。地方各级人民政府要重点支持污水处理、污泥处理处置、河道整治、饮用水水源保护、畜禽养殖污染防治、水生态修复、应急清污等项目和工作。对环境监管能力建设及运行费用分级予以必要保障。（财政部牵头，发展改革委、环境保护部等参与）

（十六）建立激励机制。健全节水环保“领跑者”制度。鼓励节能减排先进企业、工业集聚区用水效率、排污强度等达到更高标准，支持开展清洁生产、节约用水和污染治理等示范。（发展改革委牵头，工业和信息化部、财政部、环境保护部、住房城乡建设部、水利部等参与）

推行绿色信贷。积极发挥政策性银行等金融机构在水环境保护中的作用，重点支持循环经济、污水处理、水资源节约、水生态环境保护、清洁及可再生能源利用等领域。严格限制环境违法企业贷款。加强环境信用体系建设，构建守信激励与失信惩戒机制，环保、银行、证券、保险等方面要加强协作联动，于 2017 年底前分级建立企业环境信用评价体系。鼓励涉重金属、石油化工、危险化学品运输等高环境风险行业投保环境污染责任保险。（人民银行牵头，工业和信息化部、环境保护部、水利部、银监会、证监会、保监会等参与）

实施跨界水环境补偿。探索采取横向资金补助、对口援助、产业转移等方式，建立跨界水环境补偿机制，开展补偿试点。深化排污权有偿使用和交易试点。（财政部牵头，发展改革委、环境保护部、水利部等参与）

六、严格环境执法监管

（十七）完善法规标准。健全法律法规。加快水污染防治、海洋环境保护、排污许可、化学品环境管理等法律法规制修订步伐，研究制定环境质量目标管理、环境功能区划、节水及循环利用、饮用水水源保护、污染责任保险、水功能区监督管理、地下水管理、环境监测、生态流量保障、船舶和陆源污染防治等法律法规。各地可结合实际，研究起草地方性水污染防治法规。（法制办牵头，发展改革委、工业和

信息化部、国土资源部、环境保护部、住房城乡建设部、交通运输部、水利部、农业部、卫生计生委、保监会、海洋局等参与）

完善标准体系。制修订地下水、地表水和海洋等环境质量标准，城镇污水处理、污泥处理处置、农田退水等污染物排放标准。健全重点行业水污染物特别排放限值、污染防治技术政策和清洁生产评价指标体系。各地可制定严于国家标准的地方水污染物排放标准。（环境保护部牵头，发展改革委、工业和信息化部、国土资源部、住房城乡建设部、水利部、农业部、质检总局等参与）

（十八）加大执法力度。所有排污单位必须依法实现全面达标排放。逐一排查工业企业排污情况，达标企业应采取措施确保稳定达标；对超标和超总量的企业予以“黄牌”警示，一律限制生产或停产整治；对整治仍不能达到要求且情节严重的企业予以“红牌”处罚，一律停业、关闭。自2016年起，定期公布环保“黄牌”“红牌”企业名单。定期抽查排污单位达标排放情况，结果向社会公布。（环境保护部负责）

完善国家督查、省级巡查、地市检查的环境监督执法机制，强化环保、公安、监察等部门和单位协作，健全行政执法与刑事司法衔接配合机制，完善案件移送、受理、立案、通报等规定。加强对地方人民政府和有关部门环保工作的监督，研究建立国家环境监察专员制度。（环境保护部牵头，工业和信息化部、公安部、中央编办等参与）

严厉打击环境违法行为。重点打击私设暗管或利用渗井、渗坑、溶洞排放、倾倒含有毒有害污染物废水、含病原体污水，监测数据弄虚作假，不正常使用水污染物处理设施，或者未经批准拆除、闲置水污染物处理设施等环境违法行为。对造成生态损害的责任者严格落实赔偿制度。严肃查处建设项目环境影响评价领域越权审批、未批先建、边批边建、久试不验等违法违规行为。对构成犯罪的，要依法追究刑事责任。（环境保护部牵头，公安部、住房城乡建设部等参与）

（十九）提升监管水平。完善流域协作机制。健全跨部门、区域、流域、海域水环境保护议事协调机制，发挥环境保护区域督查派出机构和流域水资源保护机构作用，探索建立陆海统筹的生态系统保护修复机制。流域上下游各级政府、各部门之间要加强协调配合、定期会商，实施联合监测、联合执法、应急联动、信息共享。京津冀、长三角、珠三角等区域要于2015年底前建立水污染防治联动协作机制。建立严格监管所有污染物排放的水环境保护管理制度。（环境保护部牵头，交通运输部、水利部、农业部、海洋局等参与）

完善水环境监测网络。统一规划设置监测断面（点位）。提升饮用水水源水质全指标监测、水生生物监测、地下水环境监测、化学物质监测及环境风险防控技术支撑能力。2017年底前，京津冀、长三角、珠三角等区域、海域建成统一的水环境监测网。（环境保护部牵头，发展改革委、国土资源部、住房城乡建设部、交通运输部、水利部、农业部、海洋局等参与）

提高环境监管能力。加强环境监测、环境监察、环境应急等专业技术培训，严格落实执法、监测等人员持证上岗制度，加强基层环保执法力量，具备条件的乡镇（街道）及工业园区要配备必要的环境监管力量。各市、县应自2016年起实行环境监管网格化管理。（环境保护部负责）

七、切实加强水环境管理

（二十）强化环境质量目标管理。明确各类水体水质保护目标，逐一排查达标状况。未达到水质目标要求的地区要制定达标方案，将治污任务逐一落实到汇水范围内的排污单位，明确防治措施及达标时限，方案报上一级人民政府备案，自2016年起，定期向社会公布。对水质不达标的区域实施挂牌督办，必要时采取区域限批等措施。（环境保护部牵头，水利部参与）

（二十一）深化污染物排放总量控制。完善污染物统计监测体系，将工业、城镇生活、农业、移动源等各类污染源纳入调查范围。选择对水环境质量有突出影响的总氮、总磷、重金属等污染物，研究纳入流域、区域污染物排放总量控制约束性指标体系。（环境保护部牵头，发展改革委、工业和信息化部、住房城乡建设部、水利部、农业部等参与）

（二十二）严格环境风险控制。防范环境风险。定期评估沿江河湖库工业企业、工业集聚区环境和健康风险，落实防控措施。评估现有化学物质环境和健康风险，2017 年底前公布优先控制化学品名录，对高风险化学品生产、使用进行严格限制，并逐步淘汰替代。（环境保护部牵头，工业和信息化部、卫生计生委、安全监管总局等参与）

稳妥处置突发水环境污染事件。地方各级人民政府要制定和完善水污染事故处置应急预案，落实责任主体，明确预警预报与响应程序、应急处置及保障措施等内容，依法及时公布预警信息。（环境保护部牵头，住房城乡建设部、水利部、农业部、卫生计生委等参与）

（二十三）全面推行排污许可。依法核发排污许可证。2015 年底前，完成国控重点污染源及排污权有偿使用和交易试点地区污染源排污许可证的核发工作，其他污染源于 2017 年底前完成。（环境保护部负责）

加强许可证管理。以改善水质、防范环境风险为目标，将污染物排放种类、浓度、总量、排放去向等纳入许可证管理范围。禁止无证排污或不按许可证规定排污。强化海上排污监管，研究建立海上污染排放许可证制度。2017 年底前，完成全国排污许可证管理信息平台建设。（环境保护部牵头，海洋局参与）

八、全力保障水生态环境安全

（二十四）保障饮用水水源安全。从水源到水龙头全过程监管饮用水安全。地方各级人民政府及供水单位应定期监测、检测和评估本行政区域内饮用水水源、供水厂出水和用户水龙头水质等饮水安全状况，地级及以上城市自 2016 年起每季度向社会公开。自 2018 年起，所有县级及以上城市饮水安全状况信息都要向社会公开。（环境保护部牵头，发展改革委、财政部、住房城乡建设部、水利部、卫生计生委等参与）

强化饮用水水源环境保护。开展饮用水水源规范化建设，依法清理饮用水水源保护区内违法建筑和排污口。单一水源供水的地级及以上城市应于 2020 年底前基本完成备用水源或应急水源建设，有条件的地方可以适当提前。加强农村饮用水水源保护和水质检测。（环境保护部牵头，发展改革委、财政部、住房城乡建设部、水利部、卫生计生委等参与）

防治地下水污染。定期调查评估集中式地下水型饮用水水源补给区等区域环境状况。石化生产存贮销售企业和工业园区、矿山开采区、垃圾填埋场等区域应进行必要的防渗处理。加油站地下油罐应于 2017 年底前全部更新为双层罐或完成防渗池设置。报废矿井、钻井、取水井应实施封井回填。公布京津冀等区域内环境风险大、严重影响公众健康的地下水污染场地清单，开展修复试点。（环境保护部牵头，财政部、国土资源部、住房城乡建设部、水利部、商务部等参与）

（二十五）深化重点流域污染防治。编制实施七大重点流域水污染防治规划。研究建立流域水生态环境功能分区管理体系。对化学需氧量、氨氮、总磷、重金属及其他影响人体健康的污染物采取针对性措施，加大整治力度。汇入富营养化湖库的河流应实施总氮排放控制。到 2020 年，长江、珠江总体水质达到优良，松花江、黄河、淮河、辽河在轻度污染基础上进一步改善，海河污染程度得到缓解。三峡库区水质保持良好，南水北调、引滦入津等调水工程确保水质安全。太湖、巢湖、滇池富营养化水平有所好转。白洋淀、乌梁素海、呼伦湖、艾比湖等湖泊污染程度减轻。环境容量较小、生态环境脆弱，环境风险高的地区，应执行水污染物特别排放限值。各地可根据水环境质量改善需要，扩大特别排放限值实施范围。（环境保护部牵头，发展改革委、工业和信息化部、财政部、住房城乡建设部、水利部等参与）

加强良好水体保护。对江河源头及现状水质达到或优于Ⅲ类的江河湖库开展生态环境安全评估，制定实施生态环境保护方案。东江、滦河、千岛湖、南四湖等流域于 2017 年底前完成。浙闽片河流、西南诸河、西北诸河及跨界水体水质保持稳定。（环境保护部牵头，外交部、发展改革委、财政部、水利部、林业局等参与）

（二十六）加强近岸海域环境保护。实施近岸海域污染防治方案。重点整治黄河口、长江口、闽江口、珠江口、辽东湾、渤海湾、胶州湾、杭州湾、北部湾等河口海湾污染。沿海地级及以上城市实施总氮排放总量控制。研究建立重点海域排污总量控制制度。规范入海排污口设置，2017 年底前全面清理非法或设置不合理的入海排污口。到 2020 年，沿海省（区、市）入海河流基本消除劣于Ⅴ类的水体。提高涉海项目准入门槛。（环境保护部、海洋局牵头，发展改革委、工业和信息化部、财政部、住房城乡建设部、交通运输部、农业部等参与）

推进生态健康养殖。在重点河湖及近岸海域划定限制养殖区。实施水产养殖池塘、近海养殖网箱标准化改造，鼓励有条件的渔业企业开展海洋离岸养殖和集约化养殖。积极推广人工配合饲料，逐步减少冰鲜杂鱼饲料使用。加强养殖投入品管理，依法规范、限制使用抗生素等化学药品，开展专项整治。到 2015 年，海水养殖面积控制在 220 万公顷左右。（农业部负责）

严格控制环境激素类化学品污染。2017 年底前完成环境激素类化学品生产使用情况调查，监控评估水源地、农产品种植区及水产品集中养殖区风险，实施环境激素类化学品淘汰、限制、替代等措施。（环境保护部牵头，工业和信息化部、农业部等参与）

（二十七）整治城市黑臭水体。采取控源截污、垃圾清理、清淤疏浚、生态修复等措施，加大黑臭水体治理力度，每半年向社会公布治理情况。地级及以上城市建成区应于 2015 年底前完成水体排查，公布黑臭水体名称、责任人及达标期限；于 2017 年底前实现河面无大面积漂浮物，河岸无垃圾，无违法排污口；于 2020 年底前完成黑臭水体治理目标。直辖市、省会城市、计划单列市建成区要于 2017 年底前基本消除黑臭水体。（住房城乡建设部牵头，环境保护部、水利部、农业部等参与）

（二十八）保护水和湿地生态系统。加强河湖水生态保护，科学划定生态保护红线。禁止侵占自然湿地等水源涵养空间，已侵占的要限期予以恢复。强化水源涵养林建设与保护，开展湿地保护与修复，加大退耕还林、还草、还湿力度。加强滨河（湖）带生态建设，在河道两侧建设植被缓冲带和隔离带。加大水生野生动植物类自然保护区和水产种质资源保护区保护力度，开展珍稀濒危水生生物和重要水产种质资源的就地和迁地保护，提高水生生物多样性。2017 年底前，制定实施七大重点流域水生生物多样性保护方案。（环境保护部、林业局牵头，财政部、国土资源部、住房城乡建设部、水利部、农业部等参与）

保护海洋生态。加大红树林、珊瑚礁、海草床等滨海湿地、河口和海湾典型生态系统，以及产卵场、索饵场、越冬场、洄游通道等重要渔业水域的保护力度，实施增殖放流，建设人工鱼礁。开展海洋生态补偿及赔偿等研究，实施海洋生态修复。认真执行围填海管制计划，严格围填海管理和监督，重点海湾、海洋自然保护区的核心区及缓冲区、海洋特别保护区的重点保护区及预留区、重点河口区域、重要滨海湿地区域、重要砂质岸线及沙源保护海域、特殊保护海岛及重要渔业海域禁止实施围填海，生态脆弱敏感区、自净能力差的海域严格限制围填海。严肃查处违法围填海行为，追究相关人员责任。将自然海岸线保护纳入沿海地方政府政绩考核。到 2020 年，全国自然岸线保有率不低于 35%（不包括海岛岸线）。（环境保护部、海洋局牵头，发展改革委、财政部、农业部、林业局等参与）

九、明确和落实各方责任

（二十九）强化地方政府水环境保护责任。各级地方人民政府是实施本行动计划的主体，要于 2015 年底前分别制定并公布水污染防治工作方案，逐年确定分流域、分区域、分行业的重点任务和年度目标。要不断完善政策措施，加大资金投入，统筹城乡水污染治理，强化监管，确保各项任务全面完成。各省（区、市）工作方案报国务院备案。（环境保护部牵头，发展改革委、财政部、住房城乡建设部、水利部等参与）

（三十）加强部门协调联动。建立全国水污染防治工作协作机制，定期研究解决重大问题。各有关部门要认真按照职责分工，切实做好水污染防治相关工作。环境保护部要加强统一指导、协调和监督，工作进展及时向国务院报告。（环境保护部牵头，发展改革委、科技部、工业和信息化部、财政部、住房城乡建设部、水利部、农业部、海洋局等参与）

（三十一）落实排污单位主体责任。各类排污单位要严格执行环保法律法规和制度，加强污染治理设施建设和运行管理，开展自行监测，落实治污减排、环境风险防范等责任。中央企业和国有企业要带头落实，工业集聚区内的企业要探索建立环保自律机制。（环境保护部牵头，国资委参与）

（三十二）严格目标任务考核。国务院与各省（区、市）人民政府签订水污染防治目标责任书，分解落实目标任务，切实落实“一岗双责”。每年分流域、分区域、分海域对行动计划实施情况进行考核，考核结果向社会公布，并作为对领导班子和领导干部综合考核评价的重要依据。（环境保护部牵头，中央组织部参与）

将考核结果作为水污染防治相关资金分配的参考依据。（财政部、发展改革委牵头，环境保护部参与）

对未通过年度考核的，要约谈省级人民政府及其相关部门有关负责人，提出整改意见，予以督促；对有关地区和企业实施建设项目环评限批。对因工作不力、履职缺位等导致未能有效应对水环境污染事件的，以及干预、伪造数据和没有完成年度目标任务的，要依法依纪追究有关单位和人员责任。对不顾生态环境盲目决策，导致水环境质量恶化，造成严重后果的领导干部，要记录在案，视情节轻重，给予组织处理或党纪政纪处分，已经离任的也要终身追究责任。（环境保护部牵头，监察部参与）

十、强化公众参与和社会监督

（三十三）依法公开环境信息。综合考虑水环境质量及达标情况等因素，国家每年公布最差、最好的10个城市名单和各省（区、市）水环境状况。对水环境状况差的城市，经整改后仍达不到要求的，取消其环境保护模范城市、生态文明建设示范区、节水型城市、园林城市、卫生城市等荣誉称号，并向社会公告。（环境保护部牵头，发展改革委、住房城乡建设部、水利部、卫生计生委、海洋局等参与）

各省（区、市）人民政府要定期公布本行政区域内各地级市（州、盟）水环境质量状况。国家确定的重点排污单位应依法向社会公开其产生的主要污染物名称、排放方式、排放浓度和总量、超标排放情况，以及污染防治设施的建设和运行情况，主动接受监督。研究发布工业集聚区环境友好指数、重点行业污染物排放强度、城市环境友好指数等信息。（环境保护部牵头，发展改革委、工业和信息化部等参与）

（三十四）加强社会监督。为公众、社会组织提供水污染防治法规培训和咨询，邀请其全程参与重要环保执法行动和重大水污染事件调查。公开曝光环境违法典型案件。健全举报制度，充分发挥“12369”环保举报热线和网络平台作用。限期办理群众举报投诉的环境问题，一经查实，可给予举报人奖励。通过公开听证、网络征集等形式，充分听取公众对重大决策和建设项目的意见。积极推行环境公益诉讼。（环境保护部负责）

（三十五）构建全民行动格局。树立“节水洁水，人人有责”的行为准则。加强宣传教育，把水资源、水环境保护和水情知识纳入国民教育体系，提高公众对经济社会发展和环境保护客观规律的认识。依托全国中小学节水教育、水土保持教育、环境教育等社会实践基地，开展环保社会实践活动。支持民间环保机构、志愿者开展工作。倡导绿色消费新风尚，开展环保社区、学校、家庭等群众性创建活动，推动节约用水，鼓励购买使用节水产品和环境标志产品。（环境保护部牵头，教育部、住房城乡建设部、水利部等参与）

我国正处于新型工业化、信息化、城镇化和农业现代化快速发展阶段，水污染防治任务繁重艰巨。各地区、各有关部门要切实处理好经济社会发展和生态文明建设的关系，按照“地方履行属地责任、部门强化行业管理”的要求，明确执法主体和责任主体，做到各司其职，恪尽职守，突出重点，综合整治，务求实效，以抓铁有痕、踏石留印的精神，依法依规狠抓贯彻落实，确保全国水环境治理与保护目标如期实现，为实现“两个一百年”奋斗目标和中华民族伟大复兴中国梦做出贡献。

（三）固体废物和危险废物

危险废物转移联单管理办法

环境保护总局令 第5号

《危险废物转移联单管理办法》已于1999年5月31日经国家环境保护总局局务会议讨论通过，现予发布，1999年10月1日起施行。

一九九九年六月二十二日

危险废物转移联单管理办法

第一条 为加强对危险废物转移的有效监督，实施危险废物转移联单制度，根据《中华人民共和国固体废物污染环境防治法》有关规定，制定本办法。

第二条 本办法适用于在中华人民共和国境内从事危险废物转移活动的单位。

第三条 国务院环境保护行政主管部门对全国危险废物转移联单（以下简称联单）实施统一监督管理。

各省、自治区人民政府环境保护行政主管部门对本行政区域内的联单实施监督管理。

省辖市级人民政府环境保护行政主管部门对本行政区域内联单具体实施监督管理；在直辖市行政区域和设有地区行政公署的行政区域，由直辖市人民政府和地区行政公署环境保护行政主管部门具体实施监督管理。

前款规定的省辖市级人民政府、直辖市人民政府和地区行政公署环境保护行政主管部门，本办法以下统一简称为“环境保护行政主管部门”。

第四条 危险废物产生单位在转移危险废物前，须按照国家有关规定报批危险废物转移计划；经批准后，产生单位应当向移出地环境保护行政主管部门申请领取联单。

产生单位应当在危险废物转移前三日内报告移出地环境保护行政主管部门，并同时将预期到达时间报告接受地环境保护行政主管部门。

第五条 危险废物产生单位每转移一车、船（次）同类危险废物，应当填写一份联单。每车、船（次）有多类危险废物的，应当按每一类危险废物填写一份联单。

第六条 危险废物产生单位应当如实填写联单中产生单位栏目，并加盖公章，经交付危险废物运输单位核实验收签字后，将联单第一联副联自留存档，将联单第二联交移出地环境保护行政主管部门，联单第一联正联及其余各联交付运输单位随危险废物转移运行。

第七条 危险废物运输单位应当如实填写联单的运输单位栏目，按照国家有关危险物品运输的规定，将危险废物安全运抵联单载明的接受地点，并将联单第一联、第二联副联、第三联、第四联、第五联随转移的危险废物交付危险废物接受单位。

第八条　危险废物接受单位应当按照联单填写的内容对危险废物核实验收，如实填写联单中接受单位栏目并加盖公章。

接受单位应当将联单第一联、第二联副联自接受危险废物之日起十日内交付产生单位，联单第一联由产生单位自留存档，联单第二联副联由产生单位在二日内报送移出地环境保护行政主管部门；接受单位将联单第三联交付运输单位存档；将联单第四联自留存档；将联单第五联自接受危险废物之日起二日内报送接受地环境保护行政主管部门。

第九条　危险废物接受单位验收发现危险废物的名称、数量、特性、形态、包装方式与联单填写内容不符的，应当及时向接受地环境保护行政主管部门报告，并通知产生单位。

第十条　联单保存期限为五年；贮存危险废物的，其联单保存期限与危险废物贮存期限相同。

环境保护行政主管部门认为有必要延长联单保存期限的，产生单位、运输单位和接受单位应当按照要求延期保存联单。

第十一条　省辖市级以上人民政府环境保护行政主管部门有权检查联单运行的情况，也可以委托县级人民政府环境保护行政主管部门检查联单运行的情况。

被检查单位应当接受检查，如实汇报情况。

第十二条　转移危险废物采用联运方式的，前一运输单位须将联单各联交付后一运输单位随危险废物转移运行，后一运输单位必须按照联单的要求核对联单产生单位栏目事项和前一运输单位填写的运输单位栏目事项，经核对无误后填写联单的运输单位栏目并签字。经后一运输单位签字的联单第三联的复印件由前一运输单位自留存档，经接受单位签字的联单第三联由最后一运输单位自留存档。

第十三条　违反本办法有下列行为之一的，由省辖市级以上地方人民政府环境保护行政主管部门责令限期改正，并处以罚款：

（一）未按规定申领、填写联单的；

（二）未按规定运行联单的；

（三）未按规定期限向环境保护行政主管部门报送联单的；

（四）未在规定的存档期限保管联单的；

（五）拒绝接受有管辖权的环境保护行政主管部门对联单运行情况进行检查的。

有前款第（一）项、第（三）项行为之一的，依据《中华人民共和国固体废物污染环境防治法》有关规定，处五万元以下罚款；有前款第（二）项、第（四）项行为之一的，处三万元以下罚款；有前款第（五）项行为的，依据《中华人民共和国固体废物污染环境防治法》有关规定，处一万元以下罚款。

第十四条　联单由国务院环境保护行政主管部门统一制定，由省、自治区、直辖市人民政府环境保护行政主管部门印制。

联单共分五联，颜色分别为：第一联，白色；第二联，红色；第三联，黄色；第四联，蓝色；第五联，绿色。

联单编号由十位阿拉伯数字组成。第一位、第二位数字为省级行政区划代码，第三位、第四位数字为省辖市级行政区划代码，第五位、第六位数字为危险废物类别代码，其余四位数字由发放空白联单的危险废物移出地省辖市级人民政府环境保护行政主管部门按照危险废物转移流水号依次编制。联单由直辖市人民政府环境保护行政主管部门发放的，其编号第三位、第四位数字为零。

第十五条　本办法由国务院环境保护行政主管部门负责解释。

第十六条　本办法自一九九九年十月一日起施行。

危险废物转移联单　编号＿＿＿＿＿

第一部分：废物产生单位填写

产生单位＿＿＿＿＿＿＿＿＿单位盖章　电话＿＿＿＿

通信地址＿＿＿＿＿＿＿＿＿＿＿＿＿邮编＿＿＿＿

运输单位＿＿＿＿＿＿＿＿＿＿＿＿＿电话＿＿＿＿

通信地址＿＿＿＿＿＿＿＿＿＿＿＿＿邮编＿＿＿＿

接受单位＿＿＿＿＿＿＿＿＿＿＿＿＿电话＿＿＿＿

通信地址＿＿＿＿＿＿＿＿＿＿＿＿＿邮编＿＿＿＿

废物名称＿＿＿＿＿类别编号＿＿＿＿＿数量＿＿＿＿＿

废物特性：＿＿＿＿＿形态＿＿＿＿＿包装方式＿＿＿＿＿

外运目的：中转贮存　利用　处理　处置

主要危险成分＿＿＿＿＿＿禁忌与应急措施＿＿＿＿＿＿

发运人＿＿＿＿运达地＿＿＿＿＿转移时间＿＿年＿月＿日

第二部分：废物运输单位填写

运输者须知：你必须核对以上栏目事项，当与实际情况不符时，有权拒绝接受。

第一承运人＿＿＿＿＿＿＿＿＿运输日期＿＿＿年＿月＿日

车（船）型：＿＿＿＿牌号＿＿＿＿＿道路运输证号＿＿＿＿＿

运输起点＿＿＿经由地＿＿＿运输终点＿＿＿运输人签字＿＿＿

第二承运人＿＿＿＿＿＿＿＿＿运输日期＿＿＿年＿月＿日

车（船）型：＿＿＿＿牌号＿＿＿＿＿道路运输证号＿＿＿＿＿

运输起点＿＿＿经由地＿＿＿运输终点＿＿＿运输人签字＿＿＿

第三部分：废物接受单位填写

接受者须知：你必须核实以上栏目内容，当与实际情况不符时，有权拒绝接受。

经营许可证号＿＿＿＿＿接收人＿＿＿＿接收日期＿＿＿＿

废物处置方式：利用　贮存　焚烧　安全填埋　其他

单位负责人签字＿＿＿＿单位盖章　日期＿＿＿＿＿

第五联　接受地环保局

危险废物转移联单 编号＿＿＿＿＿

第一部分：废物产生单位填写

产生单位＿＿＿＿＿＿＿＿＿＿＿单位盖章 电话＿＿＿＿

通信地址＿＿＿＿＿＿＿＿＿＿＿＿＿＿＿邮编＿＿＿＿

运输单位＿＿＿＿＿＿＿＿＿＿＿＿＿＿＿电话＿＿＿＿

通信地址＿＿＿＿＿＿＿＿＿＿＿＿＿＿＿邮编＿＿＿＿

接受单位＿＿＿＿＿＿＿＿＿＿＿＿＿＿＿电话＿＿＿＿

通信地址＿＿＿＿＿＿＿＿＿＿＿＿＿＿＿邮编＿＿＿＿

废物名称＿＿＿＿＿类别编号＿＿＿＿＿ 数量＿＿＿＿＿

废物特性：＿＿＿＿ 形态＿＿＿＿ 包装方式＿＿＿＿＿＿

外运目的：中转贮存 利用 处理 处置

主要危险成分＿＿＿＿＿＿禁忌与应急措施＿＿＿＿＿＿

发运人＿＿＿ 运达地＿＿＿＿＿ 转移时间＿＿年＿月＿日

第二部分：废物运输单位填写

运输者须知：你必须核对以上栏目事项，当与实际情况不符时，有权拒绝接受。

第一承运人＿＿＿＿＿＿＿＿＿＿运输日期＿＿年＿月＿日

车（船）型：＿＿＿＿ 牌号＿＿＿＿＿道路运输证号＿＿＿＿＿

运输起点＿＿＿经由地＿＿＿运输终点＿＿＿ 运输人签字＿＿＿

第二承运人＿＿＿＿＿＿＿＿＿＿运输日期＿＿年＿月＿日

车（船）型：＿＿＿＿牌号＿＿＿＿＿道路运输证号＿＿＿＿＿

运输起点＿＿＿经由地＿＿＿运输终点＿＿＿ 运输人签字＿＿＿

第三部分：废物接受单位填写

接受者须知：你必须核实以上栏目内容，当与实际情况不符时，有权拒绝接受。

经营许可证号＿＿＿＿＿＿接收人＿＿＿＿ 接收日期＿＿＿＿

废物处置方式：利用 贮存 焚烧 安全填埋 其他

单位负责人签字＿＿＿＿ 单位盖章 日期＿＿＿＿＿

第二联 移出地环保局

危险废物转移联单 编号________

第一部分：废物产生单位填写

产生单位______________________单位盖章 电话________

通信地址 ________________________________ 邮编________

运输单位 ________________________________ 电话________

通信地址 ________________________________ 邮编________

接受单位 ________________________________ 电话________

通信地址 ________________________________邮编________

废物名称 __________类别编号___________ 数量__________

废物特性：_________ 形态 _________ 包装方式_____________

外运目的：中转贮存 利用 处理 处置

主要危险成分 _____________禁忌与应急措施 _____________

发运人 ______ 运达地 ___________ 转移时间____年__ 月__日

第二部分：废物运输单位填写

运输者须知：你必须核对以上栏目事项，当与实际情况不符时，有权拒绝接受。

第一承运人 _____________________运输日期_____年__月__日

车（船）型：________ 牌号_________道路运输证号__________

运输起点_____经由地______运输终点______ 运输人签字_____

第二承运人 _____________________运输日期_____年__月__日

车（船）型：________牌号_________道路运输证号__________

运输起点_____经由地______运输终点______ 运输人签字_____

第三部分：废物接受单位填写

接受者须知：你必须核实以上栏目内容，当与实际情况不符时，有权拒绝接受。

经营许可证号____________接收人 _______ 接收日期 ________

废物处置方式：利用 贮存 焚烧 安全填埋 其他

单位负责人签字________ 单位盖章 日期___________

第一联 产生单位

危险废物转移联单 编号__________

第一部分：废物产生单位填写

产生单位______________________单位盖章　电话_______

通信地址 ________________________________ 邮编_______

运输单位 ________________________________ 电话_______

通信地址 ________________________________ 邮编_______

接受单位 ________________________________ 电话_______

通信地址 ________________________________邮编_______

废物名称 __________类别编号___________ 数量__________

废物特性：_________ 形态 _________ 包装方式_____________

外运目的：中转贮存 利用 处理 处置

主要危险成分 ______________禁忌与应急措施 ______________

发运人 ______ 运达地 ____________ 转移时间____年__ 月__日

第二部分：废物运输单位填写

运输者须知：你必须核对以上栏目事项，当与实际情况不符时，有权拒绝接受。

第一承运人 ______________________运输日期______年__月__日

车（船）型：________ 牌号_________道路运输证号__________

运输起点_____经由地______运输终点______ 运输人签字_____

第二承运人 ______________________运输日期______年__月__日

车（船）型：________牌号__________道路运输证号__________

运输起点_____经由地______运输终点______ 运输人签字_____

第三部分：废物接受单位填写

接受者须知：你必须核实以上栏目内容，当与实际情况不符时，有权拒绝接受。

经营许可证号_____________接收人 _______ 接收日期 _______

废物处置方式：利用 贮存 焚烧 安全填埋 其他

单位负责人签字________ 单位盖章　日期___________

第三联　运输单位

危险废物转移联单 编号________

第一部分：废物产生单位填写

产生单位______________________单位盖章　电话________

通信地址 ________________________________ 邮编________

运输单位 ________________________________ 电话________

通信地址 ________________________________ 邮编________

接受单位 ________________________________ 电话________

通信地址 ________________________________邮编________

废物名称 ___________类别编号___________　数量___________

废物特性：__________ 形态 __________ 包装方式______________

外运目的：中转贮存 利用 处理 处置

主要危险成分 ______________禁忌与应急措施 ______________

发运人 _______ 运达地 ____________ 转移时间____年__月__日

第二部分：废物运输单位填写

运输者须知：你必须核对以上栏目事项，当与实际情况不符时，有权拒绝接受。

第一承运人 ______________________运输日期_____年__月__日

车（船）型：_______ 牌号_________道路运输证号__________

运输起点_____经由地______运输终点______ 运输人签字_____

第二承运人 ______________________运输日期_____年__月__日

车（船）型：_______ 牌号_________道路运输证号__________

运输起点_____经由地______运输终点______ 运输人签字_____

第三部分：废物接受单位填写

接受者须知：你必须核实以上栏目内容，当与实际情况不符时，有权拒绝接受。

经营许可证号____________接收人 ________ 接收日期 ________

废物处置方式：利用 贮存 焚烧 安全填埋 其他

单位负责人签字________ 单位盖章　日期___________

第四联 接受单位

危险废物转移联单 编号__________

第一部分：废物产生单位填写

产生单位____________________单位盖章 电话_______

通信地址 ____________________________ 邮编_______

运输单位 ____________________________ 电话_______

通信地址 ____________________________ 邮编_______

接受单位 ____________________________ 电话_______

通信地址 ____________________________邮编_______

废物名称 _________类别编号__________ 数量_________

废物特性：________ 形态 ________ 包装方式____________

外运目的：中转贮存 利用 处理 处置

主要危险成分 ____________禁忌与应急措施 ____________

发运人 ______ 运达地 ___________ 转移时间___年__ 月__日

第二部分：废物运输单位填写

运输者须知：你必须核对以上栏目事项，当与实际情况不符时，有权拒绝接受。

第一承运人 ___________________运输日期_____年__月__日

车（船）型：_______ 牌号________道路运输证号_________

运输起点_____经由地_____运输终点______ 运输人签字_____

第二承运人 ___________________运输日期_____年__月__日

车（船）型：_______牌号_________道路运输证号_________

运输起点_____经由地_____运输终点______ 运输人签字_____

第三部分：废物接受单位填写

接受者须知：你必须核实以上栏目内容，当与实际情况不符时，有权拒绝接受。

经营许可证号___________接收人 _______ 接收日期 _______

废物处置方式：利用 贮存 焚烧 安全填埋 其他

单位负责人签字_______ 单位盖章 日期__________

第一联副联

产生单位

危险废物转移联单 编号__________

第一部分：废物产生单位填写

产生单位______________________单位盖章　电话_______

通信地址 ________________________________ 邮编_______

运输单位 ________________________________ 电话_______

通信地址 ________________________________ 邮编_______

接受单位 ________________________________ 电话_______

通信地址 ________________________________邮编_______

废物名称 ___________类别编号___________ 数量__________

废物特性：_________ 形态 _________ 包装方式_____________

外运目的：中转贮存 利用 处理 处置

主要危险成分 ______________禁忌与应急措施 ______________

发运人 ______ 运达地 ____________ 转移时间____年__ 月__日

第二部分：废物运输单位填写

运输者须知：你必须核对以上栏目事项，当与实际情况不符时，有权拒绝接受。

第一承运人 _____________________运输日期______年__月__日

车（船）型：_______ 牌号_________ 道路运输证号__________

运输起点_____经由地______运输终点______ 运输人签字______

第二承运人 _____________________运输日期______年__月__日

车（船）型：_______牌号__________道路运输证号__________

运输起点_____经由地______运输终点______ 运输人签字______

第三部分：废物接受单位填写

接受者须知：你必须核实以上栏目内容，当与实际情况不符时，有权拒绝接受。

经营许可证号_____________接收人 _______ 接收日期 _______

废物处置方式：利用 贮存 焚烧 安全填埋 其他

单位负责人签字________ 单位盖章　日期__________

第二联副联　移出地环保局

中华人民共和国国家标准

一般工业固体废物贮存、处置场污染控制标准

Standard for pollution control on the storage and disposal site for general industrial solid wastes

GB 18599—2001

2001-12-28 发布　　2002-07-01 实施

前　言

为贯彻《中华人民共和国固体废物污染环境防治法》，防治一般工业固体废物贮存、处置场的二次污染，制定本标准。

本标准规定了一般工业固体废物贮存、处置场的选址、设计、运行管理、关闭与封场以及污染控制与监测等内容。

本标准为首次发布。

本标准由国家环境保护总局科技标准司提出。

本标准由原冶金部马鞍山矿山研究院负责起草。

本标准由国家环境保护总局于 2001 年 11 月 26 日批准。

本标准由国家环境保护总局负责解释。

1　主题内容与适用范围

1.1　主题内容

本标准规定了一般工业固体废物贮存、处置场的选址、设计、运行管理、关闭与封场以及污染控制与监测等要求。

1.2　适用范围

本标准适用于新建、扩建、改建及已经建成投产的一般工业固体废物贮存、处置场的建设、运行和监督管理；不适用于危险废物和生活垃圾填埋场。

2　引用标准

卜列标准所包含的条文，在本标准中引用而构成本标准的条文，与本标准同效。

GB 5085.1～2　危险废物鉴别标准

GB 8978　污水综合排放标准

CB 16297　大气污染物综合排放标准

GB/T 14848　地下水质量标准

HJ/T 20　工业固体废物采样制样技术规范

GB 5086.1～2　固体废物浸出毒性浸出方法

GB/T 15555.1～12　固体废物浸出毒性测定方法

GB 5750　生活饮用水标准检验方法

GB 15562.2　环境保护图形标志　固体废物贮存（处置）场

当上述标准被修订时，应使用其最新版本。

3 定 义

本标准采用下列定义：

3.1　一般工业固体废物

系指未被列入《国家危险废物名录》或者根据国家规定的 GB 5085 鉴别标准和 GB 5086 及 GB/T 15555 鉴别方法判定不具有危险特性的工业固体废物。

3.2　第Ⅰ类一般工业固体废物

按照 GB 5086 规定方法进行浸出试验而获得的浸出液中，任何一种污染物的浓度均未超过 GB 8978 最高允许排放浓度，且 pH 值在 6～9 范围之内的一般工业固体废物。

3.3　第Ⅱ类一般工业固体废物

按照 GB 5086 规定方法进行浸出试验而获得的浸出液中，有一种或一种以上的污染物浓度超过 GB 8978 最高允放排放浓度，或者是 pH 值在 6～9 范围之外的一般工业固体废物。

3.4　贮存场

将一般工业固体废物置于符合本标准规定的非永久性的集中堆放场所。

3.5　处置场

将一般工业固体废物置于符合本标准规定的永久性的集中堆放场所。

3.6　渗滤液

一般工业固废物在贮存、处置过程中渗流出的液体。

3.7　渗透系数

水力坡降为 1 时，水穿过土壤、岩石或其他防渗材料的渗透速度，以 cm/s 计。

3.8　防渗工程

用天然或人工防渗材料构筑阻止贮存、处置场内外液体渗透的工程。

4 贮存、处置场的类型

贮存、处置场划分为Ⅰ和Ⅱ两个类型。

堆放第Ⅰ类一般工业固体废物的贮存、处置场为第一类，简称Ⅰ类场。

堆放第Ⅱ类一般工业固体废物的贮存、处置场为第二类，简称Ⅱ类场。

5 场址选择的环境保护要求

5.1　Ⅰ类场和Ⅱ类场的共同要求。

5.1.1　所选场址应符合当地城乡建设总体规划要求。

5.1.2　应选在工业区和居民集中区主导风向下风侧，场界距居民集中区 500 m 以外。

5.1.3　应选在满足承载力要求的地基上，以避免地基下沉的影响，特别是不均匀或局部下沉的影响。

5.1.4　应避开断层、断层破碎带、溶洞区，以及天然滑坡或泥石流影响区。

5.1.5　禁止选在江河、湖泊、水库最高水位线以下的滩地和洪泛区。

5.1.6　禁止选在自然保护区、风景名胜区和其他需要特别保护的区域。

5.2　Ⅰ类场的其他要求

应优先选用废弃的采矿坑、塌陷区。

5.3　Ⅱ类场的其他要求

5.3.1 应避开地下水主要补给区和饮用水源含水层。

5.3.2 应选在防渗性能好的地基上。天然基础层地表距地下水位的距离不得小于 1.5 m。

6 贮存、处置场设计的环境保护要求

6.1 Ⅰ类场和Ⅱ类场的共同要求

6.1.1 贮存、处置场的建设类型，必须与将要堆放的一般工业固体废物的类别相一致。

6.1.2 建设项目环境影响评价中应设置贮存、处置场专题评价；扩建、改建和超期服役的贮存、处置场，应重新履行环境影响评价手续。

6.1.3 贮存、处置场应采取防止粉尘污染的措施。

6.1.4 为防止雨水径流进入贮存、处置场内，避免渗滤液量增加和滑坡，贮存、处置场周边应设置导流渠。

6.1.5 应设计渗滤液集排水设施。

6.1.6 为防止一般工业固体废物和渗滤液的流失，应构筑堤、坝、挡土墙等设施。

6.1.7 为保障设施、设备正常运营，必要时应采取措施防止地基下沉，尤其是防止不均匀或局部下沉。

6.1.8 含硫量大于 1.5%的煤矸石，必须采取措施防止自燃。

6.1.9 为加强监督管理，贮存、处置场应按 GB 15562.2 设置环境保护图形标志。

6.2 Ⅱ类场的其他要求

6.2.1 当天然基础层的渗透系数大于 1.0×10^{-7} cm/s 时，应采用天然或人工材料构筑防渗层，防渗层的厚度应相当于渗透系数 1.0×10^{-7} cm/s 和厚度 1.5 m 的黏土层的防渗性能。

6.2.2 必要时应设计渗滤液处理设施，对渗滤液进行处理。

6.2.3 为监控渗滤液对地下水的污染，贮存、处置场周边至少应设置三口地下水质监控井。一口沿地下水流向设在贮存、处置场上游，作为对照井；第二口沿地下水流向设在贮存、处置场下游，作为污染监视监测井；第三口设在最可能出现扩散影响的贮存、处置场周边，作为污染扩散监测井。

当地质和水文地质资料表明含水层埋藏较深，经论证认定地下水不会被污染时，可以不设置地下水质监控井。

7 贮存、处置场的运行管理环境保护要求

7.1 Ⅰ类场和Ⅱ类场的共同要求

7.1.1 贮存、处置场的竣工，必须经原审批环境影响报告书（表）的环境保护行政主管部门验收合格后，方可投入生产或使用。

7.1.2 一般工业固体废物贮存、处置场，禁止危险废物和生活垃圾混入。

7.1.3 贮存、处置场的渗滤液水质达到 GB 8978 标准后方可排放，大气污染物排放应满足 GB 16297 无组织排放要求。

7.1.4 贮存、处置场使用单位，应建立检查维护制度。定期检查维护堤、坝、挡土墙、导流渠等设施，发现有损坏可能或异常，应及时采取必要措施，以保障正常运行。

7.1.5 贮存、处置场的使用单位，应建立档案制度。应将入场的一般工业固体废物的种类和数量以及下列资料，详细记录在案，长期保存，供随时查阅。

a. 各种设施和设备的检查维护资料；

b. 地基下沉、坍塌、滑坡等的观测和处置资料；

c. 渗滤液及其处理后的水污染物排放和大气污染物排放等的监测资料。

7.1.6 贮存、处置场的环境保护图形标志，应按 GB 15562.2 规定进行检查和维护。

7.2 Ⅰ类场的其他要求

禁止Ⅱ类一般工业固体废物混入。

7.3 Ⅱ类场的其他要求

7.3.1 应定期检查维护防渗工程，定期监测地下水水质，发现防渗功能下降，应及时采取必要措施。地下水水质按 GB/T 14848 规定评定。

7.3.2 应定期检查维护渗滤液集排水设施和渗滤液处理设施，定期监测渗滤液及其处理后的排放水水质，发现集排水设施不通畅或处理后的水质超过 GB 8978 或地方的污染物排放标准，需及时采取必要措施。

8 关闭与封场的环境保护要求

8.1 Ⅰ类场和Ⅱ类场的共同要求

8.1.1 当贮存、处置场服务期满或因故不再承担新的贮存、处置任务时，应分别予以关闭或封场。关闭或封场前，必须编制关闭或封场计划，报请所在地县级以上环境保护行政主管部门核准，并采取污染防止措施。

8.1.2 关闭或封场时，表面坡度一般不超过 33%。标高每升高 3～5 m，需建造一个台阶。台阶应有不小于 1 m 的宽度、2%～3%的坡度和能经受暴雨冲刷的强度。

8.1.3 关闭或封场后，仍需继续维护管理，直到稳定为止。以防止覆土层下沉、开裂，致使渗滤液量增加，防止一般工业固体废物堆体失稳而造成滑坡等事故。

8.1.4 关闭或封场后，应设置标志物，注明关闭或封场时间，以及使用该土地时应注意的事项。

8.2 Ⅰ类场的其他要求

为利于恢复植被，关闭时表面一般应覆一层天然土壤，其厚度视固体废物的颗粒度大小和拟种植物种类确定。

8.3 Ⅱ类场的其他要求

8.3.1 为防止固体废物直接暴露和雨水渗入堆体内，封场时表面应覆土二层，第一层为阻隔层，覆 20～45 cm 厚的黏土，并压实，防止雨水渗入固体废物堆体内；第二层为覆盖层，覆天然土壤，以利植物生长，其厚度视栽种植物种类而定。

8.3.2 封场后，渗滤液及其处理后的排放水的监测系统应继续维持正常运转，直至水质稳定为止。地下水监测系统应继续维持正常运转。

9 污染物控制与监测

9.1 污染控制项目

9.1.1 渗滤液及其处理后的排放水

应选择一般工业固废物的特征组分作为控制项目。

9.1.2 地下水

贮存、处置场投入使用前，以 GB/T 14848 规定的项目为控制项目；使用过程中和关闭或封场后的控制项目，可选择所贮存、处置的固体废物的特征组分。

9.1.3 大气

贮存、处置场以颗粒物为控制项目，其中属于自燃性煤矸石的贮存、处置场，以颗粒物和二氧化硫为控制项目。

9.2 监测

9.2.1 渗滤液及其处理后的排放水

a. 采样点。采样点设在排放口。

b. 采样频率。每月一次。

c. 测定方法。按 GB 8978 选配方法进行。

9.2.2　地下水

a. 采样点。采样点设在地下水质监控井。

b. 采样频率。贮存、处置场投入使用前，至少应监测一次本底水平；在运行过程中和封场后，每年按枯、平、丰水期进行，每期一次。

c. 测定方法。按 GB 5750 进行。

9.2.3　大气

a. 采样点。按 GB 16297 附录 C 进行。

b. 采样频率。每月一次。

c. 测定方法（见表 1）。

表 1　大气污染物测定方法

项目	测定方法	方法来源
颗粒物	重量法	GB/T 15432—1995
二氧化硫	（1）甲醛吸收副玫瑰苯胺分光光度法	GB/T 15262—94
	（2）四氯汞盐副玫瑰苯胺分光光度法	GB 8970—88

10　标准的实施与监督

本标准由县级以上人民政府环境保护行政主管部门负责监督实施。

中华人民共和国国家标准

危险废物贮存污染控制标准

Standard for pollution control on hazardous waste storage

GB 18597—2001

2001-12-28 发布　　2002-07-01 实施

前　言

为贯彻《中华人民共和国固体废物污染环境防治法》，防止危险废物贮存过程造成的环境污染，加强对危险废物贮存的监督管理，制订本标准。

本标准规定了对危险废物贮存的一般要求，对危险废物包装、贮存设施的选址、设计、运行、安全防护、监测和关闭等要求。

本标准为首次发布。

本标准中附录A是标准的附录，附录B是提示性附录。

本标准由国家环境保护总局科技标准司提出。

本标准由沈阳环境科学研究所负责起草。

本标准由国家环境保护总局于2001年11月26日批准。

本标准由国家环境保护总局负责解释。

1　主题内容与适用范围

1.1　主题内容

本标准规定了对危险废物贮存的一般要求，对危险废物的包装、贮存设施的选址、设计、运行、安全防护、监测和关闭等要求。

1.2　适用范围

本标准适用于所有危险废物（尾矿除外）贮存的污染控制及监督管理，适用于危险废物的产生者、经营者和管理者。

2　引用标准

下列标准所含的条文，通过在本标准中引用而构成本标准的条文，与本标准同效。

GB 16297　大气污染物综合排放标准

GB 8978　污水综合排放标准

GB 5085.1～3　危险废物鉴别标准

GB 15562.2　环境保护图形标志　固体废物贮存（处置）场

GB 14554　恶臭污染物排放标准

GB/T 15555.1～12　固体废弃物浸出毒性测定方法

当上述标准被修订时，应使用其最新版本。

3 定义

3.1 危险废物

指列入国家危险废物名录或者根据国家规定的危险废物鉴别标准和鉴别方法认定的具有危险特性的废物。

3.2 危险废物贮存

指危险废物再利用、或无害化处理和最终处置前的存放行为。

3.3 贮存设施

指按规定设计、建造或改建的用于专门存放危险废物的设施。

3.4 集中贮存

指危险废物集中处理、处置设施中所附设的贮存设施和区域性的集中贮存设施。

3.5 容器

指按标准要求盛载危险废物的器具。

4 一般要求

4.1 所有危险废物产生者和危险废物经营者应建造专用的危险废物贮存设施，也可利用原有构筑物改建成危险废物贮存设施。

4.2 在常温常压下易爆、易燃及排出有毒气体的危险废物必须进行预处理，使之稳定后贮存，否则，按易爆、易燃危险品贮存。

4.3 在常温常压下不水解、不挥发的固体危险废物可在贮存设施内分别堆放。

4.4 除 4.3 规定外，必须将危险废物装入容器内。

4.5 禁止将不相容（相互反应）的危险废物在同一容器内混装。

4.6 无法装入常用容器的危险废物可用防漏胶袋等盛装。

4.7 装载液体、半固体危险废物的容器内须留足够空间，容器顶部与液体表面之间保留 100 mm 以上的空间。

4.8 医院产生的临床废物，必须当日消毒，消毒后装入容器。常温下贮存期不得超过 1 d，于 5℃以下冷藏的，不得超过 7 d。

4.9 盛装危险废物的容器上必须粘贴符合本标准附录 A 所示的标签。

4.10 危险废物贮存设施在施工前应做环境影响评价。

5 危险废物贮存容器

5.1 应当使用符合标准的容器盛装危险废物。

5.2 装载危险废物的容器及材质要满足相应的强度要求。

5.3 装载危险废物的容器必须完好无损。

5.4 盛装危险废物的容器材质和衬里要与危险废物相容（不相互反应）。

5.5 液体危险废物可注入开孔直径不超过 70 mm 并有放气孔的桶中。

6 危险废物贮存设施的选址与设计原则

6.1 危险废物集中贮存设施的选址

6.1.1 地质结构稳定，地震烈度不超过 7 度的区域内。

6.1.2 设施底部必须高于地下水最高水位。

6.1.3 场界应位于居民区 800 m 以外，地表水域 150 m 以外。

6.1.4 应避免建在溶洞区或易遭受严重自然灾害如洪水、滑坡，泥石流、潮汐等影响的地区。

6.1.5 应建在易燃、易爆等危险品仓库、高压输电线路防护区域以外。

6.1.6 应位于居民中心区常年最大风频的下风向。

6.1.7 集中贮存的废物堆选址除满足以上要求外，还应满足 6.3.1 款要求。

6.2 危险废物贮存设施（仓库式）的设计原则

6.2.1 地面与裙脚要用坚固、防渗的材料建造，建筑材料必须与危险废物相容。

6.2.2 必须有泄漏液体收集装置、气体导出口及气体净化装置。

6.2.3 设施内要有安全照明设施和观察窗口。

6.2.4 用以存放装载液体、半固体危险废物容器的地方，必须有耐腐蚀的硬化地面，且表面无裂隙。

6.2.5 应设计堵截泄漏的裙脚，地面与裙脚所围建的容积不低于堵截最大容器的最大储量或总储量的 1/5。

6.2.6 不相容的危险废物必须分开存放，并设有隔离间隔断。

6.3 危险废物的堆放

6.3.1 基础必须防渗，防渗层为至少 1 m 厚黏土层（渗透系数$\leqslant 10^{-7}$ cm/s），或 2 mm 厚高密度聚乙烯，或至少 2 mm 厚的其他人工材料，渗透系数$\leqslant 10^{-10}$ cm/s。

6.3.2 堆放危险废物的高度应根据地面承载能力确定。

6.3.3 衬里放在一个基础或底座上。

6.3.4 衬里要能够覆盖危险废物或其溶出物可能涉及到的范围。

6.3.5 衬里材料与堆放危险废物相容。

6.3.6 在衬里上设计、建造浸出液收集清除系统。

6.3.7 应设计建造径流疏导系统，保证能防止 25 a 一遇的暴雨不会流到危险废物堆里。

6.3.8 危险废物堆内设计雨水收集池，并能收集 25 a 一遇的暴雨 24 h 降水量。

6.3.9 危险废物堆要防风、防雨、防晒。

6.3.10 产生量大的危险废物可以散装方式堆放贮存在按上述要求设计的废物堆里。

6.3.11 不相容的危险废物不能堆放在一起。

6.3.12 总贮存量不超过 300 kg（L）的危险废物要放入符合标准的容器内，加上标签，容器放入坚固的柜或箱中，柜或箱应设多个直径不少于 30 mm 的排气孔。不相容危险废物要分别存放或存放在不渗透间隔分开的区域内，每个部分都应有防漏裙脚或储漏盘，防漏裙脚或储漏盘的材料要与危险废物相容。

7 危险废物贮存设施的运行与管理

7.1 从事危险废物贮存的单位，必须得到有资质单位出具的该危险废物样品物理和化学性质的分析报告，认定可以贮存后，方可接收。

7.2 危险废物贮存前应进行检验，确保同预定接收的危险废物一致，并登记注册。

7.3 不得接收未粘贴符合 4.9 规定的标签或标签没按规定填写的危险废物。

7.4 盛装在容器内的同类危险废物可以堆叠存放。

7.5 每个堆间应留有搬运通道。

7.6 不得将不相容的废物混合或合并存放。

7.7 危险废物产生者和危险废物贮存设施经营者均须作好危险废物情况的记录，记录上须注明危险废物的名称、来源、数量、特性和包装容器的类别、入库日期、存放库位、废物出库日期及接收单位名称。

危险废物的记录和货单在危险废物回取后应继续保留 3 a。

7.8 必须定期对所贮存的危险废物包装容器及贮存设施进行检查，发现破损，应及时采取措施清理更换。

7.9 泄漏液、清洗液、浸出液必须符合 GB 8978 的要求方可排放，气体导出口排出的气体经处理后，应满足 GB 16297 和 GB 14554 的要求。

8 危险废物贮存设施的安全防护与监测

8.1 安全防护

8.1.1 危险废物贮存设施都必须按 GB 15562.2 的规定设置警示标志。

8.1.2 危险废物贮存设施周围应设置围墙或其他防护栅栏。

8.1.3 危险废物贮存设施应配备通讯设备、照明设施、安全防护服装及工具，并设有应急防护设施。

8.1.4 危险废物贮存设施内清理出来的泄漏物，一律按危险废物处理。

8.2 按国家污染源管理要求对危险废物贮存设施进行监测。

9 危险废物贮存设施的关闭

9.1 危险废物贮存设施经营者在关闭贮存设施前应提交关闭计划书，经批准后方可执行。

9.2 危险废物贮存设施经营者必须采取措施消除污染。

9.3 无法消除污染的设备、土壤、墙体等按危险废物处理，并运至正在营运的危险废物处理处置场或其他贮存设施中。

9.4 监测部门的监测结果表明已不存在污染时，方可摘下警示标志，撤离留守人员。

10 标准的实施与监督

本标准由县级以上人民政府环境保护行政主管部门负责实施与监督。

附 录 A
（标准的附录）
危险废物标签

<table>
<tr><td colspan="2">危 险 废 物</td></tr>
<tr><td>主要成分
化学名称</td><td rowspan="3">危险类别

</td></tr>
<tr><td>危险情况：</td></tr>
<tr><td>安全措施：</td></tr>
<tr><td colspan="2">废物产生单位：________
地址：________
电话：________ 联系人：________
批次： 数量： 出厂日期：</td></tr>
</table>

危险废物标签

M 1∶1

字体为黑体字。

底色为醒目的桔黄色。

危险废物种类标志

危险分类	符号	危险分类	符号
Explosive 爆炸性 黑色字橙色底		Toxic 有毒	
Flammable 易燃 黑色字红色底		Harmful 有害	
Oxidizing 助燃 黑色字黄色底		Corrosive 腐蚀性	
Irritant 刺激性		Asbestos 石棉	

附 录 B
（提示性附录）

表1 不同危险废物种类与一般容器的化学相容性

	容器或衬垫的材料							
	高密度聚乙烯	聚丙烯	聚氯乙烯	聚四氟乙烯	软碳钢	不锈钢		
						OCr18Ni9（GB）	M03Ti（GB）	9Cr18M0V（GB）
酸（非氧化）如硼酸、盐酸	R	R	A	R	N	*	*	*
酸（氧化）如硝酸	R	N	N	R	N	R	R	*
碱	R	R	A	R	N	R	*	R
铬或非铬氧化剂	R	A*	A*	R	N	A	A	*
废氰化物	R	R	R	A*—N	N	N	N	N
卤化或非卤化溶剂	*	N	N	*	A*	A	A	A
金属盐酸液	R	A*	A*	R	A*	A*	A*	A*
金属淤泥	R	R	R	R	R	*	R	*
混合有机化合物	R	N	N	A	R	R	R	R
油腻废物	R	N	N	R	A*	R	R	R
有机淤泥	R	N	N	R	R	*	R	*

	容器或衬垫的材料							
	高密度聚乙烯	聚丙烯	聚氯乙烯	聚四氟乙烯	软碳钢	不锈钢		
						OCr$_{18}$N$_{i9}$（GB）	M$_{03}$T$_{i}$（GB）	9Cr$_{18}$M$_{0}$V（GB）
废漆油（原溶剂）	R	N	N	R	R	R	R	R
酚及其衍生物	R	A*	A*	R	N	A*	A*	A*
聚合前驱物及产生的废物	R	N	N	*	R	*	*	*
皮革废物（铬鞣溶剂）	R	R	R	R	N	*	R	*
废催化剂	R	*	*	A*	A*	A*	A*	A*

A：可接受；N：不建议使用；R：建议使用。

*：因变异性质，请参阅个别化学品的安全资料。

表 2 部分不相容的危险废物

不相容危险废物		混合时会产生的危险
甲	乙	
氰化物	酸类、非氧化	产生氰化氢、吸入少量可能会致命
次氯酸盐	酸类、非氧化	产生氯气，吸入可能会致命
铜、铬及多种重金属	酸类、氧化，如硝酸	产生二氧化氮、亚硝酸烟，引致刺激眼目及烧伤皮肤
强酸	强碱	可能引起爆炸性的反应及产生热能
氨盐	强碱	产生氨气，吸入会刺激眼目及呼吸道
氧化剂	还原剂	可能引起强烈及爆炸性的反应及产生热能

表 3 一些危险废物的危险分类

废物种类	危险分类
废酸类	刺激性/腐蚀性（视其强度而定）
废碱类	刺激性/腐蚀性（视其强度而定）
废溶剂如乙醇、甲苯	易燃
卤化溶剂	有毒
油—水混合物	有害
氰化物溶液	有毒
酸及重金属混合物	有害/刺激性
重金属	有害
含六价铬的溶液	刺激性
石棉	石棉

标签上的危险用语

1. 十燥时容易爆炸。
2. 振动、磨擦、接触火焰或其他火源即可能爆炸。
3. 振动、磨擦、接触火焰或其他火源极易爆炸。
4. 形成极度敏感的爆炸性金属化合物。
5. 加热可能引起爆炸。
6. 不论是否与空气接触都容易爆炸。
7. 可能引起火警。
8. 与可燃物料接触可能引起火警。

9．与可燃物料混合时容易爆炸。
10．易燃。
11．高度易燃。
12．极度易燃。
13．极度易燃的液化气体。
14．遇水即产生强烈反应。
15．遇水即放出高度易燃气体。
16．与助燃物质混合时容易爆炸。
17．在空气中会自动燃烧。
18．使用时，可能产生易燃/爆炸性气体及空气混合气体。
19．可能产生容易爆炸的过氧化物。
20．吸入后会对人体有害。
21．沾及皮肤后会对人体有害。
22．吞食后会对人体有害。
23．吸入后会中毒。
24．沾及皮肤后会中毒。
25．吞食后会中毒。
26．吸入后会中剧毒。
27．沾及皮肤后会中剧毒。
28．吞食后会中剧毒。
29．遇水即放出毒气。
30．使用时，可以变得高度易燃。
31．与酸接触后即放出毒气。
32．与酸接触后即放出剧毒气体。
33．有累积效果的危险。
34．引致灼伤。
35．引致严重灼伤。
36．刺激眼睛。
37．刺激呼吸系统。
38．刺激皮肤。
39．有对人体造成非常严重及永不复原的损害的危险。
40．可能对人体造成永不复原的损害。
41．可能对眼睛造成严重损害。
42．吸入后可能引起敏感。
43．沾及皮肤后可能引起敏感。
44．在密封情况下加热可能爆炸。
45．可能引致癌症。
46．可能造成遗传性的基因损害。
47．可能引致先天性缺陷。
48．长期接触可能严重危害健康。
49．当潮湿时，在空气中会自动燃烧。

同时出现的危险情况时标签上的参考危险用语

14/15　遇水即产生强烈反应，并放出高度易燃气体。

15/29　遇水即放出有毒及高度易燃气体。

20/21　吸入或沾及皮肤后都对人体有害。

20/21/22　吸入、沾及皮肤或吞食后都对人体有害。

20/22　吸入或吞食后都对人体有害。

21/22　沾及皮肤或吞食后都对人体有害。

23/24　吸入或沾及皮肤后会中毒。

23/24/25　吸入、沾及皮肤或吞食后会中毒。

23/25　吸入或吞食后会中毒。

24/25　沾及皮肤或吞食后会中毒。

26/27　吸入或沾及皮肤后会中剧毒。

26/27/28　吸入、沾及皮肤或吞食后会中剧毒。

26/28　吸入或吞食后会中剧毒。

27/28　沾及皮肤或吞食后会中剧毒。

36/37　刺激眼睛及呼吸系统。

36/37/38　刺激眼睛、呼吸系统及皮肤。

36/38　刺激眼睛及皮肤。

37/38　刺激呼吸系统及皮肤。

42/43　吸入或沾及皮肤后都可能引起敏感。

标签上的安全用语

1．必须锁紧。

2．放在阴凉地方。

3．切勿放近住所。

4．容器必须盖紧。

5．容器必须保持干燥。

6．容器必须放在通风的地方。

7．切勿将容器密封。

8．切勿放近食物、饮品及动物饲料。

9．切勿放近　　　　　（须指定互不相容的物质）。

10．切勿受热。

11．切勿近火　　　　　不准吸烟。

12．切勿放近易燃物质。

13．处理及打开容器时、必须小心。

14．使用时严禁饮食。

15．使用时，严禁吸烟。

16．切勿吸入尘埃。

17．切勿吸入气体（烟雾、蒸气、喷雾或其他）。

18．避免沾及皮肤。

19．避免沾及眼睛。

20．如沾及眼睛，立即用大量清水来清洗，并尽快就医诊治。
21．所有受污染的衣物必须立即脱掉。
22．沾及皮肤后，立即用大量（指定液来清洗）。
23．切勿倒入水渠。
24．切勿加水。
25．防止静电发生。
26．避免震荡和摩擦。
27．穿上适当防护服。
28．戴上防护手套。
29．如通风不足，则须配戴呼吸器。
30．配戴护眼、护面用具。
31．使用　　　　（须予指定）来清理受这种物质污染的地面及物件。
32．遇到火警时，使用　　　　灭火设备，切勿使用　　　　。
33．存放温度不超过摄氏　　度。
34．以　　保持湿润。
35．只可放在原用的容器内。
36．切勿与　　混合。
37．只可放在通风的地方。

各种安全用语的配合使用

38．容器必须锁紧，存在阴凉通风的地方。
39．存放在阴凉通风的地方，切勿放近　　。（须指明互不相容的物质）
40．容器必须盖紧，保持干燥。
41．只可放在原用的容器内，并放在阴凉通风的地方，切勿放近　　　。（须指明不互不相容的物质）
42．容器必须盖紧，并存放在通风的地方。
43．使用时严禁饮食或吸烟。
44．避免沾及皮肤和眼睛。
45．穿上适当的防护服和戴上适当防护手套。
46．穿上适当的防护服，戴上适当防护手套，并戴上护眼、护面用具。

关于企业回收利用自身产生的危险废物是否属于危险废物经营活动的复函

环函〔2005〕203 号

吉林省环境保护局：

你局《关于企业对其产生的危险废物进行回收利用是否属于从事危险废物经营活动的请示》（吉环文〔2005〕21 号）收悉。经研究，现函复如下。

《中华人民共和国固体废物污染环境防治法》（以下简称《固体法》）第五十七条规定："从事利用危险废物经营活动的单位，必须向国务院环境保护行政主管部门或者省、自治区、直辖市人民政府环境保护行政主管部门申请领取经营许可证。"

我们认为，回收利用企业内部产生的危险废物，不属于利用危险废物的经营活动。因此，对于回收利用内部产生的危险废物的企业，不要求领取危险废物经营许可证，但必须遵照危险废物申报登记、转移联单制度，将危险废物的产生、转移、利用及处置情况向环保主管部门进行申报和登记，并保证危险废物回收利用符合相应的环保标准，得到妥善无害化处置。

二〇〇五年五月三十一日

关于污（废）水处理设施产生污泥危险特性鉴别有关意见的函

环函〔2010〕129号

各省、自治区、直辖市环境保护厅（局），新疆生产建设兵团环境保护局：

近来，一些地方环保部门和企事业单位向我部询问在公共污水处理设施污泥危险特性鉴别工作中，如何执行国家环境保护标准中的固体废物采样和鉴别相关规定问题。鉴于该问题具有普遍性，现就有关问题解释如下：

一、单纯用于处理城镇生活污水的公共污水处理厂，其产生的污泥通常情况下不具有危险特性，可作为一般固体废物管理。

二、专门处理工业废水（或同时处理少量生活污水）的处理设施产生的污泥，可能具有危险特性，应按《国家危险废物名录》、国家环境保护标准《危险废物鉴别技术规范》（HJ/T 298—2007）和危险废物鉴别标准的规定，对污泥进行危险特性鉴别。

三、以处理生活污水为主要功能的公共污水处理厂，若接收、处理工业废水，且该工业废水在排入公共污水处理系统前能稳定达到国家或地方规定的污染物排放标准的，公共污水处理厂的污泥可按照第一条的规定进行管理。但是，在工业废水排放情况发生重大改变时，应按照第二条的规定进行危险特性鉴别。

四、企业以直接或间接方式向其法定边界外排放工业废水的，出水水质应符合国家或地方污染物排放标准；废水处理过程中产生的污泥，属于正在产生的固体废物，对其进行危险特性鉴别，应按照《危险废物鉴别技术规范》的规定，在废水处理工艺环节采样，并按照污泥产生量确定最小采样数。

二〇一〇年四月十六日

中华人民共和国国家环境保护标准

危险废物收集、贮存、运输技术规范

Technical specifications for collection，storage，transportation of hazardous waste

HJ 2025—2012

2012-12-24 发布　　2013-03-01 实施

前　言

为贯彻《中华人民共和国环境保护法》和《中华人民共和国固体废物污染环境防治法》，规范危险废物收集、贮存、运输过程，保护环境，保障人体健康，制定本标准。

本标准规定了危险废物收集、贮存、运输过程的技术要求。

本标准为指导性标准。

本标准为首次发布。

本标准由环境保护部科技标准司组织制订。

本标准主要起草单位：沈阳环境科学研究院、中国科学院高能物理研究所、国家环境保护危险废物处置工程技术（沈阳）中心。

本标准环境保护部 2012 年 12 月 24 日批准。

本标准自 2013 年 3 月 1 日起实施。

本标准由环境保护部解释。

1　适用范围

本标准规定了危险废物收集、贮存、运输过程所应遵守的技术要求。

本标准适用于危险废物产生单位及经营单位的危险废物的收集、贮存和运输活动。

2　规范性引用文件

本标准引用了下列文件或其中的条款。凡是未注日期的引用文件，其最新版本适用于本标准。

GB 190　危险货物包装标志

GB 5085.1～7　危险废物鉴别标准

GB 6944　危险货物分类和品名编号

GB 8978　污水综合排放标准

GB 12463　危险货物运输包装通用技术条件

GB 13015　含多氯联苯废物污染控制标准

GB 13392　道路运输危险货物车辆标志

GB 15603　常用化学危险品贮存通则

GB 15562.2　环境保护图形标志　固体废物贮存（处置）场

GB 16297　大气污染物综合排放标准

GB 18597 危险废物贮存污染控制标准

GB 19217 医疗废物转运车技术要求

GBZ 1 工业企业设计卫生标准

GBZ 2.1 工作场所有害因素职业接触限值 第1部分：化学有害因素

GBZ 2.2 工作场所有害因素职业接触限值 第2部分：物理因素

HJ/T 177 医疗废物集中焚烧处置工程建设技术规范

HJ/T 228 医疗废物化学消毒集中处理工程技术规范（试行）

HJ/T 229 医疗废物微波消毒集中处理工程技术规范（试行）

HJ/T 276 医疗废物高温蒸汽集中处理工程技术规范（试行）

HJ/T 298 危险废物鉴别技术规范

HJ 421 医疗废物专用包装袋、容器和警示标志标准

HJ 519 废铅酸蓄电池处理污染控制技术规范

JT 617 汽车运输危险货物规则

JT 618 汽车运输、装卸危险货物作业规程

《危险化学品安全管理条例》（国务院令 第519号，2011年）

《危险废物经营许可证管理办法》（国务院令 第408号，2004年）

《危险废物转移联单管理办法》（国家环境保护总局令 第5号，1999年）

《医疗废物集中处置技术规范》（环发〔2003〕206号）

《废弃危险化学品污染环境防治办法》（国家环境保护总局令 第27号，2005年）

《环境保护行政主管部门突发环境事件信息报告办法（试行）》（环发〔2006〕50号）

《危险废物经营单位编制应急预案指南》（国家环境保护总局公告 2007年 第48号）

《国家危险废物名录》（中华人民共和国环境保护部、中华人民共和国国家发展和改革委员会令 第1号，2008年）

《水路危险货物运输规则》（交通部令 第10号，1996年）

《道路危险货物运输管理规定》（交通部令 第9号，2005年）

《铁路危险货物运输管理规则》（铁运〔2006〕79号）

3 术语和定义

《危险废物经营许可证管理办法》中界定的危险废物、收集、贮存、处置等术语的含义以及下列术语和定义适用于本标准。

运输 transportation

指使用专用的交通工具，通过水路、铁路或公路转移危险废物的过程。

4 危险废物收集、贮存、运输的一般要求

4.1 从事危险废物收集、贮存、运输经营活动的单位应具有危险废物经营许可证。在收集、贮存、运输危险废物时，应根据危险废物收集、贮存、处置经营许可证核发的有关规定建立相应的规章制度和污染防治措施，包括危险废物分析管理制度、安全管理制度、污染防治措施等；危险废物产生单位内部自行从事的危险废物收集、贮存、运输活动应遵照国家相关管理规定，建立健全规章制度及操作流程，确保该过程的安全、可靠。

4.2 危险废物转移过程应按《危险废物转移联单管理办法》执行。

4.3 危险废物收集、贮存、运输单位应建立规范的管理和技术人员培训制度，定期针对管理和技术人员进行培训。培训内容至少应包括危险废物鉴别要求、危险废物经营许可证管理、危险废物转移联单管理、

危险废物包装和标识、危险废物运输要求、危险废物事故应急方法等。

4.4 危险废物收集、贮存、运输单位应编制应急预案。应急预案编制可参照《危险废物经营单位编制应急预案指南》，涉及运输的相关内容还应符合交通行政主管部门的有关规定。针对危险废物收集、贮存、运输过程中的事故易发环节应定期组织应急演练。

4.5 危险废物收集、贮存、运输过程中一旦发生意外事故，收集、贮存、运输单位及相关部门应根据风险程度采取如下措施：

（1）设立事故警戒线，启动应急预案，并按《环境保护行政主管部门突发环境事件信息报告办法（试行）》（环发〔2006〕50 号）要求进行报告。

（2）若造成事故的危险废物具有剧毒性、易燃性、爆炸性或高传染性，应立即疏散人群，并请求环境保护、消防、医疗、公安等相关部门支援。

（3）对事故现场受到污染的土壤和水体等环境介质应进行相应的清理和修复。

（4）清理过程中产生的所有废物均应按危险废物进行管理和处置。

（5）进入现场清理和包装危险废物的人员应受过专业培训，穿着防护服，并佩戴相应的防护用具。

4.6 危险废物收集、贮存、运输时应按腐蚀性、毒性、易燃性、反应性和感染性等危险特性对危险废物进行分类、包装并设置相应的标志及标签。危险废物特性应根据其产生源特性及 GB 5085.1～7、HJ/T 298 进行鉴别。

4.7 废铅酸蓄电池的收集、贮存和运输应按 HJ 519 执行。

4.8 医疗废物处置经营单位实施的收集、贮存和运输应按《医疗废物集中处置技术规范》、GB 19217、HJ/T 177、HJ/T 229、HJ/T 276 及 HJ/T 228 执行；医疗机构内部实施的医疗废物收集、贮存和运输应按《医疗废物集中处置技术规范》执行。

5 危险废物的收集

5.1 危险废物产生单位进行的危险废物收集包括两个方面，一是在危险废物产生节点将危险废物集中到适当的包装容器中或运输车辆上的活动；二是将已包装或装到运输车辆上的危险废物集中到危险废物产生单位内部临时贮存设施的内部转运。

5.2 危险废物的收集应根据危险废物产生的工艺特征、排放周期、危险废物特性、废物管理计划等因素制定收集计划。收集计划应包括收集任务概述、收集目标及原则、危险废物特性评估、危险废物收集量估算、收集作业范围和方法、收集设备与包装容器、安全生产与个人防护、工程防护与事故应急、进度安排与组织管理等。

5.3 危险废物的收集应制定详细的操作规程，内容至少应包括适用范围、操作程序和方法、专用设备和工具、转移和交接、安全保障和应急防护等。

5.4 危险废物收集和转运作业人员应根据工作需要配备必要的个人防护装备，如手套、防护镜、防护服、防毒面具或口罩等。

5.5 在危险废物的收集和转运过程中，应采取相应的安全防护和污染防治措施，包括防爆、防火、防中毒、防感染、防泄漏、防飞扬、防雨或其他防止污染环境的措施。

5.6 危险废物收集时应根据危险废物的种类、数量、危险特性、物理形态、运输要求等因素确定包装形式，具体包装应符合下列要求：

（1）包装材质要与危险废物相容，可根据废物特性选择钢、铝、塑料等材质。

（2）性质类似的废物可收集到同一容器中，性质不相容的危险废物不应混合包装。

（3）危险废物包装应能有效隔断危险废物迁移扩散途径，并达到防渗、防漏要求。

（4）包装好的危险废物应设置相应的标签，标签信息应填写完整翔实。

（5）盛装过危险废物的包装袋或包装容器破损后应按危险废物进行管理和处置。

（6）危险废物还应根据 GB 12463 的有关要求进行运输包装。

5.7 含多氯联苯废物的收集除应执行本标准之外，还应符合 GB 13015 的污染控制要求。

5.8 危险废物的收集作业应满足如下要求：

（1）应根据收集设备、转运车辆以及现场人员等实际情况确定相应作业区域，同时要设置作业界限标志和警示牌。

（2）作业区域内应设置危险废物收集专用通道和人员避险通道。

（3）收集时应配备必要的收集工具和包装物，以及必要的应急监测设备及应急装备。

（4）危险废物收集应参照本标准附录 A 填写记录表，并将记录表作为危险废物管理的重要档案妥善保存。

（5）收集结束后应清理和恢复收集作业区域，确保作业区域环境整洁安全。

（6）收集过危险废物的容器、设备、设施、场所及其他物品转作它用时，应消除污染，确保其使用安全。

5.9 危险废物内部转运作业应满足下列要求：

（1）危险废物内部转运应综合考虑厂区的实际情况确定转运路线，尽量避开办公区和生活区。

（2）危险废物内部转运作业应采用专用的工具，危险废物内部转运应参照本标准附录 B 填写《危险废物厂内转运记录表》。

（3）危险废物内部转运结束后，应对转运路线进行检查和清理，确保无危险废物遗失在转运路线上，并对转运工具进行清洗。

5.10 收集不具备运输包装条件的危险废物时，且危险特性不会对环境和操作人员造成重大危害，可在临时包装后进行暂时贮存，但正式运输前应按本标准要求进行包装。

5.11 危险废物收集前应进行放射性检测，如具有放射性则应按《放射性废物管理规定》（GB 14500）进行收集和处置。

6 危险废物的贮存

6.1 危险废物贮存可分为产生单位内部贮存、中转贮存及集中性贮存。所对应的贮存设施分别为：产生危险废物的单位用于暂时贮存的设施；拥有危险废物收集经营许可证的单位用于临时贮存废矿物油、废镍镉电池的设施；以及危险废物经营单位所配置的贮存设施。

6.2 危险废物贮存设施的选址、设计、建设、运行管理应满足 GB 18597、GBZ 1 和 GBZ 2.1、GBZ 2.2 的有关要求。

6.3 危险废物贮存设施应配备通讯设备、照明设施和消防设施。

6.4 贮存危险废物时应按危险废物的种类和特性进行分区贮存，每个贮存区域之间宜设置挡墙间隔，并应设置防雨、防火、防雷、防扬尘装置。

6.5 贮存易燃易爆危险废物应配置有机气体报警、火灾报警装置和导出静电的接地装置。

6.6 废弃危险化学品贮存应满足 GB 15603、《危险化学品安全管理条例》、《废弃危险化学品污染环境防治办法》的要求。贮存废弃剧毒化学品还应充分考虑防盗要求，采用双钥匙封闭式管理，且有专人 24 h 看管。

6.7 危险废物贮存期限应符合《中华人民共和国固体废物污染环境防治法》的有关规定。

6.8 危险废物贮存单位应建立危险废物贮存的台账制度，危险废物出入库交接记录内容应参照本标准附录 C 执行。

6.9 危险废物贮存设施应根据贮存的废物种类和特性按照 GB 18597 附录 A 设置标志。

6.10 危险废物贮存设施的关闭应按照 GB 18597 和《危险废物经营许可证管理办法》的有关规定执行。

7 危险废物的运输

7.1 危险废物运输应由持有危险废物经营许可证的单位按照其许可证的经营范围组织实施，承担危险废物运输的单位应获得交通运输部门颁发的危险货物运输资质。

7.2 危险废物公路运输应按照《道路危险货物运输管理规定》（交通部令 第 9 号，2005 年）、JT 617 以及 JT 618 执行；危险废物铁路运输应按《铁路危险货物运输管理规则》（铁运〔2006〕79 号）规定执行；危险废物水路运输应按《水路危险货物运输规则》（交通部令 第 10 号，1996 年）规定执行。

7.3 废弃危险化学品的运输应执行《危险化学品安全管理条例》有关运输的规定。

7.4 运输单位承运危险废物时，应在危险废物包装上按照 GB 18597 附录 A 设置标志，其中医疗废物包装容器上的标志应按 HJ 421 要求设置。

7.5 危险废物公路运输时，运输车辆应按 GB 13392 设置车辆标志。铁路运输和水路运输危险废物时应在集装箱外按 GB 190 规定悬挂标志。

7.6 危险废物运输时的中转、装卸过程应遵守如下技术要求：

（1）卸载区的工作人员应熟悉废物的危险特性，并配备适当的个人防护装备，装卸剧毒废物应配备特殊的防护装备。

（2）卸载区应配备必要的消防设备和设施，并设置明显的指示标志。

（3）危险废物装卸区应设置隔离设施，液态废物卸载区应设置收集槽和缓冲罐。

8 监督与实施

8.1 地方环境保护行政部门可根据本标准所提出的危险废物收集、贮存、运输要求对管辖区域内的危险废物收集、贮存、运输行为进行监管，确保危险废物收集、贮存、运输过程的环境安全。

8.2 地方环境保护行政主管部门可根据本标准及其他有关管理要求建立地方危险废物收集、贮存、运输管理制度和管理档案。

附 录 A
（规范性附录）
危险废物收集记录表

收集地点		收集日期	
危险废物种类		危险废物名称	
危险废物数量		危险废物形态	
包装形式		暂存地点	
责任主体			
通信地址			
联系电话		邮编	
收集单位			
通信地址			
联系电话		邮编	
收集人签字		责任人签字	

附 录 B

（规范性附录）

危险废物产生单位内转运记录表

企业名称：

危险废物种类		危险废物名称	
危险废物数量		危险废物形态	
产生地点		收集日期	
包装形式		包装数量	
转移批次		转移日期	
转移人		接收人	
责任主体			
通信地址			
联系电话		邮政编码	

附 录 C

（规范性附录）

危险废物出入库交接记录表

贮存库名称：

危险废物种类		危险废物名称	
危险废物来源		危险废物数量	
危险废物特性		包装形式	
入库日期		存放库位	
出库日期		接收单位	
经办人		联系电话	

关于发布《一般工业固体废物贮存、处置场污染控制标准》（GB 18599—2001）等3项国家污染物控制标准修改单的公告

环境保护部公告 2013年 第36号

为贯彻《中华人民共和国环境保护法》和《中华人民共和国固体废物污染环境防治法》，防治污染，保护和改善生态环境，保障人体健康，完善国家环保标准体系，我部决定对《一般工业固体废物贮存、处置场污染控制标准》（GB 18599—2001）、《危险废物贮存污染控制标准》（GB 18597—2001）和《危险废物填埋污染控制标准》（GB 18598—2001）等3项国家污染物控制标准进行修改完善，制定了上述3项标准修改单，并由我部与国家质量监督检验检疫总局联合发布。

该标准修改单自发布之日起实施。

该标准修改单由中国环境科学出版社出版，标准内容可在环境保护部网站（bz.mep.gov.cn）查询。

特此公告。

（此公告业经国家质量监督检验检疫总局陈钢会签）

环境保护部

2013年6月8日

附件

《一般工业固体废物贮存、处置场污染控制标准》（GB 18599—2001）等3项国家污染物控制标准修改单

为进一步完善国家污染物排放（控制）标准体系，我部决定修改《一般工业固体废物贮存、处置场污染控制标准》（GB 18599—2001）、《危险废物贮存污染控制标准》（GB 18597—2001）和《危险废物填埋污染控制标准》（GB 18598—2001）等3项国家污染物控制标准，修改内容如下：

一、《一般工业固体废物贮存、处置场污染控制标准》（GB 18599—2001）第5.1.2条修改为：

应依据环境影响评价结论确定场址的位置及其与周围人群的距离，并经具有审批权的环境保护行政主管部门批准，并可作为规划控制的依据。

在对一般工业固体废物贮存、处置场场址进行环境影响评价时，应重点考虑一般工业固体废物贮存、处置场产生的渗滤液以及粉尘等大气污染物等因素，根据其所在地区的环境功能区类别，综合评价其对周围环境、居住人群的身体健康、日常生活和生产活动的影响，确定其与常住居民居住场所、农用地、地表水体、高速公路、交通主干道（国道或省道）、铁路、飞机场、军事基地等敏感对象之间合理的位置关系。

二、《危险废物贮存污染控制标准》（GB 18597—2001）第6.1.3条修改为：

应依据环境影响评价结论确定危险废物集中贮存设施的位置及其与周围人群的距离，并经具有审批权的环境保护行政主管部门批准，并可作为规划控制的依据。

在对危险废物集中贮存设施场址进行环境影响评价时，应重点考虑危险废物集中贮存设施可能产生的有害物质泄漏、大气污染物（含恶臭物质）的产生与扩散以及可能的事故风险等因素，根据其所在地区的环境功能区类别，综合评价其对周围环境、居住人群的身体健康、日常生活和生产活动的影响，确定危险废物集中贮存设施与常住居民居住场所、农用地、地表水体以及其他敏感对象之间合理的位置关系。

三、《危险废物填埋污染控制标准》（GB 18598—2001）第 4.4 条、第 4.5 条、第 4.7 条合并为一条，内容修改为：

危险废物填埋场场址的位置及与周围人群的距离应依据环境影响评价结论确定，并经具有审批权的环境保护行政主管部门批准，并可作为规划控制的依据。

在对危险废物填埋场场址进行环境影响评价时，应重点考虑危险废物填埋场渗滤液可能产生的风险、填埋场结构及防渗层长期安全性及其由此造成的渗漏风险等因素，根据其所在地区的环境功能区类别，结合该地区的长期发展规划和填埋场的设计寿命，重点评价其对周围地下水环境、居住人群的身体健康、日常生活和生产活动的长期影响，确定其与常住居民居住场所、农用地、地表水体以及其他敏感对象之间合理的位置关系。

关于发布《废烟气脱硝催化剂危险废物经营许可证审查指南》的公告

环境保护部公告 2014 年 第 54 号

为加强对废烟气脱硝催化剂的监管，规范废烟气脱硝催化剂经营许可审批工作，推动提升废烟气脱硝催化剂再生、利用行业的整体水平，促进行业持续健康发展，我部制定了《废烟气脱硝催化剂危险废物经营许可证审查指南》，现予发布。

特此公告。

附件：废烟气脱硝催化剂危险废物经营许可证审查指南

环境保护部

2014 年 8 月 19 日

附件

废烟气脱硝催化剂危险废物经营许可证审查指南

为贯彻落实《行政许可法》《固体废物污染环境防治法》《危险废物经营许可证管理办法》《危险废物经营单位审查和许可指南》（环境保护部公告 2009 年 第 65 号）以及《国务院关于加快发展节能环保产业的意见》（国发〔2013〕30 号），进一步规范废烟气脱硝催化剂（钒钛系）危险废物经营许可审批工作，提升废烟气脱硝催化剂（钒钛系）再生、利用的整体水平，防止对环境造成二次污染，特制定《废烟气脱硝催化剂危险废物经营许可证审查指南》（以下简称《指南》）。

《指南》按照《危险废物经营许可证管理办法》第五条的有关要求，针对废烟气脱硝催化剂（钒钛系）再生和利用过程中存在的主要问题，对从事废烟气脱硝催化剂（钒钛系）收集、贮存、运输、再生、利用处置活动的经营单位，从技术人员、废物运输、包装与贮存、设施及配套设备、技术与工艺、制度与措施等方面提出了相关审查要求。

一、适用范围

《指南》适用于环境保护行政主管部门对专业从事废烟气脱硝催化剂（钒钛系）再生、利用单位申请危险废物经营许可证的审查。燃煤电厂、水泥厂、钢铁厂等企业自行再生和利用废烟气脱硝催化剂（钒钛系）的建设项目环境保护竣工验收可参考本《指南》。

二、术语定义

（一）废烟气脱硝催化剂（钒钛系），是指由于催化剂表面积灰或孔道堵塞、中毒、物理结构破损等原因导致脱硝性能下降而废弃的钒钛系烟气脱硝催化剂。

（二）预处理，是指清除废烟气脱硝催化剂（钒钛系）表面浮尘和孔道内积灰的活动。

（三）再生，是指采用物理、化学等方法使废烟气脱硝催化剂（钒钛系）恢复活性并达到烟气脱硝要求的活动。

（四）利用，是指采用物理、化学等方法从废烟气脱硝催化剂（钒钛系）中提取钒、钨、钛和钼等物质的活动。

三、审查要点

（一）技术人员方面

1. 有3名及以上环境工程专业或相关专业（化工、冶金等）中级以上职称的技术人员。

2. 技术人员中至少有1名具有3年以上从事与脱硝催化剂生产或再生利用等相关的工作经历。

3. 设置生产质量和污染控制监控部门并应有环境保护相关专业知识和技能的专（兼）职人员，负责检查、督促、落实本单位危险废物的环境保护管理工作。

（二）运输方面

1. 应具有交通主管部门颁发的允许从事危险货物道路运输许可证或经营许可证。

2. 无危险货物运输资质的申请单位应提供与相关持有危险货物道路运输经营许可证的单位签订的运输协议（或合同）。

（三）包装与贮存设施方面

1. 废烟气脱硝催化剂（钒钛系）应采用具有一定强度和防水性能的材料密封包装，并有减震措施，防止破碎、散落和浸泡。

2. 具有专门用于贮存废烟气脱硝催化剂（钒钛系）的设施，并符合《危险废物贮存污染控制标准》（GB 18597）的要求，其贮存能力不低于日处理能力的10倍。

3. 每批次废烟气脱硝催化剂（钒钛系）应按批次记录废烟气脱硝催化剂（钒钛系）产生单位、数量、接收时间等相关信息。

（四）再生利用设施及配套设备方面

1. 规模

（1）再生、利用能力均应达到5 000立方米/年（或2 500吨/年）及以上。

（2）鼓励烟气脱硝催化剂生产企业开展废烟气脱硝催化剂（钒钛系）再生与利用。

2. 厂区

（1）废烟气脱硝催化剂（钒钛系）再生、利用项目应当符合国家产业政策、《危险废物污染防治技术政策》和危险废物污染防治规划，以及《燃煤电厂污染防治最佳可行技术指南（试行）》（环发〔2010〕23号）和《火电厂烟气脱硝工程技术规范选择性催化还原法》（HJ 562）的相关要求，同时考虑地方环境保护及相关规划内容。

（2）废烟气脱硝催化剂（钒钛系）再生、利用项目应通过建设项目环境保护竣工验收；其设施拥有者或运行者应具有独立法人资格，持有《企业法人营业执照》和《组织机构代码证》等。

（3）厂区必须为集中、独立的一整块场地或车间，并且贮存区、生产区应与办公区、生活区分开。鼓励新建废烟气脱硝催化剂（钒钛系）再生、利用企业进入工业园区。

3. 视频监控要求

（1）厂区所有进出口处（须能清楚辨识人员及车辆进出）、地磅及磅秤、贮存区域、废烟气脱硝催化剂（钒钛系）再生利用设施（包含预处理设施、场地）、废水收集池、废渣堆存区域以及处理设施所在地县级以上人民政府环境保护行政主管部门指定的其他区域，应当设置现场闭路电视（CCTV）监控设备；厢式货车和用篷布遮盖的货车在出入厂过磅时打开厢门和篷布，视频监控应清楚显示车内情况。

（2）夜间厂区出入口处摄影范围须有足够的光源（或增设红外线照摄器）以供辨识，若厂方在夜间进行作业时，所有视频监控区应当有足够的光源以供视频画面辨识。

（3）录像应采用硬盘方式存储，并确保每路视频图像均可全天24小时不间断录像，录像保存时间至少为 5 年。

（4）视频监控系统应与当地环境保护部门危险废物管理系统联网。

4. 计量设备要求

（1）厂区出入口具有量程 50 吨以上且与电脑联网的电子地磅，能够自动记录并打印每批次废烟气脱硝催化剂（钒钛系）的重量。打印记录与相应的转移联单一同保存。

（2）贮存库出入口应具有自动打印功能的电子计量设备。

（3）计量设备应经检验部门度量衡检定合格。

（五）工艺与污染防治方面

下列工艺为企业开展废烟气脱硝催化剂（钒钛系）再生、利用等可采用的参考工艺，鼓励企业研发和采用高效洁净的新型再生工艺。

1. 预处理工艺

（1）应在密闭、具备良好通风条件的装置内清除废烟气脱硝催化剂（钒钛系）表面浮尘和孔道内积灰，疏通催化剂淤堵采取必要的防尘、除尘措施，产生的粉尘应集中收集。

（2）预处理场地要防风、防雨、防晒，并具有防渗功能，必须有液体收集装置及气体净化装置。

2. 再生工艺

（1）针对收集的废烟气脱硝催化剂（钒钛系），应以再生为优先原则。再生方法可采用水洗再生、热再生和还原再生。

（2）可采用超声波清洗等技术，清洁废烟气脱硝催化剂（钒钛系）内部孔隙，增大废烟气脱硝催化剂（钒钛系）表面积。

（3）可通过酸洗等措施，深度清除废烟气脱硝催化剂（钒钛系）吸附的有害金属离子或化合物。

（4）可采用浸渍等方法对废烟气脱硝催化剂（钒钛系）进行活性成分植入，浸渍溶液应尽可能重复使用。

（5）应对再生后的烟气脱硝催化剂进行干燥或煅烧，煅烧设备应设有尾气处理装置。

（6）经再生处理后的烟气脱硝催化剂，按照电力行业标准《火电厂烟气脱硝催化剂检测技术规范》（DL/T 1286—2013）进行性能检测，保证其满足烟气脱硝催化剂要求及国家有关要求。

3. 利用工艺

（1）因破碎等原因而不能再生的废烟气脱硝催化剂（钒钛系），应尽可能回收其中的钒、钨、钛和钼等金属。

（2）为提高废烟气脱硝催化剂（钒钛系）中的金属回收率，可对其进行粉碎，粉碎过程中应采取必要的防尘和粉尘收集措施，确保不会造成二次污染。

（3）为去除废烟气脱硝催化剂（钒钛系）中的其他物质或回收其中的二氧化钛等，可对废烟气脱硝催化剂（钒钛系）进行焙烧。

（4）根据不同的生产工艺，可采用浸出、萃取、酸解或焙烧等措施对废烟气脱硝催化剂（钒钛系）中的钒、钨、钛和钼进行分离，分离过程均不得对环境造成二次污染。

4. 污染防治和环境风险防控措施

（1）预处理产生的粉尘等污染物，应当配套建设废气治理设施进行处理，颗粒物以及汞、铅、镉、铍等元素及其化合物等污染物排放应符合《大气污染物综合排放标准》（GB 16297）的相关要求。预处理作业区工人应采取必要的劳动卫生防护措施。

（2）再生和利用过程中产生的清洗废水尽可能回用；如需排放，废水经处理后总钒、总铅、总汞、总砷、总镉、总铬、六价铬等应符合《钒工业污染物排放标准》（GB 26452）的有关要求，总铍应符合《污水综合排放标准》（GB 8978）有关要求。酸洗废水和废浸取液应达标处理后进入废水处理设施与清洗废水混合处理；配备相关设施，收集和处理整个厂区内的初期雨水及因危险废物溢出、泄漏时产生的污水或消防水。

（3）煅烧、干燥或焙烧等工艺环节产生的废气，应当配套建设废气治理设施进行处理，铅、汞、铍及其化合物等污染物应符合《工业炉窑大气污染物综合排放标准》（GB 9078）要求后集中排放。

（4）预处理、再生和利用过程中产生的废酸液、废有机溶剂、废活性炭、污泥、废渣等按照危险废物进行管理。

（5）厂区的噪声应符合《工业企业厂界环境噪声排放标准》（GB 12348）有关要求。

（6）污染物排放口必须实行规范化整治，按照国家标准《环境保护图形标志》（GB 15562.1～2）的规定，设置与之相适应的环境保护图形标志牌。设置位置应距污染物排放口或采样点较近且醒目处，以设置立式标志牌为主，并应长久保留。

（7）进行环境风险评估，落实各项环境风险防范措施，厂区内的初期雨水，溢出、泄漏的物料或消防水应当收集并妥善处理。厂区周边卫生防护距离内没有居民等环境敏感点。厂区配备必要的应急物资。

（六）规章制度与事故应急

1. 按照环境保护部门要求安装污染物排放在线监测装置，并与环境保护部门联网。

2. 建有环境信息公开制度，按时发布自行监测结果，每年向社会发布企业年度环境报告，公布污染物排放和环境管理等情况。

3. 按电力行业标准《火电厂烟气脱硝催化剂检测技术规范》（DL/T 1286—2013）的要求，建设全套物理与化学性能分析的实验室，配备相应的分析测试仪器和设备，具备相关分析测试能力。应对收集来的每批次废烟气脱硝催化剂（钒钛系）进行分析，并制定再生和利用方案。实验数据记录至少保留 5 年。

4. 对危险废物的容器和包装物以及收集、贮存和利用危险废物的设施和场所，根据《环境保护图形标志-固体废物贮存（处置）场》（GB 15562.2）、《危险废物贮存污染控制标准》（GB 18597）等有关标准设置危险废物识别标志；在生产区域配备必要的应急设施设备及急救用品。

5. 参照《危险废物经营单位编制应急预案指南》编制应急预案，按照《固体废物污染环境防治法》以及《突发环境事件应急预案管理暂行办法》的相关规定备案，并突出周边环境状况、应急组织结构、环境风险防控措施、环境应急准备、现场应急处置措施、应急监测等重点项目。建立企业环境安全隐患排查治理制度，明确突发环境事件的报告流程。

6. 厂区应配有备用电源，可以满足厂区内废烟气脱硝催化剂（钒钛系）预处理和再生利用设施中关键设备、安全设施、污染防治设施以及现场 CCTV 监控设备等 24 小时正常运行。

关于加强废烟气脱硝催化剂监管工作的通知

环办函〔2014〕990号

各省、自治区、直辖市环境保护厅（局），新疆生产建设兵团环境保护局：

目前，全国燃煤电厂等企业普遍加装选择性催化还原烟气脱硝装置，有效推动了烟气中氮氧化物污染物减排工作，未来几年我国将产生一定数量的废烟气脱硝催化剂（钒钛系），如果随意堆存或不当利用处置，将造成环境污染和资源浪费。为切实加强对废烟气脱硝催化剂（钒钛系）的监督管理，现就有关事项通知如下：

一、纳入危险废物进行管理

根据《固体废物污染环境防治法》和《国家危险废物名录》（以下简称《名录》）的有关规定和要求，鉴于废烟气脱硝催化剂（钒钛系）具有浸出毒性等危险特性，借鉴国内外管理实践，将废烟气脱硝催化剂（钒钛系）纳入危险废物进行管理，并将其归类为《名录》中“HW49 其他废物”，工业来源为“非特定行业”，废物名称定为“工业烟气选择性催化脱硝过程产生的废烟气脱硝催化剂（钒钛系）”。

二、强化源头管理

产生废烟气脱硝催化剂（钒钛系）的单位应严格执行危险废物相关管理制度。相关环境保护行政主管部门监督、指导废烟气脱硝催化剂（钒钛系）产生单位严格执行危险废物相关管理制度。依法向相关环境保护主管部门申报废烟气脱硝催化剂（钒钛系）产生、贮存、转移和利用处置等情况，并定期向社会公布。新建燃煤电厂等企业自建废烟气脱硝催化剂（钒钛系）贮存、再生、利用和处置设施的，应当按照国家有关法律法规标准和产业政策要求，与主体工程同时设计、同时施工、同时投产使用，并依法进行环境影响评价并通过建设项目环境保护竣工验收。废烟气脱硝催化剂（钒钛系）在厂区内外贮存应符合《危险废物贮存污染控制标准》；在贮存和转移过程中，要加强防水、防压等措施，减小催化剂人为损坏。严禁将废烟气脱硝催化剂（钒钛系）提供或委托给无经营资质的单位从事经营活动，转移废烟气脱硝催化剂（钒钛系）应执行危险废物转移联单制度。

三、提高再生和利用处置能力

从事废烟气脱硝催化剂（钒钛系）收集、贮存、再生、利用处置经营活动的单位，应严格执行危险废物经营许可管理制度。应具有污染防治设施并确保污染物达标排放，制定《突发环境事件应急预案》并备案。按照国家相关标准规范要求妥善处理废烟气脱硝催化剂转移、再生和利用处置过程中产生的废酸、废水、污泥和废渣等，避免二次污染。鼓励废烟气脱硝催化剂（钒钛系）优先进行再生，培养一批利用处置企业，尽快提高废烟气脱硝催化剂（钒钛系）的再生、利用和处置能力，不可再生且无法利用的废烟气脱硝催化剂（钒钛系）应交由具有相应能力的危险废物经营单位（如危险废物填埋场）处理处置。

四、加大执法和考核力度

相关环境保护行政主管部门必须加大对废烟气脱硝催化剂（钒钛系）产生单位和经营单位的执法监

督力度。严厉打击非法转移、倾倒和利用处置废烟气脱硝催化剂（钒钛系）行为。将废烟气脱硝催化剂（钒钛系）管理和再生、利用情况纳入污染物减排管理和危险废物规范化管理范畴，加大核查和处罚力度，确保其得到妥善处理。

环境保护部办公厅

2014 年 8 月 5 日

关于进一步做好固体废物领域审批审核管理工作的通知

环发〔2015〕47号

各省、自治区、直辖市环境保护厅（局），新疆生产建设兵团环境保护局：

为落实中央巡视组对环境保护部专项巡视情况反馈意见中关于“固体废物管理领域廉政风险高，应进一步健全制度、细化责任、以上率下”的要求，不断巩固2014年全国固体废物领域审批审核管理专项检查成果，增强固体废物领域的行政管理能力，最大限度地防范环境风险和廉政风险，现将有关要求通知如下：

一、充分认识新形势下做好固体废物领域审批审核管理工作的重要性

依据《固体废物污染环境防治法》《危险废物经营许可证管理办法》《废弃电器电子产品回收处理管理条例》等法律法规要求，固体废物领域审批审核管理共有8个权力事项，主要包括危险废物出口核准、危险废物经营许可证审批、固体废物跨省贮存处置审批、危险废物跨市转移审批、可用作原料的固体废物进口审批、废五金定点加工利用企业资质认定、废弃电器电子产品处理资格审批、废弃电器电子产品拆解处理种类和数量审核等。多年来，这些审批审核管理对加强固体废物污染防治工作、防范环境风险发挥了重要作用。但在一些地区仍然存在着主要领导不重视，部门职责不清晰；权力运行不规范，审核过程不透明；监督机制不健全，审批监管不分离；管理队伍不得力，技术能力不支撑等现象，导致固体废物领域违法违纪、权钱交易、失职渎职案件呈易发高发态势，廉政风险加大。因此，加强各级环境保护主管部门固体废物领域审批审核管理显得十分重要和急迫。

二、建立权力清单、责任清单和负面清单

各省级环境保护主管部门要从理顺固体废物领域审批审核管理权力运行机制入手，明确固体废物领域审批审核不同层级的职责权限，全面落实“审管分离”，逐步将固体废物审批权和执法权交由不同部门分别管理。在制度层面着力破解“谁来管”“管什么”“怎么管”“管多少”“管得不好怎么办”等现实问题，最大限度规范行政裁量权。处理好政府与市场的关系，建立权力清单、责任清单和负面清单，强化监督检查和责任追究。

三、优化固体废物环境管理审批审核流程

各省级环境保护主管部门要进一步优化和规范固体废物领域审批审核管理。认真梳理各个环节的管理权限，明确法律法规和政策依据、申请对象、办事标准和规范，细化服务内容和标准。明确市县环保部门的现场核查和预审职责，切实加强属地管理，在依法合规的前提下，尽量减少申报材料，精简审批环节，压缩审批时限，全面实行“一个窗口”统一受理，分事项编制服务指南，制定审查工作细则，推行受理单制度和办理时限承诺制。按照固体废物领域行政审批下放权限和审批内容，做好审批审核下放衔接管理工作，及时部署开展本区域内审批审核工作，明确“放、接、管、服务”各个环节重点，实现“放管结合、无缝对接”。对于条件不成熟的审批事项，原则上不得再下放到市、县两级环境保护主管部门；对于条件成熟的审批事项，各省级环境保护主管部门可以试点下放到市、县两级环境保护主管部门。

四、加大审批审核全过程信息公开力度

各省级环境保护主管部门要公开本部门固体废物领域审批审核服务承诺，将审批审核办理流程、办理期限要求、许可内容规范、受理办理和审批结果等全过程信息向社会公开，保障申请人知情权，接受公众监督。要加快地方固体废物管理信息系统与国家层面的对接，形成“上下联动、横向联通，管理规范、服务快捷，便于监督、安全可靠”的全国固体废物信息管理系统。认真执行大中城市固体废物污染环境防治信息公告制度，全面提高固体废物管理信息化水平。

五、加强审批审核的技术支撑能力

各省级环境保护主管部门要进一步明确固体废物技术管理部门为环境保护主管部门审批审核提供有效技术支撑的职责，保障工作经费。针对各级固体废物技术管理部门及其他部门所负责的技术审核工作，全面梳理审批审核技术支撑的廉政风险点，制定重点岗位责任制，完善各项廉政风险防控措施，防止以其部门背景在固体废物技术服务市场获得不当利益。通过培训等形式进一步加强技术支撑部门的能力建设。承担审核管理职责的管理机构，要积极推行政府购买服务、第三方技术评估等方式，提高审核水平，强化对专家队伍的管理。

六、全面加强审批审核的后续监督管理

各地方环境保护主管部门要切实担负起监管职能，完善后续监管制度，强化事中事后监管，坚决纠正“重审批、轻监管”的现象。明确企业主体责任，加大对违法违规行为的打击处罚力度。推动“审管分离”，解决固体废物监管能力弱的问题，在一些重点的、容易出问题的地区，应先行提升监管能力。组织各地全面整理危险废物管理计划备案、申报登记、危险废物转移联单、经营许可证审批及经营活动情况报告、进口废物审核、废弃电器电子产品处理资格审批和拆解处理情况审核、电子废物拆解利用处置单位名录内企业监管等事项的企业档案资料，建立并动态更新“一企一档”信息库，实现固体废物领域审核审批与其他企业环境监管信息共享，推动联合执法、交叉执法、综合执法等机制。依托物联网技术，加快建立危险废物转移和废弃电器电子产品拆解处理全过程电子实时监管、视频监控系统。建立固体废物领域审批审核多部门、跨部门的信用联合奖惩机制，将依法查处的涉及各类危险废物、进口废物、电子废物违法案件的企业信息纳入社会信用体系中，联合多部门对违法的失信企业实施联合约束与惩戒。

七、加快建立废弃电器电子产品处理情况第三方审核机制

各省级环境保护主管部门在废弃电器电子产品拆解处理种类和数量审核工作中，应依据环境保护部、财政部《关于组织开展废弃电器电子产品拆解处理情况审核工作的通知》（环发〔2012〕110 号）要求，积极推进第三方审核机制。审核工作可充分发挥有关部门、行业协会和专家的作用，可委托会计师事务所等专业机构审核。对各级环境保护主管部门在开展废弃电器电子产品拆解处理审核工作中发生的委托专业机构审核经费、建设远程视频监控系统经费及其他相关经费开支，由各级环境保护主管部门向同级财政部门提出申请，请同级财政部门在环境保护部门预算中予以核定。要加强对第三方审核机构的监管力度，规范管理，协助财政、审计等主管部门严肃查处涉假骗补行为，确保基金使用安全，发挥基金政策的环保效益。在日常监管和审核工作中，发现处理企业存在仿制废电器等涉假骗补行为的，应及时上报我部和财政部。

八、强化固体废物环境管理组织保障

各省级环境保护主管部门要将固体废物污染防治工作放在更加重要的位置，针对 2014 年固体废物领域审批审核管理专项检查排查出的突出问题，举一反三，剖析问题产生的深层次原因，落实整改措施，

逐一销号。切实加强固体废物行政管理人员力量，明确固体废物管理牵头部门及相关配合部门的职责。加强内部统筹协调，注重与规财、环评、环监、总量、监测、应急等部门的工作结合，明确职能，形成合力。加强权力运行的相互制约和监督机制，建立上级监督、相互监督、群众监督和责任追究等制度。固体废物环境管理工作量大、任务重的省（区、市）环境保护厅（局）要加强行政管理能力，选派政治觉悟高、业务素质强的领导干部、业务骨干充实到固体废物管理部门。完善干部交流轮岗制度，对固体废物管理重要岗位和关键环节实施轮岗交流。各级环境保护主管部门分管固体废物管理的领导，原则上应同时分管固体废物技术管理部门，以保障行政审批与技术审核相协调。

九、完善廉政风险防控措施，落实“两个责任”

各省级环境保护主管部门要强化主要领导对固体废物管理领域党风廉政建设的主体责任，以及纪检监察部门的监督责任。要主动加强调研，完善党风廉政建设工作制度，加强纪律约束和廉政风险防范，最大限度地堵塞制度漏洞，着力形成有效遏制固体废物领域滋生腐败问题的机制。认真执行《固体废物管理廉政建设“七不准、七承诺”》要求，加强对固体废物领域腐败案件多发地区和廉政制度薄弱地区的指导和督促，抓住典型案例，开展经常性警示教育。针对固体废物管理重点领域、重要岗位和关键环节的廉政风险点，绘制廉政风险流程图，明确责任主体，制定廉政防控措施。严查行业不正之风，规范固体废物管理工作人员特别是领导干部审批执法行为，严肃追责，重点整治不作为、慢作为、乱作为等问题，有效防范失职渎职风险。

各省级环境保护主管部门按照本通知要求，开展自查自纠工作，找出差距，制定整改方案，提出整改措施，明确责任分工以及完成时限。整改方案请于2015年6月底前上报我部。

联系人：环境保护部污染防治司　张嘉陵　肖新方

电　话：(010) 66556255、66556254

环境保护部

2015年3月30日

（四）噪声

中华人民共和国国家标准

工业企业厂界环境噪声排放标准

Emisson standard for industrial enterprises noise at boundary

GB 12348—2008

代替 GB 12348—90，GB 12349—90

2008-08-19 发布 2008-10-01 实施

前 言

为贯彻《中华人民共和国环境保护法》和《中华人民共和国环境噪声污染防治法》，防治工业企业噪声污染，改善声环境质量，制定本标准。

本标准是对 GB 12348—90《工业企业厂界噪声标准》和 GB 12349—90《工业企业厂界噪声测量方法》的第一次修订。与原标准相比主要修订内容如下：

——将《工业企业厂界噪声标准》（GB 12348—90）和《工业企业厂界噪声测量方法》（GB 12349—90）合并为一个标准，名称改为《工业企业厂界环境噪声排放标准》；

——修改了标准的适用范围、背景值修正表；

——补充了 0 类区噪声限值、测量条件、测点位置、测点布设和测量记录；

——增加了部分术语和定义、室内噪声限值、背景噪声测量、测量结果和测量结果评价的内容。本标准于 1990 年首次发布，本次为第一次修订。

本标准自实施之日起代替《工业企业厂界噪声标准》（GB 12348—90）和《工业企业厂界噪声测量方法》（GB 12349—90）。

本标准由环境保护部科技标准司组织制订。

本标准起草单位：中国环境监测总站、天津市环境监测中心、福建省环境监测中心站。

本标准环境保护部 2008 年 7 月 17 日批准。

本标准自 2008 年 10 月 1 日起实施。

本标准由环境保护部解释。

1 适用范围

本标准规定了工业企业和固定设备厂界环境噪声排放限值及其测量方法。

本标准适用于工业企业噪声排放的管理、评价及控制。机关、事业单位、团体等对外环境排放噪声的单位也按本标准执行。

2 规范性引用文件

本标准内容引用了下列文件或其中的条款。凡是不注日期的引用文件，其有效版本适用于本标准。

GB 3096 声环境质量标准

GB 3785 声级计电、声性能及测试方法

GB/T 3241 倍频程和分数倍频程滤波器

GB/T 15173 声校准器

GB/T 15190 城市区域环境噪声适用区划分技术规范

GB/T 17181 积分平均声级计

3 术语和定义

下列术语和定义适用于本标准。

3.1 工业企业厂界环境噪声 industrial enterprises noise

指在工业生产活动中使用固定设备等产生的、在厂界处进行测量和控制的干扰周围生活环境的声音。

3.2 A 声级 A-weighted sound pressure level

用 A 计权网络测得的声压级，用 L_A 表示，单位 dB（A）。

3.3 等效连续 A 声级 equivalent continuous A-weighted sound pressure level

简称为等效声级，指在规定测量时间 T 内 A 声级的能量平均值，用 $L_{Aeq,T}$ 表示，（简写为 L_{eq}），单位 dB（A）。除特别指明外，本标准中噪声值皆为等效声级。

根据定义，等效声级表示为：

$$L_{eq}=10\lg\left(\frac{1}{T}\int_0^T 10^{0.1\cdot L_A}\mathrm{d}t\right)$$

式中：L_A——t 时刻的瞬时 A 声级；

T——规定的测量时间段。

3.4 厂界 boundary

由法律文书（如土地使用证、房产证、租赁合同等）中确定的业主所拥有使用权（或所有权）的场所或建筑物边界。各种产生噪声的固定设备的厂界为其实际占地的边界。

3.5 噪声敏感建筑物 niose-sensitive buildings

指医院、学校、机关、科研单位、住宅等需要保持安静的建筑物。

3.6 昼间 day-time、夜间 night-time

根据《中华人民共和国环境噪声污染防治法》，“昼间”是指 6:00 至 22:00 之间的时段；“夜间”是指 22:00 至次日 6:00 之间的时段。

县级以上人民政府为环境噪声污染防治的需要（如考虑时差、作息习惯差异等）而对昼间、夜间的划分另有规定的，应按其规定执行。

3.7 频发噪声 frequent noise

指频繁发生、发生的时间和间隔有一定规律、单次持续时间较短、强度较高的噪声，如排气 噪声、货物装卸噪声等。

3.8 偶发噪声 sporadic noise

指偶然发生、发生的时间和间隔无规律、单次持续时间较短、强度较高的噪声。如短促鸣笛声、工程爆破噪声等。

3.9 最大声级 maximum sound level

在规定测量时间内对频发或偶发噪声事件测得的 A 声级最大值，用 L_{max} 表示，单位 dB（A）。

3.10 倍频带声压级 sound pressure level in octave bands

采用符合 GB/T 3241 规定的倍频程滤波器所测量的频带声压级，其测量带宽和中心频率成正比。本标准采用的室内噪声频谱分析倍频带中心频率为 31.5 Hz、63 Hz、125 Hz、250 Hz、500 Hz，其覆盖频率范围为 22～707 Hz。

3.11 稳态噪声 steady noise

在测量时间内，被测声源的声级起伏不大于 3 dB（A）的噪声。

3.12 非稳态噪声 non-steady noise

在测量时间内，被测声源的声级起伏大于 3 dB（A）的噪声。

3.13 背景噪声 background noise

被测量噪声源以外的声源发出的环境噪声的总和。

4 环境噪声排放限值

4.1 厂界环境噪声排放限值

4.1.1 工业企业厂界环境噪声不得超过表 1 规定的排放限值。

表 1 工业企业厂界环境噪声排放限值 单位：dB（A）

厂界外声环境功能区类别	时 段	
	昼 间	夜 间
0	50	40
1	55	45
2	60	50
3	65	55
4	70	55

4.1.2 夜间频发噪声的最大声级超过限值的幅度不得高于 10 dB（A）。

4.1.3 夜间偶发噪声的最大声级超过限值的幅度不得高于 15 dB（A）。

4.1.4 工业企业若位于未划分声环境功能区的区域，当厂界外有噪声敏感建筑物时，由当地县级以上人民政府参照 GB 3096 和 GB/T 15190 的规定确定厂界外区域的声环境质量要求，并执行相应的厂界环境噪声排放限值。

4.1.5 当厂界与噪声敏感建筑物距离小于 1 m 时，厂界环境噪声应在噪声敏感建筑物的室内测量，并将表 1 中相应的限值减 10 dB（A）作为评价依据。

4.2 结构传播固定设备室内噪声排放限值

当固定设备排放的噪声通过建筑物结构传播至噪声敏感建筑物室内时，噪声敏感建筑物室内等效声级不得超过表 2 和表 3 规定的限值。

表 2 结构传播固定设备室内噪声排放限值（等效声级） 单位：dB（A）

房间类型 / 时段 / 噪声敏感建筑物所处声环境功能区类别	A 类房间		B 类房间	
	昼 间	夜 间	昼 间	夜 间
0	40	30	40	30
1	40	30	45	35
2、3、4	45	35	50	40
说明：A 类房间——指以睡眠为主要目的，需要保证夜间安静的房间，包括住宅卧室、医院病房、宾馆客房等。 B 类房间——指主要在昼间使用，需要保证思考与精神集中、正常讲话不被干扰的房间，包括学校教室、会议室、办公室、住宅中卧室以外的其他房间等。				

表 3 结构传播固定设备室内噪声排放限值（倍频带声压级） 单位：dB

噪声敏感建筑所处声环境功能区类别	时段	倍频带中心频率/Hz 房间类型	室内噪声倍频带声压级限值				
			31.5	63	125	250	500
0	昼间	A、B 类房间	76	59	48	39	34
	夜间	A、B 类房间	69	51	39	30	24
1	昼间	A 类房间	76	59	48	39	34
		B 类房间	79	63	52	44	38
	夜间	A 类房间	69	51	39	30	24
		B 类房间	72	55	43	35	29
2、3、4	昼间	A 类房间	79	63	52	44	38
		B 类房间	82	67	56	49	43
	夜间	A 类房间	72	55	43	35	29
		B 类房间	76	59	48	39	34

5 测量方法

5.1 测量仪器

5.1.1 测量仪器为积分平均声级计或环境噪声自动监测仪，其性能应不低于 GB 3785 和 GB/T 17181 对 2 型仪器的要求。测量 35 dB 以下的噪声应使用 1 型声级计，且测量范围应满足所测量噪声的需要。校准所用仪器应符合 GB/T 15173 对 1 级或 2 级声校准器的要求。当需要进行噪声的频谱分析时，仪器性能应符合 GB/T 3241 中对滤波器的要求。

5.1.2 测量仪器和校准仪器应定期检定合格，并在有效使用期限内使用；每次测量前、后必须在测量现场进行声学校准，其前、后校准示值偏差不得大于 0.5 dB，否则测量结果无效。

5.1.3 测量时传声器加防风罩。

5.1.4 测量仪器时间计权特性设为“F”档，采样时间间隔不大于 1 s。

5.2 测量条件

5.2.1 气象条件：测量应在无雨雪、无雷电天气，风速为 5 m/s 以下时进行。不得不在特殊气象条件下测量时，应采取必要措施保证测量准确性，同时注明当时所采取的措施及气象情况。

5.2.2 测量工况：测量应在被测声源正常工作时间进行，同时注明当时的工况。

5.3 测点位置

5.3.1 测点布设

根据工业企业声源、周围噪声敏感建筑物的布局以及毗邻的区域类别，在工业企业厂界布设多个测点，其中包括距噪声敏感建筑物较近以及受被测声源影响大的位置。

5.3.2 测点位置一般规定

一般情况下，测点选在工业企业厂界外 1 m、高度 1.2 m 以上、距任一反射面距离不小于 1 m 的位置。

5.3.3 测点位置其他规定

5.3.3.1 当厂界有围墙且周围有受影响的噪声敏感建筑物时，测点应选在厂界外 1 m、高于围墙 0.5 m 以上的位置。

5.3.3.2 当厂界无法测量到声源的实际排放状况时（如声源位于高空、厂界设有声屏障等），应按 5.3.2 设置测点，同时在受影响的噪声敏感建筑物户外 1 m 处另设测点。

5.3.3.3 室内噪声测量时，室内测量点位设在距任一反射面至少 0.5 m 以上、距地面 1.2 m 高度处，在受噪声影响方向的窗户开启状态下测量。

5.3.3.4 固定设备结构传声至噪声敏感建筑物室内，在噪声敏感建筑物室内测量时，测点应距任一反射面至少 0.5 m 以上、距地面 1.2 m、距外窗 1 m 以上，窗户关闭状态下测量。被测房间内的其他可能干扰测量的声源（如电视机、空调机、排气扇以及镇流器较响的日光灯、运转时出声的时钟等）应关闭。

5.4 测量时段

5.4.1 分别在昼间、夜间两个时段测量。夜间有频发、偶发噪声影响时同时测量最大声级。

5.4.2 被测声源是稳态噪声，采用 1 min 的等效声级。

5.4.3 被测声源是非稳态噪声，测量被测声源有代表性时段的等效声级，必要时测量被测声源整个正常工作时段的等效声级。

5.5 背景噪声测量

5.5.1 测量环境：不受被测声源影响且其他声环境与测量被测声源时保持一致。

5.5.2 测量时段：与被测声源测量的时间长度相同。

5.6 测量记录

噪声测量时需做测量记录。记录内容应主要包括：被测量单位名称、地址、厂界所处声环境功能区类别、测量时气象条件、测量仪器、校准仪器、测点位置、测量时间、测量时段、仪器校准值（测前、测后）、主要声源、测量工况、示意图（厂界、声源、噪声敏感建筑物、测点等位置）、噪声测量值、背景值、测量人员、校对人、审核人等相关信息。

5.7 测量结果修正

5.7.1 噪声测量值与背景噪声值相差大于 10 dB（A）时，噪声测量值不做修正。

5.7.2 噪声测量值与背景噪声值相差在 3～10 dB（A）之间时，噪声测量值与背景噪声值的差值取整后，按表 4 进行修正。

表 4 测量结果修正表 单位：dB（A）

差值	3	4～5	6～10
修正值	−3	−2	−1

5.7.3 噪声测量值与背景噪声值相差小于 3 dB（A）时，应采取措施降低背景噪声后，视情况按 5.7.1 或 5.7.2 执行；仍无法满足前二款要求的，应按环境噪声监测技术规范的有关规定执行。

6 测量结果评价

6.1 各个测点的测量结果应单独评价。同一测点每天的测量结果按昼间、夜间进行评价。

6.2 最大声级 L_{max} 直接评价。

7 标准实施监督

本标准由县级以上人民政府环境保护行政主管部门负责监督实施。

中华人民共和国国家标准

建筑施工场界环境噪声排放标准

Emission standard of environment noise for boundary of construction site

GB 12523—2011
代替 GB 12523—90，GB 12524—90

2011-12-05 发布　　2012-07-01 实施

前 言

为贯彻《中华人民共和国环境保护法》和《中华人民共和国环境噪声污染防治法》，防治建筑施工噪声污染，改善声环境质量，制定本标准。

本标准是对《建筑施工场界噪声限值》（GB 12523—90）和《建筑施工场界噪声测量方法》（GB 12524—90）的第一次修订。与原标准相比主要修改内容如下：

——将《建筑施工场界噪声限值》（GB 12523—90）和《建筑施工场界噪声测量方法》（GB 12524—90）合并为一个标准，名称改为《建筑施工场界环境噪声排放标准》；

——修改了适用范围、排放限值及测量时间；

——补充了测量条件、测点位置和测量记录；

——增加了部分术语和定义、背景噪声测量、测量结果评价和标准实施的内容；

——删除了测量记录表。

本标准于 1990 年首次发布，本次为第一次修订。

自本标准实施之日起，《建筑施工场界噪声限值》（GB 12523—90）和《建筑施工场界噪声测量方法》（GB 12524—90）同时废止。

本标准由环境保护部科技标准司组织制订。

本标准起草单位：中国环境监测总站、天津市环境监测中心、北京市劳动保护科学研究所、环境保护部环境标准研究所。

本标准环境保护部 2011 年 11 月 14 日批准。

本标准自 2012 年 7 月 1 日起实施。

本标准由环境保护部解释。

1 适用范围

本标准规定了建筑施工场界环境噪声排放限值及测量方法。

本标准适用于周围有噪声敏感建筑物的建筑施工噪声排放的管理、评价及控制。市政、通信、交通、水利等其他类型的施工噪声排放可参照本标准执行。

本标准不适用于抢修、抢险施工过程中产生噪声的排放监管。

2 规范性引用文件

本标准内容引用了下列文件或其中条款。凡是不注日期的引用文件，其有效版本适用于本标准。

GB/T 15173 电声学 声校准器

GB/T 3785.1 电声学 声级计 第 1 部分：规范

3 术语和定义

下列术语和定义适用于本标准。

3.1 建筑施工 construction

建筑施工是指工程建设实施阶段的生产活动，是各类建筑物的建造过程，包括基础工程施工、主体结构施工、屋面工程施工、装饰工程施工（已竣工交付使用的住宅楼进行室内装修活动除外）等。

3.2 建筑施工噪声 construction noise

建筑施工过程中产生的干扰周围生活环境的声音。

3.3 A 声级 A-weighted sound pressure level

用 A 计权网络测得的声压级，用 L_A 表示，单位 dB。

3.4 等效连续 A 声级 equivalent continuous A-weighted sound pressure level

简称为等效声级，指在规定测量时间 T 内 A 声级的能量平均值，用 $L_{Aeq,\ T}$ 表示（简写为 L_{eq}），单位 dB。除特别指明外，本标准中噪声值皆为等效声级。

根据定义，等效声级表示为：

$$L_{eq}=10\lg\left(\frac{1}{T}\int_0^T 10^{0.1\cdot L_A}\,dt\right) \tag{1}$$

式中：L_A——t 时刻的瞬时 A 声级；

T——规定的测量时间段。

3.5 建筑施工场界 boundary of construction site

由有关主管部门批准的建筑施工场地边界或建筑施工过程中实际使用的施工场地边界。

3.6 噪声敏感建筑物 noise-sensitive buildings

指医院、学校、机关、科研单位、住宅等需要保持安静的建筑物。

3.7 最大声级 maximum sound level

在规定测量时间内测得的 A 声级最大值，用 $L_{A\max}$ 表示，单位 dB。

3.8 昼间 day-time、夜间 night-time

根据《中华人民共和国环境噪声污染防治法》，“昼间”是指 6：00 至 22：00 之间的时段；“夜间”是指 22：00 至次日 6：00 之间的时段。

县级以上人民政府为环境噪声污染防治的需要（如考虑时差、作息习惯差异等）而对昼间、夜间的划分另有规定的，应按其规定执行。

3.9 背景噪声 background noise

被测量噪声源以外的声源发出的环境噪声的总和。

3.10 稳态噪声 steady noise

在测量时间内，被测声源的 A 声级起伏不大于 3 dB 的噪声。

3.11 非稳态噪声 non-steady noise

在测量时间内，被测声源的 A 声级起伏大于 3 dB 的噪声。

4 环境噪声排放限值

4.1 建筑施工过程中场界环境噪声不得超过表 1 规定的排放限值。

表 1 建筑施工场界环境噪声排放限值

单位：dB

昼 间	夜 间
70	55

4.2 夜间噪声最大声级超过限值的幅度不得高于 15 dB。

4.3 当场界距噪声敏感建筑物较近，其室外不满足测量条件时，可在噪声敏感建筑物室内测量，并将表 1 中相应的限值减 10 dB 作为评价依据。

5 测量方法

5.1 测量仪器

5.1.1 测量仪器为积分平均声级计或噪声自动监测仪，其性能应不低于 GB/T 3785.1 对 2 级仪器的要求。校准所用仪器应符合 GB/T 15173 对 1 级或 2 级声校准器的要求。

5.1.2 测量仪器和校准仪器应定期检定合格，并在有效使用期限内使用；每次测量前、后必须在测量现场进行声学校准，其前、后校准的测量仪器示值偏差不得大于 0.5 dB，否则测量结果无效。

5.1.3 测量时传声器加防风罩。

5.1.4 测量仪器时间计权特性设为快（F）档。

5.2 测量气象条件

测量应在无雨雪、无雷电天气，风速为 5 m/s 以下时进行。

5.3 测点位置

5.3.1 测点布设

根据施工场地周围噪声敏感建筑物位置和声源位置的布局，测点应设在对噪声敏感建筑物影响较大、距离较近的位置。

5.3.2 测点位置一般规定

一般情况测点设在建筑施工场界外 1 m，高度 1.2 m 以上的位置。

5.3.3 测点位置其他规定

5.3.3.1 当场界有围墙且周围有噪声敏感建筑物时，测点应设在场界外 1 m，高于围墙 0.5 m 以上的位置，且位于施工噪声影响的声照射区域。

5.3.3.2 当场界无法测量到声源的实际排放时，例如，声源位于高空、场界有声屏障、噪声敏感建筑物高于场界围墙等情况，测点可设在噪声敏感建筑物户外 1 m 处的位置。

5.3.3.3 在噪声敏感建筑物室内测量时，测点设在室内中央、距室内任一反射面 0.5 m 以上、距地面 1.2 m 高度以上，在受噪声影响方向的窗户开启状态下测量。

5.4 测量时段

施工期间，测量连续 20 min 的等效声级，夜间同时测量最大声级。

5.5 背景噪声测量

5.5.1 测量环境：不受被测声源影响且其他声环境与测量被测声源时保持一致。

5.5.2 测量时段：稳态噪声测量 1 min 的等效声级，非稳态噪声测量 20 min 的等效声级。

5.6 测量记录

噪声测量时需做测量记录。记录内容应主要包括被测量单位名称、地址、测量时气象条件、测量仪器、校准仪器、测点位置、测量时间、仪器校准值（测前、测后）、主要声源、示意图（场界、声源、噪声敏感建筑物、场界与噪声敏感建筑物间的距离、测点位置等）、噪声测量值、最大声级值（夜间时段）、背景噪声值、测量人员、校对人员、审核人员等相关信息。

5.7 测量结果修正

5.7.1 背景噪声值比噪声测量值低 10 dB 以上时，噪声测量值不做修正。

5.7.2 噪声测量值与背景噪声值相差在 3～10 dB 时，噪声测量值与背景噪声值的差值修约至个位，按表 2 进行修正。

5.7.3 噪声测量值与背景噪声值相差小于 3 dB 时，应采取措施降低背景噪声后，视情况按 5.7.1 或 5.7.2 款执行；仍无法满足前两款要求的，应按环境噪声监测技术规范的有关规定执行。

表 2 测量结果修正表

单位：dB

差值	3	4～5	6～10
修正值	−3	−2	−1

6 测量结果评价

6.1 各个测点的测量结果应单独评价。

6.2 最大声级 $L_{A\max}$ 直接评价。

7 标准的监督实施

本标准由县级以上人民政府环境保护行政主管部门负责监督实施。

中华人民共和国国家环境保护标准

环境噪声与振动控制工程技术导则

Technical guidelines for environmental noise and vibration control engineering

HJ 2034—2013

2013-09-26 发布 2013-12-01 实施

前 言

为贯彻《中华人民共和国环境保护法》和《中华人民共和国环境噪声污染防治法》，规范噪声与振动控制工程的建设与运行管理，防治环境污染，保护环境和人体健康，制定本标准。

本标准规定了噪声与振动控制工程的通用技术要求。

本标准为指导性文件。

本标准为首次发布。

本标准由环境保护部科技标准司组织制订。

本标准主要起草单位：中国环境保护产业协会、北京市劳动保护科学研究所、国家环境保护城市噪声与振动控制工程技术中心、深圳中雅机电实业有限公司、北京绿创声学工程股份有限公司、四川正升声学科技有限公司、上海新华净环保工程有限公司。

本标准由环境保护部 2013 年 9 月 26 日批准。

本标准自 2013 年 12 月 1 日起实施。

本标准由环境保护部解释。

1 适用范围

本标准规定了环境噪声与振动控制工程对设计、施工、验收和运行维护的通用技术要求。

本标准适用于环境噪声与振动控制工程。对于有相应的工艺技术规范或重点污染源技术规范的工程，应同时执行本标准和相应的工艺技术规范或重点污染源技术规范。

本标准可作为噪声与振动控制工程环境影响评价、设计、施工、竣工验收及运行与管理的技术依据。

2 规范性引用文件

本标准引用了下列文件或其中的条款。凡未注明日期的引用文件，其最新版本适用于本标准。

GB 10070 城市区域环境振动标准

GB/T 10071 城市区域环境振动测量方法

GB 50202 建筑地基基础工程施工质量验收规范

GB 50203 砌体结构工程施工质量验收规范

GB 50204 混凝土结构工程施工质量验收规范

GB 50205 钢结构工程施工质量验收规范

GB 50231 机械设备安装工程施工及验收通用规范

GB 50236　现场设备、工业管道焊接工程施工规范
GB 50254　电气装置安装工程　低压电器施工及验收规范
GB 50255　电气装置安装工程　电力变流设备施工及验收规范
GB 50256　电气装置安装工程　起重机电气装置施工及验收规范
GB 50257　电气装置安装工程　爆炸和火灾危险环境电气装置施工及验收规范
GB 50575　1 kV 及以下配线工程施工及验收规范
GB 50617　建筑电气照明装置施工及验收规范
GB 50275　风机、压缩机、泵安装工程施工及验收规范
GB 50300　建筑工程施工质量验收统一标准
GB 50463　隔振设计规范
GB 50868　建筑工程容许振动标准
GB/T 3947　声学名词术语
GB/T 13441.1　机械振动与冲击　人体暴露于全身振动的评价　第 1 部分：一般要求
GB/T 13441.2　机械振动与冲击　人体暴露于全身振动的评价　第 2 部分：建筑物内的振动（1～80 Hz）
GB/T 16731　建筑吸声产品的吸声性能分级
GB/T 17249.1　声学　低噪声工作场所设计指南　噪声控制规划
GB/T 18696.1　声学　阻抗管中吸声系数和声阻抗的测量　第 1 部分：驻波比法
GB/T 18696.2　声学　阻抗管中吸声系数和声阻抗的测量　第 2 部分：传递函数法
GB/T 18699.1　声学　隔声罩的隔声性能测定　第 1 部分：实验室条件下测量（标示用）
GB/T 18699.2　声学　隔声罩的隔声性能测定　第 2 部分：现场测量（验收和验证用）
GB/T 19512　声学　消声器现场测量
GB/T 19513　声学　规定实验室条件下办公室屏障声衰减的测量
GB/T 19885　声学　隔声间的隔声性能测定　实验室和现场测量
GB/T 19887　声学　可移动屏障声衰减的现场测量
GB/T 19889.3　声学　建筑和建筑构件隔声测量　第 3 部分：建筑构件空气声隔声的实验室测量
GB/T 19889.4　声学　建筑和建筑构件隔声测量　第 4 部分：房间之间空气声隔声的现场测量
GB/T 19889.5　声学　建筑和建筑构件隔声测量　第 5 部分：外墙构件和外墙空气声隔声的现场测量
GB/T 19889.8　声学　建筑和建筑构件隔声测量　第 8 部分：重质标准楼板覆面层撞击声改善量的实验室测量
GB/T 19889.10　声学　建筑和建筑构件隔声测量　第 10 部分：小建筑构件空气声隔声的实验室测量
GB/T 19889.14　声学　建筑和建筑构件隔声测量　第 14 部分：特殊现场测量导则
GB/T 20247　声学　混响室吸声测量
GB/T 25516　声学　管道消声器和风道末端单元的实验室测量方法　插入损失、气流噪声和全压损失
GB/T 50452　古建筑防工业振动技术规范
GBJ 87　工业企业噪声控制设计规范
HJ 453　环境影响评价技术导则　城市轨道交通
HJ 552　建设项目竣工环境保护验收技术规范　公路
HJ 2016　环境工程　名词术语
HJ/T 90　声屏障设计与测量规范
HJ/T 403　建设项目竣工环境保护验收技术规范　城市轨道交通
JGJ/T 170　城市轨道交通引起建筑物振动与二次辐射噪声限值及其测量方法标准

JJF 1034　声学计量名词术语及定义

CJJ/T 191　浮置板轨道技术规范

JT/T 646　公路声屏障材料技术要求和检测方法

JTG B04　公路环境保护设计规范

TB/T 3122　铁路声屏障声学构件技术要求及测试方法

09MR603：城市道路——声屏障

《建设项目环境保护设计规定》（国家计委、国务院环委会〔1987〕002 号）

《建筑工程设计文件编制深度规定》（住房与城乡建设部 建质〔2008〕216 号）

《建设项目（工程）竣工验收办法》（国家计委 计建设〔1990〕215 号）

《建设项目环境保护竣工验收管理办法》（国家环境保护总局令 第 13 号）

3　术语和定义

下列术语和定义以及 GB/T 3947、JJF 1034、HJ 2016 中所列的相关内容适用于本标准。

3.1　环境噪声　environmental noise

指在工业生产、建筑施工、交通运输和社会生活中所产生的干扰周围生活环境的声音。有时是由多个不同位置声源产生的共同影响。

3.2　交通噪声　traffic noise

指机动车辆、铁路机车、城市轨道交通、机动船舶、航空器等交通运输工具在运行时所产生的干扰周围生活环境的声音。

3.3　工业噪声　industrial noise

指在工业生产活动中使用固定设备等产生的干扰周围生活环境的声音。

3.4　建筑施工噪声　construction noise

指在建筑施工过程中产生的干扰周围生活环境的声音。

3.5　社会生活噪声　community noise

指营业性文化娱乐场所和商业经营活动中产生的干扰周围生活环境的声音。

3.6　环境振动　environmental vibration

指相关环境中因人为振源产生的所有振动的综合影响。

3.7　噪声源强　noise source intensity

即噪声污染源的强度——反映噪声源声辐射强度和特征的指标，通常用辐射噪声的声功率级或确定环境条件下、确定距离的声压级（均含频谱）以及指向性等特征来表示。

3.8　振动源强　vibration source intensity

即振动污染源的强度——反映振动源强度的加速度、速度或位移等特征指标，通常用参考点垂直于地面方向的 Z 振级表示。

3.9　Z 振级 VL_Z　Z-weighted vibration level

指垂直于地面方向按 GB/T 13441.1、GB/T 13441.2 规定的全身振动 Z 计权因子修正后得到的振动加速度级，记为 VL_Z。

3.10　稳态噪声　steady noise

指在测量时间内，被测声源的声级起伏不大于 3 dB 的噪声。

3.11　非稳态噪声　non-steady noise

指在测量时间内，被测声源的声级起伏大于 3 dB 的噪声。

3.12　声桥　sound bridge

指双层或多层隔声构件之间的固体刚性连接物，可形成结构固体声的直接传导，使隔声量下降。

3.13 浮筑楼板 floating floor

指在刚性楼板之上垫以轻质减振板材或弹性隔声层，再铺筑楼面，使之与主体建筑完全脱离刚性连接。可以有效降低楼板本身的振动和撞击声的影响，具有较好的隔绝固体声效果。

4 污染要素与强度

4.1 噪声与振动控制工程涉及的污染要素是环境噪声和环境振动，属于典型的物理污染。

4.2 环境噪声的主要污染源如表1所示。

表1 典型的环境噪声污染源

分类		典型声源	声源特性
交通噪声	道路交通噪声	由各类机动车辆噪声、轮胎与路面噪声及空气动力性噪声构成。在交通干线和高速公路等处较为突出	随车流量、车型、荷载、速度等差异很大，呈中低频突出的宽频特性
	轨道（包括城市轨道和铁路）交通噪声	牵引机车噪声、轮轨噪声、受电弓及车辆空气动力性噪声，以及桥梁和附属结构受振动激励辐射的结构噪声等	呈低频较为突出的连续谱、宽频带和典型的线声源特性
	航空噪声	由各类航空器起飞、降落及巡航所产生的噪声。机场噪声是其中的典型代表	与机型、起降距离密切相关，频谱差异很大
	航运噪声	船舶轮机噪声、汽笛噪声、流体噪声等	轮机噪声高频较突出
工业噪声	空气动力性噪声	各类风机、空压机、喷气发动机产生的噪声，锅炉等压力气体放空噪声，以及燃烧噪声等	声功率高、传播范围远
	机械设备噪声	冶金、纺织、印刷、建材、电力、化工等行业各类生产加工设备、电动机、球磨机、碎石机、冲压机、电锯、水泵、电气动工具等产生的噪声	噪声产生机理各异，频谱、时域特性复杂
	电磁噪声	变电站、换流站、工业生产和日常生活中常见的各类变压器、变频器、逆变器、电抗器、大型电容器、励磁机、镇流器等产生的噪声	工频电磁噪声主频为100 Hz；直流逆变、换流站等高频成分丰富
	附属设施噪声	给排水、暖通空调、环卫设施等附属设备（如空调机组、冷却塔、风机、水泵、制冷机组、换热站、电梯、燃机、发电机等）产生的噪声	宽频带，某些含有特定频谱或拍频特征，主观烦恼度高
建筑施工噪声	土方阶段噪声	挖掘机、盾构机、推土机、装载机等施工机具和运输车辆噪声，爆破作业噪声等	声源种类多样（多具有移动属性），作业面大，影响范围广；噪声频谱、时域特性复杂
	基础施工阶段噪声	打桩机、钻孔机、风镐、凿岩机、打夯机、砼搅拌机、输送泵、浇筑机械、移动式空压机、发电机等施工机具产生的噪声	
	结构施工阶段噪声	各种运输车辆、施工机具以及各种建筑材料和构件等在运输、切割、安装中产生的噪声	
社会生活噪声	营业性场所噪声	营业性文化娱乐场所和商业经营活动中使用的扩声设备、游乐设施产生的噪声	宽频带
	公共活动场所噪声	广播、音响等噪声	宽频带
	其他常见噪声	装修施工、厨卫设备、生活活动等噪声	宽频带，随机特征

4.3 噪声与振动控制工程工艺设计前应进行源强调查，对已经运行的项目应按相应标准进行噪声与振动污染源现状勘测和分析；对拟建项目应根据既有噪声与振动污染源数据库资料或通过相似机组的噪声与振动类比测试，确定相应噪声与振动源强。

4.4 源强调查应掌握表2中的参数。

表 2　噪声与振动污染源的特性和参数

污染源特性	主要表征参数
噪声源强	应采用声功率级（以 1×10^{-12} W 为基准声功率），并包含（倍频程或 1/3 倍频程）频谱特性和三维指向性。当条件所限不能提供或测量声功率级和指向性时，宜给出特定环境下（需注明声场特征）距声源中心特定距离的声压级和必要频谱，同时说明声源的几何尺寸和形状特征
振动源强	采用振动加速度、速度、位移或铅锤向 Z 计权振级（简称 Z 振级）
噪声与振动的频域特性	倍频带或 1/3 倍频带声功率级或声压级频谱，以及是否存在纯音成分等（不具备条件时可通过 A 计权声压级与 C 计权声压级的差值简单判定）
噪声与振动的时域特性	稳态噪声和非稳态噪声的识别、是否存在脉冲噪声和突发噪声等
注 1：对空气动力性噪声源，要尽可能了解速度、风机叶轮直径、叶片数、主轴转速、流体流量及其温度、压力等噪声源特征参量； 注 2：对拟进行隔振处理的设备，要尽可能掌握其自振频率（主轴转速）、运行重量、参振质量和重心位置等振源特征参量。	

4.5　常见环境噪声污染源的源强可参见附录 A。

5　总体要求

5.1　噪声与振动控制工程应遵循以人为本、源强控制、综合治理、达标排放的原则和“三同时”制度，应全面考虑经济效益、社会效益、环境效益，正确处理近期与远期的关系，厉行节约和可持续发展，做到技术先进、经济合理、安全可靠、节能降耗；优先从建设规划入手，严格做好规划环境影响评价工作；在选址、选线、设备布局、建筑布局等设计过程中，按相关环评导则要求严格执行控制距离等环保要素。

5.2　噪声与振动控制工程应由具有国家相应专业设计资质的单位设计，设计深度应符合《建筑工程设计文件编制深度规定》的要求，并满足环境影响报告书（表）、审批文件及本标准的相关要求；其设计、施工、验收、运行，除符合本标准规定外，还应遵守国家现行的有关法律、法规、标准和行业规范的规定，符合有关工程质量、安全、卫生、消防等方面的设计规范、规程和强制性标准的要求。

5.3　噪声与振动控制工程应充分考虑噪声与振动的相互作用和转化，注意区分空气声与固体声的产生机理、环境影响以及治理措施的差异，注意防止由振动激励而形成的固体噪声传导辐射。

5.4　噪声与振动控制工程应充分利用地形条件、声源的指向性和总体布局等措施改善降噪效果，并与周围景观相协调；其总图布置应参照《建设项目环境保护设计规定》、GB/T 17249.1、GBJ 87 等标准中的相关要求。

5.5　噪声与振动控制工程中所用产品应符合相关国家标准的规定，并防止对环境产生二次污染。

5.6　噪声与振动控制工程对于材料和结构的选用应力求性能稳定、价格适中、施工安装方便、无二次污染且对人和动物无害，同时应满足防火、防水、防霉、防潮、防蛀、防腐、防盐雾、防尘、防紫外线等不同使用场所的要求，还应兼顾通风、采光、照明及表面装潢要求，应美观大方，经久耐用。

6　工艺设计

6.1　一般规定

6.1.1　应按照环境影响评价文件及其批复要求，针对源强调查结果，确定主要噪声与振动污染源的源强、控制目标及其控制方案，控制方案可包括总体方案和局部方案。

6.1.2　设计过程中应根据控制方案中各分项措施的降噪、减振计算结果，对总体方案的最终效果进行综合分析。若预测结果达不到控制目标要求，应对分项措施进行调整，直到满足控制目标要求为止。

6.2 噪声源与振动源影响分析

6.2.1 首先应根据噪声源体量和频谱特点区分其点声源、线声源和面声源分类，再结合其声功率级（或一定距离的声压级）以及其指向性等源强特征分析、预测其对敏感点的实际影响；在源强数据不充分或其他必要情况下，优先采用基于实测的类比方法确定。

6.2.2 对主要噪声源应优先采用较为严格的噪声控制指标；对非主要声源，应注意多个声源能量叠加的影响。

6.2.3 振动源对敏感点的影响分析应注意振动源强的确定和预测参数的选取；根据振动源强度、平面与高度分布形式及振动传播衰减规律（包括体波和表面波的不同影响）进行综合分析。对紧邻振源的环境敏感目标还应进行固体声传导对室内二次结构噪声影响分析。必要时宜采用实测类比方法确定。

6.2.4 轨道交通振动预测还应考虑车型，列车轴重与速度，轨道结构和曲率，轮轨条件，道床、路基、桥梁及隧道结构，线路距离与角度，建筑物类型及其基础深度等修正因素。

6.3 控制方案设计

6.3.1 噪声与振动控制的基本原则是优先源强控制；其次应尽可能靠近污染源采取传输途径的控制技术措施；必要时再考虑敏感点防护措施。

6.3.2 源强控制：应根据各种设备噪声、振动的产生机理，合理采用各种针对性的降噪减振技术，尽可能选用低噪声设备和减振材料，以减少或抑制噪声与振动的产生。

6.3.3 传输途径控制：若高噪声和强振动产生在设备已安装运行后，声源降噪受到很大局限甚至无法实施的情况下，应在传播途径上采取隔声、吸声、消声、隔振、阻尼处理等有效技术手段及综合治理措施，以抑制噪声与振动的扩散。

6.3.4 敏感点防护：在对噪声源或传播途径均难以采用有效噪声与振动控制措施的情况下，应对敏感点进行防护。

7 常用工程措施

7.1 隔声

7.1.1 一般规定

7.1.1.1 应根据污染源的性质、传播形式及其与环境敏感点的位置关系，采用不同的隔声处理方案。

7.1.1.2 对固定声源进行隔声处理时，宜尽可能靠近噪声源设置隔声措施，如各种设备隔声罩、风机隔声箱，以及空压机和柴油发电机的隔声机房等建筑隔声结构。隔声设施应充分密闭，避免缝隙孔洞造成的漏声（特别是低频漏声）；其内壁应采用足够量的吸声处理。

7.1.1.3 对敏感点采取隔声防护措施时，宜采用隔声间（室）的结构形式，例如隔声值班室、隔声观察窗等；对临街居民建筑可安装隔声窗或通风隔声窗。

7.1.1.4 对噪声传播途径进行隔声处理时，可采用具有一定高度的隔声墙或隔声屏障（如利用路堑、土堤、房屋建筑等）；必要时应同时采用上述几种结构相结合的形式。

7.1.1.5 室内的噪声源和受声点大多受到混响反射影响，隔声设计应注意区分自由场（直达声）与混响场（反射声）的不同作用。

7.1.2 隔声构件

7.1.2.1 环境噪声控制工程中常选用处于质量（密度）控制区的隔声构件，其密度或厚度每增加一倍，理论上隔声量增加 6 dB；但实际工程中密度或厚度加倍，隔声量大约增加 4.5 dB。

7.1.2.2 隔声性能的评价应以计权隔声量 Rw+C 或 Rw+Ctr 为准。通常交通干线两侧住宅隔声窗的隔声指标 Rw+Ctr 不得小于 30 dB。

7.1.2.3 采用多层匀质板材组成的中空复合隔声构件时，应符合如下要求：

a）避免构件的吻合效应及声桥的影响；

b）采用两种或两种以上单层壁板简单叠合而成的复合结构，应注意各层单板之间错缝叠合，其隔声特性与当量厚度的匀质单层壁的特性基本相同；

c）彩钢复合板隔声结构中，芯材采用岩棉板的隔声效果优于芯材采用聚苯板或蜂窝纸的；并应注意钢板实际厚度负差的影响。

7.1.2.4 工程实践中宜采用阻尼结构抑制薄板隔声构件因低频共振和吻合效应所形成的隔声低谷，且采用约束阻尼层结构抑制效果更好。

7.1.2.5 对于双层或多层中空隔声构造，宜在两板中间填充一定厚度的吸声材料来降低空腔内的声能量密度，以提高中空构造的隔声性能。

7.1.2.6 隔声门窗边框透射及缝隙漏声对整体隔声性能的影响较大，对低频段尤为明显。应注意边框与门（窗）扇主体材料隔声量的匹配，以及边框间缝隙的密封处理。

7.1.2.7 为提高隔声门扇的隔声量，可采取下列措施：

a）采用不同面密度的材料组成多层复合结构门扇时，宜选用临界频率高于 3 150 Hz 的薄板材料，也可在板材上涂刷阻尼材料来抑制板的振动和结构噪声辐射；

b）在门扇的空腔中填充吸声材料；

c）改善门缝的密封，使用升降式（自闭）合页或自垂式门底板。

7.1.2.8 采用双道隔声门时，可加大双道门之间的空间，做成门斗形式以形成声闸，同时在门斗的各个内表面做吸声处理，以产生附加隔声量。

7.1.2.9 为提高窗的隔声量，可采取下列措施：

a）采用特殊构造玻璃或双层窗乃至多层窗构造代替单层玻璃窗以提高隔声量；

b）采用两层或三层不同厚度的玻璃叠合而成的隔声窗，代替采用相同厚度单层玻璃的隔声窗；

c）采用夹层玻璃（又称为夹胶玻璃）的隔声窗，其隔声性能优于单层玻璃隔声窗和不同厚度玻璃叠合而成的隔声窗；

d）常规中空玻璃窗对隔声性能的提升有限，若设计不当会还导致耦合共振、吻合效应和驻波共振等声学缺陷，应审慎采用；

e）推拉式门窗的隔声量普遍较低，当需要较高隔声量时，应选用平开式隔声门窗。

7.1.2.10 大型冷却塔和风冷室外机组应因地制宜地采用不同隔声结构或隔声与通风消声复合结构，降低其环境噪声影响。对其进行隔声处理的要求如下：

a）当室外大型冷却塔和风冷室外机组相对于敏感点处于较高位置且对侧没有大型反射面时，可以采用较为简单的声屏障隔声方案，但必要时应在对应机组进风口的位置，开设足够通流面积的通风消声器；

b）当室外大型冷却塔和风冷室外机组相对于敏感点处于较低位置或对侧有大型反射面时，则应采用全封闭或半封闭隔声罩配合足够通流面积的进风、排风消声器的全封闭隔声、消声组合降噪措施。

7.1.2.11 对轨道交通的噪声控制可采用合理选型的全封闭、半封闭或单、双侧等不同形式的隔声屏障，但要注意防止轨道振动产生的二次结构噪声影响。

7.1.2.12 声屏障的设计宜符合 HJ/T 90、HJ 453、TB/T 3122、JTG B04、JT/T 646、09MR603 的相关规定和下列要求：

a）声屏障主体高度设计应充分考虑对基础结构和屏障主体结构的风荷载、雨雪荷载和抗震等方面的安全校核；

b）对于双向线路轨道交通声屏障，其声学设计应充分考虑对侧车道交通噪声的影响及防护；

c）应合理优化声屏障的设计高度和两端延伸长度，以确保其所形成的声学衰减与各段声屏障的设计降噪量相匹配；

d）对于采用整体道床的轨道交通声屏障，应特别注意声屏障板材的选择以及板柱结合部位的隔振（解耦）设计，或采用必要的轨道隔振措施，以尽可能抑制屏障主体受激辐射二次结构噪声；

e）对双向多车道的公路设置有限高度声屏障时，应尽可能在中央隔离带处同时建造中央隔离声屏障（宜采用双侧吸声形式），以有效消减对侧车道交通噪声的影响；

f）当交通噪声超标较多或敏感点为高层建筑等情况下，可采用半封闭或全封闭型声屏障（但总长超过安全规范的全封闭声屏障应增设通风排烟消声通道和应急安全疏散系统）。

7.2 吸声

7.2.1 一般规定

7.2.1.1 在环境噪声控制工程中吸声技术主要用于减少噪声反射，具体包括：

a）在一些大型的公共建筑中，例如机场候机大厅、车站候车室、码头候船室、展览大厅、歌舞厅、餐厅、大堂等场所，在顶棚或侧墙布置吸声材料可使环境变得舒适、安静；

b）对于有回声、声聚焦、颤动回声等声学缺陷的房间，利用吸声处理（或合理设置扩散体）可消除声学缺陷；

c）对于大型工业高噪声生产车间以及高噪声动力站房，例如空压机房、风机房、冷冻机房、水泵房、锅炉房、真空泵房等，在顶棚或侧墙安装吸声材料或吸声结构，可降低室内混响噪声能量密度，同时减少对外环境的影响；

d）对于轻薄板墙隔声构件，在其夹层中填充吸声材料，可显著提高隔声效果；

e）对于各类机器设备的隔声罩、隔声室、集控室、值班室、隔声屏障等，可在内壁安装吸声材料提高其降噪效果。

7.2.1.2 吸声技术主要适用于降低因室内表面反射而产生的混响噪声，其降噪量一般不超过 10 dB；故在声源附近、以降低直达声为主的噪声控制工程不宜单纯采用吸声处理的方法。

7.2.1.3 采用吸声降噪时应考虑房间原有的吸声情况。若原有房间未做吸声处理，混响反射较严重，其吸声降噪效果明显；反之则较差。对于常规车间厂房，吸声降噪效果为 3～5 dB；对混响严重的车间厂房，吸声降噪效果为 6～9 dB；对几何形状特殊（有声聚焦、颤动回声等声缺陷）、混响极为严重的车间厂房，吸声降噪效果有可能达到 10～12 dB。

7.2.1.4 吸声降噪效果不随吸声处理面积的增加而线性增加，吸声设计应根据降噪量需求，优化确定合理的吸声处理面积和布置方式。

7.2.1.5 应针对噪声源的频谱特性来选用吸声材料和吸声结构。吸声材料和吸声结构的吸声特性应与噪声源的频率特性相对应。

7.2.2 吸声材料和结构

7.2.2.1 按物理性能和吸声方式大致分为阻性吸声材料和抗性吸声结构两大类，也有些具有阻抗复合特性。

7.2.2.2 吸声材料包括阻性吸声材料和构成抗性吸声结构的材料。前者指从表面至内部有许多细小、敞开孔道的多孔材料和有密集纤维状组织的各种有机或无机纤维制品；后者通常包括膜状材料和板状材料等。

7.2.2.3 吸声材料的吸声性能宜采用倍频程 125 Hz、250 Hz、500 Hz、1 000 Hz、2 000 Hz、4 000 Hz 六个频率下的吸声系数的算术平均值，或降噪系数 NRC 来表示。

7.2.2.4 常用吸声材料宜选择具有适当孔径和孔隙率且孔洞开放、相互连通以达到适当流阻的多孔性和纤维类吸声材料，包括：

a）无机纤维材料类：例如离心玻璃棉、岩棉、矿渣棉以及用这些材料做成的制品；

b）泡沫塑料类：例如聚氨酯泡沫塑料、脲醛泡沫塑料以及氨基甲酸酯泡沫塑料等；

c）有机纤维材料类：例如棉、麻、木屑、植物纤维、海草、棕丝、无纺布及其制品等；

（以上材料必须经有效的阻燃处理并满足相关的防火要求）

d）吸声建筑材料类：例如泡沫玻璃、膨胀珍珠岩、陶土吸声砖、加气混凝土块等；

e）金属吸声材料类：例如铝纤维、发泡铝、不锈钢丝、粉末冶金烧结体、金属板等。

7.2.2.5 多孔性吸声材料的吸声性能受材料的厚度、密度、流阻、孔隙率、结构因子、材料背后的空气层、材料表面的装饰处理、安装和布置方式以及使用场所的温度、湿度等外部条件的影响，选用时应综合权衡，并考虑如下影响因素：

a）对高频率声音吸声效果明显，对低频率声音吸声效果差；

b）随着材料厚度的增加或密度的增大，吸声最佳频率向低频方向移动；

c）厚度加倍时最大吸收频率向低频方向移动约一个倍频程；

d）最佳材料厚度为吸收频率下波长的 1/4。

7.2.2.6 常用抗性吸声结构可选择：

a）薄板（薄膜）共振吸声结构；

b）穿孔板吸声结构；

c）微穿孔板吸声结构（含超微孔、微狭缝等新型结构）；

d）管束类吸声结构；

e）各类复合吸声结构、空间吸声体等。

7.2.2.7 除选用适宜的吸声结构以外，还应考虑吸声结构的吊挂方式。

7.3 消声

7.3.1 一般规定

7.3.1.1 消声器设计或选用应满足以下要求：

a）应根据噪声源的特点，在所需要消声的频率范围内有足够大的消声量；

b）消声器的附加阻力损失必须控制在设备运行的允许范围内；

c）良好的消声器结构应是设计科学、小型高效、造型美观、坚固耐用、维护方便、使用寿命长；

d）对于降噪要求较高的管道系统，应通过合理控制管道和消声器截面尺寸及介质流速，使流体再生噪声得到合理控制。

7.3.1.2 消声器的设计或选用流程如下：

a）调查确定空气动力性噪声的源强，可由测量、估算或查找资料的方法确定。

b）确定达标限值（声压级和各倍频带的允许声压级），可由有关的法规标准或用户的要求确定。

c）由上述已知条件计算出所需 A 声级及各频带（如中心频率为 63～8 000 Hz 的 8 个倍频带）的消声量（插入损失）。

d）根据噪声源频率特性和所需消声量、空气动力性能要求以及有无防潮、耐高温等特殊使用要求，确定消声器的类型；对于通风空调消声系统设计，除考虑声源噪声以及消声器的消声量外，还应计算管道系统各部件产生的阻力损失和气流再生噪声；当阻力损失过大或气流再生噪声对环境的影响超过噪声限值时，应结合通风空调系统总体布局，优化调整气流速度及消声器结构。

e）根据噪声源特点、传播噪声的途径和辐射方向选定消声器的最佳布设位置，还应充分关注现场空间对消声器外形尺寸的限制；在空气动力学和现场空间允许的条件下，一般应使首节消声装置尽可能接近噪声源；末端消声器出口应避免指向噪声敏感方位或紧邻较大的障碍物。

f）在尽可能降低消声器成本的同时，应确保消声器的强度、内外部质量和使用寿命。

7.3.2 阻性消声器

7.3.2.1 阻性消声器结构型式的选择，应考虑防止高频失效等因素。

7.3.2.2 直管式消声器的管道直径不宜大于 300 mm。

7.3.2.3 当管道直径大于 300 mm 时，宜选用片式消声器；片式消声器的片间距宜取 100～200 mm，片厚宜取 50～150 mm。

7.3.2.4 当需要获得比直片式消声器更高的高频消声量时，可选用折板式消声器；折板式消声器的通道设计宜以视线遮挡为原则，但为控制阻力损失和气流再生噪声，折角不宜超过 20°。

7.3.2.5 当需要获得较大消声量和较小压力损失时，宜选用新型阵列式消声器或消声通道为正弦波形、流线型或菱形等的声流式消声器。

7.3.2.6 在通风管道系统中，宜利用上游的箱、室设计迷宫式消声器（或消声静压箱）；迷宫式消声器内的流速宜不大于 5 m/s。

7.3.2.7 消声器内多孔性吸声材料应填充均匀，填充密度应根据消声器的频率特性适当选择；当重点关注中高频特性时，可填充密度为 24～32 kg/m^3 的离心玻璃棉；当要强调低频消声性能时，离心玻璃棉的填充密度应大于等于 48 kg/m^3。

7.3.2.8 当采用玻璃布与穿孔板的复合结构作为吸声材料的护面时，应确保穿孔板有足够的穿孔率。

7.3.3 抗性消声器

7.3.3.1 当噪声呈明显中低频特性或气流通道内不宜使用阻性吸声材料时（如空气压缩机进、排气口，发动机排气管道等），宜选用抗性消声器。常用抗性消声器包括扩张室式消声器、共振式消声器和微穿孔板消声器。

7.3.3.2 扩张室式消声器设计和选用应符合以下规定：

a）扩张室式消声器的消声量应与扩张比（扩张室截面与通道截面之比）成正比；其消声频率特性通过改变扩张室的长度来调节；

b）为扩展消声器有效带宽，可将几个不同比例、长度的扩张室串联使用；

c）为消除周期性通过频率的声波，应使内插管长度分别等于室长的 1/2 与 1/4；

d）为保持良好的空气动力性能，内接管宜采用穿孔率不小于 30%的穿孔管连接起来；

e）扩张室式消声器的内管径不宜过大，当管径大于 400 mm 时，可采用多管式。

7.3.3.3 当噪声呈低中频特性，特别是在某些频率上带有峰值噪声时，可采用共振式消声器。共振式消声器的设计和选用应符合以下规定：

a）单通道共振式消声器，其通道直径不宜超过 250 mm。对大流量系统可采用多通道，每一通道宽度可取 100～200 mm。

b）共振器各部分尺寸（长、宽、高）均应小于共振频率波长的 1/3；穿孔部分应集中在共振腔中部，并均匀分布；穿孔范围不宜超过共振频率波长的 1/12。

c）为在较宽的频率范围内获得较高的消声量，可使用由阻性消声器与抗性消声器组成的阻抗复合式消声器，包括阻性与扩张室式复合式消声器、阻性与共振式复合消声器、阻性与扩张室加共振式复合消声器。

7.3.4 微穿孔板消声器

7.3.4.1 微穿孔板消声器是以微穿孔板吸声结构为基础的阻抗复合共振式消声器。

7.3.4.2 微穿孔板消声器表面摩擦阻力损失较小、气流再生噪声较低、消声频带较宽，可耐受高温和较高流速的气流冲击，防水、防潮、防尘、防霉、阻燃、抗老化性能较好，尤其适用于洁净系统和高速、高温消声系统。

7.3.4.3 微穿孔板消声器宜采用双层微孔板结构以扩宽消声频带。

7.3.4.4 普通微穿孔板消声器存在局部阻力损失和外形较大的问题，可使用超微孔尤其是微狭缝等新型结构进行优化改进，能获得较高消声效果和体积能效比。

7.3.5 排气放空消声器

7.3.5.1 排气放空消声器可有效消减高速气流（包含但不限于高温、高压、易燃易爆气体等）对空放散的喷射噪声。

7.3.5.2 针对锅炉排气、高炉放风、化工工艺气体放散、空压机和各种风动工具的不同排气噪声特点和工艺要求，可在排气口合理选择安装具有扩散降速或变频机能的排气放空消声器。

7.3.5.3 对高温、高压蒸汽排放，宜优先采用节流降压与小孔喷注复合型排气放空消声器，并充分考虑排口噪声的强指向性以提高降噪效果。

7.3.5.4 高温、高压排气放空消声器的设计制造应充分考虑结构耐压与防爆安全、防腐与抗堵塞、疏水与防雨、避免放散射流对人员的伤害等设计要素；必须附加防雨帽时，应注意其强度和导流消声处理，防止气流再生噪声、二次结构噪声及反射影响。

7.4 隔振

7.4.1 一般规定

7.4.1.1 隔振设计既适用于防护机器设备振动或冲击对操作者、其他设备或周围环境的有害影响，也适用于防止外界振动对敏感目标的干扰。当机器设备产生的振动可以引起固体声传导并引发结构噪声时，也应进行隔振降噪处理。振动评价应执行 GB 10070、GB 50868、GB/T 1344.1、GB/T 1344.2 等相关标准。

7.4.1.2 若布局条件允许时，应使对隔振要求较高的敏感点或精密设备尽可能远离振动较强的机器设备或其他振动源（如铁路、公路干线）。

7.4.1.3 隔振装置及支承结构型式，应根据机器设备的类型、振动强弱、扰动频率、安装和检修形式等特点，以及建筑、环境和操作者对噪声与振动的要求等因素统筹确定。

7.4.2 隔振设计

7.4.2.1 隔振设计应按 GB 50463、GB 10070、GB/T 50452、CJJ/T 191 和 JGJ/T 170 执行。

7.4.2.2 隔振设计还应按如下步骤进行：

a）确定所需的振动传递比（或隔振效率）以及大致的荷载及重心分布情况；

b）确定隔振元件的布局形式、荷载、型号、大小和数量；

c）确定隔振系统的静态压缩量、频率比以及固有频率；

d）验算隔振参量，估计隔振设计的降噪效果。

7.4.2.3 隔振设计所需的固有频率的确定，应根据实测或估算得到的需隔振设备或地点的振动水平、机器设备的扰动频率、设备型号规格、使用工况要求（设备稳定性及操作方便）以及环境保护需求等因素确定。对于不考虑阻尼的简单隔振系统（质量弹簧系统）其振动传递比与频率比的关系如下：

$$T_r = \left| \frac{1}{1-\left(\dfrac{f}{f_0}\right)^2} \right| \tag{1}$$

隔振系统的隔振效率按下式确定：

$$\eta = (1-T_r)\times 100\% \tag{2}$$

式中：T_r——隔振系统的振动传递比；

f——机器设备的扰动频率，Hz，宜取为设备最低扰动频率；

f_0——隔振系统的固有频率，Hz；

η——隔振效率，%；

$\dfrac{f}{f_0}$——频率比，通常宜取 2.5～4；为避免系统共振，频率比不应小于 1.4。

7.4.2.4 隔振元件的荷载、型号大小和数量的确定，应符合如下要求：

a）隔振元件承受的荷载，应根据设备（包括机组和机座）的重量、动态力的影响以及安装时的过载等情况确定；

b）对于冲压设备，系统的阻尼比宜不小于 0.1；

c）设备荷载和重心分布均衡时，每个隔振元件的荷载可将设备重量除以隔振元件数目得出，隔振元件的型号和大小可据此确定；隔振元件的布置宜采用对称布局形式。

d）设备荷载和重心分布不均衡时，各个隔振元件的选择应考虑不对称荷载的影响并采用附加隔振基座（混凝土块或支架），根据重心分布来优化支承形式；隔振元件的布置宜采用不对称布局形式，并至少使部分隔振器可根据需要游动调整。

7.4.2.5 隔振系统的参振质量、动刚度或静态压缩量，是确定其固有频率的关键要素，可按下式估算：

$$f_0 = 4.98\sqrt{\frac{K_D}{W}} \approx 5\sqrt{\frac{d}{\delta_d}} \tag{3}$$

式中：f_0——隔振系统固有频率，Hz；

K_D——隔振元件的动刚度，kg/cm；

W——隔振系统的参振质量，kg；

d——隔振元件的动态系数（动、静刚度比：弹簧可取 1.0，橡胶可取 1.5～2.3）；

δ_d——隔振元件在设备总荷载下的静态压缩量，cm。

7.4.2.6 隔振参量的验算在隔振系统确定之后进行，应包括振动传递比或隔振效率、静态压缩量、动态系数等参数的验算；还应包括对隔振的降噪效果作出的估计。对于楼板上的隔振系统，其楼下房间内的降噪量宜用下式估算：

$$\Delta L_p \approx \Delta L_v \approx 20\lg\left(\frac{1}{T_r}\right) \tag{4}$$

式中：T_r——隔振系统的振动传递比，dB；

ΔL_p——隔振前、后楼下房间内声压级的改变量，dB；

ΔL_v——隔振前、后楼板振动速度级的改变量，dB。

7.4.2.7 下列情况的隔振设计，应进行更为详细周密的计算与选择：

a）隔振效率要求很高（如η>97%），或转速低于 400 r/min 的；

b）冲击和周期性振动联合产生强迫运动；

c）对于大型的、非常用的、振动扰力很大的机械设备；

d）多向隔振（水平方向振动扰力很大的机器，如大功率水平汽缸活塞式压缩机等）。

7.4.2.8 隔振系统的布置，应符合下列要求：

a）尽可能采用对称布局，各支点的荷载及动、静刚度尽量相等；

b）对于机组（如风机、泵、柴油发电机等）由非整体部件组成的情况，隔振元件对机组的支承宜通过公共基座实现，且公共基座应具有足够的刚度；

c）对于需要降低固有频率以提高隔振效率的情况，隔振元件可串联使用；

d）小型（或轻型）机器设备的隔振元件，可直接设置在地坪或楼板上，不必另做设备基础和地脚螺栓；

e）重心高的机器、承受水平荷载或偶然碰撞的机器，宜采用水平限位装置，但不得造成振动短路。

7.4.3 隔振元件和隔振机座

7.4.3.1 隔振元件（包括隔振垫层和隔振器）的选择，应符合如下要求：

a）所需隔振系统固有频率为 1～3 Hz 时，宜选用空气弹簧隔振器或特殊设计的金属弹簧隔振器（但必须配置适当的阻尼器和较大配重的隔振基座）；

b）所需隔振系统固有频率为 2～8 Hz 时，宜选用金属弹簧隔振器（配置适当的阻尼器，配重隔振基座的取舍可适度灵活掌握）；

c）所需隔振系统固有频率为 6～12 Hz 时，宜选用剪切型、剪切挤压复合型橡胶隔振器，或叠层橡胶隔振垫（2～5 层）；

d）所需隔振系统固有频率为 10～16 Hz 时，宜选用橡胶隔振垫（1 层）、金属橡胶隔振器或金属丝棉隔振器以及玻璃纤维板/块（50～150 mm 厚）；

e）所需隔振系统固有频率大于 15 Hz 时，可选用软木、压缩型橡胶隔振器或浮筑垫层等；

f）隔振元件的品种及规格，宜根据有关产品的技术性能参数选择确定。

7.4.3.2　隔振机座应设置在机器设备与隔振元件之间，由型钢或混凝土块构成。自重较轻的隔振机座可采用型钢框架。刚性好、隔振系统重心低、系统的固有频率低且隔振量大的机座，宜采用混凝土或钢混复合结构。

7.4.3.3　隔振机座重量不宜小于机器自重，对于旋转式机器，通常应为机器自重的 1.5～2 倍；对往复式机器等，宜取机器重量的 3～5 倍；冲击类机器的隔振机座重量，应由传至机座的动力和机器的允许振幅来决定。

7.4.4　隔振技术典型应用

7.4.4.1　为解决城市轨道交通的环境噪声与环境振动污染，应对轨道或道床系统采取合理有效的隔振措施。隔振措施主要根据减振降噪需求、工程费用等要素确定；隔振措施 Z 振级减振量的选择宜参照下列要求：

a）对于隔振效果需要 3 dB 以下的，可采用"一般减振措施"；

b）对于隔振效果需要 3～8 dB 的，可采用"中等减振措施"；

c）对于隔振效果需要 8～15 dB 的，可采用"较高减振措施"；

d）对于隔振效果需要 12～20 dB 的，可采用"特殊减振措施"；

e）对于隔振效果需要 20 dB 以上的，则需采用特殊设计的"复合式减振措施"；

f）应关注隔振产品的有效使用寿命，并严格控制其合理的竖向刚度和横向刚度，以避免"异常波磨"等特殊因素对轨道隔振综合性能的影响。

7.4.4.2　为减少附属设备噪声与振动对建筑物内声环境和结构安全的不利影响，保证建筑物的使用功能，应对通风系统、采暖系统、电梯、给排水系统、配电系统、备用电站的设备进行有效隔振，并符合如下规定：

a）对于民用建筑内为本楼居民日常生活提供服务而设置的具有振动干扰的设备，如电梯、水泵、变压器、冷却塔等，除必要的消声、隔声对策外，还应对其基础、与主机刚性连接的管线、其附属机件如管路、阀门以及系统的支撑部分（支/吊架、管路穿墙部位）等采取有效的隔振措施，以减少振动激励所产生的二次结构噪声传导辐射。

b）对大型球磨机、压缩机、冲压机械、锻锤、振动筛等强振动污染源，应尽可能采取积极隔振措施，以消减机器设备振动对周围环境的污染以及对建筑结构安全的危害。

c）对于高精度仪器或高灵敏设备，应设计有效的消极隔振系统，减弱通过建筑基础所传入的振动干扰。

d）对于播音室、录音室、声学实验室以及较为敏感的住宅区域，应采用浮筑楼板甚至房中房等复合隔振隔声措施，以减少二次结构噪声（固体噪声）干扰。

7.4.4.3　管道系统的隔振处理，应符合下列要求：

a）下列管道系统的振动控制，应采用弹性连接：

1）风机和空调机组与风管的隔振连接，宜采用防火帆布接头或弹性橡胶软管；并采用弹性支吊架进行隔振安装。

2）泵、冷冻机、气体压缩机等管道系统的隔振，宜采用具有足够承压、耐温性能的橡胶软管或软接头（避震喉）；输送介质温度过高、压力过大的管道系统，应采用金属软管；输送介质化学活性复杂的宜采用带防腐保护层的复合结构。

3）电机等设备的电气管线，应采用软管线。

4）穿越楼板或墙的管道，应采用弹性材料隔开。

b）软管的位置，应设置在振源附近和振动运动较小之处。

c）穿过隔振元件的螺栓，应采用软垫圈和软套管以免与隔振元件发生短路。

8 施工与验收

8.1 一般规定

8.1.1 应按工程设计图纸、技术文件、设备图纸等组织施工。

8.1.2 施工单位应具有与该工程相应的资质等级。

8.1.3 建设单位应专门成立项目管理机构，参与设计会审、设备监制、施工质量检查，制定运行和维护规章制度，培训工人，组织、参与工程各阶段验收、调试和试运行，建立设备安装及运行档案。

8.1.4 噪声与振动控制设备的安全强度和耐候性要求如下：

a）不同应用场合的声屏障、隔声罩、消声器、隔振器等噪声与振动控制设备，应按所在地区的气候条件、紫外线强度、风雨雪荷载、抗震等级等，进行相应的安全强度校核和耐候性设计；

b）不同材质的连接紧固要考虑温差引起的热变形差异；

c）金属构件的防腐涂层要耐紫外线老化，关键金属构件的防腐要经过盐雾试验的检验；

d）橡胶等非金属材料要有抵御油污、紫外线和臭氧的防护措施。

8.2 施工

8.2.1 噪声与振动控制工程施工和设备安装应符合《建设项目环境保护设计规定》以及 GB 50202、GB 50203、GB 50204、GB 50205、GB 50231、GB 50236、GB 50254、GB 50255、GB 50256、GB 50257、GB 50575、GB 50617、GB 50275、GB 50300、GB 50463、GBJ 87、GB/T 17249.1、TB/T 3122、JTG B04、09MR603 等相应标准、规范的要求。

8.2.2 施工单位应根据施工要求制定完善的施工组织设计方案和质量保证体系。

8.2.3 施工使用的材料、半成品、部件应符合 GB 50300、GB/T 16731、GB/T 18696.1、GB/T 18696.2、GB/T 18699.1、GB/T 18699.2、GB/T 19889 系列、GB/T 20247、GB/T 25516、HJ/T 90、JT/T 646、TB/T 3122、09MR603 以及本标准的要求，并取得供货商的合格证书，严禁使用不合格产品。

8.2.4 减振降噪设备应尽量选用标准化部件。对国外引进的专用设备应按供货商提供的设备技术规范、合同规定及商检文件执行，还应符合我国现行法规或行业施工及验收标准要求。

8.2.5 对配套土建和钢结构工程应在设备安装之前按设计要求进行验收；其中包含隐蔽工程的，应在施工过程中对隐蔽工程进行阶段验收，并经有关单位确认，验收记录和结果应妥善保存。

8.2.6 所安装的降噪产品应满足设计图纸、技术文件以及工程合同中规定的各项设计指标和降噪要求。

8.3 降噪水平检测

8.3.1 一般规定

8.3.1.1 工程验收前应检测降噪减振设备和元件的降噪技术参数是否达到设计要求。

8.3.1.2 噪声与振动控制工程的性能通常可以采用插入损失、传递损失或声压级降低量来检测。

8.3.1.3 设计者或购买者和供货商应明确性能检测的评价量和指标，并应达成一致。

8.3.2 隔声

8.3.2.1 隔声构件和隔声设备的评价应符合如下要求：

a）隔声构件（包括隔声门、隔声窗等）采用 100～3 150 Hz 的倍频带或 1/3 倍频带传递损失来评价，单一数值评价量采用计权隔声量和使用场所的噪声频谱对应的频谱修正量联合评价；

b）隔声设备（包括隔声罩、隔声间、隔声屏等）采用倍频带或 1/3 倍频带插入损失测量。单一数值评价量采用使用场所的噪声频谱对应的 A 计权插入损失。

8.3.2.2　隔声构件和隔声设备的测量应符合如下要求：

a）隔声构件（包括隔声门、隔声窗等）应按照 GB/T 19889.3、GB/T 19889.4、GB/T 19889.5、GB/T 19889.8、GB/T 19889.10、GB/T 19889.14 进行测量；

b）隔声罩应按照 GB/T 18699.1、GB/T 18699.2 进行测量；

c）隔声间应按照 GB/T 19885 进行测量；

d）隔声屏应按照 GB/T 19513、GB/T 19887 进行测量。

8.3.3　吸声

8.3.3.1　吸声材料和吸声元件的评价应符合如下要求：

a）吸声材料和普通使用的吸声结构采用倍频带或 1/3 倍频带吸声系数评价。单一数值评价量采用降噪系数 NRC（即 250 Hz、500 Hz、1 000 Hz、2 000 Hz 倍频带吸声系数的平均值）进行评价。

b）悬挂的空间吸声体采用单只吸声体的吸声量为基准进行评价。

8.3.3.2　吸声材料和吸声元件的评价量应按照 GB 18696.1、GB 18696.2、GB/T 20247、GB/T 16731 进行测量。

8.3.3.3　吸声材料和常规吸声结构的吸声性能测试通常采用混响室法，也经常采用阻抗管法或驻波管法进行样品的快捷测量分析，但应注意区分有效频率范围并予以注明。对悬挂的空间吸声体或座椅等声学构件的吸声量测量则应采用混响室法。

8.3.4　消声

8.3.4.1　消声器的评价应符合如下要求：

a）消声器的声学评价采用下列评价量：

1）插入损失 D_i；

2）插入声压级差 D_{ip}；

3）传声损失 D_t。

b）消声器的空气动力性能评价通常采用压力损失 ΔP_t。

8.3.4.2　消声器的测试评价应按照 GB/T 25516（ISO 7235）和 GB/T 19512 进行测量。

8.3.4.3　消声器的测量应符合下列要求：

a）设计者或购买者和供货商应明确测量和验收的评价量和指标，并应达成一致协议；

b）消声器的声学评价量至少应包括倍频带或 1/3 倍频带插入损失、传递损失，也可以给出消声器适用声源的 A 计权插入损失、传递损失；

c）倍频带或 1/3 倍频带插入损失、传递损失宜采用实验室测量方法。A 计权插入损失、传递损失宜采用现场测量方法。

8.3.5　隔振

8.3.5.1　环境振动的评价量包括：振动的位移、振动速度和加速度。

8.3.5.2　城市区域环境振动的标准评价量为 Z 振级（铅垂向 Z 计权加速度级）。

8.3.5.3　进行环境振动测量时，测点应置于建筑物室外 0.5 m 以内振动敏感处。对于地铁沿线隧道垂直上方至外轨中心线两侧 10 m 以内的建筑，应增设室内测点并置于建筑物室内地面中央，传感器应平稳地放在平坦、坚实的地面上。具体方法参照 GB/T 10071 的相关规定。

8.3.5.4　隔振效果的评价，应采用隔振与非隔振状态下相同基础参考点或类比参考点之间的差值；具体检测方法，应是比较未采取隔振措施前与采取隔振措施后的相同基础参考点（或类比参考点）之间的振动差值，而不应比较采取隔振措施后的振源设备基点至基础参考点之间（即隔振装置两端）的振动差值。

8.4　工程验收

8.4.1　噪声与振动控制工程验收应按《建设项目（工程）竣工验收办法》、相应专业验收规范和有关规定进行组织评定。

8.4.2 噪声与振动控制工程涉及的土建和钢结构工程验收应按 GB 50300、GB 50202、GB 50203、GB 50204、GB 50205 及相关验收规范执行。

8.4.3 噪声与振动控制工程环境保护验收的组织、执行及评定应按《建筑项目环境保护竣工验收管理办法》执行。包括但不限于 GB 50300、GB 50463、GB/T 18699.1、GB/T 18699.2、GB/T 19512、GB/T 19885、GB/T 19887、GB/T 19889 系列、HJ 552、HJ/T 90、HJ/T 403 等相关标准、技术规范和设计文件的有关规定。

9 运行和维护

9.1 所有噪声与振动控制设备，都应该根据其使用环境的卫生条件、介质属性等要素，制定相应的运行和维护规程，确保其性能和使用寿命。

9.2 有源消声器、隔声门、隔声窗、隔振器，特殊工况下使用的消声器等设备均应定期维护、保养。生产单位应设环境保护管理部门，配备管理人员、技术人员和必要的设备，制定治理系统运行及维护的规章制度以及主要设备的运行、维护和操作规程。

9.3 除有源消声器、隔声门、隔声窗、隔振器、强制散热通风机以及个别在特殊工况下使用的消声器以外，绝大多数的噪声控制设备，宜定期进行外观检查和防腐维护。

9.4 设备的运行和维护应符合设备说明书和相关技术规范的规定，定期检查其活动机构（如铰链、锁扣等）和密封机构（材料）的磨损情况，及时保养、更换。具体要求如下：

a）操作人员应经常检查风机润滑部的温度和压力、电动机的电流电压以及风机前部除尘设备的运行情况；

b）应定期清除风机及消声器内部的灰尘、污垢及水等杂质，并防止锈蚀；

c）室外应用的声屏障、隔声罩、消声器、隔振器等噪声与振动控制设备，应定期检查其螺栓、焊缝等各受力连接点的紧固程度及构造完好性，以确保安全。

9.5 噪声控制设备中的易损设备、配件和通用材料，由生产单位按机械设备管理规程和工艺安全运行要求储备，保证治理设施的正常运行。

9.6 大型噪声综合治理工程应制定系统大、中检修计划和应急预案。污染治理系统检修时间应与工艺设备同步，对可能有问题的治理系统或设备应随时检查，检修和检查结果应记录并存档。

附 录 A
（资料性附录）
常见噪声污染源及其源强

A.1 常见环境噪声污染源及其源强（声功率级）可参考表 A.1。

表 A.1 常见环境噪声污染源及其声功率级

声功率级/dB	噪声源大致分类
190～160	火箭、导弹发射等
160～140	大型火炮、矿山爆破（近场）、高速赛车、喷气飞机发动机、高压气体排汽放空等
140～130	螺旋桨飞机、高射机枪、打桩机、大型风机、高铁列车等
130～120	大型球磨机、柴油发电机组、大型迪厅、气锤等
120～110	织布机、电锯、透平压缩机、离心式冷冻机组、大型挖掘机等
110～100	纺纱机、大型装载机、载重汽车、大型空压机、振捣器、水泥搅拌车、大型离心风机、大型轴流、混流风机等

声功率级/dB	噪声源大致分类
100～90	大部分工业企业生产车间、大中型机力冷却塔、螺杆式冷冻机组直流输变电换流站、大部分地铁、轻轨列车等
90～80	大声讲话、交通干线、常规变电站、大型冷却塔、风冷室外机组、小型汽车、蝉鸣蛙声等
80～70	一般交谈、普通冷却塔、风冷室外机组、洗衣机等
70～60	复印机、低噪声冷却塔、家用空调室外机组等
60～50	普通房间内空调设备噪声、电脑等办公设备噪声、电冰箱等
50～40	家用电风扇等

A.2 常见施工设备噪声源强（声压级）可参考表 A.2。

表 A.2 常见施工设备噪声源不同距离声压级 单位：dB（A）

施工设备名称	距声源 5 m	距声源 10 m	施工设备名称	距声源 5 m	距声源 10 m
液压挖掘机	82～90	78～86	振动夯锤	92～100	86～94
电动挖掘机	80～86	75～83	打桩机	100～110	95～105
轮式装载机	90～95	85～91	静力压桩机	70～75	68～73
推土机	83～88	80～85	风镐	88～92	83～87
移动式发电机	95～102	90～98	混凝土输送泵	88～95	84～90
各类压路机	80～90	76～86	商砼搅拌车	85～90	82～84
重型运输车	82～90	78～86	混凝土振捣器	80～88	75～84
木工电锯	93～99	90～95	云石机、角磨机	90～96	84～90
电锤	100～105	95～99	空压机	88～92	83～88

（五）防治技术

关于发布《火电厂氮氧化物防治技术政策》的通知

环发〔2010〕10号

各省、自治区、直辖市环境保护厅（局），新疆生产建设兵团环境保护局，计划单列市环境保护局：

为贯彻《中华人民共和国大气污染防治法》，控制和减少火电厂氮氧化物排放，推动火电厂氮氧化物防治技术进步，改善大气环境质量，保护人体健康，现发布《火电厂氮氧化物防治技术政策》，请参照执行。

附件：火电厂氮氧化物防治技术政策

二〇一〇年一月二十七日

附件

火电厂氮氧化物防治技术政策

1 总则

1.1 为贯彻《中华人民共和国大气污染防治法》，防治火电厂氮氧化物排放造成的污染，改善大气环境质量，保护生态环境，促进火电行业可持续发展和氮氧化物减排及控制技术进步，制定本技术政策。

1.2 本技术政策适用于燃煤发电和热电联产机组氮氧化物排放控制。燃用其他燃料的发电和热电联产机组的氮氧化物排放控制，可参照本技术政策执行。

1.3 本技术政策控制重点是全国范围内200 MW及以上燃煤发电机组和热电联产机组以及大气污染重点控制区域内的所有燃煤发电机组和热电联产机组。

1.4 加强电源结构调整力度，加速淘汰100 MW及以下燃煤凝汽机组，继续实施“上大压小”政策，积极发展大容量、高参数的大型燃煤机组和以热定电的热电联产项目，以提高能源利用率。

2 防治技术路线

2.1 倡导合理使用燃料与污染控制技术相结合、燃烧控制技术和烟气脱硝技术相结合的综合防治措施，以减少燃煤电厂氮氧化物的排放。

2.2 燃煤电厂氮氧化物控制技术的选择应因地制宜、因煤制宜、因炉制宜，依据技术上成熟、经济上合理及便于操作来确定。

2.3 低氮燃烧技术应作为燃煤电厂氮氧化物控制的首选技术。当采用低氮燃烧技术后，氮氧化物排放浓度不达标或不满足总量控制要求时，应建设烟气脱硝设施。

3 低氮燃烧技术

3.1 发电锅炉制造厂及其他单位在设计、生产发电锅炉时，应配置高效的低氮燃烧技术和装置，以减少氮氧化物的产生和排放。

3.2 新建、改建、扩建的燃煤电厂，应选用装配有高效低氮燃烧技术和装置的发电锅炉。

3.3 在役燃煤机组氮氧化物排放浓度不达标或不满足总量控制要求的电厂，应进行低氮燃烧技术改造。

4 烟气脱硝技术

4.1 位于大气污染重点控制区域内的新建、改建、扩建的燃煤发电机组和热电联产机组应配置烟气脱硝设施，并与主机同时设计、施工和投运。非重点控制区域内的新建、改建、扩建的燃煤发电机组和热电联产机组应根据排放标准、总量指标及建设项目环境影响报告书批复要求建设烟气脱硝装置。

4.2 对在役燃煤机组进行低氮燃烧技术改造后，其氮氧化物排放浓度仍不达标或不满足总量控制要求时，应配置烟气脱硝设施。

4.3 烟气脱硝技术主要有：选择性催化还原技术（SCR）、选择性非催化还原技术（SNCR）、选择性非催化还原与选择性催化还原联合技术（SNCR-SCR）及其他烟气脱硝技术。

4.3.1 新建、改建、扩建的燃煤机组，宜选用 SCR；小于等于 600 MW 时，也可选用 SNCR-SCR。

4.3.2 燃用无烟煤或贫煤且投运时间不足 20 年的在役机组，宜选用 SCR 或 SNCR-SCR。

4.3.3 燃用烟煤或褐煤且投运时间不足 20 年的在役机组，宜选用 SNCR 或其他烟气脱硝技术。

4.4 烟气脱硝还原剂的选择

4.4.1 还原剂的选择应综合考虑安全、环保、经济等多方面因素。

4.4.2 选用液氨作为还原剂时，应符合《重大危险源辨识》（GB 18218）及《建筑设计防火规范》（GB 50016）中的有关规定。

4.4.3 位于人口稠密区的烟气脱硝设施，宜选用尿素作为还原剂。

4.5 烟气脱硝二次污染控制

4.5.1 SCR 和 SNCR-SCR 氨逃逸控制在 2.5 mg/m^3（干基，标准状态）以下；SNCR 氨逃逸控制在 8 mg/m^3（干基，标准状态）以下。

4.5.2 失效催化剂应优先进行再生处理，无法再生的应进行无害化处理。

5 新技术开发

5.1 鼓励高效低氮燃烧技术及适合国情的循环流化床锅炉的开发和应用。

5.2 鼓励具有自主知识产权的烟气脱硝技术、脱硫脱硝协同控制技术以及氮氧化物资源化利用技术的研发和应用。

5.3 鼓励低成本高性能催化剂原料、新型催化剂和失效催化剂的再生与安全处置技术的开发和应用。

5.4 鼓励开发具有自主知识产权的在线连续监测装置。

5.5 鼓励适合于烟气脱硝的工业尿素的研究和开发。

6 运行管理

6.1 燃煤电厂应采用低氮燃烧优化运行技术，以充分发挥低氮燃烧装置的功能。

6.2 烟气脱硝设施应与发电主设备纳入同步管理，并设置专人维护管理，并对相关人员进行定期培训。

6.3 建立、健全烟气脱硝设施的运行检修规程和台账等日常管理制度，并根据工艺要求定期对各类设备、电气、自控仪表等进行检修维护，确保设施稳定可靠地运行。

6.4 燃煤电厂应按照《火电厂烟气排放连续监测技术规范》（HJ/T 75）装配氮氧化物在线连续监测装置，采取必要的质量保证措施，确保监测数据的完整和准确，并与环保行政主管部门的管理信息系统联网，对运行数据、记录等相关资料至少保存3年。

6.5 采用液氨作为还原剂时，应根据《危险化学品安全管理条例》的规定编制本单位事故应急救援预案，配备应急救援人员和必要的应急救援器材、设备，并定期组织演练。

6.6 电厂对失效且不可再生的催化剂应严格按照国家危险废物处理处置的相关规定进行管理。

7 监督管理

7.1 烟气脱硝设施不得随意停止运行。由于紧急事故或故障造成脱硝设施停运，电厂应立即向当地环境保护行政主管部门报告。

7.2 各级环境保护行政主管部门应加强对氮氧化物减排设施运行和日常管理制度执行情况的定期检查和监督，电厂应提供烟气脱硝设施的运行和管理情况，包括监测仪器的运行和校验情况等资料。

7.3 电厂所在地的环境保护行政主管部门应定期对烟气脱硝设施的排放和投运情况进行监测和监管。

关于发布《环境空气细颗粒物污染综合防治技术政策》的公告

环境保护部公告 2013 年 第 59 号

为贯彻《中华人民共和国环境保护法》，防治环境污染，改善空气质量，保障人体健康和生态安全，促进技术进步，我部组织制定了《环境空气细颗粒物污染综合防治技术政策》，现予发布，供有关方面参照采用。

该文件内容可在环境保护部网站（kjs.mep.gov.cn/hjbhbz/）查询。

附件：环境空气细颗粒物污染综合防治技术政策

环境保护部

2013 年 9 月 13 日

附件

环境空气细颗粒物污染综合防治技术政策

一、总则

（一）为贯彻《中华人民共和国环境保护法》和《中华人民共和国大气污染防治法》等法律法规，改善环境质量，防治环境污染，保障人体健康和生态安全，促进技术进步，制定本技术政策。

（二）本技术政策为指导性文件，提出了防治环境空气细颗粒物污染的相关措施，供各有关方面参照采用。

（三）环境空气中由于人类活动产生的细颗粒物主要有两个方面：一是各种污染源向空气中直接释放的细颗粒物，包括烟尘、粉尘、扬尘、油烟等；二是部分具有化学活性的气态污染物（前体污染物）在空气中发生反应后生成的细颗粒物，这些前体污染物包括硫氧化物、氮氧化物、挥发性有机物和氨等。防治环境空气细颗粒物污染应针对其成因，全面而严格地控制各种细颗粒物及前体污染物的排放行为。

（四）环境空气中细颗粒物的生成与社会生产、流通和消费活动有密切关系，防治污染应以持续降低环境空气中的细颗粒物浓度为目标，采取“各级政府主导，排污单位负责，社会各界参与，区域联防联控，长期坚持不懈”的原则，通过优化能源结构、变革生产方式、改变生活方式，不断减少各种相关污染物的排放量。

（五）防治细颗粒物污染应将工业污染源、移动污染源、扬尘污染源、生活污染源、农业污染源作为重点，强化源头削减，实施分区分类控制。

二、综合防治

（六）应将能源合理开发利用作为防治细颗粒物污染的优先领域，实行煤炭消费总量控制，大力发展清洁能源。天然气等清洁能源应优先供应居民日常生活使用。在大型城市应不断减少煤炭在能源供应中的比重。限制高硫分或高灰分煤炭的开采、使用和进口，提高煤炭洗选比例，研究推广煤炭清洁化利用技术，减少燃烧煤炭造成的污染物排放。

（七）应将防治细颗粒物污染作为制定和实施城市建设规划的目的之一，优化城市功能布局，开展城市生态建设，不断提高环境承载力，适当控制城市规模，大力发展公共交通系统。

（八）应调整产业结构，强化规划环评和项目环评，严格实施准入制度，必要时对重点区域和重点行业采取限批措施；淘汰落后产能，形成合理的产业分布空间格局。

（九）环境空气中细颗粒物浓度超标的城市，应按照相关法律规定，制定达标规划，明确各年度或各阶段工作目标，并予以落实。应完善环境质量监测工作，开展污染来源解析，编制各地重点污染源清单，采取针对性的污染排放控制措施。应以环境质量变化趋势为依据，建立污染排放控制措施有效性评估和改善工作机制。

三、防治工业污染

（十）应将排放细颗粒物和前体污染物排放量较大的行业作为工业污染源治理的重点，包括：火电、冶金、建材、石油化工、合成材料、制药、塑料加工、表面涂装、电子产品与设备制造、包装印刷等。工业污染源的污染防治，应参照燃煤二氧化硫、火电厂氮氧化物和冶金、建材、化工等污染防治技术政策的具体内容，开展相关工作。

（十一）应加强对各类污染源的监管，确保污染治理设施稳定运行，切实落实企业环保责任。鼓励采用低能耗、低污染的生产工艺，提高各个行业的清洁生产水平，降低污染物产生量。

（十二）应制定严格、完善的国家和地方工业污染物排放标准，明确各行业排放控制要求。在环境污染严重、污染物排放量大的地区，应制定实施严格的地方排放标准或国家排放标准特别排放限值。

（十三）对于排放细颗粒物的工业污染源，应按照生产工艺、排放方式和烟（废）气组成的特点，选取适用的污染防治技术。工业污染源有组织排放的颗粒物，宜采取袋除尘、电除尘、电袋除尘等高效除尘技术，鼓励火电机组和大型燃煤锅炉采用湿式电除尘等新技术。

（十四）对于排放前体污染物的工业污染源，应分别采用去除硫氧化物、氮氧化物、挥发性有机物和氨的治理技术。对于排放废气中的挥发性有机物应尽量进行回收处理，若无法回收，应采用焚烧等方式销毁（含卤素的有机物除外）。采用氨作为还原剂的氮氧化物净化装置，应在保证氮氧化物达标排放的前提下，合理设置氨的加注工艺参数，防止氨过量造成污染。鼓励在各类生产中采用挥发性有机物替代技术。

（十五）产生大气颗粒物及其前体物污染物的生产活动应尽量采用密闭装置，避免无组织排放；无法完全密闭的，应安装集气装置收集逸散的污染物，经净化后排放。

四、防治移动源污染

（十六）移动污染源包括各种道路车辆、机动船舶、非道路机械、火车、航空器等，应按照机动车、柴油车等污染防治技术政策的具体内容，开展相关工作。

防治移动源污染应将尽快降低燃料中有害物质含量，加速淘汰高排放老旧机动车辆和机械，加强在用机动车船排放监管作为重点，并建立长效机制，不断提高移动污染源的排放控制水平。

（十七）进一步提高全国车辆和机械用燃油的清洁化水平，降低硫等有害物质含量，为实施更加严格的移动污染源排放标准、降低在用车辆和机械排放水平创造必要条件。采取措施切实保障各地车用燃油的质量，防止车辆由于使用不符合要求的燃油造成故障或导致排放控制性能降低。

（十八）加强对排放检验不合格在用车辆的治理，强制更换尾气净化装置。升级汽车氮氧化物排放净化技术，采用尿素等还原剂净化尾气中的氮氧化物，并建立车用尿素供应网络。新生产压燃式发动机汽车应安装尾气颗粒物捕集器。用于公用事业的压燃式发动机在用车辆，可按照规定进行改造，提高排放控制性能。

（十九）积极发展新能源汽车和电动汽车，公共交通宜优先采用低排放的新能源汽车。交通拥堵严重的特大城市应推广使用具有启停功能的乘用车。大力发展地铁等大容量轨道交通设施。按期停产达不到轻型货车同等排放标准的三轮汽车和低速货车。

（二十）制定实施新的机动车船大气污染物排放标准，收紧颗粒物、碳氢化合物、氮氧化物等污染物排放限值。开展适合我国机动车辆行驶状况的测试方法的研究。制定、完善并严格实施非道路移动机械大气污染物排放标准，明确颗粒物和氮氧化物排放控制要求。

（二十一）严格控制加油站、油罐车和储油库的油气污染物排放，按时实施国家排放标准。

五、防治扬尘污染

（二十二）扬尘污染源应以道路扬尘、施工扬尘、粉状物料贮存场扬尘、城市裸土起尘等为防治重点。应参照《防治城市扬尘污染技术规范》，开展城市扬尘综合整治，减少城市裸地面积，采取植树种草等措施提高绿化率，或适当采用地面硬化措施，遏止扬尘污染。

（二十三）对各种施工工地、各种粉状物料贮存场、各种港口装卸码头等，应采取设置围挡墙、防尘网和喷洒抑尘剂等有效的防尘、抑尘措施，防止颗粒物逸散；设置车辆清洗装置，保持上路行驶车辆的清洁；鼓励各类土建工程使用预搅拌的商品混凝土。

（二十四）实行粉状物料及渣土车辆密闭运输，加强监管，防止遗撒。及时进行道路清扫、冲洗、洒水作业，减少道路扬尘。规范园林绿化设计和施工管理，防止园林绿地土壤向道路流失。

六、防治生活污染

（二十五）生活污染来源复杂、分布广泛，治理工作应调动社会各界的积极性，鼓励公众参与。应在全社会倡导形成节俭、绿色生活方式，摒弃奢侈、浪费、炫耀的消费习惯。倡导绿色消费，通过消费者选择和市场竞争，促使企业生产环境友好型消费品。

（二十六）治理饮食业、干洗业、小型燃煤燃油锅炉等生活污染源，严格控制油烟、挥发性有机物、烟尘等污染物排放。推广使用具备溶剂回收功能的封闭式干洗机。应有效控制城市露天烧烤。生活垃圾和城市园林绿化废物应及时清运，进行无害化处理，防止露天焚烧。

（二十七）以涂料、黏合剂、油墨、气雾剂等在生产和使用过程中释放挥发性有机物的消费品为重点，开展环境标志产品认证工作，鼓励生产和使用水性涂料，逐渐减少用于船舶制造维修等领域油性涂料的生产和使用，减少挥发性有机物排放量。

（二十八）在城市郊区和农村地区，推广使用清洁能源和高效节能锅炉，有条件的地区宜发展集中供暖或地热等采暖方式，以替代小型燃煤、燃油取暖炉，减轻面源污染。

（二十九）开展环境文化建设，形成有益于环境保护的公序良俗，倡导良好生活习惯。倡导有益于健康的饮食习惯和低油烟、低污染、低能耗的烹调方式。提倡以无烟方式进行祭扫等礼仪活动，减少燃放烟花爆竹。

七、防治农业污染

（三十）提倡采用“留茬免耕、秸秆覆盖”等保护性耕作措施，最大限度地减少翻耕对土壤的扰动，防治土壤侵蚀和起尘。

（三十一）及时、妥善收集处理农作物秸秆等农业废弃物，可采取粉碎后就地还田、收集制备生物质燃料等资源化利用措施，减少露天焚烧。

（三十二）加强对施用肥料的技术指导，合理施肥，鼓励采用长效缓释氮肥和有机肥，有效减少氨挥发。

（三十三）加强规模化畜禽养殖污染防治的监管，推广先进养殖和污染治理技术，减少氨的排放。

八、监测预警与应急

（三十四）严格按照相关标准规定开展环境空气质量监测与评价工作，加快建设环境空气监测网络和环境质量预测预报和评估制度，加强环保、气象部门间的协作和信息共享，建立环境空气质量预警和发布平台。

（三十五）应根据各地气象条件、细颗粒物与前体污染物来源、污染源分布情况，制定环境空气重污染应急预案及预警响应程序，包括紧急限产和临时停产的排污企业和设施名单、车辆限行方案、扬尘管控措施等。

（三十六）建立部门间大气重污染事件应急联动机制，根据出现不利气象条件和重污染现象的预报，及时启动应急方案，采取分级响应措施。应定期评估应急预案实施效果，并适时修订应急预案。

九、强化科技支撑

（三十七）应将科技创新作为防治细颗粒物污染的重要手段。根据我国细颗粒物来源复杂的特点，深入开展大气颗粒物来源解析研究，摸清我国不同区域细颗粒物污染的时空分布特征、形成与区域传输机理，开展细颗粒物总量控制技术与方案的研究。鼓励开展细颗粒物污染相关的健康与生态效应研究。鼓励开展支撑细颗粒物污染防治的经济政策、环保标准等方面的研究。

（三十八）根据实现国家未来环保目标和污染排放控制要求的技术需求，采取措施鼓励研发高效污染治理先导技术，作为确定实施更加严格排放控制要求的技术储备。鼓励采用各种高效污染物净化技术，以及清洁生产技术和资源能源高效利用技术，提高各个行业和污染源的排放控制技术水平，降低污染物排放强度。鼓励研发示范各种细颗粒物及氮氧化物、挥发性有机物等前体污染物的新型高效净化技术，包括袋式除尘、电除尘、电袋复合除尘、湿式电除尘、炉窑选择性催化还原、分子筛吸附浓缩、高效蓄热式催化燃烧、低温等离子体、高效水基强化吸收等。

（三十九）加强细颗粒物污染防治的知识普及和宣传教育，提升全民环境意识和公众参与能力。根据国内改善环境质量和污染防治工作的实际需要，开展细颗粒物防治国际合作。

附：细颗粒物污染防治技术简要说明

附

细颗粒物污染防治技术简要说明

一、工业污染防治技术

（一）有组织排放颗粒物（烟、粉尘）污染防治技术，包括袋式除尘、湿式电除尘技术、电袋复合除尘技术。

（二）前体污染物（NO、SO_2、VOCs、NH_3 等）净化技术，包括各种脱硫技术、氮氧化物的催化还原技术及烟气脱硝技术、挥发性有机物的燃烧净化与吸附回收技术、氨的水洗涤净化技术。

（三）无组织排放颗粒物和前体污染物治理技术，包括适用于大气颗粒物及其前体物污染控制的密闭生产技术、粉状物料堆放场的遮风与抑尘技术。

二、移动源污染防治技术

移动污染源包括各种采用内燃机或外燃机为动力装置，以汽油、柴油、煤油、天然气、液化石油气及其他可燃液体、气体为燃料的交通工具（车辆、船舶、航空器等）、机械、发电装置。防治移动源污染，应针对其使用方式、目前国家污染防治要求，采取不同的技术措施，主要包括：

（一）燃料清洁化技术。降低重金属等影响排放控制装置效能的各种有害物质含量，控制烯烃等光化学活性成分含量。

（二）发动机高效燃烧及燃料精确注入技术。

（三）发动机排气中 NO_x、HC、CO、颗粒物净化技术。

（四）汽油蒸发控制技术，包括在车辆、加油站、油库、油罐车上实施的各种油气回收技术。

（五）车载发动机及排放控制系统诊断技术（OBD）。

三、扬尘污染防治技术

（一）遮风技术，包括适用于各种露天堆场和施工工地遮挡措施。

（二）抑尘技术，包括喷洒水雾和抑尘剂，适用于施工场所、堆场、装卸作业等场地。

（三）施工物料运输车辆清洗技术，适用于上路行驶的物料、渣土运输车辆。

（四）道路清扫技术，包括人工清扫、机械清扫。

四、生活污染防治技术

（一）饮食业油烟净化技术，包括采用各种原理的净化技术。

（二）环境友好产品生产技术，包括各种替代有害物质的消费品生产技术。

（三）密闭式衣物干洗技术。

五、农业污染防治技术

（一）农业耕作和裸土起尘防治技术，包括留茬免耕、秸秆覆盖、固沙技术。

（二）秸秆等农业废物综合利用技术，包括制备沼气、热解气化、生物柴油等技术。

（三）合理施肥技术，包括配方施肥技术和施用硝化抑制剂。

关于发布《重点行业二噁英污染防治技术政策》等5份指导性文件的公告

环境保护部公告 2015年 第90号

为贯彻《中华人民共和国环境保护法》，完善环境技术管理体系，指导污染防治工作，保障人体健康和生态安全，促进行业绿色循环低碳发展，引导环保产业发展，我部组织制定了《重点行业二噁英污染防治技术政策》《合成氨工业污染防治技术政策》《砷污染防治技术政策》《铬盐工业污染防治技术政策》和《汞污染防治技术政策》等五份指导性文件，现予公布，供参照执行。

以上文件内容可登录环境保护部网站（kjs.mee.gov.cn/hjbhbz/）查询。

附件：1. 重点行业二噁英污染防治技术政策

2. 合成氨工业污染防治技术政策（略）

3. 砷污染防治技术政策（略）

4. 铬盐工业污染防治技术政策（略）

5. 汞污染防治技术政策

环境保护部

2015年12月24日

附件1

重点行业二噁英污染防治技术政策

一、总则

（一）为贯彻《中华人民共和国环境保护法》等相关法律法规，防治环境污染，保障生态环境安全和人体健康，指导环境管理与科学治污，引领重点行业二噁英污染防治技术进步与新技术研发，促进绿色发展，制定本技术政策。

（二）本技术政策所涉及的重点行业包括：铁矿石烧结、电弧炉炼钢、再生有色金属（铜、铝、铅、锌）生产、废弃物焚烧、制浆造纸、遗体火化和特定有机氯化工产品生产等。

（三）本技术政策为指导性文件，提出了重点行业二噁英污染防治可采取的技术路线和技术方法，包括源头削减、过程控制、末端治理、新技术研发等方面的内容，为重点行业二噁英污染防治相关规划、排放标准、环境影响评价等环境管理和企业污染防治工作提供技术指导。

（四）二噁英污染防治应遵循全过程控制的原则，加强源头削减和过程控制，积极推进污染物协同减排与专项治理相结合的技术措施，严格执行二噁英污染排放限值要求，减少二噁英的产生和排放。

（五）通过实施本技术政策，到2020年，显著降低重点行业单位产量（处理量）的二噁英排放强度，有效遏制重点行业二噁英排放总量增长的趋势。

二、源头削减

（六）铁矿石烧结宜采用大型烧结机；鼓励采用小球烧结、厚料层烧结、热风烧结和低温烧结等工艺技术，减少设备漏风率；鼓励采用烧结热烟气循环技术，减少烟气和二噁英排放量。

铁矿石烧结工艺应选用氯、铜等杂质含量低的高品位铁精矿；宜选用无烟煤和低氯化物含量的添加剂，减少氯化钙熔剂的使用；加入生产原料中的轧钢皮、铁屑等应进行除油预处理。

（七）电弧炉炼钢宜采用超高功率大型电炉；废钢作为生产原料在入炉前应进行分拣、清洗等预处理，避免含氯的油脂、油漆、涂料、塑料等物质入炉。

（八）再生有色金属生产鼓励采用富氧强化熔炼等先进工艺技术；宜采取机械分选等预处理措施分离原料中的含氯塑料等物质；鼓励利用煤气等清洁燃料。

（九）废弃物焚烧应采用成熟、先进的焚烧工艺技术。危险废物入炉焚烧前应根据其成分、热值等参数进行合理搭配，保证入炉危险废物的均质性；生活垃圾入炉前应充分混合、排除渗滤液，提高入炉生活垃圾热值。

（十）遗体火化应采用再燃式火化机；鼓励采用多级燃烧等充分燃烧技术；鼓励使用天然气、煤气、液化石油气等气体燃料；减少火化随葬品中聚氯乙烯等成分。

三、过程控制

（十一）铁矿石烧结、电弧炉炼钢、再生有色金属生产、废弃物焚烧和遗体火化设施应设置先进、完善、可靠的自动控制系统和工况参数在线监测系统。

（十二）企业应建立健全日常运行管理制度并严格执行，确保生产和污染治理设施稳定运行；应定期监测二噁英的浓度，并按相关规定公开工况参数及有关二噁英的环境信息，接受社会公众监督。

（十三）铁矿石烧结过程应增加料层透气性，保持带速、混合料均匀度、生料成分和床层厚度等工况的稳定。

（十四）再生有色金属熔炼过程应采用负压状态或封闭化生产方式，避免无组织排放。

（十五）废弃物焚烧应保持焚烧系统连续稳定运行，减少因非正常工况运行而生成的二噁英。生活垃圾焚烧和医疗废物焚烧炉烟气出口的温度应不低于 850℃，危险废物焚烧炉二燃室的温度应不低于 1 100℃，烟气停留时间应在 2.0 秒以上，焚烧炉出口烟气的氧气含量不少于 6%（干烟气），并控制助燃空气的风量和注入位置，保证足够的炉内湍流程度。

（十六）火化机应设有再燃室，在遗体入炉前再燃室的温度不低于 850℃，烟气的停留时间应在 2.0 秒以上，再燃室出口烟气的氧气含量不低于 8%（干烟气），并控制助燃空气的风量和供风方式，提高烟气湍流度，确保遗体及其随葬品充分燃烧。遗物祭品焚烧应配置带有烟气处理设施的专用焚烧系统，避免无组织排放。

（十七）造纸生产的制浆工艺鼓励采用氧脱木素技术、强化漂前浆洗涤技术；漂白工艺宜采用以二氧化氯为漂白剂的无元素氯漂白技术；鼓励采用过氧化氢、臭氧、过氧硫酸以及生物酶等全无氯漂白技术，减少漂白段二噁英的产生。

（十八）2,4-滴、三氯苯酚、氯苯类、乙烯氧氯化法生产聚氯乙烯等化工产品的生产过程中，应优化主体合成反应、蒸馏等工艺条件，以降低含氯精细化工产品中残留的二噁英。

四、末端治理

（十九）根据铁矿石烧结、电弧炉炼钢、再生有色金属生产、废弃物焚烧和遗体火化行业的工艺特点，应采用高效除尘技术等协同处理烟气中的二噁英。

铁矿石烧结机头烟气宜优先采用电袋复合除尘技术，机尾烟气宜采用高效袋式除尘技术。电弧炉炼钢过程中产生的烟气宜采用“炉内排烟+大密闭罩+屋顶罩”方式捕集，并优先采用高效袋式除尘器净化。再生有色金属生产、废弃物焚烧和遗体火化过程中产生的烟气宜采用高效袋式除尘技术和活性炭喷射等技术进行处理。

（二十）铁矿石烧结、电弧炉炼钢、再生有色金属生产和危险废物焚烧进行尾气处理时，应确保在后续管路和设备中烟气不结露的前提下，尽可能减少烟气急冷过程的停留时间，减少二噁英的生成。

（二十一）铁矿石烧结、电弧炉炼钢、再生有色金属生产、废弃物焚烧进行烟气热量回收利用时，应采取定期清除换热器表面的灰尘等措施，尽量减少二噁英的再生成。

（二十二）铁矿石烧结、电弧炉炼钢、再生有色金属（铜、铅、锌）生产烟气净化设施产生的含二噁英飞灰，鼓励经预处理后返回原系统利用。

（二十三）废弃物焚烧烟气净化设施产生的含二噁英飞灰、特定有机氯化工产品生产过程中产生的含二噁英废物应按照国家相关规定进行无害化处置。应对遗体火化和遗物祭品焚烧烟气净化设施捕集的飞灰进行妥善处置。

五、鼓励研发的新技术

（二十四）铁矿石烧结、电弧炉炼钢和再生有色金属生产等行业研发自动化、连续化节能环保冶金技术及装置。

（二十五）再生有色金属生产行业研发机械拆解、分类分选和表面洁净化等预处理技术及其装备。

（二十六）化学浆无氯漂白新技术。

（二十七）二噁英阻滞、催化分解技术及其装备。

（二十八）二噁英与常规污染物（氮氧化物、二氧化硫、颗粒物、重金属等）的高效协同减排技术。

（二十九）飞灰等含二噁英固体废物无害化处置技术、二次污染控制技术。

（三十）快速、低成本、高灵敏度的二噁英检测技术及其装备。

附件 5

汞污染防治技术政策

一、总则

（一）为贯彻《中华人民共和国环境保护法》等法律法规，履行《关于汞的水俣公约》，防治环境污染，保障生态安全和人体健康，规范污染治理和管理行为，引领涉汞行业清洁生产和污染防治技术进步，促进行业的绿色循环低碳发展，制定本技术政策。

（二）本技术政策所称的涉汞行业主要指原生汞生产，用汞工艺（主要指电石法聚氯乙烯生产），添汞产品生产（主要指含汞电光源、含汞电池、含汞体温计、含汞血压计、含汞化学试剂），以及燃煤电厂与燃煤工业锅炉、铜铅锌及黄金冶炼、钢铁冶炼、水泥生产、殡葬、废物焚烧与含汞废物处理处置等无意汞排放工业过程。

（三）本技术政策为指导性文件，主要包括涉汞行业的一般要求、过程控制、大气污染防治、水污染防治、固体废物处理处置与综合利用、二次污染防治、鼓励研发的新技术等内容，为涉汞行业相关规划、污染物排放标准、环境影响评价、总量控制、排污许可等环境管理和企业污染防治工作提供技术指导。

（四）涉汞行业应优化产业结构和产品结构，合理规划产业布局，加强技术引导和调控，鼓励采用先进的生产工艺和设备，淘汰高能耗、高污染、低效率的落后工艺和设备。

（五）涉汞行业污染防治应遵循清洁生产与末端治理相结合的全过程污染控制原则，采用先进、成熟的污染防治技术，加强精细化管理，推进含汞废物的减量化、资源化和无害化，减少汞污染物排放。

（六）应按国家相关要求，健全涉汞行业环境风险防控体系和环境应急管理制度，定期开展环境风险排查评估，完善防控措施和环境应急预案，储备必要的环境应急物资，积极防范并妥善应对突发环境事件。鼓励研发汞等重金属快速及在线监测技术和设备。

二、一般要求

（七）含汞物料的运输、贮存和备料等过程应采取密闭、防雨、防渗或其他防漏散措施。

（八）除原生汞生产以外的其他涉汞行业应使用低汞、固汞、无汞原辅材料，并逐步替代高汞及含汞原辅材料的使用。

（九）涉汞行业应对原辅材料中的汞进行检测和控制，加强汞元素的物料平衡管理，保持生产过程稳定。

（十）用汞工艺和添汞产品生产过程应采用负压或密闭措施，加强管理和控制，减少汞污染物的产生和排放。

（十一）涉汞企业生产及含汞废物处置过程中，对于初期雨水及生产性废水应采取分质分类处理，确保处理后达标排放或循环利用。

（十二）废弃含汞产品及含汞废料等应收集、回收利用或安全处理处置。

三、原生汞生产行业汞污染防治

（十三）原生汞生产应对汞及其他有价成分进行高效资源回收，加强生产过程中汞等重金属元素的物料控制，减少中间产品和各生产工序中汞等重金属的排放。

（十四）汞矿采选应采用重选、浮选单一或联合技术和工艺，严格控制尾矿渣中的汞含量。

（十五）按国家相关规定，淘汰铁锅和土灶、蒸馏罐、坩埚炉及简易冷凝收尘设施等落后炼汞方式。

（十六）汞矿采选过程产生的含汞粉尘应采用袋式除尘等高效除尘技术；冶炼过程产生的废气应采用硫酸软锰矿净化法、漂白粉净化法、多硫化钠净化法、碘络合法及酸洗脱汞法等污染控制技术。

（十七）汞矿采选与冶炼过程产生的含汞废水宜采用硫化法、中和沉淀法和活性炭吸附法等技术进行处理，处理后的废水应优先循环利用。

（十八）汞矿采选过程产生的废石和选矿渣应优先进行资源综合利用或矿坑回填的处理处置方式。

（十九）鼓励研发的新技术：

1. 提高汞尾矿利用率的新技术；
2. 尾矿、废石及废渣无害化处置技术；
3. 尾矿库复垦修复、矿山生态恢复及汞污染土壤修复技术。

四、电石法聚氯乙烯生产行业汞污染防治

（二十）电石法聚氯乙烯生产应采用符合国家标准的低汞触媒，降低单位产品的汞消耗量。应采用高效汞污染控制技术，提高汞回收效率，减少汞排放。

（二十一）氯乙烯合成转化工序应配备独立的含汞废水收集和处理设施，含汞废水应采用硫化法、吸附法等工艺进行处理；氯离子浓度较高的含汞废水鼓励采用膜法、离子交换树脂法等处理技术。

（二十二）氯乙烯合成工序不达标的含汞废酸应采用盐酸深度脱析技术回收氯化氢，脱析后产生的含汞废液与含汞废碱液应送往独立的含汞废水处理系统进行处理；废汞触媒、含汞废活性炭和含汞废水处理污泥等含汞废物应按危险废物管理要求进行回收和安全处置。

（二十三）鼓励研发的新技术：

1. 高效低汞触媒（汞含量低于4%）和无汞触媒；

2. 无汞催化技术及工艺设备；

3. 大型氯乙烯流化床反应器及配套分子筛固汞触媒；

4. 高效汞回收技术；

5. 高效低成本含汞废水综合治理技术。

五、添汞产品生产行业汞污染防治

（二十四）含汞电光源生产过程中产生的含汞废气宜采用活性炭吸附、催化吸附-高锰酸钾溶液吸收等处理技术；含汞废水宜采用化学沉淀法、吸附法等处理技术。

（二十五）含汞电池生产过程中产生的含汞废气宜采用活性炭吸附等处理技术；含汞废水宜采用电解法、沉淀法或微电解-混凝沉淀法等处理技术。

（二十六）含汞体温计、含汞血压计和含汞化学试剂生产过程中产生的含汞废气宜采用活性炭吸附等处理技术，含汞废水宜采用化学沉淀法、吸附法等处理技术。

（二十七）注汞后破碎的灯管、封口或高温加热时截断的废玻璃管和不合格产品、含汞废水和含汞废气处理时产生的泥渣或含汞活性炭等，宜采用焙烧、冷凝等技术进行回收处理，或交具有相应能力的持危险废物经营许可证单位进行处置。

（二十八）鼓励研发的新技术：

1. 低汞、无汞及汞回收利用技术；

2. 固汞替代液汞技术；

3. 全自动注汞技术及装备。

六、燃煤电厂与燃煤工业锅炉汞污染防治

（二十九）燃煤电厂与燃煤工业锅炉应使用低汞燃料煤，或采用洗煤、配煤等脱汞预处理技术，减少燃料中的汞含量。采用煤炭改性以及使用煤炭添加剂，合理提高氯、溴等卤素元素含量，提高燃烧过程中汞的转化效率。

（三十）燃煤电厂与燃煤工业锅炉应采用高效燃烧技术，实施燃烧过程控制，减少汞污染排放。

（三十一）应采用脱硫、除尘、脱硝协同脱汞技术。应对脱汞副产物进行稳定化、无害化处理，对粉煤灰和脱硫石膏进行安全处置。

（三十二）鼓励研发的新技术：

1. 汞吸附剂、煤中添加卤化物喷入技术；

2. 低温等离子体除汞技术；

3. 硫、硝、汞协同脱除多功能催化剂；

4. 硫、硝、汞等多种污染物一体化高效脱除技术及装备；

5. 汞等重金属快速及在线监测技术和设备；

6. 高效汞污染物脱除技术。

七、铜铅锌及黄金冶炼行业汞污染防治

（三十三）铜铅锌冶炼过程产生的含汞废气宜采用波立顿脱汞法、碘络合-电解法、硫化钠-氯络合法和直接冷凝法等烟气脱汞工艺。宜采用袋式除尘、电袋复合除尘和湿法脱硫、制酸等烟气净化协同脱汞技术。

（三十四）金矿焙烧过程应加强对高温静电除尘器等烟气处理设施的运行管理，提高协同脱汞效果。

（三十五）烟气净化过程产生的废水、冷凝器密封用水和工艺冷却水宜采用化学沉淀法、吸附法和膜

分离法等组合处理工艺。

（三十六）冶炼渣和烟气除尘灰应采用密闭蒸馏或高温焙烧等方法回收汞，烟气净化处理后的残余物属于危险废物的应交具有相应能力的持危险废物经营许可证单位进行处置。

（三十七）降低硫酸中的汞含量宜采用硫化物除汞、硫代硫酸钠除汞及热浓硫酸除汞等技术。

（三十八）严格执行副产品硫酸含汞量的限值标准，加强对进入硫酸蒸汽以及其他含汞废物中汞的跟踪管理。

（三十九）鼓励研发的新技术：

1. 硫酸洗涤法、硒过滤器等脱汞工艺；
2. 脱汞功能材料及脱汞工艺；
3. 含汞等重金属废水深度及协同处理技术；
4. 含汞废水膜分离、树脂分离或生物分离的成套技术和组合装置；
5. 铜铅锌及黄金冶炼过程汞污染自动控制技术与装置；
6. 污酸体系渣梯级利用与安全稳定化技术。

八、钢铁冶炼行业汞污染防治

（四十）含汞废气应采用袋式除尘、电除尘或电袋复合除尘技术和脱硫技术协同脱除烟气中的汞。

（四十一）含汞废水宜采用化学沉淀法、吸附法、电化学法和膜分离法等组合处理工艺。

（四十二）鼓励研发的新技术：

1. 硫、硝、汞等污染物协同脱除技术；
2. 冶炼烟尘、冶炼渣和含汞污泥的资源化利用技术；
3. 活性炭等功能材料吸附除汞技术。

九、水泥生产行业汞污染防治

（四十三）新型干法水泥生产工艺应提高水泥回转窑窑尾废气与生料粉磨烘干的同步运转率，并加强生料磨停运时汞排放控制技术措施，减少水泥窑废气汞排放。

（四十四）鼓励采用低汞原燃料替代、低汞混合材料掺用等技术的应用。

（四十五）应采用袋式除尘、电袋复合除尘等高效除尘协同脱汞技术。

（四十六）应加强对水泥窑协同处置固体废物运行的动态管理，依据固体废物组分及汞含量采取合理的处置速率，保证汞等重金属排放达标。

（四十七）鼓励研发的新技术：

水泥窑废气汞等污染物协同脱除技术。

十、殡葬行业汞污染防治

（四十八）殡葬行业宜采用活性炭喷射等技术去除烟气中的汞。

（四十九）鼓励研发的新技术：

1. 烟气中汞、二噁英等污染物高效协同净化技术；
2. 新型多功能汞吸附材料。

十一、废物焚烧与含汞废物处理处置过程汞污染防治

（五十）含汞废物应委托有危险废物经营许可资质的单位进行无害化处理处置。

（五十一）危险废物（含医疗废物）、生活垃圾等废物焚烧应采用高效袋式除尘和活性炭吸附脱汞等技术。

（五十二）废汞触媒宜采用火法冶炼、化学活化或控氧干馏等技术进行回收处理。

（五十三）废荧光灯应采用高温气化法、湿法等技术进行回收处理。

（五十四）含汞废电池处理处置宜采用火法处理、湿法处理、火法湿法联合处理、真空热处理或安全填埋等技术。

（五十五）鼓励烟气除尘灰及废水处理产生的含汞污泥采用氧化溶出法或氯化-硫化-焙烧法等汞回收处理技术。处理后的残渣和飞灰宜加入汞固定剂和水泥砂浆固化处理后安全填埋。

（五十六）鼓励研发的新技术：

1. 含汞废物高效汞回收技术及装备；

2. 低温等离子体、新型功能材料等含汞废气净化及资源回收技术；

3. 含汞废物安全收集、贮存、运输的技术及装备。

关于在燃煤电厂推行环境污染第三方治理的指导意见

发改环资〔2015〕3191 号

各省、自治区、直辖市及计划单列市、新疆生产建设兵团发展改革委、经信委（工信委、工信厅）、环境保护厅（局）、能源局，中国电力企业联合会，国家电网公司、南方电网公司、华能、大唐、华电、国电、国电投集团公司，神华集团、国投公司、华润集团：

根据《中共中央国务院关于加快推进生态文明建设的意见》（中发〔2015〕12 号）、《国务院办公厅关于推行环境污染第三方治理的意见》（国办发〔2014〕69 号），为了在燃煤电厂加快推行和规范环境污染第三方治理工作，现提出以下指导意见。

一、重要意义和总体要求

2007—2010 年，国家发展改革委联合环境保护部在电力行业开展了为期三年的燃煤电厂烟气脱硫特许经营试点工作并取得成功，试点火电机组容量达到 2 400 万千瓦。截至 2014 年底，采取第三方治理方式运行的烟气脱硫特许经营规模约 9 700 万千瓦，脱硝特许经营规模约 3 300 万千瓦。从试点及实际应用情况看，环境污染第三方治理有利于提高燃煤电厂污染治理工程建设质量；有利于污染治理设施稳定达标运行；有利于引进社会资本、缓解电力企业环保设施建设资金压力；有利于发挥环境服务公司的专业优势、促进环保服务业持续健康发展。

（一）指导思想。全面贯彻落实党的十八大和十八届三中、四中、五中全会精神，牢固树立生态文明理念和依法治国观念，充分发挥市场在资源配置中的决定性作用，以污染治理“市场化、专业化、产业化”为导向，吸引和扩大社会资本投入环境污染治理，创新燃煤电厂环保设施安全稳定经济达标排放运行、促进环保产业持续健康发展的第三方治理体制机制。

（二）基本原则

1. 坚持企业自愿。燃煤电厂（电力企业）和环境服务公司在自愿、公平的前提下，开展互惠互利的市场化方式合作。

2. 坚持依法推行。燃煤电厂和环境服务公司在现行法律法规下开展环境污染第三方治理合作，确保污染物排放满足相关法律、法规、标准、政策要求。

3. 坚持诚实守信。燃煤电厂和环境服务公司应当信守合同，全面履行合同约定的各项义务。

（三）主要目标。到 2020 年，燃煤电厂环境污染第三方治理服务范围进一步扩大，由现有的二氧化硫、氮氧化物治理领域全面扩大至废气、废水、固废等环境污染治理领域；社会资本更加活跃，资本规模进一步扩大；第三方治理相关法规政策进一步完善；环境服务公司技术水平能力不断提高，形成一批能力强、综合信用好的龙头环保企业。

（四）经营模式。燃煤电厂第三方治理主要分为两种模式。

1. 特许经营模式。燃煤电厂按约定价格（不限于环保电价热价），以合同形式特许给环境服务公司，由专业化的环境服务公司承担污染治理设施的投资、建设（或购买已建成在役的污染治理设施资产）、运行、维护及日常管理，并完成合同规定的污染治理任务。

2. 委托运营模式。燃煤电厂按约定的价格，以合同形式委托专业化的环境服务公司承担污染治理设施的运行、维护及日常管理，并完成合同规定的污染治理任务。

二、主要内容及措施

（一）责任划分

1. 污染治理责任。燃煤电厂承担污染治理的主体责任；环境服务公司按照有关法律法规以及合同要求，承担约定的污染治理责任。双方按照责任归属原则对所造成的违反法律法规要求的行为依法承担责任。环境服务公司在第三方治理过程中弄虚作假，除依照有关法律法规规定及合同要求承担责任外，对造成环境污染和生态破坏负有责任的，还应依法承担连带责任。

2. 安全生产责任。燃煤电厂和环境服务公司应在合同中约定各自的安全生产管理职责和应当采取的安全措施，划清责任界面。燃煤电厂对环境服务公司的安全生产工作统一协调、管理，环境服务公司应满足燃煤电厂安全生产管理要求。

3. 经济责任。因燃煤电厂和环境服务公司双方或单方责任，造成发电机组停运、出力受阻，设备和人身事故，环境事件（超标排放、违反排污许可规定等），被政府通报和处罚等后果，燃煤电厂和环境服务公司依照法律法规以及签订的合同要求，由责任方承担相应责任。按国家或地方政府有关规定扣减的环保电价、增收的排污费及其他经济处罚，由责任方按照合同约定承担。

（二）第三方治理企业选择。燃煤电厂宜采用公开招标或竞争性谈判方式确定具有独立法人资格的环境服务公司，不得设定地域及其他歧视性条件，确定合理的投资及收益水平，避免高价低质、低价低质的恶性竞争。燃煤电厂可将环境服务公司的服务能力与质量、技术水平、实施方案、业绩、融投资能力、信用等要素列入招标资格条件。

（三）合同内容。燃煤电厂应当与确定的环境服务公司签订第三方治理合同（含协议），合同应明确污染治理的责任界面（涉及资产的应明确资产权属），明确第三方治理边界条件和污染治理要求，以及燃煤电厂和环境服务公司各自应承担的安全、环保、经济等责任。合同宜包括以下主要要素（不限于）：

1. 项目名称、内容和基本情况；
2. 治理范围；
3. 资产界限（特许经营）、工程界限（特许经营）、管理界限；
4. 主要技术方案和性能指标；
5. 项目建设（特许经营）、设计标准和要求；
6. 项目运营与维护；
7. 计价与结算；
8. 经营期满后项目（资产）移交、程序和要求；
9. 双方的权利、责任和义务；
10. 合同的终止、转让和备案；
11. 争议解决方式；
12. 违约责任；
13. 履约担保；
14. 其他事项。

（四）主要措施

1. 结算价格约定。以售电量和供热热量为计价基础的第三方治理项目应在合同中明确约定售电量和供热热量的范围及价格。鼓励燃煤电厂和环境服务公司在合同中约定价格调整机制，包括调整的周期、调整的因素及启动条件等，合理确定价格调整模型；鼓励根据发电小时数或发电量实行阶梯结算价格机制。第三方治理用的水、电、汽、气等按约定价格进行结算，推荐按厂用价格进行约定。

2. 经营期限约定。合同应明确规定第三方治理经营有效期。对采用特许经营模式的第三方治理，经营有效期原则上与污染治理设施对应的发电机组使用期限或使用寿命相同，一般不少于15年。委托运营模式经营期限由双方商定，鼓励签订中长期合同以发挥环境服务公司的专业优势。机组剩余寿命较短或已列入关停计划的发电机组，不宜采用特许经营，可采用委托运营模式或其他方式提高专业化管理水平。第三方治理期限届满后，双方通过协商可以延长有效期。

3. 生产用地。燃煤电厂应无偿向环境服务公司提供厂内生产用地，包括污染治理设施用地及生产办公占地、原材料及副产品临时堆放场地等，环境服务公司承担用地使用税费。

4. 结算时间。按照污染治理设施运行情况及合同要求，燃煤电厂应按期足额与环境服务公司进行结算。

5. 协调机制。双方应建立安全生产协商联动机制，共同解决运行管理、停运检修等可能存在的问题。环境服务公司按合同管理污染治理设施过程中，应充分发挥设施对其他污染物的协同脱除作用，协助燃煤电厂做好污染物整体达标工作。环境服务公司应配合燃煤电厂做好环境保护执法检查工作。

6. 额外收益（亏损）处理。环境服务公司治理取得的污染物减排量，计入燃煤电厂的排污权账户，由燃煤电厂作为排污权的交易和收益主体。环境服务公司在完成合同规定减排任务外，通过加强管理等措施进一步降低污染排放，由这部分减排量带来的排污交易收益、排污费的缩减及其他奖励或优惠政策由燃煤电厂和环境服务公司共同所有，具体分配应通过协商并以补偿合同方式明确。

7. 风险处理与争议处置。合同应充分考虑国家环境保护政策变化、特殊原因、不可抗力等因素给第三方治理带来的影响。对于超出合同边界条件约定的污染物治理部分，双方应通过平等、友好协商解决，并以补充合同或协议形式解决。因一方严重违约或其他不可抗力等原因，导致第三方治理无法继续履行合同约定义务，或者出现合同约定的提前终止协议情形的，燃煤电厂和环境服务公司可以提前终止协议，并按照实际情况、双方协商及合同约定情况进行相应补偿。

8. 争议期运行。如燃煤电厂和环境服务公司发生争议，双方在争议解决过程中，应当继续履行第三方合同义务，确保环境污染治理后满足相关要求。

9. 资料移交。第三方治理期限届满终止或提前终止的，双方应当按照合同约定，以及有关法律、行政法规等规定，办理有关设施、资料、档案等移交、接管等手续。

三、政策落实

（一）价格政策。全面落实现有燃煤发电机组脱硫、脱硝、除尘等环保电价政策，积极推进地方政府制定出台地方环保热价政策。

（二）财税政策。认真落实国家现有对资源综合利用、环境服务等税收优惠政策，参照垃圾发电等税收优惠模式，给予第三方治理项目在增值税、企业所得税等优惠政策。

（三）融资支持。鼓励银行业金融机构在贷款额度、贷款利率、还贷条件等方面依据项目及合同给予实施第三方的环境服务公司优惠，对资信良好的环境服务公司，简化信贷申请和审核手续。鼓励银行依据项目及合同，实行应收账款、收费权质押贷款等服务。鼓励商业性融资担保机构为环境服务公司提供融资担保，支持符合条件的主体通过发行企业债券募集资金。

（四）奖励。对实施第三方治理，达到相关环保标准要求的燃煤电厂，在领跑者、机组竞赛等方面给予优惠政策。

四、组织协调和监督管理

（一）加强组织协调。发电企业集团要高度重视燃煤电厂环境污染第三方治理工作，加强企业内部组织协调，加大工作力度，积极、稳妥、有序推进所属燃煤电厂开展第三方治理。电网公司与发电企业要按规定及时结算上网电费（含环保电价）。

（二）加强监督管理。国家发展改革委会同国家能源局负责指导全国范围内的燃煤电厂第三方治理活动，推动第三方治理顺利开展；国家能源局在履行电力行业管理的同时，积极推动第三方治理工作；环境保护部负责对全国实施第三方治理的燃煤电厂的环境监管。省级发展改革部门、电力运行部门、能源管理部门要积极指导、协调和推动地方燃煤电厂开展第三方治理，省级环境保护主管部门按照相关法律法规要求负责本地实施第三方治理燃煤电厂的环境监管。

（三）发挥行业组织作用。委托行业协会中国电力企业联合会制定第三方治理合同范本；建立诚信体系，将第三方治理企业纳入电力行业信用体系的监管范围，实施负面名单制度；开展全国燃煤电厂第三方治理情况调查和产业登记，并定期公开相关工作进展信息等；及时了解汇总工作中发现的困难和问题，并反馈国家发展改革委、环境保护部、国家能源局。

国家发展改革委
环境保护部
国家能源局
2015 年 12 月 31 日

中华人民共和国电力行业标准

火力发电厂环保设施运行状况评价技术规范

Operation evaluation technical regulation of environmental protection equipment for thermal power plant

DL/T 362—2016
代替 DL/T 362—2010

2016-02-05 发布　　2016-07-01 实施

前　言

本标准按照 GB/T 1.1—2009《标准化工作导则　第 1 部分：标准的结构和编写》给出的规则起草。

本标准的附录 A、附录 B、附录 C 为资料性附录。

本标准是对 DL/T 362—2010《燃煤电厂环保设施运行状况技术规范》的修订。

本标准与 DL/T 362—2010 相比，主要对以下内容进行了修改：

——调整了环保设施健康状况分类方法；

——调整了火力发电厂各环保设施性能指标、运行管理和主要设备基础分值和权重；

——细化了环保设施标准各指标及评价子项的评判方法；

——补充了湿式静电除尘设施、SNCR 脱硝设施、环保设施控制系统的评价指标体系及其评价标准。

本标准由中国电力企业联合会提出。

本标准由电力行业环境保护标准化技术委员会归口并负责解释。

本标准起草单位：中国国电集团公司、国电科学技术研究院、浙江浙能技术研究院有限公司。

本标准主要起草人：王忠渠、刘建民、薛建明、管一明、王小明、朱林、许月阳、李忠华、张国鑫、柏源、陈焱、刘春红、吴春华、姜维才、许雪松、陈书建、王宏亮、李兵、裴杰。

本标准于 2010 年首次发布，本次为第一次修订。

本标准在执行过程中的意见或建议反馈至中国电力企业联合会标准化管理中心（北京市白广路二条一号，100761）。

1　范围

本标准规定了火力发电厂生产过程中环保设施运行状况的评价对象、内容、指标、方法、结果评判、评价报告及考核的要求。

本标准适用于火力发电厂生产过程中环保设施运行状况的综合评价，包括环境保护管理水平、环保设施运行水平和污染物控制水平。

2　规范性引用文件

下列文件对于本文件的应用是必不可少的。凡是注明日期的引用文件，仅注明日期的版本适用于本文件。凡是未注明日期的引用文件，其最新版本（包括所有的修改单）适用于本文件。

GBZ 1　工业企业设计卫生标准
GB/T 6719　袋式除尘技术要求
GB 8978　污水综合排放标准
GB 12348　工业企业厂界环境噪声排放标准
GB 13223　火电厂大气污染物排放标准
GB/T 13931　电除尘器　性能测试方法
GB/T 16157　固定污染源排气中颗粒物测定与气态污染物采样方法
GB 18597　危险废物贮存污染控制标准
GB/T 21508　燃煤烟气脱硫设备性能测试方法
GB/T 27869　电袋复合除尘器
DL/T 414　火电厂环境监测技术规范
DL/T 998　石灰石-石膏湿法烟气脱硫装置性能验收试验规范
HJ/T 47　烟气采样器技术条件
HJ/T 75　固定污染源烟气排放连续监测技术规范（试行）
HJ 2040　火电厂烟气治理设施运行管理技术规范

3　术语和定义

下列术语和定义适用于本标准。

3.1　小时浓度达标排放率　the reaching standard rate of hourly average concentration

烟气污染物达标排放小时数与机组运行状态小时数的比率，即

$$\text{小时浓度达标排放率}=\frac{\text{污染物达标排放小时数}}{\text{机组运行状态小时数}}\times 100\% \tag{1}$$

其中，机组运行状态小时数是指机组并网运行的小时数。

4　总则

4.1　火力发电厂环保设施的运行状态、管理水平及安全可靠性的技术评价，应符合本标准的要求。

4.2　环保设施的评价应以环境保护法律、法规、标准为依据，以环境监测、性能检测、烟气在线监测、现场试验、现场调查为手段，科学、客观地评价火力发电厂环境保护的管理水平、环保设施的运行水平和对污染物的控制水平，全面系统地查找和分析环保设施存在的问题和隐患，并提出相应的整改建议和实施方案。

5　评价对象及内容

5.1　评价对象至少应包括下列内容：

a）全厂性环境保护；
b）脱硫设施；
c）脱硝设施；
d）除尘设施；
e）废水处理设施；
f）噪声治理设施；
g）灰渣的处置和综合利用；
h）污染物在线监测设施；
i）环保设施控制系统（DCS）；

j）湿式静电除尘设施。

5.2　评价内容至少包括下列内容：

a）全厂性环境保护管理体系和污染物排放水平；

b）环保设施的运行状况、性能、影响因素及其健康状况。

6　评价指标

评价指标包括全厂性环境保护评价指标和环保设施评价指标两大类：

a）全厂性环境保护评价指标应由环境保护管理体系、污染物排放达标与总量控制状况、环保设施的建设及运行状况等指标组成，具体指标参见附录 A。

b）环保设施评价指标应由各类环保设施的性能指标、生产管理和主要设备运行状况等指标组成，具体指标参见附录 B。

7　评价方法

7.1　评价包括综合评价和单项评价：

a）综合评价是对全厂环境保护管理以及环保设施运行状况的环保指标和要素进行全面评价；

b）单项评价是对全厂环境保护管理或其中某个环保设施进行单独评价。

7.2　评价的工作形式包括企业自评价和专家评价：

a）企业自评价：各企业应按照本标准的要求，定期组织环保设施自评价工作。企业全面自评价每年宜不少于 1 次；同时根据环保设施的健康状况，及时进行环保设施的单项自评价，确保环保设施健康运行。

b）专家评价：火力发电厂的主管部门应根据各企业环境保护的工作情况，定期组织行业专家，按照本标准的要求对所属企业实施专家评价。专家评价宜每 2 年 1 次。

7.3　评价应按照定量分析、定性分析和对比分析相结合的原则，通过资料分析、现场试验、现场检查等于段，参照附录 A、附录 B 的条款，追溯企业 12 个月内各评价指标和评价期间环保设施的运行状况，对环境保护指标和各要素进行评价，用相对得分率来衡量火力发电厂污染物排放状况、环保设施的运行状况和环境保护工作状况。相对得分率应按下列原则计算：

a）单项相对得分率=（实得分/基础分）×100%。

b）总相对得分率为各单项相对得分率的加权平均值。各环保设施的权重由企业主管部门自行决定，也可以参照附录 C 执行。

c）被评价企业不适用（不存在）的项目不计分，相应基础分也不计入。

d）评价项目中的扣分无特别注明外，扣完为止。

7.4　全厂性环境保护和单项环保设施的基础分均为 100 分。

8　评价结果与分级

8.1　综合评价

综合评价根据总相对得分率确定，A 级≥90%，75%≤B 级＜90%，C 级＜75%。

8.2　全厂性环境保护评价的健康状况

全厂性环境保护评价的健康状况分为 A、B、C 三级，分级方法为：

a）A 级为按环境影响评价要求建设，管理体系完善，设施运行可靠、稳定达标，运行的精细化和管理的规范化程度较高，相对得分率≥90%；

b）B 级为按环境影响评价要求建设，无重大缺陷，能达标运行，运行和管理还有进一步提升的空间，75%≤相对得分率＜90%；

c）C 级为关键环保设施不达标，未按环境影响评价要求建设和管理，管理体系问题较多，相对得分率＜75%。

8.3 环保设施的健康状况

环保设施的健康状况分为 A、B、C 三级，分级方法为：

a）A 级为环保设施能稳定、可靠、达标运行，单项相对得分率≥90%，脱硝、脱硫、除尘等环保设施投运率满足环保要求，小时达标排放率≥98%，且脱除效率满足环保要求；

b）B 级为环保设施能达标运行，75%≤单项相对得分率＜90%，脱硝、脱硫、除尘等环保设施投运率满足环保要求，90%≤小时达标排放率＜98%，且脱除效率满足环保要求；

c）C 级为环保设施不能稳定达标运行，单项相对得分率＜75%，脱硝、脱硫、除尘等环保设施投运率不满足环保要求，小时达标排放率＜90%，或者系统投运率、脱除效率达不到环保要求。

9 评价报告与考核

9.1 评价报告至少应包括火力发电厂环境保护工作概况、各环保设施的主要性能、污染物排放指标、评价结果、存在问题及整改建议的内容。

9.2 评价结果应以单项相对得分率、总相对得分率和全厂性环境保护与环保设施健康状况的形式体现。

9.3 评价结果应作为企业环境保护内部考核、主管部门考核和整改的依据。

9.4 评价中提出的整改项目，应优先列入企业设备检修或技改计划，由企业负责实施限期整改，并作为下一次评价的主要内容进行重点查评，形成评价、改进、再评价、持续改进的闭环管理。

9.5 评价认定属于 C 类的环保设施，企业应制定整改方案并进行可行性论证，整改方案经主管部门批准后，应在限期内及时组织实施。

附录 A（资料性附录） 火力发电厂全厂性环境保护评价指标体系及其评价标准（略）

附录 B（资料性附录） 火力发电厂环保设施评价指标体系及其评价标准（略）

附录 C（资料性附录） 火力发电厂环保设施状态评价计算权重（略）

关于发布《火电厂污染防治技术政策》的公告

环境保护部公告 2017 年 第 1 号

为贯彻《中华人民共和国环境保护法》，改善环境质量，保障人体健康，完善环境技术管理体系，推动污染防治技术进步，环境保护部组织制定了《火电厂污染防治技术政策》，现予公布，供参照执行。

文件内容可登录环境保护部网站查询。

附件：火电厂污染防治技术政策

环境保护部

2017 年 1 月 10 日

附件

火电厂污染防治技术政策

一、总则

（一）为贯彻《中华人民共和国环境保护法》等法律法规，防治火电厂排放废气、废水、噪声、固体废物等造成的污染，改善环境质量，保护生态环境，促进火电行业健康持续发展及污染防治技术进步，制定本技术政策。

（二）本技术政策适用于以煤、煤矸石、泥煤、石油焦及油页岩等为燃料的火电厂，以油、气等为燃料的火电厂可参照执行。不适用于以生活垃圾、危险废物为主要燃料的火电厂。

（三）本技术政策为指导性技术文件，可为火电行业污染防治规划制定、污染物达标排放技术选择、环境影响评价和排污许可制度贯彻实施等环境管理及企业污染防治工作提供技术支撑。

（四）火电厂的污染防治应遵循和提倡源头控制与末端治理相结合的技术路线；污染防治技术的选择应因煤制宜、因炉制宜、因地制宜，并统筹兼顾技术先进、经济合理、便于维护的原则。

二、源头控制

（一）全国新建燃煤发电项目原则上应采用 60 万千瓦以上超超临界机组，平均供电煤耗低于 300 克标准煤/千瓦时。

（二）进一步提高小火电机组淘汰标准，对经整改仍不符合能耗、环保、质量、安全等要求的，由地方政府予以淘汰关停。优先淘汰改造后仍不符合能效、环保等标准的 30 万千瓦以下机组。

（三）坚持“以热定电”，建设高效燃煤热电机组，科学制定热电联产规划和供热专项规划，同步完善配套供热管网，对集中供热范围内的分散燃煤小锅炉实施替代和限期淘汰。

（四）进一步加大煤炭的洗选量，提高动力煤的质量。加强对煤炭开采、运输、存储、输送等过程中的环境管理，防治煤粉扬尘污染。

三、大气污染防治

（一）燃煤电厂大气污染防治应以实施达标排放为基本要求，以全面实施超低排放为目标。

（二）火电厂达标排放技术路线选择应遵循以下原则：

1. 火电厂除尘技术：

火电厂除尘技术包括电除尘、电袋复合除尘和袋式除尘。若飞灰工况比电阻超出 1×10^{4}～1×10^{11} 欧姆·厘米范围，建议优先选择电袋复合或袋式技术；否则，应通过技术经济分析，选择适宜的除尘技术。

2. 火电厂烟气脱硫技术：

（1）石灰石-石膏法烟气脱硫技术宜在有稳定石灰石来源的燃煤发电机组建设烟气脱硫设施时选用。

（2）氨法烟气脱硫技术宜在环境不敏感、有稳定氨来源地区的 30 万千瓦及以下燃煤发电机组建设烟气脱硫设施时选用，但应采取措施防止氨大量逃逸。

（3）海水法烟气脱硫技术在满足当地环境功能区划的前提下，宜在我国东、南部沿海海水扩散条件良好地区，燃用低硫煤种机组建设烟气脱硫设施时选用。

（4）烟气循环流化床法脱硫技术宜在干旱缺水及环境容量较大地区，燃用中低硫煤种且容量在 30 万千瓦及以下机组建设烟气脱硫设施时选用。

3. 火电厂烟气氮氧化物控制技术：

（1）火电厂氮氧化物治理应采用低氮燃烧技术与烟气脱硝技术配合使用的技术路线。

（2）煤粉锅炉烟气脱硝宜选用选择性催化还原技术（SCR）；循环流化床锅炉烟气脱硝宜选用非选择性催化还原技术（SNCR）。

（三）燃煤电厂超低排放技术路线选择时应充分考虑炉型、煤种、排放要求、场地等因素，必要时可采取“一炉一策”。具体原则如下：

1. 超低排放除尘技术宜选用高效电源电除尘、低低温电除尘、超净电袋复合除尘、袋式除尘及移动电极电除尘等，必要时在脱硫装置后增设湿式电除尘。

2. 超低排放脱硫技术宜选用增效的石灰石-石膏法、氨法、海水法及烟气循环流化床法，并注重湿法脱硫技术对颗粒物的协同脱除作用。

（1）石灰石-石膏法应在传统空塔喷淋技术的基础上，根据煤种硫含量等参数，选择能够改善气液分布和提高传质效率的复合塔技术或可形成物理分区和自然分区的 pH 分区技术。

（2）氨法、海水法及烟气循环流化床法应在传统工艺的基础上进行提效优化。

3. 超低排放脱硝技术煤粉锅炉宜选用高效低氮燃烧与 SCR 配合使用的技术路线，若不能满足排放要求，可采用增加催化剂层数、增加喷氨量等措施，应有效控制氨逃逸；循环流化床锅炉宜优先选用 SNCR，必要时可采用 SNCR-SCR 联合技术。

（四）火电厂灰场及脱硫剂石灰石或石灰在装卸、存储及输送过程中应采取有效措施防治扬尘污染。

（五）粉煤灰运输须使用专用封闭罐车，并严格遵守有关部门规定和要求。

（六）火电厂烟气中汞等重金属的去除应以脱硝、除尘及脱硫等设备的协同脱除作用为首选，若仍未满足排放要求，可采用单项脱汞技术。

（七）火电厂除尘、脱硫及脱硝等设施在运行过程中，应统筹考虑各设施之间的协同作用，全流程优化装备。

四、水污染防治

（一）火电厂水污染防治应遵循分类处理、一水多用的原则。鼓励火电厂实现废水的循环使用不外排。

（二）煤泥废水、空预器及省煤器冲洗废水等宜采用混凝、沉淀或过滤等方法处理后循环使用。

（三）含油废水宜采用隔油或气浮等方式进行处理；化学清洗废水宜采用氧化、混凝、澄清等方法进行处理，应避免与其他废水混合处理。

（四）脱硫废水宜经石灰处理、混凝、澄清、中和等工艺处理后回用。鼓励采用蒸发干燥或蒸发结晶等处理工艺，实现脱硫废水不外排。

（五）火电厂生活污水经收集后，宜采用二级生化处理，经消毒后可采用绿化、冲洗等方式回用。

五、固体废物污染防治

（一）火电厂固体废物主要包括粉煤灰、脱硫石膏、废旧布袋和废烟气脱硝催化剂等，应遵循优先综合利用的原则。

（二）粉煤灰、脱硫石膏、废旧布袋应使用专门的存放场地，贮存设施应参照《一般工业固体废物贮存、处置场污染控制标准》（GB 18599）的相关要求进行管理。

（三）粉煤灰综合利用应优先生产普通硅酸盐水泥、粉煤灰水泥及混凝土等，其指标应满足《用于水泥和混凝土中的粉煤灰》（GB/T 1596）的要求。

（四）应强化脱硫石膏产生、贮存、利用等过程中的环境管理，确保脱硫石膏的综合利用。

1. 石灰石-石膏法脱硫技术所用的石灰石中碳酸钙含量应不小于 90%。

2. 燃煤电厂石灰石-石膏法烟气脱硫工艺产生的脱硫石膏的技术指标应满足《烟气脱硫石膏》（JC/T 2074）的相关要求。

3. 脱硫石膏宜优先用于石膏建材产品或水泥调凝剂的生产。

（五）袋式或电袋复合除尘器产生的废旧布袋应进行无害化处理。

（六）失活烟气脱硝催化剂（钒钛系）应优先进行再生，不可再生且无法利用的废烟气脱硝催化剂（钒钛系）在贮存、转移及处置等过程中应按危险废物进行管理。

六、噪声污染防治

（一）火电厂噪声污染防治应遵循“合理布局、源头控制”的原则。

（二）应通过合理的生产布局减少对厂界外噪声敏感目标的影响。鼓励采用低噪声设备，对于噪声较大的各类风机、磨煤机、冷却塔等应采取隔振、减振、隔声、消声等措施。

七、二次污染防治

（一）SCR、SNCR-SCR、SNCR 脱硝技术及氨法脱硫技术的氨逃逸浓度应满足相关标准要求。

（二）火电厂应加强脱硝设施运行管理，并注重低低温电除尘器、电袋复合除尘器及湿法脱硫等措施对三氧化硫的协同脱除作用。

（三）脱硫石膏无综合利用条件时，应经脱水贮存，附着水含量（湿基）不应超过 10%。若在灰场露天堆放时，应采取措施防治扬尘污染，并按相关要求进行防渗处理。

八、新技术开发

鼓励以下新技术、新材料和新装备研发和推广：

（一）火电厂低浓度颗粒物、细颗粒物排放检测技术及在线监测技术，烟气中三氧化硫、氨及可凝结颗粒物等的检测与控制技术。

（二）W 型火焰锅炉氮氧化物防治技术。

（三）烟气中汞等重金属控制技术与在线监测设备。

（四）脱硫石膏高附加值产品制备技术。

（五）火电厂多污染物协同治理技术。

（六）火电厂低温脱硝催化剂。

中华人民共和国国家环境保护标准

火电厂污染防治可行技术指南

Guideline on best available technologies of pollution prevention and control for thermal power plant

HJ 2301—2017

2017-05-21 发布　　2017-06-01 实施

前　言

为贯彻执行《中华人民共和国环境保护法》等法律法规，防治环境污染，完善环境保护技术与管理工作，制定本标准。

本标准明确了火电厂工艺过程污染、烟气污染与水污染等防治技术，以及噪声治理技术和固体废物综合利用及处置技术。

本标准为指导性文件。

本标准为首次发布。

本标准由环境保护部科技标准司组织制订。

本标准起草单位：国电环境保护研究院、中国电力工程顾问集团有限公司、浙江大学、福建龙净环保股份有限公司、浙江菲达环保科技股份有限公司、北京国电龙源环保工程有限公司、北京清新环境技术股份有限公司、环境保护部环境工程评估中心、北京市劳动保护科学研究所。

本标准环境保护部 2017 年 5 月 21 日批准。

本标准自 2017 年 6 月 1 日起实施。

本标准由环境保护部解释。

1　适用范围

本标准明确了火电厂污染防治可行技术及最佳可行技术。

本标准适用于 GB 13223 中规定的火电企业，其中烟气污染防治技术以 100 MW 及以上的燃煤电厂烟气治理为重点。

2　规范性引用文件

本标准引用了下列文件或其中的条款。凡是未注明日期的引用文件，其最新版本适用于本标准。

GB 252　普通柴油

GB 5085　危险废物鉴别标准

GB 13223　火电厂大气污染物排放标准

GB 18598　危险废物填埋污染控制标准

GB 18599　一般工业固体废物贮存、处置场污染控制标准

GB 50016　建筑设计防火规范

GB 50660　大中型火力发电厂设计规范

DL/T 1493　燃煤电厂超净电袋复合除尘器

HJ 562　火电厂烟气脱硝工程技术规范　选择性催化还原法

HJ 563　火电厂烟气脱硝工程技术规范　选择性非催化还原法

HJ 2040　火电厂烟气治理设施运行管理技术规范

JB/T 11829　燃煤电厂用电袋复合除尘器

JTS 149-1　港口工程环境保护设计规范

3　术语和定义

下列术语和定义适用于本标准。

3.1　标准状态　standard condition

温度为 273.15 K、压力为 101 325 Pa 时的状态，简称“标态”。本标准涉及的大气污染物浓度，如无特别说明，均以标态下的干烟气、氧含量 6%为基准。

3.2　达标可行技术　available technology

针对火电厂生产全过程可能产生的污染，在国内火电厂得到应用的达到国家污染物排放（控制）标准要求的污染防治技术及二次污染防治技术，简称“可行技术”。

3.3　最佳可行技术　best available technology

在达标可行技术中，综合考虑环境、能源、经济等因素下，可以获得的能达到最大减排量的技术。

3.4　颗粒物　particulate matter

悬浮于排放烟气中的固体和液体颗粒状物质，包括除尘器未能完全收集的烟尘颗粒及烟气脱硫、脱硝过程中产生的次生颗粒物。

3.5　超低排放　ultra-low emission

燃煤电厂排放烟气中颗粒物、SO_2、NO_x 质量浓度分别不高于 10 mg/m^3、35 mg/m^3、50 mg/m^3。

4　工艺过程污染防治技术

4.1　煤炭装卸、输送与贮存的扬尘防治技术

4.1.1　燃煤电厂煤炭装卸、输送与贮存设施的设计应按 GB 50660 的要求进行。

4.1.2　燃煤电厂煤炭的装卸应当采取封闭、喷淋等方式防治扬尘污染。水路来煤时，专用卸煤码头的设计应符合 JTS 149-1 的环保要求，卸船机械宜采用桥式抓斗绳索牵引式卸船机、封闭式螺旋卸船机。汽车来煤时，受煤站宜采用缝式煤槽卸煤装置，除汽车进、出端外应采取封闭措施。铁路来煤时，卸煤设施除火车进、出端外应采取封闭措施。

4.1.3　厂内煤炭输送过程中，输煤栈桥、输煤转运站应采用密闭措施，也可采用圆管带式输送机，并根据需要配置除尘器。除尘器可根据煤炭挥发分的实际情况选择袋式除尘器或干式电除尘器以及冲击式、水激式、文丘里式等湿法除尘器与湿式电除尘器的组合，见表 1。湿式除尘所产生的含煤废水需进行处理。

4.1.4　厂内煤炭贮存宜采取封闭式煤场。封闭式煤场可以采用条形封闭煤场、圆形封闭煤场、筒仓式煤场等。煤场内应设喷水装置，防止煤堆自燃。不能封闭的煤场可考虑采用防风抑尘网，风力 4 级以上天气情况下，防风抑尘网的减风率应大于 60%。贮煤场应根据环保要求、气候特征、储煤量大小等因素选择适宜的扬尘防治措施，见表 1。

4.2　脱硫剂装卸、输送与贮存的扬尘防治技术

4.2.1　常用脱硫剂为石灰或石灰石粉。

表 1　煤炭装卸、贮存与输送过程扬尘防治可行技术

扬尘防治环节	可行技术	适用性
煤炭装卸作业过程扬尘防治	（1）封闭式螺旋卸船机、桥式抓斗绳索牵引式卸船机	水路来煤
	（2）缝式煤槽卸煤装置，两侧封闭	汽车来煤
	（3）卸煤设施除进、出端外应采取封闭措施	铁路来煤

扬尘防治环节	可行技术	适用性
厂内煤炭输送作业过程扬尘防治	（1）圆管带式输送机或封闭输煤栈桥	适用于所有电厂煤炭输送
	（2）转运站配袋式除尘器	适用于各种煤质
	（3）转运站配静电除尘器	适用于低挥发分煤
	（4）转运站采用湿式除尘器与湿式电除尘器的组合	适用于各种煤质，环境较敏感地区
厂内贮煤场扬尘防治	（1）露天煤场设喷洒装置、干煤棚，周边进行绿化	适用于南方多雨、潮湿的地区且周围无环境敏感目标的现有煤场
	（2）露天煤场设喷洒装置与防风抑尘网组合	适用于不能封闭的煤场
	（3）储煤筒仓配置库顶式除尘器	适用于贮煤量较小、配煤要求高的电厂
	（4）封闭式煤场设置喷洒装置	适用于能够封闭的煤场

4.2.2　装卸作业扬尘防治宜采用密闭罐车配置卸载设备，如罗茨风机。

4.2.3　运输扬尘防治应采用密闭罐车。

4.2.4　贮存扬尘防治应采用筒仓贮存配袋式除尘器，受料时排气中粉尘的分离与收集也应采用袋式除尘器。

4.3　灰场扬尘防治技术

4.3.1　电厂灰场应分块使用，尽量减小作业面。

4.3.2　对于干灰场，调湿灰通过自卸密封车运至灰场，及时铺平、洒水、碾压，风速较大时应暂停作业，必要时可进行覆盖。

4.3.3　对于水灰场，应保证灰场表面覆水。

4.4　液氨、氨水装卸、输送与贮存污染防治技术

4.4.1　液氨、氨水的选择与设计应符合 GB 50660 的要求。

4.4.2　液氨、氨水的装卸、运输、贮存应符合 HJ 562 及 HJ 563 的要求。

4.4.3　液氨贮罐区属于火灾危险性乙类场所，与建筑物的防火间距应符合 GB 50016 的要求。

5　烟气污染防治技术

5.1　一般规定

5.1.1　烟气污染防治主要采用烟气除尘、脱硫、低氮燃烧与烟气脱硝、汞污染防治等技术。

5.1.2　燃煤电厂除尘、脱硫和脱硝等环保设施对汞的脱除效果明显，大部分电厂都可以达标。对于个别燃烧高汞煤、汞排放超标的电厂，可以采用单项脱汞技术。

5.1.3　应从锅炉点火方式、入炉煤的配比、锅炉送风送料及升降负荷速率的控制、烟气治理设施的运行条件等方面，尽可能减少机组启停时烟气污染物的产生与排放。

5.1.4　锅炉启动时应使用等离子点火或清洁燃料（如天然气、GB 252 中规定的普通柴油）进行点火，一旦开始投入煤粉进行燃烧，除干法烟气脱硫和选择性催化还原法（SCR）烟气脱硝以外的所有烟气治理设施必须运行。

5.1.5　锅炉停机阶段必须保证所有烟气治理设施正常运行。炉内停止投入煤粉等燃料后，在保证机组操作和安全的前提下，仍可运行的烟气治理设施应继续运行。

5.1.6　烟气污染防治设施运行管理按 HJ 2040 执行。

5.2　烟气除尘技术

5.2.1　一般规定

5.2.1.1　燃煤电厂烟气除尘主要采用电除尘、电袋复合除尘和袋式除尘技术。

5.2.1.2　除尘技术应根据环保要求、燃煤性质、飞灰性质、现场条件、电厂规模和锅炉类型等进行选择。

5.2.2 电除尘技术

5.2.2.1 技术原理

a）电除尘技术是在高压电场内，使悬浮于烟气中的烟尘或颗粒物受到气体电离的作用而荷电，荷电颗粒在电场力的作用下，向极性相反的电极运动，并吸附在电极上，通过振打、水膜清除等使其从电极表面脱落，实现除尘的全过程。依据电极表面灰的清除是否用水，分为干式电除尘和湿式电除尘。干式电除尘常被称作电除尘，湿式电除尘常被称作湿电。

b）为电除尘器供电的电源主要有高频电源、三相电源、恒流电源、脉冲电源和工频电源等。

5.2.2.2 技术特点及适用性

a）技术特点

电除尘技术具有除尘效率高、适用范围广、运行费用较低、使用维护方便、无二次污染等优点，但其除尘效率受煤、灰成分等影响较大，且占地面积较大。

b）技术适用性

电除尘技术适用于工况电阻率在 1×10^4～$1\times10^{11}\Omega\cdot cm$ 内的烟尘去除，可在范围很宽的温度、压力和烟尘浓度条件下运行。

c）影响性能的主要因素

影响电除尘器性能的主要因素有工况条件、电除尘器的技术状况和运行条件。

d）污染物排放与能耗

电除尘器除尘效率为 99.20%～99.85%，出口烟尘质量浓度可达到 20 mg/m^3 以下，其能耗主要为电耗。电除尘器使用高频、脉冲等新型电源供电，与使用工频电源供电相比，可减少污染物排放或在同等除尘效率下实现节能。

e）存在的主要问题

常规电除尘技术存在高比电阻粉尘引起的反电晕、振打引起的二次扬尘及微细烟尘荷电不充分等导致除尘效率下降的问题。

5.2.2.3 技术发展与应用

a）低低温电除尘技术

① 低低温电除尘技术是通过烟气冷却器降低电除尘器入口烟气温度至酸露点以下的电除尘技术。烟尘工况比电阻大幅下降，烟气流量减小，可实现较高的除尘效率；同时，烟气中气态 SO_3 将冷凝成液态的硫酸雾，通过烟气中烟尘吸附及化学反应，可去除烟气中大部分 SO_3；在达到相同除尘效率前提下，与常规干式电除尘器相比，低低温电除尘器的电场数量可减少，流通面积可减小，运行功耗降低，节能效果明显。但烟尘比电阻降低会削弱捕集到阳极板上烟尘的静电黏附力，从而导致二次扬尘有所增加。

② 低低温电除尘器适用于灰硫比大于 100 的烟气条件，灰硫比是指低温省煤器（烟气冷却器）入口烟气中烟尘质量浓度与 SO_3 质量浓度之比。

b）湿式电除尘技术

① 湿式电除尘技术是用水膜清除吸附在电极上的颗粒物。根据阳极板的形状，湿式电除尘器分为板式和管式等，应用较多的是管式中的蜂窝式与板式。湿式电除尘器安装在脱硫设备后，可有效去除烟尘及湿法脱硫产生的次生颗粒物，并能协同脱除 SO_3、汞及其化合物等。

② 影响湿式电除尘器性能的主要因素有湿式电除尘器的结构型式、入口浓度、粒径分布、气流分布、除尘器技术状况和冲洗水量。

③ 湿式电除尘器除电耗外，还有水耗、碱耗，外排废水宜统筹考虑作为湿法脱硫系统补充水。

c）高频电源技术

① 高频电源是应用高频开关技术，将工频三相交流电源经整流、高频逆变、升压、二次整流输出直流负高压的高压供电电源。

② 高频电源在纯直流供电方式下，烟尘排放可降低 30%～50%；高频电源在间歇脉冲供电方式下，可节能 50%～70%；高频电源控制方式灵活，其本身效率和功率因数较高，均可达 0.95；还具有重量轻、体积小、结构紧凑、三相平衡等特点，在燃煤电厂得到了广泛的应用。

d）脉冲电源技术

① 脉冲电源是电除尘配套使用的新型高压电源，通常由一个直流高压单元和一个脉冲单元叠加组成，直流高压单元可采用工频电源、三相电源、高频电源。脉冲电源可较大幅地提高电场峰值电压，脉冲电压宽度一般为 120 μs 及以下。

② 脉冲电源在提高电场电压的同时可保持较低的平均直流电流，抑制反电晕的发生，因此能提高除尘效率；脉冲高压、脉冲重复频率等参数单独可调，对不同工况的粉尘变化具有良好的适应性。同等工况下，与工频电源相比，可减少烟尘排放 50%以上，降低能耗 30%～70%，已有多个电厂成功应用。

e）移动电极、离线振打等清灰技术

① 移动电极是改变传统的振打清灰为清灰刷清灰，可避免反电晕现象并最大限度地减少了二次扬尘，增大了粉尘驱进速度，可提高除尘效率，但其对设备的设计、制造、安装工艺要求较高。

② 离线振打清灰是将需要清灰的烟气通道出口或进、出口烟气挡板关闭，并停止供电，进行振打清灰，大幅减少清灰过程中的二次扬尘。挡板关闭会影响电除尘器本体内的流场，需通过风量调整装置来防止流场恶化。一般在电除尘器末电场使用，已有多个电厂成功应用。

f）机电多复式双区电除尘技术

① 机电多复式双区电除尘技术是荷电区与收尘区交替布置，荷电区与收尘区分别供电的电除尘技术。荷电区由放电能力强的极配形式构成，布置在收尘区的前端；收尘区由数根圆管组合的辅助电晕极与阳极板配对，运行电压高，场强均匀，电晕电流小，能有效抑制反电晕。

② 由于圆管电晕极的表面积大，可捕集正离子粉尘，从而达到节电和提高除尘效率的目的。一般布置于末电场，单室应用时需增加一套高压设备。

g）电凝聚技术

电凝聚技术是通过双极荷电及扰流聚合实现细颗粒的有效凝聚，形成大颗粒后被电除尘器有效收集，是减少细颗粒物排放的电除尘器增效技术，压力降小于 250 Pa。

5.2.2.4 主要工艺参数及效果

a）干式电除尘器

干式电除尘器的主要工艺参数及效果见表 2。干式电除尘器对煤种的除尘难易性评价方法见表 3。

表 2 干式电除尘器的主要工艺参数及效果

项 目	单 位	主要工艺参数及效果
入口烟气温度	℃	干式电除尘器（无）
		低低温电除尘器（90±5）
同极间距	mm	300～500
烟气流速	m/s	0.8～1.2
气流分布均匀性相对均方根差	—	≤0.25
灰硫比	—	＞100（低低温电除尘器）
压力降	Pa	≤250
流量分配极限偏差	%	±5
漏风率	%	≤3（电除尘器、300 MW 级及以下的低低温电除尘器）
		≤2（300 MW 级以上的低低温电除尘器）
除尘效率	%	99.20～99.85（电除尘器）
		99.20～99.90（低低温电除尘器）

项　目	单　位	主要工艺参数及效果		
常规电除尘器比集尘面积	$m^2/（m^3/s）$	≥100（D1）	≥110（D1）	≥130（D1）
		≥120（D2）	≥140（D2）	—
		≥140（D3）	—	—
低低温电除尘器比集尘面积	$m^2/（m^3/s）$	≥80（D1）	≥95（D1）	≥110（D1）
		≥90（D2）	≥105（D2）	≥120（D2）
		≥100（D3）	≥115（D3）	≥130（D3）
出口烟尘质量浓度	mg/m^3	≤50	≤30	≤20
注：D1、D2、D3 为入口含尘质量浓度不大于 30 g/m^3 时电除尘器对煤种的除尘难易性为较易、一般、较难（评价方法见表 3）时的比集尘面积。当入口含尘质量浓度大于 30 g/m^3 时，表中比集尘面积酌情增加 5～15 $m^2/（m^3/s）$。				

表 3　电除尘器对煤种的除尘难易性评价方法

除尘难易性	煤、飞灰主要成分重量百分比含量所满足的条件（满足其中一条即可）
较易	a）Na_2O>0.3%，且 S_{ar}≥1%，且（Al_2O_3+SiO_2）≤80%，同时 Al_2O_3≤40%； b）Na_2O>1%，且 S_{ar}>0.3%，且（Al_2O_3+SiO_2）≤80%，同时 Al_2O_3≤40%； c）Na_2O>0.4%，且 S_{ar}>0.4%，且（Al_2O_3+SiO_2）≤80%，同时 Al_2O_3≤40%； d）Na_2O≥0.4%，且 S_{ar}>1%，且（Al_2O_3+SiO_2）≤90%，同时 Al_2O_3≤40%； e）Na_2O>1%，且 S_{ar}>0.4%，且（Al_2O_3+SiO_2）≤90%，同时 Al_2O_3≤40%
一般	a）Na_2O≥1%，且 S_{ar}≤0.45%，且 85%≤（Al_2O_3+SiO_2）≤90%，同时 Al_2O_3≤40%； b）0.1%<Na_2O<0.4%，且 S_{ar}≥1%，且 85%≤（Al_2O_3+SiO_2）≤90%，同时 Al_2O_3≤40%； c）0.4%<Na_2O<0.8%，且 0.45%<S_{ar}<0.9%，且 80%≤（Al_2O_3+SiO_2）≤90%，同时 Al_2O_3≤40%； d）0.3%<Na_2O<0.7%，且 0.1%<S_{ar}<0.3%，且 80%≤（Al_2O_3+SiO_2）≤90%，同时 Al_2O_3≤40%
较难	a）Na_2O≤0.2%，且 S_{ar}≤1.4%，同时（Al_2O_3+SiO_2）≥75%； b）Na_2O≤0.4%，且 S_{ar}≤1%，同时（Al_2O_3+SiO_2）≥90%； c）Na_2O<0.4%，且 S_{ar}<0.6%，同时（Al_2O_3+SiO_2）≥80%
注：S_{ar} 指煤收到基中含硫量，氧化物指飞灰（烟尘）中的成分。	

b）湿式电除尘器

湿式电除尘器的主要工艺参数及效果见表 4。湿式电除尘器出口颗粒物质量浓度取决于入口的颗粒物质量浓度以及湿式电除尘器的具体参数。

表 4　湿式电除尘器的主要工艺参数及效果

项目	单位	主要工艺参数及效果
入口烟气温度	℃	<60（饱和烟气）
比集尘面积	$m^2/（m^3/s）$	7～20（板式）
		12～25（蜂窝式）
同极间距	mm	250～400
烟气流速	m/s	≤3.5（板式）
		≤3.0（蜂窝式）
气流分布均匀性相对均方根差	—	≤0.2
压力降	Pa	≤250（板式）
		≤300（蜂窝式）
流量分配极限偏差	%	±5
出口颗粒物质量浓度	mg/m^3	≤10 或≤5
除尘效率	%	70～90

5.2.3　电袋复合除尘技术

5.2.3.1　技术原理

a）电袋复合除尘技术是电除尘与袋式除尘有机结合的一种复合除尘技术，利用前级电场收集大部分烟尘，同时使烟尘荷电，利用后级袋区过滤拦截剩余的烟尘，实现烟气净化。

b）电袋复合除尘器按照结构型式可分为一体式电袋复合除尘器、分体式电袋复合除尘器和嵌入式电袋复合除尘器。其中，一体式电袋复合除尘器技术最为成熟，应用最为广泛。

5.2.3.2 技术特点及适用性

a）技术特点

电袋复合除尘器具有长期稳定低排放、运行阻力低、滤袋使用寿命长、运行维护费用低、占地面积小、适用范围广的特点。

b）技术适用性

电袋复合除尘技术适用于国内大多数燃煤机组燃用的煤种，特别是高硅、高铝、高灰分、高比电阻、低硫、低钠、低含湿量的煤种。该技术的除尘效率不受煤质、烟气工况变化的影响，排放长期稳定可靠，尤其适用于排放要求严格的地区及老机组除尘系统改造。

c）影响性能的主要因素

影响电袋复合除尘器性能的主要因素有设备的运行条件、设备的设计、制作和安装质量。要考虑滤料选型与烟气成分匹配，运行温度宜高于酸露点10～20℃。

d）污染物排放与能耗

① 电袋复合除尘器能够长期稳定保持污染物达标或超低排放，除尘效率为99.50%～99.99%，出口烟尘质量浓度通常在20 mg/m^{3}以下。

② 电袋复合除尘器的能耗主要为高压供电设备电耗、引风机电耗、绝缘子加热器电耗等。

5.2.3.3 技术发展与应用

a）超净电袋复合除尘技术

超净电袋复合除尘技术是基于最优耦合匹配、高均匀多维流场、微粒凝并、高精过滤等多项技术组合形成的新一代电袋复合除尘技术，可实现除尘器出口烟尘质量浓度长期稳定小于 10 mg/m^3，甚至小于5 mg/m^3。

b）耦合增强电袋复合除尘技术

耦合增强电袋复合除尘技术是将前电后袋整体式电袋技术与嵌入式电袋技术相结合形成的新型电袋复合除尘技术。该技术具有高过滤风速、滤袋更换及维护费用低的优点，是电袋复合除尘技术重要的发展方向之一，可实现除尘器出口烟尘质量浓度小于5 mg/m^3。

c）高精过滤和强耐腐滤料技术

① 高精过滤是指滤袋采用特殊结构和先进的后处理工艺，使滤袋表面的孔径小、孔隙率大，有效防止细微粉尘的穿透，提高过滤精度的新型滤袋技术。典型的高精过滤滤料有PTFE（聚四氟乙烯）微孔覆膜滤料和超细纤维多梯度面层滤料。高精过滤滤料制成滤袋后，需进一步采用缝制针眼封堵技术，防止极细微粉尘从针眼穿透。

② 强耐腐滤料是指PPS（聚苯硫醚）、PI（聚酰亚胺）、PTFE（聚四氟乙烯）高性能纤维按不同组合、不同比例、不同结构进行混纺的系列滤料配方和生产工艺，形成了PTFE基布+PPS纤维、PPS+PTFE混纺、PI+PTFE混纺的多品种高强度耐腐蚀系列滤料，适应各种复杂的烟气工况，可延长滤袋使用寿命。

d）大型电袋流场均布技术

采用数值模拟和物理模型相结合的方法，保证各种容量等级的机组，特别是百万千瓦机组的特大型电袋复合除尘器各净气室的流量相对偏差小于 5%，各分室内通过每个滤袋的流量相对均方根差不大于0.25。

e）长袋高效清灰技术

长袋高效清灰技术是采用10.16 cm（4英寸）大口径脉冲阀对25条以上大口径长滤袋（8～10 m）进行喷吹的清灰技术。该技术可确保长滤袋的清灰效果，提高电袋复合除尘器空间利用率，简化总体结构布置。

f）前沿技术

① 金属滤料技术。采用金属材质的原料，经特殊的制造工艺制成的多孔过滤材料。按制作工艺分为烧结金属纤维毡和烧结金属粉末过滤材料。烧结金属纤维毡由具有耐高温、耐腐蚀性的不锈钢材质制成的金属纤维经过无纺铺制后烧结而成，通常采用梯度分层纤维结构。烧结金属粉末过滤材料是由球形或不规则形状的金属粉末或合金粉末经模压成形与烧结而制成，以铁铝金属间化合物膜最为典型。

② 电袋协同脱汞技术。电袋协同脱汞技术是以改性活性炭等作为活性吸附剂脱除汞及其化合物的前沿技术。该技术在电场区和滤袋区之间设置活性吸附剂吸附装置，活性吸附剂与浓度较低的粉尘在混合吸附后经后级滤袋过滤、收集，达到去除气态汞的目的，其气态汞脱除效率可达 90%以上。滤袋区收集的粉尘和吸附剂的混合物经灰斗循环系统多次利用，以提高吸附剂的利用率，直到吸附剂达到饱和状态而被排出。

5.2.3.4 主要工艺参数及效果

电袋复合除尘器的主要工艺参数和效果见表 5。

表 5 电袋复合除尘器的主要工艺参数及效果

项目	单位	工艺参数及效果		
运行烟气温度	℃	≤250（含尘气体温度不超过滤料允许使用的温度）		
除尘设备漏风率	%	≤2		
气流分布均匀性相对均方根差	—	≤0.25		
电区比集尘面积	$m^2/（m^3/s）$	≥20	≥25	≥30
过滤风速	m/min	≤1.2	≤1.0	≤0.95
除尘器的压力降	Pa	≤1 200	≤1 100	≤1 100
滤袋整体使用寿命	a	≥4	≥5	≥5
滤料型式	—	不低于 JB/T 11829 的要求	不低于 DL/T 1493 的要求	不低于 DL/T 1493 的要求
流量分布均匀性	—	宜符合 JB/T 11829 的要求	宜符合 DL/T 1493 的要求	宜符合 DL/T 1493 的要求
出口烟尘质量浓度	mg/m^3	≤20	≤10	≤5
注：处理干法或半干法脱硫后的高粉尘质量浓度烟气时，电区的比集尘面积宜不小于 40 $m^2/（m^3/s）$，滤袋区的过滤速度宜不大于 0.9 m/min。				

5.2.4 袋式除尘技术

5.2.4.1 技术原理

袋式除尘技术是利用纤维织物的拦截、惯性、扩散、重力、静电等协同作用对含尘气体进行过滤的技术。当含尘气体进入袋式除尘器后，颗粒大、比重大的烟尘，由于重力的作用沉降下来，落入灰斗，烟气中较细小的烟尘在通过滤料时被阻留，使烟气得到净化，随着过滤的进行，阻力不断上升，需进行清灰。按清灰方式分为脉冲喷吹类、反吹风类及机械振打类袋式除尘器。电厂主要采用脉冲喷吹类袋式除尘器，可采取固定喷吹或旋转喷吹方式。

5.2.4.2 技术特点及适用性

a）技术特点

袋式除尘器除尘效率基本不受燃烧煤种、烟尘比电阻和烟气工况变化等影响，占地面积小，控制系统简单，可实现较为稳定的低排放。

b）技术适用性

袋式除尘技术适用煤种及工况条件范围广泛。

c）影响性能的主要因素

影响袋式除尘器性能的主要因素有设备的运行条件、入口烟尘质量浓度、设备的设计、制作和安装质量。要考虑滤料选型与烟气成分匹配，运行温度宜高于酸露点 10～20℃。滤袋选型要充分考虑烟气温度、煤含硫量、烟气含氧量和 NO_x 质量浓度等因素影响。

d）污染物排放与能耗

袋式除尘器的除尘效率为 99.50%～99.99%，出口烟尘质量浓度可控制在 30 mg/m³ 或 20 mg/m³ 以下。当采用高精过滤滤料时，出口烟尘质量浓度可以实现 10 mg/m³ 以下。袋式除尘器的能耗主要为引风机和空压机系统的电耗。

5.2.4.3 技术发展与应用

a）针刺-水刺复合滤料技术

采用先针刺后水刺工艺生产三维毡滤料的技术，可克服针刺工艺刺伤纤维和留有针孔两大弊端，延长滤袋寿命和提高过滤精度，同时可降低生产成本，提高经济性。

b）大型化袋式除尘技术

采用下进风、端进端出气的进出风方式，以及阶梯形花板、挡风导流板、各通道或分室设置阀门等结构，有效调节各通道和各室流场的均匀分布，实现大型袋式除尘器的气流均布。如 40.64 cm（16 英寸）大规格脉冲阀和大型低压脉冲清灰的适配技术，7.62 cm（3 英寸）、10.16 cm（4 英寸）阀喷吹 18～28 条长滤袋（6～10 m）的喷吹技术。

5.2.4.4 主要工艺参数及效果

袋式除尘器的主要工艺参数和效果见表 6。

表 6 袋式除尘器的主要工艺参数及效果

项目	单位	工艺参数及效果		
运行烟气温度	℃	高于烟气酸露点 15 以上且≤250		
除尘设备漏风率	%	≤2		
流量分配极限偏差	%	±5		
过滤风速	m/min	≤1.0	≤0.9	≤0.8
除尘器的压力降	Pa	≤1 500	≤1 500	≤1 400
滤袋整体使用寿命	a	≥4	≥4	≥4
滤料型式	—	常规针刺毡	常规针刺毡	高精过滤滤料
出口烟尘质量浓度	mg/m³	≤30	≤20	≤10
注：处理干法、半干法脱硫后的高粉尘质量浓度烟气时，过滤风速宜小于等于 0.7 m/min。				

5.2.5 烟尘达标可行技术

5.2.5.1 电除尘、电袋复合除尘、袋式除尘均是达标排放可行技术。当电除尘器对煤种的除尘难易性为“较易”或“一般”时（评价方法见表 3），宜选用电除尘技术；当煤种除尘难易性为“较难”时，600 MW 级及以上机组宜选用电袋复合除尘技术，300 MW 级及以下机组可选用电袋复合除尘技术或袋式除尘技术。

5.2.5.2 电除尘器优先选用高频电源、脉冲电源等高效电源供电。绝缘子应有防结露的措施，当采用低温电除尘、湿式电除尘技术时，宜采用防露节能型绝缘子或设置热风吹扫装置。

5.2.5.3 考虑到湿法脱硫对颗粒物的洗涤作用，当颗粒物排放质量浓度执行 30 mg/m³ 标准限值时，除尘器出口烟尘质量浓度宜低于 50 mg/m³；当颗粒物排放质量浓度执行 20 mg/m³ 标准限值时，除尘器出口烟尘质量浓度宜低于 30 mg/m³。

5.3　烟气脱硫技术

5.3.1　一般规定

5.3.1.1　按照脱硫工艺是否加水和脱硫产物的干湿形态，烟气脱硫技术分为湿法、干法和半干法三种工艺。

5.3.1.2　湿法脱硫工艺选择使用钙基、镁基、海水和氨等碱性物质作为液态吸收剂，在实现 SO_2 达标或超低排放的同时，具有协同除尘功效，辅助实现烟气颗粒物超低排放。

5.3.1.3　干法、半干法脱硫工艺主要采用干态物质（如消石灰、活性焦等）吸收、吸附烟气中 SO_2。

5.3.2　石灰石-石膏湿法脱硫技术

5.3.2.1　技术原理

石灰石-石膏湿法脱硫技术以含石灰石粉的浆液为吸收剂，吸收烟气中 SO_2、HF 和 HCl 等酸性气体。脱硫系统主要包括吸收系统、烟气系统、吸收剂制备系统、石膏脱水及贮存系统、废水处理系统、除雾器系统、自动控制和在线监测系统。

5.3.2.2　技术特点及适用性

a）技术特点

石灰石-石膏湿法脱硫技术成熟度高，可根据入口烟气条件和排放要求，通过改变物理传质系数或化学吸收效率等调节脱硫效率，可长期稳定运行并实现达标排放。

b）技术适用性

石灰石-石膏湿法脱硫技术对煤种、负荷变化具有较强的适应性，对 SO_2 入口质量浓度低于 12 000 mg/m^3 的燃煤烟气均可实现 SO_2 达标排放。

c）影响性能的主要因素

石灰石-石膏湿法脱硫效率主要受浆液 pH 值、液气比、钙硫比、停留时间、吸收剂品质、塔内气流分布等多种因素影响。

d）污染物排放与能耗

石灰石-石膏湿法脱硫效率为 95.0%～99.7%，还可部分去除烟气中的 SO_3、颗粒物和重金属。能耗主要为浆液循环泵、氧化风机、引风机或增压风机等消耗的电能，可占对应机组发电量的 1%～1.5%。湿法脱硫系统是烟气治理设施耗能的主要环节。

e）存在的主要问题

吸收剂石灰石的开采，会对周边生态环境造成一定程度的影响。烟气脱硫所产生的脱硫石膏如无法实现资源循环利用也会对环境产生不利影响。脱硫后的净烟气会挟带少量脱硫过程中产生的次生颗粒物。此外，还会产生脱硫废水、风机噪声、浆液循环泵噪声等环境问题。

5.3.2.3　技术发展与应用

a）复合塔技术

在脱硫塔底部浆液池及其上部的喷淋层之间以及各喷淋层之间加装湍流类、托盘类、鼓泡类等气液强化传质装置，形成稳定的持液层，提高烟气穿越持液层时气、液、固三相传质效率；通过调整喷淋密度及雾化效果，改善气液分布。这些 SO_2 脱除增效手段还有协同捕集烟气中颗粒物的辅助功能，再配合脱硫塔内、外加装的高效除雾器或高效除尘除雾器，复合塔系统的颗粒物协同脱除效率可达 70%以上。该类技术目前应用较多的工艺包括旋汇耦合、沸腾泡沫、旋流鼓泡、双托盘、湍流管栅等。

b）pH 值分区技术

设置 2 个喷淋塔或在 1 个喷淋塔内加装隔离体对脱硫浆液实施物理分区或依赖浆液自身特点（流动方向、密度等）形成自然分区，达到对浆液 pH 值的分区控制。部分脱硫浆液 pH 值维持在较低区间（4.5～5.3），以确保石灰石溶解和脱硫石膏品质，部分脱硫浆液 pH 值则提高至较高区间（5.8～6.4），提高对烟气中 SO_2 的吸收效率。与此同时，优化脱硫浆液喷淋（喷淋密度、雾滴粒径等），不仅可以提高脱硫效率，对烟气中细微颗粒物的协同捕集也有增效作用，再配合脱硫塔内、外加装的高效除雾器或除尘除雾器，pH 值分区系统颗粒物协同脱除效率可达到 50%～70%。典型工艺包括单塔双 pH 值、双塔双 pH 值、单塔双区等。

c）烟气冷却与除雾技术

① 烟气冷却技术。在未采用低低温电除尘器的情况下，可在脱硫塔前加装低温省煤器（烟气换热器），将进入脱硫塔的烟气温度降低到 80℃左右，提高脱硫效率的同时，可实现节能节水。通常采用氟塑料或高级合金钢等耐腐蚀材料作为烟气换热器换热元件材质。

② 烟气除雾技术。在脱硫塔顶部或塔外应安装除雾器或除尘除雾器，在除雾器后还可采用声波团聚技术进一步减少烟气雾滴排放。在控制逃逸雾滴质量浓度低于 25 mg/m^3，雾滴中可过滤颗粒物含量小于 10%时，可协同实现颗粒物超低排放。

d）烟气除水与再热技术

① 烟气除水技术。在湿烟气排放前加装烟气冷却凝结装置，使净烟气中饱和水汽冷凝成水回收利用，回收水量与烟气冷却温降及当地环境条件有关。该技术同时可减少外排烟气带水，并减少烟气中可溶解盐类和可凝结颗粒物的排放，必要时可对除水后的烟气进行再热，以进一步减少白烟。

② 烟气再热技术。在湿烟气排放前通过管式热媒水烟气换热器（MGGH）将净烟气加热至 75℃左右后排放。

5.3.2.4 主要工艺参数及效果

石灰石-石膏湿法脱硫主要工艺参数及效果见表 7。

表 7 石灰石-石膏湿法脱硫主要工艺参数及效果

项目	单位	工艺参数及效果		
吸收塔运行温度	℃	50～60		
空塔烟气流速	m/s	3～3.8		
喷淋层数	—	3～6		
钙硫摩尔比	—	≤1.05		
液气比[a]	L/m^3	12～25（空塔技术） 6～18（pH 值分区技术） 10～25（复合塔技术）		
浆液 pH 值	—	4.5～6.5		
石灰石细度	目	250～325		
石灰石纯度	%	＞90		
系统阻力损失	Pa	＜2 500		
脱硫石膏纯度	%	＞90		
脱硫效率	%	95.0～99.7		
入口烟气 SO_2 质量浓度	mg/m^3	≤12 000		
出口烟气 SO_2 质量浓度	mg/m^3	达标排放或超低排放		
入口烟气粉尘质量浓度	mg/m^3	30～50	20～30	＜20
出口颗粒物质量浓度	—	达标排放； 可采用湿电，实现颗粒物超低排放	可采用复合塔脱硫技术协同除尘或采用湿电，实现颗粒物超低排放	可采用复合塔脱硫技术协同除尘，实现颗粒物超低排放

[a] 液气比具体数值与燃煤含硫量有关。

5.3.3 烟气循环流化床脱硫技术

5.3.3.1 技术原理

利用循环流化床反应器，通过吸收塔内与塔外的吸收剂的多次循环，增加吸收剂与烟气接触时间，提高脱硫效率和吸收剂的利用率。

5.3.3.2 技术特点及适用性

a）技术特点

烟气循环流化床脱硫技术具有工艺流程简洁、占地面积小、节能节水、排烟无须再热、烟囱无须特殊防腐、无废水产生等特点。副产物为干态，便于处理处置。

b）技术适用性

该技术适用于燃用中低硫煤或有炉内脱硫的循环流化床机组，特别适合缺水地区。

c）影响性能的主要因素

烟气循环流化床脱硫效率受吸收剂品质、钙硫比、反应温度、喷水量、停留时间等多种因素影响。其中，吸收剂品质对脱硫效率影响较大，一般要求生石灰粉细度小于 2 mm，氧化钙含量不小于 80%，加适量水后 4 min 内温度可升高到 60℃。

d）污染物排放与能耗

烟气循环流化床脱硫技术脱硫效率为 93%～98%。烟气循环流化床吸收塔入口 SO_2 质量浓度低于 3 000 mg/m^3 时可实现达标排放，低于 1 500 mg/m^3 时可实现超低排放。能耗主要为风机、吸收剂输送及再循环系统等消耗的电能，可占对应机组发电量的 0.5%～1.0%。

e）存在的主要问题

脱硫剂生石灰需由石灰石煅烧而成，对脱硫剂品质要求较高，且煅烧过程会增加能耗及污染物排放。脱硫副产物中 CaO、SO_3 含量较高，综合利用受到一定限制。

5.3.3.3 技术发展与应用

a）循环氧化吸收协同脱硝技术（Circulating Oxidation and Absorption，COA）是在烟气循环流化床脱硫技术的基础上，利用循环流化床激烈湍动的、巨大表面积的颗粒作为反应载体，通过烟气自身或外加氧化剂的氧化作用，将烟气中 NO 转化为 NO_2，再与碱性吸收剂发生中和反应实现脱硝，协同脱硝效率一般控制在 40%～60%。

b）COA 技术在实现烟气脱硫的同时可单独用作电厂炉后的烟气脱硝，也可与 SCR 或选择性非催化还原（SNCR）脱硝技术组合应用，作为烟气 NO_x 超低排放的工艺选配。

5.3.3.4 主要工艺参数及效果

烟气循环流化床脱硫技术的主要工艺参数及效果见表 8。

表 8 烟气循环流化床脱硫技术主要工艺参数及效果

项目	单位	工艺参数及效果		
入口烟气温度	℃	≥100		
运行烟气温度	℃	高于烟气露点 15～25		
钙硫摩尔比	—	1.2～1.8（循环流化床锅炉炉外部分）		
吸收塔流速	m/s	4～6		
入口 SO_2 质量浓度	mg/m^3	≤3 000	≤2 000	≤1 500
袋式除尘器过滤风速	m/min	0.8～0.9	0.7～0.8	≤0.7
出口 SO_2 质量浓度	mg/m^3	≤100	≤50	≤35
出口烟尘质量浓度	mg/m^3	≤30	≤20	≤10 或≤5

5.3.4 氨法脱硫技术

5.3.4.1 技术原理

氨法脱硫技术是溶解于水中的氨与烟气中的 SO_2 发生反应，最终副产品为硫酸铵。

5.3.4.2 技术特点及适用性

a）技术特点

氨水碱性强于石灰石浆液，可在较小的液气比条件下实现 95%以上的脱硫效率。采用空塔喷淋技术，系统运行能耗低，且不易结垢。该技术要求入口烟气含尘量小于 35 mg/m^3。副产品硫酸铵作为化肥原料，可实现资源回收利用。

b）技术适用性

氨法脱硫对煤中硫含量的适应性广，适用于电厂周围 200 km 范围内有稳定氨源，且电厂周围没有学校、医院、居民密集区等环境敏感目标的 300 MW 级及以下的燃煤机组。

c）影响性能的主要因素

氨法脱硫效率主要受浆液 pH 值、液气比、停留时间、吸收剂用量、塔内气流分布等多种因素影响。

d）污染物排放与能耗

氨法脱硫效率为 95.0%～99.7%，入口烟气质量浓度小于 12 000 mg/m^3 时，可实现达标排放；入口质量浓度小于 10 000 mg/m^3 时，可实现超低排放。能耗主要为循环泵、风机等电耗，可占对应机组发电量的 0.4%～1.3%。

e）存在的主要问题

液氨、氨水属于危险化学品，其装卸、运输与贮存须严格遵守相关的管理与技术规定。当燃煤、工艺水中氯、氟等杂质偏高时会导致杂质在脱硫吸收液中逐渐富集，影响硫酸铵结晶形态和脱水效率，因此，浆液需定期处理，不得外排。脱硫过程中容易产生氨逃逸（包括硫酸铵、硫酸氢铵等），需要严格控制。副产品硫酸铵具有腐蚀性，吸收塔及下游设备应选用耐腐蚀材料。

5.3.4.3 技术发展与应用

a）氨法脱硫技术目前主要采用多段复合型吸收塔氨法脱硫工艺，对煤种适应性好，在低、中、高含硫烟气治理上的脱硫效率达 99%以上。

b）氨法脱硫技术主要用于工业企业的自备电厂，最大单塔氨法脱硫烟气量与 300 MW 燃煤发电机组烟气量相当。

5.3.4.4 主要工艺参数及效果

氨法脱硫技术的主要工艺参数及效果见表 9。

表 9 氨法脱硫主要工艺参数及效果

项目	单位	工艺参数及效果	
入口烟气温度	℃	≤140（100～120 较好）	
吸收塔运行温度	℃	50～60	
空塔烟气流速	m/s	3～3.5	
喷淋层数	—	3～6	
浆液 pH 值	—	4.5～6.5	
出口逃逸氨	mg/m^3	＜2	
系统阻力损失	Pa	＜1 800	
硫酸铵的氮含量	%	＞20.5	
脱硫效率	%	95.0～99.7	
入口烟气 SO_2 质量浓度	mg/m^3	≤12 000	≤10 000
出口烟气 SO_2 质量浓度	—	达标排放	超低排放
入口烟气烟尘质量浓度	mg/m^3	＜35	
出口颗粒物质量浓度	—	达标排放或超低排放	

5.3.5 海水脱硫技术

5.3.5.1 技术原理

海水脱硫技术是利用天然海水的碱性，脱除烟气中的 SO_2，再用空气强制氧化为硫酸盐排入海水中。

5.3.5.2 技术特点及适用性

a）技术特点

海水法烟气脱硫技术是以海水为脱硫吸收剂，除空气外无须其他添加剂，工艺简洁，运行可靠，维护方便。

b）技术适用性

适用于燃煤含硫量不高于 1%、有较好海域扩散条件的滨海燃煤电厂，须满足近岸海域环境功能区划要求。

c）影响性能的主要因素

海水脱硫效率受海水碱度、液气比、塔内烟气流场分布等因素影响。

d）污染物排放与能耗

海水脱硫效率为 95%～99%，对于入口 SO_2 质量浓度小于 2 000 mg/m^3 的烟气可实现超低排放。

e）存在的主要问题

海水脱硫排水对周边海域海水温度、pH 值、盐度、重金属等可能存在潜在影响。

5.3.5.3 主要工艺参数及效果

海水脱硫的主要工艺参数及效果见表 10。

表 10 海水脱硫主要工艺参数及效果

项目	单位	工艺参数及效果		
入口烟气温度	℃	≤140（100～120 较好）		
吸收塔运行温度	℃	50～60		
空塔烟气流速	m/s	3～3.5		
喷淋层数	—	3～6		
液气比	L/m^3	5～25		
系统阻力损失	Pa	＜2 500		
脱硫效率	%	95～99		
入口烟气 SO_2 质量浓度	mg/m^3	＜2 000		
出口烟气 SO_2 质量浓度	—	达标或超低排放		
入口烟气粉尘质量浓度	mg/m^3	30～50	20～30	＜20
出口颗粒物质量浓度	—	达标排放； 可采用湿电，实现颗粒物超低排放	可采用复合塔脱硫技术协同除尘或采用湿电，实现颗粒物超低排放	可采用复合塔脱硫技术协同除尘，实现颗粒物超低排放

5.3.6 脱硫新技术

5.3.6.1 活性焦脱硫技术

a）当烟气中有 O_2 和水蒸气时，利用活性焦表面的催化作用，将其吸附的 SO_2 氧化为 SO_3，SO_3 再和水蒸气反应生成硫酸。随着活性焦表面硫酸的增加，活性焦的吸附能力逐渐降低，需通过洗涤或加热方式再生。

b）与石灰石-石膏湿法脱硫相比，该技术可节水 80%以上，适合水资源匮乏地区；脱硫烟气温度在 140℃左右，腐蚀性小，烟气不用再热。该技术脱硫效率大于 95%，可实现硫的资源利用，同时具有脱硝、除汞等功能，对环境二次污染小。该技术需在较低气流速度下进行吸附，所需活性焦体积较大，运行中活性焦存在磨损、失活等问题，且在输送、筛分过程中产生粉尘。

5.3.6.2 有机胺脱硫技术

a）利用有机胺作为吸收剂吸收烟气中的 SO_2，再将 SO_2 解吸出来形成纯净的气态 SO_2；解吸出的 SO_2 可用于生产硫酸。该技术脱硫效率可达 99.8%。

b）有机胺脱硫技术对脱硫烟气中粉尘、氯、氟含量要求较严，需对原烟气进行高效预处理。此外，有机胺的抗氧化性以及脱硫过程中生成的热稳定盐脱除等问题，需进一步研究解决。该技术初始投资大，运行能耗和有机胺成本高。

5.3.6.3 生物脱硫技术

a）生物脱硫技术是用可再生的碱溶液将烟气中的 SO_2 洗涤进入液相后，利用需氧、厌氧菌的生物特性将 SO_2 转化成硫黄的资源化脱硫技术。该技术工艺流程水耗低、产品利用价值高，具有典型的循环经济特点。

b）该技术利用高浓度化学需氧量（COD）废水作为微生物的营养源，实现了以污治污，但其应用会受到废水来源的限制。

5.3.7 SO_2 达标可行技术

a）石灰石-石膏法、烟气循环流化床法、海水脱硫、氨法脱硫等技术均可实现火电厂 SO_2 达标排放，但不同的脱硫工艺，由于其吸收剂种类、吸收剂在脱硫塔内布置、输送方法等有所不同，导致不同脱硫工艺的适用范围有所差异，详见表 11。

b）以石灰石-石膏法为基础的多种湿法脱硫工艺（传统空塔、复合塔、pH 值分区）适用于各种煤种的燃煤电厂，脱硫效率 95.0%～99.7%。由于不同工艺使用的脱硫浆液在塔内传质吸收方式上存在差异，造成脱硫效率、能耗、运行稳定性等指标方面各不相同，应统筹考虑，选择适用于不同烟气 SO_2 入口浓度条件下的达标排放技术。

表 11 火电厂 SO_2 达标排放可行技术

<table>
<tr><th>入口 SO_2 质量浓度/（mg/m^3）</th><th>地域</th><th>单机容量/MW</th><th colspan="2">达标可行技术</th></tr>
<tr><td>≤2 000</td><td>一般和重点地区</td><td rowspan="5">所有容量</td><td rowspan="5">石灰石-石膏湿法脱硫</td><td>传统空塔
双托盘</td></tr>
<tr><td rowspan="2">2 000～3 000</td><td>一般地区</td><td>传统空塔
双托盘</td></tr>
<tr><td>重点地区</td><td>双托盘
沸腾泡沫</td></tr>
<tr><td>3 000～6 000</td><td>一般和重点地区</td><td>旋汇耦合、湍流管栅
单塔双 pH 值、单塔双区</td></tr>
<tr><td>＞6 000</td><td>一般和重点地区</td><td>旋汇耦合
双塔双 pH 值、单塔双 pH 值</td></tr>
<tr><td>≤3 000</td><td>缺水地区</td><td>≤300</td><td colspan="2">烟气循环流化床脱硫</td></tr>
<tr><td>≤2 000</td><td>沿海地区</td><td>300～1 000</td><td colspan="2">海水脱硫</td></tr>
<tr><td>≤12 000</td><td>电厂周围 200 km 内有稳定氨源</td><td>≤300</td><td colspan="2">氨法脱硫</td></tr>
<tr><td colspan="5">注：适用于入口 SO_2 质量浓度高的技术，也适用于入口质量浓度较低的技术。</td></tr>
</table>

c）烟气循环流化床脱硫技术主要以生石灰粉或生石灰浆液为吸收剂，脱硫效率一般为 93%～98%，对于烟气中 SO_2 质量浓度在 3 000 mg/m^3 以下的中低硫煤，SO_2 排放质量浓度可满足 100 mg/m^3 的要求。适合于 300 MW 级及以下燃煤锅炉的 SO_2 污染治理，并已在 600 MW 燃煤机组进行工程示范，对缺水地区的循环流化床锅炉，在炉内脱硫的基础上增加炉外脱硫改造更为适用。

d）氨法脱硫技术的吸收剂主要采用氨水或液氨，脱硫效率 95.0%～99.7%，脱硫系统阻力小于 1 800 Pa。氨法脱硫技术对煤种、负荷变化均具有较强的适应性，适用于附近有稳定氨源、电厂周围环境不敏感、机组容量在 300 MW 级及以下燃煤电厂。

e）海水脱硫技术利用海水天然碱性实现 SO_2 吸收，系统脱硫效率 95%～99%。对于入口 SO_2 质量浓度低于 2 000 mg/m^3 的滨海电厂且海水扩散条件较好，并符合近岸海域环境功能区划要求时，可以选择海水脱硫。

5.4 低氮燃烧与烟气脱硝技术

5.4.1 一般规定

5.4.1.1 锅炉低氮燃烧技术应作为火电厂 NO_x 控制的首选技术，与烟气脱硝技术配合使用实现 NO_x 达标排放或超低排放。

5.4.1.2 烟气脱硝技术主要有选择性催化还原技术（SCR）、选择性非催化还原技术（SNCR）和 SNCR-SCR 联合脱硝技术。

5.4.2 低氮燃烧技术

5.4.2.1 技术原理

a）低氮燃烧技术是通过合理配置炉内流场、温度场及物料分布以改变 NO_x 的生成环境，从而降低炉膛出口 NO_x 排放的技术，主要包括低氮燃烧器（LNB）、空气分级燃烧、燃料分级燃烧等技术。

b）低氮燃烧器（LNB）技术是通过特殊设计的燃烧器结构，控制燃烧器喉部燃料和空气的动量及流动方向，使燃烧器出口实现分级送风并与燃料合理配比，减少 NO_x 生成的技术。

c）空气分级燃烧技术是通过控制空气与煤粉的混合过程，将燃烧所需空气逐级送入燃烧火焰中，使燃料在炉内分级分段燃烧，减少 NO_x 生成的技术。

d）燃料分级燃烧技术是在主燃烧器形成初始燃烧区的上方喷入二次燃料，从而形成富燃料燃烧的再燃区，当 NO_x 进入该区域时与还原性组分反应生成 N_2，减少 NO_x 生成的技术。

5.4.2.2 技术特点及适用性

a）技术特点

低氮燃烧技术具有不需要添加脱硝剂，改造容易，投资和运行费用低，运行简单、维护方便、无二次污染等特点，但其 NO_x 减排效率会受到燃烧方式、煤种、炉型和锅炉容量等因素影响。

b）技术适用性

低氮燃烧技术仅需对锅炉内部进行改造，适用性强，是控制 NO_x 的首选技术。低氮燃烧器（LNB）一般配合空气分级燃烧使用，应用广泛。燃料分级燃烧对二次燃料要求较高，系统相对复杂，应用受到限制。

c）影响性能的主要因素

① 影响低氮燃烧系统性能的主要因素有炉型、机组容量、煤种、燃烧方式（切向燃烧、前后墙对冲式燃烧、W 火焰燃烧）、低氮燃烧技术种类等。

② 低氮燃烧器减少 NO_x 的性能主要受燃烧器的种类、煤粉细度、烟气流场等影响。空气分级燃烧减少 NO_x 的性能主要受主燃烧区过量空气系数和燃烧温度等影响。燃料分级燃烧减少 NO_x 的性能主要受二次燃料种类的影响，采用碳氢类气体或液体燃料作为二次燃料时 NO_x 控制效果较好；采用煤粉作为二次燃料，煤粉挥发性高和细度小时 NO_x 控制效果较好。

d）污染物排放与能耗

低氮燃烧器技术 NO_x 减排率可达 20%～50%。空气分级燃烧技术在燃用挥发分较高的烟煤时，配合低氮燃烧器使用，在不降低锅炉效率的同时，可实现 NO_x 减排率 40%～60%。燃料分级燃烧技术 NO_x 减排率可达 30%～50%。低氮燃烧技术一般不增加能耗。

e）存在的主要问题

低氮燃烧器技术易导致锅炉中飞灰的含碳量上升，降低锅炉效率；若运行控制不当会出现炉内结渣、水冷壁腐蚀等问题，影响锅炉运行稳定性。

5.4.2.3 技术发展与应用

针对燃煤电厂煤质多变、机组负荷波动较大的特点，采用多功能船型煤粉燃烧器、双通道低 NO_x 煤粉燃烧器、可调式浓淡燃烧器、风包粉系列低 NO_x 燃烧器、高浓度煤粉燃烧器、低 NO_x 同轴改良型燃烧器等技术，可实现 NO_x 的减排、增加锅炉运行的稳定性。

5.4.2.4 主要工艺参数及效果

低氮燃烧技术 NO_x 减排效果，因煤种、炉型、机组容量和燃烧方式不同而存在差异，主要低氮燃烧技术及效果见表 12。

表 12 低 NO_x 燃烧技术及效果

技术名称	NO_x 减排率
低氮燃烧器（LNB）技术	20%～50%
空气分级燃烧技术	20%～50%
燃料分级燃烧（再燃）技术	30%～50%
低氮燃烧器与空气分级燃烧组合技术	40%～60%
低氮燃烧器与燃料分级燃烧组合技术	40%～60%

5.4.3 SCR 脱硝技术

5.4.3.1 技术原理

a）选择性催化还原（SCR）技术是指利用脱硝还原剂（液氨、氨水、尿素等），在催化剂作用下选择性地将烟气中的 NO_x（主要是 NO、NO_2）还原成氮气（N_2）和水（H_2O），从而达到脱除 NO_x 的目的。

b）SCR 脱硝系统一般由还原剂储存系统、还原剂混合系统、还原剂喷射系统、反应器系统及监测控制系统等组成。

5.4.3.2 技术特点及适用性

a）技术特点

SCR 脱硝技术需要设置 SCR 反应器，多为高尘高温布置，安装在锅炉省煤器与空气预热器之间，对场地有一定要求，初始投资和运行成本较高。

b）技术适用性

SCR 脱硝技术对煤质变化、机组负荷波动等具有较强适应性，应根据烟气特点选择适用的催化剂。

c）影响性能的主要因素

影响脱硝效率的因素主要包括催化剂性能、烟气温度、反应器及烟道的流场分布均匀性、氨氮摩尔比等。

d）污染物排放与能耗

SCR 脱硝技术的脱硝效率为 50%～90%。脱硝系统阻力一般控制在 1 400 Pa 以下，能耗主要是风机的电耗，占对应机组发电量的 0.1%～0.3%。

e）存在的主要问题

锅炉启停机及低负荷时，烟气温度达不到催化剂运行温度要求，此时 SCR 系统不能有效运行，会造成短时 NO_x 排放质量浓度超标。逃逸氨和 SO_3 会反应生成硫酸氢铵，导致催化剂和空气预热器堵塞。逃逸氨及废弃催化剂处置不当会引起二次污染。采用液氨作为还原剂会存在一定环境风险。

5.4.3.3 技术发展与应用

a）全负荷脱硝技术

① 通过改造锅炉热力系统或烟气系统，提高低负荷下 SCR 反应器入口烟气温度，或者采用宽温催化剂，实现各种负荷条件下 SCR 脱硝系统运行。

② 提高低负荷下 SCR 反应器入口烟气温度的措施主要有省煤器分级改造、加热省煤器给水、省煤器烟气旁路、省煤器水旁路、省煤器分割烟道等。其中，省煤器分级改造、加热省煤器给水和省煤器分割

烟道应用较多。

③ 宽温催化剂是在常规 V-W-TiO_2 催化剂的基础上，通过添加其他成分改进催化剂性能，提高低温下催化剂活性，保障各种负荷条件下 SCR 脱硝系统运行。

b）脱硝增效技术

① 增加催化剂用量。采用增加运行催化剂层数或有效层高，脱硝效率可提高至 90%以上。该技术单纯利用增加催化剂实现 NO_x 的高效脱除，可能造成空气预热器堵塞等问题。

② 高效喷氨混合和流场优化技术。结合实际工况进行流场模拟设计，对喷氨格栅或涡流混合器进行优化，运行时采用自动控制系统实现全截面多点测量与喷氨反馈及优化，确保 SCR 系统温度场、浓度场、速度场满足反应要求，实现系统稳定运行。

c）脱硝催化剂技术

① 催化剂改进技术。针对高灰分煤种，优化催化剂载体结构强度，提高催化剂耐磨损及耐冲刷性能；针对高硫分煤种，优化催化剂配方，降低催化剂 SO_2/SO_3 转化率；针对汞控制问题，改变脱硝催化剂配方，提高零价汞的氧化率，结合湿法脱硫装置的洗涤除汞功能，实现汞的协同脱除。

② 催化剂再生技术。通过物理或化学手段去除失活催化剂上的有害物质，恢复催化剂活性，再生后催化剂活性一般可达到初始性能的90%以上，该技术可有效延长催化剂的使用寿命，降低更换催化剂成本，减少废弃催化剂，实现资源循环利用。

③ 催化剂全过程管理技术。在对催化剂的性能、寿命、运行工况等方面准确检测的基础上，建立催化剂补充、更换、再生、运行优化的管理系统，在保证脱硝效率的同时，延长催化剂使用寿命，降低烟气脱硝成本。

5.4.3.4 主要工艺参数及效果

SCR 脱硝技术主要工艺参数及效果见表 13。

表 13 SCR 脱硝技术主要工艺参数及效果

项目		单位	主要工艺参数及效果
入口烟气温度		℃	一般 300～420
入口 NO_x 质量浓度		mg/m^3	≤1 000（由实际烟气参数确定）
氨氮摩尔比		—	≤1.05（由脱硝效率和逃逸氨浓度确定，一般取 0.8～0.85）
反应器入口烟气参数的偏差数值		—	速度相对偏差≤±15% 温度相对偏差≤±15℃ 氨氮摩尔比相对偏差≤±5% 烟气入射角度≤±10°
催化剂	种类	—	根据烟气中灰的特性确定
	层数（用量）	层	2～5（根据反应器尺寸、脱硝效率、催化剂种类及性能确定）
	空间速度	h^{-1}	2 500～3 000
催化剂	烟气速度	m/s	4～6
	催化剂节距	—	根据烟气中灰的特性确定
脱硝效率		%	50～90
逃逸氨质量浓度		mg/m^3	≤2.5
SO_2/SO_3 转化率		%	燃煤硫分低于 1.5%时，宜低于 1.0 燃煤硫分高于 1.5%时，宜低于 0.75
阻力		Pa	<1 400
NO_x 排放质量浓度		—	达标排放或超标排放

5.4.4 SNCR 脱硝技术

5.4.4.1 技术原理

选择性非催化还原（SNCR）技术是指在不使用催化剂的情况下，在炉膛烟气温度适宜处（850～1 150℃）喷入含氨基的还原剂（一般为氨水或尿素等），利用炉内高温促使氨和 NO_x 反应，将烟气中的 NO_x 还原为 N_2 和 H_2O。典型的 SNCR 系统由还原剂储存系统、还原剂喷入装置及相应的控制系统组成。

5.4.4.2 技术特点及适用性

a）技术特点

与 SCR 技术相比，不需要催化反应器，占地面积较小，初始投资低，建设周期短，改造方便，运行维护简单。

b）技术适用性

SNCR 脱硝技术对温度窗口要求严格，对机组负荷变化适应性差，适用于小型煤粉炉和循环流化床锅炉。

c）影响性能的主要因素

影响性能的主要因素包括反应区域温度和流场分布均匀性、烟气与还原剂混合均匀度、还原剂停留时间、氨氮摩尔比、还原剂类型等。

d）污染物排放与能耗

煤粉炉采用 SNCR 脱硝技术的脱硝效率为 30%～40%，循环流化床锅炉采用 SNCR 脱硝技术的脱硝效率为 60%～80%。SNCR 系统阻力较小，运行能耗低。

e）存在的主要问题

SNCR 技术受锅炉运行工况波动导致的炉内温度场、流场分布不均影响较大，脱硝效率不稳定，氨逃逸量较大，下游设备存在堵塞和腐蚀的风险。

5.4.4.3 技术发展与应用

结合实际工况进行流场模拟设计和系统优化，提高温度场和流场均匀性，强化还原剂与烟气混合效果，提高脱硝效率；采用脱硝添加剂，扩展 SNCR 温度窗口，提高温度适应性。

5.4.4.4 主要工艺参数及效果

SNCR 脱硝技术主要工艺参数及效果见表 14。

表 14 SNCR 脱硝技术主要工艺参数及效果

项目	单位	主要工艺参数及效果
温度窗口	℃	950～1 150（采用尿素为还原剂） 850～1 050（采用氨水为还原剂）
氨氮摩尔比	—	1.0～2.0（煤粉炉） 1.2～1.5（循环流化床锅炉）
还原剂停留时间	s	≥0.5
脱硝效率	%	60～80（循环流化床锅炉） 30～40（煤粉炉）
逃逸氨质量浓度	mg/m^3	≤8
NO_x 排放质量浓度	mg/m^3	≤50（循环流化床锅炉） 150～300（煤粉炉）

5.4.5 SNCR-SCR 联合脱硝技术

5.4.5.1 技术原理

SNCR-SCR 联合脱硝技术是将 SNCR 与 SCR 组合应用，即在炉膛上部的高温区域（850～1 150℃）

采用 SNCR 技术脱除部分 NO_x，再在炉外采用 SCR 技术进一步脱除烟气中 NO_x。SNCR-SCR 联合脱硝系统一般由还原剂储存系统、还原剂混合喷射系统、反应器系统及监测控制系统等组成。

5.4.5.2　技术特点及适用性

a）技术特点

与 SCR 脱硝技术相比，SNCR-SCR 联合脱硝技术中的 SCR 反应器一般较小，催化剂层数较少，一般利用 SNCR 的逃逸氨进行脱硝。

b）技术适用性

一般适用于受空间限制无法加装大量催化剂的中小型机组。

c）影响性能的主要因素

与影响 SNCR 和 SCR 技术性能的因素一致。

d）污染物排放与能耗

SNCR-SCR 联合脱硝技术的脱硝效率一般为 55%～85%。脱硝系统能耗介于 SNCR 技术和 SCR 技术的能耗之间。

e）存在的主要问题

该技术对喷氨精确度要求较高。用于高灰分煤、循环流化床锅炉烟气脱硝时，催化剂磨损较大。

5.4.5.3　技术发展与应用

在 SCR 反应器之前烟道内布置补氨喷枪，提高系统脱硝效率；采用防磨损部件及耐磨损催化剂，延长催化剂使用寿命。

5.4.5.4　主要工艺参数及效果

SNCR-SCR 联合脱硝技术主要工艺参数及效果见表 15。

表 15　SNCR-SCR 联合脱硝技术主要工艺参数及效果

<table>
<tr><th>项目</th><th>单位</th><th colspan="2">工艺参数及效果</th></tr>
<tr><td rowspan="2">温度区间</td><td rowspan="2">℃</td><td>SNCR</td><td>950～1 150（采用尿素为还原剂）
850～1 050（采用氨水为还原剂）</td></tr>
<tr><td>SCR</td><td>一般 300～420</td></tr>
<tr><td>氨氮摩尔比</td><td>—</td><td colspan="2">1.2～1.8</td></tr>
<tr><td>还原剂停留时间</td><td>s</td><td colspan="2">＞0.5（SNCR 区域）</td></tr>
<tr><td>催化剂</td><td>—</td><td colspan="2">与 SCR 技术催化剂参数一致</td></tr>
<tr><td>脱硝效率</td><td>%</td><td colspan="2">55～85</td></tr>
<tr><td>阻力</td><td>Pa</td><td colspan="2">≤600</td></tr>
<tr><td>逃逸氨质量浓度</td><td>mg/m^3</td><td colspan="2">≤3.8</td></tr>
<tr><td>NO_x 排放质量浓度</td><td></td><td colspan="2">可实现达标排放或超低排放</td></tr>
</table>

5.4.6　NO_x 达标可行技术

5.4.6.1　NO_x 达标可行技术选择时，应首先考虑低氮燃烧技术。选择低氮燃烧技术时，应综合考虑锅炉效率、着火稳燃、燃尽、结渣、腐蚀等因素。选择烟气脱硝技术时，煤粉炉优先选择 SCR 技术，循环流化床锅炉优先选择 SNCR 技术，中小型机组因空间限制无法加装大量催化剂时宜采用 SNCR-SCR 联合脱硝技术。

5.4.6.2　NO_x 达标可行技术见表 16。

表 16 火电厂 NO_x 达标可行技术

燃烧方式	煤种		锅炉容量/MW	低氮燃烧控制炉膛 NO_x 质量浓度上限值/（mg/m^3）	达标可行技术	
					排放质量浓度≤200 mg/m^3	排放质量浓度≤100 mg/m^3
切向燃烧	无烟煤		所有容量	950	SCR（2+1）	SCR（3+1）
	贫煤			900		
	烟煤	20%≤V_{daf}≤28%	≤100	400	SCR（1+1）或+SNCR	SCR（2+1）
			200	370		
			300	320		
			≥600	310		
		28%≤V_{daf}≤37%	≤100	320		
			200	310		
			300	260		
			≥600	220		
切向燃烧	烟煤	37%＜V_{daf}	≤100	310	SCR（1+1）或+SNCR	SCR（2+1）
			200	260		
			300	220		
			≥600	220		
	褐煤		≤100	320		
			200	280		
			300	220		
			≥600			
墙式燃烧	无烟煤		目前尚无此类情况			
	贫煤		所有容量	670	SCR（2+1）	SCR（3+1）
	烟煤	20%≤V_{daf}≤28%		470		
		28%≤V_{daf}≤37%		400	SCR（1+1）或+SNCR	SCR（2+1）
		37%＜V_{daf}		280		
	褐煤			280		
W 火焰燃烧	无烟煤			1 000	SCR（3+1）	SCR（4+1）
	贫煤			850		
CFB	烟煤、褐煤			200	SNCR	
	无烟煤、贫煤			150		

注：（1）SCR 技术单层催化剂脱硝效率按 60%考虑，两层催化剂脱硝效率按 75%～85%考虑，三层催化剂脱硝效率按 85%～92%考虑；（2）SNCR-SCR 技术脱硝效率一般按 55%～85%考虑；（3）SCR（n+1），其中 n 代表催化剂层数，取值“1～4”，1 代表预留备用催化剂层安装空间。

6 烟气超低排放技术路线

6.1 技术路线选择的基本原则

6.1.1 燃煤电厂在选择超低排放技术路线时，应遵循“因煤制宜，因炉制宜，因地制宜，统筹协同，兼顾发展”的基本原则，选择技术成熟可靠、经济合理可行、运行长期稳定、维护管理简单方便、具有一定节能效果的技术。

6.1.2 因煤制宜。不仅要考虑设计煤种和校核煤种，更要考虑实际燃用煤种与煤质波动，确保燃用不利煤质时能够实现超低排放。例如：

a）对于煤质较为稳定，灰分较低、易于荷电、灰硫比较大的烟气条件，优先选择低低温电除尘器与复合塔脱硫系统的技术组合，作为颗粒物超低排放技术路线。

b）对于煤质波动大，灰分较高、荷电性能差、灰硫比较小的烟气条件，优先选择电袋复合除尘器或袋式除尘器进行除尘。根据除尘器出口烟尘质量浓度及下游脱硫工艺的协同除尘效果，必要时选择加装湿式电除尘器。

6.1.3 因炉制宜。考虑不同炉型的烟气特点（飞灰成分、性质等），选择不同的超低排放技术路线。例如：

a）循环流化床锅炉燃用劣质燃料时，灰分含量高，颗粒粒径较煤粉炉大，排烟温度普遍较高，优先选择电袋复合除尘器或袋式除尘器。

b）循环流化床锅炉燃用热值较高的煤炭时，宜选用低低温电除尘器。

6.1.4 因地制宜。应考虑机组所处的海拔高程和改造机组的场地条件，选择不同的超低排放技术路线。例如：

a）采用双塔双 pH 值脱硫工艺、加装湿式电除尘器、增加电除尘器的电场数等一般都需要场地或空间条件。

b）对于位于高海拔地区的燃煤电厂，还应考虑相应高程的大气条件对烟气性质的影响，选择适宜的除尘器类型。

6.1.5 统筹协同。烟气超低排放是一项系统工程，各设施之间相互影响，在设计、施工、运行过程中，要统筹考虑各设施之间的协同作用，全流程优化，实现污染物最佳控制效果。

6.1.6 兼顾发展。不仅要达到当前的排放要求，还应考虑环境管理要求提高、经济技术发展和电力煤炭市场变化等因素，选择适宜的超低排放技术路线。

6.2 颗粒物超低排放技术路线

6.2.1 燃煤电厂应综合采用一次除尘和二次除尘措施，实现颗粒物超低排放。

6.2.1.1 一次除尘措施。为实现超低排放，在湿法脱硫前对烟尘的高效脱除，称为一次除尘，主流技术包括电除尘技术、电袋复合除尘技术和袋式除尘技术。电除尘技术通过采用高效电源供电、先进清灰方式以及低低温电除尘技术等有机组合，实现不低于 99.85%的除尘效率；采用超净电袋复合除尘器及高效袋式除尘器，实现不低于 99.9%的除尘效率。

6.2.1.2 二次除尘措施。为实现超低排放，在烟气湿法脱硫过程中对颗粒物进行协同脱除、在烟气脱硫后采用湿式电除尘器进一步脱除颗粒物，称为二次除尘。石灰石-石膏湿法脱硫复合塔技术配套采用高效的除雾器或在脱硫系统内增加湿法除尘装置，协同除尘效率可不低于 70%；湿法脱硫后加装湿式电除尘器，除尘效率可不低于 70%，且除尘效果稳定。

6.2.2 燃煤电厂工程实际应用中应综合考虑各种技术的特点、适用性、经济性、成熟度及二次污染等，选择颗粒物超低排放技术路线，详见表 17 和图 1。

表 17 颗粒物超低排放技术路线

锅炉类型（燃烧方式）	机组规模/万 kW	入口烟气含尘质量浓度/（mg/m^3）	一次除尘			二次除尘	
			电除尘（效率≥99.85%）	电袋复合除尘（效率≥99.9%）	袋式除尘（效率≥99.9%）	WESP（效率≥70%）	WFGD 协同（效率≥70%）
煤粉炉（切向燃烧、墙式燃烧）	≤20	≥30 000	★	★★★	★★★	★★★	★
		20 000～30 000	★★	★★	★★	★★	★★
		≤20 000	★★★	★	★	★	★★★
	30	≥30 000	★	★★★	★★	★★★	★
		20 000～30 000	★★	★★	★	★★	★★
		≤20 000	★★★	★	★	★	★★★
	≥60	≥30 000	★	★★★	★	★★★	★
		20 000～30 000	★★	★★	★	★★	★★
		≤20 000	★★★	★	★	★	★★★

锅炉类型（燃烧方式）	机组规模/万 kW	入口烟气含尘质量浓度/（mg/m^3）	一次除尘			二次除尘	
			电除尘（效率≥99.85%）	电袋复合除尘（效率≥99.9%）	袋式除尘（效率≥99.9%）	WESP（效率≥70%）	WFGD 协同（效率≥70%）
煤粉炉（W 火焰燃烧）		≥30 000	★	★★★	★★	★★★	★
		20 000～30 000	★★	★★★	★	★★	★★
		≤20 000	★★★	★★	★	★	★★★
CFB 锅炉			★	★★★	★★	★★★	★

注：（1）一次除尘措施的选择首先应结合煤质与灰的性质判断是否适合采用电除尘器，如不适用则应优先选择电袋复合除尘器或袋式除尘器。

（2）对于一次除尘就要求烟尘质量浓度小于 10 mg/m^3 或 5 mg/m^3 实现超低排放的，宜优先选择超净电袋复合除尘器。

（3）一次除尘器出口烟尘质量浓度为 30～50 mg/m^3 时，二次除尘宜选用湿式电除尘器（WESP）；一次除尘器出口烟尘质量浓度为 20～30 mg/m^3 时，二次除尘宜选用湿法脱硫（WFGD）协同除尘或 WESP；一次除尘器出口烟尘质量浓度小于 20 mg/m^3 时，二次除尘宜选用 WFGD 协同除尘。

（4）表中★表征技术推荐程度，★越多综合效果越好，优先推荐。

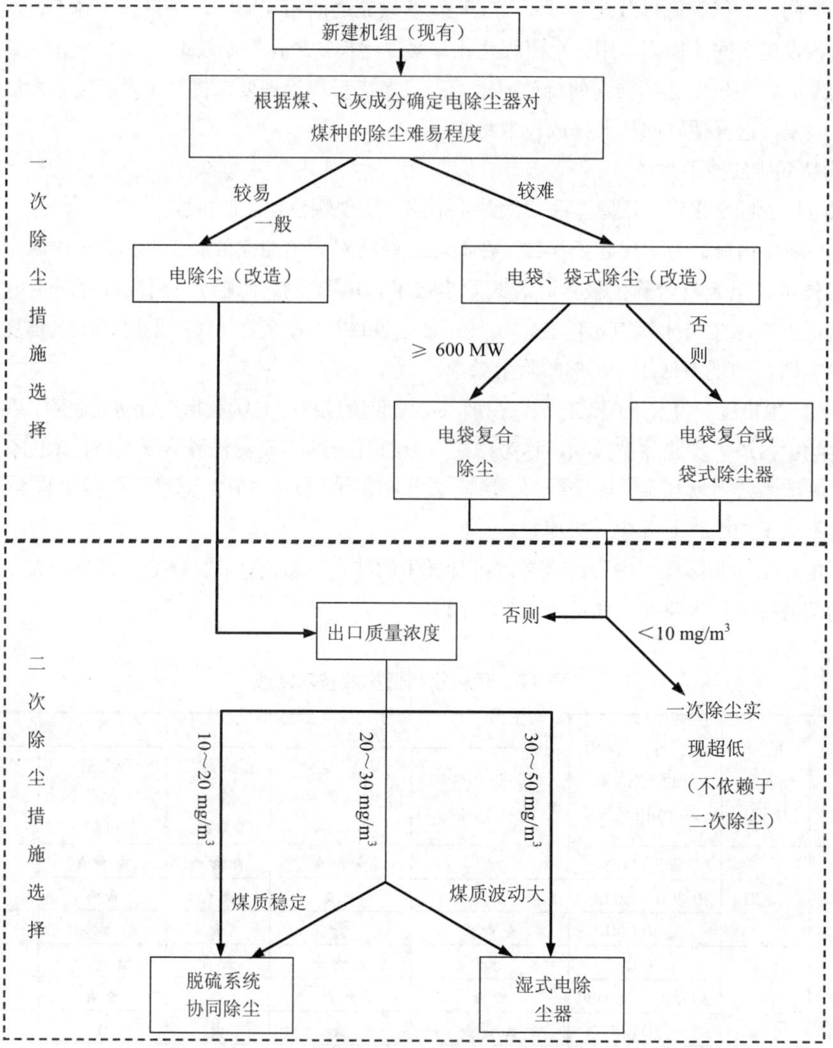

图 1　颗粒物超低排放技术路线

6.3　SO_2超低排放技术

6.3.1　采用石灰石-石膏湿法脱硫，为稳定实现超低排放，对于不同的 SO_2 入口质量浓度，需采用不同的脱硫工艺，具体工艺选择时应同时考虑经济性和成熟度，详见表 18。

表 18　石灰石-石膏湿法脱硫超低排放技术

<table>
<tr><th>入口 SO_2 质量浓度/（mg/m^3）</th><th colspan="6">脱硫工艺及脱硫效率</th></tr>
<tr><td>≤1 000</td><td>空塔提效</td><td>97%</td><td></td><td></td><td></td><td></td></tr>
<tr><td>≤2 000</td><td colspan="2">双托盘、沸腾泡沫</td><td>98.5%</td><td></td><td></td><td></td></tr>
<tr><td>≤3 000</td><td colspan="3">旋汇耦合、双托盘、湍流管栅</td><td>99%</td><td></td><td></td></tr>
<tr><td>≤6 000</td><td colspan="4">单塔双 pH 值、旋汇耦合、湍流管栅</td><td>99.5%</td><td></td></tr>
<tr><td>≤10 000</td><td colspan="5">空塔双 pH 值、旋汇耦合</td><td>99.7%</td></tr>
<tr><td colspan="7">注：（1）为实现稳定超低排放，脱硫效率按脱硫塔出口 SO_2 质量浓度 30 mg/m^3 计算。
（2）适用于入口 SO_2 质量浓度高的技术，也适用于入口质量浓度较低的技术。</td></tr>
</table>

6.3.2　在缺水地区、吸收剂质量有保证的条件下，对于入口 SO_2 质量浓度不大于 1 500 mg/m^3 的 300 MW 级及以下的燃煤机组，可选择烟气循环流化床脱硫技术。考虑循环流化床锅炉的炉内脱硫效率，烟气循环流化床脱硫技术可用于 300 MW 级及以下燃用中等含硫煤的循环流化床机组。在海水扩散条件较好、符合近岸海域环境功能区划要求时，对于入口 SO_2 质量浓度不大于 2 000 mg/m^3 的滨海电厂，可选择高效海水脱硫技术。在氨来源稳定、运输距离短、环境不敏感的条件下，300 MW 级及以下的燃煤机组可选择氨法脱硫技术。详见表 19。

表 19　烟气循环流化床、海水法、氨法脱硫超低排放技术

入口 SO_2 质量浓度/（mg/m^3）	地域	单机容量/MW	超低排放技术
≤1 500	尤其适合缺水地区	≤300	烟气循环流化床脱硫
≤2 000	沿海地区	300～1 000	海水脱硫
≤10 000	电厂周围 200 km 内有稳定氨源	≤300	氨法脱硫

6.4　NO_x超低排放技术

6.4.1　锅炉低氮燃烧技术是控制 NO_x 的首选技术，在保证锅炉效率和安全的前提下应尽可能降低锅炉出口 NO_x 的质量浓度。

6.4.2　煤粉锅炉应通过燃烧器改造和炉膛燃烧条件优化，确保锅炉出口 NO_x 质量浓度小于 550 mg/m^3。炉后采用 SCR 烟气脱硝技术，通过选择催化剂层数、精准喷氨、流场均布等措施保证脱硝设施稳定高效运行，实现 NO_x 超低排放。

6.4.3　循环流化床锅炉应通过燃烧调整，确保 NO_x 生成质量浓度小于 200 mg/m^3，再加装 SNCR 脱硝装置，实现 NO_x 超低排放；必要时可采用 SNCR-SCR 联合脱硝技术。

6.4.4　燃用无烟煤的 W 型火焰锅炉采用低氮燃烧技术及炉后 SCR 烟气脱硝技术，仍难满足 NO_x 的超低排放要求。

6.4.5　各种炉型 NO_x 超低排放技术路线见表 20。

表 20 NO_x超低排放技术

<table>
<tr><th>炉型</th><th>入口质量浓度/（mg/m³）</th><th>脱硝效率/%</th><th>SCR 催化剂层数</th></tr>
<tr><td rowspan="3">煤粉炉（切向燃烧、墙式燃烧）</td><td><200</td><td>80</td><td>2+1</td></tr>
<tr><td>200～350</td><td>80～86</td><td rowspan="2">3+1</td></tr>
<tr><td>350～550</td><td>86～91</td></tr>
<tr><td colspan="2">循环流化床锅炉</td><td>60～80</td><td>SNCR（+SCR）</td></tr>
<tr><td colspan="4">注：“n+1”中 n 代表催化剂层数，1 代表预留备用催化剂层安装空间。</td></tr>
</table>

6.5 典型的烟气污染物超低排放技术路线

6.5.1 烟气污染物超低排放涉及烟气中颗粒物、SO_2 及 NO_x 的超低排放，每种污染物的超低排放都可以有多种技术选择，见图 2。工程实际应用中需考虑不同污染物治理设施之间的协同作用，针对不同燃煤电厂的具体条件选择适宜的技术路线，具体见 6.2、6.3 和 6.4 部分。

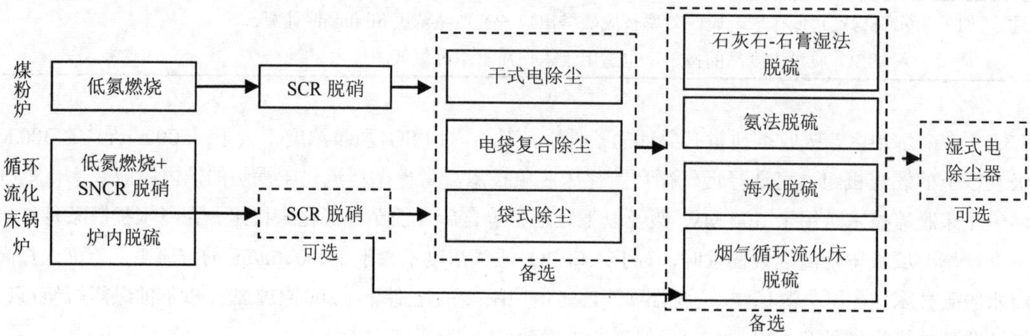

图 2 燃煤电厂超低排放技术路线

6.5.2 与 SO_2 和 NO_x 的超低排放技术相比，颗粒物的超低排放技术不仅涉及一次除尘措施，而且涉及二次除尘措施，技术路线选择较多，典型技术路线如下：

a）以湿式电除尘器作为二次除尘的超低排放技术路线

① 湿式电除尘器（WESP）去除颗粒物的效果较为稳定，基本不受燃煤机组负荷变化的影响，因此，对于煤质波动大、负荷变化幅度大且较为频繁等严重影响一次除尘效果的电厂，适合采用湿式电除尘器作为二次除尘的超低排放技术路线。

② WESP 作为燃煤电厂污染物控制的强化处理设备，一般与干式电除尘器和湿法脱硫系统配合使用，也可与低低温电除尘技术、电袋复合除尘技术、袋式除尘技术等组合使用，对 $PM_{2.5}$、SO_3 酸雾、气溶胶等多污染物协同治理，实现燃煤电厂超低排放。

③ 当要求颗粒物排放质量浓度小于 10 mg/m³ 时，WESP 入口颗粒物质量浓度宜小于 30 mg/m³，一般不超过 50 mg/m³。当要求颗粒物排放质量浓度小于 5 mg/m³ 时，WESP 入口颗粒物质量浓度宜小于 20 mg/m³，一般不超过 30 mg/m³。

④ 当 WESP 入口颗粒物质量浓度较高时，可通过增加比集尘面积、降低气流速度等方法提高除尘效率。

⑤ 根据现场场地条件，WESP 可以采用不同布置形式，低位布置占用一定场地，高位布置不占用场地。

b）以湿法脱硫协同除尘作为二次除尘的超低排放技术路线

① 石灰石-石膏湿法脱硫系统可脱除烟气中部分烟尘，同时烟气中也会生成少量次生颗粒物，如脱硫过程中形成的石膏颗粒、未反应的碳酸钙颗粒等，应采取配套治理措施实现超低排放。

② 湿法脱硫系统的净除尘效果取决于气液接触时间、液气比、除雾器效果、流场均匀性、脱硫系统入口烟气含尘浓度、有无额外的除尘装置等诸多因素。

③ 为实现 SO_2 超低排放，复合塔脱硫技术通过采用增强型的喷淋系统以及管束式除尘除雾器和其他类型的高效除尘除雾器等方法，协同除尘效率一般大于 70%，可以作为二次除尘的超低排放技术路线。

④ 当要求颗粒物排放质量浓度小于 10 mg/m^3 时，湿法脱硫入口烟尘质量浓度宜小于 30 mg/m^3。当要求颗粒物排放质量浓度小于 5 mg/m^3 时，湿法脱硫入口烟尘质量浓度宜小于 20 mg/m^3。

c）以超净电袋复合除尘为基础不依赖二次除尘的超低排放技术路线

① 采用超净电袋复合除尘器可直接实现除尘器出口烟尘质量浓度小于 10 mg/m^3 或 5 mg/m^3。对下游湿法脱硫系统没有额外的除尘要求，只要保证脱硫系统出口颗粒物质量浓度不增加，就可实现颗粒物质量浓度小于 10 mg/m^3 或 5 mg/m^3，满足超低排放要求。

② 超净电袋复合除尘器出口烟尘质量浓度基本不受煤质与机组负荷变动的影响，占地较少。

7　水污染防治技术

7.1　废水处理工艺分类

7.1.1　火电厂废水通常有两种处理方式：一种是集中处理，另一种是分类处理。

7.1.2　对于新建燃煤电厂，由于废水种类多，水质差异大，大多数废水需要处理回用，因此，应采用分类处理与集中处理相结合的处理技术路线。

7.2　废水分类处理技术

7.2.1　锅炉停炉保护和化学清洗废水（含有机清洗剂）处理

停炉保护废水联胺含量较高；锅炉化学清洗方式较多，用柠檬酸或乙二胺四乙酸（EDTA）进行锅炉酸洗产生的废液中残余清洗剂量很高。上述锅炉酸洗废水水质特点是 COD、SS 含量较高。为降低过高的 COD，在常规 pH 值调整、混凝澄清处理工艺之前应增加氧化处理环节。通过加入氧化剂（通常是双氧水、过硫酸铵或次氯酸钠等）氧化，分解废水中的有机物，降低 COD 值。

7.2.2　空气预热器、省煤器和锅炉烟气侧等设备冲洗排水处理

该类废水为锅炉非经常性排水，其水质特点是悬浮物和铁的含量很高，不能直接进入经常性排水处理系统。处理方法常采用化学沉淀法，即首先进行石灰处理，在高 pH 值下沉淀出过量的铁离子并去除大部分悬浮物，然后再进入中和、混凝澄清等处理系统；也可采用氧化、化学沉淀法，即首先进行曝气氧化，再进行中和、混凝澄清等处理。

7.2.3　化学水处理工艺废水处理

7.2.3.1　化学水处理因工艺不同，可产生酸碱废水或浓盐水。

7.2.3.2　酸碱废水多采用中和处理，即采用加酸或碱调节 pH 值至 6～9，出水直接排放或回用。该工艺系统一般由中和池、酸储槽、碱储槽、在线 pH 值计、中和水泵和空气搅拌系统等组成，运行方式大多为批量中和，即当中和池中的废水达到一定容量后，再启动中和系统。

7.2.3.3　为尽量减少新鲜酸、碱的消耗，离子交换设备再生时应合理安排阳床和阴床的再生时间及再生酸碱用量，尽量使阳床排出的废酸与阴床排出的废碱相匹配，减少直接加入中和池的新鲜酸和碱量。

7.2.3.4　采用反渗透预脱盐系统的水处理车间，受反渗透回收率的限制，排水量较大。如果反渗透系统回收率按 75%设计，反渗透装置进水流量的 1/4 以废水形式排出，废水量远大于离子交换系统。但其水质基本无超标项目，主要是含盐量较高，可直接利用或排放，必要时可进行脱盐处理。

7.2.4　煤泥废水处理

7.2.4.1　煤泥废水一般采用混凝沉淀、澄清和过滤处理工艺，去除废水中悬浮物（主要是煤粉）后循环使用。

7.2.4.2　煤泥废水处理系统由废水收集、废水输送、废水处理系统等组成。

7.2.4.3　煤场的废水经集水池预沉淀，先将废水中携带的大尺寸的煤粒沉淀下来，然后再将上面的清液送经混凝、澄清和过滤处理后回用。

7.2.4.4 微滤或超滤处理工艺广泛应用于煤泥废水处理。其优点是出水水质好，尤其是出水浊度很低，可小于 1 度（NTU）；缺点是要进行频繁的反洗（自动进行）和定期进行化学清洗。

7.2.5 冲灰废水处理

7.2.5.1 采用水力除灰方式会产生冲灰废水。冲灰废水水质特点是 pH 值和含盐量较高；通过灰浆浓缩池进行闭路循环的灰水悬浮物较高；灰场的水经过长时间沉淀，悬浮物浓度一般很低。只要保证水在灰场有足够的停留时间，并采取措施拦截“漂珠”，悬浮物大多可满足排放要求。pH 值则需要通过加酸，使 pH 值降至 6～9。

7.2.5.2 冲灰废水一般采用物理沉淀法处理后循环使用。处理过程中需添加阻垢剂，防止回水系统结垢。

7.2.6 含油废水处理

含油废水主要包括油罐脱水、冲洗含油废水、含油雨水等。含油废水处理通常采用气浮法进行油水分离，出水经过滤或吸附后回用或排放；也可采用活性炭吸附法、电磁吸附法、膜过滤法、生物氧化法等除油方法。

7.2.7 脱硫废水处理

脱硫废水水质特点是悬浮物质量浓度高、COD 高、pH 值呈酸性。其处理工艺是通过加石灰浆对脱硫废水进行中和、沉淀处理，然后经絮凝、澄清、浓缩等步骤处理后，清水回收利用，沉降物脱硫废水污泥经脱水后运出处置。

7.2.8 氨区废水处理

氨区废水包括液氨贮存或氨水贮存区卸氨后设备及管道中氨气、事故或长期停机状态下氨罐及管道中氨气排至吸收槽用水稀释产生的废水、氨泄漏时稀释废水、夏季气温较高时对液氨储罐进行冷却产生的废水等。氨区废水水质特点是氨氮较高、pH 值稍高，且不连续产生。一般将氨区废水送入厂区酸碱废水处理系统进行中和处理后回用。

7.2.9 生活污水处理

生活污水可生化性好，宜采用二级生化处理，消毒后回用或排放。也可采用膜生物反应器工艺处理后再利用，该工艺具有出水水质优良、性能稳定、占地面积小等优势。

7.2.10 其他废水及排水处理

除上述废水外，电厂还会产生冲渣水、主厂房冲洗水、初期雨水等废水，以及锅炉排污水、循环冷却系统排水、直流冷却系统排水等水质较好的水，处理方式见表 21。

7.3 废水集中处理技术

7.3.1 燃煤电厂废水集中处理站（系统）规模大、处理废水种类多，处理后的废水根据水质情况达标排放或回收利用。废水集中处理站（系统）可用于处理各种经常性排水和非经常性排水。

7.3.2 典型的废水集中处理站设有多个废水收集池，根据水质差异进行分类收集，如高含盐量的化学再生废水、锅炉酸洗废液、空气预热器冲洗废水等。各池之间根据实际用途可互相切换，主要设施包括废水收集池、曝气风机、废水泵和酸、碱储存罐，以及清水池、pH 值调整槽、反应槽、絮凝槽、澄清器、加药系统等。

7.4 废水近零排放技术

7.4.1 火电厂除脱硫废水外，各类废水经处理后基本能实现“一水多用，梯级利用”、废水不外排，因此，实现废水近零排放的关键是实现脱硫废水零排放。

7.4.2 脱硫废水经初步处理后，含盐量过高。目前脱硫废水零排放技术主要包括烟气余热喷雾蒸发干燥、高盐废水蒸发结晶等。

7.4.3 烟气余热喷雾蒸发干燥是通过雾化喷嘴将浓缩后的高盐废水喷入烟道或旁路烟道内，雾化后的高盐废水经过烟气加热迅速蒸发，溶解性盐结晶析出，随烟气中的烟尘一起被除尘器捕集。

7.4.4 高盐废水蒸发结晶是利用烟气、蒸汽或热水等热源蒸发废水，蒸发产生的水汽可冷凝成水用于冷却塔补水、锅炉补给水等，废水中的溶解盐被蒸发结晶，干燥后装袋外运，进行综合利用或处置，避免产生二次污染。

7.4.5 蒸发干燥或蒸发结晶前，宜采用反渗透、电渗析等膜浓缩预处理工艺减少废水量。

7.5 废水处理与回用可行技术路线

7.5.1 废水处理与回用可行技术路线见表 21。

表 21 废水处理与回用可行技术路线

废水种类	主要污染因子	可行技术	去向或回用途径
锅炉酸洗废水	COD、SS、pH 值等	氧化、混凝、澄清	集中处理站
锅炉非经常性废水	pH 值、SS 等	沉淀、中和	集中处理站
酸碱废水	pH 值	中和	烟气脱硫系统
煤泥废水	SS	混凝、澄清、过滤	重复利用
冲灰废水	SS、pH 值等	加阻垢剂	闭路循环
含油废水	油、SS	油水分离	煤场喷洒
脱硫废水	pH 值、SS、COD、重金属等	石灰处理、混凝、澄清、中和	干灰调湿、灰场喷洒、冲渣水、冲灰水或达标排放
		石灰处理（双碱法处理）、混凝、澄清、中和、膜软化、膜浓缩、蒸发干燥或蒸发结晶	喷雾蒸发干燥时脱硫废水进入烟气。蒸发结晶时脱硫废水蒸发的水汽冷凝后可在厂内利用，结晶盐外运综合利用
氨区废水	氨氮、pH 值	中和	回用
生活污水	COD、BOD、SS	（1）二级生化处理 （2）膜生物反应器工艺	绿化、集中处理站
冲渣水	SS、pH 值	沉淀、中和	重复利用
主厂房冲洗水	SS	混凝、澄清	集中处理站
初期雨水	SS、油等	不处理或混凝、澄清	集中处理站
锅炉排污水	温度	—	冷却水系统或化水系统
循环冷却系统排水	盐类	反渗透等除盐工艺	除灰、脱硫、喷洒等利用或除盐后回冷却系统
直流冷却系统排水	温度	—	直接排入水环境
高含盐废水（反渗透浓水、循环水排污等）	盐类	石灰处理、絮凝、沉淀、超滤、反渗透	回冷却系统、脱硫系统等

7.5.2 电厂应从全局出发，加强全厂水务管理。对电厂的水源、用水和排水做全面规划管理，选择最优的全厂用水分配方案，经济合理地处理各种废水，最大限度地提高废水回用率。

8 噪声治理技术

8.1 一般规定

火电厂应尽量采用低噪声设备，按照环境功能合理布置声源，采取有效的降噪措施，并按时进行设备维护与检修，从而有效控制噪声对周围环境的影响。

8.2 燃料制备系统噪声治理技术

8.2.1 燃料制备系统中主要噪声设备是磨煤机。

8.2.2 中速磨煤机噪声主要为排气噪声，噪声水平为 95～110 dB（A）。中速磨煤机噪声治理宜采用局部隔声法，在磨煤机底部排气口噪声能量最大处安装隔声装置，在隔声装置排气口外侧设置低噪声轴流风机和消声器，降噪量能达到 20 dB（A）。

8.2.3 低速磨煤机（即钢球磨煤机）噪声水平为 100～120 dB（A），噪声治理主要采用以下三种措施：

a）筒体外壳阻尼层。阻尼材料的厚度一般应为外壁厚度的 2～3 倍，可降噪 10 dB（A）左右。

b）隔声套。一般采用多层吸声、隔声阻尼材料组合式结构，把磨煤机筒体紧紧地捆箍起来，与筒体一起旋转，可将设备噪声降至 95 dB（A）左右；其缺点是增加自重、检修不便等。

c）隔声罩。一般由隔声罩板和吸声材料等组成，通过将钢球磨煤机封闭在隔声罩内，减少噪声辐射，一般可降噪 10～30 dB（A）。磨煤机附属的电动机一般采用能通风、可拆卸的隔声罩。

8.3 燃烧系统噪声治理技术

8.3.1 锅炉排汽噪声

8.3.1.1 燃烧系统中最主要噪声源是锅炉排汽噪声，噪声水平为 115～130 dB（A），频谱呈中高频特性，属于影响面较大的高空偶发噪声，一般排汽时间短（几分钟），噪声影响范围大（可达数千米）。

8.3.1.2 锅炉排汽噪声控制是通过在喷口安装具有扩张降速、节流降压、变频或改变喷注气流参数等功能的放空消声器。一般采用消声量 25 dB（A）以上的小孔（喷注）消声器，电厂应用的节流降压消声器消声量可达 30 dB（A）以上。

8.3.2 空气动力噪声

8.3.2.1 燃烧系统中锅炉及炉后部分产生的连续噪声是较突出的空气动力噪声，噪声水平为 85～115 dB（A）。

8.3.2.2 应对锅炉送、引风机及管路系统空气动力噪声加以治理，风机本体采用吸隔声材料进行处理，可达到不小于 20 dB（A）的降噪效果，同时考虑检修、散热等因素。需加装检修门和通风散热照明等设施。管路系统采用隔声包覆措施，减少噪声辐射。进、排气管道加装消声器，一般采用阻性片式消声器，可以根据消声量对吸声材料、通流截面、消声器长度等进行合理设计，消声量一般 25 dB（A）左右。

8.4 发电系统噪声治理技术

8.4.1 发电系统中主要噪声设备是汽轮机、发电机及励磁机等，运行噪声水平为 76～108 dB（A）。发电机组在设备出厂时一般已配置隔声罩，可降噪 20 dB（A）左右。在隔声罩内喷刷阻尼材料可进一步提高隔声罩的隔声性能；设备安装时在基座下设置隔振支撑，可有效减少结构噪声。

8.4.2 主厂房内声源设备多，噪声偏高，建筑围护结构的降噪量一般仅在 10 dB（A）左右，因此，应注意厂房的密闭性和隔声性能，控制噪声对外辐射。汽机房主体建筑应采用隔声门窗，在面对办公区的厂房立面安装可调节通风型消声百叶窗。

8.5 冷却系统噪声治理技术

8.5.1 火电厂冷却系统中最大噪声源是自然通风冷却塔的淋水噪声或直接空冷岛的风机噪声。

8.5.2 自然通风冷却塔的淋水噪声水平为 70～85 dB（A），噪声治理一般采用以下三种措施：

a）部分进风口安装冷却塔通风消声器。在冷却塔底部的部分进风口区域安装由若干通风导流消声片组成的进风消声器，一般可降噪 15 dB（A）以上。设计中特别要控制进风消声器的压力损失，确保其不影响冷却效果，综合考虑消声器的消声量和压力损失两个主要参数，推荐使用阵列式消声器。

b）隔声屏障。冷却塔采用隔声屏障降噪时，一般可降噪 10 dB（A）左右。隔声屏障应尽量靠近塔体，屏障高度应高于冷却塔进风口高度，可采用高效轻质隔声型、土坡型、钢筋混凝土型等结构，从抗震、抗风等方面予以严格设计。

c）消声垫。消声垫是降低冷却塔淋水噪声的有效办法。消声垫可用金属的网垫、天然纤维垫、透水性能好的泡沫塑料垫等多孔材料制作。将消声垫铺放在冷却塔的下塔体，用金属网支撑或铺放在接水盘上，能降低淋水噪声 5～10 dB（A）。

8.5.3 直接空冷岛的风机噪声水平为 70～80 dB（A），噪声治理宜根据空冷平台的降噪需求对消声措施进行合理设计，建议采用阵列式消声器，保证足够的消声量和较小的压力损失。普通的消声器应具备 10～

15 dB（A）降噪效果。

8.6 脱硫系统噪声治理技术

脱硫系统主要噪声源为氧化风机、增压风机噪声，噪声水平一般在 85～110 dB（A）。氧化风机噪声治理一般采用加装隔声罩和室内布置，隔声量一般在 20 dB（A）。增压风机噪声治理一般采用和锅炉送引风机相同的阻尼复合减振降噪措施，降噪量 15～20 dB（A）。

8.7 封闭式隔声机房噪声治理技术

采用封闭式隔声机房（隔声罩）设计时，要注意封闭结构内的气流组织和封闭空间内外气流交换通道的消声问题。

8.8 其他噪声治理技术

在电厂运行过程中，各种给水泵、循环泵、灰浆泵等，噪声水平为 82～108 dB（A）。噪声治理一般采用加装隔声罩，隔声量可达 25 dB（A）以上。

8.9 噪声治理可行技术

噪声治理可行技术及效果见表 22。

表 22 噪声治理可行技术及效果

分类	噪声源	噪声源声级水平/dB（A）	可行技术	效果	备注
燃料系统	磨煤机	95～120	筒体外壳阻尼 隔声套 隔声罩	降噪量 10 dB（A）左右 整体噪声降至 95 dB（A）左右 降噪量 10～30 dB（A）	检修不便 罩内吸声
燃烧系统	锅炉排汽（偶发噪声）	115～130	排汽放空消声器	消声量 30 dB（A）以上	
	引风机、送风机	85～115	消声器 管道外壳阻尼	消声量 25 dB（A）左右 降噪量 20 dB（A）以上	
发电系统	汽轮机、发电机及励磁机	76～108	隔声罩 厂房内壁面吸声处理	降噪量 20 dB（A）左右 降噪量 10 dB（A）左右	罩内吸声
冷却系统	自然通风冷却塔淋水	70～85	进风口消声器 隔声屏障 消声垫	消声量 15 dB（A）以上 降噪量 10 dB（A）左右 消声量 5～10 dB（A）	尽量靠近塔体
	空冷岛风机	70～80	低噪声风机 吸声板 消声装置	风机噪声可降至 63.2 dB（A） 吸声量 8 dB（A）左右 消声量 10～15 dB（A）	
脱硫系统	氧化风机、增压风机	85～110	隔声罩 管道外壳阻尼	降噪量 20 dB（A）左右 消声量 15～20 dB（A）	罩内吸声
其他	给水泵、循环泵、灰浆泵等	82～108	隔声罩	降噪量 25 dB（A）以上	罩内吸声

9 固体废物综合利用及处置技术

9.1 一般规定

燃煤电厂产生的固体废物有粉煤灰、脱硫副产物、污水处理污泥、废弃脱硝催化剂、废弃滤袋等，应优先采用有利于资源化利用的处理方法，或采用适当的处置方法，避免二次污染。

9.2 粉煤灰综合利用技术

9.2.1 粉煤灰磨细加工技术

粉煤灰磨细加工是指改进粉煤灰的细度和均匀性，便于综合利用。粉煤灰磨细后细度增大，烧失量变化不大，密度增大，需水量比减小，抗压强度比提高。

9.2.2 粉煤灰分级技术

粉煤灰分级一般采用干法多级离心分离器，分离出符合商品要求的产品，便于综合利用。

9.2.3 利用高铝粉煤灰提炼硅铝合金技术

利用电厂产生的高铝粉煤灰为原料，通过电热法冶炼硅铝系列合金及从高铝粉煤灰中提取氧化铝并可联产白炭黑等硅产品。

9.2.4 综合利用

粉煤灰综合利用是指采用上述成熟工艺技术对粉煤灰进行加工，将其用于生产建材、回填、建筑工程、提取有益元素制取化工产品及其他用途。粉煤灰综合利用途径主要有生产粉煤灰水泥、粉煤灰砖、建筑砌块、混凝土掺料、道路路基处理、矿井回填材料、土壤改良、微生物复合肥等。

9.3 脱硫副产物综合利用及处置技术

9.3.1 脱硫石膏综合利用

脱硫石膏主要可用作水泥缓凝剂或制作石膏板，还可用于生产石膏粉料、石膏砌块、矿井回填材料及改良土壤等。

9.3.2 半干法脱硫灰渣综合利用

半干法脱硫（包括烟气循环流化床脱硫）灰渣主要成分为 $CaSO_4$、$CaSO_3$ 等，具有强碱性和自硬性，主要可用于筑路和制砖。

9.3.3 循环流化床锅炉炉内脱硫灰渣综合利用

与煤粉炉产生的粉煤灰相比，循环流化床锅炉炉内脱硫灰渣具有烧失量较高、CaO 含量高、SO_3 质量浓度高、玻璃体较少、具有一定的自硬性等特点，可综合利用于废弃矿井、采空区回填和筑路等。

9.4 污泥处置技术

电厂废水处理产生的污泥主要包括给水、工业废水、脱硫废水等处理过程产生的污泥。污泥中重金属含量符合 GB 5085 要求时，可贮存在灰场内。也可将污泥干燥后按照适当比例掺入原煤系统中进行焚烧处理。脱硫废水处理产生的污泥经检定确定为危险废物的，按照 GB 18598 处置；经检定后确定为一般废物的，按照 GB 18599 处置。

9.5 废弃脱硝催化剂处置技术

废弃脱硝催化剂是指不能再生利用的催化剂，属于危险废物。蜂窝式催化剂一般应压碎后按照 GB 18598 要求填埋。板式催化剂由于其中含有不锈钢基材，应破碎取出不锈钢基材回收利用，催化剂粉应按照 GB 18598 要求填埋。

9.6 废弃滤袋处置技术

9.6.1 回收利用

9.6.1.1 根据不同的滤袋材质可选用机械破碎、回炉熔化拉丝、高温裂解等方法进行处理后回收利用。

9.6.1.2 机械破碎是利用机械力将 PPS、PTFE、玻璃纤维等废弃滤袋由滤布变为纤维或粉粒，该方法简单、实用、投资较低，可适用于各种滤袋材质。

9.6.1.3 回炉熔化拉丝是将废弃滤袋进行机械破碎、清洗、干燥后，高温熔融再拉丝重新制成纤维，然后再加工生产滤袋或其他产品，循环使用。

9.6.1.4 高温裂解是废弃滤袋纤维在一定的高温下，使大分子分解成小分子，回收其中有用的小分子。

9.6.2 焚烧

焚烧是对废弃滤袋进行高温燃烧，使废弃滤袋变成惰性残留物，并对燃烧余热进行利用，最大限度地减少废弃滤袋的体积和质量。对含有 PTFE 短纤维或基布的滤袋不应进行焚烧处理。

9.6.3 土地填埋

土地填埋是指将废弃滤袋在合适的场地填埋后进行封存处理，其特点是处理简单、处理费用低、处理量大。土地填埋需注意填埋地点选择、填埋工艺与渗透液处理等问题。

9.7 固体废物综合利用及处置可行技术

固体废物综合利用及处置可行技术见表 23。

表 23 固体废物综合利用及处置可行技术

分类	可行技术		技术适用性
粉煤灰	综合利用	（1）粉煤灰磨细加工	适用于电除尘器一级、二级电场和袋式除尘器收集的粉煤灰
		（2）粉煤灰干法分级	适用于各种粉煤灰
		（3）提炼硅铝合金	适用于高铝粉煤灰
脱硫石膏	（1）脱硫石膏做水泥缓释剂 （2）脱硫石膏板生产技术		适用于石灰石/石灰-石膏法烟气脱硫产生的脱硫石膏
半干法脱硫灰渣	用于筑路和制砖		适用于半干法烟气脱硫（包括烟气循环流化床脱硫）产生的灰渣
循环流化床锅炉炉内脱硫灰渣	用于废弃矿井、采空区回填和筑路		适用于循环流化床锅炉炉内脱硫产生的灰渣
污泥	污泥掺入原煤系统焚烧		适用于经检定后确定为一般废物的污泥
废弃脱硝催化剂	破碎取出不锈钢基材回用		适用于含有不锈钢基材的板式催化剂
废弃滤袋	高温裂解、回炉熔化拉丝或高温焚烧后回收利用		适用于各种废弃滤袋
固体废物填埋、处置技术			经检定后确定为危险废物的，按照 GB 18598 处置；经检定后确定为一般废物的，按照 GB 18599 处置

中华人民共和国国家环境保护标准

燃煤电厂超低排放烟气治理工程技术规范

Technical specifications for flue gas ultra-low emission engineering of coal-fired power plant

HJ 2053—2018

2018-04-08 发布 2018-06-01 实施

前 言

为贯彻《中华人民共和国环境保护法》《中华人民共和国大气污染防治法》《大气污染防治行动计划》，防治环境污染，改善环境质量，规范燃煤电厂超低排放烟气治理工程建设及运行，制定本标准。

本标准规定了燃煤电厂超低排放烟气治理工程的术语和定义、污染物与污染负荷、总体要求、工艺设计、主要工艺设备和材料、检测与过程控制、主要辅助工程、劳动安全与职业卫生、工程施工与验收、运行与维护等相关要求。

本标准为首次发布。

本标准由生态环境部科技标准司组织制订。

本标准起草单位：环境保护部环境工程评估中心、中国神华能源股份有限公司、国电环境保护研究院有限公司、中国电力工程顾问集团中南电力设计院有限公司、中国电力工程顾问集团东北电力设计院有限公司、浙江大学、浙江菲达环保科技股份有限公司、福建龙净环保股份有限公司、北京清新环境技术股份有限公司、北京国电龙源环保工程有限公司、浙江天地环保科技有限公司、江苏新世纪江南环保股份有限公司。

本标准生态环境部 2018 年 4 月 8 日批准。

本标准自 2018 年 6 月 1 日起实施。

本标准由生态环境部解释。

1 适用范围

本标准规定了燃煤电厂超低排放烟气治理工程的术语和定义、污染物与污染负荷、总体要求、工艺设计、主要工艺设备和材料、检测与过程控制、主要辅助工程、劳动安全与职业卫生、工程施工与验收、运行与维护等技术要求。

本标准适用于 100 MW 及以上燃煤发电机组（含热电）配套锅炉（不含 W 火焰炉）的超低排放烟气治理工程，可作为燃煤电厂新建、改建、扩建工程环境影响评价，环境保护设施设计、施工、调试、验收和运行管理以及环境监理、排污许可审批的技术依据。

100 MW 以下燃煤发电机组配套锅炉的超低排放烟气治理工程可参照执行。

2 规范性引用文件

本标准引用了下列文件或其中的条款。凡是未注明日期的引用文件，其最新版本适用于本标准。

GB 2893　安全色

GB 2894　安全标志及其使用导则

GB 3087 低中压锅炉用无缝钢管
GB 5310 高压锅炉用无缝钢管
GB/T 6719 袋式除尘器技术要求
GB 12348 工业企业厂界环境噪声排放标准
GB/T 12801 生产过程安全卫生要求总则
GB/T 13931 电除尘器性能测试方法
GB 18218 重大危险源辨识
GB/T 19229.1 燃煤烟气脱硫设备 第1部分：燃煤烟气湿法脱硫设备
GB/T 19229.2 燃煤烟气脱硫设备 第2部分：燃煤烟气干法/半干法脱硫设备
GB/T 19229.3 燃煤烟气脱硫设备 第3部分：燃煤烟气海水脱硫设备
GB/T 22395 锅炉钢结构设计规范
GB 26164.1 电业安全工作规程 第1部分：热力和机械
GB/T 27869 电袋复合除尘器
GB/T 31584 平板式烟气脱硝催化剂
GB 50016 建筑设计防火规范
GB 50040 动力机器基础设计规范
GB/T 50087 工业企业噪声控制设计规范
GB 50160 石油化工企业防火设计规范
GB 50217 电力工程电缆设计规范
GB 50222 建筑内部装修设计防火规范
GB 50229 火力发电厂与变电站设计防火规范
GB 50660 大中型火力发电厂设计规范
GB 50895 烟气脱硫机械设备工程安装及验收规范
GBZ 1 工业企业设计卫生标准
GBZ 2.1 工作场所有害因素职业接触限值 第1部分：化学有害因素
GBZ 2.2 工作场所有害因素职业接触限值 第2部分：物理因素
GBZ 158 工作场所职业病危害警示标识
DL/T 260 燃煤电厂烟气脱硝系统性能验收试验规范
DL/T 362 燃煤电厂环保设施运行状况评价技术规范
DL/T 461 燃煤电厂电除尘器运行维护导则
DL/T 692 电力行业紧急救护技术规范
DL/T 869 火力发电厂焊接技术规程
DL/T 998 石灰石-石膏湿法烟气脱硫系统性能验收试验规范
DL/T 1050 电力环境保护技术监督导则
DL/T 1051 电力技术监督导则
DL/T 1149 火电厂石灰石/石灰-石膏湿法烟气脱硫系统运行导则
DL/T 1150 火电厂烟气脱硫系统验收技术规范
DL/T 1286 火电厂烟气脱硝催化剂检测技术规范
DL/T 1371 火电厂袋式除尘器运行维护导则
DL/T 1493 燃煤电厂超净电袋复合除尘器
DL/T 1589 湿式电除尘技术规范
DL 5009.1 电力建设安全工作规程 第1部分：火力发电

DL/T 5035 发电厂供暖通风与空气调节设计规范
DL 5053 火力发电厂职业安全卫生设计规程
DL/T 5054 火力发电厂汽水管道设计规范
DL/T 5072 火力发电厂保温油漆设计规程
DL/T 5121 火力发电厂烟风煤粉管道设计技术规程
DL/T 5136 火力发电厂、变电所二次接线设计技术规程
DL/T 5153 火力发电厂厂用电设计技术规定
DL/T 5175 火力发电厂热工控制系统设计技术规定
DL/T 5182 火力发电厂热工自动化就地安装、管路、电缆设计技术规定
DL 5190 电力建设施工技术规范
DL/T 5240 火力发电厂燃烧系统设计计算技术规程
DL/T 5257 火电厂烟气脱硝工程施工验收技术规程
DL/T 5417 火电厂烟气脱硫工程施工质量验收及评定规程
DL/T 5418 火电厂烟气脱硫吸收塔施工及验收规程
DL/T 5480 火力发电厂烟气脱硝设计技术规程
HJ/T 75 固定污染源烟气（SO_2、NO_x、颗粒物）排放连续监测技术规范
HJ/T 76 固定污染源烟气（SO_2、NO_x、颗粒物）排放连续监测系统技术要求及检测方法
HJ/T 178 烟气循环流化床法脱硫工程通用技术规范
HJ/T 179 石灰石/石灰-石膏湿法烟气脱硫工程通用技术规范
HJ/T 323 环境保护产品技术要求 电除雾器
HJ/T 324 环境保护产品技术要求 袋式除尘器用滤料
HJ/T 326 环境保护产品技术要求 袋式除尘器用覆膜滤料
HJ/T 327 环境保护产品技术要求 袋式除尘器 滤袋
HJ 562 火电厂烟气脱硝工程技术规范 选择性催化还原法
HJ 563 火电厂烟气脱硝工程技术规范 选择性非催化还原法
HJ 2001 氨法烟气脱硫工程通用技术规范
HJ 2039 火电厂除尘工程技术规范
HJ 2040 火电厂烟气治理设施运行管理技术规范
HJ 2046 火电厂烟气脱硫工程技术规范 海水法
JB/T 1615 锅炉油漆和包装技术条件
JB/T 4194 锅炉直流式煤粉燃烧器 制造技术条件
JB/T 5906 电除尘器 阳极板
JB/T 5909 电除尘器用瓷绝缘子
JB/T 5910 电除尘器
JB/T 5913 电除尘器 阴极线
JB/T 5916 袋式除尘器用电磁脉冲阀
JB/T 5917 袋式除尘器用滤袋框架
JB/T 6407 电除尘器设计、调试、运行、维护安全技术规范
JB/T 8471 袋式除尘器安装技术要求与验收规范
JB/T 8533 回转反吹类袋式除尘器
JB/T 8536 电除尘器 机械安装技术条件
JB/T 10191 袋式除尘器 安全要求 脉冲喷吹类袋式除尘器用分气箱

JB/T 10340 袋式除尘器用压差式清灰控制仪
JB/T 10440 大型煤粉锅炉炉膛及燃烧器性能设计规范
JB/T 10921 燃煤锅炉烟气袋式除尘器
JB/T 11267 顶部电磁锤振打电除尘器
JB/T 11311 移动板式电除尘器
JB/T 11639 除尘用高频高压整流设备
JB/T 11644 电袋复合除尘器设计、调试、运行、维护安全技术规范
JB/T 11647 火电厂无旁路湿法烟气脱硫系统设计技术导则
JB/T 11829 燃煤电厂用电袋复合除尘器
JB/T 12113 电凝聚器
JB/T 12114 电袋复合除尘器气流分布模拟试验方法
JB/T 12118 电袋复合除尘器袋区技术条件
JB/T 12123 电袋复合除尘器电气控制装置
JB/T 12126 电袋复合除尘器高压绝缘子瓷件技术条件
JB/T 12129 燃煤烟气脱硝失活催化剂再生及处理方法
JB/T 12131 燃煤烟气净化 SCR 脱硝流场模拟试验技术规范
JB/T 12533 电袋复合除尘器用高压电源
JB/T 12591 低低温电除尘器
JB/T 12592 低低温高效燃煤烟气处理系统
JB/T 12593 燃煤烟气湿法脱硫后湿式电除尘器
TSG R0003 简单压力容器安全技术监察规程
《危险化学品安全管理条例》（中华人民共和国国务院令 第 591 号）
《危险化学品重大危险源监督管理暂行规定》（国家安全生产监督管理总局令 第 79 号）
《燃煤发电厂液氨罐区安全管理规定》（国家能源局 国能安全〔2014〕328 号）

3 术语和定义

下列术语和定义适用于本标准。

3.1 燃煤电厂烟气超低排放 flue gas ultra-low emissions of coal-fired power plant

在基准氧含量 6%条件下，燃煤电厂标态干烟气中颗粒物、SO_2、NO_x 排放质量浓度分别不高于 10 mg/m^3、35 mg/m^3、50 mg/m^3，简称超低排放。

3.2 超低排放技术路线 ultra-low emission technicalology route

在锅炉燃烧和尾部烟气治理等过程中，为使颗粒物、SO_2、NO_x 达到超低排放要求，组合采用多种烟气污染物高效脱除技术而形成的工艺流程。

3.3 协同治理 collaborative treatment

在同一治理设施内实现两种及以上烟气污染物的同时脱除，或为下一流程治理设施脱除烟气污染物创造有利条件，以及某种烟气污染物在多个治理设施间联合脱除。

3.4 宽负荷脱硝 wide load denitrification

机组启动正常发电上网并达到 50%锅炉额定负荷后，至机组出力降低到 50%锅炉额定负荷退出运行的所有时段内所有负荷条件下烟气脱硝系统全部投运。

3.5 湿法脱硫协同高效除尘 effective collaborative control of particulate matter by wet flue gas desulfurization

通过改进或增设兼具有除尘功能的设备及构件，在实现高效脱除烟气 SO_2 的基础上，使得湿法脱硫

系统综合除尘效率不小于70%且出口净烟气颗粒物质量浓度不大于10 mg/m^3。

4 污染物与污染负荷

4.1 污染物来源与特征

燃煤电厂烟气污染物来源于锅炉燃烧生成及烟气治理过程次生，包括颗粒物和气态污染物。其中，颗粒物主要包括烟尘、未溶硫酸盐、亚硫酸盐及未反应吸收剂等可过滤颗粒物（简称颗粒物），还含有少量H_2SO_4、HCl等可凝结颗粒物，以及溶于雾滴中的硫酸盐等溶解性固形物；气态污染物则包括SO_2、SO_3、NO_x、NH_3、CO、Hg及其化合物等重金属。本标准主要对颗粒物、SO_2、NO_x的污染控制提出技术要求。

4.2 污染负荷

4.2.1 根据工程设计需要，需收集以下原始资料，主要包括：

a）燃煤性质，包括煤质工业分析、元素分析、灰熔融性等。

b）飞灰成分，包括Na_2O、Fe_2O_3、K_2O、SO_3、Al_2O_3、SiO_2、CaO、MgO、P_2O_5、Li_2O、TiO_2、MnO_2、飞灰可燃物等。

c）飞灰比电阻，包括实验室比电阻和工况比电阻。

d）飞灰粒度、真密度、堆积密度、黏附性、安息角等。

e）湿法脱硫系统出口雾滴浓度。

f）烟气露点温度、烟气含湿量。

g）水、电、蒸汽等消耗品的介质参数。

h）烟道布置图以及厂区总平图。

4.2.2 NO_x控制系统污染负荷

4.2.2.1 脱硝系统设计应采用锅炉最大连续工况（BMCR）、燃用设计煤种和校核煤种时的烟气量、烟气温度。宽负荷脱硝设计还应取得锅炉部分负荷工况时的烟气参数。烟气量计算方法应按DL/T 5240执行。

4.2.2.2 脱硝系统设计应采用锅炉厂提供的锅炉炉膛出口NO_x浓度，具体可参考附录A。

4.2.2.3 脱硝系统入口烟尘量可按式（1）计算，循环流化床锅炉炉内脱硫时还应考虑脱硫剂产生的烟尘量，其计算方法应按DL/T 5240执行。

$$M_{1(\mathrm{PM})} = B_{\mathrm{g}} \times \left(\frac{A_{\mathrm{ar}}}{100} + \frac{Q_{\mathrm{net,ar}} q_4}{4.1816 \times 8100 \times 100} \right) \times \alpha_{\mathrm{fh}} \tag{1}$$

式中：$M_{1(\mathrm{PM})}$ —— 脱硝系统入口烟尘量，t/h；

B_{g} —— 锅炉燃煤量，t/h；

A_{ar} —— 燃煤收到基灰分，%；

$Q_{\mathrm{net,ar}}$ —— 燃煤收到基低位发热量，kJ/kg；

q_4 —— 锅炉机械未完全燃烧损失（锅炉厂提供），%；

α_{fh} —— 锅炉排烟带出的飞灰份额（锅炉厂提供）。

4.2.2.4 脱硝系统入口SO_2量可按式（2）计算，循环流化床锅炉炉内脱硫时还应考虑炉内SO_2脱除量。

$$M_{1(\mathrm{SO_2})} = 2 \times k_1 \times B_{\mathrm{g}} \times (1 - \frac{q_4}{100}) \times \frac{S_{\mathrm{ar}}}{100} \tag{2}$$

式中：$M_{1(\mathrm{SO_2})}$ —— 脱硝系统入口SO_2量，t/h；

k_1 —— 燃煤收到基硫转化为SO_2的转化率（煤粉炉取0.9，循环流化床锅炉取0.85）；

S_{ar} —— 燃煤收到基硫分，%。

4.2.3　颗粒物控制系统污染负荷

4.2.3.1　除尘器设计应采用锅炉最大连续工况（BMCR）、燃用设计煤种和校核煤种时的烟气量、烟气温度；对于设计煤种，烟气量另加 10%裕量，烟气温度另加 10～15℃。烟气量计算方法应按 DL/T 5240 执行。

4.2.3.2　除尘器入口烟尘量可按式（1）计算，高效烟气循环流化床工艺的除尘器入口烟尘量应采用脱硫供货商提供的数据。

4.2.3.3　湿法脱硫系统入口烟尘浓度应采用除尘器出口浓度保证值。

4.2.3.4　湿式电除尘器入口颗粒物浓度应采用脱硫出口浓度保证值。

4.2.4　SO_2 控制系统污染负荷

4.2.4.1　脱硫系统设计宜采用锅炉最大连续工况（BMCR）、燃用设计煤种和校核煤种时的烟气量、烟气温度；对于设计煤种，烟气温度宜另加 15℃。烟气量计算方法应按 DL/T 5240 执行。

4.2.4.2　脱硫系统入口 SO_2 量可按式（2）计算。

4.2.5　烟气中 SO_3 量可按附录 B 中的方法进行估算，其他污染物成分的设计参数可依据燃料分析数据计算确定。

4.2.6　对于改造工程，各系统污染物负荷应在理论计算的基础上，结合燃煤煤质波动、锅炉运行情况及实测值等条件综合确定。

5　总体要求

5.1　一般规定

5.1.1　超低排放工程建设应满足国家及地方环保相关政策及标准，确保大气污染物排放指标及能效水平符合国家和地方有关要求。

5.1.2　超低排放工程建设应按国家及地方工程项目建设程序规定，完成有关文件报批或备案手续。

5.1.3　新建、改建、扩建超低排放工程应和主体工程同时设计、同时施工、同时投产使用，能够满足主体工程的生产需要。

5.1.4　超低排放工程规划、设计和建设应本着源头控制、协同减排、末端治理的优先级原则，通过燃料预处理、抑制燃烧污染物生成、专项治理及功能拓展、全流程协同控制、终端技术把关等手段匹配组合，以实现高效、稳定、经济、达标的控制目标。

5.1.5　超低排放技术路线的选择应因煤制宜、因炉制宜、因地制宜、统筹协同、兼顾发展，依据技术成熟、运行可靠、经济合理、能耗较低、二次污染少等原则确定。

5.1.6　超低排放工程设计和建设应统筹考虑、合理布局，符合电厂总体规划和生产工艺流程，满足环境影响评价批复要求。

5.1.7　超低排放工程所需的水、电、气、汽等辅助介质应尽量由电厂主体工程提供。吸收剂和副产品宜设有计量装置，也可与电厂主体工程共用。

5.1.8　超低排放工程设计指标应满足国家及地方环保相关政策及标准，设计寿命不低于主体工程设计寿命，应能在工况条件下连续、稳定、安全工作，投运率不低于 99%，当烟气流量及浓度在 10%裕度范围内应能正常运行。

5.1.9　超低排放工程应配有相应的监测、检测设备，烟囱或排放烟道上应设置烟气连续在线监测系统（CEMS），并预留监测孔、监测平台等人工监测条件。

5.1.10　超低排放工程运行管理应充分考虑各治理设施之间的协同控制、功能匹配和分工，协同治理的同时不应对其他系统运行造成负面影响。

5.1.11　超低排放工程除执行本标准外，还需满足国家有关工程质量、安全、卫生、消防、环保等方面的强制性标准要求。

5.2 源头控制

5.2.1 超低排放工程规划、设计、建设和运行的全过程中，均应将源头控制原则贯穿到输入条件控制、技术路线确定、工程设计优化、工艺设备选择、运行控制及生产管理等各个环节。

5.2.2 电厂应优先选择清洁高效煤种和环保经济的污染物治理用耗品，优先选用污染物产生量低的锅炉及燃烧技术。

5.2.3 电厂应加强燃料管理与配比，建立精准高效的运行管理机制，尽可能保证在设计条件下运行，做到污染物产生量少、治理容易、经济可行。

5.3 建设规模

超低排放工程建设规模应与机组规模相匹配，应以锅炉烟气量、烟气成分、燃煤和锅炉运行工况预期变化情况为依据。

5.4 工程构成

5.4.1 超低排放工程由NO_x、颗粒物、SO_2控制系统的主体工程及其配套辅助工程构成。

5.4.2 NO_x控制系统分为锅炉低氮燃烧系统和脱硝系统，后者主体工程包括还原剂系统、反应系统、公用系统等。

5.4.3 颗粒物控制系统主体工程包括烟道、除尘器、卸输灰系统等，其中低低温电除尘系统还包括烟气冷却器。

5.4.4 SO_2控制系统主体工程包括烟气系统、吸收塔系统、吸收剂制备（储存）系统、工艺水系统、副产物处理（输送）系统、压缩空气系统等，其中石灰石-石膏湿法脱硫工艺还包括浆液排放和回收系统、脱硫废水处理系统；高效烟气循环流化床脱硫工艺还包括袋式除尘器、灰循环系统等。

5.4.5 配套辅助工程包括电气及控制系统、在线检测系统、暖通系统、给排水及消防系统等。

5.5 总平面布置

5.5.1 一般规定

5.5.1.1 超低排放工程总平面布置应遵循工艺合理、流程顺畅、烟道短捷、方便运行、利于维护、经济合理的原则。

5.5.1.2 超低排放工程应合理利用地形和地质条件，充分利用厂内公用设施，达到节资节地节水、工程量小、运行费用低、便于运维等目的。

5.5.1.3 超低排放工程总平面布置应满足国家和地方安全、卫生、消防、环保等要求。

5.5.2 总图布置

5.5.2.1 超低排放工程总平面布置应符合 GB 50660、GBZ 1 等规定。

5.5.2.2 脱硝系统总平面布置应符合 HJ 562、HJ 563 等规定。

5.5.2.3 干式电除尘、袋式除尘、电袋复合除尘系统的总平面布置应符合 HJ 2039，低低温电除尘系统烟气冷却器布置于锅炉空预器出口至电除尘器前的水平、垂直烟道或进口封头处，烟气换热器布置于烟囱前水平或垂直烟道，布置位置应综合考虑换热效果、气流均布和烟道支架等因素；湿式电除尘器单独布置在脱硫与烟囱之间应符合 DL/T 1589、JB/T 12593，其他相关设施应符合有关标准规定。

5.5.2.4 脱硫系统总平面布置应符合 HJ/T 179、HJ/T 178、HJ 2001 等规定。

5.5.3 管线布置

超低排放工程管线布置应符合 GB 50660、DL/T 1589、HJ/T 179、HJ/T 178、HJ 2001、HJ 2039 等规定。

5.5.4 其他

超低排放工程如涉及采用其他技术，应符合有关标准的规定。

6 工艺设计

6.1 一般规定

6.1.1 超低排放工艺设计应根据烟气中 NO_x、颗粒物、SO_2 及其他烟气污染物的排放要求、锅炉炉型、煤种煤质特性、场地布置条件、技术成熟程度及应用水平等因素，改造工程还应结合原有污染物处理设施情况，经全面技术经济比较后确定。

6.1.2 超低排放工艺设计应发挥各类烟气污染物治理设施的协同作用，经济稳定实现超低排放。

6.1.3 烟气污染物脱除过程中产生的二次污染应采取相应的治理措施。

6.2 超低排放技术路线选择

6.2.1 一般工艺流程

6.2.1.1 超低排放工艺流程应优先选择经济合理、技术成熟、运行稳定、维护便捷、协同脱除效果好、应用业绩多的技术进行组合，并应将烟气污染物协同治理作为拟定工艺流程的重要因素。

6.2.1.2 切向燃烧、墙式燃烧方式煤粉锅炉的超低排放一般工艺流程见图 1。

图 1 超低排放工艺流程 1（切向燃烧、墙式燃烧方式煤粉锅炉）

6.2.1.3 循环流化床锅炉的超低排放一般工艺流程见图 2、图 3。

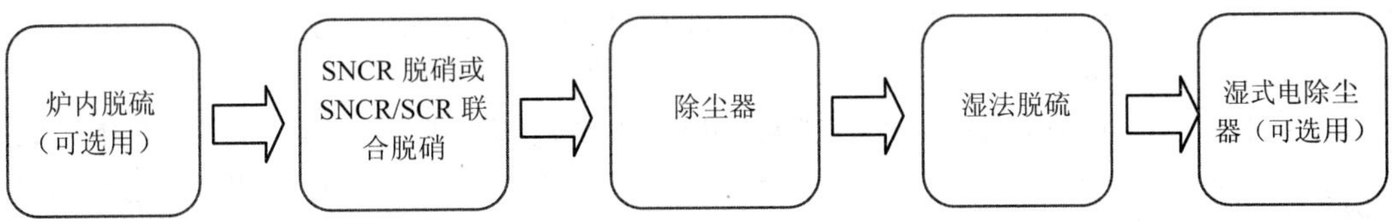

图 2 超低排放工艺流程 2（循环流化床锅炉）

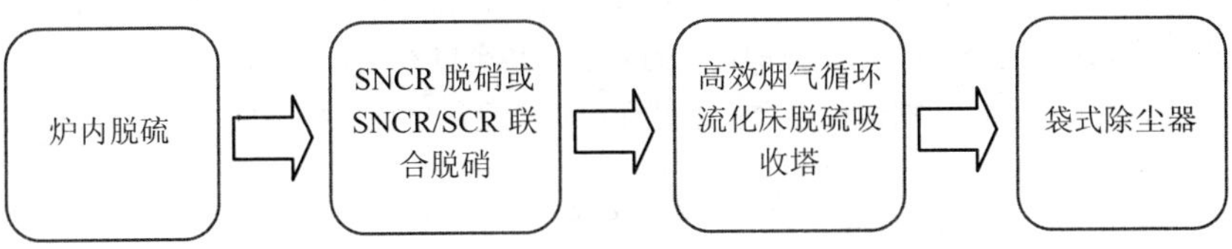

图 3 超低排放工艺流程 3（循环流化床锅炉）

6.2.1.4 W 火焰燃烧方式煤粉锅炉的超低排放工艺流程应根据技术发展水平、工程实际情况综合确定。

6.2.2 NO_x 超低排放技术路线

6.2.2.1 切向燃烧、墙式燃烧方式的煤粉锅炉应采用锅炉低氮燃烧与 SCR 脱硝相结合的工艺，并满足以下要求：

a）应采用低氮燃烧技术降低 NO_x 生成，锅炉炉膛出口 NO_x 质量浓度控制指标应根据锅炉燃烧方式、煤质特性及锅炉效率等综合确定，具体可参考附录 A。

b）应根据锅炉炉膛出口 NO_x 质量浓度确定 SCR 脱硝系统的脱硝效率和反应器催化剂层数，具体可参考表 1。

表 1 SCR 脱硝工艺设计原则

锅炉炉膛出口 NO_x 质量浓度/（mg/m^3）	SCR 脱硝效率/%	SCR 反应器催化剂层数
≤200	80	可按 2+1 层装设
200～350	80～86	可按 3+1 层装设
350～550	86～91	可按 3+1 层装设
注 1：催化剂层数中 1 代表预留备用催化剂层安装空间。		
注 2：也可结合安装空间条件等因素确定催化剂层数。		

6.2.2.2 循环流化床锅炉可选用 SNCR 脱硝工艺或 SNCR/SCR 联合脱硝工艺，并满足以下要求：

a）锅炉炉膛出口 NO_x 浓度控制指标应结合煤质特性、锅炉运行情况及锅炉效率等综合确定，具体可参考附录 A。

b）宜优先采用 SNCR 脱硝工艺，必要时可采用 SNCR/SCR 联合脱硝工艺，脱硝效率为 60%～80%，具体可根据锅炉炉膛出口 NO_x 浓度等条件确定。

c）采用 SNCR/SCR 联合脱硝工艺时，SCR 反应器催化剂可按 1+1 层装设，改造工程也可结合安装空间条件确定催化剂层数。

6.2.3 颗粒物超低排放技术路线

6.2.3.1 采用湿法脱硫工艺时，应选用一次除尘（除尘器）+二次除尘（湿法脱硫协同除尘、湿式电除尘器）相结合的协同除尘技术满足颗粒物超低排放要求。一次除尘和二次除尘设备出口颗粒物控制指标应结合煤质特性、各除尘设备的特点及适用性、能耗、经济性等综合确定，并满足以下要求：

a）一次除尘出口烟尘质量浓度宜按不大于 30 mg/m^3、不大于 20 mg/m^3 或不大于 10 mg/m^3 进行设计。对于受工程条件限制的机组，一次除尘出口烟尘质量浓度也可按不大于 50 mg/m^3 设计。

b）按不大于 50 mg/m^3 设计时，二次除尘宜采用湿式电除尘器。

c）按不大于 30 mg/m^3 设计时，二次除尘可采用湿法脱硫协同高效除尘，也可采用湿式电除尘器。

d）按不大于 20 mg/m^3 设计时，二次除尘宜采用湿法脱硫协同高效除尘，也可采用湿式电除尘器。

e）按不大于 10 mg/m^3 设计时，宜采用湿法脱硫协同除尘保证颗粒物浓度不增加。

6.2.3.2 采用高效烟气循环流化床脱硫工艺时，宜选用袋式除尘器满足颗粒物超低排放要求。

6.2.3.3 一次除尘技术包括干式电除尘器、袋式或电袋复合除尘器和干式电除尘器辅以提效技术或提效工艺等，干式电除尘器提效技术和提效工艺的技术特点和适用范围参见附录 C。

6.2.3.4 一次除尘技术选择应根据煤种除尘难易性和出口烟尘浓度控制指标确定，具体可参考表 2。

表 2 一次除尘技术选择原则

一次除尘器出口烟尘质量浓度控制要求/（mg/m^3）	电除尘器对煤种的除尘难易性	一次除尘技术选择
≤50	较易或一般	宜选用干式电除尘器、干式电除尘器辅以提效技术或提效工艺
	较难	可选用电袋复合除尘器、袋式除尘器、干式电除尘器辅以提效技术或提效工艺
≤30	较易或一般	宜选用干式电除尘器、干式电除尘器辅以提效技术或提效工艺
	较难	可选用电袋复合除尘器、袋式除尘器、低低温电除尘
≤20	较易	宜选用干式电除尘器、干式电除尘器辅以提效技术或提效工艺
	一般	可选用低低温电除尘、电袋复合除尘器、袋式除尘器
	较难	可选用电袋复合除尘器、袋式除尘器、低低温电除尘
≤10	—	宜选用超净电袋复合除尘器、袋式除尘器
注：电除尘器对煤种的除尘难易性评价方法参见附录 D。		

6.2.3.5 湿法脱硫系统宜具有一定的协同除尘性能。湿法脱硫协同高效除尘系统的综合除尘效率不小于70%，且出口颗粒物质量浓度应不大于 10 mg/m^3。

6.2.3.6 湿法脱硫系统出口颗粒物质量浓度大于 10 mg/m^3 时，应设置湿式电除尘器，可采用板式、管式等型式。湿式电除尘器出口颗粒物质量浓度应不大于 10 mg/m^3。

6.2.4 SO_2 超低排放技术路线

6.2.4.1 煤粉锅炉宜采用湿法脱硫工艺，并满足以下要求：

a）石灰石-石膏湿法脱硫工艺适用于各类燃煤电厂，分为空塔提效、pH 值分区和复合塔技术，技术选择应根据脱硫系统入口 SO_2 质量浓度确定，具体可参考表 3。

表 3 石灰石-石膏湿法脱硫工艺技术选择原则

脱硫系统入口 SO_2 质量浓度/（mg/m^3）	脱硫效率/%	石灰石-石膏湿法脱硫工艺适用技术
≤1 000	≤97	可选用空塔提效、pH 值分区和复合塔技术
≤3 000	≤99	可选用 pH 值分区技术、复合塔技术
≤6 000	≤99.5	可选用 pH 值分区技术、复合塔技术中的湍流器持液技术
≤10 000	≤99.7	可选用 pH 值分区技术中的 pH 物理分区双循环技术、复合塔技术中的湍流器持液技术
注：为实现稳定超低排放，脱硫效率按脱硫塔出口 SO_2 质量浓度为 30 mg/m^3 计算。		

b）氨法脱硫工艺适用于氨水或液氨来源稳定，运输距离短且周围环境不敏感的燃煤电厂，入口 SO_2 质量浓度宜不大于 10 000 mg/m^3。

c）海水脱硫工艺适用于海水碱度满足工艺要求，海水扩散条件较好，并符合近岸海域环境功能区划要求的滨海燃煤电厂，入口 SO_2 质量浓度宜不大于 2 000 mg/m^3。

6.2.4.2 循环流化床锅炉可采用炉内喷钙脱硫（可选用）与炉后湿法脱硫相结合的工艺，也可采用炉内喷钙脱硫与炉后高效烟气循环流化床脱硫相结合的工艺。工艺方案应根据吸收剂供应条件、水源情况、脱硫副产品综合利用条件等因素综合确定。

6.2.5 典型超低排放技术路线

6.2.5.1 超低排放技术路线的选择应以 NO_x、颗粒物、SO_2 三种主要烟气污染物满足超低排放要求为基础，并应符合 6.2.2～6.2.4 的规定。

6.2.5.2 煤粉锅炉或炉后采用了湿法脱硫工艺的循环流化床锅炉，超低排放技术路线的选择应以除尘器、湿法脱硫和湿式电除尘器等工艺设备对颗粒物的脱除能力和适应性为首要条件，可分为以湿式电除尘器作为二次除尘、以湿法脱硫协同高效除尘作为二次除尘、以超净电袋复合除尘器作为一次除尘且不依赖二次除尘的典型技术路线。循环流化床锅炉也可采用炉内脱硫和炉后高效烟气循环流化床脱硫工艺相结合的典型技术路线。各典型超低排放技术路线参见附录 E。

6.3 NO_x 超低排放控制系统

6.3.1 一般规定

6.3.1.1 煤粉炉应采用低氮燃烧技术，主要包括低氮燃烧器、空气分级、燃料分级或低氮燃烧联用等技术。

6.3.1.2 脱硝系统宜与锅炉负荷变化相匹配，应能满足机组宽负荷脱硝运行的要求。

6.3.1.3 脱硝系统装置运行寿命应与主机保持一致，检修维护周期应与主机一致。

6.3.1.4 现役机组进行脱硝改造时，应考虑对空预器、引风机、除尘器等其他附属设备的影响。

6.3.1.5 本标准中 SNCR 脱硝和 SNCR/SCR 联合脱硝工艺设计要求仅适用于循环流化床锅炉。

6.3.1.6 脱硝系统有关工艺参数宜满足表 4 的要求。

表 4 脱硝系统有关工艺参数要求

项目	单位	SCR 脱硝	SNCR 脱硝	SNCR/SCR 联合脱硝
运行温度	—	一般在 300～420℃	尿素：900～1 150℃；液氨/氨水：850～1 050℃	SNCR 区域：尿素：900～1 150℃，液氨/氨水：850～1 050℃；SCR 区域：一般在 300～420℃
氨逃逸浓度	mg/m^3	≤2.5	≤8	≤3.8
氨氮摩尔比	—	≤1.05，一般取 0.8～0.85	1.2～1.5	1.2～1.8
锅炉热效率降低	%	—	≤0.3	≤0.3

6.3.1.7 其他要求应符合 HJ 562、HJ 563 的规定。

6.3.2 工艺流程

6.3.2.1 SCR 脱硝系统工艺流程参照 HJ 562。

6.3.2.2 SNCR 脱硝系统工艺流程参照 HJ 563。

6.3.2.3 SCR/SNCR 联合脱硝

典型循环流化床锅炉 SNCR/SCR 联合脱硝系统工艺流程见图 4。

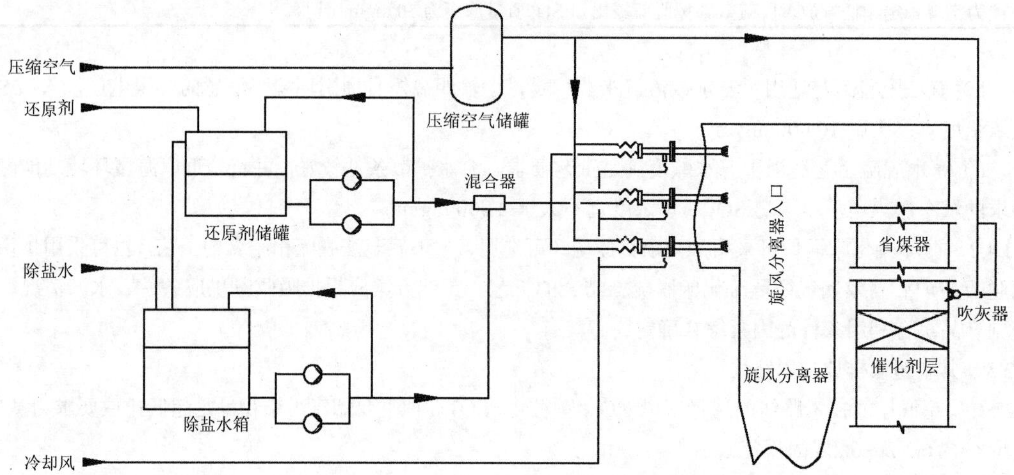

图 4 典型循环流化床锅炉 SNCR/SCR 联合脱硝工艺流程

6.3.3 低氮燃烧

6.3.3.1 锅炉采用低氮燃烧技术时，炉膛出口 NO_x 质量浓度宜不高于附录 A 中推荐值。

6.3.3.2 燃烧系统设计和布置应采取必要措施保证锅炉安全经济运行，如保证炉膛空气动力场良好、炉膛出口烟气温度场均匀、受热面不受高温腐蚀、火焰不直接冲刷水冷壁等。

6.3.3.3 锅炉低氮改造应不降低锅炉出力和煤种适应性，不升高锅炉最低稳燃负荷，额定工况下锅炉热效率下降宜不大于 0.5%。

6.3.3.4 燃烧系统性能设计应符合 JB/T 10440、DL/T 5240 等的规定。

6.3.4 SCR 脱硝

6.3.4.1 烟气反应系统

6.3.4.1.1 反应器及烟道流场设计应满足以下要求：

a）首层催化剂单元上游 500 mm 处，流场参数宜符合表 5 的规定。

表 5　首层催化剂单元上游 500 mm 处流场参数要求

项目	单位	数值
截面各处流速的相对标准偏差率绝对值	%	≤10
截面各处 NH_3/NO_x 的摩尔比率相对标准偏差率绝对值	%	≤5
截面速度偏离铅垂线的最大角度绝对值	（°）	≤10
截面温度绝对偏差绝对值	℃	≤10

b）脱硝反应器内构件的设计布置宜通过数值模拟和物理模型试验进行验证，使还原剂与烟气充分混合，优化烟气速度场分布，降低压损。

c）流场模拟中数值模拟模型与 SCR 脱硝系统比例应为 1∶1，物理模型与 SCR 脱硝系统比例宜为 1∶10～1∶15。

d）其他要求应符合 JB/T 12131 的规定。

6.3.4.1.2　吹灰系统设计应满足以下要求：

a）每层催化剂均应设置相应的吹灰措施，可采用蒸汽吹灰、声波吹灰或声波-蒸汽联合吹灰方式。

b）烟气含灰量在 50 g/m^3 以上或飞灰黏性较大的烟气，宜采用蒸汽吹灰或声波-蒸汽联合吹灰方式。

6.3.4.1.3　其他要求应符合 HJ 562、DL/T 5480 的规定。

6.3.4.2　催化剂

6.3.4.2.1　选择催化剂时应考虑其协同脱除 Hg 等重金属作用。

6.3.4.2.2　高灰分煤种应选择耐磨损及耐冲刷性能催化剂。

6.3.4.2.3　煤种灰分 CaO＞20%、As＞10 μg/g 时，催化剂化学寿命应不低于 16 000 h。

6.3.4.2.4　燃煤硫分≥2.5%时，SO_2/SO_3 转化率宜低于 0.75%；燃煤硫分＜2.5%时，SO_2/SO_3 转化率宜低于 1%。

6.3.4.2.5　失效或废弃催化剂处理应符合 JB/T 12129 的规定。

6.3.4.2.6　其他要求应符合 HJ 562、DL/T 1286、GB/T 31584 的规定。

6.3.4.3　其他系统

还原剂储存及制备系统、公用系统等工艺设计应符合 HJ 562、DL/T 5480 的规定。

6.3.4.4　宽负荷脱硝设计

6.3.4.4.1　应采用提升 SCR 入口烟温或宽温度窗口催化剂等技术，实现机组低负荷时 SCR 脱硝系统安全高效运行。

6.3.4.4.2　烟温提升技术包括省煤器分级布置、设置省煤器水旁路、设置省煤器烟气旁路和提高给水温度等措施，应满足以下要求：

a）满足催化剂最低连续喷氨温度要求。

b）机组安全经济性运行且改动最小、操作方便。

c）确保脱硝系统流场和温度场分布均匀性。

6.3.4.4.3　宽温度窗口催化剂最低连续喷氨温度应不高于机组宽负荷脱硝时的 SCR 入口最低烟温。

6.3.5　SNCR 脱硝

6.3.5.1　还原剂制备与储存系统

6.3.5.1.1　还原剂采用尿素时，喷射前质量浓度宜为 10%～15%；采用氨水时，喷射前质量浓度宜为 5%～10%；采用液氨时，喷射前体积浓度宜不大于 5%（以 NH_3 计）。

6.3.5.1.2　其他要求应符合 HJ 563、DL/T 5480 的规定。

6.3.5.2 还原剂喷射系统

6.3.5.2.1 喷射器宜布置于循环流化床锅炉旋风分离器入口处，并避免对旋风分离器内部件碰撞，新建工程应在锅炉设计时预留开孔位置。

6.3.5.2.2 喷射装置应具有防堵功能，确保喷头在高温、高浓度粉尘环境中不堵塞。

6.3.5.2.3 喷射装置应选用耐高温、耐腐蚀、耐磨蚀材料。

6.3.5.2.4 喷射器设计参数如喷枪开口位置、喷嘴几何特征、喷射角度和速度、喷射液滴直径及还原剂的停留时间（宜不小于 0.5 s），应结合旋风分离器结构进行温度场和流场等参数模拟计算确定。

6.3.5.2.5 其他要求应符合 HJ 563、DL/T 5480 的规定。

6.3.5.3 其他系统

还原剂计量系统、还原剂分配系统工艺设计应符合 HJ 563、DL/T 5480 的规定。

6.3.6 SNCR/SCR 联合脱硝

6.3.6.1 SNCR 脱硝段

应符合 6.3.5 的规定。

6.3.6.2 SCR 脱硝段

6.3.6.2.1 反应器系统

a）不宜设置喷氨格栅和烟气混合器，应根据催化剂对进口烟气流速偏差、烟气流向偏差、烟气温度偏差的要求设置导流装置。

b）烟气压降宜不大于 600 Pa。

c）其他要求应符合 6.3.4.1 的规定。

6.3.6.2.2 催化剂

a）催化剂宜布置于循环流化床锅炉尾部烟道内的高、中省煤器之间。

b）宜采用板式或蜂窝式催化剂，催化剂层数宜为 1～2 层。

c）其他要求应符合 6.3.4.2 的规定。

6.3.6.2.3 其他系统

还原剂储存及制备系统、公用系统等工艺设计应符合 HJ 562、DL/T 5480 的规定。

6.3.7 二次污染控制措施

二次污染控制措施应符合 HJ 562、HJ 563 的规定。

6.4 颗粒物超低排放控制系统

6.4.1 一般规定

6.4.1.1 干式电除尘器、袋式除尘器及电袋复合除尘器的一般要求应符合 HJ 2039 的规定，湿式电除尘器的一般要求应符合 DL/T 1589、JB/T 12593 的规定。

6.4.1.2 电除尘器及其系统、袋式除尘器及电袋复合除尘器的运行寿命应与主机保持一致，检修维护周期应与主机一致。

6.4.1.3 采用低低温电除尘技术时，灰硫比宜大于 100，计算方法见附录 F。低低温电除尘器入口烟气温度应低于烟气酸露点，一般为 90℃±5℃，最低温度应不小于 85℃。

6.4.1.4 湿式电除尘器按阳极板的结构特征可分为板式湿式电除尘器和管式湿式电除尘器。本标准中板式湿式电除尘器主要指金属板式湿式电除尘器，管式湿式电除尘器主要指导电玻璃钢管式湿式电除尘器及柔性极板管式湿式电除尘器。

6.4.1.5 湿式电除尘器入口烟气温度应小于 60℃，且烟气需为饱和烟气。

6.4.1.6 袋式除尘器及电袋复合除尘器不宜设置旁路系统。

6.4.2　电除尘器及其系统

6.4.2.1　干式电除尘器及其系统

6.4.2.1.1　干式电除尘器应符合 JB/T 5910、JB/T 11267 的规定，采用移动电极电除尘技术时，应符合 JB/T 11311 的规定。

6.4.2.1.2　干式电除尘器电场烟气流速宜为 0.7～1.2 m/s，采用离线振打技术时，关闭振打通道挡板门后，电场烟气流速宜不大于 1.2 m/s。

6.4.2.1.3　同极间距宜为 300～500 mm。

6.4.2.1.4　阳极板应符合 JB/T 5906 的规定。

6.4.2.1.5　阴极线应采用不易黏附粉尘的阴极线型式，并应符合 JB/T 5913 的规定。

6.4.2.1.6　采用低低温电除尘技术时，应采取二次扬尘防治措施，应符合 JB/T 12591 的规定。

6.4.2.1.7　采用电凝聚技术时，应符合 JB/T 12113 的规定。

6.4.2.1.8　高压供电电源供电方式可按电场或分区供电。干式电除尘器第一、二电场宜采用高频高压电源供电，特殊情况下，末电场可采用脉冲高压电源供电。高频高压电源应符合 JB/T 11639 的规定。

6.4.2.1.9　瓷绝缘子应符合 JB/T 5909 的规定，绝缘子应有防结露的措施。采用低低温电除尘技术时，宜优先采用防露型高铝瓷绝缘子或设置热风吹扫装置。绝缘子箱应有电加热和保温措施。

6.4.2.1.10　振打清灰应能实现自动控制，振打间隔、振打周期、振打顺序可调。上位机控制系统应能连接 DCS 系统，与高压供电电源、电气控制装置通信，并实现监视、控制功能。节能优化控制系统应能采集系统负荷、浊度、烟气温度等信号，自动获取电场伏安特性曲线（族）等现场工况变化信息，并选择和调整高压设备等的运行方式和运行参数，实现干式电除尘器的保效节能。

6.4.2.1.11　干式电除尘器灰斗卸灰角度宜不小于 60°，应设置可靠的保温层并采取加热措施。采用低低温电除尘技术时，灰斗加热高度宜超过灰斗高度的 1/2，宜采用蒸汽加热的方式。

6.4.2.1.12　低低温电除尘系统的烟气冷却器内烟气流速宜不大于 10 m/s。

6.4.2.1.13　烟气冷却器前应设置烟气、飞灰均匀装置，保证气流均匀，对于烟气冷却器入口烟尘质量浓度偏高的情况，应有合理的防磨措施。

6.4.2.1.14　烟气冷却器一般由进口的渐扩段、换热器本体和出口的渐缩段三段组成，渐扩段和渐缩段的设计应符合 DL/T 5121 的规定。

6.4.2.1.15　当烟气冷却器本体沿烟气流动方向的尺寸超过 2 m 时，烟气冷却器本体的管束宜采用分段结构。

6.4.2.1.16　烟气冷却器的传热元件宜选取翅片管，优先选取 H 形翅片管，翅片厚度宜不小于 2 mm。

6.4.2.1.17　烟气冷却器、低低温电除尘器等与腐蚀介质长时间接触的、受腐蚀概率比较大的设备、部件都应采取防腐措施。

6.4.2.1.18　换热介质宜采用水媒介，水媒介宜采用机组除盐水，保持水质 pH 为 7～10。水媒介在管路系统中正常运行时的最低温度应比烟气冷却器入口烟气水露点温度高 20℃以上。烟气与水媒介换热冷端端差、热端端差宜大于 20℃，最低限度应大于 15℃。管路系统水介质的流速应大于 0.5 m/s，流速上限应符合 DL/T 5054 的规定。

6.4.2.1.19　烟气冷却器应采取适当的调节手段，保证在机组启停及低负荷运行时，其进口或出口水温满足设计要求。

6.4.2.1.20　烟气冷却器宜设置在线检测装置，以及时发现换热元件可能发生的泄漏。应配置合理的放水系统，在其发生故障或机组非停时可以实现紧急放水。

6.4.2.1.21　烟气冷却器应设置吹灰系统，吹灰形式可选用声波吹灰、压缩空气吹灰、蒸汽吹灰或组合吹灰。

6.4.2.1.22　其他要求应符合 HJ 2039 的规定。

6.4.2.2 湿式电除尘器

6.4.2.2.1 板式湿式电除尘器电场内烟气流速应不大于 3.5 m/s。管式湿式电除尘器电场内烟气流速应不大于 3.0 m/s。

6.4.2.2.2 湿式电除尘器同极间距宜为 250～450 mm。

6.4.2.2.3 金属板式湿式电除尘器出口封头（烟箱）内宜设置除雾装置。

6.4.2.2.4 壳体壁板宜采用普通碳钢衬玻璃鳞片防腐，壁板母材厚度应不小于 5 mm。

6.4.2.2.5 导电玻璃钢管式湿式电除尘器阳极管截面宜采用内切圆为ϕ300～ 400 mm 的正六边形。单侧厚度不小于 3 mm，柔性极板管式湿式电除尘器阳极管截面宜采用边长为 350～450 mm 的正方形，极板厚度宜不小于 1.0 mm。

6.4.2.2.6 阴极线宜采用起晕电压低、易冲洗的极线型式，性能要求及检验应符合 JB/T 5913 的规定。

6.4.2.2.7 高压供电装置设计应满足以下要求：

a）高压供电装置宜选择 45～72 kV 电压。

b）板电流密度宜设置为 0.6～1.0 mA/m^2，电源裕度系数可为 5%。管式湿式电除尘器也可设置线电流密度为 0.5～1.0 mA/m（极线长度）。

c）供电装置宜选用节能控制功能型，可根据实际排放粉尘手动调整电源的输出。

d）导电玻璃钢管式湿式电除尘器宜采用恒流电源。

6.4.2.2.8 绝缘子应符合 JB/T 5909 的规定，绝缘子应有防结露的措施，宜采用防露型高铝瓷绝缘子或设置热风吹扫装置。每个绝缘子宜设置一只电加热器，加热温度最低不小于 70℃。绝缘子箱内的绝缘子加热器应选用耐热电缆，耐热温度不小于 200℃。

6.4.2.2.9 接地系统电阻值应小于 2 Ω。对于工频电源或者分体式布置的供电装置，其控制柜和电源装置二者之间接地排应使用截面积不小于 50 mm^2 铜芯接地电缆相连。

6.4.2.2.10 喷淋系统设计应满足以下要求：

a）喷淋系统管路应根据环境温度设置保温层及伴热，电场内部应合理设置相应排水措施，防止积液。喷嘴喷淋覆盖率应不小于 120%，喷嘴应便于检查和更换。

b）金属板式湿式电除尘器喷淋系统可采用单、双线两种冲洗方式。宜采用高效雾化喷嘴，应使阳极板表面产生连续水膜。

c）管式湿式电除尘器喷淋系统可采用定期间断冲洗方式。导电玻璃钢管式湿式电除尘器宜每天冲洗一次，每次冲洗时间宜为 5～20 min；柔性极板管式湿式电除尘器宜每周冲洗一次，每次冲洗时间宜为 20～30 min。实际运行可根据锅炉负荷、入口浓度、脱硫运行等情况调整、优化清洗周期。喷淋时，宜自动降低电场的运行强度或关闭电场。

6.4.2.2.11 补给水水质要求应符合 JB/T 12593 的规定。

6.4.2.2.12 水系统工艺流程配置合理，要求运行安全可靠、简单易行；设备选型的计算应合理、准确、可靠。水系统平面布置应考虑运行、维修人员的操作条件的便利性。喷嘴的布置要合理，不存在冲洗死角。

6.4.2.2.13 灰斗壁板宜采用普通碳钢衬玻璃鳞片防腐，壁板母材厚度应不小于 5 mm。

6.4.2.2.14 其他要求应符合 JB/T 12593 的规定。

6.4.3 袋式除尘器

6.4.3.1 脉冲喷吹类袋式除尘器、回转反吹类袋式除尘器应分别符合 JB/T 10921、JB/T 8533 的规定。

6.4.3.2 滤料和滤袋应满足以下要求：

a）滤料和滤袋应符合 GB/T 6719、HJ/T 324、HJ/T 326、HJ/T 327 的规定。

b）滤料老化后的动态除尘效率宜不小于 99.98%。

c）滤袋缝制过程应减小缝线处的针孔泄漏，缝制完成后应检测其泄漏程度，确保满足要求。

d）滤袋应能长期稳定使用，使用寿命宜不低于 4 年或 3 万 h。

6.4.3.3　滤袋框架应符合 JB/T 5917 的规定。

6.4.3.4　花板的强度应满足悬挂全部滤袋、滤袋框架以及每条滤袋上挂灰 5 kg 的状态下无变形、扭曲的要求。

6.4.3.5　花板、滤袋及滤袋框架三者应相互匹配，必须保证滤袋与花板间的密封性以防止含尘烟气泄漏。

6.4.3.6　袋式除尘器压差式清灰控制仪应符合 JB/T 10340 的规定。

6.4.3.7　脉冲阀应符合 JB/T 5916 的规定，其选型应根据喷吹一次的滤袋过滤面积、过滤风速等因素确定。

6.4.3.8　行喷式脉冲清灰系统分气箱的设计、制造和检验应符合 TSG R0003 及 JB/T 10191 的规定，其底部应设置排污阀，制造完成后应保证内部无焊渣等杂物。

6.4.3.9　行喷式脉冲清灰压力宜为 0.25～0.35 MPa，回转式脉冲清灰压力宜为 0.085 MPa。

6.4.3.10　回转式脉冲清灰装置的回转机构驱动电机功率应不小于 0.37 kW，电机与减速箱应合理匹配，回转轴密封性应良好。

6.4.3.11　回转式脉冲清灰装置的转动部件应置于除尘器本体保温之外，应能实现不停机保养维修。

6.4.3.12　除尘器应设置预涂灰装置。除尘器热态运行前应进行预涂灰，预涂灰的粉剂可采用粉煤灰，在引风机风量大于 80%BMCR 烟气量时，预涂灰后除尘器的阻力增加宜大于 300 Pa。

6.4.3.13　其他要求应符合 HJ 2039 的规定。

6.4.4　电袋复合除尘器

6.4.4.1　电袋复合除尘器电区的同极间距、阳极板、阴极线等的工艺设计要求同 6.4.2.1。

6.4.4.2　袋区的花板、滤料和滤袋、滤袋框架、脉冲阀等的工艺设计要求同 6.4.3。

6.4.4.3　入口及电区与袋区结合处应采用合理的气流分布措施，其气流分布模拟试验应符合 JB/T 12114 的规定。

6.4.4.4　电袋复合除尘器高压供电装置应符合 JB/T 12533 的规定，电气控制装置应符合 JB/T 12123 的规定，绝缘子应符合 JB/T 12126 和 JB/T 5909 的规定。

6.4.4.5 滤料材质及克重的选定应符合 DL/T 1493 的规定。

6.4.5　二次污染控制措施

6.4.5.1　湿式电除尘器喷淋系统产生的废水宜适当预处理后作为湿法脱硫工艺补水回用。

6.4.5.2　废旧滤袋应采用机械破碎、回炉熔化拉丝、高温裂解等方法进行回收利用，或者采用焚烧、土地填埋等合理的措施进行处理。

6.4.5.3　管式湿式电除尘器阳极管应采取资源化利用的措施。

6.4.5.4　其他二次污染控制措施应符合 HJ 2039 的规定。

6.5　SO_2超低排放控制系统

6.5.1　一般规定

6.5.1.1　脱硫系统宜优先考虑成熟技术，对新兴技术宜通过科技示范，逐步逐级放大推广。

6.5.1.2　脱硫系统应能适应机组负荷、烟气量、烟气参数正常波动变化，考虑有低负荷时的经济运行调节手段。

6.5.1.3　湿法脱硫原烟气温度宜低于 140℃，一般控制在 85～120℃，入口烟尘质量浓度根据技术路线统筹确定，宜不高于 30 mg/m^3，氨法脱硫宜配置控制氯、有机物、油灰等有害物质累积的设施。高效烟气循环流化床脱硫原烟气温度宜不低于 100℃。

6.5.1.4　湿法脱硫系统设计宜考虑颗粒物、雾滴等多污染物协同控制措施，控制雾滴携带，减少脱硫系统对颗粒物排放的贡献。

6.5.1.5　脱硫系统应与生产工艺设备同步运转，装置运行寿命、检修维护周期应与主机一致。脱硫系统不应设置烟气旁路。

6.5.1.6 脱硫系统关键设备及管线宜考虑设置相应的备用及应急措施，以满足故障切换及检修需求。

6.5.1.7 其他要求应符合 HJ/T 179、HJ/T 178 和 HJ 2001 的规定。

6.5.1.8 海水脱硫系统工艺设计按 GB/T 19229.3、HJ 2046 执行。

6.5.2 工艺流程

6.5.2.1 采用空塔提效技术的石灰石-石膏湿法脱硫工艺流程参照 HJ/T 179，采用 pH 值分区、复合塔技术的典型石灰石-石膏湿法脱硫主要工艺流程详见附录 G。

6.5.2.2 高效烟气循环流化床脱硫工艺流程参照 HJ/T 178。

6.5.2.3 氨法脱硫工艺流程参照 HJ 2001。

6.5.3 石灰石-石膏湿法脱硫

6.5.3.1 烟气系统

6.5.3.1.1 烟道布置合理，尽可能减少沿程阻力，必要时可设置烟气导流板。

6.5.3.1.2 若设置烟气换热器，不宜采用回转式气气换热器。

6.5.3.1.3 其他要求应符合 HJ/T 179 的规定。

6.5.3.2 吸收塔系统

6.5.3.2.1 通用要求

a）吸收塔喷淋区空塔烟气流速宜为 3.5～3.6 m/s，受现场条件限制的脱硫改造工程吸收塔喷淋区空塔烟气流速宜不大于 3.8 m/s。

b）吸收塔最底层喷淋层与入口烟道接口最高点的间距宜不小于 2.5 m。

c）循环泵宜按单元制设置，每台循环泵对应一层喷淋层，相邻两层喷淋主管宜错开布置，喷淋层层间距宜不小于 1.8 m。

d）每层喷淋层喷淋覆盖率宜大于 250%。喷淋层喷嘴布置应保证每个喷嘴入口压力均匀，尽量减少对吸收塔塔壁冲刷，喷嘴雾化粒径为 1～2 mm。

e）浆液氧化宜采用强制氧化工艺，氧化空气流量宜不小于理论需求量的 2.5 倍。

f）浆液池（箱）应设置浆液悬浮设施防止石膏浆液固体物沉淀。机械搅拌设备应满足 1 台设备停止工作条件下石膏浆液区不发生沉淀风险，射流泵扰动系统应注意避免喷射扰动死区。

g）浆液池（箱）的氧化与搅拌工艺应联合设计。侧进式搅拌器宜选择氧化风搅拌器直吹方式，射流泵扰动系统宜采用氧化风管网式布置。

h）其他要求应符合 HJ/T 179 的规定。

6.5.3.2.2 pH 物理分区双循环技术

a）pH 物理分区双循环技术吸收塔系统由两级循环系统、除雾器等组成，一级循环系统包括一级浆液循环吸收系统、氧化系统等；二级循环系统包括二级浆液循环吸收系统（含塔内浆液收集盘、塔外浆液箱）、二级氧化系统、浆液旋流系统等。

b）一级循环浆液 pH 宜控制在 4.5～5.3，浆液循环停留时间宜不低于 4.5 min；二级循环浆液 pH 宜控制在 5.8～6.2，浆液循环停留时间宜为 3.5～4.5 min。

c）一级循环和二级循环宜分别设置 1 套氧化系统，氧化风机考虑 1 台备用；也可共用 1 套氧化系统，氧化风机应不少于 2 台，其中 1 台备用。具体方案应根据工程情况经技术经济比较后确定。

d）二级循环的浆液旋流系统由浆液旋流给料泵和浆液旋流站组成，二级循环浆液含固量应不超过 12%。

e）塔外浆液箱下部应设置检修孔，检修孔尺寸应满足搅拌器叶轮或滤网最大尺寸的安装件或检修件进出要求。

f）塔外浆液箱宜采用叶片搅拌方式，底层搅拌器应设置启动冲洗装置。

6.5.3.2.3 pH 自然分区技术

a）pH 自然分区技术吸收塔系统由浆液循环吸收系统、氧化系统、除雾器等组成。其中，吸收塔上部喷淋区包括喷淋层及均流筛板，分为均流筛板持液区和喷淋吸收区，吸收塔底部浆液池分为上部氧化结晶区和下部供浆射流区。

b）喷淋区宜设置均流筛板，数量不大于 2 个，可设在所有喷淋层下方，也可设在喷淋层之间。

c）喷淋区宜设置降低塔壁烟气偏流效应的增效环，应布置于吸收塔喷淋层下方。

d）分区隔离器应与氧化空气管网高度一致，其隔离管的数量和管径应根据液体流动性与分区效果确定。

e）分区隔离器上部浆液 pH 宜控制在 4.8～5.5，下部浆液 pH 宜控制在 5.5～6.2。

f）射流搅拌系统由射流泵、射流搅拌管网、喷嘴、支架及管阀组成。新建工程吸收塔浆液池应采用射流搅拌系统，改造工程可根据改造条件确定是否保留原有搅拌装置。

g）每座吸收塔宜设置两台射流泵，一用一备。射流泵应设置两个吸入口，一高一低，吸收塔启动时使用高吸入口，正常运行时使用低吸入口。

h）射流搅拌喷嘴应均匀分布于吸收塔横截面，喷嘴流量应大于 150 m^3/h。射流搅拌喷嘴正对喷嘴下方的吸收塔底板区域应采取耐冲刷防磨措施。

6.5.3.2.4 pH 物理分区技术

a）pH 物理分区技术吸收塔系统由浆液循环吸收系统（含塔外浆液箱）、塔内和塔外的氧化系统、除雾器等组成。吸收塔上部喷淋区包括喷淋层及均流筛板，分为均流筛板持液区和喷淋吸收区，吸收塔底部浆液池与塔外浆液箱通过管道相连。

b）塔外浆液箱与吸收塔应就近布置，其壁板间距宜不大于 5 m。

c）吸收塔浆液池浆液 pH 宜控制在 5.2～5.8，塔外浆液箱的浆液 pH 宜控制在 5.6～6.2。

d）塔外浆液箱应按密闭容器设计，容积应满足所连的全部循环泵停留时间不低于 1 min。

e）塔外浆液箱内部空间分为浆液区和空气区。浆液区应与吸收塔浆液池相连，空气区应与吸收塔烟气空间相连。

f）塔外浆液箱宜设置强制氧化系统，其宜与吸收塔内浆液池氧化系统整体考虑。

g）塔外浆液箱浆液区宜设置侧入式搅拌器，并配备冲洗系统。

h）塔外浆液箱配套循环泵宜不少于 2 台，对应吸收塔上部喷淋吸收区的最上部喷淋层。

i）塔外浆液箱下部应设置检修孔，检修孔尺寸应满足搅拌器桨叶的进出要求。

6.5.3.2.5 湍流器持液技术

a）湍流器持液技术吸收塔系统由浆液循环吸收系统、氧化系统、管束式除雾器等组成。吸收塔上部喷淋区包括喷淋层及湍流器，分为湍流持液区和喷淋吸收区。

b）湍流器底面与吸收塔入口烟道接口最高点的间距宜为 1～1.5 m。湍流器顶部与最下层喷淋层的间距宜为 2.5～3.5 m，应不小于 1.5 m。

c）湍流器尺寸、叶片角度、排布方式宜辅以数值模拟进行优化设计，形成“旋流”与“汇流”耦合效应，强化气液传质。

d）管束式除雾器支承梁顶面与最上层喷淋层的间距应不小于 1.5 m。

e）管束式除雾器顶面、底面分别设置上下封闭板，实现过流烟气的隔离，保证过流烟气 100%经除雾器内部通过。

f）管束式除雾器应配置冲洗装置与冲洗管道。每个除雾器单元配置一个冲洗装置，多个冲洗装置通过冲洗支管相连组成一个冲洗区域。冲洗水泵扬程应满足冲洗装置出口压头不小于 0.2 MPa。

6.5.3.2.6 均流筛板持液技术

a）均流筛板持液技术吸收塔系统由浆液循环吸收系统、氧化系统、除雾器等组成。吸收塔上部喷淋区主要包括喷淋层及均流筛板，分为均流筛板持液区和喷淋吸收区。

b）应根据传质强度需要确定均流筛板层数和开孔率，均流筛板层数不宜超过 2 层，开孔率宜为 28%～40%。均流筛板厚度应为 1.5～3 mm，孔径应为 25～35 mm。

c）均流筛板与吸收塔入口烟道接口最高点的间距不小于 0.8 m，均流筛板与最下层喷淋层的间距宜不小于 1.8 m；当采取两层均流筛板时，上下层均流筛板间距宜不小于 1.5 m。

d）均流筛板表面应平整均匀，设计荷载应不小于 2 kN/m^2。

e）均流筛板宜采用模块化设计，每个模块的开孔排列方式应结合数值模拟进行优化。

f）均流筛板模块间、模块与吸收塔壁间应密封完全，保证烟气全部通过均流筛板孔。

g）吸收塔壁均流筛板处应设置检修孔。

6.5.3.3 其他

6.5.3.3.1 吸收剂制备、副产物处理系统、浆液排放和回收系统、脱硫废水处理系统等工艺设计应符合 HJ/T 179、GB/T 19229.1 和 JB/T 11647 的规定。

6.5.3.3.2 脱硫废水处理系统出水应采取措施进一步处理或回用，不宜向外环境排放。

6.5.3.4 湿法脱硫协同高效除尘

6.5.3.4.1 应采用合适的烟气均布措施，如均流筛板或烟气湍流器等强化气液传质构件，并辅以数值模拟，必要时采用物理模型予以验证。同时可采用性能增效环或增加喷淋密度等措施，降低塔壁烟气偏流效应。

6.5.3.4.2 应采用出口烟气携带雾滴浓度不大于 25 mg/m^3 的高效除雾器，包括管束式除雾器、声波除雾器、高效屋脊式除雾器等。

6.5.3.4.3 吸收塔内应用的协同除尘设备及构件应具有一定的耐温性能，在通流烟气温度达到 80℃时，应保持 20 min 无变形。

6.5.3.4.4 吸收塔内采用协同除尘设备时，造成的烟气阻力增加宜不大于 500 Pa。

6.5.4 高效烟气循环流化床脱硫

6.5.4.1 吸收塔系统

6.5.4.1.1 吸收塔为多段长程高效反应塔，吸收塔入口前应设置烟气整流装置。

6.5.4.1.2 吸收塔床层压降宜不小于 1 300 Pa，床层波动宜不大于±150 Pa。

6.5.4.1.3 烟气在吸收塔内的停留时间宜不小于 5 s，物料在吸收塔内的平均停留时间宜不小于 1 min。

6.5.4.1.4 吸收塔的吸收剂和循环灰加入点宜设置在文丘里之前的高温段。

6.5.4.1.5 吸收塔的降温喷水应采用超细雾化喷水，工艺水喷枪应采用超细雾化回流式喷枪，工艺水系统应满足稳定控制吸收塔反应温度波动不大于±1℃的要求。

6.5.4.1.6 石灰消化器宜采用三级长程式干式消化器，吸收剂加入吸收塔的通道应按两路以上进行设计。

6.5.4.2 除尘器

6.5.4.2.1 除尘器宜采用袋式除尘器，袋区过滤风速应不大于 0.7 m/min，袋区压差宜控制在 1.3～1.6 kPa。

6.5.4.2.2 袋式除尘器的滤袋笼骨应采用加强型低碳钢制造和有机硅防腐，滤料应采用超细纤维纺织，滤布克重大于 575 g/m^2，并进行防油防水处理。

6.5.4.3 其他

其他工艺设计应符合 GB/T 19229.2、HJ/T 178 的规定。

6.5.5 氨法脱硫

6.5.5.1 吸收塔系统

6.5.5.1.1 氨法脱硫应采用复合塔结构，塔内设置烟气洗涤降温区、SO_2 吸收区、颗粒物及氨逃逸控制区等，不同功能区间用塔盘分隔。

6.5.5.1.2 喷淋层应不少于 5 层，其中 SO_2 吸收区不应少于 3 层。每个喷淋层至少设置一台独立的泵。

6.5.5.1.3 吸收区空塔工况烟气流速宜不高于 3.5 m/s。

6.5.5.1.4 吸收塔本体进出口压力降宜不大于 1 800 Pa。

6.5.5.1.5 吸收区上部应设置水洗及高效除雾装置，控制颗粒物和氨逃逸。

6.5.5.1.6 除雾器可设置在吸收塔顶部或出口烟道上。除雾器不少于三级，出口烟气携带雾滴浓度应不大于 20 mg/m^3。

6.5.5.1.7 吸收塔顶部可采用声波凝并等技术，增强颗粒物的去除效果。

6.5.5.1.8 当采用多炉 2 塔设计（1 开 1 备）时，脱硫塔入口挡板门应采用多重密封方式保证烟气不泄漏。

6.5.5.2 吸收剂供应系统

6.5.5.2.1 采用液氨为原料时，可配制成浓度不高于 20%的氨水作为吸收剂。

6.5.5.2.2 采用废氨水为原料时，应对废氨水进行精制，以保证硫化物、有机物等有害杂质含量符合 HJ 2001 的规定。

6.5.5.3 其他

6.5.5.3.1 宜设置控制浆液氯离子浓度的设施，避免氯离子富集腐蚀系统设备。

6.5.5.3.2 其他工艺设计应符合 HJ 2001 的规定。

6.5.6 二次污染控制措施

6.5.6.1 脱硫副产物宜优先综合利用。

6.5.6.2 其他二次污染控制措施应符合 HJ/T 179、HJ/T 178、HJ 2001 的规定。

7 主要工艺设备和材料

7.1 一般规定

7.1.1 工艺设备与材料的选择应本着经济适用、满足工艺要求的原则，选择可靠性好、使用寿命长的设备与材料。

7.1.2 主要工艺设备的选择和性能要求见本标准第 6 章。

7.1.3 通用材料应在燃煤电厂常用的材料中选取。

7.1.4 接触腐蚀性介质的部位应择优选取合适的材料，满足防腐要求。

7.1.5 当承压部件为金属材料并内衬非金属防腐材料时，应保证非金属材料与金属材料之间的黏结强度，且承压部件的自身设计应确保非金属材料能够长期稳定地黏结在基材上。

7.2 NO_x超低排放控制系统

7.2.1 主要设备选型原则

7.2.1.1 燃烧器应选择污染物产生少、锅炉热效率损失小的设备。

7.2.1.2 脱硝系统主要设备的选型应符合 HJ 562、HJ 563 的规定。

7.2.2 主要部件材料选择

7.2.2.1 一般规定

7.2.2.1.1 设备和部件包装油漆应符合 JB/T 1615 的规定。

7.2.2.1.2 电缆选择应符合 GB 50217 的规定。

7.2.2.1.3 保温油漆设计应符合 DL/T 5072 的规定。

7.2.2.1.4 还原剂氨区应严格禁铜。

7.2.2.1.5 空预器冷段受热面应采取抗腐蚀和防堵塞措施。

7.2.2.2 低氮燃烧

7.2.2.2.1 燃烧器进口弯管处应采用内贴陶瓷片的耐磨材料。

7.2.2.2.2 燃烧器本体应采用耐高温耐磨蚀材料或耐磨技术。

7.2.2.2.3 更改的钢结构应符合 GB/T 22395 的规定，并不低于原结构强度。

7.2.2.3 脱硝系统

主要材料应与燃煤锅炉常用材料一致，并符合 HJ 562、HJ 563 的规定。

7.2.3 性能要求

7.2.3.1 低氮燃烧器的性能要求应符合 JB/T 4194 的规定。

7.2.3.2 脱硝系统主要设备和材料的性能要求应符合 HJ 562、HJ 563 的规定。

7.3 颗粒物超低排放控制系统

7.3.1 主要设备选型原则

7.3.1.1 干式电除尘器及其系统

7.3.1.1.1 出口烟尘质量浓度限值为 50 mg/m³ 时，干式电除尘器的比集尘面积见表 6。

表 6 出口烟尘质量浓度限值为 50 mg/m³ 时干式电除尘器比集尘面积参数

电除尘器对煤种的除尘难易性	比集尘面积/[m²/（m³·s⁻¹）]		
	常规电除尘器	移动电极电除尘器	低低温电除尘器
较易	≥100	≥90	≥80
一般	≥120	≥110	≥90
较难	≥140	≥120	≥100

注 1：电除尘器对煤种的除尘难易性评价方法参见附录 D。

注 2：表中比集尘面积为电除尘器入口烟尘质量浓度不大于 30 g/m³ 时的数值，当大于 30 g/m³，表中比集尘面积酌情分别增加 5～15 m²/（m³·s⁻¹）。

7.3.1.1.2 出口烟尘质量浓度限值为 30 mg/m³ 时，干式电除尘器的比集尘面积见表 7。

表 7 出口烟尘质量浓度限值为 30 mg/m³ 时干式电除尘器比集尘面积参数

电除尘器对煤种的除尘难易性	比集尘面积/[m²/（m³·s⁻¹）]		
	常规电除尘器	移动电极电除尘器	低低温电除尘器
较易	≥110	≥100	≥95
一般	≥140	≥130	≥105
较难	—	—	≥115

注 1：电除尘器对煤种的除尘难易性评价方法参见附录 D。

注 2：表中比集尘面积为电除尘器入口烟尘质量浓度不大于 30 g/m³ 时的数值，当大于 30 g/m³，表中比集尘面积酌情分别增加 5～15 m²/（m³·s⁻¹）。

7.3.1.1.3 出口烟尘质量浓度限值为 20 mg/m³ 时，干式电除尘器的比集尘面积见表 8。

表 8 出口烟尘质量浓度限值为 20 mg/m³ 时干式电除尘器比集尘面积参数

电除尘器对煤种的除尘难易性	比集尘面积/[m²/（m³·s⁻¹）]		
	常规电除尘器	移动电极电除尘器	低低温电除尘器
较易	≥130	≥120	≥110
一般	—	—	≥120
较难	—	—	≥130

注 1：电除尘器对煤种的除尘难易性评价方法参见附录 D。

注 2：表中比集尘面积为电除尘器入口烟尘质量浓度不大于 30 g/m³ 时的数值，当大于 30 g/m³，表中比集尘面积酌情分别增加 5～15 m²/（m³·s⁻¹）。

7.3.1.1.4　烟气冷却器的选型基础参数应包括煤质分析及飞灰分析资料，锅炉、汽机及主要辅机的相关参数，当地的环境条件及工程所在地的工程地质条件等。煤质分析除常规分析外，还应包括氟、氯、溴、汞等元素参数。对于改造工程，应重点考虑干式电除尘器前烟道等设备的布置情况。

7.3.1.2　湿式电除尘器

湿式电除尘器的配置和结构应根据处理烟气量确定，同时考虑烟气性质、除尘效率要求、工况要求等影响，一般情况可参考以下要求配置：

a）单台锅炉配套湿式电除尘器台数为 1～2 台。

b）板式湿式电除尘器电场数一般为 1～2 个，比集尘面积宜为 7～20 $m^2/(m^3 \cdot s^{-1})$，其中 1 个电场的比集尘面积宜为 7～10 $m^2/(m^3 \cdot s^{-1})$。除尘效率为 70%～90%，除尘效率＞80%时宜为 2 个电场。

c）管式湿式电除尘器供电分区数一般为 2～6 个，比集尘面积宜为 12～25 $m^2/(m^3 \cdot s^{-1})$。除尘效率为 70%～90%。

7.3.1.3　袋式除尘器

袋式除尘器关键技术选型参数见表 9。

表 9　袋式除尘器关键技术选型参数

序号	项目	单位	出口烟尘质量浓度≤30 mg/m³	出口烟尘质量浓度≤20 mg/m³	出口烟尘质量浓度≤10 mg/m³
			参数		
1	过滤风速	m/min	≤1.0	≤0.9	≤0.8
2	烟气温度	℃	高于烟气酸露点 15 且≤250		
3	流量分配极限偏差	%	±5		
注：处理干法或半干法脱硫后的高粉尘质量浓度烟气时，袋区的过滤风速宜不大于 0.7 m/min。					

7.3.1.4　电袋复合除尘器

电袋复合除尘器关键技术选型参数见表 10。

表 10　电袋复合除尘器关键技术选型参数

序号	项目	单位	出口烟尘质量浓度≤20 mg/m³	出口烟尘质量浓度≤10 mg/m³
			参数	
1	电区比集尘面积	$m^2/(m^3 \cdot s^{-1})$	≥20	≥25
2	过滤风速	m/min	≤1.2	≤1.0
3	滤料型式	—	不低于 JB/T 11829 的要求	不低于 DL/T 1493 的要求
4	流量分配极限偏差	%	宜满足 JB/T 11829 的要求	宜满足 DL/T 1493 的要求
5	气流分布均匀性相对均方根差	—	≤0.25	
注：处理干法或半干法脱硫后的高粉尘质量浓度烟气时，电区的比集尘面积宜不小于 40 $m^2/(m^3 \cdot s^{-1})$，袋区的过滤风速宜不大于 0.9 m/min。				

7.3.2　主要部件材料选择

7.3.2.1　干式电除尘器及其系统

7.3.2.1.1　干式电除尘器主要部件材料应符合 HJ 2039 的规定。

7.3.2.1.2　移动电极电除尘器的链条材料及链条形式应满足在无润滑、多尘、有腐蚀且高温的环境下长期工作。

7.3.2.1.3 低低温电除尘器阴极线采用芒刺型极线时，芒刺宜采用不锈钢材料。第一电场灰斗板材宜采用ND 钢（09CrCuSb）或内衬不锈钢。人孔门宜采用双层结构，与烟气接触的人孔门内门宜采用 ND 钢或不锈钢。人孔门及阳极振打孔周围约 1 m 范围内的壳体钢板宜采用 ND 钢或内衬不锈钢。

7.3.2.1.4 烟气冷却器主要部件材料应满足以下要求：

a）烟气冷却器传热元件的基管选材应符合 GB 3087 或 GB 5310 的规定，采用国外材料时应符合国家相关法规和标准。

b）烟气冷却器低温段的换热元件宜选用 ND 钢，高温段的换热元件宜选用 ND 钢（09CrCuSb）或 20G 钢。

7.3.2.2 湿式电除尘器

7.3.2.2.1 外壳体材料宜以碳钢材料为主。对于接触腐蚀性介质的部位，应采用防腐材料或做防腐处理。

7.3.2.2.2 金属板式湿式电除尘器阳极板应采用防腐性能不低于 S31603 的不锈钢。

7.3.2.2.3 导电玻璃钢管式湿式电除尘器阳极管基体材料选用环氧乙烯基酯树脂，增强材料选用无碱玻纤，内表层（导电层）选用碳纤维表面毡。阳极模块每个接地端与任意一根阳极管内表面之间的电阻值应小于 100 Ω。

7.3.2.2.4 柔性极板管式湿式电除尘器阳极管主材选用有机合成纤维，四周设张紧装置，张紧装置材质宜采用合金钢或非金属防腐材质，阳极模块每个接地端与任意一根阳极管内表面之间的电阻值应小于 100 Ω。

7.3.2.2.5 金属板式湿式电除尘器阴极线应采用防腐性能不低于 S31603 的不锈钢。

7.3.2.2.6 导电玻璃钢管式湿式电除尘器阴极线、阴极框架宜采用 SS2205 及以上防腐等级不锈钢或其他导电、防腐材质。

7.3.2.2.7 柔性极板管式湿式电除尘器阴极线、阴极框架宜采用 SS2205 及以上防腐等级不锈钢或其他导电、防腐材质。

7.3.2.2.8 本体内部冲洗管道宜采用不锈钢或非金属防腐材质，喷嘴宜采用不锈钢或非金属防腐材质。

7.3.2.2.9 其他零部件技术要求应符合 DL/T 1589、JB/T 12593、HJ/T 323 的规定。

7.3.2.3 袋式除尘器

7.3.2.3.1 滤袋框架其材料机械强度应不低于 Q235，并进行耐高温有机硅喷涂处理，涂层厚度宜大于 80 μm，耐温不低于 180℃。整体光滑平整，无毛刺和尖锐突出。

7.3.2.3.2 滤料材质的选取应根据烟气条件确定，充分考虑煤质变化造成的影响，保证在设计条件下滤袋的长期可靠使用。

7.3.2.3.3 其他零部件技术要求应符合 GB/T 6719 的规定。

7.3.2.4 电袋复合除尘器

7.3.2.4.1 滤袋框架及滤料材质部分的规定同 7.3.2.3.1～7.3.2.3.2。

7.3.2.4.2 其他零部件技术要求应符合 GB/T 27869 的规定。

7.3.3 性能要求

7.3.3.1 干式电除尘器及其系统

7.3.3.1.1 常规电除尘器及移动电极电除尘器

常规电除尘器及移动电极电除尘器性能要求见表 11。

表 11 常规电除尘器及移动电极电除尘器性能要求

项 目	单 位	要 求
除尘效率	%	99.2～99.85
出口烟尘质量浓度	mg/m^3	≤30，可达 20 以下
压力降	Pa	≤250

项　目	单　位	要　求
漏风率	%	≤3
流量分配极限偏差	%	±5
气流分布均匀性相对均方根差	—	≤0.25

7.3.3.1.2　低低温电除尘系统

低低温电除尘系统性能要求见表 12。

表 12　低低温电除尘系统性能要求

项　目	单　位	要　求
低低温电除尘器除尘效率	%	99.2～99.9
低低温电除尘器出口烟尘质量浓度	mg/m^3	≤30，可达 20 以下
烟气冷却器烟气侧温降或温升	℃	≥30
烟气冷却器烟气侧压力降	Pa	≤450
低低温电除尘器本体压力降		≤250
烟气冷却器的工质侧压力降	MPa	≤0.2
烟气冷却器漏风率	%	≤0.2
低低温电除尘器本体漏风率		≤2（配套机组大于 300 MW 级） ≤3（配套机组 300 MW 级及以下）
烟气冷却器气流分布均匀性相对均方根差	—	≤0.2
低低温电除尘器气流分布均匀性相对均方根差		≤0.25
低低温电除尘器流量分配极限偏差	%	±5

7.3.3.2　湿式电除尘器

湿式电除尘器性能要求见表 13。

表 13　湿式电除尘器性能要求

项目	单位	板式湿式电除尘器	管式湿式电除尘器
除尘效率	%	70～90	70～90
出口颗粒物质量浓度	mg/m^3	≤10，可达 5 以下	≤10，可达 5 以下
本体压力降（不含除雾器及烟道）	Pa	≤250（改造项目≤350）	≤300
漏风率	%	≤1	≤2
气流分布均匀性相对均方根差	—	≤0.2	≤0.2

7.3.3.3　袋式除尘器

袋式除尘器性能要求见表 14。

表 14　袋式除尘器性能要求

序号	项目	单位	出口烟尘质量浓度≤30 mg/m^3	出口烟尘质量浓度≤20 mg/m^3	出口烟尘质量浓度≤10 mg/m^3
			参数		
1	压力降	Pa	≤1 500	≤1 500	≤1 400
2	滤袋整体使用寿命	a	≥4		
3	漏风率	%	≤2		

7.3.3.4 电袋复合除尘器

电袋复合除尘器性能要求见表 15。

表 15 电袋复合除尘器的性能要求

<table>
<tr><td rowspan="2">序号</td><td rowspan="2">项目</td><td rowspan="2">单位</td><td>出口烟尘质量浓度≤20 mg/m³</td><td>出口烟尘质量浓度≤10 mg/m³</td></tr>
<tr><td colspan="2">参数</td></tr>
<tr><td>1</td><td>压力降</td><td>Pa</td><td>≤1 200</td><td>≤1 100</td></tr>
<tr><td>2</td><td>滤袋整体使用寿命</td><td>a</td><td>≥4</td><td>≥5</td></tr>
<tr><td>3</td><td>漏风率</td><td>%</td><td colspan="2">≤2</td></tr>
</table>

7.4 SO_2超低排放控制系统

7.4.1 主要设备选型原则

7.4.1.1 石灰石-石膏湿法脱硫

7.4.1.1.1 循环泵应选用离心泵，采用电动机直联或减速驱动，泵的轴承密封型式为机械密封，泵应选用节能高效设备。

7.4.1.1.2 其他设备选型应符合 HJ/T 179、HJ/T 323 的规定。

7.4.1.2 高效烟气循环流化床脱硫

应符合 HJ/T 178 的规定。

7.4.1.3 氨法脱硫

应符合 HJ 2001 的规定。

7.4.2 主要部件材料选择

7.4.2.1 石灰石-石膏湿法脱硫

7.4.2.1.1 通用规定

a）部件与材料的选择应本着经济适用、满足脱硫工艺要求的原则，选择具有长期运行可靠性和较长使用寿命的设备与材料。

b）循环泵接触浆液部件应为防腐耐磨材质，可采用衬胶、衬碳化硅或全金属等材质，需能承受 pH 4～9 和氯离子质量浓度 40 000 mg/L 的腐蚀。氧化风机的转子、轴承材质不低于 QT500。

c）其他部件材质要求应符合 HJ/T 179 的规定。

7.4.2.1.2 pH 物理分区双循环技术

a）吸收塔塔外及液面以上空气管道材质可采用碳钢；液面以下管道宜采用纤维增强复合塑料（FRP）或 2205 合金或碳钢衬胶，管道壁厚不小于 3 mm。

b）吸收塔入口烟道与塔壁接触部位宜贴衬 2 mm C276，上部的塔内浆液收集装置材质宜采用 C276，板材厚度按照强度设计选取。

c）二级循环浆液箱材质宜采用碳钢，内壁应进行防腐处理。

7.4.2.1.3 pH 自然分区技术

a）分区隔离器及配套相关支撑结构应采用耐腐蚀耐磨材质。

b）增效环应采用双面耐腐蚀耐磨材质。

c）均流筛板和氧化空气管网材质宜采用 SS32205。

d）射流搅拌管架应采用碳钢衬胶或其他耐腐蚀合金钢。

e）入口烟道预除尘水喷雾系统喷嘴及管道材质应采用 SS32205。

7.4.2.1.4 pH 物理分区技术

a）塔外浆液箱材质宜采用碳钢。

b）塔外浆液箱内壁应采用耐磨丁基橡胶或鳞片树脂。

7.4.2.1.5　湍流器持液技术

a）烟气湍流器材质宜采用 316 L 及以上等级耐腐蚀合金钢。

b）管束式除雾器本体材质应选用高强度耐高温改性高分子材质，支承格栅材质宜选用 316 L 及以上等级耐腐蚀合金钢。

c）管束式除雾器冲洗水支管与冲洗水主管及其配套的阀门、管件等，应采用耐腐蚀、不结垢的合金材质管道或非金属管道。

7.4.2.1.6　均流筛板持液技术

a）均流筛板宜采用 SS32205。

b）均流筛板及喷淋层的支撑梁均宜采用碳钢，表面应采用耐磨丁基橡胶或鳞片树脂。

7.4.2.2　高效烟气循环流化床脱硫

应符合 HJ/T 178 的规定。

7.4.2.3　氨法脱硫

应符合 HJ 2001 的规定。

7.4.3　性能要求

7.4.3.1　石灰石-石膏湿法脱硫工艺主要设备和材料的性能要求应符合 HJ/T 179 的规定。

7.4.3.2　高效烟气循环流化床脱硫工艺的主要设备和材料的性能要求应符合 HJ/T 178 的规定。

7.4.3.3　氨法脱硫工艺的主要设备和材料的性能要求应符合 HJ 2001 的规定。

8　检测与过程控制

8.1　一般规定

8.1.1　检测设备和过程控制系统应满足超低排放工艺系统提出的自动检测、自动调节、自动控制及保护的要求。

8.1.2　控制系统应采用分散控制系统（DCS）或可编程逻辑控制器（PLC），其功能包括数据采集和处理（DAS）、模拟量控制（MCS）、顺序控制（SCS）及连锁保护、厂用电源系统监控等。

8.1.3　超低排放设施的启、停及运行原则上应与机组同步，确保设施排放满足超低要求，事故处理及其他极端情况，为确保不能影响机组正常安全运行，相关保护需要解列应报环保部门备案。

8.1.4　超低排放设施宜通过加强各污染物控制设施出入口输入参数检测与实时控制，实现各设施污染物高效减排和匹配控制，实现环保设施输入条件控制、高效减排控制和经济运行控制。

8.1.5　超低排放设施配套的监测仪表和终端排口 CEMS 应满足各自工况条件要求，结合污染物浓度、烟气湿度等合理配置检测仪表。

8.2　NO_x 超低排放控制系统

8.2.1　检测与过程控制系统设计应以保证装置安全、可靠、经济适用为原则，采用成熟可靠的设备技术，满足各种工况下脱硝系统安全、高效运行。

8.2.2　脱硝系统的热工自动化水平宜与机组的自动化控制水平相一致。

8.2.3　烟气反应系统应在集中控制室进行控制。还原剂储存和供应系统可在集中控制室控制，也可与位置相邻或性质相近的辅助车间合设控制室控制。

8.2.4　还原剂储存及制备系统宜配置一套独立的与辅网各控制系统一致的 PLC 或者 DCS 控制系统，也可配置与机组 DCS 一致的远程控制站接入机组公用 DCS。脱硝还原剂区的卸氨系统可设置就地控制盘，便于现场操作。

8.2.5　低氮燃烧系统新增的仪控设备控制点应纳入机组控制系统，应方便运行人员在单元集控室内监控和操作。

8.2.6　其他要求应符合 HJ 562、HJ 563、DL/T 5175 和 DL/T 5182 的规定。

8.3 颗粒物超低排放控制系统

8.3.1 干式电除尘器及其系统

8.3.1.1 干式电除尘器的检测与过程控制要求应符合 HJ 2039 的规定。

8.3.1.2 低低温电除尘系统应配套烟温控制系统，该系统应能对温度、压力、流量、电除尘器的运行参数等主要参数进行在线检测和自动调节控制。

8.3.1.3 烟气冷却器检测

8.3.1.3.1 烟气冷却器应检测的内容包括：

a）烟气冷却器烟气侧进、出口烟气温度。

b）烟气冷却器水侧进、出口水温度。

c）烟气冷却器烟气侧进、出口压力（压差）。

d）烟气冷却水侧进、出口压力（压差）。

e）泄漏检测。

f）换热面壁温检测。

g）吹灰系统状态检测（吹灰介质压力、温度等）。

8.3.1.3.2 烟气冷却器烟气侧温度、差压监测仪表测点应设在烟冷器进、出口直管段。

8.3.1.3.3 烟气冷却器泄漏检测探头应设在烟气冷却器前后烟道上。

8.3.1.4 烟气冷却器过程控制

8.3.1.4.1 烟气冷却器过程控制内容包括：

a）烟气冷却器水侧入口水温控制：应大于烟气水露点 20℃。

b）烟气冷却器烟气侧出口烟温控制：应不低于设计烟温，设计值一般为 90℃。

8.3.1.4.2 烟气冷却器的控制方式应根据生产工艺的技术水平和要求、运行条件、管理水平综合确定，宜采用 DCS 控制系统（机组）。

8.3.1.4.3 运行人员在控制室内可完成对烟气冷却器水侧系统进行启/停控制、正常运行的监视和调整以及异常与事故工况的处理，而无须（或仅需要少量）现场人员的操作配合。

8.3.1.4.4 控制系统应具备储存烟气冷却器主要运行参数的能力，烟气冷却器的主要运行参数数据应满足相关管理部门的要求。

8.3.2 湿式电除尘器

8.3.2.1 湿式电除尘器检测

8.3.2.1.1 金属板式湿式电除尘器应检测的内容包括：

a）绝缘子室温度显示及超限报警。

b）泵出口母管压力显示及超限报警。

c）循环水泵、补水泵出口母管流量。

d）循环水、废水 pH 显示及超限报警。

e）泵出口压力就地显示。

f）箱罐液位显示及超限报警。

g）高压供电装置检测参照 HJ 2039。

8.3.2.1.2 导电玻璃钢管式湿式电除尘器以及柔性极板管式湿式电除尘器系统应检测的内容包括：

a）除尘器入口、出口温度和压力显示及超限报警。

b）绝缘子室温度显示及超限报警。

c）泵出口母管压力显示及超限报警。

d）泵出口压力就地显示。

e）箱罐液位显示及超限报警。

f）高压供电装置检测参照 HJ 2039。

8.3.2.1.3 箱罐液位宜采用磁翻板式测量、静压式测量，不宜采用超声波测量。

8.3.2.2 湿式电除尘器过程控制

8.3.2.2.1 金属板式湿式电除尘器过程控制内容包括：

a）循环水或废水 pH 值控制：宜以灰斗外排水的 pH（宜为 4～6）或废水外排水 pH（宜为 5～7）为控制对象，且必须同时满足循环水 pH 不高于 10。

b）废水流量控制：宜根据锅炉负荷（BMCR），在悬浮物质量浓度不大于 2 000 mg/L 条件下设置外排水量。

c）过滤器自动控制：宜采用定时清洗控制或者差压式清洗控制。

d）补水自动控制：湿式电除尘器后端喷淋装置进行喷淋应实现自动控制，且能根据水平衡情况调整喷淋时间。

e）箱罐液位自动控制：在满足对泵、搅拌器等保护液位的同时，还应能保证箱罐内有满足水平衡的要求液位，液位裕度系数宜不小于 10%。

f）备用泵应能根据泵出口母管压力可实现自动切换控制。

g）高压供电装置控制（由高压电源装置自带控制器实现）。

8.3.2.2.2 导电玻璃钢管式湿式电除尘器以及柔性极板管式湿式电除尘器过程控制内容包括：

a）电极冲洗控制：宜采用定时间控制。

b）箱罐液位自动控制：满足泵保护且足够冲洗一次的水量，液位裕度系数宜不小于 10%。

c）高压供电装置控制应由高压电源装置自带控制器实现。

d）绝缘子密封风机系统自动控制。

e）绝缘子电加热系统自动控制。

8.3.2.2.3 湿式电除尘器的控制方式应根据生产工艺的技术水平和要求、运行条件、管理水平综合确定。

8.3.2.2.4 湿式电除尘器的启停过程应自动进行，无须运行人员干预。

8.3.2.2.5 运行人员在控制室内可完成对每台机组湿式电除尘器进行启/停控制、正常运行的监视和调整以及异常与事故工况的处理，而无须（或仅需要少量）现场人员的操作配合。

8.3.3 袋式除尘器

8.3.3.1 袋式除尘器控制系统应满足工艺控制要求，具有手动及自动控制功能，自动控制应具有压差（定阻）和定时两种控制方式，可相互转换，压差检测点应分别设置在除尘器的进出口总管上。清灰程序应能对脉冲宽度、脉冲间隔进行调整。

8.3.3.2 袋式除尘器安装完成后，应进行荧光检漏试验，试验应在预涂灰完成后进行，试验方法参照 JB/T 12118 执行。

8.3.3.3 其他要求应符合 HJ 2039 的规定。

8.3.4 电袋复合除尘器

8.3.4.1 顶部振打型电袋复合除尘器应能作单点振打测试，振打高度可调，并保证振打锤不会冲顶；当振打锤故障时，应能定位故障位置。

8.3.4.2 清灰控制及荧光检漏试验要求同 8.3.3.1、8.3.3.2。

8.3.4.3 其他要求应符合 HJ 2039 的规定。

8.4 SO_2 超低排放控制系统

8.4.1 石灰石-石膏湿法脱硫

8.4.1.1 脱硫新建工程控制系统可根据全厂整体控制方案，与全厂控制系统或全厂辅控系统统筹考虑。

8.4.1.2 脱硫改造工程控制系统宜纳入原脱硫系统进行控制。脱硫系统新增监视点包括塔外浆液箱的循环泵房、氧化风机房、旋流器等区域，应纳入脱硫岛工业电视监视系统（CCTV）。

8.4.1.3 其他要求应符合 HJ/T 179 的规定。

8.4.2 高效烟气循环流化床脱硫

应符合 HJ/T 178 的规定。

8.4.3 氨法脱硫

8.4.3.1 应采用自动加氨控制系统。

8.4.3.2 其他要求应符合 HJ 2001 的规定。

9 主要辅助工程

9.1 一般规定

9.1.1 超低排放工程的电气系统、建筑结构、压缩空气、采暖通风和给排水等主要辅助工程应根据电厂主体工程情况进行统筹规划和设计，并应符合 GB 50660 的规定。

9.1.2 超低排放工程的建筑结构设计应贯彻节约、集约用地的原则，宜根据工艺流程、功能要求、工艺设备布置情况采用多层建筑和联合建筑。

9.1.3 超低排放工程所需的水、电、气、汽等辅助设施应纳入电厂主体工程统一考虑。

9.2 NO_x超低排放控制系统

9.2.1 电气系统配置应满足以下要求：

a）供电系统应符合 DL/T 5153 的规定。

b）直流系统应符合 HJ 562 的规定。

c）交流保安电源和不间断电源、二次线应符合 DL/T 5136、DL/T 5153 的规定。

9.2.2 建筑及结构应符合 DL/T 5480 的规定。

9.2.3 暖通及消防系统配置应满足以下要求：

a）脱硝系统内应有采暖通风与空气调节系统，并符合 DL/T 5035 等的规定。

b）脱硝系统内应有完整的消防给水系统，还应按消防对象的具体情况设置火灾自动报警装置和专用灭火装置，消防设计应符合 GB 50222、GB 50229 和 GB 50160 等的规定。

9.2.4 其他辅助系统要求应符合 HJ 562、HJ 563 的规定。

9.3 颗粒物超低排放控制系统

9.3.1 干式电除尘器、袋式除尘器、电袋复合除尘器

干式电除尘器、袋式除尘器、电袋复合除尘器的其他电气、建筑结构、压缩空气、采暖通风和给排水工程，均随工艺系统配套，应符合 HJ 2039 的规定。

9.3.2 烟气冷却器

9.3.2.1 供配电

9.3.2.1.1 低压双电源宜从不同的机组备用动力中心（380 V）引接，采用自动或手动双电源切换。

9.3.2.1.2 烟气冷却器区域两台烟气冷却器之间应设置检修电源箱，检修电源箱容量应能满足现场需求。

9.3.2.2 给排水

9.3.2.2.1 烟气冷却器根据不同的工艺系统应取自凝结水系统、热网水管网等。

9.3.2.2.2 烟气冷却器水系统放水宜回收到排污扩容系统。

9.3.2.3 防腐及露天防护

9.3.2.3.1 所有设备、平台扶梯应根据工艺布置的要求采取相应的防腐措施，设备、箱罐、管道的外表面按常规燃煤电厂设计有关要求涂刷油漆。

9.3.2.3.2 烟气冷却器水侧露天布置的设备应采取防雨、防风措施，如设置防雨、防风罩。

9.3.3 湿式电除尘器

9.3.3.1 供配电

9.3.3.1.1 工艺设备电动机应分别连接到与其相应的高压（若有）和低压厂用母线段上，应采用双电源供电。低压双电源宜从不同的脱硫动力中心（380 V）引接，采用自动或手动双电源切换。对于配两台除尘器的项目，可设置对称的动力中心，交叉供电方式供电。

9.3.3.1.2 在湿式电除尘器箱罐区域、除尘器侧部人孔门、除尘器顶部应设置检修电源箱，检修电源箱容量应能满足现场需求。湿式电除尘器顶部高压直流电源应设置检修吊机，检修吊机布置应能将供电装置起吊至零米。

9.3.3.2 给排水

9.3.3.2.1 湿式电除尘器的喷淋水应根据水质要求取自厂区的工艺水管网。

9.3.3.2.2 湿式电除尘器喷淋系统产生的废水宜适当预处理后作为湿法脱硫工艺补水回用。

9.3.3.3 防腐及露天防护

9.3.3.3.1 所有设备、管道工具根据工艺布置的要求采取相应的防腐措施，设备、箱罐、管道的外表面按常规电站设计有关要求涂刷油漆。

9.3.3.3.2 湿式电除尘器露天布置的设备采取防雨、防风措施，如设置防雨、防风罩。

9.4 SO_2超低排放控制系统

9.4.1 脱硫改造工程应根据用电设备增加情况校核高厂变和低压脱硫变容量，核对设备布置空间、电缆通道容量、进线开关容量、电源电缆容量等需要在原有系统之上增加的内容。

9.4.2 其他土建结构、电气、采暖通风、给排水及消防系统，均随工艺系统配套，应符合 HJ/T 179、HJ/T 178、HJ 2001 的规定。

10 劳动安全与职业卫生

10.1 一般规定

10.1.1 超低排放工程的建设及运行应遵循“安全第一，预防为主”的方针，以不影响火电厂安全生产和文明生产为原则，持续提高生产过程中安全、健康、环境的管理水平，保障建设及生产人员、生产设备的安全、健康与环境。

10.1.2 电厂应建立健全超低排放工程环境因素和评价体系，加强运行过程中环境因素的控制。

10.1.3 超低排放工程应按照安全性评定等要求，定期进行安健环专项评估和检查，形成评定、整改的闭环管理。

10.1.4 超低排放工程建成运行时，配套安全和卫生设施应同时建成投运，并制定相应的操作规程。

10.1.5 超低排放工程建设及运行过程中，安全卫生应符合 GB/T 12801、GBZ 2.1 及 GBZ 2.2 的规定，具体要求参照 DL 5053 执行。

10.2 劳动安全

10.2.1 超低排放工程建设及运行过程中危险品管理应满足《危险化学品安全管理条例》《危险化学品重大危险源监督管理暂行规定》、GB 18218 等国家及地方相关要求，液氨管理应满足《燃煤发电厂液氨罐区安全管理规定》，确保超低排放设施事故预防和应急预案处于受控状态。

10.2.2 超低排放工程建设、运行、检修、维护和管理过程中基本的安全工作要求应参照 DL 5009.1 和 GB 26164.1 执行，如遇到紧急救护情况应参照 DL/T 692 执行。

10.2.3 超低排放工程的防火、防爆设计应符合 GB 50016、GB 50222、GB 50229 的规定。

10.2.4 超低排放工程应采取有效的隔声、消声、吸声、绿化等降低噪声的措施，噪声、震动应分别满足 GB/T 50087 和 GB 50040 要求，厂界噪声应满足 GB 12348 要求。

10.3 职业卫生

10.3.1 应在具有危险因素和职业病危害的场所设置醒目的安全标志、安全色、警示标志，具体内容应符合 GB 2893、GB 2894、GBZ 158 的规定。

10.3.2 超低排放工程的防尘、防泄漏、防噪声与振动、防电磁辐射、防暑与防寒等要求应符合 GBZ 1、DL 5053 的规定。

11 工程施工与验收

11.1 工程施工

11.1.1 超低排放工程施工单位应具有国家相应的工程施工资质，遵守国家部门颁布的劳动安全卫生、消防等国家强制性标准及相关的施工技术规范。

11.1.2 超低排放工程应按施工设计图纸、技术文件、设备图纸等组织施工，施工应符合国家和行业施工程序及管理文件的规定。工程变更应取得设计变更文件后再实施。

11.1.3 超低排放工程施工中使用的设备、材料、器件等应符合相关的国家标准，并取得供货商的产品合格证后方可使用。

11.1.4 干式电除尘器安装应符合 JB/T 8536、JB/T 11267、JB/T 11311、JB/T 12591 的规定。

11.1.5 湿式电除尘器安装应符合 JB/T 12593 的规定。

11.1.6 袋式除尘器安装应符合 JB/T 8471 的规定。

11.1.7 电袋复合除尘器安装应符合 GB/T 27869 的规定。

11.1.8 吸收塔施工及验收应符合 DL 5190、DL/T 5418 的规定。

11.1.9 脱硫系统设备安装及验收应符合 GB 50895 的规定。

11.1.10 施工焊接应符合 DL/T 869 的规定。

11.1.11 氧化空气管安装时，应在各支架找平后，先均匀拧紧管夹螺栓，再拧紧薄螺母。

11.1.12 脱硫系统所有防腐层应做电火花检查工作，尤其是腰形孔及角钢的棱角部位。

11.1.13 脱硝系统工程施工应符合 DL 5190、HJ 562、HJ 563 的规定。

11.2 验收

11.2.1 建设单位应组织施工单位、供货商、工程设计单位、监理单位等结合系统调试对超低排放工程进行验收，对环保指标、性能指标、安全性、可靠性等运行状况进行考核。

11.2.2 超低排放工程验收应按有关专业验收规范和本标准的有关规定进行。

11.2.3 超低排放工程安装、施工完成后应进行调试前的启动验收，启动验收合格和对在线仪表进行校验后方可进行分项调试和整体调试。

11.2.4 通过超低排放设施整体调试，各系统运转正常，技术指标达到设计和合同要求后，应进行启动试运行。

11.2.5 在整体启动试运行连续试运 168 h 后，对整体启动试运行中出现的问题应及时消除，以保证超低排放工程运行稳定可靠。

11.2.6 脱硝系统验收应符合 DL/T 260、DL/T 5257、HJ 562、HJ 563 的规定。

11.2.7 低低温电除尘器验收应符合 JB/T 12591 的规定，低低温高效燃煤烟气处理系统的工程验收应符合 JB/T 12592 的规定。

11.2.8 湿式电除尘器验收应符合 DL/T 1589、JB/T 12593 的规定。

11.2.9 袋式除尘器验收应符合 JB/T 8471、HJ 2039 的规定。

11.2.10 电袋复合除尘器验收应符合 GB/T 27869、HJ 2039 的规定。

11.2.11 脱硫系统验收应符合 GB/T 19229.1、GB/T 19229.2、DL/T 998、DL/T 1150、DL/T 5417、DL/T 5418、HJ/T 179、HJ/T 178、HJ 2001 的规定。

11.2.12 超低排放工程配套建设的 CEMS 应在工程竣工验收前开展环保比对试验，并满足 HJ 75、HJ 76 的有关要求。

12 运行与维护

12.1 一般规定

12.1.1 超低排放工程投运后，电厂排放的烟气污染物浓度应满足超低排放限值要求，排放量还应满足排污许可证中的许可排放量。

12.1.2 超低排放设施是火电厂生产系统的组成部分，应按主设备要求进行运行、检修和维护管理，避免和减小主机及各治理设施之间产生不利影响。

12.1.3 电厂应从输入条件、设备配置、运行管理、检修维护、达标排放、副产物处置、环境影响、应急预案等角度，建立健全保障超低排放设施稳定可靠运行的管理体系，包括组织机构、制度、规程、事故预防和应急预案、人员培训、技术管理以及考核办法等。

12.1.4 电厂应在确保超低排放设施可靠运行和污染物排放浓度稳定达标的前提下，持续优化运行方式，注重挖掘和完善多污染物联合脱除、协同减排的能力，实现机组节能经济运行。

12.1.5 超低排放设施可由电厂自主运行，鼓励委托具有运营资质的专业单位运行。

12.1.6 电厂应建立和加强超低排放设施竣工资料、运营期原料采购及消耗、系统运行检修、设备维护保养、人员培训等记录和报表、其他各种资料的档案管理，建立电子档案，并根据环保要求建立规范的历史数据采集、存档、报送、备案制度。

12.1.7 电厂应按照 DL/T 1050、DL/T 1051 的要求，加强超低排放设施的技术监督和管理，定期对烟气治理设施的运行状况进行评价，形成评价、改进、监督、再评价、持续改进的闭环管理。

12.2 NO_x 超低排放控制系统

12.2.1 一般规定

12.2.1.1 脱硝设施安全管理应符合 GB 12801 的规定。

12.2.1.2 采用液氨作为还原剂时，应根据《危险化学品安全管理条例》的规定建立本单位事故应急救援预案，配备应急救援人员和必要的应急救援器材、设备、并定期组织演练。

12.2.1.3 应建立健全与脱硝设施运行维护相关的各项管理制度，以及运行、操作和维护规程，建立脱硝设施主要设备运行状况的记录制度。

12.2.1.4 脱硝设施的运行、维护及安全管理除应执行本标准外，还应符合国家现行有关强制性标准的规定。

12.2.2 运行

12.2.2.1 应从燃煤品质把控、制粉调整、合理配风给料等方面优化低氮燃烧，保证锅炉安全经济环保运行。

12.2.2.2 脱硝设施运行应符合 HJ 562、HJ 563、HJ 2040、DL/T 362 的规定。

12.2.3 维护

12.2.3.1 维护人员应熟悉维护保养规定，并根据规定定期检查、更换或维修必要部件（设备、管道、材料等），及时做好维护保养记录。

12.2.3.2 应根据脱硝供货商提供的设备、技术、文件等资料，统筹制定维护保养规定。

12.2.3.3 运行维护人员应做好维护保养台档，定期检查记录情况。

12.2.3.4 其他要求应符合 HJ 562、HJ 563 的规定。

12.3 颗粒物超低排放控制系统

12.3.1 干式电除尘器及其系统

12.3.1.1 一般规定

12.3.1.1.1 干式电除尘器的运行、维护和检修等一般要求应符合 HJ 2040 的规定并实行专业化管理。

12.3.1.1.2 应按 GB/T 13931 的规定定期考核干式电除尘器除尘效率，同时标定烟尘 CEMS。

12.3.1.1.3 烟气冷却器内不应发生工质的汽化、停滞和倒流现象，水侧进、出口集箱的连接方式应最大限度地减小流量偏差，烟气侧宜设置泄漏在线检测装置。

12.3.1.2 运行

12.3.1.2.1 干式电除尘器的运行应符合 DL/T 461、JB/T 6407 的规定。

12.3.1.2.2 烟气冷却器与机组凝结水、热网水或其他冷却水系统相连，投运前应做好充分的投运组织方案。

12.3.1.2.3 烟气中易燃、易爆物质浓度、烟气温度、运行压力应满足设计要求，当烟气条件严重偏离设计要求、危及设备及人身安全时，不得投运烟气冷却器。

12.3.1.2.4 烟气冷却器的启动，应满足以下要求：

a）投运前，必须进行水压试验，以确认系统无泄漏点。

b）投运前，管道和设备应按照有关规程的规定，严格按照规定进水冲洗，以保证系统管道内部清洁，取样化验合格。

12.3.1.2.5 烟气冷却器投运时应满足需要的安全入口烟温及入口水温，烟气温度宜大于 110℃，水侧入口温度应大于 70℃。

12.3.1.2.6 烟气冷却器正常投运后在工况及外围条件改变较大时，运行人员需做相应调整。

12.3.1.2.7 运行中发现以下情况之一时，应立即停止烟气冷却器的运行：

a）换热管发生泄漏。

b）管路系统发生泄漏。

c）控制系统失灵，温度、压力大幅度偏离设计值。

d）其他严重威胁人身与设备安全的情况。

12.3.1.2.8 运行中发现以下情况之一时，应酌情停止烟气冷却器的运行：

a）烟气冷却器入口水温过低。

b）烟气冷却器入口烟温过低，导致出口烟温低于设计值。

12.3.1.2.9 烟气冷却器运行中应记录以下数据：

a）烟气冷却器烟气侧进、出口烟气温度。

b）烟气冷却器水侧进、出口水温度。

c）烟气冷却器烟气侧进、出口压差。

d）泄漏检测记录。

e）水泵运行频率及电流信号。

f）电动阀门开关位置信号及阀门开度。

12.3.1.3 维护

12.3.1.3.1 干式电除尘器的维护应符合 DL/T 461、JB/T 6407 的规定。

12.3.1.3.2 烟气冷却器在机组停运时，都应进行检查，检查水侧密封、烟气侧磨损腐蚀等。此外，每年应小修一次，小修内容包括清除积灰、更换损坏防磨元件、导流板等。

12.3.1.3.3 烟气冷却器宜定期进行常规检查。

12.3.1.3.4 停炉后机务系统常规检查应包括以下内容：

a）积灰情况。

b）换热管密封情况。

c）各管道、水泵、法兰连接处密封情况。

d）换热管及翅片腐蚀及磨损情况。

e）人孔门及观察孔密封情况。

12.3.1.3.5 当设备停运时，必须及时将烟气冷却器本体及管路系统的水放干，避免冬季换热管冻裂；长期停运时，水侧系统宜充氮保护。

12.3.2 湿式电除尘器

12.3.2.1 一般规定

12.3.2.1.1 湿式电除尘器的运行、维护和检修等一般要求应符合 HJ 2040 的规定。

12.3.2.1.2 湿式电除尘器的二次电压和电流、颗粒物仪值、电机电流、水压、水泵流量等应每小时记录一次并自动生成报表。

12.3.2.2 运行

12.3.2.2.1 湿式电除尘器电场启动时，只有在水系统投运正常后，才能投入高压系统；当设备停运时，必须先停运高压系统。

12.3.2.2.2 湿式电除尘器正常投运后在工况及外围条件改变较大时，运行人员需做相应调整。

12.3.2.2.3 运行中发现以下情况之一时，应立即停止湿式电除尘器的运行：

a）高压直流供电设备参照 HJ 2040 的规定。

b）电场发生短路。

c）电场内部异极距严重缩小，电场持续拉弧。

d）水管出现破裂或发生漏水情况。

e）主水泵及备用水泵同时出现故障。

12.3.2.2.4 运行中发现以下情况之一时，应酌情停止湿式电除尘器的运行：

a）高压直流供电设备参照 HJ 2040 的规定。

b）单个水泵故障或管道水压不足。

c）排水系统达不到水系统更新要求。

d）锅炉投油燃烧或因主设备原因造成较长时间投油燃烧且油煤混烧比例超过规定值，长期停运设备会对环保及正常生产造成较大影响，需做综合考虑，宜只投入水系统而停运高压系统。

12.3.2.2.5 湿式电除尘器运行中应记录以下数据：

a）湿式电除尘器正常运行时一、二次电压、电流及火花率。

b）水泵运行时电流及管道流量、压力。

c）循环水、排水 pH 计数值。

d）湿式电除尘器进、出口温度。

e）喷淋压力。

f）各箱罐液位。

g）电动阀门开关位置信号及阀门开度。

12.3.2.3 维护

12.3.2.3.1 湿式电除尘器每次停机都应进行一次检查，清理电场，校正变形大的极板极线，擦洗绝缘瓷件，测量绝缘电阻，排除运行中出现的故障。此外，每年应中修一次，中修内容包括更换损坏件等，每 4 年左右（或根据电厂大修周期）应进行一次大修，对电场做全面清扫、调整，更换影响性能或已经损坏的各零部件等。

12.3.2.3.2 湿式电除尘器宜定期进行常规检查。

12.3.2.3.3 停炉后机务系统常规检查应包括以下内容：

a）积灰情况。

b）电场侧壁、人孔门、顶盖上绝缘子室、水箱等部位破损、漏水情况。

c）各管道、法兰连接处漏水情况。

d）阴极框架变形以及极线的弯曲情况和积灰情况。

e）阳极板的弯曲变形情况、积灰和腐蚀情况。

f）每次停机应抹擦瓷套内腔和外壁，绝缘子保温箱需密封。

g）喷淋系统喷嘴堵塞、磨损情况，若喷嘴磨损严重，应立即更换。

12.3.3 袋式除尘器、电袋复合除尘器

12.3.3.1 一般规定

12.3.3.1.1 袋式除尘器、电袋复合除尘器的运行、维护和检修等一般要求应符合 HJ 2040 的规定。

12.3.3.1.2 袋式除尘器、电袋复合除尘器的运行、维护和检修应实行专业化管理。

12.3.3.2 运行、维护

12.3.3.2.1 袋式除尘器的运行应符合 DL/T 1371 的规定；电袋复合除尘器的运行应符合 HJ 2039、JB/T 11644 的规定。

12.3.3.2.2 袋式除尘器、电袋复合除尘器的启动和停运应符合 HJ 2040、JB/T 11644 的规定。

12.3.3.2.3 袋式除尘器、电袋复合除尘器的维护应符合 HJ 2039、JB/T 11644 的规定。

12.4 SO_2超低排放控制系统

12.4.1 一般规定

12.4.1.1 脱硫设施的启动、运行调整、维护及运行管理制度应符合 HJ 2040、HJ/T 179、HJ/T 178、HJ 2001、DL/T 1149 的规定。

12.4.1.2 脱硫运行单位应建立及健全脱硫运行管理制度，配备足够的操作、维护、检修人员及设备仪器。

12.4.1.3 脱硫设施的维护保养应纳入主机的维护保养计划之中，并制定详细的维护保养规程。

12.4.2 运行

12.4.2.1 脱硫设施投运前应全面检查运行条件，符合要求后才能按照程序启动脱硫设施各系统。

12.4.2.2 脱硫设施运行应在满足设计工况的条件下进行，并根据工艺要求定期对各类设备、电气、自控仪表等进行检查维护，确保系统稳定可靠运行。

12.4.2.3 运行中应认真观察各运行参数的变化情况，保证浆池 pH 和系统阻力等参数在指标范围内运行，锅炉负荷变化时应通过调节保证正常运行和达标排放。

12.4.2.4 定期进行仪器、仪表的校验，及时对浆液循环泵、浆液管道冲洗。系统停运时，管道、设备等及时排空并清洗。

12.4.3 维护

12.4.3.1 维护人员应熟悉维护保养规定，并根据规定定期检查、更换或维修必要部件（设备、管道、材料等），及时做好维护保养记录。

12.4.3.2 在机组小修、中修、大修期及时进行脱硫设施的检查及检修等工作。

12.4.3.3 在设施检修维护时应做好安全防护工作。

附 录 A

（资料性附录）

低氮燃烧锅炉炉膛出口 NO_x 推荐控制值

表 A.1 低氮燃烧锅炉炉膛出口 NO_x 推荐控制值

<table>
<tr><th>燃烧方式</th><th colspan="2">煤种</th><th>容量/MW</th><th>NO_x 推荐控制值/（mg/m^3）</th></tr>
<tr><td rowspan="18">切向燃烧</td><td colspan="2">无烟煤</td><td>—</td><td>950</td></tr>
<tr><td colspan="2">贫煤</td><td>—</td><td>900</td></tr>
<tr><td rowspan="12">烟煤</td><td rowspan="4">$20\% \leqslant V_{daf} \leqslant 28\%$</td><td>≤100</td><td>400</td></tr>
<tr><td>200</td><td>370</td></tr>
<tr><td>300</td><td>320</td></tr>
<tr><td>≥600</td><td>310</td></tr>
<tr><td rowspan="4">$28\% \leqslant V_{daf} \leqslant 37\%$</td><td>≤100</td><td>320</td></tr>
<tr><td>200</td><td>310</td></tr>
<tr><td>300</td><td>260</td></tr>
<tr><td>≥600</td><td>220</td></tr>
<tr><td rowspan="4">$37\% < V_{daf}$</td><td>≤100</td><td>310</td></tr>
<tr><td>200</td><td>260</td></tr>
<tr><td>300</td><td>220</td></tr>
<tr><td>≥600</td><td>220</td></tr>
<tr><td colspan="2" rowspan="4">褐煤</td><td>≤100</td><td>320</td></tr>
<tr><td>200</td><td>280</td></tr>
<tr><td>300</td><td>220</td></tr>
<tr><td>≥600</td><td>220</td></tr>
<tr><td rowspan="5">墙式燃烧</td><td colspan="2">贫煤</td><td rowspan="9">所有容量</td><td>670</td></tr>
<tr><td rowspan="3">烟煤</td><td>$20\% \leqslant V_{daf} \leqslant 28\%$</td><td>470</td></tr>
<tr><td>$28\% \leqslant V_{daf} \leqslant 37\%$</td><td>400</td></tr>
<tr><td>$37\% < V_{daf}$</td><td>280</td></tr>
<tr><td colspan="2">褐煤</td><td>280</td></tr>
<tr><td rowspan="2">W 火焰燃烧</td><td colspan="2">无烟煤</td><td>1 000</td></tr>
<tr><td colspan="2">贫煤</td><td>850</td></tr>
<tr><td rowspan="2">CFB</td><td colspan="2">烟煤、褐煤</td><td>200</td></tr>
<tr><td colspan="2">无烟煤、贫煤</td><td>150</td></tr>
</table>

附 录 B

（资料性附录）

燃煤电厂烟气中 SO_3 量的估算方法

B.1 脱硝系统入口 SO_3 量的估算可按式（B.1）进行，循环流化床锅炉炉内脱硫时还应考虑炉内 SO_3 脱除量。

$$M_{1(SO_3)}=\frac{80}{32}\times k_1\times k_2\times B_g\times\left(1-\frac{q_4}{100}\right)\times\frac{S_{ar}}{100} \quad (B.1)$$

式中：$M_{1(SO_3)}$ —— 脱硝系统入口 SO_3 量，t/h；

k_1 —— 燃煤中收到基硫转化为 SO_2 的转化率（煤粉炉取 0.9，循环流化床锅炉取 0.85）；

k_2 —— 锅炉燃烧中 SO_2 转化为 SO_3 的转化率（煤粉炉可取 0.5%～2%）；

B_g —— 锅炉燃煤量，t/h；

S_{ar} —— 燃煤收到基硫分，%；

q_4 —— 锅炉机械未完全燃烧损失（在灰硫比估算时可取 0），%。

B.2 除尘系统入口 SO_3 量的估算可按式（B.2）进行，高效烟气循环流化床法脱硫工艺的除尘器入口 SO_3 量应采用脱硫供货商提供的数据。

$$M_{2(SO_3)}=\frac{80}{32}\times k_1\times k_3\times B_g\times\left(1-\frac{q_4}{100}\right)\times\frac{S_{ar}}{100} \quad (B.2)$$

式中：$M_{2(SO_3)}$ —— 除尘系统入口 SO_3 量，t/h；

k_3 —— SO_2 转化为 SO_3 的转化率（包括锅炉燃烧中的氧化和 SCR 脱硝催化氧化，一般取 1.5%～3%，煤的含硫量高时取下限，含硫量低时取上限）。

B.3 脱硫系统入口 SO_3 量的估算可按式（B.3）进行。

$$M_{3(SO_3)}=M_{2(SO_3)}\times\left(1-\frac{\eta_{SO_3}}{100}\right) \quad (B.3)$$

式中：$M_{3(SO_3)}$ —— 脱硫系统入口 SO_3 量，t/h；

η_{SO_3} —— 脱硫系统前级设备对 SO_3 的设计脱除率，%。

附　录　C

（资料性附录）

电除尘提效技术和提效工艺的技术特点和适用范围

表 C.1　电除尘提效技术和提效工艺的技术特点和适用范围

<table>
<tr><th colspan="2">项目名称</th><th>技术特点</th><th>适用范围</th></tr>
<tr><td rowspan="3">新型高压电源及控制技术</td><td>高频高压电源</td><td>1）在纯直流供电条件下，供给电场内的平均电压比工频电源电压高 25%～30%；
2）控制方式灵活，可以根据电除尘器的具体工况提供合适的波形电压，提高电除尘器对不同运行工况的适应性；
3）高频电源本身效率和功率因数均可达 0.95，高于常规工频电源；
4）高频电源可在几十微秒内关断输出，在较短时间内使火花熄灭，5～15 ms 恢复全功率供电；
5）体积小，重量轻，控制柜和变压器一体化，并直接在电除尘顶部安装，节省电缆费用</td><td rowspan="3">1）应用于高粉尘浓度电场时，可提高电场的工作电压和荷电电流；
2）适用于高比电阻粉尘，用于克服反电晕</td></tr>
<tr><td>三相高压直流电源</td><td>1）输出直流电压平稳，较常规电源波动小，运行电压可提高 20%以上；
2）三相供电平稳，有利于节能；
3）三相电源需要采用新的火花控制技术和抗干扰技术</td></tr>
<tr><td>脉冲高压电源</td><td>1）　脉冲高压电源可提高除尘器运行峰值电压，抑制反电晕发生，使电除尘器在收集高比电阻粉尘时有更高的收尘效率；
2）脉冲供电对电除尘器的驱进速度改善系数随粉尘比电阻的增加而增加，对于高比电阻粉尘，改善系数可达 2 以上，但成本较高；
3）能耗降低</td></tr>
<tr><td colspan="2">低低温电除尘技术</td><td>1）运行的烟气温度在酸露点以下；
2）SO_3 冷凝形成硫酸雾，黏附在粉尘表面，降低飞灰比电阻，粉尘特性得到改善；
3）烟气中的 SO_3 去除率一般不小于 80%，最高可达 95%；
4）与烟气的灰硫比（粉尘浓度与硫酸雾浓度之比）有关，对燃煤的含硫量比较敏感；
5）烟气冷却器回收的热量回收至汽机回热系统时，可节省煤耗及厂用电消耗；
6）布置灵活，烟气冷却器可组合在电除尘器进口封头内，也可独立布置在电除尘器的前置烟道上</td><td>1）灰硫比≥100；
2）入口烟气温度应低于烟气酸露点温度，一般为 90℃</td></tr>
<tr><td colspan="2">移动电极技术</td><td>1）能够保持阳极板清洁，避免反电晕，最大限度地减少二次扬尘，有效解决高比电阻粉尘收尘难的问题；
2）减少煤、灰成分对除尘性能影响的敏感性，增加电除尘器对不同煤种的适应性，特别是高比电阻粉尘、黏性粉尘；
3）可使电除尘器小型化，占地少；
4）对设备的设计、制造、安装工艺要求高</td><td>适用于场地受限的机组改造工程，部分项目只需将末电场改成移动电极电场</td></tr>
<tr><td colspan="2">机电多复式双区电除尘技术</td><td>1）采用由数根圆管组合的辅助电晕极与阳极板配对，运行电压高，场强均匀，电晕电流小，能有效抑制反电晕；
2）一般可应用于最后一个电场，单室应用时需增加一套高压设备，通常辅助电极比普通阴极成本高</td><td>1）适用于高比电阻粉尘工况采用；
2）可与高频电源、断电振打等技术合并应用</td></tr>
</table>

项目名称	技术特点	适用范围
烟气调质技术	1）降低粉尘比电阻； 2）基本不占用场地； 3）如采用 SO_3 烟气调质，需严格控制 SO_3 注入量，避免逃逸	1）适用于灰成分中三氧化二铝偏高或灰呈弱碱性、整体比电阻偏高、含硫量较小、运行烟温小于 145℃的工况和条件； 2）适用于改造无扩容空间场合
粉尘凝聚技术	1）一定程度改善除尘效果； 2）压力损失＜250 Pa； 3）提效受除尘器出口烟尘质量浓度和粉尘粒径等影响； 4）提效范围有限	1）布置在烟道直管段（5 m 左右）或进口封头内； 2）投资成本少，且原电除尘器出口烟尘质量浓度与要求的出口烟尘质量浓度限值相差较小时； 3）粉尘凝聚技术目前应用案例少

附 录 D
（资料性附录）
电除尘器对煤种的除尘难易性评价方法

电除尘器对煤种的除尘难易性评价按表 D.1 的评价方法进行。

表 D.1 电除尘器对煤种的除尘难易性评价方法

除尘难易性	煤、飞灰主要成分重量百分比含量所满足的条件（满足其中一条即可）
较易	a）Na_2O＞0.3%，且 S_{ar}≥1%，且（Al_2O_3+SiO_2）≤80%，同时 Al_2O_3≤40%； b）Na_2O＞1%，且 S_{ar}＞0.3%，且（Al_2O_3+SiO_2）≤80%，同时 Al_2O_3≤40%； c）Na_2O＞0.4%，且 S_{ar}＞0.4%，且（Al_2O_3+SiO_2）≤80%，同时 Al_2O_3≤40%； d）Na_2O≥0.4%，且 S_{ar}＞1%，且（Al_2O_3+SiO_2）≤90%，同时 Al_2O_3≤40%； e）Na_2O＞1%，且 S_{ar}＞0.4%，且（Al_2O_3+SiO_2）≤90%，同时 Al_2O_3≤40%
一般	a）Na_2O≥1%，且 S_{ar}≤0.45%，且 85%≤（Al_2O_3+SiO_2）≤90%，同时 Al_2O_3≤40%； b）0.1%＜Na_2O＜0.4%，且 S_{ar}≥1%，且 85%≤（Al_2O_3+SiO_2）≤90%，同时 Al_2O_3≤40%； c）0.4%＜Na_2O＜0.8%，且 0.45%＜S_{ar}＜0.9%，且 80%≤（Al_2O_3+SiO_2）≤90%，同时 Al_2O_3≤40%； d）0.3%＜Na_2O＜0.7%，且 0.1%＜S_{ar}＜0.3%，且 80%≤（Al_2O_3+SiO_2）≤90%，同时 Al_2O_3≤40%
较难	a）Na_2O≤0.2%，且 S_{ar}≤1.4%，同时（Al_2O_3+SiO_2）≥75%； b）Na_2O≤0.4%，且 S_{ar}≤1%，同时（Al_2O_3+SiO_2）≥90%； c）Na_2O＜0.4%，且 S_{ar}＜0.6%，同时（Al_2O_3+SiO_2）≥80%

附　录　E
（资料性附录）
典型超低排放技术路线

对于煤粉锅炉或炉后采用了湿法脱硫工艺的循环流化床锅炉，E.1～E.3 为目前国内应用较多的以颗粒物脱除为首要条件的三条典型超低排放技术路线，实际选择时需结合工程具体情况和污染物治理设施之间的协同作用对各种一次除尘和二次除尘技术进行组合。一次除尘和二次除尘设备出口的颗粒物控制指标宜符合 6.2.3.1 的规定。

对于循环流化床锅炉，条件适宜时也可采用 E.4 所示的炉内脱硫和炉后高效烟气循环流化床脱硫工艺相结合的典型超低排放技术路线。

E.1　以湿式电除尘器作为二次除尘的典型超低排放技术路线

E.1.1　组成及总体要求

a）技术路线示例见图 E.1，采用湿式电除尘器（终端把关）及石灰石-石膏湿法脱硫协同除尘（不依赖）作为二次除尘。本示例主要包括煤粉锅炉（低氮燃烧）、SCR 脱硝系统、烟气冷却器、除尘器、石灰石-石膏湿法脱硫系统、湿式电除尘器、烟气换热器、烟囱等，其中烟气冷却器、烟气换热器可选择安装。

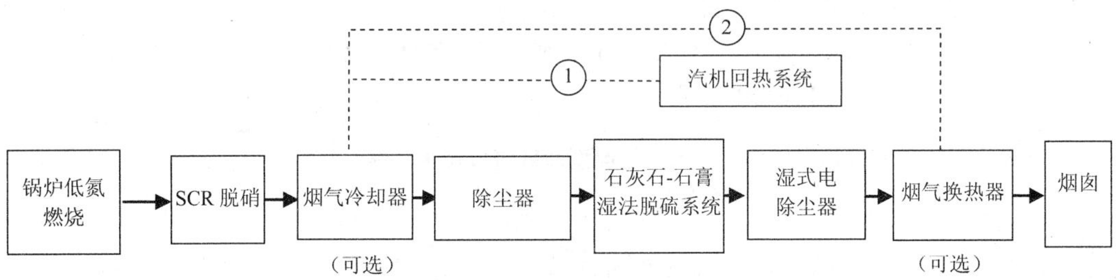

图 E.1　以湿式电除尘器作为二次除尘的典型超低排放技术路线

b）除尘器出口烟尘质量浓度宜按不大于 30 mg/m^3 设计，对于受工程条件限制的机组，除尘器出口烟尘质量浓度也可按不大于 50 mg/m^3 设计；湿式电除尘器出口颗粒物质量浓度应不大于 10 mg/m^3。

c）除尘器可采用干式电除尘器、电袋复合除尘器或袋式除尘器。

1）采用干式电除尘器时，宜辅以采用高频高压电源、三相工频高压直流电源或脉冲高压电源等新型高压电源及控制提效技术，也可辅以采用移动电极、机电多复式双区等提效技术。采用烟气冷却器时，宜设置在干式电除尘器前构成低低温电除尘。

2）采用电袋复合除尘器或袋式除尘器时，烟气冷却器宜设置在除尘器之后。

d）该技术路线各设施对烟气污染物协同治理的影响如表 E.1 所示。

e）不设置烟气换热器时，烟气冷却器处的换热量按图 E.1①所示回收至汽机回热系统；设置烟气换热器时，烟气冷却器处的换热量按图 E.1②所示至烟气换热器。

f）条件适宜时，脱硫系统也可采用海水或氨法脱硫工艺。

表 E.1 各设施与烟气污染物协同治理的关系

污染物	低氮燃烧	SCR 脱硝系统	除尘器	石灰石-石膏湿法脱硫系统	湿式电除尘器
颗粒物	o	o	√	●	√
SO_2	o	o	o	√	o
NO_x	√	√	o	o	o
SO_3	o	■	●（电袋或袋式除尘器，低低温电除尘） o（其他干式电除尘器）	●	●
Hg	o	▲	●	●	●

注：√—直接作用，●—直接协同作用，▲—间接协同作用，o—基本无作用或无作用，■—负作用。

E.1.2 可达到的性能指标

a）湿式电除尘器出口颗粒物排放质量浓度可达 10 mg/m^3 以下，颗粒物去除率应不小于 70%。

b）SO_2 排放质量浓度不高于 35 mg/m^3。

c）NO_x 排放质量浓度不高于 50 mg/m^3。

E.1.3 适用条件

a）受煤质、负荷波动或其他因素影响，除尘器出口烟尘质量浓度不能（稳定）达到 30 mg/m^3 以下或脱硫系统出口颗粒物质量浓度高于 10 mg/m^3。

b）湿式电除尘器进口颗粒物质量浓度宜不高于 50 mg/m^3。

c）要求颗粒物排放质量浓度远小于 10 mg/m^3 或对 SO_3、细颗粒物排放等有严格控制需求。

d）技术经济合理的，且场地空间条件允许。

E.2 以湿法脱硫协同高效除尘作为二次除尘的典型超低排放技术路线

E.2.1 组成及总体要求

a）技术路线示例见图 E.2，采用湿法脱硫协同高效除尘作为二次除尘。本示例主要包括煤粉锅炉（低氮燃烧）、SCR 脱硝系统、烟气冷却器、除尘器、石灰石-石膏湿法脱硫系统、烟气换热器、烟囱，其中烟气冷却器、烟气换热器可选择安装。

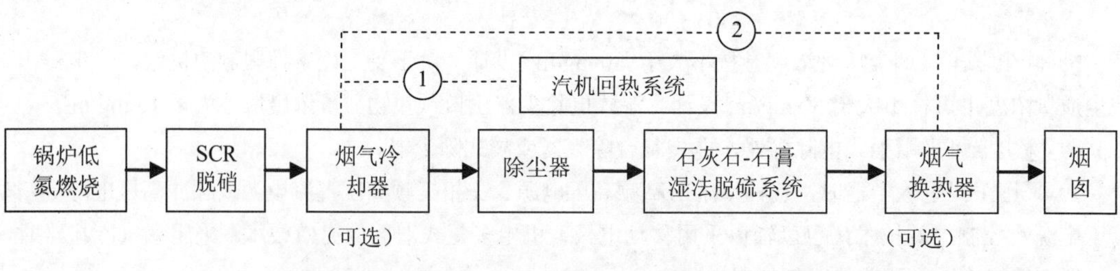

图 E.2 以湿法脱硫协同高效除尘作为二次除尘的典型超低排放技术路线

b）除尘器出口烟尘质量浓度宜按不大于 20 mg/m^3 或 30 mg/m^3 设计，石灰石-石膏湿法脱硫系统应具备协同高效除尘的性能且出口颗粒物质量浓度应不大于 10 mg/m^3。

c）除尘器可采用干式电除尘器、电袋复合除尘器或袋式除尘器。

1）采用干式电除尘器时，宜辅以采用高频高压电源、三相工频高压直流电源或脉冲高压电源等新型高压电源及控制提效技术，也可辅以采用移动电极、机电多复式双区等提效技术。采用烟气冷却器时，宜设置在干式电除尘器前构成低低温电除尘。

2）采用电袋复合除尘器或袋式除尘器时，烟气冷却器宜设置在除尘器之后。

d）该技术路线各设施与烟气污染物协同治理的关系如表 E.2 所示。

表 E.2 各设施与烟气污染物协同治理的关系

污染物	低氮燃烧	SCR 脱硝系统	除尘器	石灰石-石膏湿法脱硫系统
颗粒物	o	o	√	●
SO_2	o	o	o	√
NO_x	√	√	o	o
SO_3	o	■	●（电袋或袋式除尘器，低低温电除尘） o（其他干式电除尘器）	●
Hg	o	▲	●	●
注：√—直接作用，●—直接协同作用，▲—间接协同作用，o—基本无作用或无作用，■—负作用。				

e）当不设置烟气换热器时，烟气冷却器处换热量按图 E.2①所示回收至汽机回热系统；当设置烟气换热器时，烟气冷却器处换热量按图 E.2②所示至烟气换热器。

f）条件适宜时，脱硫系统也可采用海水或氨法脱硫工艺。

E.2.2 可达到的性能指标

a）湿法脱硫系统出口颗粒物排放质量浓度可达 10 mg/m^3 以下，综合除尘效率不小于 70%。

b）SO_2 排放质量浓度不高于 35 mg/m^3。

c）NO_x 排放质量浓度不高于 50 mg/m^3。

E.2.3 适用条件

a）不易受煤质、负荷波动等因素影响，除尘器出口烟尘质量浓度能稳定达到 30 mg/m^3 以下。

b）没有颗粒物排放质量浓度远小于 10 mg/m^3 的环保需求。

c）注重技术经济性的，特别适于场地空间条件较紧张的。

E.3 以超净电袋复合除尘器作为一次除尘且不依赖二次除尘的典型超低排放技术路线

E.3.1 组成及总体要求

a）技术路线示例见图 E.3，采用超净电袋复合除尘器作为一次除尘且不依赖湿式电除尘器等二次除尘。本示例主要包括煤粉锅炉（低氮燃烧）、SCR 脱硝系统、超净电袋复合除尘器、烟气冷却器、石灰石-石膏湿法脱硫系统、烟气换热器、烟囱。其中，烟气冷却器、烟气换热器可选择安装。

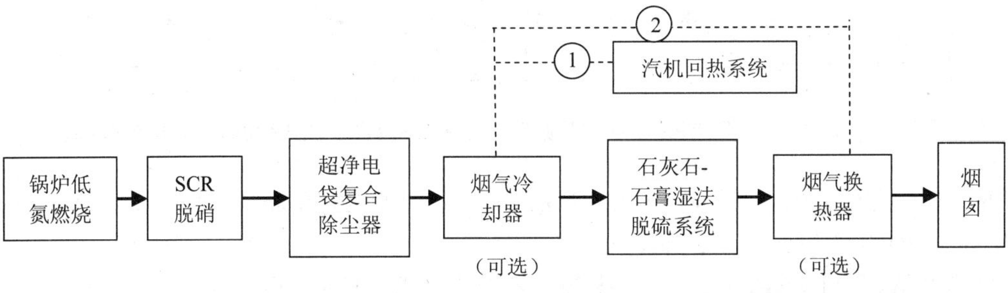

图 E.3 以超净电袋复合除尘器作为一次除尘且不依赖二次除尘的典型超低排放技术路线

b）超净电袋复合除尘器出口烟尘质量浓度宜不大于 10 mg/m^3，湿法脱硫系统出口颗粒物质量浓度应不大于 10 mg/m^3。

c）该技术路线各设施对烟气污染物协同治理的影响如表 E.3 所示。

表 E.3　各设施与烟气污染物协同治理的关系

污染物	低氮燃烧	SCR 脱硝	超净电袋复合除尘器	石灰石-石膏湿法脱硫系统
颗粒物	o	o	√	●
SO_2	o	o	o	√
NO_x	√	√	o	o
SO_3	o	■	●	●
Hg	o	▲	●	●
注：√—直接作用，●—直接协同作用，▲—间接协同作用，o—基本无作用或无作用，■—负作用。				

d）超净电袋复合除尘器电场区可辅以采用高频高压电源、三相工频高压直流电源或脉冲高压电源等新型高压电源及控制提效技术。

e）当不设置烟气换热器时，烟气冷却器处的换热量按图 E.3①所示回收至汽机回热系统；当设置烟气换热器时，烟气冷却器处的换热量按图 E.3②所示至烟气换热器。

f）条件适宜时，脱硫系统也可采用海水或氨法脱硫工艺，超净电袋复合除尘器也可为袋式除尘器。

E.3.2　可达到的性能指标

a）超净电袋复合除尘器出口烟尘、脱硫系统出口颗粒物排放质量浓度可达 10 mg/m³ 以下。

b）SO_2 排放质量浓度不高于 35 mg/m³。

c）NO_x 排放质量浓度不高于 50 mg/m³。

E.3.3　适用条件

a）煤质、烟气工况适应性好，特别适合灰分较大、收尘特性较难的煤种。

b）湿法脱硫系统应保证颗粒物（包括烟尘及脱硫过程中生成的次生物）排放不增加。

c）技术经济合理的，特别适于场地空间条件较紧张的。

E.4　以高效烟气循环流化床作为炉后脱硫工艺的循环流化床锅炉典型超低排放技术路线

E.4.1　组成及总体要求

a）技术路线示例见图 E.4，主要包括循环流化床锅炉（炉内脱硫）、SNCR 脱硝系统、高效烟气循环流化床脱硫吸收塔、除尘器、烟囱。

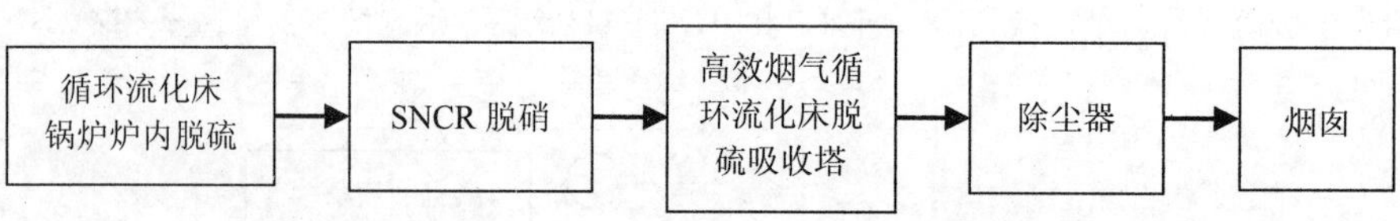

图 E.4　以高效烟气循环流化床作为炉后脱硫工艺的循环流化床锅炉典型超低排放技术路线

b）循环流化床锅炉宜在炉内喷钙脱硫，部分脱硫时锅炉出口 SO_2 质量浓度宜不大于 1 500 mg/m³，除尘器出口 SO_2 质量浓度应不大于 35 mg/m³。

c）除尘器宜采用袋式除尘器，出口颗粒物质量浓度应不大于 10 mg/m³。

d）脱硝工艺应结合工程具体情况确定（SNCR 脱硝或 SNCR/SCR 联合脱硝）。

e）该技术路线各设施对烟气污染物协同治理的影响如表 E.4 所示。

表 E.4 各设施与烟气污染物协同治理的关系

污染物	低氮燃烧	炉内脱硫	SNCR 脱硝或 SNCR/SCR 联合脱硝	高效烟气循环流化床脱硫吸收塔	袋式除尘器
颗粒物	o	■	o	■	√
SO_2	o	√	o	√	o
NO_x	√	o	√	o	o
SO_3	o	●	o（SNCR） ■（SNCR/SCR）	●	●
Hg	o	●	o（SNCR） ▲（SNCR/SCR）	●	●
注：√—直接作用，●—直接协同作用，▲—间接协同作用，o—基本无作用或无作用，■—负作用。					

E.4.2 可达到的性能指标

a）除尘器出口颗粒物排放质量浓度可达 10 mg/m^3 以下。

b）除尘器出口 SO_2 排放质量浓度可达 35 mg/m^3 以下。

c）NO_x 排放质量浓度不高于 50 mg/m^3。

E.4.3 适用条件

a）设有炉内脱硫的循环流化床锅炉。

b）脱硫副产品综合利用较好的地区，特别适合缺水地区。

c）注重技术经济性的，特别适于场地空间较紧张的。

附 录 F

（资料性附录）

燃煤电厂烟气灰硫比估算方法

燃煤电厂除尘系统前烟气灰硫比的估算按式（F.1）进行，SO_3 浓度的估算按式（F.2）进行。

$$C_{D/S}=\frac{\rho_D\times10^9}{\rho_{SO_3}} \tag{F.1}$$

$$\rho_{SO_3}=\frac{M_{2(SO_3)}\times10^9}{Q} \tag{F.2}$$

式中：$C_{D/S}$ —— 灰硫比值；

ρ_D —— 除尘系统入口粉尘质量浓度，mg/m^3；

ρ_{SO_3} —— 除尘系统入口 SO_3 质量浓度，mg/m^3；

$M_{2(SO_3)}$ —— 除尘系统入口 SO_3 量，t/h；

Q —— 除尘系统入口烟气流量，m^3/h。

注：烟气中的 SO_3 质量浓度数据宜由锅炉制造厂、脱硝供货商提供或测试得到，当缺乏制造厂提供的数据且没有测试数据时，SO_3 质量浓度可按式（F.2）进行估算。

附 录 G
（资料性附录）
典型石灰石-石膏湿法脱硫超低排放技术主要工艺流程

G.1 pH 值物理分区双循环技术

典型石灰石-石膏湿法 pH 值物理分区双循环脱硫主要工艺流程见图 G.1。

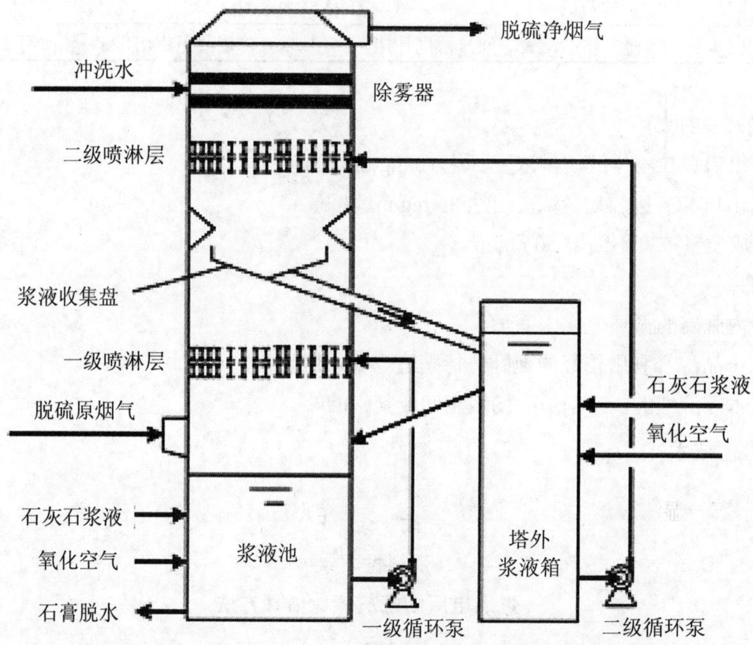

图 G.1 典型石灰石-石膏湿法 pH 物理分区双循环脱硫工艺流程

石灰石-石膏湿法单塔双循环工艺是该类技术的典型代表，其特点是在吸收塔内喷淋层间加装浆液收集装置，并通过管道连接吸收塔外独立设置的循环浆液箱，实现下层喷淋一级循环浆液和上层喷淋二级循环浆液的物理隔离分区，并对上下两级循环浆液的 pH 分别控制。一级循环浆液 pH 为 4.5～5.3，二级循环浆液 pH 为 5.8～6.2。二级循环浆液经旋流系统后部分返回，部分排至吸收塔内浆液池。一、二级循环间加装烟气导流锥提高气流均布。

G.2 pH 自然分区技术

典型石灰石-石膏湿法 pH 自然分区脱硫主要工艺流程见图 G.2。

石灰石-石膏湿法单塔双区工艺是该类技术的典型代表，其特点是在吸收塔底部浆液池内加装分区隔离器和向下引射搅拌系统或类似装置，使密度较重的石灰石滞留在浆液池底层形成浆液 pH 自然上下分区，循环泵抽取高 pH 浆液进行喷淋吸收。吸收塔浆液池内隔离器以上浆液 pH 为 4.8～5.5，隔离器以下浆液 pH 为 5.5～6.2。喷淋区加装提效环、均流筛板以强化气液传质及烟气均布。

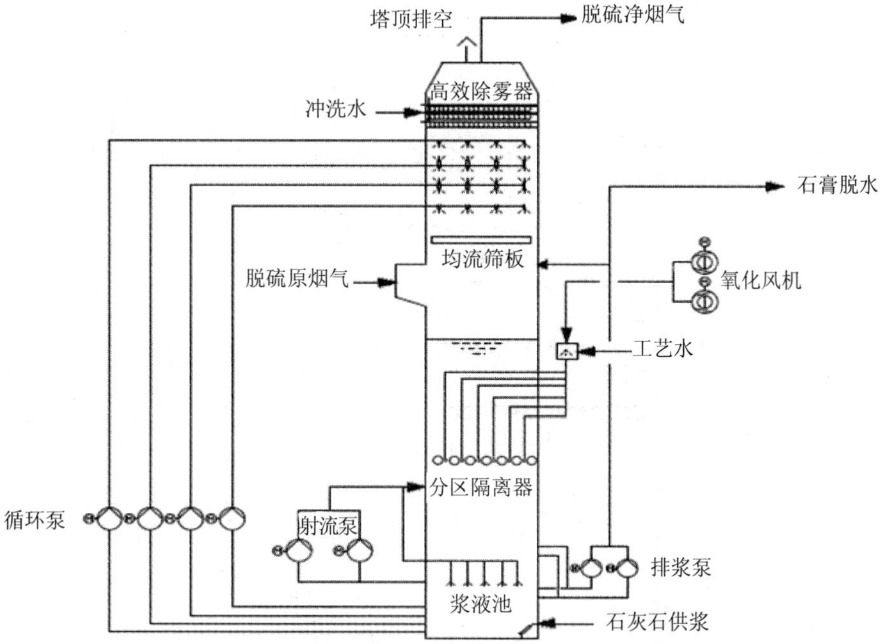

图 G.2　典型石灰石-石膏湿法脱硫 pH 自然分区脱硫工艺流程

G.3　pH 物理分区技术

典型石灰石-石膏湿法 pH 物理分区脱硫主要工艺流程见图 G.3。

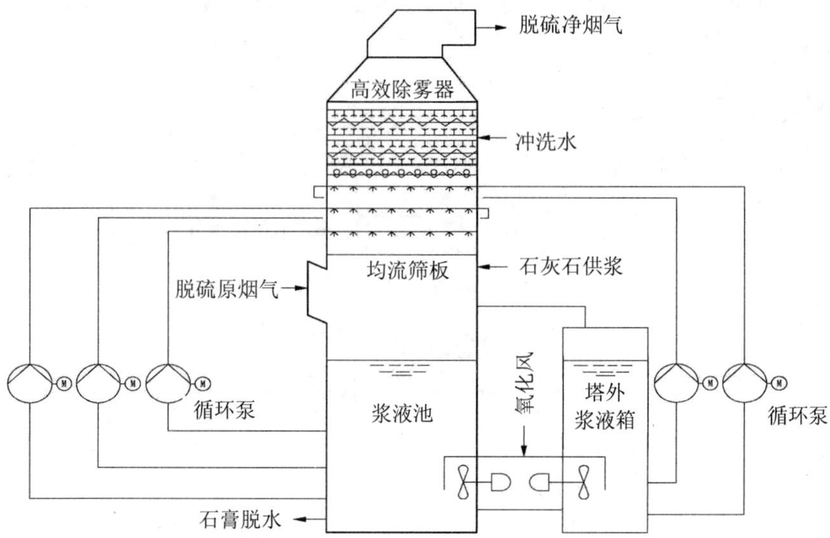

图 G.3　典型 pH 物理分区脱硫工艺流程

石灰石-石膏湿法塔外浆液箱 pH 分区工艺是该类技术的典型代表，其特点是在吸收塔外独立设置塔外浆液箱，通过管道与吸收塔相连，塔外与塔内的浆液分别对应一、二级喷淋，实现了下层喷淋浆液和上层喷淋浆液的 pH 物理分区。吸收塔内浆液池的浆液 pH 为 5.2～5.8，塔外浆液箱的浆液 pH 为 5.6～6.2。喷淋区加装均流筛板以强化气液传质及烟气均布。

G.4 湍流器持液技术

典型石灰石-石膏湿法湍流器持液脱硫主要工艺流程见图 G.4。

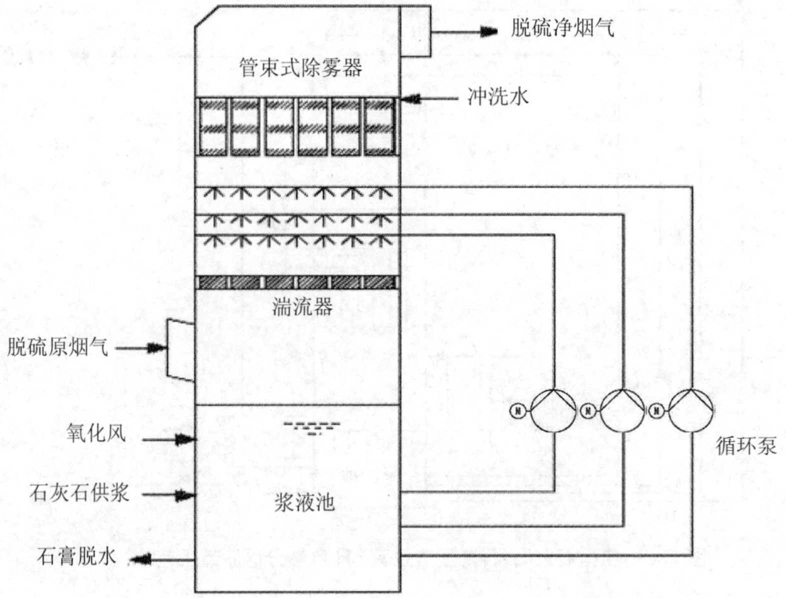

图 G.4 典型石灰石-石膏湿法湍流器持液脱硫工艺流程

石灰石-石膏湿法旋汇耦合工艺是该类技术的典型代表，其特点是在吸收塔喷淋层下方设置湍流器，烟气通过湍流器内叶片形成气液湍流、持液以充分接触及均布，随后经过高效喷淋吸收区完成 SO_2 脱除，吸收塔顶部采用管束式除雾器。

G.5 均流筛板持液技术

典型均流筛板持液脱硫主要工艺流程见图 G.5。

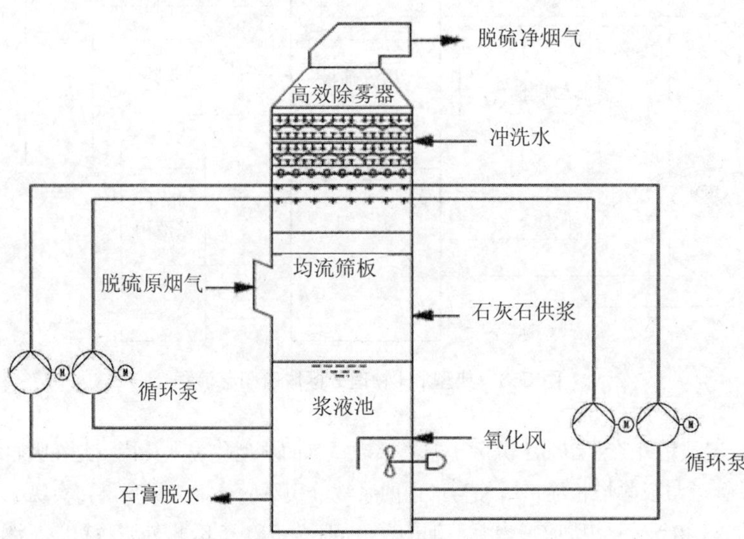

图 G.5 典型石灰石-石膏湿法均流筛板持液脱硫工艺流程

石灰石-石膏湿法双托盘工艺是该类技术的典型代表，其特点是在吸收塔喷淋层下方设置两层托盘组件，在托盘上形成二次持液层，烟气通过时气液充分接触及均布，随后经过高效喷淋吸收区完成 SO_2 脱除。

中华人民共和国国家环境保护标准

污染源源强核算技术指南　火电

Technical guidelines of accounting method for pollution source intensity—Thermal power industry

HJ 888—2018

2018-03-27 发布　　2018-03-27 实施

前　言

为贯彻落实《中华人民共和国环境保护法》《中华人民共和国环境影响评价法》《中华人民共和国大气污染防治法》《中华人民共和国水污染防治法》《中华人民共和国固体废物污染环境防治法》《中华人民共和国环境噪声污染防治法》等法律法规，完善建设项目环境影响评价技术支撑体系，指导火电行业污染源源强核算工作，制定本标准。

本标准规定了火电行业废气污染物、废水污染物、噪声、固体废物源强核算的基本原则、内容、核算方法及要求。

本标准的附录 A～附录 F 为资料性附录。

本标准为首次发布。

本标准由环境保护部（现生态环境部）环境影响评价司、科技标准司组织制订。

本标准主要起草单位：环境保护部环境工程评估中心，国电环境保护研究院有限公司，中国电力工程顾问集团中南电力设计院有限公司，中国电力工程顾问集团东北电力设计院有限公司。

本标准生态环境部 2018 年 3 月 27 日批准。

本标准自 2018 年 3 月 27 日起实施。

本标准由生态环境部解释。

1　适用范围

本标准规定了火电行业废气污染物、废水污染物、噪声、固体废物源强核算的基本原则、内容、核算方法及要求。

本标准适用于执行 GB 13223 的建设项目环境影响评价中污染物源强的确定。

本标准适用于火电行业正常和非正常工况下污染物源强核算，不适用于突发泄漏、火灾、爆炸等事故情况下污染物源强核算。

2　规范性引用文件

本标准引用了下列文件或其中的条款，凡是未注明日期的引用文件，其最新版本适用于本标准。

GB 13223　火电厂大气污染物排放标准

GB/T 31962　污水排入城镇下水道水质标准

HJ 75　固定污染源烟气（SO_2、NO_x、颗粒物）排放连续监测技术规范

HJ 76　固定污染源烟气（SO_2、NO_x、颗粒物）排放连续监测系统技术要求及检测方法

HJ/T 92　水污染物排放总量监测技术规范

HJ/T 355 水污染源在线监测系统运行与考核技术规范（试行）

HJ/T 356 水污染源在线监测系统数据有效性判别技术规范（试行）

HJ/T 373 固定污染源监测质量保证与质量控制技术规范（试行）

HJ/T 397 固定源废气监测技术规范

HJ 820 排污单位自行监测技术指南 火力发电及锅炉

HJ 884 污染源源强核算技术指南 准则

HJ 2301 火电厂污染防治可行技术指南

全国污染源普查工业污染源产排污系数手册

3 术语和定义

下列术语和定义适用于本标准。

污染物自动监测 automated pollutant monitoring

对固定污染源排放污染物的排放浓度和排放量进行连续、实时的自动监测，也可称为污染物在线监测或连续监测。

4 核算程序及方法选取原则

4.1 核算程序

源强核算程序主要包括污染源与污染因子识别、核算方法选择、核算参数选取和污染物排放量计算，具体内容见 HJ 884。

污染物排放量核算应包括正常工况排放和非正常工况排放两种情况，并分别明确正常工况排放量和非正常工况排放量，核算时段内污染物总排放量应为两者之和。

4.2 核算方法选取

4.2.1 一般要求

源强核算方法包括物料衡算法、类比法、实测法、排污系数法等，应按表 1 中规定的次序选取。

4.2.2 废气

a）新（改、扩）建工程污染源

有组织源强优先采用物料衡算法核算，其次采用排污系数法核算。

无组织源强采用类比法或其他可行方法核算。

b）现有工程污染源

有组织源强优先采用实测法核算，其次采用物料衡算法、排污系数法核算。采用实测法核算源强时，对 HJ 820 及排污单位排污许可证等要求采用自动监测的污染因子，仅可采用有效的自动监测数据进行核算；对 HJ 820 及排污单位排污许可证等未要求采用自动监测的污染因子，优先采用有效的自动监测数据，其次采用手工监测数据。

无组织源强优先采用实测法核算，其次采用类比法核算。

4.2.3 废水

a）新（改、扩）建工程污染源

优先采用类比法核算，其次采用排污系数法核算。

b）现有工程污染源

优先采用实测法核算，其次采用排污系数法核算。

4.2.4 噪声

a）新（改、扩）建工程污染源

采用类比法核算。

b）现有工程污染源

优先采用实测法核算，其次采用类比法核算。

4.2.5 固体废物

a）新（改、扩）建工程污染源

飞灰、炉渣/脱硫渣、脱硫石膏采用物料衡算法、排污系数法核算，废脱硝催化剂等其他固体废物采用类比法核算。

b）现有工程污染源

飞灰、炉渣/脱硫渣、脱硫石膏采用实测法、物料衡算法、排污系数法核算，废脱硝催化剂等其他固体废物采用实测法核算。

表 1 源强核算方法选取一览表

环境要素	污染源	主要污染因子	核算方法优先次序	
			新（改、扩）建工程污染源	现有工程污染源
废气	烟囱	烟尘（颗粒物）、二氧化硫、氮氧化物、汞及其化合物[a]	1. 物料衡算法； 2. 排污系数法	1. 实测法； 2. 物料衡算法； 3. 排污系数法
	无组织排放源	颗粒物	类比法或其他可行方法	1. 实测法； 2. 类比法
废水	总排口（若外排）	化学需氧量、氨氮、悬浮物、石油类、氟化物、硫化物、挥发酚、溶解性总固体（全盐量）、总磷[b]	1. 类比法； 2. 排污系数法	1. 实测法； 2. 排污系数法
	脱硫废水处理车间排口（若外排）	总铅、总汞、总镉、总砷[b]		
噪声	汽轮机、锅炉、冷却塔、风机、水泵、磨机等设备	噪声源声级水平	类比法	1. 实测法； 2. 类比法
固体废物	锅炉和除尘、脱硫设备等	飞灰、炉渣/脱硫渣、脱硫石膏	1. 物料衡算法； 2. 排污系数法	1. 实测法； 2. 物料衡算法； 3. 排污系数法
	脱硝设备	废脱硝催化剂	类比法	实测法

[a] 废气核算因子根据 GB 13223 确定。

[b] 废水核算因子根据 HJ 820 确定，生活污水若不排入总排口，可不核算总磷。

5 废气污染物源强核算

5.1 物料衡算法

5.1.1 物料衡算法是根据物质质量守恒定律对生产过程中使用的物料变化情况进行定量分析。

a）烟尘排放量按式（1）计算。

$$M_A = B_{\mathrm{g}} \times \left(1 - \frac{\eta_{\mathrm{c}}}{100}\right) \times \left(\frac{A_{\mathrm{ar}}}{100} + \frac{q_4 Q_{\mathrm{net,ar}}}{100 \times 33\,870}\right) \times \alpha_{\mathrm{fh}} \tag{1}$$

式中：M_A——核算时段内烟尘排放量，t；

B_{g}——核算时段内锅炉燃料耗量，t；

η_c——除尘效率，%，当除尘器下游设有湿法脱硫、湿式电除尘等设备时，应考虑其除尘效果；

A_{ar}——收到基灰分的质量分数，%；

q_4——锅炉机械不完全燃烧热损失，%；

$Q_{net,ar}$——收到基低位发热量，kJ/kg；

α_{fh}——锅炉烟气带出的飞灰份额。

当循环流化床锅炉添加石灰石等脱硫剂时，入炉物料的灰分可用折算灰分表示，将式（2）折算灰分 A_{zs} 代入式（1）。

$$A_{zs}=A_{ar}+3.125S_{ar}\times\left[m\times\left(\frac{100}{K_{CaCO_3}}-0.44\right)+\frac{0.8\eta_s}{100}\right] \tag{2}$$

式中：A_{zs}——折算灰分的质量分数，%；

A_{ar}——收到基灰分的质量分数，%；

S_{ar}——收到基硫的质量分数，%；

m——Ca/S 摩尔比，按实际情况取值，炉内添加石灰石脱硫时一般为 1.5～2.5；

K_{CaCO_3}——石灰石纯度，碳酸钙在石灰石中的质量分数，%；

η_s——炉内脱硫效率，%。

b）二氧化硫排放量按式（3）计算。

$$M_{SO_2}=2B_g\times\left(1-\frac{\eta_{S1}}{100}\right)\times\left(1-\frac{q_4}{100}\right)\times\left(1-\frac{\eta_{S2}}{100}\right)\times\frac{S_{ar}}{100}\times K \tag{3}$$

式中：M_{SO_2}——核算时段内二氧化硫排放量，t；

B_g——核算时段内锅炉燃料耗量，t；

η_{S1}——除尘器的脱硫效率，%，电除尘器、袋式除尘器、电袋复合除尘器取 0%；

η_{S2}——脱硫系统的脱硫效率，%；

q_4——锅炉机械不完全燃烧热损失，%；

S_{ar}——收到基硫的质量分数，%；

K——燃料中的硫燃烧后氧化成二氧化硫的份额。

c）氮氧化物排放量采用锅炉生产商提供的氮氧化物控制保证浓度值或类比同类锅炉氮氧化物浓度值按式（4）计算。

$$M_{NO_x}=\frac{\rho_{NO_x}\times V_g}{10^9}\left(1-\frac{\eta_{NO_x}}{100}\right) \tag{4}$$

式中：M_{NO_x}——核算时段内氮氧化物排放量，t；

ρ_{NO_x}——锅炉炉膛出口氮氧化物排放质量浓度，mg/m^3；

V_g——核算时段内标态干烟气排放量，m^3；

η_{NO_x}——脱硝效率，%。

d）汞及其化合物排放量按式（5）计算。

$$M_{Hg}=B_g\times m_{Hg,ar}\times\left(1-\frac{\eta_{Hg}}{100}\right)\times10^{-6} \tag{5}$$

式中：M_{Hg}——核算时段内汞及其化合物排放量（以汞计），t；

B_g——核算时段内锅炉燃料耗量，t；

$m_{Hg,ar}$——收到基汞的含量，μg/g；

η_{Hg}——汞的协同脱除效率，%。

5.1.2 物料衡算法中参数 q_4、α_{fh}、K 取值参见附录 A，脱除效率 η 取值参见 HJ 2301、附录 B，烟气排放量 V_g 计算参见附录 C。

5.2 实测法

5.2.1 实测法是通过实际测量废气排放量及所含污染物的质量浓度计算该污染物的排放量，凡安装污染物自动监测系统并与环境保护部门联网的火电厂，应使用有效的自动监测数据按式（6）核算。

$$D=\sum_{i=1}^{S_t}(\rho_i \times L_i)\times 10^{-9} \tag{6}$$

式中：D——核算时段内某污染物排放量，t，核算时段可为年、季、月、日、小时等；

S_t——核算时段内运行小时数，h；

ρ_i——第 i 小时标态干烟气污染物的小时排放质量浓度，mg/m^3；

L_i——第 i 小时标态干烟气排放量，m^3/h。

5.2.2 污染物自动监测系统未监测的污染物，采用执法监测、自行监测等手工监测数据按式（7）进行核算。除执法监测外，其他手工监测时段的生产负荷应不低于本次监测与上一次监测周期内的平均生产负荷，并给出生产负荷对比结果。

$$D=\frac{\sum_{i=1}^{n}(\rho_i \times L_i)}{n}\times S_t \times 10^{-9} \tag{7}$$

式中：D——核算时段内某污染物排放量，t；

ρ_i——第 i 次监测标态干烟气污染物的小时排放质量浓度，mg/m^3；

L_i——第 i 次监测标态干烟气排放量，m^3/h；

n——核算时段内有效监测数据数量，量纲 1；

S_t——核算时段内运行小时数，h。

5.2.3 自动监测和手工监测的污染物采样、监测及数据质量应符合 GB 13223、HJ 75、HJ 76、HJ/T 373、HJ/T 397 和 HJ 820 的规定。

5.3 排污系数法

5.3.1 排污系数法是根据现有同类污染源调查获取的反映典型工况和污染治理条件下行业污染物排放规律的排污系数来估算污染物的排放量，可按式（8）计算。

$$G=B_g \times \beta_e \tag{8}$$

式中：G——核算时段内污染物的排放量，t；

B_g——核算时段内燃料消耗量，t；

β_e——排污系数。

5.3.2 排污系数参见《全国污染源普查工业污染源产排污系数手册》及国家相关文件，实际运用时需注意污染防治设施与排污系数对应情景的一致性。

5.4 非正常工况排放

5.4.1 有实测数据时按式（6）、式（7）计算。

5.4.2 无实测数据时：

a）点火启动、停炉熄火导致脱硝系统不能投运，η_{NO_x} 按 0%考虑，ρ_{NO_x} 可参考锅炉生产商设计参数，也可参照附录 A，氮氧化物排放量按式（4）计算。

b）低负荷运行或设备故障导致脱硝系统不能投运，η_{NO_x} 按 0%考虑，ρ_{NO_x} 可取锅炉生产商保证浓度值，氮氧化物排放量按式（4）计算。

c）电除尘器一般每炉配两个或更多通道，设备故障造成某通道供电小区停运，可按式（9）计算受损通道的除尘效率，与正常通道除尘效率加权平均后（权重为烟气排放量）代入式（1）计算烟尘排放量；供电小区停运相当于降低集尘面积，有相关制造参数时也可据此以多依奇公式计算受损通道的除尘效率。

$$\eta_c = 1 - \prod_1^i \left(1 - \frac{\eta_i}{100}\right) \tag{9}$$

式中：η_c——每通道除尘效率，%；

i——每通道电场数量，火电厂常为 3～5；

η_i——每通道第 i 电场除尘效率，%，可取性能测试实测值或设计值，无数据时正常运行可取 70%。

d）袋式除尘器并联布置，滤袋破损期间可按式（10）计算烟尘排放增加量。

$$\Delta M_A = \rho_d \times S \times v \tag{10}$$

式中：ΔM_A——滤袋破损后增加的烟尘排放量，g/s；

ρ_d——原烟气含尘质量浓度，g/m^3；

S——滤袋破口面积，m^2；

v——滤袋破洞处烟气流速，m/s，一般为 20～30 m/s。

e）湿法脱硫设备故障造成喷淋层减少，可按式（11）计算受损脱硫塔的脱硫效率，代入式（3）计算二氧化硫排放量。

$$\eta_s = 1 - \prod_1^i \left(1 - \frac{\eta_i}{100}\right) \tag{11}$$

式中：η_s——脱硫效率，%；

i——脱硫塔运行喷淋层数，火电厂常为 3～5，每层托盘相当于 1 层喷淋层；

η_i——第 i 喷淋层脱硫效率，%，可取性能测试实测值或设计值，无数据时正常运行可取 50%。

6　废水污染物源强核算

6.1　类比法

6.1.1　类比法是通过利用在产品、工艺、规模、用水环节、用水量、污染控制措施、管理水平等相同或类似的废水污染源相关资料，确定污染物种类及质量浓度、废水量、治理效率等相关参数进而核算污染物排放量。

6.1.2　新（改、扩）建污染源源强相关参数应在可行性研究等设计文件基础上，经环境影响评价论证技术经济可行且环境影响可接受后确定，火电厂常规水污染防治措施及处理效果可参考附录 D。

6.2　实测法

6.2.1　实测法是通过实际测量废水排放量及所含污染物的质量浓度计算污染物排放量，凡安装污染物自动监测系统并与环境保护部门联网的火电厂，应优先使用有效的自动监测数据按式（12）核算：

$$P = \sum_{i=1}^{S_t} (Q_i \times \rho_i) \times 10^{-6} \tag{12}$$

式中：P——核算时段内污染物排放量，t；

S_t——核算时段内污染物排放时间，d；

Q_i——第 i 日废水排放量，m^3/d；

ρ_i——第 i 日污染物的日均排放质量浓度，mg/L。

6.2.2　污染物自动监测系统未设置或数据无效时，可采用执法监测、自行监测等手工监测数据按式（13）进行核算。除执法监测外，其他手工监测时段的生产负荷应不低于本次监测与上一次监测周期内的平均生产负荷，并给出生产负荷对比结果。

$$P = \frac{\sum_{i=1}^{n} (\rho_i \times Q_i)}{n} \times S_t \times 10^{-6} \tag{13}$$

式中：P——核算时段内污染物排放量，t；

ρ_i——第 i 次监测的污染物日均排放质量浓度，mg/L；

Q_i——第 i 次监测的日废水排放量，m^3/d；

n——核算时段内有效监测数据数量，量纲 1；

S_t——核算时段内污染物排放时间，d。

6.2.3 自动监测和手工监测的污染物采样、监测及数据质量应符合 HJ/T 355、HJ/T 356 和 HJ/T 92 的规定。

6.3 排污系数法

同 5.3。

7 噪声源强核算

7.1 类比法

根据类似设备（即类比对象）的噪声源强估算某设备在正常运行状态下的噪声源强。

类比对象及源强参数优先采用设备技术协议中的源强参数，其次为同型号设备、同类设备的测试数据。设备型号未定时，可参考附录 E 根据同类设备噪声水平确定噪声源强。

7.2 实测法

依据相关噪声测量技术规范等，对现有企业正常运行工况下各种产生噪声的设备进行实测，作为噪声源强。

8 固体废物源强核算

8.1 物料衡算法

8.1.1 燃煤电厂飞灰产生量按式（14）计算。

$$N_h = B_g \times \left(\frac{A_{ar}}{100} + \frac{q_4 \times Q_{net,ar}}{100 \times 33\ 870} \right) \times \left(\frac{\eta_c}{100} \right) \times \alpha_{fh} \tag{14}$$

式中：N_h——核算时段内飞灰产生量，t；

B_g——核算时段内锅炉燃料耗量，t；

A_{ar}——收到基灰分的质量分数，%，循环流化床锅炉添加石灰石等脱硫剂时应采用式（2）折算灰分 A_{zs} 代入式（14）；

q_4——锅炉机械不完全燃烧热损失，%；

$Q_{net,ar}$——收到基低位发热量，kJ/kg；

η_c——除尘器除尘效率，%；

α_{fh}——锅炉烟气带出的飞灰份额。

8.1.2 燃煤电厂炉渣产生量按式（15）计算。

$$N_z = B_g \times \left(\frac{A_{ar}}{100} + \frac{q_4 \times Q_{net,ar}}{100 \times 33\ 870} \right) \times \alpha_{lz} \tag{15}$$

式中：N_z——核算时段内炉渣产生量，t；

B_g——核算时段内锅炉燃料耗量，t；

A_{ar}——收到基灰分的质量分数，%，循环流化床锅炉添加石灰石等脱硫剂时应采用式（2）折算灰分 A_{zs} 代入式（15）；

q_4——锅炉机械不完全燃烧热损失，%；

$Q_{net, ar}$——收到基低位发热量，kJ/kg；

α_{lz}——炉渣占燃料灰分的份额。

8.1.3 采用石灰石-石膏等湿法烟气脱硫工艺时，脱硫副产物采用式（16）计算。

$$M = M_L \times \frac{M_F}{M_S \times \left(1 - \frac{C_s}{100}\right) \times \frac{C_g}{100}} \tag{16}$$

式中：M——核算时段内脱硫副产物产生量，t；

M_L——核算时段内二氧化硫脱除量，t；

M_F——脱硫副产物摩尔质量；

M_S——二氧化硫摩尔质量；

C_s——脱硫副产物含水率，%，副产物为石膏时含水率一般≤10%；

C_g——脱硫副产物纯度，%，副产物为石膏时纯度一般≥90%。

M_L 可采用式（17）计算。

$$M_L = 2B_g \times \left(1 - \frac{q_4}{100}\right) \times \frac{\eta_{S2}}{100} \times \frac{S_{ar}}{100} \times K \tag{17}$$

式中：B_g——核算时段内锅炉燃料耗量，t；

q_4——锅炉机械不完全燃烧热损失，%；

η_{S2}——脱硫效率，%；

S_{ar}——收到基硫的质量分数，%；

K——燃料中的硫燃烧后氧化成二氧化硫的份额。

8.1.4 干法/半干法烟气脱硫副产物产量可由脱硫设备供应商提供，估算的副产物产量（不含飞灰）可采用式（18）。

$$M = M_L \times \frac{M_1 \times 65\% + M_2 \times 20\% + M_3 \times 15\%}{M_S \times 50\%} \tag{18}$$

式中：M——核算时段内脱硫副产物产生量，t；

M_L——核算时段内二氧化硫脱除量，t；

M_1——$CaSO_3 \cdot 1/2H_2O$ 摩尔质量；

M_2——$CaSO_4 \cdot 1/2H_2O$ 摩尔质量；

M_3——$CaCO_3$ 摩尔质量；

M_S——二氧化硫摩尔质量。

8.2 实测法

火电企业应建立固体废物台账登记制度，统计各固体废物的种类、数量、去向、贮存、利用处置等信息，其中废脱硝催化剂、脱硫废水污泥（需进行危险废物鉴别）、废矿物油及含油废水污泥、废弃除尘布袋（需进行危险废物鉴别）等固体废物应建立与生产记录相衔接的专门台账，据此核算各固体废物的月度、季度和年度排放量。

8.3 排污系数法

同 5.3。

9 管理要求

9.1 源强核算过程中，工作程序、源强识别、核算方法及参数选取应符合要求。如存在其他有效的源强核算方法，也可以用于核算污染物源强。

9.2 污染物源强核算的技术材料（包括数据资料、参数选取、计算过程等）应保存原始记录，存档备查。

9.3 污染物源强核算采用监测数据时，其采样位置、采样分析的仪器及方法、数据有效性、监测的质量保证和质量控制等应符合有关规定。

9.4 源强核算结果具体格式参见附录F。

附 录 A
（资料性附录）
火电厂废气源强核算参数参考值

A.1 锅炉机械不完全燃烧热损失可取锅炉生产商技术规范书等确定的制造参数，也可参考表A.1。

表A.1 燃煤锅炉机械不完全燃烧热损失 q_4 的一般取值

锅炉型式	煤种	q_4/%
固态排渣煤粉炉	无烟煤	4
	贫煤	2
	烟煤（V_{daf}≤25%）	2
	烟煤（V_{daf}>25%）	1.5
	褐煤	0.5
	洗煤（V_{daf}≤25%）	3
	洗煤（V_{daf}>25%）	2.5
液态排渣煤粉炉	无烟煤	2～3
	烟煤	1～1.5
	褐煤	0.5
循环流化床锅炉	烟煤	2～2.5
	无烟煤	2.5～3.5
注：燃油、燃气 q_4 取值为0。		

A.2 锅炉烟气带出的飞灰、炉渣份额可参考表A.2。

表A.2 锅炉灰分平衡的推荐值

锅炉类型		飞灰 α_{fh}	炉渣 α_{lz}
固态排渣煤粉炉		0.85～0.95	0.05～0.15
液态排渣煤粉炉	无烟煤	0.85	0.15
	贫煤	0.80	0.20
	烟煤	0.80	0.20
	褐煤	0.70～0.80	0.20～0.30
循环流化床锅炉		0.4～0.6	0.4～0.6

A.3 燃料中的硫分在燃烧后生成二氧化硫的份额可参考表A.3。

表A.3 燃料中硫分生成二氧化硫分额参考值

锅炉型式	循环流化床炉	煤粉炉	燃油（气）炉
K	0.85	0.90	1.00

A.4 火电厂启停阶段燃烧不稳定，氮氧化物排放质量浓度可取同类、同等技术水平锅炉实测值，也可参考表A.4。

表 A.4　启停阶段氮氧化物排放质量浓度参考值

炉型		ρ_{NO_x} /（mg/m³）
煤粉炉	四角切圆	1 000
	前后墙对冲	1 700
	W 火焰	1 300
循环流化床锅炉		700
燃气轮机		200

附　录　B
（资料性附录）
火电厂常规大气污染防治措施

B.1　火电厂常规 NO_x 排放控制措施可参考表 B.1、表 B.2。

表 B.1　降低 NO_x 排放的初级措施总体性能

初级措施	NO_x 降低率/%
低氮燃烧器（LNB）	20～50
空气分级燃烧	20～50
燃料分级燃烧（再燃）	30～50
低氮燃烧器结合空气分级燃烧	40～60
低氮燃烧器结合燃料分级燃烧（再燃）	40～60

表 B.2　降低 NO_x 排放的二级措施总体性能

二级措施	NO_x 脱除效率/%
选择性催化还原法（SCR）	50～90
选择性非催化还原法（SNCR）	煤粉炉：30～40 循环流化床锅炉：60～80
SNCR＋SCR 联合法	55～85
注：优化烟气流场、增加催化剂装载量（提高单层尺寸或层数）等强化措施可适当提高脱硝总体性能。	

B.2　火电厂常规颗粒物排放控制措施可参考表 B.3。

表 B.3　常规颗粒物控制措施的一般性能

措施		颗粒物脱除效率/%
干式静电除尘器	常规	99.20～99.85
	低低温（90℃±5℃）	99.20～99.90
湿式电除尘器		70～90
袋式除尘器		99.50～99.99
电袋复合除尘器		99.50～99.99
注：采用湿法脱硫工艺时，可协同脱除 50%～70%的颗粒物。		

B.3　火电厂常规 SO_2 排放的控制措施可参考表 B.4。

表 B.4 常规烟气脱硫技术的一般性能

措施	SO_2脱除效率/%
石灰石-石膏湿法	95.0～99.7
烟气循环流化床法	93.0～98.0
氨法	95.0～99.7
海水法	95.0～99.0

B.4 火电厂烟气脱硝、除尘和脱硫等环保设施对汞及其化合物有明显的协同脱除效果，平均脱除效率一般可达 70%。当燃料汞含量偏高导致汞排放超标，或对汞排放有特殊控制要求时，可以采用煤基添加剂、改性汞氧化催化剂、吸附剂喷射等单项脱汞技术，烟气汞脱除效率可提高至 90%以上。

附 录 C
（资料性附录）
火电厂烟气排放量的计算

C.1 有实测数据时，标准状态下的干烟气排放量应采用实测值。标准状态下的干烟气排放量用式（C.1）计算。

$$V_g = V_s \times \left(1 - \frac{X_{H_2O}}{100}\right) \tag{C.1}$$

式中：V_g——每台锅炉干烟气排放量，m^3/s；

V_s——每台锅炉湿烟气排放量，m^3/s；

X_{H_2O}——烟气含湿量，%。

C.2 对于固体或液体燃料，有元素成分分析时理论空气量用式（C.2）计算，没有元素分析时用式（C.3）近似计算。

$$V_0 = 0.088\,9\left(C_{ar} + 0.375S_{ar}\right) + 0.265H_{ar} - 0.033\,3O_{ar} \tag{C.2}$$

$$V_0 = 2.63 \times \frac{Q_{net,ar}}{10\,000} \tag{C.3}$$

式中：V_0——理论空气量，m^3/kg；

C_{ar}——收到基碳的质量分数，%；

S_{ar}——收到基硫的质量分数，%；

H_{ar}——收到基氢的质量分数，%；

O_{ar}——收到基氧的质量分数，%；

$Q_{net,ar}$——收到基低位发热量，kJ/kg。

对于气体燃料，理论空气量可按其气体组成用式（C.4）计算。

$$V_0 = 0.047\,6 \times \left[0.5\times\varphi(\mathrm{CO}) + 0.5\times\varphi(\mathrm{H_2}) + 1.5\times\varphi(\mathrm{H_2S}) + \sum\left(m + \frac{n}{4}\right)\times\varphi(\mathrm{C}_m\mathrm{H}_n) - \varphi(\mathrm{O_2})\right] \tag{C.4}$$

式中：V_0——理论空气量，m^3/m^3；

$\varphi(CO)$——一氧化碳体积分数，%；

$\varphi(H_2)$——氢体积分数，%；

$\varphi(H_2S)$——硫化氢体积分数，%；

$\varphi(C_mH_n)$——烃类体积分数，%，m 为碳原子数，n 为氢原子数；

$\varphi(O_2)$——氧体积分数，%。

C.3　锅炉中实际燃烧过程是在过量空气系数$\alpha>1$ 的条件下进行的，1 kg 固体或液体燃料产生的烟气排放量可用式（C.5）计算。

$$V_{RO_2}=V_{CO_2}+V_{SO_2}=1.866\times\frac{C_{ar}+0.375S_{ar}}{100}$$

$$V_{N_2}=0.79\times V_0+0.8\times\frac{N_{ar}}{100}$$

$$V_g=V_{RO_2}+V_{N_2}+(\alpha-1)\times V_0 \tag{C.5}$$

$$V_{H_2O}=0.111\times H_{ar}+0.012\,4\times M_{ar}+0.016\,1\times V_0+1.24\times G_{wh}$$

$$V_s=V_g+V_{H_2O}+0.016\,1\times(\alpha-1)\times V_0$$

式中：V_{RO_2}——烟气中二氧化碳（V_{CO_2}）和二氧化硫（V_{SO_2}）容积之和，m^3/kg；

C_{ar}——收到基碳的质量分数，%；

S_{ar}——收到基硫的质量分数，%；

V_{N_2}——烟气中氮气，m^3/kg；

N_{ar}——收到基氮的质量分数，%；

V_0——理论空气量，m^3/kg；

V_g——干烟气排放量，m^3/kg；

α——过量空气系数，燃料燃烧时实际空气供给量与理论空气需要量之比值，燃煤锅炉、燃油锅炉及燃气锅炉、燃气轮机组的规定过量空气系数分别为 1.4、1.2、3.5，对应基准氧含量分别为 6%、3%、15%；

V_{H_2O}——烟气中水蒸气量，m^3/kg；

H_{ar}——收到基氢的质量分数，%；

M_{ar}——收到基水分的质量分数，%；

G_{wh}——雾化燃油时消耗的蒸汽量，kg/kg；

V_s——湿烟气排放量，m^3/kg。

对于 1 m^3 气体燃料，烟气排放量仍用式（C.5）计算，但V_{RO_2}、V_{N_2}、V_{H_2O}按气体燃料组成按式（C.6）计算。

$$V_{RO_2}=0.01\times\left[\varphi(CO_2)+\varphi(CO)+\varphi(H_2S)+\sum m\varphi(C_mH_n)\right]$$

$$V_{N_2}=0.79\times V_0+\frac{\varphi(N_2)}{100} \tag{C.6}$$

$$V_{H_2O}=0.01\times\left[\varphi(H_2S)+\varphi(H_2)+\sum\frac{n}{2}\varphi(C_mH_n)+0.124\times d\right]+0.016\,1\times V_0$$

式中：V_{RO_2}——烟气中二氧化碳和二氧化硫容积之和，m^3/m^3；

$\varphi(CO_2)$——二氧化碳体积分数，%；

$\varphi(CO)$——一氧化碳体积分数，%；

$\varphi(H_2S)$——硫化氢体积分数，%；

$\varphi(C_mH_n)$——烃类体积分数，%，m 为碳原子数，n 为氢原子数；

V_{N_2}——烟气中氮气，m^3/m^3；

V_0——理论空气量，m^3/m^3；

$\varphi(N_2)$——氮体积分数，%；

V_{H_2O}——烟气中水蒸气量，m^3/m^3；

$\varphi(H_2)$——氢体积分数，%；

d——气体燃料中含有的水分，一般取 10 g/kg（干空气）。

C.4 燃煤电厂烟气排放量可用式（C.7）近似计算。

$$V_s=\frac{B_g\times\left(1-\frac{q_4}{100}\right)\times\left[\frac{Q_{net,ar}}{4\,026}+0.77+1.0161\times(\alpha-1)\times V_0\right]}{3.6}$$

$$V_{H_2O}=\frac{B_g\times\left[0.111\times H_{ar}+0.012\,4\times M_{ar}+0.0161\times(\alpha-1)\times V_0\right]}{3.6} \tag{C.7}$$

$$V_g=V_s-V_{H_2O}$$

式中：V_s——湿烟气排放量，m^3/s；

B_g——锅炉燃料耗量，t/h；

q_4——锅炉机械不完全燃烧的热损失，%；

$Q_{net,ar}$——收到基低位发热量，kJ/kg；

α——过量空气系数；

V_0——理论空气量，m^3/kg；

V_{H_2O}——锅炉排放湿烟气中水蒸气量，m^3/s；

H_{ar}——收到基氢的质量分数，%；

M_{ar}——收到基水分的质量分数，%；

V_g——干烟气排放量，m^3/s。

循环流化床锅炉炉内脱硫喷入的 $CaCO_3$ 会分解产生 CO_2，当钙硫摩尔比 1.2～2.5 时增加的烟气排放量占比一般＜0.3%，计算时可忽略。此外，石灰石煅烧分解吸热和脱硫反应放热之和比燃料收到基低位发热量一般要小两个数量级以上，计算时可忽略。

C.5 考虑大型锅炉或燃气轮机燃烧过程的复杂性，可采用锅炉生产商基于热力平衡参数给出的烟气排放量。

附 录 D

（资料性附录）

火电厂常规水污染防治措施

D.1 火电厂常规水污染防治措施及效果见表 D.1。

表 D.1 火电厂常规水污染防治措施及效果

废水种类	处理措施	主要污染因子及排水水质/（mg/L）	排水特点及去向
集中处理工业废水（含锅炉补给水处理系统再生排水、凝结水精处理系统再生排水、原水预处理装置排水、主厂房冲洗排水、氨区废水等，以及锅炉清洗排水、烟气侧设备冲洗排水等）	pH 调节、混合、澄清、最终中和	pH 6～9	连续性排水，煤场喷洒、输煤皮带冲洗、厂区冲洗
		悬浮物（SS）4～30	
		化学需氧量（COD）12～60	
		石油类 0.1～2	
		氨氮 3～15	
		氟化物 0.1～2	
		挥发酚 ≤0.1	

废水种类	处理措施	主要污染因子及排水水质/（mg/L）	排水特点及去向
石灰石-石膏湿法脱硫废水	pH 调节、沉淀、絮凝、澄清、浓缩、最终中和	pH 6～9	连续性排水，干灰调湿、灰场喷洒、冲渣水、冲灰水，也可进一步采用膜软化、膜浓缩、蒸发干燥或蒸发结晶等
		悬浮物（SS）≤70	
		化学需氧量（COD）≤150	
		总铅 ≤1.0	
		总汞 ≤0.05	
		总砷 ≤0.5	
		总镉≤0.1	
		溶解性总固体（全盐量）20 000～50 000	
		硫化物 ≤1.0	
生活污水	调节、好氧生物处理、消毒	pH 6～9	连续性排水，绿化、厂区道路清扫；外部条件适宜时，生活污水也可在满足 GB/T 31962 条件下直接排入市政管网
		悬浮物（SS）4～30	
		化学需氧量（COD）10～60	
		五日生化需氧量（BOD_5）2～15	
		氨氮 0.1～15	
		总磷 0.1～1.0	
含油废水	隔油、气浮或活性炭过滤	pH 6～9	间歇性排水，煤场喷洒或进入工业废水集中处理设施
		石油类 0.1～7	
煤泥废水	混凝、沉淀或曝气、过滤	pH 6～9	连续性排水，回用于煤场喷洒、输煤皮带冲洗
		悬浮物（SS）8～30	

附　录　E

（资料性附录）

火电厂主要噪声源声级水平及噪声治理措施

E.1　燃煤电厂主要噪声源声级水平及常见降噪措施见表 E.1。

表 E.1　燃煤电厂主要噪声源声级水平及常见降噪措施

序号	主要声源设备	声频特性	监测位置	噪声源声级水平/dB（A）	常见隔声措施
1	汽轮机	中高频	罩壳外 1 m	76～108	隔声罩壳、厂房隔声
2	发电机及励磁机	中高频	罩壳外 1 m	76～108	隔声罩壳、厂房隔声
3	钢球磨煤机	中低频	设备外 1 m	95～120	厂房隔声
	中速磨煤机	中低频	设备外 1 m	95～100	厂房隔声
4	锅炉给水泵	宽频分布	设备外 1 m	85～95	隔声罩壳、厂房隔声
5	真空泵	中低频	设备外 1 m	85～95	隔声罩壳、厂房隔声
6	凝结水泵	中低频	设备外 1 m	85～95	隔声罩壳、厂房隔声
7	碎煤机	中低频	设备外 1 m	85～95	隔声罩壳、厂房隔声
8	引风机	中低频	罩壳外 1 m	85～100	隔声罩壳、管道外壳阻尼、隔声小间
9	送风机	中低频	吸风口外 3 m	85～115	进风口消声器 管道外壳阻尼
10	一次风机	中低频	吸风口外 3 m	85～105	进风口消声器 管道外壳阻尼
11	空压机	中低频	吸风口外 1 m	90～100	厂房隔声 进风口消声器

序号	主要声源设备	声频特性	监测位置	噪声源声级水平/dB（A）	常见隔声措施
12	氧化风机	中低频	吸风口外 1 m	85～110	进风口消声器 隔声小间
13	增压风机	中低频	罩壳外 1 m	85～110	进风口消声器 隔声小间
14	浆液循环泵	中低频	设备外 1 m	85～110	厂房隔声 隔声罩壳 隔声小间
15	球磨机	中低频	设备外 1 m	80～90	隔声罩壳、厂房隔声
16	循环水泵	中低频	设备外 1 m	85～100	隔声罩壳、厂房隔声
17	常规自然通风冷却塔	中高频	进风口外 1 m	80～85	隔声屏障、导流消声片、消声垫
	高位收水自然通风冷却塔	中高频	进风口外 1 m	72～77	隔声屏障 导流消声片
	机力通风冷却塔	中高频	进风口外 1 m	85～90	隔声屏障、导流消声片、消声垫
18	空冷风机	中低频	轴向 45°线外 2 m	65～90	消声器、隔声屏障
19	主变压器	中低频	设备外 1 m	70～80	—
20	锅炉排汽口	中高频	排汽口外 2 m	115～130	消声器
注：本表罩壳为设备自带罩壳，罩壳外声级水平已考虑自带罩壳隔声效果。					

E.2 燃气电厂主要噪声源声级水平及常见降噪措施见表 E.2。

表 E.2 燃气电厂主要噪声源声级水平及常见降噪措施

序号	燃气轮机组	声频特性	监测位置	噪声源声级水平/dB（A）	常见隔声措施
1	燃气轮机进气口	中高频	进气口外 3 m	105～125	进风口消声器 隔声屏障
	燃气轮机本体	中高频	罩壳外 1 m	75～95	隔声罩壳
2	余热锅炉	宽频分布	结构外 1 m	70～80	隔声封闭
3	汽轮机	中高频	罩壳外 1 m	80～90	隔声罩壳 厂房隔声
4	发电机	中高频	罩壳外 1 m	80～90	隔声罩壳 厂房隔声
5	燃气调压机	中高频	罩壳外 1 m	95～110	隔声罩壳 厂房隔声
6	锅炉给水泵	中低频	设备外 1 m	85～95	隔声罩壳 厂房隔声
7	凝结水泵	中低频	设备外 1 m	85～95	隔声罩壳 厂房隔声
8	循环水泵	中低频	设备外 1 m	85～90	隔声罩壳 厂房隔声
9	空冷风机	中低频	轴向 45°线外 2 m	65～90	消声器 隔声屏障
10	冷却塔	中高频	进风口外 1 m	80～90	导流消声片
11	主变压器	中低频	设备外 1 m	70～75	隔声屏障
注：本表罩壳为设备自带罩壳，罩壳外声级水平已考虑自带罩壳隔声效果。					

E.3 火电厂常用噪声治理措施及效果见表 E.3。

表 E.3 火电厂常用噪声治理措施及效果

序号	常见隔声措施	降噪效果/dB（A）	一般使用范围
1	罩壳隔声	10～30	汽轮机、发电机、各种风机、水泵等
2	阻尼材料包裹	12～20	各种管道、烟道，机械设备罩壳
3	进风口消声器	12～25	一次风机、二次风机、送风机、氧化风机等
4	排汽口消声器	20～35	锅炉排汽口
5	通风消声器	10～25	厂房或封闭结构的通风口
6	导流消声器	10～25	冷却塔进风口
7	消声百叶	2～10	厂房、冷却塔进风口
8	隔声门窗	18～25	厂房
9	厂房隔声	15～35	室内声源
10	封闭结构隔声	20～35	引风机
11	隔声屏障	8～15	厂界、冷却塔、主变压器等

附 录 F

（资料性附录）

火电厂污染源源强核算结果及相关参数列表形式

表 F.1 废气污染源源强核算结果及相关参数一览表

工序/生产线	装置	污染源	污染物	污染物产生				治理措施		污染物排放				排放时间/h
				核算方法	产生烟气量/（m^3/h）	产生质量浓度/（mg/m^3）	产生量/（kg/h）	工艺	效率/%	核算方法	排放烟气量/（m^3/h）	排放质量浓度/（mg/m^3）	排放量/（kg/h）	
一期工程	#1机组	烟囱（正常工况排放）	烟尘（颗粒物）											
			SO_2											
			NO_x											
			汞及其化合物											
		烟囱（非正常工况排放）	烟尘（颗粒物）											
			SO_2											
			NO_x											
			汞及其化合物											
	……													
……														

注 1：新（改、扩）建污染源环境影响评价填写最大值。

注 2：输煤转运站、灰库等低矮有组织源和煤场、灰场等无组织源采用类比法或其他可行方法进行核算。

表 F.2 废水污染源源强核算结果及相关参数一览表

工序/生产线	装置	污染源	污染物	污染物产生				治理措施		污染物排放					排放时间/d
				核算方法	产生废水量/(m^3/d)	产生质量浓度/(mg/L)	产生量/(kg/d)	工艺	效率/%	核算方法	回用废水量/(m^3/d)	排放废水量/(m^3/d)	排放质量浓度/(mg/L)	排放量/(kg/d)	
一期工程	脱硫废水处理设施	脱硫废水处理车间排口	化学需氧量(COD)												
			悬浮物(SS)												
			总铅												
			总汞												
			总镉												
			总砷												
			溶解性总固体(全盐量)												
			硫化物												
	生活污水处理设施	生活污水处理设施出口	化学需氧量(COD)												
			悬浮物(SS)												
			五日生化需氧量(BOD_5)												
			氨氮												
			总磷												
	……		……												
	废水总排口	废水总排口	化学需氧量(COD)	—	—	—	—	—	—		—				
			氨氮	—		—	—	—	—						
			……												
……															

注：新（改、扩）建污染源环境影响评价填写最大值。

表 F.3 主要噪声源源强及相关参数一览表

<table>
<tr><th rowspan="2">工序/生产线</th><th rowspan="2">装置</th><th rowspan="2">噪声源</th><th rowspan="2">声源类型（偶发、频发等）</th><th colspan="2">噪声产生量</th><th colspan="2">降噪措施</th><th colspan="2">噪声排放量</th><th rowspan="2">持续时间/h</th></tr>
<tr><th>核算方法</th><th>声级水平/dB（A）</th><th>工艺</th><th>降噪效果/dB（A）</th><th>核算方法</th><th>声级水平/dB（A）</th></tr>
<tr><td rowspan="21">一期工程</td><td rowspan="20">#1机组</td><td>汽轮机</td><td></td><td></td><td></td><td></td><td></td><td></td><td></td><td></td></tr>
<tr><td>发电机及励磁机</td><td></td><td></td><td></td><td></td><td></td><td></td><td></td><td></td></tr>
<tr><td>磨煤机</td><td></td><td></td><td></td><td></td><td></td><td></td><td></td><td></td></tr>
<tr><td>锅炉给水泵</td><td></td><td></td><td></td><td></td><td></td><td></td><td></td><td></td></tr>
<tr><td>真空泵</td><td></td><td></td><td></td><td></td><td></td><td></td><td></td><td></td></tr>
<tr><td>凝结水泵</td><td></td><td></td><td></td><td></td><td></td><td></td><td></td><td></td></tr>
<tr><td>碎煤机</td><td></td><td></td><td></td><td></td><td></td><td></td><td></td><td></td></tr>
<tr><td>引风机</td><td></td><td></td><td></td><td></td><td></td><td></td><td></td><td></td></tr>
<tr><td>送风机</td><td></td><td></td><td></td><td></td><td></td><td></td><td></td><td></td></tr>
<tr><td>一次风机</td><td></td><td></td><td></td><td></td><td></td><td></td><td></td><td></td></tr>
<tr><td>空压机</td><td></td><td></td><td></td><td></td><td></td><td></td><td></td><td></td></tr>
<tr><td>氧化风机</td><td></td><td></td><td></td><td></td><td></td><td></td><td></td><td></td></tr>
<tr><td>增压风机</td><td></td><td></td><td></td><td></td><td></td><td></td><td></td><td></td></tr>
<tr><td>浆液循环泵</td><td></td><td></td><td></td><td></td><td></td><td></td><td></td><td></td></tr>
<tr><td>球磨机</td><td></td><td></td><td></td><td></td><td></td><td></td><td></td><td></td></tr>
<tr><td>循环水泵</td><td></td><td></td><td></td><td></td><td></td><td></td><td></td><td></td></tr>
<tr><td>自然通风冷却塔</td><td></td><td></td><td></td><td></td><td></td><td></td><td></td><td></td></tr>
<tr><td>机力通风冷却塔</td><td></td><td></td><td></td><td></td><td></td><td></td><td></td><td></td></tr>
<tr><td>空冷风机</td><td></td><td></td><td></td><td></td><td></td><td></td><td></td><td></td></tr>
<tr><td>……</td><td></td><td></td><td></td><td></td><td></td><td></td><td></td><td></td></tr>
<tr><td>……</td><td>……</td><td></td><td></td><td></td><td></td><td></td><td></td><td></td><td></td></tr>
<tr><td>……</td><td></td><td></td><td></td><td></td><td></td><td></td><td></td><td></td><td></td><td></td></tr>
<tr><td colspan="11">注：声级水平：A 声功率级（L_{Aw}），或中心频率为 63～8 000 Hz 8 个倍频带的声功率级（L_w）；距离声源 r 处的 A 声级[$L_{A(r)}$]或中心频率为 63～8 000 Hz 8 个倍频带的声压级[$L_{P(r)}$]。</td></tr>
</table>

表 F.4　固体废物污染源源强及相关参数一览表

工序/生产线	装置	固体废物名称	固废属性	产生量		处置措施		处置去向
				核算方法	产生量/（t/a）	工艺	处置量/（t/a）	
一期工程	锅炉	炉渣/脱硫渣	一般废物					
		……						
	脱硝系统	废脱硝催化剂（钒钛系）	危险废物					
		……						
	除尘系统	飞灰	一般废物					
		废弃除尘布袋	需进行鉴别					
		……						
	脱硫系统	脱硫石膏	一般废物					
		……						
	水处理系统	脱硫废水处理站污泥	需进行鉴别					
		含油废水处理站污泥	危险废物					
		废离子交换树脂	危险废物					
		……						
	其他	废矿物油	危险废物					
		……						
……								

第三章　排污许可与环境监管

国家环境保护总局标准

大气污染物无组织排放监测技术导则

Technical guidelines for fugitive emission monitoring of air pollutants

HJ/T 55—2000

2000-12-07 发布　　　　2001-03-01 实施

前　言

为了配合 GB 16297—1996《大气污染物综合排放标准》的实施，进一步规范大气污染物无组织排放监测的技术要求，制定本标准。

本标准同 GB 16297—1996 的附录 C 相衔接，从大气污染物的迁移扩散规律出发，结合无组织排放的各种具体情况，对气象条件的简易测定、气象条件适宜程度的判定、监测时段选择和监控点设置方法等作出进一步规定和指导。

本标准适用于环境监测站对具有无组织排放的固定污染源实行监督监测和建设项目环境保护设施的竣工验收监测，亦适用于固定污染源为进行自我管理而进行的监测等。

本标准由国家环境保护局科技标准司提出。

本标准由上海市环境监测中心、上海市气象科学研究所负责起草。

本标准由国家环境保护总局负责解释。

1　主题内容与适用范围

1.1　主题内容

本标准对大气污染物无组织排放监控点设置方法、监测气象条件的判定和选择、监测结果的计算等作出规定和指导，是 GB 16297—1996《大气污染物综合排放标准》附录 C 的补充和具体化。

1.2　适用范围

1.2.1　本标准适用于环境监测部门为实施 GB 16297—1996 附录 C，对大气污染物无组织排放进行的监测，亦适用于各污染源单位为实行自我管理而进行的同类监测。

1.2.2　本标准为技术指导性文件，环境监测部门应按照 GB 16297—1996 附录 C 的规定和原则要求，参照具体情况和需要，执行标准相应的规定和要求。

1.2.3　工业炉窑、炼焦炉、水泥厂的大气污染物无组织排放监测点设置，仍按其相应大气污染物排放标准 GB 9078—1996；GB 16171—1996；GB 4915—1996 中的有关规定执行，其余有关问题参照本标准的规定执行。

2 引用标准

下列标准所包含的条文，通过本标准引用而构成为本标准的条文。

GB 16297—1996 大气污染物综合排放标准

3 定义

本标准所涉及的名词术语，包括无组织排放、无组织排放源、无组织排放监控点、无组织排放监控浓度限值、单位周界等，其含义均与 GB 16297—1996 中相应的定义相同。

4 无组织排放监测的基本要求

4.1 控制无组织排放的基本方式

按照 GB 16297—1996 所作的规定，我国以控制无组织排放所造成的后果来对无组织排放实行监督和限制。采用的基本方式，是规定设立监控点（即监测点）和规定监控点的空气浓度限值。在 GB 16297—1996 中，规定要在二氧化硫、氮氧化物、颗粒物和氟化物的无组织排放源下风向设监控点，同时在排放源上风向设参照点，以监控点同参照点的浓度差值不超过规定限值来限制无组织排放；规定对其余污染物在单位周界外设监控点和监控点的浓度限值。

4.2 设置监控点的位置和数目

根据 GB 16297—1996 的规定，二氧化硫、氮氧化物、颗粒物和氟化物的监控点设在无组织排放源下风向 2～50 m 范围内的浓度最高点，相对应的参照点设在排放源上风向 2～50 m 范围内；其余物质的监控点设在单位周界外 10 m 范围内的浓度最高点。按规定监控点最多可设 4 个，参照点只设 1 个。

4.3 采样频次的要求

按规定对无组织排放实行监测时，实行连续 1 小时的采样，或者实行在 1 小时内以等时间间隔采集 4 个样品计平均值。在进行实际监测时，为了捕捉到监控点最高浓度的时段，实际安排的采样时间可超过 1 小时。

4.4 对于低矮有组织排放源造成影响的处理

依照上述规定设置监控点所测得的污染物在空气中的浓度，并非都是由无组织排放所造成，事实上某些低矮排气筒的排放可以造成与无组织排放相同的后果，依据 GB 16297—1996 所作的规定，在无组织排放监测中所测得的监控点的浓度值将不扣除低矮排气筒所作的贡献值。

以上基本要求均已在 GB 16297—1996 中作出规定，本标准将在该基础上对有关问题作更进一步的规定和指导。

5 监测前的准备

5.1 被测单位基本情况调查

5.1.1 被测单位的名称、性质和立项建设时间

被测单位的名称应采用其全称，与单位公章所示名称相同。

单位的性质是指该单位属企业单位还是事业单位；所属行业和企业规模（大、中、小）。

了解被测单位立项建设的时间，是为了确定其应执行现有源还是新建源的排放标准（以 GB 16297—1996 中 6 的规定判定）。

5.1.2 主要原、辅材料和主、副产品，相应用量和产量等

应重点调查用量大，并可能产生大气污染的材料和产品。应列表说明，并予以必要的注解。

5.1.3 单位平面布置图

标出基本方位；车间和其他主要建筑物的位置，名称和尺寸；有组织排放和无组织排放口及其主要

参数；排放污染物的种类和排放速率；单位周界围墙的高度和性质（封闭式或通风式）；单位区域内的主要地形变化等。

还应对单位周界外的主要环境敏感点，包括：影响气流运动的建筑物和地形分布；有无排放被测污染物的源存在等进行调查，并标于单位平面布置图中。

5.2 被测无组织排放源的基本情况调查

除排放污染物的种类和排放速率（估计值）之外，还应重点调查被测无组织排放源的排出口形状、尺寸、高度及其处于建筑物的具体位置等，应有无组织排放口及其所在建筑物的照片。

5.3 排放源所在区域的气象资料调查

一般情况下，可向被测污染源所在地区的气象台（站）了解当地的“常年”气象资料，其内容应包括：

——按月统计的主导风向和风向频率；

——按月统计的平均风速和最大、最小风速；

——按月统计的平均气温和气温变化情况等。

如有可能，最好直接了解当地的逆温和大气稳定度等污染气象要素的变化规律。

了解当地“常年”气象资料的目的，是为了对监测时段的选择作指导。

5.4 仪器设备和监测资料准备

5.4.1 监测资料准备

GB 16297—1996 和本标准是无组织排放监测最主要的技术依据；由固定源排放的污染物标准分析方法中有关无组织排放的采样方法和样品分析方法是最重要的方法依据，必须在监测前阅读和理解其中的有关部分。

5.4.2 现场风向、风速简易测定仪器准备

通常可用三杯式轻便风向风速表，亦可采用其他具有相同功能的轻便式风向风速表。

仪器应通过计量监督部门的性能检定合格，并在使用前作必要调试和检查。

5.4.3 采样仪器和试剂准备

按照被测物质的对应标准分析方法中有关无组织排放监测的采样部分所规定的仪器设备和试剂做好准备。

6 监测日期和监测时段的选择

按照 GB 16297—1996 的有关规定，“无组织排放监控浓度限值”是指监控点的浓度在任何 1 小时的平均值不得超过的限值。所以，对无组织排放的监督监测，应选择下面例举的各种情况下进行。

6.1 被测无组织排放源的排放负荷应处于相对较高的状态，或者至少要处于正常生产和排放状态。

6.2 监测期间的主导风向（平均风向）便利于监控点的设置，并可使监控点和被测无组织排放源之间的距离尽可能缩小。

6.3 监测期间的风向变化、平均风速和大气稳定度三项指标对污染物的稀释和扩散影响很大，应按照本标准 8 的判定方法，对照本地区的“常年”气象数据选择较适宜的监测日期。

6.4 在通常情况下，选择冬季微风的日期，避开阳光辐射较强烈的中午时段进行监测是比较适宜的。

7 现场气象条件的简易测定和判定

对现场的气象条件进行简易测定和判定，是设置监控点（即采样点）的依据，亦是确定本次监测在何种气象条件（适宜程度）下进行的真实记录，下面列出的测定和判定应在采样起始前进行。

7.1 风向和风速的简易测定

将轻便风向风速表置于被测单位开阔地带。若现场无适当的开阔地带，可将轻便风向风速表置于高

处（但一般不超过 15 m）进行风向风速测定。

按照仪器说明书的规定，打开轻便风向风速表的制动开关，并开始读数，每隔 1 分钟读一个即时风向和风速值，连续测定 10 分钟，共得到 10 个风向值（精确到 5 度）和 10 个风速值（精确到 0.1 m/s）。如果当时的风向和风速变化较大，感到 10 分钟的测定仍显不足，可适当延长测定时间。

由 10 个风速读数计算得 10 分钟平均风速；由 10 个风向读数计算得到平均风向和风向变化的标准差（±S 度）填入表 1 中。

表 1　空旷地带的风向风速简易测定结果

测定时间	风向读数（度）	平均风向±S 度	风速读数（m/s）	平均风速（m/s）

说明：风向读数的坐标原点为度。

风向和风速的测定除采样之前进行外，还应在采样过程中重复 1～2 次，如发现风向有显著变化，应移动监控点位置后重新采样。

7.2　局地流场的简易测定

当无组织排放源的下风向具有一处或多处建筑构造，或存在其他影响气流运动的地形变化等，以致可能影响污染物的迁移途径时，必须进行局地流场的简易测定。

以单位平面布置图（5.1.3）为参照，自无组织排放源为起点至拟设置采样点（即监控点）的途径之中，凡气流运动可能因受阻而改变方向之处的上方和下方，均应设置局地流场的测点，选定后的测点应标于单位平面图上，并同时标上测点编号等标记。

局地流场的简易测定仍使用轻便风向风速表。在一个测点只测定 1 分钟平均风向，必要时可重复测定 1～2 次。

将局地流场的测定结果填于表 2 中，同时还要将各测点的 1 分钟平均风向标明于单位平面图中。

表 2　局地流场测定结果

测定时间	测点编号	测点位置	1 分钟平均风向（度）	备注
	1			
	2			
	3			
	4			
	5			

注意：如果总体风向的变化较大，可能引起某一局地流场测点同时存在两种不同的流向，则应注意测试，并将两种不同的流向同时标明于记录表格和厂区平面布置图上。

对标有测点流向的平面图进行仔细分析，得到比较完整的局地流场图。要特别注意分析可能存在的复杂局地流场，若发现测点和测试的数据不够，应进行必要的补测，直至弄清楚局地流场情况为止。

7.3　大气稳定度的简易判定

大气稳定度等级划分为强不稳定、不稳定、弱不稳定、中性、较稳定、稳定共六级，对应于 A、B、C、D、E、F 表示。

按照下面的程序计算和判定大气稳定度：

——依据一年中的日期序数 d_n 计算太阳倾角 δ；

——依据太阳倾角 δ，当地纬度 ϕ，当地经度 λ 和北京时间计算太阳高度角 h_0；

——由太阳高度角 h_0 和云量，经查表得出太阳辐射等级；

——根据地面风速和太阳辐射等级，由查表得出大气稳定度等级。

大气稳定度等级是对污染物的稀释和扩散具有重要影响的参数，有关的计算和查表方法详见附录 A。

7.4　涡流现象及涡流孔穴尺寸的简易测定

7.4.1　涡流现象

涡流是在气流运动中受到切变力的作用而形成的，当气流在运动中遇到物体阻挡时，就会产生涡流，其结果是在物体的背风而形成回旋气流，称为孔穴，此即涡流。典型的涡流总是发生在建筑物的背风面，如图 1 所示。

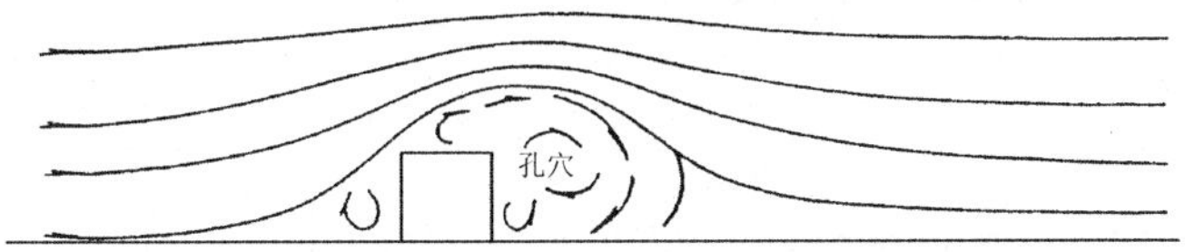

图 1　涡流形成示意图

孔穴的尺寸大小和其中气流回旋的激烈程度不仅与风速有关，也同阻挡物体的大小和形状有关，孔穴的大小可以估算，也可用简易的方法实测。

7.4.2　涡流孔穴尺寸的估算

如图 2 所示，若建筑物的水平宽度为 W；高度为 H；顺风长度为 L，那么涡流区（孔穴）的水平宽度 Y_r、高度 Z_r 和顺风长度 X_r 可分别按（3）、（4）、（5）式估算。

$$Y_r=1.5W \tag{3}$$

$$Z_r=1.5H \tag{4}$$

$$X_r/H=(A\cdot W/H)(1+B\cdot W/H) \tag{5}$$

式中：A、B 为系数，由下式确定：

当 $L/H<1$ 时，

$A=-2.0+3.7(L/H)-1/3$；

$B=0.15+0.305(L/H)-1/3$。

当 $L/H>1$ 时，

$A=1.75$；$B=0.25$。

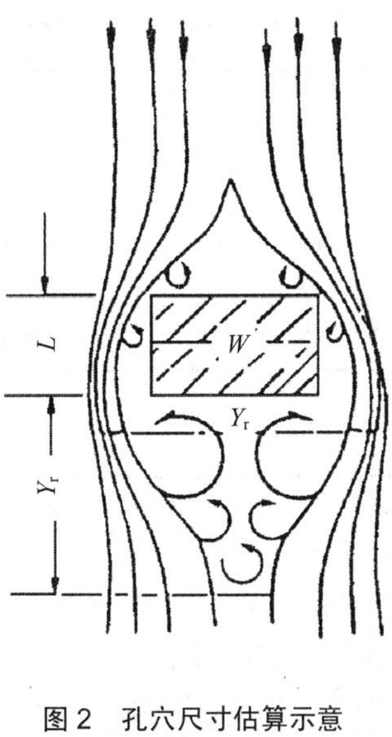

图 2　孔穴尺寸估算示意

7.4.3 用轻便式风向风速表判定涡流区边界

先将风向风速表置于较远离涡流区的位置，观察风向标的方位和摆动情况，然后逐渐向涡流区靠近，待观察到风向标的方位和摆动情况发生明显变化，即可判断该位置已进入涡流区。

7.4.4 目测法判定涡流区边界

准备好适当的人造烟源（例如，采用适当大小的香柱），并将其置于涡流边界的上风向，用肉眼直接观察烟流的运动情况，并用以确定涡流区域的边界。

8 各气象因子于无组织排放监测适宜程度分类

8.1 适宜程度的分类方法

依据各气象因子的数值分为四类。

a 类：不利于污染物的扩散和稀释，适宜于进行无组织排放监测；

b 类：较不利于污染物的扩散和稀释，较适宜于进行无组织排放监测；

c 类：有利于污染物的扩散和稀释，较不适宜进行无组织排放监测；

d 类：很有利于污染物的扩散和稀释，不适宜进行无组织排放监测。

8.2 风向变化的适宜程度分类

平均风向本身对污染物的扩散和稀释没有意义，用 10 分钟平均风向的标准差（7.1）代表风向变化的大小，其对无组织排放监测的适宜程度分类见表 5。

表 5 风向变化的适宜程度分类

风向变化大小（±S°）	＜15°	15°～29°	30°～45°	＞45°
适宜程度分类	a	b	c	d

8.3 风速的适宜程度分类

以平均风速（亦可以 10 分钟平均风速测定值为依据，见本标准 7.1）来划分其对无组织排放监测适宜程度，见表 6。

表 6 风速的适宜程度分类

平均风速（m/s）	1.0※～2.0	2.1～3.0	3.1～4.5	＞4.5
适宜程度类别	a	b	c	d

※风速小于 1.0 m/s 应看作是静风或准静风，该种情况下的无组织排放监测另有说明。

8.4 大气稳定度的适宜程度分类

大气稳定度不同等级对无组织排放监测的适宜程度分类见表 7。

表 7 大气稳定度的适宜程度分类

大气稳定度等级	F、E	D	C	B、A
适宜程度类别	a	b	c	d

8.5 正确理解和应用气象条件

8.5.1 由 8.2～8.4 所作出的适宜程度分类，并非严格和绝对意义上的分类，监测人员应结合本地区的具体情况和特点，选择在本地区既实际可行，又具有比较适宜的气象条件下进行无组织排放监测。

8.5.2 在一般情况下，风向变化、平均风速和大气稳定度三项气象因子中，以其中适宜程度最差的一项所达到的类别来估计该次监测中气象条件总的适宜程度。

例如：于某年某日某时段进行无组织排放监测，风向变化的适宜程度属 b 类；风速的适宜程度属 c 类；大气稳定度的适宜程度属 d 类，则该次监测的气象条件总适宜程度可估计为 d 类。

8.5.3　如果三项气象因子中的任一项达到 d 类，或者其中两项达到 c 类，则该次无组织排放监测应取消，或更换时日。

8.5.4　平均风向本身对污染物的稀释和扩散没有意义，但它将影响无组织排放监控点（即监测点）的位置，其中将要影响污染物的迁移途径和距离等。所以，平均风向的选择应结合源的具体情况考虑。

9　无组织排放监控点的布设方法

9.1　在单位周界外设置监控点的方法（适用于除现有污染源无组织排放二氧化硫、氮氧化物、颗粒物和氟化物之外的监控点设置）。

9.1.1　一般情况下设置监控点的方法

所谓“一般情况”是指无组织排放源同其下风向的单位周界之间有一定距离，以至可以不必考虑排放源的高度、大小和形状因素，在这种情况下，排放源应可看作为一点源。此时监控点（最多可设置 4 个）应设置于平均风向轴线的两侧，监控点与无组织排放源所形成的夹角不超出风向变化的±S°（10 个风向读数的标准偏差）范围之内。如图 3 所示。

在单位周界外设置监控点的具体位置，还要考虑到围墙的通透性（即围墙的通风透气性质），按下面几种方法设置监控点。

——当围墙的通透性很好时，可紧靠围墙外侧设监控点。

——当围墙的通透性不好时，亦可紧靠围墙设监控点，但把采气口抬高至高出围墙 20～30 cm，如图 4 中 A 点处。

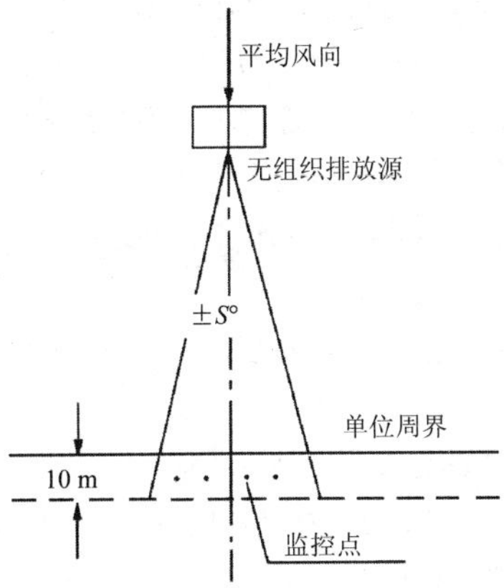

图 3　一般情况下的监控点设置示意图

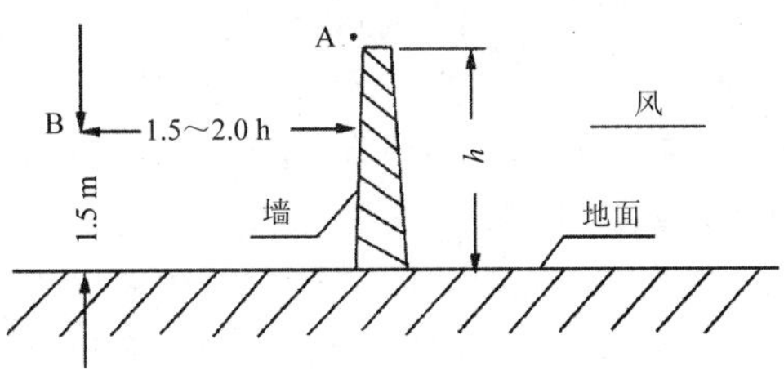

图 4　不透风围墙外设监控点的参考方法

——围墙的通透性不好，又不便于把采气口抬高，此时，为避开围墙造成的涡流区，宜将监控点设于距围墙 1.5～2.0 h［h 为围墙高度（m）］，距地面 1.5 m 处，如图 4 中 B 点所示。

9.1.2　存在局地流场变化情况下的监控点设置方法

当无组织排放源与其下风向的围墙（周界）之间，存在有若干阻挡气流运动的物体时，由于局地流场的变化，将使污染物的迁移运动变为复杂化。此时需要按照 7.2 的叙述进行局地流场简易测试，并依据测试结果绘制局地流场平面图。监测人员需要对局地流场平面图进行研究和分析，尤其需要对无组织排放的污染物运动路线中的某些不确定因素进行仔细分析后，决定设置监控点的位置。

例如：由图 5 所示，无组织排放源位于车间 B 的 P 点，无组织排放的污染物随局地流场运动的路线可能有如下几种情况。（1）建筑物 C 较高时，污染物随局地流场运动至周界 E 处，监控点应设置于 E 处附近；（2）当建筑物 C 十分低矮时，污染物越过建筑物 C，落到周界 D 点；（3）当建筑物 C 处于一定高度时，可能有部分污染物运动落到 E 处，另一部分落到 D 处，此时可将四个监控点分别设于 D 和 E 处，依据采样分析结果，确定其中的浓度最高点。

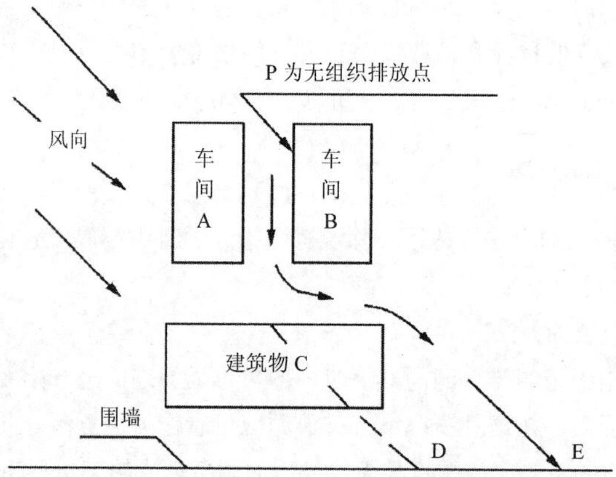

图 5　局地流场分析和监控点设置示意图

9.1.3　无组织排放源紧靠围墙时的监控点设置方法

无组织排放源紧靠围墙（单位周界）时，既对监测带来有利的一面，同时也有其特殊的复杂性，此时监控点应分别如下几种情况进行设置。

——排放源紧靠某一侧围墙，风向朝向与其相邻或相对之围墙时，如该排污单位的范围不大，排放源距与之相对或相邻的围墙（单位边界）不远，仍可按 9.1.1 或 9.1.2 的叙述设置监控点。

——如果排放源紧靠某一侧围墙，风向朝向与其相邻或相对之围墙，且排污单位的范围很大，此时在排放源下风向设监控点已失去意义，主要的问题是考察无组织排放对其相近的围墙外是否造成污染和超过标准限值。所以，在这种情况下应选择风向朝向排放源相近一侧围墙时，在近处围墙外设监控点；或于静风及准静风（风速小于 1.0 m/s）状态下，依靠无组织排放污染物的自然扩散，在近处围墙（单位周界）外设置监控点。有关的问题在下面叙述。

——无组织排放源靠近围墙（单位周界），风向朝向排放源近处围墙，且排放源具有一定高度，应分别下列情况设置监控点：

如图 6 所示，监测人员应首先估算无组织排放污染物的最大落地浓度区域，并将监控点设置于最大落地浓度区域范围之内（图中 A 点）。按照 GB 16297—1996 中的有关规定，按此原则设置的监控点位置，可以越出围墙外 10 m 范围，按（6）式估算最大落地浓度区的位置和距离。

$$X_{\max}=\left(\frac{H}{\sqrt{2}b}\right)^{q-1} \tag{6}$$

式中：H——排放源有效高度。对于无组织排放，通常可以不考虑其热力和动力抬升，所以可用排放源的几何高度代替有效高度，m；

b、q——垂直扩散参数σ_z幂函数表达式的系数，即$\sigma_z=bx^q$，其具体数值见附录 A。

图 6 中的 A 点虽然是最大落地浓度，但无组织排放的污染物已由 P 点迁移至 A 点，已经过一段距离的稀释扩散，浓度终究已大大降低，所以在条件许可的情况下，应仍然将监控点设置于周界围墙边，但将采样进气口提高到图 6 中 B 点处，B 点的高度按（7）式计算：

$$a=\left(\frac{H-X}{\sqrt{2}b}\right)^{q-1} \tag{7}$$

式中：X——B 点的高度，m；

a——排放源至 B 点的水平距离，m；

H、b、q——同（6）式。

还应注意，按照 GB 16297—1996 中的有关规定，监控点设置的高度范围为 1.5～15 m，故若计算得到的 B 点高度超过 15 m，则应将 B 点位置作水平移动，直至其计算高度落到 15 m 以下的范围。

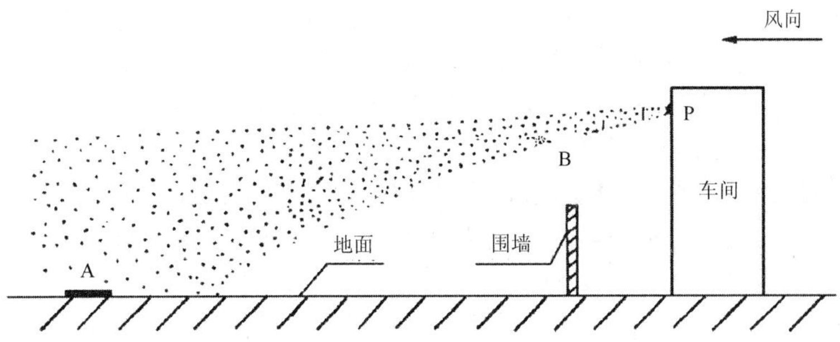

图 6　最大落地浓度区域和监控点设置示意图

9.2　在排放源上、下风向分别设置参照点和监控点的方法

9.2.1　参照点的设置方法

9.2.1.1　设置参照点的原则要求

环境中的某些污染物（在 GB 16297—1996 中规定二氧化硫、氮氧化物、颗粒物和氟化物为该类物质）具有显著的本底（或称背景）值，因此无组织排放源下风向监控点的污染物浓度，其中一部分由本底或（或背景）值做出贡献，另一部分由被测无组织排放源做出贡献，设置参照点的目的是了解本底值的大小。所以，设置参照点的原则要求是：参照点应不受或尽可能少受被测无组织排放源的影响，参照点要力求避开其近处的其他无组织排放源和有组织排放源的影响，尤其要注意避开那些可能对参照点造成明显影响而同时对监控点无明显影响的排放源；参照点的设置，要以能够代表监控点的污染物本底浓度为原则。

9.2.1.2　参照点的设置范围

按照 GB 16297—1996 的有关规定和 9.2.1.1 的原则，参照点最好设置在被测无组织排放源的上风向，以排放源为圆心，以距排放源 2 m 和 50 m 为圆弧，与排放源成 120°夹角所形成的扇形范围内设置。如图 7 所示，由 CDEF 围成的扇形，即是设置参照点的适宜范围，这样的安排既符合 GB 16297—1996 的有关规定，又具有避开近处污染源影响的余地。

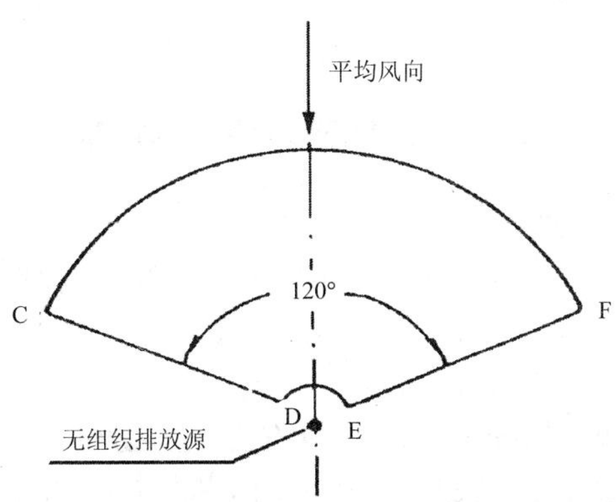

图 7　参照点的设置范围

9.2.1.3 平均风速等于和大于 1 m/s 时的参照点设置

平均风速等于或大于 1 m/s 时，由被测排放源排出的污染物一般只能影响其下风向，故参照点可在避开近处污染源影响的前提下，尽可能靠近被测无组织排放源设置，以使参照点可以较好地代表监控点的本底浓度值。

9.2.1.4 平均风速小于 1 m/s（包括静风）时参照点设置

当平均风速小于 1 m/s 时，被测无组织排放源排出的污染物随风迁移作用减小，污染物自然扩散作用相对增强，此时污染物可能以不同程度出现在被测排放源上风向，此时设置参照点，既要注意避开近处其他源的影响，又要在规定的扇形范围内比较远离被测无组织排放源处设置。

9.2.1.5 存在局地环流情况下的参照点设置

当被测无组织排放源周围存在较多建筑物和其他物体时，应警惕可能存在局地环流，它有可能使排出的污染物出现在无组织排放源的上风向，此时应对局地流场进行测定和仔细分析后，按照前面所说的原则决定参照点的设置位置。

9.2.2 监控点的设置方法

9.2.2.1 设置监控点的原则要求

设置监控点的原则要求是由 GB 16297—1996《大气污染物综合排放标准》中的附录 C 和其他有关部分提出的，即要求设置监控点于无组织排放源下风向，距排放源 2～50 m 范围内的浓度最高点。设置监控点时不需要回避其他源的影响。

9.2.2.2 一般情况下设置监控点的方法

如图 8 所示，在无特殊因素影响的情况下，监控点应设置在被测无组织排放源的下风向，尽可能靠近排放源处（距排放源最近不得小于 2 m），4 个监控点要设置在平均风向轴线两侧，与被测源形成的夹角不越出风向变化的标准差（±*S*°）的范围。

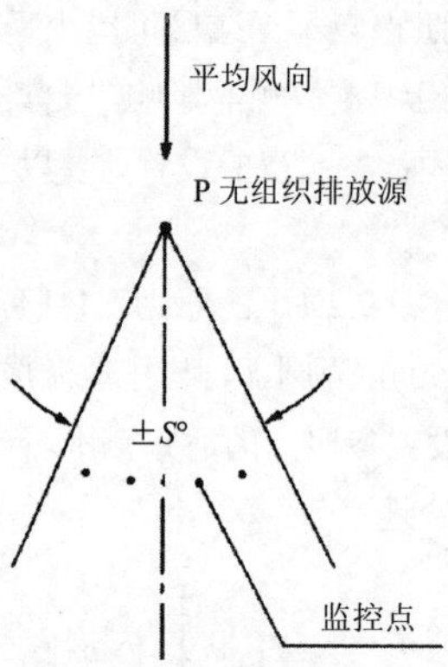

图 8 一般情况下设置监控点的方法

9.2.2.3 处于涡流区内的监控点设置

如果无组织排放源处于建筑物的正背风面（如图 9 所示），其下风向将不可避免处于涡流区内。从理论上判断，由无组织排放的污染物在涡流中将受到搅拌混合，此时监控点的设置将不受上述中的夹角限制，应根据情况于可能的浓度最高处设置监控点。

实际上：建筑物背风面的涡流激烈程度既同风速有关，也同建筑物的大小、形状等因素有关，所以监测人员最好在现场用轻便风向风速表或人造烟源按 7.4.4 的叙述进行简易测定，并按测定结果判断无组织排放的污染物受到搅拌混合的激烈程度和分布情况，决定监控点的布设方法。

无组织排放源处于建筑物的侧背风区（如图 10 所示），则排放的污染物可能部分处于涡流区，部分未处于涡流区，此时应尽可能避开涡流区，于非涡流区内设置监控点。

在这样的情况下设置监控点，仍然必须用轻便式风向风速表或人造烟源对排放源附近的流场做一些简易的测定和分析，依据流场的具体情况设定监控点的位置。

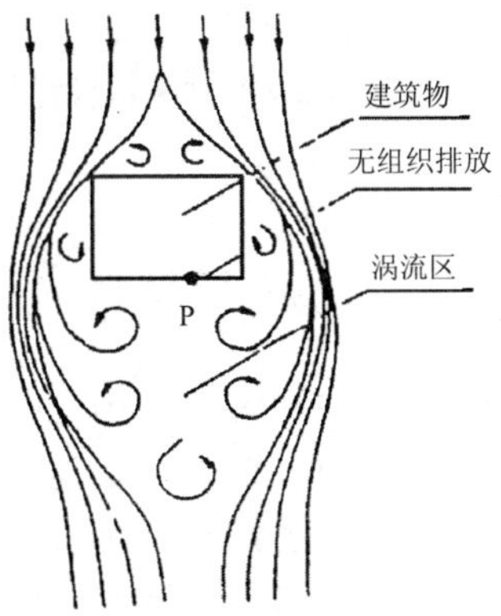

图 9　无组织排放的污染物处于涡流区内

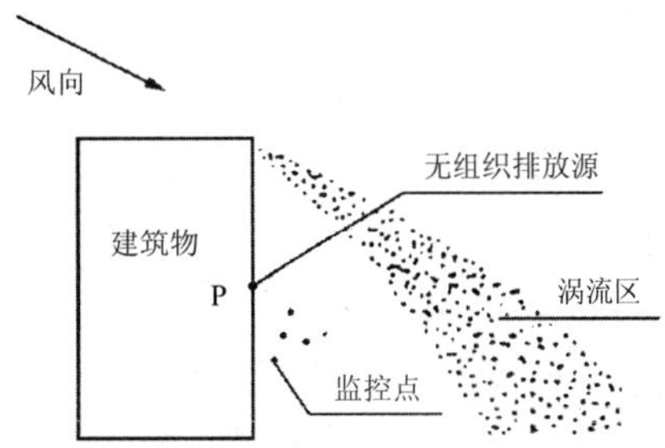

图 10　排放源处于侧背风区的监控点设置示意图

9.2.2.4　无组织排放源处于建筑物迎风面的监控点设置

无组织排放源处于建筑物的正迎风面时（如图 11 所示），排放的污染物向源的两侧运动，此时应将监控点设置排放源两侧，较靠近排放源，并尽可能避开两侧小涡旋的位置。

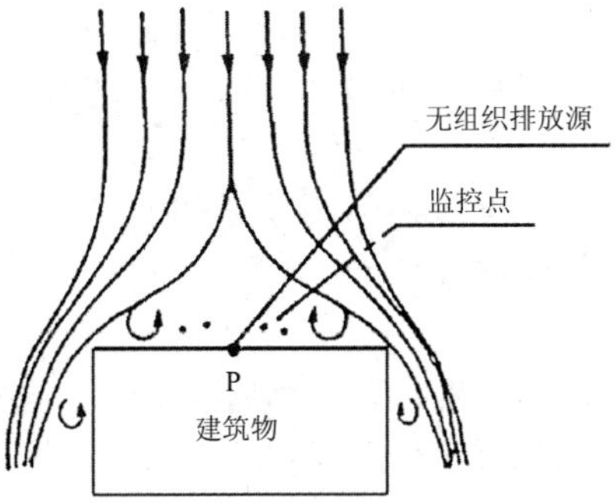

图 11　排放源处于正迎风面的监控点设置

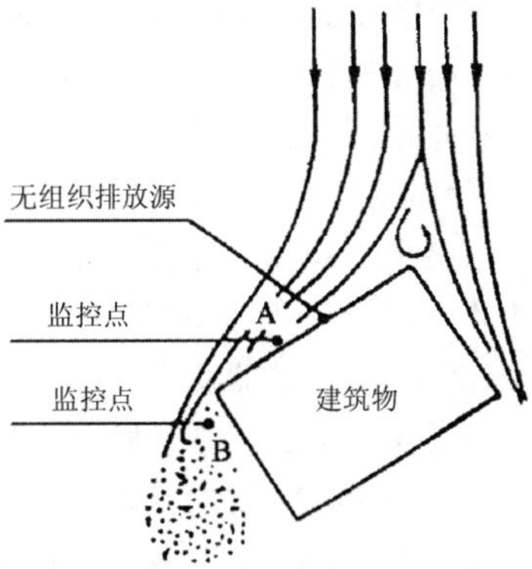

图 12　排放源处于建筑物侧迎风面时的监控点设置

监测现场排放源近旁的气流状况仍应预先作简易调查，然后才确定监控点的具体位置。

无组织排放源处于建筑物的侧迎风面时，污染物将向其下风向紧贴墙面运动，此时应在排放源下风向靠墙（图 12 A 点）设置监控点，亦可同时在下风向墙尽头处（图 12 B 点）设监控点。

9.2.2.5　同一个无组织排放源，存在两个以上排放点的监控点设置

——如果在监测以前可以确认，多个排放点中某一点的排放速率（指单位时间的污染物排放量）明显大于另外的排放点，则监控点应针对其中排放速率最大者设置，另外的排放点可不予考虑。

——如果在监测前可以确认，其中两个排放点的排放速率较接近，且污染物的扩散条件正常（指无涡流和局地环流等情况），应通过查表（见附录 B：2Y 数值表）作出估计。当两个排放点间的距离小于表中 2Y 时，两排放点下风向的浓度叠加区中的浓度将超过其中任一排放点单独形成的扩散区浓度，此时可将 4 个监控点中的 2 个设于浓度叠加区，另 2 个针对两单独的排放点设置，最终取其中实测浓度最高者计值；若两排放点间的距离大于 2Y，应分别针对两个排放点设置监控点，最终取测值最高者计值，不考虑在浓度叠加区设监控点。

——若存在涡流或局地环流时，两个点排放的污染物混合作用加剧，情况更为复杂，此时要因地制宜，根据现场具体情况设监控点，并更多地考虑在混合区设监控点。

9.2.2.6 排放源具有一定高度时的监控点设置

如果条件许可，以提高采气口位置来抵消排放源的高度，这样设点最为有利。

如果条件不许可提高采气口位置，则需对无组织排放的最大落地浓度区域进行估算后设置监控点，估算的方法参照本标准 9.1.3 第 2 点。

9.3 复杂情况下的监控点设置

9.3.1 在特别复杂的情况下，不可能单独运用上述各点的内容来设置监控点，需对情况作仔细分析，综合运用有关条款设置监控点。

9.3.2 在特别复杂的情况下，不大可能对污染物的运动和分布作确切的描绘和得出确切的结论，此时监测人员应尽可能利用现场可利用的条件，如利用无组织排放废气的颜色、嗅味、烟雾分布、地形特点等，甚之采用人造烟源或其他手段，籍以分析污染物的运动和可能的浓度最高点，并据此设置监控点。

9.3.3 由于无组织排放的具体情况，气象条件和地形变化都是多种多样的，监测人员很可能遇到本文叙述之外的具体情况，此时应发挥创造性，在符合 GB 16297—1996《大气污染物综合排放标准》附录 C 和其他有关原则规定的前提下，科学合理地解决监控点设置方法。

10 无组织排放监测的采样方法、分析方法和计值方法

10.1 无组织排放监测的采样频次

无组织排放监控点的采样，一般采用连续 1 小时采样计平均值。

若污染物浓度过低，需要时可适当延长采样时间；

如果分析方法的灵敏度高，仅需用短时间采集样品时，实行等时间间隔采样，在 1 小时内采集 4 个样品计平均值。

无组织排放参照点的采样应同监控点的采样同步进行，采样时间和采样频次均应相同。

为了捕捉监控点浓度最高的时间分布，每次监测安排的采样时间可多于 1 小时。

10.2 无组织排放监测的采样方法

对于无组织排放的控制是通过对其造成的环境空气污染程度而予以监督的，所以，无组织排放的“监控点”设置于环境空气中。我国已经针对大气污染物排放标准制定了配套的标准分析方法，其中有关的采样部分已分别按有组织排放和无组织排放作出规定，因此，无组织排放监测的采样方法应按照配套标准分析方法中适用于无组织排放采样的方法执行，个别尚缺少配套标准分析方法的污染物项目，应按照适用于环境空气监测方法中的采样要求进行采样。

10.3 无组织排放监测分析方法

无组织排放监测的样品分析方法按照国家环保局规定的，与大气污染物排放标准相配套的标准分析方法（其中适用于无组织排放部分）执行，个别没有配套标准分析方法的污染物，应按照该污染物适用于环境空气监测的标准（或统一）分析方法执行。

10.4 无组织排放监测对工况的要求

按照 GB 16297—1996《大气污染物综合排放标准》中 8.3 的规定：在对污染源的日常监测中，采样期间的工况应与当时的运行工况相同，排污单位的人员和实施监测的人员都不应任意改变当时的运行工况；建设项目环境保护设施竣工验收监测的工况要求按国家环保局制定的《建设项目环境保护设施竣工验收监测办法》执行；其他为了处理厂群矛盾等具有特定目的的监测，应根据需要提出对采样期间的工况要求，经当地环境保护行政主管部门批准后执行。

但是，我国大气污染物排放标准对无组织排放实行限制的原则是，即使在最大负荷的生产和排放，以及在最不利于污染物扩散稀释的条件下，无组织排放监控值亦不应超过排放标准所规定的限值，因此，

监测人员应在不违反上述原则的前提下，选择尽可能高的生产负荷及不利于污染物扩散稀释的条件进行监测。

10.5　“无组织排放监控浓度值”的计值方法

所谓计值方法是确定某污染源的“无组织排放监控浓度值”的方法，它用以同排放标准中的“无组织排放监控浓度限值”进行比较，以判断该污染源的无组织排放是否达到（或超过）标准值。

按照 GB 16297—1996 的有关规定，无组织排放监控浓度值的计值方法分别下面两种情况进行计算。

10.5.1　按规定在污染源单位周界外设监控点的监测结果，以最多四个监控点中的测定浓度最高点的测值作为“无组织排放监控浓度值”。注意：浓度最高点的测值应是 1 小时连续采样或由等时间间隔采集的四个样品所得的 1 小时平均值。

10.5.2　按规定分别在无组织排放源上、下风向设置参照点和监控点的监测结果，以最多四个监控点中的浓度最高点测值扣除参照点测值所得之差值，作为“无组织排放监控浓度值”。注意：监控点和参照点测值是指 1 小时连续采样或由等时间间隔所得四个样品的 1 小时平均值。

例：为对某污染源的大气污染物无组织排放进行监督控制，按规定于无组织排放源上风向设参照点，于排放源下风向的适当位置设四个监控点，如何依据测定结果判断该污染源的无组织排放是否超标？

设：参照点 M 以等时间间隔采集四个样品，测值分别为 m_1、m_2、m_3、m_4。

监控点 A、B、C、D 均分别以等时间间隔采集四个样，测值分别为 a_1、a_2、a_3、a_4；b_1、b_2、b_3、b_4；c_1、c_2、c_3、c_4；d_1、d_2、d_3、d_4。

计算：

（1）参照点的 1 小时平均值 $m=\dfrac{m_1+m_2+m_3+m_4}{4}$

（2）四个监控点的 1 小时平均值分别为

$$a=\frac{a_1+a_2+a_3+a_4}{4}$$

$$b=\frac{b_1+b_2+b_3+b_4}{4}$$

$$c=\frac{c_1+c_2+c_3+c_4}{4}$$

$$d=\frac{d_1+d_2+d_3+d_4}{4}$$

（3）比较四个监控点的测值大小（均指 1 小时平均值）后，得到 $b>a>c>d$

（4）计算该污染源无组织排放的“监控浓度值” x　　$x=b-m$

（5）判断该污染源无组织排放是否超标（设该污染物的“无组织排放监控浓度限值”为 y）

结论：因为 $x>y$，所以该源的无组织排放超标。

11　标准实施

由于排放同一种污染物的工厂集群，或者由于特殊的地形构成，气象条件等因素，造成确定无法实施本标准时，应由环境监测部门提出报告，经县级以上人民政府环境保护行政主管部门审批后，对特定污染源缓期或免于实施大气污染物无组织排放监测。

附 录 A

（标准的附录）

大气稳定度的判定方法

1 太阳倾角δ以（1）式计算

$$\delta = (0.006\,918-0.399\,912\cos Q_0+0.70\,257\,8\sin Q_0-0.006\,758\cos Q_0+0.000\,907\sin 2Q_0-0.002\,697\cos 3Q_0+0.001\,480\sin 3Q_0)\times 180/\pi \quad (1)$$

式中：$Q_0=360d_n/365$，度；

δ=太阳倾角，度；

d_n=一年中的日期序数 0，1，2，3，…，364。

太阳倾角的计算值见附录 B。

2 太阳高度角 h_0 的计算

$$h_0=\arcsin\left[\sin\phi\sin\delta+\cos\phi\cos\delta\cos(15t+\lambda-300)\right] \quad (2)$$

式中：h_0—— 太阳高度角，度；

ϕ—— 当地纬度，度；

t—— 北京时间，时；

δ—— 太阳倾角，度；

λ—— 当地经度，度。

3 确定太阳辐射等级

由计算得到的太阳高度角 h_0 和云量，由表 3 查出太阳辐射等级。

表 3 太阳辐射等级

总云量/低云量*	夜间	太阳高度角 h_0			
		$h_0\leqslant15°$	$15°<h_0\leqslant35°$	$35°<h_0\leqslant65°$	$h_0>65°$
≤4/≤4	−2	−1	+1	+2	+3
5～7/≤4	−1	0	+1	+2	+3
≥8/≤4	−1	0	0	+1	+1
≥5/5～7	0	0	0	0	+1
≥8/≥8	0	0	0	0	0

* 云量是指将天空分为十份（十分制）所占的份数。观测云量的规则见附录 C。

4 确定大气稳定度等级

根据地面风速和太阳辐射等级，由表 4 查出大气稳定度等级。

表 4 大气稳定度等级

地面风速*（m/s）	太阳辐射等级					
	+3	+2	+1	0	−1	−2
≤1.9	A	A−B	B	D	E	F
2～2.9	A−B	B	C	D	E	F
3～4.9	B	B−C	C	D	D	E
≥6	C	D	D	D	D	D

* 地面风速系指离地面 10 m 高处的 10 分钟平均风速。若在无组织排放现场测定 10 m 高度的风速有困难，可以用现场开阔地带 2 m 以上高度，或高于 10 m 高度测定的平均风速代替，并以 $\bar{U}_{10}=\bar{U}_{a}\left(\frac{10}{a}\right)^{n}$ 计算得到 $\bar{U}_{10}$（10 m 高度的风速）。式中 a 为测定风速的实际高度，n 见附录 D 推荐值。

附　录　B

（标准的附录）

太阳倾角δ（四年平均值）

月份 δ，度 日期	一月	二月	三月	四月	五月	六月	七月	八月	九月	十月	十一月	十二月
1	−23.1	−17.2	−7.80	4.30	15.0	22.0	23.1	18.2	8.40	−3.00	−14.3	−21.8
2	−23.0	−16.9	−7.40	4.70	15.3	22.2	23.1	17.9	8.10	−3.40	−14.6	−21.9
3	−22.8	−16.6	−7.00	5.10	15.6	22.3	23.0	17.6	7.70	−3.80	−15.0	−22.1
4	−22.7	−16.3	−6.60	5.50	15.9	22.4	22.9	17.4	7.40	−4.10	−15.3	−22.2
5	−22.6	−16.0	−6.20	5.90	16.2	22.5	22.8	17.1	7.00	−4.50	−15.6	−22.3
6	−22.5	−15.7	−5.80	6.30	16.4	22.6	22.7	16.8	6.60	−4.90	−15.9	−22.4
7	−22.4	−15.4	−5.40	6.60	16.7	22.7	22.6	16.5	6.20	−5.30	−16.2	−22.6
8	−22.3	−15.1	−5.10	7.00	17.2	22.8	22.5	16.3	5.90	−5.79	−16.5	−22.7
9	−22.1	−14.8	−4.70	7.40	17.2	22.9	22.4	16.1	5.50	−6.10	−16.7	−22.8
10	−22.0	−14.5	−4.30	7.80	17.5	23.0	22.3	15.7	5.10	−6.50	−17.0	−22.9
11	−21.8	−14.2	−3.90	8.10	17.8	23.1	22.2	15.4	4.70	−6.80	−17.3	−23.0
12	−21.7	−13.8	−3.50	8.50	18.0	23.2	22.0	15.1	4.40	−7.20	−17.6	−23.1
13	−21.5	−13.5	−3.10	8.90	18.3	23.2	21.9	14.8	4.00	−7.60	−17.9	−23.1
14	−21.4	−13.2	−2.70	9.20	18.5	23.3	21.7	14.5	3.60	−8.00	−18.1	−23.2
15	−21.2	−12.8	−2.30	9.60	18.8	23.3	21.6	14.2	3.20	−8.30	−18.4	−23.3
16	−21.0	−12.5	−1.90	10.0	19.0	23.4	21.5	13.9	2.80	−8.70	−18.6	−23.3
17	−20.8	−12.1	−1.50	10.3	19.2	23.4	21.3	13.5	2.50	−9.10	−18.9	−23.4
18	−20.6	−11.8	−1.10	10.7	19.5	23.4	21.1	13.2	2.10	−9.40	−19.1	−23.4
19	−20.4	−11.4	−0.80	11.0	19.7	23.4	20.9	12.9	1.70	−9.80	−19.4	−23.4
20	−20.2	−11.0	−0.40	11.4	19.9	23.4	20.7	12.6	1.30	−10.2	−19.6	−23.4
21	−20.0	−10.7	0.00	11.7	20.1	23.4	20.5	12.3	0.90	−10.5	−19.8	−23.4
22	−19.8	−10.4	0.40	12.1	20.3	23.4	20.3	11.9	0.50	−11.0	−20.1	−23.4
23	−19.5	−10.0	0.80	12.4	20.5	23.4	20.1	11.6	0.10	−11.3	−20.3	−23.4
24	−19.3	−9.60	1.30	12.7	20.6	23.4	19.9	11.2	0.00	−11.6	−20.5	−23.4
25	−19.1	−9.30	1.70	13.0	20.8	23.4	19.7	10.9	−0.60	−12.0	−20.7	−23.4
26	−18.8	−8.90	2.10	13.4	21.1	23.4	19.5	10.6	−1.10	−12.3	−20.9	−23.4
27	−18.6	−8.50	2.46	13.6	21.2	23.4	19.3	10.2	−1.50	−12.6	−21.1	−23.3
28	−18.3	−8.10	2.80	14.0	21.4	23.3	19.1	9.90	−1.90	−13.0	−21.3	−23.3
29	−18.0		3.20	14.4	21.0	23.3	18.9	9.50	−2.20	−13.3	−21.4	−23.3
30	−17.8		3.60	14.7	21.7	23.3	18.6	9.20	−2.60	−13.7	−21.6	−23.2
31	−17.5		4.00		21.9		18.4	8.80		−14.0		−23.2

附 录 C

（标准的附录）

云量观测规则

云量是指云遮蔽天空视野的成数。估计云量的地点必须能见全部天空，当天空部分地为障碍物如山、房屋等所遮蔽时，云量应从未被遮蔽的天空部分中估计；如果一部分天空为降水所遮蔽，这部分天空应作为被产生降水的云所遮蔽来看待。

云量观测包括总云量和低云量。总云量是指观测时天空所有的云遮蔽的总成数，低云量是指天空被低云所遮蔽的成数，均记整数。

一、总云量的观测

全天无云，总云量记 0；天空完全为云所遮蔽，记 10；天空完全为云所遮蔽，但只要从云隙中可见青天，则记 10^-；云占全天十分之一，总云量记 1；云占全天十分之二，总云量记 2，其余依次类推。

天空有少许云，其量不到天空的十分之零点五时，总云量也记 0。

总云量记入观测簿相应栏内，并作日合计、日平均（以下各章同）。

二、低云量的观测

观测低云量的方法与总云量同。全天无低云或虽有少许低云但其量不到十分之零点五时，低云量记 0；天空被低云遮住一半时，低云量记 5；整个天空为低云遮蔽，低云量记 10，但如有云隙能见到青天或看到上层云时，低云量记 10^-。例如：天空被 Fn 占满，其间有空隙，从空隙中看到高层云，但看不到青天，此时总云量记 10，低云量记 10^-；又如：天空为 Sc 遮满，而其间有较小的空隙可见青天，此时总云量记 10^-，低云量也记 10^-。

附 录 D

（标准的附录）

各种稳定度条件下的风廓线幂指数值 *n*

地区 \ *n* \ 稳定度类别	A	B	C	D	EF
城市	0.10	0.15	0.20	0.25	0.30
乡村	0.07	0.07	0.10	0.15	0.25

附 录 E

（标准的附录）

b、*q* 数值表

按照高斯扩散模式，地面最大浓度出现的距离为：

$$X_{\max} = (H / \sqrt{2}b)^{1/q}$$

其中：H—— 烟源的排放高度；

b、q —— 垂直扩散参数σ_z幂函数表达式的系数（即：$\sigma_z=bx^q$）。

GB/T 3840—91《制定地方大气污染物排放标准的技术方法》规定，垂直扩散参数幂函数表达式系数取值如下表。

稳定度	q	b	下风距离（m）
A	1.211 54 1.513 60 2.108 81	0.079 990 4 0.008 547 71 0.000 211 545	0～300 300～500 >500
B	0.964 435 1.093 56	0.127 190 0.075 025	0～500 >500
B-C	0.941 015 1.007 70	0.114 682 0.075 718 2	0～500 >500
C	0.091 759 5	0.106 803	>0
C-D	0.838 628 0.756 410 0.815 575	0.126 152 0.235 667 0.136 659	1～2 000 2 000 ～10 000 >10 000
D	0.826 212 0.632 023 0.555 36	0.104 634 0.400 167 0.810 763	1～1 000 1 000 ～10 000 >10 000
D-E	0.776 864 0.572 347 0.499 149	0.111 771 0.528 992 2 1.038 10	1～2 000 2 000 ～10 000 >10 000
E	0.788 370 0.565 188 0.414 743	0.092 752 9 0.433 384 1.732 41	1～1 000 1 000 ～10 000 >10 000
F	0.784 400 0.525 969 0.322 659	0.062 076 5 0.370 015 2.406 91	1～1 000 1 000 ～10 000 >10 000

附　录　F
（标准的附录）
2y 数值表

假设两个点源相距的距离为 $2y$，在 $2y$ 距离内，由于两个源的浓度叠加，会形成一个大于单个点源造成的地面最大浓度 c_{max}。$2y$ 同排放源高度 H，以及大气稳定度之间的关系为：

（一）在各种稳定条件下的 $2y$ 值（排放源高度为 2.0 m）

大气稳定度	$2y$ 值（m）
很不稳定	3.33
不稳定	3.63
中性	4.84
稳定	17.21

（二）在中性大气稳定度条件下，排放源高 H 和 $2y$ 的关系

H（m）	$2y$（m）
1.5	3.63
2.0	4.48
3.0	7.27
4.0	9.69
5.0	12.11
6.0	14.53
7.0	16.96
8.0	19.38
9.0	21.80
10.0	24.22

中华人民共和国环境保护行业标准

固定污染源监测质量保证与质量控制技术规范（试行）

Technical specifications of quality assurance and quality control for monitoring of stationary pollution source (on trial)

HJ/T 373—2007

2007-11-12 发布　　2008-01-01 实施

前　言

为贯彻《中华人民共和国环境保护法》、《中华人民共和国水污染防治法》和《中华人民共和国大气污染防治法》，规范污染源监测，确保监测数据和信息的准确可靠，制定本标准。

本标准规定了固定污染源废水排放、废气排放手工监测和比对监测过程中采样及测定的质量保证和质量控制的技术要求。

本标准为指导性标准。

本标准由国家环境保护总局科技标准司提出。

本标准主要起草单位：中国环境监测总站、沈阳市环境监测中心站。

本标准国家环境保护总局 2007 年 11 月 12 日批准。

本标准自 2008 年 1 月 1 日起实施。

本标准由国家环境保护总局解释。

1　适用范围

本标准规定了固定污染源废水排放、废气排放手工监测和比对监测过程中采样及测定的质量证和质量控制的技术要求。

本标准适用于固定污染源废水、废气污染物排放的环境监测工作。

2　规范性引用文件

本标准内容引用了下列文件中的条款，凡是不注日期的引用文件，其有效版本适用于本标准。

GB 8978—1996　污水综合排放标准

GB 12998—91　水质　采样技术指导

GB 16297—1996　大气污染物综合排放标准

GB/T 16157—1996　固定污染源排气中颗粒物测定与气态污染物采样方法

HJ/T 75—2007　固定污染源烟气排放连续监测技术规范（试行）

HJ/T 76—2007　固定污染源烟气排放连续监测系统技术要求及检测方法（试行）

HJ/T 91—2002　地表水和污水监测技术规范

HJ/T 92—2002　水污染物排放总量监测技术规范

HJ/T 355—2007　水污染源在线监测系统运行与考核技术规范（试行）

HJ/T 356—2007　水污染源在线监测系统数据有效性判别技术规范（试行）

《环境监测人员持证上岗考核制度》（环发〔2006〕114 号）

3 术语和定义

下列术语和定义适用于本标准。

3.1 质量保证

环境监测过程的全面质量管理，包含了保证环境监测数据准确、可靠的全部活动和措施。

3.2 质量控制

指用以满足环境监测质量需求所采取的操作技术和活动。

3.3 比对监测

指为了验证水、气在线自动监测仪监测结果的准确性，采用手工监测方法与在线自动监测仪器法同步监测，用手工监测结果作为验证在线自动监测数据的依据。其手工监测方法应采用国家标准方法或其他现行有效方法。

3.4 现场-实验室质控

指按照固定程序，质控样品与实际样品同步采集、同步分析的过程。其质控结果可以用来判断监测结果误差是否产生于现场采样或是实验室分析环节。

4 废水监测质量保证和质量控制技术要求

4.1 监测人员

监测人员应经培训，并按照《环境监测人员持证上岗考核制度》要求持证上岗。

4.2 监测仪器与设备

4.2.1 仪器与设备的检定和校准

属于国家强制检定的仪器与设备，应依法送检，并在检定合格有效期内使用；属于非强制检定的仪器与设备应按照相关校准规程自行校准或核查，或送有资质的计量检定机构进行校准，校准合格并在有效期内使用。每年应对仪器与设备检定及校准情况进行核查，未按规定检定或校准的仪器与设备不得使用。

4.2.2 仪器与设备的运行和维护

制订仪器与设备年度核查计划，并按计划执行，保证在用仪器与设备运行正常。

监测仪器与设备应定期维护保养，应制定仪器与设备管理程序和操作规程，使用时做好仪器与设备使用记录，保证仪器与设备处于完好状态。每台仪器与设备均应有责任人负责日常管理，责任人应有监督仪器与设备使用操作规范性的权利与义务。

4.2.3 质控检查

每季度现场抽查仪器与设备使用情况和使用记录。检查仪器与设备运行状况是否正常，仪器与设备使用是否按操作规程要求执行，检查仪器与设备使用记录是否真实规范。抽查仪器与设备年度核查执行情况，确认仪器与设备核查使用的标准样品有效。仪器与设备年度核查方法应符合相关标准或检验规程的要求。

4.3 工况核查

4.3.1 运行状况核查

运行状况核查时，应记录企业生产情况、污染物治理设施运行情况。其中企业生产情况包括一个季度（月）的生产记录、产品产量、原材料使用量等；污染物治理设施运行情况主要包括现场流量计使用、药剂存贮与使用、板框压滤机的使用、污泥存贮情况及处置记录等。

监测现场记录应由两名或两名以上的监测人员签字确认，必要时还须被监测的企业人员一同签字确认。

4.3.2　能耗核查

4.3.2.1　核查用水量和排水量

核查企业总用水量时，应记录企业一个季度（月）内生产报表、实际生产量和当日生产量。对供水有计量装置的企业，应查看水表或水费单，记录用水量；无计量装置的企业，记录新鲜水水泵流量及水泵运行时间，计算用水量，或采用单位产品水耗计算用水量。当企业实际用水量与提供用水量不符时，应现场核实。

排水量可根据企业废水排放流量计进行核查。若无流量计，可将用水量扣除水量损耗，测算其排水量。

4.3.2.2　核查产量及能耗

记录能源（电、煤、油等）、生产原料消耗情况，记录企业单位产品能耗及产量，核查企业在监测时的生产负荷。工况核查记录可参考附录 A。

4.4　样品采集

4.4.1　监测项目

监测项目执行 GB 8978—1996 及有关行业水污染物排放标准。

4.4.2　采样频次

采样频次按国家有关污染源监测技术规范的规定执行。

4.4.3　采样点位

废水采样点位设在排污单位外排口。原则上外排口应设置在厂界外，如设置于厂界内，溢流口及事故口排水必须能够纳入采样点位排水中。有毒有害污染物采样点位应设置在车间排放口。

采样口为多个企业共用时，采样点应设在其他企业排放污水未汇集处。若一个企业有多个排放口，应对多个排放口同时采样并测定流量。

对污染物治理设施或处理单元监测，应在各种污染物治理设施入口和出口设置采样点。若企业存在未经处理直接排放的废水，则应对企业废水处理设施和未经处理的废水混合点进行监测。

采样前应检查并确定采样点的设置是否符合要求，并按 HJ/T 91—2002 中 5.1.2 和 5.1.3 的规定执行采样点登记与管理。

采样记录中应详细记录采样点位具体位置，绘制采样点位图，采样记录可参见附录 A 中相关表格。

4.4.4　采样断面及位置

水深大于 1 m 时，应在表层下 1/4 深度处采样；水深小于或等于 1 m 时，应在水深的 1/2 处采样，采样位置应靠近采样断面的中心并符合 HJ/T 92—2002 中 6.3.2 的要求。

4.4.5　采样器具

4.4.5.1　采样器具的要求

采样器具应能够标记采样深度，材质和结构应符合 GB 12998—91 的规定。

4.4.5.2　采样器具的清洗

采样器具的清洗按 HJ/T 91—2002 中 4.2.3.1 的要求执行。

4.4.5.3　采样瓶抽检

采样人员定期抽检采样瓶并记录，质控人员随机核查。每批已清洗的采样瓶抽取 3%，检测其待测项目（不包括溶解氧、生化需氧量、细菌等特殊项目）能否检出。若检出，可根据该项目分析精度要求确定是否合格。一旦发现不合格采样瓶，应立即对采样瓶来源及清洗状况进行调查，找出原因，给予纠正。

4.4.6　样品采集、保存、运输和记录

样品采集、保存、运输和记录应符合 HJ/T 91—2002 中 5.2.2 和 5.2.3 的规定。采样现场质量保证措施应符合 HJ/T 92—2002 中 9.2 的要求。样品采集记录可参考附录 A。

4.5 分析实验室的基础条件

分析实验室的基础条件应符合 HJ/T 91—2002 中 11.5 的规定，同一实验房间内不得安排相互影响的监测项目。

4.6 实验室分析质量控制

4.6.1 分析测试

4.6.1.1 分析方法

分析方法按 GB 8978—1996 和有关行业排放标准的规定执行。若监测项目的分析方法未在上述标准中作出规定，其分析测试方法可参见 HJ/T 91—2002 中 6.2 的规定。

开展新的分析项目和分析方法时，应对该项目的分析方法进行适用性检验，了解和掌握分析方法的原理和条件。

4.6.1.2 稀释操作

当样品浓度超过检测上限并需要稀释时，宜移取 10.00 mL（包含 10.00 mL）以上样品进行稀释，并尽可能一次完成。对于必须逐级稀释的高浓度样品，应在稀释前制订逐级稀释操作方案。

4.6.2 实验室内质量控制

4.6.2.1 全程序空白

每批次监测样品应做全程序空白样品，以判断分析结果的准确性。可根据分析方法的需要，在分析结果中扣除全程序空白值对监测结果进行修正。全程序空白值的测定方法见 HJ/T 91—2002 中 11.6.1.1 的规定。

4.6.2.2 精密度控制

采用平行样测定结果判定分析的精密度时，每批次监测应采集不少于 10%的平行样，样品数量少于 10 个时，至少做 1 份样品的平行样。若测定平行双样的相对偏差在允许范围内，最终结果以双样测定值的平均值报出；若测试结果超出规定允许偏差的范围，在样品允许保存期内，再加测一次，监测结果取相对偏差符合质控指标的两个监测值的平均值。否则该批次监测数据失控，应予以重测。部分项目控制要求见表 1。

相对偏差按式（1）、式（2）计算：

$$\text{相对偏差（\%）}=\frac{x_i-\overline{x}}{\overline{x}}\times 100\% \tag{1}$$

$$\overline{x}=\sum_{i=1}^{n}x_i/n \tag{2}$$

式中：x_i ——第 i 次测量值；

$\overline{x}$ ——n 次测量平均值；

n ——测量次数。

表 1 废水监测部分项目精密度控制指标

项目	样品含量范围/（mg/L）	允许相对偏差/%
化学需氧量	5～50	≤20
	50～100	≤15
	＞100	≤10
氨氮	0.02～0.1	≤20
	0.1～1.0	≤15
	＞1.0	≤10

项目	样品含量范围/（mg/L）	允许相对偏差/%
总氮	0.025～1.0	≤10
	＞1.0	≤5
总氰化物	≤0.05	≤20
	0.05～0.5	≤15
	＞0.5	≤10
六价铬 总铬	≤0.01	≤15
	0.01～1.0	≤10
	＞1.0	≤5
总铅 总铜 总锌 总锰	≤0.05	≤30
	0.05～1.0	≤25
	＞1.0	≤15
总镉	≤0.005	≤20
	0.005～0.1	≤15
	＞0.1	≤10
总砷	＜0.05	≤20
	＞0.05	≤10
总汞	≤0.001	≤30
	0.001～0.005	≤20
	＞0.005	≤15
总磷 磷酸盐	≤0.025	≤25
	0.025～0.6	≤10
	＞0.6	≤5
挥发酚	≤0.05	≤25
	0.05～1.0	≤15
	＞1.0	≤10
阴离子表面活性剂	≤0.2	≤25
	0.2～0.5	≤20
	＞0.5	≤20
硝酸盐氮	＜0.5	≤25
	0.5～4	≤20
	＞4	≤15
五日生化需氧量	＜3	≤25
	3～100	≤20
	＞100	≤15
有机磷农药类	—	≤20
苯系物	—	≤20
挥发性卤代烃	—	≤20
氯苯类	—	≤20
硝基苯类	—	≤30
酚类	—	≤50
酞酸酯类	—	≤30
多环芳烃	—	≤30

4.6.2.3 准确度控制

实验室分析准确度可采用分析标准样品、自配标准溶液或实验室内加标回收中的任意一种方法来控制。

在对每批次样品进行分析时，需对一个已知浓度的标准样品或自配标准溶液进行同步测定，若标准样品测试结果超出保证值范围，或自配标准溶液分析结果相对误差超出±10%，应查找原因，予以纠正。部分项目加标回收率控制要求见表 2。

表 2 废水监测部分项目加标回收率范围控制指标

项目	样品含量范围/（mg/L）	加标回收率/%
氨氮	0.02～0.1	90～110
	0.1～1.0	90～105
	＞1.0	90～105
总氮	0.025～1.0	90～110
	＞1.0	95～105
总氰化物	≤0.05	85～115
	0.05～0.5	90～110
	＞0.5	90～110
六价铬 总铬	≤0.01	85～115
	0.01～1.0	90～110
	＞1.0	90～110
总铅 总铜 总锌 总锰	≤0.05	80～120
	0.05～1.0	85～115
	＞1.0	90～110
总镉	≤0.005	85～115
	0.005～0.1	90～110
	＞0.1	90～110
总砷	＜0.05	85～115
	＞0.05	90～110
总汞	≤0.001	85～115
	0.001～0.005	90～110
	＞0.005	90～110
总磷 磷酸盐	≤0.025	85～115
	0.025～0.6	90～110
	＞0.6	90～110
挥发酚	≤0.05	85～115
	0.05～1.0	90～110
	＞1.0	90～110
阴离子表面活性剂	≤0.2	80～120
	0.2～0.5	85～115
	＞0.5	85～110

项目	样品含量范围/（mg/L）	加标回收率/%
硝酸盐氮	＜0.5	85～115
	0.5～4	90～110
	＞4	95～110
有机磷农药类	—	70～130
苯系物（非顶空法）	—	80～120
挥发性卤代烃（非顶空法）	—	80～120
氯苯类（非顶空法）	—	75～130
硝基苯类	—	30～120
酚类（色谱法）	—	10～120
酞酸酯类	—	70～120
多环芳烃	—	30～130

4.6.2.4 现场-实验室质控

4.6.2.4.1 实施条件

仲裁监测或重大项目验收监测，可采取本条（4.6.2.4）规定的控制方法。

4.6.2.4.2 现场工作

每一批次样品采集一个现场-实验室质控样品进行质控核查。

在同一采样点上采集平行样，记为 A 样。同时按照样品采集操作程序，将实验室所用纯水采入空的样品容器中，用作现场空白样，记为 B 样。

将 A 样分为 A_1 和 A_2 两份子样，再将 A_1 样分成两份，其中一份加入一定浓度待测物的标准溶液制成 $A_{1\,标现}$，另一份带回实验室做相同处理，制成实验室加标样 $A_{1\,标实}$。保留 A_2 样。

将 B 样分为三份，一份现场加标制成样品 $B_{标现}$，一份实验室加标制成样品 $B_{标实}$，另保留 B 样一份。

4.6.2.4.3 实验室工作

测定实验室空白及标准样品，所得结果应符合实验室内常规质量控制指标要求，证明实验室测试处于受控状态。

测定 B、$B_{标现}$与 $B_{标实}$。如果 $B_{标现}$回收率失控，而 $B_{标实}$回收率合格，则误差产生于样品运交实验室前；若 $B_{标实}$回收率失控，而 $B_{标现}$回收率合格，证明在实验室内制作加标样品 $B_{标实}$时产生误差。

测定 A_2、$A_{1\,标实}$、$A_{1\,标现}$样品。如果 $A_{标现}$回收率失控，而 $A_{标实}$回收率合格，则误差产生于样品运交实验室前；若 $A_{标实}$回收率失控，而 $A_{标现}$回收率合格，证明在实验室内制作加标样品 $A_{标实}$时产生误差。

4.6.2.5 有机分析质控要求

4.6.2.5.1 分析方法

国内无适合的标准分析方法时，可参考采用国外等效方法。采用国外等效分析方法时，须严格执行方法中质控要求。

4.6.2.5.2 分析仪器性能校准

对分析仪器按规定的方法进行校准。仪器校准应在分析当天或按仪器要求执行。质谱仪校准内容包括质量数、离子丰度等。

4.6.2.5.3 标准曲线核查

样品分析当天或仪器每运行 12 h，应用标准溶液对标准曲线进行核查。通常情况下，若标准溶液的分析结果与标准值相对误差不超过 20%，原标准曲线可继续使用；若分析方法中对标准曲线核查有明确要求，则按方法要求执行。发现标准曲线失控，应立即重新绘制曲线。

4.6.3 实验室间质量控制

实验室间质量控制可采取密码样考核、能力验证等方式实施，每年应至少进行一次。质量控制记录可参考附录 A。

4.7 标准样品和化学试剂

监测过程中使用的环境标准样品和化学试剂应是正规厂家生产的合格产品。

4.8 总量测量

监测废水总量时，应在采样同时测定废水流量及废水平均浓度，监测方法按 HJ/T 92—2002 的要求执行。

4.9 监测报告

监测报告应执行三级审核制度。审核范围应包括样品采集、交接、实验室分析原始记录、数据报表等。原始记录中应包括质控措施的记录。质控样品测试结果合格，质控核查结果无误，监测报告方可通过审核。

4.10 废水在线监测系统比对监测质量保证和质量控制技术要求

4.10.1 比对监测条件

在线自动监测仪器应通过获得国家环境保护总局检测资质认可的检测机构适用性检测，其设备运行应满足 HJ/T 355—2007 中相关要求。

4.10.2 比对监测质控基本要求

4.10.2.1 比对监测数据对

每次监测时，手工监测与在线监测数据对不少于 3 对。

4.10.2.2 采样点位

比对监测与在线连续监测采样时间及采样点位置应保证一致，比对监测过程中应尽可能保证比对样品均匀一致。

4.10.2.3 样品分析

比对监测实验室分析样品应在 HJ/T 91—2002 要求的样品保质期内完成测定，实验室质控要求见本标准 4.6 的规定。

4.10.2.4 数据质量、数据有效性和缺失数据处理

比对监测数据质量、数据有效性和缺失数据处理按 HJ/T 356—2007 中第 4 章、第 6 章和第 7 章的规定执行。

5 废气监测质量保证和质量控制技术要求

5.1 监测人员

按本标准 4.1 的要求执行。

5.2 监测仪器与设备

5.2.1 仪器与设备的检定和校准

除执行本标准 4.2 的要求外，还应符合以下要求：

GB/T 16157—1996 中 12.2 规定的仪器与设备，应依据标准至少半年自行校准一次。

定电位电解法烟气（SO_2、NO_x、CO）测定仪应在每次使用前校准。采用仪器量程 20%～30%、50%～60%、80%～90%处浓度或与待测物相近浓度的标准气体校准，若仪器示值偏差不高于±5%，测定仪可以使用。

至少每季度对测氧仪校准一次，采用高纯氮校正其零点。用纯净空气调整测氧仪示值，在标准大气压下其示值为 20.9%。

定电位电解法烟气测定仪和测氧仪的电化学传感器寿命一般为 1～2 年，到期后应及时更换。在有效

使用期内若发现传感器性能明显下降或失效，须及时更换传感器，更换后测定仪需重新检定方可使用。

5.2.2　仪器与设备的运行和维护

采样仪器与设备须有专人管理及维护，每次使用后应对仪器与设备全面检查、清洁或修理。对于失效的消耗品（如干燥剂）及时更换，清洁仪器，检查电源及接线，发现破损及时修补。每次采样结束后，将采样器接通电源，通干燥清洁空气 15 min，去除采样路径中可能存在的含湿废气。

每台仪器与设备应备有专门的使用维护记录，记录要全面，应包含仪器与设备检定、校准、使用、维护等相关信息。

5.2.3　质量检验

对微压计、皮托管和烟气采样系统进行气密性检验，检查漏气的方法按照 GB/T 16157—1996 中 5.2.2.3 的规定执行。当系统漏气时，应再分段检查、堵漏或重新安装采样系统，直到检验合格。

气态污染物采样前，确认采样管材质及滤料不吸收且不与待测污染物起化学反应，不被排气成分腐蚀，并能耐受高温排气。

采样前检查仪器与设备预处理装置（除湿剂、气液分离装置、滤纸或滤膜）是否有效。各连接管不可存在折点或堵塞。

吸收瓶应严密不漏气，多孔筛板吸收瓶发泡要均匀，在流量为 0.5 L/min 时，其阻力应为（5±0.7）kPa。

5.3　工况核查

5.3.1　核定风量

核定风量时，应在采样同时记录鼓风机和引风机的风压、风量等信息。初步核算实测风量与风机额定风量的合理性，若存在不合理情况（如实测风量大于风机额定风量），应立即现场核实。

5.3.2　核定二氧化硫排放量

监测二氧化硫时，可通过核算燃料含硫量，初步核定二氧化硫排放浓度。

应现场向被测单位索要入炉煤质检验数据报告，根据煤质含硫量核算二氧化硫实测浓度与物料平衡测算浓度的符合度；如需自测煤质含硫量，应采集现场入炉混合煤样，检测煤质含硫量，核算二氧化硫实测浓度与物料平衡测算浓度的符合度。若两者相差大于±50%，应立即查找原因，必要时重新监测或增加抽测频次。现场测算时，脱硫效率按设计量和生产工艺取值。

二氧化硫测算可参考式（3）、式（4）。

燃煤二氧化硫排放量（t）=1.6×燃煤量（t）×全硫分%×（1−脱硫效率%）　（3）

燃油二氧化硫排放量（t）=2.0×燃油量（t）×全硫分%×（1−脱硫效率%）　（4）

燃气二氧化硫排放量：燃烧 100 万 m^3 燃气约产生 630 kg 二氧化硫

5.3.3　核定烟尘排放量

核定烟尘排放量时，应在现场调查企业燃料类型、除尘器设计除尘效率等参数，测算排放的烟尘量。若实测烟尘量与测算烟尘量相差大于±50%，应立即查找原因，必要时重新监测或增加抽测频次。烟尘排放量可参照式（5）计算。

烟尘排放量（kg）=煤（油）消耗量（t）×烟尘排放系数（kg/t）×（1−除尘效率%）　（5）

普通工业锅炉的烟尘排放参考系数见表 3。

表 3　普通工业锅炉的烟尘排放参考系数

煤型	参考系数	煤型	参考系数	煤型	参考系数
抚顺煤	73.29	阜新煤	69.43	本溪煤	66.86
烟台煤	79.71	辽源煤	81.50	通化煤	91.29
铁法煤	73.93	南票煤	90.00	沈北煤	87.43
舒兰煤	101.6	蛟河煤	11.19	延边煤	10.6

煤型	参考系数	煤型	参考系数	煤型	参考系数
鸡西煤	75.86	双鸭山煤	63.00	开滦煤	93.86
包头西山煤	61.71	大同煤	25.71	阳泉煤	74.57
原油	0.56	重油	1.60	—	—

5.3.4 核定工业粉尘排放量

核算粉尘排放量时，有净化处理装置的计算去除量，否则全部为排放量。若实测粉尘量与测算烟粉量相差大于±50%，应立即查找原因，必要时重新监测或增加抽测频次。工业粉尘排放量可参考式（6）、式（7）计算。

工业粉尘去除量（kg）=工业产品年产量（t）×系数（kg/t）×去除效率% （6）

工业粉尘排放量（kg）=工业产品年产量（t）×系数（kg/t）×（1-去除效率%） （7）

计算粉尘排放量时，可参考表4系数。

表4 工业粉尘排放参考系数

工艺类型	参考系数	工艺类型	参考系数	工艺类型	参考系数
焦炭	1.4～5.0	铁精矿烧结	4～20	旋转窑	100
高炉生铁	50～100	铅鼓风炉熔炼	33～35	水泥	50～100
竖窑	10	冲天炉生铁铸造	8.9～10	石棉	40～80

注：水泥行业因生产窑和除尘器不同，烟尘排放系数差异较大：竖窑与布袋除尘法参考系数取上限值；横窑和静电除尘法参考系数取下限值；竖窑与静电除尘法或横窑与布袋除尘法参考系数取中值。

5.3.5 核定氮氧化物排放量

核定氮氧化物排放量时，可现场测算氮氧化物排放量，与实测氮氧化物浓度对比，若两者相差大于±50%，应立即现场复核，查找原因。燃料燃烧过程中氮氧化物排放量可参考式（8）计算。

氮氧化物排放量（kg）=燃料消耗量（t）×排放系数（kg/t） （8）

计算燃烧过程中氮氧化物排放量时，可参考表5系数。

表5 燃烧过程中氮氧化物排放参考系数

燃料种类	参考系数	燃料种类	参考系数	燃料种类	参考系数
煤	10.1	焦炭	9.0	原油	5.0
汽油	16.7	煤油	7.46	柴油	9.62
燃料油	5.84	天然气（标态）	20.85 kg/万 m^3	煤气	9.5 kg/万 m^3

生产工艺过程产生的氮氧化物排放量可按式（9）计算。

生产工艺过程中氮氧化物排放量（kg）=工业产品年产量（t）×排放系数（kg/t） （9）

计算工艺过程中氮氧化物排放量时，可参考表6中的参考系数。

表6 生产工艺过程中氮氧化物排放参考系数

工艺类型	参考系数	工艺类型	参考系数	工艺类型	参考系数
铁合金	0.05	轧钢	0.04	制浆与造纸	1.5
炭黑	0.4	生铁出渣	0.076	—	—

5.3.6 燃煤量测算

测算燃煤量消耗时，应现场向被测单位索要入炉煤质检验数据报告，根据煤质热值及锅炉蒸发量（吨位），测算单位小时燃煤量；如需自测煤质热值，应采集现场入炉混合煤样，检测煤质热值。若实际燃煤量与测算量相差超过±25%，应再次核实现场工况，必要时重新监测或增加抽测频次。煤质热值测试结果确定的工况可作为工况系数的参考依据。测算方法可参考附录 B。

5.3.7 热工仪表核查

记录锅炉热工仪表输入及输出量，通过热水量及热水升高温度计算热耗量，测算实际生产负荷。与测试要求负荷比较，若存在较大差异（超过±25%），不能达到测试工况要求时，应立即现场核查，予以纠正。热工仪表核查确定的工况可作为工况系数的参考依据。测算方法可参考附录 B。

5.3.8 非燃烧工艺工况核查

非燃烧工艺工业生产可通过实际生产原材料的消耗、产品产量与相关的设计指标进行比较，计算其生产负荷。

工况核查记录可参考附录 A。

5.4 样品采集

5.4.1 监测项目

监测项目执行 GB 16297—1996 及有关行业大气污染物排放标准。

5.4.2 采样点位

采样位置和采样点的设置按 GB/T 16157—1996 中 4.2 的规定执行。

5.4.3 采样频次和采样时间

采样频次和采样时间按国家有关污染源监测技术规范的规定执行。

5.4.4 采样方法

采样方法按 GB/T 16157—1996 的规定执行。

5.4.5 采样质量控制

5.4.5.1 排气参数的测定过程

排气参数测定和样品采集之前，应对采样系统的密封性进行检测。采样系统密封性的技术参数应符合仪器说明书中的要求。

温度测量时，监测点尽量位于烟道中心。温度计最小刻度应至少为 1℃，实测温度应在全量程 10%～90%的范围内。

用奥氏气体分析仪测定烟气成分时，应按 CO_2、O_2、CO 的顺序进行测定，不得反向操作，并及时记录操作程序。

排气压力测定时，应先调节零点，进行气密性复查，S 形皮托管的全压孔要正对气流方向，偏差不得超过 10°。

5.4.5.2 颗粒物的采样

颗粒物的采样原则上采用等速采样方法。

现场监测的流量、断面、压力等数据应与生产设备的实际情况进行核实。当监测断面不规范时，可根据断面实际情况按照布点要求适当增加监测点位数量。采样过程跟踪率要求达到 1.0±0.1，否则应重新采样。

采用固定流量采样时，应随时检查流量，发现偏离应及时调整。采样后应重复测定废气流速，当采样前后流速变化大于±20%时，应重新采样。

5.4.5.3 气态污染物的采样

除执行 5.4.5.2 的要求外，还应达到以下要求。

气态污染物采样时，应根据被测成分的状态及特性选择冷却、加热、保温措施，并按照分析方法中规定的最低检出浓度选择合适的采样体积。

使用吸收瓶或吸附管系统采样时，吸收或吸附装置应尽可能靠近采样管出口，并采用多级吸收或吸附。当末级吸收或吸附检测结果大于吸收或吸附总量10%时，应重新设定采样参数进行监测。

当采样管道为负压时，不可用带有转子流量计的采样器采样。

测定去除效率时，处理设施前后应同时采样。不能同时采样时，各运行参数及工况控制误差均不得大于±5%。

现场直接定量测试的仪器应注意零点变化，测试前后应测量零点，当零点发生漂移大于仪器规定指标时，需重新测定。

5.4.5.4 吸收瓶抽检

使用吸收液采集气态污染物时，应定期对吸收瓶抽检。每批已清洗的吸收瓶抽取5%检测其待测物质，若检出，可根据该项目分析精度要求确定吸收瓶是否合格。一旦发现不合格吸收瓶，应立即对吸收瓶来源及清洗状况进行调查，找出原因，给予纠正。质控记录可参考附录A。

5.4.6 采样记录

采样记录应全面、详细，可参考附录A。

5.5 实验室分析质量控制

实验室分析用的各种试剂和纯水的质量应符合分析方法的要求。监测样品应及时分析，否则必须按监测项目的要求保存，并在规定的期限内分析完毕。每批样品应至少做一个全程空白样，实验室内应进行质控样品的测定。

5.6 标准样品和化学试剂

按本标准4.7的规定执行。

5.7 监测报告

按本标准4.9的规定执行。

5.8 烟气在线监测系统比对监测质量保证和质量控制技术要求

5.8.1 比对监测条件

在线自动监测仪器设备运行应满足HJ/T 75—2007和HJ/T 76—2007的相关要求。

5.8.2 比对监测质控基本要求

5.8.2.1 比对监测数据对

每次手工监测和在线监测比对监测数据：气态污染物对不少于6对，颗粒物、流速、烟温等样品不少于3对。

5.8.2.2 采样点位

比对监测采样点位应尽可能与自动在线监测设备保持一致，手工采样位置应满足HJ/T 75—2007中第6章规定。

5.8.2.3 样品分析

样品分析应满足分析方法的质量保证与质量控制的要求。

5.8.2.4 数据质量要求

气态污染物比对监测结果判定时，应用至少6个数据的手工测试平均值与同时段烟气自动在线监测仪器的分钟平均值进行准确度计算，计算方法参见HJ/T 75—2007附录A中式（21）～式（26）。颗粒物、流速、烟温等样品比对数量至少3对（指代表整个烟道断面的平均值），比对监测结果应满足HJ/T 75—2007中7.4的要求。

附　录　A

（资料性附录）

固定污染源监测质量保证与质量控制记录

________企业废水采样记录

样品编号	采样口名称	采样项目	断面面积/m^2	流速/（m/s）	采样点水深	采样断面类型（或形状）	采样时间	样品气味	样品颜色	固定剂	原水样 pH 值	加固定剂后 pH 值
采样点位置：（文字描述）							采样点位置图：					
注：采样断面类型包括排水井、排水明渠、暗渠、集水区等；采样断面形状指圆形、矩形、梯形等。												

采样人：　　　　企业接待人员：　　　　校核人：

__________企业__________排口废水监测现场工况

项目	现场情况	情况说明
企业类型	企业排放废水类型	
排污管线	排污口位置图	
	采样点是否在渠道较直、水量稳定、上游无污水汇入处	
	若不符合上述要求，请说明布点位置及理由	
	采样口是否为多企业共用一个排口或一个企业多个排口中之一	
	若存在上述情况，说明实际采样点位置及设置理由	
采样频次设定	采样频次设定是否符合企业废水排放规律	
	企业排放规律	
流量测量	企业废水排放流量属于哪种类型	波动较小　波动有规律　波动无规律
	采用测量方法	
治理设施运行	治理设施是否运行	
	运行记录是否全面	
	运行状况是否良好	
生产负荷	调查企业生产报表及生产记录，测算生产负荷	
	监测时实际生产负荷	
	是否相符，若不相符，说明现场核实结果	
	企业用水量与排水量是否相符	
	若不相符，说明现场核实结果	

记录人：　　　　　　　　校核人：　　　　　　　　日期：

________企业________排口水质监测质控记录

项目	质控内容	质控结果	确认人
采样瓶	抽检时间		
	抽检数量		
	是否存在检出		
	若存在检出，处理办法及结果		
平行样	平行样数量		
	是否达到 10%		
	平行结果合格率		
	出现问题的纠正措施		
全程序空白样品	全程序空白样品数量		
	全程序空白样品检测结果是否异常		
	若存在异常，说明解决办法		
样品运送及保存	采样瓶材质		
	样品是否加固定剂		
	样品是否冷藏保存		
	样品采集至分析的保存时间		

监测人员：　　　　检查人员：　　　　日期：

________企业废气化学法采样记录

监测的仪器设备名称及编号：									
样品编号	项目名称	采样时间	采样点位	流量/（L/min）	气温/℃	废气温度/℃	气压/kPa	风向	吸收液体积/mL
原材料消耗					生产负荷				
采样点位置：（文字描述）					采样点位置图：				

采样人： 企业接待人： 校核人：

________企业______排放烟气监测现场工况

项目	现场情况	情况说明
企业类型	企业产生及排放废气设施类型	
采样点位置	采样点位置图（可附）	
	采样点设置是否符合要求	
	若采样环境不符合要求，实际采样点位设置及理由	
	采样口大小	
采样频次	采样频次	
	采样频次是否与废气排放规律相符合	
	若不符合请说明理由	
	样品采集时间及平行测定次数	
流量测量	测量点数量	
	测量点位置	
	布点是否符合技术规范要求	
	若不符合请说明布点理由	
生产负荷	企业生产负荷是否与正常生产相同（工业炉窑生产负荷是否在最大热负荷状态）	
	若监测时生产负荷与正常生产负荷不同，说明实施措施	
脱硫效率	湿法脱硫时，洗涤液的 pH 值是否为碱性	
测算	风机风量数值与实测风量是否一致，若不一致说明核查结果	
	二氧化硫及氮氧化物预算量与实测量是否一致，若不一致说明核查结果	
	耗煤量测算与实际是否一致，若不一致说明核查结果	
	热能（热工仪表）测算与实际是否一致，若不一致说明核查结果	

记录人： 校核人： 日期：

烟气监测质控记录

项目	质控要求	结果	确认人
采样装置	采用哪种采样装置		
	是否有除湿除酸装置		
	采集高温高压气体时采样管外是否配置加温保暖装置		
	导管是否选用优质硅胶管		
	测量排气水分时，采样管前是否装有颗粒物过滤装置		
采样口	采样前是否清理采样口		
	检测采样孔是否漏气		
	不监测时采样口是否封闭		
采样	用烟尘测试仪测试时，采样管口是否避开涡流区		
	化学法采样时是否倒吸		
	化学法采样期间校核流量次数		
	采集平行样数量		
监测仪器	仪器使用前是否用流量校准仪进行校准		
	使用烟尘测试仪测试，是否按要求对传感器进行校准		
	使用烟尘测试仪后是否对仪器进行保养及维护		
	保养方法		

监测人员：　　　　检查人员：　　　　日期：

附　录　B

（资料性附录）

锅炉运行负荷核查方法

B.1　蒸汽锅炉

B.1.1　蒸汽锅炉负荷

蒸汽锅炉的负荷，是指锅炉的蒸发量，即锅炉在单位时间内产生的蒸汽量，单位为 t/h。

B.1.2　蒸汽流量表法

在吨位较大的锅炉上，一般都配有蒸汽流量表，通过流量表便可以直接计算出锅炉每小时产汽量。测试前应校准流量表。

B.1.3　量水箱法

对于吨位小的锅炉常用量水箱法计算锅炉运行负荷。该法是利用测量水箱中的水位变化计算出锅炉的给水量，折算出锅炉的蒸发量。给水量按式（B.1）计算：

$$\text{给水量（t）=水位差（m）×水箱面积（m}^2\text{）×水密度（t/m}^3\text{）} \tag{B.1}$$

一般应用两只水箱，一只为量水箱，另一只为耗水箱。量水箱应位于耗水箱的上面，其容积应不小于 0.5 m^3，耗水箱容积应比量水箱稍大一些。水箱装好后应校准量水箱，校准方法可用重量法。量水箱的进水管和出水管口径不能太小，以保证放满和排空所需的时间比耗水箱所需要的时间少。用此法记录水量时供水管路和水泵不能漏水，如发现漏水，必须及时检修，修好后方可使用。

B.1.4　水表法

锅炉给水量的测定亦可用水表法，常用自来水水表。由于锅炉给水往往是间断的，加之水表本身也有较大的误差，这些会影响测量结果的精度。为了准确地测量出给水量，可连续几小时记录水表读数，然后算出平均每小时给水量，最后确定出锅炉的蒸发量。在用水表法测定锅炉蒸发量时，锅炉绝对不允许排污，连续排污也要停止。

B.2　热水锅炉

热水锅炉的负荷指锅炉单位时间内产生多少热量，单位为 MJ/h。

旧制单位为 kcal/h，1 kcal=4.186 kJ。旧制 60×10^4 kcal/h 相当于 1 t/h 的蒸汽，换算成法定计量单位 MW（兆瓦），相当于 0.7 MW。计算方法见下式：

$$60\times10^4\ \text{kcal/h}\times4.186\ \text{kJ/kcal}=2\ 512\ \text{MJ/h}$$

$$\frac{2\ 512\ \text{MJ}}{3\ 600\ \text{s}}=0.697\ 8\text{MJ/s}\approx0.7\ \text{MW}$$

热水锅炉负荷按式（B.2）计算：

$$Q=\frac{G(i_c-i_j)\times10^{-3}}{3\ 600} \tag{B.2}$$

式中：Q——热水锅炉的运行负荷，MW；

G——循环水量，kg/h；

i_c——出水热焓，kJ/kg，需查阅饱和水和饱和蒸汽热焓值；

i_j——回水热焓，kJ/kg，需查阅饱和水和饱和蒸汽热焓值。

根据水的热力学性质，在常用温度范围内，（i_c-i_j）值与［4.186×（t_c-t_i）］值的误差在 0.1%范围内，因此在查找饱和水和饱和蒸汽热焓值有困难时，热水锅炉的运行负荷，亦可按式（B.3）计算：

$$Q=\frac{4.186\times G\times(t_c-t_i)}{3\,600} \tag{B.3}$$

式中：t_c——锅炉出水温度，℃；

t_i——锅炉回水温度，℃。

可见只要掌握 G、t_c、t_i 三项参数，即可计算出热水锅炉的发热量，三项参数的测量方法如下：

a）循环水量

在回水管上安一块热水流量表，较大吨位的锅炉有的本身就带有流量表。如条件允许，亦可用超声波流量计计量循环水量。

b）出水和回水温度

在出水管和回水管上分别装上较精密的带套管的温度计，定期记录出水和回水温度，算出平均温度。

B.3 运行负荷的间接控制法

前两章介绍的均为直接控制法。若条件不具备时，亦可用间接控制法即燃煤量控制法。首先确定出额定负荷下锅炉燃煤量 B_0，再根据锅炉的实际燃煤量 B，便可估算出锅炉负荷率，可按式（B.4）计算：

$$E=\frac{B}{B_0}\times 100\% \tag{B.4}$$

式中：E——锅炉负荷率，%；

B——锅炉实际燃煤量，kg/h；

B_0——额定负荷下锅炉燃煤量，kg/h。

额定负荷下燃煤量可用下述两种方法计算：

a）通过蒸汽和水在不同温度、压力下的热焓计算额定负荷下的燃煤量。

对于蒸汽锅炉按式（B.5）计算：

$$B_0=\frac{D\left(i''-i'-\frac{rW}{100}\right)}{Q_L\times\eta_z}\text{或}B_0=\frac{D\left(i''-i'\right)}{Q_L\times\eta_z} \tag{B.5}$$

对于热水锅炉按式（B.6）计算：

$$B_0=\frac{D\left(i_c-i_j\right)}{Q_L\times\eta_w} \tag{B.6}$$

式中：D——锅炉额定蒸发量，kg/h；

i''——蒸汽锅炉在某绝对工作压力下的饱和蒸汽热焓，kJ/kg，需查阅饱和水和饱和蒸汽焓；

i'——给水热焓，kJ/kg，需查阅饱和水和饱和蒸汽焓；

Q_L——燃料低位发热值，kJ/kg；

η_z——蒸汽锅炉热效率，%，取 60%～70%；

η_w——热水锅炉热效率，%，取 60%～70%；

r——汽化潜热，kJ/kg，需查阅汽化潜热值；

W——蒸汽湿度，%。

b）根据额定负荷下的有效利用热，求额定负荷下的燃煤量，按式（B.7）计算：

$$B_0=\frac{Q_0}{Q_L\times\eta} \tag{B.7}$$

式中：Q_0——额定负荷下的有效利用热，kJ/h。

1）对于蒸汽锅炉 Q_0 按每千克蒸汽需要 2 512 kJ 的热量计算，如计算 2 t/h 锅炉的 Q_0：

$$Q_0=2\ 512\times2\ 000=5\ 024\times10^3\ \text{kJ/h}$$

2）对于热水锅炉 Q_0 按每兆瓦需要 36×10^5 kJ/h 热量，如计算 0.7 MW 的锅炉在额定负荷下的发热量 Q_0：

$$Q_0=36\times10^5\times0.7=25.2\times10^5\ \text{kJ/h}$$

中华人民共和国环境保护行业标准

固定源废气监测技术规范

Technical specifications for emission monitoring of stationary source

HJ/T 397—2007

2007-12-07 发布　　2008-03-01 实施

前　言

为贯彻《中华人民共和国环境保护法》和《中华人民共和国大气污染防治法》，防治大气环境污染，改善环境质量，制定本标准。

本标准规定了在烟道、烟囱及排气筒等固定污染源排放废气中，颗粒物与气态污染物监测的手工采样和测定技术方法，以及便携式仪器监测方法。对固定源废气监测的准备、废气排放参数的测定、排气中颗粒物和气态污染物采样与测定方法、监测的质量保证等做了相应的规定。

本标准的附录 A 为资料性附录。

本标准为首次发布。

本标准由国家环境保护总局科技标准司提出。

本标准主要起草单位：中国环境监测总站、北京市环境保护监测中心。

本标准由国家环境保护总局于 2007 年 12 月 7 日批准。

本标准自 2008 年 3 月 1 日起实施。

本标准由国家环境保护总局解释。

1　范围

本标准规定了在烟道、烟囱及排气筒等固定污染源排放废气中，颗粒物与气态污染物监测的手工采样和测定技术方法，以及便携式仪器监测方法。对固定源废气监测的准备、废气排放参数的测定、排气中颗粒物和气态污染物采样与测定方法、监测的质量保证等作了相应的规定。

本标准适用于各级环境监测站，工业、企业环境监测专业机构及环境科学研究部门等开展固定污染源废气污染物排放监测，建设项目竣工环保验收监测，污染防治设施治理效果监测，烟气连续排放监测系统验证监测，清洁生产工艺及污染防治技术研究性监测等。

2　规范性引用文件

本标准内容引用了下列文件中的条款。凡是不注日期的引用文件，其有效版本适用于本标准。

GB/T 16157　固定污染源排气中颗粒物测定与气态污染物采样方法

HJ/T 47　烟气采样器技术条件

HJ/T 48　烟尘采样器技术条件

ISO 12141　固定污染源排放　低浓度颗粒物（烟尘）质量浓度的测定　手工重量法

3　术语和定义

下列术语和定义适用于本标准。

3.1 污染源 pollution source

排放大气污染物的设施或建筑构造（如车间等）。

3.2 固定源 stationary source

燃煤、燃油、燃气的锅炉和工业炉窑以及石油化工、冶金、建材等生产过程中产生的废气通过排气筒向空气中排放的污染源。

3.3 颗粒物 particulates

燃料和其他物质在燃烧、合成、分解以及各种物料在机械处理中所产生的悬浮于排放气体中的固体和液体颗粒状物质。

3.4 气态污染物 gaseous pollutants

以气本状态分散在排放气体中的各种污染物。

3.5 工况 operation condition

装置和设施生产运行的状态。

3.6 等速采样 isokinetic sampling

将采样嘴平面正对排气气流，使进入采样嘴的气流速度与测定点的排气流速相等。

3.7 标准状态下的干排气 dry flue gas of standard conditions

温度为 273 K，压力为 101 325 Pa 条件下不含水分的排气。

3.8 过量空气系数 excess air coefficient

燃料燃烧时实际空气供给量与理论空气需要量之比值。

4 监测准备

4.1 监测方案的制订

4.1.1 收集相关的技术资料，了解产生废气的生产工艺过程及生产设施的性能、排放的主要污染物种类及排放浓度大致范围，以确定监测项目和监测方法。

4.1.2 调查污染源的污染治理设施的净化原理、工艺过程、主要技术指标等，以确定监测内容。

4.1.3 调查生产设施的运行工况，污染物排放方式和排放规律，以确定采样频次及采样时间。

4.1.4 现场勘察污染源所处位置和数目，废气输送管道的布置及断面的形状、尺寸，废气输送管道周围的环境状况，废气的去向及排气筒高度等，以确定采样位置及采样点数量。

4.1.5 收集与污染源有关的其他技术资料。

4.1.6 根据监测目的、现场勘察和调查资料，编制切实可行的监测方案。监测方案的内容应包括污染源概况，监测目的，评价标准，监测内容，监测项目，采样位置，采样频次及采样时间、采样方法和分析测定技术，监测报告要求，质量保证措施等。对于工艺过程较为简单，监测内容较为单一，经常性重复的监测任务，监测方案可适当简化。

4.2 监测条件的准备

4.2.1 根据监测方案确定的监测内容，准备现场监测和实验室分析所需仪器设备。属于国家强制检定目录内的工作计量器具，必须按期送计量部门检定，检定合格，取得检定证书后方可用于监测工作。测试前还应进行校准和气密性检验，使其处于良好的工作状态。

4.2.2 被测单位应积极配合监测工作，保证监测期间生产设备和治理设施正常运行，工况条件符合监测要求。

4.2.3 在确定的采样位置开设采样孔，设置采样平台，采样平台应有足够的工作面积，保证监测人员安全及方便操作。

4.2.4 设置监测仪器设备需要的工作电源。

4.2.5 准备现场采样和实验室所需的化学试剂、材料、器具、记录表格和安全防护用品。

4.3 对污染源的工况要求

4.3.1 在现场监测期间，应有专人负责对被测污染源工况进行监督，保证生产设备和治理设施正常运行，工况条件符合监测要求。

4.3.2 通过对监测期间主要产品产量、主要原材料或燃料消耗量的计量和调查统计，以及与相应设计指标的比对，核算生产设备的实际运行负荷和负荷率。

4.3.3 相关标准中对监测时工况有规定的，按相关标准的规定执行。

4.3.4 除相关标准另有规定，对污染源的日常监督性监测，采样期间的工况应与平时的正常运行工况相同。

4.3.5 建设项目竣工环境保护验收监测应在工况稳定、生产负荷达到设计生产能力的75%以上（含75%）情况下进行。对于无法调整工况达到设计生产能力的 75%以上负荷的建设项目：（1）可以调整工况达到设计生产能力 75%以上的部分，验收监测应在满足 75%以上负荷或国家及地方标准中所要求的生产负荷的条件下进行；（2）无法调整工况达到设计生产能力 75%以上的部分，验收监测应在主体工程稳定、环保设施运行正常，并征得环保主管部门同意的情况下进行，同时注明实际监测时的工况。国家、地方相关标准对生产负荷另有规定的按规定执行。

5 采样位置与采样点

5.1 采样位置

5.1.1 采样位置应避开对测试人员操作有危险的场所。

5.1.2 采样位置应优先选择在垂直管段，应避开烟道弯头和断面急剧变化的部位。采样位置应设置在距弯头、阀门、变径管下游方向不小于 6 倍直径，和距上述部件上游方向不小于 3 倍直径处。对矩形烟道，其当量直径 $D=2AB/(A+B)$，式中 A、B 为边长。采样断面的气流速度最好在 5 m/s 以上。

5.1.3 测试现场空间位置有限，很难满足上述要求时，可选择比较适宜的管段采样，但采样断面与弯头等的距离至少是烟道直径的 1.5 倍，并应适当增加测点的数量和采样频次。

5.1.4 对于气态污染物，由于混合比较均匀，其采样位置可不受上述规定限制，但应避开涡流区。如果同时测定排气流量，采样位置仍按 5.1.2 选取。

5.1.5 必要时应设置采样平台，采样平台应有足够的工作面积使工作人员安全、方便地操作。平台面积应不小于 1.5 m^2，并设有 1.1 m 高的护栏和不低于 10 cm 的脚部挡板，采样平台的承重应不小于 200 kg/m^2，采样孔距平台面为 1.2～1.3 m。

5.2 采样孔和采样点

5.2.1 采样孔

5.2.1.1 在选定的测定位置上开设采样孔，采样孔的内径应不小于 80 mm，采样孔管长应不大于 50 mm。不使用时应用盖板、管堵或管帽封闭（图 1）。当采样孔仅用于采集气态污染物时，其内径应不小于 40 mm。

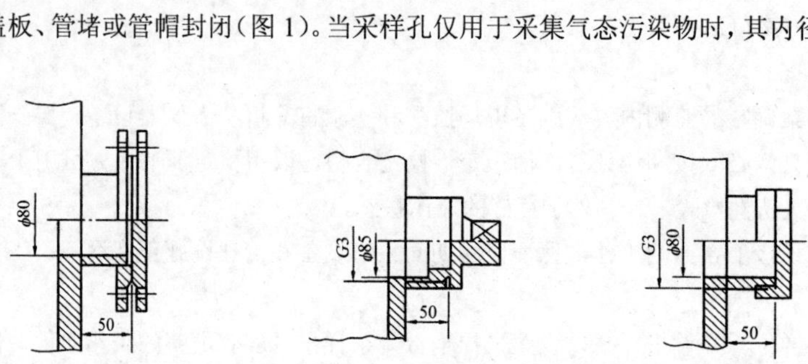

a）带有盖板的采样孔　　b）带有管堵的采样孔　　c）带有管帽的采样孔

图 1 几种封闭型式的采样孔

5.2.1.2　对正压下输送高温或有毒气体的烟道，应采用带有闸板阀的密封采样孔（图 2）。

5.2.1.3　对圆形烟道，采样孔应设在包括各测点在内的互相垂直的直径线上（图 3）。对矩形或方形烟道，采样孔应设在包括各测点在内的延长线上（图 4、图 5）。

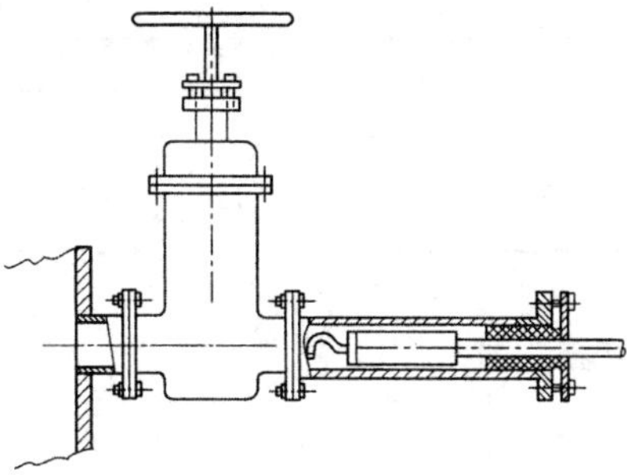

图 2　带有闸板阀的密封采样孔

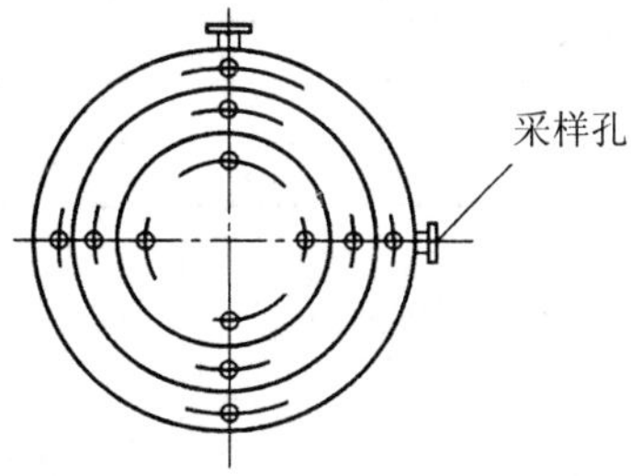

图 3　圆形断面的测定点

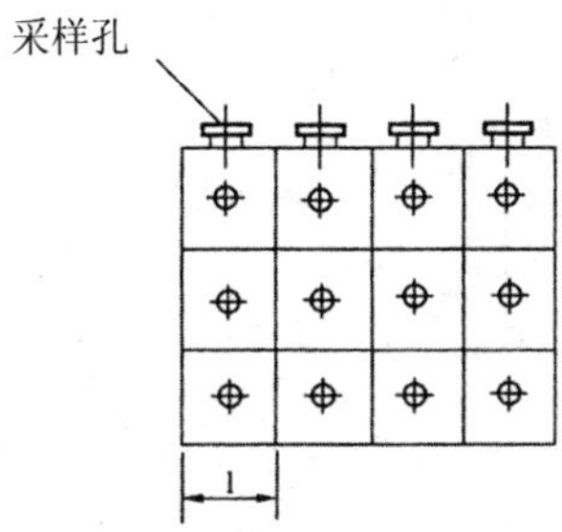

图 4　长方形断面的测定点

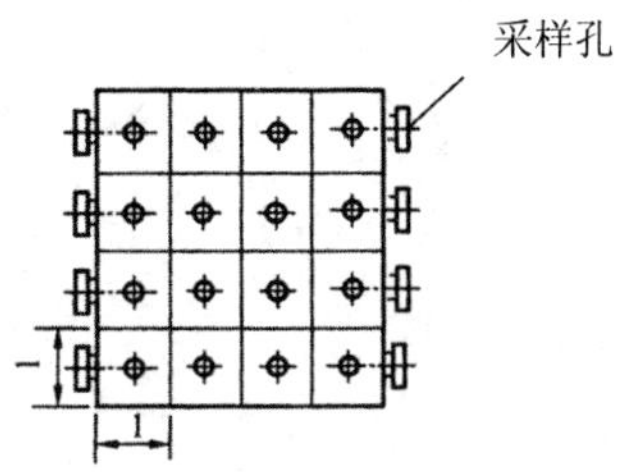

图 5　正方形断面的测定点

5.2.2　采样点的位置和数目

5.2.2.1　圆形烟道

a）将烟道分成适当数量的等面积同心环，各测点选在各环等面积中心线与呈垂直相交的两条直径线的交点上，其中一条直径线应在预期浓度变化最大的平面内，如当测点在弯头后，该直径线应位于弯头所在的平面 *A*—*A* 内（图 6）。

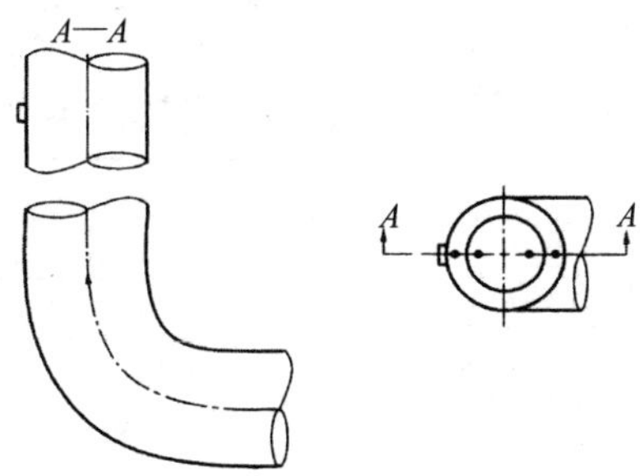

图 6　圆形烟道弯头后的测点

b）对符合 5.1.2 要求的烟道，可只选预期浓度变化最大的一条直径线上的测点。

c）对直径小于 0.3 m、流速分布比较均匀、对称并符合 5.1.2 要求的小烟道，可取烟道中心作为测点。

d）不同直径的圆形烟道的等面积环数、测量直径数及测点数见表 1，原则上测点不超过 20 个。

表 1　圆形烟道分环及测点数的确定

烟道直径/m	等面积环数	测量直径数	测点数
<0.3			1
0.3～0.6	1～2	1～2	2～8
0.6～1.0	2～3	1～2	4～12
1.0～1.2	3～4	1～2	6～16
2.0～4.0	4～5	1～2	8～20
>4.0	5	1～2	10～20

e）测点距烟道内壁的距离见图 7，按表 2 确定。当测点距烟道内壁的距离小于 25 mm 时，取 25 mm。

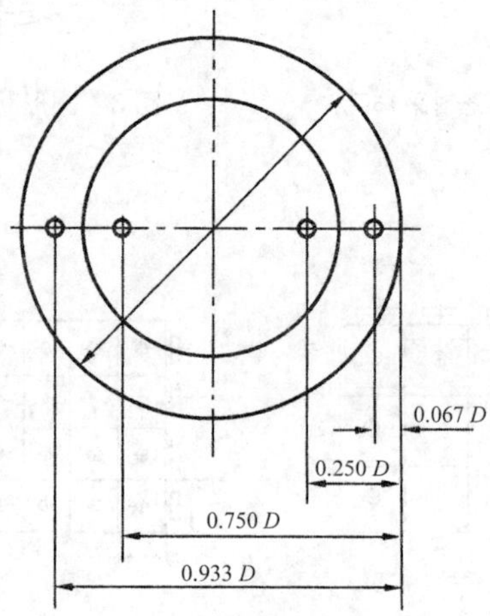

图 7　采样点距烟道内壁距离

5.2.2.2 矩形或方形烟道

a）将烟道断面分成适当数量的等面积小块，各块中心即为测点。小块的数量按表 3 的规定选取。原则上测点不超过 20 个。

b）烟道断面面积小于 0.1 m^2，流速分布比较均匀、对称并符合 5.1.2 要求的，可取断面中心作为测点。

表 2　测点距烟道内壁的距离（以烟道直径 *D* 计）

测点号	环　数				
	1	2	3	4	5
1	0.146	0.067	0.044	0.033	0.026
2	0.854	0.250	0.146	0.105	0.082
3		0.750	0.296	0.194	0.146
4		0.933	0.704	0.323	0.226
5			0.854	0.677	0.342
6			0.956	0.806	0.658
7				0.895	0.774
8				0.967	0.854
9					0.918
10					0.974

表 3 矩（方）形烟道的分块和测点数

烟道断面积/m²	等面积小块长边长度/m	测点总数
＜0.1	＜0.32	1
0.1～0.5	＜0.35	1～4
0.5～1.0	＜0.50	4～6
1.0～4.0	＜0.67	6～9
4.0～9.0	＜0.75	9～16
＞9.0	≤1.0	16～20

6 排气参数的测定

6.1 排气温度的测定

6.1.1 测量位置和测点

按 5.2.1 和 5.2.2 确定，一般情况下可在靠近烟道中心的一点测定。

6.1.2 仪器

a）热电偶或电阻温度计，其示值误差不大于±3℃。

b）水银玻璃温度计，精确度应不低于 2.5%，最小分度值应不大于 2℃。

6.1.3 测定步骤

将温度测量单元插入烟道中测点处，封闭测孔，待温度计读数稳定后读数。使用玻璃温度计时，注意不可将温度计抽出烟道外读数。

6.2 排气中水分含量的测定

6.2.1 测量位置和测点

按 5.2.1 和 5.2.2 确定，一般情况下可在靠近烟道中心的一点测定。

6.2.2 干湿球法

（1）原理。使气体在一定的速度下流经干、湿球温度计，根据干、湿球温度计的读数和测点处排气的压力，计算出排气的水分含量。

（2）仪器。干湿球法测定装置见图 8。

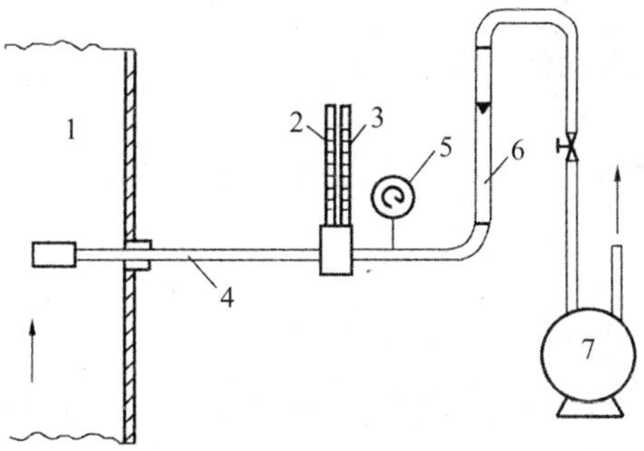

1—烟道；2—干球温度计；3—湿球温度计；4—保温采样管；5—真空压力表；6—转子流量计；7—抽气泵

图 8 干湿球法测定排气水分含量装置

a）采样管。

b）干湿球温度计。精确度应不低于 1.5%，最小分度值应不大于 1℃。

c）真空压力表。精确度应不低于 4%，用于测定流量计前气体压力。

d）转子流量计。精确度应不低于 2.5%。

e）抽气泵。当流量为 40 L/min 时，其抽气能力应能克服烟道及采样系统阻力。当流量计量装置放在抽气泵出口时，抽气泵应不漏气。

（3）测定步骤：

a）检查湿球温度计的湿球表面纱布是否包好，然后将水注入盛水容器中。

b）打开采样孔，清除孔中的积灰。将采样管插入烟道中心位置，封闭采样孔。

c）当排气温度较低或水分含量较高时，采样管应保温或加热数分钟后，再开动抽气泵，以 15 L/min 流量抽气。

d）当干、湿球温度计读数稳定后，记录干球和湿球温度。

e）记录真空压力表的压力。

（4）计算：

排气中水分含量按式（1）计算：

$$\varphi_{sw}=\frac{p_{bv}-0.000\ 67(t_c-t_b)(p_a+p_b)}{p_a+p_s}\times 100\% \tag{1}$$

式中：φ_{sw}——排气中水分体积百分数，%；

p_{bv}——温度为 t_b 时饱和水蒸气压力（根据 t_b 值，由空气饱和时水蒸气压力表中查得），Pa；

t_b——湿球温度，℃；

t_c——干球温度，℃；

p_b——通过湿球温度计表面的气体压力，Pa；

p_a——大气压力，Pa；

p_s——测点处排气静压，Pa。

基于干湿球法原理的含湿量自动测量装置，其微处理器控制传感器测量、采集湿球、干球表面温度以及通过湿球表面的压力及排气静压等参数，同时由湿球表面温度导出该温度下的饱和水蒸气压力，结合输入的大气压，根据公式自动计算出烟气含湿量。

6.2.3 冷凝法

按 GB/T 16157 中 5.2.2 的规定。

6.2.4 重量法

按 GB/T 16157 中 5.2.4 的规定。

6.3 排气中 CO、CO_2、O_2 等气体成分的测定

6.3.1 采样位置及测点

按 5.2.1 和 5.2.2 确定，一般情况下可在靠近烟道中心的一点测定。

6.3.2 奥氏气体分析仪法测定 CO、CO_2、O_2

按 GB/T 16157 中 5.3.2 的规定。

6.3.3 电化学法测定 O_2

（1）原理。被测气体中的氧气，通过传感器半透膜充分扩散进入铅镍合金-空气电池内。经电化学反应产生电能，其电流大小遵循法拉第定律与参加反应的氧原子摩尔数成正比，放电形成的电流经过负载形成电压，测量负载上的电压大小得到氧的体积分数。

（2）仪器：

a）测氧仪，由气泵、流量控制装置、控制电路及显示屏组成。

b）采样管及样气预处理器。

（3）测定步骤。按仪器使用说明书的要求连接气路，并对气路系统进行漏气检查，开启仪器气泵，当仪器自检完毕，表明工作正常后，将采样管插入被测烟道中心或靠近中心处，抽取烟气进行测定，待氧含量读数稳定后，读取数据。

6.3.4　热磁式氧分仪法测定 O_2

（1）原理。氧受磁场吸引的顺磁性比其他气体强许多，当顺磁性气体在不均匀磁场中，且具有温度梯度时，就会形成气体对流，这种现象称为热磁对流，或称为磁风。磁风的强弱取决于混合气体中含氧量多少。通过把混合气体中氧含量的变化转换成热磁对流的变化，再转换成电阻的变化，测量电阻的变化，就可得到氧的体积分数。

（2）仪器：

a）热磁式氧分仪。

b）采样管及样气预处理器。

（3）测定步骤。按仪器使用说明书的要求连接气路，并对气路系统进行漏气检查。开启仪器气泵，当仪器自检完毕，表明工作正常后，将采样管插入被测烟道中心或靠近中心处，抽取烟气进行测定，待指示稳定后读取氧含量数据。

6.3.5　氧化锆氧分仪法测定 O_2

（1）原理。利用氧化锆材料添加一定量的稳定剂以后，通过高温烧成，在一定温度下成为氧离子固体电解质。在该材料两侧焙烧上铂电极，一侧通气样，另一侧通空气，当两侧氧分压不同时，两电极间产生浓差电动势，构成氧浓差电池。由氧浓差电池的温度和参比气体氧分压，便可通过测量仪表测量出电动势，换算出被测气体的氧的体积分数。

（2）仪器

a）氧化锆氧分仪。

b）采样管及样气预处理器。

（3）测定步骤。按仪器使用说明书的要求连接气路，并对气路系统进行漏气检查。接通电源，按仪器说明书要求的加热时间使监测器加热炉升温。开启仪器气泵，当仪器自检完毕，表明工作正常后，将采样管插入被测烟道中心或靠近中心处，抽取烟气进行测定，待指示稳定后读取氧含量数据。

6.4　排气密度和气体分子量的计算

排气密度和气体分子量的计算按 GB/T 16157—1996 中第 6 章规定。

6.5　排气流速、流量的测定

6.5.1　测量位置及测点

按照 5.2.1 和 5.2.2 的要求选定。

6.5.2　原理

排气的流速与其动压的平方根成正比，根据测得某测点处的动压、静压以及温度等参数，由式（2）（见 6.5.5.1）计算出排气流速。

6.5.3　仪器

（1）标准型皮托管。标准型皮托管的构造如图 9 所示。它是一个弯成 90°的双层同心圆管，前端呈半圆形，正前方有一开孔，与内管相通，用来测定全压。在距前端 6 倍直径处外管壁上开有一圈孔径为 1 mm 的小孔，通至后端的侧出口，用来测定排气静压。按照上述尺寸制作的皮托管其修正系数 K_p 为 0.99±0.01。标准型皮托管的测孔很小，当烟道内颗粒物浓度大时，易被堵塞。它适用于测量较清洁的排气。

（2）S 型皮托管。S 型皮托管的构造见图 10，它是由两根相同的金属管并联组成。测量端有方向相反的两个开口，测定时，面向气流的开口测得的压力为全压，背向气流的开口测得的压力小于静压。按图 12 设计制作的 S 型皮托管其修正系数 K_p 为 0.84±0.01。制作尺寸与上述要求有差别的 S 型皮托管的修正系数需进行校正。其正、反方向的修正系数相差应不大于 0.01。S 型皮托管的测压孔开口较大，不易被颗粒物堵塞，且便于在厚壁烟道中使用。

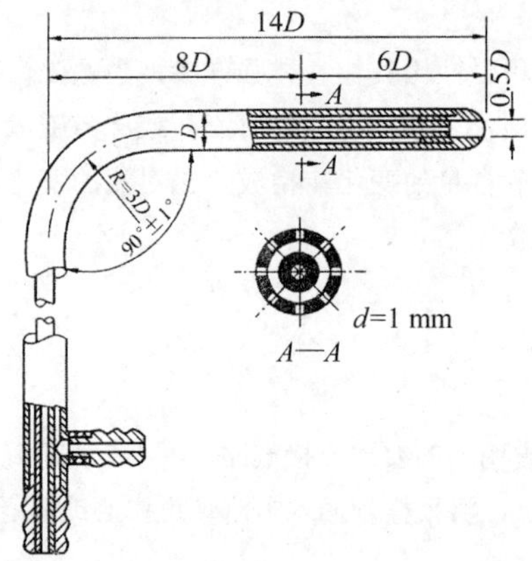

图 9　标准型皮托管

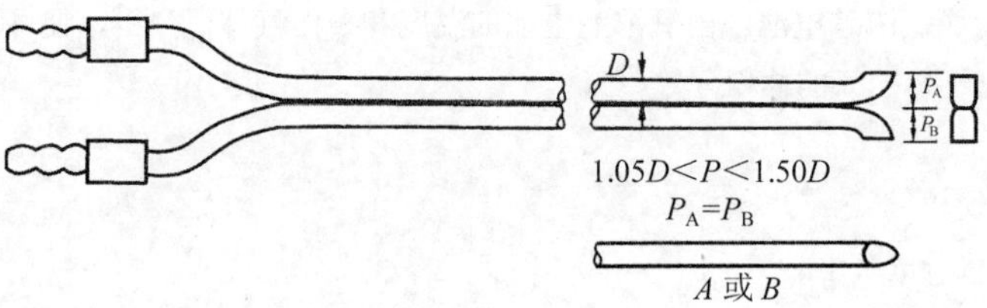

图 10　S 型皮托管

（3）U 型压力计。U 型压力计用于测定排气的全压和静压，其最小分度值应不大于 10 Pa。

（4）斜管微压计。斜管微压计用于测定排气的动压，其精确度应不低于 2%，其最小分度值应不大于 2 Pa。

（5）大气压力计。最小分度值应不大于 0.1 kPa。

（6）流速测定仪。由皮托管、温度传感器、压力传感器、控制电路及显示屏组成。皮托管同 6.5.3（1）和（2），温度传感器同 6.1.2，动压测量压力传感器同 HJ/T 48 中 6.3.4.2，静压测量压力传感器同 HJ/T 48 中 6.3.4.3。

6.5.4　测定步骤

6.5.4.1　用皮托管、斜管微压计和 U 型压力计测量

（1）准备工作

a）将微压计调整至水平位置。

b）检查微压计液柱中有无气泡。

c）检查微压计是否漏气。向微压计的正压端（或负压端）入口吹气（或吸气），迅速封闭该入口，如微压计的液柱面位置不变，则表明该通路不漏气。

d）检查皮托管是否漏气。用橡皮管将全压管的出口与微压计的正压端连接，静压管的出口与微压计的负压端连接。由全压管测孔吹气后，迅速堵严该测孔，如微压计的液柱面位置不变，则表明全压管不漏气；此时再将静压测孔用橡皮管或胶布密封，然后打开全压测孔，此时微压计液柱将跌落至某一位置，如果液面不继续跌落，则表明静压管不漏气。

（2）测量气流的动压（图 11）

a）将微压计的液面调整到零点。

b）在皮托管上标出各测点应插入采样孔的位置。

c）将皮托管插入采样孔。使用S型皮托管时，应使开孔平面垂直于测量断面插入。如断面上无涡流，微压计读数应在零点左右。使用标准皮托管时，在插入烟道前，切断皮托管和微压计的通路，以避免微压计中的酒精被吸入到连接管中，使压力测量产生错误。

d）在各测点上，使皮托管的全压测孔正对着气流方向，其偏差不得超过10°，测出各点的动压，分别记录在表中。重复测定一次，取平均值。

e）测定完毕后，检查微压计的液面是否回到原点。

（3）测量排气的静压（图11）

a）将皮托管插入烟道近中心处的一个测点。

b）使用S型皮托管测量时只用其一路测压管。其出口端用胶管与U型压力计一端相连，将S型皮托管插入到烟道近中心处，使其测量端开口平面平行于气流方向，所测得的压力即为静压。

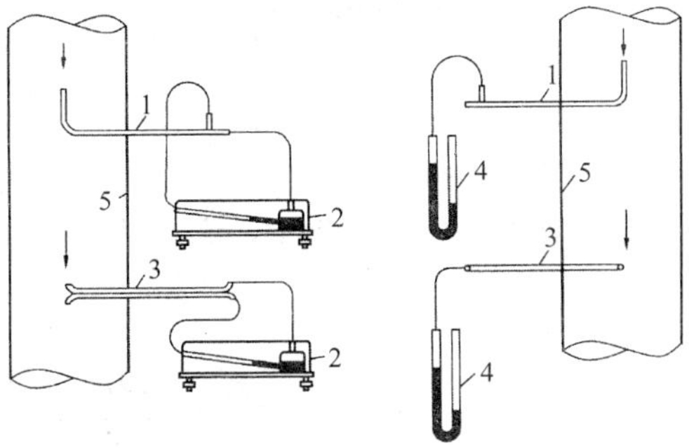

1—标准皮托管；2—斜管微压计；3—S型皮托管；4—U型压力计；5—烟道

图11　动压及静压的测定装置

（4）测量排气的温度

（5）测量大气压力

使用大气压力计直接测出。

6.5.4.2　用流速测定仪测量

按照仪器使用说明书的要求进行操作，由流速测定仪自动测定烟道断面各测点的排气温度、动压、静压和环境大气压，根据测得的参数仪器自动计算出各点的流速。

6.5.5　排气流速的计算

6.5.5.1　测点流速计算

测点气流速度 V_s 按式（2）计算：

$$V_s = K_p\sqrt{\frac{2p_d}{\rho_s}} = 128.9K_p\sqrt{\frac{(273+t_s)p_d}{M_s(p_a+p_s)}} \tag{2}$$

当干排气成分与空气近似，排气露点温度在35～55℃、排气的绝对压力在97～103 kPa时，V_s 可按式（3）计算：

$$V_s = 0.076K_p\sqrt{273+t_s}\times\sqrt{p_d} \tag{3}$$

对于接近常温、常压条件下（t_s =20℃，p_a+p_s =101 325 Pa），通风管道的空气流速 V_a 按式（4）计算：

$$V_a = 1.29K_p\sqrt{p_d} \tag{4}$$

式中：V_s——湿排气的气体流速，m/s；

V_a——常温常压下通风管道的空气流速，m/s；

p_a——大气压力，Pa；

K_p——皮托管修正系数；

p_d——排气动压，Pa；

p_s——排气静压，Pa；

ρ_s——湿排气的密度，kg/m^3；

M_s——湿排气的分子量，kg/kmol；

t_s——排气温度，℃。

6.5.5.2 平均流速的计算

烟道某一断面的平均流速 $\overline{V}_s$ 可根据断面上各测点测出的流速 V_{si}，由式（5）计算：

$$\overline{V}_s=\frac{\sum_{i=1}^{n}V_{si}}{n}=128.9K_p\sqrt{\frac{273+t_s}{M_s(p_a+p_s)}}\times\frac{\sum_{i=1}^{n}\sqrt{p_{di}}}{n} \tag{5}$$

式中：p_{di}——某一测点的动压，Pa；

n——测点的数目。

当干烟气成分与空气近似，排气露点温度在 35～55℃、排气的绝对压力在 97～103 kPa 时，某一断面的平均流速 $\overline{V}_s$ 按式（6）计算：

$$\overline{V}_s=0.076K_p\sqrt{273+t_s}\times\frac{\sum_{i=1}^{n}\sqrt{p_{di}}}{n} \tag{6}$$

对于接近常温、常压条件下（t_s=20℃，p_a+p_s=101 325 Pa），通风管道中某一断面的平均空气流速 $\overline{V}_a$ 按式（7）计算：

$$\overline{V}_a=1.29K_p\frac{\sum_{i=1}^{n}\sqrt{p_{di}}}{n} \tag{7}$$

6.5.6 排气流量的计算

6.5.6.1 工况下湿排气流量 Q_s 按式（8）计算：

$$Q_s=3\,600\times F\times\overline{V}_s \tag{8}$$

式中：Q_s——工况下湿排气流量，m^3/h；

F——测定断面面积，m^2；

$\overline{V}_s$——测定断面湿排气平均流速，m/s。

6.5.6.2 标准状态下干排气流量 Q_{sn} 按式（9）计算：

$$Q_{sn}=Q_s\times\frac{p_a+p_s}{101\,325}\times\frac{273}{273+t_s}(1-\varphi_{sw}) \tag{9}$$

式中：Q_{sn}——标准状态下干排气流量，m^3/h；

p_a——大气压力，Pa；

p_s——排气静压，Pa；

t_s——排气温度，℃；

φ_{sw}——排气中水分体积分数，%。

6.5.6.3 常温常压条件下，通风管道中的空气流量 Q_a 按式（10）计算：

$$Q_a=3\,600\times F\times\overline{V}_a \tag{10}$$

式中：Q_a——通风管道中的空气流量，m^3/h。

7 颗粒物的测定

7.1 采样位置和采样点

按照 5.1 和 5.2 确定。

7.2 原理

将烟尘采样管由采样孔插入烟道中，使采样嘴置于测点上，正对气流，按颗粒物等速采样原理，抽取一定量的含尘气体。根据采样管滤筒上所捕集到的颗粒物量和同时抽取的气体量，计算出排气中颗粒物浓度。

7.3 采样原则

7.3.1 等速采样。颗粒物具有一定的质量，在烟道中由于本身运动的惯性作用，不能完全随气流改变方向，为了从烟道中取得有代表性的烟尘样品，需等速采样，即气体进入采样嘴的速度应与采样点的烟气速度相等，其相对误差应在10%以内。气体进入采样嘴的速度大于或小于采样点的烟气速度都将使采样结果产生偏差。

7.3.2 多点采样。由于颗粒物在烟道中的分布是不均匀的，要取得有代表性的烟尘样品，必须在烟道断面按一定的规则多点采样。

7.4 采样方法

7.4.1 移动采样。用一个滤筒在已确定的采样点上移动采样，各点的采样时间相同，求出采样断面的平均浓度。

7.4.2 定点采样。每个测点上采一个样，求出采样断面的平均浓度，并可了解烟道断面上颗粒物浓度变化情况。

7.4.3 间断采样。对有周期性变化的排放源，根据工况变化及其延续时间，分段采样，然后求出其时间加权平均浓度。

7.5 维持等速采样的方法

7.5.1 维持颗粒物等速采样的方法有普通型采样管法（预测流速法）、皮托管平行测速采样法、动压平衡型采样管法和静压平衡型采样管法四种。可根据不同测量对象状况，选用其中的一种方法。有条件的，应尽可能采用自动调节流量烟尘采样仪，以减少采样误差，提高工作效率。

7.5.2 普通型采样管法（预测流速法）按 GB/T 16157—1996 中 8.3 的规定。

7.5.3 皮托管平行测速采样法按 GB/T 16157—1996 中 8.4 的规定。

7.5.4 动压平衡型采样管法按 GB/T 16157—1996 中 8.5 的规定。

7.5.5 静压平衡型采样管法按 GB/T 16157—1996 中 8.6 的规定。

7.6 皮托管平行测速自动烟尘采样仪

7.6.1 原理

仪器的微处理测控系统根据各种传感器检测到的静压、动压、温度及含湿量等参数，计算烟气流速，选定采样嘴直径，采样过程中仪器自动计算烟气流速和等速跟踪采样流量，控制电路调整抽气泵的抽气能力，使实际流量与计算的采样流量相等，从而保证了烟尘自动等速采样（图 12）。

7.6.2 采样前准备工作

a）滤筒处理和称重。用铅笔将滤筒编号，在 105～110℃烘烤 1 h，取出放入干燥器中，在恒温恒湿的天平室中冷却至室温，用感量 0.1 mg 天平称量，两次称量重量之差应不超过 0.5 mg。当滤筒在 400℃以上高温排气中使用时，为了减少滤筒本身减重，应预先在 400℃高温箱中烘烤 1 h，然后放入干燥器中冷却至室温，称量至恒重。放入专用的容器中保存。

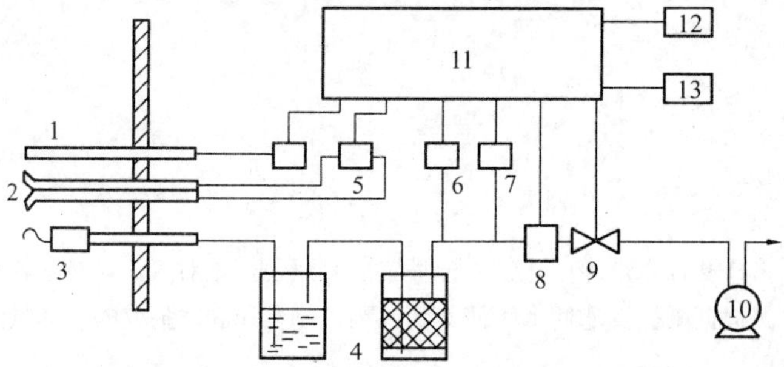

1—热电偶或热电阻温度计；2—皮托管；3—采样管；4—除硫干燥器；5—微压传感器；6—压力传感器；7—温度传感器；8—流量传感器；9—流量调节装置；10—抽气泵；11—微处理系统；12—微型打印机或接口；13—显示器

图 12 皮托管平行测速自动烟尘采样仪

b）检查所有的测试仪器功能是否正常，干燥器中的硅胶是否失效。

c）检查系统是否漏气，如发现漏气，应再分段检查，堵漏，直至合格。

7.6.3 采样步骤

a）采样系统连接，用橡胶管将组合采样管的皮托管与主机的相应接嘴连接，将组合采样管的烟尘取样管与洗涤瓶和干燥瓶连接，再与主机的相应接嘴连接。

b）仪器接通电源，自检完毕后，输入日期、时间、大气压、管道尺寸等参数。仪器计算出采样点数目和位置，将各采样点的位置在采样管上做好标记。

c）打开烟道的采样孔，清除孔中的积灰。

d）仪器压力测量进行零点校准后，将组合采样管插入烟道中，测量各采样点的温度、动压、静压、全压及流速，选取合适的采样嘴。

e）含湿量测定装置注水，并将其抽气管和信号线与主机连接，将采样管插入烟道，测定烟气中水分含量。

f）记下滤筒的编号，将已称重的滤筒装入采样管内，旋紧压盖，注意采样嘴与皮托管全压测孔方向一致。

g）设定每点的采样时间，输入滤筒编号，将组合采样管插入烟道中，密封采样孔。

h）使采样嘴及皮托管全压测孔正对气流，位于第一个采样点。启动抽气泵，开始采样。第一点采样时间结束，仪器自动发出信号，立即将采样管移至第二采样点继续进行采样。依次类推，顺序在各点采样。采样过程中，采样器自动调节流量保持等速采样。

i）采样完毕后，从烟道中小心地取出采样管，注意不要倒置。用镊子将滤筒取出，放入专用的容器中保存。

j）用仪器保存或打印出采样数据。

7.6.4 样品分析

采样后的滤筒放入 105℃烘箱中烘烤 1 h，取出放入干燥器中，在恒温恒湿的天平室中冷却至室温，用感量 0.1 mg 天平称量至恒重。采样前后滤筒重量之差，即为采取的颗粒物量。

8 气态污染物采样

8.1 采样位置和采样点

8.1.1 采样位置。原则上应符合 5.1 的规定。

8.1.2 采样点。由于气态污染物在采样断面内，一般是混合均匀的，可取靠近烟道中心的一点作为采样点。

8.2　采样方法

8.2.1　化学法采样

8.2.1.1　原理

通过采样管将样品抽入到装有吸收液的吸收瓶或装有固体吸附剂的吸附管、真空瓶、注射器或气袋中，样品溶液或气态样品经化学分析或仪器分析得出污染物含量。

8.2.1.2　采样系统

a）吸收瓶或吸附管采样系统。由采样管、连接导管、吸收瓶或吸附管、流量计量箱和抽气泵等部件组成，见图 13。当流量计量箱放在抽气泵出口时，抽气泵应严密不漏气。根据流量计量和控制装置的类型，烟气采样器可分为孔板流量计采样器、累计流量计采样器和转子流量计采样器。

b）真空瓶或注射器采样系统。由采样管、真空瓶或注射器、洗涤瓶、干燥器和抽气泵等组成，见图 14 和图 15。

8.2.1.3　包括有机物在内的某些污染物，在不同烟气温度下，或以颗粒物或以气态污染物形式存在。采样前应根据污染物状态，确定采样方法和采样装置。如系颗粒物则按颗粒物等速采样方法采样。

8.2.2　仪器直接测试法采样

8.2.2.1　原理

通过采样管、颗粒物过滤器和除湿器，用抽气泵将样气送入分析仪器中，直接指示被测气态污染物的含量。

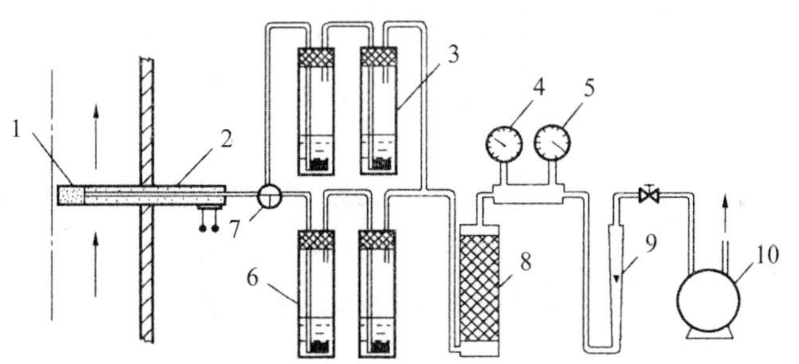

1—烟道；2—加热采样管；3—旁路吸收瓶；4—温度计；5—真空压力表；
6—吸收瓶；7—三通阀；8—干燥器；9—流量计；10—抽气泵

图 13　烟气采样系统

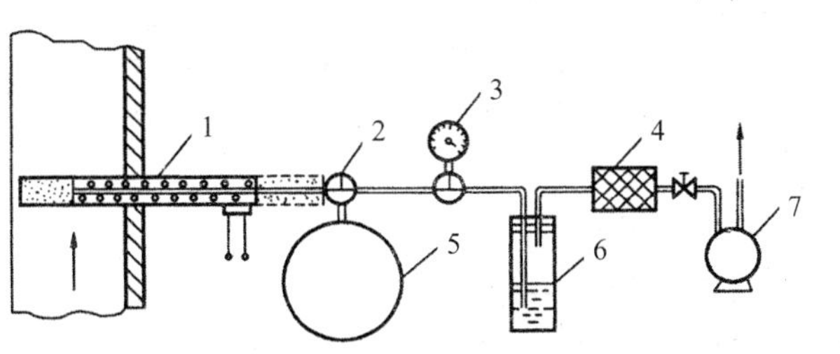

1—加热采样管；2—三通阀；3—真空压力表；4—过滤器；5—真空瓶；6—洗涤瓶；7—抽气泵

图 14　真空瓶采样系统

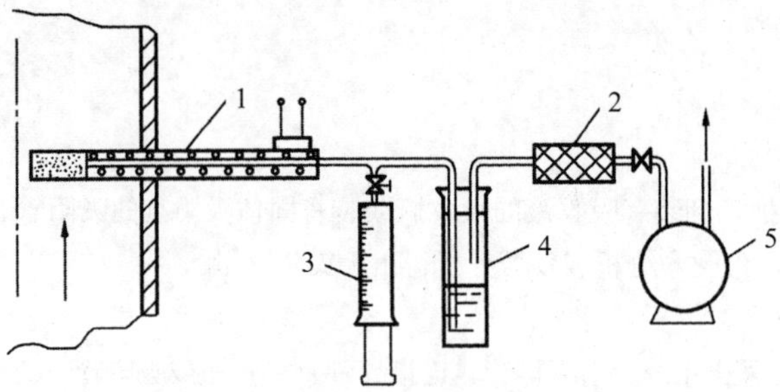

1—加热采样管；2—过滤器；3—注射器；4—洗涤瓶；5—抽气泵

图 15 注射器采样系统

8.2.2.2 采样系统

由采样管、颗粒物过滤器、除湿器、抽气泵、测试仪和校正用气瓶等部分组成，见图 16。

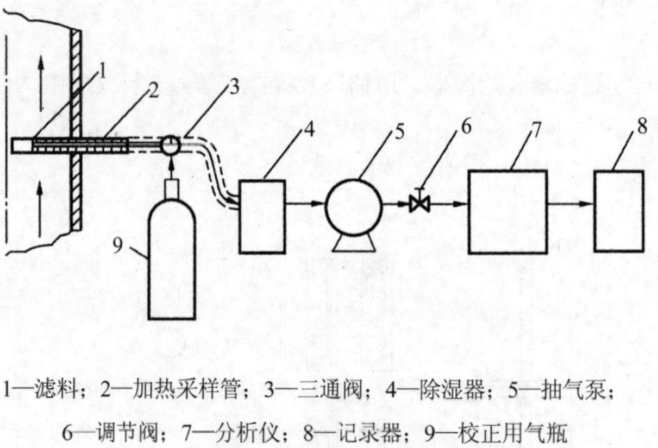

1—滤料；2—加热采样管；3—三通阀；4—除湿器；5—抽气泵；

6—调节阀；7—分析仪；8—记录器；9—校正用气瓶

图 16 仪器直接测试法采样系统

8.3 采样装置

按 GB/T 16157 中 9.3 的规定。

8.4 采样步骤

8.4.1 使用吸收瓶或吸附管采样系统采样

8.4.1.1 采样管的准备与安装

a）清洗采样管，使用前清洗采样管内部，干燥后再用。

b）更换滤料，当填充无碱玻璃棉或其他滤料时，充填长度为 20～40 mm。

c）采样管插入烟道近中心位置，进口与排气流动方向成直角。如使用入口装有斜切口套管的采样管，其斜切口应背向气流。

d）采样管固定在采样孔上，应不漏气。

e）在不采样时，采样孔要用管堵或法兰封闭。

8.4.1.2 吸收瓶或吸附管与采样管、流量计量箱的连接

a）吸收瓶、吸收液、吸附管按实验室化学分析操作要求进行准备，并用记号笔记上样品编号。

b）按图 13 所示，用连接管将采样管、吸收瓶或吸附管、流量计量箱和抽气泵连接，连接管应尽可能短。

c）采样管与吸收瓶和流量计量箱连接，应使用球形接头或锥形接头连接。

d）准备一定量的吸收瓶，各装入规定量的吸收液，其中两个作为旁路吸收瓶使用。

e）为防止吸收瓶磨口处漏气，可以用硅密封脂涂抹。

f）吸收瓶和旁路吸收瓶在入口处，用玻璃三通阀连接。

g）吸收瓶或吸附管应尽量靠近采样管出口处，当吸收液温度较高而对吸收效率有影响时，应将吸收瓶放入冷水槽中冷却。

h）采样管出口至吸收瓶或吸附管之间连接管要用保温材料保温，当管线长时，须采取加热保温措施。

i）用活性炭、高分子多孔微球作吸附剂时，如烟气中水分含量体积百分数大于 3%，为了减少烟气水分对吸附剂吸附性能的影响，应在吸附管前串接气水分离装置，除去烟气中的水分。

8.4.1.3　漏气试验

a）将各部件按图 13 连接。

b）关上采样管出口三通阀，打开抽气泵抽气，使真空压力表负压上升到 13 kPa，关闭抽气泵一侧阀门，如压力计压力在 1 min 内下降不超过 0.15 kPa，则视为系统不漏气。

c）如发现漏气，要重新检查、安装，再次检漏，确认系统不漏气后方可采样。

8.4.1.4　采样操作

a）预热采样管。打开采样管加热电源，将采样管加热到所需温度。

b）置换吸收瓶前采样管路内的空气。正式采样前，令排气通过旁路吸收瓶采样 5 min，将吸收瓶前管路内的空气置换干净。

c）采样。接通采样管路，调节采样流量至所需流量进行采样，采样期间应保持流量恒定，波动应不大于±10%。使用累计流量计采样器时，采样开始要记录累计流量计读数。

d）采样时间。视待测污染物浓度而定，但每个样品采样时间一般不少于 10 min。

e）采样结束。切断采样管至吸收瓶之间气路，防止烟道负压将吸收液与空气抽入采样管。使用累计流量计采样器时，采样结束要记录累计流量计读数。

f）样品贮存。采集的样品应放在不与被测物产生化学反应的容器内，容器要密封并注明样品号。

8.4.1.5　采样时应详细记录采样时工况条件、环境条件和样品采集数据（采样流量、采样时间、流量计前温度、流量计前压力、累计流量计读数等）。

8.4.1.6　采样后应再次进行漏气检查，如发现漏气，应修复后重新采样。

8.4.1.7　在样品贮存过程中，如采集在样品中的污染物浓度随时间衰减，应在现场随时进行分析。

8.4.2　使用真空瓶或注射器采样

8.4.2.1　真空瓶、注射器安装

（1）真空瓶与注射器在安装前要进行漏气检查。

a）真空瓶漏气检查：将真空瓶与真空压力表连接，抽气减压到绝对压力为 1.33 kPa，放置 1 h 后，如果瓶内绝对压力不超过 2.66 kPa，则视为不漏气。

b）注射器漏气检查：用水将注射器活栓润湿后，吸入空气至刻度 1/4 处，用橡皮帽堵严进气孔，反复把活栓推进拉出几次，如活栓每次都回到原来的位置，可视为不漏气。

（2）在真空瓶内放入适量的吸收液，用真空泵将真空瓶减压，直至吸收液沸腾，关闭旋塞，采样前用真空压力表测量并记下真空瓶内绝对压力。

（3）取 100 mL 的洗涤瓶，内装洗涤液，如待测气体系酸性，则装入 5 mol/L 氢氧化钠溶液，如系碱性，则装入 3 mol/L 硫酸溶液洗涤气体。

（4）真空瓶或注射器与其他部件连接，使用球形或锥形接头连接。

（5）将真空瓶或注射器按图 14 和图 15 连接，真空瓶和注射器要尽量靠近采样管。

（6）采样系统漏气检查，堵死采样管出口端连接管，打开抽气泵抽气，至真空压力表压力升到 13 kPa

时，关上抽气泵一侧阀门，如压力表压力在 1 min 内下降不超过 0.15 kPa，则视为系统不漏气。

8.4.2.2 采样

a）采样前，打开抽气泵以 1 L/min 流量抽气约 5 min，置换采样系统的空气。

b）打开真空瓶旋塞，使气体进入真空瓶，然后关闭旋塞，将真空瓶取下。使用注射器时，打开注射器阀门，抽动活栓，将气样一次抽入预定刻度，关闭注射器进口阀门，取下注射器倒立存放。

c）采样时记下采样的工况、环境温度和大气压力。

8.4.3 使用仪器直接测试法采样

8.4.3.1 检测仪的检定和校准

仪器应按期送国家授权的计量部门进行检定，并根据仪器的使用频率定期进行校准。校准时使用不同浓度的标准气，按仪器说明书规定的程序校准仪器的满挡和零点，再用仪器量程中点值附近浓度的标准气体复检。

8.4.3.2 采样系统的连接和安装

a）检查并清洁采样预处理器的颗粒物过滤器，除湿器和输气管路，必要时更换滤料。

b）按照使用说明书连接采样管、采样预处理器和检测仪的气路和电路。

c）连接管线要尽可能短，当必须使用较长管线时，应注意防止样气中水分冷凝，必要时应对管线加热。

8.4.3.3 采样和测定

a）将采样管置于环境空气中，接通仪器电源，仪器自检并校正零点后，自动进入测定状态。

b）将采样管插入烟道中，将采样孔堵严使之不漏气，抽取烟气进行测定，待仪器读数稳定后即可记录（打印）测试数据。

c）读数完毕将采样管从烟道取出置于环境空气中，抽取干净空气直至仪器示值符合说明书要求后，将采样管插入烟道进行第二次测试。

d）重复 b）、c）步骤，直至测试完毕。

e）测定结束后，将采样管从烟道取出置于环境空气中，抽取干净空气直至仪器示值符合说明书要求后，自动或手动关机。

8.4.3.4 不同的检测仪器，操作步骤有差异，应严格按照仪器说明书操作。

9 采样体积计算

9.1 使用转子流量计时的采样体积计算

9.1.1 当转子流量计前装有干燥器时，标准状态下干排气采气体积按式（11）计算：

$$V_{nd} = 0.27Q'_r\sqrt{\frac{p_a + p_r}{M_{sd}(273+t_r)}}\times t \tag{11}$$

式中：V_{nd} ——标准状态下干采气体积，L；

Q'_r——采样流量，L/min；

M_{sd}——干排气气体分子量，kg/kmol；

p_a——大气压力，Pa；

p_r——转子流量计计前气体压力，Pa；

t_r——转子流量计计前气体温度，℃；

t——采样时间，min。

9.1.2 当被测气体的干气体分子量近似于空气时，标准状态下干气体体积按式（12）计算：

$$V_{nd} = 0.05Q'_r\sqrt{\frac{p_a + p_r}{(273+t_r)}}\times t \tag{12}$$

9.2 使用干式累积流量计时的采样体积计算

使用干式累积流量计，流量计前装有干燥器，标准状态下干排气采气体积按式（13）计算：

$$V_{nd}=K(V_2-V_1)\frac{273}{273+t_d}\times\frac{p_a+p_d}{101\,325} \tag{13}$$

式中：V_1、V_2——采样前后累积流量计的读数，L；

t_d——流量计前气体温度，℃；

p_d——流量计前气体压力，Pa；

K——流量计的修正系数。

9.3 使用注射器时的采样体积计算

使用注射器采样时，标准状态下干采气体积按式（14）计算：

$$V_{nd}=V_f\frac{273}{273+t_f}\times\frac{p_a+p_{fv}}{101\,325} \tag{14}$$

式中：V_f——室温下注射器采样体积，L；

t_f——室温，℃；

p_{fv}——在 t_f 时饱和水蒸气压力，Pa。

9.4 使用真空瓶时的采样体积计算

使用真空瓶采样时，标准状态下干采气体积按式（15）计算：

$$V_{nd}=(V_b-V_1)\frac{273}{101\,325}\left(\frac{p_f-p_{fv}}{273+t_f}-\frac{p_i-p_{iv}}{273+t_i}\right) \tag{15}$$

式中：V_b——真空瓶容积，L；

V_1——吸收液容积，L；

p_f——采样后放置至室温，真空瓶内压力，Pa；

t_f——测 P_f 时的室温，℃；

p_i——采样前真空瓶内压力，Pa；

t_i——测 P_i 时的室温，℃；

p_{fv}——在 t_f 时的饱和水蒸气压力，Pa；

p_{iv}——在 t_i 时的饱和水蒸气压力，Pa。

注：被吸收液吸收的样品，由于体积很小而忽略不计。

10 采样频次和采样时间

10.1 确定采样频次和采样时间的依据

10.1.1 相关标准和规范的规定和要求。

10.1.2 实施监测的目的和要求。

10.1.3 被测污染源污染物排放特点、排放方式及排放规律，生产设施和治理设施的运行状况。

10.1.4 被测污染源污染物排放浓度的高低和所采用的监测分析方法的检出限。

10.2 采样频次和采样时间

10.2.1 相关标准中对采样频次和采样时间有规定的，按相关标准的规定执行。

10.2.2 除相关标准另有规定，排气筒中废气的采样以连续 1 h 的采样获取平均值，或在 1 h 内，以等时间间隔采集 3～4 个样品，并计算平均值。

10.2.3 特殊情况下的采样时间和频次：若某排气筒的排放为间断性排放，排放时间小于 1 h，应在排放时段内实行连续采样，或在排放时段内等间隔采集 2～4 个样品，并计算平均值；若某排气筒的排放为间断性排放，排放时间大于 1 h，则应在排放时段内按 10.2.2 的要求采样。

10.2.4 一般污染源的监督性监测每年不少于 1 次，如被国家或地方环境保护行政主管部门列为年度重点监管的排污单位，每年监督性监测不少于 4 次。

10.2.5 建设项目竣工环境保护验收监测的采样时间和频次，按国家环境保护总局发布的相关建设项目竣工环境保护验收技术规范执行。

10.2.6 当进行污染事故排放监测时，应按需要设置采样时间和采样频次，不受上述要求的限制。

11 监测分析方法

11.1 选择分析方法的原则

11.1.1 监测分析方法的选用应充分考虑相关排放标准的规定、被测污染源排放特点、污染物排放浓度的高低、所采用监测分析方法的检出限和干扰等因素。

11.1.2 相关排放标准中有监测分析方法的规定时，应采用标准中规定的方法。

11.1.3 对相关排放标准未规定监测分析方法的污染物项目，应选用国家环境保护标准、环境保护行业标准规定的方法。

11.1.4 在某些项目的监测中，尚无方法标准的，可采用国际标准化组织（ISO） 或其他国家的等效方法标准，但应经过验证合格，其检出限、准确度和精密度应能达到质控要求。

11.2 固定源部分废气监测分析方法

见附录 A。

12 监测结果表示及计算

12.1 监测结果表示及计算

监测结果及计算应根据相关排放标准的要求来确定。

12.2 污染物排放浓度

12.2.1 污染物排放以标准状况下干排气量的质量浓度（mg/m³或μg/m³）表示。

12.2.2 污染物排放质量浓度按式（16）进行计算：

$$\rho' = \frac{m}{V_{\text{nd}}} \times 10^6 \tag{16}$$

式中：ρ'——污染物排放质量浓度，mg/m³；

V_{nd}——标准状况下采集干排气的体积，L；

m——采样所得污染物的质量，g。

当监测仪器测定结果以体积分数（10^{-6} 或 10^{-9}）表示时，应将此浓度换算成质量浓度（mg/m³或μg/m³），按式（17）进行换算：

$$\rho' = \frac{M}{22.4}\varphi \tag{17}$$

式中：ρ'——污染物质量浓度，mg/m³或μg/m³；

M——污染物的摩尔质量，g；

22.4——污染物的摩尔体积，L；

φ——污染物的体积分数，10^{-6} 或 10^{-9}。

12.2.3 污染物平均排放质量浓度按式（18）进行计算：

$$\overline{\rho}' = \frac{\sum_{i=1}^{n}\rho'}{n} \tag{18}$$

式中：$\overline{\rho}'$——污染物平均排放质量浓度，mg/m³；

n——采集的样品数。

12.2.4 周期性变化的生产设备，若需确定时间加权平均质量浓度，按式（19）计算：

$$\overline{\rho}' = \frac{\rho_1' t_1 + \rho_2' t_2 + \cdots + \rho_n' t_n}{t_1 + t_2 + \cdots + t_n} \tag{19}$$

式中：$\overline{\rho}'$——污染物时间加权平均排放质量浓度，mg/m³；

ρ_1'，ρ_2'，…，ρ_n'——污染物在 t_1，t_2，…，t_n 时段内的质量浓度，mg/m³；

t_1，t_2，…，t_n——监测时间段，min。

12.3 污染物折算排放浓度

12.3.1 在计算燃料燃烧设备污染物的排放质量浓度时，应依照所执行的标准要求，将实测的污染物质量浓度折算为标准规定的过量空气系数下的排放质量浓度，按式（20）进行折算：

$$\overline{\rho} = \overline{\rho}' \cdot \frac{\alpha'}{\alpha} \tag{20}$$

式中：$\overline{\rho}$ ——折算成过量空气系数为 α 时的污染物排放质量浓度，mg/m³；

$\overline{\rho}'$——污染物实测排放质量浓度，mg/m³；

α'——实测过量空气系数；

α——有关排放标准中规定的过量空气系数。

12.3.2 根据所用含氧量测定仪器的精度和数据处理的要求，过量空气系数按式（21）、式（22）或式（23）计算：

$$\alpha = \frac{20.9}{20.9 - \varphi(O_2)} \tag{21}$$

或

$$\alpha = \frac{21}{21 - \varphi(O_2)} \tag{22}$$

或

$$\alpha = \frac{21}{21 - 79\dfrac{\varphi(O_2) - 0.5\varphi(CO)}{100 - [\varphi(O_2) + \varphi(CO_2) + \varphi(CO)]}} \tag{23}$$

式中：$\varphi(O_2)$、$\varphi(CO_2)$、$\varphi(CO)$——排气中氧、二氧化碳、一氧化碳的体积分数。

12.4 废气排放量

12.4.1 废气排放量以单位时间排放的标准状态下干废气体积表示，其单位为 m³/h。

12.4.2 工况下的湿废气排放量按式（24）计算：

$$Q_S = 3\,600 \times F \times V_S \tag{24}$$

式中：Q_S——测量工况下湿排气的排放量，m³/h；

F——管道测定断面面积，m²；

V_S——管道测定断面湿排气的平均流速，m/s。

12.4.3 标准状态下干废气排放量按式（25）计算：

$$Q_{sn} = Q_s \times \frac{p_a + p_s}{101\,325} \times \frac{273}{273 + t_s} \times (1 - \varphi_{sw}) \tag{25}$$

式中：Q_{sn}——标准状态下干排气量，m³/h；

p_a——大气压力，Pa；

p_s——排气静压，Pa；

t_s——排气温度，℃；

φ_{sw}——排气中水分体积分数，%。

12.5 污染物排放速率

污染物排放速率以单位小时污染物的排放量表示，其单位为 kg/h。污染物排放速率按式（26）计算：

$$G = \overline{\rho}' \times Q_{sn} \times 10^{-6} \tag{26}$$

式中：G——污染物排放速率，kg/h；

$\overline{\rho}'$——污染物实测排放质量浓度，mg/m^3；

Q_{sn}——标准状态下干排气量，m^3/h。

12.6 净化装置的性能

12.6.1 根据净化装置进口和出口气流中污染物的排放量计算其净化效率，按式（27）计算：

$$\eta = \left(\frac{G_J - G_C}{G_J}\right) \times 100\% = \left(\frac{Q_J\rho_J - Q_C\rho_C}{Q_J\rho_J}\right) \times 100\% \tag{27}$$

式中：η——净化设备的净化效率，%；

G_J、G_C——净化装置进口和出口污染物排放速率，kg/h；

ρ_J、ρ_C——净化装置进口和出口污染物排放质量浓度，mg/m^3；

Q_J、Q_C——净化装置进口和出口标准状态下干排气量，m^3/h。

12.6.2 气流经过净化装置所产生的压力损失称为净化装置的阻力，净化装置的阻力按式（28）计算：

$$\Delta p = p_J - p_C \tag{28}$$

式中：Δp——净化装置的阻力，Pa；

p_J——净化装置进口端管道中废气全压，Pa；

p_C——净化装置出口端管道中废气全压，Pa。

12.6.3 净化装置的漏风率按风量平衡法测定，漏风率按式（29）计算：

$$E = \left(1 - \frac{Q_C}{Q_J}\right) \times 100\% \tag{29}$$

式中：E——净化装置的漏风率，%；

Q_C——净化装置出口标准状态下干排气量，m^3/h；

Q_J——净化装置进口标准状态下干排气量，m^3/h。

13 质量保证和质量控制

13.1 仪器的检定和校准

13.1.1 属于国家强制检定目录内的工作计量器具，必须按期送计量部门检定，检定合格，取得检定证书后方可用于监测工作。

13.1.2 排气温度测量仪表、斜管微压计、空盒大气压力计、真空压力表（压力计）、转子流量计、干式累积流量计、采样管加热温度、分析天平、采样嘴、皮托管系数等至少半年自行校正一次。校正方法按 GB/T 16157 中第 12 章执行。

13.1.3 定电位电解法烟气（SO_2、NO_x、CO）测定仪，应根据仪器使用频率，每 3 个月至半年校准一次。在使用频率较高的情况下，应增加校准次数。用仪器量程中点值附近浓度的标准气校准，若仪器示值偏差不高于±5%，则为合格。

13.1.4 测氧仪至少每季度检查校验一次，使用高纯氮检查其零点，用干净的环境空气应能调整其示值为 20.9%（在高原地区应按照当地空气含氧量标定）。

13.1.5 定电位电解法烟气测定仪和测氧仪的电化学传感器寿命一般为 1～2 年，若发现传感器性能明显下降或已失效，必须及时更换传感器，送计量部门重新检定后方可使用。

13.1.6 自动烟尘采样仪和含湿量测定装置的温度计、电子压差计、流量计应定期进行校准。

13.2　监测仪器设备的质量检验

13.2.1　监测仪器设备的质量应达到相关标准的规定，烟气采样器的技术要求见 HJ/T 47，烟尘采样器的技术要求见 HJ/T 48。

13.2.2　对微压计、皮托管和烟气采样系统进行气密性检验，按 GB/T 16157 中 5.2.2.3 进行检漏试验。当系统漏气时，应再分段检查、堵漏或重新安装采样系统，直到检验合格。

13.2.3 空白滤筒称量前应检查外表有无裂纹、孔隙或破损，有则应更换滤筒，如果滤筒有挂毛或碎屑，应清理干净。当用刚玉滤筒采样时，滤筒在空白称重前，要用细砂纸将滤筒口磨平整，以保证滤筒安装后的气密性。

13.2.4　应严格检查皮托管和采样嘴，发现变形或损坏者不能使用。

13.2.5　气态污染物采样，要根据被测成分的存在状态和特性，选择合适的采样管、连接管和滤料。采样管材质应不吸收且不与待测污染物起化学反应，不被排气成分腐蚀，能在排气温度和气流下保持足够的机械强度。滤料应选择不吸收且不与待测污染物起化学反应的材料，并能耐受高温排气。连接管应选择不吸收且不与待测污染物起化学反应，并便于连接与密封的材料。

13.2.6　吸收瓶应严密不漏气，多孔筛板吸收瓶鼓泡要均匀，在流量为 0.5 L/min 时，其阻力应在 5 kPa±0.7 kPa。

13.3　现场监测的质量保证

13.3.1　排气参数的测定

a）监测期间应有专人负责监督工况，污染源生产设备、治理设施应处于正常的运行工况，其工况条件应满足 4.3 的规定。

b）在进行排气参数测定和采样时，打开采样孔后应仔细清除采样孔短接管内的积灰，再插入测量仪器或采样探头，并严密堵住采样孔周围缝隙以防止漏气。

c）排气温度测定时，应将温度计的测定端插入管道中心位置，待温度指示值稳定后读数，不允许将温度计抽出管道外读数。

d）排气水分含量测定时，采样管前端应装有颗粒物过滤器，采样管应有加热保温措施。应对系统的气密性进行检查。对于直径较大的烟道，应将采样管尽量深地插入烟道，减少采样管外露部分，以防水汽在采样管中冷凝，造成测定结果偏低。

e）用奥氏气体分析仪测定烟气成分时，必须按 CO_2、O_2、CO 的顺序进行测定，操作过程应防止吸收液和封闭液窜入梳形管中。

f）使用微压计测定排气压力时，事先须将仪器调整水平，检查微压计液柱内有无气泡，液面调至零点；对皮托管、微压计和系统进行气密性检查。

g）测定排气压力时，应首先进行零点校准。测定时皮托管的全压孔要正对气流方向，偏差不得超过 10°。

13.3.2　颗粒物的采样

a）颗粒物的采样必须按照等速采样的原则进行，尽可能使用微电脑自动跟踪采样仪，以保证等速采样的精度，减少采样误差。

b）采样位置应尽可能选择气流平稳的管段，采样断面最大流速与最小流速之比不宜大于 3 倍，以防仪器的响应跟不上流速的变化，影响等速采样的精度。

c）在湿式除法除尘或脱硫器出口采样，采样孔位置应避开烟气含水（雾）滴的管段。

d）采样系统在现场连接安装好以后，应对采样系统进行气密性检查，发现问题及时解决。

e）采样嘴应先背向气流方向插入管道，采样时采样嘴必须对准气流方向，偏差不得超过 10°。采样结束，应先将采样嘴背向气流，迅速抽出管道，防止管道负压将尘粒倒吸。

f）锅炉颗粒物采样，须多点采样，原则上每点采样时间不少于 3 min，各点采样时间应相等，或每台锅炉测定时所采集样品累计的总采气量不少于 1 m^3。每次采样，至少采集 3 个样品，取其平均值。

g）滤筒在安放和取出采样管时，须使用镊子，不得直接用手接触，避免损坏和沾污，若不慎有脱落的滤筒碎屑，须收齐放入滤筒中；滤筒安放要压紧固定，防止漏气；采样结束，从管道抽出采样管时不得倒置，取出滤筒后，轻轻敲打前弯管并用毛刷将附在管内的尘粒刷入滤筒中，将滤筒上口内折封好，放入专用容器中保存，注意在运送过程中切不可倒置。

h）在采集硫酸雾、铬酸雾等样品时，由于雾滴极易沾在采样嘴和弯管内壁，且很难脱离，采样前应将采样嘴和弯管内壁清洗干净，采样后用少量乙醇冲洗采样嘴和弯管内壁，合并在样品中，尽量减少样品损失，保证采样的准确性。

i）采集多环芳烃和二噁英类，采样管材质应为硼硅酸盐玻璃、石英玻璃或钛金属合金，宜使用石英滤筒（膜），采样后滤筒（膜）不可烘烤。

j）用手动采样仪采样过程中，要经常检查和调整流量，普通型采样管法采样前后应重复测定废气流速，当采样前后流速变化大于 20%时，样品作废，重新采样。

k）当采集高浓度颗粒物时，发现测压孔或采样嘴被尘粒沾堵时，应及时清除。

l）为保证监测质量，测定低浓度颗粒物宜采用 ISO 12141 方法。

13.3.3 气态污染物的采样

a）废气采样时，应对废气被测成分的存在状态及特性、可能造成误差的各种因素（吸附、冷凝、挥发等），进行综合考虑，来确定适宜的采样方法（包括采样管和滤料材质的选择、采样体积、采样管和导管加热保温措施等）。

b）采集废气样品时，采样管进气口应靠近管道中心位置，连接采样管与吸收瓶的导管应尽可能短，必要时要用保温材料保温。

c）采样前，在采样系统连接好以后，应对采样系统进行气密性检查，如发现漏气应分段检查，找出问题，及时解决。

d）使用吸收瓶或吸附管系统采样时，吸收装置应尽可能靠近采样管出口，采样前使排气通过旁路 5 min，将吸收瓶前管路内的空气彻底置换；采样期间保持流量恒定，波动不大于 10%；采样结束，应先切断采样管至吸收瓶之间的气路，以防管道负压造成吸收液倒吸。

e）用碘量法测定烟气二氧化硫，采样必须使用加热采样管（加热温度 120℃），吸收瓶用冰浴或冷水浴控制吸收液温度，以提高吸收效率。

f）对湿法脱硫装置进行脱硫效率的测定，应在正常运行条件下进行，同时测定洗涤液的 pH 值。在报出脱硫效率测定结果时，应注明洗涤液的 pH 值。

g）采样结束后，立即封闭样品吸收瓶或吸附管两端，尽快送实验室进行分析。在样品运送和保存期间，应注意避光和控温。

h）用便携式仪器直接监测烟气中污染物，为了防止采样气体中水分在连接管和仪器中冷凝干扰测定，输气管路应加热保温，配置烟气预处理装置，对采集的烟气进行过滤、除湿和气液分离。除湿装置应使除湿后气体中被测污染物的损失不大于 5%。

i）用便携式烟气分析仪对烟气二氧化硫、氮氧化物等测试，应选择抗负压能力大于烟道负压的仪器，否则会使仪器采样流量减小，测试浓度值将偏低，甚至测不出来。

j）用定电位电解法烟气分析仪对烟气二氧化硫、氮氧化物等测试，应在仪器显示浓度值变化趋于稳定后读数，读数完毕将采样探头取出，置于环境空气中，清洗传感器至仪器读数在 20 mg/m^3 以下时，再将采样探头插入烟道进行第二次测试。在测试完全结束后，应将仪器置于干净的环境空气中，继续抽气吹扫传感器，直至仪器示值符合说明书要求后再关机。

k）用定电位电解法烟气分析仪进行烟气监测，仪器应一次开机直至测试完全结束，中途不能关机重新启动以免仪器零点变化，影响测试准确性。

13.4　实验室分析质量保证

13.4.1　属于国家强制检定目录内的实验室分析仪器及设备必须按期送计量部门检定，检定合格，取得检定证书后方可用于样品分析工作。

13.4.2　分析用的各种试剂和纯水的质量必须符合分析方法的要求。

13.4.3　应使用经国家计量部门授权生产的有证标准物质进行量值传递。标准物质应按要求妥善保存，不得使用超过有效期的标准物质。

13.4.4　送实验室的样品应及时分析，否则必须按各项目的要求保存，并在规定的期限内分析完毕。每批样品至少应做一个全程空白样，实验室内进行质控样、平行样或加标回收样品的测定。

13.4.5　滤筒（膜）的称量应在恒温、恒湿的天平室中进行，应保持采样前和采样后称量条件一致。

附　录　A

（资料性附录）

固定源部分废气污染物监测分析方法

固定源排气中部分污染物监测分析方法如表 A.1 所示。

表 A.1　固定源部分废气污染物监测分析方法

序号	监测项目	方法标准名称	方法标准编号
1	二氧化硫	固定污染源排气中二氧化硫的测定　碘量法	HJ/T 56
		固定污染源排气中二氧化硫的测定　定电位电解法	HJ/T 57
2	氮氧化物	固定污染源排气中氮氧化物的测定　紫外分光光度法	HJ/T 42
		固定污染源排气中氮氧化物的测定　盐酸萘乙二胺分光光度法	HJ/T 43
3	氯化氢	固定污染源排气中氯化氢的测定　硫氰酸汞分光光度法	HJ/T 27
4	硫酸雾	硫酸浓缩尾气　硫酸雾的测定　铬酸钡比色法	GB 4920
5	氟化物	固定污染源排气　氟化物的测定　离子选择电极法	HJ/T 67
6	氯气	固定污染源排气中氯气的测定　甲基橙分光光度法	HJ/T 30
7	氰化氢	固定污染源排气中氰化氢的测定　异烟酸-吡唑啉酮分光光度法	HJ/T 28
8	光气	固定污染源排气中光气的测定　苯胺紫外分光光度法	HJ/T 31
9	沥青烟	固定污染源排气中沥青烟的测定　重量法	HJ/T 45
10	一氧化碳	固定污染源排气中一氧化碳的测定　非色散红外吸收法	HJ/T 44
		固定污染源排气中颗粒物测定与气态污染物采样方法（奥氏气体分析仪法）	GB/T 16157
11	颗粒物	重量法	本标准第 7 章
		固定污染源排气中颗粒物测定与气态污染物采样方法	GB/T 16157
		固定污染源排放　低浓度颗粒物（烟尘）质量浓度的测定　手工重量法	ISO 12141
12	石棉尘	固定污染源排气中石棉尘的测定　镜检法	HJ/T 41
13	饮食业油烟	饮食业油烟排放标准（试行）附录 A	GB 18483
14	镉及其化合物	大气固定污染源　镉的测定　火焰原子吸收分光光度法	HJ/T 64.1
		大气固定污染源　镉的测定　石墨炉原子吸收分光光度法	HJ/T 64.2
		大气固定污染源　镉的测定　对-偶氮苯重氮氨基偶氮苯磺酸分光光度法	HJ/T 64.3
15	镍及其化合物	大气固定污染源　镍的测定　火焰原子吸收分光光度法	HJ/T 63.1
		大气固定污染源　镍的测定　石墨炉原子吸收分光光度法	HJ/T 63.2
		大气固定污染源　镍的测定　丁二酮肟-正丁醇萃取分光光度法	HJ/T 63.3
16	锡及其化合物	大气固定污染源　锡的测定　石墨炉原子吸收分光光度法	HJ/T 65
17	铬酸雾	固定污染源排气中铬酸雾的测定　二苯基碳酰二肼分光光度法	HJ/T 29

序号	监测项目	方法标准名称	方法标准编号
18	氯乙烯	固定污染源排气中氯乙烯的测定　气相色谱法	HJ/T 34
19	非甲烷总烃	固定污染源排气中非甲烷总烃的测定　气相色谱法	HJ/T 38
20	甲醇	固定污染源排气中甲醇的测定　气相色谱法	HJ/T 33
21	氯苯类	固定污染源排气中氯苯类的测定　气相色谱法	HJ/T 39
		大气固定污染源　氯苯类化合物的测定　气相色谱法	HJ/T 66
22	酚类	固定污染源排气中酚类化合物的测定　4-氨基安替比林分光光度法	HJ/T 32
23	苯胺类	大气固定污染源　苯胺类的测定　气相色谱法	HJ/T 68
24	乙醛	固定污染源排气中乙醛的测定　气相色谱法	HJ/T 35
25	丙烯醛	固定污染源排气中丙烯醛的测定　气相色谱法	HJ/T 36
26	丙烯腈	固定污染源排气中丙烯腈的测定　气相色谱法	HJ/T 37
27	苯并[*a*]芘	固定污染源排气中苯并[*a*]芘的测定　高效液相色谱法	HJ/T 40
28	二噁英类	多氯代二苯并二噁英和多氯代二苯并呋喃的测定　同位素稀释高分辨毛细管气相色谱/高分辨质谱法	HJ/T 77
29	烟气黑度	固定污染源排放　烟气黑度的测定　林格曼烟气黑度图法	HJ/T 398

关于印发《污染源自动监控设施运行管理办法》的通知

环发〔2008〕6号

各省、自治区、直辖市环境保护局（厅），新疆生产建设兵团环境保护局：

为落实污染减排“三大体系”能力建设工作任务，完善相关配套标准和政策，根据《中华人民共和国环境保护法》《建设项目环境保护管理条例》《国务院对确需保留的行政审批项目设立行政许可的决定》（国务院令 第412号）的规定，我部制定了《污染源自动监控设施运行管理办法》。现印发给你们，请遵照执行。

附件：污染源自动监控设施运行管理办法

二〇〇八年三月十八日

附件

污染源自动监控设施运行管理办法

第一章 总 则

第一条 为加强对污染源自动监控设施运行的监督管理，保证污染源自动监控设施正常运行，加强对污染源的有效监管，根据《中华人民共和国环境保护法》《国务院对确需保留的行政审批项目设立行政许可的决定》（国务院令 第412号）的规定，制定本办法。

第二条 本办法所称自动监控设施，是指在污染源现场安装的用于监控、监测污染排放的仪器、流量（速）计、污染治理设施运行记录仪和数据采集传输仪器、仪表，是污染防治设施的组成部分。

第三条 本办法所称自动监控设施的运行，是指从事自动监控设施操作、维护和管理，保证设施正常运行的活动，分为委托给有资质的专业化运行单位的社会化运行和排污单位自运行两种方式。

第四条 本办法适用于县级以上重点污染源（包括重点监控企业）自动监控设施的运行和管理活动。

其他污染源自动监控设施运行和管理活动参照本办法执行。

第五条 污染源自动监控设施运行费用由排污单位承担，有条件的地方政府可给予适当补贴。

第六条 国家支持鼓励设施社会化运行服务业的发展。

第七条 国务院环境保护行政主管部门负责制定污染源自动监控设施运行管理的规章制度、标准，地方环境保护行政主管部门负责本辖区污染源自动监控设施运行的监督管理。

第二章 设施运行要求

第八条 污染源自动监控设施的选型、安装、运行、审查、监测质量控制、数据采集和联网传输，应符合国家相关的标准。

第九条 污染源自动监控设施必须经县级以上环境保护行政主管部门验收合格后方可正式投入运行，并按照相关规定与环境保护行政主管部门联网。

第十条 从事污染源自动监控设施的社会化运行单位必须取得国务院环境保护行政主管部门核发的“环境污染治理设施运营资质证书”。

第十一条 所有从事污染源自动监控设施的操作和管理人员，应当经省级环境保护行政主管部门委托的中介机构进行岗位培训，能正确、熟练地掌握有关仪器设施的原理、操作、使用、调试、维修和更换等技能。

第十二条 污染源自动监控设施运行单位应按照县级以上环境保护行政主管部门的要求，每半年向其报送设施运行状况报告，并接受社会公众监督。

第十三条 污染源自动监控设施运行单位应按照国家或地方相关法律法规和标准要求，建立健全管理制度。主要包括：人员培训、操作规程、岗位责任、定期比对监测、定期校准维护记录、运行信息公开、设施故障预防和应急措施等制度。常年备有日常运行、维护所需的各种耗材、备用整机或关键部件。

第十四条 运行单位应当保持污染源自动监控设施正常运行。污染源自动监控设施因维修、更换、停用、拆除等原因将影响设施正常运行情况的，运行单位应当事先报告县级以上环境保护行政主管部门，说明原因、时段等情况，递交人工监测方法报送数据方案，并取得县级以上环境保护行政主管部门的批准；设施的维修、更换、停用、拆除等相关工作均须符合国家或地方相关的标准。

第十五条 污染源自动监控设施的维修、更换，必须在48小时内恢复自动监控设施正常运行，设施不能正常运行期间，要采取人工采样监测的方式报送数据，数据报送每天不少于 4 次，间隔不得超过 6 小时。

第十六条 在地方环境保护行政主管部门的监督指导下，污染源自动监控设施产权所有人可按照国家相关规定，采取公开招标的方式选择委托国务院环境保护行政主管部门核发的运营资质证书的运行单位，并签订运行服务合同。

运行合同正式签署或变更时，运行单位须将合同正式文本于10个工作日内，向县级以上环境保护行政主管部门备案。

第十七条 排污单位不得损坏设施或蓄意影响设施正常运行。

第十八条 污染源自动监控设施运行委托单位有以下权利和义务：

（一）对设施运行单位进行监督，提出改进服务的建议；

（二）应为设施运行单位提供通行、水、电、避雷等正常运行所需的基本条件。因客观原因不能正常提供时，需提前告知运行单位，同时向县级以上环境保护行政主管部门报告，配合做好相关的应急工作；

（三）举报设施运行单位的环境违法行为；

（四）不得以任何理由干扰运行单位的正常工作或污染源自动监控设施的正常运行；

（五）不得将应当承担的排污法定责任转嫁给运行单位。

第十九条 污染源自动监控设施社会化运行单位有以下权利和义务：

（一）按照规定程序和途径取得或放弃设施运行权；

（二）不受地域限制获得设施运行业务；

（三）严格执行有关管理制度，确保设施正常运行；

（四）举报排污单位的环境违法行为；

（五）对运行管理人员进行业务培训，提高运行水平。

第三章 监督管理

第二十条 县级以上环境保护行政主管部门对污染源自动监控设施运行情况行使以下现场检查和日常监督权：

（一）社会化运行单位是否依法获得污染源自动监控设施运营资质证书，是否按照资质证书的规定，在有效期内从事运行活动；

（二）社会化运行单位是否与委托单位签订运行服务合同，合同有关内容是否符合环境保护要求并得到落实；

（三）运行单位岗位现场操作和管理人员是否经过岗位培训；

（四）运行单位是否按照要求建立自动监控设施运行的人员培训、操作规程、岗位责任、定期比对监测、定期校准维护记录、运行信息公开、事故预防和应急措施等管理制度以及这些制度是否得到有效实施；

（五）自动监控设施是否按照环境保护行政主管部门的相关要求联网，并准确及时地传输监控信息和数据；

（六）运行委托单位是否有影响运行单位正常工作和污染源自动监控设施正常运行的行为；

（七）运行委托单位和运行单位是否有其他环境违法行为。

第二十一条 运行委托单位对自动监控设施的监测数据提出异议时，县级以上环境监测机构应按照国家或地方相关的标准进行比对试验等监测工作，由县级以上环境监察机构确认责任单位，并由责任单位承担相关经济、法律责任。

第二十二条 县级以上环境保护行政主管部门组织对污染源自动监控设施的运行状况进行定期检查，出现检查不合格的情况，可责令其限期整改；对社会化运行单位可建议国务院环境保护行政主管部门对其运营资质进行降级、停用、吊销等处罚。

第二十三条 环境保护行政主管部门在行使运行监督管理权力时，应当遵守下列规定：

（一）严格按照本办法规定履行职责；

（二）不得无故干预运行单位的正常运行业务；

（三）为运行委托单位和运行单位保守技术秘密；

（四）不得收取任何费用及谋求个人和单位的利益；

（五）不得以任何形式指定污染源自动监控设施运行单位。

第二十四条 国家鼓励个人或组织参与对污染源自动监控设施运行活动的监督。

个人或组织发现污染源自动监控设施运行活动中有违法违规行为的，有权向环保部门举报，环境监察部门应当及时核实、处理。

第四章 附 则

第二十五条 县级以上重点污染源，是指列入国控、省控、市控及县控重点污染源名单的排污单位；重点监控企业是指城镇污水处理厂。

第二十六条 本办法所称运行单位包括社会化运行单位和自运行单位。

社会化运行是指已取得国务院环境保护行政主管部门核发的“环境污染治理设施运营资质证书”，具有独立法人资格的企业或企业化管理的事业单位，接受污染物产生单位委托，按照双方签订的合同，为其提供自动监控设施操作、维护和管理，保证设施正常运行，并承担相应环境责任的经营服务活动。

自运行是指污染物产生单位自行从事其自动监控设施操作、维护和管理，保证设施正常运行，并承担相应环境责任的活动。

第二十七条 县级以上环境保护行政主管部门对个人或组织如实举报设施运行违法违规行为的，可给予奖励，并有义务为举报者保密。

第二十八条 本办法由国务院环境保护行政主管部门负责解释。

第二十九条 本办法自 2008 年 5 月 1 日起施行。

关于加强燃煤脱硫设施二氧化硫减排核查核算工作的通知

环办〔2009〕8号

各省、自治区、直辖市环境保护局（厅），新疆生产建设兵团环境保护局，各环境保护督查中心，国家电网公司、中国华能集团公司、中国大唐集团公司、中国华电集团公司、中国国电集团公司、中国电力投资集团公司：

为进一步落实国务院《节能减排综合性工作方案》及《节能减排统计监测及考核实施方案和办法》，提高燃煤脱硫设施的运行效率和管理水平，确保实现“十一五”二氧化硫总量减排目标，切实加强对燃煤脱硫设施运行过程的监管，现就有关要求通知如下：

一、各地要督促辖区内的燃煤电厂和使用燃煤锅炉的企事业单位切实加强脱硫设施的运行、维护和管理，确保脱硫设施的正常运行，严禁开启烟道旁路运行和严禁脱硫设施无故停运。脱硫设施已投入运行的燃煤电厂和企事业单位必须建立生产运行台账，记录脱硫设施主要设备运行和维护情况，并记录烟气连续监测数据、机组负荷（锅炉负荷）、燃料硫分和脱硫剂的用量、厂用电率、脱硫副产物产生量和处置情况、旁路挡板门启停时间、运行事故及处理情况等。运行台账必须妥善保管，以备环保部门的核查。

二、要严格按照国务院《主要污染物总量减排监测办法》和《关于进一步做好国控重点污染源自动监控能力建设项目实施工作的通知》（环发〔2008〕25号）的要求，督促企事业单位按期完成烟气自动在线监控设备的安装和验收，并与环保部门联网运行。烟气经脱硫系统治理后，自动在线监控设备烟气采样装置必须按要求设置在旁路排放原烟气与净化烟气汇合后的混合烟道部分，确实因客观原因无法在混合烟道上安装或已安装但位置不符合规范要求的，应在旁路烟道加装烟气温度和流量采样装置。烟气自动在线监控设备按有关规定必须进行标定。

三、所有脱硫设施必须安装完成分布式控制系统（或集散控制系统，简称脱硫 DCS 系统），实时监控脱硫系统的运行情况。对湿法脱硫系统和烟气循环流化床脱硫系统，DCS 系统要记录发电负荷（或锅炉负荷）、烟气温度、烟气流量、增压风机电流和叶片开启度、氧化风机和密封风机电流、脱硫剂输送泵电流、烟气旁路开启度、脱硫岛 pH 值以及烟气进口和出口二氧化硫、烟尘、氮氧化物浓度等参数；对于循环流化床锅炉炉内脱硫系统和炉内喷钙炉外活化增湿脱硫系统，DCS 系统要记录自动添加脱硫剂系统输送风机电流以及烟气出口温度、流量、二氧化硫、烟尘、氮氧化物浓度等参数。在旁路烟道加装的烟气温度和流量等参数应记录入 DCS 系统。DCS 系统要确保能随机调阅上述运行参数及趋势曲线，相关数据至少保存六个月以上。

四、脱硫设施因改造、更新、维修或喷油助燃需暂停运行而开启旁路的，需按有关规定提前报当地环保部门备案；脱硫设施遇事故停运、在线监控系统或中控系统发生故障不能正常监测、采集、传输数据的，应在事故发生24小时内向当地市级以上环保部门报告。

五、各省级环保部门和各电力集团公司要按照上述要求，全面检查辖区内或所属企业的燃煤脱硫设施，逐一列出整改方案，督促企事业单位确保于2009年3月底前完成整改。限期达不到上述要求的，将按照《节能减排统计监测及考核实施方案和办法》的要求，不计算脱硫设施的二氧化硫减排量或按照监测系数法核减减排量，并列入该地区和企业集团减排年度考核。对脱硫设施全烟气脱硫效率、投运率达不到要求的，会同有关部门，按照《燃煤发电机组脱硫电价及脱硫设施运行管理办法（试行）》（发改价格〔2007〕1176号）要求，扣减脱硫电价款，足额征收二氧化硫排污费。

六、各级环保部门要把脱硫设施作为监督性监测、污染源建档和信息公开的重点，环境监察部门至少每月对脱硫设施进行一次现场执法检查，环境监测部门至少每季度开展一次监督性监测，同时做好对自动监测仪器的比对监测工作和自动监测数据的有效性审核工作。要及时记录及公布燃煤电厂和使用燃煤锅炉的企事业单位二氧化硫排放、监测、运行状况等相关情况，实行动态管理，发挥舆论监督作用，动员全社会的力量推动污染减排。

七、各环保督查中心要采取现场核查和重点抽查相结合的方式，加强燃煤脱硫设施的运行监管，并将上述要求落实整改情况及时报环境保护部。

二〇〇九年一月十九日

环境保护部令

第19号

《污染源自动监控设施现场监督检查办法》已经2011年12月30日环境保护部2011年第二次部务会议通过，现予公布，自2012年4月1日起施行。

环境保护部部长　周生贤

二○一二年二月一日

污染源自动监控设施现场监督检查办法

第一章　总　则

第一条　为加强对污染源自动监控设施的现场监督检查，保障其正常运行，保证自动监控数据的真实、可靠和有效，根据《中华人民共和国水污染防治法》《中华人民共和国大气污染防治法》等有关法律法规，制定本办法。

第二条　本办法所称污染源自动监控设施，是指在污染源现场安装的用于监控、监测污染物排放的在线自动监测仪、流量（速）计、污染治理设施运行记录仪和数据采集传输仪器、仪表、传感器等设施，是污染防治设施的组成部分。

第三条　本办法适用于各级环境保护主管部门对污染源自动监控设施的现场监督检查。

第四条　污染源自动监控设施的现场监督检查，由各级环境保护主管部门或者其委托的行使现场监督检查职责的机构（以下统称监督检查机构）具体负责。

省级以下环境保护主管部门对污染源自动监控设施进行监督管理和现场监督检查的权限划分，由省级环境保护主管部门确定。

第五条　实施污染源自动监控设施现场监督检查，应当与其他污染防治设施的现场检查相结合，并遵守国家有关法律法规、标准、技术规范以及环境保护主管部门的规定。

第六条　污染源自动监控设施的生产者和销售者，应当保证其生产和销售的污染源自动监控设施符合国家规定的标准。

排污单位自行运行污染源自动监控设施的，应当保证其正常运行。由取得环境污染治理设施运营资质的单位（以下简称运营单位）运行污染源自动监控设施的，排污单位应当配合、监督运营单位正常运行；运营单位应当保证污染源自动监控设施正常运行。

污染源自动监控设施的生产者、销售者以及排污单位和运营单位应当接受和配合监督检查机构的现场监督检查，并按照要求提供相关技术资料。监督检查机构有义务为被检查单位保守在检查中获取的商业秘密。

第二章　监督管理

第七条　污染源自动监控设施建成后，组织建设的单位应当及时组织验收。经验收合格后，污染源自动监控设施方可投入使用。

排污单位或者其他污染源自动监控设施所有权单位，应当在污染源自动监控设施验收后五个工作日内，将污染源自动监控设施有关情况交有管辖权的监督检查机构登记备案。

污染源自动监控设施的主要设备或者核心部件更换、采样位置或者主要设备安装位置等发生重大变化的，应当重新组织验收。排污单位或者其他污染源自动监控设施所有权单位应当在重新验收合格后五个工作日内，向有管辖权的监督检查机构变更登记备案。

有管辖权的监督检查机构应当对污染源自动监控设施登记事项及时予以登记，作为现场监督检查的依据。

第八条　污染源自动监控设施确需拆除或者停运的，排污单位或者运营单位应当事先向有管辖权的监督检查机构报告，经有管辖权的监督检查机构同意后方可实施。有管辖权的监督检查机构接到报告后，可以组织现场核实，并在接到报告后五个工作日内作出决定；逾期不作出决定的，视为同意。

污染源自动监控设施发生故障不能正常使用的，排污单位或者运营单位应当在发生故障后十二小时内向有管辖权的监督检查机构报告，并及时检修，保证在五个工作日内恢复正常运行。停运期间，排污单位或者运营单位应当按照有关规定和技术规范，采用手工监测等方式，对污染物排放状况进行监测，并报送监测数据。

第九条　下级环境保护主管部门应当每季度向上一级环境保护主管部门报告污染源自动监控设施现场监督检查工作情况。省级环境保护主管部门应当于每年的 1 月 30 日前向环境保护部报送上一年度本行政区域污染源自动监控设施现场监督检查工作报告。

第十条　污染源自动监控设施现场监督检查工作报告应当包括以下内容：

（一）辖区内污染源自动监控设施总体运行情况、存在的问题和建议；

（二）辖区内有关污染源自动监控设施违法行为及其查处情况和典型案例；

（三）污染源自动监控设施生产者、销售者和运营单位在辖区内服务质量评估。

第十一条　上级环境保护主管部门应当定期组织对本辖区内下级环境保护主管部门污染源自动监控设施现场监督检查的工作情况进行督查，并实行专项考核。

第十二条　污染源自动监控设施现场监督检查的有关情况，应当依法公开。

第三章　现场监督检查

第十三条　对污染源自动监控设施进行现场监督检查，应当重点检查以下内容：

（一）排放口规范化情况；

（二）污染源自动监控设施现场端建设规范化情况；

（三）污染源自动监控设施变更情况；

（四）污染源自动监控设施运行状况；

（五）污染源自动监控设施运行、维护、检修、校准校验记录；

（六）相关资质、证书、标志的有效性；

（七）企业生产工况、污染治理设施运行与自动监控数据的相关性。

第十四条　污染源自动监控设施现场监督检查分为例行检查和重点检查。

监督检查机构应当对污染源自动监控设施定期进行例行检查。对国家重点监控企业污染源自动监控设施的例行检查每月至少一次；对其他企业污染源自动监控设施的例行检查每季度至少一次。

对涉嫌不正常运行、使用污染源自动监控设施或者有弄虚作假等违法情况的企业，监督检查机构应当进行重点检查。重点检查可以邀请有关部门和专家参加。

实施污染源自动监控设施例行检查或者重点检查的，可以根据情况，事先通知被检查单位，也可以不事先通知。

第十五条 污染源自动监控设施的现场监督检查，按照下列程序进行：

（一）检查前准备工作，包括污染源自动监控设施登记备案情况、污染物排放及污染防治的有关情况，现场检查装备配备等；

（二）进行现场监督检查；

（三）认定运行正常的，结束现场监督检查；

（四）对涉嫌不正常运行、使用或者有弄虚作假等违法行为的，进行重点检查；

（五）经重点检查，认定有违法行为的，依法予以处罚。

污染源自动监控设施现场监督检查结果，应当及时反馈被检查单位。

第十六条 现场监督检查人员应当按照有关技术规范要求填写现场监督检查表，制作现场监督检查笔录。

现场监督检查人员进行污染源自动监控设施现场监督检查时，可以采取以下措施：

（一）以拍照、录音、录像、仪器标定或者拷贝文件、数据等方式保存现场检查资料；

（二）使用快速监测仪器采样监测。必要时，由环境监测机构进行监督性监测或者比对监测并出具监测结果；

（三）要求排污单位或者运营单位对污染源自动监控设施的硬件、软件进行技术测试；

（四）封存有关样品、试剂等物质，并送交有关部门或者机构检测。

第四章 法律责任

第十七条 排污单位或者其他污染源自动监控设施所有权单位，未按照本办法第七条的规定向有管辖权的监督检查机构登记其污染源自动监控设施有关情况，或者登记情况不属实的，依照《中华人民共和国水污染防治法》第七十二条第（一）项或者《中华人民共和国大气污染防治法》第四十六条第（一）项的规定处罚。

第十八条 排污单位或者运营单位有下列行为之一的，依照《中华人民共和国水污染防治法》第七十条或者《中华人民共和国大气污染防治法》第四十六条第（二）项的规定处罚：

（一）采取禁止进入、拖延时间等方式阻挠现场监督检查人员进入现场检查污染源自动监控设施的；

（二）不配合进行仪器标定等现场测试的；

（三）不按照要求提供相关技术资料和运行记录的；

（四）不如实回答现场监督检查人员询问的。

第十九条 排污单位或者运营单位擅自拆除、闲置污染源自动监控设施，或者有下列行为之一的，依照《中华人民共和国水污染防治法》第七十三条或者《中华人民共和国大气污染防治法》第四十六条第（三）项的规定处罚：

（一）未经环境保护主管部门同意，部分或者全部停运污染源自动监控设施的；

（二）污染源自动监控设施发生故障不能正常运行，不按照规定报告又不及时检修恢复正常运行的；

（三）不按照技术规范操作，导致污染源自动监控数据明显失真的；

（四）不按照技术规范操作，导致传输的污染源自动监控数据明显不一致的；

（五）不按照技术规范操作，导致排污单位生产工况、污染治理设施运行与自动监控数据相关性异常的；

（六）擅自改动污染源自动监控系统相关参数和数据的；

（七）污染源自动监控数据未通过有效性审核或者有效性审核失效的；

（八）其他人为原因造成的污染源自动监控设施不正常运行的情况。

第二十条 排污单位或者运营单位有下列行为之一的，依照《中华人民共和国水污染防治法》第七十条或者《中华人民共和国大气污染防治法》第四十六条第（二）项的规定处罚：

（一）将部分或者全部污染物不经规范的排放口排放，规避污染源自动监控设施监控的；

（二）违反技术规范，通过稀释、吸附、吸收、过滤等方式处理监控样品的；

（三）不按照技术规范的要求，对仪器、试剂进行变动操作的；

（四）违反技术规范的要求，对污染源自动监控系统功能进行删除、修改、增加、干扰，造成污染源自动监控系统不能正常运行，或者对污染源自动监控系统中存储、处理或者传输的数据和应用程序进行删除、修改、增加的操作的；

（五）其他欺骗现场监督检查人员，掩盖真实排污状况行为。

第二十一条 排污单位排放污染物超过国家或者地方规定的污染物排放标准，或者超过重点污染物排放总量控制指标的，依照《中华人民共和国水污染防治法》第七十四条或者《中华人民共和国大气污染防治法》第四十八条的规定处罚。

第二十二条 污染源自动监控设施生产者、销售者参与排污单位污染源自动监控设施运行弄虚作假的，由环境保护主管部门予以通报，公开该生产者、销售者名称及其产品型号；情节严重的，收回其环境保护适用性检测报告和环境保护产品认证证书。对已经安装使用该生产者、销售者生产、销售的同类产品的企业，环境保护主管部门应当加强重点检查。

第二十三条 运营单位参与排污单位污染源自动监控设施运行弄虚作假的，依照《环境污染治理设施运营资质许可管理办法》的有关规定处罚。

第二十四条 环境保护主管部门的工作人员有下列行为之一的，依法给予处分；构成犯罪的，依法追究刑事责任：

（一）不履行或者不按照规定履行对污染源自动监控设施现场监督检查职责的；

（二）对接到举报或者所发现的违法行为不依法予以查处的；

（三）包庇、纵容、参与排污单位或者运营单位弄虚作假的；

（四）其他玩忽职守、滥用职权或者徇私舞弊行为。

第二十五条 排污单位通过污染源自动监控设施数据弄虚作假获取主要污染物年度削减量、有关环境保护荣誉称号或者评级的，由原核定削减量或者授予荣誉称号的环境保护主管部门予以撤销。

排污单位通过污染源自动监控设施数据弄虚作假，骗取国家优惠脱硫脱硝电价的，环境保护主管部门应当及时通报优惠电价核定部门，取消电价优惠。

第二十六条 违反技术规范的要求，对污染源自动监控系统功能进行删除、修改、增加、干扰，造成污染源自动监控系统不能正常运行，或者对污染源自动监控系统中存储、处理或者传输的数据和应用程序进行删除、修改、增加的操作，构成违反治安管理行为的，由环境保护主管部门移送公安部门依据《中华人民共和国治安管理处罚法》第二十九条规定处理；涉嫌构成犯罪的，移送司法机关依照《中华人民共和国刑法》第二百八十六条追究刑事责任。

第五章 附 则

第二十七条 本办法由环境保护部负责解释。

中华人民共和国国家环境保护标准

工业污染源现场检查技术规范

Technical guideline for field inspection on industry environmental pollution source

HJ 606—2011

2011-02-12 发布 2011-06-01 实施

前 言

为贯彻《中华人民共和国环境保护法》，保护环境，防治污染，规范工业污染源现场检查活动，制定本标准。

本标准规定了工业污染源现场检查的准备工作、主要内容及技术要点。

本标准为首次发布。

本标准主要起草单位：中国环境科学学会、环境保护部华东环境保护督察中心、环境保护部南京环境科学研究所、东莞市环境保护局。

本标准由环境保护部科技标准司组织制订。

本标准环境保护部 2011 年 2 月 12 日批准。

本标准自 2011 年 6 月 1 日起实施。

本标准由环境保护部解释。

1 适用范围

本标准规定了工业污染源现场检查的准备工作、主要内容及技术要点。

本标准适用于各级环境保护主管部门的工业污染源现场检查工作。

2 规范性引用文件

本标准内容引用了下列文件中的条款，凡是不注日期的引用文件，其最新版本适用于本标准。

GB 5085 危险废物鉴别标准

GB 15562.1 环境保护图形标志 排放口（源）

GB 15562.2 环境保护图形标志 固体废物贮存（填埋）场

GB 18597 危险废物贮存污染控制标准

HJ/T 91 地表水和污水监测技术规范

HJ/T 295 环境保护档案管理规范 环境监察

HJ/T 373 固定污染源监测质量保证与质量控制技术规范（试行）

HJ/T 397 固定源废气监测技术规范

《环境行政处罚办法》（环境保护部令 第 8 号）

《污染源自动监控管理办法》（国家环境保护总局令 第 28 号）

《环境行政处罚主要文书制作指南》（环办〔2010〕51 号）

《〈环境保护图形标志〉实施细则（试行）》（环监〔1996〕463 号）

3　术语和定义

下列术语和定义适用于本标准。

3.1　污染源　pollution source

指向环境排放有毒有害物质或对环境产生有害影响的场所、材料、产品、设备和装置，分为天然污染源和人为污染源。

3.2　工业污染源现场检查　field inspection on pollution source

是指环保部门根据法律法规或者授权其下属单位对工业污染源实施现场监督检查，并根据法定程序执行或适用有关法律法规实施的具体行政行为。

3.3　排污者　polluter

直接或者间接向环境排放污染物的法人、个体工商户或个人。

3.4　重点污染源　key pollution source

环境保护行政主管部门在环境管理中确定的污染物排放量大、污染物环境毒性大或存在较大环境安全隐患、环境危害严重的污染源。对重点污染源实行重点监控、重点管理。

4　工业污染源现场检查的准备

4.1　现场检查人员

工业污染源现场检查活动应由两名以上环境保护部门或其授权的下属单位工作人员实施。

执行工业污染源现场检查任务人员应出示国家环境保护行政主管部门或地方人民政府配发的有效执法证件。

4.2　信息资料

4.2.1　信息资料的收集

实施现场检查部门可通过以下途径收集污染源信息：

（1）污染源调查。在环境保护主管部门的领导下，环境监察机构可协同其他环境管理部门共同开展环境污染源动态调查和数据采集工作，掌握辖区内污染源的基本情况，确定辖区内重点污染源、一般污染源名录及污染物排放情况。

（2）排污申报登记。排污申报登记资料可作为对污染源进行监督管理的依据之一。

（3）环境保护档案材料积累。环境保护主管部门在环境统计中获得的污染源信息，执行环境影响评价制度、“三同时”制度等监督管理中积累的污染源的档案材料，以及环境监察机构在日常环境监察中对有关污染源进行调查、处理和减排核查中积累的材料，均为工业污染源现场检查的重要信息来源。

（4）其他信息来源。通过污染源自动监控数据、群众举报、信访、12369 环保热线、领导批示、媒体报道、其他部门转办等信息来源，获取污染源信息资料。环境保护主管部门中各机构在行政管理过程中形成的污染源信息资料应及时移交所属环境监察机构。

4.2.2　信息资料加工整理

各级环保部门可按照污染源位置，所属流域，所属行业类别，排放污染物的种类、规模、去向等分类，建立污染源信息数据库。

4.3　现场检查活动计划

污染源现场检查活动计划的内容主要包括：检查目的、时间、路线、对象、重点内容等。

对于重点污染源和一般污染源，应保证规定的检查频率。对排放有毒有害污染物、扰民严重的餐饮、娱乐服务等污染源及群众来信来访举报的污染源及时进行随机检查。

各级环保部门应根据本地区的污染源特点和环境特点，保证必要的现场检查频次。

4.4 现场检查装备配备

根据污染源现场检查的具体任务，可选择配备必要的装备，主要包括：

（1）记录本及检查文书；

（2）交通工具；

（3）通信器材；

（4）全球卫星定位系统；

（5）录音、照相、摄像器材；

（6）必要的防护服及防护器材；

（7）现场采样设备；

（8）快速分析设备；

（9）便携式电脑（含无线上网卡）；

（10）打印设备；

（11）其他必要的设备。

5 现场调查取证

污染源现场检查活动中取得的证据包括：书证、物证、证人证言、视听材料和计算机数据、当事人陈述、环境监测报告和其他鉴定结论、现场检查（勘察）笔录等。

5.1 书证

书证包括文件、报告、计划、记录等书面文字材料或电子文档。书证的制作应当符合下列要求：

（1）提供书证的原件。收集原件确有困难的，可以收集与原件核对无误的复印件、照片或节录本；提交证据的单位或个人应在复印件、照片或节录本上签字或加盖公章。

（2）提供由有关部门保管的书证原件的复制件、影印件或者抄录件的，应当注明出处，经该部门核对无异后加盖其印章。

（3）提供报表、图纸、会计账册、专业技术资料、科技文献等书证的，应当附有文字说明材料。

（4）提供电子文档的，应当注明保存电子文档的计算机所有者名称。

5.2 物证

物证指现场采集的污染物样品或其他物品，如受污染源影响的生物、水、大气、土壤样品等。

5.2.1 物证采集的一般性要求

物证的采集应当符合下列要求：

（1）应当提供原物，提供原物确有困难的，可以提供与原物核对无误的复制件或者证明该物证的照片、录像等其他证据。

（2）原物为数量较多的种类物的，提供其中的一部分。

5.2.2 现场采样

现场采样取证应由县级以上环境保护行政主管部门所属环境监测机构、环境监察机构或其他具有环境监测资质的机构承担。采样人员可通过摄影、摄像等方式对采样地点、采样过程进行记录，与样品一同作为检查证据。

污染源现场采样、保存应符合国家相关环保标准和技术规范的要求。现场采集样品应当交由县级以上环境保护行政主管部门所属环境监测机构或其他具有环境监测资质的机构实施检测。

对排污者排放污染物情况进行监督检查时，可以现场即时采样或监测，其结果可作为判定排污行为是否合法、是否超标以及实施相关环境保护管理措施的依据。在线监测数据，经环境保护主管部门认定有效后，可以作为认定违法事实的证据。

当事人与现场调查取证之间的关系应遵循《环境行政处罚办法》第四十三条的规定。

5.2.3　采样记录与标志

现场采样取证应填写采样记录。采样记录应一式两份，第一份随样品送检，第二份留存环境监察机构备查。排污者代表对样品和采样记录核对无误后在采样记录上签字盖章确认。

采样后，除进行现场快速检测或必要的前处理外，现场采样人员应立即填制样品标签及样品封条。样品标签应贴在样品盛装容器上，样品封条应贴在样品盛装容器封口，封条的样式应便于检测单位确认接收前样品容器是否曾被开封。采样人员和排污者代表应当在封条上签名并注明封存日期。

5.3　证人证言

收集证人证言作为认定违法行为的证据使用时，应当载明下列内容：

（1）证人的姓名、年龄、性别、职业、住址、身份证号码、联系电话等基本情况；

（2）证人就知道的违法事实所作的客观陈述；

（3）证人的签字；证人不能签字的，应以捺指印或盖章等方式证明；

（4）注明出具证言的日期。

5.4　视听资料和计算机数据

视听资料包括现场的录音、录像、照片等，视听资料的制作应当符合下列要求：

（1）提供有关资料的原始载体。提供原始载体确有困难的，可以提供复制件。

（2）注明制作方法、制作时间、制作人、证明对象或相关问题说明等。

（3）声音资料应当附有该声音内容的文字记录。

5.5　当事人陈述

提供当事人陈述作为认定违法行为的证据使用时，应当载明下列内容：

（1）当事人的姓名、年龄、性别、职业、住址、身份证号码、联系电话等基本情况；

（2）当事人就违法事实所作的客观陈述；

（3）当事人的签字；当事人不能签字的，应以捺指印或盖章等方式证明；

（4）注明陈述的日期；

（5）附有居民身份证复印件等证明当事人身份的文件。

5.6　环境监测报告及其他鉴定结论

5.6.1　环境监测报告

县级以上环境保护主管部门所属环境监测机构或经其他具有环境监测资质的机构按照相关的管理规定出具的环境监测报告，可作为污染源现场检查的证据。环境监测报告应当符合以下要求：

（1）环境监测报告中应有监测机构全称，以及国家计量认证标志（CMA）和监测字号；

（2）监测报告应当载明监测项目的名称、委托单位、监测时间、监测点位、监测方法、检测仪器、检测分析结果等内容；

（3）监测报告的编制、审核、签发等人员应具备相应的资格，有报告编制、审核、签发等人员的签名和监测机构的盖章。

5.6.2　委托鉴定报告

对环境监察机构自身不能认定或者作出结论的事项，可以委托有关机构或者专家进行专门鉴定，作出鉴定报告。鉴定报告包括除环境监测报告以外的各种科学鉴定和司法鉴定。鉴定报告应当符合以下要求：

（1）鉴定报告应当载明委托人和委托鉴定的事项、向鉴定部门提交的相关材料、鉴定的依据和使用的科学技术手段；

（2）鉴定报告应包括对鉴定过程的简要表述；

（3）鉴定报告应当有鉴定部门和鉴定人鉴定资格的说明，并应有鉴定人的签名和鉴定部门的盖章；

（4）通过推理分析获得的鉴定结论，应当说明推理分析过程。

5.7 现场笔录

现场笔录包括现场进行实地检查、查看、探访以及对于当事人或有关证人进行询问而当场制作的文书，包括现场调查（询问）笔录、现场检查（勘察）笔录等。

现场调查（询问）笔录是实施现场检查人员对环境违法案件调查以及就有关情况对当事人或证人进行询问的记录。现场检查（勘察）笔录是实施现场检查人员对污染源进行检查时对现场检查内容进行的记录。

6 污染源检查

6.1 主要内容

6.1.1 环境管理手续检查

检查排污者的环评审批和验收手续是否齐全、有效，检查排污者是否曾有被处罚记录以及处罚决定的执行情况。

6.1.2 了解生产设施

了解排污者的工艺、设备及生产状况，是否有国家规定淘汰的工艺、设备和技术，了解污染物的来源、产生规模、排污去向，具体内容应包括：

（1）了解原辅材料、中间产品、产品的类型、数量及特性等情况；

（2）了解生产工艺、设备及运行情况；

（3）了解原辅材料、中间产品、产品的贮存场所与输移过程；

（4）了解生产变动情况。

6.1.3 污染治理设施检查

了解排污者拥有污染治理设施的类型、数量、性能和污染治理工艺，检查是否符合环境影响评价文件的要求；检查污染治理设施管理维护情况、运行情况、运行记录，是否存在停运或不正常运行情况，是否按规程操作；检查污染物处理量、处理率及处理达标率，有无违法、违章的行为。

6.1.4 污染源自动监控系统检查

按照《污染源自动监控管理办法》等法规的要求，检查污染源自动监控系统。

6.1.5 污染物排放情况检查

检查污染物排放口（源）的类型、数量、位置的设置是否规范，是否有暗管排污等偷排行为。

检查排污口（源）排放污染物的种类、数量、浓度、排放方式等是否满足国家或地方污染物排放标准的要求。

检查排污者是否按照《环境保护图形标志　排放口（源）》（GB 15562.1）、《环境保护图形标志　固体废物贮存（处置）场》（GB 15562.2）以及《〈环境保护图形标志〉实施细则（试行）》（环监〔1996〕463 号）的规定，设置环境保护图形标志。

6.1.6 环境应急管理检查

开展现场环境事故隐患排查及其治理情况监察；检查排污者是否编制和及时修订突发性环境事件应急预案；应急预案是否具有可操作性；是否按预案配置应急处置设施和落实应急处置物资；是否定期开展应急预案演练。

6.2 水污染源现场检查

6.2.1 水污染防治设施

（1）设施的运行状态。检查水污染防治设施的运行状态及运行管理情况，是否不正常使用、擅自拆除或者闲置。排污者有下列行为之一的，可以认定为“不正常使用”污染防治设施：

——将部分或全部废水不经过处理设施，直接排入环境；

——通过埋设暗管或者其他隐蔽排放的方式，将废水不经处理而排入环境；

——非紧急情况下开启污染物处理设施的应急排放阀门，将部分或全部废水直接排入环境；

——将未经处理的废水从污染物处理设施的中间工序引出直接排入环境；

——将部分污染物处理设施短期或者长期停止运行；

——违反操作规程使用污染物处理设施，致使处理设施不能正常发挥处理作用；

——污染物处理设施发生故障后，排污者不及时或者不按规程进行检查和维修，致使处理设施不能正常发挥处理作用；

——违反污染物处理设施正常运行所需的条件，致使处理设施不能正常运行的其他情形。

（2）设施的历史运行情况。检查设施的历史运行记录，结合记录中的运行时间、处理水量、能耗、药耗等数据，综合判断历史运行记录的真实性，确定水污染防治设施的历史运行情况。

（3）处理能力及处理水量。检查计量装置是否完备；处理能力是否能够满足处理水量的需要。

核定处理水量与生产系统产生的水量是否相符。如处理水量低于应处理水量，应检查未处理废水的排放去向。

检查是否按照规定安装了计量装置和污染物自动监控设备，其运行是否正常；检查污水计量装置是否按时计量检定，是否在检定有效期内。

（4）废水的分质管理。检查对于含不同种类和浓度污染物的废水，是否进行必要的分质管理。

对于污染物排放标准规定必须在生产车间或设施废水排放口采样监测的污染物，检查排污者是否在车间或车间污水处理设施排放口设置了采样监测点，是否在车间处理达标，是否将污染物在处理达标之前与其他废水混合稀释。

（5）处理效果。检查主要污染物的去除率是否达到了设计规定的水平，处理后的水质是否达到了相关污染物排放标准的要求。

（6）污泥处理、处置。检查废水处理中排出的污泥产生量和污水处理量是否匹配，污泥的堆放是否规范，是否得到及时、有效的处置，是否产生二次污染。

6.2.2　污水排放口

（1）检查污水排放口的位置是否符合规定。是否位于国务院、国务院有关部门和省、自治区、直辖市人民政府规定的风景名胜区、自然保护区、饮用水水源保护区以及其他需要特别保护的区域内。

（2）检查排污者的污水排放口数量是否符合相关规定。

（3）检查是否按照相关污染物排放标准、HJ/T 91、HJ/T 373 的规定设置了监测采样点。

（4）检查是否设置了规范的便于测量流量、流速的测流段。

6.2.3　排水量复核

（1）有流量计和污染源监控设备的，检查运行记录。

（2）有给水计量装置的或有上水消耗凭证的，根据耗水量计算排水量。

（3）无计量数及有效的用水量凭证的，参照国家有关标准、手册给出的同类企业用水排水系数进行估算。

6.2.4　排放水质

检查排放废水水质是否达到国家或地方污染物排放标准的要求。检查监测仪器、仪表、设备的型号和规格以及检定、校验情况，检查采用的监测分析方法和水质监测记录。如有必要可进行现场监测或采样。

6.2.5　排水分流

检查排污单位是否实行清污分流、雨污分流。

6.2.6　事故废水应急处置设施

检查排污企业的事故废水应急处置设施是否完备，是否可以保障对发生环境污染事故时产生的废水实施截流、贮存及处理。

6.2.7 废水的重复利用

检查处理后废水的回用情况。

6.3 大气污染源现场检查

6.3.1 燃烧废气

（1）检查燃烧设备的审验手续及性能指标。了解锅炉的性能指标是否符合相关标准和产业政策；检查环保设备的配套状况及环保审批、验收手续。

（2）检查燃烧设备的运行状况。检查除尘设备的运行状况，干清除是否漏气或堵塞，湿清除灰水的色泽和流量是否正常；检查灰水及灰渣的去向，防止二次污染。

（3）检查二氧化硫的控制。检查燃烧设备的设置、使用是否符合相关政策要求，用煤的含硫量是否符合国家规定，是否建有脱硫装置以及脱硫装置的运行情况、运行效率。

（4）检查氮氧化物的控制。检查是否采取了控制氮氧化物排放的技术和设施。

6.3.2 工艺废气、粉尘和恶臭污染源

（1）检查废气、粉尘和恶臭排放是否符合相关污染物排放标准的要求。

（2）检查可燃性气体的回收利用情况。

（3）检查可散发有毒、有害气体和粉尘的运输、装卸、贮存的环保防护措施。

6.3.3 大气污染防治设施

（1）除尘系统。除尘器是否得到较好的维护，保持密封性；除尘设施产生的废水、废渣是否得到妥善处理、处置，避免二次污染。

（2）脱硫系统。检查是否对旁路挡板实行铅封，增压风机电流等关键环节是否正常；检查脱硫设施的历史运行记录，结合记录中的运行时间、能耗、材料消耗、副产品产生量等数据，综合判断历史运行记录的真实性，确定脱硫设施的历史运行情况；检查脱硫设施产生的废水、废渣是否得到妥善处理、处置，避免二次污染。

（3）其他气态污染物净化系统。检查废气收集系统效果；检查净化系统运行是否正常；检查气体排放口主要污染物的排放是否符合国家或地方标准；检查处理中产生的废水和废渣的处理、处置情况。

6.3.4 废气排放口

（1）检查排污者是否在禁止设置新建排气筒的区域内新建排气筒。

（2）检查排气筒高度是否符合国家或地方污染物排放标准的规定。

（3）检查废气排气通道上是否设置采样孔和采样监测平台。有污染物处理、净化设施的，应在其进出口分别设置采样孔。采样孔、采样监测平台的设置应当符合 HJ/T 397 的要求。

6.3.5 无组织排放源

（1）对于无组织排放有毒有害气体、粉尘、烟尘的排放点，有条件做到有组织排放的，检查排污单位是否进行了整治，实行有组织排放。

（2）检查煤场、料场、货场的扬尘和建筑生产过程中的扬尘，是否按要求采取了防治扬尘污染的措施或设置防扬尘设备。

（3）在企业边界进行监测，检查无组织排放是否符合相关环保标准的要求。

6.4 固体废物污染源现场检查

6.4.1 固体废物来源

（1）了解固体废物的种类、数量、理化性质、产生方式。

（2）根据《国家危险废物名录》或 GB 5085 确定生产中危险废物的种类及数量。

6.4.2 固体废物贮存与处理处置

（1）检查排污者是否在自然保护区、风景名胜区、饮用水水源保护区、基本农田保护区和其他需要特别保护的区域内，建设工业固体废物集中贮存、处置的设施、场所和生活垃圾填埋场。

（2）检查固体废物贮存设施或贮存场是否设置了符合环境保护要求的设施，如防渗漏措施是否齐全，是否设置人造或天然衬里，配备浸出液收集、处理装置等。

（3）对于临时性固体废物贮存、堆放场所，检查是否采取了适当的环境保护措施。

（4）对于危险废物的处理处置，检查是否取得相应资质；是否设置了专用贮存场所，是否设置明显的标志，边界是否采取了封闭措施，是否有防扬散、防流失、防渗漏等防治措施；是否符合 GB 18597 的要求。

（5）检查排污者是否向江河、湖泊、运河、渠道、水库及其最高水位线以下的滩地和岸坡等法律、法规规定禁止倾倒废弃物的地点倾倒固体废物。

6.4.3 固体废物转移

（1）对于发生固体废物转移的情况，检查固体废物转移手续是否完备。转移固体废物出省、自治区、直辖市行政区域贮存、处置的，是否由移出地的省、自治区、直辖市人民政府环境保护主管部门商经接受地的省、自治区、直辖市人民政府环境保护主管部门同意。

（2）转移危险废物的，是否填写危险废物转移联单，并经移出地设区的市级以上地方人民政府环境保护主管部门商经接受地设区的市级以上地方人民政府环境保护主管部门同意。

6.5 噪声污染源现场检查

6.5.1 产噪设备

了解产噪设备是否为国家禁止生产、销售、进口、使用的淘汰产品；检查产噪设备的布局和管理。

6.5.2 噪声控制与防治设备

检查噪声控制与防治设备是否完好，是否按要求使用，管理是否规范，有无擅自拆除或闲置。

6.5.3 噪声排放

根据国家环境保护标准的要求，进行现场监测，确定噪声排放是否达标。

6.6 现场处理和处罚

6.6.1 现场处理

实施现场检查人员在污染源检查中，对存在环境违法或违规行为的，根据问题性质、情节轻重，可以按照法律法规的规定，当场采取责令减轻、消除污染，责令限制排污、停止排污，责令改正等处理措施。

6.6.2 现场处罚

对环境违法事实确凿、情节轻微并有法定依据，可按照《环境行政处罚办法》（环境保护部令 第 8 号）规定的简易程序，当场作出行政处罚决定。

中华人民共和国电力行业标准

火电厂环境监测技术规范

Specification for environmental monitoring of thermal power plants

DL/T 414—2012

代替 DL/T 414—2004

2012-04-06 发布　　2012-07-01 实施

前　言

本标准代替 DL/T 414—2004《火电厂环境监测技术规范》，与 DL/T 414—2004 相比，除编辑性修改外主要技术变化如下：

——增加了对燃煤火电厂烟气中汞、氨的测定。

——增加了对燃煤火电厂脱硫废水中总汞、总铬、总镉、总铅、总镍、总锌、总砷、悬浮物、化学需氧量、氟化物、硫化物、pH 值和水温的测定。

——增加了对无组织排放相关指标的监测。

——增加了不确定度评估。

本标准由中国电力企业联合会提出。

本标准由电力行业环境保护标准化委员会归口。

本标准起草单位：国电环境保护研究院。

本标准主要起草人：朱法华、易玉萍、段玖祥、张文杰、李军状、周道斌、滕农、魏晗、张运宇、赵洋。

本标准首次发布时间：1991 年 12 月 4 日，本标准 2004 年第一次修订，本次为第二次修订。

本标准自实施之日起代替 DL/T 414—2004《火电厂环境监测技术规范》。

本标准在执行过程中的意见或建议反馈至中国电力企业联合会标准化管理中心（北京市白广路二条一号，100761）。

1　范围

本标准规定了火电厂环境监测项目、采样技术、分析方法及环境监测质量保证体系。

本标准适用于火电厂的环境监测。

2　规范性引用文件

下列文件对于本文件的应用是必不可少的。凡是注日期的引用文件，仅注日期的版本适用于本文件。凡是不注日期的引用文件，其最新版本（包括所有的修改单）适用于本文件。

GBZ/T 160.42　工作场所空气有毒物质测定　芳香烃类化合物

GB/T 6682　分析实验室用水规格和实验方法

GB/T 6719　袋式除尘器技术要求

GB/T 6920　水质　pH 值的测定　玻璃电极法

GB/T 7349 高压架空送电线、变电站无线电干扰测量方法
GB/T 7469 水质 总汞的测定 高锰酸钾-过硫酸钾消解法 双硫腙分光光度法
GB/T 7470 水质 铅的测定 双硫腙分光光度法
GB/T 7475 水质 铜、锌、铅、镉的测定 原子吸收分光光度法
GB/T 7477 水质 钙和镁总量的测定 EDTA 滴定法
GB/T 7482 水质 氟化物的测定 茜素磺酸锆目视比色法
GB/T 7484 水质 氟化物的测定 离子选择电极法
GB/T 7485 水质 总砷的测定 二乙基二硫代氨基甲酸银分光光度法
GB/T 8170 数值修约规则与极限数值的表示和判定
GB/T 11900 水质 痕量砷的测定 硼氢化钾-硝酸银分光光度法
GB/T 11901 水质 悬浮物的测定 重量法
GB/T 11914 水质 化学需氧量的测定 重铬酸盐法
GB 12348 工业企业厂界环境噪声排放标准
GB/T 12720 工频电场测量
GB/T 13195 水质 水温的测定 温度计或颠倒温度计测定法
GB 13223 火电厂大气污染物排放标准
GB/T 13931 电除尘器 性能测试方法
GB/T 15432 环境空气 总悬浮颗粒物的测定 重量法
GB/T 16157 固定污染源排气中颗粒物测定与气态污染物采样方法
GB/T 16488 水质 石油类和动植物油的测定 红外光度法
GB/T 16489 水质 硫化物的测定 亚甲基蓝分光光度法
GB/T 16679 工业系统、装置与设备以及工业产品 信号代号
GB/T 18204.25 公共场所空气中氨测定方法
GB/T 21508 燃煤烟气脱硫设备性能测试方法
CJ/T 3008.1～CJ/T 3008.5 城市排水流量堰槽测量标准
DL/T 334 输变电工程电磁环境监测技术规范
DL/T 938 火电厂排水水质分析方法
DL/T 988 高压交流架空送电线路、变电站工频电场和磁场测量方法
HJ/T 42 固定污染源排气中氮氧化物的测定 紫外分光光度法
HJ/T 43 固定污染源排气中氮氧化物的测定 盐酸萘乙二胺分光光度法
HJ/T 46 定电位电解法二氧化硫测定仪技术条件
HJ/T 47 烟气采样器技术条件
HJ/T 48 烟尘采样器技术条件
HJ/T 55 大气污染物无组织排放监测技术导则
HJ/T 56 固定污染源排气中二氧化硫的测定 碘量法
HJ/T 57 固定污染源排气中二氧化硫的测定 定电位电解法
HJ/T 60 水质 硫化物的测定 碘量法
HJ/T 75 固定污染源烟气排放连续监测技术规范（试行）
HJ 482 环境空气 二氧化硫的测定 甲醛吸收-副玫瑰苯胺分光光度法
HJ 485 水质 铜的测定 二乙基二硫代氨基甲酸钠分光光度法
HJ 486 水质 铜的测定 2,9-二甲基-1,10-菲啰啉分光光度法
HJ 488 水质 氟化物的测定 氟试剂分光光度法

HJ 493 水质采样 样品的保存和管理技术规定

HJ 494 水质 采样技术指导

HJ 503 水质 挥发酚的测定 4-氨基安替比林分光光度法

HJ 505 水质 五日生化需氧量（BOD_5）的测定 稀释与接种法

HJ 534 环境空气 氨的测定 次氯酸钠-水杨酸分光光度法

HJ 535 水质 氨氮的测定 纳氏试剂分光光度法

HJ 537 水质 氨氮的测定 蒸馏-中和滴定法

HJ 543 固定污染源废气 汞的测定 冷原子吸收分光光度法（暂行）

HJ 597 水质 总汞的测定 冷原子吸收分光光度法

HJ 604 环境空气 总烃的测定 气相色谱法

JJG 20 标准玻璃量器检定规程

JJG 98 非自动天平试行检定规程

JJF 1059 测量不确定度评定与表示

3 术语和定义

下列术语和定义适用于本标准。

3.1 标准状态 standard state

烟气在温度为 273 K，压力为 101 325 Pa 时的状态，简称标态。本标准中所规定的大气污染物排放浓度均指标准状态下干烟气的数值。

3.2 工频电场 power frequency electric field

电场是电荷周围存在的一种物质形式，电量随时间作 50 Hz 周期变化的电荷产生的电场为工频电场。电场强度在空间任意一点是一个矢量，单位为 V/m，但交流高压架空输电线路和变电站产生的工频电场一般用 kV/m 表示。

3.3 工频磁场 power frequency magnetic field

磁场是有规则的运动着的电荷（电流）周围存在的一种物质形式，随时间作 50 Hz 周期变化的电流产生的磁场为工频磁场。其强度大小可用磁感应强度 B 表示，为矢量，在任一点的散度为 0，单位为 T。也可用磁场强度 H 表示，为矢量，单位为 A/m。在空气介质中，1 μT 相当于 0.8 A/m。

3.4 稳态噪声、非稳态噪声 steady noise、non-steady noise

在测量时间内，被测声源的声级起伏不大于 3 dB（A）的噪声为稳态噪声。在测量时间内，被测声源的声级起伏大于 3 dB（A）的噪声为非稳态噪声。

4 排水水质和排放量监测

4.1 监测目的

对火电厂外排废水实施常规监测，以反映火电厂废水排放现状，为环境管理、排水治理提供依据。

4.2 监测对象

监测对象为下列各类外排水：

a）电厂废水总排放口排水；

b）脱硫废水；

c）灰场（灰池）排水；

d）工业废水（含冲渣水）；

e）厂区生活污水；

f）其他可能对受纳水体产生污染的排水：

g）经过各类废水处理装置处理后的外排水。

4.3 采样原则

废水水质采样应具有代表性。采样前应了解各系统排水的排放规律和排水中污染物在时间、空间和数量上的变化情况。监测时应测定采样时排放口处排水的流量；临时性排水采样时，同时记录该次排水总量。

4.4 采样点设置

废水集中对外排放的电厂，采样点应设在总排放厂界外出口处；废水分多路对外排放的电厂，采样点应设在各路废水对外排放出口处；各废水处理系统集中对外排放或分别排放的废水采样点的设置应在厂区对外环境排放出口处，见表 1。

表 1 排水监测采样点

编号	排水种类	采样点
1	电厂综合排放废水	电厂废水总排放口厂界外出口处
2	脱硫废水	脱硫废水外排口出口处
3	灰场（灰池）排水	灰场（灰池）的澄清灰水外排口出口处
4	工业废水（含冲渣水）[a]	电厂工业废水外排口出口处
5	厂区生活污水	生活污水外排口厂界外出口处
6	其他废水	其他废水外排口出口处
7	各类废水处理装置处理后的外排水	对应处理装置的外排口出口处
[a] 火电厂厂区工业废水不包括灰渣水和厂区生活污水。		

可根据本厂的工艺、水系统特点和实际需要，对表 1 的采样点做部分调整。确定自选采样点时应保证所采样品的代表性。监测报告中应注明自选采样点的位置。

采集管（渠）道出口处的水样时，宜在水流中部采样。当排水管（渠）道的水较深时（如大于 1.0 m），可由表层水面起向下至 1/4 深度处采样。监测含油量时，应按 4.6 的规定进行。

4.5 采样时间与采样周期

4.5.1 采样时间

每次监测应采集 2 个样品，分别在同一天的上午和下午各采样 1 个。

临时性排水在排放过程中应采样 1 次。

4.5.2 采样周期

各类排水监测项目的采样周期见表 2。监测时可根据本厂的排水情况和有关要求，适当缩短采样周期。

事故状态下的采样时间与采样周期各电厂可根据自己的实际情况确定采样时间与采样周期。

表 2 排水监测项目的采样周期

监测项目	排水种类[a]							
	灰场（灰池）排水	厂区工业废水	厂区生活污水	脱硫废水	敏感点（地下水）	冲灰水	各类水处理装置处理后的外排水[b]	其他排水[b]
pH 值	1 次/旬	1 次/旬		1 次/旬	1 次/旬	1 次/旬		
悬浮物	1 次/旬	1 次/旬	1 次/月	1 次/季		1 次/月		
COD	1 次/旬	1 次/旬	1 次/月	1 次/季	1 次/月			
石油类		1 次/季			1 次/季			
氟化物	1 次/月	1 次/月		1 次/月	1 次/月			
总砷	1 次/月	1 次/月		1 次/季				
硫化物	1 次/月			1 次/季	1 次/季			

监测项目	排水种类[a]							
	灰场（灰池）排水	厂区工业废水	厂区生活污水	脱硫废水	敏感点（地下水）	冲灰水	各类水处理装置处理后的外排水[b]	其他排水[b]
挥发酚	1次/年	1次/年						
氨氮		1次/月	1次/月					
BOD_5			1次/季					
动植物油			1次/月					
水温		1次/月		1次/月				
排水量	1次/月	1次/月	1次/月					
总铅				1次/季		1次/季		
总汞				1次/季		1次/季		
总隔				1次/季				
总铬				1次/季				
总镍				1次/季				
总锌				1次/季				
铜						1次/季		
总硬度					1次/月			

[a] 监测项目可根据当地环保管理部门的要求增减。

[b] 监测项目根据排水的性质决定。

4.6 采样方法

4.6.1 采样容器

采样容器应符合下列规定：

a）采用聚乙烯塑料瓶或硬质玻璃容器。

b）对盛放测重金属污染物水样的容器，使用前应清洗干净，通常用盐酸或硝酸（c=1 mol/L）洗涤并浸泡 24～48 h，然后用蒸馏水或去离子水冲洗。对内壁清洁的容器，可直接用自来水洗刷干净后用酸浸泡处理。凡须用酸浸泡处理的容器，在酸浸泡前不宜用洗涤剂清洗。

c）对盛放待测有机物水样的容器，应用铬酸洗液、自来水、蒸馏水依次洗净。

d）对盛放其他监测项目水样的容器与盛放重金属污染物水样的容器处理方法相同，但所有洗涤剂中不应含有待测成分。

e）玻璃容器可用体积分数为50%的 HNO_3、50%的 HCl 或王水（HNO_3+3HCl）浸泡，聚乙烯塑料容器用体积分数为50%的 HNO_3 或50%的 HCl 浸泡。测定金属污染物时，可靠的浸泡条件是70℃下浸泡24 h，条件不具备时也可常温浸泡并适当延长浸泡时间。对盛放其他监测项目水样的容器，浸泡条件为常温浸泡8 h。

f）容器处理后贴上标签备用。

g）各采样点的采样容器应专用。

4.6.2 现场采样

现场采样应符合下列规定：

a）水样采集应按 HJ 494 的规定执行。

b）现场采样可用手工采样或自动采样，并做好记录。采样时用待采水样荡洗盛样容器内壁3次，再按要求体积采集水样，并在标签上注明采样时间、地点及样品类别（监测项目）、采样人姓名和采样时的天气情况等。

c）对需保存一段时间再分析的水样，在采样后应立即按各项目测试方法的要求加入保护试剂。如需要在采样前加入保护试剂，则不能再用待采水样荡洗盛样容器。

d）采样结束前应仔细检查采样记录和水样，如发现有漏采或不符合规定的样品，应立即补采或重采。

4.6.3　样品保存

4.6.3.1　基本要求

保存水样的基本要求如下：

a）减缓或抑制水样的生物变化。

b）减缓水样的化学变化（络合、氧化还原、聚合等）。

c）减缓水样的物理变化（光照、温度变化、静置或振动，暴露或密封等产生的挥发、沉淀、容器内壁吸附等）。

为保证监测结果的可靠性，在监测工作中应缩短样品的运输和保存时间。水样最好是现场分析或采样后尽快分析，无条件现场分析但能够在短时间内完成样品分析时，可优先考虑冷藏保存法。在通常情况下，4℃下冷藏的水样，可至少保存 24 h，只有确信不会引入干扰或造成样品污染时才考虑添加化学试剂（保护试剂）。各排放口水样的保存方法依测定项目而定。分析前，水样应放置在避光和低温处。

样品保存所需添加的化学试剂，应使用优级纯（保证试剂）或高纯试剂，尤其在采集微量金属污染物监测项目的水样时更需注意保护试剂的纯度。

测定项目为溶解态物质的样品，应在过滤后酸化保存。

4.6.3.2　保存方法

水样的保存和管理按 HJ 493 的规定执行。水质监测采样体积与样品保存方法见表 3。

表 3　水质监测采样体积与样品保存方法

监测项目	保存方法	可保存时间	最少采样量 mL	采样容器
pH 值	现场测定	12 h	250	P 或 G
悬浮物	1～5℃暗处	14 d	500	P 或 G
COD	加 H_2SO_4 至 pH≤2	2 d	500	G
	−20℃冷冻	1 m	500	P
石油类和动植物油	加 HCl 至 pH≤2，2～5℃冷藏	7 d	500	溶剂洗 G
氟化物	4℃冷藏	1 m	200	P（聚四氟乙烯除外）
总砷	HNO_3，1 L 水样中加浓 HNO_3 10 mL，DDTC 法，HCl 2 mL	14 d	250	P 或 G
硫化物	水样充满容器。1 L 水样加 NaOH 至 pH 为 9，加入 5%抗坏血酸 5 mL，饱和 EDTA 3 mL，滴加饱和 $ZnAc_2$，至胶体产生，常温避光	24 h	250	P 或 G
挥发酚	1～5℃避光。用磷酸调至 pH≤2，加入抗坏血酸 0.01～0.02 g 去除残余氯	24 h	1 000	G
氨氮	加 H_2SO_4，pH＜2	24 h	250	P 或 G
BOD_5	1～5℃暗处冷藏	12 h	250	溶解氧瓶
	−20℃冷冻	1 m	1 000	P
水温	现场测定	—	—	—
总铅	HNO_3，1%；如水样为中性，1 L 水样中加浓 HNO_3 10 mL	14 d	250	P 或 G
总汞	HCl，1%；如水样为中性，1 L 水样中加浓 HCl 10 mL	14 d	250	P 或 G
总镉	HNO_3，1 L 水样中加浓 HNO_3 10 mL	14 d	250	P 或 G
总铜	HNO_3，1 L 水样中加浓 HNO_3 10 mL	14 d	250	P
总硬度	HNO_3，1 L 水样中加浓 HNO_3 10 mL	14 d	250	P 或 G
注：P 为聚乙烯瓶（桶）；G 为硬质玻璃瓶；m 表示月；d 表示天；h 表示小时。				

4.6.4 采样的注意事项

采样的注意事项如下：

a）水质应上、下午各采样一次。pH 值应在现场测定，BOD_5 和悬浮物的监测应在采样后尽快分析，监测项目取上、下午测定值的平均值。

b）用于检测油类的样品，应在水面至水面下 300 mm 采集柱状水样，并单独采样全部用于测定。采样瓶不能用采集的水样冲洗。

c）监测 pH 值、悬浮物、COD、BOD_5、硫化物、油类、挥发酚等项目的样品，不能混合，应单独采样。做 BOD_5 分析的水样，采样时应使水样充满至溢流并密封保存。用于检测 BOD_5 项目的采样瓶应具锥形磨口玻璃塞。

d）采样后应填写采样记录表，字迹应端正清晰。容器标签上注明监测项目。

4.7 水样运输

水样运输前，应将样品容器的内、外盖盖紧，固定在包装箱内，以防止运输途中破损。除了防震、避免日光照射和低温外，还要防止新的污染物进入容器和沾污瓶口，使水样变质。运输时应有押运人员，水样交化验室时，交接双方应清点水样瓶数，并检查样品瓶有无破损和沾污，在交运单上签字，注明日期和时间。

4.8 监测项目与分析方法

4.8.1 监测项目

各类排水的监测项目确定原则如下：

a）各监测单位可根据本厂的具体情况，对监测项目做适当的调整并报上级主管部门批准。

b）连续 3 年未检出（即低于相应分析方法最低检出浓度）的项目，可适当延长监测周期，并报上级主管部门备案。

c）各类排水监测项目见表 2。

4.8.2 分析方法

表 2 规定的各监测项目的分析方法见表 4。

分析方法选用顺序是：

a）国家标准水质分析方法（环境水样）。

b）行业级标准方法。

c）其他参考方法。

可选用专用仪器（如测汞仪、测油仪、COD 快速测定仪、BOD_5 测定仪等）或采用在线连续监测仪器的方法进行测量，测量时，应注意所用仪器及方法的检出限、准确度、精密度等指标，至少应与表 4 中给定方法的相应值相当，监测报告中应注明分析方法。

表 4 水质监测项目分析方法一览表

监测项目	方法名称	适用范围	测试方法
pH 值	玻璃电极法	工业废水	GB/T 6920
悬浮物	重量法	地面水、地下水、工业废水	GB/T 11901
COD	重铬酸盐法	COD 大于 30 mg/L 的水样	GB/T 11914
石油类和动植物油	（1）红外分光光度法	地面水、生活污水、工业废水	GB/T 16488
	（2）重量法	地面水、生活污水、工业废水	DL/T 938
氟的无机化合物	（1）离子选择电极法	地面水、地下水和工业废水	GB/T 7484
	（2）氟试剂分光光度法	地面水、地下水和工业废水	GB/T 7483
	（3）茜素磺酸锆目视比色法	饮用水、地面水、地下水和工业废水	GB/T 7482

监测项目	方法名称	适用范围	测试方法
总砷	（1）二乙基二硫代氨基甲酸银分光光度法	水和废水	GB/T 7485
	（2）硼氢化钾-硝酸银分光光度法	地面水、地下水和饮用水	GB/T 11900
硫化物	（1）亚甲基蓝分光光度法	地下水、地面水、生活污水和工业废水	GB/T 16489
	（2）氨基二甲基苯胺分光光度法	废水	DL/T 938
	（3）碘量法	地下水和废水	HJ/T 60 DL/T 938
挥发酚	蒸馏后 4-氨基安替比林分光光度法	饮用水、地面水、地下水和工业废水	GB/T 7490
氨氮	（1）钠氏试剂比色法	工业废水	GB/T 7479
	（2）蒸馏滴定法		GB/T 7478
BOD_5	稀释与接种法	含量范围：2～6 000 mg/L	GB/T 7488
水温	温度计法	地表水	GB/T 13195
总铅	（1）原子吸收分光光谱法	脱硫废水、冲灰水	GB/T 7475
	（2）双硫腙分光光谱法		GB/T 7470
总汞	（1）冷原子吸收分光光度法	脱硫废水、冲灰水	GB/T 7468
	（2）高锰酸钾-过硫酸钾消解法		GB/T 7469
总铜	（1）原子吸收分光光度法	脱硫废水、冲灰水	GB/T 7475
	（2）二乙基二硫代氨基甲酸钠分光光度法		GB/T 7474
	（3）2,9-二甲基-1,10-菲啰啉分光光度法		GB/T 7473
总硬度	EDTA 滴定法	地下水	GB/T 7477

4.8.3　实验室废液处理

实验室废液由实验室分类（有机、无机、酸、碱等）在专门地点集中、专门容器存放、专门人员管理，严格分区、分类之后统一按国家和地方相关规定进行处理。应符合下列规定：

a）实验室盛装废液的容器应不易破损、变形、老化，并应防止渗漏、扩散。

b）盛装废液的容器应贴有标签，标明废液的名称、重量、成分、时间等。

c）因为不同废液之间可能相互发生化学反应产生新的有害物质造成事故，所以在操作过程中应严格做到：统一使用一定规格的贮存容器。

d）贮存容器应洁净，应避免交叉反应引起污染；废液严禁混合存放，以免发生剧烈化学反应而造成事故。

e）废液应用有塞容器，防止挥发性气体逸出。

f）废液的贮存应避光，远离火源、水源；有固定场所存放，不能随意搬动。

4.9　废水排放流量测量

4.9.1　流量测量一般要求

流量测量一般要求如下：

a）采用明渠式测流槽、测流堰，应设置满足 CJ/T 3008.1～CJ/T 3008.5 要求的渠道。

b）采用管道方式测流量时按所选用的仪器设备使用说明书实施。

4.9.2　流量测量周期

各排水口的废水排放量应定期测量，见表 2。对废水排放量变化较大的排放口，应加大测量频率，以保证监测数据的准确性。

4.9.3　流量测量装置技术指标

封闭管道排水流量可用管道式电磁流量计、管道式超声波流量计等测量；明渠排水可用各种明渠式流量计测量。

测量装置精度为±0.5%满量程。

以上两类流量测量装置须有计量部门的计量检定，符合国家计量标准。

5 烟气排放监测

5.1 监测目的

监测火电厂烟气中主要污染物的排放，为环境质量管理和总量控制提供可靠依据。

5.2 监测项目

烟尘、二氧化硫、氮氧化物、汞、氨的排放浓度和排放量。

烟气含氧量及温度、湿度、压力、流速、烟气量（标准干烟气）等辅助参数。

5.3 监测方法

5.3.1 直接采样监测方法

5.3.1.1 未安装烟气连续监测装置的监测方法

未安装烟气连续监测装置的火电厂按GB/T 16157的规定采用直接采样法或便携式烟气监测仪进行监测，火电厂烟气中汞的监测方法按HJ 543的规定执行、氨的监测方法按GB/T 18204.25或HJ 534的规定执行。

5.3.1.2 监测周期

监测周期应符合下列规定.

a）烟尘、二氧化硫、氮氧化物、汞、氨的排放浓度和排放量每年测定1次。

b）脱硫系统、脱硝系统和除尘器大修前后应测定脱硫系统的脱硫效率、脱硝系统的脱硝效率和除尘器的除尘效率，同时测量各系统各项烟气辅助参数。

5.3.1.3 测定条件

测定条件应符合下列要求：

a）燃烧煤种和锅炉运行工况稳定，锅炉负载大于75%额定值。

b）测试期间锅炉不进行吹灰、不打渣、不投油助燃、系统不启停、不调整送引风机挡板。

c）测试前做好原始资料收集，试验大纲编写，仪器校验和安全措施等各项准备工作。

5.3.1.4 采样部位、采样孔和采样点

5.3.1.4.1 采样部位

采样部位、采样孔和采样点的设置按GB/T 16157的规定执行。当条件不能满足时，应按以下方式进行。

a）烟尘采样部位选在较长直段烟道上，与上游弯头或变截面处的距离不得小于烟道当量直径的1.5倍。对矩形烟道，其当量直径按下式计算

$$D=2AB/(A+B) \tag{1}$$

式中：A、B——边长。

b）不满足a）要求时，则监测孔前直管段长度应大于监测孔后的直管段长度，在烟道弯头和变截面处加装导流板，并适当增加采样点数和采样频次。

c）二氧化硫、氮氧化物、汞、氨的采样部位应符合GB/T 16157的规定，选在脱硫、脱硝装置或系统进入烟囱的烟道上，或烟囱的合适位置。与烟尘采样部位的距离不小于0.5 m。

d）在新机组的设计和安装施工中，应按上述技术要求设置采样孔。

5.3.1.4.2 烟尘采样点

a）圆形断面烟道上的采样点。圆形断面烟道上的采样点如下：

1）按照GB/T 16157规定的圆形烟道等面积圆环采样位置设置，由表5确定等面积圆环数m和采样

点数，采样点距烟道内管壁的距离系数见表 6，采样点距烟道内管壁的距离等于烟道直径乘以表 6 中的距离系数。

表 5　等面积圆环数 m 和采样点数

烟道直径 D mm	等面积圆环数 m	测量直径条数	采样点总数
D≤600			1
600<D≤1 000	1 或 2	1 或 2	2～8
1 000<D≤2 000	3	1 或 2	6～12
2 000<D≤3 000	4	1 或 2	8～16
3 000<D≤4 000	5	1 或 2	10～20
D>4 000	6	1 或 2	12～24

表 6　采样点距烟道内管壁的距离系数

采样点号	等面积圆环数					
	1	2	3	4	5	6
1	0.146	0.067	0.044	0.033	0.026	0.021
2	0.854	0.250	0.146	0.105	0.082	0.067
3		0.750	0.296	0.194	0.146	0.105
4		0.933	0.704	0.323	0.226	0.183
5			0.854	0.677	0.342	0.255
6			0.956	0.806	0.658	0.359
7				0.895	0.774	0.641
8				0.967	0.854	0.745
9					0.918	0.817
10					0.974	0.875
11						0.933
12						0.979

2）采样孔设在与圆形断面互相垂直的两条直径线上，开 4 个或相邻 2 个孔。采样孔尽可能选在烟道两侧。

3）烟道直径 D 大于 4 000 mm 时，采样点可按表 5 外推。

采样点距烟道中心的距离按下式计算：

$$r_n = R\sqrt{\frac{2n-1}{2m}} \tag{2}$$

式中：r_n——采样点距烟道中心的距离，m；

R——烟道半径，m；

n——由烟道中心算起的采样点序号；

m——确定的等面积圆环数，由表 5 查得。

b）矩形断面烟道上的采样点。矩形断面烟道上的采样点如下：

1）将矩形断面烟道用经纬线分成若干面积相等的小矩形，各小矩形对角线的交点为采样点。

2）沿烟道断面边长均匀分布的采样点数由表 7 确定。

3）烟道断面边长大于 6 000 mm 时，采样点可按表 7 外推。

其他形状烟道上的采样点可参照上述原则布置。

表 7 矩形断面沿边长均匀分布的采样点数

矩形烟道断面边长 mm	<500	501～1 000	1 001～2 000	2 001～3 000	3 001～4 000	4 001～5 000	5 001～6 000
采样点排数	2	3	4	5	6	7	8

5.3.1.5 二氧化硫、氮氧化物、汞、氨采样点

采集二氧化硫、氮氧化物、汞、氨样品时，采样管伸入烟道的深度至少达 1/3 烟道直径。烟道有漏风时，采样点与漏风的距离至少为烟道当量直径的 1.5 倍，达不到此要求应消除漏风。

5.3.1.6 烟尘排放浓度及除尘器除尘效率测定

5.3.1.6.1 烟尘排放浓度测定方法

烟尘排放浓度测定方法见表 8。

表 8 烟尘排放浓度测定方法

被测物	测量方法		应用标准
烟尘	重量法		GB 16157
	光学法	浊度法[a]	HJ/T 75
		散射法[a]	HJ/T 75

[a] 采用便携式烟尘浓度测试仪，如激光浊度仪、红外光散射测尘仪等。

5.3.1.6.2 除尘器除尘效率测定方法

除尘器除尘效率测定采用同步测量除尘器前后烟尘浓度的方法，计算得到除尘器除尘效率。烟尘排放浓度测定方法见表 8，电除尘器效率测定方法执行国家标准 GB/T 13931 的规定、布袋除尘器效率测定方法执行国家标准 GB/T 12138 的规定。

5.3.1.7 烟气中二氧化硫、氮氧化物、汞、氨浓度及脱硫效率、脱硝效率测定

5.3.1.7.1 分析方法

气态污染物测量分析方法见表 9。

表 9 气态污染物测量分析方法

被测物		分析方法	应用标准	适用范围
二氧化硫		碘量法	HJ/T 56	直接采样方法
		甲醛—盐酸副玫瑰苯胺分光光度法	GB/T 15262	直接采样方法
		定电位电解法	HJ/T 57	直接采样方法
		紫外荧光法	HJ/T 76	仪器监测法
		非分散红外法	HJ/T 76	仪器监测法
氮氧化物	NO 或 NO_2	盐酸萘乙二胺比色法	HJ/T 43	直接采样方法
		紫外分光光度法	HJ/T 42	直接采样方法
		非分散红外法	HJ/T 76	仪器监测法
		定电位电解法	HJ/T 57	直接采样方法
		化学发光法	HJ/T 76	仪器监测法
汞		冷原子吸收分光光度法	HJ 543	直接采样方法
氨		靛酚蓝分光光度法	GB/T 18204.25	直接采样方法
		次氯酸钠—水杨酸分光光度法	GB/T 14679	直接采样方法

5.3.1.7.2　脱硫系统脱硫效率和脱硝系统脱硝效率测定方法

脱硫系统脱硫效率测定采用同步测量脱硫系统前后的二氧化硫质量浓度的方法，计算得到脱硫系统的脱硫效率。脱硫系统脱硫效率测定方法执行 GB/T 21508 的规定。

脱硝系统脱硝效率测定采用同步测量脱硝系统前后的氮氧化物质量浓度的方法，计算得到脱硝系统的脱硝效率。

5.3.1.7.3　氮氧化物浓度的表示方法

烟气中测定氮氧化物质量浓度，无论测定的是 NO 还是 NO_2，都应统一折算为 NO_2 表示，标准状态下，干烟气 NO 折算到 NO_2 的系数是 1.53，即 NO_2=1.53 NO。

5.3.2　烟气辅助参数监测

烟气辅助参数监测方法执行 GB/T 16157 的规定。

5.3.3　烟气排放连续监测

火电厂排放烟道气中的主要污染物及烟气各辅助参数，按 HJ/T 75 的规定采用烟气连续监测装置进行监测。烟气排放连续监测方法执行 HJ/T 75 的规定。烟气连续监测装置，应按照 HJ/T 75 的要求，定期对自动监测设备进行监督考核。

5.4　数据处理

数据处理方法参见附录 A。

6　工频电场与磁场监测

6.1　监测目的

了解火力发电厂工频电场与磁场的水平，分析其对环境的影响。

6.2　监测项目

测量厂界工频电场与工频磁场。

6.3　监测时段

新建电厂必需监测，若升压站或输出线路有变动时再监测 1 次。

6.4　测点设置

测点设置如下：

a）在电厂总平面图上，沿着厂界或厂围墙 50～100 m 选取 1 个测点，其中至少有 2 个测点是主要发电设备、变电设备或其他大型电器设备最近距离处。测量点设在电厂厂界外（无围墙）1.0 m 处，离地面 1.5 m。或电厂围墙以外，测点离围墙的距离为围墙高度的 2 倍，离地面 1.5 m。

b）在电厂出线走廊下，以出线走廊下中心为起点，沿垂直于出线走廊的方向每隔 2 m 设置 10 个以上测点。

c）在厂界外环境敏感点应设置测点。

d）测量位置避开外界其他电器设备、建筑物、树木及金属构件等物体。测量时测量人员应离测量装置 2 m 以上。

6.5　测量方法

测量方法执行 DL/T 334 的规定。

6.6　测量仪器

测量仪器性能符合 GB/T 12720 的规定，所有测量仪器应经计量部门检定，且在检定有效期内使用。

6.7　结果表示与数据处理

在电厂总平面图上标注工频电场和工频磁场的测量位置，工频电场和工频磁场数值用列表表示。工频电场和工频磁场数据计算与处理按 GB/T 12720、GB/T 7349、DL/T 988 的规定执行。

7 噪声监测

7.1 监测目的

掌握火电厂生产过程中产生的噪声对环境的影响，为火电厂噪声控制提供依据。

7.2 监测项目

厂界环境A计权等效连续噪声（L_{Aeg}）。

7.3 监测周期

每半年监测一次，原则上发电负载应大于75%。

7.4 测量仪器

测量仪器为精密声级计或普通声级计。在测量前后，对传声器、声级计进行整机校准。声级计和声级校准器应定期送计量部门检定校准，并在有效使用期限内使用。每次测量前、后应在测量现场进行声学校准，其前、后校准示值偏差不得大于0.5 dB，否则测量结果无效。

测量时传声器加防风罩。测量仪器时间计权特性设为F挡，采样时间间隔不大于1 s。

7.5 测量条件

测量应在无雨雪、无雷电天气，风速为5 m/s以下进行。不得不在特殊气象条件下测量时，应采取必要措施确保测量结果的准确性，同时注明当时所采取的措施及气象情况。

测量应在被测声源正常工作时间进行，同时注明当时的工况。

7.6 测量时间

测量时间分为昼间（06:00—22:00）和夜间（22:00—次日 06:00）。昼间测量一般选在 08:00—12:00和14:00—18:00；夜间测量一般选在22:00—次日05:00。

7.7 测点设置

在电厂总平面图上，沿着厂界或厂围墙50～100 m选取1个测点，测量点设在电厂厂界外或电厂围墙以外1～2 m处，距地面1.2 m，其中至少有2个测点设在距电厂主要噪声设施最近的距离处，但应避开外界噪声源。如厂界有围墙且周围有受影响的噪声敏感建筑物时，测点应选在厂界外 1 m、高于围墙0.5 m以上的位置。

7.8 测量方法

在昼间和夜间规定的时间内进行测量，测量方法执行GB 12348的规定，同时要注意排除不能代表厂界环境的偶发性噪声。

7.9 结果表示与数据处理

测量结果用环境噪声污染图表示，即在电厂总平面图厂界各测量点的右下方标出该点的昼间和夜间等效声级。

8 无组织排放监测

8.1 监测目的

了解火力发电厂无组织排放的水平，分析其对环境的影响。

8.2 监测项目

颗粒物、非甲烷总烃、甲烷烃、氨的排放浓度。

8.3 监测周期

颗粒物、非甲烷总烃、甲烷烃、氨的无组织排放每年监测两次，测量时间为当年的冬季和夏季。在通常情况下，选择微风的日期，避开阳光辐射较强烈的中午时段进行监测是比较适宜的。

8.4 测点设置

无组织排放的监测按HJ/T 55的规定执行。测点设置如下：

a）监控点应设在无组织排放源边界下风向 2～50 m 范围内的浓度最高点，相对应的参照点设在排放源上风向 2～50 m 范围内。按规定监控点最多可设 4 个，参照点只设 1 个。

b）监控点应设置于平均风向轴线的两侧，监控点与无组织排放源所形成的夹角不超出风向变化的 ±S°（10 个风向读数的标准偏差）范围之内。

c）参照点应不受或尽可能少受被测无组织排放源的影响，参照点要力求避开其近处的其他无组织排放源和有组织排放源的影响，尤其要注意避开那些可能对参照点造成明显影响而同时对监控点无明显影响的排放源；参照点的设置，要以能够代表监控点的污染物本底浓度为原则。

8.5　监测方法

无组织排放监测分析方法见表 10。

表 10　无组织排放监测分析方法

被测物	分析方法	应用标准	适用范围
颗粒物	重量法	GB/T 15432	燃煤电厂煤场、灰场等
非甲院总烃	气相色谱法	GB/T 16046	燃油电厂油罐区
甲烷烃	气相色谱法	GB/T 15263	燃气电厂气罐区
氨	次氯酸钠—水杨酸分光光度法	GB/T 14679	燃煤电厂氨区

9　监测质量保证及数据处理

监测质量保证及数据处理参见附录 B，不确定度评估参见附录 C。

附录 A（规范性附录）　数据处理（略）

附录 B（规范性附录）　监测质量保证及数据处理（略）

附录 C（资料性附录）　不确定度评估（略）

国务院办公厅关于加强环境监管执法的通知

国办发〔2014〕56号

各省、自治区、直辖市人民政府，国务院各部委、各直属机构：

近年来，各地区、各部门不断加大工作力度，环境监管执法工作取得一定成效。但一些地方监管执法不到位等问题仍然十分突出，环境违法违规案件高发频发，人民群众反映强烈。为贯彻落实党的十八届四中全会精神和党中央、国务院有关决策部署，加快解决影响科学发展和损害群众健康的突出环境问题，着力推进环境质量改善，经国务院同意，现就加强环境监管执法有关要求通知如下：

一、严格依法保护环境，推动监管执法全覆盖

有效解决环境法律法规不健全、监管执法缺位问题。完善环境监管法律法规，落实属地责任，全面排查整改各类污染环境、破坏生态和环境隐患问题，不留监管死角、不存执法盲区，向污染宣战。

（一）加快完善环境法律法规标准。用严格的法律制度保护生态环境，抓紧制（修）订土壤环境保护、大气污染防治、环境影响评价、排污许可、环境监测等方面的法律法规，强化生产者环境保护的法律责任，大幅度提高违法成本。加快完善重金属、挥发性有机物、危险废物、持久性有机污染物、放射性污染物质等领域环境标准，提高重点行业环境准入门槛。鼓励各地根据环境质量目标，制定和实施地方性法规和更严格的污染物排放标准。通过落实环保法律法规，约束产业转移行为，倒逼经济转型升级。

（二）全面实施行政执法与刑事司法联动。各级环境保护部门和公安机关要建立联动执法联席会议、常设联络员和重大案件会商督办等制度，完善案件移送、联合调查、信息共享和奖惩机制，坚决克服有案不移、有案难移、以罚代刑现象，实现行政处罚和刑事处罚无缝衔接。移送和立案工作要接受人民检察院法律监督。发生重大环境污染事件等紧急情况时，要迅速启动联合调查程序，防止证据灭失。公安机关要明确机构和人员负责查处环境犯罪，对涉嫌构成环境犯罪的，要及时依法立案侦查。人民法院在审理环境资源案件中，需要环境保护技术协助的，各级环境保护部门应给予必要支持。

（三）抓紧开展环境保护大检查。2015年底前，地方各级人民政府要组织开展一次环境保护全面排查，重点检查所有排污单位污染排放状况，各类资源开发利用活动对生态环境影响情况，以及建设项目环境影响评价制度、“三同时”（防治污染设施与主体工程同时设计、同时施工、同时投产使用）制度执行情况等，依法严肃查处、整改存在的问题，结果向上一级人民政府报告，并向社会公开。环境保护部等有关部门要加强督促、检查和指导，建立定期调度工作机制，组织对各地检查情况进行抽查，重要情况及时报告国务院。

（四）着力强化环境监管。各市、县级人民政府要将本行政区域划分为若干环境监管网格，逐一明确监管责任人，落实监管方案；监管网格划分方案要于2015年底前报上一级人民政府备案，并向社会公开。各省、市、县级人民政府要确定重点监管对象，划分监管等级，健全监管档案，采取差别化监管措施；乡镇人民政府、街道办事处要协助做好相关工作。各省级环境保护部门要加强巡查，每年按一定比例对国家重点监控企业进行抽查，指导市、县级人民政府落实网格化管理措施。市、县两级环境保护部门承担日常环境监管执法责任，要加大现场检查、随机抽查力度。环境保护重点区域、流域地方政府要强化协同监管，开展联合执法、区域执法和交叉执法。

二、对各类环境违法行为“零容忍”，加大惩治力度

坚决纠正执法不到位、整改不到位问题。坚持重典治乱，铁拳铁规治污，采取综合手段，始终保持严厉打击环境违法的高压态势。

（五）重拳打击违法排污。对偷排偷放、非法排放有毒有害污染物、非法处置危险废物、不正常使用防治污染设施、伪造或篡改环境监测数据等恶意违法行为，依法严厉处罚；对拒不改正的，依法予以行政拘留；对涉嫌犯罪的，一律迅速移送司法机关。对负有连带责任的环境服务第三方机构，应予以追责。建立环境信用评价制度，将环境违法企业列入“黑名单”并向社会公开，将其环境违法行为纳入社会信用体系，让失信企业一次违法、处处受限。对污染环境、破坏生态等损害公众环境权益的行为，鼓励社会组织、公民依法提起公益诉讼和民事诉讼。

（六）全面清理违法违规建设项目。对违反建设项目环境影响评价制度和“三同时”制度，越权审批但尚未开工建设的项目，一律不得开工；未批先建、边批边建，资源开发以采代探的项目，一律停止建设或依法依规予以取缔；环保设施和措施落实不到位擅自投产或运行的项目，一律责令限期整改。各地要于2016年底前完成清理整改任务。

（七）坚决落实整改措施。对依法作出的行政处罚、行政命令等具体行政行为的执行情况，实施执法后督察。对未完成停产整治任务擅自生产的，依法责令停业关闭，拆除主体设备，使其不能恢复生产。对拒不改正的，要依法采取强制执行措施。对非诉执行案件，环境保护、工商、供水、供电等部门和单位要配合人民法院落实强制措施。

三、积极推行“阳光执法”，严格规范和约束执法行为

坚决纠正不作为、乱作为问题。健全执法责任制，规范行政裁量权，强化对监管执法行为的约束。

（八）推进执法信息公开。地方环境保护部门和其他负有环境监管职责的部门，每年要发布重点监管对象名录，定期公开区域环境质量状况，公开执法检查依据、内容、标准、程序和结果。每月公布群众举报投诉重点环境问题处理情况、违法违规单位及其法定代表人名单和处理、整改情况。

（九）开展环境执法稽查。完善国家环境监察制度，加强对地方政府及其有关部门落实环境保护法律法规、标准、政策、规划情况的监督检查，协调解决跨省域重大环境问题。研究在环境保护部设立环境监察专员制度。自2015年起，市级以上环境保护部门要对下级环境监管执法工作进行稽查。省级环境保护部门每年要对本行政区域内30%以上的市（地、州、盟）和5%以上的县（市、区、旗），市级环境保护部门每年要对本行政区域内30%以上的县（市、区、旗）开展环境稽查。稽查情况通报当地人民政府。

（十）强化监管责任追究。对网格监管不履职的，发现环境违法行为或者接到环境违法行为举报后查处不及时的，不依法对环境违法行为实施处罚的，对涉嫌犯罪案件不移送、不受理或推诿执法等监管不作为行为，监察机关要依法依纪追究有关单位和人员的责任。国家工作人员充当保护伞包庇、纵容环境违法行为或对其查处不力，涉嫌职务犯罪的，要及时移送人民检察院。实施生态环境损害责任终身追究，建立倒查机制，对发生重特大突发环境事件，任期内环境质量明显恶化，不顾生态环境盲目决策、造成严重后果，利用职权干预、阻碍环境监管执法的，要依法依纪追究有关领导和责任人的责任。

四、明确各方职责任务，营造良好执法环境

有效解决职责不清、责任不明和地方保护问题。切实落实政府、部门、企业和个人等各方面的责任，充分发挥社会监督作用。

（十一）强化地方政府领导责任。县级以上地方各级人民政府对本行政区域环境监管执法工作负领导责任，要建立环境保护部门对环境保护工作统一监督管理的工作机制，明确各有关部门和单位在环境监管执法中的责任，形成工作合力。切实提升基层环境执法能力，支持环境保护等部门依法独立进行环境

监管和行政执法。2015年6月底前，地方各级人民政府要全面清理、废除阻碍环境监管执法的“土政策”，并将清理情况向上一级人民政府报告。审计机关在开展党政主要领导干部经济责任审计时，要对地方政府主要领导干部执行环境保护法律法规和政策、落实环境保护目标责任制等情况进行审计。

（十二）落实社会主体责任。支持各类社会主体自我约束、自我管理。各类企业、事业单位和社会组织应当按照环境保护法律法规标准的规定，严格规范自身环境行为，落实物资保障和资金投入，确保污染防治、生态保护、环境风险防范等措施落实到位。重点排污单位要如实向社会公开其污染物排放状况和防治污染设施的建设运行情况。制定财政、税收和环境监管等激励政策，鼓励企业建立良好的环境信用。

（十三）发挥社会监督作用。环境保护人人有责，要充分发挥“12369”环保举报热线和网络平台作用，畅通公众表达渠道，限期办理群众举报投诉的环境问题。健全重大工程项目社会稳定风险评估机制，探索实施第三方评估。邀请公民、法人和其他组织参与监督环境执法，实现执法全过程公开。

五、增强基层监管力量，提升环境监管执法能力

加快解决环境监管执法队伍基础差、能力弱等问题。加强环境监察队伍和能力建设，为推进环境监管执法工作提供有力支撑。

（十四）加强执法队伍建设。建立重心下移、力量下沉的法治工作机制，加强市、县级环境监管执法队伍建设，具备条件的乡镇（街道）及工业集聚区要配备必要的环境监管人员。大力提高环境监管队伍思想政治素质、业务工作能力、职业道德水准，2017年底前，现有环境监察执法人员要全部进行业务培训和职业操守教育，经考试合格后持证上岗；新进人员，坚持“凡进必考”，择优录取。研究建立符合职业特点的环境监管执法队伍管理制度和有利于监管执法的激励制度。

（十五）强化执法能力保障。推进环境监察机构标准化建设，配备调查取证等监管执法装备，保障基层环境监察执法用车。2017年底前，80%以上的环境监察机构要配备使用便携式手持移动执法终端，规范执法行为。强化自动监控、卫星遥感、无人机等技术监控手段运用。健全环境监管执法经费保障机制，将环境监管执法经费纳入同级财政全额保障范围。

各地区、各有关部门要充分认识进一步加强环境监管执法的重要意义，切实强化组织领导，认真抓好工作落实。环境保护部要会同有关部门加强对本通知落实情况的监督检查，重大情况及时向国务院报告。

国务院办公厅

2014年11月12日

国家发展改革委 国家能源局关于印发电力体制改革配套文件的通知

发改经体〔2015〕2752号

各省、自治区、直辖市人民政府，新疆生产建设兵团：

为贯彻落实《中共中央 国务院关于进一步深化电力体制改革的若干意见》（中发〔2015〕9号），推进电力体制改革实施工作，经报请国务院同意，现将国家发展改革委、国家能源局和中央编办、工业和信息化部、财政部、环境保护部、水利部、国资委、法制办等部门制定，并经经济体制改革工作部际联席会议（电力专题）审议通过的6个电力体制改革配套文件，印发给你们，请按照执行。

附件：1.《关于推进输配电价改革的实施意见》（略）

2.《关于推进电力市场建设的实施意见》（略）

3.《关于电力交易机构组建和规范运行的实施意见》（略）

4.《关于有序放开发用电计划的实施意见》（略）

5.《关于推进售电侧改革的实施意见》（略）

6.《关于加强和规范燃煤自备电厂监督管理的指导意见》

国家发展改革委

国家能源局

2015年11月26日

附件6

关于加强和规范燃煤自备电厂监督管理的指导意见

为贯彻落实《中共中央 国务院关于进一步深化电力体制改革的若干意见》（中发〔2015〕9号）精神，加强和规范燃煤自备电厂监督管理，现提出如下意见：

一、重要意义

燃煤自备电厂（以下简称“自备电厂”）是我国火电行业的重要组成部分，在为工业企业生产运营提供动力供应、降低企业生产成本的同时，还可兼顾周边企业和居民用电用热需求。随着自备电厂装机规模持续扩大和火电行业能效、环保标准不断提高，进一步加强和规范自备电厂监督管理，逐步推进自备电厂与公用电厂同等管理，有利于加强电力统筹规划，推动自备电厂有序发展；有利于促进清洁能源消纳，提升电力系统安全运行水平；有利于提高能源利用效率，降低大气污染物排放；有利于维护市场公平竞争，实现资源优化配置。

二、基本原则

坚持统筹规划的原则。强化电力发展规划的引领约束作用，统筹能源资源和市场需求，科学规划建设自备电厂。

坚持安全可靠的原则。严格执行电力行业相关规章，提升自备电厂运行水平，维护电力系统安全稳定运行。

坚持节能减排的原则。严格新建机组能效、环保准入门槛，落实水资源管理“三条红线”控制指标。持续升级改造和淘汰落后火电机组，切实提升自备电厂能效、环保水平。

坚持公平竞争的原则。执行统一的产业政策和市场规则，推动自备电厂成为合格市场主体，公平参与市场交易。

坚持科学监管的原则。构建“规划、政策、规则、监管”协调一致的监管体系，强化对自备电厂的监督管理，维护电力建设运行秩序。

三、强化规划引导，科学规范建设

（一）统筹纳入规划。新（扩）建燃煤自备电厂项目（除背压机组和余热、余压、余气利用机组外）要统筹纳入国家依据总量控制制定的火电建设规划，由地方政府依据《政府核准的投资项目目录》核准，禁止以各种名义在总量控制规模外核准。

（二）公平参与优选。新（扩）建燃煤自备电厂要符合国家能源产业政策和电力规划布局要求，与公用火电项目同等条件参与优选。京津冀、长三角、珠三角等区域禁止新建燃煤自备电厂。装机明显冗余、火电利用小时数偏低地区，除以热定电的热电联产项目外，原则上不再新（扩）建自备电厂项目。

（三）科学规范建设。自备电厂要按照以热定电、自发自用为主的原则合理选择机型和装机规模。开工建设前要按规定取得核准文件和必要的支持性文件，建设过程中要严格执行火电建设相关产业政策和能效、水效、环保、安全质量等各项标准。严禁未批先建、批建不符及以余热、余压、余气名义建设常规燃煤机组等违规行为。禁止公用电厂违规转为企业自备电厂。

（四）做好电网接入。电网企业应对符合规定的自备电厂无歧视开放电网，做好系统接入服务。并网自备电厂应按要求配置必要的继电保护与安全自动装置以及调度自动化、通信和电量计量等设备，切实做好并网安全等相关工作。鼓励有条件并网的自备电厂按自愿原则并网运行。

四、加强运行管理，参与辅助服务

（一）加强运行管理。并网自备电厂要严格执行调度纪律，服从电力调度机构的运行安排，合理组织设备检修和机组启停。全面落实电力行业相关规章和标准，进一步加强设备维护，做好人员培训，主动承担维护电力系统安全稳定运行的责任和义务。

（二）参与辅助服务。并网自备电厂要按照“两个细则”参与电网辅助服务考核与补偿，根据自身负荷和机组特性提供调峰等辅助服务，并按照相关规定参与分摊，获得收益。

五、承担社会责任，缴纳各项费用

（一）承担社会责任。企业自备电厂自发自用电量应承担并足额缴纳国家重大水利工程建设基金、农网还贷资金、可再生能源发展基金、大中型水库移民后期扶持基金和城市公用事业附加等依法合规设立的政府性基金以及政策性交叉补贴，各级地方政府均不得随意减免或选择性征收。

（二）合理缴纳备用费。拥有并网自备电厂的企业应与电网企业协商确定备用容量，并按约定的备用容量向电网企业支付系统备用费。备用费标准分省统一制定，由省级价格主管部门按合理补偿的原则制定，报国家发展改革委备案。向企业自备电厂收取的系统备用费计入电网企业收入，并由政府价格主管部门在核定电网企业准许收入和输配电价水平时统筹平衡。随着电力市场化改革逐步推进，探索取消系统备用费，以市场化机制代替。

六、加强综合利用，推动燃煤消减

（一）加强综合利用。鼓励企业回收利用工业生产过程中产生可利用的热能、压差以及余气等建设相应规模的余热、余压、余气自备电厂。此类项目不占用当地火电建设规模，可按有关规定减免政策性交叉补贴和系统备用费。

（二）鼓励对外供热供电。余热、余压、余气自备电厂生产的电力、热力，在满足所属企业自身需求的基础上，鼓励其按有关规定参与电力交易并向周边地区供热。

（三）推动燃煤消减。推动可再生能源替代燃煤自备电厂发电。在风、光、水等资源富集地区，采用市场化机制引导拥有燃煤自备电厂的企业减少自发自用电量，增加市场购电量，逐步实现可再生能源替代燃煤发电。

七、推进升级改造，淘汰落后机组

（一）推进环保改造。自备电厂应安装脱硫、脱硝、除尘等环保设施，确保满足大气污染物排放标准和总量控制要求，并安装污染物自动监控设备，与当地环保、监管和电网企业等部门联网。污染物排放不符合环保要求的自备电厂要采取限制生产、停产改造等措施，限期完成环保设施升级改造。对于国家要求实施超低排放改造的自备燃煤机组，要在规定期限内完成相关改造工作。鼓励其他有条件的自备电厂实施超低排放改造。

（二）提高能效水平。自备电厂运行要符合相关产业政策规定的能效标准要求。供电煤耗、水耗高于本省同类型机组平均水平 5 克/千瓦时、0.5 千克/千瓦时及以上的自备燃煤发电机组，要因厂制宜，实施节能节水升级改造。

（三）淘汰落后机组。对机组类型属于《产业结构调整目录》等相关产业政策规定淘汰类的，由地方政府明确时间表，予以强制淘汰关停。能耗和污染物排放不符合国家和地方最新标准的自备电厂应实施升级改造，拒不改造或不具备改造条件的由地方政府逐步淘汰关停。淘汰关停后的机组不得转供电或解列运行，不得易地建设。主动提前淘汰自备机组的企业，淘汰机组容量和电量可按有关规定参与市场化交易。

八、确定市场主体，参与市场交易

（一）确定市场主体。满足下列条件的拥有并网自备电厂的企业，可成为合格发电市场主体。

1. 符合国家产业政策，达到能效、环保要求；
2. 按规定承担国家依法合规设立的政府性基金，以及与产业政策相符合的政策性交叉补贴；
3. 公平承担发电企业社会责任；
4. 进入各级政府公布的交易主体目录并在交易机构注册；
5. 满足自备电厂参与市场交易的其他相关规定。

（二）有序参与市场交易。拥有自备电厂的企业成为合格发电市场主体后，有序推进其自发自用以外电量按交易规则与售电主体、电力用户直接交易，或通过交易机构进行交易。

（三）平等参与购电。拥有自备电厂但无法满足自身用电需求的企业，按规定承担国家依法合规设立的政府性基金，以及与产业政策相符合的政策性交叉补贴后，可视为普通电力用户，平等参与市场购电。

九、落实责任主体，加强监督管理

（一）明确主体责任。拥有自备电厂的企业，要承担加强和规范自备电厂管理的主体责任，强化自备电厂内部管理，严格执行能效、环保标准，切实维护电力系统安全稳定运行，公平承担社会责任。

（二）加强组织协调。各省级发改（能源）、经信（工信）、价格、环保等相关部门以及国家能源局派出机构要进一步明确责任分工，加强协调，齐抓共管，形成工作合力，确保自备电厂规范有序发展。

（三）开展专项监管。国家能源局会同有关部门按规定开展自备电厂专项监管和现场检查，形成监管报告，对存在的问题要求限期整改，将拒不整改的企业纳入黑名单，并向社会公布。

（四）强化项目管理。各省级能源主管部门要进一步加强对本地区新（扩）建自备电厂项目的管理。国家能源局及其派出机构要加强对未核先建、批建不符、越权审批等违规建设项目及以余热、余压、余气名义建设常规燃煤机组等问题的监管，一经发现，交由地方能源主管部门责令其停止建设，并会同相关部门依法依规予以处理。

（五）规范运行改造。各省级发改（能源）、经信（工信）、环保等主管部门会同国家能源局派出机构，按照职责分工对燃煤自备电厂安全生产运行、节能减排、淘汰落后产能等工作以及余热、余压、余气自备电厂运行中的弄虚作假行为开展有效监管。对安全生产运行不合规，能效、环保指标不达标，未按期开展升级改造和淘汰落后等工作的自备电厂，要依法依规予以严肃处理，并视情况限批其所属企业新建项目。

（六）加强监督检查。财政部驻各省（区、市）监察专员办事处加强对拥有自备电厂企业缴纳政府性基金情况的监督检查。各省级价格、能源主管部门及国家能源局派出机构加强对拥有自备电厂缴纳政策性交叉补贴情况的监督检查。对存在欠缴、拒缴问题的，要通报批评、限期整改，并依法依规予以处理。

关于印发《关于在污染源日常环境监管领域推广随机抽查制度的实施方案》的通知

环办〔2015〕88 号

各省、自治区、直辖市环境保护厅（局），新疆生产建设兵团环境保护局：

为落实《国务院办公厅关于推广随机抽查规范事中事后监管的通知》（国办发〔2015〕58 号），规范污染源日常环境监管工作，我部组织制订了《关于在污染源日常环境监管领域推广随机抽查制度的实施方案》。现印发给你们，请遵照执行，并于 2015 年 12 月 31 日前将贯彻落实情况报我部。

联系人：环境保护部环境监察局 刘静

电话：（010）66556447

传真：（010）66556444

附件：关于在污染源日常环境监管领域推广随机抽查制度的实施方案

环境保护部办公厅

2015 年 10 月 8 日

附件

关于在污染源日常环境监管领域推广随机抽查制度的实施方案

一、目的和依据

为促进市场公平竞争，维护市场正常秩序，加强对企业事业单位和其他生产经营者遵守环境保护法律法规的精细化监督管理，推广随机抽查制度，规范日常环境监管工作，依据新修订的《环境保护法》、《国务院关于促进市场公平竞争维护市场正常秩序的若干意见》（国发〔2014〕20 号）、《国务院办公厅关于推广随机抽查规范事中事后监管的通知》（国办发〔2015〕58 号）等，制定本实施方案。

二、实施方案内容

（一）随机抽查主体

市、县两级环保部门负责本行政区污染源（包括排污单位和建设项目，下同）日常环境监管随机抽查工作，并将随机抽查作为选取日常监督检查对象的主要方式。开展专项执法检查、环境违法案件查处、环境执法后督察、环境信访案件处理等非日常监督检查工作时，不适用本实施方案。

（二）抽查对象和抽查内容

市、县两级环保部门要将行政区内所有污染源作为随机抽查对象，重点对被抽查单位防治污染设施运行情况，污染物排放情况，以及环评、“三同时”、排污许可证等环境管理制度落实情况进行抽查。

（三）抽查基础

市、县两级环保部门要充分利用现有环境信息库，逐步完善污染源日常监管动态信息库，并将其作为随机抽查基础，指定专人负责信息库的建设、运行维护、信息录入和信息更新工作。污染源日常监管动态信息库应预留与其他环境管理信息库的接口。

污染源日常监管动态信息库要涵盖重点排污单位，以及各级环保部门认为应当列入日常监管的污染源，并逐步覆盖到行政区内所有污染源。有条件的地方，可按照当地政府的统一要求，建设多部门统一的市场监管信息平台。

（四）抽查方式和抽查比例

市、县两级环保部门根据本行政区环境监察人员数量、行政区面积、污染源数量、污染源环境守法状态、环境质量和群众投诉情况，合理确定抽查比例（不应低于本方案规定的最低比例），采用摇号等方式确定被抽查单位名单，对其遵守环境保护法律法规情况进行现场检查。对投诉举报多、有严重违法违规记录、环境风险等级高等情况的污染源，要加大随机抽查力度，提高抽查比例。

市、县两级环保部门每年 12 月底前，按照本单位确定的抽查比例，确定下一年度被抽查单位数量（家次），纳入本级《环境监察年度工作计划》，报上级环保部门备案；并于每季度结束前 5 个工作日内，采用摇号等方式确定下一季度被抽查单位名单。

最低抽查比例：

1．重点排污单位最低抽查比例：市级环保部门每季度至少对本行政区 5%的重点排污单位进行抽查，县级环保部门每季度至少对本行政区 25%的重点排污单位进行抽查（原则上应保证每年对辖区所有重点排污单位进行一遍巡查）。重点排污单位名录由设区的市级以上环保部门按照法律法规要求，根据本行政区环境承载力、重点污染物排放总量控制指标的要求以及排污单位排放污染物的种类、数量和浓度等因素确定。

2．一般排污单位最低抽查比例：市级环保部门至少按照 1∶5 的比例（在编在岗的环境监察人员数量∶被抽查单位数量）确定年度被抽查单位数量，县级环保部门至少按照 1∶10 的比例确定年度被抽查单位数量。中西部地区部分行政区面积较大、污染源分散的市、县可适当调整抽查比例。

3．特殊监管对象抽查比例：对存在环境违法问题和环境管理问题的污染源，应适度提高抽查比例。

三、配套制度和机制

（一）抽查“双随机”

市、县两级环保部门要按照属地管理原则，合理调配现有环境监察资源，随机选派环境监察人员，严格遵照《环境监察办法》和环境监察工作制度、工作程序，对列入随机抽查名单中的污染源进行现场抽查。污染源日常环境监管随机抽查名单一经确定，不得随意变更。

（二）抽查留痕

环境监察人员开展现场抽查工作时，应现场制作《污染源现场监察记录》，有条件的地区应优先使用移动执法设备。发现环境违法行为的，应当责令改正，提出整改要求，按程序报告并作出处理。现场抽查工作结束后，实施抽查的环保部门要在 7 个工作日内将抽查结果填报污染源日常监管动态信息库。

（三）依法处罚

市、县两级环保部门要进一步加大处理处罚力度，对随机抽查发现的环境违法行为，发现一起，公开查处一起，依法从严从重处理处罚。

（四）抽查保密

市、县两级环保部门要建立健全随机抽查工作的保密制度。在现场检查工作实施前，随机抽查名单应对被抽查单位保密，坚决防止跑风漏气、失密泄密现象发生。违反保密制度的，要视情节轻重，对泄密者本人和有关责任人员，予以通报批评、暂扣或收回环境监察执法证件、调离执法岗位，并依照有关法律法规和纪律处分规定进行处理。

（五）联合抽查

市、县两级环保部门开展现场抽查工作时，应按照本部门监测监察联动工作机制要求，对被抽查单位同步开展监测和监察，并按照当地政府的统一要求，联合其他部门开展联合抽查。

（六）信息公开

市、县两级环保部门按照信息公开要求，将随机抽查情况和查处结果及时向社会公开，接受社会监督。有条件的地方，可按照当地政府要求，将随机抽查结果纳入市场主体的社会信用记录。

（七）监管频次变更

市、县两级环保部门要根据本行政区环境监管需求，合理确定随机抽查比例。污染源日常环境监管随机抽查制度建立后，原污染源日常环境监察工作中“国家重点监控企业每月监察一次，一般污染源每季度监察一次”的监管频次要求不再执行。

四、工作要求

（一）加强组织指导

各省级环保部门要切实加强对下级环保部门日常环境监管随机抽查工作的监督，指导市、县级环保部门制定落实方案，合理调配一线执法检查力量，统筹协调市、县两级环保部门合理确定随机抽查比例，科学制定污染源日常监管动态信息库建设方案并组织实施，建立健全相应的工作机制，切实把随机抽查制度落到实处。

（二）严格落实责任

各省级环保部门要进一步增强责任意识，大力推广随机抽查制度，指导市、县两级环保部门公平、有效、透明地进行事中事后监管，切实履行法定监管职责。要结合环境监察稽查工作，定期对随机抽查制度的落实情况进行监督检查，及时查找制度落实中存在的问题，并协调有关部门妥善解决。

（三）加强宣传培训

各省级环保部门要切实加大宣传力度，利用报纸、专刊、网站等载体进行广泛宣传，并积极探索利用政务微博、微信等新兴媒体，提升宣传成效。同时加强对环境监察人员的培训，认真学习领会《国务院关于促进市场公平竞争维护市场正常秩序的若干意见》《国务院办公厅关于推广随机抽查规范事中事后监管的通知》精神，贯彻落实随机抽查制度，优化细化执法工作流程，切实转变执法理念，妥善解决不执法、乱执法、执法扰民等问题。

五、进度安排

各省级环保部门应于 2015 年 10 月 31 日前制定本地的《污染源日常环境监管随机抽查制度落实方案》及污染源日常监管动态信息库建设方案；11 月 30 日前完成宣传培训工作；12 月 31 日前完成污染源日常环境监管动态信息库的建设工作（建库条件不成熟的地方，应完成污染源日常环境监管对象清单）及当地《污染源日常环境监管随机抽查制度落实方案》规定任务。

关于印发《建设项目环境保护事中事后监督管理办法（试行）》的通知

环发〔2015〕163号

各省、自治区、直辖市环境保护厅（局），新疆生产建设兵团环境保护局：

2015年以来，我部按照国务院的统一部署，进一步转变政府职能，落实国务院简政放权、放管结合重大决策部署，加快环境保护工作由注重事前审批向加强事中事后监督管理的转变。

为明确各级环境保护部门建设项目环境保护事中事后监督管理的责任，规范工作流程，完善监管手段，提高事中事后监管的效率和执行力，切实管好建设项目建设和生产、运行过程中的环境保护工作，不断提高建设项目环境监管能力和水平，强化建设单位履行环境保护的主体责任，增强地方政府改善环境质量的责任意识，我部组织制定了《建设项目环境保护事中事后监督管理办法（试行）》。现印发给你们，请遵照执行。

附件：建设项目环境保护事中事后监督管理办法（试行）

环境保护部

2015年12月10日

附件

建设项目环境保护事中事后监督管理办法（试行）

第一条　为推进环境保护行政审批制度改革，做好建设项目环境保护事前审批与事中事后监督管理的有效衔接，规范建设项目环境保护事中事后监督管理，提高各级环境保护部门的监督管理能力，充分发挥环境影响评价制度的管理效能，根据《环境保护法》、《环境影响评价法》、《建设项目环境保护管理条例》和《国务院办公厅关于加强环境监管执法的通知》等法律法规和规章及规范性文件，制定本办法。

第二条　建设项目环境保护事中监督管理是指环境保护部门对本行政区域内的建设项目自办理环境影响评价手续后到正式投入生产或使用期间，落实经批准的环境影响评价文件及批复要求的监督管理。

建设项目环境保护事后监督管理是指环境保护部门对本行政区域内的建设项目正式投入生产或使用后，遵守环境保护法律法规情况，以及按照相关要求开展环境影响后评价情况的监督管理。

第三条　事中监督管理的主要依据是经批准的环境影响评价文件及批复文件、环境保护有关法律法规的要求和技术标准规范。

事后监督管理的主要依据是依法取得的排污许可证、经批准的环境影响评价文件及批复文件、环境影响后评价提出的改进措施、环境保护有关法律法规的要求和技术标准规范。

第四条　环境保护部和省级环境保护部门负责对下级环境保护部门的事中事后监督管理工作进行监督和指导。对环境保护部和省级环境保护部门审批的跨流域、跨区域等重大建设项目可直接进行监督检查。

市、县级环境保护部门按照属地管理的原则负责本行政区域内所有建设项目的事中事后监督管理。

实行省以下环境保护机构监测监察执法垂直管理试点的地区，按照试点方案调整后的职责实施监督管理。

环境保护部地区核与辐射安全监督站和省级环境保护部门负责环境保护部审批的核设施、核技术利用和铀矿冶建设项目的事中事后监督管理。

第五条　建设单位是落实建设项目环境保护责任的主体。建设单位在建设项目开工前和发生重大变动前，必须依法取得环境影响评价审批文件。建设项目实施过程中应严格落实经批准的环境影响评价文件及其批复文件提出的各项环境保护要求，确保环境保护设施正常运行。

实施排污许可管理的建设项目，应当依法申领排污许可证，严格按照排污许可证规定的污染物排放种类、浓度、总量等排污。

实行辐射安全许可管理的建设项目，应当依法申领辐射安全许可证，严格按照辐射安全许可证规定的源项、种类、活度、操作量等开展工作。

第六条　事中监督管理的内容主要是，经批准的环境影响评价文件及批复中提出的环境保护措施落实情况和公开情况；施工期环境监理和环境监测开展情况；竣工环境保护验收和排污许可证的实施情况；环境保护法律法规的遵守情况和环境保护部门做出的行政处罚决定落实情况。

事后监督管理的内容主要是，生产经营单位遵守环境保护法律、法规的情况进行监督管理；产生长期性、累积性和不确定性环境影响的水利、水电、采掘、港口、铁路、冶金、石化、化工以及核设施、核技术利用和铀矿冶等编制环境影响报告书的建设项目，生产经营单位开展环境影响后评价及落实相应改进措施的情况。

第七条　各级环境保护部门采用随机抽取检查对象和随机选派执法检查人员的“双随机”抽查、挂牌督办、约谈建设项目所在地人民政府、对建设项目所在地进行区域限批或上收环境影响评价文件审批权限等综合手段，开展建设项目环境保护事中事后监督管理工作。

各级环境保护部门依托投资项目在线审批监督管理平台和全国企业信用信息公示系统，公开环境保护监督管理信息和处罚信息，建立建设单位以及环境影响评价机构诚信档案、违规违法惩戒和黑名单制度。

第八条　市、县级环境保护部门将建设项目环境保护事中事后监督管理工作列入年度工作计划，并组织实施，严格依法查处和纠正建设项目违法违规行为，定期向上一级环境保护部门报告年度工作情况。

环境保护部和省级环境保护部门与市、县级环境保护部门上下联动，加强对所审批建设项目的监督检查，督促市、县级环境保护部门切实履行对本行政区域内建设项目的监督管理职责。

环境保护部地区核与辐射安全监督站和省级环境保护部门将环境保护部审批的核设施、核技术利用和铀矿冶建设项目的事中事后监督管理工作列入年度工作计划，并组织实施。

第九条　环境保护部和省级环境保护部门根据中央办公厅、国务院办公厅印发的《环境保护督察方案（试行）》的要求，组织开展对地方党委、政府环境保护督察。地方各级党委加强对环境保护工作的领导，地方政府切实履行改善环境质量的责任，研究制定加强建设项目环境保护事中事后监督管理的制度和措施，督促政府有关部门加强对建设单位落实环境保护主体责任的监督检查，依法查处环境违法行为，并主动接受上级环境保护部门督察。严禁地方党政领导干部违法干预环境执法。

第十条　建设单位应当主动向社会公开建设项目环境影响评价文件、污染防治设施建设运行情况、污染物排放情况、突发环境事件应急预案及应对情况等环境信息。

各级环境保护部门应当公开建设项目的监督管理信息和环境违法处罚信息，加强与有关部门的信息交流共享，实现建设项目环境保护监督管理信息互联互通。

信息公开应当采取新闻发布会以及报刊、广播、网站、电视等方式，便于公众、专家、新闻媒体、社会组织获取。

第十一条　各级环境保护部门应当积极鼓励和正确引导社会公众参与建设项目事中事后监督管理，充分发挥专家的专业特长。公众、新闻媒体等可以通过“12369”环保举报热线和“12369”环保微信举报平台反映情况，环境保护部门对反映的问题和环境违法行为，及时作出安排，组织查处，并依法反馈和公开处理结果。

第十二条 建设项目审批和事中监督管理过程中发现环境影响评价文件存在重要环境保护目标遗漏、主要环境保护措施缺失、环境影响评价结论错误、因环境影响评价文件所提污染防治和生态保护措施不合理而造成重大环境污染事故或存在重大环境风险隐患的，对环境影响评价机构和相关人员，除依照《环境影响评价法》的规定降低资质等级或者吊销资质证书，并处罚款外，还应当依法追究连带责任。

第十三条 建设单位未依法提交建设项目环境影响评价文件、环境影响评价文件未经批准，或者建设项目的性质、规模、地点、采用的生产工艺或者环境保护措施发生重大变化，未重新报批建设项目环境影响评价文件，擅自开工建设的，由环境保护部门依法责令停止建设，处以罚款，并可以责令恢复原状；拒不执行的，依法移送公安机关，对其直接负责的主管人员和其他直接责任人员，处行政拘留。

第十四条 建设项目需要配套建设的环境保护设施未按环境影响评价文件及批复要求建设，主体工程正式投入生产或者使用的，由环境保护部门依法责令停止生产或者使用，处以罚款。

第十五条 建设单位在项目建设过程中，未落实经批准的环境影响评价文件及批复文件要求，造成生态破坏的，依照有关法律法规追究责任。

第十六条 建设单位不公开或者不如实公开建设项目环境信息的，由环境保护部门责令公开，处以罚款，并予以公告。

第十七条 下级环境保护部门有不符合审批条件批准建设项目环境影响评价文件情形的，上级环境保护部门应当责令原审批部门重新审批。

下级环境保护部门未按照环境影响评价文件审批权限作出审批决定的，上级环境保护部门应当责令原审批部门撤销审批决定，建设单位重新报有审批权的环境保护部门审批。

第十八条 对多次发生违规审批建设项目环境影响评价文件且情节严重的地区，除由有关机关依法给予处分外，省级以上环境保护部门可以上收该地区环境保护部门的环境影响评价文件审批权限。

环境保护部门违法违规作出行政许可的，对直接负责的主管人员和其他直接责任人员给予记过、记大过或者降级处分，造成严重后果的，给予撤职或者开除处分，部门主要负责人应当引咎辞职。

第十九条 对利用职务影响限制、干扰、阻碍建设项目环境保护执法和监督管理的党政领导干部，环境保护部门应当依据《党政领导干部生态环境损害责任追究办法（试行）》，对相关党政领导干部应负责任和处理提出建议，按照干部管理权限将有关材料及时移送纪检监察机关和组织（人事）部门，由纪检监察机关和组织（人事）部门追究其生态环境损害责任。

第二十条 对于在建设项目事中事后监督管理工作中滥用职权、玩忽职守、徇私舞弊的，应当依照《公务员法》《行政机关公务员处分条例》等对环境保护部门有关人员给予行政处分或者辞退处理。涉嫌犯罪的，移交司法机关处理。

建设单位或环境影响评价机构隐瞒事实、弄虚作假而产生违法违规行为或者被责令改正拒不执行的，环境保护部门及其工作人员按照规定程序履行职责的，予以免责。

第二十一条 各级环境保护部门应当加强环境监督管理能力建设，强化培训，提高环境监督管理队伍政治素质、业务能力和执法水平，健全依法履职、尽职免责的保障机制。

第二十二条 本办法自印发之日起施行。

国务院办公厅关于印发控制污染物排放许可制实施方案的通知

国办发〔2016〕81号

各省、自治区、直辖市人民政府，国务院各部委、各直属机构：

《控制污染物排放许可制实施方案》已经国务院同意，现印发给你们，请认真贯彻执行。

国务院办公厅

2016年11月10日

控制污染物排放许可制实施方案

控制污染物排放许可制（以下称排污许可制）是依法规范企事业单位排污行为的基础性环境管理制度，环境保护部门通过对企事业单位发放排污许可证并依证监管实施排污许可制。近年来，各地积极探索排污许可制，取得初步成效。但总体看，排污许可制定位不明确，企事业单位治污责任不落实，环境保护部门依证监管不到位，使得管理制度效能难以充分发挥。为进一步推动环境治理基础制度改革，改善环境质量，根据《中华人民共和国环境保护法》和《生态文明体制改革总体方案》等，制定本方案。

一、总体要求

（一）指导思想。全面贯彻落实党的十八大和十八届三中、四中、五中、六中全会精神，深入学习贯彻习近平总书记系列重要讲话精神，紧紧围绕统筹推进“五位一体”总体布局和协调推进“四个全面”战略布局，牢固树立创新、协调、绿色、开放、共享的发展理念，认真落实党中央、国务院决策部署，加大生态文明建设和环境保护力度，将排污许可制建设成为固定污染源环境管理的核心制度，作为企业守法、部门执法、社会监督的依据，为提高环境管理效能和改善环境质量奠定坚实基础。

（二）基本原则。

精简高效，衔接顺畅。排污许可制衔接环境影响评价管理制度，融合总量控制制度，为排污收费、环境统计、排污权交易等工作提供统一的污染物排放数据，减少重复申报，减轻企事业单位负担，提高管理效能。

公平公正，一企一证。企事业单位持证排污，按照所在地改善环境质量和保障环境安全的要求承担相应的污染治理责任，多排放多担责、少排放可获益。向企事业单位核发排污许可证，作为生产运营期排污行为的唯一行政许可，并明确其排污行为依法应当遵守的环境管理要求和承担的法律责任义务。

权责清晰，强化监管。排污许可证是企事业单位在生产运营期接受环境监管和环境保护部门实施监管的主要法律文书。企事业单位依法申领排污许可证，按证排污，自证守法。环境保护部门基于企事业单位守法承诺，依法发放排污许可证，依证强化事中事后监管，对违法排污行为实施严厉打击。

公开透明，社会共治。排污许可证申领、核发、监管流程全过程公开，企事业单位污染物排放和环境保护部门监管执法信息及时公开，为推动企业守法、部门联动、社会监督创造条件。

（三）目标任务。到 2020 年，完成覆盖所有固定污染源的排污许可证核发工作，全国排污许可证管理信息平台有效运转，各项环境管理制度精简合理、有机衔接，企事业单位环保主体责任得到落实，基本建立法规体系完备、技术体系科学、管理体系高效的排污许可制，对固定污染源实施全过程管理和多污染物协同控制，实现系统化、科学化、法治化、精细化、信息化的“一证式”管理。

二、衔接整合相关环境管理制度

（四）建立健全企事业单位污染物排放总量控制制度。改变单纯以行政区域为单元分解污染物排放总量指标的方式和总量减排核算考核办法，通过实施排污许可制，落实企事业单位污染物排放总量控制要求，逐步实现由行政区域污染物排放总量控制向企事业单位污染物排放总量控制转变，控制的范围逐渐统一到固定污染源。环境质量不达标地区，要通过提高排放标准或加严许可排放量等措施，对企事业单位实施更为严格的污染物排放总量控制，推动改善环境质量。

（五）有机衔接环境影响评价制度。环境影响评价制度是建设项目的环境准入门槛，排污许可制是企事业单位生产运营期排污的法律依据，必须做好充分衔接，实现从污染预防到污染治理和排放控制的全过程监管。新建项目必须在发生实际排污行为之前申领排污许可证，环境影响评价文件及批复中与污染物排放相关的主要内容应当纳入排污许可证，其排污许可证执行情况应作为环境影响后评价的重要依据。

三、规范有序发放排污许可证

（六）制定排污许可管理名录。环境保护部依法制订并公布排污许可分类管理名录，考虑企事业单位及其他生产经营者，确定实行排污许可管理的行业类别。对不同行业或同一行业内的不同类型企事业单位，按照污染物产生量、排放量以及环境危害程度等因素进行分类管理，对环境影响较小、环境危害程度较低的行业或企事业单位，简化排污许可内容和相应的自行监测、台账管理等要求。

（七）规范排污许可证核发。由县级以上地方政府环境保护部门负责排污许可证核发，地方性法规另有规定的从其规定。企事业单位应按相关法规标准和技术规定提交申请材料，申报污染物排放种类、排放浓度等，测算并申报污染物排放量。环境保护部门对符合要求的企事业单位应及时核发排污许可证，对存在疑问的开展现场核查。首次发放的排污许可证有效期三年，延续换发的排污许可证有效期五年。上级环境保护部门要加强监督抽查，有权依法撤销下级环境保护部门作出的核发排污许可证的决定。环境保护部统一制定排污许可证申领核发程序、排污许可证样式、信息编码和平台接口标准、相关数据格式要求等。各地区现有排污许可证及其管理要按国家统一要求及时进行规范。

（八）合理确定许可内容。排污许可证中明确许可排放的污染物种类、浓度、排放量、排放去向等事项，载明污染治理设施、环境管理要求等相关内容。根据污染物排放标准、总量控制指标、环境影响评价文件及批复要求等，依法合理确定许可排放的污染物种类、浓度及排放量。按照《国务院办公厅关于加强环境监管执法的通知》（国办发〔2014〕56 号）要求，经地方政府依法处理、整顿规范并符合要求的项目，纳入排污许可管理范围。地方政府制定的环境质量限期达标规划、重污染天气应对措施中对企事业单位有更加严格的排放控制要求的，应当在排污许可证中予以明确。

（九）分步实现排污许可全覆盖。排污许可证管理内容主要包括大气污染物、水污染物，并依法逐步纳入其他污染物。按行业分步实现对固定污染源的全覆盖，率先对火电、造纸行业企业核发排污许可证，2017 年完成《大气污染防治行动计划》和《水污染防治行动计划》重点行业及产能过剩行业企业排污许可证核发，2020 年全国基本完成排污许可证核发。

四、严格落实企事业单位环境保护责任

（十）落实按证排污责任。纳入排污许可管理的所有企事业单位必须按期持证排污、按证排污，不得无证排污。企事业单位应及时申领排污许可证，对申请材料的真实性、准确性和完整性承担法律责任，

承诺按照排污许可证的规定排污并严格执行；落实污染物排放控制措施和其他各项环境管理要求，确保污染物排放种类、浓度和排放量等达到许可要求；明确单位负责人和相关人员环境保护责任，不断提高污染治理和环境管理水平，自觉接受监督检查。

（十一）实行自行监测和定期报告。企事业单位应依法开展自行监测，安装或使用监测设备应符合国家有关环境监测、计量认证规定和技术规范，保障数据合法有效，保证设备正常运行，妥善保存原始记录，建立准确完整的环境管理台账，安装在线监测设备的应与环境保护部门联网。企事业单位应如实向环境保护部门报告排污许可证执行情况，依法向社会公开污染物排放数据并对数据真实性负责。排放情况与排污许可证要求不符的，应及时向环境保护部门报告。

五、加强监督管理

（十二）依证严格开展监管执法。依证监管是排污许可制实施的关键，重点检查许可事项和管理要求的落实情况，通过执法监测、核查台账等手段，核实排放数据和报告的真实性，判定是否达标排放，核定排放量。企事业单位在线监测数据可以作为环境保护部门监管执法的依据。按照"谁核发、谁监管"的原则定期开展监管执法，首次核发排污许可证后，应及时开展检查；对有违规记录的，应提高检查频次；对污染严重的产能过剩行业企业加大执法频次与处罚力度，推动去产能工作。现场检查的时间、内容、结果以及处罚决定应记入排污许可证管理信息平台。

（十三）严厉查处违法排污行为。根据违法情节轻重，依法采取按日连续处罚、限制生产、停产整治、停业、关闭等措施，严厉处罚无证和不按证排污行为，对构成犯罪的，依法追究刑事责任。环境保护部门检查发现实际情况与环境管理台账、排污许可证执行报告等不一致的，可以责令作出说明，对未能说明且无法提供自行监测原始记录的，依法予以处罚。

（十四）综合运用市场机制政策。对自愿实施严于许可排放浓度和排放量且在排污许可证中载明的企事业单位，加大电价等价格激励措施力度，符合条件的可以享受相关环保、资源综合利用等方面的优惠政策。与拟开征的环境保护税有机衔接，交换共享企事业单位实际排放数据与纳税申报数据，引导企事业单位按证排污并诚信纳税。排污许可证是排污权的确认凭证、排污交易的管理载体，企事业单位在履行法定义务的基础上，通过淘汰落后和过剩产能、清洁生产、污染治理、技术改造升级等产生的污染物排放削减量，可按规定在市场交易。

六、强化信息公开和社会监督

（十五）提高管理信息化水平。2017 年建成全国排污许可证管理信息平台，将排污许可证申领、核发、监管执法等工作流程及信息纳入平台，各地现有的排污许可证管理信息平台逐步接入。在统一社会信用代码基础上适当扩充，制定全国统一的排污许可证编码。通过排污许可证管理信息平台统一收集、存储、管理排污许可证信息，实现各级联网、数据集成、信息共享。形成的实际排放数据作为环境保护部门排污收费、环境统计、污染源排放清单等各项固定污染源环境管理的数据来源。

（十六）加大信息公开力度。在全国排污许可证管理信息平台上及时公开企事业单位自行监测数据和环境保护部门监管执法信息，公布不按证排污的企事业单位名单，纳入企业环境行为信用评价，并通过企业信用信息公示系统进行公示。与环保举报平台共享污染源信息，鼓励公众举报无证和不按证排污行为。依法推进环境公益诉讼，加强社会监督。

七、做好排污许可制实施保障

（十七）加强组织领导。各地区要高度重视排污许可制实施工作，统一思想，提高认识，明确目标任务，制定实施计划，确保按时限完成排污许可证核发工作。要做好排污许可制推进期间各项环境管理制度的衔接，避免出现管理真空。环境保护部要加强对全国排污许可制实施工作的指导，制定相关管理办法，总结推广经验，跟踪评估实施情况。将排污许可制落实情况纳入环境保护督察工作，对落实不力的进行问责。

（十八）完善法律法规。加快修订建设项目环境保护管理条例，制定排污许可管理条例。配合修订水污染防治法，研究建立企事业单位守法排污的自我举证、加严对无证或不按证排污连续违法行为的处罚规定。推动修订固体废物污染环境防治法、环境噪声污染防治法，探索将有关污染物纳入排污许可证管理。

（十九）健全技术支撑体系。梳理和评估现有污染物排放标准，并适时修订。建立健全基于排放标准的可行技术体系，推动企事业单位污染防治措施升级改造和技术进步。完善排污许可证执行和监管执法技术体系，指导企事业单位自行监测、台账记录、执行报告、信息公开等工作，规范环境保护部门台账核查、现场执法等行为。培育和规范咨询与监测服务市场，促进人才队伍建设。

（二十）开展宣传培训。加大对排污许可制的宣传力度，做好制度解读，及时回应社会关切。组织各级环境保护部门、企事业单位、咨询与监测机构开展专业培训。强化地方政府环境保护主体责任，树立企事业单位持证排污意识，有序引导社会公众更好参与监督企事业单位排污行为，形成政府综合管控、企业依证守法、社会共同监督的良好氛围。

关于开展火电、造纸行业和京津冀试点城市高架源排污许可证管理工作的通知

环水体〔2016〕189 号

各省、自治区、直辖市环境保护厅（局），新疆生产建设兵团环境保护局：

根据《控制污染物排放许可制实施方案》（国办发〔2016〕81 号）的要求，各地应立即启动火电、造纸行业排污许可证管理工作。同时，为推动京津冀地区大气污染防治工作，我部决定京津冀部分城市试点开展高架源排污许可证管理工作。现将有关事项通知如下：

一、工作目标

2017 年 6 月 30 日前，完成火电、造纸行业企业排污许可证申请与核发工作，依证开展环境监管执法；京津冀重点区域大气污染传输通道上“1+2”重点城市（北京市、保定市、廊坊市）完成钢铁、水泥高架源排污许可证申请与核发试点工作。从 2017 年 7 月 1 日起，现有相关企业必须持证排污，并按规定建立自行监测、信息公开、记录台账及定期报告制度。

二、发证范围

火电行业排污许可证发放范围为执行《火电厂大气污染物排放标准》（GB 13223）的火电机组所在企业，以及有自备电厂的企业，其中自备电厂所在企业仅包括执行 GB 13223 标准的设施（蒸汽仅用于供热且不发电的锅炉除外）。造纸行业排污许可证发放范围为所有制浆企业、造纸企业、浆纸联合企业，以及列入 2015 年环境统计口径范围内的纸制品企业（其他应当纳入排污许可管理的纸制品企业排污许可证核发工作最迟于 2020 年前完成）。钢铁、水泥行业排污许可证发放范围为试点城市内含有炼焦、烧结、球团、炼铁、炼钢、轧钢等两项及以上工序的钢铁联合企业，含熟料生产工艺的水泥制造企业和独立粉磨站企业。独立粉磨站企业可以简化排污许可证内容和相应的自行监测、台账管理要求等。

三、工作任务

（一）做好实施准备

省级环保部门负责行政区域内排污许可证核发与管理的组织实施，可以根据环境保护部确定的期限等要求，确定本行政区域具体的申请时限、核发机关、申请程序等相关事项，向社会公告并报我部备案；组织指导地级、县级环保部门开展行业排污许可证核发。有核发权的地方环保部门要尽快开展企业调查摸底，明确排污许可证核发目标任务和实施计划。各地要依托全国排污许可证管理信息平台开展排污许可证的核发与管理工作，地方环保部门已有的排污许可证管理信息平台应当按照国家统一规范，做好数据对接。

（二）指导企业申报

有核发权的环保部门，要按照《排污许可证管理暂行规定》和行业排污许可证申请与核发技术规范（见附件 1 和 2，以下简称技术规范），指导企业确定和计算申请排放污染物种类、浓度和排放量等许可事项，制定自行监测等方案，按规定开展申请前信息公开并提交《排污许可证申领信息公开情况说明表（试行）》（见附件 3），在全国排污许可证管理信息平台（公众端网址：http：//permit.mee.gov.cn）上填报《排

污许可证申请表（试行）》，签署《承诺书》并在规定期限内到核发机关申请排污许可证。

在指导企业申报过程中，要把握如下要求。一是对于大气污染物，要以生产设施或排放口为单位申请许可排放限值；对于水污染物，要按照排放口申请许可排放限值。二是企业可根据《固定污染源（水、大气）编码规则（试行）》（见附件4，以下简称编码规则）填报相关设施，也可采用企业内部现有设施编码进行填报。全国排污许可证管理信息平台将按照编码规则对企业主要生产设施、治理设施、排放口进行统一编码并与企业填报的内部现有设施编码建立对应关系，各级环保部门应当使用固定污染源统一编码进行管理。三是对本行业技术规范未作规定、国家和地方排放标准有明确要求的，要按照相关标准填报。四是地方环保部门可根据改善环境质量的要求，依据地方法律法规及标准规范，增加对污染物排放的管理要求并在排污许可证中载明，包括地方依法、依规制定的限期达标规划、重污染天气应急预案，以及为落实《京津冀大气污染防治强化措施（2016—2017年）》制定的冬防措施等文件中的污染排放控制相关要求等内容。

（三）规范审查核发

有核发权的环保部门，要按规定在全国排污许可证管理信息平台（管理端网址：http：//10.102.33.30：8080/permit/login.jsp）上，审核企业申请材料的合规性和完整性。按照《排污许可证管理暂行规定》的程序和排污许可证样本，核发全国统一编码的排污许可证。2015年1月1日前建成投产的项目，要按照现有污染源管理，其余项目按照新增污染源管理。

（四）集成管理要求

对已核发排污许可证的企业，各级环保部门要将对企业废水、废气排放环境监督管理要求集成到对排污许可证执行情况的统一监管上。新增污染源环评文件及批复文件中与污染物排放相关的内容须纳入排污许可证，排污许可证执行情况是环境影响后评价中污染排放相关内容的重要依据。在实施污染物排放总量控制时，排污许可证规定的许可排放量即为企业的污染物排放总量控制指标，总量核算应当采用排污许可证执行过程中的实际排放量。经核定的企业排污许可证实际排放量是环保部门征收排污费及企业报送环境统计数据的唯一依据。污染排放数据核算方法与排污许可证规定不一致的，应当及时废止。

（五）强化环境监管

地方各级环保部门应当根据行政区域内火电、造纸企业分布情况，制定监管计划，尽早开展排污许可证执行情况监督检查，重点检查公众投诉多的企业；2017年下半年应当对火电、造纸企业无证排污行为集中开展监管执法。要督促企业按照排污许可证要求运行维护污染治理设施、开展自行监测、做好台账记录，按期上报排污许可证执行情况，确保按证排污。环保部门应当公开检查结果、执法监测结果、处罚结论等监管信息，鼓励社会公众、媒体等参与监督。

四、保障措施

（一）严格落实责任

各级环保部门要按照《控制污染物排放许可制实施方案》及相关规定以及本通知的要求，落实各级责任，确保各项工作有序推进。对企业按期申报，环保部门未能按期完成排污许可证核发工作的，应当加大督办力度。从2017年下半年起，各地火电、造纸行业排污许可证管理工作情况将纳入中央环保督察范围。

（二）加强培训宣传

我部组织开展国家层面的培训，培训对象包括省级、地（市）级及县级环保部门、各环保督查中心、大型火电、造纸、钢铁、水泥企业及其他相关企业。各地要尽快组织开展行政区域内相关部门和企业的培训，通过多种渠道向企业、公众宣传排污许可证实施要求。

（三）及时报送信息

省级环保部门应当于2016年12月底前，将行政区域内火电、造纸行业排污许可证实施工作准备情况报送我部。我部将自2017年1月起，每月公布各省（区、市）火电、造纸行业排污许可证申请与核发情况。

附件：1. 火电行业排污许可证申请与核发技术规范
2. 造纸行业排污许可证申请与核发技术规范（略）
3. 排污许可证申领信息公开情况说明表（试行）（略）
4. 固定污染源（水、大气）编码规则（试行）（略）

环境保护部
2016年12月27日

附件1

火电行业排污许可证申请与核发技术规范

一、适用范围及排污单位基本情况

（一）适用范围

本技术规范适用于指导火电行业及自备电厂所在的排污单位填报《排污许可证申请表》及网上填报相关申请信息，同时适用于指导核发机关审核确定排污许可证许可要求。

火电行业排污许可证发放范围为执行《火电厂大气污染物排放标准》（GB 13223）的火电机组所在企业，以及有自备电厂的企业，其中自备电厂所在企业仅包括执行GB 13223标准的设施（蒸汽仅用于供热且不发电的锅炉除外）。

火电企业排放的大气污染物、水污染物均应实施排污许可管理。排污许可分类管理名录出台后，火电行业排污许可证发放范围从其规定。

（二）排污单位基本情况填报要求

排污单位基本情况包括：排污单位基本信息，主要产品及产能，主要原辅材料及燃料信息，产排污节点、污染物及污染治理设施，以及生产工艺流程图和厂区总平面布置图。其中主要产品及产能、主要原辅材料及燃料在排污许可证管理信息平台申报系统的下拉菜单中选择，菜单中未包括的，可自行增加内容。

企业基本信息应当按照企业实际情况填报，确保真实、有效。生产设施及排放口信息要满足本技术规范的要求。本技术规范尚未作出规定，且排放工业废气和有毒有害大气污染物，应当执行国家和地方排放标准的，要参照相关技术规范自行填报。企业针对申请的排污许可要求，评估污染排放及环境管理现状，对存在需要改正的，可在排污许可证管理信息平台申请系统中提出改正措施。

有核发权的地方环境保护主管部门补充制订的相关技术规范有要求的，以及企业认为需要填报的，应补充填报。

1. 排污单位基本信息

火电企业需填报的排污单位基本信息包括：单位名称、法人、生产经营场所经纬度、所在地是否属于大气污染重点控制区域、是否投产、技术负责人、环评及验收批复文件文号、地方政府对违规项目的认定或备案文件、总量分配文件文号等。对于同一法人拥有多个生产经营场所的情形，应分别申报。

按照《国务院办公厅关于加强环境监管执法的通知》（国办发〔2014〕56号）要求，各地全面清理违法违规项目，经地方政府依法处理、整顿规范并符合要求的项目，纳入排污许可管理范围。对于不具备环评批复文件或地方政府对违规项目的认定或备案文件的火电企业，原则上不得申报排污许可证。

2. 主要产品及产能

火电企业应填写主要生产单元、主要工艺、生产设施、生产设施编号、设施参数、产品、生产能力、设计生产时间及其他。

在填报"主要产品及产能"时，需选择行业类别，执行《火电厂大气污染物排放标准》(GB 13223)的生产设施需选择火电行业。

（1）主要生产单元：为必填项，分为机组名称、公用单元等；其中，对于所有机组公用的储煤、磨煤、碎煤等设施，在公用单元中填报；对于其他设施，在机组中填报。

（2）主要工艺：为必填项，分为装卸系统、储存系统、运输系统、备料系统、锅炉及发电系统、燃气轮机系统、循环冷却系统、辅助系统等。

（3）生产设施：分为必填项和选填项，其中必填项为装卸系统，包括卸煤码头、翻车机房、火车受料槽、汽车受料槽、临时堆场；储存系统，包括条形煤场、圆形煤场、筒仓、煤粉仓、油罐、气罐；运输系统，包括输送皮带、皮带机头部、输油管线、输气管线、转运站、燃料制样间；备料系统包括碎煤机、磨煤机；锅炉及发电系统，包括一次风机、送风机、二次风机、循环流化床锅炉、煤粉锅炉、燃油锅炉、燃气锅炉、凝汽式汽轮机、抽凝式汽轮机、背压式汽轮机、抽背式汽轮机、发电机；燃气轮机系统，包括燃气轮机、发电机、余热锅炉；循环冷却系统，包括直流冷却、直接空冷塔、间接空冷塔、机械通风冷却塔；辅助系统，包括灰库、渣仓、渣场、灰渣场、石膏库房、脱硫副产物库房、氨水罐、液氨罐、石灰石粉仓等。选填项为装卸系统的门机、抓斗卸煤机，运输系统的入厂采样间、入炉采样间、原煤仓，锅炉及发电系统的省煤器、空气预热器等。

本技术规范尚未作出规定，且排放工业废气和有毒有害大气污染物，有明确国家和地方排放标准的，相应生产设施为必填项。

（4）排污许可证申请表中的生产设施编号：为必填项。企业填报内部生产设施编号，若企业无内部生产设施编号，则根据《固定污染源（水、大气）编码规则（试行）》进行编号并填报。

（5）设施参数分为参数名称、设计值、计量单位等，包括储量、风量、蒸发量、蒸汽压力、蒸汽温度、锅炉效率、供热量、额定功率、采暖抽汽量、采暖抽汽参数、工业抽汽量、工业抽汽参数、背压排汽参数、输出功率、燃气温度、压缩比、容积等。

（6）产品名称：为必填项，分为蒸汽、电等。

（7）生产能力及计量单位：为必填项，生产能力为主要产品设计产能，并标明计量单位。产能与经过环境影响评价批复的产能不相符的，应说明原因。

（8）设计年生产时间：为必填项。

（9）其他：为选填项，企业如有需要说明的内容，可填写。

3. 主要原辅材料及燃料

火电企业应填写原料、辅料及燃料名称、年最大使用量等。

（1）种类：为必填项，分为原料、辅料。

（2）原料名称：除燃料外，如无其他原料，可不填。

（3）辅料名称：包括盐酸、烧碱、石灰石、石灰、电石渣、液氨、尿素、氨水、氧化镁、氢氧化镁、混凝剂、助凝剂等。

（4）燃料名称：为必填项，分为常规燃煤、原油、重油、柴油、燃料油、页岩油、天然气、液化石油气、煤层气、页岩气等。

（5）年最大使用量：为必填项。已投运排污单位的年最大使用量按近五年实际使用量的最大值填写，未投运排污单位的年最大使用量按设计使用量填写。

（6）硫元素占比：为必填项。

（7）有毒有害成分及占比及其他：为选填项。

4. 排污节点、污染物及污染治理设施

该部分包括废气和废水两部分。废气部分火电企业应填写生产设施对应的产污节点、污染物种类、排放形式（有组织、无组织）、污染治理设施、是否为可行技术、排放口编号及类型。废水部分火电企业应填写废水类别、污染物种类、排放去向、污染治理设施、是否为可行技术、排放口编号、排放口设置是否规范及排放口类型。

（1）废气产污环节：分为锅炉烟气、输煤转运站、石灰石筒仓、灰库、储煤设施等。

（2）污染物种类：为标准中各项污染因子，如废气中的烟尘、二氧化硫、氮氧化物等和废水中的COD、氨氮等。

（3）排污许可证申请表中的污染治理设施编号：可填写企业内部污染治理设施编号，若企业无内部编号，则根据《固定污染源（水、大气）编码规则（试行）》进行编号并填报。

（4）治理设施名称：废气分为脱硫系统（单塔单循环、单塔双循环、双塔双循环等）、脱硝系统、脱汞措施、除尘器等。

（5）污染治理工艺中废气分为脱硫系统（石灰石-石膏湿法、石灰-石膏湿法、电石渣法、氨-肥法、氨-亚硫酸铵法等）、脱硝系统（高效低氮燃烧器、空气分级燃烧技术、燃料分级燃烧技术、SCR、SNCR等）、脱汞措施（卤素除汞、烟道喷入活性炭吸附剂等）、除尘器（麻石水膜、水吸收、旋风除尘、静电除尘、袋式除尘器、电袋复合除尘器、湿式电除尘等）；废水分为工业废水处理系统、生活污水处理系统、脱硫废水处理系统、含油废水处理系统、含煤废水处理系统、高盐水处理系统等。

（6）废水类别包括原水预处理废水、锅炉补给水处理废水、油罐区废水、输煤系统废水、脱硫废水、脱硝废水、除尘废水、循环冷却系统排水、直流冷却水排水、锅炉酸洗废水等。

（7）废水排放去向包括不外排、排至厂内综合污水处理站、直接进入海域等。

（8）废水排放规律包括连续排放，流量稳定；连续排放，流量不稳定，但有周期性规律等。

（9）可行技术：具体内容见“三、可行技术”；对于采用不属于可行技术范围的污染治理技术，应填写提供的相关证明材料。

（10）排污许可证申请表中的排放口编号：填写地方环境管理部门现有编号或由企业根据《固定污染源（水、大气）编码规则（试行）》进行编号并填写。

（11）排放口设置是否符合要求：填写排放口设置是否符合排污口规范化整治技术要求等相关文件的规定。

（12）排放口类型分为外排口、设施或车间排放口，其中外排口又分为主要排放口、一般排放口。火电企业废气主要排放口包括锅炉烟囱和燃气轮机组烟囱，废气一般排放口包括输煤转运站排气筒、采样间排气筒等；火电企业废水排放口为一般排放口。

二、产排污节点对应排放口及许可排放限值

本技术规范主要基于污染物排放标准及总量控制要求确定产排污节点、排放口、污染因子及许可限值。对于新增污染源，应对照环境影响评价文件及批复要求，从严确定；对于现有污染源，有核发权的地方环境保护主管部门可根据环境质量改善需要，综合考虑本技术规范及环境影响评价文件及批复要求，确定产排污节点、排放口、污染因子及许可限值。依法制定并发布的限期达标规划中有明确要求的，还要综合考虑，确定产排污节点、排放口、污染因子及许可限值。有核发权的地方环境保护主管部门合规补充制定的其他各项要求，应当依据规范性文件相应增加内容。

（一）产排污节点及排放口具体规定

1. 废气产排污节点及排放口

火电企业产排污节点包括对应的生产设施和相应排放口，生产设施主要包括发电锅炉和燃气轮机组、输煤转运系统等，相应排放口主要包括锅炉烟囱和燃气轮机组烟囱等有组织排放口。实施许可管理的废

气污染因子为《火电厂大气污染物排放标准》（GB 13223）中的所有因子，具体见表 1。

火电企业锅炉烟囱和燃气轮机组烟囱等有组织排放口为主要排放口，管控许可排放浓度和许可排放量，企业应详细填报排放口具体位置、排气筒高度、排气筒出口内径等信息。其他有组织废气由企业在申请排污许可证阶段自行申报，按照相应的污染物排放标准进行管控；无组织废气污染源应说明采取的控制措施。地方排污许可规范性文件有具体规定或其他要求的，从其规定。

2. 废水类别及排放口

火电企业纳入排污许可管理的废水类别包括生产废水、生活污水和冷却水排水等，单独排入城镇集中污水处理设施的生活污水仅说明去向。根据《污水综合排放标准》（GB 8978）及企业实际排放情况明确水污染因子，包括化学需氧量、氨氮、pH、SS、硫化物、石油类、TDS、总磷、氟化物、挥发酚等，具体见表 1。地方有其他要求的，从其规定。

表 1　生产设施及排放口

<table>
<tr><td colspan="3">废气</td></tr>
<tr><td>生产设施</td><td>废气有组织排放口</td><td>污染因子</td></tr>
<tr><td rowspan="5">发电锅炉[①]</td><td rowspan="5">锅炉烟囱</td><td>烟尘</td></tr>
<tr><td>SO_2</td></tr>
<tr><td>NO_x</td></tr>
<tr><td>汞及其化合物[②]</td></tr>
<tr><td>林格曼黑度</td></tr>
<tr><td rowspan="3">燃气轮机组</td><td rowspan="3">燃气轮机组烟囱</td><td>颗粒物</td></tr>
<tr><td>SO_2</td></tr>
<tr><td>NO_x</td></tr>
<tr><td colspan="3">废气无组织排放</td></tr>
<tr><td>无组织排放点位</td><td>燃料类型</td><td>污染因子</td></tr>
<tr><td>厂界无组织排放</td><td>以煤、煤矸石、石油焦、油页岩、生物质为燃料</td><td>颗粒物</td></tr>
<tr><td>储油罐周边及厂界</td><td>以油为燃料</td><td>非甲烷总烃</td></tr>
<tr><td>氨罐区周边</td><td></td><td>氨</td></tr>
<tr><td colspan="3">废水</td></tr>
<tr><td>废水类别</td><td>废水排放口</td><td>污染因子</td></tr>
<tr><td rowspan="11">生产废水
生活污水
冷却水排水
脱硫废水[③]</td><td rowspan="11">……</td><td>COD</td></tr>
<tr><td>氨氮</td></tr>
<tr><td>pH</td></tr>
<tr><td>SS</td></tr>
<tr><td>硫化物</td></tr>
<tr><td>石油类</td></tr>
<tr><td>TDS</td></tr>
<tr><td>总磷</td></tr>
<tr><td>氟化物</td></tr>
<tr><td>挥发酚</td></tr>
<tr><td>动植物油类</td></tr>
</table>

注：①单台出力 65 t/h 以上的纯蒸汽锅炉（非发电锅炉）参照本规范执行。

②适用于燃煤锅炉。

③具备条件的企业还应关注总砷、总铅、总汞、总镉等重金属污染物。

（二）许可排放限值

许可排放限值包括污染物许可排放浓度和许可排放量，原则上按照污染物排放标准和总量控制要求确定。执行特别排放限值的地区或有地方排放标准的，按照从严原则确定。

企业申请的许可排放限值严于本规范规定的，排污许可证按照申请的许可排放限值核发。

对于大气污染物，以生产设施或有组织排放口为单位确定许可排放浓度和许可排放量。对于水污染物，按照排放口确定许可排放浓度和许可排放量。企业填报排污许可限值时，应在排污许可申请表中写明申请的许可排放限值计算过程。

1. 许可排放浓度

（1）废气

根据《火电厂大气污染物排放标准》（GB 13223），以产排污节点对应的生产设施或排放口为单位，明确各台发电锅炉、燃气轮机组烟尘、二氧化硫、氮氧化物、汞及其化合物许可排放浓度，为小时浓度。其中，北京市、天津市、石家庄市、唐山市、保定市、廊坊市、上海市、南京市、无锡市、常州市、苏州市、南通市、扬州市、镇江市、泰州市、杭州市、宁波市、嘉兴市、湖州市、绍兴市、广州市、深圳市、珠海市、佛山市、江门市、肇庆市、惠州市、东莞市、中山市、沈阳市、济南市、青岛市、淄博市、潍坊市、日照市、武汉市、长沙市、重庆市主城区、成都市、福州市、三明市、太原市、西安市、咸阳市、兰州市、银川市等 47 个城市市域范围按照《关于执行大气污染物特别排放限值的公告》（环境保护部公告 2013 年 第 14 号）和《关于执行大气污染物特别排放限值有关问题的复函》（环办大气函〔2016〕1087 号）的要求确定许可排放浓度。地方有更严格的排放标准要求的，按照地方排放标准确定。

若执行不同许可排放浓度的多台设施采用混合方式排放烟气，且选择的监控位置只能监测混合烟气中的大气污染物浓度，则应执行各限值要求中最严格的许可排放浓度。

按照国家和地方要求实施超低排放改造的，除按上述要求确定许可排放浓度并实施监管外，还应填报超低排放浓度限值。未能达到超低排放水平的，不能享受国家和地方的超低排放各类经济补贴和政策优惠。

（2）废水

明确所有废水排放口各项水污染因子许可排放浓度（除 pH 值、TDS 外），为日均浓度。火电机组废水直接排放至水体的，其污染物许可排放浓度按照《污水综合排放标准》（GB 8978）及地方排放标准确定。

若企业在同一个废水排放口排放两种或两种以上工业废水，且每种废水同一种污染物的排放标准不同时，许可排放浓度按照《污水综合排放标准》（GB 8978）中附录 A 的要求确定。

废水排入集中式污水处理设施的，许可排放浓度按照国家或地方污染物排放标准确定；对于国家或地方污染物排放标准没有明确规定的，按照《污水综合排放标准》（GB 8978）中的三级排放限值、《污水排入城镇下水道水质标准》（GB/T 31962），以及其他有关标准从严确定。

2. 许可排放量

明确各台发电锅炉、燃气轮机组烟尘、二氧化硫、氮氧化物许可排放量，包括年许可排放量、不同级别应急预警期间日排放量以及京津冀等重点区域冬防阶段月排放量。其中，年许可排放量的有效周期应以许可证核发时间起算，滚动 12 个月。排污许可证许可排放量为各台锅炉和燃气轮机组许可排放量之和，包括有组织排放和无组织排放。对于有水环境质量改善需求的或者地方政府有要求的，还可明确各项水污染因子许可排放量，为年许可排放量。

备用机组不再单独许可排放量，按照企业全厂许可排放量管理。存在锅炉和机组不对应情况的企业，对于纯发电机组，按照发电机数量分别计算许可排放量；对于热电机组，根据发电机额定功率比例计算各自的供热能力，再按照发电机数量分别计算许可排放量。

有环境影响评价批复的新增火电机组依据环境影响评价文件及批复确定许可排放量。环境影响评价文件及批复中无排放总量要求或排放总量要求低于按照排放标准（含特别排放限值）确定的许可排放量的，按照执行的排放标准（含特别排放限值）要求为依据，采用本规范推荐的排放绩效法确定许可排放量。地方有更严格的环境管理要求的，按照地方要求核定。

总量控制要求包括地方政府或环保部门发文确定的企业总量控制指标、环评文件及其批复中确定的总量控制指标、现有排污许可证中载明的总量控制指标、通过排污权有偿使用和交易确定的总量控制指标等地方政府或环保部门与排污许可证申领企业以一定形式确认的总量控制指标。

根据《关于执行大气污染物特别排放限值的公告》（环境保护部公告 2013 年 第 14 号）和《关于执行大气污染物特别排放限值有关问题的复函》（环办大气函〔2016〕1087 号）的要求应当执行特别排放限值的企业，按照特别排放限值确定许可排放量。对重污染天气应急预警期间日排放量以及京津冀等重点区域冬防阶段月排放量有明确规定的，还应计算特殊时段许可排放量。

排放绩效法测算方法如下。发电锅炉、燃气轮机组 SO_2、NO_x、烟尘的许可排放量根据机组装机容量和年利用小时数，采用排放绩效法测算。排放绩效分别按照《火电厂大气污染物排放标准》（GB 13223），根据达到排放标准、特别排放限值要求进行确定，详见表 2、表 3、表 4。有地方排放标准的，按照地方排放标准对应的排放绩效测算。原则上，年利用小时数按照 5 000 小时取值；自备发电机组和严格落实环境影响评价审批热负荷的热电联产机组按 5 500 小时取值；若企业可提供监测数据等材料证明自备发电机组和热电联产机组前三年平均利用小时数确大于 5 500 小时的，可按照前三年平均数取值；对于不联网的自备热电机组，可以根据供热的主体设施运行小时数取值。具备有效在线监测数据的，企业也可以前一自然年实际排放量为依据，申请年许可排放量，其中浓度限值超标或者监测数据缺失时段的排放量不得计算在内。

火电企业绩效法年许可排放量计算公式：

$$E_{年许可}=\sum_{i=1}^{n}M_i \tag{1}$$

式中：$E_{年许可}$ —— 火电企业年许可排放量，吨；

M_i —— 第 i 台机组大气污染物年许可排放量，吨。

$$M_i=(\text{CAP}_i\times 5\,000+D_i/1\,000)\times \text{GSP}_i\times 10^{-3} \tag{2}$$

式中：CAP_i —— 第 i 台机组的装机容量，兆瓦；

GPS_i —— 第 i 台机组的排放绩效，克/千瓦时，取值可参考表 2。

热电联产机组的供热部分折算成发电量，用等效发电量表示。计算公式为：

$$D_i=H_{热增}\times 0.278\times 0.3 \tag{3}$$

式中：D_i —— 第 i 台机组供热量折算的等效发电量，千瓦时；

H_i —— 第 i 台机组的设计供热能力，兆焦/年。

特殊时段火电企业日许可排放量计算方法：

$$E_{日许可}=E_{年许可}/365\times(1-\alpha) \tag{4}$$

式中：$E_{日许可}$ —— 火电企业日许可排放量，吨；

α —— 重污染天气预警时段内的产能减少比例。

表 2 火电机组二氧化硫排放绩效值选取表

燃料	地区	适用条件	绩效值/[g/（kW·h）]	
			≥750 MW	＜750 MW
煤	高硫煤地区	新建锅炉	0.7	0.8
		现有锅炉	1.4	1.6
	重点地区	全部	0.175	0.2
	其他地区	新建锅炉	0.35	0.4
		现有锅炉	0.7	0.8
油	重点地区	全部	0.115	
	其他地区	新建锅炉	0.23	
		现有锅炉	0.46	
天然气	全部		0.175	

注：1. 新建锅炉为 2012 年 1 月 1 日之后环境影响评价文件通过审批的新建、扩建和改建的火力发电锅炉；现有锅炉为 2012 年 1 月 1 日之前建成投产或环境影响评价文件已通过审批的火力发电锅炉。

2. 有地方排放标准的，按照地方排放标准对应的排放绩效测算。

3. 位于广西壮族自治区、重庆市、四川省和贵州省的火力发电锅炉，按照高硫煤地区对应的排放绩效测算。

4. 执行特别排放限值的，按照重点地区对应的排放绩效测算。

表 3 火电机组氮氧化物排放绩效值

燃料	地区	适用条件	锅炉/机组类型	绩效值/[g/（kW·h）]	
				≥750 MW	＜750 MW
煤	重点地区	全部	全部	0.35	0.4
	其他地区	全部	W 型火焰锅炉、现有循环流化床锅炉	0.7	0.8
			其他锅炉	0.35	0.4
油	重点地区	全部		0.23	
	其他地区	新建锅炉	全部	0.23	
		现有锅炉		0.46	
天然气	全部			0.25	

注：1. 新建锅炉为 2012 年 1 月 1 日之后环境影响评价文件通过审批的新建、扩建和改建的火力发电锅炉；现有锅炉为 2012 年 1 月 1 日之前建成投产或环境影响评价文件已通过审批的火力发电锅炉；2003 年 12 月 31 日之前建成投产或通过建设项目环境影响评价报告书审批的火力发电锅炉，按照 W 型火焰锅炉、现有循环流化床锅炉对应的排放绩效测算；采用煤矸石、生物质、油页岩、石油焦等燃料的发电锅炉，可以参照循环流化床锅炉绩效值测算。

2. 有地方排放标准的，按照地方排放标准对应的排放绩效测算。

3. 执行特别排放限值的，按照重点地区对应的排放绩效测算。

表 4 火电机组烟尘排放绩效值

燃料	地区	绩效值/[g/（kW·h）]	
		≥750 MW	＜750 MW
煤	重点地区	0.07	0.08
	其他地区	0.105	0.12
油	重点地区	0.046	
	其他地区	0.069	
天然气	全部	0.017 5	

注：1. 有地方排放标准的，按照地方排放标准对应的排放绩效测算。

2. 执行特别排放限值的，按照重点地区对应的排放绩效测算。

3. 其他

新、改、扩建项目的环境影响评价文件或地方相关规定中有原辅材料、燃料等其他污染防治强制要求的，还应根据环境影响评价文件或地方相关规定，明确其他需要落实的污染防治要求。

三、可行技术

本规范通过可行技术，明确除尘设施、脱硫设施、脱硝设施等尾气处理装置的运行和维护要求，无组织排放控制及水污染控制的管理要求。在火电行业可行技术指南发布后，以规范性文件要求为准。

具有核发权限的环保部门，在审核排污许可申请材料时，判断企业是否具备符合规定的防治污染设施或污染物处理能力，可以参照行业可行技术，对于企业采用相关可行技术的，原则上认为具备符合规定的防治污染设施或污染物处理能力。对于未采用的，企业应当在申请时提供相关证明材料（如已有监测数据；对于国内外首次采用的污染治理技术，还应当提供中试数据等说明材料），证明具备上述相关能力。

对不属于可行技术的污染治理技术，企业应当加强自我监测、台账记录，评估达标可行性，监管部门应当尽早开展执法监测。行业排污许可证实施情况及排放数据作为更新行业可行技术指南的主要依据。

（一）废气

1. 达标可行技术

对于火电企业产生的烟尘，一般采用袋式除尘器、静电除尘+湿法脱硫或电袋复合除尘器即可满足排放标准限值要求；对于二氧化硫，采用低硫煤（硫分＜1%），并安装脱硫效率超过 95%的烟气脱硫装置，或采用 IGCC 等其他发电工艺，即可满足 100 mg/m^3 的排放标准限值要求；采用低硫煤（硫分＜1.5%），并安装脱硫效率超过 95%的烟气脱硫装置，即可满足 200 mg/m^3 的排放标准限值要求；对于氮氧化物，采用高效低氮燃烧器+SCR 或高效低氮燃烧器+SNCR，即可满足排放标准限值要求。对于汞及其化合物，可采用烟气脱硝+静电除尘/布袋除尘+湿法烟气脱硫的组合技术进行协同控制，如采用协同控制还未达标，可采用炉内添加卤化物等和烟道喷入活性炭吸附剂。

火电企业废气可行技术详见表 5。

表 5 火电企业废气可行技术

环境要素	污染物项目	标准名称	限值/（mg/m^3）	可行技术
废气	烟尘	《火电厂大气污染物排放标准》（GB 13223）	30	袋式除尘器、静电除尘器或电袋复合除尘器
	二氧化硫		100	采用低硫煤（硫分＜1%），并安装脱硫效率超过 95%的烟气脱硫装置，包括石灰石-石膏法、氧化镁法、海水脱硫技术等；或采用 IGCC 等其他发电工艺
			200	采用低硫煤（硫分＜1.5%），并安装脱硫效率超过 95%的烟气脱硫装置，包括石灰石-石膏法、氧化镁法、海水脱硫技术等
	氮氧化物		100	采用高效低氮燃烧器+SCR 或高效低氮燃烧器+SNCR，CFB 锅炉低温燃烧或+SNCR
	汞及其化合物		0.03	采用烟气脱硝+静电除尘/布袋除尘+湿法烟气脱硫的组合技术进行协同控制，如采用协同控制还未达标，可采用炉内添加卤化物等和烟道喷入活性炭吸附剂

2. 运行管理要求

火电企业应当按照相关法律法规、标准和技术规范等要求运行大气污染防治设施并进行维护和管理。针对火电企业的大气污染防治要求包括有组织废气排放控制要求和无组织废气排放控制要求。

（1）有组织排放

有组织排放要求主要是针对烟气处理系统的安装、运行、维护等规范和要求。所有燃煤机组都要安装脱硫设施，除循环流化床锅炉以外的燃煤机组均采用低氮燃烧技术并安装脱硝设施，以煤炭和生物质为燃料的机组配备高效除尘设施。所有火电企业必须按要求安装、运行、维护自动监测系统，并对二氧化硫、氮氧化物和烟尘的排放情况开展连续监测。

企业应按以下要求进行火电机组环保设施运行过程监管。

①取消或拆除烟气旁路

新建火电机组不得设置烟气旁路通道。现有火电机组须拆除烟气旁路，或实行旁路挡板铅封。旁路烟道挡板门应采用电动装置启停，并保存密封风机电流、旁路烟道开启度等信号。正常情况下旁路挡板应处于关闭状态，如旁路挡板开启应当向环境保护主管部门报告。

②除尘设施

各项参数数据范围应与操作规程中的规定一致；布袋除尘器滤袋应完整无破损。

③脱硫设施

对石灰石-石膏湿法，吸收塔浆液 pH 值、浆液密度须符合运行规程要求；对 pH 计、密度计、液位计等要定期校验和比对。

对循环流化床锅炉、炉内喷钙尾部烟气增湿活化脱硫，要求脱硫剂料仓料位高度、给料泵电流须符合运行规程要求；钙硫比应当符合要求。

对烟气循环流化床脱硫，要求脱硫剂料仓料位高度、给料泵电流须符合运行规程要求。

对海水脱硫，海水提升泵电流和海水使用量应当符合运行规程要求；海水再生系统的曝气时间、含氧量，外排水温度、pH 值应当符合环境影响评价要求。

④脱硝设施

对 SCR 脱硝工艺，烟温应达脱硝反应窗口温度（一般为 320～350℃）。SCR、SNCR-SCR 脱硝设施氨的逃逸率应控制在 2.5 mg/m^3 以下，氨的储运必须采取环境安全应急措施。催化剂如发生堵塞或腐蚀现象应及时更换。

对 SNCR 脱硝工艺，要求运行温度一般在 850～1 100℃，NH_3 和 NO_x 比值在 0.8～2.5，氨的逃逸率应控制在 8 mg/m^3 以下。

（2）无组织排放

火电企业无组织排放节点主要包括储煤场、输煤系统、油罐区、物料场、翻车机房、备煤备料系统、石灰石及石膏储存区、脱硝辅料区（氨罐区）、灰场等。

对于露天储煤场应配备防风抑尘网、喷淋、洒水、苫盖等抑尘措施，且防风抑尘网不得有明显破损。煤粉、石灰或石灰石粉等粉状物料须采用筒仓等全封闭料库存储。其他易起尘物料应苫盖。石灰石卸料斗和储仓上设置布袋除尘器或其他粉尘收集处理设施。翻车机房在作业过程要保证除尘设施的正常运行。输煤栈桥、输煤转运站采用封闭措施并配置袋式除尘器。对原煤或物料破碎、磨粉产生的粉尘要进行有效收集。氨罐区应设有防泄漏围堰、氨气泄漏检测设施。氨罐区应安装氨（氨水）流量计。

3. 其他

对于废气实施特别排放标准限值、超低排放限值的，企业自行填报可行的污染治理技术及其运行管理要求。

（二）废水

1. 可行技术

火电企业生产废水经隔油、过滤、沉淀等处理后，可用于厂区绿化及道路、堆场洒水，或用于原料磨、增湿塔喷水；生活污水采用二级生化处理工艺处理即可满足《污水综合排放标准》（GB 8978）相应限值要求。火电企业废水可行技术参照表详见表 6。

表6 火电企业废水可行技术参照表

环境要素	废水来源	标准名称	污染因子	可行技术
废水	生产废水	《污水综合排放标准》（GB 8978）	COD、氨氮、硫化物、SS、石油类、氟化物等	生产废水经隔油、过滤、沉淀等处理后，可用于厂区绿化及道路、堆场洒水，或用于原料磨、增湿塔喷水；生活污水采用二级生化处理工艺
	生活污水		COD、氨氮、SS 等	

2. 运行管理要求

按照废水的不同来源，火电企业产生的废水主要分为生产废水、生活污水以及冷却水排水。

火电企业中的生活污水应当按规定优先纳入集中式污水处理设施，对于未纳入集中式污水处理设施的应当经过处理后达到《污水综合排放标准》（GB 8978）中的三级标准限值。

工业废水主要包括化学水处理系统酸碱再生废水、过滤器反洗废水、锅炉清洗废水、机组杂排水、输煤冲洗和除尘废水、含油废水、冷却塔排污废水、脱硫废水等。其中，化学水处理系统酸碱再生废水、过滤器反洗废水、锅炉清洗废水、机组杂排水、输煤冲洗和除尘废水、含油废水、冷却塔排污废水等应当全部集中收集排入废水处理系统。脱硫废水进入脱硫废水处理装置，通过中和、除重金属、絮凝、沉淀等反应处理到水质满足《火电厂石灰石-石膏湿法脱硫废水水质控制指标》（DL/T 997）。高含盐量的化学再生废水单独收集后再生回用。锅炉酸洗废液应收集后进行中和，再排入综合废水处理系统。

污水处理站的冲灰水系统的灰水比等参数应在设计指标范围内，处理设施各工艺环节主要控制参数要符合操作规程，保证水处理设施运行正常。脱硫废水处理系统的沉降箱 pH 值、出水箱 pH 值、浊度、COD 控制范围等应当符合操作规范，pH 计、浊度仪要定期校验和比对，并保存手工监测比对记录。

直流冷却水、循环冷却水直接排入环境水体的，不得混入其他生产废水，且应严格控制水温，同时确保含盐量、pH 值、有机物浓度、悬浮物含量等满足排放标准要求。

3. 其他

脱硫废水、直流冷却水等废水处理技术，企业暂可自行填报可行的污染治理技术及其运行管理要求。

四、自行监测管理要求

企业制定自行监测管理要求的目的是证明排污许可证许可的产排污节点、排放口、污染治理设施及许可限值落实情况。火电企业在申请排污许可证时，应当按照本技术规范制定自行监测方案并在排污许可证申请表中明确，火电行业排污单位自行监测技术指南发布后，以规范性文件要求为准。以确定的产排污节点、排放口、污染因子及许可限值要求为主要依据，结合其他环境管理要求，完善自行监测管理要求。

（一）自行监测方案

自行监测方案中应明确企业的基本情况、监测点位、监测指标、执行排放标准及其限值、监测频次、监测方法和仪器、采样方法、监测质量控制、监测点位示意图、监测结果公开时限等。对于采用自动监测的，企业应当如实填报采用自动监测的污染物指标、自动监测系统联网情况、自动监测系统的运行维护情况等；对于无自动监测的大气污染物和水污染物指标，企业应当填报开展手工监测的污染物排放口、监测点位、监测方法、监测频次；对于新增污染源，企业还应按照环境影响评价文件的要求填报周边环境质量监测方案（如需）。

（二）自行监测要求

企业可自行或委托第三方监测机构开展监测工作，并安排专人专职对监测数据进行记录、整理、统计和分析。对监测结果的真实性、准确性、完整性负责。

1. 监测内容

自行监测污染源和污染物应包括排放标准中涉及的各项废气、废水污染源和污染物。火电企业应当开展自行监测的污染源包括产生有组织废气、无组织废气、生产废水、生活污水的全部污染源；污染物包括烟尘、二氧化硫、氮氧化物、汞及其化合物等大气污染物以及COD、氨氮、pH、SS、总磷、氟化物、挥发酚、石油类、TDS、硫化物等水污染物。对于新增污染源，周边环境影响监测点位、监测指标参照企业环境影响评价文件的要求执行。

2. 监测点位

企业开展自行监测的监测点位包括外排口监测点位、内部监测点位、无组织排放监测点位、周边环境影响监测点位等。

（1）废气外排口

各类废气污染源通过排气筒等方式排放至外环境的废气，应在排气筒，或原烟气与净烟气会合后的混合烟道上设置废气外排口监测点位；对于净烟气直接排放的锅炉或燃气轮机组，应在净烟气烟道上设置监测点位，有旁路的旁路烟道也应设置监测点位。火电企业应自行或委托有资质的机构在全面测试烟气流速、污染物浓度分布基础上确定最具代表性的监测点位。废气监测平台、监测断面和监测孔的设置应符合《固定污染源烟气排放连续监测系统技术要求及检测方法（试行）》（HJ/T 76）、《固定源废气监测技术规范》（HJ/T 397）等的要求，同时监测平台应便于开展监测活动，应能保证监测人员的安全。

（2）废水外排口

按照排放标准规定的监控位置设置废水外排口监测点位，废水排放口应符合《排污口规范化整治技术要求（试行）》（国家环保局环监〔1996〕470号）和《地表水和污水监测技术规范》（HJ/T 91）等的要求，水量（不包括间接冷却水等清下水）大于100 t/d的，应安装自动测流设施并开展流量自动监测。

排放标准规定的监控位置为车间排放口、车间处理设施排放口、生产设施废水排放口的污染物，在相应的废水排放口采样。排放标准中规定的监控位置为企业排放口的污染物，废水直接排放的，在企业的排污口采样；废水间接排放的，在企业的污水处理设施排放口后、进入公共污水处理系统前的企业法定边界的位置采样。

火电企业废水排放监测的监测点位包括企业排放口、脱硫废水排口、循环冷却水排口、直流冷却水排口。

（3）无组织排放

存在废气无组织排放源的，应设置无组织排放监测点位，根据火电行业排污单位自行监测技术指南的要求，火电企业无组织排放监控位置包括厂界、储油罐周边及氨罐区周边等。

（4）内部监测点位

当排放标准中有污染物去除效率要求时，应在进入相应污染物处理设施单元的进口设置监测点位。

当环境管理有要求，或企业认为有必要更好地说清楚自身污染治理及排放状况的，可以在企业内部设置监测点，监测污染物浓度或与有毒污染物排放密切相关的关键工艺参数等。

3. 监测技术手段

自行监测的技术手段包括手工监测、自动监测两种类型，企业可根据监测成本、监测指标以及监测频次等内容，合理选择适当的技术手段。

对于以煤或油为燃料的发电锅炉或燃气轮机组，烟气颗粒物、二氧化硫和氮氧化物应当采用自动监测；对于以净化天然气为燃料的发电锅炉或燃气轮机组，烟气氮氧化物应当采用自动监测；对于以其他气体为燃料的发电锅炉或燃气轮机组，烟气、二氧化硫、氮氧化物应当采用自动监测。

根据《关于加强京津冀高架源污染物自动监控有关问题的通知》（环办环监函〔2016〕1488号）中的相关内容，京津冀地区及传输通道城市火电企业各排放烟囱超过45 m的高架源应安装污染源自动监控设备。

4. 监测频次

采用自动监测的，全天连续监测。火电企业应按照HJ/T 75开展自动监测数据的校验比对。在中控自动设备或自动监控设施出现故障期间，手工监测要增加频次，每四小时至少监测一次，每天不得少于六次；同时，按照《污染源自动监控设施运行管理办法》（环发〔2008〕6号）的要求，自动监测设施不能正常运行期间，应按要求将手工监测数据向环境保护主管部门报送，每天不少于4次，间隔不得超过6小时。

采用手工监测的，监测频次不能低于国家或地方发布的标准、规范性文件、环境影响报告书（表）及其批复等明确规定的监测频次，污水排向敏感水体或接近集中式饮用水水源，废气排向特定的环境空气质量功能区的应适当增加监测频次；排放状况波动大的，应适当增加监测频次；历史稳定达标状况较差的需增加监测频次，达标状况良好的可以适当降低频次。

可以参照表7、表8、表9确定自行监测频次，地方根据规定可相应加密监测频次。对于表7中未涉及的其他排放口，有明确排放标准的，应当按照填报的产排污节点明确废气污染物监测指标及频次，监测频次原则上不得低于1次/年，地方有更严格规定的，从其规定。

表7 废气污染物最低监测频次

燃料类型	锅炉或燃气轮机规模	监测指标	监测频次
燃煤	20 t/h或14 MW及以上	颗粒物、二氧化硫、氮氧化物	连续监测
		汞及其化合物[1]、氨[2]、林格曼黑度	季度
	20 t/h或14 MW以下	颗粒物、二氧化硫、氮氧化物、林格曼黑度、汞及其化合物	月
燃油	20 t/h或14 MW及以上	颗粒物、二氧化硫、氮氧化物	连续监测
		氨[2]、林格曼黑度	季度
	20 t/h或14 MW以下	颗粒物、二氧化硫、氮氧化物、林格曼黑度	月
燃气[3]	20 t/h或14 MW及以上	氮氧化物	连续监测
		颗粒物、二氧化硫、氨[2]、林格曼黑度	季度
	20 t/h或14 MW以下	氮氧化物	月
		颗粒物、二氧化硫、林格曼黑度	年

注：1. 煤种改变时，需对汞及其化合物增加监测频次。

2. 使用液氨等含氨物质作为还原剂，去除烟气中氮氧化物的，可以选测。

3. 仅限于以净化天然气为燃料的锅炉或燃气轮机组，其他气体燃料的锅炉或燃气轮机组参照以油为燃料的锅炉或燃气轮机组。

4. 煤矸石锅炉参照燃煤锅炉；油页岩、石油焦、生物质锅炉或燃气轮机组参照以油为燃料的锅炉或燃气轮机组。

5. 多种燃料掺烧的锅炉或燃气轮机污染物应执行最严格的监测频次。

6. 关于排气筒废气监测，要求同步监测烟气参数，包括排气量、温度、压力、湿度、氧含量等。

表8 废水污染物最低监测频次

锅炉或燃气轮机规模	燃料类型	监测点位	监测指标	监测频次
涉单台20 t/h或14 MW及以上锅炉或燃气轮机的排污单位	燃煤	废水排放口	pH、COD、氨氮、悬浮物、总磷、石油类、氟化物、硫化物、挥发酚、溶解性总固体（全盐量）、流量	月
		脱硫废水排放口	pH、总砷、总铅、总汞、总镉、流量	月
	燃气	废水排放口	pH、COD、氨氮、悬浮物、流量	季度

锅炉或燃气轮机规模	燃料类型	监测点位	监测指标	监测频次
涉单台 20 t/h 或 14 MW 及以上锅炉或燃气轮机的排污单位	燃油	废水排放口	pH、COD、氨氮、悬浮物、总磷、石油类、硫化物、流量	月
		脱硫废水排放口	pH、总砷、总铅、总汞、总镉、流量	月
	所有	循环冷却水排放口	pH、COD、总磷、流量	季度
		直流冷却水排放口	水温	日
			余氯	冬、夏各监测一次
仅涉单台 20 t/h 或 14 MW 以下锅炉的排污单位	所有	废水排放口	pH、COD、氨氮、悬浮物、流量	年[1]

注：1. 是否监测由地方环境保护主管部门确定。

2. 除脱硫废水外，废水与其他工业废水混合排放的，参照相关工业行业监测要求执行。

3. 废水排放量（不包括间接冷却水等清下水）大于 100 吨/天的，应安装自动测流设施并开展流量自动监测。

表 9 无组织废气污染物最低监测频次

燃料类型	监测点位	监测指标	监测频次
煤、煤矸石、石油焦、油页岩、生物质	厂界	颗粒物	季度
油	储油罐周边及厂界	非甲烷总烃	季度
所有燃料	氨罐区周边	氨[1]	季度

注：1. 适用于使用液氨或氨水作为还原剂的企业。

2. 周边无敏感点的，可适当降低监测频次。

5. 采样和测定方法

（1）自动监测

废气自动监测参照《固定污染源烟气排放连续监测技术规范》（HJ/T 75）、《固定污染源排放烟气连续监测系统技术要求及检测方法》（HJ/T 76）执行。

废水自动监测参照《水污染源在线监测系统安装技术规范》（HJ/T 353）、《水污染源在线监测系统验收技术规范》（HJ/T 354）、《水污染源在线监测系统运行与考核技术规范（试行）》（HJ/T 355）执行。

（2）手工采样

废气手工采样方法的选择参照《固定污染源排气中颗粒物和气态污染物》（GB/T 16157）、《固定源废气监测技术规范》（HJ/T 397）执行，单次监测中，气态污染物采样，应获得小时均值浓度；颗粒物采样，至少采集三个反映监测断面颗粒物平均浓度的样品。

废水手工采样方法的选择参照《水质采样技术指导》（HJ 494）、《水质采样方案设计技术规定》（HJ 495）和《地表水和污水监测技术规范》（HJ/T 91）执行。

（3）测定方法

废气、废水污染物的测定按照相应排放标准中规定的污染物浓度测定方法标准执行，国家或地方法律法规等另有规定的，从其规定。

6. 数据记录要求

（1）监测信息记录

手工监测的记录和自动监测运维记录按照《排污单位自行监测技术指南 总则》执行。

对于无自动监测的大气污染物和水污染物指标，企业应当定期记录开展手工监测的日期、时间、污染物排放口和监测点位、监测方法、监测频次、监测仪器及型号、采样方法等，并建立台账记录报告，手工监测记录台账至少应包括表 10 内容，填报方法可参照排污许可证申请表相关注释。

表 10　手工监测报表

序号	污染源类别	监测日期	监测时间	排放口编号	监测内容	计量单位	监测结果	监测结果（折标）	手工监测采样方法及个数	手工测定方法	手工监测仪器型号
1	废气	20160606	10:00—10:15	DA001	SO_2	mg/m^3	100	110	连续采样	HJ/T 57	AAA
		20160606	10:00—10:15	DA001	烟气流量	m^3/h	5 000	5 500	—	—	—
	废水										
				……	……				……	……	
	其他				……				……	……	

注：监测内容包括：自行监测指南中确定应当开展监测的废气、废水污染因子，及其他需要监测的污染物；对于需要同步监测的烟气参数（排气量、温度、压力、湿度、氧含量等）、废水排放量等，要同步记录。

（2）生产和污染治理设施运行状况记录要求

①火电厂生产运行情况

燃煤机组：按照发电机组记录每日的运行小时、用煤量、发电煤耗、产灰量、产渣量、实际发电量、实际供热量、负荷率。

燃气机组：按照燃气机组记录每日的运行小时、用气量、发电气耗、实际发电量、实际供热量、负荷率。

燃油机组：按照发电机组记录每日的运行小时、用油量、发电油耗、实际发电量、实际供热量、负荷率。

②燃料分析结果

燃煤火电厂应每天记录煤质分析，包括收到基灰分、干燥无灰基挥发分、收到基全硫、低位发热量等；燃气火电厂应每天记录天然气成分分析；燃油火电厂应每天记录油品品质分析，包括含硫量等；其他燃料的火电厂应每天记录燃料成分。

火电企业需定期记录生产和污染治理设施运行状况并留档保存，记录内容至少应包括表 11、表 12 内容。

表 11　生产情况报表

日期	机组编号	规模/MW	发电量/（万 kW·h）	供热量/万 GJ	负荷率	燃料消耗量/(t 或 m^3)	发电标准煤耗/[g 标煤/(kW·h)]	产灰量（仅燃煤机组记录）	产渣量（仅燃煤机组记录）

表 12　燃料分析报表

日期	燃煤机组				燃油机组		燃气机组	
	低位发热量	硫分	干燥无灰基挥发分	灰分	低位发热量	硫分	低位发热量	硫化氢
	MJ/kg	%	%	%	MJ/kg	%	MJ/m^3	%

③废气处理设施运行情况

应记录脱硫、脱硝、除尘设备的工艺、设计建设企业、投运时间等基本情况。按日记录脱硫剂使用量、脱硫副产物产生量、脱硝剂使用量、粉煤灰产生量、布袋除尘器清灰周期及换袋情况等，并记录脱硫、脱硝、除尘设施运行、故障及维护情况等。企业需整理成台账保存。废气处理设施运行情况记录应至少包括表 13、表 14 内容。

表 13 废气治理设施运行报表

机组编号	日期	发电量	供热量	机组运行时间	脱硫设施运行时间	脱硝设施运行时间	脱硫剂用量	脱硫副产品产量	脱硝还原剂用量	脱硫副产物产生量	粉煤灰产生量	布袋除尘器清灰周期及换袋情况	废气污染治理设施运行费用
		万 kW·h	万 GJ	h	h	h	t	t	t	t	t		元

表 14 治污设施异常情况汇总表

时间	故障设施	故障原因	排放浓度/（mg/m^3）			应对措施
			SO_2	NO_x	烟尘	

④污水处理运行状况记录

按日记录污水处理量、污水回用量、污水排放量、污泥产生量（包括含水率）、污水处理使用的药剂名称及用量、冷却水的排放量等。企业需整理成台账保存，汇总表可以参考表 13。

7. 监测质量保证与质量控制

按照《排污单位自行监测技术指南　总则》要求，企业应当根据自行监测方案及开展状况，梳理全过程监测质控要求，建立自行监测质量保证与质量控制体系。

五、环境管理台账记录与执行报告编制规范

企业开展环境管理台账记录、编制执行报告目的是自我证明企业的持证排放情况。《环境管理台账及排污许可证执行报告技术规范》及相关技术规范性文件发布后，企业环境管理台账记录要求及执行报告编制规范以规范性文件要求为准。

（一）环境管理台账记录要求

火电企业应按照“规范、真实、全面、细致”的原则，依据本技术规范要求，在排污许可证管理信息平台申报系统进行填报；有核发权的地方环境保护主管部门补充制订相关技术规范中要求增加的，在本技术规范基础上进行补充；企业还可根据自行监测管理的要求补充填报其他必要内容。企业应建立环境管理台账制度，设置专职人员进行台账的记录、整理、维护和管理，并对台账记录结果的真实性、准确性、完整性负责。

为实现台账便于携带、作为许可证执行情况佐证并长时间储存的目的以及导出原始数据，加工分析、综合判断运行情况的功能，台账应当按照电子化储存和纸质储存两种形式同步管理。台账保存期限不得少于三年。

排污许可证台账应按生产设施进行填报，内容主要包括基本信息、污染治理措施运行管理信息、监测记录信息、其他环境管理信息等内容，记录频次和记录内容要满足排污许可证的各项环境管理要求。其中，基本信息主要包括企业、生产设施、治理设施的名称、工艺等排污许可证规定的各项排污单位基本信息的实际情况及与污染物排放相关的主要运行参数；污染治理设施台账主要包括污染物排放自行监测数据记录要求以及污染治理设施运行管理信息。监测记录信息按照自行监测管理要求实施。

污染治理设施运行管理信息应当包括设备运行校验关键参数，能充分反映生产设施及治理设施运行管理情况，典型关键参数列举如下。

1. DCS 曲线记录要求

DCS 曲线要求截屏后粘贴在 Word 文档中，无须打印后再扫描，要注明每条曲线代表的含义。

DCS 曲线应能准确直观地反映出脱硫、脱硝设施运行状况和污染物排放浓度变化趋势。要求每周一张彩色曲线图，注明机组编号，量程合理，每个参数按照统一的颜色划出曲线。曲线应至少包括以下内容：

脱硫 DCS 曲线：机组负荷、烟气量、增压风机电流、旁路挡板开关信号、原烟气 SO_2 浓度、净烟气 SO_2 浓度、浆液循环泵电流、烟气出口温度、供浆泵电流或流量。

脱硝 DCS 曲线：机组/锅炉负荷、烟气量、脱硝设施入口 A 侧 NO_x 浓度、入口 B 侧 NO_x 浓度、总排口 NO_x 浓度、脱硝设施入口 A 侧氨流量、入口 B 侧氨流量、脱硝设施入口 A 侧烟气温度、入口 B 侧烟气温度。

除尘 DCS 曲线：机组负荷、烟气量、增压风机电流、引风机电流、原烟气颗粒物浓度、净烟气颗粒物浓度、烟气出口温度。

2. 无组织废气污染治理措施运行记录要求

与储煤场、输煤系统、油罐区、物料场、翻车机房、备煤备料系统、石灰石及石膏储存区、脱硝辅料区（氨罐区）、灰场等无组织废气污染治理措施相应的运行、维护、管理相关的信息记录，可用于说明上述措施的运行情况和效果。

3. 废水环保设施运行记录要求

废水环保设施台账应包括所有环保设施的运行参数及排放情况等，废水治理设施包括废水处理能力（吨/日）、进水水质（各因子浓度和水量等）、运行参数（包括运行工况等）、废水排放量、废水回用量、污泥产生量及运行费用（元/吨）、排水去向及受纳水体、排入的污水处理厂名称等。

（二）执行报告编制规范

地方环境管理部门应当整合总量控制、排污收费、环境统计等各项环境管理的数据上报要求，可以参照本技术规范，在排污许可证中根据各项环境管理要求，确定执行报告的内容与频次。火电企业应按照许可证中规定的内容和频次定期上报。

1. 报告频次

火电企业应至少每年上报一次许可证年度执行报告，对于持证时间不足三个月的，当年可不上报年度执行报告，许可证执行情况纳入下一年年度执行报告。每月或每季度向环境保护主管部门上报二氧化硫、氮氧化物、烟尘等主要污染物的实际排放量。同时，每半年提交一次半年执行报告，报告内容主要包括生产情况报表、二氧化硫、氮氧化物、烟尘等主要污染物的超标时段自动监测小时均值报表，二氧化硫、氮氧化物、烟尘实际排放量及排污费（环境保护税）申报表，脱硫、脱硝、除尘设施异常情况汇总表。

企业还应自行或委托第三方咨询机构按照执行报告提纲编写年度执行报告，连同环保管理台账等相关报表于次年 1 月 15 日之前提交至发证机关。年度执行报告包括企业规模、产品、产量、装备等基本信息，并系统分析生产负荷、污染物产生和排放、污染治理设施运行、许可限值达标情况、自行监测、台账建立与记录以及许可证规定的各项相关环境义务履行等情况。企业应保证执行报告的规范性和真实性。技术负责人发生变化时，应当在年度执行报告中及时报告。

2. 年度执行报告提纲

火电企业应当根据报告期内环境管理台账记录、自行监测数据记录等内容，归纳总结排污许可证执行情况、编制年度执行报告。年度执行报告编制提纲如下：

（1）基本生产信息。基本生产信息包括排污单位名称、所属行业、许可证编号、组织机构代码、营业执照注册号、投产时间、环保设施运行时间等内容，火电企业还应按照自行监测数据记录要求，概述许可证报告期内企业规模、产品、产量、设备等基本信息，并分析企业与上年同期相比相关信息变化情况；对于报告周期内有污染治理投资的，还应包括治理类型、开工年月、建成投产年月、计划总投资、报告周期内累计完成投资等信息。报告内容至少应包括表 11、表 12 的总结说明。

（2）遵守法律法规情况。说明企业在许可证执行过程中遵守法律法规情况；配合环境保护行政主管部门和其他有环境监督管理权的工作人员职务行为情况；自觉遵守环境行政命令和环境行政决定情况；公众举报、投诉情况及具体环境行政处罚等行政决定执行情况。

（3）污染防治设施运行情况。污染来源及处理说明。根据自行监测数据记录及环境管理台账的相关信息，总结说明污染物来源及处理情况，具体生产工艺产生的废水废气及处理措施和处理效果等。报告内容至少应包括对表 13 的总结说明，以及废气、废水治理设施运行费用等。

污染防治设施异常情况说明。企业拆除、闲置停运污染防治设施，需说明原因、递交书面报告、收到回复及实施拆除、闲置停运的起止日期及相关情况；因故障等紧急情况停运污染防治设施，或污染防治设施运行异常的，企业应说明故障原因、废水废气等污染物排放情况、报告递交情况及采取的应急措施，并附表 14 的记录内容。

如有发生污染事故，企业需要说明在污染事故发生时采取的措施、污染物排放情况及对周边环境造成的影响。

（4）自行监测情况。企业说明如何根据排污许可证规定的自行监测方案开展自行监测的情况。自动监测情况应当说明监测点位、监测指标、监测频次、监测方法和仪器、采样方法、监测质量控制、自动监测系统联网、自动监测系统的运行维护及监测结果公开情况等，并建立台账记录报告。

对于无自动监测的大气污染物和水污染物指标，企业应当按照自行监测数据记录总结说明企业开展手工监测的情况。报告内容至少应当包括表 10 的总结说明。

（5）台账管理情况。企业应说明按总量控制、排污收费、环境保护税等各项环境管理要求统计基本信息、污染治理措施运行管理信息、其他环境管理信息等情况；说明记录、保存监测数据的情况；说明生产运行台账是否满足接受各级环境保护主管部门检查要求。

（6）实际排放情况及达标判定分析。根据企业自行监测数据记录及环境管理台账的相关数据信息，概述企业各项污染源、各项污染物的排放情况，分析全年、特殊时段、启停机时段许可浓度限值及许可排放量的达标情况。实际排放量和达标排放判定方法详见本规范第六和第七部分。实际排放量报表可参照表 15 填报，对于超标时段还应填报表 16 内容。

表 15 实际排放量报表

排放口名称	排放口编码	污染物	年许可排放量/t	报告期实际排放量/t	报告期
		SO_2			月/季度/年
		NO_x			
		烟尘			
		……			
全厂					

表 16 污染物超标时段自动监测小时均值报表

日期	时间	机组编号	超标污染物种类	排放浓度（折标）mg/m³	超标原因说明
					启动、故障等

（7）排污费（环境保护税）缴纳情况。企业说明根据相关环境法律法规，按照排放污染物的种类、浓度、数量等缴纳排污费（环境保护税）的情况。

（8）信息公开情况。企业说明依据排污许可证规定的环境信息公开要求，开展信息公开的情况。

（9）企业内部环境管理体系建设与运行情况。说明企业内部环境管理体系的设置、人员保障、设施配备、企业环境保护规划、相关规章制度的建设和实施情况、相关责任的落实情况等。

（10）其他排污许可证规定的内容执行情况。

（11）其他需要说明的问题。

3. 半年及月报规范

企业每月或每季度应至少向环境保护主管部门上报年度执行报告中的第（6）部分中的“实际排放量报表”、达标判定分析说明及污染防治设施异常情况说明。半年报告应至少向环境保护主管部门上报全年报告中的第（1）、第（3）至第（6）部分。

六、达标排放判定方法

对于实施排污许可管理的企业，达标判定是指各项污染物是否达到许可限值的各项规定，主要包括许可排放量和许可排放浓度判定。其中各项污染物许可排放量达标，是指根据本技术规范第七部分计算的全厂实际排放总量不超过相应污染物的许可排放量。许可浓度限值判定方法具体如下。

（一）废气

1. 一般情况

火电企业各废气排放口污染物的排放浓度达标是指“任一小时浓度均值均满足许可排放浓度要求”。各项废气污染物小时浓度均值根据自动监测数据和手工监测数据确定。

自动监测小时均值是指“整点 1 小时内不少于 45 分钟的有效数据的算术平均值”。按照《固定污染源排气中颗粒物测定与气态污染物采样方法》（GB/T 16157）和《固定源废气监测技术规范》（HJ/T 397）中的相关规定，手工监测小时均值是指“1 小时内等时间间隔采样 3～4 个样品监测结果的算数平均值”。

对于火电企业的 SO_2、NO_x、颗粒物、汞及其化合物，按照剔除异常值的自动监测数据、执法监测数据及企业自行开展的手工监测数据作为达标判定依据。若同一时段的手工监测数据与自动监测数据不一致，手工监测数据符合法定的监测标准和监测方法的，以手工监测数据作为优先达标判定依据。由于自动监控系统故障等原因导致自动监测数据缺失的，连续缺失时段在 24 小时以内的应当参照《固定污染源烟气排放连续监测技术规范》（HJ/T 75）进行补遗，超过 24 小时的，超过时段按照缺失前 720 有效小时均值中最大小时均值进行补遗。

2. 特殊情况

NO_x 的稳定运行达标判定期为机组启动后出力达到额定的50%开始到机组解列前出力降到额定的50%为止。在此期间外的启动和停机时段内的排放数据可不作为火电机组 NO_x 达标判定依据。其中，启动时间原则上并网后不得超过 4 小时，如企业可提供一年以上在线监测数据等证明实际启动时间超过 4 小时的，可适当延长，最高可延长至 8 小时；停机时间为 1 小时。对于电量不上网的自备电厂，冷启动不得超过 4～5 小时，热启动不得超过 3～4 小时，停机时间为 1 小时。

若多台设施采用混合方式排放烟气，且其中一台处于启停时段，企业可提供烟气混合前各台设施有效监测数据的，按照企业提供数据进行达标判定。

（二）废水

火电企业各废水排放口污染物的排放浓度达标是指任一有效日均值均满足许可排放浓度要求。各项废水污染物有效日均值采用自动监测、执法监测、企业自行开展的手工监测三种方法分类进行确定。

1. 自动监测

按照监测规范要求获取的自动监测数据计算得到有效日均浓度值与许可排放浓度限值进行对比，超过许可排放浓度限值的，即视为超标。

对于自动监测，有效日均浓度是对应于以每日为一个监测周期内获得的某个污染物的多个有效监测数据的平均值。在同时监测污水排放流量的情况下，有效日均值是以流量为权的某个污染物的有效监测数据的加权平均值；在未监测污水排放流量的情况下，有效日均值是某个污染物的有效监测数据的算术平均值。

自动监测的有效日均浓度应根据《水污染源在线监测系统运行与考核技术规范（试行）》（HJ/T 355）和《水污染源在线监测系统数据有效性判别技术规范（试行）》（HJ/T 356）等相关文件确定。技术规范修订后，按其最新修订版执行。

2. 执法监测

按照监测规范要求获取的执法监测数据超标的，即视为超标。根据《地表水和污水监测技术规范》（HJ/T 91）确定监测要求。

若同一时段的现场监测数据与在线监测数据不一致，现场监测数据符合法定的监测标准和监测方法的，以该现场监测数据作为优先证据使用。

3. 企业手工监测

按照自行监测方案、监测规范进行手工监测，当日各次监测数据平均值（或当日混合样监测数据）超标的，即视为超标。超标判定原则同执法监测。

七、实际排放量核算方法

火电企业污染物的排放总量达标是指企业中有许可排放量要求的主要排放口的主要污染物实际排放量之和满足年许可排放量要求。对于特殊时期短时间内有许可排放量要求的企业，主要排放口实际排放量之和不得超过特殊时期许可排放量。

火电企业 SO_2、NO_x 和烟尘实际排放量的核算方法包括实测法、物料衡算法和产排污系数法等。

应当采用自动监测的污染因子，根据符合监测规范的有效自动监测数据采用实测法核算实际排放量。同时根据执法监测、企业自行开展的手工监测数据进行校核，若同一时段的手工监测数据与自动监测数据不一致，手工监测数据符合法定的监测标准和监测方法的，以手工监测数据为准。

对于应当采用自动监测而未采用的污染因子，采用物料衡算法或产排污系数法按照直排核算实际排放量。其他采用手工监测的污染因子，按照执法监测或企业自行开展的手工监测数据进行核算。若同一时段的执法监测数据与企业自行开展的手工监测数据不一致，以执法监测数据为准。

未要求采用自动监测的排放口或污染因子，按照优先顺序依次选取自动监测数据、手工和执法监测数据、产排污系数法进行核算。在采用手工和执法监测数据进行核算时，还应以产排污系数进行校核；若同一时段的手工监测数据与执法监测数据不一致，以执法监测数据为准。监测数据应符合国家有关环境监测、计量认证规定和技术规范。

1. 实测法

实测法是指根据监测数据测算实际排放量的方法，分为自动监测实测法和手工监测实测法。其中，自动监测实测法是指根据 DCS 历史存储的 CEMS 数据中的每小时污染物的平均排放浓度、平均烟气量、运行时间核算污染物年排放量；手工监测实测法是指根据每次手工监测时段内每小时污染物的平均排放浓度、平均烟气量、运行时间核算污染物年排放量。

自动监控设施发生故障需要维修或更换，按要求在 48 小时内恢复正常运行的，且在此期间按照《污染源自动监控设施运行管理办法》（环发〔2008〕6 号）开展手工监测并报送手工监测数据的，根据手工监测结果核算该时段实际排放量。对于未按要求开展手工监测并报送数据的，或未能按要求及时恢复设施正常运行的，采用物料衡算法或产排污系数法按照直排核算该时段实际排放量。

对于其他情况导致全年历史数据缺失、数据异常累计时段低于全年运行小时数的10%的，该时段污染物排放浓度按照全年稳定运行期间最高月均值取值，烟气量按照全年平均烟气量取值，核算排放量。

对于其他情况导致全年历史数据缺失、数据异常累计时段超过全年运行小时数的10%的，该时段污染物排放浓度按照全年稳定运行期间最高小时均值取值，烟气量按照全年平均烟气量取值，核算排放量。

企业提供充分证据证明在线数据缺失、数据异常等不是企业责任的，可按照企业提供的脱硫剂消耗量、手工监测数据等核算实际排放量，或者按照上一个半年申报期间的稳定运行期间小时浓度均值和半年平均烟气量核算数据缺失时段的实际排放量。

要求采用自动监测的排放口或污染因子而未采用的，采用物料衡算法核算二氧化硫排放量、产排污系数法核算氮氧化物、烟尘排放量，且均按直排进行核算。

2. 物料衡算法

采用物料衡算法核算二氧化硫排放量的，根据燃料消耗量、含硫率进行核算。

3. 产排污系数法

采用产排污系数法核算氮氧化物、烟尘排放量的，根据燃料消耗量、产污强度进行核算。

关于污染源在线监测数据与现场监测数据不一致时证据适用问题的复函

环政法函〔2016〕98号

天津市环境保护局：

你局《关于对污染源在线监测数据与现场监测数据不一致应当如何适用的请示》（津环保法报〔2016〕37号）收悉。经研究，现函复如下：

根据《污染源自动监控管理办法》（原国家环境保护总局令 第28号）和《关于印发〈国家监控企业污染源自动监测数据有效性审核办法〉和〈国家重点监控企业污染源自动监测设备监督考核规程〉的通知》（环发〔2009〕88号）等相关规定，现场监测可视为对企业在线监测设备进行的比对监测。若同一时段的现场监测数据与经过有效性审核的在线监测数据不一致，现场监测数据符合法定的监测标准和监测方法的，以该现场监测数据作为优先证据使用。

特此函复。

环境保护部

2016年5月13日

关于京津冀地区及主要传输通道城市高架源安装自动监控设备有关问题的通知

环办环监〔2016〕102号

北京市、天津市、河北省、山东省、河南省环境保护厅（局）：

根据《关于印发〈京津冀大气污染防治强化措施（2016—2017年）〉的通知》（环大气〔2016〕80号）和《关于加强京津冀高架源污染物自动监控有关问题的通知》（环办环监函〔2016〕1488号）的要求，现就京津冀地区及主要通道城市（以下简称京津冀地区）企业高度超过45米的排气筒（以下简称高架源）安装自动监控设备的有关事项通知如下：

一、请你们组织专门工作小组、安排专人负责，督促指导本行政区域有关市（区）环保部门做好京津冀地区高架源安装自动监控设备并与我部重点污染源自动监控系统平台联网的各项工作。

二、落实企业主体责任，京津冀地区高架源企业已经安装自动监控设备的，应于2016年11月20日前与我部联网；具备安装技术条件尚未安装自动监控设备的，应于2016年12月31日前完成安装并与我部联网；具备安装技术条件但暂时不能安装自动监控设备的，企业应书面承诺完成安装自动监控设备并联网的时限并报省级环保部门；不具备安装自动监控设备技术条件的，应由企业提供书面材料说明，省级环保部门组织本行政区域有关市（区）环保部门现场勘查核实后，于2016年11月30日前统一汇总报我部环境监察局备案。

三、高架源自动监控设备的安装、联网、运行管理等工作暂按现行国控重点污染源自动监控管理规定和技术标准规范执行。

四、加大检查和处罚力度，对逾期未完成安装高架源自动监控设备或者不与环保部门联网的企业，地方环保部门要依法予以处罚；对自动监控系统发现的高架源排放异常等情况，污染源自动监控管理部门要随时通报环境监察机构进行现场查证，确属污染治理设施不正常运行、超标排放的企业要依法予以处罚；对未安装自动监控设备的高架源企业，地方环境监察机构要将其作为重点监管对象，加大现场检查频次，发现违法排污行为要依法顶格处罚。

五、请北京、天津市环境保护局，河北、山东、河南省环境保护厅以及石家庄、唐山、保定、廊坊、沧州、衡水、邯郸、邢台、济南、淄博、聊城、德州、滨州、郑州、新乡、鹤壁、安阳、焦作市环境保护局确定环境监察、环境监控管理机构各2名业务骨干作为工作联系人并于2016年11月7日前将工作联系人报我部环境监察局备案（附件2）。每周我部将印发专项工作简报，同时我部环境监察局建立“京津冀高架源自动监控工作微信群”，请京津冀地区省级环保部门主要领导同志和有关负责人加入，以便及时沟通情况、解决具体问题。

附件：1. 京津冀地区高架源安装自动监控设备技术条件

2. 京津冀高架源自动监控工作联系人备案表

环境保护部办公厅

2016年10月31日

附件 1

京津冀地区高架源安装自动监控设备技术条件

一、京津冀地区高架源自动监控的污染物主要是二氧化硫、氮氧化物、颗粒物，垃圾焚烧厂的炉内焚烧温度必须实施监控，燃气锅炉仅监控氮氧化物。

二、符合下列情形的需安装自动监控设备：

1. 排气筒高度超过 45 米的锅炉、窑炉和其他生产设施；

2. 钢铁企业烧结工艺的烧结机头、烧结机尾以及球团工艺的窑炉焙烧废气排放口。

三、若某一工艺有多台产排污设施，从不同排放口排放大气污染物的，所有符合条件的大气污染物排放口必须全部安装自动监控设备。

四、同一企业若存在两个及以上产污工序的烟气最终通过同一根烟囱、集气筒等装置集中排放大气污染物的，监控点位应安装在烟囱或集气筒上，按照一个监控点位进行管理。

五、符合下列情形的可暂不安装自动监控设备：

1. 烟囱/烟道直径小于 1 m，或者不满足技术规范规定的测量点位离烟道壁距离不小于 1 米要求的；

2. 排气筒结构、强度、安全等难以满足技术规范对监测平台安装以及参比方法采样孔的相关要求的；

3. 污染物排放浓度低于现有在线监控（测）设备检测限的；

4. 一年内累计生产时间不足一个季度的企业，或者仅用作调峰的燃气电厂；

5. 企业停产一年及以上或者正在拆除搬迁的；

6. 已经注销或关闭的企业。

附件 2

京津冀高架源自动监控工作联系人备案表

姓名	单位	职务	工作电话	手机	电子邮箱

本表请传真至（010）66556464　环境保护部环境监察局排污收费管理处。

关于明确污染源自动监控设施组织验收主体有关问题的复函

环办政法函〔2016〕1730号

河北省环境保护厅：

你厅《关于明确污染源自动监控设施验收工作责任主体的请示》（冀环办函〔2016〕678号）收悉。经研究，现答函如下：

一、《污染源自动监控设施现场监督检查办法》（环境保护部令 第19号，以下简称《检查办法》）系部门规章，其效力高于《污染源自动监控设施运行管理办法》（环发〔2008〕6号，以下简称《管理办法》），且颁布时间晚于《管理办法》，实践中应按《检查办法》执行。

二、《检查办法》第七条第一款规定的“组织建设的单位”，应当理解为污染源自动监控设施购置、建设的主要出资方。

特此函复。

环境保护部办公厅

2016年9月26日

环境保护部令

第 45 号

《固定污染源排污许可分类管理名录（2017 年版）》已于 2017 年 6 月 19 日由环境保护部部务会议审议通过，现予公布，自发布之日起施行。

环境保护部部长　李干杰

2017 年 7 月 28 日

固定污染源排污许可分类管理名录（2017 年版）（节选）

第一条　为实施排污许可证分类管理、有序发放，根据《中华人民共和国水污染防治法》《中华人民共和国大气污染防治法》《国务院办公厅关于印发控制污染物排放许可制实施方案的通知》（国办发〔2016〕81 号）的相关规定，特制定本名录。

第二条　国家根据排放污染物的企业事业单位和其他生产经营者污染物产生量、排放量和环境危害程度，实行排污许可重点管理和简化管理。

第三条　现有企业事业单位和其他生产经营者应当按照本名录的规定，在实施时限内申请排污许可证。

第四条　企业事业单位和其他生产经营者在同一场所从事本名录中两个以上行业生产经营的，申请一个排污许可证。

第五条　本名录第一至三十二类行业以外的企业事业单位和其他生产经营者，有本名录第三十三类行业中的锅炉、工业炉窑、电镀、生活污水和工业废水集中处理等通用工序的，应当对通用工序申请排污许可证。

第六条　本名录以外的企业事业单位和其他生产经营者，有以下情形之一的，视同本名录规定的重点管理行业，应当申请排污许可证：

（一）被列入重点排污单位名录的；

（二）二氧化硫、氮氧化物单项年排放量大于 250 吨的；

（三）烟粉尘年排放量大于 1 000 吨的；

（四）化学需氧量年排放量大于 30 吨的；

（五）氨氮、石油类和挥发酚合计年排放量大于 30 吨的；

（六）其他单项有毒有害大气、水污染物污染当量数大于 3 000 的（污染当量数按《中华人民共和国环境保护税法》规定计算）。

第七条　本名录由国务院环境保护主管部门负责解释，并适时修订。

第八条　本名录自发布之日起施行。

序号	行业类别	实施重点管理的行业	实施简化管理的行业	实施时限	适用排污许可行业技术规范
二十五、废弃资源综合利用业 42					
70	金属废料和碎屑加工处理 421，非金属废料和碎屑加工处理 422	废电子电器产品、废电池、废汽车、废电机、废五金、废塑料（除分拣清洗工艺的）、废油、废船、废轮胎等加工、再生利用	其他	2019 年	废弃资源加工工业
二十六、电力、热力生产和供应业 44					
71	电力生产 441	除以生活垃圾、危险废物、污泥为燃料发电以外的火力发电(含自备电厂所在企业)	—	自备电厂 2017 年，其他 2017 年 6 月	火电工业
		以生活垃圾、危险废物、污泥为燃料的火力发电	—	2019 年	
二十七、水的生产和供应业 46					
72	污水处理及其再生利用 462	工业废水集中处理厂，日处理 10 万吨及以上的城镇生活污水处理厂	日处理 10 万吨以下的城镇生活污水处理厂	2019 年	水处理
二十八、生态保护和环境治理业 77					
73	环境治理业 772	一般工业固体废物填埋，危险废物处理处置	—	2019 年	—
二十九、公共设施管理业 78					
74	环境卫生管理 782	城乡生活垃圾集中处置	—	2020 年	—
三十、机动车、电子产品和日用品修理业 81					
75	汽车、摩托车等修理与维护 811	—	营业面积 5 000 平方米及以上的	2020 年	汽车、摩托车修理业
三十三、通用工序					
79	热力生产和供应 443	单台出力 10 吨/小时及以上或者合计出力 20 吨/小时及以上的蒸汽和热水锅炉的热力生产	单台出力 10 吨/小时以下或者合计出力 20 吨/小时以下的蒸汽和热水锅炉	2019 年	锅炉工业
80	工业炉窑	工业炉窑	—	2020 年	工业炉窑
81	电镀设施	有电镀、电铸、电解加工、刷镀、化学镀、热浸镀（溶剂法）以及金属酸洗、抛光（电解抛光和化学抛光）、氧化、磷化、钝化等任一工序的	—	2019 年	电镀工业
82	生活污水集中处理、工业废水集中处理	接纳工业废水的日处理 2 万吨及以上的生活污水集中处理、工业废水集中处理	—	2019 年	水处理

关于做好环境影响评价制度与排污许可制衔接相关工作的通知

环办环评〔2017〕84号

各省、自治区、直辖市环境保护厅（局），新疆生产建设兵团环境保护局：

为贯彻落实《国务院办公厅关于印发控制污染物排放许可制实施方案的通知》（国办发〔2016〕81号）和《环境保护部关于印发〈“十三五”环境影响评价改革实施方案〉的通知》（环环评〔2016〕95号），推进环境质量改善，现就做好建设项目环境影响评价制度与排污许可制有机衔接相关工作通知如下：

一、环境影响评价制度是建设项目的环境准入门槛，是申请排污许可证的前提和重要依据。排污许可制是企事业单位生产运营期排污的法律依据，是确保环境影响评价提出的污染防治设施和措施落实落地的重要保障。各级环保部门要切实做好两项制度的衔接，在环境影响评价管理中，不断完善管理内容，推动环境影响评价更加科学，严格污染物排放要求；在排污许可管理中，严格按照环境影响报告书（表）以及审批文件要求核发排污许可证，维护环境影响评价的有效性。

二、做好《建设项目环境影响评价分类管理名录》和《固定污染源排污许可分类管理名录》的衔接，按照建设项目对环境的影响程度、污染物产生量和排放量，实行统一分类管理。纳入排污许可管理的建设项目，可能造成重大环境影响、应当编制环境影响报告书的，原则上实行排污许可重点管理；可能造成轻度环境影响、应当编制环境影响报告表的，原则上实行排污许可简化管理。

三、环境影响评价审批部门要做好建设项目环境影响报告书（表）的审查，结合排污许可证申请与核发技术规范，核定建设项目的产排污环节、污染物种类及污染防治设施和措施等基本信息；依据国家或地方污染物排放标准、环境质量标准和总量控制要求等管理规定，按照污染源源强核算技术指南、环境影响评价要素导则等技术文件，严格核定排放口数量、位置以及每个排放口的污染物种类、允许排放浓度和允许排放量、排放方式、排放去向、自行监测计划等与污染物排放相关的主要内容。

四、分期建设的项目，环境影响报告书（表）以及审批文件应当列明分期建设内容，明确分期实施后排放口数量、位置以及每个排放口的污染物种类、允许排放浓度和允许排放量、排放方式、排放去向、自行监测计划等与污染物排放相关的主要内容，建设单位应据此分期申请排污许可证。分期实施的允许排放量之和不得高于建设项目的总允许排放量。

五、改扩建项目的环境影响评价，应当将排污许可证执行情况作为现有工程回顾评价的主要依据。现有工程应按照相关法律、法规、规章关于排污许可实施范围和步骤的规定，按时申请并获取排污许可证，并在申请改扩建项目环境影响报告书（表）时，依法提交相关排污许可证执行报告。

六、建设项目发生实际排污行为之前，排污单位应当按照国家环境保护相关法律法规以及排污许可证申请与核发技术规范要求申请排污许可证，不得无证排污或不按证排污。环境影响报告书（表）2015年1月1日（含）后获得批准的建设项目，其环境影响报告书（表）以及审批文件中与污染物排放相关的主要内容应当纳入排污许可证。建设项目无证排污或不按证排污的，建设单位不得出具该项目验收合格的意见，验收报告中与污染物排放相关的主要内容应当纳入该项目验收完成当年排污许可证执行年报。排污许可证执行报告、台账记录以及自行监测执行情况等应作为开展建设项目环境影响后评价的重要依据。

七、国家将分行业制定建设项目重大变动清单。建设项目的环境影响报告书（表）经批准后，建设项目的性质、规模、地点、采用的生产工艺或者防治污染、防止生态破坏的措施发生重大变动的，建设单位应当依法重新报批环境影响评价文件，并在申请排污许可时提交重新报批的环评批复（文号）。发生变动但不属于重大变动情形的建设项目，环境影响报告书（表）2015 年 1 月 1 日（含）后获得批准的，排污许可证核发部门按照污染物排放标准、总量控制要求、环境影响报告书（表）以及审批文件从严核发，其他建设项目由排污许可证核发部门按照排污许可证申请与核发技术规范要求核发。

八、建设项目涉及“上大压小”“区域（总量）替代”等措施的，环境影响评价审批部门应当审查总量指标来源，依法依规应当取得排污许可证的被替代或关停企业，须明确其排污许可证编码及污染物替代量。排污许可证核发部门应按照环境影响报告书（表）审批文件要求，变更或注销被替代或关停企业的排污许可证。应当取得排污许可证但未取得的企业，不予计算其污染物替代量。

九、环境保护部负责统一建设建设项目环评审批信息申报系统，并与全国排污许可证管理信息平台充分衔接。建设单位在报批建设项目环境影响报告书（表）时，应当登陆建设项目环评审批信息申报系统，在线填报相关信息并对信息的真实性、准确性和完整性负责。

十、本通知自印发之日起执行。做好环境影响评价制度与排污许可制衔接是落实固定污染源类建设项目全过程管理的重要保障，各级环境保护主管部门要严格贯彻执行，切实做好相关工作。执行中遇到的困难和问题，请及时向我部反映。

环境保护部办公厅

2017 年 11 月 14 日

环境保护部令

第 48 号

《排污许可管理办法（试行）》已于 2017 年 11 月 6 日由环境保护部部务会议审议通过，现予公布，自公布之日起施行。

环境保护部部长　李干杰

2018 年 1 月 10 日

排污许可管理办法（试行）

第一章　总　则

第一条　为规范排污许可管理，根据《中华人民共和国环境保护法》《中华人民共和国水污染防治法》《中华人民共和国大气污染防治法》以及国务院办公厅印发的《控制污染物排放许可制实施方案》，制定本办法。

第二条　排污许可证的申请、核发、执行以及与排污许可相关的监管和处罚等行为，适用本办法。

第三条　环境保护部依法制定并公布固定污染源排污许可分类管理名录，明确纳入排污许可管理的范围和申领时限。

纳入固定污染源排污许可分类管理名录的企业事业单位和其他生产经营者（以下简称排污单位）应当按照规定的时限申请并取得排污许可证；未纳入固定污染源排污许可分类管理名录的排污单位，暂不需申请排污许可证。

第四条　排污单位应当依法持有排污许可证，并按照排污许可证的规定排放污染物。

应当取得排污许可证而未取得的，不得排放污染物。

第五条　对污染物产生量大、排放量大或者环境危害程度高的排污单位实行排污许可重点管理，对其他排污单位实行排污许可简化管理。

实行排污许可重点管理或者简化管理的排污单位的具体范围，依照固定污染源排污许可分类管理名录规定执行。实行重点管理和简化管理的内容及要求，依照本办法第十一条规定的排污许可相关技术规范、指南等执行。

设区的市级以上地方环境保护主管部门，应当将实行排污许可重点管理的排污单位确定为重点排污单位。

第六条　环境保护部负责指导全国排污许可制度实施和监督。各省级环境保护主管部门负责本行政区域排污许可制度的组织实施和监督。

排污单位生产经营场所所在地设区的市级环境保护主管部门负责排污许可证核发。地方性法规对核发权限另有规定的，从其规定。

第七条　同一法人单位或者其他组织所属、位于不同生产经营场所的排污单位，应当以其所属的法人单位或者其他组织的名义，分别向生产经营场所所在地有核发权的环境保护主管部门（以下简称核发环保部门）申请排污许可证。

生产经营场所和排放口分别位于不同行政区域时，生产经营场所所在地核发环保部门负责核发排污许可证，并应当在核发前，征求其排放口所在地同级环境保护主管部门意见。

第八条 依据相关法律规定，环境保护主管部门对排污单位排放水污染物、大气污染物等各类污染物的排放行为实行综合许可管理。

2015 年 1 月 1 日及以后取得建设项目环境影响评价审批意见的排污单位，环境影响评价文件及审批意见中与污染物排放相关的主要内容应当纳入排污许可证。

第九条 环境保护部对实施排污许可管理的排污单位及其生产设施、污染防治设施和排放口实行统一编码管理。

第十条 环境保护部负责建设、运行、维护、管理全国排污许可证管理信息平台。

排污许可证的申请、受理、审核、发放、变更、延续、注销、撤销、遗失补办应当在全国排污许可证管理信息平台上进行。排污单位自行监测、执行报告及环境保护主管部门监管执法信息应当在全国排污许可证管理信息平台上记载，并按照本办法规定在全国排污许可证管理信息平台上公开。

全国排污许可证管理信息平台中记录的排污许可证相关电子信息与排污许可证正本、副本依法具有同等效力。

第十一条 环境保护部制定排污许可证申请与核发技术规范、环境管理台账及排污许可证执行报告技术规范、排污单位自行监测技术指南、污染防治可行技术指南以及其他排污许可政策、标准和规范。

第二章 排污许可证内容

第十二条 排污许可证由正本和副本构成，正本载明基本信息，副本包括基本信息、登记事项、许可事项、承诺书等内容。

设区的市级以上地方环境保护主管部门可以根据环境保护地方性法规，增加需要在排污许可证中载明的内容。

第十三条 以下基本信息应当同时在排污许可证正本和副本中载明：

（一）排污单位名称、注册地址、法定代表人或者主要负责人、技术负责人、生产经营场所地址、行业类别、统一社会信用代码等排污单位基本信息；

（二）排污许可证有效期限、发证机关、发证日期、证书编号和二维码等基本信息。

第十四条 以下登记事项由排污单位申报，并在排污许可证副本中记录：

（一）主要生产设施、主要产品及产能、主要原辅材料等；

（二）产排污环节、污染防治设施等；

（三）环境影响评价审批意见、依法分解落实到本单位的重点污染物排放总量控制指标、排污权有偿使用和交易记录等。

第十五条 下列许可事项由排污单位申请，经核发环保部门审核后，在排污许可证副本中进行规定：

（一）排放口位置和数量、污染物排放方式和排放去向等，大气污染物无组织排放源的位置和数量；

（二）排放口和无组织排放源排放污染物的种类、许可排放浓度、许可排放量；

（三）取得排污许可证后应当遵守的环境管理要求；

（四）法律法规规定的其他许可事项。

第十六条 核发环保部门应当根据国家和地方污染物排放标准，确定排污单位排放口或者无组织排放源相应污染物的许可排放浓度。

排污单位承诺执行更加严格的排放浓度的，应当在排污许可证副本中规定。

第十七条 核发环保部门按照排污许可证申请与核发技术规范规定的行业重点污染物允许排放量核算方法，以及环境质量改善的要求，确定排污单位的许可排放量。

对于本办法实施前已有依法分解落实到本单位的重点污染物排放总量控制指标的排污单位，核发环保部门应当按照行业重点污染物允许排放量核算方法、环境质量改善要求和重点污染物排放总量控制指标，从严确定许可排放量。

2015年1月1日及以后取得环境影响评价审批意见的排污单位，环境影响评价文件和审批意见确定的排放量严于按照本条第一款、第二款确定的许可排放量的，核发环保部门应当根据环境影响评价文件和审批意见要求确定排污单位的许可排放量。

地方人民政府依法制定的环境质量限期达标规划、重污染天气应对措施要求排污单位执行更加严格的重点污染物排放总量控制指标的，应当在排污许可证副本中规定。

本办法实施后，环境保护主管部门应当按照排污许可证规定的许可排放量，确定排污单位的重点污染物排放总量控制指标。

第十八条　下列环境管理要求由核发环保部门根据排污单位的申请材料、相关技术规范和监管需要，在排污许可证副本中进行规定：

（一）污染防治设施运行和维护、无组织排放控制等要求；

（二）自行监测要求、台账记录要求、执行报告内容和频次等要求；

（三）排污单位信息公开要求；

（四）法律法规规定的其他事项。

第十九条　排污单位在申请排污许可证时，应当按照自行监测技术指南，编制自行监测方案。

自行监测方案应当包括以下内容：

（一）监测点位及示意图、监测指标、监测频次；

（二）使用的监测分析方法、采样方法；

（三）监测质量保证与质量控制要求；

（四）监测数据记录、整理、存档要求等。

第二十条　排污单位在填报排污许可证申请时，应当承诺排污许可证申请材料是完整、真实和合法的；承诺按照排污许可证的规定排放污染物，落实排污许可证规定的环境管理要求，并由法定代表人或者主要负责人签字或者盖章。

第二十一条　排污许可证自作出许可决定之日起生效。首次发放的排污许可证有效期为三年，延续换发的排污许可证有效期为五年。

对列入国务院经济综合宏观调控部门会同国务院有关部门发布的产业政策目录中计划淘汰的落后工艺装备或者落后产品，排污许可证有效期不得超过计划淘汰期限。

第二十二条　环境保护主管部门核发排污许可证，以及监督检查排污许可证实施情况时，不得收取任何费用。

第三章　申请与核发

第二十三条　省级环境保护主管部门应当根据本办法第六条和固定污染源排污许可分类管理名录，确定本行政区域内负责受理排污许可证申请的核发环保部门、申请程序等相关事项，并向社会公告。

依据环境质量改善要求，部分地区决定提前对部分行业实施排污许可管理的，该地区省级环境保护主管部门应当报环境保护部备案后实施，并向社会公告。

第二十四条　在固定污染源排污许可分类管理名录规定的时限前已经建成并实际排污的排污单位，应当在名录规定时限申请排污许可证；在名录规定的时限后建成的排污单位，应当在启动生产设施或者在实际排污之前申请排污许可证。

第二十五条　实行重点管理的排污单位在提交排污许可申请材料前，应当将承诺书、基本信息以及拟申请的许可事项向社会公开。公开途径应当选择包括全国排污许可证管理信息平台等便于公众知晓的方式，公开时间不得少于五个工作日。

第二十六条 排污单位应当在全国排污许可证管理信息平台上填报并提交排污许可证申请，同时向核发环保部门提交通过全国排污许可证管理信息平台印制的书面申请材料。

申请材料应当包括：

（一）排污许可证申请表，主要内容包括：排污单位基本信息，主要生产设施、主要产品及产能、主要原辅材料，废气、废水等产排污环节和污染防治设施，申请的排放口位置和数量、排放方式、排放去向，按照排放口和生产设施或者车间申请的排放污染物种类、排放浓度和排放量，执行的排放标准；

（二）自行监测方案；

（三）由排污单位法定代表人或者主要负责人签字或者盖章的承诺书；

（四）排污单位有关排污口规范化的情况说明；

（五）建设项目环境影响评价文件审批文号，或者按照有关国家规定经地方人民政府依法处理、整顿规范并符合要求的相关证明材料；

（六）排污许可证申请前信息公开情况说明表；

（七）污水集中处理设施的经营管理单位还应当提供纳污范围、纳污排污单位名单、管网布置、最终排放去向等材料；

（八）本办法实施后的新建、改建、扩建项目排污单位存在通过污染物排放等量或者减量替代削减获得重点污染物排放总量控制指标情况的，且出让重点污染物排放总量控制指标的排污单位已经取得排污许可证的，应当提供出让重点污染物排放总量控制指标的排污单位的排污许可证完成变更的相关材料；

（九）法律法规规章规定的其他材料。

主要生产设施、主要产品产能等登记事项中涉及商业秘密的，排污单位应当进行标注。

第二十七条 核发环保部门收到排污单位提交的申请材料后，对材料的完整性、规范性进行审查，按照下列情形分别作出处理：

（一）依照本办法不需要取得排污许可证的，应当当场或者在五个工作日内告知排污单位不需要办理；

（二）不属于本行政机关职权范围的，应当当场或者在五个工作日内作出不予受理的决定，并告知排污单位向有核发权限的部门申请；

（三）申请材料不齐全或者不符合规定的，应当当场或者在五个工作日内出具告知单，告知排污单位需要补正的全部材料，可以当场更正的，应当允许排污单位当场更正；

（四）属于本行政机关职权范围，申请材料齐全、符合规定，或者排污单位按照要求提交全部补正申请材料的，应当受理。

核发环保部门应当在全国排污许可证管理信息平台上作出受理或者不予受理排污许可证申请的决定，同时向排污单位出具加盖本行政机关专用印章和注明日期的受理单或者不予受理告知单。

核发环保部门应当告知排污单位需要补正的材料，但逾期不告知的，自收到书面申请材料之日起即视为受理。

第二十八条 对存在下列情形之一的，核发环保部门不予核发排污许可证：

（一）位于法律法规规定禁止建设区域内的；

（二）属于国务院经济综合宏观调控部门会同国务院有关部门发布的产业政策目录中明令淘汰或者立即淘汰的落后生产工艺装备、落后产品的；

（三）法律法规规定不予许可的其他情形。

第二十九条 核发环保部门应当对排污单位的申请材料进行审核，对满足下列条件的排污单位核发排污许可证：

（一）依法取得建设项目环境影响评价文件审批意见，或者按照有关规定经地方人民政府依法处理、整顿规范并符合要求的相关证明材料；

（二）采用的污染防治设施或者措施有能力达到许可排放浓度要求；

（三）排放浓度符合本办法第十六条规定，排放量符合本办法第十七条规定；

（四）自行监测方案符合相关技术规范；

（五）本办法实施后的新建、改建、扩建项目排污单位存在通过污染物排放等量或者减量替代削减获得重点污染物排放总量控制指标情况的，出让重点污染物排放总量控制指标的排污单位已完成排污许可证变更。

第三十条 对采用相应污染防治可行技术的，或者新建、改建、扩建建设项目排污单位采用环境影响评价审批意见要求的污染治理技术的，核发环保部门可以认为排污单位采用的污染防治设施或者措施有能力达到许可排放浓度要求。

不符合前款情形的，排污单位可以通过提供监测数据予以证明。监测数据应当通过使用符合国家有关环境监测、计量认证规定和技术规范的监测设备取得；对于国内首次采用的污染治理技术，应当提供工程试验数据予以证明。

环境保护部依据全国排污许可证执行情况，适时修订污染防治可行技术指南。

第三十一条 核发环保部门应当自受理申请之日起二十个工作日内作出是否准予许可的决定。自作出准予许可决定之日起十个工作日内，核发环保部门向排污单位发放加盖本行政机关印章的排污许可证。

核发环保部门在二十个工作日内不能作出决定的，经本部门负责人批准，可以延长十个工作日，并将延长期限的理由告知排污单位。

依法需要听证、检验、检测和专家评审的，所需时间不计算在本条所规定的期限内。核发环保部门应当将所需时间书面告知排污单位。

第三十二条 核发环保部门作出准予许可决定的，须向全国排污许可证管理信息平台提交审核结果，获取全国统一的排污许可证编码。

核发环保部门作出准予许可决定的，应当将排污许可证正本以及副本中基本信息、许可事项及承诺书在全国排污许可证管理信息平台上公告。

核发环保部门作出不予许可决定的，应当制作不予许可决定书，书面告知排污单位不予许可的理由，以及依法申请行政复议或者提起行政诉讼的权利，并在全国排污许可证管理信息平台上公告。

第四章 实施与监管

第三十三条 禁止涂改排污许可证。禁止以出租、出借、买卖或者其他方式非法转让排污许可证。排污单位应当在生产经营场所内方便公众监督的位置悬挂排污许可证正本。

第三十四条 排污单位应当按照排污许可证规定，安装或者使用符合国家有关环境监测、计量认证规定的监测设备，按照规定维护监测设施，开展自行监测，保存原始监测记录。

实施排污许可重点管理的排污单位，应当按照排污许可证规定安装自动监测设备，并与环境保护主管部门的监控设备联网。

对未采用污染防治可行技术的，应当加强自行监测，评估污染防治技术达标可行性。

第三十五条 排污单位应当按照排污许可证中关于台账记录的要求，根据生产特点和污染物排放特点，按照排污口或者无组织排放源进行记录。记录主要包括以下内容：

（一）与污染物排放相关的主要生产设施运行情况；发生异常情况的，应当记录原因和采取的措施；

（二）污染防治设施运行情况及管理信息；发生异常情况的，应当记录原因和采取的措施；

（三）污染物实际排放浓度和排放量；发生超标排放情况的，应当记录超标原因和采取的措施；

（四）其他按照相关技术规范应当记录的信息。

台账记录保存期限不少于三年。

第三十六条 污染物实际排放量按照排污许可证规定的废气、污水的排污口、生产设施或者车间分别计算，依照下列方法和顺序计算：

（一）依法安装使用了符合国家规定和监测规范的污染物自动监测设备的，按照污染物自动监测数据计算；

（二）依法不需安装污染物自动监测设备的，按照符合国家规定和监测规范的污染物手工监测数据计算；

（三）不能按照本条第一项、第二项规定的方法计算的，包括依法应当安装而未安装污染物自动监测设备或者自动监测设备不符合规定的，按照环境保护部规定的产排污系数、物料衡算方法计算。

第三十七条 排污单位应当按照排污许可证规定的关于执行报告内容和频次的要求，编制排污许可证执行报告。

排污许可证执行报告包括年度执行报告、季度执行报告和月执行报告。

排污单位应当每年在全国排污许可证管理信息平台上填报、提交排污许可证年度执行报告并公开，同时向核发环保部门提交通过全国排污许可证管理信息平台印制的书面执行报告。书面执行报告应当由法定代表人或者主要负责人签字或者盖章。

季度执行报告和月执行报告至少应当包括以下内容：

（一）根据自行监测结果说明污染物实际排放浓度和排放量及达标判定分析；

（二）排污单位超标排放或者污染防治设施异常情况的说明。

年度执行报告可以替代当季度或者当月的执行报告，并增加以下内容：

（一）排污单位基本生产信息；

（二）污染防治设施运行情况；

（三）自行监测执行情况；

（四）环境管理台账记录执行情况；

（五）信息公开情况；

（六）排污单位内部环境管理体系建设与运行情况；

（七）其他排污许可证规定的内容执行情况等。

建设项目竣工环境保护验收报告中与污染物排放相关的主要内容，应当由排污单位记载在该项目验收完成当年排污许可证年度执行报告中。

排污单位发生污染事故排放时，应当依照相关法律法规规章的规定及时报告。

第三十八条 排污单位应当对提交的台账记录、监测数据和执行报告的真实性、完整性负责，依法接受环境保护主管部门的监督检查。

第三十九条 环境保护主管部门应当制定执法计划，结合排污单位环境信用记录，确定执法监管重点和检查频次。

环境保护主管部门对排污单位进行监督检查时，应当重点检查排污许可证规定的许可事项的实施情况。通过执法监测、核查台账记录和自动监测数据以及其他监控手段，核实排污数据和执行报告的真实性，判定是否符合许可排放浓度和许可排放量，检查环境管理要求落实情况。

环境保护主管部门应当将现场检查的时间、内容、结果以及处罚决定记入全国排污许可证管理信息平台，依法在全国排污许可证管理信息平台上公布监管执法信息、无排污许可证和违反排污许可证规定排污的排污单位名单。

第四十条 环境保护主管部门可以通过政府购买服务的方式，组织或者委托技术机构提供排污许可管理的技术支持。

技术机构应当对其提交的技术报告负责，不得收取排污单位任何费用。

第四十一条 上级环境保护主管部门可以对具有核发权限的下级环境保护主管部门的排污许可证核发情况进行监督检查和指导，发现属于本办法第四十九条规定违法情形的，上级环境保护主管部门可以依法撤销。

第四十二条 鼓励社会公众、新闻媒体等对排污单位的排污行为进行监督。排污单位应当及时公开有关排污信息，自觉接受公众监督。

公民、法人和其他组织发现排污单位有违反本办法行为的，有权向环境保护主管部门举报。

接受举报的环境保护主管部门应当依法处理，并按照有关规定对调查结果予以反馈，同时为举报人保密。

第五章 变更、延续、撤销

第四十三条 在排污许可证有效期内，下列与排污单位有关的事项发生变化的，排污单位应当在规定时间内向核发环保部门提出变更排污许可证的申请：

（一）排污单位名称、地址、法定代表人或者主要负责人等正本中载明的基本信息发生变更之日起三十个工作日内；

（二）因排污单位原因许可事项发生变更之日前三十个工作日内；

（三）排污单位在原场址内实施新建、改建、扩建项目应当开展环境影响评价的，在取得环境影响评价审批意见后，排污行为发生变更之日前三十个工作日内；

（四）新制修订的国家和地方污染物排放标准实施前三十个工作日内；

（五）依法分解落实的重点污染物排放总量控制指标发生变化后三十个工作日内；

（六）地方人民政府依法制定的限期达标规划实施前三十个工作日内；

（七）地方人民政府依法制定的重污染天气应急预案实施后三十个工作日内；

（八）法律法规规定需要进行变更的其他情形。

发生本条第一款第三项规定情形，且通过污染物排放等量或者减量替代削减获得重点污染物排放总量控制指标的，在排污单位提交变更排污许可申请前，出让重点污染物排放总量控制指标的排污单位应当完成排污许可证变更。

第四十四条 申请变更排污许可证的，应当提交下列申请材料：

（一）变更排污许可证申请；

（二）由排污单位法定代表人或者主要负责人签字或者盖章的承诺书；

（三）排污许可证正本复印件；

（四）与变更排污许可事项有关的其他材料。

第四十五条 核发环保部门应当对变更申请材料进行审查，作出变更决定的，在排污许可证副本中载明变更内容并加盖本行政机关印章，同时在全国排污许可证管理信息平台上公告；属于本办法第四十三条第一款第一项情形的，还应当换发排污许可证正本。

属于本办法第四十三条第一款规定情形的，排污许可证期限仍自原证书核发之日起计算；属于本办法第四十三条第二款情形的，变更后排污许可证期限自变更之日起计算。

属于本办法第四十三条第一款第一项情形的，核发环保部门应当自受理变更申请之日起十个工作日内作出变更决定；属于本办法第四十三条第一款规定的其他情形的，应当自受理变更申请之日起二十个工作日内作出变更许可决定。

第四十六条 排污单位需要延续依法取得的排污许可证的有效期的，应当在排污许可证届满三十个工作日前向原核发环保部门提出申请。

第四十七条 申请延续排污许可证的，应当提交下列材料：

（一）延续排污许可证申请；

（二）由排污单位法定代表人或者主要负责人签字或者盖章的承诺书；

（三）排污许可证正本复印件；

（四）与延续排污许可事项有关的其他材料。

第四十八条 核发环保部门应当按照本办法第二十九条规定对延续申请材料进行审查，并自受理延续申请之日起二十个工作日内作出延续或者不予延续许可决定。

作出延续许可决定的，向排污单位发放加盖本行政机关印章的排污许可证，收回原排污许可证正本，同时在全国排污许可证管理信息平台上公告。

第四十九条 有下列情形之一的，核发环保部门或者其上级行政机关，可以撤销排污许可证并在全国排污许可证管理信息平台上公告：

（一）超越法定职权核发排污许可证的；

（二）违反法定程序核发排污许可证的；

（三）核发环保部门工作人员滥用职权、玩忽职守核发排污许可证的；

（四）对不具备申请资格或者不符合法定条件的申请人准予行政许可的；

（五）依法可以撤销排污许可证的其他情形。

第五十条 有下列情形之一的，核发环保部门应当依法办理排污许可证的注销手续，并在全国排污许可证管理信息平台上公告：

（一）排污许可证有效期届满，未延续的；

（二）排污单位被依法终止的；

（三）应当注销的其他情形。

第五十一条 排污许可证发生遗失、损毁的，排污单位应当在三十个工作日内向核发环保部门申请补领排污许可证；遗失排污许可证的，在申请补领前应当在全国排污许可证管理信息平台上发布遗失声明；损毁排污许可证的，应当同时交回被损毁的排污许可证。

核发环保部门应当在收到补领申请后十个工作日内补发排污许可证，并在全国排污许可证管理信息平台上公告。

第六章 法律责任

第五十二条 环境保护主管部门在排污许可证受理、核发及监管执法中有下列行为之一的，由其上级行政机关或者监察机关责令改正，对直接负责的主管人员或者其他直接责任人员依法给予行政处分；构成犯罪的，依法追究刑事责任：

（一）符合受理条件但未依法受理申请的；

（二）对符合许可条件的不依法准予核发排污许可证或者未在法定时限内作出准予核发排污许可证决定的；

（三）对不符合许可条件的准予核发排污许可证或者超越法定职权核发排污许可证的；

（四）实施排污许可证管理时擅自收取费用的；

（五）未依法公开排污许可相关信息的；

（六）不依法履行监督职责或者监督不力，造成严重后果的；

（七）其他应当依法追究责任的情形。

第五十三条 排污单位隐瞒有关情况或者提供虚假材料申请行政许可的，核发环保部门不予受理或者不予行政许可，并给予警告。

第五十四条 违反本办法第四十三条规定，未及时申请变更排污许可证的；或者违反本办法第五十一条规定，未及时补办排污许可证的，由核发环保部门责令改正。

第五十五条 重点排污单位未依法公开或者不如实公开有关环境信息的，由县级以上环境保护主管部门责令公开，依法处以罚款，并予以公告。

第五十六条 违反本办法第三十四条，有下列行为之一的，由县级以上环境保护主管部门依据《中华人民共和国大气污染防治法》《中华人民共和国水污染防治法》的规定，责令改正，处二万元以上二十万元以下的罚款；拒不改正的，依法责令停产整治：

（一）未按照规定对所排放的工业废气和有毒有害大气污染物、水污染物进行监测，或者未保存原始监测记录的；

（二）未按照规定安装大气污染物、水污染物自动监测设备，或者未按照规定与环境保护主管部门的监控设备联网，或者未保证监测设备正常运行的。

第五十七条　排污单位存在以下无排污许可证排放污染物情形的，由县级以上环境保护主管部门依据《中华人民共和国大气污染防治法》《中华人民共和国水污染防治法》的规定，责令改正或者责令限制生产、停产整治，并处十万元以上一百万元以下的罚款；情节严重的，报经有批准权的人民政府批准，责令停业、关闭：

（一）依法应当申请排污许可证但未申请，或者申请后未取得排污许可证排放污染物的；

（二）排污许可证有效期限届满后未申请延续排污许可证，或者延续申请未经核发环保部门许可仍排放污染物的；

（三）被依法撤销排污许可证后仍排放污染物的；

（四）法律法规规定的其他情形。

第五十八条　排污单位存在以下违反排污许可证行为的，由县级以上环境保护主管部门依据《中华人民共和国环境保护法》《中华人民共和国大气污染防治法》《中华人民共和国水污染防治法》的规定，责令改正或者责令限制生产、停产整治，并处十万元以上一百万元以下的罚款；情节严重的，报经有批准权的人民政府批准，责令停业、关闭：

（一）超过排放标准或者超过重点大气污染物、重点水污染物排放总量控制指标排放水污染物、大气污染物的；

（二）通过偷排、篡改或者伪造监测数据、以逃避现场检查为目的的临时停产、非紧急情况下开启应急排放通道、不正常运行大气污染防治设施等逃避监管的方式排放大气污染物的；

（三）利用渗井、渗坑、裂隙、溶洞，私设暗管，篡改、伪造监测数据，或者不正常运行水污染防治设施等逃避监管的方式排放水污染物的；

（四）其他违反排污许可证规定排放污染物的。

第五十九条　排污单位违法排放大气污染物、水污染物，受到罚款处罚，被责令改正的，依法作出处罚决定的行政机关组织复查，发现其继续违法排放大气污染物、水污染物或者拒绝、阻挠复查的，作出处罚决定的行政机关可以自责令改正之日的次日起，依法按照原处罚数额按日连续处罚。

第六十条　排污单位发生本办法第三十五条第一款第二、三项或者第三十七条第四款第二项规定的异常情况，及时报告核发环保部门，且主动采取措施消除或者减轻违法行为危害后果的，县级以上环境保护主管部门应当依据《中华人民共和国行政处罚法》相关规定从轻处罚。

排污单位应当在相应季度执行报告或者月执行报告中记载本条第一款情况。

第七章　附　则

第六十一条　依照本办法首次发放排污许可证时，对于在本办法实施前已经投产、运营的排污单位，存在以下情形之一，排污单位承诺改正并提出改正方案的，环境保护主管部门可以向其核发排污许可证，并在排污许可证中记载其存在的问题，规定其承诺改正内容和承诺改正期限：

（一）在本办法实施前的新建、改建、扩建建设项目不符合本办法第二十九条第一项条件；

（二）不符合本办法第二十九条第二项条件。

对于不符合本办法第二十九条第一项条件的排污单位，由核发环保部门依据《建设项目环境保护管理条例》第二十三条，责令限期改正，并处罚款。

对于不符合本办法第二十九条第二项条件的排污单位，由核发环保部门依据《中华人民共和国大气污染防治法》第九十九条或者《中华人民共和国水污染防治法》第八十三条，责令改正或者责令限制生产、停产整治，并处罚款。

本条第二款、第三款规定的核发环保部门责令改正内容或者限制生产、停产整治内容，应当与本条第一款规定的排污许可证规定的改正内容一致；本条第二款、第三款规定的核发环保部门责令改正期限或者限制生产、停产整治期限，应当与本条第一款规定的排污许可证规定的改正期限的起止时间一致。

本条第一款规定的排污许可证规定的改正期限为三至六个月、最长不超过一年。

在改正期间或者限制生产、停产整治期间，排污单位应当按证排污，执行自行监测、台账记录和执行报告制度，核发环保部门应当按照排污许可证的规定加强监督检查。

第六十二条 本办法第六十一条第一款规定的排污许可证规定的改正期限到期，排污单位完成改正任务或者提前完成改正任务的，可以向核发环保部门申请变更排污许可证，核发环保部门应当按照本办法第五章规定对排污许可证进行变更。

本办法第六十一条第一款规定的排污许可证规定的改正期限到期，排污单位仍不符合许可条件的，由核发环保部门依据《中华人民共和国大气污染防治法》第九十九条或者《中华人民共和国水污染防治法》第八十三条或者《建设项目环境保护管理条例》第二十三条的规定，提出建议报有批准权的人民政府批准责令停业、关闭，并按照本办法第五十条规定注销排污许可证。

第六十三条 对于本办法实施前依据地方性法规核发的排污许可证，尚在有效期内的，原核发环保部门应当在全国排污许可证管理信息平台填报数据，获取排污许可证编码；已经到期的，排污单位应当按照本办法申请排污许可证。

第六十四条 本办法第十二条规定的排污许可证格式、第二十条规定的承诺书样本和本办法第二十六条规定的排污许可证申请表格式，由环境保护部制定。

第六十五条 本办法所称排污许可，是指环境保护主管部门根据排污单位的申请和承诺，通过发放排污许可证法律文书形式，依法依规规范和限制排污行为，明确环境管理要求，依据排污许可证对排污单位实施监管执法的环境管理制度。

第六十六条 本办法所称主要负责人是指依照法律、行政法规规定代表非法人单位行使职权的负责人。

第六十七条 涉及国家秘密的排污单位，其排污许可证的申请、受理、审核、发放、变更、延续、注销、撤销、遗失补办应当按照保密规定执行。

第六十八条 本办法自发布之日起施行。

中华人民共和国国家环境保护标准

固定污染源废气　低浓度颗粒物的测定　重量法

Stationary source emission—Determination of mass concentration of particulate matter at low concentrations—Manual gravimetric method

HJ 836—2017

2017-12-29 发布　　2018-03-01 实施

前　言

为贯彻《中华人民共和国环境保护法》和《中华人民共和国大气污染防治法》，保护环境，保障人体健康，规范固定污染源废气中低浓度颗粒物的测定方法，制定本标准。

本标准规定了测定固定污染源废气中低浓度颗粒物的重量法。

本标准的附录 A 为资料性附录。

本标准为首次发布。

本标准由环境保护部环境监测司和科技标准司组织制订。

本标准起草单位：中国环境监测总站、北京市环境保护监测中心、河北省环境监测中心站、湖北省环境监测中心站。

本标准验证单位：中国环境监测总站、北京市环境保护监测中心、河北省环境监测中心站、湖北省环境监测中心站、北京市朝阳区环境保护监测站、青岛崂山应用技术研究所、青岛容广电子技术有限公司、上海敏友环境检测技术有限公司、武汉市天虹仪表有限责任公司。

本标准环境保护部 2017 年 12 月 29 日批准。

本标准自 2018 年 3 月 1 日起实施。

本标准由环境保护部解释。

1　适用范围

本标准规定了测定固定污染源废气中低浓度颗粒物的重量法。

本标准适用于各类燃煤、燃油、燃气锅炉、工业窑炉、固定式燃气轮机以及其他固定污染源废气中颗粒物的测定。

本标准适用于低浓度颗粒物的测定，当测定结果大于 50 mg/m^3 时，表述为“＞50 mg/m^3”。

当采样体积为 1 m^3 时，本标准方法检出限为 1.0 mg/m^3。

2　规范性引用文件

本标准引用了下列文件或其中的条款。凡是未注明日期的引用文件，其最新版本适用于本标准。

GB/T 16157　固定污染源排气中颗粒物测定与气态污染物采样方法

HJ 76　固定污染源烟气（SO_2、NO_x、颗粒物）排放连续监测系统技术要求及检测方法

HJ 656　环境空气颗粒物（$PM_{2.5}$）手工监测方法（重量法）技术规范

HJ/T 48　烟尘采样器技术条件

HJ/T 373　固定污染源监测质量保证与质量控制技术规范

HJ/T 397　固定源废气监测技术规范

JJG 1036　电子天平

3　术语和定义

下列术语和定义适用于本标准。

3.1　颗粒物　particulate matter

燃料和其他物质在燃烧、合成、分解以及各种物料在机械处理中所产生的悬浮于排放气体中的固体和液体颗粒状物质。

3.2　标准状态下干废气　dry waste gas of standard condition

温度为 273.15 K，压力为 101 325 Pa 条件下不含水分的废气。除非另有说明，本标准所指体积和浓度均为标准状态下干废气体积和浓度。

3.3　等速采样　isokinetic sampling

将采样嘴平面正对废气气流，使进入采样嘴的气流速度与测定点的废气流速相等。

3.4　烟道内过滤　in-stack filtration

在烟道内对颗粒物进行等速采样，并将颗粒物截留在位于烟道内的过滤介质上的方法，烟道内过滤采样装置示意图见图 1。

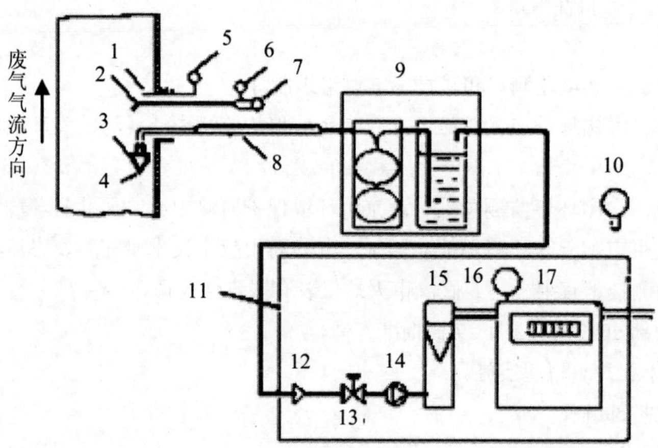

1—温度探头；2—皮托管；3—采样头；4—采样嘴；5—温度测量；6—静压测量；7—压差测量；8—支撑管；9—冷却和干燥系统；10—大气压力计；11—吸气单元和气体计量系统；12—截止阀；13—调节阀；14—泵；15—流量计；16—温度、压力测量；17—干式体积流量计。

图 1　烟道内过滤采样装置示意图

3.5　采样平面　sampling plane

采样点正交于烟道中心线的平面。圆形烟道示意图见图 2。

3.6　测量系列　measurement series

在工况基本相同、污染处理设施保持稳定运行的条件下，在同一采样平面内进行的一系列测量。

3.7　全程序空白　overall blank

除采样过程中采样嘴背对气流不采集废气外，其他操作与实际样品操作完全相同获得的样品。

3.8　同步双样　paired train sample

固定污染源颗粒物测量过程中，使用同一测量系列（使用同一采样孔采样时）或在同一时间使用两个对称的测量系列（使用不同的采样孔时）得到的两个样品。

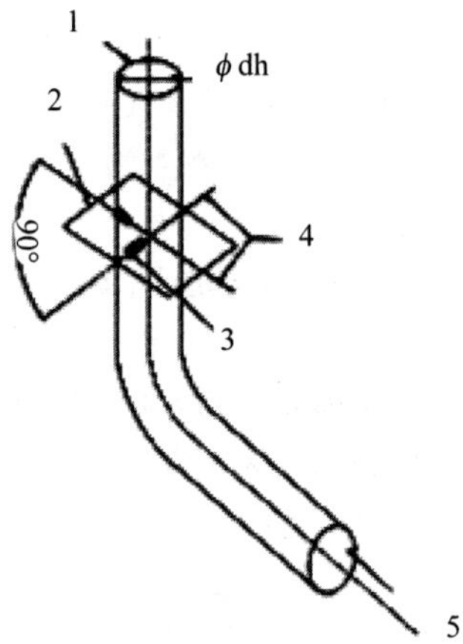

1—烟道顶端；2—采样平面；3—采样孔（法兰）；4—采样线；5—气流方向。

图 2　圆形烟道示意图

4　方法原理

本方法采用烟道内过滤的方法，使用包含过滤介质的低浓度采样头，将颗粒物采样管由采样孔插入烟道中，利用等速采样原理抽取一定量的含颗粒物的废气，根据采样头上所捕集到的颗粒物量和同时抽取的废气体积，计算出废气中颗粒物浓度。

5　试剂和材料

5.1　丙酮

干残留量≤10 mg/L，ρ（CH_3COCH_3）=0.788 g/mL。

5.2　滤膜

滤膜直径为（47±0.25）mm，应满足如下要求：

a）最大期望流速下，对于直径为 0.3 μm 的标准粒子，滤膜的捕集效率应大于 99.5%，对于直径为 0.6 μm 的标准粒子，滤膜的捕集效率应大于 99.9%。

b）选择石英材质或聚四氟乙烯材质滤膜，滤膜材质不应吸收或与废气中的气态化合物发生化学反应，在最大的采样温度下应保持热稳定，并避免质量损失。

6　仪器和设备

6.1　废气水分含量的测定装置

6.1.1　冷凝法和重量法测定装置

冷凝法和重量法测定装置应分别符合 GB/T 16157 中冷凝法和重量法废气中水分含量测定装置的要求。

6.1.2　仪器法测定装置

仪器法测定装置通常由采样单元、湿度分析单元和数据处理与记录等单元构成，应具备湿度校准功能。

6.2　废气温度、压力、流速的测定装置

废气温度测定装置应符合 GB/T 16157 中废气温度测定装置的要求，废气压力、流速测定装置应符合 GB/T 16157 中废气压力、流速测定装置的要求。

6.3 废气颗粒物的采样装置

6.3.1 采样装置的构成

颗粒物采样装置由组合式采样管、冷却和干燥系统、抽气泵单元和气体计量系统以及连接管线组成。除组合式采样管中由低浓度采样头及采样头固定装置代替滤筒及滤筒采样管外，采样装置其余均应符合 HJ/T 48 中采样装置的要求。本标准列举了一种常见的颗粒物采样管和采样头结构。

6.3.2 采样管

采样管应由耐腐蚀、耐热材料制造。采样管应有足够的强度和长度，并有刻度标志，以便在合适的点位上采样。组合式采样管示例图见图 3。采样头由采样头固定装置上部装入使用采样头压盖旋紧固定，当烟温超过 260℃时，应采用金属密封垫圈。为保证在湿度较高、烟温较低的情况下正常采样，应选择具备加热采样头固定装置功能的采样管。为避免静电对采样器的影响，采样器应配有接地线。

采样管部件孔径的任何变化均应平滑过渡，避免突变。

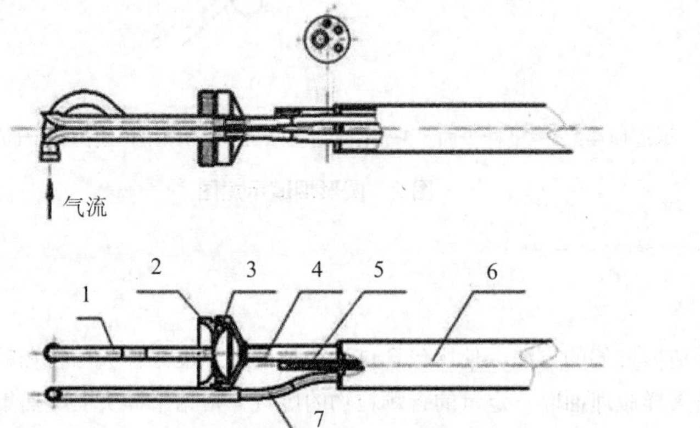

1—采样头；2—采样头压盖；3—密封垫圈；4—抽气管；5—测温元件；6—保护套管；7—S 型皮托管。

图 3 组合式采样管示例图

6.3.3 采样头

采样头由前弯管（含采样嘴）、滤膜、不锈钢托网、密封铝圈组成。前弯管应由钛或不锈钢等高强度材质制成，采样嘴的弯管半径大于等于内径 1.5 倍。前弯管、滤膜及不锈钢托网通过密封铝圈装配在一起。采样头上应有唯一编号，以保证采样的记录。采样头的前弯管表面应平滑，连接点应尽可能少，内表面应方便清洁。每个采样头在运输和存储过程中应单独存储，避免污染。

采样头在装配好后，整体应密封良好。采样头结构图见图 4。

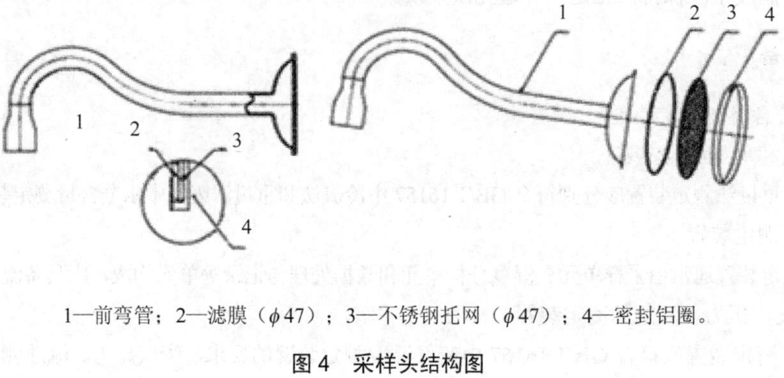

1—前弯管；2—滤膜（ϕ47）；3—不锈钢托网（ϕ47）；4—密封铝圈。

图 4 采样头结构图

6.3.4 采样嘴

采样嘴入口角度应不大于 45°。采样嘴入口边缘厚度应不大于 0.2 mm，入口直径 D 应至少包括 4.0 mm、5.0 mm、6.0 mm、8.0 mm、10.0 mm、12.0 mm 几种，偏差应不大于±0.1 mm。采样嘴要求见图 5。

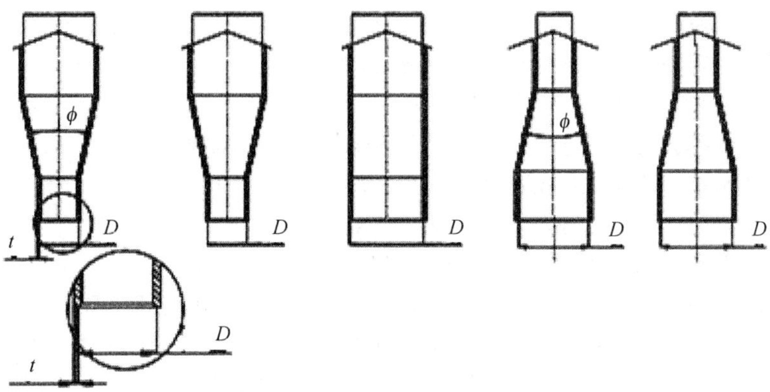

注：采样嘴要求：$t \leqslant 0.2$ mm，$\phi \leqslant 45°$。

图 5 采样嘴要求

采样嘴应满足以下要求：

a）采样嘴应选择耐腐蚀、耐高温、不易变形的材质；

b）采样嘴的设计应避免造成采样嘴附近气流的湍动；

c）采样嘴应有恒定的内径，采样嘴最小长度应为采样嘴内径，或至少为 10 mm（取两者较大的尺寸）；

d）距离采样嘴顶端 50 mm 以内，采样设备部件外径的任何变化均应以锥形平滑过渡；

e）采样嘴上游不得有任何零部件；

f）采样嘴下游或一侧允许有其他零部件，但应避免零部件对采样口的气流产生扰动；

g）采样嘴堵套宜采用聚四氟乙烯等无静电吸附、耐腐蚀、易清洗的材质。

6.4 分析称重设备

6.4.1 烘箱、马弗炉。精度：±5℃。

6.4.2 恒温恒湿设备。应符合 HJ 656 中恒温恒湿设备的要求，温度控制 15～30℃任意一点，控温精度±1℃；相对湿度（RH）应控制在（50±5）%范围内。

6.4.3 电子天平。分辨率为 0.01 mg，天平量程应与被称重部件的质量相符，性能指标应符合 JJG 1036 的要求。

6.4.4 温度计。测量范围-30～50℃，精度：±0.5℃。

6.4.5 湿度计。测量范围 10%～100%（RH），精度：±5%（RH）。

7 样品

7.1 采样位置和采样点

采样位置和采样点应符合 GB/T 16157 中采样位置和采样点的要求。

采样孔内径应不小于 80 mm，宜选用 90～120 mm 内径的采样孔。

7.2 采样准备

7.2.1 采样前，应根据采样平面的基本情况和监测要求，确定现场的测量系列、采样时间和采样嘴直径。

7.2.2 根据需要采集的样品数量准备采样头。将按 8.2.2 称量好的采样头采样嘴用聚四氟乙烯材质堵套塞好后装进防静电密封袋或密封盒内，放入样品箱。

7.2.3 按照 HJ/T 48 中流量准确度的要求对颗粒物采样装置瞬时流量准确度、累计流量准确度进行校准。对于组合式采样管皮托管系数，应保证每半年校准一次，当皮托管外形发生明显变化时，应及时检查校准或更换。

7.2.4 确定现场工况、采样点位和采样孔、采样平台、工作电源、照明及安全设施符合监测要求。

7.2.5 准备监测所需采样仪器、安全设备及记录表格等。

7.3 样品采集

7.3.1 根据现场实际测量的烟道尺寸，按 7.1 要求选择采样平面，确定采样点数目。

7.3.2 记录现场基本情况，并清理采样孔处的积灰。

7.3.3 将采样头装入组合式采样管，固定，记录采样头编号。

7.3.4 检查系统是否漏气，检漏应符合 GB/T 16157 中系统现场检漏的要求。

7.3.5 开始采样，采样步骤参见 GB/T 16157 中采样步骤的要求，或按照相应仪器操作方法使用微电脑平行自动采样，采样过程中采样嘴的吸气速度与测点处的气流速度应基本相等，相对误差小于10%。当烟气中水分影响采样正常进行时，应开启采样管上采样头固定装置的加热功能。加热应保证采样顺利进行，温度不应超过 110℃。

7.3.6 结束采样后，取下采样头，用聚四氟乙烯材质堵套塞好采样嘴，将采样头放入防静电的盒或密封袋内，再放入样品箱。

7.3.7 采集全程序空白。采样过程中，采样嘴应背对废气气流方向，采样管在烟道中放置时间和移动方式与实际采样相同。全程序空白应在每次测量系列过程中进行一次，并保证至少一天一次。为防止在采集全程序空白过程中空气或废气进入采样系统，必须断开采样管与采样器主机的连接，密封采样管末端接口。

7.3.8 采集同步双样时，每个样品均应采集同步双样，同步双样的采集应符合附录 A 的要求。

7.4 样品的保存

样品应妥善保存，避免污染。

8 分析步骤

8.1 废气水分、温度、压力、流速的测定步骤

冷凝法和重量法测定废气中水分的步骤应符合 GB/T 16157 中冷凝法和重量法测定废气中水分的规定，仪器法测定废气中水分的步骤可参照 HJ 76 中附录 D。废气温度的测量应符合 GB/T 16157 中废气温度测定的规定。废气中压力、流速的测定应符合 GB/T 16157 中废气中压力、流速测定的规定。

8.2 废气颗粒物的测定步骤

8.2.1 采样前处理

采样前，在去离子水介质中用超声波清洗前弯管、密封铝圈和不锈钢托网，清洗 5 min 后再用去离子水冲洗干净，以去除各部件上可能吸附的颗粒物。

将上述部件放置在烘箱内烘烤，烘烤温度 105～110℃，烘干至少 1 h。

石英材质滤膜应烘焙 1 h，烘焙温度为 180℃或大于烟温 20℃（取两者较高的温度）。

冷却后，将滤膜和不锈钢托网用密封铝圈同前弯管封装在一起，放入恒温恒湿设备平衡至少 24 h。

8.2.2 采样前称量

选定已按 8.2.1 处理平衡后的采样头，在恒温恒湿设备内用天平称重，每个样品称量 2 次，每次称量间隔应大于 1 h，2 次称量结果间最大偏差应在 0.20 mg 以内。记录称量结果，以 2 次称量的平均值作为称量结果。当同一采样头 2 次称量中的质量差大于 0.20 mg 时，可将相应采样头再平衡至少 24 h 后称量；

如果第二次平衡后称量的质量同上次称量的质量差仍大于 0.20 mg，可将相应采样头再平衡至少 24 h 后称量；如果第三次平衡后称量的质量同上次称量的质量差仍大于 0.20 mg，在确认平衡称量仪器和操作正确后，此样品作废。

8.2.3　采样后处理

将按 7.3 采样后的采样头运回实验室后，用蘸有丙酮的石英棉对采样头外表面进行擦拭清洗，清洗过程应在通风橱中进行。清洗后，在烘箱内烘烤采样头，烘烤温度为 105～110℃，时间 1 h。待采样头干燥冷却后放入恒温恒湿设备平衡至少 24 h。应保证采样前后的恒温恒湿设备平衡条件不变。

8.2.4　采样后称量

将按 8.2.3 处理平衡后的采样头，在恒温恒湿设备内用天平称重，称重步骤和要求同 8.2.2。采样前后采样头重量之差，即为所取的颗粒物量。

应对称重后的采样头进行检查，检查是否存在滤膜破损或其他异常情况，若存在异常情况，则样品无效。

9　结果计算与表示

9.1　结果计算

颗粒物质量浓度按式（1）计算：

$$\rho_{nd}=\frac{m}{V_{nd}}\times10^{6} \tag{1}$$

式中：ρ_{nd}——颗粒物质量浓度，mg/m^3；

m——样品所得颗粒物量，g；

V_{nd}——标准状态下干采气体积，L。

9.2　结果表示

颗粒物的质量浓度计算结果保留到小数点后一位。

10　质量控制和质量保证

10.1　仪器与设备

10.1.1　仪器设备的检定和校准应符合 HJ/T 397 中仪器设备检定和校准的要求。

10.1.2　仪器设备的运行和维护应符合 HJ/T 373 中仪器设备运行和维护的要求。

10.2　称量质量控制

10.2.1　天平的校准

在采样前、采样后称重时，必须进行天平校准。

10.2.2　称量的质量控制

a）采样前、采样后平衡及称量时，应保证环境温度和环境湿度条件一致。应避免静电对称量造成的影响。

b）保证同一称量部件在采样前后称量为同一天平，并避免称量前后人员不同引起的误差。

c）采样前后，放置、安装、取出、标记、转移采样部件时应戴无粉末、抗静电的一次性手套。

10.3　采样时质量控制

10.3.1　现场采样的质量保证措施应符合 HJ/T 397 中现场采样质量保证措施的要求。

10.3.2　采样过程中，采样断面最大流速和最小流速比不应大于 3∶1。

10.3.3　现场应及时清理采样管，减少样品沾污。

10.3.4　任何低于全程序空白增重的样品均无效。全程序空白增重除以对应测量系列的平均体积不应超过排放限值的 10%。

10.3.5 在现场条件允许的前提下，尽可能选取入口直径大的采样嘴。

10.3.6 样品采集时应保证每个样品的增重不小于 1 mg，或采样体积不小于 1 m^3。

10.3.7 颗粒物质量浓度低于方法检出限时，对应的全程序空白增重应不大于 0.5 mg，失重应不多于 0.5 mg。

10.3.8 测定同步双样时，同步双样的相对偏差应不大于允许的最大相对偏差。

附 录 A
（资料性附录）
同步双样的测定

A.1 方法原理

见本标准第 4 章。

A.2 试剂和材料

见本标准第 5 章。

A.3 仪器和设备

见本标准第 6 章。

A.4 采样位置和采样点

见本标准 7.1。

当同步双样位于不同采样孔时，两个样品的各测量点应位于同一采样平面内，各对应测定点的流速应基本相同。

A.5 分析步骤

见本标准第 8 章。

同步双样对应的各测定点、测量步骤和测量时间应相同，如果其中一个样品停止采样，另一路也必须停止采样，直到查清停止采样的原因。

A.6 结果计算与表示

A.6.1 同步双样质量浓度计算

同步双样质量浓度按式（A.1）计算：

$$\rho_{nd}=\frac{(m_1+m_2)}{(V_{nd1}+V_{nd2})}\times 10^6 \tag{A.1}$$

式中：ρ_{nd}——颗粒物质量浓度，mg/m^3；

m_1，m_2——同步双样分别所得颗粒物量，g；

V_{nd1}，V_{nd2}——同步双样分别对应的标准状态下干采气体积，L。

A.6.2 同步双样采样质量浓度相对偏差计算

同步双样采样质量浓度相对偏差按式（A.2）计算：

$$相对偏差=100\%\times\frac{\left|(\rho_{nd1}-\rho_{nd2})\right|}{(\rho_{nd1}+\rho_{nd2})} \tag{A.2}$$

式中：ρ_{nd1}，ρ_{nd2}——同步双样分别对应的颗粒物质量浓度，mg/m^3。

A.6.3 同步双样采样质量浓度允许的最大相对偏差

a）当 ρ_{nd} >10 mg/m^3 时，最大相对偏差为 10%；

b）当 1< ρ_{nd} ≤10 mg/m^3，最大相对偏差应在 25%～10%之间按质量浓度线性计算得出，即：

$$最大相对偏差（\%）=25-\frac{5}{3}(\rho_{nd}-1) \tag{A.3}$$

c）当 ρ_{nd} =1 mg/m^3 时，最大相对偏差为 25%。

中华人民共和国国家环境保护标准

排污单位自行监测技术指南 总则

Self-monitoring technology guidelines for pollution sources—General rule

HJ 819—2017

2017-04-25 发布 2017-06-01 实施

前 言

为落实《中华人民共和国环境保护法》《中华人民共和国大气污染防治法》《中华人民共和国水污染防治法》，指导和规范排污单位自行监测工作，制定本标准。

本标准提出了排污单位自行监测的一般要求、监测方案制定、监测质量保证和质量控制、信息记录和报告的基本内容和要求。

本标准为首次发布。

本标准由环境保护部环境监测司、科技标准司提出并组织制订。

本标准主要起草单位：中国环境监测总站。

本标准环境保护部 2017 年 4 月 25 日批准。

本标准自 2017 年 6 月 1 日起实施。

本标准由环境保护部解释。

1 适用范围

本标准提出了排污单位自行监测的一般要求、监测方案制定、监测质量保证和质量控制、信息记录和报告的基本内容和要求。

排污单位可参照本标准在生产运行阶段对其排放的水、气污染物，噪声以及对其周边环境质量影响开展监测。

本标准适用于无行业自行监测技术指南的排污单位；行业自行监测技术指南中未规定的内容按本标准执行。

2 规范性引用文件

本标准引用了下列文件或其中的条款。凡是未注明日期的引用文件，其最新版本适用于本标准。

GB 12348 工业企业厂界环境噪声排放标准

GB/T 16157 固定污染源排气中颗粒物测定与气态污染物采样方法

HJ 2.1 环境影响评价技术导则 总纲

HJ 2.2 环境影响评价技术导则 大气环境

HJ/T 2.3 环境影响评价技术导则 地面水环境

HJ 2.4 环境影响评价技术导则 声环境

HJ/T 55 大气污染物无组织排放监测技术导则

HJ/T 75 固定污染源烟气排放连续监测技术规范（试行）

HJ/T 76 固定污染源烟气排放连续监测系统技术要求及检测方法（试行）

HJ/T 91　地表水和污水监测技术规范
HJ/T 92　水污染物排放总量监测技术规范
HJ/T 164　地下水环境监测技术规范
HJ/T 166　土壤环境监测技术规范
HJ/T 194　环境空气质量手工监测技术规范
HJ/T 353　水污染源在线监测系统安装技术规范（试行）
HJ/T 354　水污染源在线监测系统验收技术规范（试行）
HJ/T 355　水污染源在线监测系统运行与考核技术规范（试行）
HJ/T 356　水污染源在线监测系统数据有效性判别技术规范（试行）
HJ/T 397　固定源废气监测技术规范
HJ 442　近岸海域环境监测规范
HJ 493　水质　样品的保存和管理技术规定
HJ 494　水质　采样技术指导
HJ 495　水质　采样方案设计技术规定
HJ 610　环境影响评价技术导则　地下水环境
HJ 733　泄漏和敞开液面排放的挥发性有机物检测技术导则
《企业事业单位环境信息公开办法》（环境保护部令 第 31 号）
《国家重点监控企业自行监测及信息公开办法（试行）》（环发〔2013〕81 号）

3 术语和定义

下列术语和定义适用于本标准。

3.1 自行监测 self-monitoring

指排污单位为掌握本单位的污染物排放状况及其对周边环境质量的影响等情况，按照相关法律法规和技术规范，组织开展的环境监测活动。

3.2 重点排污单位 key pollutant discharging entity

指由设区的市级及以上地方人民政府环境保护主管部门商有关部门确定的本行政区域内的重点排污单位。

3.3 外排口监测点位 emission site

指用于监测排污单位通过排放口向环境排放废气、废水（包括向公共污水处理系统排放废水）污染物状况的监测点位。

3.4 内部监测点位 internal monitoring site

指用于监测污染治理设施进口、污水处理厂进水等污染物状况的监测点位，或监测工艺过程中影响特定污染物产生排放的特征工艺参数的监测点位。

4 自行监测的一般要求

4.1 制定监测方案

排污单位应查清所有污染源，确定主要污染源及主要监测指标，制定监测方案。监测方案内容包括：单位基本情况、监测点位及示意图、监测指标、执行标准及其限值、监测频次、采样和样品保存方法、监测分析方法和仪器、质量保证与质量控制等。

新建排污单位应当在投入生产或使用并产生实际排污行为之前完成自行监测方案的编制及相关准备工作。

4.2　设置和维护监测设施

排污单位应按照规定设置满足开展监测所需要的监测设施。废水排放口，废气（采样）监测平台、监测断面和监测孔的设置应符合监测规范要求。监测平台应便于开展监测活动，应能保证监测人员的安全。

废水排放量大于 100 t/d 的，应安装自动测流设施并开展流量自动监测。

4.3　开展自行监测

排污单位应按照最新的监测方案开展监测活动，可根据自身条件和能力，利用自有人员、场所和设备自行监测；也可委托其他有资质的检（监）测机构代其开展自行监测。

持有排污许可证的企业自行监测年度报告内容可以在排污许可证年度执行报告中体现。

4.4　做好监测质量保证与质量控制

排污单位应建立自行监测质量管理制度，按照相关技术规范要求做好监测质量保证与质量控制。

4.5　记录和保存监测数据

排污单位应做好与监测相关的数据记录，按照规定进行保存，并依据相关法规向社会公开监测结果。

5　监测方案制定

5.1　监测内容

5.1.1　污染物排放监测

包括废气污染物（以有组织或无组织形式排入环境）、废水污染物（直接排入环境或排入公共污水处理系统）及噪声污染等。

5.1.2　周边环境质量影响监测

污染物排放标准、环境影响评价文件及其批复或其他环境管理有明确要求的，排污单位应按照要求对其周边相应的空气、地表水、地下水、土壤等环境质量开展监测；其他排污单位根据实际情况确定是否开展周边环境质量影响监测。

5.1.3　关键工艺参数监测

在某些情况下，可以通过对与污染物产生和排放密切相关的关键工艺参数进行测试以补充污染物排放监测。

5.1.4　污染治理设施处理效果监测

若污染物排放标准等环境管理文件对污染治理设施有特别要求的，或排污单位认为有必要的，应对污染治理设施处理效果进行监测。

5.2　废气排放监测

5.2.1　有组织排放监测

5.2.1.1　确定主要污染源和主要排放口

符合以下条件的废气污染源为主要污染源：

a）单台出力 14 MW 或 20 t/h 及以上的各种燃料的锅炉和燃气轮机组；

b）重点行业的工业炉窑（水泥窑、炼焦炉、熔炼炉、焚烧炉、熔化炉、铁矿烧结炉、加热炉、热处理炉、石灰窑等）；

c）化工类生产工序的反应设备（化学反应器/塔、蒸馏/蒸发/萃取设备等）；

d）其他与上述所列相当的污染源。

符合以下条件的废气排放口为主要排放口：

a）主要污染源的废气排放口；

b）“排污许可证申请与核发技术规范”确定的主要排放口；

c）对于多个污染源共用一个排放口的，凡涉及主要污染源的排放口均为主要排放口。

5.2.1.2 监测点位

a）外排口监测点位：点位设置应满足 GB/T 16157、HJ 75 等技术规范的要求。净烟气与原烟气混合排放的，应在排气筒，或烟气汇合后的混合烟道上设置监测点位；净烟气直接排放的，应在净烟气烟道上设置监测点位，有旁路的旁路烟道也应设置监测点位。

b）内部监测点位设置：当污染物排放标准中有污染物处理效果要求时，应在进入相应污染物处理设施单元的进出口设置监测点位。当环境管理文件有要求，或排污单位认为有必要的，可设置开展相应监测内容的内部监测点位。

5.2.1.3 监测指标

各外排口监测点位的监测指标应至少包括所执行的国家或地方污染物排放（控制）标准、环境影响评价文件及其批复、排污许可证等相关管理规定明确要求的污染物指标。排污单位还应根据生产过程的原辅用料、生产工艺、中间及最终产品，确定是否排放纳入相关有毒有害或优先控制污染物名录中的污染物指标，或其他有毒污染物指标，这些指标也应纳入监测指标。

对于主要排放口监测点位的监测指标，符合以下条件的为主要监测指标：

a）二氧化硫、氮氧化物、颗粒物（或烟尘/粉尘）、挥发性有机物中排放量较大的污染物指标；

b）能在环境或动植物体内积蓄对人类产生长远不良影响的有毒污染物指标（存在有毒有害或优先控制污染物相关名录的，以名录中的污染物指标为准）；

c）排污单位所在区域环境质量超标的污染物指标。

内部监测点位的监测指标根据点位设置的主要目的确定。

5.2.1.4 监测频次

a）确定监测频次的基本原则

排污单位应在满足本标准要求的基础上，遵循以下原则确定各监测点位不同监测指标的监测频次：

1）不应低于国家或地方发布的标准、规范性文件、规划、环境影响评价文件及其批复等明确规定的监测频次；

2）主要排放口的监测频次高于非主要排放口；

3）主要监测指标的监测频次高于其他监测指标；

4）排向敏感地区的应适当增加监测频次；

5）排放状况波动大的，应适当增加监测频次；

6）历史稳定达标状况较差的需增加监测频次，达标状况良好的可以适当降低监测频次；

7）监测成本应与排污企业自身能力相一致，尽量避免重复监测。

b）原则上，外排口监测点位最低监测频次按照表 1 执行。废气烟气参数和污染物浓度应同步监测。

表 1 废气监测指标的最低监测频次

排污单位级别	主要排放口		其他排放口的监测指标
	主要监测指标	其他监测指标	
重点排污单位	月—季度	半年—年	半年—年
非重点排污单位	半年—年	年	年
注：为最低监测频次的范围，分行业排污单位自行监测技术指南中依据此原则确定各监测指标的最低监测频次。			

c）内部监测点位的监测频次根据该监测点位设置目的、结果评价的需要、补充监测结果的需要等进行确定。

5.2.1.5 监测技术

监测技术包括手工监测、自动监测两种，排污单位可根据监测成本、监测指标以及监测频次等内容，合理选择适当的监测技术。

对于相关管理规定要求采用自动监测的指标，应采用自动监测技术；对于监测频次高、自动监测技术成熟的监测指标，应优先选用自动监测技术；其他监测指标，可选用手工监测技术。

5.2.1.6 采样方法

废气手工采样方法的选择参照相关污染物排放标准及 GB/T 16157、HJ/T 397 等执行。废气自动监测参照 HJ/T 75、HJ/T 76 执行。

5.2.1.7 监测分析方法

监测分析方法的选用应充分考虑相关排放标准的规定、排污单位的排放特点、污染物排放浓度的高低、所采用监测分析方法的检出限和干扰等因素。

监测分析方法应优先选用所执行的排放标准中规定的方法。选用其他国家、行业标准方法的，方法的主要特性参数（包括检出下限、精密度、准确度、干扰消除等）需符合标准要求。尚无国家和行业标准分析方法的，或采用国家和行业标准方法不能得到合格测定数据的，可选用其他方法，但必须做方法验证和对比实验，证明该方法主要特性参数的可靠性。

5.2.2 无组织排放监测

5.2.2.1 监测点位

存在废气无组织排放源的，应设置无组织排放监测点位，具体要求按相关污染物排放标准及 HJ/T 55、HJ 733 等执行。

5.2.2.2 监测指标

按本标准 5.2.1.3 执行。

5.2.2.3 监测频次

钢铁、水泥、焦化、石油加工、有色金属冶炼、采矿业等无组织废气排放较重的污染源，无组织废气每季度至少开展一次监测；其他涉及无组织废气排放的污染源每年至少开展一次监测。

5.2.2.4 监测技术

按本标准 5.2.1.5 执行。

5.2.2.5 采样方法

参照相关污染物排放标准及 HJ/T 55、HJ 733 执行。

5.2.2.6 监测分析方法

按本标准 5.2.1.7 执行。

5.3 废水排放监测

5.3.1 监测点位

5.3.1.1 外排口监测点位

在污染物排放标准规定的监控位置设置监测点位。

5.3.1.2 内部监测点位

按本标准 5.2.1.2 b）执行。

5.3.2 监测指标

符合以下条件的为各废水外排口监测点位的主要监测指标：

a）化学需氧量、五日生化需氧量、氨氮、总磷、总氮、悬浮物、石油类中排放量较大的污染物指标；

b）污染物排放标准中规定的监控位置为车间或生产设施废水排放口的污染物指标，以及有毒有害或优先控制污染物相关名录中的污染物指标；

c）排污单位所在流域环境质量超标的污染物指标。

其他要求按本标准 5.2.1.3 执行。

5.3.3 监测频次

5.3.3.1 监测频次确定的基本原则

按本标准 5.2.1.4 a）执行。

5.3.3.2 原则上，外排口监测点位最低监测频次按照表 2 执行。各排放口废水流量和污染物浓度同步监测。

表 2 废水监测指标的最低监测频次

排污单位级别	主要监测指标	其他监测指标
重点排污单位	日—月	季度—半年
非重点排污单位	季度	年
注：为最低监测频次的范围，在行业排污单位自行监测技术指南中依据此原则确定各监测指标的最低监测频次。		

5.3.3.3 内部监测点位监测频次

按本标准 5.2.1.4 c）执行。

5.3.4 监测技术

按本标准 5.2.1.5 执行。

5.3.5 采样方法

废水手工采样方法的选择参照相关污染物排放标准及 HJ/T 91、HJ/T 92、HJ 493、HJ 494、HJ 495 等执行，根据监测指标的特点确定采样方法为混合采样方法或瞬时采样的方法，单次监测采样频次按相关污染物排放标准和 HJ/T 91 执行。污水自动监测采样方法参照 HJ/T 353、HJ/T 354、HJ/T 355、HJ/T 356 执行。

5.3.6 监测分析方法

按本标准 5.2.1.7 执行。

5.4 厂界环境噪声监测

5.4.1 监测点位

5.4.1.1 厂界环境噪声的监测点位置具体要求按 GB 12348 执行。

5.4.1.2 噪声布点应遵循以下原则：

a）根据厂内主要噪声源距厂界位置布点；

b）根据厂界周围敏感目标布点；

c）“厂中厂”是否需要监测根据内部和外围排污单位协商确定；

d）面临海洋、大江、大河的厂界原则上不布点；

e）厂界紧邻交通干线不布点；

f）厂界紧邻另一排污单位的，在临近另一排污单位侧是否布点由排污单位协商确定。

5.4.2 监测频次

厂界环境噪声每季度至少开展一次监测，夜间生产的要监测夜间噪声。

5.5 周边环境质量影响监测

5.5.1 监测点位

排污单位厂界周边的土壤、地表水、地下水、大气等环境质量影响监测点位参照排污单位环境影响评价文件及其批复及其他环境管理要求设置。

如环境影响评价文件及其批复及其他文件中均未作出要求，排污单位需要开展周边环境质量影响监测的，环境质量影响监测点位设置的原则和方法参照 HJ 2.1、HJ 2.2、HJ/T 2.3、HJ 2.4、HJ 610 等规定。各类环境影响监测点位设置按照 HJ/T 91、HJ/T 164、HJ 442、HJ/T 194、HJ/T 166 等执行。

5.5.2 监测指标

周边环境质量影响监测点位监测指标参照排污单位环境影响评价文件及其批复等管理文件的要求执行，或根据排放的污染物对环境的影响确定。

5.5.3 监测频次

若环境影响评价文件及其批复等管理文件有明确要求的，排污单位周边环境质量监测频次按照要求执行。

否则，涉水重点排污单位地表水每年丰、平、枯水期至少各监测一次，涉气重点排污单位空气质量每半年至少监测一次，涉重金属、难降解类有机污染物等重点排污单位土壤、地下水每年至少监测一次。发生突发环境事故对周边环境质量造成明显影响的，或周边环境质量相关污染物超标的，应适当增加监测频次。

5.5.4 监测技术

按本标准 5.2.1.5 执行。

5.5.5 采样方法

周边水环境质量监测点采样方法参照 HJ/T 91、HJ/T 164、HJ 442 等执行。

周边大气环境质量监测点采样方法参照 HJ/T 194 等执行。

周边土壤环境质量监测点采样方法参照 HJ/T 166 等执行。

5.5.6 监测分析方法

按本标准 5.2.1.7 执行。

5.6 监测方案的描述

5.6.1 监测点位的描述

所有监测点位均应在监测方案中通过语言描述、图形示意等形式明确体现。描述内容包括监测点位的平面位置及污染物的排放去向等。废水监测点需明确其所在废水排放口、对应的废水处理工艺，废气排放监测点位需明确其在排放烟道的位置分布、对应的污染源及处理设施。

5.6.2 监测指标的描述

所有监测指标采用表格、语言描述等形式明确体现。监测指标应与监测点位相对应，监测指标内容包括每个监测点位应监测的指标名称、排放限值、排放限值的来源（如标准名称、编号）等。

国家或地方污染物排放（控制）标准、环境影响评价文件及其批复、排污许可证中的污染物，如排污单位确认未排放，监测方案中应明确注明。

5.6.3 监测频次的描述

监测频次应与监测点位、监测指标相对应，每个监测点位的每项监测指标的监测频次都应详细注明。

5.6.4 采样方法的描述

对每项监测指标都应注明其选用的采样方法。废水采集混合样品的，应注明混合样采样个数。废气非连续采样的，应注明每次采集的样品个数。废气颗粒物采样，应注明每个监测点位设置的采样孔和采样点个数。

5.6.5 监测分析方法的描述

对每项监测指标都应注明其选用的监测分析方法名称、来源依据、检出限等内容。

5.7 监测方案的变更

当有以下情况发生时，应变更监测方案：

a）执行的排放标准发生变化；

b）排放口位置、监测点位、监测指标、监测频次、监测技术任一项内容发生变化；

c）污染源、生产工艺或处理设施发生变化。

6 监测质量保证与质量控制

排污单位应建立并实施质量保证与控制措施方案，以自证自行监测数据的质量。

6.1 建立质量体系

排污单位应根据本单位自行监测的工作需求，设置监测机构，梳理监测方案制定、样品采集、样品分析、监测结果报出、样品留存、相关记录的保存等监测的各个环节中，为保证监测工作质量应制定的工作流程、管理措施与监督措施，建立自行监测质量体系。

质量体系应包括对以下内容的具体描述：监测机构，人员，出具监测数据所需仪器设备，监测辅助设施和实验室环境，监测方法技术能力验证，监测活动质量控制与质量保证等。

委托其他有资质的检（监）测机构代其开展自行监测的，排污单位不用建立监测质量体系，但应对检（监）测机构的资质进行确认。

6.2 监测机构

监测机构应具有与监测任务相适应的技术人员、仪器设备和实验室环境，明确监测人员和管理人员的职责、权限和相互关系，有适当的措施和程序保证监测结果准确可靠。

6.3 监测人员

应配备数量充足、技术水平满足工作要求的技术人员，规范监测人员录用、培训教育和能力确认/考核等活动，建立人员档案，并对监测人员实施监督和管理，规避人员因素对监测数据正确性和可靠性的影响。

6.4 监测设施和环境

根据仪器使用说明书、监测方法和规范等的要求，配备必要的如除湿机、空调、干湿度温度计等辅助设施，以使监测工作场所条件得到有效控制。

6.5 监测仪器设备和实验试剂

应配备数量充足、技术指标符合相关监测方法要求的各类监测仪器设备、标准物质和实验试剂。

监测仪器性能应符合相应方法标准或技术规范要求，根据仪器性能实施自校准或者检定/校准、运行和维护、定期检查。

标准物质、试剂、耗材的购买和使用情况应建立台账予以记录。

6.6 监测方法技术能力验证

应组织监测人员按照其所承担监测指标的方法步骤开展实验活动，测试方法的检出浓度、校准（工作）曲线的相关性、精密度和准确度等指标，实验结果满足方法相应的规定以后，方可确认该人员实际操作技能满足工作需求，能够承担测试工作。

6.7 监测质量控制

编制监测工作质量控制计划，选择与监测活动类型和工作量相适应的质控方法，包括使用标准物质、采用空白试验、平行样测定、加标回收率测定等，定期进行质控数据分析。

6.8 监测质量保证

按照监测方法和技术规范的要求开展监测活动，若存在相关标准规定不明确但又影响监测数据质量的活动，可编写《作业指导书》予以明确。

编制工作流程等相关技术规定，规定任务下达和实施，分析用仪器设备购买、验收、维护和维修，监测结果的审核签发、监测结果录入发布等工作的责任人和完成时限，确保监测各环节无缝衔接。

设计记录表格，对监测过程的关键信息予以记录并存档。

定期对自行监测工作开展的时效性、自行监测数据的代表性和准确性、管理部门检查结论和公众对自行监测数据的反馈等情况进行评估，识别自行监测存在的问题，及时采取纠正措施。管理部门执法监测与排污单位自行监测数据不一致的，以管理部门执法监测结果为准，作为判断污染物排放是否达标、自动监测设施是否正常运行的依据。

7 信息记录和报告

7.1 信息记录

7.1.1 手工监测的记录

7.1.1.1 采样记录：采样日期、采样时间、采样点位、混合取样的样品数量、采样器名称、采样人姓名等。

7.1.1.2 样品保存和交接：样品保存方式、样品传输交接记录。

7.1.1.3 样品分析记录：分析日期、样品处理方式、分析方法、质控措施、分析结果、分析人姓名等。

7.1.1.4 质控记录：质控结果报告单。

7.1.2 自动监测运维记录

包括自动监测系统运行状况、系统辅助设备运行状况、系统校准、校验工作等；仪器说明书及相关标准规范中规定的其他检查项目；校准、维护保养、维修记录等。

7.1.3 生产和污染治理设施运行状况

记录监测期间企业及各主要生产设施（至少涵盖废气主要污染源相关生产设施）运行状况（包括停机、启动情况）、产品产量、主要原辅料使用量、取水量、主要燃料消耗量、燃料主要成分、污染治理设施主要运行状态参数、污染治理主要药剂消耗情况等。日常生产中上述信息也需整理成台账保存备查。

7.1.4 固体废物（危险废物）产生与处理状况

记录监测期间各类固体废物和危险废物的产生量、综合利用量、处置量、贮存量、倾倒丢弃量，危险废物还应详细记录其具体去向。

7.2 信息报告

排污单位应编写自行监测年度报告，年度报告至少应包含以下内容：

a）监测方案的调整变化情况及变更原因；

b）企业及各主要生产设施（至少涵盖废气主要污染源相关生产设施）全年运行天数，各监测点、各监测指标全年监测次数、超标情况、浓度分布情况；

c）按要求开展的周边环境质量影响状况监测结果；

d）自行监测开展的其他情况说明；

e）排污单位实现达标排放所采取的主要措施。

7.3 应急报告

监测结果出现超标的，排污单位应加密监测，并检查超标原因。短期内无法实现稳定达标排放的，应向环境保护主管部门提交事故分析报告，说明事故发生的原因，采取减轻或防止污染的措施，以及今后的预防及改进措施等；若因发生事故或者其他突发事件，排放的污水可能危及城镇排水与污水处理设施安全运行的，应当立即采取措施消除危害，并及时向城镇排水主管部门和环境保护主管部门等有关部门报告。

7.4 信息公开

排污单位自行监测信息公开内容及方式按照《企业事业单位环境信息公开办法》及《国家重点监控企业自行监测及信息公开办法（试行）》执行。非重点排污单位的信息公开要求由地方环境保护主管部门确定。

8 监测管理

排污单位对其自行监测结果及信息公开内容的真实性、准确性、完整性负责。

排污单位应积极配合并接受环境保护主管部门的日常监督管理。

中华人民共和国国家环境保护标准

排污单位自行监测技术指南　火力发电及锅炉

Self-monitoring guidelines for pollution sources—Thermal power generation and boiler

HJ 820—2017

2017-04-25 发布　　2017-06-01 实施

前　言

为落实《中华人民共和国环境保护法》《中华人民共和国大气污染防治法》《中华人民共和国水污染防治法》，指导和规范火力发电厂及锅炉自行监测工作，制定本标准。

本标准提出了火力发电厂及锅炉自行监测的一般要求、监测方案制定、信息记录和报告的基本内容和要求。

本标准为首次发布。

本标准由环境保护部环境监测司、科技标准司提出并组织制订。

本标准主要起草单位：中国环境监测总站、江苏省环境监测中心。

本标准环境保护部 2017 年 4 月 25 日批准。

本标准自 2017 年 6 月 1 日起实施。

本标准由环境保护部解释。

1　适用范围

本标准提出了火力发电厂及锅炉自行监测的一般要求、监测方案制定、信息记录和报告的基本内容和要求。

本标准适用于独立火力发电厂和企业自备火力发电机组（厂）的自行监测，以及排污单位对锅炉的监测；不适用于以生活垃圾、危险废物为燃料的火电厂和锅炉。

排污单位可参照本标准在生产运行阶段对其排放的水、气污染物，噪声以及对周边环境质量影响开展监测。

2　规范性引用文件

本标准引用了下列文件或其中的条款。凡是未注明日期的引用文件，其最新版本适用于本标准。

GB 13223　火电厂大气污染物排放标准

GB 13271　锅炉大气污染物排放标准

HJ/T 164　地下水环境监测技术规范

HJ 819　排污单位自行监测技术指南　总则

3　术语和定义

GB 13223、GB 13271 界定的以及下列术语和定义适用于本标准。

3.1　火力发电厂　thermal power plant

燃烧固体、液体、气体燃料的发电厂。

3.2　自备火力发电机组（厂）　captive power plant

指企业以满足自身生产、办公以及生活的电力需要为主建设的火力发电机组（厂）。

3.3　锅炉　boiler

是利用燃料燃烧释放的热能或其他热能加热热水或其他工质，以生产规定参数（温度、压力）和品质的蒸汽、热水和其他工质的设备。

4　自行监测的一般要求

排污单位应查清本单位的污染源、污染物指标及潜在的环境影响，制定监测方案，设置和维护监测设施，按照监测方案开展自行监测，做好质量保证和质量控制，记录和保存监测数据，依法向社会公开监测结果。

5　监测方案制定

5.1　废气排放监测

5.1.1　有组织废气排放监测点位、指标和频次

5.1.1.1　监测点位

净烟气与原烟气混合排放的，应在锅炉或燃气轮机（内燃机）排气筒，或烟气汇合后的混合烟道上设置监测点位；净烟气直接排放的，应在净烟气烟道上设置监测点位，有旁路的旁路烟道也应设置监测点位。

5.1.1.2　锅炉或燃气轮机排气筒等监测点位的监测指标及最低监测频次按表 1 执行。

表 1　有组织废气监测指标最低监测频次

燃料类型	锅炉或燃气轮机规模	监测指标	监测频次
燃煤	14 MW 或 20 t/h 及以上	颗粒物、二氧化硫、氮氧化物	自动监测
		汞及其化合物[a]、氨[b]、林格曼黑度	季度
	14 MW 或 20 t/h 以下	颗粒物、二氧化硫、氮氧化物、林格曼黑度、汞及其化合物	月
燃油	14 MW 或 20 t/h 及以上	颗粒物、二氧化硫、氮氧化物	自动监测
		氨[b]、林格曼黑度	季度
	14 MW 或 20 t/h 以下	颗粒物、二氧化硫、氮氧化物、林格曼黑度	月
燃气[c]	14 MW 或 20 t/h 及以上	氮氧化物	自动监测
		颗粒物、二氧化硫、氨[b]、林格曼黑度	季度
	14 MW 或 20 t/h 以下	氮氧化物	月
		颗粒物、二氧化硫、林格曼黑度	年

[a] 煤种改变时，需对汞及其化合物增加监测频次。
[b] 使用液氨等含氨物质作为还原剂，去除烟气中氮氧化物的，可以选测。
[c] 仅限于以净化天然气为燃料的锅炉或燃气轮机组，其他气体燃料的锅炉或燃气轮机组参照以油为燃料的锅炉或燃气轮机组。

注 1：型煤、水煤浆、煤矸石锅炉参照燃煤锅炉；油页岩、石油焦、生物质锅炉或燃气轮机组参照以油为燃料的锅炉或燃气轮机组。
注 2：多种燃料掺烧的锅炉或燃气轮机应执行最严格的监测频次。
注 3：排气筒废气监测应同步监测烟气参数。

5.1.2　无组织废气排放监测点位、指标和频次

无组织排放监测点位设置、监测指标及监测频次按表 2 执行。

表 2　无组织废气监测指标最低监测频次

燃料类型	监测点位	监测指标	监测频次
煤、煤矸石、石油焦、油页岩、生物质	厂界	颗粒物[a]	季度
油	储油罐周边及厂界	非甲烷总烃	季度
所有燃料	氨罐区周边	氨[b]	季度

[a] 未封闭堆场需增加监测频次。周边无敏感点的，可适当降低监测频次。

[b] 适用于使用液氨或氨水作为还原剂的企业。

5.2　废水排放监测

废水排放监测的监测点位、监测指标、监测频次按表 3 执行。

表 3　废水监测指标最低监测频次

锅炉或燃气轮机规模	燃料类型	监测点位	监测指标	监测频次
涉单台 14 MW 或 20 t/h 及以上锅炉或燃气轮机的排污单位	燃煤	企业废水总排放口	pH 值、化学需氧量、氨氮、悬浮物、总磷[a]、石油类、氟化物、硫化物、挥发酚、溶解性总固体（全盐量）、流量	月
		脱硫废水排放口	pH 值、总砷、总铅、总汞、总镉、流量	月
	燃气	企业废水总排放口	pH 值、化学需氧量、氨氮、悬浮物、总磷[a]、溶解性总固体（全盐量）、流量	季度
	燃油	企业废水总排放口	pH 值、化学需氧量、氨氮、悬浮物、总磷[a]、石油类、硫化物、溶解性总固体（全盐量）、流量	月
		脱硫废水排放口	pH 值、总砷、总铅、总汞、总镉、流量	月
	所有	循环冷却水排放口	pH 值、化学需氧量、总磷、流量	季度
	所有	直流冷却水排放口	水温、流量	日
			总余氯	冬、夏各监测一次
仅涉单台 14 MW 或 20 t/h 以下锅炉的排污单位	所有	企业废水总排放口	pH 值、化学需氧量、氨氮、悬浮物、流量	年

[a] 生活污水若不排入总排口，可不测总磷。

注 1：除脱硫废水外，废水与其他工业废水混合排放的，参照相关工业行业监测要求执行；脱硫废水不外排的，监测频次可按季度执行。

5.3　厂界环境噪声监测

厂界环境噪声监测点位设置应遵循 HJ 819 中的原则，主要考虑表 4 噪声源在厂区内的分布情况。

表 4　厂界环境噪声布点应关注的噪声排放源

序号	燃料和热能转化设施类型	噪声排放源	
		主设备	辅助设备
1	燃煤锅炉	发电机、蒸汽轮机	引风机、冷却塔、脱硫塔、给水泵、灰渣泵房、碎煤机房、循环泵房等
2	以气体为燃料的锅炉或燃气轮机组	燃气轮机（内燃机）	冷却塔、压气机等
3	以油为燃料的锅炉或燃气轮机组	汽轮机、发电机	空压机、风机、水泵等

厂界环境噪声每季度至少开展一次昼夜监测，监测指标为等效 A 声级。周边有敏感点的，应提高监测频次。

5.4　周边环境质量影响监测

5.4.1　环境影响评价文件及其批复及其他环境管理政策有明确要求的，按要求执行。

5.4.2　无明确要求的，燃煤火电厂的灰（渣）场的排污单位，若企业认为有必要的，应按照 HJ/T 164 规定设置地下水监测点位。监测指标为 pH 值、化学需氧量、硫化物、氟化物、石油类、总硬度、总汞、总砷、总铅、总镉等，监测频次为每年至少一次。

5.5　其他要求

5.5.1　除表 1～表 3 中的污染物指标外，5.5.1.1 和 5.5.1.2 中的污染物指标也应纳入监测指标范围，并参照表 1～表 3 和 HJ 819 确定监测频次。

5.5.1.1　排污许可证、所执行的污染物排放（控制）标准、环境影响评价文件及其批复、相关管理规定明确要求的污染物指标。

5.5.1.2　排污单位根据生产过程的原辅用料、生产工艺、中间及最终产品类型、监测结果确定实际排放的，在相关有毒有害或优先控制污染物名录中的污染物指标，或其他有毒污染物指标。

5.5.2　各指标的监测频次在满足本标准的基础上，可根据 HJ 819 中的确定原则提高监测频次。

5.5.3　采样方法、监测分析方法、监测质量保证与质量控制等按照 HJ 819 执行。

5.5.4　监测方案的描述、变更按照 HJ 819 执行。

6　信息记录和报告

6.1　信息记录

6.1.1　监测信息记录

手工监测记录和自动监测运维记录按照 HJ 819 执行。

6.1.2　生产和污染治理设施运行状况记录要求

6.1.2.1　生产运行情况

燃煤机组：按照发电机组记录每日的运行小时、用煤量、实际发电量、实际供热量、产灰量、产渣量。

燃气机组：按照燃气机组记录每日的运行小时、用气量、实际发电量、实际供热量。

燃油机组：按照发电机组记录每日的运行小时、用油量、实际发电量、实际供热量。

及时记录锅炉或燃气轮机停机、启动情况。

6.1.2.2　燃料分析结果

燃煤锅炉应每日记录煤质分析，包括收到基灰分、含硫量、挥发分和低位发热量等；燃气锅炉应每日记录天然气成分分析；燃油锅炉应每日记录油品品质分析，包括含硫量等；其他燃料的锅炉应每日记录燃料成分。

6.1.2.3　废气处理设施运行情况

应记录脱硫、脱硝、除尘设备的工艺、投运时间等基本情况。

按日记录脱硫剂使用量、脱硝还原剂使用量、脱硫副产物产生量、粉煤灰产生量等。

记录脱硫、脱硝、除尘设施运行、故障及维护情况、布袋除尘器清灰周期及换袋情况等。

6.1.3　工业固体废物记录要求

记录一般工业固体废物和危险废物的产生量、综合利用量、处置量、贮存量，危险废物还应详细记录其具体去向。

一般工业固体废物包括灰渣、脱硫石膏、袋式（电袋）除尘器产生的破旧布袋等。

危险废物包括催化还原脱硝工艺产生的废烟气脱硝催化剂（钒钛系），其他工艺可能产生的危险废物按照《国家危险废物名录》或国家规定的危险废物鉴别标准和鉴别方法认定。

6.2 信息报告、应急报告、信息公开

按照 HJ 819 执行。

7 其他

本标准规定的内容外，按照 HJ 819 执行。

中共中央办公厅 国务院办公厅印发《关于深化环境监测改革提高环境监测数据质量的意见》的通知

厅字〔2017〕35号

各省、自治区、直辖市党委和人民政府，中央和国家机关各部委，解放军各大单位、中央军委机关各部门，各人民团体：

《关于深化环境监测改革提高环境监测数据质量的意见》已经中央领导同志同意，现印发给你们，请结合实际认真贯彻落实。

中共中央办公厅
国务院办公厅
2017年9月1日

关于深化环境监测改革提高环境监测数据质量的意见

环境监测是保护环境的基础工作，是推进生态文明建设的重要支撑。环境监测数据是客观评价环境质量状况、反映污染治理成效、实施环境管理与决策的基本依据。当前，地方不当干预环境监测行为时有发生，相关部门环境监测数据不一致现象依然存在，排污单位监测数据弄虚作假屡禁不止，环境监测机构服务水平良莠不齐，导致环境监测数据质量问题突出，制约了环境管理水平提高。为切实提高环境监测数据质量，现提出如下意见。

一、总体要求

（一）指导思想。全面贯彻党的十八大和十八届三中、四中、五中、六中全会精神，深入贯彻习近平总书记系列重要讲话精神和治国理政新理念新思想新战略，紧紧围绕统筹推进“五位一体”总体布局和协调推进“四个全面”战略布局，牢固树立和贯彻落实新发展理念，认真落实党中央、国务院决策部署，立足我国生态环境保护需要，坚持依法监测、科学监测、诚信监测，深化环境监测改革，构建责任体系，创新管理制度，强化监管能力，依法依规严肃查处弄虚作假行为，切实保障环境监测数据质量，提高环境监测数据公信力和权威性，促进环境管理水平全面提升。

（二）基本原则

——创新机制，健全法规。改革环境监测质量保障机制，完善环境监测质量管理制度，健全环境监测法律法规和标准规范。

——多措并举，综合防范。综合运用法律、经济、技术和必要的行政手段，预防不当干预，规范监测行为，加强部门协作，推进信息公开，形成政策措施合力。

——明确责任，强化监管。明确地方党委和政府以及相关部门、排污单位和环境监测机构的责任，加大弄虚作假行为查处力度，严格问责，形成高压震慑态势。

（三）主要目标。到2020年，通过深化改革，全面建立环境监测数据质量保障责任体系，健全环境监测质量管理制度，建立环境监测数据弄虚作假防范和惩治机制，确保环境监测机构和人员独立公正开展工作，确保环境监测数据全面、准确、客观、真实。

二、坚决防范地方和部门不当干预

（四）明确领导责任和监管责任。地方各级党委和政府建立健全防范和惩治环境监测数据弄虚作假的责任体系和工作机制，并对防范和惩治环境监测数据弄虚作假负领导责任。对弄虚作假问题突出的市（地、州、盟），环境保护部或省级环境保护部门可公开约谈其政府负责人，责成当地政府查处和整改。被环境保护部约谈的市（地、州、盟），省级环境保护部门对相关责任人依照有关规定提出处分建议，交由所在地党委和政府依纪依法予以处理，并将处理结果书面报告环境保护部、省级党委和政府。

各级环境保护、质量技术监督部门依法对环境监测机构负监管责任，其他相关部门要加强对所属环境监测机构的数据质量管理。各相关部门发现对弄虚作假行为包庇纵容、监管不力，以及有其他未依法履职行为的，依照规定向有关部门移送直接负责的主管人员和其他责任人员的违规线索，依纪依法追究其责任。

（五）强化防范和惩治。研究制定防范和惩治领导干部干预环境监测活动的管理办法，明确情形认定，规范查处程序，细化处理规定，重点解决地方党政领导干部和相关部门工作人员利用职务影响，指使篡改、伪造环境监测数据，限制、阻挠环境监测数据质量监管执法，影响、干扰对环境监测数据弄虚作假行为查处和责任追究，以及给环境监测机构和人员下达环境质量改善考核目标任务等问题。

（六）实行干预留痕和记录。明确环境监测机构和人员的记录责任与义务，规范记录事项和方式，对党政领导干部与相关部门工作人员干预环境监测的批示、函文、口头意见或暗示等信息，做到全程留痕、依法提取、介质存储、归档备查。对不如实记录或隐瞒不报不当干预行为并造成严重后果的相关人员，应予以通报批评和警告。

三、大力推进部门环境监测协作

（七）依法统一监测标准规范与信息发布。环境保护部依法制定全国统一的环境监测规范，加快完善大气、水、土壤等要素的环境质量监测和排污单位自行监测标准规范，健全国家环境监测量值溯源体系。会同有关部门建设覆盖我国陆地、海洋、岛礁的国家环境质量监测网络。各级各类环境监测机构和排污单位要按照统一的环境监测标准规范开展监测活动，切实解决不同部门同类环境监测数据不一致、不可比的问题。

环境保护部门统一发布环境质量和其他重大环境信息。其他相关部门发布信息中涉及环境质量内容的，应与同级环境保护部门协商一致或采用环境保护部门依法公开发布的环境质量信息。

（八）健全行政执法与刑事司法衔接机制。环境保护部门查实的篡改伪造环境监测数据案件，尚不构成犯罪的，除依照有关法律法规进行处罚外，依法移送公安机关予以拘留；对涉嫌犯罪的，应当制作涉嫌犯罪案件移送书、调查报告、现场勘查笔录、涉案物品清单等证据材料，及时向同级公安机关移送，并将案件移送书抄送同级检察机关。公安机关应当依法接受，并在规定期限内书面通知环境保护部门是否立案。检察机关依法履行法律监督职责。环境保护部门与公安机关及检察机关对企业超标排放污染物情况通报、环境执法督察报告等信息资源实行共享。

四、严格规范排污单位监测行为

（九）落实自行监测数据质量主体责任。排污单位要按照法律法规和相关监测标准规范开展自行监测，制定监测方案，保存完整的原始记录、监测报告，对数据的真实性负责，并按规定公开相关监测信息。对通过篡改、伪造监测数据等逃避监管方式违法排放污染物的，环境保护部门依法实施按日连续处罚。

（十）明确污染源自动监测要求。建立重点排污单位自行监测与环境质量监测原始数据全面直传上报制度。重点排污单位应当依法安装使用污染源自动监测设备，定期检定或校准，保证正常运行，并公开自动监测结果。自动监测数据要逐步实现全国联网。逐步在污染治理设施、监测站房、排放口等位置安装视频监控设施，并与地方环境保护部门联网。取消环境保护部门负责的有效性审核。重点排污单位自行开展污染源自动监测的手工比对，及时处理异常情况，确保监测数据完整有效。自动监测数据可作为环境行政处罚等监管执法的依据。

五、准确界定环境监测机构数据质量责任

（十一）建立“谁出数谁负责、谁签字谁负责”的责任追溯制度。环境监测机构及其负责人对其监测数据的真实性和准确性负责。采样与分析人员、审核与授权签字人分别对原始监测数据、监测报告的真实性终身负责。对违法违规操作或直接篡改、伪造监测数据的，依纪依法追究相关人员责任。

（十二）落实环境监测质量管理制度。环境监测机构应当依法取得检验检测机构资质认定证书。建立覆盖布点、采样、现场测试、样品制备、分析测试、数据传输、评价和综合分析报告编制等全过程的质量管理体系。专门用于在线自动监测监控的仪器设备应当符合环境保护相关标准规范要求。使用的标准物质应当是有证标准物质或具有溯源性的标准物质。

六、严厉惩处环境监测数据弄虚作假行为

（十三）严肃查处监测机构和人员弄虚作假行为。环境保护、质量技术监督部门对环境监测机构开展“双随机”检查，强化事中事后监管。环境监测机构和人员弄虚作假或参与弄虚作假的，环境保护、质量技术监督部门及公安机关依法给予处罚；涉嫌犯罪的，移交司法机关依法追究相关责任人的刑事责任。从事环境监测设施维护、运营的人员有实施或参与篡改、伪造自动监测数据、干扰自动监测设施、破坏环境质量监测系统等行为的，依法从重处罚。

环境监测机构在提供环境服务中弄虚作假，对造成的环境污染和生态破坏负有责任的，除依法处罚外，检察机关、社会组织和其他法律规定的机关提起民事公益诉讼或者省级政府授权的行政机关依法提起生态环境损害赔偿诉讼时，可以要求环境监测机构与造成环境污染和生态破坏的其他责任者承担连带责任。

（十四）严厉打击排污单位弄虚作假行为。排污单位存在监测数据弄虚作假行为的，环境保护部门、公安机关依法予以处罚；涉嫌犯罪的，移交司法机关依法追究直接负责的主管人员和其他责任人的刑事责任，并对单位判处罚金；排污单位法定代表人强令、指使、授意、默许监测数据弄虚作假的，依纪依法追究其责任。

（十五）推进联合惩戒。各级环境保护部门应当将依法处罚的环境监测数据弄虚作假企业、机构和个人信息向社会公开，并依法纳入全国信用信息共享平台，同时将企业违法信息依法纳入国家企业信用信息公示系统，实现一处违法、处处受限。

（十六）加强社会监督。广泛开展宣传教育，鼓励公众参与，完善举报制度，将环境监测数据弄虚作假行为的监督举报纳入“12369”环境保护举报和“12365”质量技术监督举报受理范围。充分发挥环境监测行业协会的作用，推动行业自律。

七、加快提高环境监测质量监管能力

（十七）完善法规制度。研究制定环境监测条例，加大对环境监测数据弄虚作假行为的惩处力度。对侵占、损毁或擅自移动、改变环境质量监测设施和污染物排放自动监测设备的，依法处罚。制定环境监测与执法联动办法、环境监测机构监管办法等规章制度。探索建立环境监测人员数据弄虚作假从业禁止制度。研究建立排污单位环境监测数据真实性自我举证制度。推进监测数据采集、传输、存储的标准化建设。

（十八）健全质量管理体系。结合现有资源建设国家环境监测量值溯源与传递实验室、污染物计量与实物标准实验室、环境监测标准规范验证实验室、专用仪器设备适用性检测实验室，提高国家环境监测质量控制水平。提升区域环境监测质量控制和管理能力，在华北、东北、西北、华东、华南、西南等地区，委托有条件的省级环境监测机构承担区域环境监测质量控制任务，对区域内环境质量监测活动进行全过程监督。

（十九）强化高新技术应用。加强大数据、人工智能、卫星遥感等高新技术在环境监测和质量管理中的应用，通过对环境监测活动全程监控，实现对异常数据的智能识别、自动报警。开展环境监测新技术、新方法和全过程质控技术研究，加快便携、快速、自动监测仪器设备的研发与推广应用，提升环境监测科技水平。

各地区各有关部门要按照党中央、国务院统一部署和要求，结合实际制定具体实施方案，明确任务分工、时间节点，扎实推进各项任务落实。地方各级党委和政府要结合环保机构监测监察执法垂直管理制度改革，加强对环境监测工作的组织领导，及时研究解决环境监测发展改革、机构队伍建设等问题，保障监测业务用房、业务用车和工作经费。环境保护部要把各地落实本意见情况作为中央环境保护督察的重要内容。中央组织部、国家发展改革委、财政部、监察部等有关部门要统筹落实责任追究、项目建设、经费保障、执纪问责等方面的事项。

关于发布计算污染物排放量的排污系数和物料衡算方法的公告

环境保护部公告 2017 年 第 81 号

为贯彻落实《中华人民共和国环境保护税法》有关要求，进一步明确污染物排放量计算方法，我部制订了《纳入排污许可管理的火电等 17 个行业污染物排放量计算方法（含排污系数、物料衡算方法）（试行）》《未纳入排污许可管理行业适用的排污系数、物料衡算方法（试行）》，现予发布。

一、纳入排污许可管理的火电等 17 个行业排污单位，适用《纳入排污许可管理的火电等 17 个行业污染物排放量计算方法（含排污系数、物料衡算方法）（试行）》。

二、未纳入排污许可管理的锡矿采选业等行业排污单位，适用《未纳入排污许可管理行业适用的排污系数、物料衡算方法（试行）》。

三、除前两项外其他行业排污单位的污染物排放量计算方法，由各省级环境保护主管部门参考《关于排污申报与排污费征收有关问题的通知》（环办〔2014〕80 号）等排污费征收相关规定，按照科学合理原则制定，并报我部备案。

特此公告。

附件：1. 纳入排污许可管理的火电等 17 个行业污染物排放量计算方法（含排污系数、物料衡算方法）（试行）（节选）

2. 未纳入排污许可管理行业适用的排污系数、物料衡算方法（试行）（略）

环境保护部

2017 年 12 月 27 日

附件 1

纳入排污许可管理的火电等 17 个行业污染物实际排放量计算方法（含排污系数、物料衡算方法）（试行）（节选）

（一）污染物实际排放量核算方法　火电行业

1　一般原则

火电企业污染物的排放总量达标是指企业中有许可排放量要求的主要排放口的主要污染物实际排放量之和满足核算时段许可排放量要求。核算时段根据管理需求，可以是季度、年或特殊时段等。

火电行业排污单位的废水、废气污染物在核算时段内的实际排放量等于主要排放口正常情况与非正常情况实际排放量之和，不核算一般排放口和无组织排放的实际排放量。

火电行业排污单位主要废气排放口二氧化硫、氮氧化物和烟尘正常和非正常实际排放量的核算方法包括实测法、物料衡算法和产排污系数法等。应当采用自动监测的污染因子，根据符合监测规范的有效自动监测数据采用实测法核算实际排放量。同时根据执法监测、企业自行开展的手工监测数据进行校核，若同一时段的手工监测数据与自动监测数据不一致，手工监测数据符合法定的监测标准和监测方法的，以手工监测数据为准。对于应当采用自动监测而未采用的污染因子，采用物料衡算法核算二氧化硫排放量，采用产污系数法核算氮氧化物和烟尘实际排放量，全部按照直接排放核算。未要求采用自动监测的污染因子，按照优先顺序依次选取自动监测数据、执法和手工监测数据、产排污系数法进行核算。在采用手工和执法监测数据进行核算时，若同一时段的手工监测数据与执法监测数据不一致，以执法监测数据为准。监测数据应符合国家有关环境监测、计量认证规定和技术规范。

火电行业排污单位主要废水排放口污染源排放量的核算方法包括实测法和产排污系数法。凡安装污染物自动监测系统并与环境保护部门联网的火电厂，应优先使用符合监测规范的有效的自动监测数据核算实际排放量。污染物自动监测系统未设置或数据无效时，可采用执法监测、自行监测等手工监测数、产排污系数法进行核算。未按照相关规范文件等要求进行手工监测（无有效监测数据）的排放口或污染物，有有效治理设施的按照排污系数法核算，无有效治理设施的按产污系数法核算。

2 废气污染物实际排放量核算方法

排污单位应按式（1）核算有组织排放烟尘、二氧化硫、氮氧化物的实际排放量：

$$E_{j,\text{排污单位}}=E_{j,\text{有组织排放}}=E_{j\text{主要排放口}}=\sum_{i=1}^{n}E_{ij} \tag{1}$$

式中：$E_{j,\text{排污单位}}$ —— 核算时段内排污单位第 j 项大气污染物的实际排放量，t；

$E_{j,\text{有组织排放}}$ —— 核算时段内排污单位有组织排放口第 j 项大气污染物实际排放量，t；

$E_{j\text{主要排放口}}$ —— 核算时段内排污单位全部主要排放口第 j 项大气污染物实际排放量，t；

E_{ij} —— 核算时段内排污单位第 i 个主要排放口第 j 项大气污染物的实际排放量，t。

2.1 实测法

实测法是指根据监测数据测算实际排放量的方法，分为自动监测实测法和手工监测实测法。其中，自动监测实测法是指根据 DCS 历史存储的 CEMS 数据中的每小时污染物的平均排放浓度、平均烟气量、运行时间核算污染物排放量，见公式（2）；手工监测实测法是指根据每次手工监测时段内每小时污染物的平均排放浓度、平均烟气量、运行时间核算污染物排放量，见公式（3）。

$$E=\sum_{i=1}^{S_t}(\rho_i\times L_i)\times 10^{-9} \tag{2}$$

式中：E —— 核算时段内某主要排放口某项大气污染物的实际排放量，t；

S_t —— 核算时段内某污染物排放时间，h；

ρ_i —— 第 j 个排放口第 i 小时标态干烟气污染物的小时排放质量浓度，mg/m^3；

L_i —— 第 j 个排放口第 i 小时标态干烟气排放量，m^3/h。

$$E=\frac{\sum_{i=1}^{n}(\rho_i\times L_i)}{n}\times S_t\times 10^{-9} \tag{3}$$

式中：E —— 核算时段内某污染物排放量，t；

ρ_i —— 第 i 次监测标态干烟气污染物的小时排放质量浓度，mg/m^3；

L_i —— 第 i 次监测标态干烟气排放量，m^3/h；

n —— 核算时段内有效监测数据数量，量纲一；

S_t —— 核算时段内运行小时数，h。

对于因自动监控设施发生故障以及其他情况导致数据缺失的按照 HJ/T 75 进行补遗。缺失时段超过 25%的，自动监测数据不能作为核算实际排放量的依据，实际排放量按照“应当采用自动监测而未采用的污染因子”的相关规定进行核算。

排污单位提供充分证据证明在线数据缺失、数据异常等不是排污单位责任的，可按照排污单位提供的手工监测数据等核算实际排放量，或者按照上一个半年申报期间稳定运行期间自动监测数据小时浓度均值和半年平均烟气量，核算数据缺失时段的实际排放量。

2.2　物料衡算法

采用物料衡算法核算二氧化硫直排排放量的，根据燃料消耗量、含硫率进行核算，具体公式如下：

$$E_{SO_2}=2B_g\times\left(1-\frac{q_4}{100}\right)\times\frac{S_{t,ar}}{100}\times K \tag{4}$$

式中：E_{SO_2} —— 二氧化硫排放量，t；

B_g —— 锅炉燃料耗量，t；

q_4 —— 锅炉机械不完全燃烧热损失，%；

$S_{t,ar}$ —— 燃料收到基全硫分，%，$S_{t,ar}$ 取核算时段内最大值；

K —— 燃料中的硫燃烧后氧化成二氧化硫的份额。

q_4 与炉型和燃料等有关，可取生产商锅炉技术规范书等确定的制造参数，燃煤锅炉也可参考表 1，燃气和燃油锅炉取 0。

表 1　燃煤锅炉机械不完全燃烧热损失 q_4 的一般取值

锅炉型式	煤种	q_4/%
固态排渣煤粉炉	无烟煤	4
	贫煤	2
	烟煤（干燥无灰基挥发分 $V_{daf}\leqslant25\%$）	2
	烟煤（干燥无灰基挥发分 $V_{daf}>25\%$）	1.5
	褐煤	0.5
	洗煤（干燥无灰基挥发分 $V_{daf}\leqslant25\%$）	3
	洗煤（干燥无灰基挥发分 $V_{daf}>25\%$）	2.5
液态排渣煤粉炉	无烟煤	2
	烟煤	1
	褐煤	0.5
循环流化床锅炉	烟煤	2
	无烟煤	2.5

K 随燃烧方式而定，一般可按表 2 选取。

表 2　燃料中的硫生成二氧化硫的份额

锅炉型式	循环流化床炉	煤粉炉	燃油（气）炉
K	0.85	0.90	1.00

2.3　产污系数法

采用产污系数法核算氮氧化物、烟尘直排排放量的，根据燃料消耗量、产污强度进行核算，见式（5）。

$$E=B_g\times\beta_g\times10^{-3} \tag{5}$$

式中：E —— 核算时段内污染物排放量，t；

B_g —— 核算时段内燃料消耗量，t；

β_g —— 产污系数，取值参见附录 A 表 A.1。

3 废水污染物实际排放量核算方法

3.1 实测法

实测法是通过实际测量废水排放量及所含污染物的质量浓度计算污染物排放量，其中自动监测数据按式（6）核算：

$$P=\sum_{i=1}^{S_t}(Q_i \times C_i)\times 10^{-6} \tag{6}$$

式中：P —— 核算时段内污染物排放量，t；

S_t —— 核算时段内运行天数，d；

Q_i —— 第 i 日废水排放量，m^3/d；

C_i —— 第 i 日污染物的排放质量浓度，mg/L。

手工监测数据按式（7）进行核算。除执法监测外，其他手工监测时段的生产负荷应不低于本次监测与上一次监测周期内的平均生产负荷，并给出生产负荷对比结果。

$$P=\frac{\sum_{i=1}^{n}(C_i \times Q_i)}{n}\times S_t \times 10^{-6} \tag{7}$$

式中：P —— 核算时段内污染物排放量，t；

C_i —— 第 i 次监测的污染物排放质量浓度，mg/L；

Q_i —— 第 i 次监测的日废水排放量，m^3/d；

n —— 核算时段内有效监测数据数量，量纲一；

S_t —— 核算时段内运行天数，d。

自动监测和手工监测的污染物采样、监测及数据质量应符合 HJ/T 355、HJ/T 356 和 HJ/T 92 的规定。

3.2 产排污系数法

产排污系数法核算方法见式（8）。

$$E=B_g \times \beta_g \times 10^{-6} \tag{8}$$

式中：E —— 核算时段内污染物排放量，t；

B_g —— 核算时段内燃料消耗量，t；

β_g —— 产排污系数，取值参见附录 A 表 A.2。

附 录 A

（资料性附录）

火电行业污染物实际排放量产排污系数列表

表 A.1 废气污染物排放产污系数一览表

原料名称	工艺名称	规模等级	污染物指标	单位	产污系数
煤炭	煤粉炉	≥750 兆瓦	烟尘	千克/吨-原料	9.23A_{ar}+8.76
			氮氧化物	千克/吨-原料	6.09[③]
					4.10[④]
	煤粉炉	450～749 兆瓦[⑤]	烟尘	千克/吨-原料	9.2A_{ar}+9.33
			氮氧化物	千克/吨-原料	7.95[①]
					6.72[②]
					6.07[③]
					4.08[④]
	煤粉炉	250～449 兆瓦	烟尘	千克/吨-原料	9.21A_{ar}[⑥]+11.13
	循环流化床锅炉		烟尘	千克/吨-原料	6.31A_{ar}+7.54
	煤粉炉		氮氧化物	千克/吨-原料	8.01[①]
					6.65[②]
					5.82[③]
					4.07[④]
	煤粉炉	150～249 兆瓦	烟尘	千克/吨-原料	9.33A_{ar}+7.77
	循环流化床锅炉		烟尘	千克/吨-原料	6.24A_{ar}+7.57
	煤粉炉		氮氧化物	千克/吨-原料	7.68[①]
					6.61[②]
					5.61[③]
					3.94[④]
	煤粉炉	75～149 兆瓦	烟尘	千克/吨-原料	9.31A_{ar}+9.18
	循环流化床锅炉		烟尘	千克/吨-原料	6.31A_{ar}+7.27
	煤粉炉		氮氧化物	千克/吨-原料	7.49[①]
					6.58[②]
					5.48[③]
					3.86[④]
	煤粉炉	35～74 兆瓦	烟尘	千克/吨-原料	9.36A_{ar}+10.44
	循环流化床锅炉		烟尘	千克/吨-原料	6.24A_{ar}+7.24
	煤粉炉		氮氧化物	千克/吨-原料	6.90[①]
					5.92[②]
					4.13[③]
					3.04[④]
	煤粉炉	20～34 兆瓦	烟尘	千克/吨-原料	9.16A_{ar}+0.45
	循环流化床锅炉		烟尘	千克/吨-原料	6.3A_{ar}+7.79
	煤粉炉		氮氧化物	千克/吨-原料	6.47[①]
					5.28[②]
					3.92[③]
					3.01[④]

<table>
<tr><th>原料名称</th><th>工艺名称</th><th>规模等级</th><th>污染物指标</th><th>单位</th><th colspan="2">产污系数</th></tr>
<tr><td rowspan="30">煤炭</td><td>煤粉炉</td><td rowspan="13">9～19 兆瓦</td><td>烟尘</td><td>千克/吨-原料</td><td colspan="2">$9.18A_{ar}+7.56$</td></tr>
<tr><td>循环流化床锅炉</td><td>烟尘</td><td>千克/吨-原料</td><td colspan="2">$6.3A_{ar}+8.97$</td></tr>
<tr><td rowspan="3">层燃炉</td><td rowspan="3">烟尘</td><td rowspan="3">千克/吨-原料</td><td>烟煤</td><td>$1.6A_{ar}$</td></tr>
<tr><td>无烟煤</td><td>$1.85A_{ar}$</td></tr>
<tr><td>褐煤</td><td>$1.60A_{ar}$</td></tr>
<tr><td rowspan="4">煤粉炉</td><td rowspan="4">氮氧化物</td><td rowspan="4">千克/吨-原料</td><td colspan="2">5.82①</td></tr>
<tr><td colspan="2">4.07②</td></tr>
<tr><td colspan="2">3.08③</td></tr>
<tr><td colspan="2">2.96④</td></tr>
<tr><td rowspan="4">层燃炉</td><td rowspan="4">氮氧化物</td><td rowspan="4">千克/吨-原料</td><td colspan="2">5.61①</td></tr>
<tr><td colspan="2">5②</td></tr>
<tr><td colspan="2">4.38③</td></tr>
<tr><td colspan="2">4.22④</td></tr>
<tr><td>层燃炉</td><td rowspan="17">≤8 兆瓦</td><td rowspan="3">烟尘</td><td rowspan="3">千克/吨-原料</td><td rowspan="3">烟煤</td><td>$1.25A_{ar}$</td></tr>
<tr><td>煤粉炉</td><td>$8.93A_{ar}$</td></tr>
<tr><td>循环流化床锅炉</td><td>$5.19A_{ar}$</td></tr>
<tr><td>层燃炉</td><td rowspan="2">烟尘</td><td rowspan="2">千克/吨-原料</td><td rowspan="2">无烟煤</td><td>$1.8A_{ar}$</td></tr>
<tr><td>循环流化床锅炉</td><td>$4.63A_{ar}$</td></tr>
<tr><td>层燃炉</td><td>烟尘</td><td>千克/吨-原料</td><td>褐煤</td><td>$1.25A_{ar}$</td></tr>
<tr><td>煤粉炉</td><td>烟尘</td><td>千克/吨-原料</td><td>褐煤</td><td>$8.93A_{ar}$</td></tr>
<tr><td>层燃炉</td><td>氮氧化物</td><td>千克/吨-原料</td><td>烟煤</td><td>4.35</td></tr>
<tr><td>煤粉炉</td><td>氮氧化物</td><td>千克/吨-原料</td><td>烟煤</td><td>5.04</td></tr>
<tr><td>循环流化床锅炉</td><td>氮氧化物</td><td>千克/吨-原料</td><td>烟煤</td><td>3.63</td></tr>
<tr><td>层燃炉</td><td>氮氧化物</td><td>千克/吨-原料</td><td>无烟煤</td><td>5.51</td></tr>
<tr><td>循环流化床锅炉</td><td>氮氧化物</td><td>千克/吨-原料</td><td>无烟煤</td><td>5.53</td></tr>
<tr><td>层燃炉</td><td>氮氧化物</td><td>千克/吨-原料</td><td>褐煤</td><td>4.71</td></tr>
<tr><td>煤粉炉</td><td>氮氧化物</td><td>千克/吨-原料</td><td>褐煤</td><td>4.9</td></tr>
<tr><td>煤矸石</td><td>循环流化床锅炉</td><td>所有规模</td><td>烟尘</td><td>千克/吨-原料</td><td colspan="2">238.6</td></tr>
<tr><td rowspan="2">垃圾+煤</td><td rowspan="2">焚烧炉</td><td rowspan="2">所有规模</td><td>烟尘</td><td>千克/吨-原料</td><td colspan="2">121.4</td></tr>
<tr><td>氮氧化物</td><td>千克/吨-原料</td><td colspan="2">1.52</td></tr>
<tr><td rowspan="2">天然气</td><td rowspan="2">燃机</td><td rowspan="2">所有规模</td><td>烟尘</td><td>毫克/立方米-原料</td><td colspan="2">103.9</td></tr>
<tr><td>氮氧化物</td><td>千克/吨-原料</td><td colspan="2">1.66</td></tr>
<tr><td rowspan="2">燃油</td><td rowspan="2">锅炉/燃机</td><td rowspan="2">所有规模</td><td>烟尘</td><td>千克/吨-原料</td><td colspan="2">0.25</td></tr>
<tr><td>氮氧化物</td><td>千克/吨-原料</td><td colspan="2">3.41</td></tr>
<tr><td rowspan="2">石油焦</td><td rowspan="2">循环流化床锅炉</td><td rowspan="2">所有规模</td><td>烟尘</td><td>千克/吨-原料</td><td colspan="2">5</td></tr>
<tr><td>氮氧化物</td><td>千克/吨-原料</td><td colspan="2">2.646</td></tr>
</table>

注：①煤炭干燥无灰基挥发分为 V_{daf}（%）≤10；

②煤炭干燥无灰基挥发分为 10＜V_{daf}（%）≤20；

③煤炭干燥无灰基挥发分为 20＜V_{daf}（%）≤37；

④煤炭干燥无灰基挥发分为 V_{daf}（%）＞37；

⑤450～749 兆瓦循环流化床锅炉参考同等级的煤粉炉；

⑥A_{ar}：燃料收到基灰分，%。

表 A.2 废水污染物排放产排污系数一览表

原料名称	工艺名称	规模等级	污染物指标	单位	产污系数	末端处理技术名称	排污系数	
煤炭	煤粉炉	≥750 兆瓦	化学需氧量	克/吨-原料	17.6	物理+化学法	0	
	煤粉炉	450～749 兆瓦	化学需氧量	克/吨-原料	20.5	物理+化学法	0	
	煤粉炉或循环流化床锅炉	250～449 兆瓦	化学需氧量	克/吨-原料	27.7	物理+化学法	重复利用	0
							循环利用+直排	6.7
	煤粉炉或循环流化床锅炉	150～249 兆瓦	化学需氧量	克/吨-原料	28.7	物理+化学法	重复利用	0
							循环利用+直排	7.5
	煤粉炉或循环流化床锅炉	75～149 兆瓦	化学需氧量	克/吨-原料	31.5	物理+化学法	重复利用	0
							循环利用+直排	7.6
	煤粉炉或循环流化床锅炉	35～74 兆瓦	化学需氧量	克/吨-原料	36.7	物理+化学法	重复利用	0
							循环利用+直排	11.8
	煤粉炉或循环流化床锅炉	20～34 兆瓦	化学需氧量	克/吨-原料	37.8	直排	37.8	
						物理+化学法	重复利用	0
							循环利用+直排	15.8
	煤粉炉或循环流化床锅炉或层燃炉	9～19 兆瓦	化学需氧量	克/吨-原料	74.5	直排	74.5	
						物理+化学法	重复利用	0
							循环利用+直排	26.1
	全部类型锅炉（锅内水处理）	≤8 兆瓦	化学需氧量	克/吨-原料	70	直排	70	
						物理+化学	重复利用	0
							循环利用+直排	20
	全部类型锅炉（锅外水处理）	≤8 兆瓦	化学需氧量	克/吨-原料	90	直排	90	
						物理+化学	重复利用	0
							循环利用+直排	30
煤矸石	循环流化床锅炉	所有规模	化学需氧量	克/吨-原料	65.5	直排	65.5	
						物理+化学法	重复利用	0
							循环利用+直排	16.4
垃圾+煤	焚烧炉	所有规模	化学需氧量	克/吨-原料	26.2	直排	26.2	
						物理+化学法	重复利用	0
							循环利用+直排	16.6
天然气	燃机	所有规模	化学需氧量	毫克/立方米-原料	16.7	直排	16.7	
						物理+化学法	重复利用	0
							循环利用+直排	4.2
燃油	锅炉/燃机	所有规模	化学需氧量	克/吨-原料	36.9	直排	36.9	
						物理+化学法	重复利用	0
							循环利用+直排	9.2
石油焦	循环流化床锅炉	所有规模	化学需氧量	克/吨-原料	28.6	直排	28.6	
						物理+化学法	重复利用	0
							循环利用+直排	7.4

中华人民共和国国家环境保护标准

固定污染源烟气（SO_2、NO_x、颗粒物）排放连续监测技术规范

Specifications for continuous emissions monitoring of SO_2，NO_x and particulate matter in the flue gas emitted from stationary sources

HJ 75—2017

代替 HJ/T 75—2007

2017-12-29 发布　　2018-03-01 实施

前　言

为贯彻《中华人民共和国环境保护法》和《中华人民共和国大气污染防治法》，加强固定污染源烟气排放监测监管，提高固定污染源烟气排放连续监测管理水平，制定本标准。

本标准规定了固定污染源烟气（SO_2、NO_x、颗粒物）排放连续监测系统的组成和功能、技术性能、监测站房、安装、技术指标调试检测、技术验收、日常运行管理、日常运行质量保证以及数据审核和处理的有关要求。

本标准中的浓度泛指质量浓度或体积分数。

本标准是对《固定污染源烟气排放连续监测技术规范（试行）》（HJ/T 75—2007）的修订。本标准首次发布于 2001 年，2007 年第一次修订，原起草单位：上海市环境监测中心。本次为第二次修订。本次修订的主要内容有：

——增加了烟气湿度测试与质控要求；

——简化了方法和监测仪器结构的介绍；

——细化了烟气排放连续监测系统（CEMS）的安装要求；

——补充完善了调试检测和技术验收的方法、技术要求和相关记录表格；

——细化了运行管理和质量保证及数据审核和处理要求。

本标准的附录 A、附录 C、附录 H 为规范性附录，附录 B、附录 D、附录 E、附录 F、附录 G 为资料性附录。

自本标准实施之日起，《固定污染源烟气排放连续监测技术规范（试行）》（HJ/T 75—2007）废止。

本标准由环境保护部环境监测司和科技标准司组织制订。

本标准起草单位：中国环境监测总站、上海市环境监测中心、湖北省环境监测中心站、河北省环境监测中心站。

本标准环境保护部 2017 年 12 月 29 日批准。

本标准自 2018 年 3 月 1 日起实施。

本标准由环境保护部解释。

1　适用范围

本标准规定了固定污染源烟气排放连续监测系统中的气态污染物（SO_2、NO_x）排放、颗粒物排放和有关烟气参数（含氧量等）连续监测系统的组成和功能、技术性能、监测站房、安装、技术指标调试检测、技术验收、日常运行管理、日常运行质量保证以及数据审核和处理的有关要求。

本标准适用于以固体、液体为燃料或原料的火电厂锅炉、工业/民用锅炉以及工业炉窑等固定污染源烟气（SO_2、NO_x、颗粒物）排放连续监测系统。

生活垃圾焚烧炉、危险废物焚烧炉及以气体为燃料或原料的固定污染源烟气（SO_2、NO_x、颗粒物）排放连续监测系统可参照本标准执行。

其他烟气污染物排放连续监测系统相应标准未正式颁布实施前，可参照本标准执行。

2　规范性引用文件

本标准引用了下列文件或其中的条款。凡是未注明日期的引用文件，其最新版本适用于本标准。

GB 4208　外壳防护等级（IP 代码）

GB 50057　建筑物防雷设计规范

GB 50093　自动化仪表工程施工及质量验收规范

GB 50168　电气装置安装工程电缆线路施工及验收规范

GB/T 16157　固定污染源排气中颗粒物测定与气态污染物采样方法

HJ 76　固定污染源烟气（SO_2、NO_x、颗粒物）排放连续监测系统技术要求及检测方法

HJ 212　污染源在线自动监控（监测）系统数据传输标准

HJ/T 397　固定源废气监测技术规范

3　术语和定义

3.1　烟气排放连续监测　continuous emission monitoring，CEM

对固定污染源排放的颗粒物和（或）气态污染物的排放浓度和排放量进行连续、实时的自动监测，简称 CEM。

3.2　连续监测系统　continuous monitoring system，CMS

连续监测固定污染源烟气参数所需要的全部设备，简称 CMS。

3.3　烟气排放连续监测系统　continuous emission monitoring system，CEMS

连续监测固定污染源颗粒物和（或）气态污染物排放浓度和排放量所需要的全部设备，简称 CEMS。

3.4　CEMS 的正常运行　valid operation of CEMS

符合本标准的技术指标要求，在规定有效期内的运行，但不包括检测器污染、仪器故障、系统校准或系统未经定期校准、定期校验等期间的运行。

3.5　有效数据　valid data

符合本标准的技术指标要求，经验收合格的 CEMS，在固定污染源排放烟气条件下，CEMS 正常运行所测得的数据。

3.6　有效小时均值　valid hourly average

整点 1 h 内不少于 45 min 的有效数据的算术平均值。

3.7　参比方法　reference method

用于与 CEMS 测量结果相比较的国家或行业发布的标准方法。

3.8　校验　checkout/verification

用参比方法对 CEMS（含取样系统、分析系统）检测结果进行相对准确度、相关系数、置信区间、允许区间、相对误差、绝对误差等的比对检测过程。

3.9　调试检测　performance testing

CEMS 安装、初调和至少正常连续运行 168 h 后，于技术验收前对 CEMS 进行的校准和校验。

3.10　比对监测　comparision testing

用参比方法对正常运行的 CEMS 的准确度进行抽检。

3.11 系统响应时间 response time

系统响应时间指从 CEMS 系统采样探头通入标准气体的时刻起，到分析仪示值达到标准气体标称值 90%的时刻止，中间的时间间隔。包括管线传输时间和仪表响应时间。

3.12 零点漂移 zero drift

在仪器未进行维修、保养或调节的前提下，CEMS 按规定的时间运行后通入零点气体，仪器的读数与零点气体初始测量值之间的偏差相对于满量程的百分比。

3.13 量程漂移 span drift

在仪器未进行维修、保养或调节的前提下，CEMS 按规定的时间运行后通入量程校准气体，仪器的读数与量程校准气体初始测量值之间的偏差相对于满量程的百分比。

3.14 相对准确度 relative accuracy

采用参比方法与 CEMS 同步测定烟气中气态污染物浓度，取同时间区间且相同状态的测量结果组成若干数据对，数据对之差的平均值的绝对值与置信系数之和与参比方法测定数据的平均值之比。

3.15 相关校准 correlation calibration

采用参比方法与 CEMS 同步测量烟气中颗粒物浓度，取同时间区间且相同状态的测量结果组成若干数据对，通过建立数据对之间的相关曲线，用参比方法校准颗粒物 CEMS 的过程。

3.16 速度场系数 velocity field coefficient

参比方法与 CEMS 同步测量烟气流速，参比方法测量的烟气平均流速与同时间区间且相同状态的 CEMS 测量的烟气平均流速的比值。

4 固定污染源烟气排放连续监测系统的组成和功能要求

CEMS 由颗粒物监测单元和（或）气态污染物监测单元、烟气参数监测单元、数据采集与处理单元组成。

CEMS 应当实现测量烟气中颗粒物浓度、气态污染物 SO_2 和（或）NO_x 浓度，烟气参数（温度、压力、流速或流量、湿度、含氧量等），同时计算烟气中污染物排放速率和排放量，显示（可支持打印）和记录各种数据和参数，形成相关图表，并通过数据、图文等方式传输至管理部门等功能。输出参数计算应满足附录 C 的要求。

对于氮氧化物监测单元，NO_2 可以直接测量，也可通过转化炉转化为 NO 后一并测量，但不允许只监测烟气中的 NO。NO_2 转换为 NO 的效率应满足 HJ 76 的要求。

5 固定污染源烟气排放连续监测系统技术性能要求

满足 HJ 76 中相关要求。

6 固定污染源烟气排放连续监测系统监测站房要求

6.1 应为室外的 CEMS 提供独立站房，监测站房与采样点之间距离应尽可能近，原则上不超过 70 m。

6.2 监测站房的基础荷载强度应≥2 000 kg/m^2。若站房内仅放置单台机柜，面积应≥2.5×2.5 m^2。若同一站房放置多套分析仪表的，每增加一台机柜，站房面积应至少增加 3 m^2，便于开展运维操作。站房空间高度应≥2.8 m，站房建在标高≥0 m 处。

6.3 监测站房内应安装空调和采暖设备，室内温度应保持在 15～30℃，相对湿度应≤60%，空调应具有来电自动重启功能，站房内应安装排风扇或其他通风设施。

6.4 监测站房内配电功率能够满足仪表实际要求，功率不少于 8 kW，至少预留三孔插座 5 个、稳压电源 1 个、UPS 电源一个。

6.5 监测站房内应配备不同浓度的有证标准气体，且在有效期内。标准气体应当包含零气（即含二氧化硫、氮氧化物均≤0.1 μmol/mol 的标准气体，一般为高纯氮气，纯度≥99.999%；当测量烟气中二氧化碳时，零气中二氧化碳≤400 μmol/mol，含有其他气体的浓度不得干扰仪器的读数）和 CEMS 测量的各种气体（SO_2、NO_x、O_2）的量程标气，以满足日常零点、量程校准、校验的需要。低浓度标准气体可由高浓度标准气体通过经校准合格的等比例稀释设备获得（精密度≤1%），也可单独配备。

6.6　监测站房应有必要的防水、防潮、隔热、保温措施，在特定场合还应具备防爆功能。

6.7　监测站房应具有能够满足 CEMS 数据传输要求的通信条件。

7　固定污染源烟气排放连续监测系统安装要求

7.1　安装位置要求

7.1.1　一般要求

7.1.1.1　位于固定污染源排放控制设备的下游和比对监测断面上游。

7.1.1.2　不受环境光线和电磁辐射的影响。

7.1.1.3　烟道振动幅度尽可能小。

7.1.1.4　安装位置应尽量避开烟气中水滴和水雾的干扰，如不能避开，应选用能够适用的检测探头及仪器。

7.1.1.5　安装位置不漏风。

7.1.1.6　安装 CEMS 的工作区域应设置一个防水低压配电箱，内设漏电保护器、不少于 2 个 10 A 插座，保证监测设备所需电力。

7.1.1.7　应合理布置采样平台与采样孔：

a）采样或监测平台长度应≥2 m，宽度应≥2 m 或不小于采样枪长度外延 1 m，周围设置 1.2 m 以上的安全防护栏，有牢固并符合要求的安全措施，便于日常维护（清洁光学镜头、检查和调整光路准直、检测仪器性能和更换部件等）和比对监测。

b）采样或监测平台应易于人员和监测仪器到达，当采样平台设置在离地面高度≥2 m 的位置时，应有通往平台的斜梯（或 Z 字梯、旋梯），宽度应≥0.9 m；当采样平台设置在离地面高度≥20 m 的位置时，应有通往平台的升降梯。

c）当 CEMS 安装在矩形烟道时，若烟道截面的高度＞4 m，则不宜在烟道顶层开设参比方法采样孔；若烟道截面的宽度＞4 m，则应在烟道两侧开设参比方法采样孔，并设置多层采样平台。

d）在 CEMS 监测断面下游应预留参比方法采样孔，采样孔位置和数目按照 GB/T 16157 的要求确定。现有污染源参比方法采样孔内径应≥80 mm，新建或改建污染源参比方法采样孔内径应≥90 mm。在互不影响测量的前提下，参比方法采样孔应尽可能靠近 CEMS 监测断面。当烟道为正压烟道或有毒气时，应采用带闸板阀的密封采样孔（图 1）。

7.1.2　具体要求

7.1.2.1　应优先选择在垂直管段和烟道负压区域，确保所采集样品的代表性。

7.1.2.2　测定位置应避开烟道弯头和断面急剧变化的部位。对于圆形烟道，颗粒物 CEMS 和流速 CMS，应设置在距弯头、阀门、变径管下游方向≥4 倍烟道直径，以及距上述部件上游方向≥2 倍烟道直径处；气态污染物 CEMS，应设置在距弯头、阀门、变径管下游方向≥2 倍烟道直径，以及距上述部件上游方向≥0.5 倍烟道直径处。对于矩形烟道，应以当量直径计，其当量直径按式（1）计算。

$$D = \frac{2AB}{A+B} \tag{1}$$

式中：D——当量直径；

A、B——边长。

7.1.2.3　对于新建排放源，采样平台应与排气装置同步设计、同步建设，确保采样断面满足本标准 7.1.2.2 的要求；对于现有排放源，当无法找到满足 7.1.2.2 的采样位置时，应尽可能选择在气流稳定的断面安装 CEMS 采样或分析探头，并采取相应措施保证监测断面烟气分布相对均匀，断面无紊流。

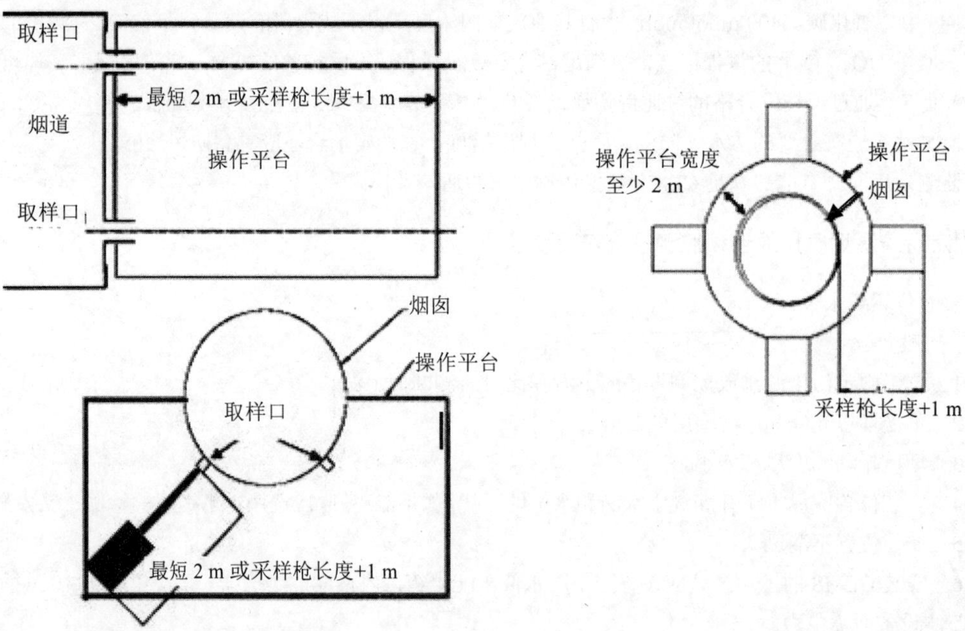

图 1 采样平台与采样孔示意图

对烟气分布均匀程度的判定采用相对均方根 σ_r 法，当 $\sigma_r \leqslant 0.15$ 时视为烟气分布均匀，σ_r 按式（2）计算。

$$\sigma_r = \sqrt{\frac{\sum_{i=1}^{n}(v_i - \overline{v})^2}{(n-1)\times \overline{v}^2}} \tag{2}$$

式中：σ_r——流速相对均方根；

v_i——测点烟气流速，m/s；

$\overline{v}$——截面烟气平均流速，m/s；

n——截面上的速度测点数目，测点的选择按照 GB/T 16157 执行。

7.1.2.4 为了便于颗粒物和流速参比方法的校验和比对监测，CEMS 不宜安装在烟道内烟气流速＜5 m/s 的位置。

7.1.2.5 若一个固定污染源排气先通过多个烟道或管道后进入该固定污染源的总排气管时，应尽可能将 CEMS 安装在总排气管上，但要便于用参比方法校验 CEMS；不得只在其中的一个烟道或管道上安装 CEMS，并将测定值作为该源的排放结果；但允许在每个烟道或管道上安装 CEMS。

7.1.2.6 固定污染源烟气净化设备设置有旁路烟道时，应在旁路烟道内安装 CEMS 或烟温、流量 CMS。其安装、运行、维护、数据采集、记录和上传应符合本标准要求。

7.2 安装施工要求

7.2.1 CEMS 安装施工应符合 GB 50093、GB 50168 的规定。

7.2.2 施工单位应熟悉 CEMS 的原理、结构、性能，编制施工方案、施工技术流程图、设备技术文件、设计图样、监测设备及配件货物清单交接明细表、施工安全细则等有关文件。

7.2.3 设备技术文件应包括资料清单、产品合格证、机械结构、电气、仪表安装的技术说明书、装箱清单、配套件、外购件检验合格证和使用说明书等。

7.2.4 设计图样应符合技术制图、机械制图、电气制图、建筑结构制图等标准的规定。

7.2.5 设备安装前的清理、检查及保养应符合以下要求：

a）按交货清单和安装图样明细表清点检查设备及零部件，缺损件应及时处理，更换补齐。

b）运转部件如：取样泵、压缩机、监测仪器等，滑动部位均需清洗、注油润滑防护。

c）因运输造成变形的仪器、设备的结构件应校正，并重新涂刷防锈漆及表面油漆，保养完毕后应恢复原标记。

7.2.6 现场端连接材料（垫片、螺母、螺栓、短管、法兰等）为焊件组对成焊时，壁（板）的错边量应符合以下要求：

a）管子或管件对口、内壁齐平，最大错边量≥1 mm；

b）采样孔的法兰与连接法兰几何尺寸极限偏差不超过±5 mm，法兰端面的垂直度极限偏差≤0.2%；

c）采用透射法原理颗粒物监测仪器发射单元和颗粒物监测仪反射单元，测量光束从发射孔的中心出射到对面中心线相叠合的极限偏差≤0.2%。

7.2.7 从探头到分析仪的整条采样管线的铺设应采用桥架或穿管等方式，保证整条管线具有良好的支撑。管线倾斜度≥5°，防止管线内积水，在每隔 4～5 m 处装线卡箍。当使用伴热管线时应具备稳定、均匀加热和保温的功能；其设置加热温度≥120℃，且应高于烟气露点温度 10℃以上，其实际温度值应能够在机柜或系统软件中显示查询。

7.2.8 电缆桥架安装应满足最大直径电缆的最小弯曲半径要求。电缆桥架的连接应采用连接片。配电套管应采用钢管和 PVC 管材质配线管，其弯曲半径应满足最小弯曲半径要求。

7.2.9 应将动力与信号电缆分开敷设，保证电缆通路及电缆保护管的密封，自控电缆应符合输入和输出分开、数字信号和模拟信号分开的配线和敷设的要求。

7.2.10 安装精度和连接部件坐标尺寸应符合技术文件和图样规定。监测站房仪器应排列整齐，监测仪器顶平直度和平面度应不大于 5 mm，监测仪器牢固固定，可靠接地。二次接线正确、牢固可靠，配导线的端部应标明回路编号。配线工艺整齐，绑扎牢固，绝缘性好。

7.2.11 各连接管路、法兰、阀门封口垫圈应牢固完整，均不得有漏气、漏水现象。保持所有管路畅通，保证气路阀门、排水系统安装后应畅通和启闭灵活。自动监测系统空载运行 24 h 后，管路不得出现脱落、渗漏、振动强烈现象。

7.2.12 反吹气应为干燥清洁气体，反吹系统应进行耐压强度试验，试验压力为常用工作压力的 1.5 倍。

7.2.13 电气控制和电气负载设备的外壳防护应符合 GB 4208 的技术要求，户内达到防护等级 IP24 级，户外达到防护等级 IP54 级。

7.2.14 防雷、绝缘要求

a）系统仪器设备的工作电源应有良好的接地措施，接地电缆应采用大于 4 mm^2 的独芯护套电缆，接地电阻小于 4 Ω，且不能和避雷接地线共用。

b）平台、监测站房、交流电源设备、机柜、仪表和设备金属外壳、管缆屏蔽层和套管的防雷接地，可利用厂内区域保护接地网，采用多点接地方式。厂区内不能提供接地线或提供的接地线达不到要求的，应在子站附近重做接地装置。

c）监测站房的防雷系统应符合 GB 50057 的规定。电源线和信号线设防雷装置。

d）电源线、信号线与避雷线的平行净距离≥1 m，交叉净距离≥0.3 m（图 2）。

e）由烟囱或主烟道上数据柜引出的数据信号线要经过避雷器引入监测站房，应将避雷器接地端同站房保护地线可靠连接。

f）信号线为屏蔽电缆线，屏蔽层应有良好绝缘，不可与机架、柜体发生摩擦、打火，屏蔽层两端及中间均需做接地连接（图 3）。

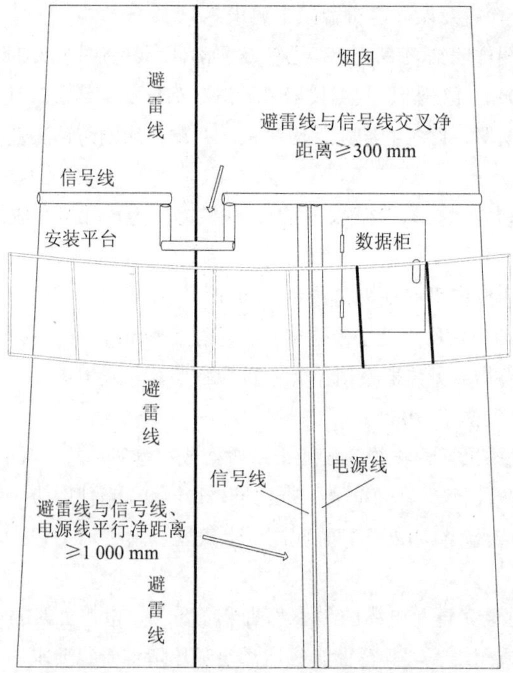

图 2 电源线、信号线与避雷线距离示意图

图 3 信号线接地示意图

8 固定污染源烟气排放连续监测系统技术指标调试检测

CEMS 在现场安装运行以后，在接受验收前，应进行技术性能指标的调试检测。调试检测的技术指标包括：

a）颗粒物 CEMS 零点漂移、量程漂移；

b）颗粒物 CEMS 线性相关系数、置信区间、允许区间；

c）气态污染物 CEMS 和氧气 CMS 零点漂移、量程漂移；

d）气态污染物 CEMS 和氧气 CMS 示值误差；

e）气态污染物 CEMS 和氧气 CMS 系统响应时间；

f）气态污染物 CEMS 和氧气 CMS 准确度；

g）流速 CMS 速度场系数；

h）流速 CMS 速度场系数精密度；

i）温度 CMS 准确度；

j）湿度 CMS 准确度。

各技术指标的调试检测方法按附录 A 进行，调试检测结果不满足本标准技术指标要求时按附录 B 处理，调试检测数据可参照附录 D 格式记录，调试检测完成后编制调试检测报告，报告的格式可参照附录 E，调试检测结果应达到表 A.3 的要求。

9 固定污染源烟气排放连续监测系统技术验收

9.1 总体要求

CEMS 在完成安装、调试检测并和主管部门联网后，应进行技术验收，包括 CEMS 技术指标验收和联网验收。

9.2 技术验收条件

CEMS 在完成安装、调试检测并符合下列要求后，可组织实施技术验收工作。

a）CEMS 的安装位置及手工采样位置应符合本标准第 7 章的要求。

b）数据采集和传输以及通信协议均应符合 HJ 212 的要求，并提供一个月内数据采集和传输自检报告，报告应对数据传输标准的各项内容做出响应。

c）根据本标准第 8 章的要求进行了 72 h 的调试检测，并提供调试检测合格报告及调试检测结果数据。

d）调试检测后至少稳定运行 7 d。

9.3 CEMS 技术指标验收

9.3.1 一般要求

9.3.1.1 CEMS 技术指标验收包括颗粒物 CEMS、气态污染物 CEMS、烟气参数 CMS 技术指标验收。

9.3.1.2 验收时间由排污单位与验收单位协商决定。

9.3.1.3 现场验收期间，生产设备应正常且稳定运行，可通过调节固定污染源烟气净化设备达到某一排放状况，该状况在测试期间应保持稳定。

9.3.1.4 日常运行中更换 CEMS 分析仪表或变动 CEMS 取样点位时，应分别满足 7.1、7.2 的要求，并进行再次验收。

9.3.1.5 现场验收时必须采用有证标准物质或标准样品，较低浓度的标准气体可以使用高浓度的标准气体采用等比例稀释方法获得，等比例稀释装置的精密度在 1%以内。标准气体要求贮存在铝或不锈钢瓶中，不确定度不超过±2%。

9.3.1.6 对于光学法颗粒物 CEMS，校准时须对实际测量光路进行全光路校准，确保发射光先经过出射镜片，再经过实际测量光路，到校准镜片后，再经过入射镜片到达接受单元，不得只对激光发射器和接收器进行校准。对于抽取式气态污染物 CEMS，当对全系统进行零点校准和量程校准、示值误差和系统响应时间的检测时，零气和标准气体应通过预设管线输送至采样探头处，经由样品传输管线回到站房，经过全套预处理设施后进入气体分析仪。

9.3.1.7 验收前检查直接抽取式气态污染物采样伴热管的设置，应符合 7.2.7 的规定。冷干法 CEMS 冷凝器的设置和实际控制温度应保持在 2～6℃。

9.3.2 颗粒物 CEMS 技术指标验收

9.3.2.1 验收内容

颗粒物 CEMS 技术指标验收包括颗粒物的零点漂移、量程漂移和准确度验收。

9.3.2.2 颗粒物 CEMS 零点漂移、量程漂移

在验收开始时，人工或自动校准仪器零点和量程，测定和记录初始的零点、量程读数，待颗粒物 CEMS 准确度验收结束，且至少距离初始零点、量程测定 6 h 后再次测定（人工或自动）和记录一次零点、量程读数，随后校准零点和量程。按附录 A 式（A.1）～式（A.4）计算零点漂移、量程漂移。

9.3.2.3 颗粒物 CEMS 准确度

采用参比方法与 CEMS 同步测量测试断面烟气中颗粒物平均质量浓度，至少获取 5 对同时间区间且相同状态的测量结果，按以下方法计算颗粒物 CEMS 准确度：

绝对误差：

$$\overline{d_i}=\frac{1}{n}\sum_{i=1}^{n}(\rho_{\text{CEMS}}-\rho_i) \tag{3}$$

相对误差：

$$R_e = \frac{\overline{d_i}}{\rho_i} \times 100\% \tag{4}$$

式中：$\overline{d_i}$——绝对误差，mg/m³；

n——测定次数（≥5）；

ρ_i——参比方法测定的第 i 个质量浓度，mg/m³；

ρ_{CEMS}——CEMS 与参比方法同时段测定的质量浓度，mg/m³；

R_e——相对误差，%。

9.3.3 气态污染物 CEMS 和氧气 CMS 技术指标验收

9.3.3.1 验收内容

气态污染物 CEMS 和氧气 CMS 技术指标验收包括零点漂移、量程漂移、示值误差、系统响应时间和准确度验收。现场验收时，先做示值误差和系统响应时间的验收测试，不符合技术要求的，可不再继续开展其余项目验收。

注：通入零气和标气时，均应通过 CEMS 系统，不得直接通入气体分析仪。

9.3.3.2 气态污染物 CEMS 和氧气 CMS 示值误差、系统响应时间

a）示值误差：

1）通入零气（经过滤的不含颗粒物、待测气体的清洁干空气或高纯氮气），调节仪器零点。

2）通入高浓度（80%～100%的满量程值）标准气体，调整仪器显示浓度值与标准气体浓度值一致。

3）仪器经上述校准后，按照零气、高浓度标准气体、零气、中浓度（50%～60%的满量程值）标准气体、零气、低浓度（20%～30%的满量程值）标准气体的顺序通入标准气体。若低浓度标准气体浓度高于排放限值，则还需通入浓度低于排放限值的标准气体，完成超低排放改造后的火电污染源还应通入浓度低于超低排放水平的标准气体。待显示浓度值稳定后读取测定结果。重复测定 3 次，取平均值。按附录 A 式（A.19）、式（A.20）计算示值误差。

b）系统响应时间：

1）待测 CEMS 运行稳定后，按照系统设定采样流量通入零点气体，待读数稳定后按照相同流量通入量程校准气体，同时用秒表开始计时；

2）观察分析仪示值，至读数开始跃变止，记录并计算样气管路传输时间 T_1；

3）继续观察并记录待测分析仪器显示值上升至标准气体浓度标称值 90%时的仪表响应时间 T_2；

4）系统响应时间为 T_1 和 T_2 之和。重复测定 3 次，取平均值。

9.3.3.3 气态污染物 CEMS 和氧气 CMS 零点漂移、量程漂移

a）零点漂移：

系统通入零气（经过滤的不含颗粒物、待测气体的清洁干空气或高纯氮气），校准仪器至零点，测试并记录初始读数 Z_0。待气态污染物和氧气准确度验收结束，且至少距初始测试 6 h 后，再通入零气，待读数稳定后记录零点读数 Z_1。按附录 A 式（A.1）和式（A.2）计算零点漂移 Z_d。

b）量程漂移：

系统通入高浓度（80%～100% 的满量程）标准气体，校准仪器至该标准气体的浓度值，测试并记录初始读数 S_0。待气态污染物和氧气准确度验收结束，且至少距初始测试 6 h 后，再通入同一标准气体，待读数稳定后记录标准气体读数 S_1。按附录 A 式（A.3）和式（A.4）计算量程漂移 S_d。

9.3.3.4 气态污染物 CEMS 和氧气 CMS 准确度

参比方法与 CEMS 同步测量烟气中气态污染物和氧气浓度，至少获取 9 个数据对，每个数据对取 5～15 min 均值。绝对误差按式（3）计算，相对误差按式（4）计算，相对准确度按附录 A 式（A.21）～式（A.26）计算。

9.3.4 烟气参数 CMS 技术指标验收

9.3.4.1 验收内容

烟气参数指标验收包括流速、烟温、湿度准确度验收。

采用参比方法与流速、烟温、湿度 CMS 同步测量，至少获取 5 个同时段测试断面值数据对，分别计算流速、烟温、湿度 CMS 准确度。

9.3.4.2 流速准确度

烟气流速准确度计算方法如下：

绝对误差：
$$\overline{d_{vi}}=\frac{1}{n}\sum_{i=1}^{n}(V_{\text{CEMS}}-V_i) \tag{5}$$

相对误差：
$$R_{ev}=\frac{\overline{d_{vi}}}{\overline{V_i}}\times 100\% \tag{6}$$

式中：$\overline{d_{vi}}$ ——流速绝对误差，m/s；

n——测定次数（≥5）；

V_{CEMS}——流速 CMS 与参比方法同时段测定的烟气平均流速，m/s；

V_i——参比方法测定的测试断面的烟气平均流速，m/s；

R_{ev}——流速相对误差，%。

9.3.4.3 烟温准确度

烟温绝对误差计算方法：

$$\Delta T=\frac{1}{n}\sum_{i=1}^{n}(T_{\text{CEMS}}-T_i) \tag{7}$$

式中：ΔT——烟温绝对误差，℃；

n——测定次数（≥5）；

T_{CEMS} ——烟温 CMS 与参比方法同时段测定的平均烟温，℃；

T_i——参比方法测定的平均烟温，℃（可与颗粒物参比方法测定同时进行）。

9.3.4.4 湿度准确度

湿度准确度计算方法如下：

绝对误差：
$$\Delta X_{\text{SW}}=\frac{1}{n}\sum_{i=1}^{n}(X_{\text{SWCMS}}-X_{\text{SW}i}) \tag{8}$$

相对误差：
$$R_{es}=\frac{\Delta X_{\text{SW}}}{\overline{X_{\text{SW}i}}}\times 100\% \tag{9}$$

式中：ΔX_{SW}——烟气湿度绝对误差，%；

n——测定次数（≥5）；

X_{SWCMS}——烟气湿度 CMS 与参比方法同时段测定的平均烟气湿度，%；

$X_{\text{SW}i}$——参比方法测定的平均烟气湿度，%；

R_{es}——烟气湿度相对误差，%。

9.3.5 验收测试结果

可参照附录 D 中的表 D.1、表 D.3～表 D.5 和表 D.8 表格形式记录。

9.3.6 技术指标验收测试报告格式

报告应包括以下信息（可参照附录 F）：

a）报告的标识-编号；

b）检测日期和编制报告的日期；

c）CEMS 标识-制造单位、型号和系列编号；

d）安装 CEMS 的企业名称和安装位置所在的相关污染源名称；

e）环境条件记录情况（大气压力、环境温度、环境湿度）；

f）示值误差、系统响应时间、零点漂移和量程漂移验收引用的标准；

g）准确度验收引用的标准；

h）所用可溯源到国家标准的标准气体；

i）参比方法所用的主要设备、仪器等；

j）检测结果和结论；

k）测试单位；

l）三级审核签字；

m）备注（技术验收单位认为与评估 CEMS 的性能相关的其他信息）。

9.3.7　示值误差、系统响应时间、零点漂移和量程漂移验收技术要求

详见表 1。

表 1　示值误差、系统响应时间、零点漂移和量程漂移验收技术要求

检测项目			技术要求
气态污染物 CEMS	二氧化硫	示值误差	当满量程≥100 μmol/mol（286 mg/m^3）时，示值误差不超过±5%（相对于标准气体标称值）； 当满量程＜100 μmol/mol（286 mg/m^3）时，示值误差不超过±2.5%（相对于仪表满量程值）
		系统响应时间	≤200 s
		零点漂移、量程漂移	不超过±2.5%
	氮氧化物	示值误差	当满量程≥200 μmol/mol（410 mg/m^3）时，示值误差不超过±5%（相对于标准气体标称值）； 当满量程＜200 μmol/mol（410 mg/m^3）时，示值误差不超过±2.5%（相对于仪表满量程值）
		系统响应时间	≤200 s
		零点漂移、量程漂移	不超过±2.5%
氧气 CMS	O_2	示值误差	±5%（相对于标准气体标称值）
		系统响应时间	≤200 s
		零点漂移、量程漂移	不超过±2.5%
颗粒物 CEMS	颗粒物	零点漂移、量程漂移	不超过±2.0%
注：氮氧化物以 NO_2 计。			

9.3.8　准确度验收技术要求

详见表 2。

表 2　准确度验收技术要求

检测项目			技术要求
气态污染物 CEMS	二氧化硫	准确度	排放浓度≥250 μmol/mol（715 mg/m^3）时，相对准确度≤15%
			50 μmol/mol（143 mg/m^3）≤排放浓度＜250 μmol/mol（715 mg/m^3）时，绝对误差不超过±20 μmol/mol（57 mg/m^3）
			20 μmol/mol（57 mg/m^3）≤排放浓度＜50 μmol/mol（143 mg/m^3）时，相对误差不超过±30%
			排放浓度＜20 μmol/mol（57 mg/m^3）时，绝对误差不超过±6 μmol/mol（17 mg/m^3）

检测项目			技术要求
气态污染物 CEMS	氮氧化物	准确度	排放浓度≥250 μmol/mol（513 mg/m^3）时，相对准确度≤15%
			50 μmol/mol（103 mg/m^3）≤排放浓度<250 μmol/mol（513 mg/m^3）时，绝对误差不超过±20 μmol/mol（41 mg/m^3）
			20 μmol/mol（41 mg/m^3）≤排放浓度<50 μmol/mol（103 mg/m^3）时，相对误差不超过±30%
			排放浓度<20 μmol/mol（41 mg/m^3）时，绝对误差不超过±6 μmol/mol（12 mg/m^3）
	其他气态污染物	准确度	相对准确度≤15%
氧气 CMS	O_2	准确度	>5.0%时，相对准确度≤15%
			≤5.0%时，绝对误差不超过±1.0%
颗粒物 CEMS	颗粒物	准确度	排放浓度>200 mg/m^3 时，相对误差不超过±15%
			100 mg/m^3<排放浓度≤200 mg/m^3 时，相对误差不超过±20%
			50 mg/m^3<排放浓度≤100 mg/m^3 时，相对误差不超过±25%
			20 mg/m^3<排放浓度≤50 mg/m^3 时，相对误差不超过±30%
			10 mg/m^3<排放浓度≤20 mg/m^3 时，绝对误差不超过±6 mg/m^3
			排放浓度≤10 mg/m^3，绝对误差不超过±5 mg/m^3
流速 CMS	流速	准确度	流速>10 m/s 时，相对误差不超过±10%
			流速≤10 m/s 时，相对误差不超过±12%
温度 CMS	温度	准确度	绝对误差不超过±3℃
湿度 CMS	湿度	准确度	烟气湿度>5.0%时，相对误差不超过±25%
			烟气湿度≤5.0%时，绝对误差不超过±1.5%
注：氮氧化物以 NO_2 计，以上各参数区间划分以参比方法测量结果为准。			

9.4 联网验收

9.4.1 联网验收内容

联网验收由通信及数据传输验收、现场数据比对验收和联网稳定性验收三部分组成。

9.4.2 通信及数据传输验收

按照 HJ 212 的规定检查通信协议的正确性。数据采集和处理子系统与监控中心之间的通信应稳定，不出现经常性的通信连接中断、报文丢失、报文不完整等通信问题。为保证监测数据在公共数据网上传输的安全性，所采用的数据采集和处理子系统应进行加密传输。监测数据在向监控系统传输的过程中，应由数据采集和处理子系统直接传输。

9.4.3 现场数据比对验收

数据采集和处理子系统稳定运行一个星期后，对数据进行抽样检查，对比上位机接收到的数据和现场机存储的数据是否一致，精确至一位小数。

9.4.4 联网稳定性验收

在连续一个月内，子系统能稳定运行，不出现除通信稳定性、通信协议正确性、数据传输正确性以外的其他联网问题。

9.4.5 联网验收技术指标要求

详见表 3。

表 3　联网验收技术指标要求

验收检测项目	考核指标
通信稳定性	1. 现场机在线率为 95%以上； 2. 正常情况下，掉线后，应在 5 min 之内重新上线； 3. 单台数据采集传输仪每日掉线次数在 3 次以内； 4. 报文传输稳定性在 99%以上，当出现报文错误或丢失时，启动纠错逻辑，要求数据采集传输仪重新发送报文
数据传输安全性	1. 对所传输的数据应按照 HJ 212 中规定的加密方法进行加密处理传输，保证数据传输的安全性。 2. 服务器端对请求连接的客户端进行身份验证
通信协议正确性	现场机和上位机的通信协议应符合 HJ 212 的规定，正确率 100%
数据传输正确性	系统稳定运行一星期后，对一星期的数据进行检查，对比接收的数据和现场的数据一致，精确至一位小数，抽查数据正确率 100%
联网稳定性	系统稳定运行一个月，不出现除通信稳定性、通信协议正确性、数据传输正确性以外的其他联网问题

10　固定污染源烟气排放连续监测系统日常运行管理要求

10.1　总体要求

CEMS 运维单位应根据 CEMS 使用说明书和本标准的要求编制仪器运行管理规程，确定系统运行操作人员和管理维护人员的工作职责。运维人员应当熟练掌握烟气排放连续监测仪器设备的原理、使用和维护方法。CEMS 日常运行管理应包括以下方面：

10.2　日常巡检

CEMS 运维单位应根据本标准和仪器使用说明中的相关要求制订巡检规程，并严格按照规程开展日常巡检工作并做好记录。日常巡检记录应包括检查项目、检查日期、被检项目的运行状态等内容，每次巡检应记录并归档。CEMS 日常巡检时间间隔不超过 7 d。

日常巡检可参照附录 G 中的表 G.1～表 G.3 表格形式记录。

10.3　日常维护保养

应根据 CEMS 说明书的要求对 CEMS 系统保养内容、保养周期或耗材更换周期等做出明确规定，每次保养情况应记录并归档。每次进行备件或材料更换时，更换的备件或材料的品名、规格、数量等应记录并归档。如更换有证标准物质或标准样品，还需记录新标准物质或标准样品的来源、有效期和浓度等信息。对日常巡检或维护保养中发现的故障或问题，系统管理维护人员应及时处理并记录。

CEMS 日常运行管理参照附录 G 中的格式记录。

10.4　CEMS 的校准和校验

应根据本标准中规定的方法和第 11 章质量保证规定的周期制订 CEMS 系统的日常校准和校验操作规程。校准和校验记录应及时归档。

11　固定污染源烟气排放连续监测系统日常运行质量保证要求

11.1　一般要求

CEMS 日常运行质量保证是保障 CEMS 正常稳定运行、持续提供有质量保证监测数据的必要手段。当 CEMS 不能满足技术指标而失控时，应及时采取纠正措施，并应缩短下一次校准、维护和校验的间隔时间。

11.2 定期校准

CEMS 运行过程中的定期校准是质量保证中的一项重要工作，定期校准应做到：

a）具有自动校准功能的颗粒物 CEMS 和气态污染物 CEMS 每 24 h 至少自动校准一次仪器零点和量程，同时测试并记录零点漂移和量程漂移；

b）无自动校准功能的颗粒物 CEMS 每 15 d 至少校准一次仪器的零点和量程，同时测试并记录零点漂移和量程漂移；

c）无自动校准功能的直接测量法气态污染物 CEMS 每 15 d 至少校准一次仪器的零点和量程，同时测试并记录零点漂移和量程漂移；

d）无自动校准功能的抽取式气态污染物 CEMS 每 7 d 至少校准一次仪器零点和量程，同时测试并记录零点漂移和量程漂移；

e）抽取式气态污染物 CEMS 每 3 个月至少进行一次全系统的校准，要求零气和标准气体从监测站房发出，经采样探头末端与样品气体通过的路径（应包括采样管路、过滤器、洗涤器、调节器、分析仪表等）一致，进行零点和量程漂移、示值误差和系统响应时间的检测；

f）具有自动校准功能的流速 CMS 每 24 h 至少进行一次零点校准，无自动校准功能的流速 CMS 每 30 d 至少进行一次零点校准；

g）校准技术指标应满足表 4 要求。定期校准记录按附录 G 中的表 G.4 表格形式记录。

11.3 定期维护

CEMS 运行过程中的定期维护是日常巡检的一项重要工作，维护频次按照附录 G 中的表 G.1～表 G.3 的说明进行，定期维护应做到：

a）污染源停运到开始生产前应及时到现场清洁光学镜面；

b）定期清洗隔离烟气与光学探头的玻璃视窗，检查仪器光路的准直情况；定期对清吹空气保护装置进行维护，检查空气压缩机或鼓风机、软管、过滤器等部件；

c）定期检查气态污染物 CEMS 的过滤器、采样探头和管路的结灰和冷凝水情况、气体冷却部件、转换器、泵膜老化状态；

d）定期检查流速探头的积灰和腐蚀情况、反吹泵和管路的工作状态；

e）定期维护记录按附录 G 中的表 G.1～表 G.3 表格形式记录。

11.4 定期校验

CEMS 投入使用后，燃料、除尘效率的变化、水分的影响、安装点的振动等都会对测量结果的准确性产生影响。定期校验应做到：

a）有自动校准功能的测试单元每 6 个月至少做一次校验，没有自动校准功能的测试单元每 3 个月至少做一次校验；校验用参比方法和 CEMS 同时段数据进行比对，按本标准 9.3 进行；

b）校验结果应符合表 4 要求，不符合时，则应扩展为对颗粒物 CEMS 的相关系数的校正或/和评估气态污染物 CEMS 的准确度或/和流速 CMS 的速度场系数（或相关性）的校正，直到 CEMS 达到本标准 9.3.8 要求，方法见本标准附录 A；

c）定期校验记录按附录 G 中的表 G.5 表格形式记录。

11.5 常见故障分析及排除

当 CEMS 发生故障时，系统管理维护人员应及时处理并记录。设备维修记录见附录 G 中的表 G.6。维修处理过程中，要注意以下几点：

a）CEMS 需要停用、拆除或者更换的，应当事先报经主管部门批准。

b）运行单位发现故障或接到故障通知，应在 4 h 内赶到现场进行处理。

c）对于一些容易诊断的故障，如电磁阀控制失灵、膜裂损、气路堵塞、数据采集仪死机等，可携带工具或者备件到现场进行针对性维修，此类故障维修时间不应超过 8 h。

d）仪器经过维修后，在正常使用和运行之前应确保维修内容全部完成，性能通过检测程序，按本标准对仪器进行校准检查。若监测仪器进行了更换，在正常使用和运行之前应对系统进行重新调试和验收。

e）若数据存储/控制仪发生故障，应在 12 h 内修复或更换，并保证已采集的数据不丢失。

f）监测设备因故障不能正常采集、传输数据时，应及时向主管部门报告，缺失数据按 12.2.2 进行处理。

11.6　CEMS 定期校准校验技术指标要求及数据失控时段的判别与修约

11.6.1　CEMS 在定期校准、校验期间的技术指标要求及数据失控时段的判别标准见表 4。

表 4　CEMS 定期校准校验技术指标要求及数据失控时段的判别

<table>
<tr><th>项目</th><th colspan="2">CEMS 类型</th><th>校准功能</th><th>校准周期</th><th>技术指标</th><th>技术指标要求</th><th>失控指标</th><th>最少样品数（对）</th></tr>
<tr><td rowspan="12">定期校准</td><td colspan="2" rowspan="4">颗粒物 CEMS</td><td rowspan="2">自动</td><td rowspan="2">24 h</td><td>零点漂移</td><td>不超过±2.0%</td><td>超过±8.0%</td><td rowspan="10">—</td></tr>
<tr><td>量程漂移</td><td>不超过±2.0%</td><td>超过±8.0%</td></tr>
<tr><td rowspan="2">手动</td><td rowspan="2">15 d</td><td>零点漂移</td><td>不超过±2.0%</td><td>超过±8.0%</td></tr>
<tr><td>量程漂移</td><td>不超过±2.0%</td><td>超过±8.0%</td></tr>
<tr><td rowspan="6">气态污染物 CEMS</td><td rowspan="2">抽取测量或直接测量</td><td rowspan="2">自动</td><td rowspan="2">24 h</td><td>零点漂移</td><td>不超过±2.5%</td><td>超过±5.0%</td></tr>
<tr><td>量程漂移</td><td>不超过±2.5%</td><td>超过±10.0%</td></tr>
<tr><td rowspan="2">抽取测量</td><td rowspan="2">手动</td><td rowspan="2">7 d</td><td>零点漂移</td><td>不超过±2.5%</td><td>超过±5.0%</td></tr>
<tr><td>量程漂移</td><td>不超过±2.5%</td><td>超过±10.0%</td></tr>
<tr><td rowspan="2">直接测量</td><td rowspan="2">手动</td><td rowspan="2">15 d</td><td>零点漂移</td><td>不超过±2.5%</td><td>超过±5.0%</td></tr>
<tr><td>量程漂移</td><td>不超过±2.5%</td><td>超过±10.0%</td></tr>
<tr><td colspan="2" rowspan="2">流速 CMS</td><td>自动</td><td>24 h</td><td>零点漂移或绝对误差</td><td>零点漂移不超过±3.0%或绝对误差不超过±0.9 m/s</td><td>零点漂移超过±8.0%且绝对误差超过±1.8 m/s</td><td>—</td></tr>
<tr><td>手动</td><td>30 d</td><td>零点漂移或绝对误差</td><td>零点漂移不超过±3.0%或绝对误差不超过±0.9 m/s</td><td>零点漂移超过±8.0%且绝对误差超过±1.8 m/s</td><td>—</td></tr>
<tr><td rowspan="3">定期校验</td><td colspan="3">颗粒物 CEMS</td><td rowspan="3">3 个月或 6 个月</td><td rowspan="3">准确度</td><td rowspan="3">满足本标准 9.3.8</td><td rowspan="3">超过本标准 9.3.8 规定范围</td><td>5</td></tr>
<tr><td colspan="3">气态污染物 CEMS</td><td>9</td></tr>
<tr><td colspan="3">流速 CMS</td><td>5</td></tr>
</table>

11.6.2　当发现任一参数不满足技术指标要求时，应及时按照本规范及仪器说明书等的相关要求，采取校准、调试乃至更换设备重新验收等纠正措施直至满足技术指标要求为止。当发现任一参数数据失控时，应记录失控时段（即从发现失控数据起到满足技术指标要求后止的时间段）及失控参数，并按本标准 12.2.3 进行数据修约。

11.7　CEMS 技术指标抽检

主管部门按本标准 9.3 对部分或全部 CEMS 技术指标抽检时，检测结果应符合本标准 9.3.7 和 9.3.8。对 CEMS 技术指标进行抽检时，可不对 CEMS 仪表的零点和量程进行校准。

用参比方法开展 CEMS 准确度抽检（即比对监测）时，相比本标准 9.3，监测样品数量可相应减少，颗粒物、流速、烟温、湿度至少获取 3 个平均值数据对，气态污染物和氧量至少获取 6 个数据对。

12　固定污染源烟气排放连续监测系统数据审核和处理

12.1　CEMS 数据审核

12.1.1　固定污染源生产状况下，经验收合格的 CEMS 正常运行时段为 CEMS 数据有效时间段。CEMS 非正常运行时段（如 CEMS 故障期间、维修期间、超本标准 11.2 期限未校准时段、失控时段以及有计划的维护保养、校准等时段）均为 CEMS 数据无效时间段。

12.1.2　污染源计划停运一个季度以内的，不得停运 CEMS，日常巡检和维护要求仍按本标准第 10、第 11 章执行；计划停运超过一个季度的，可停运 CEMS，但应报当地环保部门备案。污染源启运前，应提前启运 CEMS 系统，并进行校准，在污染源启运后的两周内进行校验，满足本标准表 4 技术指标要求的，视为启运期间自动监测数据有效。

12.1.3　排污单位应在每个季度前 5 个工作日对上个季度的 CEMS 数据进行审核，确认上季度所有分钟、小时数据均按照附录 H 的要求正确标记，计算本季度的污染源 CEMS 有效数据捕集率。上传至监控平台的污染源 CEMS 季度有效数据捕集率应达到 75%。

注：季度有效数据捕集率（%）=（季度小时数–数据无效时段小时数–污染源停运时段小时数）/（季度小时数–污染源停运时段小时数）。

12.2　CEMS 数据无效时间段数据处理

12.2.1　CEMS 故障期间、维修时段数据按照本标准 12.2.2 处理，超期未校准、失控时段数据按照本标准 12.2.3 处理，有计划（质量保证/质量控制）的维护保养、校准等时段数据按照本标准 12.2.4 处理。

12.2.2　CEMS 因发生故障需停机进行维修时，其维修期间的数据替代按本标准 12.2.4 处理；亦可以用参比方法监测的数据替代，频次不低于一天一次，直至 CEMS 技术指标调试到符合本标准 9.3.7 和 9.3.8 时为止。如使用参比方法监测的数据替代，则监测过程应按照 GB/T 16157 和 HJ/T 397 要求进行，替代数据包括污染物浓度、烟气参数和污染物排放量。

12.2.3　CEMS 系统数据失控时段污染物排放量按照表 5 进行修约，污染物浓度和烟气参数不修约。CEMS 系统超期未校准的时段视为数据失控时段，污染物排放量按照表 5 进行修约，污染物浓度和烟气参数不修约。

12.2.4　CEMS 系统有计划（质量保证/质量控制）的维护保养、校准及其他异常导致的数据无效时段，该时段污染物排放量按照表 6 处理，污染物浓度和烟气参数不修约。

表 5　失控时段的数据处理方法

季度有效数据捕集率 α	连续失控小时数 N/h	修约参数	选取值
$\alpha \geqslant 90\%$	$N \leqslant 24$	二氧化硫、氮氧化物、颗粒物的排放量	上次校准前 180 个有效小时排放量最大值
	$N > 24$		上次校准前 720 个有效小时排放量最大值
$75\% \leqslant \alpha < 90\%$	—		上次校准前 2 160 个有效小时排放量最大值

表 6　维护期间和其他异常导致的数据无效时段的处理方法

季度有效数据捕集率 α	连续无效小时数 N/h	修约参数	选取值
$\alpha \geqslant 90\%$	$N \leqslant 24$	二氧化硫、氮氧化物、颗粒物的排放量	失效前 180 个有效小时排放量最大值
	$N > 24$		失效前 720 个有效小时排放量最大值
$75\% \leqslant \alpha < 90\%$	—		失效前 2 160 个有效小时排放量最大值

12.3 数据记录与报表

12.3.1 记录

按本标准附录 D 的表格形式记录监测结果。

12.3.2 报表

按本标准附录 D（表 D.9、表 D.10、表 D.11、表 D.12）的表格形式定期将 CEMS 监测数据上报，报表中应给出最大值、最小值、平均值、排放累计量以及参与统计的样本数。

附 录 A

（规范性附录）

固定污染源烟气排放连续监测系统主要技术指标调试检测方法

A.1 一般要求

A.1.1 现场完成 CEMS 安装、初调后，CEMS 连续运行时间应不少于 168 h。

A.1.2 CEMS 连续运行 168 h 后，可进入调试检测阶段，调试检测周期为 72 h，在调试检测期间，不允许计划外的检修和调节仪器。

A.1.3 如果因 CEMS 故障、固定污染源故障、断电等原因造成调试检测中断，在上述因素恢复正常后，应重新开始进行为期 72 h 的调试检测。

A.1.4 调试检测必须采用有证标准物质或标准样品，标准气体要求贮存在铝或不锈钢瓶中，不确定度不超过±2%。较低浓度的标准气体可以使用高浓度的标准气体采用等比例稀释方法获得，等比例稀释装置的精密度在 1%以内。

A.1.5 对于光学法颗粒物 CEMS，校准时须对实际测量光路进行全光路校准，确保发射光先经过出射镜片，再经过实际测量光路，到校准镜片后，再经过入射镜片到达接受单元，不得只对激光发射器和接收器进行校准。对于抽取式气态污染物 CEMS，当对全系统进行零点校准和量程校准、示值误差和系统响应时间的检测时，零气和标准气体应通过预设管线输送至采样探头处，经由样品传输管线回到站房，经过全套预处理设施后进入气体分析仪。

A.1.6 调试检测后应编制调试检测报告。

A.2 零点漂移、量程漂移技术指标的调试检测

A.2.1 颗粒物 CEMS 零点漂移、量程漂移

在检测期间开始时，人工或自动校准仪器零点和量程，记录最初的模拟零点和量程读数。每隔 24 h 测定（人工或自动）和记录一次零点、量程读数，随后校准仪器零点和量程。连续操作 3 d，按式（A.1）～式（A.4）计算零点漂移、量程漂移。

a）零点漂移：

$$\Delta Z_i = Z_i - Z_{0i} \tag{A.1}$$

$$Z_d = \frac{\Delta Z_{\max}}{R} \times 100\% \tag{A.2}$$

式中：Z_{0i}——第 i 次零点读数初始值；

Z_i——第 i 次零点读数值；

Z_d——零点漂移；

ΔZ_i——第 i 次零点测试值的绝对误差；

$\Delta Z_{\max}$——零点测试绝对误差最大值；

R——仪器满量程值。

b）量程漂移：

$$\Delta S_i = S_i - S_{0i} \tag{A.3}$$

$$S_d = \frac{\Delta S_{\max}}{R} \times 100\% \tag{A.4}$$

式中：S_{0i}——第 i 次量程读数初始值；

S_i——第 i 次量程读数；

S_d——量程漂移；

ΔS_i——第 i 次量程测试值的绝对误差；

$\Delta S_{\max}$——量程测试绝对误差最大值。

颗粒物 CEMS 零点和量程漂移检测结果按本标准附录 D 表 D.1 的表格形式记录。

A.2.2　气态污染物 CEMS 和氧气 CMS 零点漂移、量程漂移

a）零点漂移：

仪器通入零气（经过滤的不含颗粒物、待测气体的清洁干空气或高纯氮气），校准仪器至零点，记录 Z_{0i}。24 h 后，再通入零气，待读数稳定后记录零点读数 Z_i，按调零键，仪器调零。连续操作 3 d，按式（A.1）和式（A.2）计算零点漂移 Z_d。

b）量程漂移：

仪器通入高浓度（80%～100%的满量程）标准气体，校准仪器至该标准气体的浓度值 S_{0i}。24 h 后，再通入同一标准气体，待读数稳定后记录标准气体读数 S_i，按校准键，校准仪器。连续操作 3 d，按式（A.3）和式（A.4）计算量程漂移 S_d。

气态污染物 CEMS 零点和量程漂移检测结果按本标准附录 D 表 D.3 的表格形式记录。

A.3　颗粒物 CEMS 相关校准技术指标的调试检测

A.3.1　检测期间，通过调节颗粒物控制装置，使颗粒物 CEMS 在高、中、低不同排放浓度条件下进行测试。每个排放浓度至少有 5 个参比数据。

A.3.2　参比方法与颗粒物 CEMS 监测同时段进行，颗粒物 CEMS 每分钟记录一个分钟均值，取与参比方法同时段显示值的平均值与参比方法测定的断面浓度平均值组成一个数据对，至少获得 15 个有效数据对。但应报告所有的数据，包括舍去的数据对。

A.3.3　将由参比方法测定的标准状态干烟气下颗粒物断面浓度平均值转换为实际烟气状况下颗粒物断面浓度平均值。

$$Y = Y_s \times \frac{273}{273+t} \times \frac{B_a + P_s}{101\,325} \times (1 - X_{sw}) \tag{A.5}$$

式中：Y——实际烟气状况下颗粒物断面质量浓度平均值，mg/m^3；

Y_s——标准状态干烟气下颗粒物断面质量浓度平均值，mg/m^3；

t——测定断面平均烟温，℃；

B_a——测定期间的大气压，Pa

P_s——测定断面烟气静压，Pa；

X_{sw}——测定断面烟气含湿量，%。

A.3.4　以颗粒物 CEMS 显示值为横坐标（X），参比方法测定的已转换为实际烟气状况下的颗粒物断面质量浓度为纵坐标（Y），由最小二乘法建立两变量之间的关系。

一元线性回归方程：

$$\hat{Y} = b_0 + b_1 X \tag{A.6}$$

式中：$\hat{Y}$ ——预测颗粒物质量浓度，mg/m³；

b_0——线性相关校准曲线截距，计算见式（A.7）；

b_1——线性相关校准曲线斜率，计算见式（A.9）；

X——颗粒物 CEMS 显示值，量纲 1。

截距计算公式：

$$b_0=\overline{Y}-b_1\overline{X} \tag{A.7}$$

式中：$\overline{X}$ ——颗粒物 CEMS 显示值的平均值，计算见式（A.8）；

$\overline{Y}$ ——实际烟气状况下参比方法颗粒物断面质量浓度平均值，mg/m³，计算见式（A.8）。

$$\overline{X}=\frac{1}{n}\sum_{i=1}^{n}X_i \qquad \overline{Y}=\frac{1}{n}\sum_{i=1}^{n}Y_i \tag{A.8}$$

式中：X_i——第 i 个数据，颗粒物 CEMS 的显示值，量纲 1；

Y_i——第 i 个数据，实际烟气状况下参比方法颗粒物断面质量浓度值，mg/m³；

n——数据对数目。

斜率计算公式：

$$b_1=\frac{S_{xy}}{S_{xx}} \tag{A.9}$$

其中，S_{xy} 和 S_{xx} 按式（A.10）计算。

$$S_{xx}=\sum_{i=1}^{n}(X_i-\overline{X})^2 \qquad S_{xy}=\sum_{i=1}^{n}(X_i-\overline{X})(Y_i-\overline{Y}) \tag{A.10}$$

A.3.5　置信区间的计算，见式（A.11），颗粒物 CEMS 测定的一批显示值，要求有 95%的把握认为此批显示值的每一个值均应落在由距上述校准曲线为该排放源在检测期间参比方法实测状态均值的±10%的两条直线组成的区间内。

$$\mathrm{CI}=t_{df,1-a/2}S_E\sqrt{\frac{1}{n}} \tag{A.11}$$

式中：CI——在平均值 X 处的 95%置信区间半宽；

$t_{df,1-a/2}$——对于 $df=n-2$ 见表 A.1 中提供的 student 统计 t 值；

S_E——相关校准曲线的分散性或偏差性（回归线精密度），计算见式（A.12）：

$$S_E=\sqrt{\frac{1}{n-2}\sum_{i=1}^{n}(\hat{Y}_i-Y_i)^2} \tag{A.12}$$

在平均值 X 处，对于参比方法实测状态均值百分比的置信区间半宽计算见式（A.13）：

$$\mathrm{CI}=\frac{\mathrm{CI}}{\mathrm{EL}}\times 100\% \tag{A.13}$$

式中：EL——排放源的颗粒物浓度排放限值。

注：当颗粒物排放限值小于颗粒物参比采样测试全部测量有效数据的平均值时，EL 值取颗粒物参比采样测试全部测量有效数据的平均值。

A.3.6　允许区间的计算，见式（A.14），颗粒物 CEMS 测定的一批显示值，要求有 95%的把握认为该批数据中有 75%的数据应落在由距上述校准曲线为该排放源在检测期间参比方法实测状态均值的±25%的两条直线组成的区间内。

$$\mathrm{TI}=k_t S_E \tag{A.14}$$

式中：TI——在平均值 X 处的 95%允许区间半宽；

k_t——计算见式（A.15）；

S_E——计算见式（A.12）。

$$k_t = u_{n'} V_{df} \tag{A.15}$$

式中：$u_{n'}$——由表 A.1 提供，75%允许因子（在平均值 X 处，$n'=n$）；

V_{df}——对于 $df=n-2$ 见表 A.1。

在平均值 X 处，作为参比方法实测状态均值百分比的允许区间半宽计算见式（A.16）：

$$\mathrm{TI} = \frac{\mathrm{TI}}{\mathrm{EL}} \times 100\% \tag{A.16}$$

A.3.7　线性相关系数计算见式（A.17）：

$$r = \sqrt{1 - \frac{S_E^2}{S_y^2}} \tag{A.17}$$

式中：r——线性相关系数；

S_y——计算见式（A.18）：

$$S_y = \sqrt{\frac{\sum_{i=1}^{n}(Y_i - \overline{Y})^2}{n-1}} \tag{A.18}$$

当一元线性回归方程无法满足相关系数的指标要求时，可选用其他校验方法（如一元多次方程式、对数指数方程式、幂指数方程式、K 系数等）进行调试。参比方法校准颗粒物 CEMS 的一元线性回归方程原始记录表见本标准附录 D 中表 D.2。

表 A.1　计算置信区间和允许区间参数表

f	t_{df}	V_{df}	n'	$u_{n'}$（75）
7	2.365	1.797 2	7	1.233
8	2.306	1.711 0	8	1.223
9	2.262	1.645 2	9	1.214
10	2.228	1.593 1	10	1.208
11	2.201	1.550 6	11	1.203
12	2.179	1.515 3	12	1.199
13	2.160	1.485 4	13	1.195
14	2.145	1.459 7	14	1.192
15	2.131	1.437 3	15	1.189
16	2.120	1.417 6	16	1.187
17	2.110	1.400 1	17	1.185
18	2.101	1.384 5	18	1.183
19	2.093	1.370 4	19	1.181
20	2.086	1.357 6	20	1.179
21	2.080	1.346 0	21	1.178
22	2.074	1.335 3	22	1.177
23	2.069	1.325 5	23	1.175
24	2.064	1.316 5	24	1.174
25	2.060	1.308 1	25	1.173
30	2.042	1.273 7	30	1.170

f	t_{df}	V_{df}	n'	$u_{n'}$（75）
35	2.030	1.248 2	35	1.167
40	2.021	1.228 4	40	1.165
45	2.014	1.212 5	45	1.163
50	2.009	1.199 3	50	1.162
注：$f=n-1$。				

A.3.8 校验颗粒物 CEMS

将建立的手工采样参比方法测定结果与颗粒物 CEMS 测定结果的一元线性回归方程的斜率和截距输入到 CEMS 的数据采集处理系统，将颗粒物 CEMS 的测定显示值修正到与手工采样参比方法一致的颗粒物质量浓度（mg/m^3）。

手工采样断面排气流速应≥5 m/s，当不能满足要求时：

a）在 2.5～5 m/s 之间时，取实测平均流速计算采样流量进行恒流采样，校验方法仍采用一元线性回归方程；

b）低于 2.5 m/s 时，取 2.5 m/s 流速计算采样流量进行恒流采样。至少取 9 个有效数据对计算 K 系数，即手工方法平均值/CEMS 显示值平均值，然后将 K 系数输入到 CEMS 的数据处理系统，校验后的颗粒物质量浓度=K·CEMS 颗粒物显示值。

c）当无法调节颗粒物控制装置或燃烧清洁能源时，亦可采用 K 系数的方法。

A.4 气态污染物 CEMS 和氧气 CMS 示值误差、系统响应时间技术指标的调试检测

A.4.1 气态污染物 CEMS 和氧气 CMS 示值误差

a）仪器通入零气，调节仪器零点。

b）通入高浓度（80%～100%的满量程值）标准气体，调整仪器显示浓度值与标准气体浓度值一致。

c）仪器经上述校准后，按照零气、高浓度标准气体、零气、中浓度（50%～60%的满量程值）标准气体、零气、低浓度（20%～30%的满量程值）标准气体的顺序通入标准气体。若低浓度标准气体浓度高于排放限值，则还需通入浓度低于排放限值的标准气体，完成超低排放改造后的火电污染源还应通入浓度低于超低排放水平的标准气体。待显示浓度值稳定后读取测定结果。重复测定 3 次，取平均值。按附录 A 式（A.19）、式（A.20）计算示值误差。

当满足以下条件：

1）SO_2 满量程不小于 100 μmol/mol；

2）NO_x 满量程不小于 200 μmol/mol；

3）测试含氧量示值误差。

示值误差按式（A.19）计算：

$$L_{ei}=\frac{\overline{C}_{di}-C_{si}}{C_{si}}\times 100\% \tag{A.19}$$

式中：L_{ei}——标准气体的示值误差；

$\overline{C}_{di}$——标准气体测定浓度平均值；

C_{si}——标准气体浓度值；

i——第 i 种浓度的标准气体。

当满足以下条件：

（1）SO_2 满量程小于 100 μmol/mol；

（2）NO_x 满量程小于 200 μmol/mol。

示值误差按式（A.20）计算：

$$L_{ei}=\frac{\overline{C}_{di}-C_{si}}{\text{F.S.}}\times 100\% \tag{A.20}$$

式中：F.S.——分析仪满量程值。

示值误差检测结果按本标准附录 D 中表 D.4 的表格形式记录。

A.4.2 气态污染物 CEMS 和氧气 CMS 系统响应时间

a）待测 CEMS 运行稳定后，按照系统设定采样流量通入零点气体，待读数稳定后按照相同流量通入量程校准气体，同时用秒表开始计时；

b）观察分析仪示值，至读数开始跃变止，记录并计算样气管路传输时间 T_1；

c）继续观察并记录待测分析仪器显示值上升至标准气体浓度标称值 90%时的仪表响应时间 T_2；

d）系统响应时间为 T_1 和 T_2 之和。重复测定 3 次，取平均值，应符合 A.10 要求。

系统响应时间检测结果按本标准附录 D 中表 D.4 的表格形式记录。

A.5 气态污染物 CEMS 和氧气 CMS 准确度技术指标的调试检测

A.5.1 气态污染物 CEMS 和氧气 CMS 与参比方法同步测定，由数据采集器每分钟记录 1 个累积平均值，连续记录至参比方法测试结束，取与参比方法同时段的平均值，参比方法每个数据的测试时间为 5～15 min。

A.5.2 取参比方法与 CEMS 同时段测定值组成一个数据对，参比方法与 CEMS 测量值均取标态干基浓度，每天至少取 9 对有效数据用于准确度计算，但应报告所有的数据，包括舍去的数据对，连续进行 3 d。

A.5.2.1 相对准确度计算

$$\text{RA}=\frac{\left|\overline{d}\right|+\left|\text{cc}\right|}{\overline{\text{RM}}}\times 100\% \tag{A.21}$$

式中：RA——相对准确度；

$\overline{\text{RM}}$——参比方法全部数据对测量结果的平均值；

$\overline{d}$——CEMS 与参比方法测量各数据对差的平均值；

cc——置信系数。

$$\overline{\text{RM}}=\frac{1}{n}\sum_{i=1}^{n}\text{RM}_i \tag{A.22}$$

式中：n——数据对的个数；

RM_i——第 i 个数据对中的参比方法测定值。

$$\overline{d_i}=\frac{1}{n}\sum_{i=1}^{n}d_i \tag{A.23}$$

$$d_i=\text{CEMS}_i-\text{RM}_i \tag{A.24}$$

式中：d_i——每个数据对之差；

CEMS_i——第 i 个数据对中的 CEMS 测定值。

在计算数据对差的和时，保留差值的正、负号。

$$\text{cc}=\pm t_{f,0.95}\frac{S_d}{\sqrt{n}} \tag{A.25}$$

式中：$t_{f,\,0.95}$——由 t 表查得，$f=n-1$；

S_d——参比方法与 CEMS 测定值数据对的差的标准偏差。

表 A.2 计算置信系数用 t 值表（95%置信水平）

5	6	7	8	9	10	11	12	13	14	15	16
2.571	2.447	2.365	2.306	2.262	2.228	2.201	1.179	2.160	2.145	2.131	2.120

$$S_d=\sqrt{\frac{\sum_{i=1}^{n}(d_i-\overline{d}_i)^2}{n-1}} \tag{A.26}$$

A.5.2.2 绝对误差计算

按本标准 9.3.2.3 式（3）计算。

A.5.2.3 相对误差计算

按本标准 9.3.2.3 式（4）计算。

A.5.2.4 参比方法评估气态污染物 CEMS 准确度结果按本标准附录 D 中表 D.5 的表格形式记录。

A.5.3 校验气态污染物 CEMS 和氧气 CMS

气态污染物 CEMS 和氧气 CMS 准确度达不到技术指标的要求时，将偏差调节系数输入 CEMS 的数据采集处理系统，按式（A.27）和式（A.28）对 CEMS 测定数据进行调节，经调节仍不能达到要求时，应选择有代表性的位置安装气态污染物 CEMS，重新进行检测。

$$\mathrm{CEMS}_{\mathrm{ad}i}=\mathrm{CEMS}_i\times E_{\mathrm{ac}} \tag{A.27}$$

式中：$\mathrm{CEMS}_{\mathrm{ad}i}$——CEMS 在 i 时间调节后的数据；

CEMS_i——CEMS 在 i 时间测得的数据；

E_{ac}——偏差调节系数。

$$E_{\mathrm{ac}}=1+\frac{\overline{d}}{\overline{\mathrm{CEMS}_i}} \tag{A.28}$$

式中：$\overline{d}$——式（A.23）和式（A.24）计算的数据对差的平均值；

$\overline{\mathrm{CEMS}_i}$——第 i 个数据对中的 CEMS 测定数据的平均值。

A.6 流速 CMS 速度场系数技术指标的调试检测

由参比方法测定断面烟气平均流速和同时段流速 CMS 测定的烟气平均流速，按式（A.29）计算速度场系数：

$$K_v=\frac{F_s}{F_p}\times\frac{\overline{V_s}}{\overline{V_p}} \tag{A.29}$$

式中：K_v——速度场系数；

F_s——参比方法测定断面面积，m^2；

F_p——流速 CMS 所在测定断面的面积，m^2；

$\overline{V_s}$——参比方法测定断面的平均流速，m/s；

$\overline{V_p}$——流速 CMS 在固定点或测定线所在断面的测定流速，m/s。

A.7 流速 CMS 速度场系数精密度技术指标的调试检测

A.7.1 每天至少获得 5 个有效速度场系数，计算速度场系数日平均值。但必须报告所有的数据，包括舍去的数据。至少连续获得 3 d 的日平均值，并按式（A.30）、式（A.31）计算速度场系数精密度：

$$\mathrm{CV}=\frac{S}{\overline{\overline{K}}_v}\times 100\% \tag{A.30}$$

$$S=\sqrt{\frac{\sum_{i=1}^{n}(\overline{K}_{vi}-\overline{\overline{K}}_v)^2}{n-1}} \tag{A.31}$$

式中：CV——速度场系数精密度（相对标准偏差），%；

S——速度场系数的标准偏差；

$\overline{\overline{K}}_v$——速度场系数日平均值的平均值；

$\overline{K}_{vi}$——速度场系数日平均值；

n——日平均速度场系数的个数。

流速 CMS 速度场系数精密度检测结果按本标准附录 D 中表 D.6 的表格形式记录。

A.7.2　当速度场系数精密度不满足技术指标要求时，可进行手工采样参比方法与流速 CMS 的相关系数的校准。通过调节三个不同的工况流速，每个工况流速至少建立 3 个有效数据对，以流速 CMS 数据为 X 轴，参比方法数据为 Y 轴，建立一元线性回归方程。并把斜率和截距输入到 CEMS 的数据采集处理系统，将流速 CMS 测试的数据校准到手工采样参比方法所测定的流速值。回归方程计算方法见本标准附录 A 中 A.3.4 及 A.3.7，校准曲线按本标准附录 D 中表 D.7 的表格形式记录。

A.8　温度 CMS 准确度技术指标的调试检测

A.8.1　检测期间，温度 CMS 与参比方法同步测定，由数据采集器每分钟记录 1 个累积平均值，连续记录至参比方法测试结束，取与参比方法同时段的平均值，参比方法每个数据的测试时间不得低于 5 min。

A.8.2　取参比方法与 CEMS 同时段测定值组成一个数据对，每天至少取 5 对有效数据用于相对准确度计算，但应报告所有的数据，包括舍去的数据对，连续进行 3 d。将 CEMS 温度显示值减去参比方法断面测定平均值，计算温度准确度，见本标准式（7）。温度检测结果按本标准附录 D 中表 D.8 的表格形式记录。

A.9　湿度 CMS 准确度技术指标的调试检测

A.9.1　检测期间，湿度 CMS 与参比方法同步测定，由数据采集器每分钟记录 1 个平均值，连续记录至参比方法测试结束，取与参比方法同时段的平均值。

A.9.2　取参比方法与 CEMS 同时段测定值组成一个数据对，每天至少取 5 对有效数据用于相对准确度计算，但应报告所有的数据，包括舍去的数据对，连续进行 3 d。并按本标准式（8）和式（9）计算烟气湿度绝对误差和相对误差。湿度检测结果按本标准附录 D 中表 D.8 的表格形式记录。

A.10　CEMS 调试检测技术指标要求

详见表 A.3。

表 A.3　调试检测技术指标要求

检测项目			技术要求
气态污染物 CEMS	二氧化硫	示值误差	当满量程≥100 μmol/mol（286 mg/m^3）时，示值误差不超过±5%（相对于标准气体标称值）； 当满量程＜100 μmol/mol（286 mg/m^3）时，示值误差不超过±2.5%（相对于仪表满量程值）
		系统响应时间	≤200 s
		零点漂移、量程漂移	不超过±2.5%

检测项目		技术要求	
气态污染物 CEMS	二氧化硫	准确度	排放浓度≥250 μmol/mol（715 mg/m³）时，相对准确度≤15%
			50 μmol/mol（143 mg/m³）≤排放浓度<250 μmol/mol（715 mg/m³）时，绝对误差不超过±20 μmol/mol（57 mg/m³）
			20 μmol/mol（57 mg/m³）≤排放浓度<50 μmol/mol（143 mg/m³）时，相对误差不超过±30%
			排放浓度<20 μmol/mol（57 mg/m³）时，绝对误差不超过±6 μmol/mol（17 mg/m³）
	氮氧化物	示值误差	当满量程≥200 μmol/mol（410 mg/m³）时，示值误差不超过±5%（相对于标准气体标称值）； 当满量程<200 μmol/mol（410 mg/m³）时，示值误差不超过±2.5%（相对于仪表满量程值）
		系统响应时间	≤200 s
		零点漂移、量程漂移	不超过±2.5%
		准确度	排放浓度≥250 μmol/mol（513 mg/m³）时，相对准确度≤15%
			50 μmol/mol（143 mg/m³）≤排放浓度<250 μmol/mol（715 mg/m³）时，绝对误差不超过±20 μmol/mol（41 mg/m³）
			20 μmol/mol（41 mg/m³）≤排放浓度<50 μmol/mol（103 mg/m³）时，相对误差不超过±30%
			排放浓度<20 μmol/mol（41 mg/m³）时，绝对误差不超过±6 μmol/mol（12 mg/m³）
	其他气态污染物	准确度	相对准确度≤15%
氧气 CMS	O_2	示值误差	不超过±5%（相对于标准气体标称值）
		系统响应时间	≤200 s
		零点漂移、量程漂移	不超过±2.5%
		准确度	>5.0%时，相对准确度≤15%
			≤5.0%时，绝对误差不超过±1.0%
颗粒物 CEMS	颗粒物	零点漂移、量程漂移	±2.0%F.S.
		相关系数	当参比方法测定颗粒物平均质量浓度>50 mg/m³时，≥0.85
			当参比方法测定颗粒物平均质量浓度≤50 mg/m³时，≥0.70
		置信区间半宽	≤10%（该排放源检测期间参比方法实测状态均值）
		允许区间半宽	≤25%（该排放源检测期间参比方法实测状态均值）
流速 CMS	流速	精密度	≤5%
		相关系数[a]	≥9 个数据时，相关系数≥0.90
		准确度	流速>10 m/s，相对误差不超过±10%
			流速≤10 m/s，相对误差不超过±12%
温度 CMS	温度	绝对误差	不超过±3℃
湿度 CMS	湿度	准确度	烟气湿度>5.0%时，相对误差不超过±25%
			烟气湿度≤5.0%时，绝对误差不超过±1.5%
注：氮氧化物以 NO_2 计。			
[a] 当精密度不满足本标准要求，进行相关系数校准时应满足本条要求。			

附 录 B

（资料性附录）

固定污染源烟气排放连续监测系统技术指标调试检测结果分析和处理方法

当 CEMS 技术指标调试检测结果不满足本标准附录 A.10 技术指标要求时，可参照下表进行结果分析和处理。

表 B.1 颗粒物 CEMS 技术指标调试检测结果分析和处理方法

<table>
<tr><th colspan="2">测试指标</th><th>测试结果</th><th>原因分析</th><th>处理方法</th></tr>
<tr><td rowspan="2">漂移</td><td>零点</td><td>超过±2%</td><td rowspan="2">1. 安装位置的环境条件，例如，强烈振动、电磁干扰、系统密封缺陷使雨、雪水侵入等；2. 校准器件缺陷、复位重复差、被污染，系统设计缺陷；3. 仪器供电系统缺陷，光源发光不稳定等；4. 计算错误</td><td rowspan="2">1. 重新选择符合要求的安装位置；2. 根据查找的原因重新设计；3. 重新计算</td></tr>
<tr><td>量程</td><td>超过±2%</td></tr>
<tr><td colspan="2">相关系数</td><td>超过附 A.10 限值</td><td rowspan="3">1. 颗粒物 CEMS：（1）安装位置的代表性；（2）光路的准直；（3）光学镜片的污染和清洁等；2. 调试时的参比方法是否将手工方法测得的烟道断面颗粒物平均浓度与颗粒物 CEMS 测得的点的平均浓度进行比较？3. 数据量和数据分布：数据量是否足够，数据是否分布在颗粒物 CEMS 测量范围上限的20%～80%；4. 颗粒物的颜色变化大，烟气中含有水雾和水滴等；5. 颗粒物 CEMS 设计缺陷</td><td rowspan="3">逐一分析原因，采取相应的对策和措施</td></tr>
<tr><td colspan="2">CI%
（置信区间半宽）</td><td>＞10%（该排放源检测期间参比方法实测状态均值）</td></tr>
<tr><td colspan="2">TI%
（允许区间半宽）</td><td>＞25%（该排放源检测期间参比方法实测状态均值）</td></tr>
</table>

表 B.2 气态污染物 CEMS 技术指标调试检测结果分析和处理方法

<table>
<tr><th colspan="2">测试指标</th><th>测试结果</th><th>原因分析</th><th>处理方法</th></tr>
<tr><td rowspan="2">漂移</td><td>零点</td><td>超过±2.5%</td><td rowspan="2">1.安装位置的环境条件，例如：强烈振动、电磁干扰、系统密封缺陷使雨、雪水侵入等；2.供零点气体和校准气体的流量和气体的质量是否符合要求；3.供气系统是否泄漏；4.管路吸附；5. 仪器供电系统缺陷；6.计算错误；7 抽取位置是否相同</td><td rowspan="2">1. 重新选择符合要求的安装位置；2. 选用合格的零点气体和校准气体；3. 待仪器读数稳定后再读取和（或）记录数据；4. 更换泄漏管路；5. 根据查找的原因重新设计；6. 重新计算；7. 从相同的位置抽取北侧气体</td></tr>
<tr><td>量程</td><td>超过±2.5%</td></tr>
<tr><td colspan="2">系统响应时间</td><td>＞200 s</td><td>1. 滤料被堵塞；2. 仪器内部管路泄漏；3.控制阀损坏；4. 仪器光学镜片被污染；5. 仪器检测器系统被污染；6.系统设计缺陷；7.取样泵真空度不够</td><td>1. 更换滤料；2. 更换管路；3. 拧紧管接头，更换控制阀；4. 清洁光学镜片或检测器系统；5. 重新设计；6. 更换取样泵</td></tr>
<tr><td colspan="2">示值误差</td><td>超过附 A.10 限值</td><td>1. 仪器性能是否过关；2. 调试方法是否准确；3. 校准气体质量，例如，校准气体质量不能溯源到国家级标准气体，超过标准气体的使用期限，校准气体的稳定性差，现场调试检测与仪器出厂前调试仪器的校准气体品质不一致；4. 管路吸附；5. 管路泄漏；6. 供气流量、压力不稳定等</td><td>逐一分析原因，采取相应的措施</td></tr>
</table>

测试指标	测试结果	原因分析	处理方法
准确度	超过附 A.10 限值	1. 点位的代表性；2. 两种方法测定点位的一致性；3. 两种方法测定时获取数据的同步性；4. 校准 CEMS 气体和参比方法的校准气体的一致性；5. 采样时间等；6. 管路不加热并有冷凝水，管路漏气，抽气量不足，气体稀释比不稳定等；7. 参比方法使用仪器质量有问题；8. 仪器校准方法的缺陷（是否为全程校准）	1. 避开污染物浓度剧烈变化的测定点位；2. 两种方法测定点位尽可能接近；3. 扣除烟气样品通过管路到达检测器的时间；4. 用同一标准气体校准 CEMS 和参比方法；5. 足够的采样时间；6. 用质量好的参比仪器等；7. 采取相应的措施；8. 满足参比仪器使用的条件（预热时间等）；9. 正确选用 CEMS 监控仪器及校准方法

表 B.3 流速 CMS 技术指标调试检测结果分析和处理方法

测试指标	测试结果	原因分析	处理方法
速度场系数精密度	＞5%	1.安装位置的代表性差，例如：两股气流交汇处，存在涡流、旋流等；2.安装地点强烈振动；3.气流不稳定，变化大；4.安装不正确，例如：流速 CMS 正对气流的 S 皮托管与气流的方向不垂直，紧固法兰松动；5.流速 CMS 探头被污染或腐蚀；6.烟气流速低，仪器灵敏度不能满足测定的要求；7.参比方法布设测点的点位和数量以及用参比方法比对时存在操作不当等	逐一分析原因，采取相应的措施
相关系数	≥9 个数据对时相关系数＜0.90		

附 录 C

（规范性附录）

固定污染源烟气排放连续监测系统输出参数计算方法

C.1 烟气流速和流量的计算

烟道断面湿烟气平均流速 $\overline{V}_s$ 按式（C.1）计算：

$$\overline{V}_s = K_v \times \overline{V}_p \tag{C.1}$$

式中：K_v——速度场系数；

$\overline{V}_p$——测定断面流速 CMS 测得的湿排气平均流速，m/s；

$\overline{V}_s$——测定断面的湿排气平均流速，m/s。

实际工况下的湿烟气流量 Q_s 按式（C.2）计算：

$$Q_s = 3\,600 \times F \times \overline{V}_s \tag{C.2}$$

式中：Q_s——实际工况下湿烟气流量，m^3/h；

F——测定断面的面积，m^2。

标准状态下干烟气流量 Q_{sn} 按式（C.3）计算：

$$Q_{sn}=Q_s\times\frac{273}{273+t_s}\times\frac{B_a+P_s}{101\,325}\times(1-X_{sw}) \tag{C.3}$$

式中：Q_{sn}——标准状态下干烟气流量，m^3/h；

B_a——大气压力，Pa；

P_s——烟气静压，Pa；

t_s——烟温，℃；

X_{sw}——烟气中含湿量。

C.2　颗粒物或气态污染物浓度和排放率计算

C.2.1　颗粒物或气态污染物排放质量浓度按式（C.4）计算：

$$C'=bx+a \tag{C.4}$$

式中：C'——标准状态下干烟气中颗粒物或气态污染物质量浓度，mg/m^3（当气态污染物 CEMS 符合准确度要求时，$C'=x$）；

x——CEMS 显示值；

b——回归方程斜率；

a——回归方程截距，mg/m^3。

当气态污染物显示浓度单位为 μmol/mol 时，SO_2、NO 和 NO_2 换算为标准状态下 mg/m^3 的换算系数：

SO_2：1 μmol/mol=64/22.4 mg/m^3

NO：1 μmol/mol=30/22.4 mg/m^3

NO_2：1 μmol/mol=46/22.4 mg/m^3

C.2.2　污染物干基质量浓度和湿基质量浓度转换按式（C.5）计算：

$$C_d=\frac{C_w}{1-X_{sw}} \tag{C.5}$$

式中：C_d——污染物干基质量浓度，mg/m^3（μmol/mol）；

C_w——污染物湿基质量浓度，mg/m^3（μmol/mol）；

X_{sw}——烟气绝对湿度（又称水分含量）。

式（C.5）中干基质量浓度与湿基质量浓度的工况状态条件应相同；含氧量干/湿基质量浓度转换计算方法与式（C.5）相同。

C.2.3　对于没有安装转化炉，同时测量烟气中的 NO 和 NO_2 的 CEMS 系统，氮氧化物（NO_x）质量浓度以 NO_2 计，其质量浓度按式（C.6）或式（C.7）计算：

$$C_{NO_x}=C_{NO}\times\frac{M_{NO_2}}{M_{NO}}+C_{NO_2} \tag{C.6}$$

式中：C_{NO_x}——氮氧化物质量浓度，mg/m^3；

C_{NO}——一氧化氮质量浓度，mg/m^3；

C_{NO_2}——二氧化氮质量浓度，mg/m^3；

M_{NO_2}——二氧化氮摩尔质量，g/mol；

M_{NO}——一氧化氮摩尔质量，g/mol。

$$C_{NO_x}=(C_{NO_v}+C_{NO_{2v}})\times\frac{M_{NO_2}}{22.4} \tag{C.7}$$

式中：C_{NO_v}——一氧化氮的体积分数，μmol/mol；

$C_{NO_{2v}}$——二氧化氮的体积分数，μmol/mol。

对于安装转化炉将 NO_2 转化为 NO 测试的 CEMS 系统，其浓度计算方法同式（C.6）、式（C.7），式中的 NO_2 质量、体积浓度设定为零。

C.2.4 颗粒物或气态污染物基准含氧量质量浓度按式（C.8）计算：

$$\overline{C}=\overline{C'}\times\frac{21-O_2}{21-X_{O_2}} \tag{C.8}$$

式中：$\overline{C}$——折算成基准含氧量时的颗粒物或气态污染物排放质量浓度，mg/m^3；

$\overline{C'}$——标准状态干烟气状态下颗粒物或气态污染物排放质量浓度，mg/m^3；

X_{O_2}——在测点实测的干基含氧量，%；

O_2——有关排放标准中规定的基准含氧量，%。

过量空气系数按式（C.9）计算：

$$\alpha=\frac{21}{21-X_{O_2}} \tag{C.9}$$

C.2.5 颗粒物或气态污染物排放率按式（C.10）计算：

$$G=\overline{C'}\times Q_{sn}\times10^{-6} \tag{C.10}$$

式中：G——颗粒物或气态污染物排放率，kg/h；

Q_{sn}——标准状态下干排烟气量，m^3/h。

C.3 颗粒物或气态污染物累积排放量计算

烟尘或气态污染物的累积排放量按下列式（C.11）～式（C.13）计算：

$$G_d=\sum_{i=1}^{24}G_{hi}\times10^{-3} \tag{C.11}$$

$$G_m=\sum_{i=1}^{D_m}G_{di} \tag{C.12}$$

$$G_y=\sum_{i=1}^{D_y}G'_{di} \tag{C.13}$$

式中：G_d——烟尘或气态污染物日排放量，t/d；

G_{hi}——该日中第 i 小时烟尘或气态污染物排放量，kg/h；

G_m——烟尘或气态污染物月排放量，t/月；

G_{di}——该月中第 i 日的烟尘或气态污染物排放量，t/d；.

G_y——烟尘或气态污染物年排放量，t/a；

G'_{di}——该年中第 i 日烟尘或气态污染物日排放量，t/d；

D_m——该月天数；

D_y——该年天数。

C.4 烟气中氧量、CO_2 的测定和计算

由 CEMS 系统配置的氧 CMS 连续测定烟气中的氧量，按式（C.14）计算烟气中的 CO_2 含量：

$$C_{CO_2}=C_{CO_2\max}\times\left(1-\frac{C_{O_2}}{20.9/100}\right) \tag{C.14}$$

式中：C_{CO_2}——计算得到烟气中的 CO_2 体积分数；

C_{O_2}——烟气中 O_2 的体积分数；

$C_{CO_2\max}$——燃料燃烧产生的最大 CO_2 体积分数，%。

C_{CO_2max} 近似值由表 C.1 查得。

表 C.1　C_{CO_2max} 近似值表

燃料类型	烟煤	贫煤	无烟煤	燃料油	石油气	液化石油气	湿性天然气	干性天然气	城市煤气
C_{CO_2max}/%	18.4～18.7	18.9～19.3	19.3～20.2	15.0～16.0	11.2～11.4	13.8～15.1	10.6	11.5	10.0

C.5　采用稀释法测定时气态污染物 CEMS 测定湿基值和干基值的换算

采用稀释系统测定气态污染物时，按式（C.15）和式（C.16）换算成干烟气中污染物质量浓度：

稀释样气未除湿：

$$C_d = \frac{C_w}{1 - X_{sw}} \tag{C.15}$$

式中：C_d——干烟气中被测污染物质量浓度，mg/m³；

C_w——CEMS 测得的湿烟气中被测污染物质量浓度，mg/m³；

X_{sw}——烟气含湿量。

稀释样气已除湿：

$$C_d = \frac{C_{md}\left(1 - \frac{X_{sw}}{r}\right)}{1 - X_{sw}} \tag{C.16}$$

式中：C_{md}——CEMS 测得的干样气中被测污染物质量浓度，mg/m³；

r——稀释比。

C.6　干湿氧计算湿度

烟气除湿前、后氧含量连续测定系统均需按照 A.4 和 A.5 检测合格，方能用于干湿氧法测湿度。按式（C.17）计算烟气湿度：

$$X_{sw} = 1 - \frac{X'_{O_2}}{X_{O_2}} \tag{C.17}$$

式中：X'_{O_2}——湿烟气中氧的体积分数，%；

X_{O_2}——干烟气中氧的体积分数，%。

C.7　火电厂锅炉负荷的统计报表

将火电厂锅炉负荷实时监测数据用模拟信号或数字信号输入 CEMS 的数据采集处理系统中，进行自动统计计算；或手工填写在表 D.9～表 D.12 烟气排放连续监测报表中。

C.8　锅炉停炉、闷炉时烟气参数的参考设定

当锅炉停炉、闷炉时，CEMS 仍然在检测和不断的由下位机上传数据，容易引起固定污染源监控系统的误判。可通过对烟气参数的设定，由下位机向上位机发出停炉、闷炉等标记。烟气参数的参考设定（视实际情况可调整）：

a）静压压力传感器显示为锅炉满负荷显示值的 20%（限安装在引风机前）；

b）流速显示为 2 m/s 以下；

c）氧量显示为19%以上；

d）烟温显示为40℃以下。

以上可视实际情况对等设定也可按优先原则设定。

附 录 D

（资料性附录）

固定污染源烟气排放连续监测系统安装调试检测原始记录表

表D.1 颗粒物CEMS零点和量程漂移检测

测试人员________________CEMS生产厂商________________

测试地点________________CEMS型号、编号________________

测试位置________________

CEMS原理________________

日期	时间		计量单位（mg/m^3、mA、mV、不透明度%……）								清洁镜头否	备注
			零点读数		零点漂移绝对误差	调节零点否	上标校准读数		量程漂移绝对误差	调节量程否		
	开始	结束	起始 Z_0	最终 Z_i	$\Delta Z=Z_i-Z_0$		起始 S_0	最终 S_i	$\Delta S=S_i-S_0$			
零点漂移绝对误差最大值							量程漂移绝对误差最大值					
零点漂移							量程漂移					

表D.2 参比方法校准颗粒物CEMS

测试人员________________CEMS生产厂商________________

测试地点________________CEMS型号、编号________________

测试位置________________CEMS原理________________

参比方法仪器生产厂商________________型号、编号________________原理________________

日期	时间（时、分）	参比方法					CEMS法测定值（量纲1）	颗粒物颜色	备注
		序号	滤筒编号	颗粒物重/mg	标干体积/L	质量浓度/（mg/m^3）			

日期	时间（时、分）	参比方法					CEMS 法	颗粒物颜色	备注
		序号	滤筒编号	颗粒物重/mg	标干体积/L	质量浓度/（mg/m^3）	测定值（量纲 1）		
一元线性方程式：						相关系数：			

表 D.3 气态污染物 CEMS（含氧量）零点和量程漂移检测

测试人员__________CEMS 生产厂商__________

测试地点__________CEMS 型号、编号__________

测试位置__________CEMS 原理__________

标准气体浓度或校准器件的已知响应值__________

污染物名称__________计量单位__________

序号	日期	时间	零点读数		零点读数变化	量程读数		量程读数变化	备注
			起始 Z_0	最终 Z_i	$\Delta Z = Z_i - Z_0$	起始 S_0	最终 S_i	$\Delta S = S_i - S_0$	
零点读数变化最大值						量程读数变化最大值			
零点漂移						量程漂移			

表 D.4　气态污染物 CEMS 示值误差和系统响应时间检测

测试人员＿＿＿＿＿＿＿＿＿＿ CEMS 生产厂商＿＿＿＿＿＿＿＿＿＿
测试地点＿＿＿＿＿＿＿＿＿＿ CEMS 型号、编号＿＿＿＿＿＿＿＿＿＿
测试位置＿＿＿＿＿＿＿＿＿＿ CEMS 原理＿＿＿＿＿＿＿＿＿＿
污染物名称＿＿＿＿＿＿＿＿＿＿ 计量单位＿＿＿＿＿＿＿＿＿＿
测试日期＿＿＿年＿＿月＿＿日

序号	标准气体或校准器件参考值	CEMS显示值	CEMS显示值的平均值	示值误差/%	系统响应时间/s				备注
					测定值			平均值	
					T_1	T_2	$T=T_1+T_2$		

表 D.5　参比方法评估气态污染物 CEMS（含氧量）准确度

测试人员＿＿＿＿＿＿＿＿＿＿CEMS 生产厂商＿＿＿＿＿＿＿＿＿＿
测试地点＿＿＿＿＿＿＿＿＿＿CEMS 型号、编号＿＿＿＿＿＿＿＿＿＿
测试位置＿＿＿＿＿＿＿＿＿＿CEMS 原理＿＿＿＿＿＿＿＿＿＿
参比方法仪器生产厂商＿＿＿＿＿＿＿＿型号、编号＿＿＿＿＿＿原理＿＿＿＿＿＿
测试日期＿＿＿年＿＿＿月＿＿＿日　污染物名称＿＿＿＿＿＿计量单位＿＿＿＿＿＿

样品编号	时间（时、分）	参比方法测量值 A	CEMS 测量值 B	数据对差=B−A
平均值				
数据对差的平均值的绝对值				
数据对差的标准偏差				
置信系数				

<table>
<tr><td>样品编号</td><td>时间
（时、分）</td><td colspan="2">参比方法测量值
A</td><td colspan="2">CEMS 测量值
B</td><td>数据对差=
B−A</td></tr>
<tr><td colspan="2">相对准确度</td><td colspan="5"></td></tr>
<tr><td rowspan="5">标准气体</td><td rowspan="2">名称</td><td rowspan="2">保证值</td><td colspan="2">参比方法测量值</td><td colspan="2">相对误差/%</td></tr>
<tr><td>采样前</td><td>采样后</td><td>采样前</td><td>采样后</td></tr>
<tr><td></td><td></td><td></td><td></td><td></td><td></td></tr>
<tr><td></td><td></td><td></td><td></td><td></td><td></td></tr>
<tr><td></td><td></td><td></td><td></td><td></td><td></td></tr>
</table>

表 D.6 速度场系数检测

测试人员________________CMS 生产厂商________________

测试地点________________CMS 型号、编号________________

测试位置________________CMS 原理________________

参比方法仪器生产厂商________________型号、编号____________原理____________

参比方法计量单位________________CMS 计量单位________________

<table>
<tr><td rowspan="2">日期</td><td rowspan="2">方法</td><td colspan="9">测定次数</td><td rowspan="2">日平均值
$\overline{K_{vi}}$</td><td rowspan="2">标准偏差</td><td rowspan="2">相对标准偏差/%</td></tr>
<tr><td>1</td><td>2</td><td>3</td><td>4</td><td>5</td><td>6</td><td>7</td><td>8</td><td>9</td></tr>
<tr><td rowspan="3"></td><td>参比方法</td><td></td><td></td><td></td><td></td><td></td><td></td><td></td><td></td><td></td><td></td><td></td><td></td></tr>
<tr><td>CMS</td><td></td><td></td><td></td><td></td><td></td><td></td><td></td><td></td><td></td><td></td><td></td><td></td></tr>
<tr><td>速度场系数</td><td></td><td></td><td></td><td></td><td></td><td></td><td></td><td></td><td></td><td></td><td></td><td></td></tr>
<tr><td rowspan="3"></td><td>参比方法</td><td></td><td></td><td></td><td></td><td></td><td></td><td></td><td></td><td></td><td></td><td></td><td></td></tr>
<tr><td>CMS</td><td></td><td></td><td></td><td></td><td></td><td></td><td></td><td></td><td></td><td></td><td></td><td></td></tr>
<tr><td>速度场系数</td><td></td><td></td><td></td><td></td><td></td><td></td><td></td><td></td><td></td><td></td><td></td><td></td></tr>
<tr><td rowspan="3"></td><td>参比方法</td><td></td><td></td><td></td><td></td><td></td><td></td><td></td><td></td><td></td><td></td><td></td><td></td></tr>
<tr><td>CMS</td><td></td><td></td><td></td><td></td><td></td><td></td><td></td><td></td><td></td><td></td><td></td><td></td></tr>
<tr><td>速度场系数</td><td></td><td></td><td></td><td></td><td></td><td></td><td></td><td></td><td></td><td></td><td></td><td></td></tr>
<tr><td rowspan="3"></td><td>参比方法</td><td></td><td></td><td></td><td></td><td></td><td></td><td></td><td></td><td></td><td></td><td></td><td></td></tr>
<tr><td>CMS</td><td></td><td></td><td></td><td></td><td></td><td></td><td></td><td></td><td></td><td></td><td></td><td></td></tr>
<tr><td>速度场系数</td><td></td><td></td><td></td><td></td><td></td><td></td><td></td><td></td><td></td><td></td><td></td><td></td></tr>
<tr><td colspan="4">速度场系数日平均值的平均值 $\overline{\overline{K_v}}$</td><td colspan="3"></td><td colspan="2">标准偏差</td><td colspan="2"></td><td colspan="2">相对标准偏差/%</td><td></td></tr>
<tr><td colspan="14">注：不参与日平均值统计的测量数据须标注。</td></tr>
</table>

表 D.7 参比方法校验流速 CMS

测试人员________________________CMS 生产厂商________________________

测试地点________________________CMS 型号、编号________________________

测试位置________________________CMS 原理________________________

参比方法仪器生产厂商________________型号、编号____________原理____________

参比方法计量单位________________________CMS 计量单位________________________

测试日期______年______月______日

序号	CMS 测量值	参比方法测量值	序号	CMS 测量值	参比方法测量值	序号	CMS 测量值	参比方法测量值
1			6			11		
2			7			12		
3			8			13		
4			9			14		
5			10			15		
一元线性方程式：					相关系数：			

表 D.8 颗粒物 CEMS/流速 CMS/温度 CMS/湿度 CMS 准确度检测

测试人员________________________CEMS 生产厂商________________________

测试地点________________________CEMS 型号、编号________________________

测试位置________________________CEMS 原理________________________

参比方法仪器生产厂商________________型号、编号____________原理____________

日期	时间（时、分）	参比方法								CEMS				颗粒物颜色	备注
		序号	滤筒编号	颗粒物重/mg	标干体积/L	质量浓度/（mg/m^3）	流速/（m/s）	温度/℃	湿度/%	测定值/（mg/m^3）	流速/（m/s）	温度/℃	湿度/%		
颗粒物质量浓度平均值/（mg/m^3）															
流速平均值/（m/s）															
烟温平均值/℃															
湿度平均值/%															
颗粒物相对误差/%															
流速相对误差/%															
烟温绝对误差/℃															
湿度绝对误差（参比方法测量值≤5%时）/%															
湿度相对误差（参比方法测量值＞5%时）/%															

表 D.9　烟气排放连续监测小时平均值日报表

排放源名称：____________________

排放源编号：____________________　监测日期：______年____月____日

时间	颗粒物			SO_2			NO_x			标干流量/（m^3/h）	干基O_2/%	烟温/℃	含湿量/%	负荷/%	备注
	实测质量浓度/（mg/m^3）	折算质量浓度/（mg/m^3）	排放量/（kg/h）	实测质量浓度/（mg/m^3）	折算质量浓度/（mg/m^3）	排放量/（kg/h）	实测质量浓度/（mg/m^3）	折算质量浓度/（mg/m^3）	排放量/（kg/h）						
00—01															
01—02															
02—03															
03—04															
04—05															
05—06															
06—07															
07—08															
08—09															
09—10															
10—11															
11—12															
12—13															
13—14															
14—15															
15—16															
16—17															
17—18															
18—19															
19—20															
20—21															
21—22															
22—23															
23—24															
平均值															
最大值															
最小值															
样本数															
日排放总量/t	—			—			—				—				
烟气日排放总量单位：10^4 m^3/d。															
注：时间为每日几时—几时，如 00 时—01 时，23 时—24 时。															

上报单位（盖章）：　　负责人：　　报告人：　　报告日期：　年　月　日

表 D.10 烟气排放连续监测日平均值月报表

排放源名称：________________

排放源编号：________________监测月份：______年______月

日期	颗粒物			SO_2			NO_x			标干流量/（10^4 m^3/d）	干基O_2/%	烟温/℃	含湿量/%	负荷/%	备注
	实测质量浓度/（mg/m^3）	折算质量浓度/（mg/m^3）	排放量/（t/d）	实测质量浓度/（mg/m^3）	折算质量浓度（mg/m^3）	排放量/（t/d）	实测质量浓度/（mg/m^3）	折算质量浓度/（mg/m^3）	排放量/（t/d）						
1日															
2日															
3日															
4日															
5日															
6日															
7日															
8日															
9日															
10日															
11日															
12日															
13日															
14日															
15日															
16日															
17日															
18日															
19日															
20日															
21日															
22日															
23日															
24日															
25日															
26日															
27日															
28日															
29日															
30日															
31日															
平均值															
最大值															
最小值															
样本数															
月排放总量/t	—			—			—				—				
烟气月排放总量单位：10^4 m^3/月。															

上报单位（盖章）：　　　　负责人：　　　　报告人：　　　　报告日期：　　年　　月　　日

表 D.11　烟气排放连续监测月平均值季报表

排放源名称：________________

排放源编号：________________ 监测年份：________年

时间	颗粒物排放量/（t/月）	SO_2排放量/（t/月）	NO_x排放量/（t/月）	标干流量/（10^4m^3/月）	干基 O_2/%	温度/℃	湿度/%	负荷/%	备注
月									
月									
月									
平均值									
最大值									
最小值									
样本数									
季度排放总量/t					—				
烟气季排放总量单位：10^4 m^3/季度。									

上报单位（盖章）：　　负责人：　　报告人：　　报告日期：　年　月　日

表 D.12　烟气排放连续监测月平均值年报表

排放源名称：________________

排放源编号：________________ 监测年份：________年

时间	颗粒物排放量/（t/月）	SO_2排放量/（t/月）	NO_x排放量/（t/月）	标干流量/（10^4m^3/月）	干基 O_2/%	温度/℃	湿度/%	负荷/%	备注
1 月									
2 月									
3 月									
4 月									
5 月									
6 月									
7 月									
8 月									
9 月									
10 月									
11 月									
12 月									
平均值									
最大值									
最小值									
样本数									
年排放总量/t					—				
烟气年排放总量单位：10^4 m^3/a。									

上报单位（盖章）：　　负责人：　　报告人：　　报告日期：　年　月　日

附 录 E

（资料性附录）

固定污染源烟气排放连续监测系统调试检测报告

表 E.1 调试检测报告

企业名称： 安装位置：

检测单位： 检测日期：

<table>
<tr><td colspan="5">CEMS 供应商：</td></tr>
<tr><td colspan="5">CEMS 主要仪器型号</td></tr>
<tr><td>仪器名称</td><td>设备型号</td><td>制造商</td><td colspan="2">测量方法</td></tr>
<tr><td></td><td></td><td></td><td colspan="2"></td></tr>
<tr><td></td><td></td><td></td><td colspan="2"></td></tr>
<tr><td colspan="2">项目名称</td><td>技术要求</td><td>检测结果</td><td>是否符合</td></tr>
<tr><td rowspan="6">颗粒物</td><td>零点漂移</td><td>不超过±2.0%</td><td></td><td></td></tr>
<tr><td>量程漂移</td><td>不超过±2.0%</td><td></td><td></td></tr>
<tr><td>一元线性方程</td><td>—</td><td></td><td>—</td></tr>
<tr><td>相关系数</td><td>当参比方法测定颗粒物平均质量浓度＞50 mg/m^3 时，≥0.85；平均质量浓度≤50 mg/m^3 时，≥0.70</td><td></td><td></td></tr>
<tr><td>CI（置信区间半宽）</td><td>≤10%（该排放源检测期间参比方法实测状态均值）</td><td></td><td></td></tr>
<tr><td>TI（允许区间半宽）</td><td>≤25%（该排放源检测期间参比方法实测状态均值）</td><td></td><td></td></tr>
<tr><td rowspan="5">二氧化硫</td><td>零点漂移</td><td>不超过±2.5%</td><td></td><td></td></tr>
<tr><td>量程漂移</td><td>不超过±2.5%</td><td></td><td></td></tr>
<tr><td>示值误差</td><td>当满量程≥100 μmol/mol（286 mg/m^3）时，示值误差不超过±5%（相对于标准气体标称值）；
当满量程＜100 μmol/mol（286 mg/m^3）时，示值误差不超过±2.5%（相对于仪表满量程值）</td><td></td><td></td></tr>
<tr><td>系统响应时间</td><td>≤200 s</td><td></td><td></td></tr>
<tr><td>准确度</td><td>排放浓度≥250 μmol/mol（715 mg/m^3）时，相对准确度≤15%
50 μmol/mol（143 mg/m^3）≤排放浓度＜250 μmol/mol（715 mg/m^3）时，绝对误差不超过±20 μmol/mol（57 mg/m^3）
20 μmol/mol（57 mg/m^3）≤排放浓度＜50 μmol/mol（143 mg/m^3）时，相对误差不超过±30%
排放浓度＜20 μmol/mol（57 mg/m^3）时，绝对误差不超过±6 μmol/mol（17 mg/m^3）</td><td></td><td></td></tr>
</table>

项目名称		技术要求	检测结果	是否符合
氮氧化物	零点漂移	不超过±2.5%		
	量程漂移	不超过±2.5%		
	示值误差	当满量程≥200 μmol/mol（410 mg/m^3）时，示值误差不超过±5%（相对于标准气体标称值）； 当满量程<200 μmol/mol（410 mg/m^3）时，示值误差不超过±2.5%（相对于仪表满量程值）		
	系统响应时间	≤200 s		
氮氧化物	准确度	排放浓度≥250 μmol/mol（513 mg/m^3）时，相对准确度≤15% 50 μmol/mol（103 mg/m^3）≤排放浓度<250 μmol/mol（513 mg/m^3）时，绝对误差不超过±20 μmol/mol（41 mg/m^3） 20 μmol/mol（41 mg/m^3）≤排放浓度<50 μmol/mol（103 mg/m^3）时，相对误差不超过±30% 排放浓度<20 μmol/mol（41 mg/m^3）时，绝对误差不超过±6 μmol/mol（12 mg/m^3）		
其他气态污染物	准确度	相对准确度≤15%		
含氧量	零点漂移	不超过±2.5%		
	量程漂移	不超过±2.5%		
	示值误差	不超过±5%（相对于标准气体标称值）		
	系统响应时间	≤200 s		
	准确度	≤5.0%时，绝对误差不超过±1.0%； >5.0%时，相对准确度≤15%		
流速	速度场系数精密度	≤5%		
	相关系数	≥9 个数据时，相关系数≥0.90		
	准确度	流速>10 m/s，相对误差不超过±10% 流速≤10 m/s，相对误差不超过±12%		
烟温	绝对误差	不超过±3℃		
湿度	准确度	≤5.0%时，绝对误差不超过±1.5%； >5.0%时，相对误差不超过±25%		
结论				

标准气体名称	浓度标称值	生产厂商名称

参比方法测试项目	仪器生产厂商	型号	方法依据

附 录 F

（资料性附录）

固定污染源烟气排放连续监测系统技术指标验收报告

表 F.1 CEMS 技术指标验收报告

企业名称：　　　　　　　　　　安装位置：

验收单位：　　　　　　　　　　验收日期：

CEMS 供应商：

CEMS 主要仪器型号				
仪器名称	设备型号	制造商	测量参数	出厂编号

零点漂移、量程漂移、示值误差、系统响应时间验收结果				
项目名称		技术要求	检测结果	是否合格
颗粒物	零点漂移			
	量程漂移			
二氧化硫	零点漂移			
	量程漂移			
	示值误差			
	系统响应时间			
氮氧化物	零点漂移			
	量程漂移			
	示值误差			
	系统响应时间			
含氧量	零点漂移			
	量程漂移			
	示值误差			
	系统响应时间			
流速	零点漂移			

准确度验收结果				
项目	参比方法测量值	CEMS 测量值	准确度	准确度限值
颗粒物				
二氧化硫				
氮氧化物				
其他气态污染物				
流速				
烟温				
烟气湿度				
氧量				
结论				

标准气体名称	浓度	生产厂商名称

参比方法测试项目	仪器生产厂商	型号	方法依据
备注			

附　录　G

（资料性附录）

固定污染源烟气排放连续监测系统日常巡检、校准和维护原始记录表

表 G.1　完全抽取法 CEMS 日常巡检记录表

企业名称：　　　　　　　　　　　　　　　　巡检日期：　　　　　年　　月　　日

气态污染物 CEMS 生产商：	气态污染物 CEMS 规格型号：
颗粒物 CEMS 生产商：	颗粒物 CEMS 规格型号：
安装地点：	维护单位：
运行维护内容及处理说明：	

项目	内容	维护情况	备注
维护预备	查询日志（1）		
	检查耗材（1）		
辅助设备检查	站房卫生（1）		
	站房门窗的密封性检查（1）		
	供电系统（稳压、UPS 等）（1）		
	室内温湿度（1）		
	空调（1）		
	空气压缩机压力（1）		
	压缩机排水（1）		
气态污染物监测设备检查	采样管路气密性检查（3）		
	清洗采样探头、过滤装置、采样泵（3）		
	探头、管路加热温度检查（1）		
	采样系统流量（1）		
	反吹过滤装置、阀门检查（1）		
	手动反吹检查（1）		
	采样泵流量（1）		
	制冷器温度（1）		
	排水系统、管路冷凝水检查（1）		
	空气过滤器（1）		
	标气有效期、钢瓶压力检查（1）		
	烟气分析仪状态检查（1）		
	烟气分析仪校准（1）		
	测量数据检查（1）		
	全系统校准（4）		
	系统校验（5）		
颗粒物监测设备检查	鼓风机、空气过滤器检查（3）		
	分析仪的光路检查、清洗（3）		
	监测数据检查（1）		
	校准（2）		

<table>
<tr><th>项目</th><th>内容</th><th>维护情况</th><th>备注</th></tr>
<tr><td rowspan="4">流速监测系统检查</td><td>探头检查（4）</td><td></td><td rowspan="4"></td></tr>
<tr><td>反吹装置（3）</td><td></td></tr>
<tr><td>测量传感器（3）</td><td></td></tr>
<tr><td>流速、流量、烟道压力测量数据（1）</td><td></td></tr>
<tr><td rowspan="3">其他烟气监测参数</td><td>氧含量测量数据（1）</td><td></td><td rowspan="3"></td></tr>
<tr><td>温度测量数据（1）</td><td></td></tr>
<tr><td>湿度测量数据（1）</td><td></td></tr>
<tr><td rowspan="2">数据传输装置</td><td>通信线的连接（1）</td><td></td><td rowspan="2"></td></tr>
<tr><td>传输设备电源（1）</td><td></td></tr>
<tr><td colspan="2">巡检人员签字</td><td colspan="2"></td></tr>
<tr><td>异常情况处理记录</td><td colspan="3"></td></tr>
<tr><td colspan="4">注 1：正常请打“√”；不正常请打“×”并及时处理并做相应记录；未检查则不用标识。
注 2：“1”为每 7 天至少进行一次的维护，“2”为每 15 天至少进行一次的维护，“3”为每 30 天至少进行一次的维护，“4”为每 90 天至少进行一次的维护，“5”为每 90 天（无自动校准功能）或每 180 天（有自动校准功能）至少进行一次的维护。</td></tr>
</table>

表 G.2 稀释采样法 CEMS 日常巡检记录表

企业名称：　　　　　　　　　　　　巡检日期：　　　　　　　　年　　月　　日

气态污染物 CEMS 设备生产商：	气态污染物 CEMS 规格型号：
颗粒物 CEMS 设备生产商：	颗粒物 CEMS 规格型号：
安装地点：	维护单位：
运行维护内容及处理说明：	

项目	内容	维护情况	备注
维护预备	查询日志（1）		
	检查耗材（1）		
辅助设备检查	站房卫生（1）		
	站房门窗的密封性检查（1）		
	供电系统（稳压、UPS 等）（1）		
	室内温湿度（1）		
	空调（1）		
	空气压缩机压力（1）		
	压缩机排水（1）		
气态污染物监测设备检查	采样管路气密性检查（3）		
	清洗采样探头过滤装置（3）		
	加热装置温度检查（1）		
	稀释气压力、真空度压力（1）		
	吸附剂、干燥剂（1）		
	稀释探头控制器（1）		
	反吹过滤装置、阀门检查（1）		
	手动反吹检查（1）		
	标气有效期、钢瓶压力检查（1）		
	分析仪采样泵流量检查（1）		
	分析仪耗材（1）		
	分析仪状态（1）		
	分析仪校准（1）		
	测量数据检查（1）		
	全系统校准（4）		
	系统校验（5）		
颗粒物监测设备检查	鼓风机、空气过滤器检查（3）		
	分析仪的光路检查（3）		
	监测数据检查（1）		
	校准（2）		
流速监测系统检查	探头检查（4）		
	反吹装置（3）		
	测量传感器（3）		
	流速、流量、烟道压力测量数据（1）		
其他烟气监测参数	氧含量测量数据检查（1）		
	温度测量数据检查（1）		
	湿度测量数据检查（1）		
数据传输装置	通信线的连接（1）		
	传输设备电源（1）		
巡检人员签字			
异常情况处理记录			

注 1：正常请打“√”；不正常请打“×”并及时处理并做相应记录；未检查则不用标识。

注 2：“1”为每 7 天至少进行一次的维护，“2”为每 15 天至少进行一次的维护，“3”为每 30 天至少进行一次的维护，“4”为每 90 天至少进行一次的维护，“5”为每 90 天（无自动校准功能）或每 180 天（有自动校准功能）至少进行一次的维护。

表 G.3　直接测量法 CEMS 日常巡检记录表

企业名称：　　　　　　　　　　　　　　　　　　　　　　　　巡检日期：　　　年　　月　　日

<table>
<tr><td colspan="2">气态污染物 CEMS 设备生产商：</td><td colspan="2">气态污染物 CEMS 设备规格型号：</td></tr>
<tr><td colspan="2">颗粒物 CEMS 设备生产商：</td><td colspan="2">颗粒物 CEMS 设备规格型号：</td></tr>
<tr><td colspan="2">安装地点：</td><td colspan="2">维护单位：</td></tr>
<tr><td colspan="4">运行维护内容及处理说明：</td></tr>
<tr><td>项目</td><td>内容</td><td>维护情况</td><td>备注</td></tr>
<tr><td rowspan="2">维护预备</td><td>查询日志（1）</td><td></td><td rowspan="2"></td></tr>
<tr><td>检查耗材（1）</td><td></td></tr>
<tr><td rowspan="7">辅助设备检查</td><td>站房卫生（1）</td><td></td><td rowspan="7"></td></tr>
<tr><td>站房门窗的密封性检查（1）</td><td></td></tr>
<tr><td>供电系统（稳压、UPS 等）（1）</td><td></td></tr>
<tr><td>室内温湿度（1）</td><td></td></tr>
<tr><td>空调（1）</td><td></td></tr>
<tr><td>空气压缩机压力（1）</td><td></td></tr>
<tr><td>压缩机排水（1）</td><td></td></tr>
<tr><td rowspan="8">气态污染物监测设备检查</td><td>净化风机检查（1）</td><td></td><td rowspan="8"></td></tr>
<tr><td>过滤器及管路检查（1）</td><td></td></tr>
<tr><td>标气的有效期、钢瓶压力检查（1）</td><td></td></tr>
<tr><td>测量数据检查（1）</td><td></td></tr>
<tr><td>分析仪状态（1）</td><td></td></tr>
<tr><td>测量探头（3）</td><td></td></tr>
<tr><td>分析仪校准（2）</td><td></td></tr>
<tr><td>系统校验（5）</td><td></td></tr>
<tr><td rowspan="4">颗粒物监测、设备检查</td><td>监测数据检查（1）</td><td></td><td rowspan="4"></td></tr>
<tr><td>鼓风机、空气过滤器检查（3）</td><td></td></tr>
<tr><td>分析仪的光路检查（3）</td><td></td></tr>
<tr><td>校准（2）</td><td></td></tr>
<tr><td rowspan="4">流速监测系统、检查</td><td>流速、流量、烟道压力测量数据（1）</td><td></td><td rowspan="4"></td></tr>
<tr><td>反吹装置（3）</td><td></td></tr>
<tr><td>测量传感器（3）</td><td></td></tr>
<tr><td>探头检查（4）</td><td></td></tr>
<tr><td rowspan="3">其他烟气监测参数</td><td>氧含量测量数据检查（1）</td><td></td><td rowspan="3"></td></tr>
<tr><td>温度测量数据检查（1）</td><td></td></tr>
<tr><td>湿度测量数据检查（1）</td><td></td></tr>
<tr><td rowspan="2">数据传输装置</td><td>通信线的连接（1）</td><td></td><td rowspan="2"></td></tr>
<tr><td>传输设备电源（1）</td><td></td></tr>
<tr><td colspan="2">巡检人员签字</td><td colspan="2"></td></tr>
<tr><td>异常情况处理记录</td><td colspan="3"></td></tr>
<tr><td colspan="4">注 1：正常请打“√”；不正常请打“×”并及时处理并做相应记录；未检查则不用标识。
注 2：“1”为每 7 天至少进行一次的维护，“2”为每 15 天至少进行一次的维护，“3”为每 30 天至少进行一次的维护，“4”为每 90 天至少进行一次的维护，“5”为每 90 天（无自动校准功能）或每 180 天（有自动校准功能）至少进行一次的维护。</td></tr>
</table>

表 G.4 CEMS 零点/量程漂移与校准记录表

企业名称： 安装地点：

气态污染物 CEMS 设备生产商		气态污染物 CEMS 设备规格型号		校准日期		
颗粒物 CEMS 设备生产商		颗粒物 CEMS 设备规格型号		校准开始时间		
安装地点		维护管理单位				
SO_2 分析仪校准：						
分析仪原理			分析仪量程		计量单位	
零点漂移校准	零气浓度值	上次校准后测试值	校前测试值	零点漂移%F.S.	仪器校准是否正常	校准后测试值
量程漂移校准	标气浓度值	上次校准后测试值	校前测试值	量程漂移%F.S.	仪器校准是否正常	校准后测试值
NO_x 分析仪校准：						
分析仪原理			分析仪量程		计量单位	
零点漂移校准	零气浓度值	上次校准后测试值	校前测试值	零点漂移%F.S.	仪器校准是否正常	校准后测试值
量程漂移校准	标气浓度值	上次校准后测试值	校前测试值	量程漂移%F.S.	仪器校准是否正常	校准后测试值
O_2 分析仪校准：						
分析仪原理			分析仪量程		计量单位	
零点漂移校准	零气浓度值	上次校准后测试值	校前测试值	零点漂移%F.S.	仪器校准是否正常	校准后测试值
量程漂移校准	标气浓度值	上次校准后测试值	校前测试值	量程漂移%F.S.	仪器校准是否正常	校准后测试值
颗粒物测量仪校准：						
分析仪原理			分析仪量程		计量单位	
零点漂移校准	零气浓度值	上次校准后测试值	校前测试值	零点漂移%F.S.	仪器校准是否正常	校准后测试值
量程漂移校准	标气浓度值	上次校准后测试值	校前测试值	量程漂移%F.S.	仪器校准是否正常	校准后测试值

校准人： 校准结束时间：

表 G.5 CEMS 校验测试记录表

企业名称：

CEMS 供应商：				
CEMS 主要仪器型号				
仪器名称	设备型号	制造商	测试项目	测量原理

CEMS 安装地点		维护管理单位	
本次校验日期		上次校验日期	

颗粒物校验					
监测时间	参比方法测定值/（mg/m³）	CEMS 测定值/（mg/m³）	□相对误差 □绝对误差	评价标准	评价结果
平均值					

SO_2 校验					
监测时间	参比方法测量值 □ μmol/mol □mg/m³	CEMS 测量值 □ μmol/mol □mg/m³	□相对准确度 □相对误差 □绝对误差	评价标准	评价结果
平均值					

NO_x 校验					
监测时间	参比方法测量值 □μmol/mol □mg/m^3	CEMS 测量值 □μmol/mol □mg/m^3	□相对准确度 □相对误差 □绝对误差	评价标准	评价结果
平均值					
O_2 校验					
监测时间	参比方法测定值/%	CEMS 测定值/%	□相对准确度 □绝对误差	评价标准	评价结果
平均值					
流速校验					
监测时间	参比方法测定值/（m/s）	CEMS 测定值/（m/s）	□相对误差 □绝对误差	评价标准	评价结果
平均值					

烟温校验					
监测时间	参比方法测定值/℃	CEMS 测定值/℃	绝对误差/℃	评价标准	评价结果
平均值					

湿度校验					
监测时间	参比方法测定值/%	CEMS 测定值/%	□相对误差 □绝对误差	评价标准	评价结果
	平均值:	平均值:			

校验结论	
校验结论	如校验合格前对系统进行过处理、调整、参数修改，请说明：
	如校验后，颗粒物测量仪、流速仪的原校正系统改动，请说明：
	总体校验是否合格：

标准气体		
标准气体名称	浓度	生产厂商名称

参比方法测试设备			
测试项目	测试设备生产商	测试设备型号	方法依据
			时间： 年 月 日

表 G.6　CEMS 维修记录表

企业名称：　　　　　　　　　　　　　　　　　　　　维修日期：　　年　　月　　日

<table>
<tr><td>安装地点</td><td></td><td>停机时间</td><td></td></tr>
<tr><td rowspan="2">颗粒物测量仪</td><td>检修情况描述</td><td colspan="2"></td></tr>
<tr><td>更换部件</td><td colspan="2"></td></tr>
<tr><td rowspan="2">烟气分析仪</td><td>检修情况描述</td><td colspan="2"></td></tr>
<tr><td>更换部件</td><td colspan="2"></td></tr>
<tr><td rowspan="2">烟气参数测试仪</td><td>检修情况描述</td><td colspan="2"></td></tr>
<tr><td>更换部件</td><td colspan="2"></td></tr>
<tr><td rowspan="2">加热采样装置
（含自控温气体伴热管）</td><td>检修情况描述</td><td colspan="2"></td></tr>
<tr><td>更换部件</td><td colspan="2"></td></tr>
<tr><td rowspan="2">气体制冷装置</td><td>检修情况描述</td><td colspan="2"></td></tr>
<tr><td>更换部件</td><td colspan="2"></td></tr>
<tr><td rowspan="2">数据采集与处理控制部分</td><td>检修情况描述</td><td colspan="2"></td></tr>
<tr><td>更换部件</td><td colspan="2"></td></tr>
<tr><td rowspan="2">空压机及反吹风机部分</td><td>检修情况描述</td><td colspan="2"></td></tr>
<tr><td>更换部件</td><td colspan="2"></td></tr>
<tr><td rowspan="2">采样泵、蠕动泵、控制阀部分</td><td>检修情况描述</td><td colspan="2"></td></tr>
<tr><td>更换部件</td><td colspan="2"></td></tr>
<tr><td>维修后系统运行情况</td><td colspan="3"></td></tr>
<tr><td>站房清理</td><td colspan="3"></td></tr>
<tr><td colspan="4">停机检修情况总结：</td></tr>
<tr><td colspan="4">备注：</td></tr>
<tr><td colspan="2">检修人：</td><td colspan="2">离开时间：</td></tr>
</table>

表 G.7 易耗品更换记录表

企业名称：

安装地点			维护管理单位			
序号	更换日期	易耗品名称	规格型号	单位	数量	更换原因说明（备注）
维护保养人：		时间：		审核人：		时间：
注：更换易耗品时应及时记录，每半年汇总存档。						

表 G.8 标准气体更换记录表

企业名称：

安装地点				维护管理单位			
序号	更换日期	标准物质名称	气体浓度	单位	数量	供应商	有效期

维护保养人：	时间：	审核人：	时间：
注：更换标准气体时应及时记录，每半年汇总存档。			

附　录　H

（规范性附录）

固定污染源烟气排放连续监测系统数据采集处理和传输系统要求

系统应具有数据采集、处理、存储、表格和图文显示、故障警告、安全管理和支持打印功能；系统应设置通信接口，用于数据输出和通信功能。

H.1　实时数据采集和数据格式

数据采集和记录格式要求按照 HJ 76 执行。

H.2　数据状态标记

系统应在分钟数据报表和小时数据报表的数据组后面给出系统和（或）污染源运行状态标记。

分钟数据标记方法为："N"表示系统各检测参数正常，"F"表示排放源停运，"St"表示排放源启炉过程，"Sd"表示排放源停炉过程，"B"表示排放源闷炉，"C"表示校准，"M"表示维护保养，"Md"表示系统无数据，"T"表示超测定上限，"D"表示系统故障。

小时数据标记方法如下：

N——本小时内系统各检测参数正常，检测时间大于 45 min；

F——本小时内污染源处于停运状态，其时间大于等于 45 min；

St——本小时内污染源处于启炉状态，其时间大于等于 45 min；

Sd——本小时内污染源处于停炉状态，其时间大于等于 45 min；

B——本小时内污染源处于闷炉状态，其时间大于等于 45 min；

T——本小时内污染物排放浓度平均值超过系统测量上限；

C——本小时内系统处于校准状态，其时间大于 15 min；

M——本小时内系统处于维护、修理状态，其时间大于 15 min；

D——本小时内系统处于故障、断电状态，其时间大于 15 min；

Md——本小时内系统无数据。

对于 N、F、St、Sd、B 和 T 状态，均表明系统在本小时内处于正常工作状态；

对于 C、M、D 和 Md 状态，则表明系统在本小时内处于非正常工作状态；

数据标记优先级顺序从高到低依次为 F→D→M→C→T→St、Sd、B→N。数据审核标记（针对小时均值）实测数据计算、手工数据替代、按本标准修约数据。

H.3　数据处理

H.3.1　生成定时段数据组

系统能够将采集和记录的实时数据自动处理为 1 min 数据组和整点 1 h 数据组。

1 min 数据组包括以下项目：时间标签、颗粒物检测一次物理量、污染物体积浓度（或质量浓度）、污染物排放量、热态流量、标准状态干烟气流量、烟气含氧量、烟气流速、烟气温度、烟气静压、烟气湿度和大气压（可输入当地年平均值）的 1 min 数据平均值。在 1 min 数据组后面应给出系统和（或）污染源运行状态标记。

整点 1 h 数据组包括以下项目：时间标签、污染物质量浓度、烟气含氧量、烟气流速、烟气温度、烟气静压、烟气湿度、污染物折算浓度、烟气流量的 1 h 数据平均值和污染物排放量。在 1 h 数据组后面应给出系统和（或）污染源运行状态标记。

数据时间标签格式按照 HJ 76 执行。

H.3.2 其他要求

a）当 1 h 污染物折算浓度平均值超过排放标准时，系统应能发出超标报警信息；

b）系统可以接收机组接入污染源停运的开关信号，当接收到污染源处于停运状态信号时，污染物浓度与流速应设置为零；

c）当污染物检测值高于系统测量上限时，实时和 1 min 数据组的质量浓度值记录为仪器测量上限；

d）系统采集和处理数据时，污染物浓度、烟气含氧量均为标准状态干基值。

H.4 数据存储

系统应能存储定时段数据和实时数据，其中 1 min 数据存储 12 个月以上；1 h 数据存储 36 个月以上；实时数据存储时间可根据需要设定。系统存储的定时段数据应能够自动在非系统磁盘中备份。

H.5 数据显示、查询和文档管理

系统的显示和操作界面均应为简体中文。

系统能够定时显示污染物排放数据、相关烟气参数和报警信息；可查询和导出设定期间的定时段数据；能够自动生成 1 h 数据构成的月数据曲线图。

软件应具备运行参数设置功能，能够查询和修改设置相关参数，主要包括：

系统运行参数：日期、时间、地点、污染源排放口的尺寸和截面积、污染物测量量程、超标报警值、皮托管系数以及过量空气系数（基准含氧量）等。

系统维护参数：系统反吹、维护的时间间隔设置、耗材和部件的维护周期等。

系统测量参数：烟气流速速度场系数、颗粒物相关校准曲线的斜率和截距等。

系统能够生成并保存《烟气排放连续监测小时平均值日报表》《烟气排放连续监测日平均值月报表》《烟气排放连续监测月平均值季报表》《烟气排放连续监测月平均值年报表》，其格式参见附录 D 中的表 D.9～表 D.12；能够生成并保存运行操作记录报告，其格式不作统一规定。

系统具有支持打印以上数据、图表和报表的功能。

H.6 数据输出和通信

数据输出和通信要求参见 HJ 212。

H.7 安全管理

系统应具有安全管理功能，操作人员需登录工号和密码后，才能进入控制界面。

系统安全管理功能应为两级系统操作管理权限：

a）系统管理员：可以进行所有的系统设置工作，如设定操作人员密码、操作级别，设定系统的设备配置等。系统对所有的控制操作均自动记录并入库保存。

b）一般操作人员：只进行日常查询、例行维护和操作，不能更改系统的设置。

系统受外界强干扰或偶然意外或掉电后又上电等情况发生，造成程序中断，应能实现自动启动，自动恢复运行状态并记录出现故障时的时间和恢复运行时的时间。

中华人民共和国国家环境保护标准

固定污染源烟气（SO_2、NO_x、颗粒物）排放连续监测系统技术要求及检测方法

Specifications and test procedures for continuous emission monitoring system for SO_2，NO_x and particulate matter in flue gas emitted from stationary sources

HJ 76—2017

代替 HJ/T 76—2007

2017-12-29 发布　　2018-03-01 实施

前　言

为贯彻《中华人民共和国环境保护法》和《中华人民共和国大气污染防治法》，实施大气固定污染源排放污染物监测，规范固定污染源烟气（SO_2、NO_x、颗粒物）排放连续监测系统的性能、质量和检测，制定本标准。

本标准规定了固定污染源烟气（SO_2、NO_x、颗粒物）排放连续监测系统的组成结构、技术要求、检测项目和检测方法。

本标准中的浓度泛指质量浓度或体积分数。

本标准是对《固定污染源烟气排放连续监测系统技术要求及检测方法（试行）》（HJ/T 76—2007）的修订。本标准首次发布于 2001 年，2007 年第一次修订，原标准起草单位为中国环境监测总站、上海市环境监测中心和国家环保总局信息中心。本次为第二次修订。本次修订的主要内容：

——增加了烟气排放连续监测系统（CEMS）气态污染物监测单元和颗粒物监测单元的实验室检测技术要求、性能指标和检测方法；

——修订完善了 CEMS 现场检测技术要求、性能指标和检测方法；

——增加了 CEMS 关键部件冷凝器和加热采样管线的检测技术要求和性能指标。

本标准附录 A、附录 B 为规范性附录，附录 C～附录 G 为资料性附录。

自本标准实施之日起，《固定污染源烟气排放连续监测系统技术要求及检测方法（试行）》（HJ/T 76—2007）废止。

本标准由环境保护部环境监测司和科技标准司组织制订。

本标准起草单位：中国环境监测总站、上海市环境监测中心。

本标准环境保护部 2017 年 12 月 29 日批准。

本标准自 2018 年 3 月 1 日起实施。

本标准由环境保护部解释。

1　适用范围

本标准规定了固定污染源烟气（SO_2、NO_x、颗粒物）排放连续监测系统的组成结构、技术要求、性能指标和检测方法。

本标准适用于固定污染源烟气（SO_2、NO_x、颗粒物）排放连续监测系统的设计、生产和检测。

2　规范性引用文件

本标准引用了下列文件或其中的条款。凡是未注明日期的引用文件，其最新版本适用于本标准。

GB/T 16157　固定污染源排气中颗粒物测定与气态污染物采样方法

HJ 75　固定污染源烟气（SO_2、NO_x、颗粒物）排放连续监测技术规范

HJ 212　污染源在线自动监控（监测）系统传输标准

HJ 836　固定污染源废气　低浓度颗粒物测定　重量法

3　术语和定义

下列术语和定义适用于本标准。

3.1　烟气排放连续监测　continuous emission monitoring，CEM

对固定污染源排放的颗粒物和（或）气态污染物的排放浓度和排放量进行连续、实时的自动监测，简称 CEM。

3.2　烟气排放连续监测系统　continuous emission monitoring system，CEMS

连续监测固定污染源颗粒物和（或）气态污染物排放浓度和排放量所需要的全部设备，简称 CEMS。

3.3　满量程　span（full scale）

根据实际应用需要设置 CEMS 的最大测量值。

3.4　响应时间　response time

响应时间包括仪表响应时间和系统响应时间。

仪表响应时间指从观察到分析仪示值产生一个阶跃增加或阶跃减少的时刻起，到其示值达到标准气体标称值 90%或 10%的时刻止，中间的时间间隔。

系统响应时间指从 CEMS 系统采样探头通入标准气体的时刻起，到分析仪示值达到标准气体标称值 90%的时刻止，中间的时间间隔。包括管线传输时间和仪表响应时间。

3.5　零点漂移　zero drift

在仪器未进行维修、保养或调节的前提下，CEMS 按规定的时间运行后通入零点气体，仪器的读数与零点气体初始测量值之间的偏差相对于满量程的百分比。

3.6　量程漂移　span drift

在仪器未进行维修、保养或调节的前提下，CEMS 按规定的时间运行后通入量程校准气体，仪器的读数与量程校准气体初始测量值之间的偏差相对于满量程的百分比。

3.7　维护周期　maintenance interval

不需要进行任何外部手动维护，系统能够满足 HJ 75 技术要求的最小维护间隔。

3.8　二氧化氮转换效率　nitrogen dioxide conversion efficiency

NO_2 转换为 NO 的效率。

3.9　平行性　parallelism

在相同的环境条件下，相同的系统测量同一被测物时，其测量结果的相对标准偏差。

3.10　ppm　parts per million

百万分之一体积分数。

3.11　参比方法　reference method

用于与 CEMS 测量结果相比较的国家或行业发布的标准方法。

3.12　干烟气浓度　dry flue gas concentration

烟气经预处理，露点温度≤4℃时，烟气中各污染物的浓度，也称为干基浓度。

3.13 标准状态 standard state

温度为 273.15 K，压力为 101.325 kPa 时的状态。本标准中的污染物质量浓度均为标准状态下的干烟气浓度。

3.14 相对准确度 relative accuracy

采用参比方法与 CEMS 同步测量烟气中气态污染物浓度，取同时间区间且相同状态的测量结果组成若干数据对，数据对之差的平均值的绝对值与置信系数的绝对值之和与参比方法测定数据的平均值之比。

3.15 相关校准 correlation calibration

采用参比方法与 CEMS 同步测量烟气中颗粒物浓度，取同时间区间且相同状态的测量结果组成若干数据对，通过建立数据对之间的相关曲线，用参比方法校准颗粒物 CEMS 的过程。

3.16 速度场系数 velocity field coefficient

采用参比方法与 CEMS 同步测量烟气流速，参比方法测量的烟气平均流速与同时间区间且相同状态的 CEMS 测量的烟气平均流速的比值。

4 系统的组成和结构

4.1 系统组成

CEMS 由颗粒物监测单元和（或）气态污染物 SO_2 和（或）NO_x 监测单元、烟气参数监测单元、数据采集与处理单元组成（图 1）。系统测量烟气中颗粒物浓度、气态污染物 SO_2 和（或）NO_x 浓度、烟气参数（温度、压力、流速或流量、湿度、含氧量等），同时计算烟气中污染物排放速率和排放量，显示（可支持打印）和记录各种数据和参数，形成相关图表，并通过数据、图文等方式传输至管理部门。

4.2 系统结构

CEMS 系统结构主要包括样品采集和传输装置、预处理设备、分析仪器、数据采集和传输设备以及其他辅助设备等。依据 CEMS 测量方式和原理的不同，CEMS 由上述全部或部分结构组成。

4.2.1 样品采集和传输装置

样品采集和传输装置主要包括采样探头、样品传输管线、流量控制设备和采样泵等；采样装置的材料和安装应不影响仪器测量。一般采用抽取测量方式的 CEMS 均具备样品采集和传输装置，其具体技术要求见 5.4.1。

4.2.2 预处理设备

预处理设备主要包括样品过滤设备和除湿冷凝设备等；预处理设备的材料和安装应不影响仪器测量。部分采用抽取测量方式的 CEMS 具备预处理设备，其具体技术要求见 5.4.2。

4.2.3 分析仪器

分析仪器用于对采集的污染源烟气样品进行测量分析。

4.2.4 数据采集和传输设备

数据采集和传输设备用于采集、处理和存储监测数据，并能按中心计算机指令传输监测数据和设备工作状态信息；数据采集和传输设备的具体技术要求见 5.4.5。

4.2.5 辅助设备

采用抽取测量方式的 CEMS，其辅助设备主要包括尾气排放装置、反吹净化及其控制装置、稀释零空气预处理装置以及冷凝液排放装置等；采用直接测量方式的 CEMS，其辅助设备主要包括气幕保护装置和标气流动等效校准装置等。各种辅助设备的具体技术要求见 5.4.3。

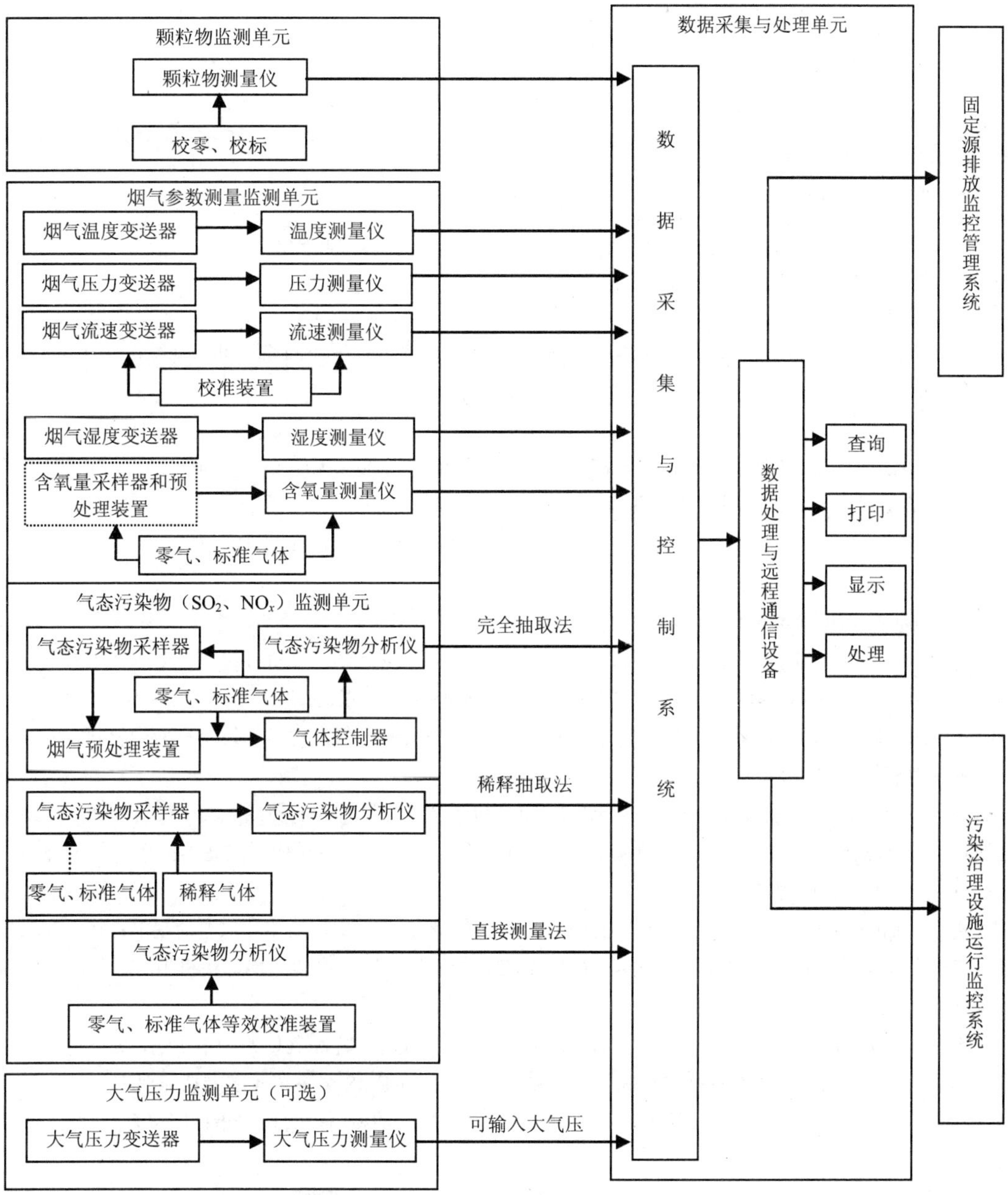

图 1　固定污染源烟气（SO_2、NO_x、颗粒物）排放连续监测系统组成示意图

5　技术要求

5.1　外观要求

5.1.1　CEMS 应具有产品铭牌，铭牌上应标有仪器名称、型号、生产单位、出厂编号、制造日期等信息。

5.1.2　CEMS仪器表面应完好无损，无明显缺陷，各零、部件连接可靠，各操作键、按钮使用灵活，定位准确。

5.1.3　CEMS 主机面板显示清晰，涂色牢固，字符、标识易于识别，不应有影响读数的缺陷。

5.1.4　CEMS 外壳或外罩应耐腐蚀、密封性能良好、防尘、防雨。

5.2 工作条件

CEMS 在以下条件中应能正常工作：

a）室内环境温度：15～35℃；室外环境温度：−20～50℃；

b）相对湿度：≤85%；

c）大气压：80～106 kPa；

d）供电电压：AC（220±22）V，（50±1）Hz。

注：低温、低压等特殊环境条件下，仪器设备的配置应满足当地环境条件的使用要求。

5.3 安全要求

5.3.1 绝缘电阻

在环境温度为 15～35℃，相对湿度≤85%条件下，系统电源端子对地或机壳的绝缘电阻不小于 20 MΩ。

5.3.2 绝缘强度

在环境温度为 15～35℃，相对湿度≤85%条件下，系统在 1 500 V（有效值）、50 Hz 正弦波实验电压下持续 1 min，不应出现击穿或飞弧现象。

5.3.3 系统应具有漏电保护装置，具备良好的接地措施，防止雷击等对系统造成损坏。

5.4 功能要求

5.4.1 样品采集和传输装置要求

5.4.1.1 样品采集装置应具备加热、保温和反吹净化功能。其加热温度一般在 120℃以上，且应高于烟气露点温度 10℃以上，其实际温度值应能够在机柜或系统软件中显示查询。

5.4.1.2 样品采集装置的材质应选用耐高温、防腐蚀和不吸附、不与气态污染物发生反应的材料，应不影响待测污染物的正常测量。

5.4.1.3 气态污染物样品采集装置应具备颗粒物过滤功能。其采样设备的前端或后端应具备便于更换或清洗的颗粒物过滤器，过滤器滤料的材质应不吸附和不与气态污染物发生反应，过滤器应至少能过滤 5～10 μm 粒径以上的颗粒物。

5.4.1.4 样品传输管线应长度适中。当使用伴热管线时应具备稳定、均匀加热和保温的功能；其设置加热温度一般在 120℃以上，且应高于烟气露点温度 10℃以上，其实际温度值应能够在机柜或系统软件中显示查询。

5.4.1.5 样品传输管线内包覆的气体传输管应至少为两根，一根用于样品气体的采集传输，另一根用于标准气体的全系统校准；CEMS 样品采集和传输装置应具备完成 CEMS 全系统校准的功能要求。

5.4.1.6 样品传输管线应使用不吸附和不与气态污染物发生反应的材料，其技术指标应符合附录 E 中表 E.1 的技术要求。

5.4.1.7 采样泵应具备克服烟道负压的足够抽气能力，并且保障采样流量准确可靠、相对稳定。

5.4.1.8 采用抽取测量方式的颗粒物 CEMS，其抽取采样装置应具备自动跟踪烟气流速变化调节采样流量的等速跟踪采样功能，等速跟踪吸引误差应不超过±8%。

5.4.2 预处理设备要求

5.4.2.1 CEMS 预处理设备及其部件应方便清理和更换。

5.4.2.2 CEMS 除湿设备的设置温度应保持在 4℃左右（设备出口烟气露点温度应≤4℃），正常波动在±2℃以内，其实际温度数值应能够在机柜或系统软件中显示查询。

5.4.2.3 预处理设备的材质应使用不吸附和不与气态污染物发生反应的材料，其技术指标应符合附录 E 中表 E.2 的技术要求。

5.4.2.4 除湿设备除湿过程产生的冷凝液应采用自动方式通过冷凝液收集和排放装置及时、顺畅排出。

5.4.2.5 为防止颗粒物污染气态污染物分析仪，在气体样品进入分析仪之前可设置精细过滤器；过滤器滤料应使用不吸附和不与气态污染物发生反应的疏水材料，过滤器应至少能过滤 0.5～2 μm 粒径以上的颗粒物。

5.4.3　辅助设备要求

5.4.3.1　CEMS 排气管路应规范敷设，不应随意放置，防止排放尾气污染周围环境。

5.4.3.2　当室外环境温度低于 0℃时，CEMS 尾气排放管应配套加热或伴热装置，确保排放尾气中的水分不冷凝或结冰，造成尾气排放管堵塞和排气不畅。

5.4.3.3　CEMS 应配备定期反吹装置，用以定期对样品采集装置等其他测量部件进行反吹，避免出现由于颗粒物等累积造成的堵塞状况。

5.4.3.4　CEMS 应具有防止外部光学镜头和插入烟囱或烟道内的反射或测量光学镜头被烟气污染的净化系统（即气幕保护系统）；净化系统应能克服烟气压力，保持光学镜头的清洁；净化系统使用的净化气体应经过适当预处理确保其不影响测量结果。

5.4.3.5　具备除湿冷凝设备的 CEMS，其除湿过程产生的冷凝液应通过冷凝液排放装置及时、顺畅排出。

5.4.3.6　具备稀释采样系统的 CEMS，其稀释零空气必须配备完备的气体预处理系统，主要包括气体的过滤、除水、除油、除烃以及除二氧化硫和氮氧化物等环节。

5.4.3.7　CEMS 机柜内部气体管路以及电路、数据传输线路等应规范敷设，同类管路应尽可能集中汇总设置；不同类型的管路或不同作用、方向的管路应采用明确标识加以区分；各种走线应安全合理，便于查找维护维修。

5.4.3.8　CEMS 机柜内应具备良好的散热装置，确保机柜内的温度符合仪器正常工作温度；应配备照明设备，便于日常维护和检查。

5.4.4　校准功能要求

5.4.4.1　CEMS 应能用手动和（或）自动方式进行零点和量程校准。

5.4.4.2　采用抽取测量方式的气态污染物 CEMS，应具备固定的和便于操作的标准气体全系统校准功能，即能够完成从样品采集和传输装置、预处理设备和分析仪器的全系统校准。

5.4.4.3　采用直接测量方式的气态污染物 CEMS，应具备稳定可靠和便于操作的标准气体流动等效校准功能，即能够通过内置或外置的校准池，完成对系统的等效校准。等效校准原理和校准计算过程参见附录 F。

5.4.5　数据采集和传输设备要求

5.4.5.1　应显示和记录超出其零点以下和量程以上至少 10%的数据值。当测量结果超过零点以下和量程以上 10%时，数据记录存储其最小值或最大值。

5.4.5.2　应具备显示、设置系统时间和时间标签功能，数据为设置时段的平均值。

5.4.5.3　能够显示实时数据，具备查询历史数据的功能，并能以报表或报告形式输出，相关日报表、月报表和年报表的格式要求见附录 A。

5.4.5.4　具备数字信号输出功能。

5.4.5.5　具有中文数据采集、记录、处理和控制软件。数据采集记录处理要求见附录 B。

5.4.5.6　仪器掉电后，能自动保存数据；恢复供电后系统可自动启动，恢复运行状态并正常开始工作。

6　性能指标

6.1　实验室检测

6.1.1　气态污染物（含 O_2）监测单元

6.1.1.1　仪表响应时间（上升时间和下降时间）

分析仪器仪表响应时间：≤120 s。

6.1.1.2　重复性

分析仪器重复性（相对标准偏差）：≤2%。

6.1.1.3　线性误差

分析仪器线性误差：不超过±2%满量程。

6.1.1.4　24 h 零点漂移和量程漂移

分析仪器 24 h 零点漂移和量程漂移：不超过±2%满量程。

6.1.1.5　一周零点漂移和量程漂移

分析仪器一周零点漂移和量程漂移：不超过±3%满量程。

6.1.1.6　环境温度变化的影响

环境温度在 15～35℃范围内变化，分析仪器读数的变化：不超过±5%满量程。

6.1.1.7　进样流量变化的影响

进样流量变化±10%，分析仪器读数的变化：不超过±2%满量程。

6.1.1.8　供电电压变化的影响

供电电压变化±10%，分析仪器读数的变化：不超过±2%满量程。

6.1.1.9　干扰成分的影响

依次通入表 1 中相应浓度的干扰成分气体，导致分析仪器读数变化的正干扰和负干扰：不超过±5%满量程。

表 1　实验室检测使用的干扰成分气体

气体类型	气体名称	浓度
干扰气体	CO	300 mg/m^3
	CO_2	15%
	CH_4	50 mg/m^3
	NH_3	20 mg/m^3
	HCl	200 mg/m^3

6.1.1.10　振动的影响

按照规定的振动条件和频率进行振动实验后，分析仪器读数的变化：不超过±2%满量程。

6.1.1.11　二氧化氮转换效率

NO_x 分析仪器或 NO_2 转换器中 NO_2 转换为 NO 的效率：≥95%。

6.1.1.12　平行性

三台（套）分析仪器测量同一标准样品读数的相对标准偏差≤5%。

6.1.2　颗粒物监测单元

6.1.2.1　重复性

分析仪器重复性（相对标准偏差）：≤2%。

6.1.2.2　24 h 零点漂移和量程漂移

分析仪器 24 h 零点漂移和量程漂移：不超过±2%满量程。

6.1.2.3　一周零点漂移和量程漂移

分析仪器一周零点漂移和量程漂移：不超过±3%满量程。

6.1.2.4　环境温度变化的影响

环境温度在−20～50℃范围内变化，分析仪器读数的变化：不超过±5%满量程。

6.1.2.5　供电电压变化的影响

供电电压变化±10%，分析仪器读数的变化：不超过±2%满量程。

6.1.2.6　振动的影响

按照规定的振动条件和频率进行振动实验后，分析仪器读数的变化：不超过±2%满量程。

6.1.2.7　检出限

分析仪器满量程值≤50 mg/m^3 时，检出限≤1.0 mg/m^3（满量程值＞50 mg/m^3 时不做要求）。

6.2　污染物排放现场检测

6.2.1　气态污染物 CEMS（含 O_2）

6.2.1.1　示值误差

a）气态污染物 CEMS

当系统检测 SO_2 满量程值≥100 μmol/mol；NO_x 满量程值≥200 μmol/mol 时，示值误差：不超过±5%标准气体标称值；

当系统检测 SO_2 满量程值＜100 μmol/mol；NO_x 满量程值＜200 μmol/mol 时，示值误差：不超过±2.5%满量程。

b）O_2 CMS

不超过±5%标准气体标称值。

6.2.1.2　系统响应时间

气态污染物 CEMS（含 O_2）系统响应时间：≤200 s。

6.2.1.3　24 h 零点漂移和量程漂移

气态污染物 CEMS（含 O_2）24 h 零点漂移和量程漂移：不超过±2.5%满量程。

6.2.1.4　准确度

a）气态污染物 CEMS

当参比方法测量烟气中二氧化硫、氮氧化物排放浓度的平均值：

1）≥250 μmol/mol 时，CEMS 与参比方法测量结果相对准确度：≤15%；

2）≥50 μmol/mol～＜250 μmol/mol 时，CEMS 与参比方法测量结果平均值绝对误差的绝对值：≤20 μmol/mol；

3）≥20 μmol/mol～＜50 μmol/mol 时，CEMS 与参比方法测量结果平均值相对误差的绝对值：≤30%；

4）＜20 μmol/mol 时，CEMS 与参比方法测量结果平均值绝对误差的绝对值：≤6 μmol/mol。

b）O_2 CMS

O_2 CMS 与参比方法测量结果相对准确度：≤15%。

6.2.2　颗粒物 CEMS

6.2.2.1　24 h 零点漂移和量程漂移

颗粒物 CEMS 24 h 零点漂移和量程漂移：不超过±2%满量程。

6.2.2.2　相关校准

颗粒物 CEMS 线性相关校准曲线应符合下列条件：

a）相关系数：≥0.85（当测量范围上限小于或等于 50 mg/m^3 时，相关系数≥0.75）；

b）置信区间：95%的置信水平区间应落在由距校准曲线适合的颗粒物排放浓度限值±10%的两条直线组成的区间内；

c）允许区间：允许区间应具有 95%的置信水平，即 75%的测定值应落在由距校准曲线适合的颗粒物排放浓度限值±25%的两条直线组成的区间内。

6.2.2.3　准确度

当参比方法测量烟气中颗粒物排放浓度的平均值：

a）＞200 mg/m^3 时，CEMS 与参比方法比对测试结果平均值的相对误差：不超过±15%；

b）＞100 mg/m^3～≤200 mg/m^3 时，CEMS 与参比方法测量结果平均值的相对误差：不超过±20%；

c）＞50 mg/m^3～≤100 mg/m^3 时，CEMS 与参比方法测量结果平均值的相对误差：不超过±25%；

d）＞20 mg/m^3～≤50 mg/m^3 时，CEMS 与参比方法测量结果平均值的相对误差：不超过±30%；

e）＞10 mg/m^3～≤20 mg/m^{3}时，CEMS 与参比方法测量结果平均值的绝对误差：不超过±6 mg/m^3；

f）≤10 mg/m^{3}时，CEMS 与参比方法测量结果平均值的绝对误差：不超过±5 mg/m^3。

6.2.3 烟气流速连续测量系统

6.2.3.1 测量范围：测量范围上限≥30 m/s。

6.2.3.2 速度场系数精密度：速度场系数的相对标准偏差≤5%。

6.2.3.3 准确度

当参比方法测量烟气流速的平均值：

a）＞10 m/s 时，CEMS 与参比方法测量结果平均值的相对误差：不超过±10%；

b）≤10 m/s 时，CEMS 与参比方法测量结果平均值的相对误差：不超过±12%。

6.2.4 烟气温度连续测量系统

准确度：CEMS 与参比方法测量结果平均值的绝对误差：不超过±3℃。

6.2.5 烟气湿度连续测量系统

6.2.5.1 准确度

当参比方法测量烟气绝对湿度的平均值：

a）＞5.0%时，CEMS 与参比方法测量结果平均值的相对误差：不超过±25%；

b）≤5.0%时，CEMS 与参比方法测量结果平均值的绝对误差：不超过±1.5%。

6.2.5.2 采用氧传感器通过测量烟气含氧量计算得到烟气湿度的 CEMS，应同时满足 6.2.5.1 和 6.2.1.1～6.2.1.3 的相关技术指标要求。

7 检测方法

7.1 实验室检测

7.1.1 一般要求

7.1.1.1 至少抽取 3 套同型号 CEMS 仪器在指定的实验室场地同时进行检测。

7.1.1.2 系统具备双量程或多量程时（非硬件调整），只针对仪器的最小量程进行技术指标检测。气态污染物（SO_2、NO_x）监测单元检测量程最大值为 250 μmol/mol。颗粒物监测单元检测量程最大值为 200 mg/m^3。

7.1.1.3 检测期间除进行系统零点和量程校准外，不允许对系统进行计划外的维护、检修和调节。

7.1.1.4 如果因供电问题造成测试中断，在供电恢复正常后，继续进行检测，已经完成的测试指标和数据有效。

7.1.1.5 如果因 CEMS 故障造成测试中断，在 CEMS 恢复正常后，重新开始检测，已经完成的测试指标和数据无效；检测期间，每台（套）CEMS 故障次数≤2 次。

7.1.1.6 可设定任一时间对 CEMS 进行零点和量程的自动校验和校准；检测期间，自动校验校准时间间隔应设置为≥24 h。

7.1.1.7 各技术指标检测数据均采用 CEMS 数据采集与处理单元存储记录的最终结果。

7.1.2 标准物质要求

7.1.2.1 零气（零点气体）：含二氧化硫、氮氧化物浓度分别≤0.1 μmol/mol 的标准气体（一般为高纯氮气，≥99.999%）。当测量烟气中二氧化碳时，零气中二氧化碳不超过 400 μmol/mol，其他气体的浓度不得干扰仪器的读数。

7.1.2.2 标准气体：由国家计量主管部门批准的国家一、二级标准气体，其不确定度不超过±2.0%。量程校准气体指浓度在 80%～100%的满量程范围内的标准气体。较低浓度的标准气体如不能满足不确定度要求，可以使用满足要求的高浓度标准气体采用等比例稀释的方式获得，等比例稀释装置的精密度应在 1.0%以内。

7.1.2.3 颗粒物零点和量程校准部件：能够手动或自动完成颗粒物 CEMS 零点和 50%～100%满量程校准和检验的装置、元件或设备。

7.1.3 实验室检测方法

7.1.3.1 气态污染物（含 O_2）监测单元

7.1.3.1.1 仪表响应时间（上升时间和下降时间）

待测分析仪器运行稳定后，按照分析仪器设定进样流量通入零点气体，待读数稳定后按照相同流量通入量程校准气体，同时用秒表开始计时；当待测分析仪器显示值上升至标准气体浓度标称值 90%时，停止计时；记录所用时间为待测分析仪器的上升时间。待量程校准气体测量读数稳定后，按照相同流量通入零点气体，同时用秒表开始计时，当待测分析仪器显示值下降至量程校准气体浓度标称值的 10%时，停止计时；记录所用时间为待测分析仪器的下降时间。

仪表响应时间每天测试 1 次，重复测试 3 d，平均值应符合 6.1.1.1 的要求。

7.1.3.1.2 重复性

待测分析仪器运行稳定后，通入量程校准气体，待读数稳定后记录显示值 C_i，使用同一浓度量程校准气体重复上述测试操作至少 6 次，按式（1）计算待测分析仪器的重复性（相对标准偏差），应符合 6.1.1.2 的要求。

$$S_r=\frac{1}{\overline{C}}\times\sqrt{\frac{\sum_{i=1}^{n}\left(C_i-\overline{C}\right)^2}{n-1}}\times 100\% \tag{1}$$

式中：S_r——待测分析仪器重复性，%；

C_i——量程校准气体第 i 次测量值，mg/m^3（ppm）；

$\overline{C}$——量程校准气体测量平均值，mg/m^3（ppm）；

i——记录数据的序号（i=1～n）；

n——测量次数（n≥6）。

7.1.3.1.3 线性误差

待测分析仪器运行稳定后，分别进行零点校准和满量程校准。依次通入浓度为 20%±5%满量程、40%±5%满量程、60%±5%满量程和 80%±5%满量程的标准气体；读数稳定后分别记录各浓度标准气体的显示值；再通入零点气体，重复测试 3 次，按式（2）计算待测分析仪器每种浓度标准气体测量误差相对于满量程的百分比 L_{ei}，L_{ei} 的最大值应符合 6.1.1.3 的要求。

$$L_{ei}=\frac{\left(\overline{C_{di}}-C_{si}\right)}{R}\times 100\% \tag{2}$$

式中：L_{ei}——待测分析仪器测量第 i 种浓度标准气体的线性误差，%；

C_{si}——第 i 种浓度标准气体浓度标称值，mg/m^3（ppm）；

$\overline{C_{di}}$——待测分析仪器测量第 i 种浓度标准气体 3 次测量平均值，mg/m^3（ppm）；

i——测量标准气体序号（i=1～4）；

R——待测分析仪器满量程值，mg/m^3（ppm）。

7.1.3.1.4 24 h 零点漂移和量程漂移

待测分析仪器运行稳定后，通入零点气体，记录分析仪器零点稳定读数为 Z_0；然后通入量程校准气体，记录稳定读数 S_0。通气结束后，待测分析仪器连续运行 24 h（期间不允许任何校准和维护）后分别通入同一浓度零点气体和量程校准气体重复上述操作，并分别记录稳定后读数 Z_n 和 S_n。按式（3）、式（4）、式（5）和式（6）计算待测分析仪器的 24 h 零点漂移 Z_d 和 24 h 量程漂移 S_d，然后可对待测分析仪器进行零点和量程校准（如果不校准可将本次零点和量程测量值作为 CEMS 运行 24 h 后零点和量程漂移测试的初始值 Z_0 和 S_0）。重复上述测试 7 次，全部 24 h 零点漂移值 Z_d 和 24 h 量程漂移 S_d 均应符合 6.1.1.4 的要求。

$$\Delta Z_n = Z_n - Z_0 \tag{3}$$

$$Z_d = \frac{\Delta Z_n}{R} \times 100\% \tag{4}$$

式中：Z_d——待测分析仪器 24 h 零点漂移，%；

Z_0——待测分析仪器通入零点气体的初始测量值，mg/m³（ppm）；

Z_n——待测分析仪器运行 24 h 后通入零点气体的测量值，mg/m³（ppm）；

ΔZ_n——待测分析仪器运行 24 h 后的零点变化值，mg/m³（ppm）；

R——待测分析仪器满量程值，mg/m³（ppm）。

$$\Delta S_n = S_n - S_0 \tag{5}$$

$$S_d = \frac{\Delta S_n}{R} \times 100\% \tag{6}$$

式中：S_d——待测分析仪器 24 h 量程漂移，%；

S_0——待测分析仪器通入量程校准气体的初始测量值，mg/m³（ppm）；

S_n——待测分析仪器运行 24 h 后通入量程校准气体的测量值，mg/m³（ppm）；

ΔS_n——待测分析仪器运行 24 h 后的量程点变化值，mg/m³（ppm）。

7.1.3.1.5　一周零点漂移和量程漂移

待测分析仪器运行稳定后，通入零点气体，记录分析仪器零点稳定读数为 Z_0；然后通入量程校准气体，记录稳定读数 S_0。通气结束后，待测分析仪器连续运行 168 h（期间不允许任何手动校准和维护）后重复上述操作，并分别记录稳定后读数 Z_n 和 S_n。分别按式（3）、式（4）、式（5）和式（6）计算待测分析仪器的一周零点漂移 Z_d 和一周量程漂移 S_d，然后可对待测分析仪器进行零点和量程校准（如果不校准可将本次零点和量程测量值作为 CEMS 运行一周后零点和量程漂移测试的初始值 Z_0 和 S_0）。重复上述测试 7 次，全部一周零点漂移值 Z_d 和一周量程漂移 S_d 均应符合 6.1.1.5 的要求。

7.1.3.1.6　环境温度变化的影响

a）待测分析仪器在恒温环境中运行后，设置环境温度为（25±1）℃，稳定至少 30 min，记录标准温度值 t_0，通入零点气体，记录待测分析仪器读数 Z_0；通入量程校准气体，记录待测分析仪器读数 M_0；

b）缓慢调节（升温速率或降温速率≤1℃/min，以下相同）恒温环境温度为（35±1）℃，稳定至少 30 min，记录标准温度值 t_1，分别通入同一浓度零点气体和量程校准气体，记录待测仪器零点读数 Z_1 和量程读数 M_1；

c）缓慢调节恒温环境温度为（25±1）℃，稳定至少 30 min，记录标准温度值 t_2，分别通入同一浓度零点气体和量程校准气体，记录待测仪器零点读数 Z_2 和量程读数 M_2；

d）缓慢调节恒温环境温度为（15±1）℃，稳定至少 30 min，记录标准温度值 t_3，分别通入同一浓度零点气体和量程校准气体，记录待测仪器零点读数 Z_3 和量程读数 M_3；

e）缓慢调节恒温环境温度为（25±1）℃，稳定至少 30 min，记录标准温度值 t_4，分别通入同一浓度零点气体和量程校准气体，记录待测仪器零点读数 Z_4 和量程读数 M_4；

f）按式（7）计算待测分析仪器环境温度变化的影响 b_{st}，应符合 6.1.1.6 的要求。

$$b_{st} = \frac{(M_3 - Z_3) - \frac{(M_2 - Z_2) + (M_4 - Z_4)}{2}}{R} \times 100\%$$

或　　(7)

$$\frac{(M_1 - Z_1) - \frac{(M_0 - Z_0) + (M_2 - Z_2)}{2}}{R} \times 100\%$$

式中：b_{st}——待测分析仪器环境温度变化的影响，%；

M_0——环境温度 t_0，待测分析仪器量程校准气体测量值，mg/m^3（ppm）；

M_1——环境温度 t_1，待测分析仪器量程校准气体测量值，mg/m^3（ppm）；

M_2——环境温度 t_2，待测分析仪器量程校准气体测量值，mg/m^3（ppm）；

M_3——环境温度 t_3，待测分析仪器量程校准气体测量值，mg/m^3（ppm）；

M_4——环境温度 t_4，待测分析仪器量程校准气体测量值，mg/m^3（ppm）；

Z_0——环境温度 t_0，待测分析仪器零点气体测量值，mg/m^3（ppm）；

Z_1——环境温度 t_1，待测分析仪器零点气体测量值，mg/m^3（ppm）；

Z_2——环境温度 t_2，待测分析仪器零点气体测量值，mg/m^3（ppm）；

Z_3——环境温度 t_3，待测分析仪器零点气体测量值，mg/m^3（ppm）；

Z_4——环境温度 t_4，待测分析仪器零点气体测量值，mg/m^3（ppm）；

R——待测分析仪器满量程值，mg/m^3（ppm）。

7.1.3.1.7　进样流量变化的影响

待测分析仪器运行稳定后，按照初始设定进样流量，通入量程校准气体，稳定后记录待测分析仪器读数 T；调节待测分析仪器进样流量高于初始设定流量值 10%，通入同一浓度标准气体，稳定后记录待测分析仪器读数 P；调节待测分析仪器进样流量低于初始设定流量值 10%，通入同一浓度标准气体，稳定后记录待测分析仪器读数 Q。按式（8）计算待测分析仪器进样流量变化的影响 V，重复测试 3 次，平均值应符合 6.1.1.7 的要求。

$$V=\frac{P-T}{R}\times 100\% \quad 或 \quad \frac{Q-T}{R}\times 100\% \tag{8}$$

式中：V——待测分析仪器进样流量变化的影响，%；

T——初始设定进样流量条件下量程校准气体测量值，mg/m^3（ppm）；

P——进样流量高于初始设定流量值 10%时，量程校准气体测量值，mg/m^3（ppm）；

Q——进样流量低于初始设定流量值 10%时，量程校准气体测量值，mg/m^3（ppm）；

R——待测分析仪器满量程值，mg/m^3（ppm）。

7.1.3.1.8　供电电压变化的影响

待测分析仪器运行稳定后，在正常电压条件下，通入量程校准气体，稳定后记录待测分析仪器读数 W；调节待测分析仪器供电电压高于正常电压值 10%，通入同一浓度标准气体，稳定后记录待测分析仪器读数 X；调节待测分析仪器供电电压低于正常电压值 10%，通入同一浓度标准气体，稳定后记录待测分析仪器读数 Y。按式（9）计算待测分析仪器供电电压变化的影响 U，重复测试 3 次，平均值应符合 6.1.1.8 的要求。

$$U=\frac{X-W}{R}\times 100\% \quad 或 \quad \frac{Y-W}{R}\times 100\% \tag{9}$$

式中：U——待测分析仪器供电电压变化的影响，%；

W——正常电压条件下量程校准气体测量值，mg/m^3（ppm）；

X——供电电压高于正常电压 10%时，量程校准气体测量值，mg/m^3（ppm）；

Y——供电电压低于正常电压 10%时，量程校准气体测量值，mg/m^3（ppm）；

R——待测分析仪器满量程值，mg/m^3（ppm）。

7.1.3.1.9　干扰成分的影响

干扰测试气体见表 1。待测分析仪器运行稳定后，通入零点标准气体，记录待测分析仪器读数 a；通入规定浓度的干扰气体，记录待测分析仪器读数 b。零点气体和每种干扰气体按上述操作重复测试 3 次，计算平均值 $\overline{a}$ 和 $\overline{b_i}$，按式（10）计算待测分析仪器每种干扰气体干扰成分的影响 IE_i；将 IE_i 大于满量程值 0.5%的正干扰值和小于满量程值−0.5%的负干扰值分别相加，可得到正干扰影响值和负干扰影响值；均应符合 6.1.1.9 的要求。

$$\mathrm{IE}_i = \frac{\overline{b_i} - \overline{a}}{R} \times 100\% \tag{10}$$

式中：IE_i——待测分析仪器测量第 i 种干扰气体干扰成分的影响，%；

$\overline{b_i}$——第 i 种干扰气体 3 次测量的平均值，mg/m^3（ppm）；

$\overline{a}$——零点气体 3 次测量平均值，mg/m^3（ppm）；

R——待测分析仪器满量程值，mg/m^3（ppm）；

i——测试干扰气体的序号（i=1～5）。

7.1.3.1.10　振动的影响

将待测分析仪器按照正常的安装方式安装在振动测试装置上，待测分析仪器运行稳定后，分别通入零点气体和量程校准气体，稳定后记录待测分析仪器读数 Z_0 和 M_0。将振动测试装置调节到位移幅值 0.15 mm，然后分别在三个互相垂直的轴线上在 10～55～10 Hz 频率范围内依次以对数规律进行扫频，扫频速率为 1 oct/min（1 倍频程/分），每个方向上的振动测试时间均保持 10 min。振动测试结束后仪器恢复 2 h，再次分别通入零气和量程校准气体，稳定后记录待测分析仪器读数 Z_1 和 M_1，重复振动后零点和量程标准气体测量 3 次，取测量结果的平均值；按照式（11）和式（12）分别计算待测分析仪器的零点处振动的影响和量程点处振动的影响；均应符合 6.1.1.10 的要求。

注：带减震装置的仪器可连同减震装置一起进行振动测试。

$$u_0 = \frac{\overline{Z} - Z_0}{R} \times 100\% \tag{11}$$

$$u_{sp} = \frac{\overline{M} - M_0}{R} \times 100\% \tag{12}$$

式中：u_0——待测分析仪器零点处振动的影响，%；

u_{sp}——待测分析仪器量程点处振动的影响，%；

Z_0——正常没有外界振动条件下零点气体测量值，mg/m^3（ppm）；

M_0——正常没有外界振动条件下量程校准气体测量值，mg/m^3（ppm）；

$\overline{Z}$——经过振动测试后零点气体测量平均值，mg/m^3（ppm）；

$\overline{M}$——经过振动测试后量程校准气体测量平均值，mg/m^3（ppm）；

R——待测分析仪器满量程值，mg/m^3（ppm）。

7.1.3.1.11　二氧化氮转换效率

二氧化氮转换效率检测仅适用于配置有二氧化氮转换器的 NO_x CEMS，可采用以下两种方式进行。

a）标气直接转换测量

待测分析仪器运行稳定后，分别进行零点校准和满量程校准。通入 20%～80%满量程的 NO_2 标准气体，读数稳定后记录待测分析仪器显示值 C_{NO_2}。重复测试 3 次，计算平均值 $\overline{C}_{NO_2}$，按式（13）计算待测分析仪器二氧化氮转换效率 η，应符合 6.1.1.11 的要求。

$$\eta = \frac{\overline{C}_{NO_2}}{C_0} \times 100\% \tag{13}$$

式中：η——待测分析仪器二氧化氮转换效率，%；

$\overline{C}_{NO_2}$——NO_2 标准气体 3 次测量平均值，mg/m^3（ppm）；

C_0——NO_2 标准气体浓度值，mg/m^3（ppm）。

b）使用臭氧发生器转换测量

1）待测分析仪器运行稳定后，通入 NO 量程校准气体，分别记录待测分析仪器 NO 和 NO_x 稳定读数；

重复操作 3 次，分别计算 NO 和 NO_x 读数的平均值$[NO]_{orig}$和$[NO_x]_{orig}$；

2）启动臭氧发生器，产生一定浓度的臭氧，在相同实验条件下通入同一浓度的 NO 标准气体，分别记录待测分析仪器 NO 和 NO_x 稳定读数；重复操作 3 次，计算 NO 和 NO_x 读数的平均值$[NO]_{rem}$和$[NO_x]_{rem}$；

生成的 NO_2 气体的标准浓度值等于$[NO]_{orig}$与$[NO]_{rem}$的差值，浓度范围应控制在 20%～80%满量程。

3）按式（14）计算待测分析仪器二氧化氮转换效率η，应符合 6.1.1.11 的要求。

$$\eta=\frac{\left([NO_x]_{rem}-[NO]_{rem}\right)-\left([NO_x]_{orig}-[NO]_{orig}\right)}{[NO]_{orig}-[NO]_{rem}}\times100\% \quad (14)$$

式中：η——待测分析仪器二氧化氮转换效率，%；

$[NO]_{orig}$——未启动臭氧发生器时通入 NO 标准气体 NO 测量平均值，mg/m³（ppm）；

$[NO_x]_{orig}$——未启动臭氧发生器时通入 NO 标准气体 NO_x 测量平均值，mg/m³（ppm）；

$[NO]_{rem}$——启动臭氧发生器后通入 NO 标准气体 NO 测量平均值，mg/m³（ppm）；

$[NO_x]_{rem}$——启动臭氧发生器后通入 NO 标准气体 NO_x 测量平均值，mg/m³（ppm）。

7.1.3.1.12 平行性

三台（套）同型号待测分析仪器运行稳定后，分别进行零点校准和满量程校准。依次向三台（套）分析仪器通入浓度为 20%～30%满量程值、40%～60%满量程值、80%～90%满量程值 3 种标准气体，读数稳定后分别记录三台（套）仪器通入 3 种浓度标准气体的测量值。按照式（15）分别计算通入每种浓度标准气体三台（套）分析仪器测量值的相对标准偏差，即为待测分析仪器的平行性，其最大值应符合 6.1.1.12 的要求。

$$P_j=\frac{1}{\overline{C_j}}\times\sqrt{\frac{\sum_{i=1}^{3}\left(C_{i,j}-\overline{C_j}\right)^2}{2}}\times100\% \quad (15)$$

式中：P_j——三台（套）待测分析仪器测量第 j 种标准气体的平行性，%；

$\overline{C_j}$——三台（套）待测分析仪器测量第 j 种标准气体的平均值，mg/m³（ppm）；

$C_{i,j}$——第 i 台（套）待测分析仪器测量第 j 种标准气体的测量值，mg/m³（ppm）；

i——待测分析仪器的序号（i=1～3）；

j——测试标准气体的序号（j=1～3）。

7.1.3.2 颗粒物监测单元

7.1.3.2.1 重复性

待测分析仪器运行稳定后，进入校准状态；使用零点校准部件调零，然后切换至量程校准部件，待读数稳定后记录显示值 C_i，重复上述测试操作至少 6 次，按式（1）计算待测分析仪器的重复性（相对标准偏差），应符合 6.1.2.1 的要求。

7.1.3.2.2 24 h 零点漂移和量程漂移

待测分析仪器运行稳定后，使用零点校准部件调零，并记录仪器零点稳定读数为 Z_0；然后切换至量程校准部件，记录稳定读数 S_0。然后，待测仪器连续运行 24 h（期间不允许任何校准和维护）后重复上述操作，并分别记录稳定后读数 Z_n 和 S_n。分别按式（3）、式（4）、式（5）和式（6）计算待测分析仪器的 24 h 零点漂移 Z_d 和 24 h 量程漂移 S_d，然后可对待测分析仪器进行零点和量程校准。重复上述测试 7 次，全部 24 h 零点漂移值 Z_d 和 24 h 量程漂移 S_d 均应符合 6.1.2.2 的要求。

7.1.3.2.3 一周零点漂移和量程漂移

待测分析仪器运行稳定后，使用零点校准部件，记录仪器零点稳定读数为 Z_0；然后切换至量程校准部件，记录稳定读数 S_0。然后，待测仪器连续运行 168 h（期间不允许任何手动校准和维护）后重复上述操作，并分别记录稳定后读数 Z_n 和 S_n。分别按式（3）、式（4）、式（5）和式（6）计算待测分析仪器的一周零点漂移 Z_d 和一周量程漂移 S_d，然后可对待测分析仪器进行零点和量程校准。重复上述测试 7 次，全部一周零点漂移值 Z_d 和一周量程漂移 S_d 均应符合 6.1.2.3 的要求。

7.1.3.2.4 环境温度变化的影响

环境温度变化的影响检测使用零点校准部件和 50%～100%满量程校准部件。待测分析仪器在恒温环境中运行后，设置环境温度为（20±1）℃，稳定至少 30 min，记录标准温度值，使用零点校准部件，记录仪器初始零点稳定读数；然后切换至量程校准部件，记录量程稳定读数。保持量程校准部件处于测量状态，调整环境温度的变化情况为：20℃→50℃→20℃→-20℃→20℃，设定温度点的实际温度应在±1℃以内，检测过程与 7.1.3.1.6 相同（各温度下的零点值均以零点初始稳定读数计，不需切换）；按式（7）计算待测仪器环境温度变化的影响，应符合 6.1.2.4 的要求。

7.1.3.2.5 供电电压变化的影响

供电电压变化的影响检测使用量程校准部件。检测过程与 7.1.3.1.8 相同；按式（9）计算待测仪器供电电压变化的影响，应符合 6.1.2.5 的要求。

7.1.3.2.6 振动的影响

振动的影响检测使用零点校准部件和量程校准部件。检测过程与 7.1.3.1.10 相同；按式（11）和式（12）计算待测仪器振动的影响，应符合 6.1.2.6 的要求。

7.1.3.2.7 检出限

将待测分析仪器放置在密闭洁净空间中，预热运行稳定后开始正常测量。每间隔 2 min 记录该时间段数据的平均值（记为 1 个数据），获得至少 25 个数据（对于非连续测量的仪器间隔时间应为其测量周期时间）；计算所取得数据的标准偏差；待测分析仪器的检出限为计算获得标准偏差的 3 倍，应符合 6.1.2.7 的要求。

7.2 污染物排放现场检测

7.2.1 一般要求

7.2.1.1 实验室检测通过后才允许进行污染物排放现场检测。

7.2.1.2 CEMS 现场安装和调试技术要求应符合 HJ 75 的相关内容。

7.2.1.3 CEMS 现场参比方法采样位置、采样孔数量以及采样点设置等应符合 GB/T 16157 的相关要求。

7.2.1.4 现场检测包括初检，90 d 运行和复检。CEMS 调试完成后正常运行 168 h 可进行初检；CEMS 初检合格后，进入 90 d 现场运行期；90 d 运行符合要求后，进行复检。

7.2.1.5 初检和复检期间除进行系统零点和量程校准外，不允许对系统进行计划外的维护、检修和调节。

7.2.1.6 初检和复检期间如果因现场污染源排放故障或供电问题造成测试中断，在故障排除或供电恢复正常后，继续进行检测，已经完成的测试指标和数据有效。如果因 CEMS 故障造成测试中断，则检测结束。

7.2.1.7 可设定任一时间对 CEMS 进行零点和量程的自动校验和校准；初检和复检期间，自动校验校准时间间隔应设置为≥24 h。

7.2.1.8 90 d 现场运行期间，应按照质量保证计划进行必要的校准、维护和检修，CEMS 应按规定远程传输现场监测数据。90 d 远程有效数据传输率达到 90%以上则现场运行检测通过，否则延长运行期直到达到为止。如果因现场供电问题或 CEMS 故障造成 CEMS 数据缺失或传输中断，则该段时间内数据无效。

7.2.1.9 各技术指标检测数据均采用 CEMS 数据采集与处理单元存储记录的最终结果。

7.2.2 标准物质要求

现场检测使用的标准物质要求与 7.1.2 相同。

7.2.3 污染物排放现场检测方法

7.2.3.1 气态污染物 CEMS（含 O_2）

7.2.3.1.1 示值误差

待测 CEMS 运行稳定后，分别进行零点校准和满量程校准。依次通入低浓度（20%～30%）满量程值、中浓度（50%～60%）满量程值和高浓度（80%～100%）满量程值的标准气体；读数稳定后分别记录各浓度标准气体的显示值；再通入零点气体，重复测试 3 次。当系统检测 SO_2 满量程值＜100 μmol/mol；NO_x 满量程值＜200 μmol/mol 时，按式（2）计算待测 CEMS 每种浓度标准气体示值误差 L_{ei}；当系统检测 SO_2 满量程值≥100 μmol/mol；NO_x 满量程值≥200 μmol/mol 时，按式（16）计算待测 CEMS 每种浓度标准气体示值误差 L_{ei}；L_{ei} 的最大值应符合 6.2.1.1 的要求。

$$L_{ei}=\frac{\left(\overline{C_{di}}-C_{si}\right)}{C_{si}}\times 100\% \tag{16}$$

式中：L_{ei}——待测 CEMS 测量第 i 种浓度标准气体的示值误差，%；

C_{si}——第 i 种浓度标准气体浓度标称值，mg/m^3（ppm）；

$\overline{C_{di}}$——待测 CEMS 测量第 i 种浓度标准气体 3 次测量平均值，mg/m^3（ppm）；

i——测量标准气体序号（i=1～3）。

7.2.3.1.2　系统响应时间

待测 CEMS 运行稳定后，按照系统设定采样流量通入零点气体，待读数稳定后按照相同流量通入量程校准气体，同时用秒表开始计时；观察分析仪示值，至读数开始跃变止，记录并计算样气管路传输时间 T_1；继续观察并记录待测分析仪器显示值上升至标准气体浓度标称值 90%时的仪表响应时间 T_2；系统响应时间为 T_1 和 T_2 之和。系统响应时间每天测试 1 次，重复测试 3 d，平均值应符合 6.2.1.2 的要求。

7.2.3.1.3　24 h 零点漂移和量程漂移

待测 CEMS 运行稳定后，通入零点气体，记录分析仪器零点稳定读数为 Z_0；然后通入量程校准气体，记录稳定读数 S_0。通气结束后，待测 CEMS 连续运行 24 h（期间不允许任何校准和维护）后重复上述操作，并分别记录稳定后读数 Z_n 和 S_n。分别按式（3）、式（4）、式（5）和式（6）计算待测 CEMS 的 24 h 零点漂移 Z_d 和 24 h 量程漂移 S_d，然后可对待测 CEMS 进行零点和量程校准（如果不校准可将本次零点和量程测量值作为 CEMS 运行 24 h 后零点和量程漂移测试的初始值 Z_0 和 S_0）。检测期间，全部 24 h 零点漂移值 Z_d 和 24 h 量程漂移 S_d 均应符合 6.2.1.3 的要求。

7.2.3.1.4　准确度

当 24 h 零点漂移、量程漂移和示值误差检测通过并且生产设施达到最大生产能力 50%以上时，可进行准确度检测。

a）待测 CEMS 运行稳定后，分别进行零点校准和满量程校准。

b）待测 CEMS 与参比测试方法同步对污染物排放气态污染物进行测量，由数据采集器每分钟记录 1 个累积测量值，连续记录至参比方法测试结束。

c）取同一时间区间内（一般为 3～15 min）参比方法与 CEMS 测量结果平均值组成一个数据对，确保参比方法与 CEMS 测量数据在同一条件下（烟气温度、压力、湿度和含氧量等，一般取标态干基浓度）。

d）每天获取至少 9 组以上数据对，用于准确度计算。

e）当参比方法测量烟气中气态污染物平均值＜250 μmol/mol 时，计算全部数据对 CEMS 与参比方法测量数据平均值的绝对误差的绝对值或相对误差的绝对值，应符合 6.2.1.4 的要求。

f）当参比方法测量烟气中气态污染物平均值≥250 μmol/mol 时，按式（17）～式（22）计算全部数据对 CEMS 与参比方法测量数据的相对准确度，应符合 6.2.1.4 的要求。

$$\mathrm{RA}=\frac{\left|\overline{d}\right|+\left|\mathrm{cc}\right|}{\overline{\mathrm{RM}}}\times 100\% \tag{17}$$

式中：RA——相对准确度，%；

$\overline{\mathrm{RM}}$——参比方法全部数据对测量结果的平均值，mg/m^3（ppm）；

$\overline{d}$——CEMS 与参比方法测量各数据对差的平均值，mg/m³（ppm）；

cc——置信系数，mg/m³（ppm）。

$$\overline{\mathrm{RM}}=\frac{1}{n}\sum_{i=1}^{n}\mathrm{RM}_i \tag{18}$$

式中：RM_i——第 i 个数据对中的参比方法测量值，mg/m³（ppm）；

i——数据对的序号（i=1～n）；

n——数据对的个数（n≥9）。

$$\overline{d}=\frac{1}{n}\sum_{i=1}^{n}d_i \tag{19}$$

$$d_i=\mathrm{RM}_i-\mathrm{CEMS}_i \tag{20}$$

式中：d_i——每个数据对参比方法与 CEMS 测量值之差，mg/m³（ppm）；

CEMS_i——第 i 个数据对中的 CEMS 测量值，mg/m³（ppm）。

注：在计算数据对差的和时，保留数据差值的正、负号。

$$\mathrm{cc}=\pm t_{f,0.95}\frac{S_d}{\sqrt{n}} \tag{21}$$

式中：$t_{f,0.95}$——统计常数，由 t 表（见表 2）查得，f=n−1；

S_d——CEMS 与参比方法测量各数据对差的标准偏差，mg/m³（ppm）。

$$S_d=\sqrt{\frac{\sum_{i=1}^{n}(d_i-\overline{d})^2}{n-1}} \tag{22}$$

表 2　计算置信区间和允许区间参数表

f	t_f	v_f	n''	$u_{n''}$（75）
8	2.306	1.711 0	8	1.233
9	2.262	1.645 2	9	1.214
10	2.228	1.593 1	10	1.208
11	2.201	1.550 6	11	1.203
12	2.179	1.515 3	12	1.199
13	2.160	1.485 4	13	1.195
14	2.145	1.459 7	14	1.192
15	2.131	1.437 3	15	1.189
16	2.120	1.417 6	16	1.187
17	2.110	1.400 1	17	1.185
18	2.101	1.384 5	18	1.183
19	2.093	1.370 4	19	1.181
20	2.086	1.357 6	20	1.179
21	2.080	1.346 0	21	1.178
22	2.074	1.335 3	22	1.177
23	2.069	1.325 5	23	1.175
24	2.064	1.316 5	24	1.174
25	2.060	1.308 1	25	1.173
30	2.042	1.273 7	30	1.170
35	2.030	1.248 2	35	1.167
40	2.021	1.228 4	40	1.165
45	2.014	1.212 5	45	1.163
50	2.009	1.199 3	50	1.162

7.2.3.2 颗粒物 CEMS

7.2.3.2.1 24 h 零点漂移和量程漂移

待测 CEMS 运行稳定后，使用零点校准部件调零，并记录仪器零点稳定读数为 Z_0；然后切换至量程校准部件，记录稳定读数 S_0。然后，待测仪器连续运行 24 h（期间不允许任何校准和维护）后重复上述操作，并分别记录稳定后读数 Z_n 和 S_n。分别按式（3）、式（4）、式（5）和式（6）计算待测 CEMS 的 24 h 零点漂移 Z_d 和 24 h 量程漂移 S_d，然后可对待测 CEMS 进行零点和量程校准。检测期间 24 h 零点漂移值 Z_d 和 24 h 量程漂移 S_d 的最大值应符合 6.2.2.1 的要求。

7.2.3.2.2 相关校准

a）待测 CEMS 运行稳定后，分别进行零点校准和满量程校准。

b）待测 CEMS 与参比采样测试方法同步对污染物排放颗粒物进行测量，应协调参比方法采样和颗粒物 CEMS 测量的开始和停止时间，由数据采集和处理单元至少每分钟记录 1 个 CEMS 累积测量值，连续记录至参比方法采样结束。

c）取同一时间区间内（一般用参比方法一个样品的采集时间）参比方法与 CEMS 测量平均值组成一个数据对。

d）整个相关校准必须获得至少 15 个有效的测试数据对。当相关校准测试的数据对大于 15 个时，可以舍弃部分测试数据对。舍弃 5 个以内数据对不需要任何解释；而当舍弃数据对超过 5 个时，则必须解释舍弃的原因。且必须记录所有数据对，包括舍弃的数据对。

e）测试期间，应注意排放源和（或）治理设施和颗粒物 CEMS 的运行状态，确保设施和颗粒物 CEMS 及其数据采集和处理单元运行正常。

f）颗粒物 CEMS 相关校准过程应确保完成相关校准的测试数据在测量范围内分布均匀合理。可通过改变过程操作条件、颗粒物治理设备的运行参数或通过颗粒物加标等方式获得至少 3 种不同浓度范围的颗粒物样品；确保 3 种不同浓度水平的颗粒物分布在整个测量范围内；一般在 0%～50%满量程值、25%～75%满量程值、50%～100%满量程值 3 个范围各分布全部测试数据的 20%以上。

g）相关校准的计算过程。

1）相关校准前的计算

首先将参比方法测量值 Y（合适的单位）与颗粒物 CEMS 平均响应 X（一段时间内平均值）配对，配对的数据必须符合质量控制/质量保证要求。

i. 测量前调整颗粒物 CEMS 的输出和参比方法采样测试数据至统一时钟时间（考虑颗粒物 CEMS 的响应时间）。

ii. 计算颗粒物 CEMS 在参比方法测试期间的数据输出，评价所有的颗粒物 CEMS 数据并确定在计算颗粒物 CEMS 数据平均值时是否舍弃。

iii. 确保参比方法和颗粒物 CEMS 的测量结果基于同样的烟气状态，将参比方法颗粒物浓度测量数据状态（一般是干基标态）向颗粒物 CEMS 测量数据状态转换。

2）线性相关校准计算

在进行相关校准计算时，参比方法的每个测量值均被处理做离散的数据点。

i. 计算线性相关校准方程，方程给出了作为颗粒物 CEMS 响应 X 的函数的预测颗粒物浓度 $\hat{Y}$，如式（23）：

$$\hat{Y} = a + bX \tag{23}$$

式中：$\hat{Y}$——预测颗粒物浓度，mg/m^3；

a 线性相关校准曲线截距；

b——线性相关校准曲线斜率；

X——颗粒物 CEMS 响应值（测量值），量纲 1。

ii. 截距计算如式（24）、式（25）、式（26）：

$$a = \overline{Y} - b\overline{X} \tag{24}$$

式中：$\overline{X}$ ——颗粒物 CEMS 全部测量数据的平均值，mg/m^3；

$\overline{Y}$ ——颗粒物参比采样测试全部测量数据的平均值，mg/m^3。

$$\overline{X} = \frac{1}{n}\sum_{i=1}^{n} X_i \tag{25}$$

$$\overline{Y} = \frac{1}{n}\sum_{i=1}^{n} Y_i \tag{26}$$

式中：X_i——第 i 个数据对中颗粒物 CEMS 的测量值，mg/m^3；

Y_i——第 i 个数据对中颗粒物参比采样测量值，mg/m^3；

i ——数据对的序号（i=1～n）；

n——数据对的个数（n≥15）。

iii. 斜率计算如式（27）：

$$b = \frac{\sum_{i=1}^{n}(X_i - \overline{X})(Y_i - \overline{Y})}{\sum_{i=1}^{n}(X_i - \overline{X})^2} \tag{27}$$

iv. 平均值 X 处的预测颗粒物浓度，其 95%置信区间半宽计算如式（28）和式（29）：

$$\mathrm{CI} = t_{df,1-a/2} S_E \sqrt{\frac{1}{n}} \tag{28}$$

式中：CI——平均值 X 处的 95%置信区间半宽，mg/m^3；

$t_{df,1-a/2}$——df 为 n−2 的统计 t 值，查表 2；

S_E——相关校准曲线的精密度，mg/m^3。

$$S_E = \sqrt{\frac{1}{n-2}\sum_{i=1}^{n}(\hat{Y}_i - Y_i)^2} \tag{29}$$

v. 在平均值 X 处，作为排放限值（或检测均值）百分比的置信区间半宽计算如式（30），应符合 6.2.2.2 b）的要求。

$$\mathrm{CI\%} = \frac{\mathrm{CI}}{\mathrm{EL}} \times 100\% \tag{30}$$

式中：EL——排放源的颗粒物浓度排放限值，mg/m^3。

注：当颗粒物排放限值小于颗粒物参比采样测试全部测量有效数据的平均值时，EL 值取颗粒物参比采样测试全部测量有效数据的平均值。

vi. 在平均值 X 处，允许区间半宽计算如式（31）和式（32）：

$$\mathrm{TI} = k_t S_E \tag{31}$$

式中：TI——在平均值 X 处允许区间半宽，mg/m^3；

k_t——统计常数。

$$k_t = u_{n'} V_{df} \tag{32}$$

式中：n'' ——数据对的个数（n≥15）；

$u_{n'}$——75%允许因子，查表 2；

V_{df}——df 为 n−2，查表 2。

vii. 在平均值 X 处，作为排放限值（或检测均值）百分比的允许区间半宽计算如式（33），应符合 6.2.2.2 c）的要求。

$$\text{TI}\% = \frac{\text{TI}}{\text{EL}} \times 100\% \tag{33}$$

viii. 相关系数计算如式（34），应符合 6.2.2.2 a）的要求。颗粒物 CEMS 相关校准实例参见附录 C。

$$r = \sqrt{1 - \frac{(n-1) \times \sum_{i=1}^{n} (\hat{Y}_i - Y_i)^2}{(n-2) \times \sum_{i=1}^{n} (Y_i - \overline{Y})^2}} \tag{34}$$

7.2.3.2.3 准确度

a）复检期间，生产设备、治理设施正常运行，可进行准确度检测。

b）将 7.2.3.2.2 获得的符合要求的校准曲线斜率和截距输入 CEMS 参数设置，对颗粒物 CEMS 测量结果进行校准修正。

c）检测过程同 7.2.3.2.2 中 a）～c），至少获得 5 个有效数据对；当多于 5 个时可适当舍去 1～2 个数据对，但必须报告记录全部数据对，包括舍去的数据对和舍弃原因。

d）准确度计算，将每天参比方法采样测量值与同时间段内 CEMS 测量值全部数据对的平均值（标态干基浓度）进行比较，计算两者的绝对误差或相对误差，应符合 6.2.2.3 的要求。

7.2.3.3 烟气流速连续测量系统

7.2.3.3.1 速度场系数精密度

a）由参比方法测量断面烟气平均流速和同时间区间烟气流速连续测量系统测量断面某一固定点或线上的烟气平均流速，可按式（35）确定速度场系数：

$$K_v = \frac{F_s}{F_p} \times \frac{\overline{V_s}}{\overline{V_p}} \tag{35}$$

式中：K_v——速度场系数；

F_s——参比方法测量断面的横截面积，m^2；

F_p——烟气流速连续测量系统测量断面的横截面积，m^2；

$\overline{V_s}$——参比方法测量断面的平均流速，m/s；

$\overline{V_p}$——烟气流速连续测量系统测量断面的平均流速，m/s。

b）待测烟气流速连续测量系统与参比测试方法同步测量烟气流速，由数据采集器每分钟记录 1 个流速连续测量系统累积测量值，连续记录至参比方法测量结束。

c）取同一时间区间内（一般用参比方法一个样品的测量时间）参比方法与烟气流速连续测量系统测量平均值组成一个数据对，计算速度场系数。

d）现场检测初检期间每天至少获得 5 个速度场系数，计算速度场系数日平均值 $\overline{K_v}$，当数据多于 5 个时可舍去 1～2 个数据，但必须报告所有的数据，包括舍去的数据和原因。重复测试至少 4 d，按式（36）计算速度场系数日均值的平均值 $\overline{\overline{K_v}}$。

$$\overline{\overline{K_v}} = \frac{\sum_{i=1}^{n} \overline{K_{vi}}}{n} \tag{36}$$

式中：$\overline{\overline{K_v}}$ ——检测期间测试速度场系数日均值的平均值；

$\overline{K_{vi}}$ ——每天获得速度场系数的日均值；

i——测试每天的序号（i=1～n）。

n——检测天数（n≥4）。

e）按式（37）和式（38）计算速度场系数精密度 C_v，应符合 6.2.3.2 的要求。

$$C_v = \frac{S}{\overline{\overline{K_v}}} \times 100\% \tag{37}$$

$$S = \sqrt{\frac{\sum_{i=1}^{n}(\overline{K_{vi}} - \overline{\overline{K_v}})^2}{n-1}} \tag{38}$$

式中：C_v——速度场系数精密度，%；

S——检测期间测试速度场系数日均值的标准偏差，m/s。

7.2.3.3.2 准确度

a）复检期间，可进行准确度检测。

b）将 7.2.3.3.1 获得的符合要求的速度场系数平均值 $\overline{\overline{K_v}}$ 输入 CEMS 参数设置，对烟气流速连续测量系统测量结果进行修正。

c）检测过程同 7.2.3.3.1 中 b），至少获得 5 个有效数据对；当多于 5 个时可适当舍去 1～2 个数据对，但必须报告记录全部数据对，包括舍去的数据对和舍弃原因。

d）准确度计算，将每天参比方法测量值与输入速度场系数后的 CEMS 测量值数据对的平均值进行比较，计算两者的相对误差，应符合 6.2.3.3 的要求。

7.2.3.4 烟气温度连续测量系统

准确度

a）待测烟气温度连续测量系统与参比测试方法同步测量烟气温度，由数据采集器每分钟记录 1 个温度连续测量系统累积测量值，连续记录至参比方法测量结束。

b）取同一时间区间内（一般用参比方法一个样品的测量时间）参比方法与烟气温度连续测量系统测量平均值组成一个数据对，每天至少获得 5 个有效数据对；当多于 5 个时可适当舍去 1～2 个数据对，但必须报告记录全部数据对，包括舍去的数据对和舍弃原因。

c）准确度计算，将每天参比方法测量值与 CEMS 测量值数据对的平均值进行比较，计算两者的绝对误差，应符合 6.2.4 的要求。

7.2.3.5 烟气湿度连续测量系统

准确度

a）待测烟气湿度连续测量系统与参比测试方法同步测量烟气湿度，由数据采集器每分钟记录 1 个湿度连续测量系统累积测量值，连续记录至参比方法测量结束。

b）取同一时间区间内（一般用参比方法一个样品的测量时间）参比方法与烟气湿度连续测量系统测量平均值组成一个数据对，每天至少获得 5 个有效数据对；当多于 5 个时可适当舍去 1～2 个数据对，但必须报告记录全部数据对，包括舍去的数据对和舍弃原因。

c）准确度计算，将每天参比方法测量值与 CEMS 测量值数据对的平均值进行比较，计算两者的绝对误差或相对误差，应符合 6.2.5.1 的要求。

d）采用氧传感器通过测量烟气含氧量计算得到烟气湿度的 CEMS，其氧传感器应首先按照 7.2.3.1.1～7.2.3.1.3 的检测方法检测氧气的各项指标；合格后，再按照 7.2.3.5.1 中 a）～c）进行湿度准确度的检测，烟气湿度的计算方法参见式（39）。

$$X_{sw}=1-\frac{C'_{O_2}}{C_{O_2}} \tag{39}$$

式中：X_{sw}——烟气绝对湿度（含水量），%；

C'_{O_2}——湿烟气中氧气的体积分数（湿氧值），%；

C_{O_2}——干烟气中氧气的体积分数（干氧值），%。

8　质量保证

8.1　安装质量保证

8.1.1　安装位置和现场配套环境条件应符合 HJ 75 的相关要求，当对颗粒物 CEMS 进行相关校准达不到技术要求时，应作如下检查：

a）参比方法的测试过程；

b）采样位置；

c）采样仪器的可靠性；

d）固定污染源运行状况，特别是净化设施的运行状况；

e）颗粒物组成、分布的变化；

f）校准数据的数量和数据的分布。

经检查排除安装位置以外的其他原因时，应选择符合要求的位置安装 CEMS，重新进行检测。

8.1.2　原则上要求一个固定污染源安装一套 CEMS。若一个固定污染源排气先通过多个烟道或管道后进入该固定污染源的总排气管时，应尽可能将 CEMS 安装在总排气管上，但要便于用参比方法校准颗粒物 CEMS 和烟气流速连续监测系统；不得只在其中的一个烟道或管道上安装 CEMS，并将测定值作为该源的排放结果；但允许在每个烟道或管道上安装相同的监测系统。

8.1.3　污染源排放烟囱或烟道设置的采样平台和爬梯应符合 HJ 75 的相关要求，采样平台应易于到达，有足够的工作空间，安全且便于操作；必须牢固并有符合要求的安全措施；采样平台设置在高空时，应有通往平台的折梯、旋梯或升降梯。

8.1.4　气态污染物 CEMS 准确度达不到要求，应查明原因并解决；若无法查明原因，可按式（40）和式（41）对 CEMS 测量数据进行调节；经调节仍不能准确测量时，应选择有代表性的位置安装 CEMS，重新进行检测。

$$\mathrm{CEMS}_{ad}=\mathrm{CEMS}\times E_{ac} \tag{40}$$

式中：CEMS_{ad}——CEMS 调节后的数据，mg/m^3（ppm）；

CEMS——CEMS 测量数据，mg/m^3（ppm）；

E_{ac}——偏差调节系数。

$$E_{ac}=1+\frac{\overline{d}}{\overline{\mathrm{CEMS}}} \tag{41}$$

式中：$\overline{d}$——CEMS 与参比方法测量各数据对差的平均值，mg/m^3（ppm）；

$\overline{\mathrm{CEMS}}$——CEMS 全部数据对测量结果的平均值，mg/m^3（ppm）。

8.2　检测质量保证

8.2.1　CEMS 检测应在固定污染源正常排放污染物条件下进行。初检和复检时，必须有专人负责监督工况，排污单位应根据相关校准工作的要求调整工况或净化设备的运行参数，在测试期间保持相对稳定。

8.2.2　应使用等速跟踪烟尘采样器进行颗粒物手工采样及颗粒物 CEMS 相关校准和准确度测试，初检和复检应尽可能使用同一台采样器和同一根采样枪。在测量前进行流量和气密性等运行检查，保证采样器功能正常。使用参比方法测量断面颗粒物样品的采样、称量和计算过程应符合 GB/T 16157、HJ 836 及其他相关国家标准的要求。

8.2.3 为了保证获得气态污染物参比方法与 CEMS 在同时间区间的测定数据，对于完全抽取式和稀释抽取式气态污染物 CEMS，必要时可扣除参比方法测量气态污染物到达污染物检测器的时间（滞后时间）和 CEMS 的管路传输时间。气态污染物到达污染物检测器的时间可按式（42）估算。

$$t = V/Q_{sl} \tag{42}$$

式中：t——滞后时间，min；

V——导气管的体积，L；

Q_{sl}——气体通过导气管的流速，L/min。

8.2.4 参比测量方法应采用国家或行业发布的标准分析方法。气态污染物参比方法测试可采用仪器分析法，方法原理及操作参见附录 D；仪器分析法测量气态污染物时，采样测量前、后均需用标准气体进行校准或校验。

8.2.5 对于完全抽取式和稀释抽取式气态污染物 CEMS，当进行零点和量程校准时，原则上要求零气和标准气体与样品气体通过的路径（如采样管、过滤器、洗涤器、调节器）相同。

8.2.6 对于直接测量式气态污染物 CEMS，当进行零点和量程校准时，原则上要求导入流动零气和标准气体进行校准。

8.2.7 颗粒物 CEMS 相关校准时，应协调和记录参比方法取样和颗粒物 CEMS 操作的开始和停止的时间。对于间歇取样和测量的颗粒物 CEMS，参比方法取样时间应和颗粒物 CEMS 的取样时间同时开始。必要时，应标记并记录参比方法取样孔改变的时间和参比方法被暂停的时间，以便相应的调整颗粒物 CEMS 的数据，分析颗粒物 CEMS 相关校准操作。

8.3 运行期质量保证

CEMS 至少进行 90 d 的运行，运行期间对 CEMS 质量保证提出以下基本要求。

8.3.1 气态污染物 CEMS（含 O_2）

a）不超过 15 d 用零气和高浓度标准气体或校准装置校准一次系统零点和量程，此期间的零点和量程漂移应符合本标准 6.2.1.3 的要求；

b）不超过 3 个月更换一次采样探头滤料，不超过 3 个月更换一次净化稀释空气的除湿、滤尘等的材料；

c）必须使用在有效期内的标准物质；

d）必须每天放空空气压缩机内冷凝水；

e）直接测量气态污染物 CEMS，与 8.3.2 中 d）要求相同。

8.3.2 颗粒物 CEMS

a）具有自动校准功能的系统，应不超过 24 h 自动检测一次系统零点和量程，此期间的零点和量程漂移应符合本标准 6.2.2.1 的要求；

b）手动校准的系统，应不超过 15 d 用校准装置校正系统的零点和量程，此期间的零点和量程漂移也应符合本标准 6.2.2.1 的要求；

c）不超过 1 个月更换一次空气过滤器；

d）不超过 3 个月清洗一次隔离烟气与光学探头的玻璃视窗，检查一次系统光路的准直情况。

8.3.3 烟气流速连续测量系统

a）具有自动校准功能的系统，应不超过 24 h 自动检查一次系统零点和（或）量程。

b）手动校准的系统，不超过 3 个月从烟道或管道取出测速探头，人工清除沉积在上面的烟尘并用校准装置校正系统的零点和（或）量程。

9　检测项目

固定污染源烟气（SO_2、NO_x、颗粒物）排放连续监测系统检测项目见表 3 和表 4。实验室检测和现场检测的相关记录表格参见附录 G。

表 3　固定污染源烟气（SO_2、NO_x、颗粒物）排放连续监测系统实验室检测项目

检测项目		技术要求
二氧化硫监测单元	仪表响应时间（上升时间和下降时间）	≤120 s
	重复性	≤2%
	线性误差	±2%F.S.
	24 h 零点漂移和量程漂移	±2%F.S.
	一周零点漂移和量程漂移	±3%F.S.
	环境温度变化的影响	±5%F.S.
	进样流量变化的影响	±2%F.S.
	供电电压变化的影响	±2%F.S.
	干扰成分的影响	±5% F.S.
	振动的影响	±2%F.S.
	平行性	≤5%
氮氧化物监测单元	仪表响应时间（上升时间和下降时间）	≤120 s
	重复性	≤2%
	线性误差	±2%F.S.
	24 h 零点漂移和量程漂移	±2%F.S.
	一周零点漂移和量程漂移	±3%F.S.
	环境温度变化的影响	±5%F.S.
	进样流量变化的影响	±2%F.S.
	供电电压变化的影响	±2%F.S.
	干扰成分的影响	±5% F.S.
	振动的影响	±2%F.S.
	二氧化氮转换效率	≥95%
	平行性	≤5%
氧气监测单元	仪表响应时间（上升时间和下降时间）	≤120 s
	重复性	≤2%
	线性误差	±2%F.S.
	24 h 零点漂移和量程漂移	±2%F.S.
	一周零点漂移和量程漂移	±3%F.S.
	环境温度变化的影响	±5%F.S.
	进样流量变化的影响	±2%F.S.
	供电电压变化的影响	±2%F.S.
	干扰成分的影响	±5% F.S.
	振动的影响	±2%F.S.
	平行性	≤5%

检测项目		技术要求
颗粒物监测单元	重复性	≤2%
	24 h 零点漂移和量程漂移	±2%F.S.
	一周零点漂移和量程漂移	±3%F.S.
	环境温度变化的影响	±5%F.S.
	供电电压变化的影响	±2%F.S.
	振动的影响	±2%F.S.
	检出限（满量程≤50 mg/m^3）	≤1.0 mg/m^3
注：F.S.表示满量程；氮氧化物以 NO_2 计。		

表 4　固定污染源烟气（SO_2、NO_x、颗粒物）排放连续监测系统现场检测项目

检测项目			技术要求
二氧化硫 CEMS	初检期间	示值误差	满量程≥100 μmol/mol（286 mg/m^3）时，±5%（标称值） 满量程<100 μmol/mol（286 mg/m^3）时，±2.5%F.S.
		系统响应时间	≤200 s
		24 h 零点漂移和量程漂移	±2.5%F.S.
		准确度	排放浓度平均值： ≥250 μmol/mol（715 mg/m^3）时，相对准确度≤15% ≥50 μmol/mol（143 mg/m^3）～<250 μmol/mol（715 mg/m^3）时，绝对误差≤20 μmol/mol（57 mg/m^3） ≥20 μmol/mol（57 mg/m^3）～<50 μmol/mol（143 mg/m^3）时，相对误差≤30% <20 μmol/mol（57 mg/m^3）时，绝对误差≤6 μmol/mol（17 mg/m^3）
	复检期间	24 h 零点漂移和量程漂移	±2.5%F.S.
		准确度	排放浓度平均值： ≥250 μmol/mol（715 mg/m^3）时，相对准确度≤15% ≥50 μmol/mol（143 mg/m^3）～<250 μmol/mol（715 mg/m^3）时，绝对误差≤20 μmol/mol（57 mg/m^3） ≥20 μmol/mol（57 mg/m^3）～<50 μmol/mol（143 mg/m^3）时，相对误差≤30% <20 μmol/mol（57 mg/m^3）时，绝对误差≤6 μmol/mol（17 mg/m^3）
氮氧化物 CEMS	初检期间	示值误差	当满量程≥200 μmol/mol（410 mg/m^3）时，±5%（标称值）； 当满量程<200 μmol/mol（410 mg/m^3）时，±2.5%F.S.
		系统响应时间	≤200 s
		24 h 零点漂移和量程漂移	±2.5%F.S.
		准确度	排放浓度平均值： ≥250 μmol/mol（513 mg/m^3）时，相对准确度≤15% ≥50 μmol/mol（103 mg/m^3）～<250 μmol/mol（513 mg/m^3）时，绝对误差≤20 μmol/mol（41 mg/m^3） ≥20 μmol/mol（41 mg/m^3）～<50 μmol/mol（103 mg/m^3）时，相对误差≤30% <20 μmol/mol（41 mg/m^3）时，绝对误差≤6 μmol/mol（12 mg/m^3）

检测项目			技术要求
氮氧化物 CEMS	复检期间	24 h 零点漂移和量程漂移	±2.5%F.S.
		准确度	排放浓度平均值： ≥250 μmol/mol（513 mg/m^3）时，相对准确度≤15% ≥50 μmol/mol（103 mg/m^3）～＜250 μmol/mol（513 mg/m^3）时，绝对误差≤20 μmol/mol（41 mg/m^3） ≥20 μmol/mol（41 mg/m^3）～＜50 μmol/mol（103 mg/m^3）时，相对误差≤30% ＜20 μmol/mol（41 mg/m^3）时，绝对误差≤6 μmol/mol（12 mg/m^3）
氧气 CMS	检测期间	示值误差	±5%（标称值）
		系统响应时间	≤200 s
		24 h 零点漂移和量程漂移	±2.5%F.S.
		准确度	相对准确度≤15%
	复检期间	24 h 零点漂移和量程漂移	±2.5%F.S.
		准确度	相对准确度≤15%
颗粒物 CEMS	初检期间	24 h 零点漂移和量程漂移	±2%F.S.
		相关系数	≥0.85
			当测量范围上限≤50 mg/m^{3}时，≥0.75
		置信区间半宽	≤10%
		允许区间半宽	≤25%
	复检期间	24 h 零点漂移和量程漂移	±2%F.S.
		准确度	排放浓度平均值： ＞200 mg/m^{3}时，相对误差为±15% ＞100 mg/m^3～≤200 mg/m^{3}时，相对误差为±20% ＞50 mg/m^3～≤100 mg/m^{3}时，相对误差为±25% ＞20 mg/m^3～≤50 mg/m^{3}时，相对误差为±30% ＞10 mg/m^3～≤20 mg/m^{3}时，绝对误差为±6 mg/m^3 ≤10 mg/m^{3}时，绝对误差为±5 mg/m^3
流速连续监测系统	初检期间	速度场系数精密度	≤5%
	复检期间	准确度	烟气流速平均值： ＞10 m/s 时，相对误差为±10% ≤10 m/s 时，相对误差为±12%
温度连续监测系统	初检期间	准确度	±3℃
	复检期间	准确度	±3℃
湿度连续监测系统	初检期间	准确度	烟气湿度平均值： ＞5.0%时，相对误差为±25% ≤5.0%时，绝对误差为±1.5%
	复检期间	准确度	烟气湿度平均值： ＞5.0%时，相对误差为±25% ≤5.0%时，绝对误差为±1.5%
注：F.S.表示满量程；氮氧化物以 NO_2 计。			

附 录 A

（规范性附录）

CEMS 日报表、月报表和年报表

表 A.1 烟气排放连续监测小时平均值日报表

固定污染源名称：

固定污染源编号： 监测日期： 年 月 日

时间	颗粒物			SO_2			NO_x			标干流量/(m^3/h)	干基O_2/%	温度/℃	湿度/%	负荷/%	备注
	实测质量浓度/(mg/m^3)	折算质量浓度/(mg/m^3)	排放量/(kg/h)	实测质量浓度/(mg/m^3)	折算质量浓度/(mg/m^3)	排放量/（kg/h）	实测质量浓度/（mg/m^3）	折算质量浓度/（mg/m^3）	排放量/（kg/h）						
00—01															
01—02															
02—03															
03—04															
04—05															
05—06															
06—07															
07—08															
08—09															
09—10															
10—11															
11—12															
12—13															
13—14															
14—15															
15—16															
16—17															
17—18															
18—19															
19—20															
20—21															
21—22															
22—23															
23—24															
平均值															
最大值															
最小值															
样本数															
日排放总量/t	—			—			—							—	
烟气日排放总量单位：10^4 m^3/d。															
注：时间为几时—几时，如 00 时—01 时，23 时—24 时。															

上报单位（盖章）： 负责人： 报告人： 报告日期： 年 月 日

表 A.2 烟气排放连续监测日平均值月报表

固定污染源名称：

固定污染源编号： 监测月份： 年 月

日期	颗粒物			SO_2			NO_x			标干流量/（10^4 m^3/d）	干基O_2/%	温度/℃	湿度/%	负荷/%	备注
	实测质量浓度/（mg/m^3）	折算质量浓度/（mg/m^3）	排放量/（t/d）	实测质量浓度/（mg/m^3）	折算质量浓度/（mg/m^3）	排放量/（t/d）	实测质量浓度/（mg/m^3）	折算质量浓度/（mg/m^3）	排放量/（t/d）						
1日															
2日															
3日															
4日															
5日															
6日															
7日															
8日															
9日															
10日															
11日															
12日															
13日															
14日															
15日															
16日															
17日															
18日															
19日															
20日															
21日															
22日															
23日															
24日															
25日															
26日															
27日															
28日															
29日															
30日															
31日															
平均值															
最大值															
最小值															
样本数															
月排放总量/t	—			—			—				—				
烟气月排放总量单位：10^4 m^3/m。															

上报单位（盖章）： 负责人： 报告人： 报告日期： 年 月 日

表 A.3 烟气排放连续监测月平均值年报表

固定污染源名称：

固定污染源编号：　　　　　　　　　　　　　　　　　　　　　　　　　　　监测年份：

时间	颗粒物/（t/月）	SO_2/（t/月）	NO_x/（t/月）	标干流量/（10^4m^3/月）	干基 O_2/%	温度/℃	湿度/%	负荷/%	备注
1 月									
2 月									
3 月									
4 月									
5 月									
6 月									
7 月									
8 月									
9 月									
10 月									
11 月									
12 月									
平均值									
最大值									
最小值									
样本数									
年排放总量/t					—				
烟气排放总量单位：10^4 m^3/a。									

上报单位（盖章）：　　　　　负责人：　　　　　报告人：　　　　　报告日期：　　年　　月　　日

附　录　B

（规范性附录）

CEMS 数据采集记录和处理要求

CEMS 应具有具备数据采集、处理、存储、表格或图文显示、故障警告和打印等功能的操作软件；系统应设置通信接口，用于数据输出和通信功能。

B.1　数据采集记录存储要求

由 CEMS 的控制功能协调整个系统的时序，系统能够将采集和记录的实时数据自动处理为 1 min 数据和小时数据。

B.1.1　至少每 5 s 采集一组系统测量的实时数据；主要包括：颗粒物测量一次物理量、气态污染物体积/实测质量浓度、烟气含氧量、烟气流速、烟气温度、烟气静压、烟气湿度等。

B.1.2　至少每 1 min 记录存储一组系统测量的分钟数据，数据为该时段的平均值；主要包括：颗粒物一次物理量和质量浓度、气态污染物体积分数/质量浓度、烟气含氧量、烟气流速和流量、烟气温度、烟气静压、烟气湿度及大气压值。若测量结果有湿/干基不同转换数值，则应同时显示记录该测量值湿基和干基的测量数据。

B.1.3　小时数据应包含本小时内至少 45 min 的分钟有效数据，数据为该时段的平均值；主要包括：颗粒物质量浓度（折算浓度）、颗粒物排放量、气态污染物质量浓度（折算浓度）、气态污染物排放量、烟气含氧量、烟气流量、烟气温度、烟气静压、烟气湿度和生产负荷等。小时数据记录表即为日报表。

B.1.4　日数据应包含本日至少 20 h 的小时有效数据，数据为该时段的平均值；主要包括：颗粒物质量浓度和排放量、气态污染物质量浓度和排放量、烟气含氧量、烟气流量、烟气温度、烟气静压、烟气湿度和生产负荷等。日数据记录表即为月报表。

B.1.5　月数据应包含本月至少 25 d（其中 2 月份至少 23 d）的日有效数据，数据均为该时段的平均值；主要包括：颗粒物排放量、气态污染物排放量、烟气含氧量、烟气流量、烟气温度、烟气静压、烟气湿度和生产负荷等。月数据记录表即为年报表。

B.1.6　数据报表中应统计记录当日、当月、当年各指标数据的最大值、最小值和平均值。

B.1.7　当 1 h 污染物折算浓度均值超过排放标准限值时，CEMS 应能发出并记录超标报警信息。

B.1.8　CEMS 日报表、月报表和年报表中的污染物浓度、烟气流量和烟气含氧量均为干基标准状态值。氮氧化物（NO_x）质量浓度均以 NO_2 计。

B.2　数据格式要求

CEMS 记录处理实时数据和定时段数据时，数据格式应至少符合表 B.1 和表 B.2 的要求。

表 B.1　CEMS 数据格式一览表

序号	项目名称		单位	小数位
1	SO_2、NO_x 体积分数	＞100	μmol/mol、ppm	0
		≤100		1
2	SO_2、NO_x 质量浓度	＞300	mg/m^3	0
		≤300		1
3	颗粒物质量浓度	＞100	mg/m^3	0
		≤100		1
4	烟气含氧量		%	2
5	烟气流速		m/s	2
6	烟气温度		℃	1
7	烟气静压（表压）		Pa（或 kPa）	0（或 2）
8	大气压		kPa	1
9	烟气湿度（体积分数）		%	2
10	烟道截面积		m^2	2
11	污染物排放速率		kg/h	3
12	污染物排放量		kg	3
13	CO_2 体积分数		%	2
14	小时烟气流量		m^3/h	0
15	日排放量		$10^4\ m^3/d$	3
16	污染源负荷		%	1
17	颗粒物测量一次物理量		量纲 1	—

表 B.2 CEMS 数据时间标签一览表

数据时间类型	时间标签	定义	描述与示例
实时数据	YYYYMMDDHHMMSS	时间标签为数据采集的时刻，数据为相应时刻采集的测量瞬时值	20140628130815 为 2014 年 6 月 28 日 13 时 8 分 15 秒的测量瞬时值
分钟数据	YYYYMMDDHHMM	时间标签为测量开始时间，数据为此时刻后 1 min 的测量平均值	201406281308 为 2014 年 6 月 28 日 13 时 8 分 00 秒至 13 时 9 分 00 秒之间的测量平均值
小时数据	YYYYMMDDHH	时间标签为测量开始时间，数据为此时刻后 1 h 的测量分钟平均值	2014062813 为 2014 年 6 月 28 日 13 时 00 分 00 秒至 14 时 00 分 00 秒之间的测量平均值
日数据	YYYYMMDD	时间标签为测量开始时间，数据为当日 0 时至 24 时（第二天 0 时）的测量小时平均值	20140628 为 2014 年 6 月 28 日 0 时 00 分 00 秒至 29 日 0 时 00 分 00 秒的测量平均值
月数据	YYYYMM	时间标签为测量开始时间，数据为当月 1 日至最后一日的测量日平均值	201406 为 2014 年 6 月 1 日 1 时至 30 日的测量平均值

B.3 数据状态标记要求

CEMS 分钟数据记录表和小时数据记录表的各数据组均应采用明显标记记录系统和（或）污染源在该时段的操作情况和运行状态。一般可采用英文字母“标记”的方式，例如：

分钟数据记录表标记方法：

“F”表示排放源停运，“C”表示全系统校准，“M”表示维护保养，“T”表示超测量上限，“D”表示 CEMS 系统故障维修，“Md”表示数据缺失，“O”表示超标排放。

小时数据记录表标记可在分钟数据记录表基础上，增加新的标记。

“F”表示本小时内污染源停运状态（停炉或闷炉）大于等于 45 min（污染源排放异常）；“T”表示本小时内污染物排放浓度平均值超过系统测量上限（污染源排放异常、测量数据无效）；“C”表示本小时内系统处于校验、校准状态，其时间大于 15 min（测量数据无效）；“M”表示本小时内系统处于维护、修理状态，其时间大于 15 min（测量数据无效）；“D”表示本小时内系统处于故障、断电状态，其时间大于 15 min（测量数据无效）。

数据标记优先级顺序从高到低依次为 F→D→M→C→T。

CEMS 数据记录必须具备数据标识功能，除了采用字母标识外，也可采用数字或颜色等标识符号进行明确区分。

B.4 数据处理计算方法、公式和要求

B.4.1 污染物浓度转换计算公式

1）污染物工况浓度（实测状态）与标况浓度（标准状态）转换按式（B.1）计算：

$$C_{sn}=C_s\times\frac{101325}{B_a+P_s}\times\frac{273+t_s}{273} \tag{B.1}$$

式中：C_{sn}——污染物标准状态下质量浓度，mg/m^3；

C_s——污染物工况条件下质量浓度，mg/m^3；

B_a——CEMS 安装地点的环境大气压值，Pa；

P_s——CEMS 测量的烟气静压值，Pa；

t_s——CEMS 测量的烟气温度，℃。

注：式（B.1）中工况浓度与标况浓度的干湿基状态应相同。

2）污染物干基浓度和湿基浓度转换按式（B.2）计算：

$$C_{干}=\frac{C_{湿}}{1-X_{sw}} \tag{B.2}$$

式中：$C_{干}$——污染物干基浓度，mg/m^3（μmol/mol、ppm）；

$C_{湿}$——污染物湿基浓度，mg/m^3（μmol/mol、ppm）；

X_{sw}——烟气绝对湿度（又称水分含量），%。

注：式（B.2）中干基浓度与湿基浓度的工况状态条件应相同；含氧量干/湿基质量浓度转换计算方法与式（B.2）相同。

3）气态污染物体积分数与标准状态下质量浓度转换可按式（B.3）计算：

$$C_Q=\frac{M}{22.4}\times C_V \tag{B.3}$$

式中：C_Q——污染物的质量浓度，mg/m^3；

M——污染物的摩尔质量，g/mol；

C_V——污染物的体积分数，μmol/mol（ppm）。

4）当系统未使用 NO_2 转换器而分别测量 NO 和 NO_2 浓度时，氮氧化物（NO_x）质量浓度按式（B.4）或式（B.5）计算：

$$C_{NO_x}=C_{NO}\times\frac{M_{NO_2}}{M_{NO}}+C_{NO_2} \tag{B.4}$$

式中：C_{NO_x}——氮氧化物质量浓度，mg/m^3；

C_{NO}——一氧化氮质量浓度，mg/m^3；

C_{NO_2}——二氧化氮质量浓度，mg/m^3；

M_{NO_2}——二氧化氮摩尔质量，g/mol；

M_{NO}——一氧化氮摩尔质量，g/mol。

$$C_{NO_x}=(C_{NOV}+C_{NO_2V})\times\frac{M_{NO_2}}{22.4} \tag{B.5}$$

式中：C_{NOV}——一氧化氮的体积分数，μmol/mol（ppm）；

C_{NO_2V}——二氧化氮的体积分数，μmol/mol（ppm）。

B.4.2　污染物质量浓度统计计算公式

1）污染物质量浓度分钟数据按式（B.6）计算：

$$\overline{C_{Qj}}=\frac{\sum_{i=1}^{n}C_{Qi}}{n} \tag{B.6}$$

式中：$\overline{C_{Qj}}$——CEMS 第 j 分钟测量污染物干基标态质量浓度平均值，mg/m^3；

C_{Qi}——CEMS 最大间隔 5s 采集测量的污染物干基标态质量浓度瞬时值，mg/m^3；

n——CEMS 在该分钟内有效测量的瞬时数据数（n 为整数，$n\geqslant12$）。

注：其他监测因子如烟气含氧量、烟气流速、烟气温度、烟气静压、烟气湿度，计算方法与式（B.6）相同。

2）污染物质量浓度小时数据按式（B.7）计算：

$$\overline{C_{Qh}}=\frac{\sum_{j=1}^{k}\overline{C_{Qj}}}{k} \tag{B.7}$$

式中：$\overline{C_{Qh}}$ ——CEMS 第 h 小时测量污染物排放干基标态质量浓度平均值，mg/m^3；

k——CEMS 在该小时内有效测量的分钟均值数（$k \geqslant 45$）。

注：其他监测因子如烟气含氧量、烟气流速、烟气温度、烟气静压、烟气湿度，计算方法与式（B.7）相同。

3）污染物质量浓度日均值数据按式（B.8）计算：

$$\overline{C_{Qd}} = \frac{\sum_{h=1}^{m} \overline{C_{Qh}}}{m} \tag{B.8}$$

式中：$\overline{C_{Qd}}$ ——CEMS 第 d 天测量污染物排放干基标态质量浓度平均值，mg/m^3；

m——CEMS 在该天内有效测量的小时均值数（$m \geqslant 20$）。

注：其他监测因子如烟气含氧量、烟气流速、烟气温度、烟气静压、烟气湿度，计算方法与式（B.8）相同。

B.4.3 污染物折算浓度计算公式

1）对于污染物排放标准中规定了标准过量空气系数的污染源类型，其污染物排放折算浓度按式（B.9）计算：

$$C_{折} = C_{sn干} \times \frac{\alpha}{\alpha_s} \tag{B.9}$$

式中：$C_{折}$——折算成实际过量空气系数时的污染物排放浓度，mg/m^3；

$C_{sn干}$——污染物标准状态下干基质量浓度，mg/m^3；

α——实际测量的污染源过量空气系数；

α_s——污染物排放标准中规定的该行业标准过量空气系数。

2）式（B.9）中的实际测量的过量空气系数α按式（B.10）计算：

$$\alpha = \frac{21\%}{21\% - C_{VO_2干}} \tag{B.10}$$

式中：$C_{VO_2干}$——排放烟气中含氧量干基体积分数，%。

3）对于污染物排放标准中规定了基准含氧量的污染源类型，其污染物排放折算排放浓度按式（B.11）计算：

$$C_{折} = C_{sn干} \times \frac{21\% - C_{O_2s}}{21\% - C_{VO_2干}} \tag{B.11}$$

式中：C_{O_2s}——污染物排放标准中规定的该行业基准含氧量，%。

4）对于污染物排放标准中没有规定标准过量空气系数或基准含氧量的污染源类型，其污染物排放折算浓度按等于标态干基质量浓度计算。

B.4.4 污染物排放流量计算公式

1）烟囱或烟道断面烟气排放平均流速按式（B.12）计算：

$$\overline{V_s} = K_v \times \overline{V_p} \tag{B.12}$$

式中：K_v——CEMS 设置速度场系数；

$\overline{V_p}$ ——CEMS 最大间隔 5 s 采集测量的烟气流速值，m/s；

$\overline{V_s}$ ——烟囱或烟道断面烟气流速的瞬时值，m/s。

2）烟气排放小时工况流量按式（B.13）计算：

$$Q_{sh} = 3\,600 \times F \times \overline{V_{sh}} \tag{B.13}$$

式中：Q_{sh}——工况条件下小时烟气流量（湿基），$\mathrm{m^3/h}$；

$\overline{V_{\mathrm{sh}}}$——CEMS 测量的烟气流速的小时均值，m/s；

F——CEMS 安装点位烟囱或烟道断面的面积，$\mathrm{m^2}$。

3）标准状态下干烟气小时排放流量按式（B.14）计算：

$$Q_{\mathrm{snh}}=Q_{\mathrm{sh}}\times\frac{273}{273+t_{\mathrm{s}}}\times\frac{B_{\mathrm{a}}+P_{\mathrm{s}}}{101\,325}\times\left(1-X_{\mathrm{sw}}\right) \tag{B.14}$$

式中：Q_{snh}——标准状态下小时干烟气流量（干基），$\mathrm{m^3/h}$。

4）标准状态下干烟气日排放流量按式（B.15）计算：

$$Q_{\mathrm{snd}}=\sum_{h=1}^{l}Q_{\mathrm{snh}}\times10^{-4} \tag{B.15}$$

式中：Q_{snd}——标准状态下干烟气日排放流量，$10^4\ \mathrm{m^3/d}$；

l——CEMS 在该日内有效测量小时数据数。

5）标准状态下干烟气月排放流量按式（B.16）计算：

$$Q_{\mathrm{snm}}=\sum_{d=1}^{p}Q_{\mathrm{snd}}\times10^{-4} \tag{B.16}$$

式中：Q_{snm}——标准状态下干烟气月排放流量，$10^4\ \mathrm{m^3/m}$；

p——CEMS 在该月内有效测量日数据数。

6）标准状态下干烟气年排放流量按式（B.17）计算：

$$Q_{\mathrm{sny}}=\sum_{m=1}^{q}Q_{\mathrm{snm}}\times10^{-4} \tag{B.17}$$

式中：Q_{sny}——标准状态下干烟气年排放流量，$10^4\ \mathrm{m^3/a}$；

q——CEMS 在该年内有效测量月数据数。

B.4.5　污染物排放速率和排放量计算公式

1）烟气污染物小时排放速率按式（B.18）计算：

$$G_h=\overline{C_{Qh}}\times Q_{\mathrm{snh}}\times10^{-6} \tag{B.18}$$

式中：G_h——CEMS 第 h 小时监测污染物排放速率，kg/h。

2）烟气污染物日排放速率按式（B.19）计算：

$$G_d=\sum_{h=1}^{l}G_h\times10^{-3} \tag{B.19}$$

式中：G_d——CEMS 第 d 天监测污染物排放速率，t/d。

3）烟气污染物月排放速率按式（B.20）计算：

$$G_m=\sum_{d=1}^{p}G_d \tag{B.20}$$

式中：G_m——CEMS 第 m 月监测污染物排放速率，t/月。

4）烟气污染物年排放总量按式（B.21）计算：

$$G_y=\sum_{m=1}^{q}\left(G_m\times 1\right) \tag{B.21}$$

式中：G_y——CEMS全年监测污染物排放总量，t。

B.4.6 其他计算公式

1）烟气中CO_2的排放体积分数可以根据O_2测量的体积分数按式（B.22）进行计算：

$$C_{CO_2}=C_{CO_2\,max}\times\left(1-\frac{C_{O_2}}{20.9/100}\right) \tag{B.22}$$

式中：C_{CO_2}——烟气中CO_2排放的体积分数，%；

C_{O_2}——烟气中O_2的体积分数，%；

C_{CO_2max}——燃料燃烧产生的最大CO_2体积分数，%（其近似值可由表B.3查得）。

表B.3 C_{CO_2max}近似值表

燃料类型	烟煤	贫煤	无烟煤	燃料油	石油气	液化石油气	湿性天然气	干性天然气	城市煤气
体积分数/%	18.4～18.7	18.9～19.3	19.3～20.2	15.0～16.0	11.2～11.4	13.8～15.1	10.6	11.5	10.0

2）烟气密度和气体分子量的计算

按GB/T 16157第6条计算烟气密度和气体分子量。

3）污染源负荷的记录和填报

污染源负荷按污染源实际负荷与额定负荷的百分比计算，可以是实际发电功率与额定发电功率，或实际蒸汽流量与额定蒸汽流量，或实际产能与额定产能的比值。

系统未接入污染源实际负荷仪表数据的，污染源负荷由污染源管理单位人员手工记录填报。

4）其他记录要求

当1 h平均值和（或）排放量为零时，数据记录表内填报“0”；对系统未设置的测量参数，数据记录表或报表中记录填报“/”；对系统设置的测量参数，但因故障或停电造成无数据，数据记录表或报表中记录填报“×”。

B.5 数据软件功能要求

B.5.1 安全管理和使用权限要求

1）软件应具有安全管理功能，操作人员需使用用户名或工号和相应密码登录或注销后，才能进入和退出软件控制界面。

2）软件应具备至少二级的系统操作使用管理权限：

a）系统管理员：具备软件的最高管理和操作权限，可以进行所有的系统设置工作，如查询历史数据，设定和修改操作人员密码、操作级别，设定和修改系统的参数设置等。

b）一般操作人员：具备软件的基本操作权限，只能进行实时数据查询、例行维护和检查，不能查看和修改软件参数等其他系统设置。

3）软件应对全部外部人员控制操作均自动记录、保存，形成系统操作和运行状态记录日志，并可查询。

4）系统受外界强干扰或偶然意外或掉电后又上电等情况发生，造成程序中断时，应能实现自动启动，自动恢复运行状态并记录出现故障时的时间和恢复运行时的时间。

B.5.2 数据显示、记录、查询和管理要求

1）软件的显示和操作界面均应为简体中文。

2）软件能够显示和记录系统监测污染物和烟气参数的监测数据和超标等报警信息；可查询和导出规

定存储设定时间段内的污染物和烟气参数测量和校准校验数据及状态标识。

3）软件应可存储并查询、导出最近至少 12 个月的 1 min 均值数据和至少 36 个月以内的 1 h 均值数据以及至少 60 个月的日均值数据和月均值数据。

4）软件应能够自动统计生成并保存《烟气排放连续监测小时平均值日报表》《烟气排放连续监测日平均值月报表》和《烟气排放连续监测月平均值年报表》，其格式见附录 A；能够生成并保存运行操作记录报告和掉电记录报告。

5）软件应具有支持打印监测数据、图表和各种报表的功能。

B.5.3 参数和公式设置和修改要求

1）软件应具备运行参数设置功能，能够查询和修改设置相关参数，主要包括：

系统运行参数：日期、时间、地点、污染源排放口的尺寸和截面积、污染物测量量程、超标报警值、皮托管系数以及标准过剩空气系统（标准含氧量）等。

系统维护参数：系统反吹、维护的时间间隔设置、耗材和部件的维护周期等。

系统测量参数：烟气流速速度场系数、颗粒物相关校准曲线的斜率和截距等。

2）软件参数的设置和修改应由最高管理权限完成，且相关参数设置操作应记录在当日的系统日志中。

3）软件中数据状态转换等计算式应方便查看和检查，确认无误后一般不得修改。

B.6 数据通信和输出要求

B.6.1 系统接口：应配置 RS232、RS422、RS485 中任一种通信接口和 RJ45 以太网接口，用于对外数据输出和通信，并可根据使用要求，实现单路或双路或多路配置。

B.6.2 系统应具有远程数据通信功能，能够定时传输数据组，并随时接收和应答远程的数据查询、校准时钟等命令，符合 HJ 212 的相关要求。

附 录 C

（资料性附录）

颗粒物 CEMS 相关校准检测实例

某燃煤电厂安装颗粒物 CEMS，测试期间烟气参数平均值如下：

温度：128℃；静压：−0.283 kPa（表压）；含氧量：4.84%；湿度：7.49%。

测定结果原始记录见表 C.1。

表 C.1 CEMS 法和参比方法测定烟气中颗粒物原始记录表

序号	CEMS 显示值	参比方法测量值/（mg/m^3）	序号	CEMS 显示值	参比方法测量值/（mg/m^3）	序号	CEMS 显示值	参比方法测量值/（mg/m^3）
1	12.52	7.5	13	70.12	46.0	25	121.18	77.1
2	15.52	7.2	14	65.63	40.1	26	121.61	82.9
3	16.12	7.4	15	64.68	42.3	27	116.99	76.2
4	21.06	14.3	16	63.43	38.3	28	115.86	65.3
5	38.81	13.8	17	76.74	48.0	29	109.84	72.3
6	31.31	14.6	18	64.64	38.5	30	126.04	66.1
7	19.58	10.6	19	62.59	41.5	31	122.83	67.4
8	19.35	10.8	20	65.43	37.8	32	40.80	20.0
9	20.00	10.2	21	101.86	68.6	33	37.66	26.1
10	32.15	10.7	22	105.68	71.5	34	38.88	26.0
11	72.68	47.0	23	104.97	57.1	35	41.12	23.2
12	64.13	39.9	24	117.03	79.7	36	42.26	25.0
注：表中参比方法数值为换算至实际烟气状况下数值，CEMS 显示值量纲为 1。								

● 线性回归方程计算

$$\overline{X}=65.59$$

$$\overline{Y}=39.74$$

$$S_{xx}=49\,967.23$$

$$S_{xy}=32\,109.66$$

$$S_{yy}=21\,430.91$$

$$\hat{Y}=0.643X-2.40$$

● 置信区间半宽计算

回归直线精密度：S_E=4.84，

查表 2，t=2.030，

则在平均值 X=65.59（CEMS 显示值）处，置信区间半宽 CI=1.64

检测期间参比方法实际烟气状态下浓度平均值为 39.74 mg/m^3（实测状态/工况状态）

则在平均值 X=65.59（CEMS 显示值）处，对于检测期间参比方法实测状态浓度平均值百分比的置信区间半宽为：CI%=4.1%

● 允许区间半宽计算

查表 2 计算 k_t=1.46，

则在平均值 X=65.59（CEMS 显示值）处，允许区间半宽 TI=7.08，对于检测期间参比方法实测状态浓度平均值百分比的允许区间半宽为：TI%=17.8%

● 相关系数

r=0.981

● 线性相关曲线、置信区间、允许区间图例

95%置信区间为：$\hat{Y}=0.643X-2.404\pm1.64$

95%允许区间为：$\hat{Y}=0.643X-2.404\pm7.08$

图例见图 C.1。

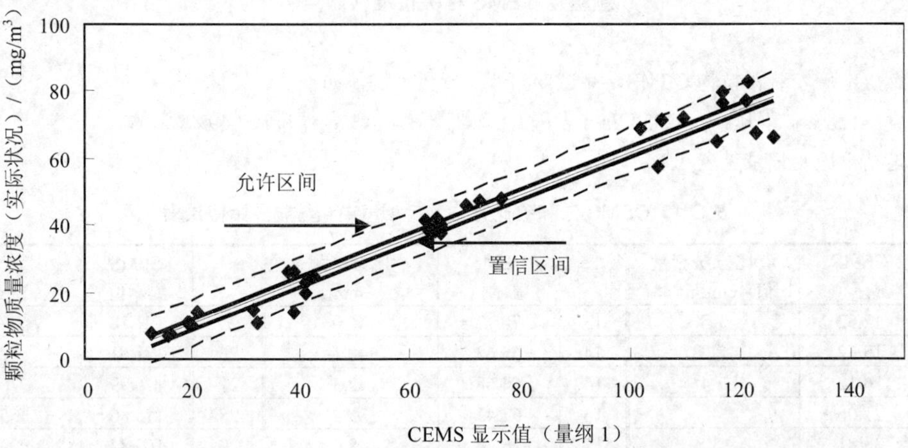

图 C.1　颗粒物 CEMS 相关校准曲线、置信区间、允许区间示意图

附　录　D

（资料性附录）

固定污染源烟气 SO_2、NO_x 和 O_2 排放浓度的测量——仪器分析法

D.1　适用范围和原理

D.1.1　适用范围

仅当在本标准中指明，用于气态污染物相对准确度检测时测定固定污染源排放的二氧化硫、氮氧化物浓度和含氧量。其他气态污染物的测定可参照本程序。

D.1.2　原理

从烟囱或烟道中连续地采样，将部分样气送入分析仪中，用国家或行业发布的标准分析方法或《空气和废气监测分析方法》（第四版）中所列方法测定二氧化硫、氮氧化物浓度和含氧量。

D.2　测量范围和灵敏度

D.2.1　测量范围

对本方法，测量范围由所选择的测定系统量程所定，但气态污染物的浓度应不低于所选测量系统使用满量程的 20%，若在一次测定期间的任何时刻，气态污染物浓度超过所选量程，则该次测定无效。

D.2.2　灵敏度

最低检出限应低于满量程的 2%。

D.3　定义

D.3.1　测定系统

测定气体浓度所需要的全部设备，由下列主要的子系统组成。

D.3.1.1　采样系统

用于获得样品、传输样品气、样气前处理、流量调节或去除烟气中干扰成分对待测气体的影响。

D.3.1.2　气体分析仪

检测待测气体浓度并产生正比于待测气体浓度的输出信号的系统部件。

D.3.1.3　数据记录仪

条形图表记录仪，模拟计算机或数字记录仪，用于记录气体分析仪输出的信号并转换成相应的浓度形式。

D.3.2　分析仪校准误差

将标准气体直接通入分析仪，分析仪显示的气体浓度和标准气体已知浓度之差。

D.3.3　测量系统校准误差

通入标准气体对测量系统（包括采样系统和气体分析仪）进行校验，分析仪显示的气体浓度和标准气体已知浓度之差。

D.3.4　采样前后漂移

测量系统采样前，通入标准气体并记录分析仪示值 C_1；采样结束后，再次通入标准气体并记录分析仪示值 C_2。用（C_2-C_1）作为采样前后漂移。

D.4　测量系统性能规定

D.4.1　分析仪校准误差

对于零、中（满量程 50%～60%的标气）和高浓度（大于满量程 80%的标气）的标准气体，应不超

过满量程的±1%。

D.4.2 测量系统校准误差

对于零气、中浓度和高浓度的标准气体，应不超过满量程的±2%。

D.4.3 采样前后零点和量程漂移

对于零气和高浓度标准气体，采样前后漂移应不超过满量程的±2.5%。

D.5 装置

应选择经环境保护部环境监测仪器质量监督检验中心适用性检测合格的测量系统。此系统的必要组成部分如下：

D.5.1 采样探头

用玻璃、不锈钢或其他不被烟气腐蚀且不致使样气损失的材质制成，用以插入烟道中，获取样品气。应有足够的长度以保证能获取有代表性的样品气，采样探头应加热，以防止烟气结露。

D.5.2 采样管线

加热（能充分防止凝结）的不锈钢或聚四氟乙烯导管，用于将样气输送至预处理系统中。

D.5.3 样品输送管

聚四氟乙烯导管，用以将样气从除湿系统送至采样泵、采样流量控制以及样气分流管。

D.5.4 样气输送管

可加热的不锈钢或聚四氟乙烯导管，用以将样气从探头输送至前处理系统及采样泵等部件。

D.5.5 校准组件

一个三通阀组件或等效物，在测定系统校准时，用来关闭样气流，同时从采样探头的出口处将标准气体通入测定系统。

D.5.6 除湿系统

制冷式凝结器或相似的装置（干燥器），用以将样气中的水分去除。除湿系统脱水率应不小于90%，出口露点不高于4℃，组分丢失率不大于5%。对于能在湿式方式下测定气体浓度的分析仪，除湿系统是不必要的，但必须同时测定含湿量，并把待测气体浓度由湿基转换成干基。

D.5.7 颗粒物过滤器

在除湿系统的出口处附加的过滤介质，用以除去颗粒物保护采样泵和气体分析仪。也可以在采样探头的前端附加粗过滤器。过滤介质应由与待测气体无反应的材料制成。

D.5.8 采样泵

用以提供采样动力，将样气送至分析仪。泵后应有采样流量控制器或等效物，用以在 10%的精度内维持恒定的采样流量。

D.5.9 样气分流系统

用于转移部分样气至分析仪，并将其余部分送至旁路排放口。送至分析仪的样气流量应维持恒定，精度在10%以内。

D.5.10 气体分析仪

连续测定二氧化硫、氮氧化物浓度及氧含量，所采用方法为国家或行业发布的标准分析方法或《空气和废气监测分析方法》（第四版）中所列方法。分析仪应满足本附录第4节的性能规定。

D.5.11 数据记录仪

连续存储气体分析仪测量数据，并能将数据导出。数据记录最小时间间隔不大于1 min。

D.6　排放浓度测量程序

D.6.1　测量系统的校准

按照系统组成连接各系统部件，用零点气体和 80%以上满量程标准气体分别对测量系统进行全系统校准，系统校准误差小于 D.4.2 的规定要求。

D.6.2　采样断面和采样点位选择

按 GB/T 16157 中要求选取采样断面和采样点位。

D.6.3　样品采集

按气体分析仪标称流量采样，在整个运行期间维持恒流（±10%），单次测量值采样时间应大于测定系统响应时间的两倍。

D.6.4　采样前后漂移检查

在每次采样前和采样后进行，在漂移检查完成前，不能对测定系统进行任何调节。在表 D.1 中记录分析仪的响应值。

表 D.1　采样前后漂移数据记录表

标准气体生产单位：　　　　　　　　　　分析仪量程：

测试人：　　　　　　　　　　　　　　　日期：

	名称	保证值	采样前	采样后	采样前后漂移/%
零气和高浓度标准气					
注：漂移=（采样后测量值−采样前测量值）/满量程值×100%。					

若零气或高浓度标气漂移中的一个值超过漂移限值，则该次采样被认为无效。在进行新采样前，用零气和高浓度标气对测定系统进行校准。

D.6.5　排放浓度测定并存储

附　录　E
（资料性附录）
CEMS 样气传输管线和冷凝除湿设备技术指标要求

E.1　CEMS 样气加热传输管线技术要求见表 E.1。

表 E.1　CEMS 样气加热传输管线技术要求

检测项目	技术要求
外观	加热采样管线粗细均匀、最小弯曲半径≤30 cm
温度均匀性	各测试点温度与设定温度差值小于设定值的 10%
保温性能	加热线达到设定温度（120～220℃）时，表面温度小于等于 55℃
气密性能	冷状态下加热管线气路耐压≥0.6 MPa

E.2 CEMS 样气冷凝除湿设备技术要求见表 E.2。

表 E.2 CEMS 样气冷凝除湿设备技术要求

检测项目	技术要求
稳定性能	冷凝器稳定后温度波动范围±2℃
脱水效率	当湿度＞5.0%～≤10.0%时，脱水率≥85% 当湿度＞10.0%～≤15.0%时，脱水率≥90% 当湿度＞15.0%时，脱水率≥95%
SO_2组分丢失率	湿度 15%条件下： SO_2浓度≥250 μmol/mol（715 mg/m^3）时，SO_2丢失率≤5% SO_2浓度＜250 μmol/mol（715 mg/m^3）时，SO_2丢失率≤8% SO_2浓度＜50 μmol/mol（143 mg/m^3）时，SO_2丢失量≤5 μmol/mol（14 mg/m^3）

附 录 F

（资料性附录）

等效浓度的计算方法

F.1 等效浓度计算

按照式（F.1）计算标准气体的等效浓度。

$$C_e = C_t \times \frac{L_c}{L \times 100} \tag{F.1}$$

式中：C_e——标准气体等效浓度，mg/m^3（ppm）；

C_t——标准气体浓度标称值，mg/m^3（ppm）；

L——光程，m；

L_c——校准池长度，cm。

F.2 等效浓度气体的计算示例

在直接测量式 CEMS 校准单元中放置不同长度的校准池或通入不同浓度的标准气体，当光程为 1 m 时，按照式（F.1）计算得到的等效浓度值见表 F.1。

表 F.1 等效浓度计算示例

序号	标准气体浓度/（mg/m^3）	光程/m	校准池长度/cm	等效浓度/（mg/m^3）
1	500	1	10	50
2	500	1	20	100
3	500	1	30	150
4	500	1	40	200
5	1 000	1	20	200

附　录　G

（资料性附录）

CEMS 实验室检测和现场检测原始记录表

表 G.1　CEMS 漂移实验室检测记录

测试人员：　　　　　　　　　　　　　CEMS 生产厂家：

测试地点：　　　　　　　　　　　　　CEMS 型号、编号：

仪器检测量程：　　　　　　　　　　　CEMS 原理：

标准气体浓度或校准器件的已知响应值：

污染物名称：　　　　　计量单位：　　　　　　　　　　测试日期：　　年　　月　　日

<table>
<tr><th rowspan="3">设备编号</th><th colspan="2" rowspan="2">时间</th><th colspan="6">计量单位（　　　）</th><th rowspan="3">备注</th></tr>
<tr><th colspan="2">零点读数</th><th>零点漂移</th><th colspan="2">量程校准标气读数</th><th>量程漂移</th></tr>
<tr><th>开始</th><th>结束</th><th>起始 Z_0</th><th>最终 Z_i</th><th>Z_d</th><th>起始 S_0</th><th>最终 S_i</th><th>S_d</th></tr>
<tr><td></td><td></td><td></td><td></td><td></td><td></td><td></td><td></td><td></td><td></td></tr>
<tr><td></td><td></td><td></td><td></td><td></td><td></td><td></td><td></td><td></td><td></td></tr>
<tr><td></td><td></td><td></td><td></td><td></td><td></td><td></td><td></td><td></td><td></td></tr>
<tr><td></td><td></td><td></td><td></td><td></td><td></td><td></td><td></td><td></td><td></td></tr>
</table>

表 G.2　CEMS 重复性实验室检测记录

测试人员：　　　　　　　　　　　　　CEMS 生产厂家：

测试地点：　　　　　　　　　　　　　CEMS 型号、编号：

仪器检测量程：　　　　　　　　　　　CEMS 原理：

标准气体浓度或校准器件的已知响应值：

污染物名称：　　　　　计量单位：　　　　　　　　　　测试日期：　　年　　月　　日

序号	CEMS 显示值
1	
2	
3	
4	
5	
6	
平均值	
标准偏差	
相对标准误差 S_r/%	

表 G.3 CEMS 线性误差实验室检测记录

测试人员：　　　　　　　　　　　　CEMS 生产厂家：
测试地点：　　　　　　　　　　　　CEMS 型号、编号：
仪器检测量程：　　　　　　　　　　CEMS 原理：
标准气体浓度或校准器件的已知响应值：
污染物名称：　　　　　　　计量单位：　　　　　　　测试日期：　　年　　月　　日

测量点	标准气体标称值	测量次数	测量值	平均值	线性误差（F.S.）/%
20%满量程		1			
		2			
		3			
40%满量程		1			
		2			
		3			
60%满量程		1			
		2			
		3			
80%满量程		1			
		2			
		3			

表 G.4 CEMS 仪表响应时间实验室检测记录

测试人员：　　　　　　　　　　　　CEMS 生产厂家：
测试地点：　　　　　　　　　　　　CEMS 型号、编号：
仪器检测量程：　　　　　　　　　　CEMS 原理：
标准气体浓度或校准器件的已知响应值：
污染物名称：　　　　　　　计量单位：　　　　　　　测试日期：　　年　　月　　日

气体名称	测试时间	气体浓度	测量结果			
			上升时间	平均值	下降时间	平均值

表 G.5　CEMS 环境温度变化的影响实验室检测记录

测试人员：　　　　　　　　　　　　CEMS 生产厂家：
测试地点：　　　　　　　　　　　　CEMS 型号、编号：
仪器检测量程：　　　　　　　　　　CEMS 原理：
标准气体浓度或校准器件的已知响应值：
污染物名称：　　　　　　　　　　　计量单位：　　　　　　　　测试日期：　　年　　月　　日

环境温度点/℃	实际温度值/℃	测量结果	
		零点气体测量值	量程校准气体测量值
25			
35			
25			
15			
25			
环境温度变化的影响			

表 G.6　CEMS 进样流量变化的影响实验室检测记录

测试人员：　　　　　　　　　　　　CEMS 生产厂家：
测试地点：　　　　　　　　　　　　CEMS 型号、编号：
仪器检测量程：　　　　　　　　　　CEMS 原理：
标准气体浓度或校准器件的已知响应值：
污染物名称：　　　　　　　　　　　计量单位：　　　　　　　　测试日期：　　年　　月　　日

检测日期	次数	测量结果		
		初始设定进样流量测量值	高于初始流量 10%测量值	低于初始流量 10%测量值
	1			
	2			
	3			
	平均值			
进样流量变化的影响				

表 G.7　CEMS 供电电压变化的影响实验室检测记录

测试人员：　　　　　　　　　　　　CEMS 生产厂家：
测试地点：　　　　　　　　　　　　CEMS 型号、编号：
仪器检测量程：　　　　　　　　　　CEMS 原理：
标准气体浓度或校准器件的已知响应值：
污染物名称：　　　　　　　　　　　计量单位：　　　　　　　　测试日期：　　年　　月　　日

检测日期	次数	测量结果		
		正常电压下测量值	高于正常电压 10%测量值	低于正常电压 10%测量值
	1			
	2			
	3			
	平均值			
供电电压变化的影响				

表 G.8 CEMS 干扰成分的影响实验室检测记录

测试人员： CEMS 生产厂家：
测试地点： CEMS 型号、编号：
仪器检测量程： CEMS 原理：
标准气体浓度或校准器件的已知响应值：
污染物名称： 计量单位： 测试日期： 年 月 日

干扰成分	次数	二氧化硫	氮氧化物	氧气
通零气初始值				
300 mg/m^3 CO	1			
	2			
	3			
	平均值			
	影响			
15%CO_2	1			
	2			
	3			
	平均值			
	影响			
50 mg/m^3 CH_4	1			
	2			
	3			
	平均值			
	影响			
20 mg/m^3 NH_3	1			
	2			
	3			
	平均值			
	影响			
200 mg/m^3 HCl	1			
	2			
	3			
	平均值			
	影响			
正干扰/%				
负干扰/%				

表 G.9 CEMS 振动的影响实验室检测记录

测试人员： CEMS 生产厂家：
测试地点： CEMS 型号、编号：
仪器检测量程： CEMS 原理：
标准气体浓度或校准器件的已知响应值：
污染物名称： 计量单位： 测试日期： 年 月 日

零点初始值：		量程点初始值：	
序号	CEMS 显示值	序号	CEMS 显示值
1		1	
2		2	
3		3	
平均值		平均值	
绝对偏差		绝对偏差	
相对偏差（F.S.）/%		相对偏差（F.S.）/%	
零点振动影响		量程点振动影响	

表 G.10 二氧化氮转换效率实验室检测记录

测试人员： CEMS 生产厂家：

测试地点： CEMS 型号、编号：

仪器检测量程： CEMS 原理：

标准气体浓度或校准器件的已知响应值：

污染物名称： 计量单位： 测试日期： 年 月 日

检测日期	标气名称	20%～80%满量程标准气体检测结果		
	二氧化氮	保证值		
		实测值	1	
			2	
			3	
			平均值	
		转换效率/%		

检测日期	检测结果					转换效率/%
	测试值				平均值	
	未启动臭氧发生器	NO	1			
			2			
			3			
		NO_x	1			
			2			
			3			
	启动臭氧发生器	NO	1			
			2			
			3			
		NO_x	1			
			2			
			3			

表 G.11 CEMS 平行性实验室检测记录

测试人员： CEMS 生产厂家：

测试地点： CEMS 型号、编号：

仪器检测量程： CEMS 原理：

标准气体浓度或校准器件的已知响应值：

污染物名称： 计量单位： 测试日期： 年 月 日

标准气体	1#系统测量值（C_1）	2#系统测量值（C_2）	3#系统测量值（C_3）	平均值 $\overline{C}$	相对标准偏差 P
20%～30%满量程值					
40%～60%满量程值					
80%～90%满量程值					

表 G.12　CEMS 漂移现场检测记录

测试人员：　　　　　　　　　　　　CEMS 生产厂家：

测试地点：　　　　　　　　　　　　CEMS 型号、编号：

仪器检测量程：　　　　　　　　　　CEMS 原理：

标准气体浓度或校准器件的已知响应值：

污染物名称：　　　　　　　　　　　计量单位：　　　　　　　　测试日期：　　年　　月　　日

序号	日期	时间	检测结果/（mg/m³、μmol/mol）									备注
			零点读数		零点漂移绝对偏差	%满量程	量程读数		量程漂移绝对偏差	%满量程		
			起始 Z_0	最终 Z_i	$\Delta Z=Z_i-Z_0$		起始 S_0	最终 S_i	$\Delta S=S_i-S_0$			
1												
2												
3												
4												
5												
6												
7												
8												
零点漂移绝对误差最大值							量程值漂移绝对误差最大值					
零点漂移							量程漂移					

表 G.13　气态污染物 CEMS 示值误差和系统响应时间现场检测记录

测试人员：　　　　　　　　　　　　CEMS 生产厂家：

测试地点：　　　　　　　　　　　　CEMS 型号、编号：

仪器检测量程：　　　　　　　　　　CEMS 原理：

标准气体浓度或校准器件的已知响应值：

污染物名称：　　　　　　　　　　　计量单位：　　　　　　　　测试日期：　　年　　月　　日

序号	标准气体或校准器件参考值	CEMS 显示值	CEMS 显示值的平均值	示值误差	系统响应时间/s		备注
					测定值	平均值	

表 G.14 气态污染物 CEMS 准确度现场检测记录

测试人员：　　　　　　　　　　CEMS 生产厂家：
测试地点：　　　　　　　　　　CEMS 型号、编号：
测试位置：　　　　　　　　　　CEMS 原理：
气体名称：　　　　　　　　　　计量单位：　　　　　　　仪器检测量程：
参比方法仪器名称：　　　　　　参比方法仪器型号、编号：
参比方法仪器原理：　　　　　　测试日期：　　年　　月　　日

样品编号	开始结束时间（时、分）		参比方法测量值 *A*	CEMS 测量值 *B*	数据对差=*B*−*A*
参比方法平均值					
数据对差的平均值的绝对值					
数据对差的标准偏差					
置信系数					
相对准确度					

标准气体	名称	保证值	参比方法测量结果		相对误差/%
			采样前	采样后	

表 G.15 烟气温度连续监测系统准确度现场检测记录

测试人员：　　　　　　　　　　CEMS 生产厂家：
测试地点：　　　　　　　　　　CEMS 型号、编号：
测试位置：　　　　　　　　　　CEMS 原理：
气体名称：　　　　　　　　　　计量单位：　　　　　　　仪器检测量程：
参比方法仪器名称：　　　　　　参比方法仪器型号、编号：
参比方法仪器原理：　　　　　　测试日期：　　年　　月　　日

日期	方法	测量次数及结果							
		1	2	3	4	5	6	7	平均值
	手工								
	CEMS								
	绝对误差								
	手工								
	CEMS								
	绝对误差								
	手工								
	CEMS								
	绝对误差								

表 G.16 颗粒物 CEMS 相关校准现场检测记录

测试人员：　　CEMS 生产厂家：

测试地点：　　CEMS 型号、编号：

测试位置：　　CEMS 原理：

气体名称：　　计量单位：　　仪器检测量程：

参比方法仪器名称：　　参比方法仪器型号、编号：

参比方法仪器原理：　　测试日期：　　年　　月　　日

日期	时间（时、分）	参比方法测量结果					CEMS 显示值（工况）	参比方法测量值转换工况浓度/（mg/m^3）	备注
		序号	滤筒编号	颗粒物重/mg	标干采气体积/L	标干浓度/（mg/m^3）			
相关系数									
回归方程斜率									
回归方程截距									
置信区间半宽									
允许区间半宽									

表 G.17 烟气流速连续监测系统速度场系数精密度现场检测记录

测试人员：　　　　　　　　CEMS 生产厂家：
测试地点：　　　　　　　　CEMS 型号、编号：
测试位置：　　　　　　　　CEMS 原理：
气体名称：　　　　　　　　计量单位：　　　　　　　仪器检测量程：
参比方法仪器名称：　　　　参比方法仪器型号、编号：
参比方法仪器原理：　　　　测试日期：　　年　　月　　日

<table>
<tr><th rowspan="2">日期</th><th rowspan="2">方法</th><th colspan="9">测定次数</th><th rowspan="2">日均值</th></tr>
<tr><th>1</th><th>2</th><th>3</th><th>4</th><th>5</th><th>6</th><th>7</th><th>8</th><th>9</th></tr>
<tr><td rowspan="3"></td><td>手工</td><td></td><td></td><td></td><td></td><td></td><td></td><td></td><td></td><td></td><td></td></tr>
<tr><td>CEMS</td><td></td><td></td><td></td><td></td><td></td><td></td><td></td><td></td><td></td><td></td></tr>
<tr><td>场系数</td><td></td><td></td><td></td><td></td><td></td><td></td><td></td><td></td><td></td><td></td></tr>
<tr><td rowspan="3"></td><td>手工</td><td></td><td></td><td></td><td></td><td></td><td></td><td></td><td></td><td></td><td></td></tr>
<tr><td>CEMS</td><td></td><td></td><td></td><td></td><td></td><td></td><td></td><td></td><td></td><td></td></tr>
<tr><td>场系数</td><td></td><td></td><td></td><td></td><td></td><td></td><td></td><td></td><td></td><td></td></tr>
<tr><td rowspan="3"></td><td>手工</td><td></td><td></td><td></td><td></td><td></td><td></td><td></td><td></td><td></td><td></td></tr>
<tr><td>CEMS</td><td></td><td></td><td></td><td></td><td></td><td></td><td></td><td></td><td></td><td></td></tr>
<tr><td>场系数</td><td></td><td></td><td></td><td></td><td></td><td></td><td></td><td></td><td></td><td></td></tr>
<tr><td rowspan="3"></td><td>手工</td><td></td><td></td><td></td><td></td><td></td><td></td><td></td><td></td><td></td><td></td></tr>
<tr><td>CEMS</td><td></td><td></td><td></td><td></td><td></td><td></td><td></td><td></td><td></td><td></td></tr>
<tr><td>场系数</td><td></td><td></td><td></td><td></td><td></td><td></td><td></td><td></td><td></td><td></td></tr>
<tr><td rowspan="3"></td><td>手工</td><td></td><td></td><td></td><td></td><td></td><td></td><td></td><td></td><td></td><td></td></tr>
<tr><td>CEMS</td><td></td><td></td><td></td><td></td><td></td><td></td><td></td><td></td><td></td><td></td></tr>
<tr><td>场系数</td><td></td><td></td><td></td><td></td><td></td><td></td><td></td><td></td><td></td><td></td></tr>
<tr><td rowspan="3"></td><td>手工</td><td></td><td></td><td></td><td></td><td></td><td></td><td></td><td></td><td></td><td></td></tr>
<tr><td>CEMS</td><td></td><td></td><td></td><td></td><td></td><td></td><td></td><td></td><td></td><td></td></tr>
<tr><td>场系数</td><td></td><td></td><td></td><td></td><td></td><td></td><td></td><td></td><td></td><td></td></tr>
<tr><td rowspan="3"></td><td>手工</td><td></td><td></td><td></td><td></td><td></td><td></td><td></td><td></td><td></td><td></td></tr>
<tr><td>CEMS</td><td></td><td></td><td></td><td></td><td></td><td></td><td></td><td></td><td></td><td></td></tr>
<tr><td>场系数</td><td></td><td></td><td></td><td></td><td></td><td></td><td></td><td></td><td></td><td></td></tr>
<tr><td colspan="3">速度场系数日均值的平均值</td><td colspan="3"></td><td colspan="4">速度场系数精密度
日均值的相对标准偏差/%</td><td colspan="2"></td></tr>
</table>

表 G.18 烟气流速连续监测系统准确度现场检测记录

测试人员：　　　　　　　　CEMS 生产厂家：
测试地点：　　　　　　　　CEMS 型号、编号：
测试位置：　　　　　　　　CEMS 原理：
气体名称：　　　　　　　　计量单位：　　　　　　　仪器检测量程：
参比方法仪器名称：　　　　参比方法仪器型号、编号：
参比方法仪器原理：　　　　测试日期：　　年　　月　　日

<table>
<tr><th rowspan="2">日期</th><th rowspan="2">方法</th><th colspan="8">输入速度场系数后的测量结果</th></tr>
<tr><th>1</th><th>2</th><th>3</th><th>4</th><th>5</th><th>6</th><th>7</th><th>平均值</th></tr>
<tr><td rowspan="3"></td><td>手工</td><td></td><td></td><td></td><td></td><td></td><td></td><td></td><td></td></tr>
<tr><td>CEMS</td><td></td><td></td><td></td><td></td><td></td><td></td><td></td><td></td></tr>
<tr><td>相对误差</td><td></td><td></td><td></td><td></td><td></td><td></td><td></td><td></td></tr>
</table>

表 G.19 颗粒物 CEMS 准确度现场检测记录

测试人员： CEMS 生产厂家：
测试地点： CEMS 型号、编号：
测试位置： CEMS 原理：
气体名称： 计量单位： 仪器检测量程：
参比方法仪器名称： 参比方法仪器型号、编号：
参比方法仪器原理： 测试日期： 年 月 日

日期	时间（时、分）	参比方法测量结果					相关校准后 CEMS 测量工况浓度/（mg/m^3）	相关校准后 CEMS 测量标干浓度/（mg/m^3）	备注
		序号	滤筒编号	颗粒物重/mg	标干采气体积/L	标干浓度/（mg/m^3）			
平均值							—		
相对误差或绝对误差									

表 G.20 烟气湿度连续监测系统准确度现场检测记录

测试人员： CEMS 生产厂家：
测试地点： CEMS 型号、编号：
测试位置： CEMS 原理：
气体名称： 计量单位： 仪器检测量程：
参比方法仪器名称： 参比方法仪器型号、编号：
参比方法仪器原理： 测试日期： 年 月 日

日期	方法	测量次数及结果							
		1	2	3	4	5	6	7	平均值
	手工								
	CEMS								
	相对或绝对误差								
	手工								
	CEMS								
	相对或绝对误差								
	手工								
	CEMS								
	相对或绝对误差								

关于印发《环境保护行政执法与刑事司法衔接工作办法》的通知

环环监〔2017〕17 号

各省、自治区、直辖市环境保护厅（局）、公安厅（局）、人民检察院，新疆生产建设兵团环境保护局、公安局、人民检察院：

为进一步健全环境保护行政执法与刑事司法衔接工作机制，依法惩治环境犯罪行为，切实保障公众健康，推进生态文明建设，环境保护部、公安部和最高人民检察院联合研究制定了《环境保护行政执法与刑事司法衔接工作办法》，现予以印发，请遵照执行。

附件：环境保护行政执法与刑事司法衔接工作办法

环境保护部
公安部
最高人民检察院
2017 年 1 月 25 日

附件

环境保护行政执法与刑事司法衔接工作办法

第一章 总 则

第一条 为进一步健全环境保护行政执法与刑事司法衔接工作机制，依法惩治环境犯罪行为，切实保障公众健康，推进生态文明建设，依据《刑法》《刑事诉讼法》《环境保护法》《行政执法机关移送涉嫌犯罪案件的规定》（国务院令第 310 号）等法律、法规及有关规定，制定本办法。

第二条 本办法适用于各级环境保护主管部门（以下简称环保部门）、公安机关和人民检察院办理的涉嫌环境犯罪案件。

第三条 各级环保部门、公安机关和人民检察院应当加强协作，统一法律适用，不断完善线索通报、案件移送、资源共享和信息发布等工作机制。

第四条 人民检察院对环保部门移送涉嫌环境犯罪案件活动和公安机关对移送案件的立案活动，依法实施法律监督。

第二章 案件移送与法律监督

第五条 环保部门在查办环境违法案件过程中，发现涉嫌环境犯罪案件，应当核实情况并作出移送涉嫌环境犯罪案件的书面报告。本机关负责人应当自接到报告之日起 3 日内作出批准移送或者不批准移送的决定。向公安机关移送的涉嫌环境犯罪案件，应当符合下列条件：

（一）实施行政执法的主体与程序合法。

（二）有合法证据证明有涉嫌环境犯罪的事实发生。

第六条 环保部门移送涉嫌环境犯罪案件，应当自作出移送决定后24小时内向同级公安机关移交案件材料，并将案件移送书抄送同级人民检察院。

环保部门向公安机关移送涉嫌环境犯罪案件时，应当附下列材料：

（一）案件移送书，载明移送机关名称、涉嫌犯罪罪名及主要依据、案件主办人及联系方式等。案件移送书应当附移送材料清单，并加盖移送机关公章。

（二）案件调查报告，载明案件来源、查获情况、犯罪嫌疑人基本情况、涉嫌犯罪的事实、证据和法律依据、处理建议和法律依据等。

（三）现场检查（勘察）笔录、调查询问笔录、现场勘验图、采样记录单等。

（四）涉案物品清单，载明已查封、扣押等采取行政强制措施的涉案物品名称、数量、特征、存放地等事项，并附采取行政强制措施、现场笔录等表明涉案物品来源的相关材料。

（五）现场照片或者录音录像资料及清单，载明需证明的事实对象、拍摄人、拍摄时间、拍摄地点等。

（六）监测、检验报告、突发环境事件调查报告、认定意见。

（七）其他有关涉嫌犯罪的材料。

对环境违法行为已经作出行政处罚决定的，还应当附行政处罚决定书。

第七条 对环保部门移送的涉嫌环境犯罪案件，公安机关应当依法接受，并立即出具接受案件回执或者在涉嫌环境犯罪案件移送书的回执上签字。

第八条 公安机关审查发现移送的涉嫌环境犯罪案件材料不全的，应当在接受案件的24小时内书面告知移送的环保部门在3日内补正。但不得以材料不全为由，不接受移送案件。

公安机关审查发现移送的涉嫌环境犯罪案件证据不充分的，可以就证明有犯罪事实的相关证据等提出补充调查意见，由移送案件的环保部门补充调查。环保部门应当按照要求补充调查，并及时将调查结果反馈公安机关。因客观条件所限，无法补正的，环保部门应当向公安机关作出书面说明。

第九条 公安机关对环保部门移送的涉嫌环境犯罪案件，应当自接受案件之日起3日内作出立案或者不予立案的决定；涉嫌环境犯罪线索需要查证的，应当自接受案件之日起7日内作出决定；重大疑难复杂案件，经县级以上公安机关负责人批准，可以自受案之日起30日内作出决定。接受案件后对属于公安机关管辖但不属于本公安机关管辖的案件，应当在24小时内移送有管辖权的公安机关，并书面通知移送案件的环保部门，抄送同级人民检察院。对不属于公安机关管辖的，应当在24小时内退回移送案件的环保部门。

公安机关作出立案、不予立案、撤销案件决定的，应当自作出决定之日起3日内书面通知环保部门，并抄送同级人民检察院。公安机关作出不予立案或者撤销案件决定的，应当书面说明理由，并将案卷材料退回环保部门。

第十条 环保部门应当自接到公安机关立案通知书之日起3日内将涉案物品以及与案件有关的其他材料移交公安机关，并办理交接手续。

涉及查封、扣押物品的，环保部门和公安机关应当密切配合，加强协作，防止涉案物品转移、隐匿、损毁、灭失等情况发生。对具有危险性或者环境危害性的涉案物品，环保部门应当组织临时处理处置，公安机关应当积极协助；对无明确责任人、责任人不具备履行责任能力或者超出部门处置能力的，应当呈报涉案物品所在地政府组织处置。上述处置费用清单随附处置合同、缴费凭证等作为犯罪获利的证据，及时补充移送公安机关。

第十一条 环保部门认为公安机关不予立案决定不当的，可以自接到不予立案通知书之日起3个工作日内向作出决定的公安机关申请复议，公安机关应当自收到复议申请之日起3个工作日内作出立案或者不予立案的复议决定，并书面通知环保部门。

第十二条 环保部门对公安机关逾期未作出是否立案决定、以及对不予立案决定、复议决定、立案后撤销案件决定有异议的，应当建议人民检察院进行立案监督。人民检察院应当受理并进行审查。

第十三条　环保部门建议人民检察院进行立案监督的案件，应当提供立案监督建议书、相关案件材料，并附公安机关不予立案、立案后撤销案件决定及说明理由材料，复议维持不予立案决定材料或者公安机关逾期未作出是否立案决定的材料。

第十四条　人民检察院发现环保部门不移送涉嫌环境犯罪案件的，可以派员查询、调阅有关案件材料，认为涉嫌环境犯罪应当移送的，应当提出建议移送的检察意见。环保部门应当自收到检察意见后 3 日内将案件移送公安机关，并将执行情况通知人民检察院。

第十五条　人民检察院发现公安机关可能存在应当立案而不立案或者逾期未作出是否立案决定的，应当启动立案监督程序。

第十六条　环保部门向公安机关移送涉嫌环境犯罪案件，已作出的警告、责令停产停业、暂扣或者吊销许可证的行政处罚决定，不停止执行。未作出行政处罚决定的，原则上应当在公安机关决定不予立案或者撤销案件、人民检察院作出不起诉决定、人民法院作出无罪判决或者免予刑事处罚后，再决定是否给予行政处罚。涉嫌犯罪案件的移送办理期间，不计入行政处罚期限。

对尚未作出生效裁判的案件，环保部门依法应当给予或者提请人民政府给予暂扣或者吊销许可证、责令停产停业等行政处罚，需要配合的，公安机关、人民检察院应当给予配合。

第十七条　公安机关对涉嫌环境犯罪案件，经审查没有犯罪事实，或者立案侦查后认为犯罪事实显著轻微、不需要追究刑事责任，但经审查依法应当予以行政处罚的，应当及时将案件移交环保部门，并抄送同级人民检察院。

第十八条　人民检察院对符合逮捕、起诉条件的环境犯罪嫌疑人，应当及时批准逮捕、提起公诉。人民检察院对决定不起诉的案件，应当自作出决定之日起 3 日内，书面告知移送案件的环保部门，认为应当给予行政处罚的，可以提出予以行政处罚的检察意见。

第十九条　人民检察院对公安机关提请批准逮捕的犯罪嫌疑人作出不批准逮捕决定，并通知公安机关补充侦查的，或者人民检察院对公安机关移送审查起诉的案件审查后，认为犯罪事实不清、证据不足，将案件退回补充侦查的，应当制作补充侦查提纲，写明补充侦查的方向和要求。

对退回补充侦查的案件，公安机关应当按照补充侦查提纲的要求，在一个月内补充侦查完毕。公安机关补充侦查和人民检察院自行侦查需要环保部门协助的，环保部门应当予以协助。

第三章　证据的收集与使用

第二十条　环保部门在行政执法和查办案件过程中依法收集制作的物证、书证、视听资料、电子数据、监测报告、检验报告、认定意见、鉴定意见、勘验笔录、检查笔录等证据材料，在刑事诉讼中可以作为证据使用。

第二十一条　环保部门、公安机关、人民检察院收集的证据材料，经法庭查证属实，且收集程序符合有关法律、行政法规规定的，可以作为定案的根据。

第二十二条　环保部门或者公安机关依据《国家危险废物名录》或者组织专家研判等得出认定意见的，应当载明涉案单位名称、案由、涉案物品识别认定的理由，按照“经认定，……属于/不属于……危险废物，废物代码……”的格式出具结论，加盖公章。

第四章　协作机制

第二十三条　环保部门、公安机关和人民检察院应当建立健全环境行政执法与刑事司法衔接的长效工作机制。确定牵头部门及联络人，定期召开联席会议，通报衔接工作情况，研究存在的问题，提出加强部门衔接的对策，协调解决环境执法问题，开展部门联合培训。联席会议应明确议定事项。

第二十四条　环保部门、公安机关、人民检察院应当建立双向案件咨询制度。环保部门对重大疑难复杂案件，可以就刑事案件立案追诉标准、证据的固定和保全等问题咨询公安机关、人民检察院；公安机关、人民检察院可以就案件办理中的专业性问题咨询环保部门。受咨询的机关应当认真研究，及时答复；书面咨询的，应当在 7 日内书面答复。

第二十五条 公安机关、人民检察院办理涉嫌环境污染犯罪案件，需要环保部门提供环境监测或者技术支持的，环保部门应当按照上述部门刑事案件办理的法定时限要求积极协助，及时提供现场勘验、环境监测及认定意见。所需经费，应当列入本机关的行政经费预算，由同级财政予以保障。

第二十六条 环保部门在执法检查时，发现违法行为明显涉嫌犯罪的，应当及时向公安机关通报。公安机关认为有必要的可以依法开展初查，对符合立案条件的，应当及时依法立案侦查。在公安机关立案侦查前，环保部门应当继续对违法行为进行调查。

第二十七条 环保部门、公安机关应当相互依托“12369”环保举报热线和“110”报警服务平台，建立完善接处警的快速响应和联合调查机制，强化对打击涉嫌环境犯罪的联勤联动。在办案过程中，环保部门、公安机关应当依法及时启动相应的调查程序，分工协作，防止证据灭失。

第二十八条 在联合调查中，环保部门应当重点查明排污者严重污染环境的事实，污染物的排放方式，及时收集、提取、监测、固定污染物种类、浓度、数量、排放去向等。公安机关应当注意控制现场，重点查明相关责任人身份、岗位信息，视情节轻重对直接负责的主管人员和其他责任人员依法采取相应强制措施。两部门均应规范制作笔录，并留存现场摄像或照片。

第二十九条 对案情重大或者复杂疑难案件，公安机关可以听取人民检察院的意见。人民检察院应当及时提出意见和建议。

第三十条 涉及移送的案件在庭审中，需要出庭说明情况的，相关执法或者技术人员有义务出庭说明情况，接受庭审质证。

第三十一条 环保部门、公安机关和人民检察院应当加强对重大案件的联合督办工作，适时对重大案件进行联合挂牌督办，督促案件办理。同时，要逐步建立专家库，吸纳污染防治、重点行业以及环境案件侦办等方面的专家和技术骨干，为查处打击环境污染犯罪案件提供专业支持。

第三十二条 环保部门和公安机关在查办环境污染违法犯罪案件过程中发现包庇纵容、徇私舞弊、贪污受贿、失职渎职等涉嫌职务犯罪行为的，应当及时将线索移送人民检察院。

第五章 信息共享

第三十三条 各级环保部门、公安机关、人民检察院应当积极建设、规范使用行政执法与刑事司法衔接信息共享平台，逐步实现涉嫌环境犯罪案件的网上移送、网上受理和网上监督。

第三十四条 已经接入信息共享平台的环保部门、公安机关、人民检察院，应当自作出相关决定之日起 7 日内分别录入下列信息：

（一）适用一般程序的环境违法事实、案件行政处罚、案件移送、提请复议和建议人民检察院进行立案监督的信息；

（二）移送涉嫌犯罪案件的立案、不予立案、立案后撤销案件、复议、人民检察院监督立案后的处理情况，以及提请批准逮捕、移送审查起诉的信息；

（三）监督移送、监督立案以及批准逮捕、提起公诉、裁判结果的信息。

尚未建成信息共享平台的环保部门、公安机关、人民检察院，应当自作出相关决定后及时向其他部门通报前款规定的信息。

第三十五条 各级环保部门、公安机关、人民检察院应当对信息共享平台录入的案件信息及时汇总、分析、综合研判，定期总结通报平台运行情况。

第六章 附 则

第三十六条 各省、自治区、直辖市的环保部门、公安机关、人民检察院可以根据本办法制定本行政区域的实施细则。

第三十七条　环境行政执法中部分专有名词的含义。

（一）“现场勘验图”，是指描绘主要生产及排污设备布置等案发现场情况、现场周边环境、各采样点位、污染物排放途径的平面示意图。

（二）“外环境”，是指污染物排入的自然环境。满足下列条件之一的，视同为外环境。

1. 排污单位停产或没有排污，但有依法取得的证据证明其有持续或间歇排污，而且无可处理相应污染因子的措施的，经核实生产工艺后，其产污环节之后的废水收集池（槽、罐、沟）内。

2. 发现暗管，虽无当场排污，但在外环境有确认由该单位排放污染物的痕迹，此暗管连通的废水收集池（槽、罐、沟）内。

3. 排污单位连通外环境的雨水沟（井、渠）中任何一处。

4. 对排放含第一类污染物的废水，其产生车间或车间处理设施的排放口。无法在车间或者车间处理设施排放口对含第一类污染物的废水采样的，废水总排放口或查实由该企业排入其他外环境处。

第三十八条　本办法所涉期间除明确为工作日以外，其余均以自然日计算。期间开始之日不算在期间以内。期间的最后一日为节假日的，以节假日后的第一日为期满日期。

第三十九条　本办法自发布之日起施行。原国家环保总局、公安部和最高人民检察院《关于环境保护主管部门移送涉嫌环境犯罪案件的若干规定》（环发〔2007〕78 号）同时废止。

关于加快重点行业重点地区的重点排污单位自动监控工作的通知

环办环监〔2017〕61号

各省、自治区、直辖市环境保护厅（局），新疆生产建设兵团环境保护局：

为加快建立全国统一的实时在线环境监控系统，依法依规加强对重点行业、重点地区的重点排污单位主要污染物排放情况实施自动监控，按照环境保护法等法律规定和2017年我部重点工作安排，现就有关事项通知如下：

一、加强组织领导

省级环保部门要组织专门工作小组，安排专人，督促指导本行政区域做好重点排污单位安装污染物排放自动监测设备并与环保部门污染源自动监控系统平台联网的各项工作。请各省级环保部门确定一位厅级领导、环境监察机构和污染源监控系统管理部门各两名业务负责人作为督办联系人，名单请于2017年8月15日前报我部备案，我部环境监察局将建立“重点排污单位自动监控工作群”，及时加强工作沟通与指导。

二、制定工作计划

设区的市级以上地方环保部门依法确定并向社会公布重点排污单位名录，以此为基础，省级环保部门要组织做好本行政区域内钢铁、火电、水泥、电解铝、平板玻璃、造纸、印染、污水处理厂、氮磷排放重点行业、长江经济带化工企业及化工园区污水处理厂等重点排污单位排查工作，按照行业污染物排放标准规定和安装技术要求（见附件1），确定每个重点排污单位的监控点位及应当实施自动监控的主要污染物，制定自动监测设备安装、联网工作计划，落实重点排污单位工作责任人。上述信息应录入我部配发的污染源自动监控平台“重点污染源基础数据库系统”（系统操作说明见附件2），并于2017年9月20日前由省级环保部门书面统一报送我部。

三、督促企业落实主体责任

地方环保部门要督促重点行业、重点地区的重点排污单位落实企业主体责任，严格按照有关技术标准规范要求，建设规范的排放口、站房、采样平台，配备安装必要的电源、安防、通信网络、温度控制、视频监视等设施，安装自动监测设备。

氮磷排放重点行业的重点排污单位，应于2018年6月30日前安装总氮、总磷排放自动监测设备并与环保部门联网；其他行业重点排污单位自动监测设备，应于2017年11月30日前与环保部门联网；自动监测设备已经安装并联网、但不符合本通知安装技术要求和有关标准规范的，应于2017年11月30日前完成改造；在建的重点排污单位，应在试生产时安装自动监测设备并与环保部门联网。

重点排污单位自动监测设备安装联网或者改造工作完成后，应由购置建设的主要出资方按照有关技术标准规范组织验收，验收有关资料交有管辖权的环保部门备案。

四、强化现场监督检查

地方环保部门在制定重点排污单位自动监测设备安装联网工作计划过程中，应进行现场勘查，不得漏报、瞒报重点排污单位及其监控点位。要督促重点排污单位制定具体工作方案，按时限要求细化工程节点。对具备安装技术条件但暂时不能安装的，重点排污单位应书面向当地环保部门承诺完成时限；不具备安装技术条件的，重点排污单位应提供书面材料说明，当地环保部门要做好现场检查记录。

地方环保部门要对重点排污单位自动监测设备安装情况进行现场检查，提供必要指导和协调，督促及时整改存在的问题。对拒绝安装联网自动监测设备或者逾期的，要依法予以处罚，并将其作为重点监管对象，加大现场检查频次，发现违法排污行为依法顶格处罚。

地方环保部门不得组织对重点排污单位为主要出资方的自动监测设备安装联网工作进行验收，对重点排污单位报备的验收资料要及时予以记录，作为现场监督检查的依据。

五、依法依规运行管理

重点排污单位自动监测设备的安装、联网、运行管理等工作，按重点污染源自动监控管理的有关规定、技术标准规范执行。

重点排污单位应依法保证自动监测设备正常运行，对自动监测数据的真实性和准确性负责。按照《国务院关于印发“十三五”节能减排综合工作方案的通知》（国发〔2016〕74号）要求，重点排污单位污染源自动监控数据有效传输率应保持在90%以上。

联系人：环境保护部环境监察局　张旭东、刘伟

电　话：（010）66556464/6440

附件：1. 污染源自动监测设备安装建设技术要求（略）

2. 系统操作说明（略）

环境保护部办公厅

2017年8月3日

关于印发《火电、造纸行业排污许可证执法检查工作方案》的通知

环办环监〔2017〕66号

各省、自治区、直辖市环境保护厅（局），新疆生产建设兵团环境保护局：

为贯彻落实《控制污染物排放许可制实施方案》（国办发〔2016〕81号），按照《关于开展火电、造纸行业和京津冀试点城市高架源排污许可证管理工作的通知》（环水体〔2016〕189号）和《关于印发〈2017年全国环境监察执法工作要点〉的通知》（环办环监〔2017〕14号）要求，我部制定了《火电、造纸行业排污许可证执法检查工作方案》，现印发给你们，请遵照执行。

联系人：环境保护部环境监察局　易皓

电 话：（010）66556471

传 真：（010）66103024

邮 箱：dbjh2020@163.com

附件：火电、造纸行业排污许可证执法检查工作方案

环境保护部办公厅

2017年8月14日

附件

火电、造纸行业排污许可证执法检查工作方案

为贯彻落实《控制污染物排放许可制实施方案》（国办发〔2016〕81号），按照《关于开展火电、造纸行业和京津冀试点城市高架源排污许可证管理工作的通知》（环水体〔2016〕189号）和《关于印发〈2017年全国环境监察执法工作要点〉的通知》（环办环监〔2017〕14号）要求，各地应在2017年下半年开展火电、造纸行业排污许可证执法检查。为指导各地做好本次执法检查工作，督促企业严格落实“持证排污、按证排污”的主体责任，促进排污许可证的申领和核发工作，特制定工作方案。

一、检查范围

火电行业检查范围为执行《火电厂大气污染物排放标准》（GB 13223—2011）的火电机组所在企业（不包括自备电厂所在企业）。造纸行业检查范围为所有制浆企业、造纸企业、浆纸联合企业，以及列入2015年环境统计口径范围内的纸制品企业。

二、工作任务

（一）严厉打击无证排污行为。根据前期排查掌握的疑似未按期持证排污企业清单（截至2017年6月30日，以下简称清单）逐一进行核查，对未取得排污许可证的企业，严格按照《中华人民共和国环境保护法》《中华人民共和国大气污染防治法》《中华人民共和国水污染防治法》等相关法律法规予以处罚；对被责令停止排污，拒不执行的，按有关规定移送公安机关依法处理。对于发现清单外的无证排污企业，

应“发现一起、查处一起”，持续保持环境执法高压态势。

（二）查处超许可浓度限值排污行为。对已核发排污许可证的企业，重点检查主要排放口污染物排放是否达到许可排放浓度限值要求，有条件地区可对排污许可证规定的其他排污要求开展检查。本次检查以企业自行监测数据作为主要依据，判断是否达到许可排放浓度限值要求。对未开展自行监测的，或检查中对监测数据存疑的，应组织开展执法监测。对污染物排放超过许可排放浓度限值的，严格按照相关法律法规予以处罚。对污染物排放不达标企业，要明确最后达标时限，到期不达标的要报请地方政府依法关停。

（三）督促企业严格落实自行监测要求。对已核发排污许可证的企业，应对自行监测情况开展检查。重点检查企业是否开展自行监测，以及自行监测的点位、因子、频次是否符合排污许可证要求。对于未按照规定对所排放的污染物进行监测并保存原始监测记录的，严格按照相关法律法规予以处罚。

三、检查要求

（一）加强组织领导。各地应高度重视火电、造纸行业排污许可证执法检查工作，按照“谁核发、谁监管”的原则开展执法检查。环境监察执法机构和排污许可证核发部门应加强沟通协调，明确责任分工，细化工作要求，紧扣时间节点，确保按时完成任务。各地要认真总结排污许可证执法检查中的工作经验，客观分析存在的问题，主动实践，积极创新，不断规范排污许可证监管工作。

（二）推进信息公开。按照“双随机、一公开”要求做好执法检查工作，并在全国排污许可证管理信息平台上记录检查企业名单、检查内容和结果。对执法检查中发现的违法行为，应在政府网站“环境违法曝光台”及时公开违法企业名单及查处情况。同时，加强对执法检查宣传报道力度，曝光一批火电、造纸企业环境违法行为，发挥典型案例的震慑作用。

（三）做好工作调度。各省级环境保护主管部门要做好检查工作的部署安排。2017 年 8 月 31 日前，组织完成清单内火电、造纸企业无证排污行为查处工作。2017 年 11 月 30 日前，组织完成对持证企业超许可浓度限值排污和未落实自行监测要求行为的查处工作；其中，京津冀大气污染传输通道“2+26”城市涉及的北京、天津、河北、山西、山东和河南等 6 省（市），应于 2017 年 10 月 31 日前完成检查工作。各项工作完成后 10 日内，应向我部报送执法检查工作总结。信息报送表格和执法检查要点见附 1-3。

（四）强化信息沟通。各省级环境保护主管部门应在环境监察执法机构和排污许可证核发部门中各设置 1 名检查联络员，并将名单及联系方式于 2017 年 8 月 21 日前报送我部。我部将通过电子邮件向各省联络员发送清单，并建立联络员工作微信群，加强信息沟通交流。

附 1. 火电、造纸行业排污许可证执法检查信息汇总表

附 2. 火电、造纸行业排污许可证执法检查明细表

附 3. 火电、造纸行业排污许可证执法检查要点

附 1

火电、造纸行业排污许可证执法检查信息汇总表

序号	省份	行业类别	检查企业数量（家）	违法企业数量（家）	具体行为			处罚数量（个）
					无证排污	超许可排放浓度限值	未落实自行监测要求	

附 2

火电、造纸行业排污许可证执法检查明细表

序号	地区（1）	企业名称（2）	排污许可证编号（3）	具体行为（4）			处罚情况（5）
				无证排污	超许可排放浓度限值	未落实自行监测要求	
一、火电行业							
1							
二、造纸行业							
1							

填表说明：（1）具体到企业所在县（区）；（2）企业注册名称全称；（3）无证排污企业填无；（4）勾选对应的行为，可多选，无相应行为的可不选；（5）简要说明具体行为和采取的处罚情况。

附 3

火电、造纸行业排污许可证执法检查要点

火电、造纸行业排污许可证执法检查应以企业排污许可证为依据，对照许可排放浓度限值和自行监测要求开展执法检查。检查要点如下：

一、无证排污检查要点

（一）火电行业检查范围

执行《火电厂大气污染物排放标准》（GB 13223—2011）的火电机组所在企业（不包括自备电厂所在企业）。火电机组主要包括以下类型：

1. 单台出力 65 t/h 以上除层燃炉、抛煤机炉外的燃煤发电锅炉；
2. 各种容量的煤粉发电锅炉；
3. 单台出力 65 t/h 以上燃油、燃气发电锅炉；
4. 各种容量的燃气轮机组的火电厂；
5. 单台出力 65 t/h 以上采用煤矸石、生物质、油页岩、石油焦等燃料的发电锅炉；
6. 整体煤气化联合循环发电的燃气轮机组。

（二）造纸行业检查范围

制浆企业、造纸企业、浆纸联合企业，以及列入 2015 年环境统计口径范围内的纸制品企业。

制浆企业指单纯进行制浆生产的企业，以及纸浆产量大于纸张产量，且销售纸浆量占总制浆量 80%及以上的制浆造纸企业。

造纸企业指单纯进行造纸生产的企业，以及自产纸浆量占纸浆总用量 20%及以下的制浆造纸企业。

浆纸联合企业指除制浆企业和造纸企业以外、同时进行制浆和造纸生产的制浆造纸企业。

二、按证排污检查要点

（一）检查范围

已核发排污许可证的火电、造纸企业。

（二）检查内容

火电企业。检查主要排放口污染因子排放浓度合规性。主要排放口包括锅炉烟囱或者燃气轮机组烟

囱。发电锅炉烟囱污染因子包括烟尘、二氧化硫、氮氧化物、汞及其化合物（燃煤锅炉）、烟气黑度；燃气轮机组烟囱污染因子包括烟尘、二氧化硫、氮氧化物。

造纸企业。检查废气主要排放口和废水排放口污染因子排放浓度合规性。废气主要排放口包括锅炉、碱回收烟囱；废水排放口包括漂白车间或生产设施废水排放口、生产废水外排口。

锅炉烟囱污染因子包括颗粒物、二氧化硫、氮氧化物、汞及其化合物（燃煤锅炉）、烟气黑度。碱回收烟囱污染因子包括颗粒物、二氧化硫、氮氧化物。

漂白车间或生产设施废水排放口污染因子包括可吸附有机卤素和二噁英。生产废水外排口污染因子包括 pH、色度、悬浮物、化学需氧量、五日生化需氧量、氨氮、总磷、总氮。

（三）污染因子排放浓度合规性判定

污染因子排放浓度是否符合许可排放浓度限值主要依据企业自行监测数据判定。同一时段的手工监测数据与自动监测数据不一致，手工监测数据符合法定的监测标准和监测方法的，以手工监测数据作为优先判定依据。对未开展自行监测的，或者检查中对监测数据存疑的，以执法监测结果为准。

三、自行监测检查要点

对已核发排污许可证的火电、造纸企业，应按照排污许可证规定的自行监测要求开展检查。一是检查企业是否制定自行监测方案；二是检查是否开展自行监测并保存原始监测记录；三是检查自行监测点位、因子和频次是否符合核发的排污许可证要求。

关于印发《重点排污单位名录管理规定（试行）》的通知

环办监测〔2017〕86号

各省、自治区、直辖市环境保护厅（局），新疆生产建设兵团环境保护局：

为贯彻落实《中华人民共和国环境保护法》《中华人民共和国大气污染防治法》《中华人民共和国水污染防治法》，明确重点排污单位筛选条件，规范重点排污单位名录管理，我部制定了《重点排污单位名录管理规定（试行）》（以下简称规定）。现印发给你们。请你单位按照《规定》的有关要求，做好本行政区域2018年重点排污单位名录的确定和发布工作，于2017年12月31日前将名录信息报送我部。

联系人：中国环境监测总站　王鑫

电话：（010）84943162　84943136（传真）

环境保护部环境监测司　郭佳星

电话：（010）66556973　66556824（传真）

邮箱：zhiguanchu@mee.gov.cn

附件：重点排污单位名录管理规定（试行）

环境保护部办公厅

2017年11月25日

附件

重点排污单位名录管理规定（试行）

第一章　总　则

第一条　为加强重点排污单位环境保护监督管理，根据《中华人民共和国环境保护法》、《中华人民共和国大气污染防治法》、《中华人民共和国水污染防治法》、《中华人民共和国固体废物污染环境防治法》、《土壤污染防治行动计划》和《企业事业单位环境信息公开办法》等法律规章，制定本规定。

第二条　重点排污单位名录实行分类管理。按照受污染的环境要素分为水环境重点排污单位名录、大气环境重点排污单位名录、土壤环境污染重点监管单位名录、声环境重点排污单位名录，以及其他重点排污单位名录五类，同一家企业事业单位因排污种类不同可以同时属于不同类别重点排污单位。纳入重点排污单位名录的企业事业单位应明确所属类别和主要污染物指标。

第三条　设区的市级地方人民政府环境保护主管部门应当依据本行政区域的环境承载力、环境质量改善要求和本规定的筛选条件，每年商有关部门筛选污染物排放量较大、排放有毒有害污染物等具有较大环境风险的企业事业单位，确定下一年度本行政区域重点排污单位名录。省级地方人民政府环境保护主管部门负责统一汇总本行政区域重点排污单位名录。

地方人民政府环境保护主管部门应按照《企业事业单位环境信息公开办法》的规定按时公开本行政区域重点排污单位名录。

第四条 环境保护部负责建立和运行全国重点排污单位名录信息管理系统，设区的市级以上地方人民政府环境保护主管部门负责本行政区域重点排污单位名录信息维护管理。重点单位名录信息包括企业事业单位名称、统一社会信用代码、排污许可证编码、所属行政区域、经纬度、名录类别、主要污染物指标等基础信息。名录更新、单位名称和地址变更等信息变更应及时反映到信息库中。永久性停产和关闭的排污单位不再纳入重点排污单位名录。

第二章 筛选条件

第五条 具备下列条件之一的企业事业单位，纳入水环境重点排污单位名录。

（一）一种或几种废水主要污染物年排放量大于设区的市级环境保护主管部门设定的筛选排放量限值。

废水主要污染物指标是指化学需氧量、氨氮、总磷、总氮以及汞、镉、砷、铬、铅等重金属。筛选排放量限值根据环境质量状况确定，排污总量占比不得低于行政区域工业排污总量的65%。

（二）有事实排污且属于废水污染重点监管行业的所有大中型企业。

废水污染重点监管行业包括：制浆造纸，焦化，氮肥制造，磷肥制造，有色金属冶炼，石油化工，化学原料和化学制品制造，化学纤维制造，有漂白、染色、印花、洗水、后整理等工艺的纺织印染，农副食品加工，原料药制造，皮革鞣制加工，毛皮鞣制加工，羽毛（绒）加工，农药，电镀，磷矿采选，有色金属矿采选，乳制品制造，调味品和发酵制品制造，酒和饮料制造，有表面涂装工序的汽车制造，有表面涂装工序的半导体液晶面板制造等。

各地可根据本地实际情况增加相关废水污染重点监管行业。

（三）实行排污许可重点管理的已发放排污许可证的产生废水污染物的单位。

（四）设有污水排放口的规模化畜禽养殖场、养殖小区。

（五）所有规模的工业废水集中处理厂、日处理10万吨及以上或接纳工业废水日处理2万吨以上的城镇生活污水处理厂。各地可根据本地实际情况降低城镇污水集中处理设施的规模限值。

（六）产生含有汞、镉、砷、铬、铅、氰化物、黄磷等可溶性剧毒废渣的企业。

（七）设区的市级以上地方人民政府水污染防治目标责任书中承担污染治理任务的企业事业单位。

（八）三年内发生较大及以上突发水环境污染事件或者因水环境污染问题造成重大社会影响的企业事业单位。

（九）三年内超过水污染物排放标准和重点水污染物排放总量控制指标被环境保护主管部门予以“黄牌”警示的企业，以及整治后仍不能达到要求且情节严重被环境保护主管部门予以“红牌”处罚的企业。

第六条 具备下列条件之一的企业事业单位，纳入大气环境重点排污单位名录。

（一）一种或几种废气主要污染物年排放量大于设区的市级环境保护主管部门设定的筛选排放量限值。

废气主要污染物指标是指二氧化硫、氮氧化物、烟粉尘和挥发性有机物。筛选排放量限值根据环境质量状况确定，排污总量占比不得低于行政区域工业排放总量的65%。

（二）有事实排污且属于废气污染重点监管行业的所有大中型企业。

废气污染重点监管行业包括：火力发电、热力生产和热电联产，有水泥熟料生产的水泥制造业，有烧结、球团、炼铁工艺的钢铁冶炼业，有色金属冶炼，石油炼制加工，炼焦，陶瓷，平板玻璃制造，化工，制药，煤化工，表面涂装，包装印刷业等。

各地可根据本地实际情况增加相关废气污染重点监管行业。

（三）实行排污许可重点管理的已发放排污许可证的排放废气污染物的单位。

（四）排放有毒有害大气污染物（具体参见环境保护部发布的有毒有害大气污染物名录）的企业事业单位；固体废物集中焚烧设施的运营单位。

（五）设区的市级以上地方人民政府大气污染防治目标责任书中承担污染治理任务的企业事业单位。

（六）环保警示企业、环保不良企业、三年内发生较大及以上突发大气环境污染事件或因大气环境污染问题造成重大社会影响或被各级环境保护主管部门通报处理尚未完成整改的企业事业单位。

第七条 具备下列条件之一的企业事业单位，纳入土壤环境污染重点监管单位名录。

（一）有事实排污且属于土壤污染重点监管行业的所有大中型企业。

土壤污染重点监管行业包括：有色金属矿采选、有色金属冶炼、石油开采、石油加工、化工、焦化、电镀、制革等。

各地可根据本地实际情况增加相关土壤污染重点监管行业。

（二）年产生危险废物100吨以上的企业事业单位。

（三）持有危险废物经营许可证，从事危险废物贮存、处置、利用的企业事业单位。

（四）运营维护生活垃圾填埋场或焚烧厂的企业事业单位，包含已封场的垃圾填埋场。

（五）三年内发生较大及以上突发固体废物、危险废物和地下水环境污染事件，或者因土壤环境污染问题造成重大社会影响的企业事业单位。

第八条 具备下列条件之一的企业事业单位，纳入声环境重点排污单位名录。

（一）噪声敏感建筑物集中区域噪声排放超标工业企业。

（二）因噪声污染问题纳入挂牌督办的企业事业单位。

第九条 具备下列条件之一的企业事业单位，纳入其他重点排污单位名录。

（一）具有试验、分析、检测等功能的化学、医药、生物类省级重点以上实验室、二级以上医院等污染物排放行为引起社会广泛关注的或者可能对环境敏感区造成较大影响的企业事业单位。

（二）因其他环境污染问题造成重大社会影响、或经突发环境事件风险评估划定为较大及以上环境风险等级的企业事业单位。

（三）其他有必要列入的情形。

第三章 附 则

第十条 本规定由环境保护部负责解释。

第十一条 本规定自发布之日起执行。

关于强化建设项目环境影响评价事中事后监管的实施意见

环环评〔2018〕11号

各省、自治区、直辖市环境保护厅（局），新疆生产建设兵团环境保护局：

根据党中央、国务院简政放权、转变政府职能改革的有关要求，各级环保部门持续推进环境影响评价（以下简称环评）制度改革，在简化、下放、取消环评相关行政许可事项的同时，强化环评事中事后监管，各项工作取得积极进展。但是，一些地方观念转变不到位，仍然存在“重审批、轻监管”“重事前、轻事中事后”现象；一些地方编造数据、弄虚作假的环评文件时常出现；一些地方环评事中事后监管机制不落地，环评“刚性”约束不强。为切实保障环评制度效力，现就强化建设项目环评事中事后监管，提出本实施意见。

一、总体要求

（一）构建综合监管体系。各级环保部门要按照简政放权、转变政府职能的总体要求，以问题为导向，以提升环评效力为目标，坚持明确责任、协同监管、公开透明、诚信约束的原则，完善项目环评审批、技术评估、建设单位落实环境保护责任以及环评单位从业等各环节的事中事后监管工作机制，加快构建政府监管、企业自律、公众参与的综合监管体系，确保环评源头预防环境污染和生态破坏作用有效发挥。

（二）完善监管内容。加强事中监管，对环保部门要重点检查其环评审批行为和审批程序合法性、审批结果合规性；对技术评估机构要重点检查其技术评估能力、独立对环评文件进行技术评估并依法依规提出评估意见情况，是否存在乱收费行为；对环评单位要重点监督其是否依法依规开展作业，确保环评文件的数据资料真实、分析方法正确、结论科学可信；对建设单位要重点监督其依法依规履行环评程序、开展公众参与情况。加强事后监管，对环保部门要重点检查其对建设项目环境保护“三同时”监督检查情况；对环评单位要重点开展环评文件质量抽查复核；对建设单位要重点监督落实环评文件及批复要求，在项目设计、施工、验收、投入生产或使用中落实环境保护“三同时”及各项环境管理规定情况。

（三）明确监管责任。按照“谁审批、谁负责”的原则，各级环评审批部门在日常管理中负责对环评“放管服”事项和技术评估机构、环评单位从业情况进行检查。按照“属地管理”原则，各级环境监察执法、核与辐射安全监管部门在日常管理中加强建设单位环境保护“三同时”要求落实情况的检查。环境保护部和省级环保部门要充分运用环境保护督察等工作机制，对地方政府和有关部门落实环评制度情况开展监督。

二、做好监管保障

（四）依法开展环评制度改革。鼓励地方在强化环评源头预防作用的原则下，“于法有据”地出台环评“放管服”有关改革措施。上级环保部门对下级环保部门环评改革措施的依法合规性进行督导，对可能出现的偏差及时要求纠正，保证改革沿着正确的方向前行。下放环评审批权限，应综合评估承接部门的承接能力、承接条件，审慎下放石化化工、有色、钢铁、造纸等环境影响大、环境风险高项目的环评审批权，并对承接部门的审批程序、审批结果进行监督，确保放得下、接得住、管得好。

（五）架构并严守“三线一单”。设区的市级及以上环保部门要根据生态保护红线、环境质量底线、资源利用上线和环境准入负面清单（简称“三线一单”）环境管控要求，从空间布局约束、污染物排放管控、环境风险防控、资源开发效率等方面提出优布局、调结构、控规模、保功能等调控策略及导向性的环境治理要求，制定区域、行业环境准入限制或禁止条件。各级环保部门在环评审批中，应按照《关于以改善环境质量为核心加强环境影响评价管理的通知》（环环评〔2016〕150 号）要求，建立“三挂钩”机制（项目环评审批与规划环评、现有项目环境管理、区域环境质量联动机制），强化“三线一单”硬约束，项目环评审批不得突破变通、降低标准。

（六）实施清单式管理。落实分类管理，建设项目环评文件的编制应符合《建设项目环境影响评价分类管理名录》要求，不得擅自更改和降低环评文件类别。严格分级审批，各级环保部门开展环评审批应符合《环境保护部审批环境影响评价文件的建设项目目录》和各省依法制定的环评文件分级审批规定；下放调整审批权限应履行法定程序，对下放的环评审批事项，上级环保部门不得随意上收；环评文件委托审批应依法开展，委托审批的环保部门对委托审批后果承担法律责任。环境保护部分行业制定建设项目环评文件审批原则和重大变动界定清单。鼓励省级环保部门依法依规制定本行政区内其他行业的环评文件审批原则。地方各级环保部门应严格执行建设项目环评文件审批和重大变动界定要求，统一建设项目环评管理尺度。

（七）做好与排污许可制度的衔接。各级环保部门要将排污许可证作为落实固定污染源环评文件审批要求的重要保障，严格建设项目环境影响报告书（表）的审查，结合排污许可证申请与核发技术规范和污染防治可行技术指南，核定建设项目的产排污环节、污染物种类及污染防治设施和措施等基本信息；依据国家或地方污染物排放标准、环境质量标准和总量控制要求，按照污染源源强核算技术指南、环评要素导则等，严格核定排放口数量、位置以及每个排放口的污染物种类、允许排放浓度和允许排放量、排放方式、排放去向、自行监测计划等与污染物排放相关的主要内容。建设项目发生实际排污行为之前应获得排污许可证，建设项目无证排污或不按证排污的，根据环境保护设施验收条件有关规定，建设单位不得出具环境保护设施验收合格意见。

三、创新监管方式

（八）运用大数据进行监管。环境保护部建设全国统一的环评申报系统、环境保护验收系统，并与环境影响登记表备案系统、排污许可管理系统、环境执法系统进行整合，统一纳入“智慧环评”综合监管平台。强化环评相关数据采集和关联集成，制定环评监管预警指标体系，增强面向监管的数据可用性，建立源头异常发现、过程问题识别、违法惩戒推送的智能模型，实现监管信息智能推送、监管业务智能触发。各级环保部门要运用大数据、互联网+等信息技术手段，实施智能、精准、高效的环评事中事后监管。

（九）开展双随机抽查。环境保护部负责组织协调全国环评事中事后监管抽查工作，地方各级环保部门负责本行政区的随机抽查工作。抽查重点事项为环境影响报告书（表）编制及审批情况、环境影响登记表备案及承诺落实情况、环境保护“三同时”落实情况、环境保护验收情况及相关主体责任落实情况等。各级环保部门以环评申报系统、环境保护验收系统等数据库为依托，随机抽取产生抽查对象。每年抽查石油加工、化工、有色金属冶炼、水泥、造纸、平板玻璃、钢铁等重点行业建设项目数量的比例应当不低于 10%。对有严重违法违规记录、环境风险高的项目应提高抽查比例、实施靶向监管。对抽查发现的违法违规行为，要依法惩处问责。抽查情况和查处结果要及时向社会公开。

（十）发挥环境影响后评价监管作用。依法应当开展环境影响后评价的建设项目，应及时开展工作，对其实际产生的环境影响以及污染防治、生态保护和风险防范措施的有效性进行跟踪监测和验证评价，并提出补救方案或者改进措施。纳入排污许可管理的建设项目排污许可证执行报告、台账记录和自行监测等情况应作为环境影响后评价的重要依据。

四、强化技术机构管理

（十一）加强环评文件质量管理。环境保护部制定环评文件技术复核管理办法，上级环保部门可以对下级环保部门审批的建设项目环境影响报告书（表）开展技术复核。完善技术复核手段，采取人工复核和智能校核相结合方式，开展环评文件法规、空间、技术一致性校核。对技术复核判定有重大技术质量问题的，要向审批部门进行通报，对影响审批结论的，应要求采取整改措施。环评文件技术复核及处理结果向社会公开。

（十二）发挥技术评估作用。各级环保部门可通过政府采购方式委托技术评估机构开展环境影响报告书（表）的技术评估。技术评估机构要改进技术评估方式方法，完善技术手段，为环评审批严把技术关，重点审查建设项目的环境可行性、环境影响分析预测评估的可靠性、环境保护措施的有效性、环境影响评价结论的科学性等，并对其提出的技术评估意见负责。

（十三）规范环评技术服务。建设单位可以委托或者采取公开招标等方式选择具有相应能力的环评单位，对其建设项目进行环境影响评价、编制建设项目环境影响报告书（表）。环评单位应不断提高服务能力和水平，确保编制的环境影响报告书（表）的真实性和科学性。环境保护部制定环评技术服务行业管理办法，规范环评技术服务从业行为，依靠全国环评单位和人员的诚信管理体系推动环评单位和人员恪守行业规范和职业道德。制定建设项目环评单位技术能力推荐性指南，提出编制重大建设项目环境影响报告书的环评单位专业能力推荐性指标。

五、加大惩戒问责力度

（十四）严格环评审批责任追究。严肃查处不严格执行环评文件分级审批和分类管理有关规定，越权审批、拆分审批、变相审批等违法违规行为。在建设项目不符合环境保护法律法规和相关法定规划、所在区域环境质量未达标且建设项目拟采取的措施不能满足区域环境质量改善目标、采取的措施无法确保污染物达标排放或未采取必要措施预防和控制生态破坏、改扩建和技术改造项目未针对原有环境污染和生态破坏提出有效防治措施，或者环评文件基础资料明显不实、内容存在重大缺陷、遗漏，评价结论不明确、不合理等情况下批复环评文件的，要依法进行责任追究。对符合《建设项目环境影响评价区域限批管理办法（试行）》所列情形的，暂停审批有关区域的建设项目环评文件。

（十五）严格环评违法行为查处。依法查处建设项目环评文件未经审批擅自开工建设、不依法备案环境影响登记表等违法行为。依法查处建设单位在建设项目初步设计中未落实防治污染和生态破坏的措施、建设过程中未同时组织实施环境保护措施、环境保护设施未经验收或者验收不合格即投入生产或使用、未公开环境保护设施验收报告、未依法开展环境影响后评价等违法行为。对建设项目环评违法问题突出的地区，要约谈地方政府及相关部门负责人。

（十六）严格环评从业监管。各级环保部门应建立环评单位和人员的诚信档案，记录建设项目环境影响报告书（表）编制质量差、扰乱环评市场秩序等不良信用情况和行政处罚情况，并向社会公开。环境保护部定期对累积失信次数多的单位和人员名单进行集中通报。严肃查处环评单位及人员不负责任、弄虚作假致使建设项目环境影响报告书（表）失实或存在严重质量问题等行为；造成环境污染或生态破坏等严重后果的，还应追究连带责任；构成犯罪的，依法追究刑事责任。各级环保部门及其所属事业单位和人员不得从事建设项目环境影响报告书（表）编制，一经发现应严肃追究违规者及所在部门负责人责任。

（十七）实施失信惩戒。根据国务院《关于建立完善守信联合激励和失信联合惩戒制度加快推进社会诚信建设的指导意见》（国发〔2016〕33 号）和国家发展改革委、环境保护部等 31 部门《关于对环境保护领域失信生产经营单位及其有关人员开展联合惩戒的合作备忘录》（发改财金〔2016〕1580 号）要求，各级环保部门应当及时将对建设单位、环评单位、技术评估机构及其有关人员作出的行政处罚、行政强制等信息纳入全国或者本地区的信用信息共享平台，落实跨部门联合惩戒机制，推动各部门依法依规对严重失信的有关单位及法定代表人、相关责任人员采取限制或禁止市场准入、行政许可或融资行为，停止执行其享受的环保、财政、税收方面优惠政策等惩戒措施。

六、形成社会共治

（十八）落实环评信息公开机制方案。各级环保部门应健全建设项目环评信息公开机制和内部监督机制，依法依规公开建设项目环评信息，推进环评“阳光审批”。强化对建设单位的监督约束，落实建设项目环评信息的全过程、全覆盖公开，确保公众能够方便获取建设项目环评信息。畅通公众参与和社会监督渠道，保障可能受建设项目环境影响公众的环境权益。

（十九）发挥公众参与环评的监督作用。建设单位在建设项目环境影响报告书报送审批前，应采取适当形式，遵循依法、有序、公开、便利的原则，公开征求公众意见并对公众参与的真实性和结果负责。各级环保部门应监督建设单位依法规范开展公众参与，保证公众环境保护知情权、参与权和监督权。推进形成多方参与、社会共治的环境治理体系。

七、强化组织实施

（二十）提高思想认识。加强环评事中事后监管，对解决当前面临的突出问题，充分发挥环评源头预防效能具有重要意义。各级环保部门务必充分认识强化环评事中事后监管的必要性和重要性，正确处理履行监管职责与服务发展的关系，注重检查与指导、惩处与教育、监管与服务相结合，确保监管不缺位、不错位、不越位。

（二十一）加强组织领导。各级环保部门要结合本地实际认真研究制定属地监管工作方案，明确职责划分，细化工作内容，强化责任考核，建立健全工作推进机制，着力强化工作执行力度。研究建立符合环评事中事后监管特点的环境执法管理制度和有利于监管执法的激励制度，强化监管执法，加强跟踪检查，切实把环评事中事后监管落到实处。

（二十二）做好宣传引导。各级环保部门要加强环评相关法律法规及政策宣传力度，通过多种形式特别是新媒体鼓励全社会参与环评事中事后监管，形成理解、关心、支持事中事后监管的社会氛围。积极宣传环评事中事后监管的主要措施、成效，引导相关责任方提高环境保护责任意识，坚守环境保护底线，健全完善环评事中事后监管工作长效机制。

环境保护部

2018 年 1 月 25 日

中华人民共和国国家环境保护标准

排污单位环境管理台账及排污许可证执行报告技术规范　总则（试行）

Environmental management records and compliance reports of pollutant emission permit technical specification for pollution sources— General rule（on trial）

HJ 944—2018

2018-03-27 发布　　2018-03-27 实施

前　言

为贯彻落实《中华人民共和国环境保护法》《中华人民共和国大气污染防治法》《中华人民共和国水污染防治法》等法律法规，以及《国务院办公厅关于印发控制污染物排放许可制实施方案的通知》（国办发〔2016〕81 号）和《排污许可管理办法（试行）》（环境保护部令　第 48 号），完善排污许可技术体系，确定环境管理台账记录和排污许可证执行报告编制要求，制定本标准。

本标准规定了排污单位环境管理台账记录形式、记录内容、记录频次和记录保存的一般要求，以及排污许可证执行报告分类、编制流程、编制内容和报告周期等原则要求。

本标准附录 A、附录 B、附录 C、附录 D、附录 E、附录 F 和附录 G 为资料性附录。

本标准为首次发布。

本标准由生态环境部规划财务司、生态环境部科技标准司组织制订。

本标准主要起草单位：环境保护部环境工程评估中心。

本标准生态环境部 2018 年 3 月 27 日批准。

本标准自 2018 年 3 月 27 日起实施。

本标准由生态环境部解释。

1　适用范围

本标准适用于排污许可证的申请、核发、执行、监管全过程。

本标准适用于指导排污单位开展环境管理台账记录和执行报告编制及提交。有行业排污许可证申请与核发技术规范（以下简称行业技术规范）的，按照行业技术规范执行；无行业技术规范的，按照本标准执行；行业涉及通用工序的，执行通用工序排污许可证申请与核发技术规范。制定行业或通用工序排污许可证申请与核发技术规范“环境管理台账与排污许可证执行报告编制要求”可参考本标准。

2　规范性引用文件

本标准引用了下列文件或其中的条款。凡是未注明日期的引用文件，其最新版本适用于本标准。

GB/T 16157　固定污染源排气中颗粒物测定与气态污染物采样方法

HJ/T 55　大气污染物无组织排放监测技术导则

HJ 75　固定污染源烟气（SO_2、NO_x、颗粒物）排放连续监测技术规范

HJ 76　固定污染源烟气（SO_2、NO_x、颗粒物）排放连续监测系统技术要求及检测方法

HJ/T 91　地表水和污水监测技术规范

HJ/T 212　污染源在线自动监控（监测）系统数据传输标准

HJ/T 353　水污染源在线监测系统安装技术规范（试行）

HJ/T 354　水污染源在线监测系统验收技术规范（试行）

HJ/T 355　水污染源在线监测系统运行与考核技术规范（试行）

HJ/T 356　水污染源在线监测系统数据有效性判别技术规范（试行）

HJ/T 373　固定污染源监测质量保证与质量控制技术规范（试行）

HJ/T 397　固定源废气监测技术规范

HJ 477　污染源在线自动监控（监测）数据采集传输仪技术要求

HJ 608　排污单位编码规则

HJ 819　排污单位自行监测技术指南　总则

HJ 942　排污许可证申请与核发技术规范　总则

《排污许可管理办法（试行）》（环境保护部令 第 48 号）

3　术语和定义

下列术语和定义适用于本标准。

3.1　环境管理台账　environmental management records

指排污单位根据排污许可证的规定，对自行监测、落实各项环境管理要求等行为的具体记录，包括电子台账和纸质台账两种。

3.2　执行报告　compliance reports

指排污单位根据排污许可证和相关规范的规定，对自行监测、污染物排放及落实各项环境管理要求等行为的定期报告，包括电子报告和书面报告两种。

3.3　电子化存储　electronic storage

指将环境管理台账以文字和数据的形式记录并保存在磁盘、硬盘、光盘等电子存储介质内的形式。

3.4　报告周期　frequency of reporting

指排污单位提交执行报告的频次和时间要求。

4　环境管理台账记录要求

4.1　一般原则

本标准所指环境管理台账记录要求为基本要求，排污单位可自行增加和加严记录要求，环境保护主管部门也可依据法律法规、标准规范增加和加严记录要求。排污单位应建立环境管理台账记录制度，落实环境管理台账记录的责任单位和责任人，明确工作职责，并对环境管理台账的真实性、完整性和规范性负责。一般按日或按批次进行记录，异常情况应按次记录。

实施简化管理的排污单位，其环境管理台账内容可适当缩减，至少记录污染防治设施运行管理信息和监测记录信息，记录频次可适当降低。

4.2　记录形式

分为电子台账和纸质台账两种形式。

4.3　记录内容

包括基本信息、生产设施运行管理信息、污染防治设施运行管理信息、监测记录信息及其他环境管理信息等，参照附录 A。生产设施、污染防治设施、排放口编码应与排污许可证副本中载明的编码一致。

4.3.1　基本信息

包括排污单位生产设施基本信息、污染防治设施基本信息。

a）生产设施基本信息：主要技术参数及设计值等。

b）污染防治设施基本信息：主要技术参数及设计值；对于防渗漏、防泄漏等污染防治措施，还应记录落实情况及问题整改情况等。

4.3.2 生产设施运行管理信息

包括主体工程、公用工程、辅助工程、储运工程等单元的生产设施运行管理信息。

a）正常工况：运行状态、生产负荷、主要产品产量、原辅料及燃料等。

1）运行状态：是否正常运行，主要参数名称及数值。

2）生产负荷：主要产品产量与设计生产能力之比。

3）主要产品产量：名称、产量。

4）原辅料：名称、用量、硫元素占比、有毒有害物质及成分占比（如有）。

5）燃料：名称、用量、硫元素占比、热值等。

6）其他：用电量等。

b）非正常工况：起止时间、产品产量、原辅料及燃料消耗量、事件原因、应对措施、是否报告等。

对于无实际产品、燃料消耗、非正常工况的辅助工程及储运工程的相关生产设施，仅记录正常工况下的运行状态和生产负荷信息。

4.3.3 污染防治设施运行管理信息

a）正常情况：运行情况、主要药剂添加情况等。

1）运行情况：是否正常运行；治理效率、副产物产生量等。

2）主要药剂（吸附剂）添加情况：添加（更换）时间、添加量等。

3）涉及 DCS 系统的，还应记录 DCS 曲线图。DCS 曲线图应按不同污染物分别记录，至少包括烟气量、污染物进出口浓度等。

b）异常情况：起止时间、污染物排放浓度、异常原因、应对措施、是否报告等。

4.3.4 监测记录信息

按照 HJ 819 及各行业自行监测技术指南规定执行。

监测质量控制按照 HJ/T 373 和 HJ 819 等规定执行。

4.3.5 其他环境管理信息

无组织废气污染防治措施管理维护信息：管理维护时间及主要内容等。

特殊时段环境管理信息：具体管理要求及其执行情况。

其他信息：法律法规、标准规范确定的其他信息，企业自主记录的环境管理信息。

4.4 记录频次

本标准规定了基本信息、生产设施运行管理信息、污染防治设施运行管理信息、监测记录信息、其他环境管理信息的记录频次。

4.4.1 基本信息

对于未发生变化的基本信息，按年记录，1 次/a；对于发生变化的基本信息，在发生变化时记录 1 次。

4.4.2 生产设施运行管理信息

a）正常工况：

1）运行状态：一般按日或批次记录，1 次/d 或批次。

2）生产负荷：一般按日或批次记录，1 次/d 或批次。

3）产品产量：连续生产的，按日记录，1 次/d。非连续生产的，按照生产周期记录，1 次/周期；周期小于 1 d 的，按日记录，1 次/d。

4）原辅料：按照采购批次记录，1 次/批。

5）燃料：按照采购批次记录，1 次/批。

b）非正常工况：按照工况期记录，1 次/工况期。

4.4.3 污染防治设施运行管理信息

a）正常情况：

1）运行情况：按日记录，1 次/d。

2）主要药剂添加情况：按日或批次记录，1 次/d 或批次。

3）DCS 曲线图：按月记录，1 次/月。

b）异常情况：按照异常情况期记录，1 次/异常情况期。

4.4.4 监测记录信息

按照 HJ 819 及各行业自行监测技术指南规定执行。

4.4.5 其他环境管理信息

废气无组织污染防治措施管理信息：按日记录，1 次/d。

特殊时段环境管理信息：按照 4.4.1～4.4.4 规定频次记录；对于停产或错峰生产的，原则上仅对停产或错峰生产的起止日期各记录 1 次。

其他信息：依据法律法规、标准规范或实际生产运行规律等确定记录频次。

4.5 记录存储及保存

a）纸质存储：应将纸质台账存放于保护袋、卷夹或保护盒等保存介质中；由专人签字、定点保存；应采取防光、防热、防潮、防细菌及防污染等措施；如有破损应及时修补，并留存备查；保存时间原则上不低于 3 年。

b）电子化存储：应存放于电子存储介质中，并进行数据备份；可在排污许可管理信息平台填报并保存；由专人定期维护管理；保存时间原则上不低于 3 年。

5 排污许可证执行报告编制要求

5.1 报告分类

按报告周期分为年度执行报告、季度执行报告和月度执行报告。

5.2 编制流程

包括资料收集与分析、编制、质量控制、提交四个阶段（见附录 B）。

第一阶段（资料收集与分析阶段）：收集排污许可证及申请材料、历史排污许可证执行报告、环境管理台账等相关资料，全面梳理排污单位在报告周期内的执行情况。

第二阶段（编制阶段）：针对排污许可证执行情况，汇总梳理依证排污的依据，分析违证排污的情形及原因，提出整改计划，在全国排污许可证管理信息平台填报相关内容。

第三阶段（质量控制阶段）：开展报告质量审核，确保执行报告内容真实、有效，并经排污单位技术负责人签字确认。

第四阶段（提交阶段）：排污单位在全国排污许可证管理信息平台提交电子版执行报告，同时向有排污许可证核发权的环境保护主管部门提交通过平台印制的经排污单位法定代表人或实际负责人签字并加盖公章的书面执行报告。电子版执行报告与书面执行报告应保持一致。

5.3 编制内容

排污单位应对提交的排污许可证执行报告中各项内容和数据的真实性、有效性负责，并自愿承担相应法律责任；应自觉接受环境保护主管部门监管和社会公众监督，如提交的内容和数据与实际情况不符，应积极配合调查，并依法接受处罚。

排污单位应对上述要求作出承诺，并将承诺书纳入执行报告中。执行报告封面格式参见附录 C，编写提纲参见附录 D。

5.3.1 年度执行报告

包括排污单位基本情况、污染防治设施运行情况、自行监测执行情况、环境管理台账执行情况、实际排放情况及合规判定分析、信息公开情况、排污单位内部环境管理体系建设与运行情况、其他排污许可证规定的内容执行情况、其他需要说明的问题、结论、附图附件等。

对于排污单位信息有变化和违证排污等情形，应分析与排污许可证内容的差异，并说明原因。

5.3.1.1 排污单位基本情况

a）说明排污许可证执行情况，包括排污单位基本信息、产排污节点、污染物及污染防治设施、环境管理要求等，参见附录 E。

b）按照生产单元或主要工艺，分析排污单位的生产状况，说明平均生产负荷、原辅料及燃料使用等情况；说明取水及排水情况；对于报告期内有污染防治投资的，还应说明防治设施建成运行时间、计划总投资、报告周期内累计完成投资等，参见附录 F.1。

c）说明排放口规范性整改情况（如有）。

d）新（改、扩）建项目环境影响评价及其批复、竣工环境保护验收等情况。

e）其他需要说明的情况，包括排污许可证变更情况，以及执行过程中遇到的困难、问题等。

5.3.1.2 污染防治设施运行情况

a）正常情况说明。分别说明有组织废气、无组织废气、废水等污染防治设施的处理效率、药剂添加、催化剂更换、固废产生、副产物产生、运行费用等情况，以及防治设施运行维护情况，参见附录 F.2。

b）异常情况说明。排污单位拆除、停运污染防治设施，应说明实施拆除、停运的原因、起止日期等情况，并提供环境保护主管部门同意文件；因故障等紧急情况停运污染防治设施，或污染防治设施运行异常的，排污单位应说明故障原因、废水废气等污染物排放情况、报告提交情况及采取的应急措施，参见附录 F.3。

c）如发生污染事故，排污单位应说明发生事故次数、事故等级、事故发生时采取的措施、污染物排放、处理情况等信息。

5.3.1.3 自行监测执行情况

a）说明自行监测要求执行情况，并附监测布点图，参见附录 F.4 至 F.7。

b）对于自动监测，说明是否满足 HJ 75、HJ 76、HJ/T 353、HJ/T 354、HJ/T 355、HJ/T 356、HJ/T 373、HJ 477 等相关规范要求。说明自动监测系统发生故障时，向环境保护主管部门提交补充监测和事故分析报告的情况。

c）对于手工监测，说明是否满足 GB/T 16157、HJ/T 55、HJ/T 91、HJ/T 373、HJ/T 397 等相关标准与规范要求。

d）对于非正常工况，说明废气有效监测数据数量、监测结果等，参见附录 F.8 至 F.9。

e）对于特殊时段，说明废气有效监测数据数量、监测结果等，参见附录 F.10。

f）对于有周边环境质量监测要求的，说明监测点位、指标、时间、频次、有效监测数据数量、监测结果等内容，并附监测布点图。

g）对于未开展自行监测、自行监测方案与排污许可证要求不符、监测数据无效等情形，说明原因及措施。

5.3.1.4 环境管理台账执行情况

说明是否按排污许可证要求记录环境管理台账的情况，参见附录 F.11。

5.3.1.5 实际排放情况及合规判定分析

a）以自行监测数据为基础，说明各排放口的实际排放浓度范围、有效数据数量等内容，参见附录 F.4 至 F.10。

b）按照《排污许可证申请与核发技术规范 总则》，核算排污单位实际排放量，给出计算方法、所用的参数依据来源和计算过程，并与许可排放量进行对比分析，参见附录 F.12 至 F.16。

c）对于非正常工况，说明发生的原因、次数、起止时间、防治措施等。

d）对于特殊时段，说明各污染物的排放浓度及达标情况等。

e）对于废气污染物超标排放，应逐时说明；对于废水污染物超标排放，应逐日说明；说明内容包括排放口、污染物、超标时段、实际排放浓度、超标原因等，以及向环境保护主管部门报告及接受处罚的情况，参见附录 F.17 至 F.18。

f）说明实际排放量与生产负荷之间的关系。

5.3.1.6 信息公开情况

说明信息公开的方式、内容、频率及时间节点等信息，参见附录 F.19。

5.3.1.7 排污单位内部环境管理体系建设与运行情况

a）说明环境管理机构及人员设置情况、环境管理制度建立情况、排污单位环境保护规划、环保措施整改计划等。

b）说明环境管理体系的实施、相关责任的落实情况。

5.3.1.8 其他排污许可证规定的内容执行情况

说明排污许可证中规定的其他内容执行情况。

5.3.1.9 其他需要说明的问题

对于违证排污的情况，提出相应整改计划。

5.3.1.10 结论

总结排污单位在报告周期内排污许可证执行情况，说明执行过程中存在的问题，以及下一步需进行整改的内容。

5.3.1.11 附图附件

a）附图包括自行监测布点图等。执行报告附图应清晰、要点明确。

b）附件包括污染物实际排放量计算过程、非正常工况证明材料，以及支持排污许可证执行报告的其他材料。

5.3.2 季度/月度执行报告

至少包括污染物实际排放浓度和排放量，合规判定分析，超标排放或污染防治设施异常情况说明等内容。其中，季度执行报告还应包括各月度生产小时数、主要产品及其产量、主要原料及其消耗量、新水用量及废水排放量、主要污染物排放量等信息。

5.3.3 简化管理要求

实行简化管理的排污单位，应提交年度执行报告与季度执行报告，其中年度执行报告内容应至少包括排污单位基本情况、污染防治设施运行情况、自行监测执行情况、环境管理台账执行情况、实际排放情况及合规判定分析、结论等；季度执行报告至少包括污染物实际排放浓度和排放量，合规判定分析，超标排放或污染防治设施异常情况说明等内容，参见附录 G。

5.3.3.1 排污单位基本情况

a）说明排污许可证执行情况，包括排污单位基本信息、产排污节点、污染物及污染防治设施、环境管理要求等，参见附录 E。

b）说明排放口规范性整改情况（如有）。

5.3.3.2 污染防治设施运行情况

a）正常情况说明。分别说明有组织废气、无组织废气、废水等污染防治设施的运行时间、污水处理量、脱硫脱硝剂用量、运行费用等情况，参见附录 G.1。

b）异常情况说明。排污单位拆除、停运污染防治设施，应说明实施拆除、停运的原因、起止日期等情况，并提供环境保护主管部门同意文件；因故障等紧急情况停运污染防治设施，或污染防治设施运行异常的，排污单位应说明故障原因、废水废气等污染物排放情况、报告提交情况及采取的应急措施，参见附录 G.2。

c）如发生污染事故，排污单位应说明发生事故次数、事故等级、事故发生时采取的措施、污染物排放、处理情况等信息。

5.3.3.3　自行监测执行情况

a）说明自行监测要求执行情况，并附监测布点图，参见附录 G.3 至 G.6。

b）对于自动监测，说明是否满足 HJ 75、HJ 76、HJ/T 353、HJ/T 354、HJ/T 355、HJ/T 356、HJ/T 373、HJ 477 等相关规范要求。说明自动监测系统发生故障时，向环境保护主管部门提交补充监测和事故分析报告的情况。

c）对于手工监测，说明是否满足 GB/T 16157、HJ/T 55、HJ/T 91、HJ/T 373、HJ/T 397 等相关标准与规范要求。

d）对于非正常工况，说明废气有效监测数据数量、监测结果等，参见附录 G.7 至 G.8。

e）对于特殊时段，说明废气有效监测数据数量、监测结果等，参见附录 G.9。

f）对于有周边环境质量监测要求的，说明监测点位、指标、时间、频次、有效监测数据数量、监测结果等内容，并附监测布点图。

g）对于未开展自行监测、自行监测方案与排污许可证要求不符、监测数据无效等情形，说明原因及措施。

5.3.3.4　环境管理台账执行情况

说明是否按排污许可证要求记录环境管理台账的情况，参见附录 G.10。

5.3.3.5　实际排放情况及合规判定分析

a）以自行监测数据为基础，说明各排放口的实际排放浓度范围、有效数据数量等内容，参见附录 G.3 至 G.9。

b）按照《排污许可证申请与核发技术规范　总则》（HJ 942），核算排污单位实际排放量，给出计算方法、所用的参数依据来源和计算过程，并与许可排放量进行对比分析，参见附录 G.11 至 G.15。

c）对于非正常工况，说明发生的原因、次数、起止时间、防治措施等。

d）对于特殊时段，说明各污染物的排放浓度及达标情况等。

e）对于废气污染物超标排放，应逐时说明；对于废水污染物超标排放，应逐日说明；说明内容包括排放口、污染物、超标时段、实际排放浓度、超标原因等，以及向环境保护主管部门报告及接受处罚的情况，参见附录 G.16 至 G.17。

f）说明实际排放量与生产负荷之间的关系。

5.3.3.6　结论

总结排污单位在报告周期内排污许可证执行情况，说明执行过程中存在的问题，以及下一步需进行整改的内容。

5.4　报告周期

排污单位按照排污许可证规定的时间提交执行报告，应每年提交一次排污许可证年度执行报告；同时，还应依据法律法规、标准等文件的要求，提交季度执行报告或月度执行报告。

5.4.1　年度执行报告

对于持证时间超过三个月的年度，报告周期为当年全年（自然年）；对于持证时间不足三个月的年度，当年可不提交年度执行报告，排污许可证执行情况纳入下一年度执行报告。

5.4.2　季度执行报告

对于持证时间超过一个月的季度，报告周期为当季全季（自然季度）；对于持证时间不足一个月的季度，该报告周期内可不提交季度执行报告，排污许可证执行情况纳入下一季度执行报告。

5.4.3　月度执行报告

对于持证时间超过 10 d 的月份，报告周期为当月全月（自然月）；对于持证时间不足 10 d 的月份，该报告周期内可不提交月度执行报告，排污许可证执行情况纳入下一月度执行报告。

附　录　A

（资料性附录）

环境管理台账记录内容

表 A.1　排污单位基本信息表

单位名称	生产经营场所地址	行业类别	法定代表人	统一社会信用代码	产品名称	生产工艺	生产规模	环保投资	环评批复文号[a]	排污权交易文件	排污许可证编号

[a] 列出环评批复文件文号、备案编号，或者地方政府出具的认定或备案文件文号。

记录时间：　　　　记录人：　　　　审核人：

表 A.2　生产设施正常工况信息表

生产设施（设备）名称[a]	编码	生产设施型号	主要生产设施（设备）规格参数[b]				设计生产能力		运行状态		生产负荷	产品产量				原辅料						
			参数名称	设计值	实际值	单位	生产能力	单位	开始时间[c]	结束时间[c]		中间产品	单位	最终产品	单位	名称	种类	用量	单位	有毒有害元素		来源地
																				成分	占比	

注：中间产品和单位可选填。

[a] 指主要生产设施（设备）名称。

[b] 指设施（设备）的设计规格参数，包括参数名称、设计值、实际值、计量单位；参数名称包括排污许可证载明的参数及其他参数，如储罐参数包括尺寸、运行时间等，焚烧炉参数包括平均燃烧率、热酌减率、焚毁去除率等；对于设计值与实际值相同的参数，可仅填报设计值。

[c] 开始时间、结束时间为记录频次内的起止时刻。

记录时间：　　　　记录人：　　　　审核人：

表 A.3　燃料信息表

名称[a]	用量	低位热值	单位	品质[b]								
				燃煤				燃油		燃气		其他燃料
				含硫量/%	灰分/%	挥发分/%	其他[c]	含硫量/%	其他[c]	硫化氢含量/%	其他[c]	相关物质含量

[a] 指燃料名称，包括燃煤、燃油、燃气等。

[b] 根据燃料类型对应填写，可以收到基品质为准。

[c] 指燃料燃烧后与污染物产生有关的成分。

记录时间：　　　　记录人：　　　　审核人：

表 A.4　废气污染防治设施基本信息与运行管理信息表

防治设施名称	编码	防治设施型号	主要防治设施规格参数			运行状态			污染物排放情况				排气筒高度/m	排口温度/℃	压力/kPa	排放时间/h	耗电量/kW·h	副产物		药剂情况		
			参数名称	设计值	单位	开始时间	结束时间	是否正常	烟气量/(m^3/h)	污染因子	治理效率/%	数据来源						名称	产生量/t	名称	添加时间	添加量/t
注：根据行业特点及监测情况，选择记录“治理效率”。																						

记录时间：　　　　记录人：　　　　审核人：

表 A.5　废水污染防治设施运行管理信息表

防治设施名称	编码	防治设施型号	主要防治设施规格参数			运行状态			污染物排放情况					污泥产生量	处理方式	耗电量	药剂情况		
			参数名称	设计值	单位	开始时间	结束时间	是否正常	出口流量/(m^3/d)	污染因子	治理效率/%	数据来源	排放去向				名称	添加时间	添加量/t
注：根据行业特点及监测情况，选择记录“治理效率”。																			

记录时间：　　　　记录人：　　　　审核人：

表 A.6　防治设施异常情况信息表

防治设施名称	编号	异常情况起始时刻	异常情况终止时刻	污染物排放情况			事件原因	是否报告	应对措施
				污染物种类	排放浓度	排放去向			

记录时间：　　　　记录人：　　　　审核人：

表 A.7　有组织废气（手工/在线监测）污染物监测原始结果表

序号	排放口编号	监测日期	监测时间	出　口									进　口								
				标态干烟气量/(m^3/h)	氧含量/%	二氧化硫/(mg/m^3)		颗粒物/(mg/m^3)		氮氧化物/(mg/m^3)		……	标态干烟气量/(m^3/h)	氧含量/%	二氧化硫/(mg/m^3)		颗粒物/(mg/m^3)		氮氧化物/(mg/m^3)		……
						监测结果	折标值	监测结果	折标值	监测结果	折标值				监测结果	折标值	监测结果	折标值	监测结果	折标值	
注：进口监测数据按照监测方法、设备条件、企业需求选择性填报。																					

记录时间：　　　　记录人：　　　　审核人：

表 A.8 无组织废气污染物监测原始结果表

序号	生产设施/无组织排放编号	监测日期	监测时间	二氧化硫/（mg/m^3）	颗粒物/（mg/m^3）	氮氧化物/（mg/m^3）	……

记录时间： 记录人： 审核人：

表 A.9 废水监测仪器信息表

排放口编号	污染物种类	监测采样方法及个数	监测次数	测定方法	监测仪器型号	备注

记录时间： 记录人： 审核人：

表 A.10 废水污染物监测结果表

序号	排放口编号	监测日期	监测时间	出口					进口				
				化学需氧量/（mg/L）	生化需氧量/（mg/L）	氨氮/（mg/L）	悬浮物/（mg/L）	……	化学需氧量/（mg/L）	生化需氧量/（mg/L）	氨氮/（mg/L）	悬浮物/（mg/L）	……
注：进口监测数据按照监测方法、设备条件、企业需求选择性填报。													

记录时间： 记录人： 审核人：

附 录 B

（资料性附录）

排污许可证年度执行报告编制流程

排污许可证年度执行报告编制的工作流程可分为四个阶段。具体流程见图 1。

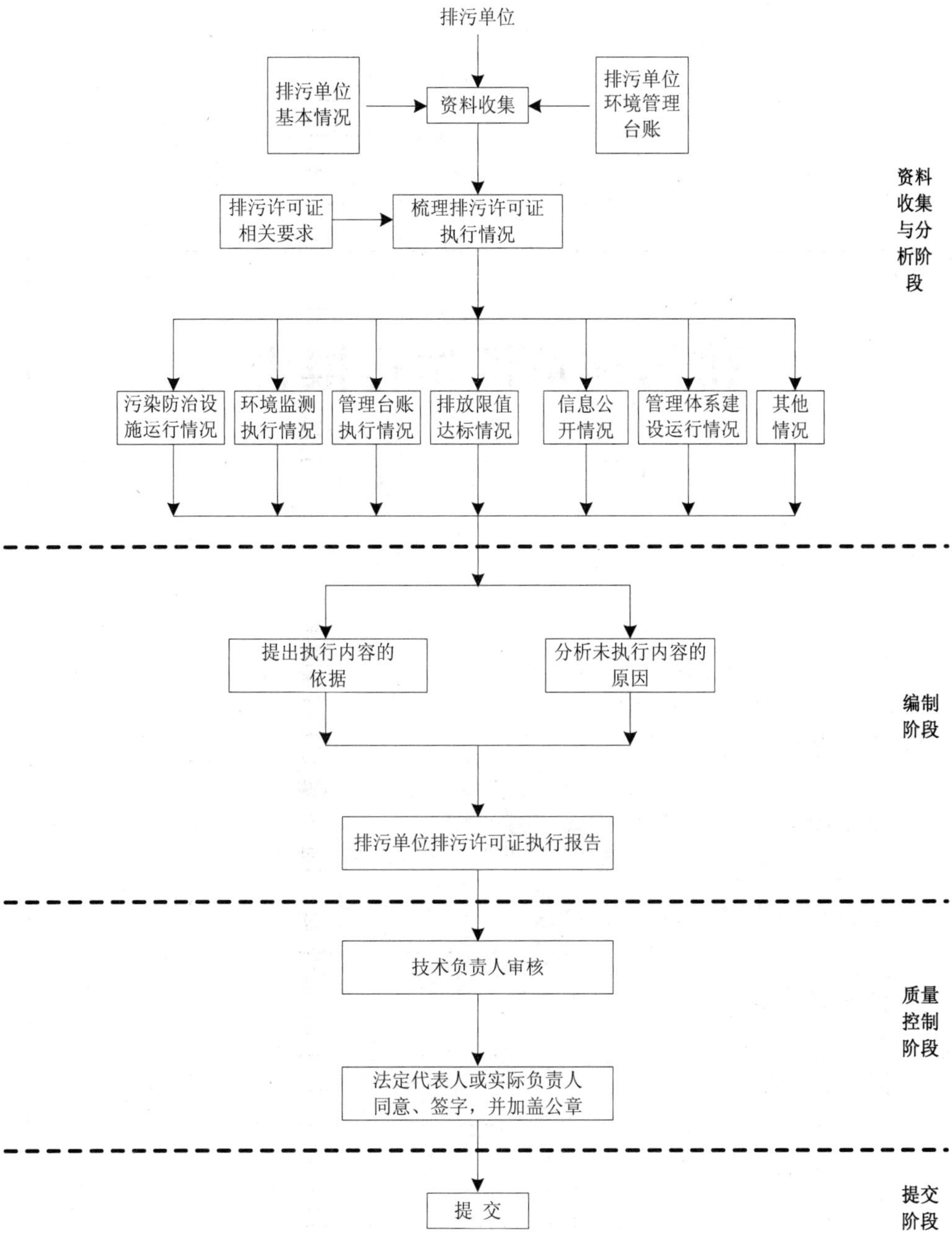

图 1 排污许可证年度执行报告编制流程

附 录 C
（资料性附录）
排污许可证执行报告封面样式

排污许可证执行报告封面样式见图 2。

排污许可证执行报告

（月报□　季报□　年报□）

排污许可证编号：

单位名称：

报告时段：

法定代表人（实际负责人）：

技术负责人：

固定电话：

移动电话：

排污单位名称：（盖章）

报告日期：　　年　月　日

图 2　排污许可证执行报告封面样式

附　录　D

（资料性附录）

排污许可证年度执行报告编写提纲

排污许可证年度执行报告的编写提纲如下：

承诺书

1. 排污单位基本情况
    - 1.1 排污单位基本信息
    - 1.2 排污许可证执行情况
    - 1.3 排污单位生产运行情况
    - 1.4 原辅材料及燃料消耗情况
    - 1.5 排污单位生产流程及产排污节点情况
    - 1.6 排放口规范化
    - 1.7 需说明的其他情况

2. 污染防治设施运行情况
    - 2.1 污染防治设施变化情况
    - 2.2 重点污染防治设施运行情况
    - 2.3 污染防治设施维护情况
    - 2.4 污染防治设施异常情况

3. 自行监测执行情况
    - 3.1 排污单位自行监测方案及变化情况
    - 3.2 自动监控系统运行情况
    - 3.3 手工监测执行情况
    - 3.4 周边环境质量监测情况

4. 环境管理台账
    - 4.1 环境管理台账要求
    - 4.2 环境管理台账执行情况

5. 实际排放情况及合规判定
    - 5.1 污染物排放浓度及达标情况
    - 5.2 污染物实际排放量及达标情况
    - 5.3 特殊时段排放情况
    - 5.4 非正常排放情况

6. 信息公开
    - 6.1 信息公开情况
    - 6.2 信息公开执行情况

7. 排污单位环境管理体系建设与运行情况

7.1 环境管理体系建设情况

7.2 环境管理体系落实情况

8. 其他排污许可证规定的内容执行情况

9. 其他需要说明的问题

10. 结论

附图

附件

附 录 E
（资料性附录）
排污许可证执行情况表格形式

表 E.1 排污许可证执行情况汇总表

项目	内容		报告周期内执行情况	备注
1 排污单位基本情况	（一）排污单位基本信息	单位名称	□变化 □未变化	
		注册地址	□变化 □未变化	
		邮政编码	□变化 □未变化	
		生产经营场所地址	□变化 □未变化	
		行业类别	□变化 □未变化	
		生产经营场所中心经度	□变化 □未变化	
		生产经营场所中心纬度	□变化 □未变化	
		统一社会信用代码	□变化 □未变化	
		技术负责人	□变化 □未变化	
		联系电话	□变化 □未变化	
		所在地是否属于重点区域	□变化 □未变化	
		主要污染物类别及种类	□变化 □未变化	
		大气污染物排放方式	□变化 □未变化	
		废水污染物排放规律	□变化 □未变化	
		大气污染物排放执行标准名称	□变化 □未变化	
		水污染物排放执行标准名称	□变化 □未变化	
		设计生产能力	□变化 □未变化	

<table>
<tr><th>项目</th><th colspan="4">内容</th><th>报告周期内执行情况</th><th>备注</th></tr>
<tr><td rowspan="26">1 排污单位基本情况</td><td rowspan="14">（二）主要原辅材料及燃料</td><td rowspan="4">原料</td><td rowspan="3">原料①（自动生成）</td><td>年最大使用量</td><td>□变化　□未变化</td><td></td></tr>
<tr><td>硫元素占比</td><td>□变化　□未变化</td><td></td></tr>
<tr><td>有毒有害成分及占比</td><td>□变化　□未变化</td><td></td></tr>
<tr><td>……</td><td>……</td><td>□变化　□未变化</td><td></td></tr>
<tr><td rowspan="4">辅料</td><td rowspan="3">辅料①（自动生成）</td><td>年最大使用量</td><td>□变化　□未变化</td><td></td></tr>
<tr><td>硫元素占比</td><td>□变化　□未变化</td><td></td></tr>
<tr><td>有毒有害成分及占比</td><td>□变化　□未变化</td><td></td></tr>
<tr><td>……</td><td>……</td><td>□变化　□未变化</td><td></td></tr>
<tr><td rowspan="6">燃料</td><td rowspan="5">污染防治设施①（自动生成）</td><td>灰分</td><td>□变化　□未变化</td><td></td></tr>
<tr><td>硫分</td><td>□变化　□未变化</td><td></td></tr>
<tr><td>挥发分</td><td>□变化　□未变化</td><td></td></tr>
<tr><td>热值</td><td>□变化　□未变化</td><td></td></tr>
<tr><td>年最大使用量</td><td>□变化　□未变化</td><td></td></tr>
<tr><td>……</td><td>……</td><td>□变化　□未变化</td><td></td></tr>
<tr><td rowspan="10">（三）产排污节点、污染物及污染防治设施</td><td rowspan="5">废气</td><td rowspan="4">污染防治设施①（自动生成）</td><td>治理污染物种类</td><td>□变化　□未变化</td><td></td></tr>
<tr><td>污染防治设施工艺</td><td>□变化　□未变化</td><td></td></tr>
<tr><td>排放形式</td><td>□变化　□未变化</td><td></td></tr>
<tr><td>排放口位置</td><td>□变化　□未变化</td><td></td></tr>
<tr><td>……</td><td>……</td><td>□变化　□未变化</td><td></td></tr>
<tr><td rowspan="5">废水</td><td rowspan="5">污染防治设施①（自动生成）</td><td>治理污染物种类</td><td>□变化　□未变化</td><td></td></tr>
<tr><td>污染防治设施工艺</td><td>□变化　□未变化</td><td></td></tr>
<tr><td>排放去向</td><td>□变化　□未变化</td><td></td></tr>
<tr><td>排放规律</td><td>□变化　□未变化</td><td></td></tr>
<tr><td>排放口位置</td><td>□变化　□未变化</td><td></td></tr>
<tr><td rowspan="10">2 环境管理要求</td><td colspan="2" rowspan="10">自行监测要求</td><td rowspan="9">排放口①（自动生成）</td><td>污染物种类</td><td>□变化　□未变化</td><td></td></tr>
<tr><td>监测设施</td><td>□变化　□未变化</td><td></td></tr>
<tr><td>自动监测是否联网</td><td>□变化　□未变化</td><td></td></tr>
<tr><td>自动监测仪器名称</td><td>□变化　□未变化</td><td></td></tr>
<tr><td>自动监测设施安装位置</td><td>□变化　□未变化</td><td></td></tr>
<tr><td>自动监测设施是否符合
安装、运行、维护等管理要求</td><td>□变化　□未变化</td><td></td></tr>
<tr><td>手工监测采样方法及个数</td><td>□变化　□未变化</td><td></td></tr>
<tr><td>手工监测频次</td><td>□变化　□未变化</td><td></td></tr>
<tr><td>手工测定方法</td><td>□变化　□未变化</td><td></td></tr>
<tr><td>……</td><td>……</td><td>□变化　□未变化</td><td></td></tr>
<tr><td colspan="7">注：对于选择“变化”的，应在“备注”中说明原因。</td></tr>
</table>

附 录 F

（资料性附录）

排污许可证年度执行报告表格形式（重点管理）

表 F.1 排污单位基本信息表

<table>
<tr><th>序号</th><th>记录内容</th><th colspan="2">名称</th><th>数量或内容</th><th>计量单位</th><th>备注</th></tr>
<tr><td rowspan="3">1</td><td rowspan="3">主要原料用量</td><td colspan="2">原料 1（自动生成）</td><td></td><td></td><td></td></tr>
<tr><td colspan="2">其他原料</td><td></td><td></td><td></td></tr>
<tr><td colspan="2">……</td><td></td><td></td><td></td></tr>
<tr><td rowspan="3">2</td><td rowspan="3">主要辅料用量</td><td colspan="2">辅料 1（自动生成）</td><td></td><td></td><td></td></tr>
<tr><td colspan="2">其他辅料</td><td></td><td></td><td></td></tr>
<tr><td colspan="2">……</td><td></td><td></td><td></td></tr>
<tr><td rowspan="9">3</td><td rowspan="9">能源消耗</td><td rowspan="5">能源类型（自动生成）</td><td>用量</td><td></td><td></td><td></td></tr>
<tr><td>硫分</td><td></td><td>%</td><td></td></tr>
<tr><td>灰分</td><td></td><td>%</td><td></td></tr>
<tr><td>挥发分</td><td></td><td>%</td><td></td></tr>
<tr><td>热值</td><td></td><td></td><td></td></tr>
<tr><td>……</td><td>……</td><td></td><td></td><td></td></tr>
<tr><td colspan="2">蒸汽消耗量</td><td></td><td>MJ</td><td></td></tr>
<tr><td colspan="2">用电量</td><td></td><td>kW·h</td><td></td></tr>
<tr><td colspan="2">……</td><td></td><td></td><td></td></tr>
<tr><td rowspan="2">4</td><td rowspan="2">生产规模</td><td colspan="2">生产单元 1（自动生成）</td><td></td><td></td><td></td></tr>
<tr><td colspan="2">……</td><td></td><td></td><td></td></tr>
<tr><td rowspan="4">5</td><td rowspan="4">运行时间</td><td rowspan="3">生产单元 1（自动生成）</td><td>正常运行时间</td><td></td><td>h</td><td></td></tr>
<tr><td>非正常运行时间</td><td></td><td>h</td><td></td></tr>
<tr><td>停产时间</td><td></td><td>h</td><td></td></tr>
<tr><td>……</td><td></td><td></td><td></td><td></td></tr>
<tr><td rowspan="2">6</td><td rowspan="2">主要产品产量</td><td colspan="2">产品 1（自动生成）</td><td></td><td></td><td></td></tr>
<tr><td colspan="2">……</td><td></td><td></td><td></td></tr>
<tr><td rowspan="2">7</td><td rowspan="2">取排水</td><td colspan="2">取水量</td><td></td><td></td><td></td></tr>
<tr><td colspan="2">废水排放量</td><td></td><td></td><td></td></tr>
<tr><td>8</td><td colspan="3">全年生产负荷</td><td></td><td>%</td><td></td></tr>
<tr><td rowspan="6">9</td><td rowspan="6">污染防治设施计划投资情况（执行报告周期如涉及）</td><td colspan="2">治理设施类型</td><td></td><td>—</td><td></td></tr>
<tr><td colspan="2">开工时间</td><td></td><td>万元</td><td></td></tr>
<tr><td colspan="2">建成投产时间</td><td></td><td></td><td></td></tr>
<tr><td colspan="2">计划总投资</td><td></td><td></td><td></td></tr>
<tr><td colspan="2">报告周期内累计完成投资</td><td></td><td>万元</td><td></td></tr>
<tr><td colspan="2">……</td><td></td><td></td><td></td></tr>
<tr><td>10</td><td>其他内容</td><td colspan="2"></td><td></td><td></td><td></td></tr>
</table>

注 1：排污单位应根据行业特征补充细化列表中相关内容。

注 2：如与排污许可证载明事项不符的，在“备注”中说明变化情况及原因。

注 3：如报告周期有污染治理投资的，填写 9 有关内容。

注 4：列表中未能涵盖的信息，排污单位可以文字形式另行说明。

注 5：能源类型中的用量、硫分、灰分、挥发分、热值原则上指报告时段内全厂各批次收到基燃料的加权平均值，以入厂数据来衡量；排污单位也可使用入炉数据并在备注中说明；对于液体或气体燃料，可只填报用量、硫分、热值；热值指燃料低位发热量。

注 6：取水量指排污单位生产用水和生活用水的合计总量。

注 7：治理设施类型指颗粒物废气治理设施、二氧化硫废气治理设施、氮氧化物废气治理设施、其他废气治理设施、废水治理设施等。

表 F.2　污染防治设施正常情况汇总表

序号	污染源	污染防治设施					备注
		名称			数量	单位	
1	废水	污染防治设施 1	污染防治设施编号	废水防治设施运行时间		h	
				污水处理量		t	
				污水回用量		t	
				污水排放量		t	
				耗电量		kW·h	
				××药剂使用量		kg	
				××污染物处理效率		%	
				运行费用		万元	
				……			
		……	……	……			
2	废气	脱硫设施 1	污染防治设施编号	脱硫设施运行时间		h	
				脱硫剂用量		t	
				平均脱硫效率		%	
				脱硫固废产生量		t	
				运行费用		万元	
				……			
		……	……	……			
		脱硝设施 1	污染防治设施编号	脱硝设施运行时间		h	
				脱硝剂用量		t	
				平均脱硝效率		%	
				脱硝固废产生量		t	
				运行费用		万元	
				……			
		……	……	……			
		除尘设施 1	污染防治设施编号	除尘设施运行时间		h	
				平均除尘效率		%	
				除尘灰产生量		t	
				布袋除尘器清灰周期及换袋情况			
				运行费用		万元	
				……			
		……	……	……			
		其他防治设施 1	污染防治设施编号	……			
		……	……	……			

注 1：排污单位应根据行业特征细化列表中内容，如有相关内容则填写，如无相关内容则不填写。

注 2：列表中未能涵盖的信息，排污单位可以文字形式另行说明。

注 3：其他防治设施中包括无组织等防治设施。

注 4：污染物处理效率/平均脱硫效率/平均脱硝效率/平均除尘效率为报告期内算数平均值。

注 5：废水污染防治设施运行费用主要为药剂、电等的消耗费用，不包括人工、绿化、设备折旧和财务费用等；废气污染防治设施运行费用主要为脱硫/脱硝剂等物料及水、电等的消耗费用，不包括人工、绿化、设备折旧和财务费用等。

表 F.3 污染防治设施异常情况汇总表

污染防治设施编号	时段		故障设施	故障原因	各排放因子浓度/（mg/m^3）		采取的应对措施
	开始时间	结束时间			（自行填写）	……	
废气防治设施							
废水防治设施							
注 1：如废气防治设施异常，排放因子填写二氧化硫、氮氧化物、烟尘等。 注 2：如废水防治设施异常，排放因子填写化学需氧量、氨氮等。							

表 F.4 有组织废气污染物排放浓度监测数据统计表

排放口编号	污染物种类	监测设施	有效监测数据（小时值）数量	许可排放浓度限值/（mg/m^3）	监测结果（折标，小时浓度）/（mg/m^3）			超标数据数量	超标率/%	备注
					最小值	最大值	平均值			
自动生成	自动生成	自动生成		自动生成						
	……	……		……						
……										
注 1：若采用手工监测，有效监测数据数量为报告周期内的监测次数。 注 2：若采用自动和手工联合监测，有效监测数据数量为两者有效数据数量的总和。 注 3：超标率是指超标的监测数据个数占总有效监测数据个数的比例。 注 4：监测要求与排污许可证不一致的原因以及污染物浓度超标原因等可在“备注”中进行说明。										

表 F.5 有组织废气污染物排放速率监测数据统计表

排放口编号/设施编号	污染物种类	排放速率有效监测数据数量	许可排放速率/（kg/h）	实际排放速率/（kg/h）			超标数据数量	超标率/%	超标原因	备注
				最小值	最大值	平均值				
自动生成	自动生成									如排污许可证未许可排放速率，可不填
	……									
……										
注：超标率是指超标的监测数据个数占总有效监测数据个数的比例。										

表 F.6 无组织废气污染物排放浓度监测数据统计表

序号	监测点位/设施	生产设施/无组织排放编号	监测时间	污染物种类	许可排放浓度限值/（mg/m^3）	浓度监测结果（折标，小时浓度）/（mg/m^3）	是否超标及超标原因	备注
1	自动生成	自动生成		自动生成	自动生成			如排污许可证无无组织废气监测要求，可不填
		……		……	……			
……	……							

表 F.7 废水污染物排放浓度监测数据统计表

排放口编号	污染物种类	监测设施	有效监测数据（日均值）数量	许可排放浓度限值/（mg/L）	浓度监测结果（日均浓度）/（mg/L）			超标数据数量	超标率/%	备注
					最小值	最大值	平均值			
自动生成	自动生成	自动生成		自动生成						
	……	……		……						
……										

注 1：若采用手工监测，有效监测数据数量为报告周期内的监测次数。
注 2：若采用自动和手工联合监测，有效监测数据数量为两者有效数据数量的总和。
注 3：超标率是指超标的监测数据个数占总有效监测数据个数的比例。
注 4：监测要求与排污许可证不一致的原因以及污染物浓度超标原因等可在“备注”中进行说明。

表 F.8 非正常工况有组织废气污染物监测数据统计表

起止时间	排放口编号	污染物种类	有效监测数据（小时值）数量	许可排放浓度限值/（mg/m^3）	浓度监测结果（折标，小时浓度）/（mg/m^3）			超标数据数量	超标率/%	备注
					最小值	最大值	平均值			
	自动生成	自动生成		自动生成						
		……		……						
	……									

注 1：若采用手工监测，有效监测数据数量为报告周期内的监测次数。
注 2：若采用自动和手工联合监测，有效监测数据数量为两者有效数据数量的总和。
注 3：超标率是指超标的监测数据个数占总有效监测数据个数的比例。
注 4：监测要求与排污许可证不一致的原因以及污染物浓度超标原因等可在“备注”中进行说明。

表 F.9 非正常工况无组织废气污染物浓度监测数据统计表

起止时间	生产设施/无组织排放编号	监测时间	污染物种类	监测次数	许可排放浓度限值/（mg/m^3）	浓度监测结果（折标，小时浓度）/（mg/m^3）	是否超标及超标原因	备注
	自动生成		自动生成		自动生成			如排污许可证无无组织废气监测要求，可不填
	……		……		……			

表 F.10 特殊时段有组织废气污染物监测数据统计表

记录日期	排放口编号	污染物种类	监测设施	有效监测数据（小时值）数量	许可排放浓度限值/（mg/m^3）	监测结果（折标，小时浓度）/（mg/m^3）			超标数据数量	超标率/%	备注
						最小值	最大值	平均值			
	自动生成	自动生成	自动生成		自动生成						
		……	……		……						
	……										

注 1：若采用手工监测，有效监测数据数量为报告周期内的监测次数。
注 2：若采用自动和手工联合监测，有效监测数据数量为两者有效数据数量的总和。
注 3：超标率是指超标的监测数据个数占总有效监测数据个数的比例。
注 4：监测要求等与排污许可证不一致的，或超标原因等可在“备注”中进行说明。

表 F.11　台账管理情况表

序号	记录内容	是否完整	说明
	自动生成	□是　　□否	
	……	□是　　□否	
		□是　　□否	

表 F.12　废气污染物实际排放量报表（季度报告）

排放口类型	排放口编号	月份	污染物种类	许可排放量/t	实际排放量/t	是否超标及超标原因	备注
有组织废气主要排放口	自动生成		自动生成				
			……				
			自动生成				
			……				
			自动生成				
			……				
		季度合计	自动生成				
			……				
	……	……					
其他合计			自动生成				
			……				
			自动生成				如排污许可证未许可排放量，可不填
			……				
			自动生成				
			……				
		季度合计	自动生成				
			……				
全厂合计			自动生成				
			……				
			自动生成				
			……				
			自动生成				
			……				
		季度合计	自动生成				
			……				

注：其他合计指除主要排放口以外的污染物排放量合计，如一般排放口、无组织排放（如有）、其他排放情形（如有）等。

表 F.13 废水污染物实际排放量报表（季度报告）

<table>
<tr><th>排放口类型</th><th>排放口编号</th><th>月份</th><th>污染物种类</th><th>许可排放量/t</th><th>实际排放量/t</th><th>是否超标及超标原因</th><th>备注</th></tr>
<tr><td rowspan="9">主要排放口</td><td rowspan="8">自动生成</td><td rowspan="2"></td><td>自动生成</td><td></td><td></td><td></td><td rowspan="25">如排污许可证未许可排放量，可不填</td></tr>
<tr><td>……</td><td></td><td></td><td></td></tr>
<tr><td rowspan="2"></td><td>自动生成</td><td></td><td></td><td></td></tr>
<tr><td>……</td><td></td><td></td><td></td></tr>
<tr><td rowspan="2"></td><td>自动生成</td><td></td><td></td><td></td></tr>
<tr><td>……</td><td></td><td></td><td></td></tr>
<tr><td rowspan="2">季度合计</td><td>自动生成</td><td></td><td></td><td></td></tr>
<tr><td>……</td><td></td><td></td><td></td></tr>
<tr><td>……</td><td>……</td><td></td><td></td><td></td><td></td></tr>
<tr><td colspan="2" rowspan="8">一般排放口合计</td><td rowspan="2"></td><td>自动生成</td><td></td><td></td><td></td></tr>
<tr><td>……</td><td></td><td></td><td></td></tr>
<tr><td rowspan="2"></td><td>自动生成</td><td></td><td></td><td></td></tr>
<tr><td>……</td><td></td><td></td><td></td></tr>
<tr><td rowspan="2"></td><td>自动生成</td><td></td><td></td><td></td></tr>
<tr><td>……</td><td></td><td></td><td></td></tr>
<tr><td rowspan="2">季度合计</td><td>自动生成</td><td></td><td></td><td></td></tr>
<tr><td>……</td><td></td><td></td><td></td></tr>
<tr><td colspan="2" rowspan="8">全厂合计</td><td rowspan="2"></td><td>自动生成</td><td></td><td></td><td></td></tr>
<tr><td>……</td><td></td><td></td><td></td></tr>
<tr><td rowspan="2"></td><td>自动生成</td><td></td><td></td><td></td></tr>
<tr><td>……</td><td></td><td></td><td></td></tr>
<tr><td rowspan="2"></td><td>自动生成</td><td></td><td></td><td></td></tr>
<tr><td>……</td><td></td><td></td><td></td></tr>
<tr><td rowspan="2">季度合计</td><td>自动生成</td><td></td><td></td><td></td></tr>
<tr><td>……</td><td></td><td></td><td></td></tr>
</table>

表 F.14　废气污染物实际排放量报表（年度报告）

<table>
<tr><th>排放口类型</th><th>排放口编号</th><th>季度</th><th>污染物种类</th><th>许可排放量/t</th><th>实际排放量/t</th><th>是否超标及超标原因</th><th>备注</th></tr>
<tr><td rowspan="11">有组织废气主要排放口</td><td rowspan="10">自动生成</td><td rowspan="2">第一季度</td><td>自动生成</td><td></td><td></td><td></td><td rowspan="31">如排污许可证未许可排放量，可不填</td></tr>
<tr><td>……</td><td></td><td></td><td></td></tr>
<tr><td rowspan="2">第二季度</td><td>自动生成</td><td></td><td></td><td></td></tr>
<tr><td>……</td><td></td><td></td><td></td></tr>
<tr><td rowspan="2">第三季度</td><td>自动生成</td><td></td><td></td><td></td></tr>
<tr><td>……</td><td></td><td></td><td></td></tr>
<tr><td rowspan="2">第四季度</td><td>自动生成</td><td></td><td></td><td></td></tr>
<tr><td>……</td><td></td><td></td><td></td></tr>
<tr><td rowspan="2">年度合计</td><td>自动生成</td><td></td><td></td><td></td></tr>
<tr><td>……</td><td></td><td></td><td></td></tr>
<tr><td>……</td><td>……</td><td></td><td></td><td></td><td></td></tr>
<tr><td rowspan="10" colspan="2">其他合计</td><td rowspan="2">第一季度</td><td>自动生成</td><td></td><td></td><td></td></tr>
<tr><td>……</td><td></td><td></td><td></td></tr>
<tr><td rowspan="2">第二季度</td><td>自动生成</td><td></td><td></td><td></td></tr>
<tr><td>……</td><td></td><td></td><td></td></tr>
<tr><td rowspan="2">第三季度</td><td>自动生成</td><td></td><td></td><td></td></tr>
<tr><td>……</td><td></td><td></td><td></td></tr>
<tr><td rowspan="2">第四季度</td><td>自动生成</td><td></td><td></td><td></td></tr>
<tr><td>……</td><td></td><td></td><td></td></tr>
<tr><td rowspan="2">年度合计</td><td>自动生成</td><td></td><td></td><td></td></tr>
<tr><td>……</td><td></td><td></td><td></td></tr>
<tr><td rowspan="10" colspan="2">全厂合计</td><td rowspan="2">第一季度</td><td>自动生成</td><td></td><td></td><td></td></tr>
<tr><td>……</td><td></td><td></td><td></td></tr>
<tr><td rowspan="2">第二季度</td><td>自动生成</td><td></td><td></td><td></td></tr>
<tr><td>……</td><td></td><td></td><td></td></tr>
<tr><td rowspan="2">第三季度</td><td>自动生成</td><td></td><td></td><td></td></tr>
<tr><td>……</td><td></td><td></td><td></td></tr>
<tr><td rowspan="2">第四季度</td><td>自动生成</td><td></td><td></td><td></td></tr>
<tr><td>……</td><td></td><td></td><td></td></tr>
<tr><td rowspan="2">年度合计</td><td>自动生成</td><td></td><td></td><td></td></tr>
<tr><td>……</td><td></td><td></td><td></td></tr>
<tr><td colspan="8">注：其他合计指除主要排放口以外的污染物排放量合计，如一般排放口、无组织排放（如有）、其他排放情形（如有）等。</td></tr>
</table>

表 F.15　废水污染物实际排放量报表（年度报告）

排放口类型	排放口编号	季度	污染物种类	许可排放量/t	实际排放量/t	是否超标及超标原因	备注
主要排放口	自动生成	第一季度	自动生成				如排污许可证未许可排放量，可不填
			……				
		第二季度	自动生成				
			……				
		第三季度	自动生成				
			……				
		第四季度	自动生成				
			……				
		年度合计	自动生成				
			……				
	……	……					
一般排放口合计		第一季度	自动生成				
			……				
		第二季度	自动生成				
			……				
		第三季度	自动生成				
			……				
		第四季度	自动生成				
			……				
		年度合计	自动生成				
			……				
全厂合计		第一季度	自动生成				
			……				
		第二季度	自动生成				
			……				
		第三季度	自动生成				
			……				
		第四季度	自动生成				
			……				
		年度合计	自动生成				
			……				

表 F.16 特殊时段废气污染物实际排放量报表

<table>
<tr><td colspan="8">重污染天气应急预警期间等特殊时段</td></tr>
<tr><td>日期</td><td>废气类型</td><td>排放口编号/设施编号</td><td>污染物种类</td><td>许可日排放量/kg</td><td>实际日排放量/kg</td><td>是否超标及超标原因</td><td>备注</td></tr>
<tr><td></td><td rowspan="3">有组织废气</td><td rowspan="2">自动生成</td><td>自动生成</td><td></td><td></td><td></td><td rowspan="8">如排污许可证未许可特殊时段排放量，可不填</td></tr>
<tr><td></td><td>……</td><td>……</td><td></td><td></td></tr>
<tr><td></td><td>……</td><td></td><td></td><td></td><td></td></tr>
<tr><td></td><td rowspan="3">无组织废气</td><td rowspan="2">自动生成</td><td>自动生成</td><td></td><td></td><td></td></tr>
<tr><td></td><td>……</td><td>……</td><td></td><td></td></tr>
<tr><td></td><td>……</td><td></td><td></td><td></td><td></td></tr>
<tr><td></td><td rowspan="2">全厂合计</td><td rowspan="2"></td><td>自动生成</td><td></td><td></td><td></td></tr>
<tr><td></td><td>……</td><td>……</td><td></td><td></td></tr>
<tr><td colspan="8">冬防等特殊时段</td></tr>
<tr><td>月份</td><td>废气类型</td><td>排放口编号/设施编号</td><td>污染物种类</td><td>许可月排放量/t</td><td>实际月排放量/t</td><td>是否超标及超标原因</td><td>备注</td></tr>
<tr><td></td><td rowspan="3">有组织废气</td><td rowspan="2">自动生成</td><td>自动生成</td><td></td><td></td><td></td><td rowspan="8">如排污许可证未许可特殊时段排放量，可不填</td></tr>
<tr><td></td><td>……</td><td>……</td><td></td><td></td></tr>
<tr><td></td><td>……</td><td></td><td></td><td></td><td></td></tr>
<tr><td></td><td rowspan="3">无组织废气</td><td rowspan="2">自动生成</td><td>自动生成</td><td></td><td></td><td></td></tr>
<tr><td></td><td>……</td><td>……</td><td></td><td></td></tr>
<tr><td></td><td>……</td><td></td><td></td><td></td><td></td></tr>
<tr><td></td><td rowspan="2">全厂合计</td><td rowspan="2"></td><td>自动生成</td><td></td><td></td><td></td></tr>
<tr><td></td><td>……</td><td>……</td><td></td><td></td></tr>
</table>

表 F.17 废气污染物超标时段小时均值报表

日期	时间	生产设施编号	排放口编号	超标污染物种类	实际排放浓度（折标）/（mg/m^3）	超标原因说明

表 F.18 废水污染物超标时段日均值报表

日期	时间	排放口编号	超标污染物种类	实际排放浓度/（mg/m^3）	超标原因说明

表 F.19 信息公开情况报表

序号	分类	执行情况	是否符合排污许可证要求	备注
1	公开方式		□是 □否	
2	时间节点		□是 □否	
3	公开内容		□是 □否	
……	……		……	
注：信息公开情况不符合排污许可证要求的，在“备注”中说明原因。				

附　录　G

（资料性附录）

排污许可证年度执行报告表格形式（简化管理）

表 G.1　污染防治设施正常情况汇总表

<table>
<tr><td rowspan="2">序号</td><td rowspan="2">污染源</td><td colspan="5">污染防治设施</td><td>备注</td></tr>
<tr><td colspan="3">名称</td><td>数量</td><td>单位</td><td></td></tr>
<tr><td rowspan="5">1</td><td rowspan="5">废水</td><td rowspan="4">污染防治设施 1</td><td rowspan="4">污染防治设施编号</td><td>废水防治设施运行时间</td><td></td><td>h</td><td></td></tr>
<tr><td>污水处理量</td><td></td><td>t</td><td></td></tr>
<tr><td>运行费用</td><td></td><td>万元</td><td></td></tr>
<tr><td>……</td><td></td><td></td><td></td></tr>
<tr><td>……</td><td>……</td><td></td><td></td><td></td><td></td></tr>
<tr><td rowspan="16">2</td><td rowspan="16">废气</td><td rowspan="4">脱硫设施 1</td><td rowspan="4">污染防治设施编号</td><td>脱硫设施运行时间</td><td></td><td>h</td><td></td></tr>
<tr><td>脱硫剂用量</td><td></td><td></td><td></td></tr>
<tr><td>运行费用</td><td></td><td>万元</td><td></td></tr>
<tr><td>……</td><td></td><td></td><td></td></tr>
<tr><td>……</td><td>……</td><td></td><td></td><td></td><td></td></tr>
<tr><td rowspan="4">脱硝设施 1</td><td rowspan="4">污染防治设施编号</td><td>脱硝设施运行时间</td><td></td><td>h</td><td></td></tr>
<tr><td>脱硝剂用量</td><td></td><td></td><td></td></tr>
<tr><td>运行费用</td><td></td><td>万元</td><td></td></tr>
<tr><td>……</td><td></td><td></td><td></td></tr>
<tr><td>……</td><td>……</td><td></td><td></td><td></td><td></td></tr>
<tr><td rowspan="3">除尘设施 1</td><td rowspan="3">污染防治设施编号</td><td>除尘设施运行时间</td><td></td><td>h</td><td></td></tr>
<tr><td>运行费用</td><td></td><td>万元</td><td></td></tr>
<tr><td>……</td><td></td><td></td><td></td></tr>
<tr><td>……</td><td>……</td><td></td><td></td><td></td><td></td></tr>
<tr><td>其他防治设施 1</td><td>污染防治设施编号</td><td></td><td></td><td></td><td></td></tr>
<tr><td>……</td><td>……</td><td></td><td></td><td></td><td></td></tr>
</table>

注 1：排污单位应根据行业特征细化列表中内容，如有相关内容则填写，如无相关内容则不填写。

注 2：列表中未能涵盖的信息，排污单位可以文字形式另行说明。

注 3：其他防治设施中包括无组织等防治设施。

注 4：废水污染防治设施运行费用主要为药剂、电等的消耗费用，不包括人工、绿化、设备折旧和财务费用等；废气污染防治设施运行费用主要为脱硫/脱硝剂等物料及水、电等的消耗费用，不包括人工、绿化、设备折旧和财务费用等。

表 G.2 污染防治设施异常情况汇总表

污染防治设施编号	时段		故障设施	故障原因	各排放因子浓度/（mg/m³）		采取的应对措施
	开始时间	结束时间			（自行填写）	……	
废气防治设施							
废水防治设施							
注1：如废气防治设施异常，排放因子填写二氧化硫、氮氧化物、烟尘等。							
注2：如废水防治设施异常，排放因子填写化学需氧量、氨氮等。							

表 G.3 有组织废气污染物排放浓度监测数据统计表

排放口编号	污染物种类	监测设施	有效监测数据（小时值）数量	许可排放浓度限值/（mg/m³）	监测结果（折标，小时浓度）/（mg/m³）			超标数据数量	超标率/%	备注
					最小值	最大值	平均值			
自动生成	自动生成	自动生成		自动生成						
	……	……		……						
……										
注1：若采用手工监测，有效监测数据数量为报告周期内的监测次数。										
注2：若采用自动和手工联合监测，有效监测数据数量为两者有效数据数量的总和。										
注3：超标率是指超标的监测数据个数占总有效监测数据个数的比例。										
注4：监测要求与排污许可证不一致的原因以及污染物浓度超标原因等可在“备注”中进行说明。										

表 G.4 有组织废气污染物排放速率监测数据统计表

排放口编号/设施编号	污染物种类	排放速率有效监测数据数量	许可排放速率/（kg/h）	实际排放速率/（kg/h）			超标数据数量	超标率/%	超标原因	备注
				最小值	最大值	平均值				
自动生成	自动生成									如排污许可证未许可排放速率，可不填
	……									
……										
注：超标率是指超标的监测数据个数占总有效监测数据个数的比例。										

表 G.5 无组织废气污染物排放浓度监测数据统计表

序号	监测点位/设施	生产设施/无组织排放编号	监测时间	污染物种类	许可排放浓度限值/（mg/m³）	浓度监测结果（折标，小时浓度）/（mg/m³）	是否超标及超标原因	备注
1	自动生成	自动生成		自动生成	自动生成			如排污许可证无无组织废气监测要求，可不填
		……		……	……			
……	……							

表 G.6 废水污染物排放浓度监测数据统计表

排放口编号	污染物种类	监测设施	有效监测数据（日均值）数量	许可排放浓度限值/（mg/L）	浓度监测结果（日均浓度）/（mg/L）			超标数据数量	超标率/%	备注
					最小值	最大值	平均值			
自动生成	自动生成	自动生成		自动生成						
	……	……		……						
……										

注 1：若采用手工监测，有效监测数据数量为报告周期内的监测次数。

注 2：若采用自动和手工联合监测，有效监测数据数量为两者有效数据数量的总和。

注 3：超标率是指超标的监测数据个数占总有效监测数据个数的比例。

注 4：监测要求与排污许可证不一致的原因以及污染物浓度超标原因等可在“备注”中进行说明。

表 G.7 非正常工况有组织废气污染物监测数据统计表

起止时间	排放口编号	污染物种类	有效监测数据（小时值）数量	许可排放浓度限值/（mg/m^3）	浓度监测结果（折标，小时浓度）/（mg/m^3）			超标数据数量	超标率/%	备注
					最小值	最大值	平均值			
	自动生成	自动生成		自动生成						
		……		……						
	……									

注 1：若采用手工监测，有效监测数据数量为报告周期内的监测次数。

注 2：若采用自动和手工联合监测，有效监测数据数量为两者有效数据数量的总和。

注 3：超标率是指超标的监测数据个数占总有效监测数据个数的比例。

注 4：监测要求与排污许可证不一致的原因以及污染物浓度超标原因等可在“备注”中进行说明。

表 G.8 非正常工况无组织废气污染物浓度监测数据统计表

起止时间	生产设施/无组织排放编号	监测时间	污染物种类	监测次数	许可排放浓度限值/（mg/m^3）	浓度监测结果（折标，小时浓度）/（mg/m^3）	是否超标及超标原因	备注
	自动生成		自动生成		自动生成			如排污许可证无无组织废气监测要求，可不填
	……		……		……			

表 G.9 特殊时段有组织废气污染物监测数据统计表

记录日期	排放口编号	污染物种类	监测设施	有效监测数据（小时值）数量	许可排放浓度限值/（mg/m^3）	监测结果（折标，小时浓度）/（mg/m^3）			超标数据数量	超标率/%	备注
						最小值	最大值	平均值			
	自动生成	自动生成	自动生成		自动生成						
		……	……		……						
	……										

注 1：若采用手工监测，有效监测数据数量为报告周期内的监测次数。
注 2：若采用自动和手工联合监测，有效监测数据数量为两者有效数据数量的总和。
注 3：超标率是指超标的监测数据个数占总有效监测数据个数的比例。
注 4：监测要求等与排污许可证不一致的，或超标原因等可在“备注”中进行说明。

表 G.10 台账管理情况表

序号	记录内容	是否完整	说明
	自动生成	□是 □否	
	……	□是 □否	
	……	□是 □否	

表 G.11 废气污染物实际排放量报表（季度报告）

	月份	污染物种类	许可排放量/t	实际排放量/t	是否超标及超标原因	备注
全厂合计		自动生成				如排污许可证未许可排放量，可不填
		……				
		自动生成				
		……				
		自动生成				
		……				
	季度合计	自动生成				
		……				

表 G.12 废水污染物实际排放量报表（季度报告）

	月份	污染物种类	许可排放量/t	实际排放量/t	是否超标及超标原因	备注
全厂合计		自动生成				如排污许可证未许可排放量，可不填
		……				
		自动生成				
		……				
		自动生成				
		……				
	季度合计	自动生成				
		……				

表 G.13　废气污染物实际排放量报表（年度报告）

<table>
<tr><td rowspan="11">全厂合计</td><td>季度</td><td>污染物种类</td><td>许可排放量/t</td><td>实际排放量/t</td><td>是否超标及超标原因</td><td>备注</td></tr>
<tr><td rowspan="2">第一季度</td><td>自动生成</td><td></td><td></td><td></td><td rowspan="10">如排污许可证未许可排放量，可不填</td></tr>
<tr><td>……</td><td></td><td></td><td></td></tr>
<tr><td rowspan="2">第二季度</td><td>自动生成</td><td></td><td></td><td></td></tr>
<tr><td>……</td><td></td><td></td><td></td></tr>
<tr><td rowspan="2">第三季度</td><td>自动生成</td><td></td><td></td><td></td></tr>
<tr><td>……</td><td></td><td></td><td></td></tr>
<tr><td rowspan="2">第四季度</td><td>自动生成</td><td></td><td></td><td></td></tr>
<tr><td>……</td><td></td><td></td><td></td></tr>
<tr><td rowspan="2">年度合计</td><td>自动生成</td><td></td><td></td><td></td></tr>
<tr><td>……</td><td></td><td></td><td></td></tr>
</table>

表 G.14　废水污染物实际排放量报表（年度报告）

<table>
<tr><td rowspan="11">全厂合计</td><td>季度</td><td>污染物种类</td><td>许可排放量/t</td><td>实际排放量/t</td><td>是否超标及超标原因</td><td>备注</td></tr>
<tr><td rowspan="2">第一季度</td><td>自动生成</td><td></td><td></td><td></td><td rowspan="10">如排污许可证未许可排放量，可不填</td></tr>
<tr><td>……</td><td></td><td></td><td></td></tr>
<tr><td rowspan="2">第二季度</td><td>自动生成</td><td></td><td></td><td></td></tr>
<tr><td>……</td><td></td><td></td><td></td></tr>
<tr><td rowspan="2">第三季度</td><td>自动生成</td><td></td><td></td><td></td></tr>
<tr><td>……</td><td></td><td></td><td></td></tr>
<tr><td rowspan="2">第四季度</td><td>自动生成</td><td></td><td></td><td></td></tr>
<tr><td>……</td><td></td><td></td><td></td></tr>
<tr><td rowspan="2">年度合计</td><td>自动生成</td><td></td><td></td><td></td></tr>
<tr><td>……</td><td></td><td></td><td></td></tr>
</table>

表 G.15 特殊时段废气污染物实际排放量报表

<table>
<tr><td colspan="7">重污染天气应急预警期间等特殊时段</td></tr>
<tr><td>日期</td><td>废气类型</td><td>污染物种类</td><td>许可日排放量/kg</td><td>实际日排放量/kg</td><td>是否超标及超标原因</td><td>备注</td></tr>
<tr><td></td><td rowspan="2">全厂合计</td><td>自动生成</td><td></td><td></td><td></td><td rowspan="2">如排污许可证未许可特殊时段排放量，可不填</td></tr>
<tr><td></td><td>……</td><td></td><td></td><td></td></tr>
<tr><td colspan="7">冬防等特殊时段</td></tr>
<tr><td>月份</td><td>废气类型</td><td>污染物种类</td><td>许可月排放量/t</td><td>实际月排放量/t</td><td>是否超标及超标原因</td><td>备注</td></tr>
<tr><td></td><td rowspan="2">全厂合计</td><td>自动生成</td><td></td><td></td><td></td><td rowspan="2">如排污许可证未许可特殊时段排放量，可不填</td></tr>
<tr><td></td><td>……</td><td></td><td></td><td></td></tr>
</table>

表 G.16 废气污染物超标时段小时均值报表

日期	时间	生产设施编号	排放口编号	超标污染物种类	实际排放浓度（折标）/（mg/m^3）	超标原因说明

表 G.17 废水污染物超标时段日均值报表

日期	时间	排放口编号	超标污染物种类	实际排放浓度/（mg/m^3）	超标原因说明

第四章　信息公开与公众参与

国家环境保护总局令

第35号

《环境信息公开办法（试行）》已于2007年2月8日经国家环境保护总局2007年第一次局务会议通过，现予公布，自2008年5月1日起施行。

国家环境保护总局局长　周生贤

二〇〇七年四月十一日

环境信息公开办法（试行）

第一章　总　则

第一条　为了推进和规范环境保护行政主管部门（以下简称环保部门）以及企业公开环境信息，维护公民、法人和其他组织获取环境信息的权益，推动公众参与环境保护，依据《中华人民共和国政府信息公开条例》《中华人民共和国清洁生产促进法》和《国务院关于落实科学发展观加强环境保护的决定》以及其他有关规定，制定本办法。

第二条　本办法所称环境信息，包括政府环境信息和企业环境信息。

政府环境信息，是指环保部门在履行环境保护职责中制作或者获取的，以一定形式记录、保存的信息。

企业环境信息，是指企业以一定形式记录、保存的，与企业经营活动产生的环境影响和企业环境行为有关的信息。

第三条　国家环境保护总局负责推进、指导、协调、监督全国的环境信息公开工作。

县级以上地方人民政府环保部门负责组织、协调、监督本行政区域内的环境信息公开工作。

第四条　环保部门应当遵循公正、公平、便民、客观的原则，及时、准确地公开政府环境信息。

企业应当按照自愿公开与强制性公开相结合的原则，及时、准确地公开企业环境信息。

第五条　公民、法人和其他组织可以向环保部门申请获取政府环境信息。

第六条　环保部门应当建立、健全环境信息公开制度。

国家环境保护总局由办公厅作为本部门政府环境信息公开工作的组织机构，各业务机构按职责分工做好本领域政府环境信息公开工作。

县级以上地方人民政府环保部门根据实际情况自行确定本部门政府环境信息公开工作的组织机构，负责组织实施本部门的政府环境信息公开工作。

环保部门负责政府环境信息公开工作的组织机构的具体职责是：

（一）组织制定本部门政府环境信息公开的规章制度、工作规则；

（二）组织协调本部门各业务机构的政府环境信息公开工作；

（三）组织维护和更新本部门公开的政府环境信息；

（四）监督考核本部门各业务机构政府环境信息公开工作；

（五）组织编制本部门政府环境信息公开指南、政府环境信息公开目录和政府环境信息公开工作年度报告；

（六）监督指导下级环保部门政府环境信息公开工作；

（七）监督本辖区企业环境信息公开工作；

（八）负责政府环境信息公开前的保密审查；

（九）本部门有关环境信息公开的其他职责。

第七条 公民、法人和其他组织使用公开的环境信息，不得损害国家利益、公共利益和他人的合法权益。

第八条 环保部门应当从人员、经费方面为本部门环境信息公开工作提供保障。

第九条 环保部门发布政府环境信息依照国家有关规定需要批准的，未经批准不得发布。

第十条 环保部门公开政府环境信息，不得危及国家安全、公共安全、经济安全和社会稳定。

第二章 政府环境信息公开

第一节 公开的范围

第十一条 环保部门应当在职责权限范围内向社会主动公开以下政府环境信息：

（一）环境保护法律、法规、规章、标准和其他规范性文件；

（二）环境保护规划；

（三）环境质量状况；

（四）环境统计和环境调查信息；

（五）突发环境事件的应急预案、预报、发生和处置等情况；

（六）主要污染物排放总量指标分配及落实情况，排污许可证发放情况，城市环境综合整治定量考核结果；

（七）大、中城市固体废物的种类、产生量、处置状况等信息；

（八）建设项目环境影响评价文件受理情况，受理的环境影响评价文件的审批结果和建设项目竣工环境保护验收结果，其他环境保护行政许可的项目、依据、条件、程序和结果；

（九）排污费征收的项目、依据、标准和程序，排污者应当缴纳的排污费数额、实际征收数额以及减免缓情况；

（十）环保行政事业性收费的项目、依据、标准和程序；

（十一）经调查核实的公众对环境问题或者对企业污染环境的信访、投诉案件及其处理结果；

（十二）环境行政处罚、行政复议、行政诉讼和实施行政强制措施的情况；

（十三）污染物排放超过国家或者地方排放标准，或者污染物排放总量超过地方人民政府核定的排放总量控制指标的污染严重的企业名单；

（十四）发生重大、特大环境污染事故或者事件的企业名单，拒不执行已生效的环境行政处罚决定的企业名单；

（十五）环境保护创建审批结果；

（十六）环保部门的机构设置、工作职责及其联系方式等情况；

（十七）法律、法规、规章规定应当公开的其他环境信息。

环保部门应当根据前款规定的范围编制本部门的政府环境信息公开目录。

第十二条　环保部门应当建立健全政府环境信息发布保密审查机制，明确审查的程序和责任。

环保部门在公开政府环境信息前，应当依照《中华人民共和国保守国家秘密法》以及其他法律、法规和国家有关规定进行审查。

环保部门不得公开涉及国家秘密、商业秘密、个人隐私的政府环境信息。但是，经权利人同意或者环保部门认为不公开可能对公共利益造成重大影响的涉及商业秘密、个人隐私的政府环境信息，可以予以公开。

环保部门对政府环境信息不能确定是否可以公开时，应当依照法律、法规和国家有关规定报有关主管部门或者同级保密工作部门确定。

第二节　公开的方式和程序

第十三条　环保部门应当将主动公开的政府环境信息，通过政府网站、公报、新闻发布会以及报刊、广播、电视等便于公众知晓的方式公开。

第十四条　属于主动公开范围的政府环境信息，环保部门应当自该环境信息形成或者变更之日起 20 个工作日内予以公开。法律、法规对政府环境信息公开的期限另有规定的，从其规定。

第十五条　环保部门应当编制、公布政府环境信息公开指南和政府环境信息公开目录，并及时更新。

政府环境信息公开指南，应当包括信息的分类、编排体系、获取方式，政府环境信息公开工作机构的名称、办公地址、办公时间、联系电话、传真号码、电子邮箱等内容。

政府环境信息公开目录，应当包括索引、信息名称、信息内容的概述、生成日期、公开时间等内容。

第十六条　公民、法人和其他组织依据本办法第五条规定申请环保部门提供政府环境信息的，应当采用信函、传真、电子邮件等书面形式；采取书面形式确有困难的，申请人可以口头提出，由环保部门政府环境信息公开工作机构代为填写政府环境信息公开申请。

政府环境信息公开申请应当包括下列内容：

（一）申请人的姓名或者名称、联系方式；

（二）申请公开的政府环境信息内容的具体描述；

（三）申请公开的政府环境信息的形式要求。

第十七条　对政府环境信息公开申请，环保部门应当根据下列情况分别作出答复：

（一）申请公开的信息属于公开范围的，应当告知申请人获取该政府环境信息的方式和途径；

（二）申请公开的信息属于不予公开范围的，应当告知申请人该政府环境信息不予公开并说明理由；

（三）依法不属于本部门公开或者该政府环境信息不存在的，应当告知申请人；对于能够确定该政府环境信息的公开机关的，应当告知申请人该行政机关的名称和联系方式；

（四）申请内容不明确的，应当告知申请人更改、补充申请。

第十八条　环保部门应当在收到申请之日起 15 个工作日内予以答复；不能在 15 个工作日内作出答复的，经政府环境信息公开工作机构负责人同意，可以适当延长答复期限，并书面告知申请人，延长答复的期限最长不得超过 15 个工作日。

第三章　企业环境信息公开

第十九条　国家鼓励企业自愿公开下列企业环境信息：

（一）企业环境保护方针、年度环境保护目标及成效；

（二）企业年度资源消耗总量；

（三）企业环保投资和环境技术开发情况；

（四）企业排放污染物种类、数量、浓度和去向；

（五）企业环保设施的建设和运行情况；

（六）企业在生产过程中产生的废物的处理、处置情况，废弃产品的回收、综合利用情况；

（七）与环保部门签订的改善环境行为的自愿协议；

（八）企业履行社会责任的情况；

（九）企业自愿公开的其他环境信息。

第二十条 列入本办法第十一条第一款第（十三）项名单的企业，应当向社会公开下列信息：

（一）企业名称、地址、法定代表人；

（二）主要污染物的名称、排放方式、排放浓度和总量、超标、超总量情况；

（三）企业环保设施的建设和运行情况；

（四）环境污染事故应急预案。

企业不得以保守商业秘密为借口，拒绝公开前款所列的环境信息。

第二十一条 依照本办法第二十条规定向社会公开环境信息的企业，应当在环保部门公布名单后30日内，在所在地主要媒体上公布其环境信息，并将向社会公开的环境信息报所在地环保部门备案。

环保部门有权对企业公布的环境信息进行核查。

第二十二条 依照本办法第十九条规定自愿公开环境信息的企业，可以将其环境信息通过媒体、互联网等方式，或者通过公布企业年度环境报告的形式向社会公开。

第二十三条 对自愿公开企业环境行为信息、且模范遵守环保法律法规的企业，环保部门可以给予下列奖励：

（一）在当地主要媒体公开表彰；

（二）依照国家有关规定优先安排环保专项资金项目；

（三）依照国家有关规定优先推荐清洁生产示范项目或者其他国家提供资金补助的示范项目；

（四）国家规定的其他奖励措施。

第四章　监督与责任

第二十四条 环保部门应当建立健全政府环境信息公开工作考核制度、社会评议制度和责任追究制度，定期对政府环境信息公开工作进行考核、评议。

第二十五条 环保部门应当在每年3月31日前公布本部门的政府环境信息公开工作年度报告。

政府环境信息公开工作年度报告应当包括下列内容：

（一）环保部门主动公开政府环境信息的情况；

（二）环保部门依申请公开政府环境信息和不予公开政府环境信息的情况；

（三）因政府环境信息公开申请行政复议、提起行政诉讼的情况；

（四）政府环境信息公开工作存在的主要问题及改进情况；

（五）其他需要报告的事项。

第二十六条 公民、法人和其他组织认为环保部门不依法履行政府环境信息公开义务的，可以向上级环保部门举报。收到举报的环保部门应当督促下级环保部门依法履行政府环境信息公开义务。

公民、法人和其他组织认为环保部门在政府环境信息公开工作中的具体行政行为侵犯其合法权益的，可以依法申请行政复议或者提起行政诉讼。

第二十七条 环保部门违反本办法规定，有下列情形之一的，上一级环保部门应当责令其改正；情节严重的，对负有直接责任的主管人员和其他直接责任人员依法给予行政处分：

（一）不依法履行政府环境信息公开义务的；

（二）不及时更新政府环境信息内容、政府环境信息公开指南和政府环境信息公开目录的；

（三）在公开政府环境信息过程中违反规定收取费用的；

（四）通过其他组织、个人以有偿服务方式提供政府环境信息的；

（五）公开不应当公开的政府环境信息的；

（六）违反本办法规定的其他行为。

第二十八条　违反本办法第二十条规定，污染物排放超过国家或者地方排放标准，或者污染物排放总量超过地方人民政府核定的排放总量控制指标的污染严重的企业，不公布或者未按规定要求公布污染物排放情况的，由县级以上地方人民政府环保部门依据《中华人民共和国清洁生产促进法》的规定，处十万元以下罚款，并代为公布。

第五章　附　则

第二十九条　本办法自2008年5月1日起施行。

关于加强污染源环境监管信息公开工作的通知

环发〔2013〕74 号

各省、自治区、直辖市环境保护厅（局），新疆生产建设兵团环境保护局，辽河保护区管理局：

为规范和推进污染源环境监管信息公开，保障公民、法人和其他组织依法获取污染源环境信息的权益，引导公众参与环境保护，促进和谐社会建设，现就加强污染源环境监管信息公开工作通知如下：

一、充分认识污染源环境监管信息公开工作的重要意义

近年来，各地污染源环境信息公开工作有了明显进步，但仍不同程度存在信息公开不及时、不规范等问题。污染源环境监管信息是污染源环境信息的重要组成部分，推进污染源环境监管信息全面、客观、及时公开，有助于保障公民的知情权、参与权和监督权，将排污企业置于公众监督之下，引导公众更加积极地参与环境保护。各级环保部门要充分认识深入推进污染源环境信息公开的重要意义，增强责任感和紧迫感，按照依法规范、公平公正、及时全面、客观真实、便于查询的原则，认真做好污染源环境监管信息公开工作。

二、着力抓好污染源环境监管信息公开各项工作

各级环保部门应总结现有污染源环境监管信息公开工作经验，根据《中华人民共和国政府信息公开条例》（国务院令 第 492 号）和《环境信息公开办法（试行）》（原国家环保总局令 第 35 号）等相关法律法规和规范性文件的规定，从信息的公开主体、内容、时限、方式、平台等多方面进一步规范污染源环境监管信息公开工作。

（一）明确信息公开主体

各级环保部门是污染源环境监管信息公开的主管单位，应按照“谁获取谁公开、谁制作谁公开”的原则，公开其直接制作的和从公民、法人或者其他组织获取的污染源环境监管信息。上级环保部门制作的污染源环境监管信息，除按要求公开外，还应在信息产生后 10 个工作日内通报污染源所在地环保部门。各级环保部门内设的总量控制、环境监测、污染防治、环境监察、环境应急等污染源环境监管机构应根据各自职责，提供其制作和获取的污染源环境监管信息，由环保部门负责政府环境信息公开工作的组织机构审核后公开，并依法组织协调、监督考核本部门污染源环境监管信息公开工作。

（二）细化信息公开内容

为更加科学合理地公开污染源环境监管信息，方便群众查询和使用，我部将按照统筹规划、分步实施、从易到难的原则，分批制定并公布《污染源环境监管信息公开目录》。各级环保部门应根据《污染源环境监管信息公开目录》要求，主动公开在污染源环境监管过程中制作和获取的，以一定形式记录、保存的，不涉及国家秘密、商业秘密、个人隐私的污染源环境监管信息。主要包括重点监控污染源基本情况、污染源监测、总量控制、污染防治、排污费征收、监察执法、行政处罚、环境应急等环境监管信息。开展企业环境行为等级评价的地区应公布企业环境行为等级评价信息。

（三）严格信息公开时限

各级环保部门应从 2013 年 9 月开始主动公开污染源环境监管信息。一般情况下，各级环保部门自该污染源环境监管信息形成或者变更之日起 20 个工作日内予以公开，汇总类信息在年度或季度终了后 20

个工作日内予以公开，污染源自动监控等能即时发布的信息 1 个工作日内予以公开。法律、法规对政府环境信息公开的期限另有规定的，从其规定。

（四）规范信息公开方式

各级环保部门应以网络公开作为污染源环境监管信息公开的主要方式，同时，根据不同污染源环境监管信息的特点，采取在政府公报、报刊上刊登，在广播、电视上播放等各种利于公众知悉的方式，多渠道多途径发布污染源环境监管信息。对公众特别关注的、重大的、统计性的、综合性的污染源环境监管信息，应采取发布新闻通稿、召开新闻发布会和新闻通气会等方式公开。

（五）统一信息公开平台

各级环保部门应加大政府网站的建设力度，以政府网站作为污染源环境监管信息发布的重要平台，以信息全面、界面友好、利于查询为目标，设置专门的污染源环境监管信息公开栏目，主动公开污染源环境监管信息。少数县级环保部门建设网站确有困难的，其辖区内的污染源环境监管信息应由上一级环保部门负责发布，也可由同级地方人民政府网站发布。

企业是污染治理的责任主体，公开其环境信息是企业应履行的社会义务之一。各级环保部门应积极鼓励引导企业进一步增强社会责任感，主动自愿公开环境信息。同时，应按照《中华人民共和国清洁生产促进法》，严格督促污染物排放超过国家或地方规定的排放标准，或重点污染物排放超过总量控制指标的污染严重的企业，以及使用有毒有害原料进行生产或在生产中排放有毒有害物质的企业主动公开相关信息，对不依法主动公布或不按规定要求公布的要依法严肃查处。

三、切实加强对污染源环境监管信息公开工作的监督检查

各级环保部门要高度重视污染源环境监管信息公开工作，明确内部分工，细化工作职责，加强责任考核，将污染源环境监管信息公开工作作为本部门政府环境信息公开工作年度报告的重要组成部分，每年定期公布。上级环保部门要进一步加强对下级环保部门污染源环境监管信息公开工作的监督指导，围绕公开内容是否全面、公开形式是否方便、公开时间是否及时、公开程序是否规范等方面，加强监督检查，定期通报检查情况，确保污染源环境监管信息公开各项工作落到实处。

各省、自治区、直辖市环境保护厅（局）应当在每年 3 月 31 日前向我部报送辖区内污染源环境监管信息公开工作报告。我部将对各地污染源环境监管信息公开情况进行检查评价，评价情况作为对各地环保部门环境监管工作考核的重要内容。

附件：污染源环境监管信息公开目录（第一批）

环境保护部

2013 年 7 月 12 日

附件

污染源环境监管信息公开目录（第一批）

序号	公开项目	公开内容	时限要求	发布单位
1	重点污染源基本信息	1.重点污染源基本信息 1.1 企业名称 1.2 企业地址 1.3 主要排放污染物名称	信息形成或者变更之日起20个工作日内	地方各级环保部门
2	污染源监测	1.国家重点监控企业污染源监督性监测结果 1.1 污染源名称 1.2 所在地 1.3 监测点位名称 1.4 监测日期 1.5 监测项目名称 1.6 监测项目浓度 1.7 排放标准限值 1.8 按监测项目评价结论	监督性监测结果获取后20个工作日内	市级、省级环保部门
		2.国家重点监控企业未开展污染源监督性监测的原因		
3	总量控制	1.国家重点监控企业名单	信息形成或者变更之日起20个工作日内	地方各级环保部门
		2.省级重点监控企业名单		
		3.排污许可证发放情况 3.1 企业名称 3.2 排污许可证号 3.3 有效期限 3.4 排污口名称、主要排放污染物名称、排放浓度限值	许可证发放或信息变更后20个工作日内	已开展排污许可证发放工作的市县级环保部门
4	污染防治	1.强制性清洁生产审核企业名单	季度终了后20个工作日内	省级环保部门
		2.清洁生产审核情况 2.1 企业名称 2.2 要求完成期限 2.3 咨询机构 2.4 组织评估、验收的部门 2.5 通过评估日期和评估意见 2.6 通过验收日期和验收意见		地方各级环保部门
		3.大、中城市年度固体废物污染防治公报	每年6月5日前发布上一年度信息	大、中城市环保部门
		4.固体废物行政审批结果 4.1 危险废物经营许可证审批结果 4.2 危险废物越境转移审批结果 4.3 可作为原料的固体废物进口审批结果 4.4 废弃电器电子产品处理企业审批结果	信息形成或者变更之日起20个工作日内	地方各级环保部门
		5.危险废物规范化管理督查考核不达标的企业名单、违法违规行为或不合格的指标		
		6.废弃电器电子产品处理企业的处理情况 6.1 废弃电器电子产品处理企业相关情况，包括法人名称、地址、处理类别、处理能力等 6.2 各企业拆解处理废弃电器电子产品的审核情况及接受基金补贴情况		省级环保部门

<table>
<tr><th>序号</th><th>公开项目</th><th>公开内容</th><th>时限要求</th><th>发布单位</th></tr>
<tr><td rowspan="2">4</td><td rowspan="2">污染防治</td><td>7.上市企业、申请上市及再融资核查企业环保情况
7.1 上市环保核查规章制度，包括核查程序、办事流程、时间要求、申报方式、联系方式等
7.2 上市环保核查工作信息，包括受理时间、进展情况等
7.3 上市环保核查意见</td><td rowspan="2">信息形成或者变更之日起 20 个工作日内</td><td>省级环保部门</td></tr>
<tr><td>8.重金属污染防控重点企业名单</td><td>地方各级环保部门</td></tr>
<tr><td rowspan="3">5</td><td rowspan="3">排污费征收</td><td>1. 排污费征收的项目、依据、标准和程序</td><td>信息形成或者变更之日起 20 个工作日内</td><td rowspan="3">地方各级环保部门</td></tr>
<tr><td>2.季度排污费征收情况
2.1 被征收者名称
2.2 征收时段
2.3 应缴数额
2.4 实缴数额
2.5 征收机关</td><td rowspan="2">季度终了后 45 日内</td></tr>
<tr><td>3.排污费征收减、免缓情况</td></tr>
<tr><td rowspan="6">6</td><td rowspan="6">监察执法</td><td>1.直接办理、承办经调查核实的公众对环境问题或者对企业污染环境的信访、投诉案件及其处理结果（信访、举报人信息不得公开）</td><td>调处结束后 20 个工作日内</td><td>地方各级环保部门</td></tr>
<tr><td>2.挂牌督办
2.1 督办事项
2.2 整治要求
2.3 完成时限
2.4 督办部门
2.5 完成情况</td><td>信息形成或者变更之日起 20 个工作日内</td><td>地方各级环保部门</td></tr>
<tr><td>3. 国家重点监控企业废水自动监控情况
3.1 企业名称
3.2 监控点名称
3.3 监测日期
3.4 流量
3.5 监测因子
3.6 自动监控数据（日均值）
3.7 排放标准限值
3.8 最近一次有效性审核日期及合格情况</td><td rowspan="3">数据生成后 1 个工作日内</td><td>地方各级环保部门</td></tr>
<tr><td>4. 国家重点监控企业废气自动监控情况
4.1 企业名称
4.2 监控点名称
4.3 监测日期
4.4 流量
4.5 流速
4.6 监测项目名称
4.7 折算浓度（日均值）
4.8 标准限值
4.9 最近一次有效性审核日期及合格情况</td><td>地方各级环保部门</td></tr>
<tr><td>5.污染源自动监控数据传输有效率</td><td>省市级环保部门</td></tr>
<tr><td>6.企业环境信用评价结果
6.1 企业名称
6.2 评价年度
6.3 评价等级
6.4 公布时间</td><td>相关内容生成或更新后 20 个工作日内</td><td>已开展企业信用评级工作的市县级环保部门</td></tr>
</table>

<table>
<tr><th>序号</th><th>公开项目</th><th>公开内容</th><th>时限要求</th><th>发布单位</th></tr>
<tr><td rowspan="3">7</td><td rowspan="3">行政处罚</td><td>1.直接做出的处罚决定
1.1 被处罚者名称
1.2 违法事实
1.3 处罚依据
1.4 处罚内容
1.5 执行情况</td><td rowspan="2">相关内容生成或更新后 20 个工作日内</td><td>地方各级环保部门</td></tr>
<tr><td>2.直接做出的环境违法行为限期改正决定
2.1 当事人名称
2.2 违法事实
2.3 行政命令作出的依据
2.4 改正违法行为的期限
2.5 改正违法行为的具体形式
2.6 行政命令下达日期
2.7 命令作出机关
2.8 执行情况</td><td rowspan="2">地方各级环保部门</td></tr>
<tr><td>3.拒不执行处罚决定企业名单</td><td>季度终了后 20 个工作日内</td></tr>
<tr><td rowspan="5">8</td><td rowspan="5">环境应急</td><td>1.环保部门突发环境事件应急预案（简本）</td><td>预案批准后 20 个工作日内</td><td rowspan="5">地方各级环保部门</td></tr>
<tr><td>2.发生重大、特大突发环境事件的企业名单</td><td rowspan="4">年度终了后 20 个工作日内</td></tr>
<tr><td>3.年度突发环境事件应对情况</td></tr>
<tr><td>4.辖区企业突发环境事件风险等级划分情况</td></tr>
<tr><td>5.辖区企业突发环境应急预案备案情况</td></tr>
</table>

备注：1. 重点污染源，由各级环保部门根据实际情况确定，但应至少包含国家和省级重点监控企业在内。

2. 自动监控情况原则上由省级环保部门公布国家重点监控污染源信息，市县按属地监管原则公布辖区内企业污染源信息，但县级环保部门没有获取数据能力的，由获取数据的上一级环保部门公布。自动监控数据传输有效率按照部相关文件规定的时间开始公布。公布自动监控数据时，应标注说明出现异常或超标情况将进行调查取证处理，并适时公布处理结果。

环境保护部关于印发《国家重点监控企业自行监测及信息公开办法（试行）》和《国家重点监控企业污染源监督性监测及信息公开办法（试行）》的通知

环发〔2013〕81号

各省、自治区、直辖市环境保护厅（局），新疆生产建设兵团环境保护局，辽河保护区管理局：

为建立和完善污染源监测及信息公开制度，我部组织编制了《国家重点监控企业自行监测及信息公开办法（试行）》及《国家重点监控企业污染源监督性监测及信息公开办法（试行）》，现印发你们。

请按照办法要求加强监督，督促企业履行责任与义务，开展自行监测；进一步规范环保部门监督性监测，推动污染源监测信息公开。我部将定期对相关工作开展情况进行考核。

附件：1. 国家重点监控企业自行监测及信息公开办法（试行）

2. 国家重点监控企业污染源监督性监测及信息公开办法（试行）

环境保护部

2013年7月30日

附件1

国家重点监控企业自行监测及信息公开办法（试行）

第一章　总　则

第一条　为规范企业自行监测及信息公开，督促企业自觉履行法定义务和社会责任，推动公众参与，根据《中华人民共和国环境保护法》《中华人民共和国水污染防治法》《“十二五”主要污染物总量减排考核办法》《“十二五”主要污染物总量减排监测办法》《环境监测管理办法》等有关规定，制定本办法。

第二条　本办法适用于国家重点监控企业、以及纳入各地年度减排计划且向水体集中直接排放污水的规模化畜禽养殖场（小区）。其他企业可参照执行。

本办法所称的企业自行监测，是指企业按照环境保护法律法规要求，为掌握本单位的污染物排放状况及其对周边环境质量的影响等情况，组织开展的环境监测活动。

第三条　企业可依托自有人员、场所、设备开展自行监测，也可委托其他检（监）测机构代其开展自行监测。

企业对其自行监测结果及信息公开内容的真实性、准确性、完整性负责。

第二章　监测与报告

第四条　企业应当按照国家或地方污染物排放（控制）标准、环境影响评价报告书（表）及其批复、环境监测技术规范的要求，制定自行监测方案。

自行监测方案内容应包括企业基本情况、监测点位、监测频次、监测指标、执行排放标准及其限值、监测方法和仪器、监测质量控制、监测点位示意图、监测结果公开时限等。

自行监测方案及其调整、变化情况应及时向社会公开，并报地市级环境保护主管部门备案，其中装机总容量30万千瓦以上火电厂向省级环境保护主管部门备案。

第五条 企业自行监测内容应当包括：

（一）水污染物排放监测；

（二）大气污染物排放监测；

（三）厂界噪声监测；

（四）环境影响评价报告书（表）及其批复有要求的，开展周边环境质量监测。

第六条 企业应当按照环境保护主管部门的要求，加强对其排放的特征污染物的监测。

第七条 企业应当按照环境监测管理规定和技术规范的要求，设计、建设、维护污染物排放口和监测点位，并安装统一的标识牌。

第八条 企业自行监测应当遵守国家环境监测技术规范和方法。国家环境监测技术规范和方法中未作规定的，可以采用国际标准和国外先进标准。

自行监测活动可以采用手工监测、自动监测或者手工监测与自动监测相结合的技术手段。环境保护主管部门对监测指标有自动监测要求的，企业应当安装相应的自动监测设备。

第九条 采用自动监测的，全天连续监测；采用手工监测的，应当按以下要求频次开展监测，其中，国家或地方发布的规范性文件、规划、标准中对监测指标的监测频次有明确规定的，按规定执行：

（一）化学需氧量、氨氮每日开展监测，废水中其他污染物每月至少开展一次监测；

（二）二氧化硫、氮氧化物每周至少开展一次监测，颗粒物每月至少开展一次监测，废气中其他污染物每季度至少开展一次监测；

（三）纳入年度减排计划且向水体集中直接排放污水的规模化畜禽养殖场（小区），每月至少开展一次监测；

（四）厂界噪声每季度至少开展一次监测；

（五）企业周边环境质量监测，按照环境影响评价报告书（表）及其批复要求执行。

第十条 以手工监测方式开展自行监测的，应当具备以下条件：

（一）具有固定的工作场所和必要的工作条件；

（二）具有与监测本单位排放污染物相适应的采样、分析等专业设备、设施；

（三）具有两名以上持有省级环境保护主管部门组织培训的、与监测事项相符的培训证书的人员；

（四）具有健全的环境监测工作和质量管理制度；

（五）符合环境保护主管部门规定的其他条件。

以自动监测方式开展自行监测的，应当具备以下条件：

（一）按照环境监测技术规范和自动监控技术规范的要求安装自动监测设备，与环境保护主管部门联网，并通过环境保护主管部门验收；

（二）具有两名以上持有省级环境保护主管部门颁发的污染源自动监测数据有效性审核培训证书的人员，对自动监测设备进行日常运行维护；

（三）具有健全的自动监测设备运行管理工作和质量管理制度；

（四）符合环境保护主管部门规定的其他条件。

第十一条 企业自行监测采用委托监测的，应当委托经省级环境保护主管部门认定的社会检测机构或环境保护主管部门所属环境监测机构进行监测。

承担监督性监测任务的环境保护主管部门所属环境监测机构不得承担所监督企业的自行监测委托业务。

第十二条 自行监测记录包含监测各环节的原始记录、委托监测相关记录、自动监测设备运维记录，各类原始记录内容应完整并有相关人员签字，保存三年。

第十三条 企业应当定期参加环境监测管理和相关技术业务培训。

第十四条 企业自行监测应当遵守国务院环境保护主管部门颁布的环境监测质量管理规定，确保监测数据科学、准确。

第十五条 企业应当使用自行监测数据，按照国务院环境保护主管部门有关规定计算污染物排放量，在每月初的 7 个工作日内向环境保护主管部门报告上月主要污染物排放量，并提供有关资料。

第十六条 企业自行监测发现污染物排放超标的，应当及时采取防止或减轻污染的措施，分析原因，并向负责备案的环境保护主管部门报告。

第十七条 企业应于每年 1 月底前编制完成上年度自行监测开展情况年度报告，并向负责备案的环境保护主管部门报送。年度报告应包含以下内容：

（一）监测方案的调整变化情况；

（二）全年生产天数、监测天数，各监测点、各监测指标全年监测次数、达标次数、超标情况；

（三）全年废水、废气污染物排放量；

（四）固体废弃物的类型、产生数量，处置方式、数量以及去向；

（五）按要求开展的周边环境质量影响状况监测结果。

第三章 信息公开

第十八条 企业应将自行监测工作开展情况及监测结果向社会公众公开，公开内容应包括：

（一）基础信息：企业名称、法人代表、所属行业、地理位置、生产周期、联系方式、委托监测机构名称等；

（二）自行监测方案；

（三）自行监测结果：全部监测点位、监测时间、污染物种类及浓度、标准限值、达标情况、超标倍数、污染物排放方式及排放去向；

（四）未开展自行监测的原因；

（五）污染源监测年度报告。

第十九条 企业可通过对外网站、报纸、广播、电视等便于公众知晓的方式公开自行监测信息。同时，应当在省级或地市级环境保护主管部门统一组织建立的公布平台上公开自行监测信息，并至少保存一年。

第二十条 企业自行监测信息按以下要求的时限公开：

（一）企业基础信息应随监测数据一并公布，基础信息、自行监测方案如有调整变化时，应于变更后的五日内公布最新内容；

（二）手工监测数据应于每次监测完成后的次日公布；

（三）自动监测数据应实时公布监测结果，其中废水自动监测设备为每 2 小时均值，废气自动监测设备为每 1 小时均值；

（四）每年一月底前公布上年度自行监测年度报告。

第四章 监督与管理

第二十一条 负责备案的环境保护主管部门应当对企业自行监测方案内容和自行监测工作开展情况进行监督检查。对不符合环境监测管理规定和技术规范的自行监测行为，应要求企业及时整改，并将整改结果报环境保护主管部门。

第二十二条 公民、法人和其他组织可以对企业不依法履行自行监测和信息公开的行为进行举报，收到举报的环保部门应当进行调查，督促企业依法履行自行监测和信息公开义务。

第二十三条 企业拒不开展自行监测、不发布自行监测信息、自行监测报告和信息公开过程中有弄虚作假行为，或者开展相关工作存在问题且整改不到位的，环境保护主管部门可视情况采取以下环境管理措施，并按照相关法律规定进行处罚：

（一）向社会公布；

（二）不予环保上市核查；

（三）暂停各类环保专项资金补助；

（四）建议金融、保险不予信贷支持或者提高环境污染责任保险费率；

（五）建议取消其政府采购资格；

（六）暂停其建设项目环境影响评价文件审批；

（七）暂停发放排污许可证。

第五章 附 则

第二十四条 本办法由国务院环境保护主管部门负责解释。

第二十五条 本办法自 2014 年 1 月 1 日起执行。

附件 2

国家重点监控企业污染源监督性监测及信息公开办法（试行）

第一章 总 则

第一条 为加强污染源监督性监测，推进污染源监测信息公开，依据《中华人民共和国政府信息公开条例》《环境监测管理办法》《“十二五”主要污染物总量减排考核办法》《“十二五”主要污染物总量减排监测办法》等有关规定，制定本办法。

第二条 本办法适用于环境保护主管部门对国家重点监控企业和纳入各地年度减排计划且向水体集中直接排放污水的规模化畜禽养殖场（小区）的污染源监督性监测及信息公开工作。其他企业的污染源监督性监测及信息公开工作可参照本办法执行。本办法不适用于突发环境事件的污染源监测及信息公开工作。

本办法所称的污染源监督性监测，是指环境保护主管部门为监督排污单位的污染物排放状况和自行监测工作开展情况组织开展的环境监测活动。

污染源监督性监测数据是开展环境执法和环境管理的重要依据。

第三条 各级环境保护主管部门对污染源监督性监测及信息公开工作实施统一组织、协调、指导、监督和考核。

环境保护主管部门所属的环境监测机构实施污染源监督性监测工作，负责收集、填报、传输和核对辖区内的污染源监督性监测数据，编制监测信息、监测报告等。

第四条 环境保护主管部门应当从人员、用房、设备等方面保障污染源监督性监测工作条件，将污染源监督性监测费用纳入财政预算并足额保障。

第二章 监测计划与实施

第五条 各级环境保护主管部门应当将污染源监督性监测工作纳入环境保护规划，并按照环境管理工作需求组织制定污染源监督性监测工作的年度计划和专项计划。

环境监测机构应当依据环境保护主管部门印发的污染源监督性监测工作的年度计划或专项计划，制定污染源监督性监测工作方案。

第六条　环境监测机构应当根据国家或地方污染物排放（控制）标准、环境影响评价报告书（表）及其批复、环境监测技术规范以及环境管理的需要，开展监督性监测。

第七条　环境监测机构工作人员在进行污染源监督性监测工作时，须出示有效证件进入排污单位依法开展污染源监督性监测。需要进入军队或保密单位进行监测的，应事先通知被监测单位的主管部门。

环境监测机构工作人员应当为被监测单位保守商业秘密和技术秘密。

第八条　现场采样时，环境监测机构工作人员应认真填写采样记录表、污染源和监测点位示意图等原始监测记录，并由被监测单位签字确认。

被监测单位对样品采集过程有异议的，环境监测机构工作人员应当在原始监测记录上记录异议内容，并由被监测单位签字确认。如被监测单位拒绝签字，环境监测机构工作人员应在原始监测记录上注明。

第九条　环境监测机构在现场采样过程中，有下列情形之一的视为不具备监测条件，环境监测机构可不开展污染源监督性监测，记录原因并及时向同级环境保护主管部门报告：

（一）被监测单位拒绝环境监测机构工作人员进入的；

（二）被监测单位的排污口、采样平台不符合环境监测技术规范相关规定，无法保证监测人员人身安全及正常开展监测的；

（三）被监测单位的污染物不外排，并经地市级（包含省管县）及以上环境保护主管部门确认的；

（四）全年停产等不具备监测条件的企业需经地市级（包含省管县）环境保护行政主管部门提供相关证明材料，永久性关停企业需提供当地政府等相关部门出具的证明材料，并经省级环境保护行政主管部门确认；

（五）其他不具备监测条件的情况。

第十条　环境监测机构工作人员应当按照国家环境监测技术规范、方法和环境监测质量管理规定，采集、保存、运输、分析监测样品。

第十一条　各级环境保护主管部门要建立环境监测机构和环境执法机构的协作配合机制。环境监测机构及时向环境执法机构提供污染源排放数据，环境执法机构及时向环境监测机构提供企业污染物不外排、企业停产或永久性关停等信息。

第三章　监测结果的报送

第十二条　环境监测机构应严格按照环境监测质量管理有关规范对污染源监督性监测数据执行三级审核制度。

环境监测机构对污染源监督性监测数据的真实性、准确性负责，环境保护主管部门不得行政干预。

第十三条　环境监测机构应当在完成监测工作后 5 个工作日内，将监督性监测报告报送同级环境保护主管部门。

环境监测机构应当及时向同级环境保护主管部门报送未开展监督性监测企业名单及未监测原因等信息。

环境监测机构应当将污染源监督性监测数据和未开展监督性监测企业信息等相关资料按规定时间报送至上级环境监测机构。

一个季度内开展多次监督性监测的，应上报全部监测数据，不得选择性报送监测数据。

第十四条　环境监测机构编写辖区内污染源排放状况报告、自动监测设备比对监测报告、提取辖区内超标企业名单及超标信息形成污染源监测信息，按规定时间报送同级环境保护主管部门和上级环境监测机构。

环境监测机构按季度汇总未开展污染源监督性监测的污染源及排污口，逐一说明未监测原因，报送同级环境保护主管部门和上级环境监测机构。

第十五条 省级环境监测机构对于地市级环境监测机构报送的监督性监测数据，发现污染源基础属性数据、执行标准、监测数据填报录入等错误，应责成地市级环境监测机构核实，变更后重新上报。

省级环境监测机构应将变更前后的监测数据及对变更要求的处理意见一并报上级环境监测机构和同级环境保护主管部门。

各级环境保护主管部门定期对监测数据变更情况进行通报。

第十六条 环境监测机构应当按照同级环境保护主管部门的要求，建立和维护污染源基础信息档案和污染源监督性监测数据库。

各级环境保护主管部门应当加强信息交流与合作建立污染源监测数据信息共享机制。

第四章 信息公开

第十七条 污染源监测信息应当依法公开。

各级环境保护主管部门负责向社会公开本级及下级完成的国家重点监控企业污染源监督性监测信息。公开信息内容主要包括：

（一）污染源监督性监测结果，包括：污染源名称、所在地、监测点位名称、监测日期、监测指标名称、监测指标浓度、排放标准限值、按监测指标评价结论；

（二）未开展污染源监督性监测的原因；

（三）国家重点监控企业监督性监测年度报告。

国务院环境保护主管部门适时公布污染物排放超过国家或者地方排放标准、污染严重的国家重点监控企业的污染源监督性监测信息。

第十八条 地市级和省级环境保护主管部门分别通过部门官方网站向社会公布本辖区内国家重点监控企业的污染源监督性监测结果和未开展监督性监测的原因，信息至少在网站保存一年。

鼓励地市级和省级环境保护主管部门通过报纸、广播、电视等便于公众知晓的方式公开污染源监督性监测信息。

第十九条 地市级和省级环境保护主管部门应当于获取污染源监督性监测信息后20个工作日内公开污染源监督性监测信息。

第五章 监督管理

第二十条 环境保护主管部门应当对下级环境保护主管部门执行污染源监测管理制度、制定并组织实施辖区内污染源监测工作计划的情况、污染源监督性监测信息公开的情况、污染源监督性监测条件保障的情况，开展监督、检查和考核。

第二十一条 环境保护主管部门应当对所属的环境监测机构执行污染源监测管理制度和技术规范执行情况、完成辖区内污染源监测工作任务的情况，开展监督、检查和考核。

第二十二条 上级环境监测机构应当对下级环境监测机构进行技术指导、技术监督和监测质量核查。

第二十三条 县级以上环境保护主管部门及其工作人员、环境监测机构及环境监测人员有下列行为之一的，由任免机关或者监察机关按照管理权限依法给予行政处分：

（一）环境监测机构未按相关规定开展监督性监测的；

（二）环境保护主管部门未按规定公布污染源监督性监测信息或公布虚假污染源监督性监测信息的；

（三）故意延报监测结果或报告的；

（四）伪造、篡改污染源监测数据的；

（五）不依法履行职责的其他行为。

未按规定进行信息公开的，上级环境保护主管部门应当责令公布。

第二十四条 被监测单位有第九条（一）、（二）款情形之一的，由环境保护主管部门依法进行处理。

第二十五条　公民、法人和其他组织认为环境保护主管部门不依法履行污染源监督性监测和信息公开义务的，可以向上级环境保护主管部门举报，收到举报的上级环境保护主管部门应当督促下级环境保护主管部门依法履行监测和信息公开义务。

第六章　附　则

第二十六条　本办法由国务院环境保护主管部门负责解释。

第二十七条　本办法自 2014 年 1 月 1 日起执行。

关于印发《建设项目环境影响评价政府信息公开指南（试行）》的通知

环办〔2013〕103号

各省、自治区、直辖市环境保护厅（局），新疆生产建设兵团环境保护局：

为进一步加大环境影响评价（以下简称环评）信息公开力度，推进环评公众参与，维护公众环境权益，现将《建设项目环境影响评价政府信息公开指南（试行）》印发给你们，请认真贯彻执行。

附件：建设项目环境影响评价政府信息公开指南（试行）

环境保护部办公厅

2013年11月14日

附件

建设项目环境影响评价政府信息公开指南（试行）

为进一步保障公众对环境保护的参与权、知情权和监督权，加强环境影响评价工作的公开、透明，方便公民、法人和其他组织获取环境保护主管部门环境影响评价信息，加大环境影响评价公众参与公开力度，依据《环境影响评价法》《政府信息公开条例》以及环境保护部《环境信息公开办法（试行）》，制定本指南。

环境影响评价政府信息指环境保护主管部门在履行环境影响评价文件审批、建设项目竣工环境保护验收和建设项目环境影响评价资质管理过程中制作或者获取的，以一定形式记录、保存的信息。

一、主动公开范围

（一）环境影响评价相关法律、法规、规章及管理程序。

（二）建设项目环境影响评价审批，包括：环境影响评价文件受理情况、拟作出的审批意见、作出的审批决定。

（三）建设项目竣工环境保护验收，包括：竣工环境保护验收申请受理情况、拟作出的验收意见、作出的验收决定。

（四）建设项目环境影响评价资质管理信息，包括：建设项目环境影响评价资质受理情况、审查情况、批准的建设项目环境影响评价资质、环境影响评价机构基本情况、业绩及人员信息。

公开环境影响评价信息，删除涉及国家秘密、商业秘密、个人隐私以及涉及国家安全、公共安全、经济安全和社会稳定等内容应按国家有关法律、法规规定执行。

二、主动公开方式

（一）各级环境保护主管部门应将主动公开的环境影响评价政府信息通过本部门政府网站公开。

（二）有条件的部门可采取其他多种公开方式，如通过行政服务大厅或服务窗口集中公开；通过电视、广播、报刊等传媒公开。

三、主动公开期限

属于主动公开的环境影响评价政府信息，应当自该信息形成或者变更之日起20个工作日内予以公开。法律、法规对环境影响评价政府信息公开的期限另有规定的，从其规定。

四、建设项目环境影响评价文件审批信息的主动公开内容

环境影响报告书、表项目的审批信息公开按下面要求执行，环境影响登记表项目的审批信息公开由地方各级环境保护主管部门根据实际情况自行确定。

（一）受理情况公开

各级环境保护主管部门在受理建设项目环境影响报告书、表后向社会公开受理情况，征求公众意见。公开内容包括：

1. 项目名称；
2. 建设地点；
3. 建设单位；
4. 环境影响评价机构；
5. 受理日期；
6. 环境影响报告书、表全本（除涉及国家秘密和商业秘密等内容外）；
7. 公众反馈意见的联系方式。

建设单位在向环境保护主管部门提交建设项目环境影响报告书、表前，应依法主动公开建设项目环境影响报告书、表全本信息，并在提交环境影响报告书、表全本同时附删除的涉及国家秘密、商业秘密等内容及删除依据和理由说明报告。环境保护主管部门在受理建设项目环境影响报告书、表时，应对说明报告进行审核，依法公开环境影响报告书、表全本信息。

（二）拟作出审批意见公开

各级环境保护主管部门在对建设项目作出审批意见前，向社会公开拟作出的批准和不予批准环境影响报告书、表的意见，并告知申请人、利害关系人听证权利。公开内容包括：

拟批准环境评价报告书、表的项目

1. 项目名称；
2. 建设地点；
3. 建设单位；
4. 环境影响评价机构；
5. 项目概况；
6. 主要环境影响及预防或者减轻不良环境影响的对策和措施；
7. 公众参与情况；
8. 建设单位或地方政府所作出的相关环境保护措施承诺文件；
9. 听证权利告知；
10. 公众反馈意见的联系方式。

拟不予批准环境影响报告书、表的项目

1. 项目名称；
2. 建设地点；
3. 建设单位；
4. 环境影响评价机构；

5．项目概况；

6．公众参与情况；

7．拟不予批准的原因；

8．听证权利告知；

9．公众反馈意见的联系方式。

（三）作出审批决定公开

各级环境保护主管部门在对建设项目作出批准或不予批准环境影响评价报告书、表的审批决定后向社会公开审批情况，告知申请人、利害关系人行政复议与行政诉讼权利。公开内容包括：

1．文件名称、文号、时间及全文；

2．行政复议与行政诉讼权利告知；

3．公众反馈意见的联系方式。

五、建设项目竣工环境保护验收信息的主动公开内容

环境影响报告书、表项目的验收信息公开按下面要求执行，环境影响登记表项目的验收信息公开由地方各级环境保护主管部门根据实际情况自行确定。

（一）受理情况公开

各级环境保护主管部门在受理竣工环境保护验收申请后向社会公开受理情况。公开内容包括：

1．项目名称；

2．建设地点；

3．建设单位；

4．验收监测（调查）单位；

5．受理日期；

6．验收监测（调查）报告书、表全本（除涉及国家秘密和商业秘密等内容外）；

7．公众反馈意见的联系方式。

建设单位在向环境保护主管部门提交验收监测（调查）报告书、表前，应依法主动公开验收监测（调查）报告书、表全本，并在提交验收监测（调查）报告书、表全本同时附删除的涉及国家秘密、商业秘密等内容及删除依据和理由说明报告。环境保护主管部门在受理验收监测（调查）报告书、表时，应对说明报告进行审核，依法公开验收监测（调查）报告书、表全本信息。

（二）拟作出验收意见公开

各级环境保护主管部门在对建设项目作出验收意见前，向社会公开拟作出的验收合格和验收不合格的意见，告知申请人、利害关系人听证权利。公开内容包括：

拟验收合格的项目

1．项目名称；

2．建设地点；

3．建设单位；

4．验收监测（调查）单位；

5．项目概况；

6．环保措施落实情况；

7．公众参与情况；

8．听证权利告知；

9．公众反馈意见的联系方式。

拟验收不合格的项目

1．项目名称；

2．建设地点；

3．建设单位；

4．验收监测（调查）单位；

5．项目概况；

6．公众参与情况；

7．验收不合格的原因；

8．听证权利告知；

9．公众反馈意见的联系方式。

（三）作出验收决定公开

各级环境保护主管部门在对建设项目作出验收合格或验收不合格的审批决定后向社会公开审批情况，告知申请人、利害关系人行政复议与行政诉讼权利。公开内容包括：

1．文件名称、文号、时间及全文；

2．行政复议与行政诉讼权利告知；

3．公众反馈意见的联系方式。

六、建设项目环境影响评价资质管理信息主动公开内容

（一）资质受理情况公开

环境保护部在受理建设项目环境影响评价资质申请后向社会公开受理情况，征求公众意见。公开内容包括：

1．环境影响评价机构名称；

2．环境影响评价机构所在地；

3．资质证书编号；

4．申请事项；

5．公众反馈意见的联系方式。

（二）资质审查情况公开

环境保护部在批准建设项目环境影响评价资质前向社会公开审查情况，征求申请人和公众意见。公开内容包括：

1．环境影响评价机构名称；

2．环境影响评价机构所在地；

3．资质证书编号；

4．申请事项及相关业绩和人员情况；

5．环境影响评价机构基本情况；

6．审查意见；

7．公众反馈意见的联系方式。

（三）作出批准资质决定公开

环境保护部作出批准建设项目环境影响评价资质决定后向社会公开审批情况。公开内容包括：

1．环境影响评价机构名称；

2．资质证书编号；

3．批准的事项及内容；

4．领证地点、联系人及联系方式及相关事项。

（四）环境影响评价机构及人员管理信息公开

公开内容包括：

1．环境保护部对违规环境影响评价机构及人员的处理信息；

2．省级环境保护主管部门对环境影响评价机构年度考核结果；

3．环境保护部发布环境影响评价机构及人员信息，内容包括：机构名称、所在地、联系人及联系方式、机构基本情况、资质证书编号、评价范围、资质有效期；专职环境影响评价工程师（姓名、职业资格证书编号、类别、有效期）、岗位证书持有人员（姓名、岗位证书编号）；机构及人员诚信信息。

七、依申请公开

环境影响评价政府信息依申请公开按照国家和地方有关政府信息公开规定执行。

八、生效时间

本指南生效时间为 2014 年 1 月 1 日。我部 2012 年第 51 号公告同时废止。

关于推进环境保护公众参与的指导意见

环办〔2014〕48号

各省、自治区、直辖市环境保护厅（局）：

环境保护公众参与是指公民、法人和其他组织自觉自愿参与环境立法、执法、司法、守法等事务以及与环境相关的开发、利用、保护和改善等活动。公众参与环境保护是维护和实现公民环境权益、加强生态文明建设的重要途径。积极推动公众参与环境保护，对创新环境治理机制、提升环境管理能力、建设生态文明具有重要意义。为深入落实党的十八大和十八届三中全会精神，进一步推进公众参与环境保护工作的健康发展，特制定以下指导意见。

一、指导思想

以邓小平理论、“三个代表”重要思想、科学发展观为指导，认真贯彻落实习近平总书记系列讲话精神，坚持以人为本，尊重和保障公众的环境知情权、参与权、表达权和监督权，积极构建全民参与环境保护的社会行动体系，广泛动员社会力量，为推动环境质量全面改善，共同建设美丽中国而奋斗。

二、基本原则

（一）畅通渠道、接受监督。积极搭建公众参与环境保护平台，畅通联系渠道，及时公布涉及环境法律法规、政策制定、环境决策、环境管理等方面的信息，接受社会监督。

（二）依法有序、理性有效。不断规范公众参与程序，加强宣传引导，确保各项公众参与活动有法可依、有序开展；积极探索参与的形式和方法，使公众参与切实有效。

（三）平等自愿、公益优先。坚持公众在参与环境事务过程中自主自愿，参与主体地位平等，参与多元、广泛。鼓励出于公益目的的参与行为，推进环境公益事业健康发展。

三、主要任务

（一）加强宣传动员。培育公众参与环境保护的热情，广泛动员公众参与环境保护事务，维护自身的环境权益。推动电视、广播、报纸、网络和手机等媒体积极履行环境保护公益宣传社会责任，培养公众的环境伦理和道德，使公众理解并支持环保政策，知晓环境知识，提升环境素养，掌握参与技巧，提高参与能力，推动公众依法、理性、有序参与环保事务。

（二）推进环境信息公开。环境信息公开和透明是公众参与的前提，除法律法规规定的不得公开的环境信息外，各级环保部门应当主动公开环境信息。完善环境信息发布机制，细化公开条目，明确公开内容。通过政府和环境保护行政主管部门门户网站、政务微博、报刊、手机报等权威信息发布平台和新闻发布会、媒体通气会等便于公众知晓的方式，及时、准确、全面地公开环境管理信息和环境质量信息。加强新闻发言人制度建设，及时回应群众关注的环保热点和焦点问题。积极推动企业环境信息公开，定期公布重点企业污染物排放情况，监督企业公开污染物排放自行监测信息。开展企业环境信用等级评定工作，定期公布评定结果。

（三）畅通公众表达及诉求渠道。建设政府、企业、公众三方对话机制，开辟有效的意见表达和投诉渠道，搭建公众参与和沟通的对接平台。发挥环保社会组织在不同利益群体之间化解环境矛盾与纠纷的作用，为百姓分忧，为政府助力。支持环保社会组织合法、理性、规范地开展环境矛盾和纠纷的调查和调研活动，对其在解决环境矛盾和纠纷过程中所涉及的信息沟通、对话协调、实施协议等行为，提供必要的帮助。

（四）完善法律法规。建立健全环境公益诉讼机制，明确公众参与的范围、内容、方式、渠道和程序，规范和指导公众有序参与环境保护。加强与司法机关的协调沟通，加大公众参与环境保护的司法保障。制定和采取有效措施保护举报人，避免举报人遭受打击报复。在公众向人民法院提请环境污染损害赔偿民事诉讼时，环境保护行政主管部门应当对环境污染损害取证等事务给予支持。

（五）加大对环保社会组织的扶持力度。建立环保社会组织服务记录制度，对环保社会组织的服务进行及时、完整、准确记录，为表彰激励提供依据。加强与环保社会组织的沟通与交流，增进理解与互信。坚持服务与培训并重的原则，在通过项目资助、政府向社会组织购买服务等形式促进环保社会组织参与环境保护的同时，对环保社会组织及其成员进行专业培训，提升其公益服务意识、服务能力和服务水平，使他们成为公众参与的中坚力量。积极支持环保社会组织开展环境保护宣传教育、咨询服务、环境违法监督和法律援助等活动，充分发挥环保社会组织在参与环境政策、法规、规划和标准的制定与实施中的咨询与参谋作用，鼓励他们为完善环保法律法规和政策制定积极建言献策。

四、重点领域

（一）大力推进环境法规和政策制定的公众参与。在环境法规、政策、规划和标准的制定、修改过程中，应依法在政府和环境保护行政主管部门门户网站、当地主流媒体上公布草案，召开座谈会、论证会、听证会等，公开征求公众意见，并对公众意见的征求、采纳情况及时予以公布。

（二）大力推进环境决策的公众参与。提高环境决策透明度，鼓励建立环境决策民意调查制度，把民意支持度作为是否决策的重要参考。建立健全专家论证会制度，发挥专家的专业支撑作用。鼓励公众、社会组织全程参与环境规划的实施与考核，提高环境决策民主化和科学化水平。

（三）大力推进环境监督的公众参与。环境保护行政主管部门可以聘请人大代表、政协委员、民主党派和无党派人士、环保社会组织代表担任环境保护特约监察员，对环境保护行政主管部门的环境执法工作进行监察；可以聘请环保志愿者、环保社会组织代表担任环境保护监督员，监督企业的环境保护行为和建设项目的环境事务。对公众反映的环境问题，环境保护行政主管部门应积极调查处理并及时反馈信息。支持新闻媒体进行舆论监督。

（四）大力推进环境影响评价的公众参与。严格落实环境影响评价公众参与的有关规章制度，及时公开建设项目环评信息，并召开专家论证会、公众听证会，充分、广泛征求公众意见。环境保护行政主管部门在受理建设项目或规划环境影响报告书后，要向公众公告环境影响报告书受理的有关信息。在作出审批或者重新审核决定后，应将审批或审核结果进行公告。环境保护行政主管部门在建设项目竣工环境保护设施验收、重点工业污染防治及生态恢复治理工程完成时，要公开征求公众意见，并对公众提出的合理意见予以采纳。

（五）大力推进环境宣传教育的公众参与。严格落实全国环境宣传教育行动纲要及相关政策，引导公众和环保社会组织积极参与环境宣传教育和知识普及工作。加强与电视、广播、报刊等传统媒体的深度合作，发挥网络、手机、微博等新媒体的作用，及时发布环境信息，解读相关政策，为公众解疑释惑。

五、保障措施

（一）加强组织领导。地方各级环保部门要把做好环境保护公众参与工作摆上重要日程，制定工作计划，逐级落实责任。要加强工作机构建设，已经设置专门机构的，要加强力量配置，把专业水平高、责任心强的人员配置到关键岗位；尚未设置专门机构的，要明确专人负责，并保障必要的工作经费。建立与当地宣传部门的联动机制，确保信息互通互享。

（二）开展业务培训。要建立培训工作常态化机制，通过集中授课、解读交流、案例分析等方式对负责环境保护公众参与的人员进行相关知识和技能培训，不断提高他们的政策把握能力、解疑释惑能力、沟通协调能力和反馈引导能力。

（三）完善相关制度。建立健全环境保护公众参与相关制度，完善考核、检查等工作措施，加强政府各部门间的合作联动，及时协调解决公众参与方面的矛盾和问题，确保环境保护公众参与工作健康发展。

环境保护部办公厅
2014 年 5 月 22 日

中华人民共和国环境保护部令

第 31 号

《企业事业单位环境信息公开办法》已于 2014 年 12 月 15 日由环境保护部部务会议审议通过，现予公布，自 2015 年 1 月 1 日起施行。

部长　周生贤

2014 年 12 月 19 日

企业事业单位环境信息公开办法

第一条　为维护公民、法人和其他组织依法享有获取环境信息的权利，促进企业事业单位如实向社会公开环境信息，推动公众参与和监督环境保护，根据《中华人民共和国环境保护法》《企业信息公示暂行条例》等有关法律法规，制定本办法。

第二条　环境保护部负责指导、监督全国企业事业单位环境信息公开工作。

县级以上环境保护主管部门负责指导、监督本行政区域内的企业事业单位环境信息公开工作。

第三条　企业事业单位应当按照强制公开和自愿公开相结合的原则，及时、如实地公开其环境信息。

第四条　环境保护主管部门应当建立健全指导、监督企业事业单位环境信息公开工作制度。环境保护主管部门开展指导、监督企业事业单位环境信息公开工作所需经费，应当列入本部门的行政经费预算。

有条件的环境保护主管部门可以建设企业事业单位环境信息公开平台。

企业事业单位应当建立健全本单位环境信息公开制度，指定机构负责本单位环境信息公开日常工作。

第五条　环境保护主管部门应当根据企业事业单位公开的环境信息及政府部门环境监管信息，建立企业事业单位环境行为信用评价制度。

第六条　企业事业单位环境信息涉及国家秘密、商业秘密或者个人隐私的，依法可以不公开；法律、法规另有规定的，从其规定。

第七条　设区的市级人民政府环境保护主管部门应当于每年 3 月底前确定本行政区域内重点排污单位名录，并通过政府网站、报刊、广播、电视等便于公众知晓的方式公布。

环境保护主管部门确定重点排污单位名录时，应当综合考虑本行政区域的环境容量、重点污染物排放总量控制指标的要求，以及企业事业单位排放污染物的种类、数量和浓度等因素。

第八条　具备下列条件之一的企业事业单位，应当列入重点排污单位名录：

（一）被设区的市级以上人民政府环境保护主管部门确定为重点监控企业的；

（二）具有试验、分析、检测等功能的化学、医药、生物类省级重点以上实验室、二级以上医院、污染物集中处置单位等污染物排放行为引起社会广泛关注的或者可能对环境敏感区造成较大影响的；

（三）三年内发生较大以上突发环境事件或者因环境污染问题造成重大社会影响的；

（四）其他有必要列入的情形。

第九条　重点排污单位应当公开下列信息：

（一）基础信息，包括单位名称、组织机构代码、法定代表人、生产地址、联系方式，以及生产经营和管理服务的主要内容、产品及规模；

（二）排污信息，包括主要污染物及特征污染物的名称、排放方式、排放口数量和分布情况、排放浓度和总量、超标情况，以及执行的污染物排放标准、核定的排放总量；

（三）防治污染设施的建设和运行情况；

（四）建设项目环境影响评价及其他环境保护行政许可情况；

（五）突发环境事件应急预案；

（六）其他应当公开的环境信息。

列入国家重点监控企业名单的重点排污单位还应当公开其环境自行监测方案。

第十条 重点排污单位应当通过其网站、企业事业单位环境信息公开平台或者当地报刊等便于公众知晓的方式公开环境信息，同时可以采取以下一种或者几种方式予以公开：

（一）公告或者公开发行的信息专刊；

（二）广播、电视等新闻媒体；

（三）信息公开服务、监督热线电话；

（四）本单位的资料索取点、信息公开栏、信息亭、电子屏幕、电子触摸屏等场所或者设施；

（五）其他便于公众及时、准确获得信息的方式。

第十一条 重点排污单位应当在环境保护主管部门公布重点排污单位名录后九十日内公开本办法第九条规定的环境信息；环境信息有新生成或者发生变更情形的，重点排污单位应当自环境信息生成或者变更之日起三十日内予以公开。法律、法规另有规定的，从其规定。

第十二条 重点排污单位之外的企业事业单位可以参照本办法第九条、第十条和第十一条的规定公开其环境信息。

第十三条 国家鼓励企业事业单位自愿公开有利于保护生态、防治污染、履行社会环境责任的相关信息。

第十四条 环境保护主管部门有权对重点排污单位环境信息公开活动进行监督检查。被检查者应当如实反映情况，提供必要的资料。

第十五条 环境保护主管部门应当宣传和引导公众监督企业事业单位环境信息公开工作。

公民、法人和其他组织发现重点排污单位未依法公开环境信息的，有权向环境保护主管部门举报。接受举报的环境保护主管部门应当对举报人的相关信息予以保密，保护举报人的合法权益。

第十六条 重点排污单位违反本办法规定，有下列行为之一的，由县级以上环境保护主管部门根据《中华人民共和国环境保护法》的规定责令公开，处三万元以下罚款，并予以公告：

（一）不公开或者不按照本办法第九条规定的内容公开环境信息的；

（二）不按照本办法第十条规定的方式公开环境信息的；

（三）不按照本办法第十一条规定的时限公开环境信息的；

（四）公开内容不真实、弄虚作假的。

法律、法规另有规定的，从其规定。

第十七条 本办法由国务院环境保护主管部门负责解释。

第十八条 本办法自 2015 年 1 月 1 日起施行。

中华人民共和国环境保护部令

第35号

《环境保护公众参与办法》已于2015年7月2日由环境保护部部务会议通过，现予公布，自2015年9月1日起施行。

部长　陈吉宁

2015年7月13日

环境保护公众参与办法

第一条　为保障公民、法人和其他组织获取环境信息、参与和监督环境保护的权利，畅通参与渠道，促进环境保护公众参与依法有序发展，根据《环境保护法》及有关法律法规，制定本办法。

第二条　本办法适用于公民、法人和其他组织参与制定政策法规、实施行政许可或者行政处罚、监督违法行为、开展宣传教育等环境保护公共事务的活动。

第三条　环境保护公众参与应当遵循依法、有序、自愿、便利的原则。

第四条　环境保护主管部门可以通过征求意见、问卷调查，组织召开座谈会、专家论证会、听证会等方式征求公民、法人和其他组织对环境保护相关事项或者活动的意见和建议。

公民、法人和其他组织可以通过电话、信函、传真、网络等方式向环境保护主管部门提出意见和建议。

第五条　环境保护主管部门向公民、法人和其他组织征求意见时，应当公布以下信息：

（一）相关事项或者活动的背景资料；

（二）征求意见的起止时间；

（三）公众提交意见和建议的方式；

（四）联系部门和联系方式。

公民、法人和其他组织应当在征求意见的时限内提交书面意见和建议。

第六条　环境保护主管部门拟组织问卷调查征求意见的，应当对相关事项的基本情况进行说明。调查问卷所设问题应当简单明确、通俗易懂。调查的人数及其范围应当综合考虑相关事项或者活动的环境影响范围和程度、社会关注程度、组织公众参与所需要的人力和物力资源等因素。

第七条　环境保护主管部门拟组织召开座谈会、专家论证会征求意见的，应当提前将会议的时间、地点、议题、议程等事项通知参会人员，必要时可以通过政府网站、主要媒体等途径予以公告。

参加专家论证会的参会人员应当以相关专业领域专家、环保社会组织中的专业人士为主，同时应当邀请可能受相关事项或者活动直接影响的公民、法人和其他组织的代表参加。

第八条　法律、法规规定应当听证的事项，环境保护主管部门应当向社会公告，并举行听证。

环境保护主管部门组织听证应当遵循公开、公平、公正和便民的原则，充分听取公民、法人和其他组织的意见，并保证其陈述意见、质证和申辩的权利。

除涉及国家秘密、商业秘密或者个人隐私外，听证应当公开举行。

第九条　环境保护主管部门应当对公民、法人和其他组织提出的意见和建议进行归类整理、分析研究，在作出环境决策时予以充分考虑，并以适当的方式反馈公民、法人和其他组织。

第十条　环境保护主管部门支持和鼓励公民、法人和其他组织对环境保护公共事务进行舆论监督和社会监督。

第十一条　公民、法人和其他组织发现任何单位和个人有污染环境和破坏生态行为的，可以通过信函、传真、电子邮件、“12369”环保举报热线、政府网站等途径，向环境保护主管部门举报。

第十二条　公民、法人和其他组织发现地方各级人民政府、县级以上环境保护主管部门不依法履行职责的，有权向其上级机关或者监察机关举报。

第十三条　接受举报的环境保护主管部门应当依照有关法律、法规规定调查核实举报的事项，并将调查情况和处理结果告知举报人。

第十四条　接受举报的环境保护主管部门应当对举报人的相关信息予以保密，保护举报人的合法权益。

第十五条　对保护和改善环境有显著成绩的单位和个人，依法给予奖励。

国家鼓励县级以上环境保护主管部门推动有关部门设立环境保护有奖举报专项资金。

第十六条　环境保护主管部门可以通过提供法律咨询、提交书面意见、协助调查取证等方式，支持符合法定条件的环保社会组织依法提起环境公益诉讼。

第十七条　环境保护主管部门应当在其职责范围内加强宣传教育工作，普及环境科学知识，增强公众的环保意识、节约意识；鼓励公众自觉践行绿色生活、绿色消费，形成低碳节约、保护环境的社会风尚。

第十八条　环境保护主管部门可以通过项目资助、购买服务等方式，支持、引导社会组织参与环境保护活动。

第十九条　法律、法规和环境保护部制定的其他部门规章对环境保护公众参与另有规定的，从其规定。

第二十条　本办法自 2015 年 9 月 1 日起施行。

关于印发《建设项目环境影响评价信息公开机制方案》的通知

环发〔2015〕162号

各省、自治区、直辖市环境保护厅（局），新疆生产建设兵团环境保护局：

为贯彻落实《生态文明体制改革总体方案》，健全环境治理体系，完善建设项目环境影响评价信息公开机制，我部研究制定了《建设项目环境影响评价信息公开机制方案》，现印发给你们，请认真贯彻实施。

附件：建设项目环境影响评价信息公开机制方案

环境保护部

2015年12月10日

附件

建设项目环境影响评价信息公开机制方案

根据《生态文明体制改革总体方案》，为健全环境治理体系，完善环境信息公开制度，制定本方案。

一、总体要求

（一）指导思想。深入贯彻落实中共中央国务院《生态文明体制改革总体方案》和习近平总书记关于生态文明系列重要讲话精神，引导人民群众树立环境保护意识，保障公众依法有序行使环境保护知情权、参与权和监督权，加强环境影响评价工作的公开、透明，强化对建设单位的监督约束，推进环评“阳光审批”，实现建设项目环评信息的全过程、全覆盖公开，推进形成多方参与、全社会齐心共治的环境治理体系。

（二）基本原则

明确公开主体。建设单位是建设项目选址、建设、运营全过程环境信息公开的主体，是建设项目环境影响报告书（表）相关信息和审批后环境保护措施落实情况公开的主体；各级环境保护主管部门是建设项目环评政府信息公开的主体。

依法公开信息。依据《环境保护法》、《大气污染防治法》、《环境影响评价法》、《政府信息公开条例》以及《环境信息公开办法（试行）》、《企事业单位环境信息公开办法》等相关规定，信息公开主体依法依规公开建设项目环评信息，其中涉及国家秘密、商业秘密、个人隐私以及国家安全、公共安全、经济安全和社会稳定等内容，应当按国家有关法律、法规规定不予公开。

保障公众权益。通过健全建设项目环评信息公开机制，确保公众能够方便获取建设单位和环境保护主管部门建设项目环评信息，畅通公众参与和社会监督渠道，保障可能受建设项目环境影响的公众环境权益。

强化监督约束。健全环境保护主管部门内部环评信息监督机制，建立环境保护主管部门对建设单位环评信息公开约束机制，对未按相关规定履行环评信息公开义务的，依照相关规定追究其责任。

（三）主要目标。到2016年底，建立全过程、全覆盖的建设项目环评信息公开机制，保障公众对项目建设的环境影响知情权、参与权和监督权。

二、建立建设单位环评信息公开机制

（四）全面推进建设单位环评信息全过程公开。强化建设单位主体责任，明确建设单位既是建设项目环评公众参与和履行环境责任的主体，也是建设项目环评信息公开的主体，全面规范建设单位环评信息公开范围、公开时段、公开内容、公开程序、公开方式。

（五）公开环境影响报告书编制信息。根据建设项目环评公众参与相关规定，建设单位在建设项目环境影响报告书编制过程中，应当向社会公开建设项目的工程基本情况、拟定选址选线、周边主要保护目标的位置和距离、主要环境影响预测情况、拟采取的主要环境保护措施、公众参与的途经方式等。

（六）公开环境影响报告书（表）全本。根据《大气污染防治法》，建设单位在建设项目环境影响报告书（表）编制完成后，向环境保护主管部门报批前，应当向社会公开环境影响报告书（表）全本，其中对于编制环境影响报告书的建设项目还应一并公开公众参与情况说明。报批过程中，如对环境影响报告书（表）进一步修改，应及时公开最后版本。

（七）公开建设项目开工前的信息。建设项目开工建设前，建设单位应当向社会公开建设项目开工日期、设计单位、施工单位和环境监理单位、工程基本情况、实际选址选线、拟采取的环境保护措施清单和实施计划、由地方政府或相关部门负责配套的环境保护措施清单和实施计划等，并确保上述信息在整个施工期内均处于公开状态。

（八）公开建设项目施工过程中的信息。项目建设过程中，建设单位应当在施工中期向社会公开建设项目环境保护措施进展情况、施工期的环境保护措施落实情况、施工期环境监理情况、施工期环境监测结果等。

（九）公开建设项目建成后的信息。建设项目建成后，建设单位应当向社会公开建设项目环评提出的各项环境保护设施和措施执行情况、竣工环境保护验收监测和调查结果。对主要因排放污染物对环境产生影响的建设项目，投入生产或使用后，应当定期向社会特别是周边社区公开主要污染物排放情况。

三、健全环境保护主管部门环评信息公开机制

（十）全面推进环境保护主管部门环评信息全过程公开。各级环境保护主管部门应当通过本部门政府网站公开环评相关法律、法规、规章及审批指南，公开建设项目环评审批、竣工环境保护验收和环评资质的受理、审查和审批决定等政府信息。

（十一）公开建设项目环境影响报告书（表）受理信息。各级环境保护主管部门在受理建设项目环境影响报告书（表）后，应当向社会公开项目名称、建设地点、建设单位、环评机构、受理日期等受理情况，并公开环境影响报告书（表）全本（除涉及国家秘密和商业秘密等内容外）。

（十二）公开建设项目环境影响报告书（表）审查信息。各级环境保护主管部门在对建设项目环境影响报告书（表）进行审查时，应当向社会公开项目名称、建设地点、建设单位、环评机构、项目概况、主要环境影响和环境保护对策与措施、建设单位开展的公众参与情况、相关部门意见等，告知申请人和利害关系人听证权利。

（十三）公开建设项目环境影响报告书（表）审批信息。各级环境保护主管部门在对建设项目环境影响报告书（表）作出批准或不予批准的审批决定后，应当向社会公开文件名称、文号、时间等审批情况并公开审批决定全文，告知申请人和利害关系人行政复议与行政诉讼权利。

（十四）公开建设项目全过程监管信息。在项目建设过程中，环境保护主管部门发现建设项目存在“未批先建”、擅自发生重大变动、不落实“三同时”及违法建成投入生产或使用等违法情况，应当向社会公开，同时公开对违法建设单位下达的限期整改、行政处罚等法律责任追究以及建设单位限期整改落实情况相关信息。建设项目投入生产或使用后，环境保护主管部门应当公开建设项目环竣工环境

保护验收结果。

（十五）公开环评资质管理信息。环境保护部向社会全面公开环评机构和从业人员的资质审查情况、批准结果以及对违规行为的处理情况。环境保护部政府网站设立环评资质信息专栏，将所有环评机构和从业人员的资质信息和诚信记录全部公开。地方各级环境保护主管部门通过本部门政府网站建立环评机构和环评人员诚信记录系统，向社会公布日常考核和年度考核情况。

（十六）发布重要环评政策信息。建立与媒体沟通机制，积极宣传环评领域主要工作进展及成果，解读最新发布的环评管理政策。对涉及环评的敏感、突发、重大事件及时发声、积极引导、正面宣传、做好解释。

（十七）依法做好依申请信息公开。各级环境保护主管部门除公开上述环评政府信息之外，还应当按照国家和地方有关政府信息公开规定，对公民、法人和其他组织申请获取其他环评政府信息依法按程序办理。

四、建立健全环评信息公开监督约束机制

（十八）加快修订相关法规规章。修订《建设项目环境保护管理条例》，建立建设项目环境保护管理全过程信息公开机制。修订《环境信息公开办法（试行）》，进一步强化环评信息公开相关规定。修订《建设项目环境影响评价公众参与暂行办法》，规范环评公众参与的范围、时段、内容、程序、方式等。

（十九）强化信息公开的监督约束。健全环境保护主管部门内部监督机制，对未按相关规定公开环评政府信息的有关环境保护主管部门，依据《政府信息公开条例》《环境信息公开办法（试行）》等相关规定，追究其行政责任或其他法律责任。建立环境保护主管部门对建设单位环评信息公开的约束机制，对未按《环境保护法》等相关规定公开建设项目环评信息开展公众参与、未按《大气污染防治法》公开环境影响报告书（表）全本的建设单位，环境保护主管部门不予受理和审批其建设项目环境影响报告书（表）；对未按相关规定公开其他环评信息的建设单位，依据相关规定追究其法律责任。

（二十）积极回应社会监督。环境保护主管部门可通过官方网站、开通官方微博和微信公众号等多种形式发布建设项目环评信息，对于公众反映的建设项目重要环境问题或举报的环评违法问题，应当依法予以核实处理并反馈。建设单位可通过互联网或其他媒体形式建立建设项目环评信息发布平台，对于公众反映的建设项目有关环境问题，应当给予高度关注并妥善解决。在建设项目立项前期、环境影响报告书（表）编制期、施工期和建成运营期，建立与公众信息沟通和意见反馈机制，履行好社会责任和环境责任。

生态环境部令

第4号

《环境影响评价公众参与办法》已于2018年4月16日由生态环境部部务会议审议通过，现予公布，自2019年1月1日起施行。

生态环境部部长 李干杰

2018年7月16日

环境影响评价公众参与办法

第一条 为规范环境影响评价公众参与，保障公众环境保护知情权、参与权、表达权和监督权，依据《中华人民共和国环境保护法》《中华人民共和国环境影响评价法》《规划环境影响评价条例》《建设项目环境保护管理条例》等法律法规，制定本办法。

第二条 本办法适用于可能造成不良环境影响并直接涉及公众环境权益的工业、农业、畜牧业、林业、能源、水利、交通、城市建设、旅游、自然资源开发的有关专项规划的环境影响评价公众参与，和依法应当编制环境影响报告书的建设项目的环境影响评价公众参与。

国家规定需要保密的情形除外。

第三条 国家鼓励公众参与环境影响评价。

环境影响评价公众参与遵循依法、有序、公开、便利的原则。

第四条 专项规划编制机关应当在规划草案报送审批前，举行论证会、听证会，或者采取其他形式，征求有关单位、专家和公众对环境影响报告书草案的意见。

第五条 建设单位应当依法听取环境影响评价范围内的公民、法人和其他组织的意见，鼓励建设单位听取环境影响评价范围之外的公民、法人和其他组织的意见。

第六条 专项规划编制机关和建设单位负责组织环境影响报告书编制过程的公众参与，对公众参与的真实性和结果负责。

专项规划编制机关和建设单位可以委托环境影响报告书编制单位或者其他单位承担环境影响评价公众参与的具体工作。

第七条 专项规划环境影响评价的公众参与，本办法未作规定的，依照《中华人民共和国环境影响评价法》《规划环境影响评价条例》的相关规定执行。

第八条 建设项目环境影响评价公众参与相关信息应当依法公开，涉及国家秘密、商业秘密、个人隐私的，依法不得公开。法律法规另有规定的，从其规定。

生态环境主管部门公开建设项目环境影响评价公众参与相关信息，不得危及国家安全、公共安全、经济安全和社会稳定。

第九条 建设单位应当在确定环境影响报告书编制单位后7个工作日内，通过其网站、建设项目所在地公共媒体网站或者建设项目所在地相关政府网站（以下统称网络平台），公开下列信息：

（一）建设项目名称、选址选线、建设内容等基本情况，改建、扩建、迁建项目应当说明现有工程及其环境保护情况；

（二）建设单位名称和联系方式；

（三）环境影响报告书编制单位的名称；

（四）公众意见表的网络链接；

（五）提交公众意见表的方式和途径。

在环境影响报告书征求意见稿编制过程中，公众均可向建设单位提出与环境影响评价相关的意见。

公众意见表的内容和格式，由生态环境部制定。

第十条 建设项目环境影响报告书征求意见稿形成后，建设单位应当公开下列信息，征求与该建设项目环境影响有关的意见：

（一）环境影响报告书征求意见稿全文的网络链接及查阅纸质报告书的方式和途径；

（二）征求意见的公众范围；

（三）公众意见表的网络链接；

（四）公众提出意见的方式和途径；

（五）公众提出意见的起止时间。

建设单位征求公众意见的期限不得少于 10 个工作日。

第十一条 依照本办法第十条规定应当公开的信息，建设单位应当通过下列三种方式同步公开：

（一）通过网络平台公开，且持续公开期限不得少于 10 个工作日；

（二）通过建设项目所在地公众易于接触的报纸公开，且在征求意见的 10 个工作日内公开信息不得少于 2 次；

（三）通过在建设项目所在地公众易于知悉的场所张贴公告的方式公开，且持续公开期限不得少于 10 个工作日。

鼓励建设单位通过广播、电视、微信、微博及其他新媒体等多种形式发布本办法第十条规定的信息。

第十二条 建设单位可以通过发放科普资料、张贴科普海报、举办科普讲座或者通过学校、社区、大众传播媒介等途径，向公众宣传与建设项目环境影响有关的科学知识，加强与公众互动。

第十三条 公众可以通过信函、传真、电子邮件或者建设单位提供的其他方式，在规定时间内将填写的公众意见表等提交建设单位，反映与建设项目环境影响有关的意见和建议。

公众提交意见时，应当提供有效的联系方式。鼓励公众采用实名方式提交意见并提供常住地址。

对公众提交的相关个人信息，建设单位不得用于环境影响评价公众参与之外的用途，未经个人信息相关权利人允许不得公开。法律法规另有规定的除外。

第十四条 对环境影响方面公众质疑性意见多的建设项目，建设单位应当按照下列方式组织开展深度公众参与：

（一）公众质疑性意见主要集中在环境影响预测结论、环境保护措施或者环境风险防范措施等方面的，建设单位应当组织召开公众座谈会或者听证会。座谈会或者听证会应当邀请在环境方面可能受建设项目影响的公众代表参加。

（二）公众质疑性意见主要集中在环境影响评价相关专业技术方法、导则、理论等方面的，建设单位应当组织召开专家论证会。专家论证会应当邀请相关领域专家参加，并邀请在环境方面可能受建设项目影响的公众代表列席。

建设单位可以根据实际需要，向建设项目所在地县级以上地方人民政府报告，并请求县级以上地方人民政府加强对公众参与的协调指导。县级以上生态环境主管部门应当在同级人民政府指导下配合做好相关工作。

第十五条 建设单位决定组织召开公众座谈会、专家论证会的，应当在会议召开的 10 个工作日前，将会议的时间、地点、主题和可以报名的公众范围、报名办法，通过网络平台和在建设项目所在地公众易于知悉的场所张贴公告等方式向社会公告。

建设单位应当综合考虑地域、职业、受教育水平、受建设项目环境影响程度等因素，从报名的公众中选择参加会议或者列席会议的公众代表，并在会议召开的 5 个工作日前通知拟邀请的相关专家，并书面通知被选定的代表。

第十六条　建设单位应当在公众座谈会、专家论证会结束后 5 个工作日内，根据现场记录，整理座谈会纪要或者专家论证结论，并通过网络平台向社会公开座谈会纪要或者专家论证结论。座谈会纪要和专家论证结论应当如实记载各种意见。

第十七条　建设单位组织召开听证会的，可以参考环境保护行政许可听证的有关规定执行。

第十八条　建设单位应当对收到的公众意见进行整理，组织环境影响报告书编制单位或者其他有能力的单位进行专业分析后提出采纳或者不采纳的建议。

建设单位应当综合考虑建设项目情况、环境影响报告书编制单位或者其他有能力的单位的建议、技术经济可行性等因素，采纳与建设项目环境影响有关的合理意见，并组织环境影响报告书编制单位根据采纳的意见修改完善环境影响报告书。

对未采纳的意见，建设单位应当说明理由。未采纳的意见由提供有效联系方式的公众提出的，建设单位应当通过该联系方式，向其说明未采纳的理由。

第十九条　建设单位向生态环境主管部门报批环境影响报告书前，应当组织编写建设项目环境影响评价公众参与说明。公众参与说明应当包括下列主要内容：

（一）公众参与的过程、范围和内容；

（二）公众意见收集整理和归纳分析情况；

（三）公众意见采纳情况，或者未采纳情况、理由及向公众反馈的情况等。

公众参与说明的内容和格式，由生态环境部制定。

第二十条　建设单位向生态环境主管部门报批环境影响报告书前，应当通过网络平台，公开拟报批的环境影响报告书全文和公众参与说明。

第二十一条　建设单位向生态环境主管部门报批环境影响报告书时，应当附具公众参与说明。

第二十二条　生态环境主管部门受理建设项目环境影响报告书后，应当通过其网站或者其他方式向社会公开下列信息：

（一）环境影响报告书全文；

（二）公众参与说明；

（三）公众提出意见的方式和途径。

公开期限不得少于 10 个工作日。

第二十三条　生态环境主管部门对环境影响报告书作出审批决定前，应当通过其网站或者其他方式向社会公开下列信息：

（一）建设项目名称、建设地点；

（二）建设单位名称；

（三）环境影响报告书编制单位名称；

（四）建设项目概况、主要环境影响和环境保护对策与措施；

（五）建设单位开展的公众参与情况；

（六）公众提出意见的方式和途径。

公开期限不得少于 5 个工作日。

生态环境主管部门依照第一款规定公开信息时，应当通过其网站或者其他方式同步告知建设单位和利害关系人享有要求听证的权利。

生态环境主管部门召开听证会的，依照环境保护行政许可听证的有关规定执行。

第二十四条　在生态环境主管部门受理环境影响报告书后和作出审批决定前的信息公开期间，公民、法人和其他组织可以依照规定的方式、途径和期限，提出对建设项目环境影响报告书审批的意见和建议，举报相关违法行为。

生态环境主管部门对收到的举报，应当依照国家有关规定处理。必要时，生态环境主管部门可以通过适当方式向公众反馈意见采纳情况。

第二十五条 生态环境主管部门应当对公众参与说明内容和格式是否符合要求、公众参与程序是否符合本办法的规定进行审查。

经综合考虑收到的公众意见、相关举报及处理情况、公众参与审查结论等，生态环境主管部门发现建设项目未充分征求公众意见的，应当责成建设单位重新征求公众意见，退回环境影响报告书。

第二十六条 生态环境主管部门参考收到的公众意见，依照相关法律法规、标准和技术规范等审批建设项目环境影响报告书。

第二十七条 生态环境主管部门应当自作出建设项目环境影响报告书审批决定之日起7个工作日内，通过其网站或者其他方式向社会公告审批决定全文，并依法告知提起行政复议和行政诉讼的权利及期限。

第二十八条 建设单位应当将环境影响报告书编制过程中公众参与的相关原始资料，存档备查。

第二十九条 建设单位违反本办法规定，在组织环境影响报告书编制过程的公众参与时弄虚作假，致使公众参与说明内容严重失实的，由负责审批环境影响报告书的生态环境主管部门将该建设单位及其法定代表人或主要负责人失信信息记入环境信用记录，向社会公开。

第三十条 公众提出的涉及征地拆迁、财产、就业等与建设项目环境影响评价无关的意见或者诉求，不属于建设项目环境影响评价公众参与的内容。公众可以依法另行向其他有关主管部门反映。

第三十一条 对依法批准设立的产业园区内的建设项目，若该产业园区已依法开展了规划环境影响评价公众参与且该建设项目性质、规模等符合经生态环境主管部门组织审查通过的规划环境影响报告书和审查意见，建设单位开展建设项目环境影响评价公众参与时，可以按照以下方式予以简化：

（一）免予开展本办法第九条规定的公开程序，相关应当公开的内容纳入本办法第十条规定的公开内容一并公开；

（二）本办法第十条第二款和第十一条第一款规定的10个工作日的期限减为5个工作日；

（三）免予采用本办法第十一条第一款第三项规定的张贴公告的方式。

第三十二条 核设施建设项目建造前的环境影响评价公众参与依照本办法有关规定执行。

堆芯热功率300兆瓦以上的反应堆设施和商用乏燃料后处理厂的建设单位应当听取该设施或者后处理厂半径15公里范围内公民、法人和其他组织的意见；其他核设施和铀矿冶设施的建设单位应当根据环境影响评价的具体情况，在一定范围内听取公民、法人和其他组织的意见。

大型核动力厂建设项目的建设单位应当协调相关省级人民政府制定项目建设公众沟通方案，以指导与公众的沟通工作。

第三十三条 土地利用的有关规划和区域、流域、海域的建设、开发利用规划的编制机关，在组织进行规划环境影响评价的过程中，可以参照本办法的有关规定征求公众意见。

第三十四条 本办法自2019年1月1日起施行。《环境影响评价公众参与暂行办法》自本办法施行之日起废止。其他文件中有关环境影响评价公众参与的规定与本办法规定不一致的，适用本办法。

附录　通用法律法规与相关标准、规范、政策目录

一、法律法规

1. 中华人民共和国环境噪声污染防治法，1997
2. 中华人民共和国矿产资源法，1997
3. 中华人民共和国森林法，1998
4. 基本农田保护条例，1999
5. 中华人民共和国海域使用管理法，2002
6. 中华人民共和国防沙治沙法，2002
7. 中华人民共和国草原法，2003
8. 中华人民共和国放射性污染防治法，2003
9. 中华人民共和国清洁生产促进法，2003
10. 中华人民共和国土地管理法，2004
11. 中华人民共和国渔业法，2004
12. 中华人民共和国野生动物保护法，2004
13. 中华人民共和国可再生能源法，2006
14. 防治海洋工程建设项目污染损害海洋环境管理条例，2006
15. 风景名胜区条例，2006
16. 国家突发环境事件应急预案，2006
17. 中华人民共和国城乡规划法，2008
18. 中华人民共和国政府信息公开条例，2008
19. 中华人民共和国防治海岸工程建设项目污染损害海洋环境管理条例，2008
20. 中华人民共和国循环经济促进法，2009
21. 规划环境影响评价条例，2009
22. 中华人民共和国水土保持法，2011
23. 电力设施保护条例，2011
24. 危险化学品安全管理条例，2011
25. 土地复垦条例，2011
26. 太湖流域管理条例，2011
27. 中华人民共和国文物保护法，2013
28. 城镇排水与污水处理条例，2014
29. 南水北调工程供用水管理条例，2014
30. 中华人民共和国环境保护法，2015
31. 中华人民共和国电力法，2015
32. 最高人民法院关于审理环境侵权责任纠纷案件适用法律若干问题的解释，2015
33. 最高人民法院关于审理环境民事公益诉讼案件适用法律若干问题的解释，2015
34. 中华人民共和国大气污染防治法，2016

35. 中华人民共和国水法，2016
36. 中华人民共和国固体废物污染环境防治法，2016
37. 中华人民共和国节约能源法，2016
38. 中华人民共和国海洋环境保护法，2017
39. 中华人民共和国水污染防治法，2017
40. 建设项目环境保护管理条例，2017
41. 中华人民共和国自然保护区条例，2017
42. 中华人民共和国土壤污染防治法，2018
43. 中华人民共和国环境保护税法，2018
44. 中华人民共和国环境保护税法实施条例，2018
45. 中华人民共和国环境影响评价法，2018

二、部门规章

1. 基本农田保护条例，1998
2. 污染源自动监控管理办法（国家环境保护总局令 第28号）
3. 国家级自然保护区监督检查办法，2006
4. 中华人民共和国政府信息公开条例，2008
5. 规划环境影响评价条例，2009
6. 中华人民共和国自然保护区条例，2011
7. 环境污染治理设施运营资质许可管理办法（环境保护部令 第20号）
8. 危险化学品安全管理条例，2013
9. 突发环境事件应急管理办法（环境保护部令 第34号）
10. 建设项目环境影响后评价管理办法（试行）（环境保护部令 第37号）
11. 清洁生产审核办法（2016年修订）
12. 国家危险废物名录（环境保护部令 第39号）
13. 农用地土壤环境管理办法（环境保护部农业部令 第46号）

三、标准规范

（一）大气

1. 恶臭污染物排放标准 GB 14554—93
2. 大气污染物综合排放标准 GB 16297—1996
3. 工业企业设计卫生标准 GBZ 1—2010
4. 环境空气质量标准 GB 3095—2012
5. 锅炉大气污染物排放标准 GB 13271—2014

（二）水

1. 污水综合排放标准 GB 8978—1996
2. 海水水质标准 GB 3097—1997
3. 地表水环境质量标准 GB 3838—2002
4. 城镇污水处理厂污染物排放标准 GB 18918—2002
5. 城市污水再生利用城市杂用水水质 GB/T 18920—2002
6. 城市污水再生利用工业用水水质 GB/T 19923—2005
7. 农田灌溉水质标准 GB 5084—2005

8．关于发布《城镇污水处理厂污染物排放标准》（GB 18918—2002）修改单的公告（国家环境保护总局公告 2006年 第21号）
9．污水排入城镇下水道水质标准 GB/T 31962—2015
10．集中式饮用水水源地规范化建设环境保护技术要求 HJ 773—2015
11．集中式饮用水水源地环境保护状况评估技术规范 HJ 774—2015
12. 地下水质量标准 GB/T 14848—2017

（三）声和振动

1．城市区域环境振动标准 GB 10070—88
2．声环境质量标准 GB 3096—2008
3．社会生活环境噪声排放标准 GB 22337—2008

（四）土壤和固废

1．土壤环境质量标准 GB 15618—1995
2．温室蔬菜产地环境质量评价标准 HJ 333—2006
3．食用农产品产地环境质量评价标准 HJ 332—2006
4．展览会用地土壤环境质量评价标准（暂行） HJ 350—2007
5．危险废物鉴别标准 通则 GB 5085.7—2007
6．危险废物鉴别技术规范 HJ/T 298—2007
7．危险化学品重大危险源辨识 GB 18218—2009
8．固体废物处理处置工程技术导则 HJ 2035—2013
9．固体废物鉴别标准 通则 GB 34330—2017

（五）电磁

电磁环境控制限值 GB 8702—2014

（六）评价导则

1．环境影响评价技术导则 地面水环境 HJ/T 2.3—93
2．火电厂建设项目环境影响报告书编制规范 HJ/T 13—1996
3．建设项目环境风险评价技术导则 HJ/T 169—2004
4．建设项目竣工环境保护验收技术规范 火力发电厂 HJ/T 255—2006
5．环境影响评价技术导则 大气环境 HJ 2.2—2018
6．环境影响评价技术导则 声环境 HJ 2.4—2009
7．规划环境影响评价技术导则 煤炭工业矿区总体规划 HJ 463—2009
8．大气污染治理工程技术导则 HJ 2000—2010
9．环境影响评价技术导则 生态影响 HJ 19—2011
10．企业环境报告书编制导则 HJ 617—2011
11．燃煤火电企业环境守法导则（环办函〔2013〕288号）
12．环境影响评价技术导则 输变电工程 HJ 24—2014
13．规划环境影响评价技术导则 总纲 HJ 130—2014
14．海洋工程环境影响评价技术导则 GB/T 19485—2014
15．环境影响评价技术导则 地下水环境 HJ 610—2016
16．建设项目环境影响评价技术导则 总纲 HJ 2.1—2016
17．建设项目危险废物环境影响评价指南（环境保护部公告 2017年 第43号）
18．企业事业单位突发环境事件应急预案评审工作指南（试行）（环办应急〔2018〕8号）

（七）监测标准

1. 固定污染源排气中颗粒物测定与气态污染物采样方法 GB/T 16157—1996
2. 地下水环境监测技术规范 HJ/T 164—2004
3. 土壤环境监测技术规范 HJ/T 166—2004
4. 环境空气质量自动监测技术规范 HJ/T 193—2005
5. 环境空气质量手工监测技术规范 HJ/T 194—2005
6. 固定污染源排放烟气黑度的测定 林格曼烟气黑度图法 HJ/T 398—2007
7. 近岸海域环境监测规范 HJ 442—2008
8. 突发环境事件应急监测技术规范 HJ 589—2010
9. 环境噪声监测技术规范 噪声测量值修正 HJ 706—2014
10. 环境噪声监测技术规范 结构传播固定设备噪声 HJ 707—2014
11. 近岸海域环境监测点位布设技术规范 HJ 730—2014
12. 近岸海域水质自动监测技术规范 HJ 731—2014
13. 固定污染源废气 总烃、甲烷和非甲烷总烃的测定 气相色谱法 HJ 38—2017
14. 恶臭污染环境监测技术规范 HJ 905—2017
15. 环境二噁英类监测技术规范 HJ 916—2017
16. 固定污染源废气 气态汞的测定 活性炭吸附/热裂解原子吸收分光光度法 HJ 917—2017
17. 氨法烟气脱硫工程通用技术规范 HJ 2001—2018（2018-05-01实施）
18. 石灰石/石灰-石膏湿法烟气脱硫工程通用技术规范 HJ 179—2018（2018-05-01实施）
19. 烟气循环流化床法烟气脱硫工程通用技术规范 HJ 178—2018（2018-05-01实施）

（八）设计与技术规范

1. 煤矸石综合利用技术政策要点（国经贸资源〔1999〕1005号）
2. 城市生活垃圾处理及污染防治技术政策（建成〔2000〕120号）
3. 危险废物污染防治技术政策（环发〔2001〕199号）
4. 火力发电厂运煤设计技术规程 第2部分：煤尘防治 DL/T 5187.2—2004
5. 火力发电厂烟气脱硫设计技术规程 DL/T 5196—2004
6. 火电厂烟气脱硫技术规范 石灰石/石灰-石膏法 HJ/T 179—2005
7. 火电厂烟气脱硫技术规范 烟气循环流化床法 HJ/T 178—2005
8. 建设项目竣工环境保护验收技术规范（火力发电厂） HJ/T 255—2006
9. 火力发电厂废水治理设计技术规程 DL/T 5046—2006
10. 建设项目竣工环境保护验收技术规范 生态影响类 HJ/T 394—2007
11. 固定污染源烟气排放连续监测技术规范 HJ/T 75—2007
12. 关于修改《火电厂烟气脱硫工程技术规范 烟气循环流化床法》（HJ/T 178—2005）等两项国家环境保护标准的公告（国家环境保护总局公告 2008年 第5号）
13. 工业锅炉及炉窑湿法烟气脱硫工程技术规范 HJ 462—2009
14. 火电厂烟气脱硝工程技术规范 选择性催化还原法 HJ/T 562—2010
15. 火电厂烟气脱硝工程技术规范 选择性非催化还原法 HJ/T 563—2010
16. 火电厂烟气脱硫工程技术规范 氨法 HJ 2001—2010
17. 火电厂烟气脱硝（SCR）系统运行技术规范 DL/T 335—2010
18. 大中型火力发电厂设计规范 GB 50660—2011
19. 小型火力发电厂设计规范 GB 50049—2011
20. 火电厂烟气脱硝技术导则 DL/T 296—2011

21．袋式除尘工程通用技术规范 HJ 2020—2012
22．取水定额　第1部分：火力发电 GB/T 18916.1—2012
23．火力发电厂除灰设计技术规程 DL/T 5142—2012
24．电除尘工程通用技术规范 HJ 2028—2013
25．火电厂除尘工程技术规范 HJ 2039—2014
26．火电厂烟气脱硫工程技术规范　海水法 HJ 2046—2014
27．火电厂烟气治理设施运行管理技术规范 HJ 2040—2014
28．排污许可证申请与核发技术规范　总则 HJ 942—2018
29．排污单位环境管理台账及排污许可证执行报告技术规范　总则（试行） HJ 944—2018

（九）产品技术要求

1．环境保护产品技术要求　湿式烟气脱硫除尘装置 HJ/T 288—2006
2．环境保护产品技术要求　花岗石类湿式烟气脱硫除尘装置 HJ/T 319—2006
3．环境保护产品技术要求　电除尘器高压整流电源 HJ/T 320—2006
4．环境保护产品技术要求　电除尘器低压控制电源 HJ/T 321—2006
5．环境保护产品技术要求　电除尘器 HJ/T 322—2006
6．环境保护产品技术要求　袋式除尘器用滤料 HJ/T 324—2006
7．环境保护产品技术要求　袋式除尘器　滤袋框架 HJ/T 325—2006
8．环境保护产品技术要求　袋式除尘器用覆膜滤料 HJ/T 326—2006
9．环境保护产品技术要求　袋式除尘器　滤袋 HJ/T 327—2006
10．环境保护产品技术要求　一般用途低噪声轴流通风机 HJ/T 384—2007
11．环境保护产品技术要求　低噪声型冷却塔 HJ/T 385—2007

四、相关政策

1．关于印发海水利用专项规划的通知（发改环资〔2005〕1561号）
2．关于加快关停小火电机组若干意见的通知（国发〔2007〕2号）
3．关于加快推进农作物秸秆综合利用的意见（国办发〔2008〕105号）
4．关于印发促进生物产业加快发展若干政策的通知（国办发〔2009〕45号）
5．关于印发全国主体功能区规划的通知（国发〔2010〕46号）
6．关于加强环境保护重点工作的意见（国发〔2011〕35号）
7．关于全国地下水污染防治规划（2011—2020年）的批复（国函〔2011〕119号）
8．关于加快发展节能环保产业的意见（国发〔2013〕30号）
9．关于化解产能严重过剩矛盾的指导意见（国发〔2013〕41号）
10．关于印发突发事件应急预案管理办法的通知（国办发〔2013〕101号）
11．关于调整可再生能源电价附加标准与环保电价有关事项的通知（发改价格〔2013〕1651号）
12．关于调整发电企业上网电价有关事项的通知（发改价格〔2013〕1942号）
13．关于加快燃煤电厂脱硝设施验收及落实脱硝电价政策有关工作的通知（环办〔2013〕21号）
14．关于加强国家重点生态功能区环境保护和管理的意见（环发〔2013〕16号）
15．关于印发《华北平原地下水污染防治工作方案》的通知（环发〔2013〕49号）
16．关于印发《燃煤电厂除尘技术路线指导意见》的通知（中电联研究〔2013〕473号）
17．关于进一步推进排污权有偿使用和交易试点工作的指导意见（国办发〔2014〕38号）
18．关于印发国家突发环境事件应急预案的通知（国办函〔2014〕119号）
19．西部地区鼓励类产业目录（国家发展和改革委员会令 第15号）

20．关于进一步疏导环保电价矛盾的通知（发改价格〔2014〕1908号）
21．关于印发《全国生态保护与建设规划（2013—2020年）》的通知（发改农经〔2014〕226号）
22．关于促进煤炭安全绿色开发和清洁高效利用的意见（国能煤炭〔2014〕571号）
23．关于《企业突发环境事件风险评估指南（试行）》的通知（环办〔2014〕34号）
24．关于加快推进生态文明建设的意见（中发〔2015〕12号）
25．关于印发全国海洋主体功能区规划的通知（国发〔2015〕42号）
26．电力（燃煤发电企业）行业清洁生产评价指标体系（国家发展和改革委员会等3部委公告 2015年 第9号）
27．关于进一步加快推进农作物秸秆综合利用和禁烧工作的通知（发改环资〔2015〕2651号）
28．关于降低燃煤发电上网电价和一般工商业用电价格的通知（发改价格〔2015〕3105号）
29．关于完善煤电价格联动机制有关事项的通知（发改价格〔2015〕3169号）
30．关于印发煤炭清洁高效利用行动计划（2015—2020年）的通知（国能煤炭〔2015〕141号）
31．关于印发《排污权出让收入管理暂行办法》的通知（财税〔2015〕61号）
32．关于印发电力体制改革配套文件的通知（发改经体〔2015〕2752号）
33．关于推进环境监测服务社会化的指导意见（环发〔2015〕20号）
34．关于煤炭行业化解过剩产能实现脱困发展的意见（国发〔2016〕7号）
35．关于印发土壤污染防治行动计划的通知（国发〔2016〕31号）
36．关于印发“十三五”生态环境保护规划的通知（国发〔2016〕65号）
37．关于印发“十三五”节能减排综合工作方案的通知（国发〔2016〕74号）
38．关于推进多能互补集成优化示范工程建设的实施意见（发改能源〔2016〕1430号）
39．关于推进电能替代的指导意见（发改能源〔2016〕1054号）
40．关于印发能源发展“十三五”规划的通知（发改能源〔2016〕2744号）
41．关于印发《能源生产和消费革命战略（2016—2030）》的通知（发改基础〔2016〕2795号）
42．关于印发《“十三五”环境监测质量管理工作方案》的通知（环办监测〔2016〕104号）
43．关于印发《全国生态保护“十三五”规划纲要》的通知（环生态〔2016〕151号）
44．关于印发工业绿色发展规划（2016—2020年）的通知（工信部规〔2016〕225号）
45．关于印发贯彻落实区域发展战略促进区域协调发展的指导意见的通知（发改地区〔2016〕1771号）
46．关于印发《可再生能源发展“十三五”规划》的通知（发改能源〔2016〕2619号）
47．关于印发《全国海水利用“十三五”规划》的通知（发改环资〔2016〕2764号）
48．关于印发《生物质能发展“十三五”规划》的通知（国能新能〔2016〕291号）
49．关于取消一批不具备核准建设条件煤电项目的通知（国能电力〔2016〕244号）
50．关于积极发挥环境保护作用促进供给侧结构性改革的指导意见（环大气〔2016〕45号）
51．电力发展“十三五”规划（2016—2020年）
52．外商投资产业指导目录（2017年修订）（国家发展和改革委员会、商务部令 第4号）
53．关于印发全国国土规划纲要（2016—2030年）的通知（国发〔2017〕3号）
54．关于进一步推进煤炭企业兼并重组转型升级的意见（发改运行〔2017〕2118号）
55．关于印发北方地区冬季清洁取暖规划（2017—2021年）的通知（发改能源〔2017〕2100号）
56．关于印发《京津冀及周边地区2017年大气污染防治工作方案》的通知（2017年）
57．关于划定并严守生态保护红线的若干意见（厅字〔2017〕2号）
58．关于可再生能源发展“十三五”规划实施的指导意见（国能发新能〔2017〕31号）
59．关于推进绿色“一带一路”建设的指导意见（环国际〔2017〕58号）
60．关于推进环保设施和城市污水垃圾处理设施向公众开放的指导意见（环宣教〔2017〕62号）

61．关于印发《长江经济带生态环境保护规划》的通知（环规财〔2017〕88号）

62．关于公布第一批全国环保设施和城市污水垃圾处理设施向公众开放名单和印发《环境监测设施向公众开放工作指南（试行）》等四类设施工作指南的通知（环办宣教〔2017〕92号）

63．关于印发《重点流域水污染防治规划（2016—2020年）》的通知（环水体〔2017〕142号）

64．关于加强和规范声环境功能区划分管理工作的通知（环办大气函〔2017〕1709号）

65．关于印发《近岸海域污染防治方案》的通知（环办水体函〔2017〕430号）

66．关于促进天然气协调稳定发展的若干意见（国发〔2018〕31号）

67．关于发布《环境保护部政府信息主动公开基本目录》的公告（环境保护部公告 2018年 第3号）

68．生态环境部关于发布排污许可证承诺书样本、排污许可证申请表和排污许可证格式的通知（环规财〔2018〕80号）